한국산업인력관리공단 검정
검정연월일 : 1994. 1. 19
검정번호 : 제94-009호

항공기기체

저자 조 용 욱
한 병 희
최 태 원

도서출판 청 연

추천하는 글

현대 과학의 발달은 하루가 다르게 빠른 속도로 진행되고 있음을 실감합니다. 특히, 최첨단 기술의 집합체라고 할 수 있는 항공 산업의 발달은 항공 기술 분야에 종사하고 있는 기술자는 물론, 이 분야를 전공하고자 하는 젊은이들에게 더 많은 관심과 끝없는 도전을 요구하고 있습니다. 최근의 국내 항공 산업은 복수 민간 항공을 중심으로 세계시장에서 급신장하고 있고 항공기 제작 분야도 점차 확대되고 있는 것은 반가운 일이며, 또한 항공 전문 인력을 양성하는 대학, 군, 전문 교육 기관과 학원의 증가 추세는 고무적인 현상이라 하겠습니다.

이런 추세에 맞추어 항공 기술직에 종사하는 사람이나 새로이 입문하고자 하는 사람이 참고하여 공부할 만한 교재가 그리 흔치 않다는 것은 매우 안타까운 일이었습니다. 현재 시중이나 학교, 학원 등에서 교재로 나와있는 항공 관련 서적들이 있기는 하나, 단편적이고 부분적인 것이 많아 새로운 항공 전문지식을 체계적으로 공부하기에는 부적합한 실정입니다.

사실, 항공기술 전문 서적은 관련 학교, 학회, 단체, 기업체 등에서 관심을 갖고 끝없는 개발을 하는 것이 바람직스럽지만, 아직까지는 기대에 못 미치고 있는 상황입니다.

다행히도 젊은이들이 여러 가지 어려운 여건임에도 항공 기술 서적 발간에 뜻을 두고 열심을 다하고 있는 것을 볼 때 크게 다행이라 하겠습니다. 이번에 출간되는 항공 종사자 교재 시리즈는 지금까지 보아왔던 것과는 대조적으로, 시대적인 요구에 맞게 최신의 연구 자료를 바탕으로 첨단 복합 소재에서부터 첨단 전자 장비에 이르기까지, 또한 기초적인 내용에서부터 현재 항공기에 적용된 첨단 기술의 예를 망라한 방대한 내용을 싣고 있습니다.

따라서 현재 항공 분야에 종사하는 사람과 앞으로 입문하고자 하는 사람들에게 새로운 항공 기술 지식을 제공하는 좋은 지침서로서 뿐만 아니라, 국가에서 실시하는 항공 종사자 자격 시험의 수험 참고서로도 손색이 없다고 보아 이를 추천하는 바입니다.

이번에 발간되는 항공 종사자 교재 시리즈가 더욱 노력해서 최신 기술을 계속 소개하는 전문 서적의 길잡이가 되길 바랍니다.

교통부 항공국 항공기술과장 이 우 종

머 리 말

항공기 기체는 장비품이나 각 계통의 구성품을 이루고 있는 기본 부품에서부터 스킨, 골격 등에 사용되는 첨단 복합 소재에 이르기까지 그 분야가 매우 넓다.

최근의 항공기는 새로운 설계 방식, 신소재 기술의 발달, 전자 공학의 새로운 적용 등에 의해 과거의 항공기와는 큰 차이가 있으므로, 이러한 새로운 항공 기술에 접근하는 방법도 과거와는 분명히 달라져야 할 것이다.

앞선 기술을 습득하는 것도 중요하지만, 이에 못지 않게 중요한 것이 기초적인 분야에서부터 철저히 내 것으로 만드는 것이다. 아무리 신기술, 첨단 장비가 항공기에 운용된다고 해도 기초적인 분야에서부터 철저히 익혀서 내 기술로 만들지 못하면 아무런 쓸모가 없다는 점이다. 이런 점에서 볼 때, 항공기 기체 과목은 가장 기초가 되는 과목이면서 가장 중요한 과목이라 할 수 있다.

이번에 새로 발간되는 항공기 기체는 이러한 새로운 요구에 맞도록 많은 자료를 바탕으로 새롭게 꾸며 보았다.

제 1 장의 항공기 구조에서부터 제 16 장 비파괴 검사에 이르기까지 기초적인 내용에서부터 최신 항공기에 적용된 기술까지, 이해하기 쉽게 되도록 많은 그림을 예로 들었다. 약 800 페이지에 달하는 방대한 분량이라서 현재 항공 분야에 종사하고 있는 사람에게도 다소 어려울 것으로 예상한다.

그러나, 항공 기술이 책 몇 페이지 혹은 단순한 보기 좋은 몇 권의 책으로 쉽게 얻어질 수 있는 것이라고는 생각하지 않는다. 쉽게 얻은 것은 쉽게 잃는 법이다.

다소 어렵다고 생각되더라도 포기하지 말고 꾸준히 반복하여 찾아보고 노력하면 결국은 모든 것을 자기 것으로 받아들일 수 있게 된다.

이번에 발간되는 기체는 앞으로 2년에 한번씩 새로운 내용은 추가하고 불필요한 내용은 삭제하면서 계속 개정판을 낼 것을 약속한다. 그렇게 함으로써 하루가 다르게 발전해 가는 항공기 기술을 소개하는 전문 서적의 역할을 다하고, 또한 독자의 요구에도 부응할 수 있는, 꼭 필요한 책이 되도록 하겠다. 아무쪼록 이 책으로 공부하는 독자 모두가 소기의 목적을 달성하길 바란다.

저자

목 차

제1장 항공기 구조

제2장 조종장치

제4장 랜딩기어 시스템

제5장 금속 재료

제6장 비금속 재료

제8장 하드웨어

제14장 용접

제15장 부식 탐지 및 처리

제16장 항공기의 비파괴 검사

제 1 장 항공기 구조

1-1. 개요

고정익 항공기(Fixed Wing Aircraft)는 동체(Fuselage), 날개(Wing), 안정판(Stabilizer), 조정면(Control Surface) 및 착륙 장치(Landing Gear)등의 5개 부분으로 구성된다.

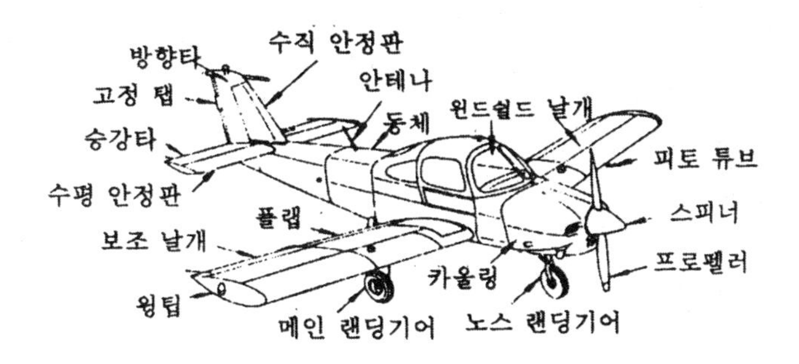

그림 1-1 왕복 단발 항공기의 구성 부품

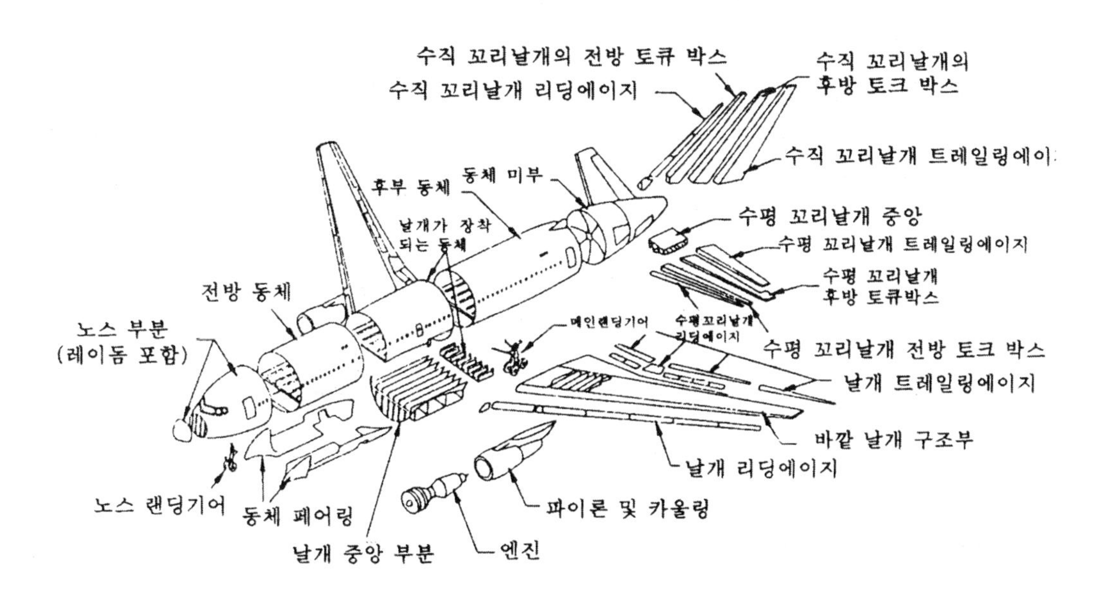

그림 1-2 대표적인 제트 항공기의 구성 부품

프로펠러 추진의 단발 항공기 구성 부품을 그림 1-1에 나타내었고 대표적인 제트 항공기의 구성 부품을 그림 1-2에 나타냈다.

기체의 구성 부품은 광범위한 여러 가지 재료로 만들어지며 리벳(Rivet), 볼트(Bolt), 스크류(Screw), 용접 또는 접착제에 의해 결합된다. 항공기의 구성 부품은 구조 부재, 즉 스트링거(Stringer), 론저론(Longeron), 스파(Spar), 리브(Rib), 벌크헤드(Bulkhead), 프레임(Frame) 등의 여러 종류의 부품으로 구성된다.

항공기의 구조 부재는 하중을 전달하거나 응력에 견딜 수 있도록 설계되어 있으며, 한 개의 구조 부재는 복합된 하중을 받는다. 대부분의 경우 구조 부재는 측면으로부터의 하중보다는 끝부분으로부터의 하중을 전달하도록 설계되어 있다. 따라서 구조 부재는 팽팽하게 압축을 받도록 하고 가능한 한 굽힘 하중을 받지 않도록 제작된다.

1-2. 구성 재료

1) 구조 부재의 형상

그림 1-3은 금속제 항공기를 조립하는 경우에 사용되는 스티프너(Stiffener), 스트링거(Stringer), 론저론(Longeron) 및 스파(Spar)에 흔히 사용되는 성형재 단면과 압출재 단면을 나타낸 것이다. 이 그림에 나타낸 것과 같이 성형된 단면은 적당한 두께의 판재 및 원하는 재료로 만들어진다.

그림에 나타낸 것은 모두 판금 조립 구조의 골격으로 이용된다.

ㄷ자형의 채널(Channel)은 동체의 성형재(Former)나 링(Ring) 또는 벌크 헤드(Bulkhead)로 하기 위해 링 모양으로 성형되는 경우가 있다. 강도를 필요로 하는 곳에서는 채널의 등

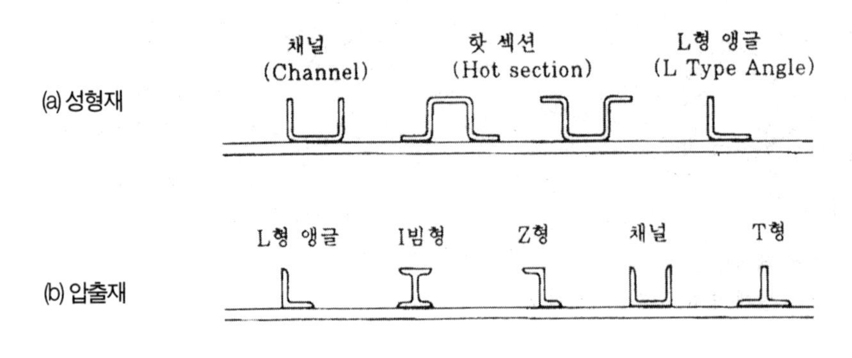

그림 1-3 구조 부재의 형상

부분을 서로 맞대고 리베팅(Riveting)해서 I 빔(Beam) 형으로 사용한다. 핫 섹션(Hot Section)은 날개 내의 스트링거로서 또는 객실 바닥(Cabin Floor) 보강용으로 사용되는 경우가 많으며, 특히 스트링거는 동체의 강도를 필요로 하는 곳에 론저론(Longeron)으로도 사용된다.

L형의 성형 앵글은 큰 판면의 벅클링(Buckling) 또는 오일 캐닝(Oil Canning)을 방지하기 위한 보강재로서 사용되는 경우가 많다.

오일 캐닝이라는 용어는 금속 외판이 리벳 열 사이의 바깥쪽이 부풀어서 불룩해진 것을 가리킨다. 불룩해져 있는 곳을 손가락으로 눌렀다 떼면 오일 저장통의 밑과 같이 처음엔 움푹 들어가고 이어서 튀어오른다는 점에서 이름이 붙여졌다. 오일 캐닝의 원인은 부적절한 리베팅 및 장착에 의해 스킨(Skin)에 불균일한 힘이 가해지고 있기 때문이다.

압출재(Extrusion)는 필요한 단면 형상으로 되어 있는 강재 금형을 통해 연한 알루미늄 합금을 밀어내어 만든다. 예열된 적당한 재료의 합금을 대형 프레스에 의해 튜브로부터 금속을 짜내는 것같이 금형의 형상에 수백톤의 힘으로 금형을 통해 합금을 밀어낸다.

압출 모양은 금형에 의해 정해지고 압출에 의해 만들 수 있는 형상은 실질적으로 무한하며, 그림 1-3에 나타낸 것은 항공기 구조에 공통으로 사용되는 표준 단면의 극히 일부이다.

압출된 뒤 이 합금은 본래의 강도로 회복되지만 열처리에 의해 다시 강도를 증가시킬 수 있다. 압출재는 모두 스트링거나 스티프너에 사용할 수 있지만 설계 강도 및 공정의 편의상 특정한 단면을 사용하는 경우도 있으며, 구부려야 할 단면은 성형이 용이한 앵글을 사용한다.

2) 내화성 재료

항공기의 구조재는 내화성이 요구되는 경우도 있다. 주요 구조재로써 요구되는 내화성 재료는 다음과 같은 것이 있다.

A. 제1종 내화성 재료(Fire Proof Material)

강(Steel)과 같은 정도 또는 그 이상의 열에 견디는 재료를 말한다. 지정 방화 구역에서 화재를 격리 또는 밀폐하기 위해 사용되는 재료는 가장 심각한 화재 상태에서 충분히 견디는 재료여야 한다.

B. 제2종 내화성 재료(Fire Resistant Material)

판 또는 구조재로서 사용되는 경우는 알루미늄 합금과 같은 정도 또는 그 이상의 열에 견디는 재료를 말하며 가연성 유체를 보내는 관, 가연성 유체 계통, 배선, 공기 덕트(Duct) 또는 동력 장치 조종 계통에 사용하는 경우는 재료가 설치된 주위 조건에 의해 일어날 것이 예상되는 열, 그 외의 조건하에 있어서 충분히 견디는 재료를 말한다.

C. 제3종 내화성 재료(Flame Resistant Material)

발화원을 제거한 경우 위험한 정도까지는 연소되지 않는 재료를 말한다. 현재의 규정에는 N, U 및 A류 항공기의 조종실 및 객실 내장재에 적당한 재료이다.

D. 제4종 내화성 재료(Flash Resistant Material)

점화된 경우 급격하게는 연소되지 않는 재료를 말한다. 구형 항공기의 좌석 쿠션에 사용되고 있으나 새로운 규정에서는 이 재료의 사용을 인정하지 않는다.

E. 자기 소화성 재료(Self Extinguishing Material)

제3종 및 제4종 내화성 재료의 규정에 대신하여 최근 사용되게 된 것으로서 그 재료가 사용된 경우에 따라서 내화성의 정도는 다르다.

내화성 재료	사 용 장 소
제1종 내화성 재료	엔진 및 APU 방화벽, 방화벽을 통과하는 환기 공기 덕트, 연소 공기 덕트, 엔진 주위의 조종 계통, 엔진 장착 지점의 주요 부품
제2종 내화성 재료	엔진 카울링 및 나셀, 휴지통 등
자기 소화성 재료 (15cm/분)	조종실 및 객실 내부(좌석 밑의 적재함과 신문 잡지 보관함은 제외)
자기 소화성 재료 (20cm/분)	승객용 모포, 수건 및 포장용 직물, 좌석의 쿠션, 장식용 천가죽, 주방용품, 전기 도선, 단열 및 방음용 재료, 공기 덕트, 화물실의 내장품과 단열 브라켓 등

표 1-1 내화성 재료

1-3. 구조의 종류

1) 트러스 구조(Truss Construction)

트러스는 바(Bar), 빔(Beam), 로드(Rod), 튜브(Tube)와 와이어(Wire) 등으로 된 고정 골격(Rigid Framework)을 형성하는 구조재의 집합체이다. 이 트러스 구조는 프렛 트러스(Pratt Truss)와 워렌 트러스(Warren Truss) 2종류가 있다. 양쪽 모두 기본적인 강도 부재는 4개의 론저론(Longeron)이다.

론저론은 동체 골격의 전후 방향에 배치된 주요한 보강재로서 스트링거보다 튼튼하고 동체(Fuselage)의 경우 동체의 굽힘 하중을 담당한다

또 항공기의 동체 중앙부 밑면은 랜딩기어 등이 들어가기 위해 상당한 길이에 걸쳐 동체의 밑부분이 잘라내어 진다. 이 경우에는 동체의 굽힘 강도를 유지하기 위해 밑면의 중심에 1~2개의 론저론보다 굵은 골을 통과시키고 있다. 이 골을 선박의 용골(Keel Beam)과 닮았다는 점에서 킬(Keel)이라 부른다.

트러스 구조의 동체에서는 횡지주(Leteral Bracing)가 일정 간격으로 배치되고 횡구조(Lateral Structure)가 벌크헤드(Bulkhead)와 같은 역할을 하고 있다.

용접 강관에 의해 구성된 프렛 트러스 동체를 그림 1-4에 나타낸다. 본래의 프렛 트러스의 론저론은 스트러트(Strut)라고 불리우는 고정된 종횡의 부재로 연결되며, 대각선의 부재는 강력한 브레이스 와이어(Brace Wire)로 만들어지고 인장 하중 만을 전달하게 설계되어 있다. 그러나 이 그림의 프렛 트러스의 대각선의 부재는 용접된 강관으로써 인장 및 압축의 어떤 힘도 전달할 수 있다.

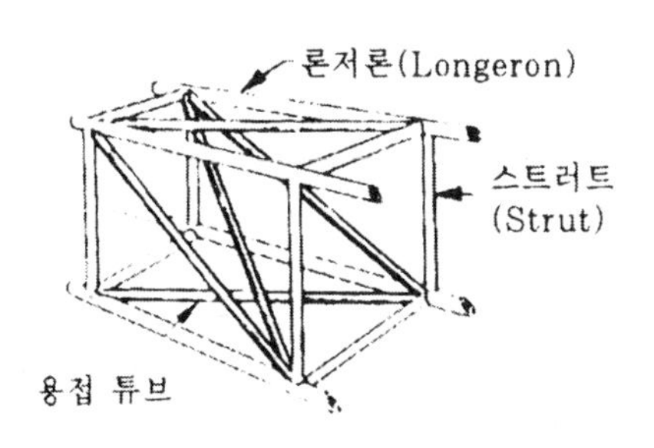

그림 1-4 프렛 트러스

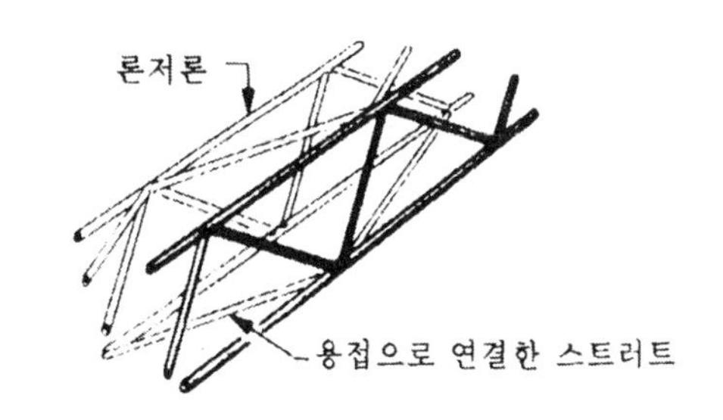

그림 1-5 워렌 트러스

그림 1-5는 워렌 트러스의 예이다. 이 구성에서 론저론은 경사진 부재만이 접속되어 있다. 보통, 트러스 내의 모든 부재는 인장 및 압축의 두가지 힘을 전달할 수가 있다. 하중이 한 방향에 가해지면 한 방향의 경사진 부재가 압축 하중을 전달하고 그 외의 부재는 인장 하중을 전달한다. 이 하중을 반대로 하면 인장을 전달한다. 하중의 역전을 그림 1-6에 나타낸다.

그림 1-7에 나타난 용접 튜브 동체는 종위치 및 횡위치에 경사진 부재가 없는 부분도 있으나 본질적으로 워렌 트러스이다. 이 동체의 부재는 강관재료 용접에 의해 조립되어 있다. 이 구조와 같은 동체를 알루미늄 합금 부재로 만들 수도 있다.

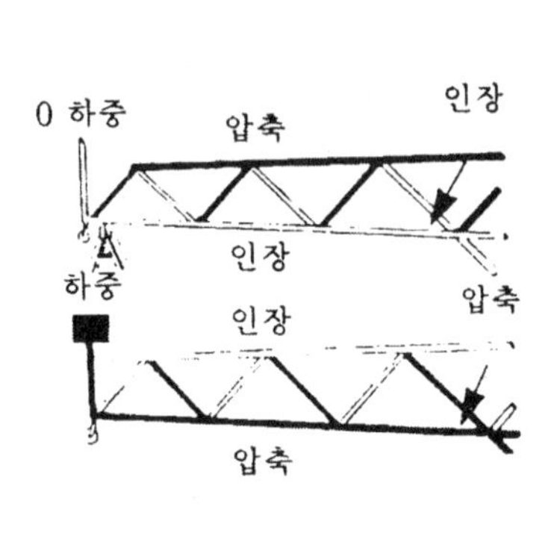

그림 1-6 하중의 역전

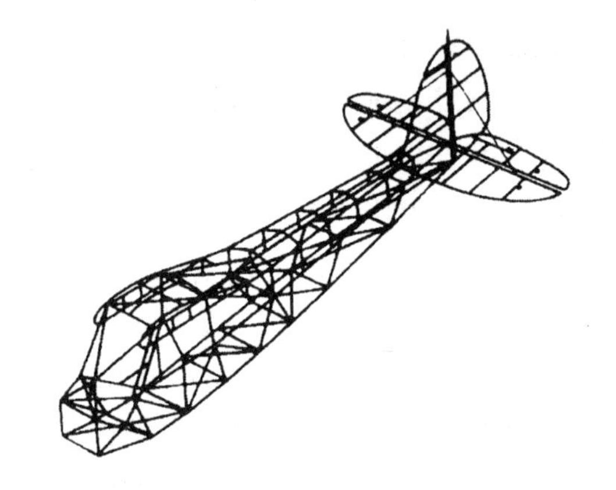

그림 1-7 트러스(Truss) 구조

날개 구조 중에는 그림 1-8에 나타낸 것과 같이 트러스 구조로 만들어져 우포를 팽팽히 당긴 것이 있다. 이 트러스 구조는 굽힘 응력을 담당하는 메인 스파(Main Spar)를 중심으로 트러스를 형성하고 날개 내부를 타이 로드(Tie Rod) 및 브레이스 와이어(Brace Wire)로 보강하고 필요한 굽힘 강도 및 강성을 갖게 한다. 이 구조의 날개는 전단, 굽힘 및 비틀림 모멘트를 스파와 날개 리브(Rib)가 담당하고 우포는 풍압을 전달하는 것 외에는 기본적인 강도를 분담하고 있지 않다.

그림 1-8은 2개의 스파를 사용해서 굽힘, 비틀림 및 전단 응력을 담당하고 있다. 그러나 이 구조는 비틀림 강도가 약하기 때문에 고속 항공기에는 사용할 수 없다.

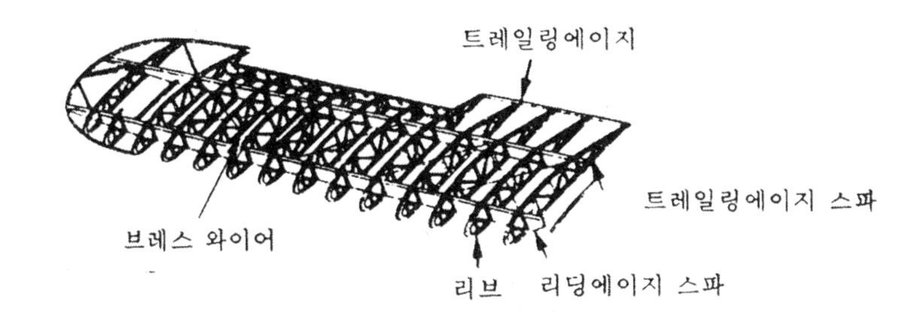

그림 1-8 날개 구조의 예

2) 응력 스킨 구조(Stressed Skin Structure)

스킨(Skin)도 하중을 분담하도록 만들어진 구조를 응력 스킨 구조라고 하며, 알루미늄 합금이 개발됨에 따라 우포를 알루미늄 합금판으로 바꾸어서 스킨도 응력을 분담할 수 있도록 이 구조가 사용된다. 이 구조에는 다음에 설명하는 세미모노코크와 모노코크의 2종류가 있다.

A. 세미모노코크 구조(Semimonocoque Construction)

횡방향 및 길이 방향 부재의 부품으로 구성된 세미모노코크 구조는 발생되는 응력의 대부분을 담당하는 구조 스킨(Structural Skin)로 덮혀 있다. 그림 1-9는 전금속 세미모노코크 동체의 구조를 나타낸 것이다. 동체의 경우 수직 부재는 프레임(Frame : 링 프레임 또는 원형) 또는 벌크헤드(Bulkhead)라고 부른다. 주요 수직 부재 사이에는 구조를 일정한 형으로 유지하기 위해 경량의 정형재(Former) 또는 링(Ring)이 삽입되어 있다. 종방향 부재는 스트링거(Stringer)라 하며 금속 스킨의 강성을 증가시키고 주로 굽힘 하중을 담당한다.

B. 모노코크 구조(Monocoque Construction)

완전한 모노코크 구조의 동체를 그림 1-10에 나타냈다. 이 구조는 횡방향 및 길이 방향 부재가 없는 간단한 금속 튜브(Tube) 또는 콘(Corn)을 의미한다. 때로는 형상을 유지하기 위해 정형링을 덧붙이는 경우도 있지만, 이것들은 구조에 가해지는 주요한 응력을 전달하는 역할을 하지 않는다. 보통 모노코크 구조의 동체는 미리 만들어진 1/2의 동체를 함께 결합하는 방법으로 조립된다. 현재 사용되고 있는 많은 미사일의 몸체는 금속 튜브로써 내부에 구조 부재를 갖지 않은 모노코크 구조로 만들어져 있다.

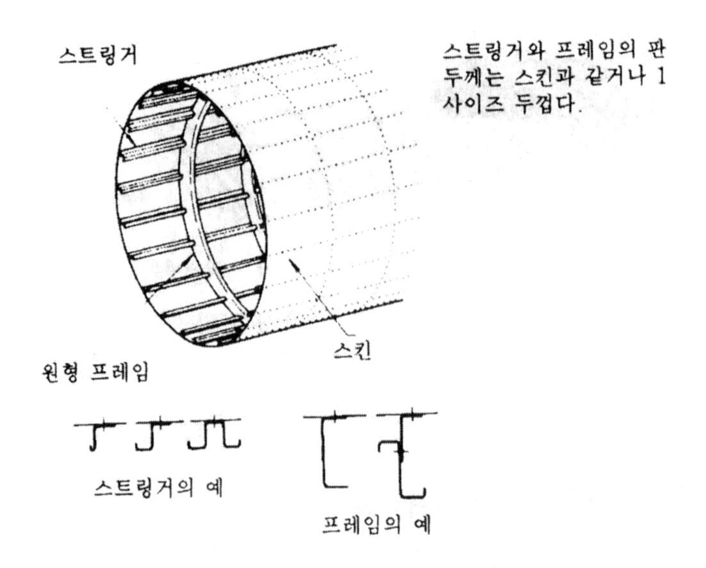

그림 1-9 세미모노코크(Semimonocoque) 구조의 동체

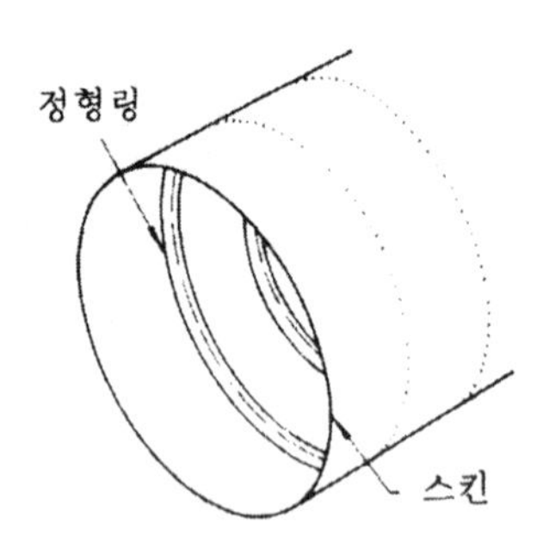

그림 1-10 모노코크(Monocoque) 구조의 동체

3) 샌드위치 구조(Sandwich Construction)

샌드위치 구조는 날개나 꼬리날개와 같은 일부 구조 요소의 스킨에 사용되는 경우가 많다. 그 이름이 나타내듯 2장의 판 상태의 스킨(Skin) 사이에 코어(Core)를 끼워서 샌드위치로 제작한 판을 이용한 구조로서 지금까지의 보강재 또는 스트링거를 댄 스킨보다도 강도 및 강성이 크고 가벼워서 부분적인 벅클링(Buckling)이나 부분적인 피로 강도에도 강하다.

따라서 같은 강도와 강성에 비해 다른 구조보다 얇으므로 항공기의 중량 경감에 도움이 된다. 또 판 자체의 강도와 강성이 크기 때문에 기체 구조의 스킨으로서 사용되는 경우 보강재를 필요로 하지 않거나 또는 필요로 해도 지금까지의 구조보다 적게 할 수가 있기 때문에 공정이 많이 줄어든다.

샌드위치판의 스킨 재료로서는 합성 수지, 금속 등이 이용되고 코어 재료에도 같은 재료가 사용되나 하중은 주로 스킨에서 받기 때문에 코어(Core)는 약하고 밀도가 작은 것이 사용된다. 이것을 허니컴이라 하고 이것을 이용한 것을 허니컴 샌드위치 구조(Honeycomb Sandwich Structure)라고 한다.

대표적인 형상으로서는 그림 1-11과 같은 것이 있다.

최근 샌드위치 구조에 널리 사용되고 있는 케블러(Kevlar : 스킨용) 및 노멕스(Normax : 코어)는 모두 듀퐁사의 상품명이다. 이 구조는 최신 제트 항공기의 보조 날개(Aileron), 스포일러(Spoiler), 플랩(Flap) 등에 널리 사용된다.

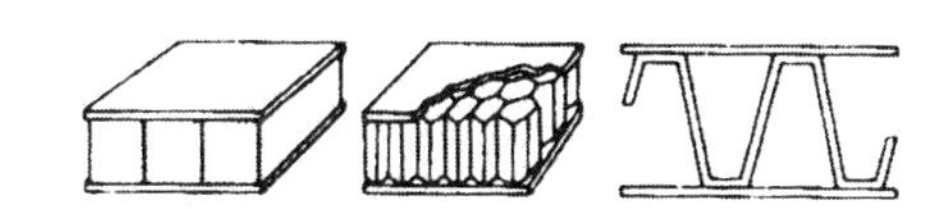

그림 1-11 샌드위치 판의 예

4) 페일 세이프 구조(Fail Safe Structure)

페일 세이프 구조라는 것은 하나의 주 구조(Main Structure)가 피로로 파괴되거나 일부분이 파괴된 뒤에라도 남은 구조에 의해 그 항공기의 비행 특성에 불리한 영향을 끼치는 치명적 파괴 또는 과도한 구조 변경이 생기지 않도록 설계된 구조를 말한다.

제트 운송기와 같이 비행 시간이 길고 장시간에 걸쳐 여러 가지 하중을 반복해 받은 항공기는 그 피로 파괴에 대한 안전성을 높이기 위해 페일 세이프 구조(Fail Safe Structure) 방식을 채택하고 있다.

페일 세이프 구조 방식에는 다음과 같은 4가지의 방법이 있다.

A. 리던던트 구조 방식(Redundant Structure)

이 방식에 의한 구조는 그림 1-12 (a)에 나타낸 것 같이 많은 수의 부재로 되어 있으며 각각의 부재는 하중을 분담해서 담당하도록 설계된 구조이다.

하나의 부재가 파괴되어도 그 부재의 분담 하중은 다른 많은 부재에 분배되므로 구조 전체의 치명적인 부담은 되지 않는다.

B. 더블 구조 방식(Double Structure)

1개의 큰 재료를 쓰는 대신 2개 이상의 작은 부재를 결합해 1개의 부재와 같거나 또는 그 이상의 강도를 갖게 하는 구조 방식으로서 그 예는 그림 1-12 (b)이다.

이 방식에서는 균열(Crack)이 그 부재에 발생한 경우 균열은 결합면에 의해 저지되고 전체 부재로 전파되어 파괴에 이르는 경우가 없기 때문에 구조는 상당한 강도를 계속 유지할 수 있게 된다.

C. 백업 구조 방식(Back-up Structure)

백업 구조 방식은 그림 1-12 (c)와 같이 규정된 하중은 모두 좌측 부재에서 담당하고 우측 부재는 예비 부재로서 좌측 부재가 파괴된 후에 비로서 그 부재를 대신하여 전체 하중을 담당하도록 설계된 구조이다.

D. 로드 드롭핑 구조 방식(Load Dropping)

그림 1-12 (d)와 같이 딱딱한 보강재를 댄 구조 방식으로써 보강재는 할당량 이상의 하중을 분담할 수 있다.

부재가 파괴되기 시작할 때에는 일반적으로 크게 뒤틀려 항복(Yield) 하지만, 이와 같은 부재가 「연화」하기 시작하면 그 부재를 담당하는 하중은 모두 딱딱한 보강재에 이동하므로 균열은 파손 부재 전체에 골고루 미치지 않는다. 따라서 구조의 치명적 파괴를 방지할 수 있다.

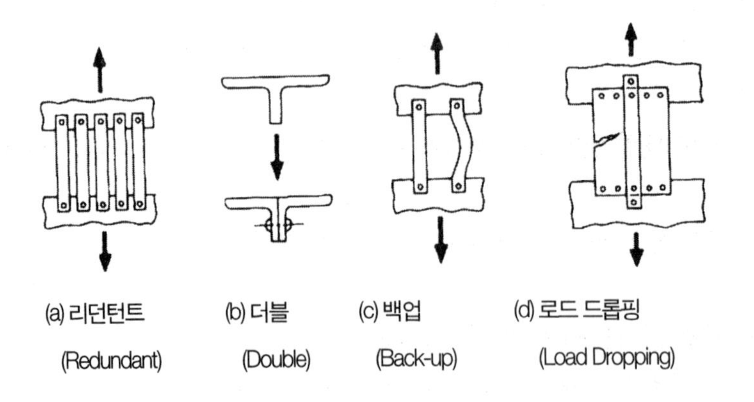

그림 1-12 페일 세이프(Fail Safe) 구조 방식

5) 손상 허용 설계(Damage Tolerance Design)

손상 허용 설계라고 하는 개념은 페일 세이프 구조를 더욱 발전시킨 새로운 방식이다. 이 개념은 항공기를 장시간 운용할 때 발생할 가능성이 있는 구조 부재의 피로 균열이 어떤 크기에도 달하기 전까지는 발견할 수 없기 때문에 발견되기까지 구조의 안전에 문제가 생기지 않도록 보증하려고 하는 것이다. 따라서 이 설계는 구조의 정비 방식과 같은 것으로 생각한다.

이 설계 기준에 일치하고 있는 것을 증명하기 위해서는 피로 시험중에 발생한 균열이 어떤 점검 방법으로 언제 발견할 수 있는지 또 어느 크기까지 안전한가를 확인한 다음에 정비 방식도 결정한다. 이 때에 보통의 운용 및 정비 작업중에 발생한 구조 부재의 손상, 부식 등이 피로 수명에 미치는 영향도 고려하도록 되어 있다.

6) 피로 파괴 방지를 위한 설계 기준 및 정비상의 주의

구조의 피로 파괴 방지 또는 구조를 페일 세이프로 하기 위해 일반적으로 적용되고 있는 설계 기준 및 정비상 주의해야 할 점은 다음과 같다.

① 가능한 한 형상이 대칭이 되도록 한다.

② 구조 각부에 작용하는 응력의 크기는 재료의 피로 한계보다 훨씬 낮은 값에 있도록 한다.

③ 피로 강도가 강한 특성을 갖는 재료를 선택한다.

④ 적절한 표면 완성 및 적합하게 조립되도록 충분히 주의한다.

⑤ 응력 집중을 피한다. 이것을 위해서는 단면이 급격하게 변화하지 않도록 하거나 구석을 둥글게 한다. 균열의 진행을 멈추기 위해 균열의 끝에 균열 방지 구멍을 설치하기 위해 판재를 구부릴 때에는 그림 1-13과 같이 구부린 구석에 균열 방지 구멍(Relief Hole)을 뚫는다.

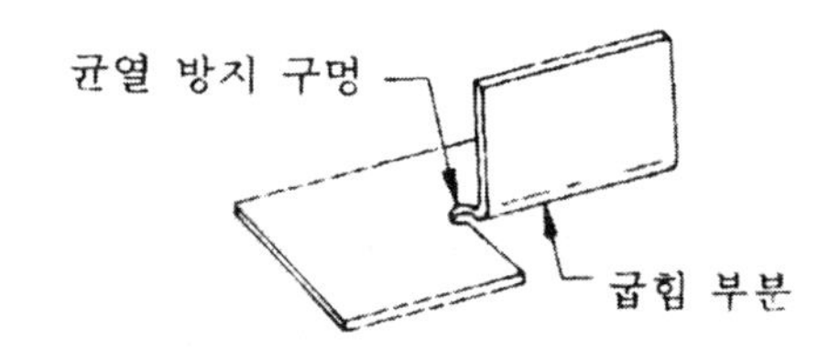

그림 1-13 균열 방지 구멍

⑥ 리벳 구멍과 같은 단면적의 불연속 부분을 피하기 위해 가능한 한 접착구조를 하든지 그림 1-15와 같은 샌드위치 구조로 하여 리벳 접합부를 적게 한다. 스킨에 그림 1-14와

같은 굴곡판 또는 그림 1-15와 같은 허니컴재를 접착해서 판의 강도 및 강성을 높이고 스트링거의 수를 적게 하거나 설치하지 않는 것도 하나의 방법이다.

그림 1-14의 굴곡판을 접착한 스킨은 굴곡부의 일부가 파손되어도 그 부분의 분담 하중은 접착부를 통해 스킨에 전달되므로 전체로서 정상 하중에 견딜 수 있기 때문에 앞에서 설명한 다경로 구조의 일례로서 생각되어 진다.

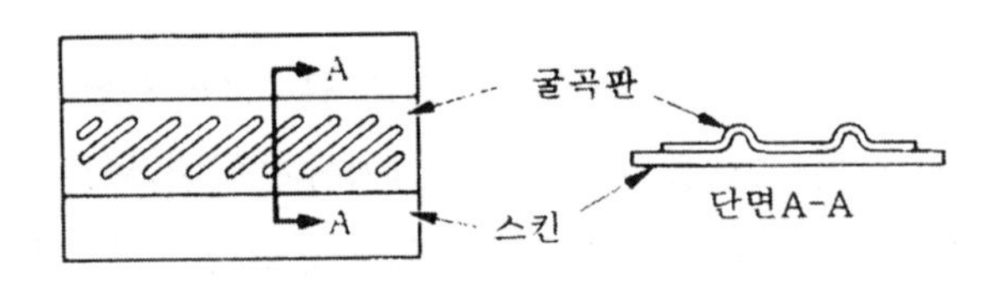

그림 1-14 굴곡판을 접착한 스킨

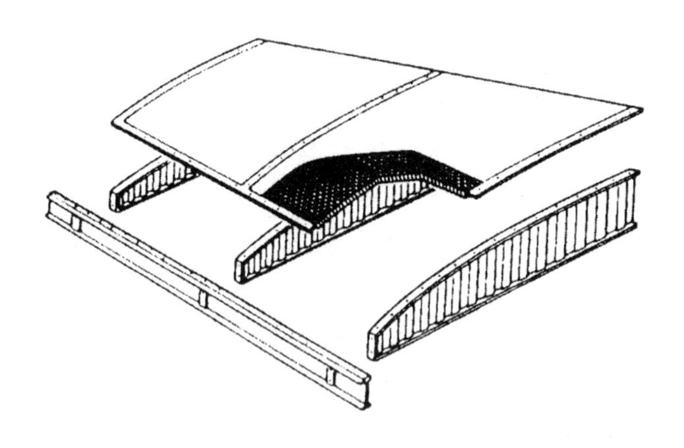

그림 1-15 허니컴(Honey Comb) 재료의 사용예

또 특수한 절삭 기계에 의해 그림 1-16과 같은 스트링거와 일체가 된 스킨을 제작해서 리벳 접합부를 적게 해도 좋다.

⑦ 균열의 전파가 일부분에 그치도록 제한하기 위해 2중 구조로 한다. 그림 1-17은 꼬리날개 스킨에 자주 사용하는 방법으로 큰 한 장의 판을 사용하지 않고 비교적 폭이 좁은 판을 2~3장 겹친 것이다. 이와 같이 하면 그림과 같이 균열은 스킨의 이음매(연결해 합친 접합부)에서 그치고 스킨 전체로 전파되는 것을 방지할 수 있다.

그림 1-16 스트링거(Stringer)와 정착된 스킨

그림 1-17 2중 구조의 예

⑧ 스킨과 보강재 사이에 더블러(Doubler)를 삽입한다. 그림 1-18 (a)의 경우와 같이 화살표 방향으로 하중을 받으면 리벳 접합부는 강도를 감당하기 어렵게 된다. 그러나 그림 (b)와 같이 더블러를 삽입하면 대폭적으로 하중이 경감된다. 이 경우 더블러는 스킨에 접착제를 바른후 그림 (b)와 같이 보강 앵글로 보강하는 것이 보통이다.

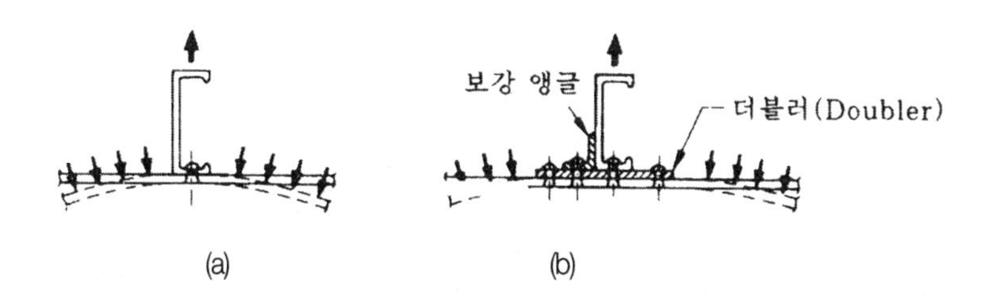

그림 1-18 스킨의 더블러(Doubler)

⑨ 접합부에서 비대칭이 되지 않도록 한다. 특히 주 응력선이 불연속이 되지 않도록 한다. 또 하중 전달 경로는 가능한 한 직선이 되도록 한다. 이것을 보통 스트레이트 로드 패스(Straight Load Pass)라고 한다.

⑩ 가능한 한 하중이 분산될 수 있는 길을 많이 만든다. 앞에서 설명한 다경로 구조도 이 일례이고, 일명 멀티플(Multiple) 구조 또는 멀티 로드 패스(Multiload Path) 구조라고도 한다.

⑪ 쇼트 피닝(Shot-peening) 및 압연(Rolling) 등과 같이 그 부재에 특히 첨가되는 냉간 가공의 방법에 대해 고려한다. 또 균열이 발생할 수 있는 곳에는 음폭 패게 만들어 놓는다. 압연 롤(Stretch Roll), 코이닝(Coining) 등의 가공은 이 예이고 또한 잔류 응력을 만들어 놓거나 미리 하중을 씌워서 피로 강도를 향상시키는 방법이 있다.

코이닝은 그림 1-19에 나타낸 것 같이 원형 구멍에서는 원형으로 홈을, 그림 (b)와 같은 형태의 구멍에서는 그림과 같은 형의 홈을 그림 (c)와 같이 압축해 두는 방법으로 압축에 의한 잔류 응력 때문에 균열이 발생해도 홈으로 막을 수가 있고 균열이 구조 전체에 진행되는 것을 방지할 수 있다.

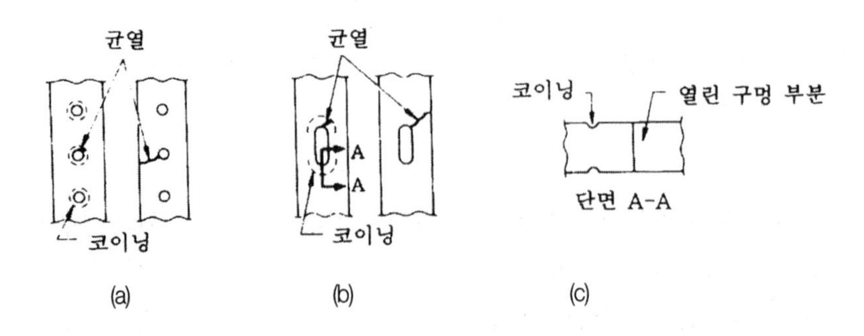

그림 1-19 코이닝(Coining)

⑫ 밀착되어 있는 면과 면의 사이에 부식이 생기지 않도록 적당한 처리를 강구한다.
⑬ 끊임 없이 장력을 받기 때문에 균열이 발생하기 쉬운 접착부의 용접 패딩(Padding)은 정성껏 완성한다.
⑭ 리벳이나 나사 접합을 위한 구멍이 손상되지 않도록 한다.
⑮ 나사산을 깊이 박은 부분의 하드웨어는 설계시에 정해진 최대값까지 미리 단단히 죄어 둔다.
⑯ 윈드쉴드(Windshield)나 윈도우(Window)에 잔류 응력이나 금이 가지않도록 형상을 바르게 설계 제작한다.
⑰ 변동하는 공기압을 받는 판넬, 프로펠러 후류가 닿는 곳 및 큰 소음을 발생시키는 부근의 판넬은 충분히 보강한다. 또 리벳이나 판넬의 파괴를 조장할 우려가 있는 높은 진동이 생기지 않도록 날개 트레일링 에이지를 충분히 보강한다.
⑱ 이웃해 있는 부품과 부품과의 공진, 순항 속도 이상의 고속에서 프로펠러의 회전에 의한 진동수와 꼬리 날개의 굽힘 모멘트와의 공진 및 조종계통의 로드와 케이블과의 공진이 생기지 않도록 그것들의 장치 및 강성에 충분히 주의한다.
⑲ 엔진의 배기 계통은 열에 의해 균열이 발생되지 않도록 충분한 가소성(유연성)을 갖게 한다.
⑳ 점용접(Spot Welding)되어 있는 부분의 판 두께 및 리벳 접합부의 여러 가지 형에 깊이 들어가거나 얇게 되어 있는 스킨의 판 두께는 다른 부분의 판 두께보다 두껍게 한다.

㉑ 힌지(Hinge)로 지지된 조종면은 그 힌지점이 같은 선이 되도록 한다.
㉒ 하드웨어(Hardware) 접합부에서는 큰 장력과 과대한 면압 응력이 동시에 가해지지 않도록 하고 하중 방향이 비교적 일정한 부재와 일정하지 않은 부재를 이웃해서 결합하지 않는다. 또 피로 수명을 향상시키기 위해 리브 플랜지(Rib Flange)와 스트링거(Stringer)가 교차하는 곳을 특별한 패스너(Fastener)로 접합해도 좋다.
㉓ 오버 사이즈(Oversize) 구멍에 쓰이는 볼트의 머리나 너트에는 특별히 두꺼운 와셔를 사용한다. 또 전단형(Shear Type) 연결부를 조이는 경우에 인장 볼트(Tension Bolt)는 사용하지 않는다.
㉔ 카드뮴 도금을 한 강철 부품은 금속 내부의 입자간 파괴에 의해 조기에 파괴하지 않도록 316℃(600°F) 이상의 고온에서 사용하지 않는다.

1-4. 동체

항공기의 주 구조(Main Structure)나 몸체(Body)를 동체(Fuselage)라고 한다. 동체는 화물, 조종실, 장비품, 승객 등을 위한 공간을 제공한다. 단발 항공기의 경우에 엔진은 흔히 기수에 장착되고 엔진과 엔진 보기류를 엔진 나셀(Nacelle)로 덮고 있다.

동체에는 날개(Wing), 꼬리 날개(Tail Wing) 및 착륙 장치(Landing Gear)의 장착점이 있고 이러한 장비품의 점검, 장탈, 수리 및 교환이 쉽게 행할 수 있도록 배치하고 있다. 또 동체의 구조는 비행 및 착륙 하중에 견딜 수 있고 전복되어도 승무원 및 승객을 보호할 수 있는 강도를 갖고 있다. 비상 탈출구는 객실 용적으로 정해진 승객수에 맞는 수를 설치하고 있다.

헬리콥터의 동체는 비행기의 동체보다 구조는 더욱 복잡하다. 그것은 비행기와 같이 승무원, 승객, 화물, 조종 장치 등을 위한 공간을 확보하는 것 외에 동력 전달 장치 및 로우터 브레이드(Rotor Blade) 구동 장치를 설치해야 하기 때문이다.

일반적으로 동체는 응력을 구조에 전달하는 방법에 의해 트러스 구조, 세미 모노코크 구조 및 모노코크 구조의 3종류가 사용된다.

1-5. 날개

날개(Wing)는 비행중 그 주위에 미치는 공기력에 의해 항공기를 공중에 지탱시키는 구조물이다. 이 날개의 구조는 항공기의 크기, 중량, 항공기의 용도, 비행 속도 등의 수많은 요소에 의해 정해진다. 항공기 날개는 후방에서 보면(조종실에 앉아 있는 조종사가 보아서) 우측의 날개를 오른쪽 날개, 좌측의 날개를 왼쪽 날개로 부르도록 정해져 있다.

날개의 구조 부재에는 주로 알루미늄 합금이 사용되고 있다. 또 최근의 항공기에는 비금속의 복합재도 사용한다.

또 날개와 동체의 결합부에는 소용돌이가 발생해서 항력의 증가를 초래한다. 또 이 소용돌이는 부펫팅(Buffeting : 소용돌이가 꼬리날개 등에 닿거나 진동을 발생하는 현상)을 일으키는 원인도 되므로 결합부에는 보통 필렛(Fillet : 결합부를 매끈하게 만든 덮개)이 설치되어 있다.

1) 응력 스킨 구조의 날개(Stressed Skin Construction)

보통의 날개는 날개폭 방향에 설치된 스파(Spar) 및 스트링거(Stringer), 날개 코드 방향에 붙여진 날개 리브 및 정형재로 구성된 응력 스킨 구조로 제작된다. 이 경우는 스파(Spar)가 날개의 기본적인 구조 부재이며, 스킨은 안쪽 부재에 날개 하중의 일부를 전달한다.

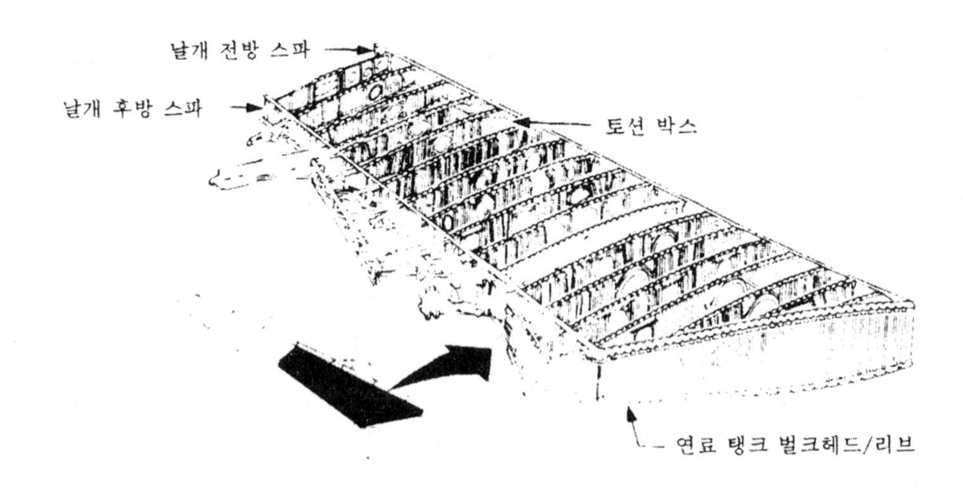

그림 1-20 응력 스킨 구조(Stress Skin construction)의 날개

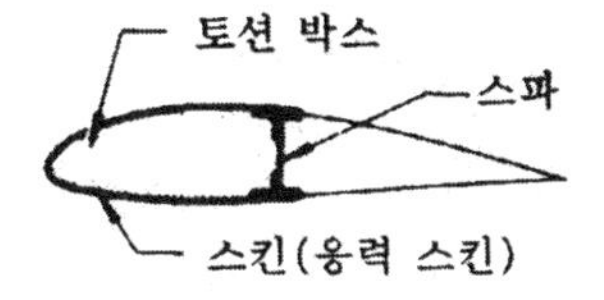

그림 1-21 싱글 스파의 응력 스킨 구조

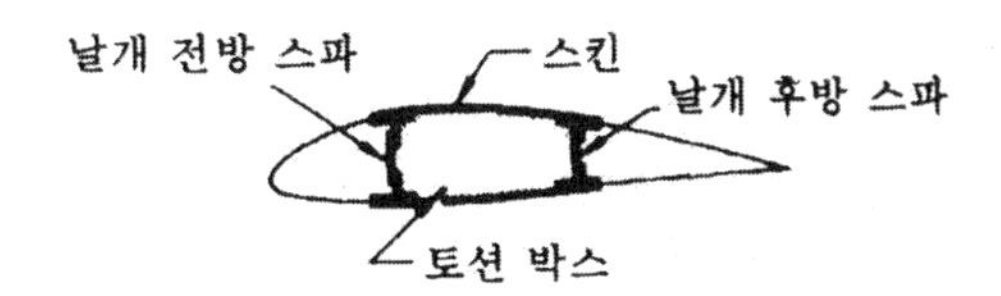

그림 1-22 더블 스파의 응력 스킨 구조

비행중 날개 구조에 가해지는 하중은 먼저 스킨(Skin)에 작용된다. 이것들의 하중은 스킨에서 리브로, 그리고 스파(Spar)로 전달된다. 스파는 동체, 착륙 장치, 엔진의 집중 하중 등에 의해 전단력과 굽힘 모멘트를 담당하고 스킨은 압축 모멘트를 담당한다.

이 구조에서 가장 간단한 것은 싱글 스파 구조(Single Spar Structure)이다. 이 구조의 경우에는 보통 스파를 최대 날개 두께 위치 부근에 두고 날개 전방 스파(Wing Front Spar)로 토션 박스(Torsion Box : 토큐 박스라고도 한다)를 형성하여 비틀림 강성을 유지하고 있다.

또한 싱글 스파의 날개 구조에서는 스파와 리딩에이지의 스킨이 토션 박스(Torsion Box)를 형성하고 있다. 토션 박스라는 것은 비틀림 하중을 전달하는 상자 모양의 구조를 말하고 대형 항공기에서는 스파와 스파 사이의 스킨에 스트링거(Stringer)를 연결해 강성을 유지하고 있다.

그림 1-22에 나타낸 스파를 2개로 한 더블 스파(Double Spar) 응력 스킨 구조는 싱글 스파 구조보다 역사는 오래되었다. 이 구조의 스파는 굽힘 모멘트와 전단력을 담당하고 스킨과 스파로 둘러싸인 상자형 단면이 압축 모멘트를 담당한다.

싱글 스파 구조의 특징과 더블 스파의 특징을 결합한 것이 3중 스파 구조이다. (그림 1-23) 중앙의 주 스파(Main Spar)를 최대 날개 두께 위치 부근에 두고 그 전후에 스파를 배치하고 있고 굽힘 및 비틀림에 대해서도 효율이 좋다. 만약 1개의 스파가 손상되어도 2/3의 굽힘 강도가 남고 토션 박스도 남기 때문에 페일 세이프(Fail Safe)의 면에서 뛰어나다.

현재의 중 · 대형 항공기에 널리 쓰여지고 있는 것이 그림 1-24의 멀티 스트링거(Multi-Stringer) 구조이다. 이 구조의 특징은 스트링거와 스킨에도 굽힘 응력을 부담시키고 있기 때문에 스킨이 두꺼운 대형 항공기에는 효과적인 구조이다. 이 구조에서는 스트링거를 강하게 하고 개수도 많게 할 필요가 있기 때문에 스트링거와 스킨을 하나로 얇게 깎아낸 단일 구조(Integral Structure)가 널리 사용되고 있다. 이 멀티 스트링거 스킨에 2개 또는 3개 스파를 병용해서 토션 박스를 형성하고 전단이나 비틀림 모멘트에 견딜 수 있는 구조로 하고 있다.

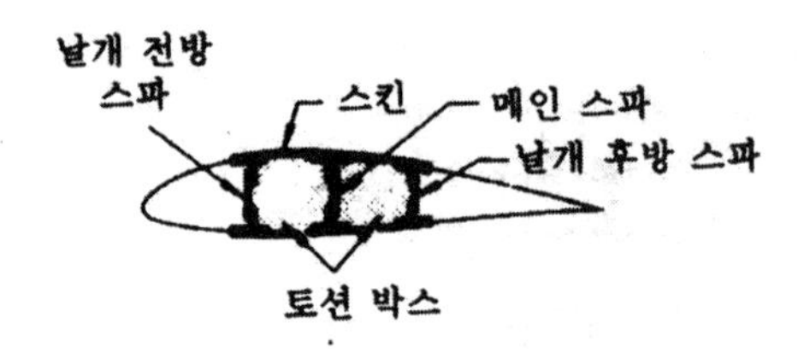

그림 1-23 3중 스파의 응력 스킨구조

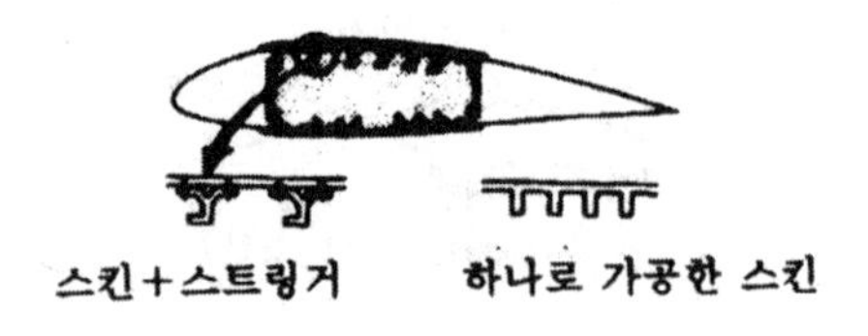

그림 1-24 멀티 스트링거의 더블 스파 응력 스킨 구조

2) 날개 스파(Wing Spar)

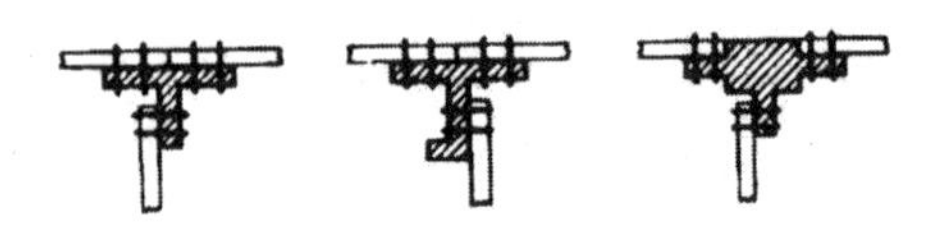

그림 1-25 스파 캡(Spar Cap) 단면의 종류

날개 스파는 날개폭 방향의 주요 구조 부재로써 주로 날개에 더해지는 공기력에 의한 굽힘 모멘트를 담당하며, 그 하중을 동체에 전달하는 역할을 한다. 날개를 동체에 비유하면 날개 스파는 동체의 론저론(Longeron)에 해당하는 것이다. 스파는 주로 굽힘 모멘트와 전단력을 담당하므로 가능한한 강성과 강도가 높은 형상을 쓰고 있으나 그림 1-25에 나타나듯이 그 형상은 설계에 따라 여러 가지이다. 이 스파의 형재는 스파 캡(Spar Cap) 또는 스파 붐(Spar Boom)이라고 부른다. 스파의 형재는 가능한 한 강도가 높은 재료를 사용해서 중량의 경감을 꾀하고 있다.

금속제의 날개 스파 구조는 일반적으로 판재로 된 웨브(Web)의 상하에 형재를 설치한 것이 많다. 그림 1-26 (a)는 조립식 I 빔 스파, 그림 (b)는 압축 형재 I 빔 스파, 그림 (c)은 이중 웨브 붙이는 스파, 그림 (d)은 소구경 파이프를 사용한 용접 강관 스파, 그림 (e)는 큰 직경 파이프를 쓴 용접 강관 스파이다.

날개 스파는 동체에 날개 취부 패스너(Fastener), 빔(Beam) 또는 트러스(Truss)에 의해 설치된다. 그림 1-27은 조립식 I 빔 스파와 그 장착부의 구조이다. 주 스파는 동체 내의 캐리쓰루 부재(Carry-Through Member : 좌우의 날개 스파를 접속하고 날개의 하중을 동체에 전달하기 위한 구조 부재)에 직접 볼트로 결합시키고 보조 스파는 동체 장착대에 설치되고 있다.

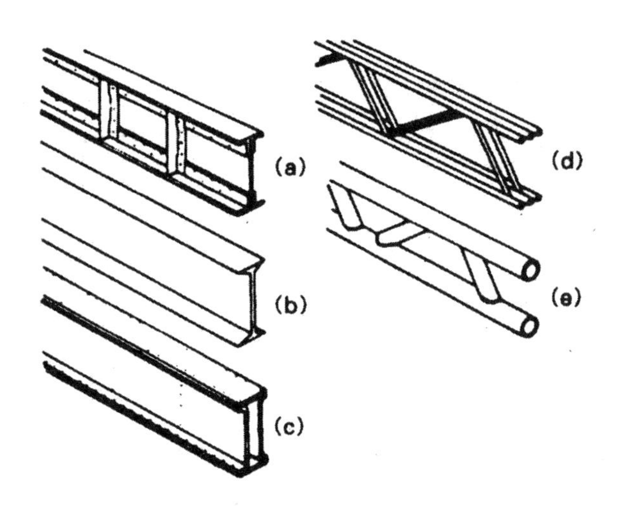

그림 1-26 금속제 날개 스파(Wing Spar)의 구조

강도를 증가시키기 위해 웨브(Web)에 스티프너(Stiffner)를 설치하고 있으나 스티프너가 없는 것이나 웨브에 중량 경감 구멍을 뚫은 것도 있다. 그림 1-28은 상하 스파 캡에 수직 및 경사 부재를 결합시킨 트러스 구조 스파이다. 트러스 구조 스파는 부품수가 많고 공작성이 나쁘나 내부 구조나 장비의 점검이 용이하다는 장점이 있다.

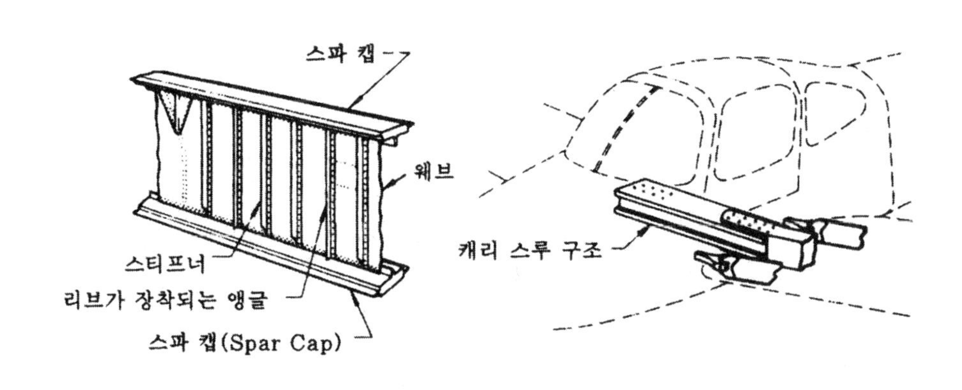

그림 1-27 조립식 I 빔

그림 1-28 트러스(Truss) 구조의 날개 스파(Wing)

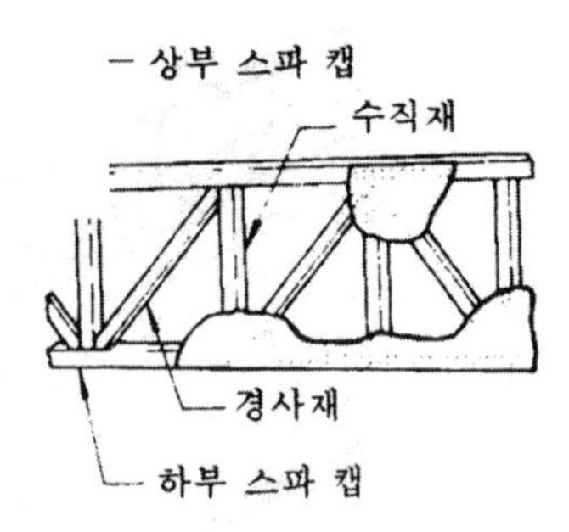

스파는 특별한 박스 빔(Box Beam)을 제외하고 조이는 경우에는 견디지 못하므로 우포로 덮은 날개에는 2개 이상의 조합으로 금속 날개에는 스파 토션 박스 구조(Torsion Box Structure)의 일부를 형성하도록 해서 사용한다.

3) 날개 리브(Wing Rib)

날개 리브는 날개 캠버의 형태를 만들어 내는 날개 코드 방향(Cordwise)의 구조 부재로써 에어포일(Airfoil)을 유지하는 중요한 것이다.

리브는 본래, 정형재로서의 역할이 크지만 스킨 및 스트링거로부터의 응력을 스파에 전달하는 역할을 담당하고 있다.

그림 1-29의 금속제 리브는 보통 날개 리딩에이지에서 뒤쪽 스파 또는 날개 트레이링 에이지까지 연장되어 있다. 리브 중에는 뒤쪽 스파까지 연결되지 않은 짧은 것이 장착되어 있는 경우가 있다. 이것은 보조 리브 또는 노스 리브(Nose Rib)라고 불리며 정형만을 목적으로 한 것이기 때문에 강도는 적고 하중을 스파에 전달하는 구조에는 장치되어 있지 않다.

리브는 안정판(Stabilizer), 보조 날개(Aileron), 승강타(Elevator), 방향타(Rudder), 플랩(Flap) 등에도 사용되고 있다.

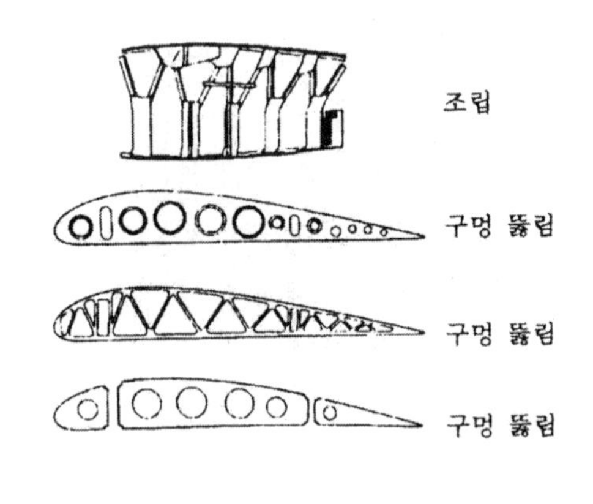

그림 1-29 금속재 리브(Rib)

1-6. 나셀, 포드, 카울링

나셀이나 포드는 유선형으로 다발 엔진 항공기에 주로 사용되고 내부에 엔진이 위치된다. 이것들은 보통 원통형이고 날개의 리딩에이지 또는 날개에 장착된 파이론(Pylon)의 밑에 설치되어 있다. 단발 항공기의 경우는 보통 동체의 맨 앞에 장착되어 있다. 엔진의 나셀(Nacelle) 및 포드(Pod)는 스킨, 카울링(Cowling), 구조 부재, 방화벽(Firewall) 및 엔진 마운트(Engine Mount)로 구성되어 있다. 나셀의 외측을 덮고 있는 스킨과 카울링은 보통 알루미늄 합금, 스텐레스 강 또는 티타늄 합금으로 제작된다. 사용되는 재질에 관계없이 스킨은 링 모양의 프레임(Frame)에 리벳으로 장착한다.

나셀 및 포드의 프레임은 보통 동체 구조와 유사하고 론저론 및 스트링거와 종방향의 부재 및 방화벽, 링 및 정형재와 같은 횡방향 스파/수직 방향의 부재로 구성되어 있다. 엔진 장착 부분에는 반드시 방화벽이 설치되어 있다. 이 방화벽은 엔진실(Engine Compartment)로부터의 화재를 항공기의 다른 부분으로부터 격리하기 위해 설치된 것이다. 벌크헤드(Bulk

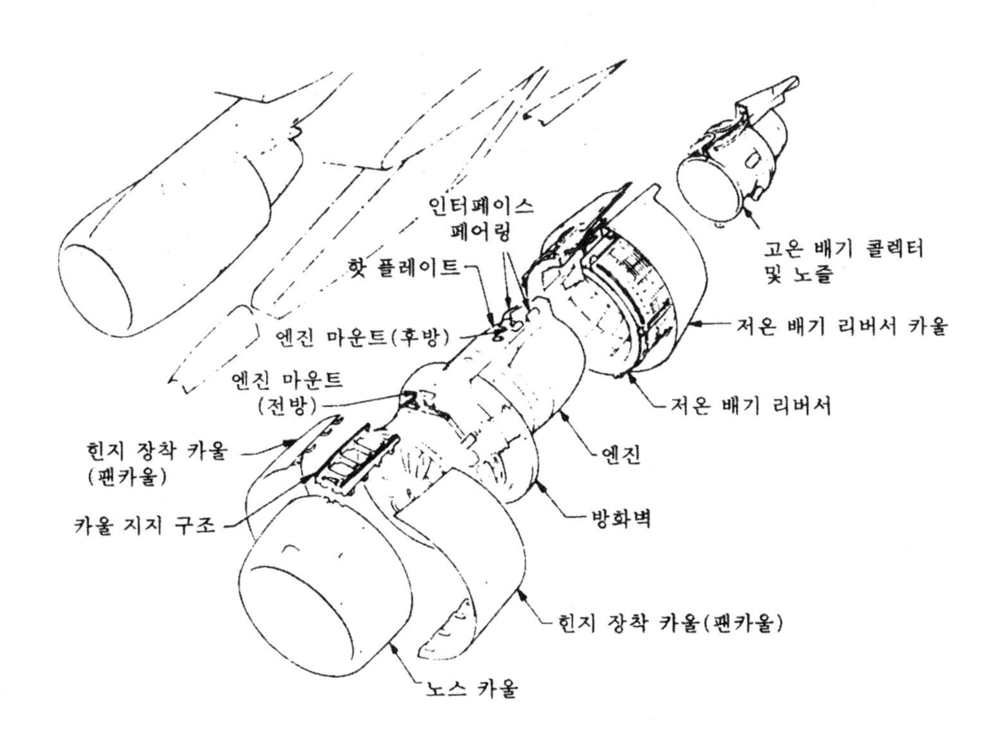

그림 1-30 파이론(Pylon)과 엔진 포드(Engine Pod)

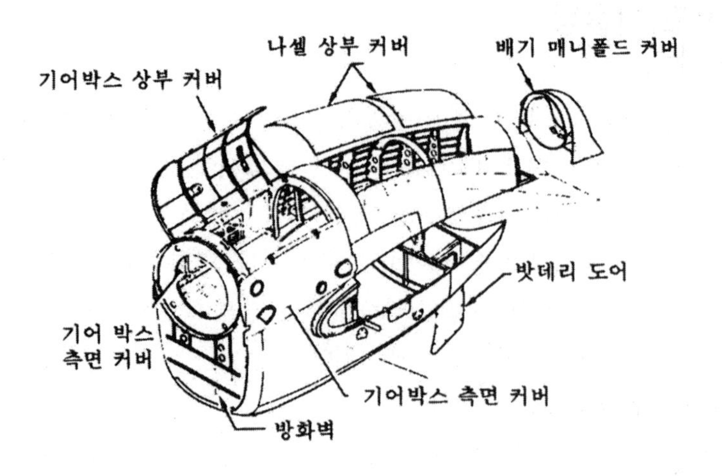

그림 1-31 나셀 구조(Nacelle Structure)

head)는 보통 스테인레스 강, 티타늄 합금 등의 내화성이 가장 우수한 제1종 내화성 재료의 판금으로 되어 있다. 그림 1-30은 제트 여객기의 엔진 파이론 및 포드, 그림 1-31은 터보 프롭 항공기의 엔진 나셀이다.

엔진 마운트(Engine Mount)는 방화벽 또는 파이론에 장착되어 있고 엔진은 이 마운트에 볼트, 너트 및 진동 흡수용 고무 완충 장치 또는 포드에 의해 설치되어 있다. 그림 1-32는 왕복 엔진에 사용되는 세미모노코크 형으로 용접한 강 튜브로 된 엔진 마운트의 예이다. 엔진 마운트는 각각의 기체와 엔진의 조합에 의해 선택된다. 이 선택 조건을 엔진 마운트의 장착 방향, 위치, 지지하는 엔진의 크기, 형식 및 특성 등을 말한다.

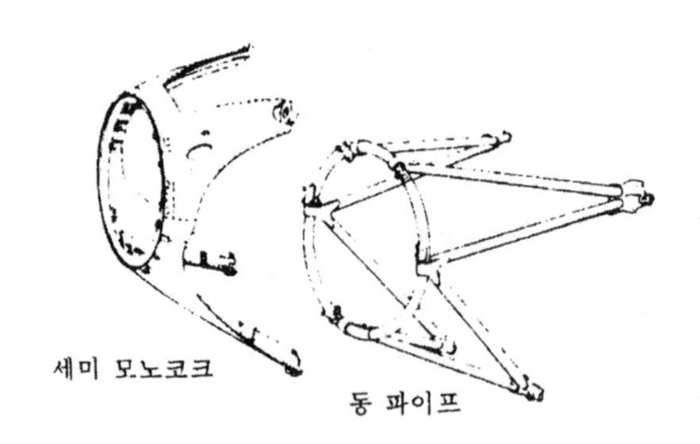

그림 1-32 세미 모노코크 및 용접한 엔진 마운트

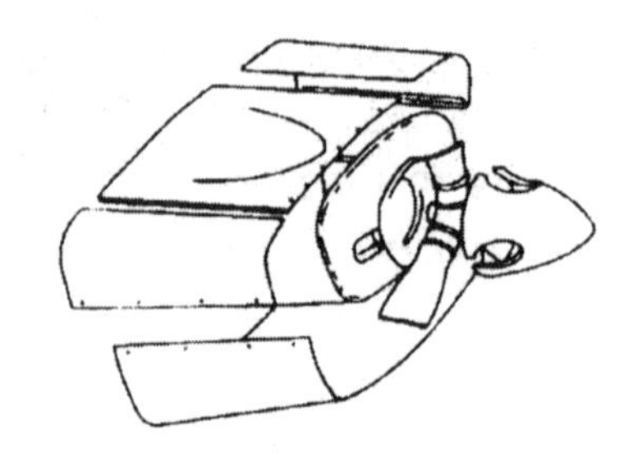

그림 1-33 수평 대향형 엔진의 카울링

엔진 마운트는 장탈이 용이한 단일 부품으로 제작된다. 이 마운트는 크롬—몰리브덴 튜브를 용접한 트러스(Truss) 구조로 만들어져 있는 경우가 많고 마운트에 사용되는 패스너는 크롬-니켈-몰리브덴 강의 단조품이 사용되어 착륙 접지시의 충격 하중, 프로펠러 추력이나 엔진의 토크 혹은 카울링에 작용하는 공기력에 충분히 견딜 수 있도록 하고 있다.

대부분의 고속 항공기는 비행 중의 항력을 줄이기 위해 착륙 장치를 접인형(Retract Type)으로 하고 있다. 착륙 장치를 집어넣는 부분을 휠 웰(Wheel Well : 바퀴실)이라 부르고 있다. 보통 착륙 장치는 나셀이나 동체 또는 날개 속으로 접인(Retract)된다.

카울링(Cowling)은 엔진 보기 및 엔진 마운트 또는 방화벽과 같은 정기적으로 점검하여야 하는 부분을 덮고 있는 장탈 가능한 덮개를 말한다.

그림 1-33은 소형 항공기의 수평 대향형 엔진(Opposite Type Engine)의 카울링을 장탈한 것이다. 대형 왕복 엔진 또는 터보 프롭 엔진은 그림 1-34와 같이 오렌지를 벗긴 형(Orange Peel Type)과 같은 카울 판넬(Cowl Panel)로 덮여 있는 것이 있다. 카울 판넬은 힌지에 의해 방화벽에 설치되고 카울링을 열었을 때 적당한 위치에 고정할 수 있도록 되어 있다.

그림 1-34의 밑면 카울 판넬은 힌지에 붙어 있는 링을 잡아당기면 힌지 핀이 벗겨져 카울을 간단하게 분리할 수 있다. 이 측면 판넬은 짧은 로드로 윗면 판넬은 긴 로드로 열린 상태로 지지되고 밑면 판넬은 열린 상태가 스프링과 밧줄로 지지된다. 4개의 판넬은 모두 오버 센터(Over Center)에 의한 철재의 랫치(Steel Latch)로 닫힌 위치에 고정된다.

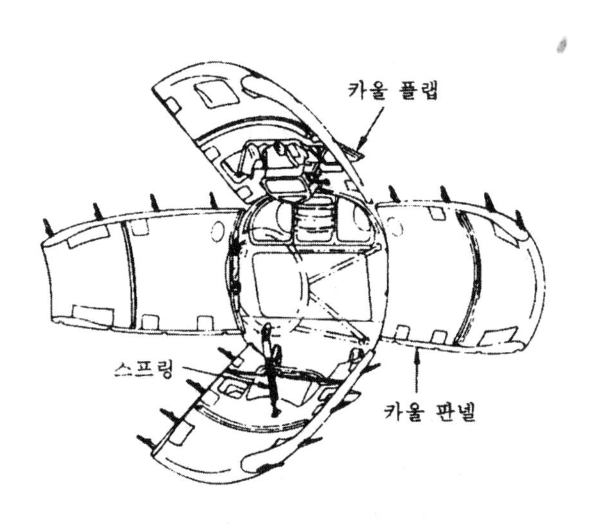

그림 1-34 성형 엔진(Radial Engine)의 카울링(Cowling)

카울 판넬은 일반적으로 알루미늄 합금으로 만들어져 있으나 카울 플랩 및 카울 플랩의 열려지는 부분, 오일 쿨러 덕트(Oil Cooler Duct), 동력부(Power Section) 후부의 안쪽 판 등에는 스테인레스강이 사용되어 왔다.

제트 엔진의 카울 판넬은 엔진 바깥의 공기를 유선형으로 흐를 수 있게 하고 또한 외부로부터의 엔진 손상을 방지할 수 있도록 설계된다. 이 엔진의 카울링은 노스 카울(Nose Cowl)로 윗면 및 밑면에 힌지가 붙어 있어 장탈이 가능한 카울 판넬과 고정된 카울 판넬로 구성되어 있다. 그림 1-35는 윗면 및 밑면의 힌지가 붙은 장탈 가능한 판넬의 예이다.

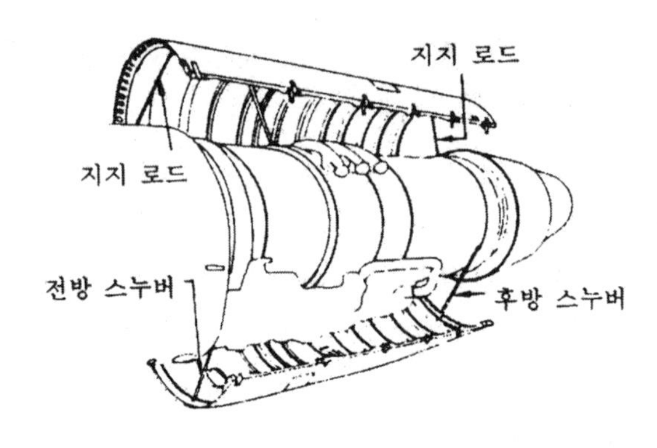

그림 1-35 엔진의 카울링(Cowling)

1-7. 꼬리 날개

코리 날개(Tail Wing)는 항공기가 안정을 유지하고 비행하기 위한 중요한 부분이다. 꼬리 날개는 그 일부를 조종면으로 이용하고 기체의 자세나 비행 방향을 변화시키는 역할을 한다. 꼬리 날개의 배치는 해당 항공기의 공기 역학상 요구에 의해 정해진다.

이전의 항공기에서는 수평 · 수직 꼬리 날개가 직접 동체에 설치되어 있었으나 최근에는 T형 꼬리 날개나 십자형 꼬리 날개도 다수 사용된다. T형 꼬리 날개는 수평 꼬리 날개가 기류의 혼란이 적은 곳에 있기 때문에 크기에 비해서 효과가 좋고 중량 경감에 도움이 된다.

항공기의 꼬리 날개는 보통 수평과 수직 꼬리 날개의 2종류로 나누어지고 안정판 및 조종면으로 구성되어 있다. 안정판에는 수평 안정판(Horizontal Stabilizer) 및 수직 안정판(Vertical Stabilizer) 또는 핀(Fin)이 있고 여기에는 승강타(Elevator) 및 방향타(Rudder)라고 불리우는 조종면이 설치되어 있다. 극히 드물게는 수평 및 수직의 꼬리 날개를 겸한 V형 꼬

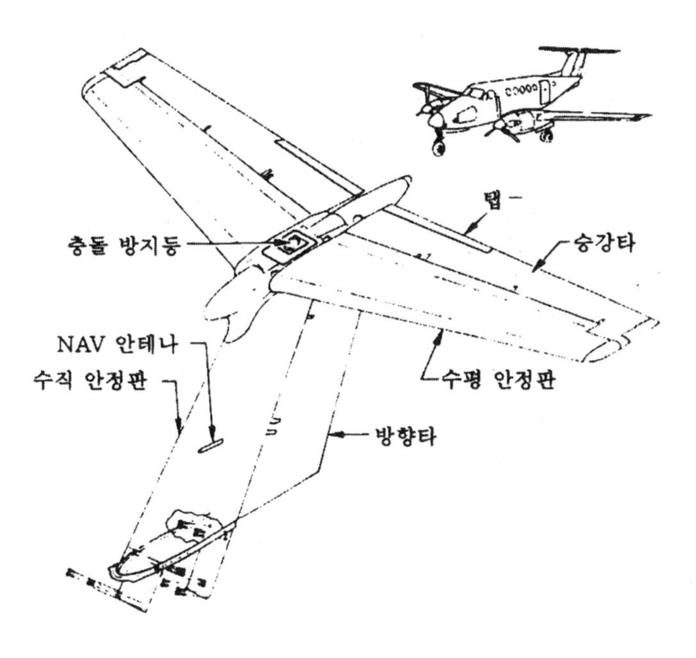

그림 1-36 꼬리 날개 구조의 예

리 날개로 승강타와 방향타를 겸한 러더베이터(Ruddervator)를 갖고 있는 것도 있다.(그림 1-37) V형 꼬리 날개는 꼬리 날개 전체의 면적을 줄이기 위해 고안된 것이다.

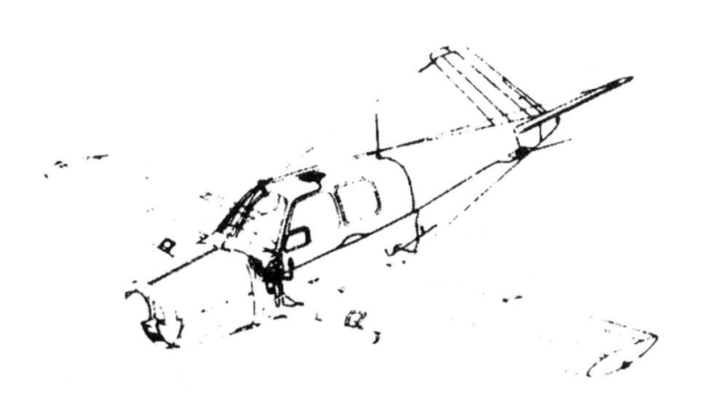

그림 1-37 V형 꼬리 날개

꼬리 날개의 크기는 작지만 보통 날개와 같은 구조로 만들어져 있다고 생각하면 좋다. 그러나 구형 항공기의 우포 구조의 꼬리 날개 속에는 주위의 프레임(Frame)에 우포만 씌운 간단한 것도 있다. 꼬리 날개는 1개 또는 복수의 스파와 여기에 설치되어 있는 리브(Rib)와 스킨(Skin)으로 구성되어 있다. 수직 안정판은 동체의 일부로 만들어진 경우와 장탈할 수 있는 독립된 구조 부재로 만들어진 경우가 있다. 안정판 및 조종면을 포함한 항공기의 테일부 구조(Tail Section) 전체를 보통 후방 동체(Empennage)라고 부른다.

동체의 최후방을 테일 콘(Tail Cone)이라고 한다. 테일 콘은 동체의 최후단을 유선형으로 마무리하는 역할을 하고 있으나 동체로부터 받는 응력이 작기 때문에 일반적으로 경량 구조로 되어 있다. 그러나 테일 콘 내부에 APU(보조 동력 장치)를 장착한 대형 여객기에서는 필요한 강도 외에 방화 벽을 갖고 있다.

1) 수평 꼬리 날개(Horizontal Tail)

수평 꼬리 날개는 보통 수평 안정판과 승강타에 의해 구성된다. 동체의 취부각은 날개의 다운 워쉬(Down Wash)를 고려해서 수평보다도 조금 상향으로 하고 있다.

소형 항공기의 수평 꼬리 날개는 단일 날개로 하고 동체 위에 얻는 방법을 하고 있으나, 대형 항공기에서는 좌우로 분할해서 중앙 부분(Center Section)에 결합하고 있다. 아음속 영역을 비행하는 제트 여객기는 마하수의 영향이 생기기 때문에 기체의 트림은 수평 안정판의 취부각을 변경해서 행한다.

중앙 부분 전방 스파에 작동 액투에터(Actuator)가 장착되어 유압 또는 전기 모터에 의하여 움직이도록 한 것이 많다. 이 방식의 안정판을 조정식 안정판(Adjustable Stabilizer)이라고 한다. (그림 1-38)

그림 1-39는 왕복 쌍발 항공기의 수평 안정판을 나타낸다. 이 구조는 전방 날개폭에 걸친 2개의 스파를 가지고 여기에 교차하는 리브가 스킨에 리벳으로 장착되어 있다. 후방 스파는 승강타를 설치하기 위한 보조 스파이고 여기에 4개의 승강타 힌지가 설치되어 있다. 대형 제트 항공기의 수평 안정판의 기본 구조 부재도 전후 스파 및 리브이고 바깥은 알루미늄 합금 판으로 덮혀 있다. 안쪽의 끝에 동체 내의 센터 섹션에 설치한 패스너가 장착되어 있다.

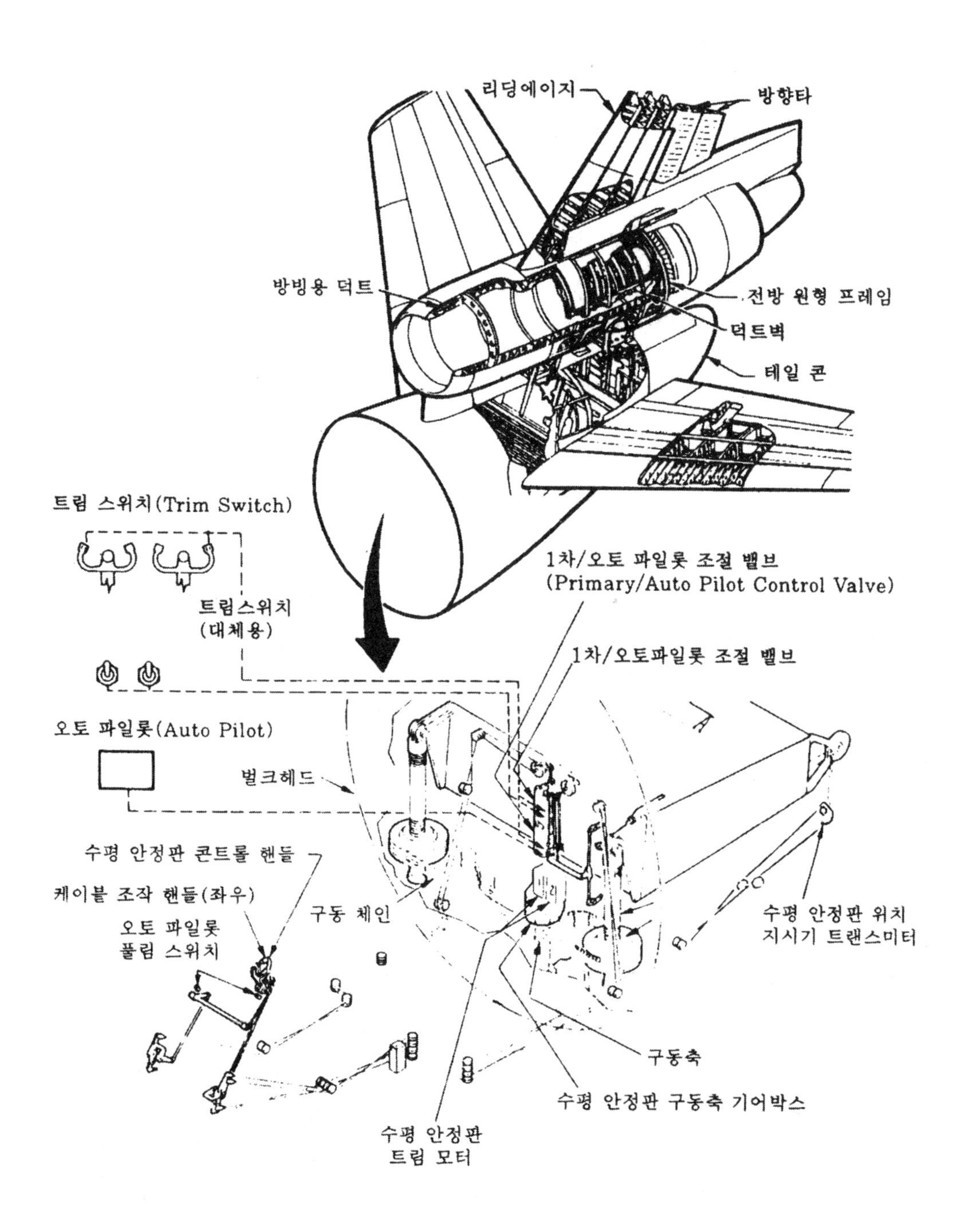

그림 1-38 대형 제트 항공기의 꼬리 날개

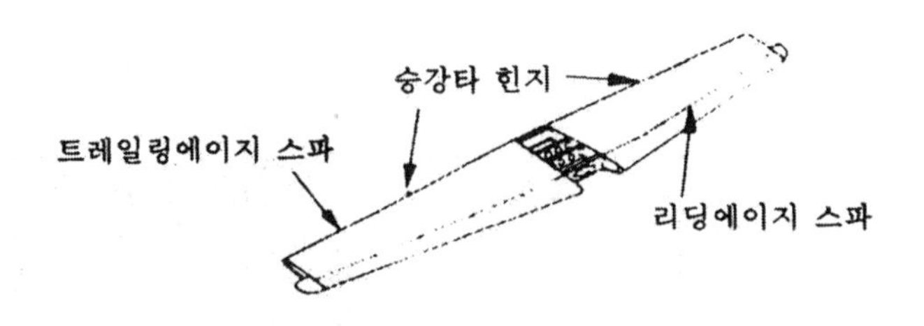

그림 1-39 왕복 쌍발 항공기의 수평 안정판

2) 수직 꼬리 날개(Vertical Tail)

수직 꼬리 날개는 보통 수직 안정판과 방향타로 구성되어 있다. 수직 꼬리 날개는 항공기의 방향 안정을 유지하고 방향을 조종한다. 동체의 취부각은 프로펠러의 후류를 고려해 항공기 축으로부터 어떤 각도 만큼 치우치게 하는, 소위 오프셋트(Offset)로 하고 있는 것도 있다. 수직 꼬리 날개는 날개나 수평 꼬리 날개와 같이 좌우의 날개를 결합시켜 굽힘 모멘트를 상쇄할 수 가 없고 이 날개의 굽힘 모멘트는 모두 동체의 압축 모멘트로 된다. 이 때문에 대형 항공기에서는 수직 안정판의 주요 구조는 동체 구조의 일부로서 만들어지는 경우가 많고 하중의 전달이 부자연스럽게 되지 않도록 스파 결합 방식이 사용된다. 대형 항공기의 수직 꼬리 날개는 안정판의 일부를 전기적으로 절연하고 이 자체를 HF 혹은 VOR 안테나로 이용하고 있는 것이 많다.

1-8. 비행 조종면

1) 1차 조종면(Primary 또는 Main Control Surface)

항공기의 자세 조종은 횡축, 종축 및 수직축 주위의 조종면에 의해 행해진다. 조종면(Flight Control Surface)은 1차 조종면과 2차 조종면의 부분으로 나뉘어지며, 1차 조종면 그룹은 보조 날개(Aileron), 승강타(Elevator) 및 방향타(Rudder)로 구성되어 있다. 조종면의 구조는 안정판과 비슷하지만 보통 구조를 간단하게 하여 중량을 가볍게 만들고 있다. 이들은 강성을 갖게 하기 위해 리딩에이지에 스파(Spar) 혹은 트럭 튜브(Truck Tube)를 장착한 것이 많고 이 스파나 트럭 튜브에 리브(Rib)를 붙인다. 리브에는 흔히 중량 경감 구멍을 뚫고 있다.

구형 항공기의 조종면은 우포로 덮여져 있는 것도 있지만 고속 항공기에서는 강도상 전부 금속 또는 복합소재 스킨을 사용하고 있다. 복합소재 스킨(Composite Skin)은 내부를 허니컴 샌드위치 구조(Honeycomb Sandwich Structure)로 한 것이 많다.

조종면은 중량 분포가 적절하지 않으면 비행중 또는 조종중에 플러터(Flutter)를 일으킬 위험이 있기 때문에 보통은 그 리딩에이지에 추를 넣어 플러터를 방지하고 있으며, 이 추를 매스 밸런스(Mass Balance)라고 한다. 조종면에는 리딩에이지 작동의 중심이 되는 힌지 라인(Hinge Line)이 있어서 조종 장치를 조작하면 케이블 등을 통하여 이 힌지 라인을 통하고 있는 트럭 튜브를 직접 회전시킨다.

조종면에는 이와 같은 질량적으로 균형을 취한 질량 균형 조종면과 그림 1-40의 공기 역학적 균형 조종면이 있다. 공기 역학적 균형 조종면은 조종면의 리딩에이지를 힌지 라인보다 전방에 밀어낸 것이다. 이 조종면이 어떤 각을 취했을 경우 전방에 밀어낸 날개면이 조종면을 힌지 주위에 회전시켜 조종력을 경감한다.

여기까지 설명한 조종면은 통상 사용되는 것이고 일부의 항공기에서는 조종면에 2개의 역할을 갖게 하고 있다. 예를 들면 엘레븐(Elevon)은 보조 날개와 승강타의 두가지 기능을 결합시킨 것이며 러더베이터(Ruddervator)는 승강타와 방향타의 기능을 갖게 한 것이고 플랩퍼론(Flaperon)은 플랩으로서도 작용하는 보조 날개이다. 스태비레이터(Stabirator)는 수평 안정판과 승강타의 역할을 한다.

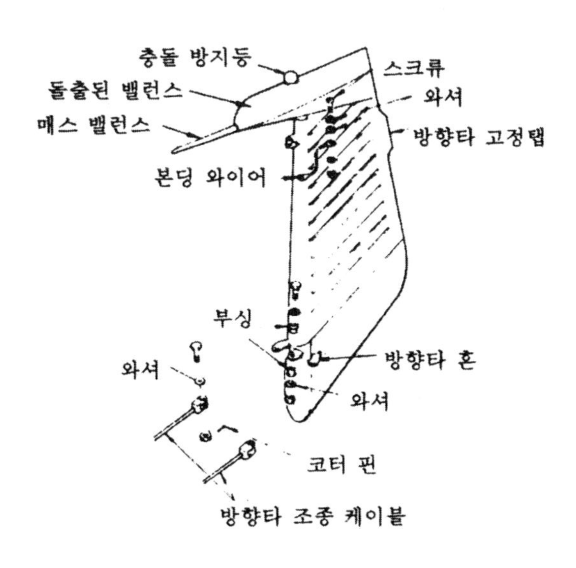

그림 1-40 공기 역학적 균형을 갖는 방향타(Rudder)

A. 보조 날개(Aileron)

보조 날개는 1차 조종면의 일부로써 미리 설계된 원호에 따라서 움직이도록 날개의 후방 스파에 힌지로 장착되어 있다. 보조 날개는 조종휠(Control Wheel)을 좌우로 회전시키거나 혹은 조종간(Control Stick)을 좌우로 밀어서 작동시킨다. 보조 날개는 보통의 항공기에서는 좌우 날개의 바깥쪽 트레일링에이지에 힌지로 장착되어 있다. 그림 1-41은 전형적인 소형 항공기의 날개끝 모양과 보조 날개의 위치를 나타낸 것이다.

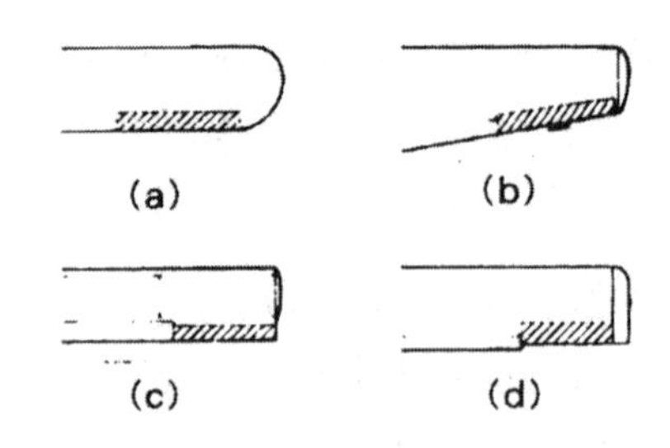

그림 1-41 윙팁의 모양과 보조 날개(Aileron)

또 소형 항공기의 보조 날개 트레일링에이지에는 그림 (b)에 나타난 고정 탭(Fixed Tab)이 붙어있는 것도 있다. 이 탭은 예를 들면 항공기를 직선 비행시키려고 했을 때 오른쪽으로 기울어버린 경우 오른쪽 보조 날개 탭을 아래 방향으로 왼쪽 보조 날개 탭(Tab)을 위쪽 방향으로 구부려서 직선 비행을 시킬 수 있다.

좌우의 보조 날개는 동시에 서로 반대 방향으로 작동시키기 위해 그 조작 계통은 조작 장치의 내부에 연결시키고 있다. 그리고 한쪽 방향의 보조 날개를 내리면 그 쪽의 양력이 증가하고 반대쪽의 보조 날개는 올라가 양력이 감소하므로 날개에 미치는 공기력의 불균형에 의해 기체에 회전 운동을 일으킨다.

그림 1-42는 보조 날개 끝의 전형적인 금속제 리브이다. 이 형식의 보조 날개의 힌지점은 조타성(Controllability)을 좋게 하기 위해 보조 날개의 리딩에이지로부터 후퇴한 위치에 있다.

보조 날개의 스파(Spar) 또는 트럭 튜브(Truck Tube)에 설치된 혼(Horn)은 보조 날개의 조종 케이블 또는 작동 로드를 설치할 수 있는 레버이다.

그림 1-43에 보조 날개의 단면과 그 힌지 위치를 나타냈다.

그림 1-2에서 알 수 있듯이 보통의 대형 항공기의 각 날개는 2개의 보조 날개를 가지고 있다. 이 가운데 하나는 종래와 같이

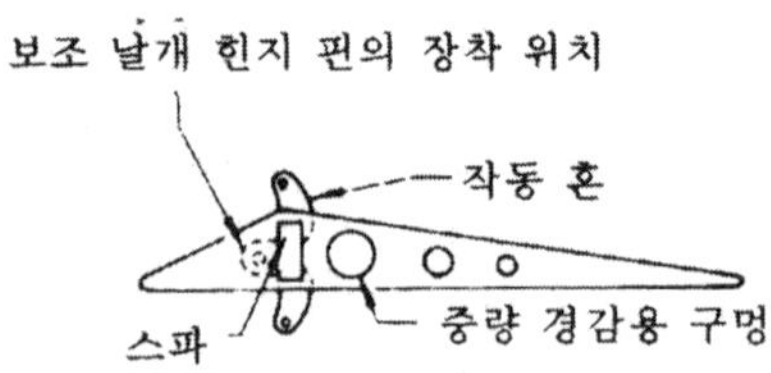

보조 날개 힌지 편의 장착 위치
작동 혼
스파
중량 경감용 구멍

그림 1-42 보조 날개의 리브(Rib) 단면

날개의 바깥쪽에 있고, 또 하나는 날개 중앙부의 트레일링 에이지에 장착되어 있다. 이와 같은 조종 방식에서는 원칙적으로 저속 비행중에는 모든 횡방향의 조종면이 작동한다. [이때는 4개의 보조 날개 및 모든 플라이트 스포일러(Flight Spoiler)가 작동한다] 그러나 고속 비행시에는 바깥쪽 보조 날개는 고정되어 움직이지 않게 되고 안쪽 보조 날개와 스포일러만이 작동한다.

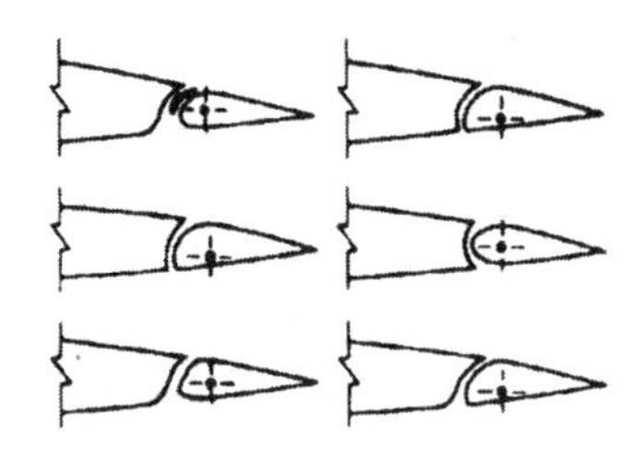

그림 1-43 보조 날개의 단면과 힌지 위치

안쪽 보조 날개의 스킨의 대부분은 알루미늄 허니컴 판넬이다. 노출된 허니컴은 실란트 및 보호 코팅에 의해 덮여 있다. 안쪽 보조 날개는 안쪽 플랩과 바깥쪽 플랩 사이에 위치하고 있다.

보조 날개 힌지의 서포트(Support)는 후방으로 길게 연장되어 그 끝에 보조 날개 힌지 페어링이 설치되어 있다. 바깥쪽 보조 날개는 알루미늄 허니컴 판넬로 덮힌 리브(Rib)와 노스 스파(Nose Spar)로 구성되어 날개 트레일링 에이지의 가장 바깥쪽에 설치되어 있다. 힌지 서포트는 안쪽 보조 날개(Inboard Aileron)와 같은 모양으로 후방으로 길게 펴져 있다. 보조 날개의 앞쪽 끝은 날개안의 밸런스 판넬에 연결되어 있다.

그림 1-44에 나타난 보조 날개 밸런스 판넬(Balance Panel)은 보조 날개를 유지하고 보조 날개를 필요한 위치로 움직이는데 필요한 힘을 경감시킨다. 밸런스 판넬은 알루미늄 합금의 프레임에 접착한 허니컴판이나 또는 햇트(Hat)의 보강이 장착된 구조로 이루어져 있다. 보조 날개 앞쪽끝과 날개의 구조 사이에는 밸런스 판넬의 작동에 필요한 공기를 통하게 하는 슬롯(Slot)이 있고 판넬에 있는 시일(Seal)은 공기의 누출을 막고 있다. 밸런스 판넬에 걸리는 공기력은 보조 날개의 각에 의해 변화한다.

비행중 보조 날개가 움직이면 밸런스 판넬의 상하에 차압이 생기며, 이 차압은 밸런스 판넬이 보조 날개의 움직임을 돕는 방향으로 움직인다. 보조 날개의 동작이 작은 경우는 밸런스 판넬의 차압은 그다지 필요로 하지 않으나, 각도가 증가하면 판넬의 한쪽이 부압(Negative Pressure)이 되어 그 반대쪽은 가압된다. 이 작용이 밸런스 판넬의 차압을 증가시켜 보조 날개의 동작을 돕는다.

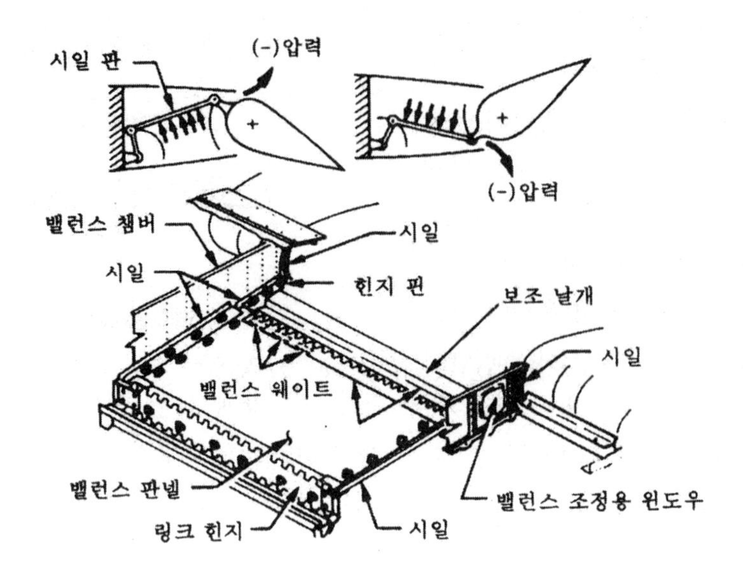

그림 1-44 링크 판넬(Link Panel) 방식의 리딩에이지 밸런스

B. 승강타(Elevator)

승강타는 수평 안정판의 후방에 설치되고 상하로 움직여서 기체의 기수 상향, 또는 기수 하향 모멘트를 발생시킨다. 승강타에는 극단적인 저속 항공기나 2중 이상의 유압식 동력 조종 장치를 사용한 항공기를 제외하고는 조종면의 매스 밸런스(Mass Balance)는 반드시 필요하다. 조종면을 수리할 때에는 반드시 중심 위치를 측정하고 매뉴얼에서 제시한 허용 범위 내에 있는 것을 확인해야 한다.

승강타의 구조에서 특이한 것은 좌우의 승강타를 토큐 튜브(Torque Tube)로 연결하고 있는 것이다. 만약, 좌우의 승강타를 분리한 대로 각각의 각도로 조작하면 좌우 승강타의 역회전과 후부 동체의 뒤틀림은 플러터(Flutter)를 유도할 위험이 있기 때문이다.

대형 여객기의 승강타는 페일 세이프(Fail Safe)로써 좌, 우측을 각각 2개로 분할해서 각각을 다른 유압 계통으로 작동시키도록 하고 있는 것이 많다.

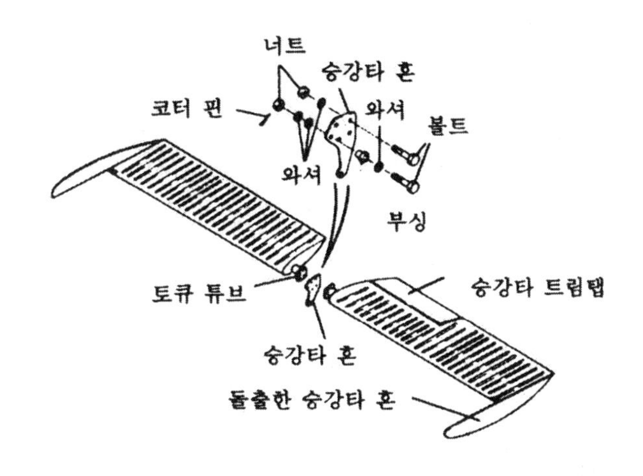

그림 1-45 승강타의 토큐 튜브(Torque Tube)

C. 방향타(Rudder)

방향타는 보통 수직 안정판의 후방에 설치되어 방향타 페달을 밟음에 의해 좌우로 움직여 기수를 좌우로 회전시켜 항공기를 다른 위치로 이동 또는 선회시킨다. 방향타는 보통, 회전의 중심에 토큐 튜브를 넣고 이것에 혼(Horn) 또는 레버(Lever)를 설치, 케이블, 로드 또는 유압 액츄에이터에 의해 움직인다. 대형 항공기 또는 고속 항공기에서는 리딩에이지에 균형을 갖게 하고 또는 트레일링에이지에 연결하여 조종력을 경감하고 있다. 구조는 승강타와 비슷하다.

또 비행중에 기체가 좌로 요잉(Yawing)될 경향이 있는 경우는 방향타 탭을 우로 구부리면 수정할 수 있겠지만, 그래도 요(Yaw)가 있는 경우에는 방향타 각도의 점검이 필요하게 된다.

대형 여객기의 방향타는 승강타와 마찬가지로 페일 세이프로써 2개로 분할해서 각각 다른 유압 계통으로 작동시키도록 한 것이 많다.

2) 2차 조종면(Secondary Control Surface)

2차 조종면 그룹은 트림 탭(Trim Tab), 밸런스 탭(Balance Tab), 서보 탭(Servo Tab), 플랩(Flap), 스포일러(Spoiler), 리딩에이지 플랩(Leading Edge Flap), 슬랫(Slat) 등이다.

조종면의 트레일링에이지에 트림 탭을 붙인 경우에는 날개면에 탭의 하중을 전달하기 위해 구조를 보강하고 있다.

A. 트레일링 에이지 플랩(Trailing Edge Flap)

트레일링 에이지 플랩의 수 및 형식은 항공기의 크기와 형식에 의해 여러 가지가 사용되고 있다. 플랩은 항공기의 양력을 일시적으로 증가시켜서 이착륙 속도를 감소시켜 이착륙 활주 거리를 짧게 한다. 대부분의 플랩은 보조 날개와 동체 사이의 주날개 트레일링 에이지에 설치되어 있다. 대형 고속 항공기에는 리딩에이지 플랩도 병용된다.

플랩은 업(Up) 위치에서는 날개의 트레일링 에이지의 일부가 되고 다운(Down) 위치 때에는 힌지 포인트를 중심으로 약 30°~50° 정도 내려간다. 이것에 의해 날개의 캠버(Camber)가 증가하고 공기의 흐름이 변화하는 것에 의해 보다 많은 양력을 발생시킨다. 일반적으로 사용되고 있는 형식의 플랩을 그림 1-46에 나타내었다. 그림 (a)의 플레인 플랩(Plain Flap)의 플랩이 업 위치에 있을 때에는 날개의 트레일링 에이지를 형성하고 날개의 윗면 및 밑면이 된다.

그림 (b)의 스플릿 플랩(Split Flap)은 보통 플랩 업(Flap Up) 위치에서는 날개 밑면의 일부가 된다. 스플릿 플랩은 그 윗면이 날개의 트레일링 에이지내에 들어가는 것을 제외하면 플레인 플랩과 구조적으로는 비슷하다. 이 플랩은 또 스플릿 에이지 플랩(Split Edge Flap)이라고도 불리고 있고 보통은 그 리딩에이지에 따라 몇 개 장소에서 힌지가 설치된 평평한 금속판으로 지탱되고 있다.

그림 (c)의 슬롯 플랩(Slotted Flap)은 현재 가장 일반적으로 사용되고 있는 대표적인 트레일링 에이지 플랩이다. 이 형식은 플랩을 다운하는 경우 날개와 플랩 사이의 슬롯에서 압력

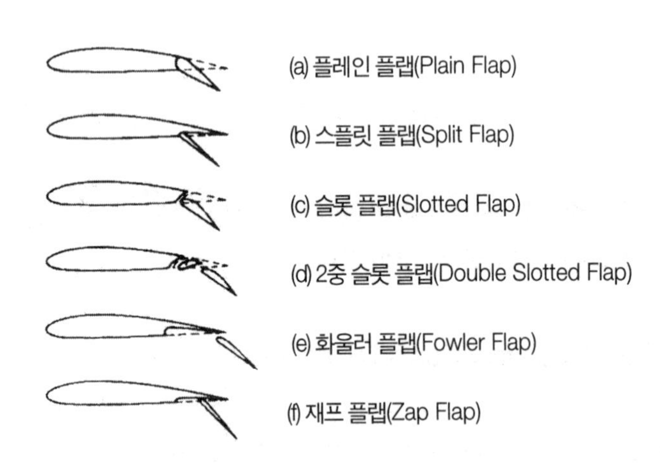

그림 1-46 플랩(Flap)의 종류

이 높은 날개 밑면의 공기를 윗면의 공기 흐름 쪽으로 보내 윗면의 공기 흐름 분리를 지연시킨다. 작은 각도에서 사용하면 항력의 증가 비율이 적고 양력 증가 비율이 크지만 큰 각도에서 사용하면 양력도 항력도 증가하는 특성을 갖고 있다.

이 형식의 플랩 앞에 더욱 작은 베인(Vane)을 붙인 것이 그림 (d)의 2중 슬롯 플랩이다. 이 플랩을 내리면 날개 안에 있던 베인은 큰 플랩에서 떨어져 슬롯(Slot)을 크게 하고 슬롯 플랩보다 더욱 큰 양력을 얻을 수가 있다.

보다 큰 양력을 얻으려고 하는 항공기는 날개 면적을 증가시키는 것이 가능한 화울러 플랩(Fowler Flap)을 사용한다. [그림 1-46 (e)] 보통 이 플랩에서는 스플릿 플랩(Split Flap)보다도 큰 면적의 플랩을 날개 밑면에 수용하고 있으나 고정된 힌지를 중심으로 상하 구조는 아니고 플랩을 내릴 때는 윔 기어(Warm Gear) 등의 구동에 의해 플랩 전체를 후방으로 움직이고 더욱 아래쪽으로 내린다. 이것에 의해 날개 면적을 증가시키는 것과 함께 날개의 캠버(Camber)를 크게 하여 양력을 증가시킨다.

그림 1-47은 대형 제트 항공기에 사용되고 있는 3중 슬롯 플랩(Triple Slotted Flap)의 예이다. 이 형식의 전후 플랩은 이륙 및 착륙에서 높은 양력을 발생한다. 이 플랩은 전방 플랩(Fore Flap), 중간 플랩(Mid Flap) 및 후방 플랩(Aft Flap)의 3개로 구성되어 있다.

각 플랩의 날개 코드 길이는 플랩이 내려가는 것에 따라 늘어가고 플랩 면적을 크게 증가시킨다. 플랩을 내려서 생긴 플랩간의 슬롯은 플랩 윗면의 박리를 방지한다.

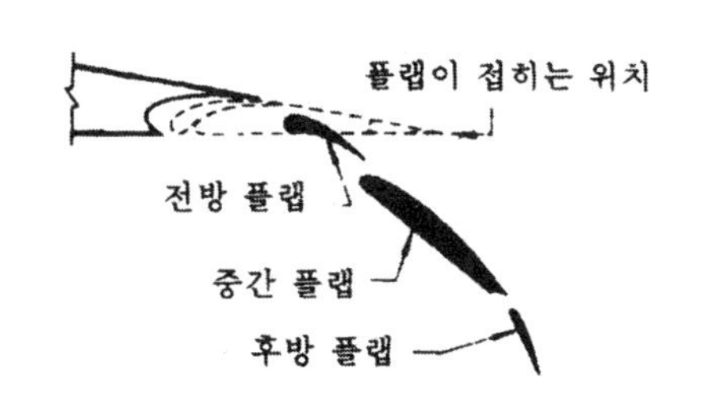

그림 1-47 3중 슬롯 플랩

B. 리딩에이지 플랩(Leading Edge Flap)

리딩에이지 플랩은 플레인 플랩(Plain Flap)과 같은 작용을 한다. 이 플랩은 힌지로 지탱되고 다운(Down)하면 날개의 리딩에이지는 아래쪽으로 늘어나 날개의 캠버를 증가시킨다. 리딩에이지 플랩은 단독으로 사용되는 경우는 없고 보통 다른 형식의 트레일링 에이지 플랩과 같이 사용된다. 그림 1-48에 대형 제트 항공기의 리딩에이지 플랩의 위치를 나타낸다.

리딩에이지 플랩의 한가지 종류가 그림 1-48의 A-A 단면에 나타난 크루거 플랩(Kruger Type Flap)이다. 이 플랩은 하나의 리브와 보강재를 붙인 마그네슘 주물을 기계 가공한 것으로 구성되어 있다. 이 플랩은 고정 날개의 리딩에이지에 설치 되어진 3개의 힌지를 갖고 있고 힌지의 페어링(Fairing)이 플랩의 트레일링 에이지에 이어져 있다. 아래 그림에 크루거 플랩의 업(Up) 위치 및 다운(Down) 위치가 나타내져 있다.

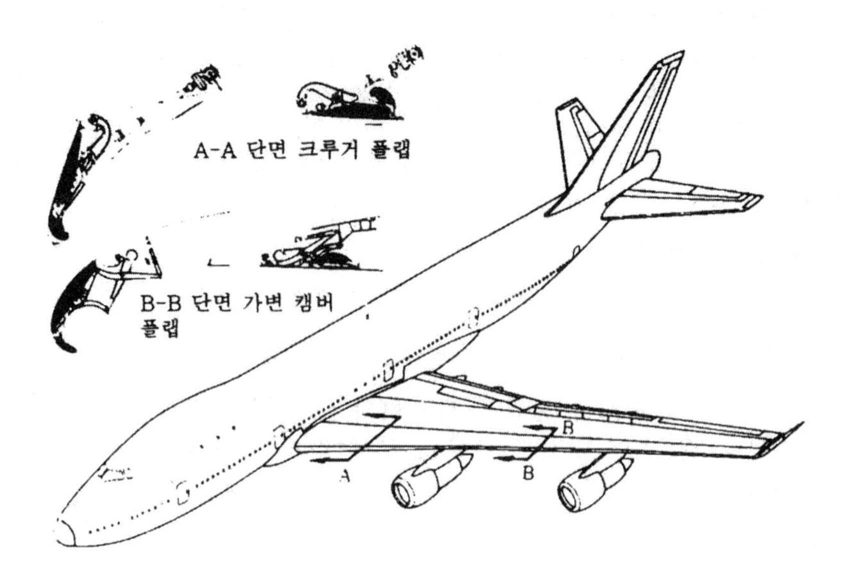

그림 1-48 보잉 747의 리딩에이지 플랩(Leading Edge Flap)

크루거 플랩의 발전 형태가 그림 1-48의 B-B 단면의 가변 캠버 플랩(Variable Camber Kruger Flap : VCK 플랩)이 있다. 이것은 리딩에이지에서도 트레일링 에이지와 마찬가지로 면적과 캠버를 증가시켜 양력을 크게 하려고 하는 발상에서 생겨난 것이다.

이 플랩의 기본적인 작동 원리는 크루거 플랩과 같으나, 밖으로 펴지는 면을 미리 접어두고 내뻗혔을 때 이것이 면적을 늘리는 것과 함께 캠버를 바꾸는 구조로 되어 있다. 플랩의 스킨에는 글래스 화이버(Glass Fiber)의 FRP(Fiber Reinforced Plastic)를 사용하고 탄성 변형에 의해 스킨의 곡선형 상태를 변화시키고 있다. 링크 기구는 복잡한 회전 링크를 사용하고 있다.

C. 슬랫(Slat)

슬랫은 날개 리딩에이지에 슬롯(Slot)을 설치해 날개 윗면의 공기 흐름의 박리를 방지해 양력의 증가를 꾀한 것이다. 슬랫에는 고정 슬랫과 가동 슬랫이 있고 가동 슬랫은 날개 윗면의 부압(Negative Pressure)을 이용해서 자동적으로 슬롯을 만드는 것과 동력에 의한 트레일링 에이지 플랩과 연동해서 열리는 것이 있다.

슬랫의 조종은 레일(Rail)을 이용하고 있고 힌지 방식의 사용은 적다. 슬랫은 트레일링 에이지 플랩만큼 일반적이지는 않고, 특히 고양력을 필요로 하는 항공기나 큰 받음각 자세에서의 비행이 요구되는 항공기에 한정되어 있다.

리딩에이지 슬랫의 조종은 공기 흐름 기점 변화를 이용해서 어떤 받음각 이상이 되면 부압에 의해 자동적으로 접히게 한 것이 소형 항공기나 전투기에 사용된다. 대형 항공기에서는 유압 또는 전기 액츄에이터(Actuator)에 의해 개폐된다. 그림 1-49는 보잉 727의 리딩에이지 슬랫이다. 날개 리딩에이지에는 결빙의 위험이 있기 때문에 슬랫은 물론 날개 리딩에이지에도 방빙(Antiicing)을 행하고 있다.

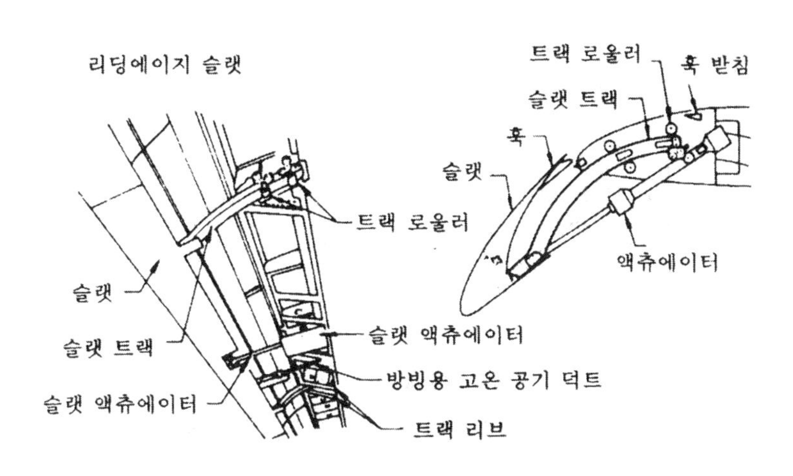

그림 1-49 리딩에이지 슬랫(Leading Edge Slat)

D. 스피드 브레이크/스포일러(Speed Brake/Spoiler)

스피드 브레이크/스포일러는 비행중인 항공기의 속도를 줄이는 역할을 한다. 이 스피드 브레이크는 큰 각도에서 강하할 때나 활주로 진입시에 사용된다. 스피드 브레이크 판넬은 여러 가지 형상으로 만들어져 있고, 장착 위치도 항공기의 설계 및 사용 목적에 따라 다르다. 스피드 브레이크 판넬은 날개의 표면 또는 동체에 장착되어 있다.

동체에 장착되어 있는 스피드 브레이크 면적은 적지만, 난류를 발생시켜 항력을 크게 한다. 날개에 장착되어 있는 스피드 브레이크는 판넬을 날개면에 세워 공기의 흐름을 저지한다. 스피드 브레이크(Speed Brake)는 스위치 또는 핸들로 조종하고 유압에 의해 작동한다.

날개 윗면에 장착되어 있는 스피드 브레이크는 판넬을 날개면에 세워 공기의 흐름을 저지하고 항력을 늘림과 동시에 날개의 양력을 감소시키기 때문에 스포일러(Spoiler)라고 불려지는 경우가 많다. 스포일러는 보조 날개와 함께 작동시켜 한쪽 만을 움직여 횡방향의 조종에 사용할 수 있다.

한편 글라이더의 스포일러는 스피드 브레이크 또는 강하각도 조종용만으로 사용된다. 스포일러를 스피드 브레이크로서 사용하면 판넬은 좌우 대칭으로 작동한다.

대형 항공기의 스포일러에는 공중 및 지상 어느 곳에서도 작동하는 플라이트 스포일러(Flight Spoiler)와 착륙 후에만 작동하는 그라운드 스포일러(Ground Spoiler)로 구별하고 있다.

보통 스포일러 판넬은 알루미늄 합금 스킨에 접착된 허니컴 구조로 만들어 힌지에 의해 날개에 설치되어 있다.

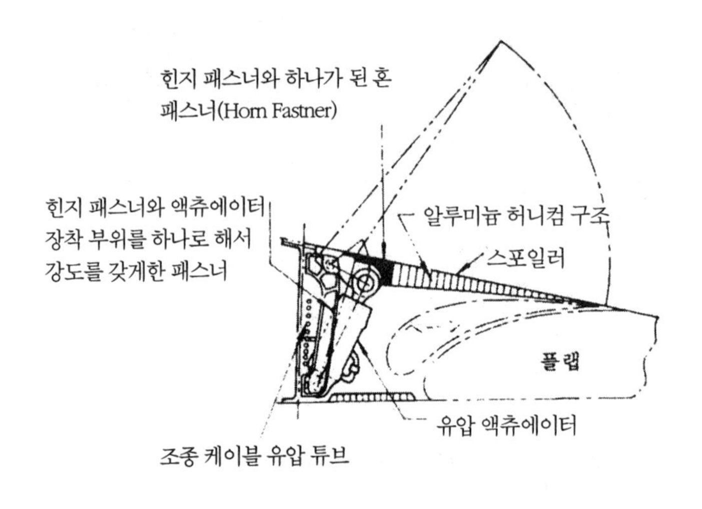

그림 1-50 스포일러(Spoiler)의 구조

E. 탭(Tab)

항공기를 조종하기 위해 극히 단순하고 중요한 장치가 조종면에 설치되어 있는데 탭이라 불리운다. 탭(Tab)은 조종면을 대신하는 것은 아니지만 조종면의 트레일링 에이지에 설치되어 조종면의 균형을 좋게 하고 조종면의 움직임을 용이하게 한다. 탭은 그 사용 목적에 따라 트림 탭(Trim Tab)과 밸런스 탭(Balance Tab : 균형 탭)으로 나뉘어진다. 트림 탭은 항공기의 정적 균형을 얻기 위해 쓰이는 조절 장치이고 밸런스 탭은 조종력을 경감할 목적으로 사용된다.

트림 탭(Trim Tab)은 조종 계통과는 분리하여 장착 한다. 따라서 그 조작은 독립된 트림 조절 장치에 의해 작동된다. 이 탭을 조절하여 조종력을 경감시키고 장시간 비행에서 피로를 막는다. [그림 1-51 (a)]

트림 탭과 같은 역할을 하는 것으로 고정 탭(Fixed Tab)이 있다. [그림 1- 51 (e)] 이 탭은

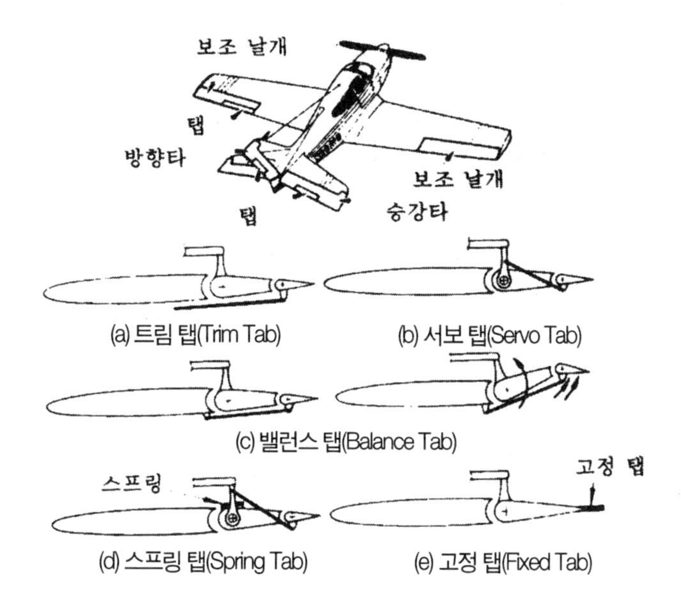

그림 1-51 탭(Tab)의 종류

날개 트레일링 에이지, 보조 날개 또는 방향타의 트레일링 에이지에 설치되고 이것을 적당히 구부려 비행 자세를 수정한다.

그림 1-51 (c)의 밸런스 탭(Balance Tab)은 구조적으로는 트림 탭(Trim Tap)과 같아 보이지만, 그 기능과 조작 기구가 다르다. 밸런스 탭은 조종면의 움직임과는 역방향으로 움직이고 이것에 작용하는 공기력에 의해 조타를 용이하게 하려고 하는 것이다. 밸런스 탭 방식은 대형 항공기에 적당하며 저항이 적고 진동을 일으키지 않는 장소에 장착되지만, 탭 각이 크게 되면 실속하여 밸런스의 역할을 하지 못하게 된다. 조종면을 직접 조작하지 않고 탭을 조작하여 탭에 작용하는 공기력으로 조종면을 움직이는 방식을 서보 탭(Servo Tab) 방식이라고 한다. [그림 1-51 (b)]

조종면과 탭과의 사이에 스프링을 삽입한 것을 스프링 탭(Spring Tab)이라고 한다. 이 탭은 서보 탭의 일종으로 비행 속도의 변화에 동반하는 조종력 유지의 변화를 스프링에 의해 개선하고 있다. 이 방식의 탭은 현재 항공기에서는 사용하지 않는 방식이다. [그림 1-51 (d)]

1-9. 윈드쉴드, 윈도우, 도어, 비상 탈출구

A. 윈드쉴드 및 윈도우(Windshield and Window)

조종실의 투명한 덮개를 캐노피(Canopy), 전방의 바람막이 부분을 윈드쉴드(Windshield), 측방 부분을 윈도우(Window)라고 부른다.

캐노피, 윈드쉴드 및 모든 열린 부분은 비 또는 눈 속을 비행할 때 물이 새는 것을 막도록 만들어져 있다. 윈드쉴드 및 윈도우는 소형 항공기에서는 그림 1-52와 같이 한 장의 투명판이지만, 여압이 되는 항공기에서는 방음, 보온, 강도 보증을 위해 그림 1-53과 같은 이중 또는 삼중의 투명판으로 구성된다.

투명판은 파괴를 막기 위해 아크릴 수지(Acrylics Resin)판이 많이 사용되고 최근에는 폴리 카보네이트(Poly-carbonate) 수지판도 사용되고 있다. 아크릴 수지는 유리에 비해 비중이 약 1/2 정도로 가볍고 금이 가더라도 유리만큼 파괴가 급히 진행하지 않는 이점이 있다. 그러나 알루미늄 수지는 유리보다 딱딱하지 않고 표면에 흡집이 생기기 쉽다. 또 인장 응력을 크게 가하면 표면에 크레이징(Crazing)이라고 하는 미세한 깨어짐이 쉽게 발생한다. 알루미늄 수지판을 가열 인장 가공으로 분자 방향을 정렬시켜 깨짐에 강하게 한 스트렛치 아크릴판(Stretched Plexiglas)이 실용화되고 있다. 이것은 크레이징에는 강하나 상처가 종래의 판보다도 생기기 쉽다는 결점이 있다.

크레이징은 용제나 용제의 증기와 접착해도 발생하기 때문에 특히 항공기의 페인팅

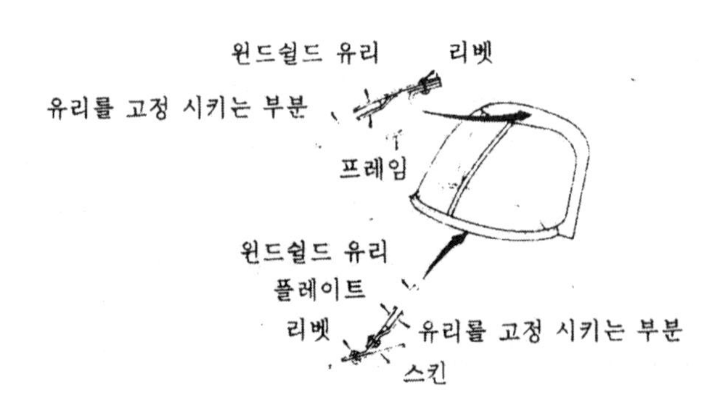

그림 1-52 소형 항공기의 윈드쉴드(Windshield)

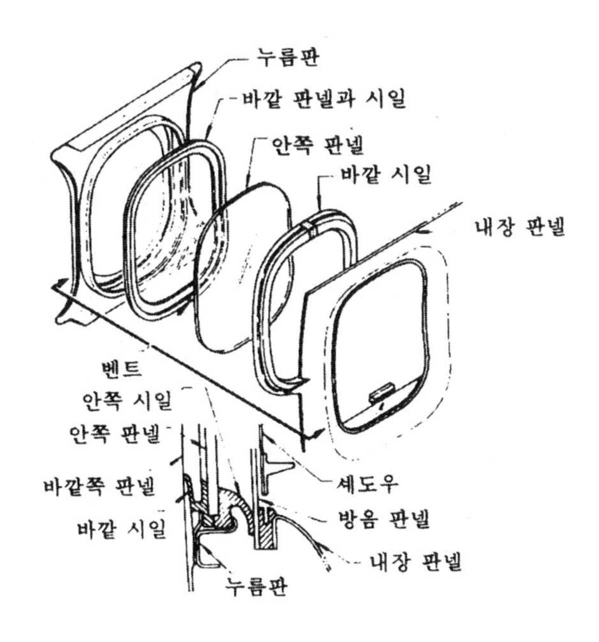

그림 1-53 여압되는 항공기의 객실 윈도우

(Painting)이나 페인트 제거(Paint Remove) 작업 때에는 윈도우 유리에 마스킹(Masking)을 하고 윈도우와 윈도우테두리 부분에서 용제가 침입하지 않도록 주의할 필요가 있다.

B. 도어(Door)

여압식이 아닌 경항공기나 헬리콥터의 경우 도어는 닫았을 때에 비 바람에 대해 기밀을 유지시키며, 기본적으로 자동차의 도어와 차이가 없다. 힌지는 특별한 이유가 없는 한, 도어의 전방 또는 위로 하는 것으로 되어 있다. 이것은 만약 고정 장치가 어긋나도 풍압이나 중력에 의해 도어가 열리지 않도록 하기 위해서이다.

낙하산 탈출을 요구하는 A류의 항공기에서는 탈출 때 레버(Lever)를 당기면 핀(Pin)이 벗겨져 도어를 제거할 수 있도록 한 것이 많다. 물자 투하나 촬영 등 때문에 도어를 공중에서 열 필요가 있는 경우는 슬라이드식(Slide Type)으로 해서 풍압에 관계없이 개폐될 수 있도록 한 것이 많으나 동체 밑면을 폭탄 창고와 같이 열리는 형식의 것도 있다. 또 화물 도어는 화물의 하역에 방해가 되지 않는 상하 힌지 형식의 안에서 밖으로 밀어서 열게 된 도어가 많다.

이들 도어에 비해 여압실 도어(Pressurized Door)의 구조에는 여러 가지 문제가 생긴다. 이 도어에는 1㎡당 수톤이라는 큰 힘이 걸리기 때문에 기체에 고정시키는 방법과 기밀이 어

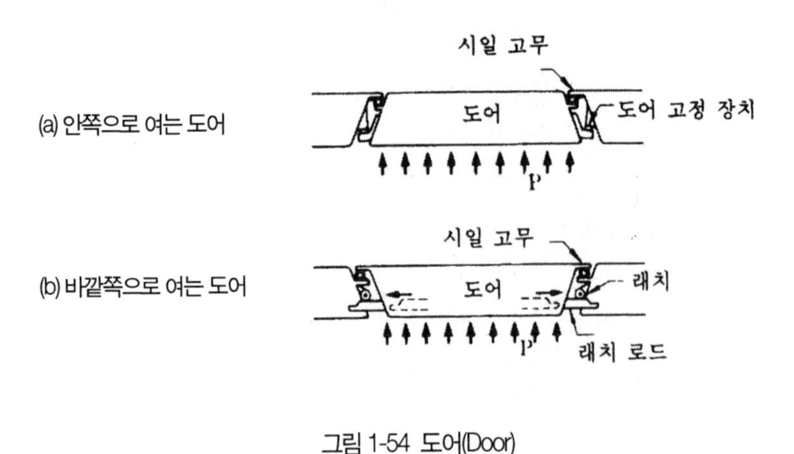

그림 1-54 도어(Door)

렵게 된다. 여압이 걸리는 항공기의 도어는 열 때에 안으로 들어왔다 밖으로 열리는 프러그 형태(Plug Type)의 도어와 그대로 밖으로 열리는 2가지 형태가 있다.

프러그 형태의 도어는 그림 1-54 (a)와 같이 닫았을 때 기내(Cabin)의 압력으로 자연히 기체에 억눌려지는 형으로 되기 때문에 고정 상태가 불완전해도 안심이지만 열렸을 때 도어 폭은 작아지므로 비상 탈출에 방해가 될 위험이 있다. 한편 밖으로 여는 도어는 기내의 압력으로 도어를 직접 기체에 고정할 수 없기 때문에 그림 1-54 (b)와 같이 래치(Latch)의 핀이나 락커(Locker)로 도어를 고정하고 이들을 이용하여 도어를 지탱한다.

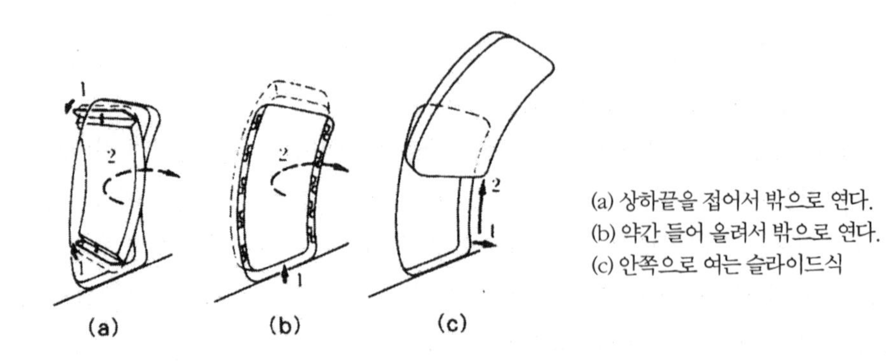

그림 1-55 플러그(Plug)형의 도어

완전 밖으로 여는 도어는 열렸을 때 공간이 유리하므로 소형 항공기의 여입실이나 기내 여압력이 그 정도 크지 않은 터보 프롭(Turboprop) 항공기의 도어, 대형 제트 항공기의 화물 도어에 많이 사용되고 있다.

안으로 여는 도어에 있어서도 그림 1-55 (a)와 같이 열기 전에 먼저 일단 조금 안쪽으로 움직여 도어의 상하 부분이 접히고 나서 밖으로 열도록 하거나 그림 1-55 (b)와 같이 도어를 약간 상하로 슬라이드 시켜서 닫았을 때 도어의 압력차를 기체의 고정 구조에서 맡을 수가 있다. 와이드 바디(Wide Body) 여객기에서는 객실의 천정 공간이 비어 있기 때문에 그림 1-55 (c)와 같이 도어를 완전 안으로 열게 해서 위쪽으로 슬라이드 시켜 천정으로 슬라이드 시키도록 한 것도 있다.

C. 비상 탈출구(Emergency Exit)

승객이 출입하는 도어나 서비스 도어는 비상 탈출구를 겸하고 있다. 이 외에 날개 윗면 등에 전원 비상 탈출구가 설치되어 있다. 이 탈출구는 열렸을 때 탈출의 방해가 되지 않게 밖으로 여는 형식이 많다.

N, U 및 A류의 소형 항공기에서는 좌석수 5 이하의 경우를 제외하고 주출입구의 반대측에 적어도 1개의 비상 탈출구 설치가 규정되어 있다. 이 비상 탈출구의 크기는 적어도 48cm × 66cm의 타원이 내접할 수 있는 것으로 용이하게 열릴 수 있는 창 또는 출입구로 되어 있다.

T류의 항공기는 탑승하고 있는 여객의 수가 많을 경우에 승객 정원이 44명 이상의 항공기는 필요 승무원 수를 포함해서 최대 정원이 90초 이내에 안전하게 탈출할 수 있는 것을 실제의 실험에서 증명하여야 한다. (표 1-2)

이 표의 여객 정원을 넘을 때에는 다음과 같이 규정되어 있다.

① 표 1-2에 규정한 승객 정원수 179인을 넘어 정원이 증가한 경우에는 179명에 대해 요구되는 비상 탈출구에 표 1-3의 탈출구를 동체의 양측에 각각 1개씩 첨가하면 승객 정원 289명까지 증가시킬 수가 있다.

② 승객 정원이 289명을 넘을 경우에는 동체 측면의 각각의 비상 탈출구는 A형 또는 I형을 추가해야 하며, A형은 110명, I형은 45명의 승객 정원수가 인정된다. 이외에도 비상 탈출구에 대한 상세한 규정이 정해져 있으므로 그것들에 대해서는 감항성 심사 규정을 참고한다.

③ 여객기의 날개 윗면 등의 비상 탈출구를 사용할 때에는 승객 좌석을 타고 넘어가야 하는 경우가 많다. 따라서 비상 탈출구에서의 통로가 되는 지점에 배치된 좌석에 대해서는 제약이 있다.

ⓐ 등받이를 쓰러뜨리면 비상 탈출을 방해할 우려가 있을 때에는 염려가 없는 곳까지 등받이의 움직임을 제한하든지 고정한다.

ⓑ 등받이를 완전하게 전방에 쓰러뜨렸을 때 비상 탈출의 장애가 되지않을 것. 이와 같은 조건을 만족시키기 위해 비상 탈출구의 날개쪽 좌석을 다른 좌석 간격보다 넓게 하는 경우가 많다.

승객 정원수 (객실승무원은 제외)	동체의 한쪽에 필요로 하는 비상 탈출구			
	Ⅰ 형	Ⅱ 형	Ⅲ 형	Ⅳ 형
9인 이하				1
10인에서 19인까지			1	
20 〃 39 〃		1	1	
40 〃 79 〃	1		1	
80 〃 109 〃	1		2	
110 〃 139 〃	2		1	
140 〃 179 〃	2		2	

Ⅰ형 : 폭 61cm×높이 122cm Ⅱ형 : 폭 51cm×높이 91cm
Ⅲ형 : 폭 51cm×높이 112cm Ⅳ형 : 폭 48cm×높이 66cm

표 1-2 승객용 비상 탈출구의 수와 형식

추가 비상 탈출구	승객 정원 증가수
A형	110
Ⅰ형	45
Ⅱ형	40
Ⅲ형	35

A형 : 폭 107cm×높이 183cm

표 1-3 추가 비상 탈출구 수

1-10. 좌석

1) 조종실 좌석(Seat)

조종실의 좌석은 조종사, 항공기관사 또는 예비의 업저버 시트(Observer Seat)로 구분된다. 기장 및 부조종사는 각종의 조작 장치를 조작하고 전방을 보면서 조종을 해야 하기 때문에 이들 좌석은 전후 및 상하로 조절 가능한 구조여야 한다. 그림 1-56에 기장용 좌석을 나타내었다. 이 좌석은 수동으로 전후 및 상하의 조절이 가능하다.

항공 기관사는 비행중에 항공 기관사용의 계기판을 감시하고 항공기의 이착륙시에는 스로틀 레버(Throttle Lever) 등을 조작한다. 따라서 항공 기관사용의 좌석은 90°의 방향 전환이 가능하고 꽤 먼 거리를 이동할 수 있도록 만들어져 있다. 그림 1-57의 업저버 시트는 사용

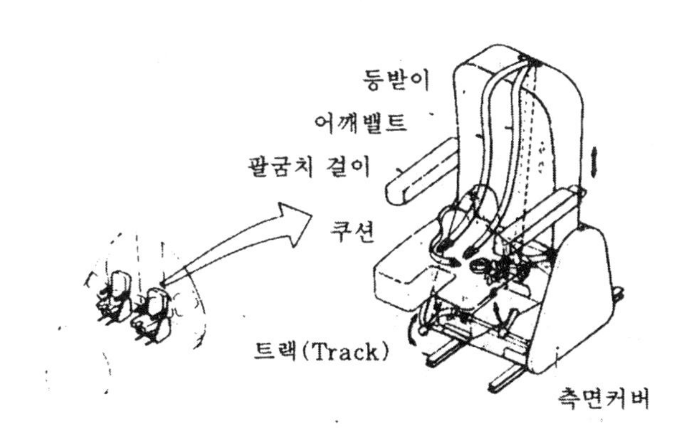

그림 1-56 조종실의 조종사 좌석

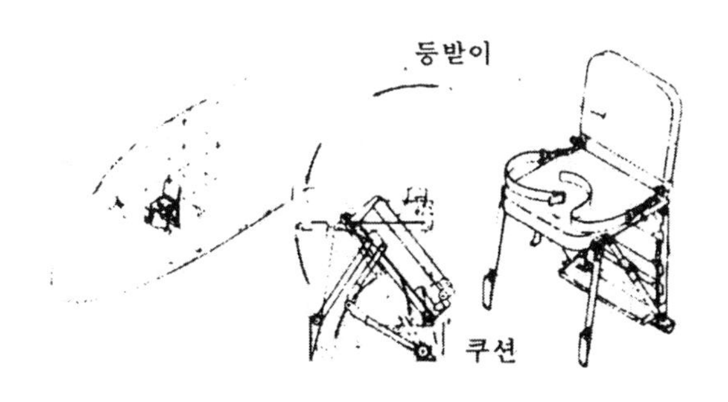

그림 1-57 조종실 업서버 시트

하지 않을 때에는 보통 접어두도록 되어 있기 때문에 점프 시트(Jump Seat)라고도 불리운다. 이 좌석은 조종사 좌석의 후방에 고정식으로 장착되어 있으며, 조종사 및 항공 기관사의 좌석에는 모두 어깨 밸트를 장착하는 것이 의무화되어 있다.

2) 객실 좌석

대형 여객기의 여객용 좌석의 대부분은 2~4인이 앉는 형식의 좌석을 장착하고 있다. 여객용 좌석은 장시간 앉아있는 승객들이 편히 쉴 수 있게 등받이가 경사(Reclining)지도록 제작된 것이 특징이고, 또 비상 착륙시에 여객의 수하물(머리 위에 보관하는 것)이 승객의 발에 떨어지지 않도록 구조적인 배려가 되어 있다.

여객기는 비상 탈출구의 종류와 그 수에 의해 수용 가능한 최대 여객수가 정해져 있으나 이 최대 여객수의 범위에서 각 항공회사가 실제로 탑재할 좌석수를 정하고 있다.

이외에 객실 승무원용의 접어개는 식의 좌석이 있다. 객실 승무원용의 좌석은 비상 탈출구가 되는 도어의 옆에 설치되어 있고 의무적으로 어깨 밸트를 장착하도록 되어 있다.

1-11. 위치의 표시 방법

항공기 날개의 리브(Rib), 동체 프레임(Frame) 또는 다른 구조 부재의 특정 위치를 쉽게 알 수 있게 위치의 표시 방법으로써 번호를 붙이는 방법이 널리 사용되고 있다. 이 방법으로서 대부분의 항공기 제작사는 스테이션 표시를 붙이는 방법을 사용하고 있다.

예를 들면 항공기의 기수를 제로 스테이션(Zero Station)으로 정하고 동체의 제로 스테이션으로부터 전방에서 후방으로 일정한 간격으로 측정한 거리를 인치 또는 밀리미터로 위치를 표시하는 방법이다. 그림 1-58은 소형기의 스테이션 다이아그램(Diagram)을 나타낸 것이다.

항공기의 중심선 좌우 부분의 위치를 나타내는 경우에는 중심선을 구조 부재의 제로(Zero : 0) 스테이션으로 하는 경우가 많다. 마찬가지로 안정판의 프레임은 항공기의 중심선에서 오른쪽 또는 왼쪽으로부터의 거리로 나타내어 지정할 수가 있다.

그러므로 구조 부재의 위치를 찾아내기 전에 항공기의 제작사에서 번호를 부여하는 방법과 약호에 대해 매뉴얼(Manual)을 참고해야 한다. 다음 사항은 표준적인 위치의 표시 방법이다.

A. 동체 스테이션(Fuselage Station : Fus. Sta 또는 F.S.)

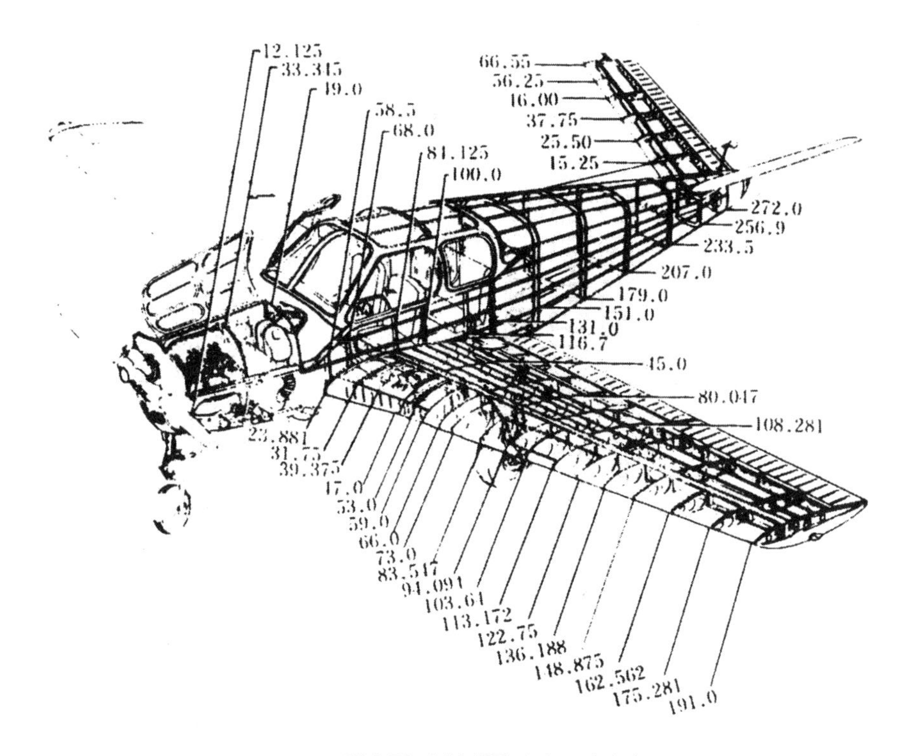

그림 1-58 소형 항공기의 스테이션

동체 스테이션은 기준이 되는 제로점 또는 기준선에서 거리로 나타내어지고 있다. 기준선은 기수 또는 기수 근처의 면으로부터 모든 수평 거리가 측정 가능한 상상의 수직선이다. 주어진 점까지의 거리는 보통 기수에서 테일 콘(Tail Cone)의 중심선을 잇는 중심선의 길이로 측정된다. 제작사에 따라서는 동체 스테이션을 보디 스테이션(Body Station)이라고 하고 B.S.로 표시하며, 또는 어떤 범위를 나타내는 방법으로서 섹션 번호가 사용하는 경우가 있다.

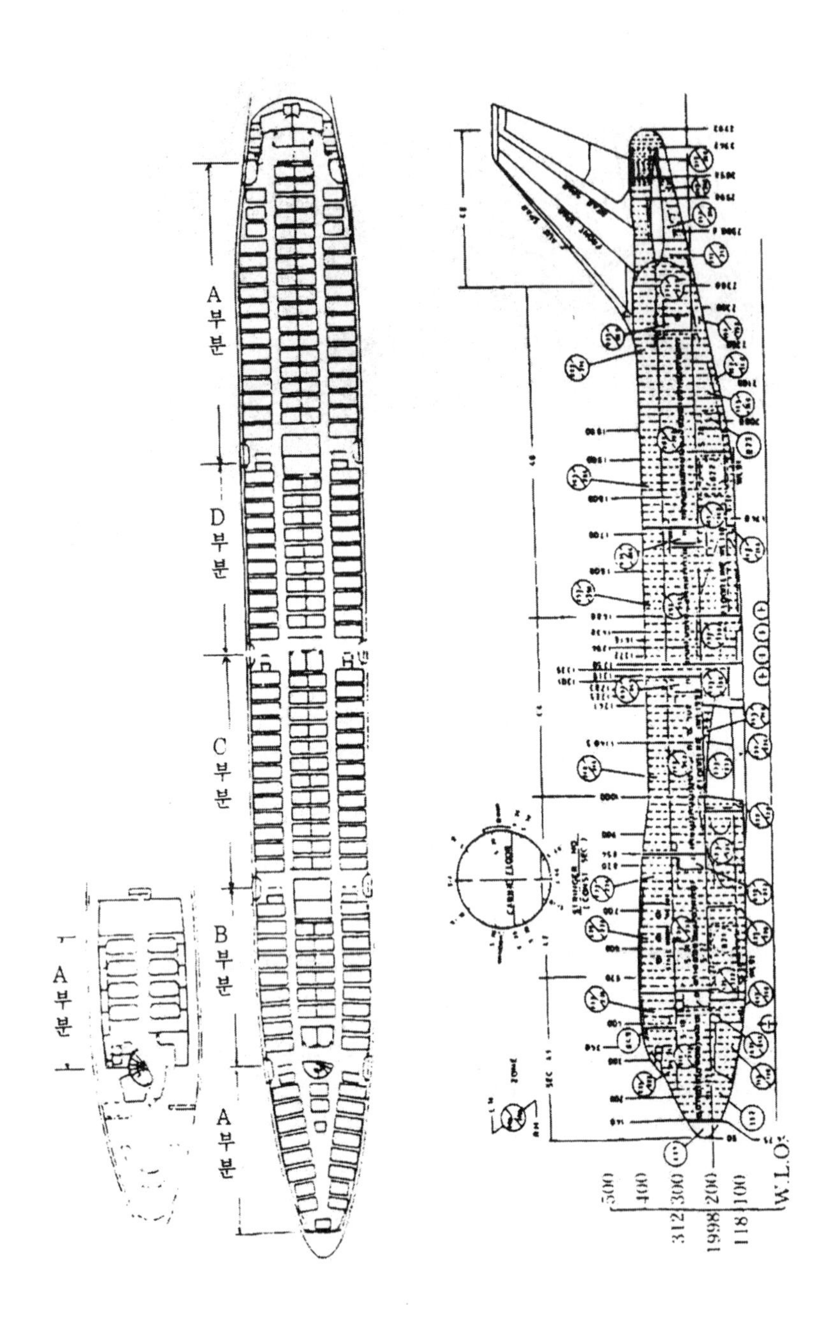

그림 1-59 대형 항공기의 동체 스테이션(Fuselage Station)

B. 버톡 라인(Buttock Line, Butt.Line 또는 B.L.)

버톡 라인은 동체의 단면의 중앙의 중심선(Ceutar Line)을 기준으로 일정한 간격으로 평행선의 폭을 말한다.

C. 워터 라인(Water Line : W.L.)

이것은 동체의 낮은 부분에서 어떤 정해진 거리 만큼 떨어진 수평면의 수직선을 측정한 높이를 나타낸 것이다. (그림 1-60)

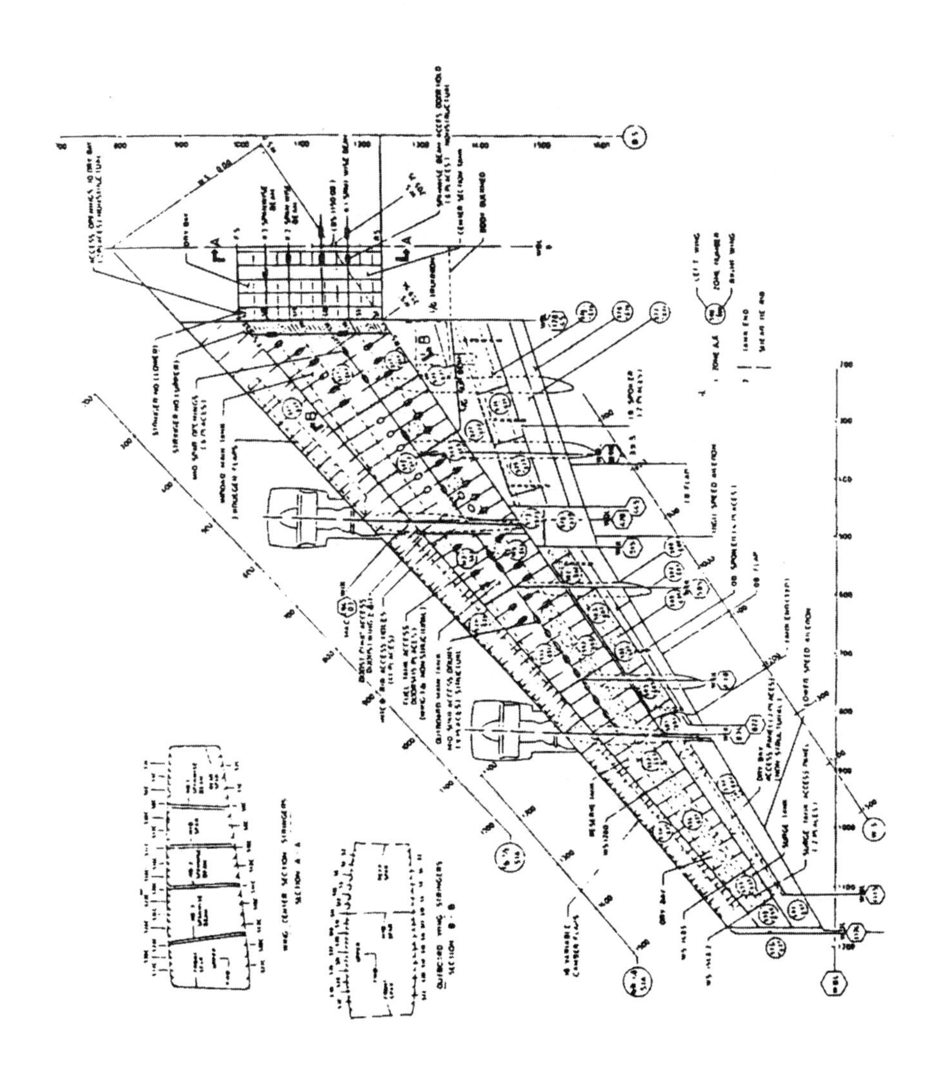

그림 1-60 날개의 스테이션(Station)

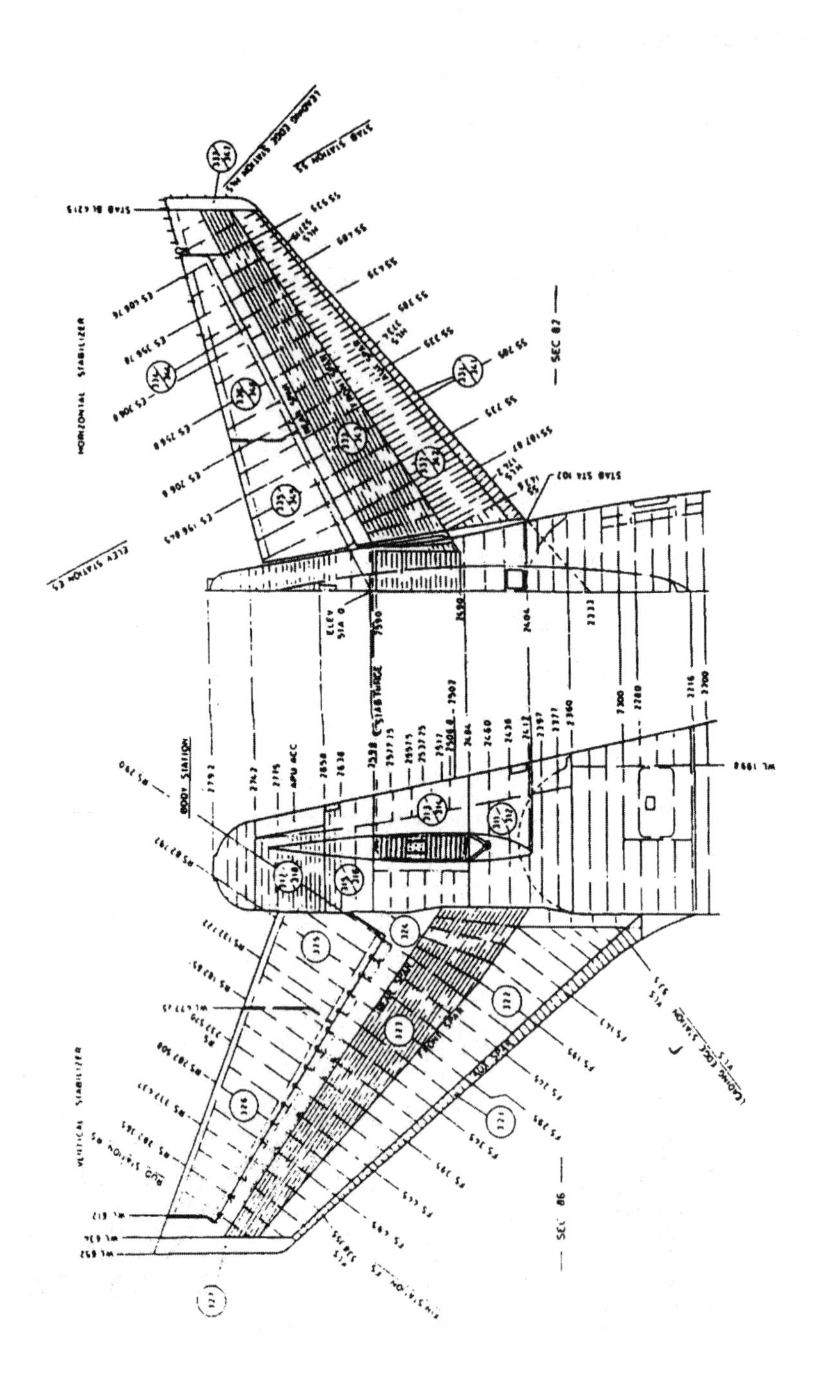

그림 1-61 꼬리 날개의 스테이션

D. 보조 날개 스테이션(Aileron Station : A.S.)

보조 날개 스테이션은 날개의 후방 빔(Rear Beam)에 직각이 되게 바깥쪽으로부터 안쪽으로 평행하게 측정한다. (그림 1-60)

E. 플랩 스테이션(Flap Station : F.S.)

플랩 스테이션은 날개의 후방 스파에서 직각으로 플랩의 동체측의 끝에 평행하게 안쪽에서 바깥쪽으로 측정한 값으로 나타낸다. (그림 1-60)

F. 나셀 스테이션(Nacelle Station : Nac. Sta 또는 N.S.)

나셀 스테이션은 정해진 수평선에서 직각으로 날개 전방 스파의 전방 또는 후방의 어느 쪽인가에 측정한 값으로 나타낸다.

이외에 대형 항공기에서는 수평 안정판 스테이션(H.S.S. 또는 S.S.), 수직 안정판 스테이션(V.S.S. 또는 F.S.), 방향타 스테이션(R.S.), 승강타 스테이션(E.S.), 동력 장비 스테이션(P.P.S.) 등의 위치의 표시 방법이 사용되고 있다. (그림 1-61)

제 2 장 조종 장치

2-1. 개요

항공기의 조종 장치는 비행기 자세를 조종사의 조작대로 변화시키는 장치이다. 조종 장치는 매뉴얼 조종 장치(Manual Control System)와 유압등의 힘을 이용하여 조절하는 동력 조종 장치(Power Control System)가 있으며 조종 장치는 다시 4종류로 분류된다.

① 매뉴얼 조종 장치(Manual Control System)
② 동력 조종 장치(Power Control System)
③ 부스터 조종 장치(Booster Control System)
④ 플라이 바이 와이어 조종 장치(Fly-By-Wire Control System)

항공기에는 보조 날개(Aileron), 승강타(Elevator) 및 방향타(Rudder)가 기체의 3축 주위의 자세를 변화시키는 조종 장치외에 각 조종면(Control Surface)의 트림(Trim), 엔진 스로틀(Engine Throttle)의 조작, 플랩(Flap), 에어 브레이크(Air Brake) 등의 조작 장치가 있다.

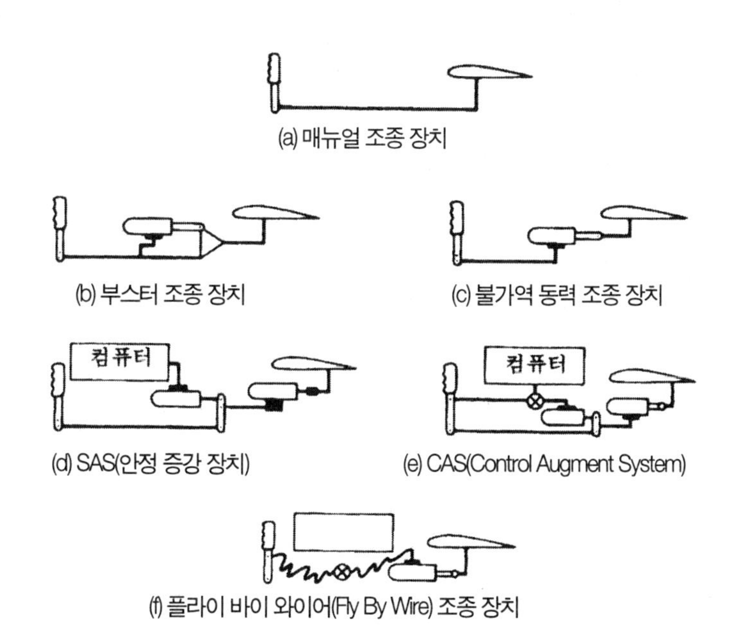

그림 2-1 각종 조종 장치의 원리

이들 장치도 포함하여 조종 장치라고 총칭하기도 하지만 보조 날개, 승강타, 방향타를 1차 조종면(Primary Control Surface) 혹은 주 조종면(Primary Flight Control Surface)라 하면, 이외의 계통은 2차 또는 보조 조종면(Secondary or Auxiary Control Surface)이라고 구별한다.

2-2. 매뉴얼 조정 장치

매뉴얼 조종 장치(Manual Control System)는 조종사가 조작하는 조종간(Control Stick) 및 방향타 페달(Rudder Pedal)과 조종면을 케이블이나 풀리(Pulley) 또는 로드와 레버를 이용한 링크 메카니즘(Link Mechanism) 또는 링크와 같은 기계적인 연동 장치 연결해서 조종사가 가하는 힘과 조작량을 기계적으로 조종면(Control Surface)에 전하는 방식이다. 이 장치는 가격이 싸고 가공이 쉽고 정비가 쉬우며 경량이므로 동력원이 필요없다. 또 신뢰성이 높다는 등의 장점이 많아 앞으로도 소 · 중형기에 널리 이용될 방식이다.

비행기가 고속이 되거나 대형화가 되면 큰 조종력이 필요해지므로 매뉴얼 조종 장치에는 한계가 있다. 또 천음속 항공기, 초음속 항공기처럼 비행 속도에 따라 조종면의 공력 특성이 급격히 크게 변하는 것은 이 방식으로 조종할 수 없다. 매뉴얼 조종 장치는 케이블 계통, 로드 계통 및 토큐 튜브 계통의 3가지 형식과 이것들을 응용한 것이 있다. (그림 2-2)

1) 케이블 조종 계통(Cable Control System)

케이블 계통은 이 계통을 부착하고 있는 구조에 변형이 생겨도 그 기능에는 큰 영향을 주지 않으므로 신뢰성이 높고 기본적인 조종 계통용으로 소형 항공기에서 대형 항공기까지 널리 사용된다. (그림 2-3)

수동 조종 장치의 장점은 다음과 같다.

① 경량이다.

② 느슨함이 없다.

③ 방향 전환이 자유롭다.

④ 가격이 싸다.

또한 다음과 같은 단점도 있다.

① 마찰이 크다.

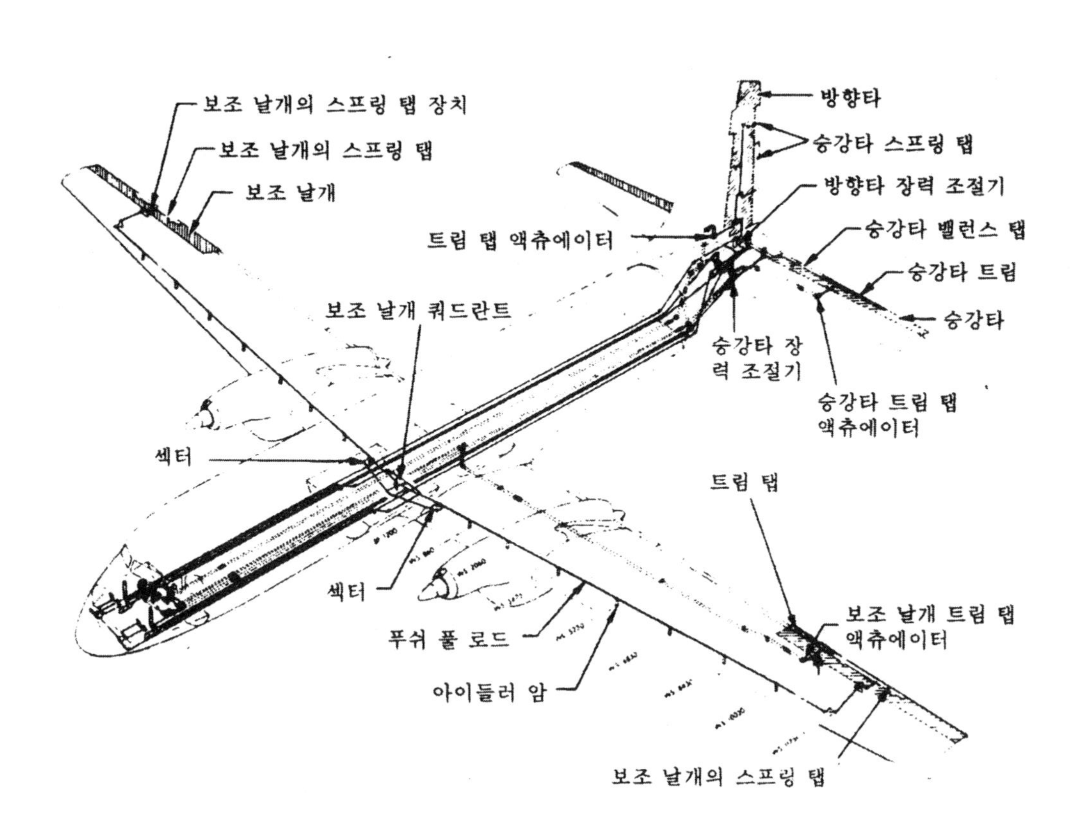

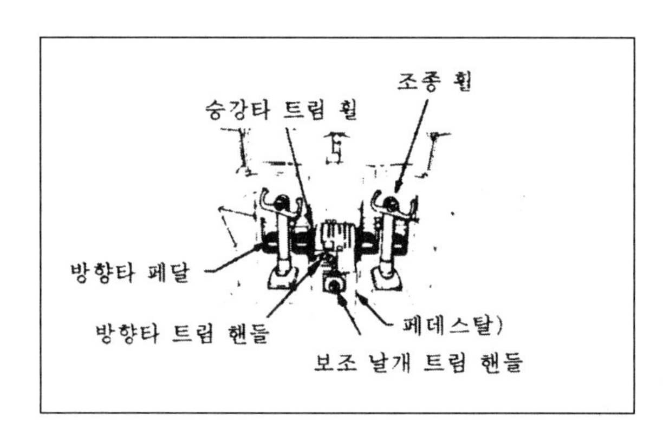

그림 2-2 조종실과 조종 장치

② 마모가 많다.
③ 공간(Space)이 필요(케이블의 간격은 7.5cm 이상 떨어짐)하다.
④ 장력이 크다.
⑤ 신장(늘어남)이 크다(강성이 낮다).

조종 케이블은 비행중의 진동을 생각하면 1개의 케이블은 1개의 로드 이상의 공간이 필요하다. 또 케이블에는 미리 장력(Tension)을 주어 하중이 가해져 늘어나거나 구조가 변형되어도 느슨해져 탈선되지 않게 되어 있지만 매우 큰 장력이 필요하다. 그러나 장력을 크게 하면 풀리(Pulley)에 큰 반력이 생겨서 마찰력이나 장력이 커져 조종성에 역행하는 결과가 된다.

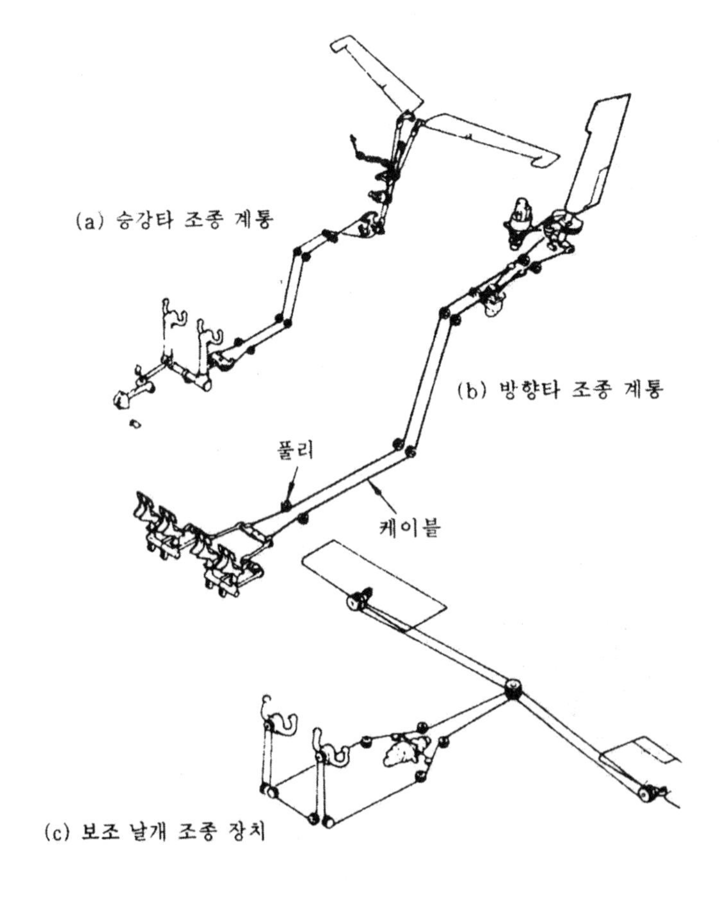

그림 2-3 조종 계통(Control System)

2) 푸시 풀 로드 조종 계통(Push Pull Rod Control System)

푸시 풀 로드 조종 계통은 케이블 조종 계통에 비해 다음과 같은 장점이 있다.

① 마찰이 작다.

② 늘어나지 않는다(강성이 높다).

또한 다음과 같은 단점도 있다.

① 무겁다.

② 느슨함이 있다.

③ 관성력이 크다.

④ 가격이 비싸다.

장력을 주지 않은 로드 조종 계통에서는 베어링의 느슨함 등이 축척되어 조종성을 방해하게 되므로 여러 로드(Rod)의 중량과 관성이 조종에 지장을 초래하기도 한다.

이 조종 계통은 조립과 조절을 간단히 할 수 있으므로 날개 등의 장탈착이 빈번한 글라이더(Glider) 등에 널리 사용된다.

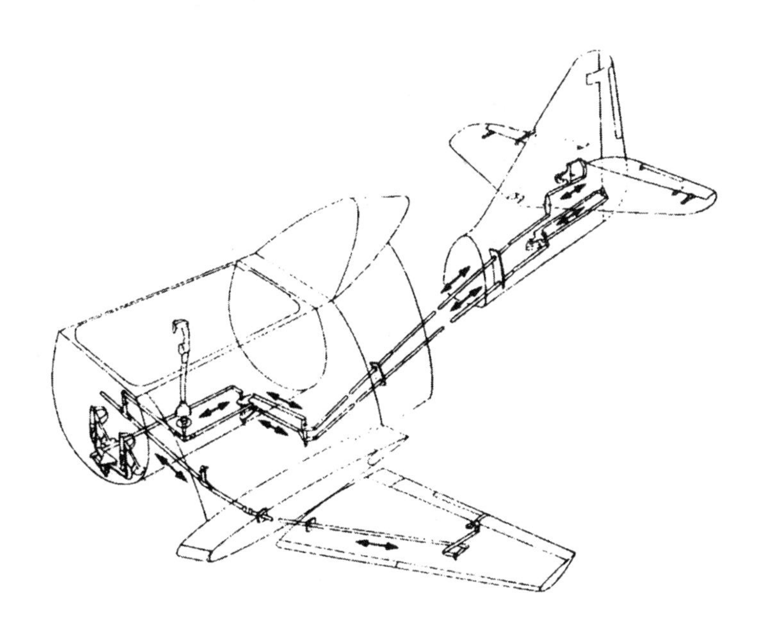

그림 2-4 수동 조종 장치(3개의 조종면 모두 로드(Rod)를 사용한다)

3) 토큐 튜브 조종 계통(Torque Tube Control System)

토큐 튜브는 조종력이 계통을 통해 조종면에 전달되는 경우 튜브에 회전이 주어져 이렇게 부른다. 토큐 튜브에는 레버 형식과 기어 형식의 2종류로 구별된다. (그림 2-5)

레버 형식은 주조종 계통에는 거의 사용되지 않고 기계적으로 조작하는 플랩 계통(Flap System)에 사용하는 경우가 많다. 기어 형식은 그림에서도 알 수 있듯이 방향 전환이 큰 장소에 사용되며 마찰력이 작은 것이 특징이다.

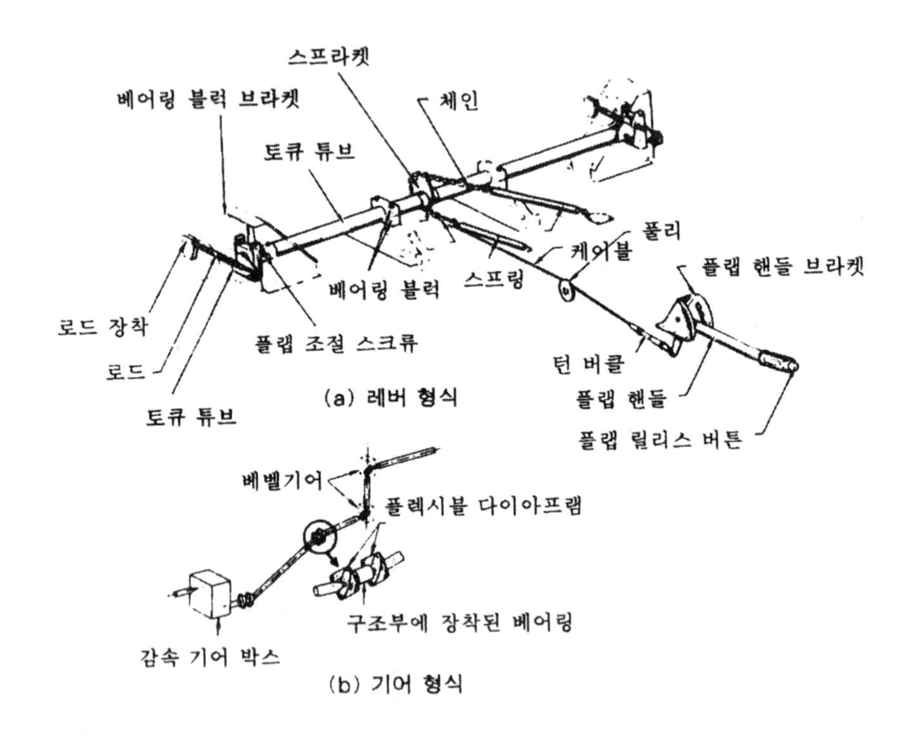

그림 2-5 토큐 튜브 조종 계통

4) 링케이지(Linkage)

조종실(Cockpit)의 조종 장치로부터 조종 케이블 및 조종면에 연결하기 위해 여러 가지 기계적인 링케이지가 사용되어 운동의 전달이나 방향 전환의 역할을 한다. 링크 기구는 푸시 풀 로드(Push Pull Rod), 토큐 튜브(Torque Tube), 쿼드란트(Quardrant), 벨크랭크

(Bellcrank) 및 케이블 드럼(Cable Drum) 등으로 구성된다. (그림 2-6)

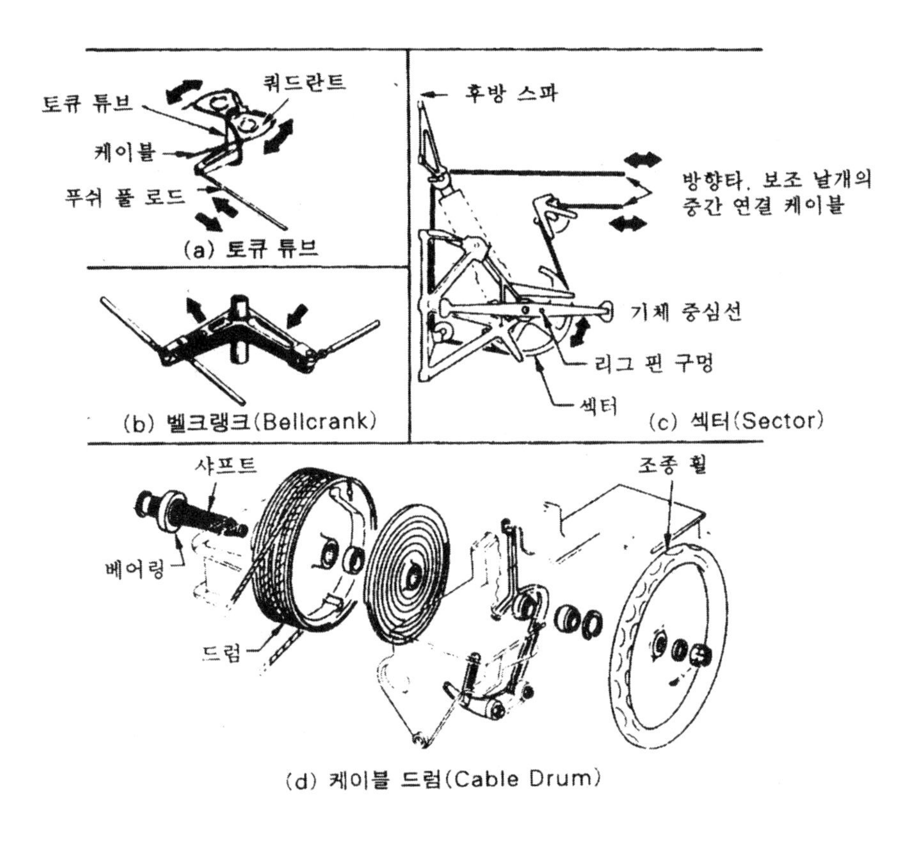

그림 2-6 조종 계통의 기계적인 링크

5) 케이블(Cable), 풀리(Pulley) 등

케이블은 가장 일반적인 조종 장치의 구성 부품이다. 따라서 그 특성을 충분히 이해할 필요가 있다.

항공기가 케이블을 사용할 때는 반드시 왕복으로 사용한다. 한 방향의 케이블의 신호를 전달하는 기구는 지상의 기계류에서는 종종 사용되지만 비행기에서는 원칙적으로 사용하지 않는다. 비행중에 급격한 조작을 하면 중력에 의해 케이블의 중량이 증가되어 느슨해지며 스프링이 늘어나고 그릇된 신호의 원인이 되기 때문이다. (그림 2-7) 그러므로 케이블은 반드시 왕복으로 사용하여 케이블의 느슨함을 막고 구조와의 접촉을 막기 위해 페어리드가 쓰인다. 페어리드(Fairlead)가 설치된 곳에서 케이블의 방향을 바꾸는 것은 최대 3° 내의 각도에서 행해야 한다.

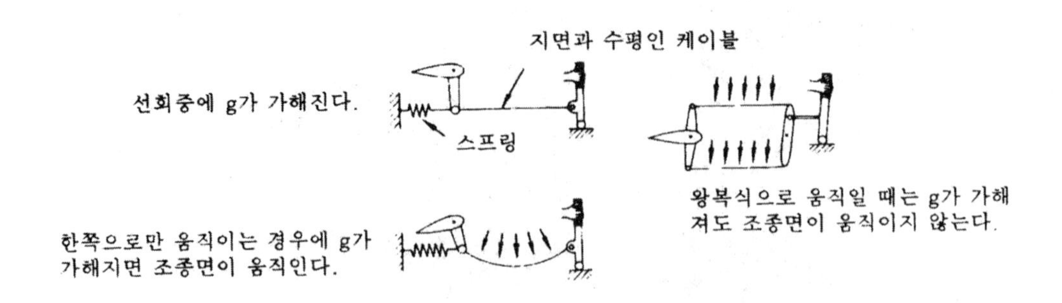

그림 2-7 케이블을 왕복식으로 사용한다

A. 페어리드(Fairlead)

페어리드는 케이블이 벌크헤드의 구멍이나 다른 금속이 지나가는 곳에 사용되며 페놀 수지처럼 비금속 재료 또는 부드러운 알루미늄과 같은 금속으로 되어 있다 [그림 2-8 (a)]. 케이블이 진동에 의해서 기체 구조에 접촉될 가능성이 있는 곳에는 테프론(Teflon) 등의 재료로 된 럽 스트립(Rub Strip)이 사용된다 [그림 2-8 (a)].

B. 압력 시일(Pressure Seal)

그림 2-8 (c)의 압력 시일은 케이블이 압력 벌크헤드(Pressure Bulkhead)를 통과하는 곳에 장착된다. 이 시일은 압력의 감소는 막지만 케이블의 움직임을 방해하지 않을 정도의 기밀성이 있는 시일이다.

C. 풀리(Pulley)

케이블의 방향을 바꿀 때 풀리를 사용한다. 풀리의 베어링은 밀봉되어 있어서 추가의 윤활이 필요 없다. 풀리는 항공기의 구조물에 브라켓(Bracket)으로 부착되고 풀리를 지나는 케이블이 벗어나지 않게 가드 핀(Guard Pin)이 붙어 있다. 가드 핀은 케이블의 걸림이나 온도 변화에 따른 느슨함이 생겼을 때 풀리에서 케이블(Cable)이 벗겨지는 것을 막기 위해 작은 틈새를 유지하고 있다 [그림 2-8 (d)].

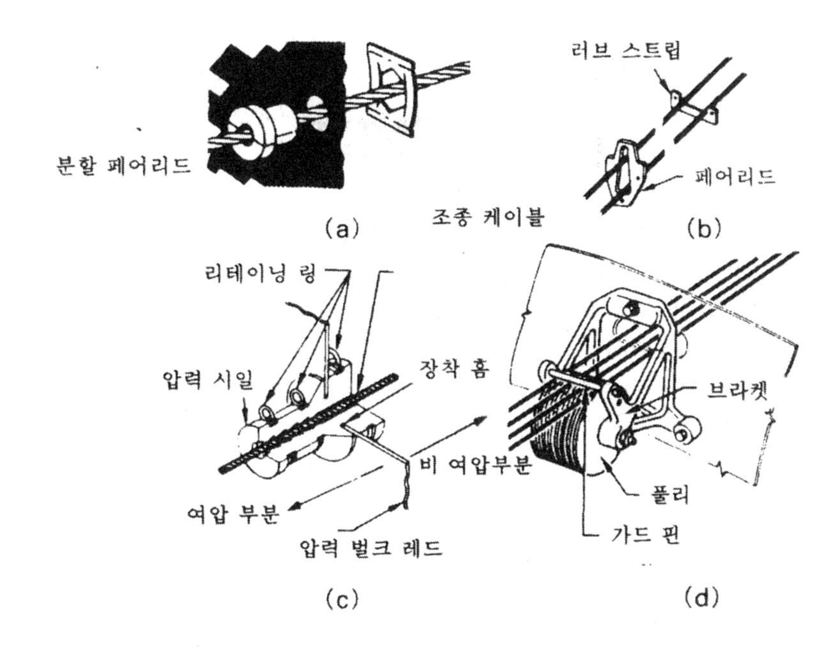

그림 2-8 케이블 안내 장치(Cable Guide)

D. 케이블(Cable)

조종 케이블은 플렉시블 케이블(Flexible Cable)로서 다른 장치와 연결시키는 터미널(Terminal) 및 턴버클(Turnbuckle)로 구성되어 있다. 케이블은 보통 강재가 사용되나 부식이 발생하기 쉬운 장소에 사용될 경우는 스테인레스 강 케이블을 쓴다.

케이블은 정기 점검시에 케이블의 방향에 따라 청소용 천으로 문지르고 천이 걸린 부분을 조사하여 와이어가 끊어졌는지 검사한다. 케이블을 완전히 조사하려면 조종 장치를 최대 작동 범위까지 움직여 볼 필요가 있다. 이렇게 함으로서 풀리, 페어리드 및 드럼 부근의 케이블의 상황도 조사할 수 있다.

와이어가 끊어지는 것은 케이블이 풀리 위나 페어리드를 통과하는 곳에서 가장 많이 일어난다. 전형적인 손상 위치를 그림 2-9에 나타냈다.

락크래드 케이블(Lockclad Cable)은 대형 항공기의 직선 운동을 하는 부분에 사용되며 강 케이블에 알루미늄 튜브를 스웨즈(Swage) 한 것이다. 락크 래드 케이블은 종래의 케이블보다 온도에 따른 장력의 변화가 적고 또 부하 하중에 의한 신장량이 적은 장점이 있다.

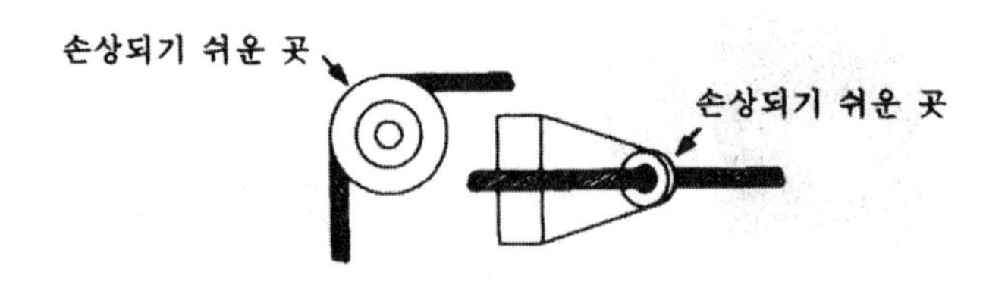

그림 2-9 케이블이 손상되기 쉬운 위치

락크래드 케이블은 알루미늄 피복이 닳아서 내부에 있는 케이블이 노출되었을 때에는 교환해야 한다.

만일 케이블의 표면이 부식되어 있을 때는 조종 케이블의 장력을 늦추고 꼬임을 반대로 비틀어서 내부의 부식을 조사한다. 내부 부식이 발견되면 교환해야 한다. 내부 부식이 없으면 거친 천이나 화이버 브러시로 외부의 부식을 제거한다. 케이블을 손질할 때는 금속재 울(Metallic Wool)이나 와이어 브러쉬(Wire Brush), 솔벤트 등을 사용해서는 안된다. 이러한 것들은 이질 금속(Dissimilar Metal)의 입자를 케이블의 와이어 틈새에 침투시켜 부식이 더 심해지게 된다. 솔벤트는 케이블의 내부 윤활제를 제거해버리므로 도리어 부식을 촉진시킨다. 케이블을 완전히 손질한 뒤에 방청 콤파운드(Compound)를 바른다.

E. 턴버클(Turnbuckle)

턴버클은 조종 계통에서 케이블의 장력을 조절하는 장치이다. 턴버클의 바렐(Barrel)은 한쪽에는 왼나사가 반대쪽의 바렐에는 오른 나사가 있다. 케이블의 장력을 조절할 때는 바렐을 돌려 케이블의 터미널을 같은 길이로 양쪽에 끼운다. 턴버클을 조절한 뒤에는 되돌아가는 것을 방지하는 장치를 해야 한다.

F. 케이블 컨넥터 (Cable Connector)

턴버클 외에 케이블 컨넥터가 사용되기도 한다. 이 컨넥터는 케이블을 신속히 연결하거나 분리하는데 사용된다. 그림 2-10은 스프링 형식의 케이블 컨넥터의 예이다. 이 형식은 스프링을 조절하여 연결하거나 분리한다.

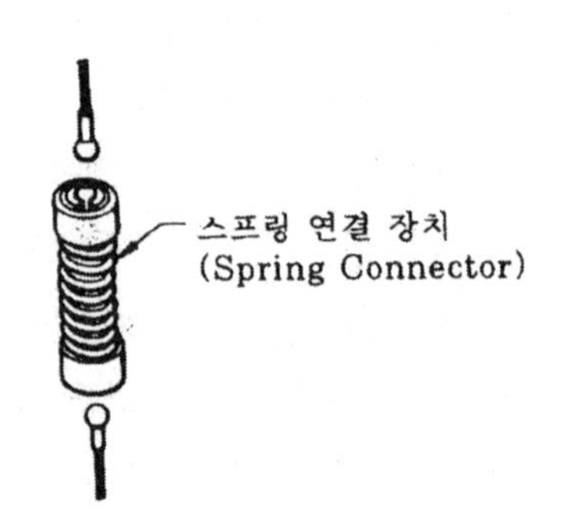

그림 2-10 스피링 형식의 케이블 켄넥터

6) 로드(Rod), 쿼드란트(Quadrant) 및 벨크랭크(Bellcrank)

콘트롤 로드(Control Rod)는 일반적으로 둥근 튜브와 로드 엔드(Rod End)로 만들어지며 조종 계통에서 밀고 당기는 운동을 가하는 링크로 사용된다. 이 로드는 한쪽이나 양쪽 끝에 나사를 사용해서 길이를 조절한다.

그림 2-11은 푸시 풀 로드이다.

양쪽 끝에는 조절 가능한 볼 베어링 로드 엔드 또는 로드 엔드 크레비스(Clevis)가 있어 조종 계통에 로드를 장착하도록 되어 있다. 로드 엔드는 길이를 조절한 뒤 체크 너트(Check Nut)에 의해 로드 엔드나 크레비스가 느슨하게 풀리는 것을 방지한다.

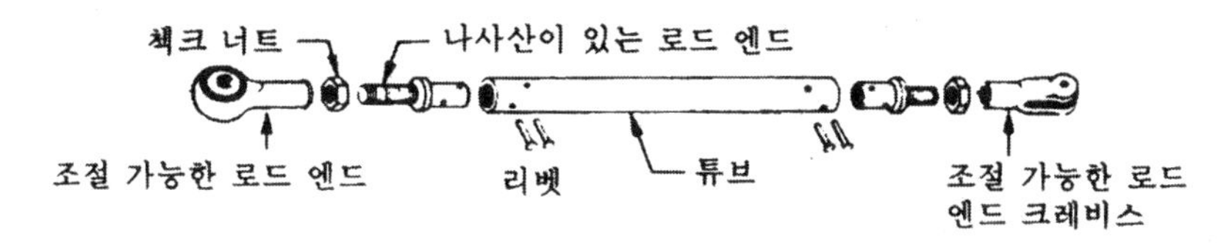

그림 2-11 푸쉬 풀 로드(Push Pull Rod)

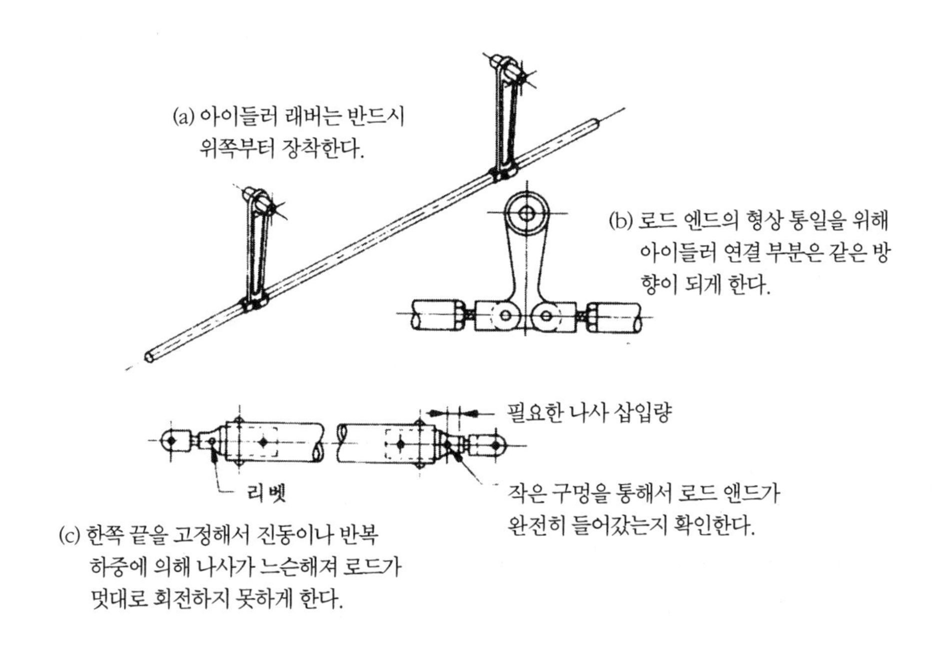

그림 2-12 조종 로드(Control Rod)의 사용법

아이들러 레버(Idler Lever)는 콘크롤 로드를 구조물로부터 지지하며 굴곡부의 분력을 부담한다. 아이들러 레버는 위쪽부터 로드을 붙인다. 다시 말해서 수평면내를 움직이게 장착한다 [그림 2-12 (a)]. 아래쪽에 붙여 놓고 로드를 위쪽으로 올리듯이 장착하는 것은 불안정하게 되어 좋지 않다.

로드를 장착하는 벨크랭크(Bellcrank)는 로드를 장착하기 전 · 후에 벨크랭크가 자유롭게 움직이는 것을 확인하고 조립 전체가 바로 되었는지 점검한다.

로드에 셀프 얼라이닝 베어링(Self Alingning Bearing)이 사용되었을 경우는 장착후에 로드를 회전시켜서 자유롭게 움직임(어느 방향에도 구속되지 않음)을 확인한다.

로드 엔드의 베어링은 플랜지와 피닝(Peening)이 느슨해져 떨어지는 것을 방지하기 위해 고정 끝(너트측)에 반드시 플랜지(Flange)가 오도록 장착한다 (그림 2-13).

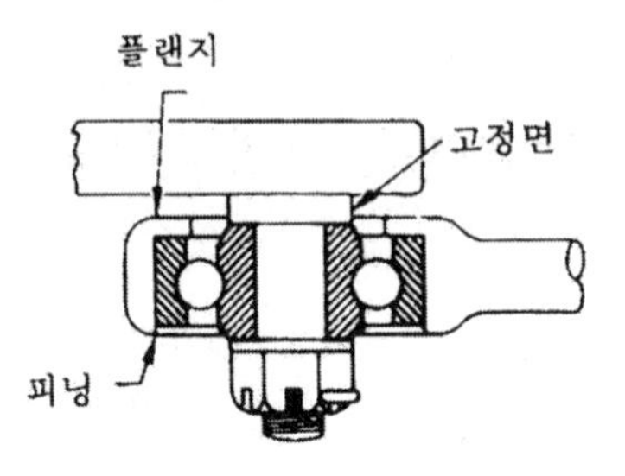

그림 2-13 베어링 레이스와 장착 볼트 사이에 플랜지가 오게 한다.

다른 방법으로는 장착핀이나 볼트의 로드 엔드 장착 너트 아래 플랜지의 구멍보다 큰 직경의 와셔를 넣는 법이 있다. 쿼드란트(Quadrant), 벨크랭크(Bellcrank), 섹터(Sector) 및 드럼(Drum)은 운동의 방향을 바꾸어 로드, 케이블 및 토큐 튜브와 같은 부품에 운동을 전달한다.

그림 2-6 (a)의 쿼드란트는 일반적으로 사용되고 있는 대표적인 예이다. 그림 2-6의 (b)와 (c)는 벨크랭크와 섹터, 그림 (d)는 케이블 드럼이다.

케이블 드럼은 주로 트림 탭(Trim Tab) 계통에 사용된다. 트림 탭의 조종 휠(Control Wheel)을 오른쪽이나 왼쪽으로 돌리면 케이블 드럼은 트림 탭의 케이블을 감거나 되감거나 한다.

로드 방식과 케이블 방식에는 각각 장단점이 있다. 그림 2-4처럼 전계통을 로드 방식으로 한 항공기도 있으나 두가지 방식의 장점을 조합해서 사용하는 것이 바람직하다.

아이들러 암(Idler Arm)의 브라켓이나 풀리의 브라켓을 기체 구조에 장착할 때는 반드시 육각 볼트를 사용해야 하고 리벳이나 스크류(Screw)를 사용해서는 안된다.

7) 토큐 튜브(Torque Tube)

조종 계통에 각운동이나 회전 운동을 전달하는 곳에는 토큐 튜브를 사용한다. 토큐 튜브의 장점은 공간의 제약이 적고 부품수를 줄일 수 있다는 점이다. 조종 계통의 토큐 튜브(Torque Tube)는 회전각이 작으므로 다음과 같이 2가지 구조로 사용할 수 있다.

① 토큐 튜브 중심과 힌지(회전) 중심을 일치시킨다.

② 토큐 튜브 중심과 힌지(회전) 중심을 편심시킨다.

①의 방식은 공간적으로는 유리하지만 토큐 튜브(Torque Tube)보다 직경이 큰 베어링을 사용해야 하고 또한 분해 · 조립의 순서를 준수해야 한다 [그림 2-14 (a)].

②의 방식은 토큐 튜브의 회전에 따라 힌지(Hinge) 중심이 이동하므로 공간의 여유가 필요하지만 토큐 튜브보다 직경이 작은 베어링도 좋으며 장착과 장탈의 구조가 용이하다. 이 때문에 회전량이 작을 때는 ②의 형식이 널리 쓰인다.

그림 2-14 (b)는 서로 반대 방향의 운동을 전달할 때의 토큐 튜브의 사용 예이다.

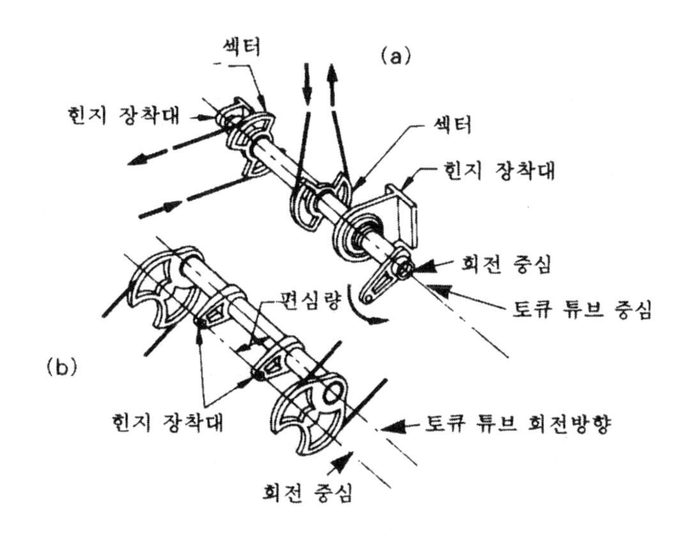

(a)처럼 토큐 튜브 중심과 회전 중심을 일치시키면 베어링이 커야 한다.
(b)는 토큐 튜브 중심을 편심시켜 베어링을 작게 한다.

그림 2-14 토큐 튜브와 힌지 위치

8) 스톱퍼(Stopper)

조종 계통에는 보조 날개, 승강타 및 방향타의 운동 범위를 제한하기 위해 조절식 또는 고정식의 스톱퍼를 장착하고 있다.

보통 스톱퍼는 3개의 주조종면 각각 2곳에 장착된다. 한 곳은 스누버 실린더(Snubber Cylinder) 또는 구조부의 스톱퍼로서 조종면이 있는 곳에 다른 한 곳은 조종실의 조종 장치가 있는 곳에 장착되어 있다.

이 두 곳의 스톱퍼는 그 설정 범위가 달라 조종면에 장착한 스톱퍼가 먼저 접촉되게 되어 있다. 이것은 케이블의 늘어남이나 심한 조종에 의한 조종 계통의 손상을 막기 위한 더블 스톱퍼(Double Stopper)로서의 기능을 한다 (그림 2-15). 조종 계통을 정비할 경우 조종면의 운동을 제한하는 이들 스톱퍼의 조절 순서는 해당 정비교범(Maintenance Manual) 또는 정비 지시에 따라야 한다.

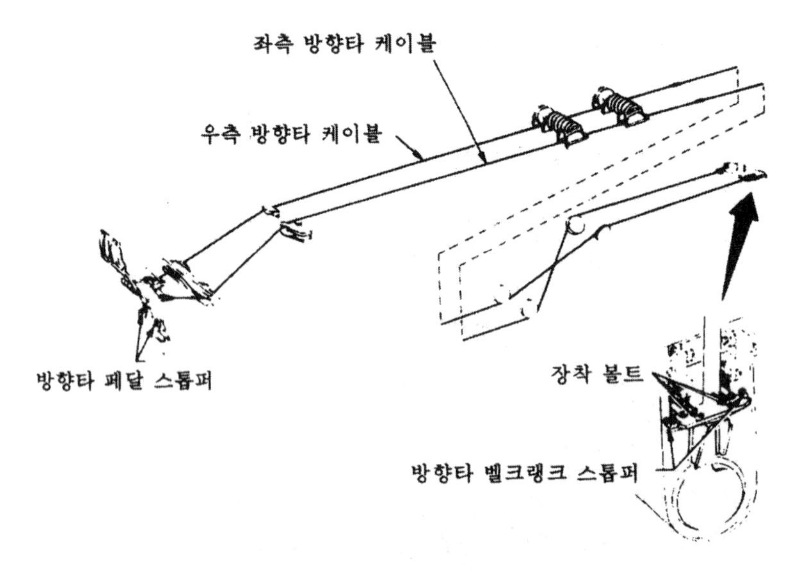

그림 2-15 조절 방식의 방향타 스톱퍼(Rudder Stopper)

9) 장력 조절기(Tension Regulator)

케이블에는 장력을 줄 필요가 있으며 여압실(Pressurized Zone)을 통과하는 케이블과 같이 기체 구조와 케이블의 온도 환경이 다른 케이블과 날개와 같이 변형이 큰 구조 내를 통과하는 케이블은 상황에 따라 장력이 크게 변화하므로 장력을 매우 크게 해야 한다. 이 문제의

해결책으로 장력 조절기가 고안되었다. 장력 조절기는 피치가 거친 나사를 1개 로드의 양쪽에서 잘라 양쪽의 나사에 끼운 너트에 하중을 가하고 나사가 회전하는 원리와 클러치를 응용한 것이다. 그림 2-16과 같이 한쪽 만의 하중(보통의 조타시)에 대해서는 클러치와 브레이크가 작용하여 양끝의 너트에 균일한 하중이 가해지면 너트 간격이 신축되게 만들어져 있으므로 케이블의 장력이 어떤 값을 넘으면 쿼드란트의 섹터(Sector)가 이동하여 장력을 조절한다. 따라서 장력을 낮게 설정해도 지장이 없다.

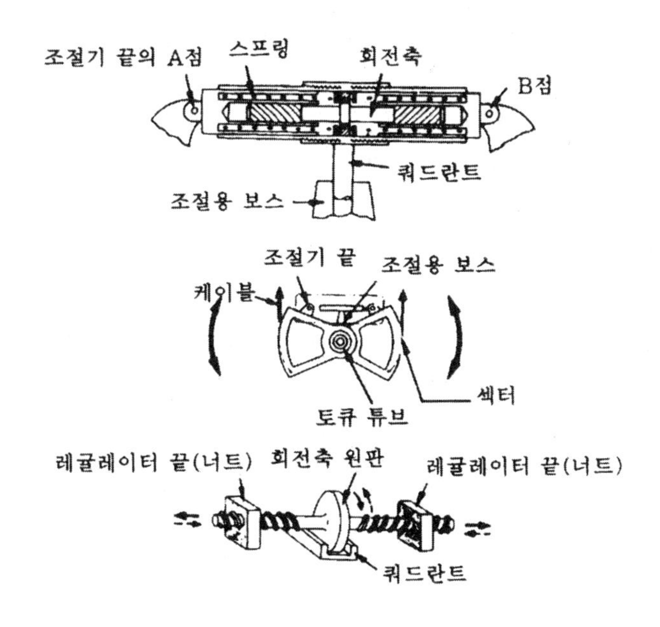

그림 2-16 장력 조절기(Tension Regulator)

10) 봅 웨이트, 다운 스프링(Bob Weight, Down Spring)

보통의 조종 장치에서 조종사 조타 감각의 기본은 일정한 운동에 대해 조종간을 움직인 양과 그 힘(무게)이다. 이 관계가 비행기의 속도와 고도에 관계없이 일정하게 유지되면 이상적이다. 그러나 원래 승강타의 효율과 무게에는 속도의 자승에 비례하는 성질이 있어 속도가 빨라지면 약간만 조종면을 움직여도 기체에 큰 g가 가해지게 되어 효율이 너무 예민해지게 된다. 이 때문에 승강타 조종 계통의 강성을 낮추거나 계통에 스프링을 넣어 고속이 되면 케이블이나 스프링이 늘어나 조작량에 대한 조종면의 움직임이 작아지게 할 수 있다. 조종면의 무게와 g의 관계가 속도에 따라 변화하는 것을 막는 것이 봅 웨이트(Bob Weight)이다.

그림 2-17 (a)의 봅 웨이트는 기체에 가해지는 g를 이용해서 g가 가해지면 봅 웨이트를 지탱하는 힘이 비례해서 커지는 조종 계통에 연결된 추이다. g가 커지면 조종간을 조작하는 반력이 커지고 조종간을 당겨서 오버 콘트롤(Overcontrol)이 되는 일이 없다.

다운 스프링은 지상에서는 승강타가 하강이 되도록 누르고(인장도 좋음) 있는 스프링이다. [그림 2-17 (b)] 조종간을 중립 위치까지 당기는데 상당한 힘이 필요한 비행기도 있으나 이 힘은 비행중에 트림(Trim)되어 버리므로 손을 떼도 하강으로 되는 일은 없다. 다운 스프링의 목적은 속도가 증가되면 수평 비행을 계속하기 위해 조종간을 누르는 힘이 필요해지고, 또 역으로 속도를 줄이면 조종간을 당기는 힘이 필요해 진다고 하는 +의 종안정의 특성을 강하게 하기 위한 것이다.

정의 종안정이 있는 비행기라도 조종 계통의 마찰 등으로 이 경향이 명백하지 않을 때 사용하는 다운 스프링은 조종면각에 의해 힌지 모멘트가 변화되지 않게 항상 일정한 토큐를 주도록 장착된다.

봅 웨이트에도 같은 효과가 있으나 다운 스프링은 g의 영향을 받지 않는다는 점이 크게 다른 점이다. 다운 스프링처럼 스프링을 사용할 때는 만일 파손되어 전달되더라도 기능이 유지될 수 있게 원칙적으로 누르는 용수철로서 사용한다. 이것은 스프링을 당겨서 사용하면 간단한 기구로 되지만 파손되었을 때의 위험은 크다.

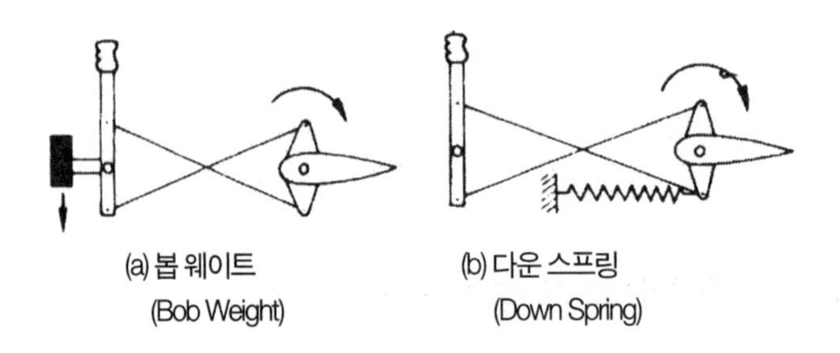

다운 스프링은 조종면 각도에 관계 없이 가능한한 일정한 토큐를 주도록 탄력 상수나 장착 방법 등을 고려한다.

그림 2-17 봅 웨이트와 다운 스프링

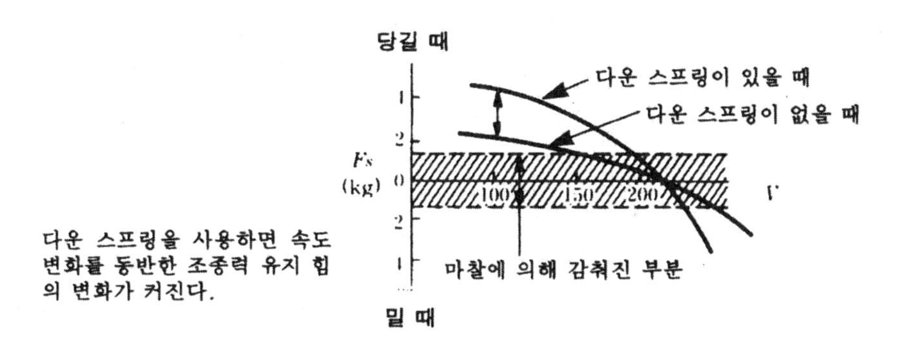

그림 2-18 다운 스프링(Down Spring)의 효과

11) 차동 조종 계통(Differential Flight Control System)

차동 조종 계통은 왕복 행정에 차이가 있는 조종 계통의 주로 보조 날개 조종 계통에 쓰인다.

보조 날개를 조작했을 때의 공기 저항은 작동각이 동일해도 상승 조작쪽 보다는 하강 조작쪽이 크다. 그 때문에 비행기가 선회하려고 할 때 기울어진 방향과는 역방향으로 기수가 흔들린다.

이 상태를 선회 방향과는 역 요(Adverse Yaw) 모멘트가 생겼다고 한다. 이 상태로는 균형 선회가 불가능하다.

이 문제를 해결하기 위해 보통의 비행기에서는 보조 날개의 작동 범위를 상승측이 크고 하강측이 작아지는 차동 기구를 삽입하고 있다. 이러한 보조 날개를 차동 보조 날개(Differential Aileron)라 부르며 보조 날개의 상승 및 하강 각도의 비를 차동비라고 한다.

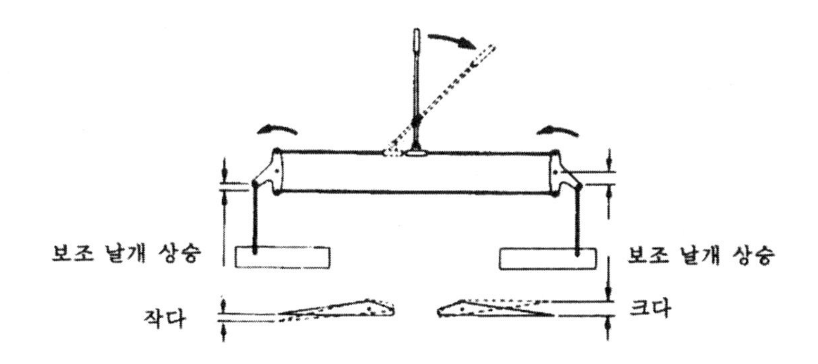

그림 2-19 차동 보조 날개(Differential Aileron)

그림 2-19에서 알 수 있듯이 벨크랭크의 지점과 보조 날개를 조작하는 로드의 장착점을 편향시켜 벨크랭크의 작동각과 푸시 로드의 행정에 차이를 만들고 있다. 이렇게 함으로서 벨크랭크의 작동각이 같더라도 푸시 로드의 행정을 상승 조작에서는 크게, 하강 행정에서는 작게 할 수 있게 된다.

A. 스트러트 브리징 하중(Strut Bridging Load)

3개의 조종면 중에서 보조 날개는 특히 가볍게 움직이는 것이 요구되나 보조 날개에는 스트러트 브리징 하중이라는 독특한 하중이 작용한다.

매뉴얼식의 방향타나 승강타는 트림 탭을 조작해서 조종사의 손에 가해지는 반력을 빼주면 조종 계통 전체의 하중도 0이 된다. 그러나 보조 날개 만은 트림을 취하여 보타력을 0으로 해도 계통의 하중은 여전히 큰 것이 남는다. 이것을 스트러트 브리징 하중(Strut Bridging Load)이라고 부른다. 스트러트 브리징 하중의 발생은 날개가 양력을 발생하고 있기 때문에 좌우의 보조 날개에는 항상 트레일링 에이지(Trailing Edge)를 뜨게 하려고 하는 양력이 작용한다.

좌우 같은 힘이 작용하고 있으므로 좌우를 어떤 부재로 연결하면 균형을 이루어 뜨려고 하는 양력이 방해받아 하중이 밖으로 나타나지 않는다. 보타력(조종력을 유지하는 힘)이 되는 것은 좌우의 불균형 만큼이다. 그 차이량은 트림으로 상쇄되나 좌우에 같은 양으로 서로 당기는 스트러트 브리징 하중 만큼은 부재에 남는다.

스트러트 브리징 하중은 양력이 증가하면 커진다. 동체를 일으키는 조작을 하면 g에 비례해서 증가한다. 속도를 늘려도 트레일링 에이지의 풍압이 늘어나 하중이 증가한다.

물론 익형(Airfoil)의 변형을 꾀하면 작게 할 수 있으나 하중을 0으로 하는 것은 불가능하며 반드시 발생한다. 이 힘은 그대로 긴 거리를 돌아 조종간까지 가져와 서로 상쇄시켜 버려도 좋으나 그러면 중량이나 마찰이 커지고 케이블 신장도 커진다.

일반적으로는 날개의 중앙에서 서로 상쇄되도록 한다. 어쨌든 이 하중은 조타 하중에 비해 의외로 크기 때문에 케이블을 사용할 때는 다른 조종면보다 굵은 케이블을 사용하여 장력을 크게 해야 한다. 그러나 그렇게 하더라도 마찰력이 증가하는 것과 케이블이 늘어나 보조 날개가 떠오르는 것은 피할 수 없다. 이러한 결점은 로드와 아이들러 암(Idler Arm)을 사용하으로서 어느 정도 막을 수 있다.

2-3. 동력 조종 장치

동력 조종 장치(Power Control System)는 조종간이나 방향타 페달의 움직임을 유압 서보 액츄에이터(Hydrauric Servo Actuator) 등을 매개로 조종면에 전달하는 방식이다. 이 방식은 조타에 큰 조종력을 필요로 하는 대형 항공기나 초음속 항공기에 널리 사용된다. 이 방식에서는 조종간의 움직임은 서보 액츄에이터로 전달할 수 있으나 조종면의 움직임은 조종력과 대응되지 않으므로 인공 감각 장치를 병용한다. 이 장치는 공력 특성이 급변하는 천음속 영역을 포함한 속도 영역에서 비행하는 항공기에는 필수적인 장치이다.

대형 제트 항공기도 초기의 극히 일부를 제외하고는 유압에 의한 동력 조종 장치를 사용하고 있다.

1) 부스터 조종 장치(Booster Control System)

부스터 조종 장치에서는 조종사의 조타력에 비례해서 증가된 힘을 유압원 장치로부터 조종면(Control Surface)에 가할 수가 있다. 조타량은 조종간의 움직임에 비례하고 힘에도 비례한다.

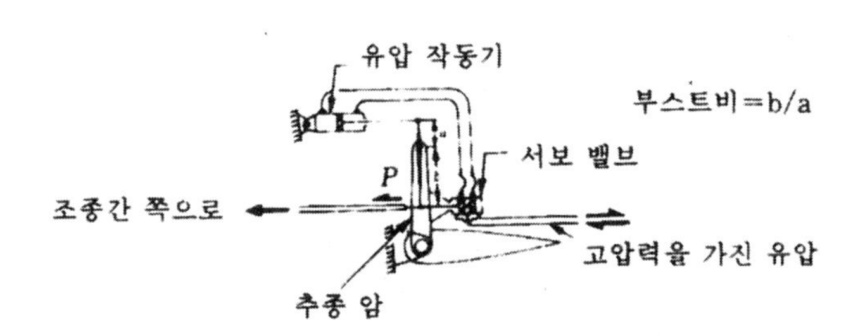

그림 2-20 부스터 조종 장치

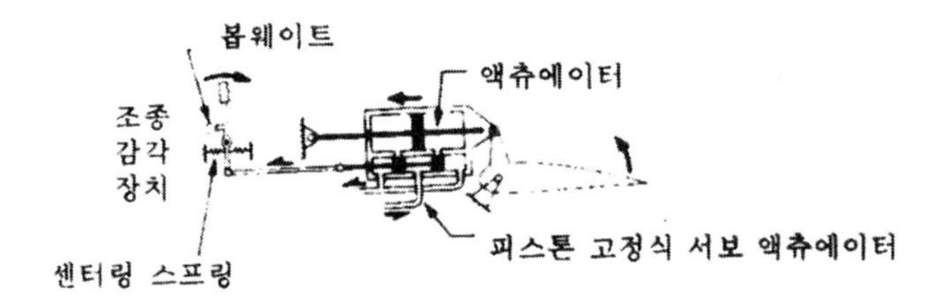

그림 2-21 불가역 동력 조종 장치

현대 항공기는 이러한 불가역성을 이용하여 조종면을 유압이 없을 때 돌풍에 흔들여 파손되는 것을 방지하는 가스트 락크(Gust Lock) 역할을 한다.

또한 항공기가 대형화 함에 따라 1차 조종면의 미치는 작동 힘의 전달이 둔 해지고 힘이 들므로 이러한 부스터 조종 계통을 사용하며 보잉 727—200, 737—300, —400, —500, 767—200, —300, 747—200, —300, —400 등에서 쉽게 볼 수 있다.

2) 플라이 바이 와이어 조종 장치(Fly-By-Wire)

플라이 바이 와이어 조종 장치는 항공기의 조종 장치 속에 기체에 가해지는 중력 가속도(g)나 기울기를 감지하는 센서와 컴퓨터를 내장해서 조종사의 감지 능력을 보충하도록 한 것이다.

예를 들면 급히 항공기의 자세를 변화시키려 할 때는 일단 크게 조타하여 반대로 조타한 후 중립으로 돌린다. 이것을 조종면을 댄다고 하는데 플라이 바이 와이어를 쓰면 이와 같은 조작이 필요 없게 된다. 조종사는 조종면을 대는 조작을 하지 않더라도 컴퓨터가 계산해서 조종면을 필요한 만큼 취해준다. 이것에 의해 성능은 좋아도 조종성이나 안정성이 나빠서 잘 조종할 수 없었던 항공기를 실용화하는 것이 가능하게 되었다.

이 장치에서 조종간이나 방향타 페달(Rudder Pedal)은 조종사의 조종 신호를 컴퓨터에

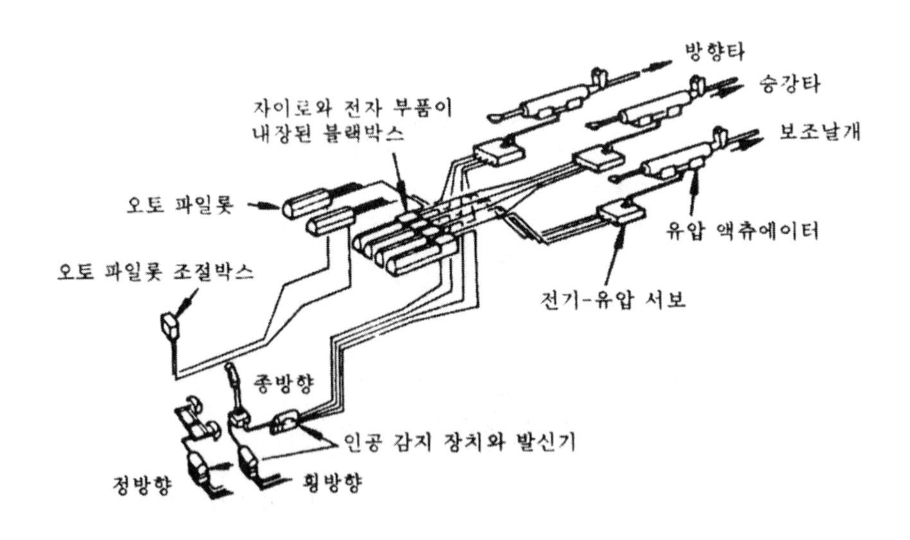

그림 2-22 플라이 바이 와이어(Fly By Wire) 조종 장치

입력하기 위한 도구가 된다. 따라서 무게와 조타량이라는 2종류의 신호는 불필요해지며 가해지는 힘의 크기만으로 충분한 신호가 된다. 미국이 F-16 전투기는 이 방식을 사용한 최초의 전투기로써 조종간이나 방향타 페달은 거의 움직이지 않고 힘의 크기만을 감지한다.

이 장치는 원래 달 착륙선이나 VTOL기와 같이 공기력에 의한 안정을 얻을 수 없는 우주선이나 항공기에 사용되어 발전해 온 것인데, 초음속 항공기 운동성은 향상이나 대형 여객기의 경제성 향상의 수단으로 큰 기대가 모아지고 있다. 에어버스사의 A320은 민간용 여객기로서 최초로 이 방식을 사용한 것으로 유명하다.

3) 인공 감지 장치(Artificial Feel System)

동력 조종 장치에 유압 액츄에이터(Actuator)를 사용하는 경우에는 조종사가 과대한 조종을 하는 것을 막기 위해 인공 감지 장치를 사용한다.

보조 날개(Aileron)에는 보통 스프링을 사용한 장치가 적절하나 승강타(Elevator) 및 방향타(Rudder)에는 스프링과 유압을 병용한 장치가 사용된다. 그림 2-23은 이 인공 감지 장치의 원리도이다. 이 그림은 수평 안정판 및 승강타용인데 방향타 및 보조 날개에도 사용할 수 있다.

유압 인공 감지 장치는 속도를 하나의 요소로서 변화시킨다. 인공 스프링에 의한 감각은 주로 저속에서의 기능이나 승강타의 작동에 따라 저항이 증가하고 고속에서는 스프링의 힘으로는 대처할 수 없기 때문에 유압의 힘을 빌려야 한다. 인공 감지 장치는 조종 장치를 중

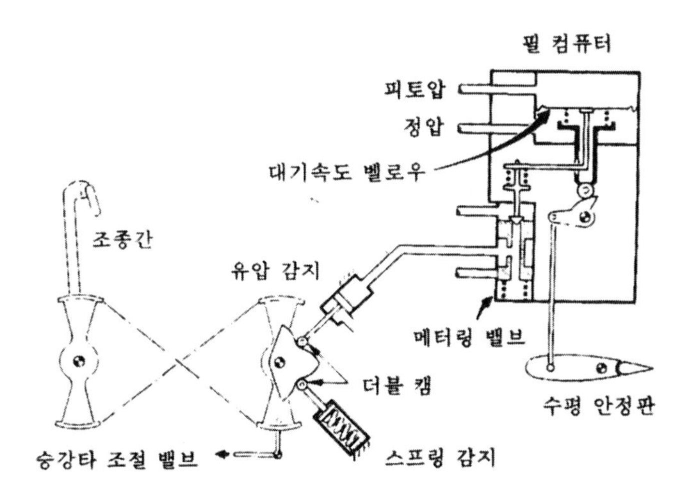

그림 2-23 인공 감지 장치의 원리

립 위치로 유지시키는 데도 사용된다.

승강타에서의 중립 위치는 승강타가 수평 안정판과 면이 일치되는 위치이다. 후방의 승강타 조작 쿼드란트(Quadrant)에 있는 더블 캠(Cuble Cam)은 승강타에 인공 감지를 입력하는 부분으로써 승강타를 중립 위치로 유지하는 작용을 한다. 조종사가 조종간을 움직이려면 스프링을 압축해서 유압 피스톤에 작용되는 힘보다 커야 한다.

필 컴퓨터(Feel Computer)는 대기 속도와 수평 안정판의 위치를 함수로 해서 유압 감각 피스톤에 유압을 작용시킨다. 피토압은 대기 속도 벨로우(Bellow)의 한쪽에 가해지고 정압이 다른쪽에 가해진다.

이 결과 벨로우는 항공기의 속도에 비례해서 움직이고, 이 움직임이 스프링에 작용하여 한쪽은 수평 안정판 위치의 캠에 다른 쪽은 메터링 밸브(필 컴퓨터의 사선에 달린 부분)에 작용한다. 이 힘은 메터링 밸브의 상하의 수평면에 작용하고 계획된 압력은 동일하게 균형을 이루고 있다.

삼각형의 릴리프 밸브(Relief Valve)에 작용하는 압력이 스프링을 눌러 메터링 밸브를 아래쪽으로 누르는 힘과 균형을 이루고 있으며 이 압력 라인은 그림처럼 닫힌다.

대기 속도가 커지면 메터링 밸브의 하향의 힘이 커지고 계획된 압력으로 누른다. 이것이 메터링 밸브(Metering Valve)를 아래쪽으로 눌러 하향의 힘이 메터링 밸브를 누르는 힘과 균형을 이룰 때까지 압력 라인에 메터링 밸브의 유로를 연다.

조종사가 조종간(Control Stick)을 움직이면 유압 감각 피스톤의 압력이 가해진다. 이 힘을 이기려면 릴리프 밸브에서 작동유를 밀어내야만 한다. 대기 속도와 함께 수평 안정판의 위치를 변화시키므로 조종사에서 필요한 힘은 속도에 따라 필연적으로 변화한다.

2-4. 2차 조종 장치

1차 조종 또는 주조종 장치의 목적은 기체를 조종하는 것인데 비해 2차(또는 보조) 조종 장치(Secondary Flight Control System)는 탭(Tab)이나 플랩(Flap) 등을 움직이는 것을 목적으로 한다.

따라서 1차 조종 장치와 다르게 트림 조종면각, 플랩의 위치, 엔진 회전 속도 등의 표시 장치가 필요하다.

1) 트림 계통(Trim System)

트림 계통의 목적은 조종사의 불필요한 피로를 없애기 위해 설정한 속도 및 고도에서 힘을 가하지 않았을 때(조종간이나 페달에서 손이나 발을 떼었을 때)에 항공기 자세가 변화하면 조종면으로 교정하는 계통이다.

매뉴얼 조종(부스터를 포함) 방식에서는 일반적으로 트림 탭(Trim Tab)을 사용한다. 이 트림 탭 조작 장치는 탭 근처에 불가역식의 스크류 잭(Screw Jack)을 설치하고 조종석의 트림 조작 휠의 회전을 케이블을 이용하여 잭(Jack)에 전달한다.

트림 조종 휠(Trim Control Wheel)은 승강타와 보조 날개의 상 · 하로 방향타는 좌 · 우로 움직여주도록 설치되어 있다. 조작 휠의 움직임과 탭의 움직임의 관계는 그림 2-24와 같다.

불가역식의 동력 조종 장치에서는 트림 탭을 이용할 수 없으므로 센터링 스프링의 힘을 변화시키거나 수평 안정판의 부착각을 스크류 잭(Screw Jack)으로 변경하여 트림한다.

트림 변경의 잭을 전기 또는 전기 · 유압식으로 하면 조종간에 설치된 비프 스위치(Beep Switch)로 트림을 변경할 수 있다. 최근의 제트 전투기나 제트여객기에서는 이 방식이 주류를 이루고 있다.

여객기나 그에 준하는 기체(감항류별 운송용 항공기 T)에서는 트림 잭(Trim Jack)과 탭(Tab)의 결합은 만약 1개의 로드나 혼(Horn) 장착대가 파손되어도 탭 플러터(Tab Flutter)가

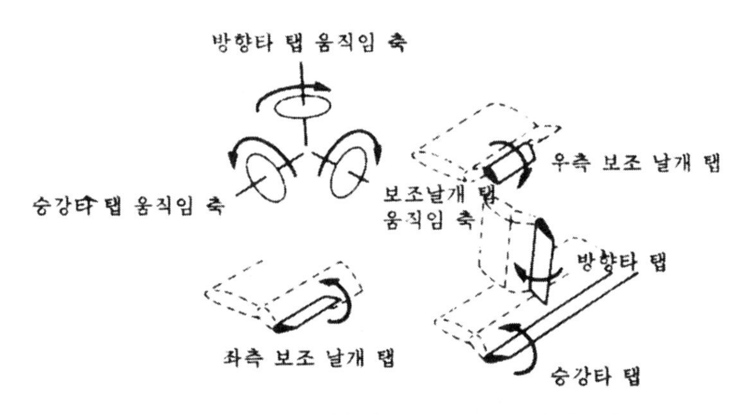

스틱을 위 그림과 같이 잡고 있을 때 다음과 같다.

스 틱	비 행 방 향	
시계방향 회전	기수 하강	우측 날개 하강
반시계방향 회전	기수 상승	좌측 날개 하강

그림 2-24 스틱의 움직임과 트림 탭의 작동

발생하지 않는 구조로 한다. 그러기 위해서는 탭에 매스 밸런스(Mass Balance)를 달든지 스크류 잭을 2중으로 하는 등의 수단이 필요하다.

2) 고양력 장치(Hight Lift Device)

플랩(Flap)이나 슬롯(Slot) 등의 고양력 장치의 조작은 소형 항공기에서는 매뉴얼과 기계적인 링크로 하기도 하지만 일반적으로는 전기나 유압 모터로 한다. 고양력 장치에서 특히 주의해야 할 것은 좌우의 어느 한쪽 만이 작동하는 것이다. 그 때문에 비대칭 검출 기구(Asymmetry System) 등을 설치하여 플랩 구동 기구의 일부가 파괴되었을 때, 한쪽 만이 작동하는 것을 자동적으로 정지시키게 하는 등 이전부터 여러 가지 연구로 행해지고 있으나 최근에는 혼 마운트(Horn Mount) 등의 파손까지 고려하여 페일 세이프(Fail Safe)성을 갖는 것이 요구된다. 그림 2-25는 세스너 172 계열 항공기의 전기 구동 플랩 기구인데 좌우 플랩의 움직임을 조절하는 밸런스 기구가 있어 그것으로 페일 세이프의 기능을 하고 있다.

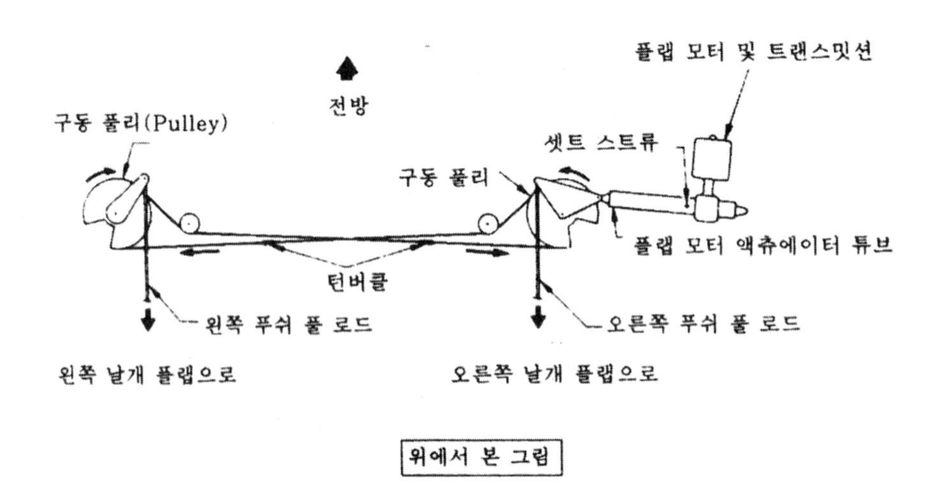

그림 2-25 소형 항공기의 플랩 계통

3) 가스트 락크(Gust Lock)

지상 계류중인 항공기가 돌풍을 만나 조종면(Control Surface)이 덜컹거리거나 그것에 의해 파손되지 않게 하기 위해 가스트 락크 기구가 설치된다.

소형 항공기에서는 조종간이나 방향타 페달을 고정시켜서 단단히 묶으면 되나 중 · 대형 항공기에서는 조종면(Control Surface)을 직접 또는 가능한 한 가까운 곳에 락크 기구로 고정한다. (그림 2-26 및 그림 2-27) 이 기구는 조종석에서 케이블로 조작한다.

가스트 락크에서 중요한 것은 다음과 같은 점이다.

① 락크(Lock)된 상태로는 비행할 수 없게 해놓을 것

② 계통의 일부가 파손되어도 비행중에는 락크하지 말 것

③ 비행중에는 잘못 조작을 할 수 없도록 해놓을 것

동력 조종 항공기에서는 유압 실린더 댐퍼(Damper)의 작용을 하므로 꼭 가스트 락크가 필요하지는 않다.

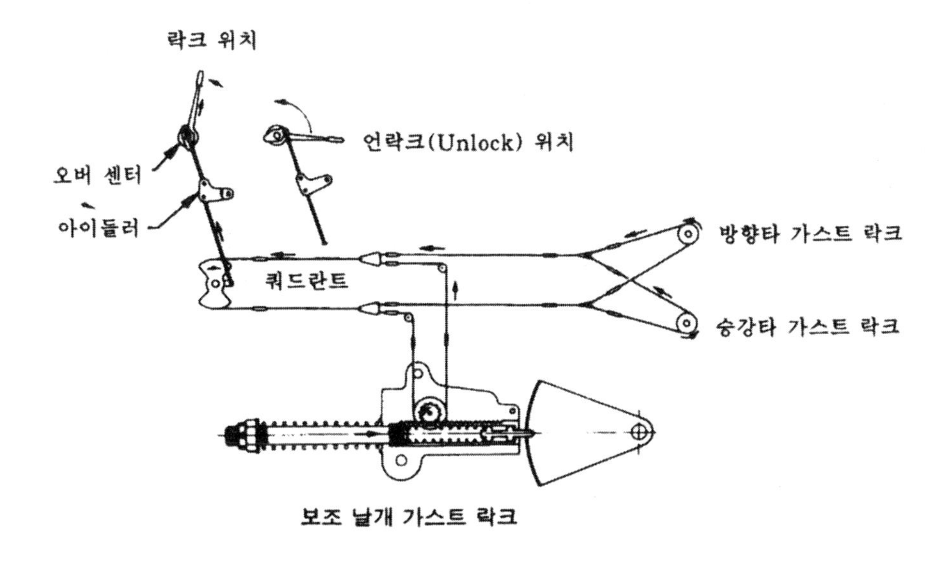

그림 2-26 중형 항공기의 가스트 락크(Gust Lock) 장치

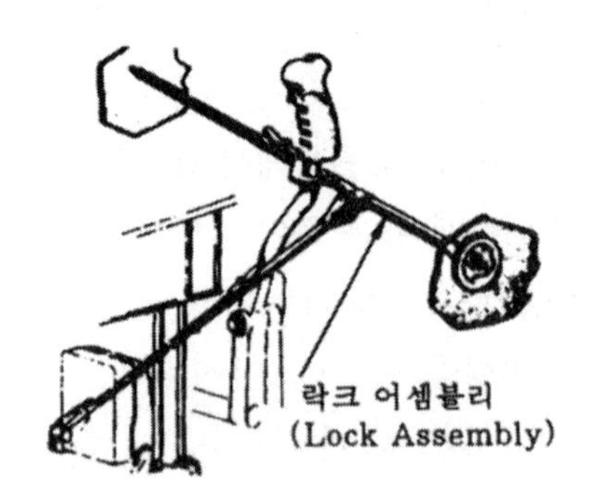

그림 2-27 대표적인 소형기의 가스트 락크

A. 내부 고정 장치(Integral Lock System)

내부 고정 장치는 보조 날개, 승강타 및 방향타를 중립 위치에 고정시키기 위해 사용된다. 고정 장치는 보통 조종면을 고정하기 위해 스프링 하중을 내장한 조종면의 기계적 링크의 구멍에 끼워넣는 플랜저(핀)에 의해 조작 장치를 통해 작동시킨다. 조종실의 조작 가스트 락크 레버(Gust Lock Lever)를 언락크(Unlock) 위치로 하면 스프링이 핀을 언락크 위치로 되돌린다. 그 밖에 편심 토글 기구(Eccentric Toggle Mechanism)도 사용된다.

B. 조종면 스누버(Snubber : 완충기)

조종면을 움직이기 위해 유압을 사용하는 비행기에서는 유압 계통에 연결된 스누버(Snubber)로 조종면을 돌풍으로부터 보호한다. 비행기에 따라서는 보조의 스누버 실린더를 직접 조종면에 장착한 것도 있다. 따라서 유압 계통의 작동액이 계통에 충만되어 있는 한 조종 계통을 중립 위치로 해두는 것으로 충분하며 가스트 락크를 설치할 필요는 없다.

C. 외부 조종면 고정 장치

외부 조종면 고정 장치는 날개나 안정판과 조종면에 얇은 목판을 끼워 고정하는 방법과 조종면과 구조 부재의 사이에 있는 고정 장착대를 끼워넣는 방법이 있다. 고정 장치에는 색깔이 있는 식별용 끈 등을 달아 비행전에 제거하는 것을 잊어버리는 일이 없도록 한다. 제거한 고정 장치는 항공기 내에 보관한다.

2-5. 조종실(Cockpit)

비행기의 조종은 단일 좌석 또는 탠덤(Tandem) 좌석 배치 항공기에서는 오른손으로 조종간을 잡고 왼손으로 스로틀 레버(Throttle Lover)를 움직여 양발로 방향타 페달을 조작해서 한다.

병렬 좌석(Side by Side) 항공기는 양쪽의 좌석에서 조종이 가능한 비행기 또는 대형 항공기로 2명의 조종사가 필요한 비행기는 2명의 조종사 사이에 엔진이나 트림 등의 조작 장치를 장착하여 어느 쪽에서라도 조작이 가능하게 되어 있다. 보통 항공기에서는 좌측을 조종사석, 우측을 부조종석으로 한다. 이 경우 조종사는 왼손으로 조종간을 잡고 오른손으로 스로틀 레버를 움직이게 된다.

비행기의 조종간을 오른쪽으로 밀면 기체는 오른쪽으로 경사가 심해지고 좌로 밀면 왼쪽으로 경사가 심해진다. 조종간을 앞으로 밀면 기수가 내려가고 뒤로 당기면 기수가 올라간다. 방향타 페달(Rudder Pedal)은 오른발을 밟으면 기수가 우로 향하고 왼발을 밟으면 기수는 좌로 향한다. 스로틀 레버를 앞으로 당기면 엔진의 출력이 감소하여 기체가 감소된다.

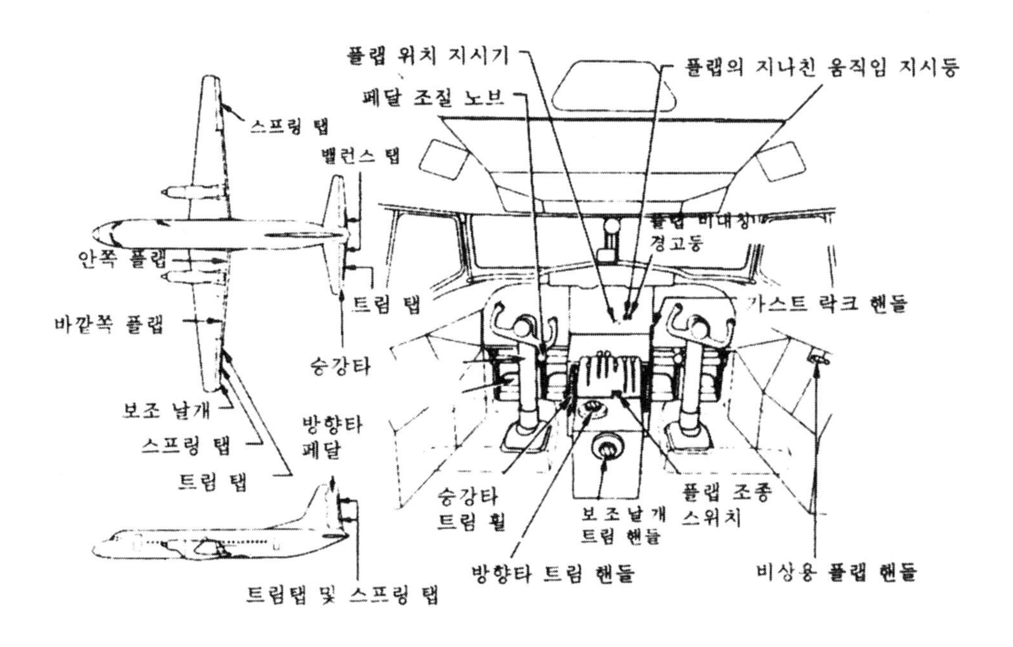

그림 2-28 소형 항공기의 조종실과 조종 계통

이 방식은 비행기의 역사가 비교적 빠른 시기에 확립되어 오늘날까지 사용되고 있는데, 인간의 감각에 적응되어 있어 앞으로도 오래 사용될 것으로 생각된다. 이제까지의 경험에서 조종간이나 방향타 페달의 배치에 대해서는 하나의 기준이 마련되어 있다. 그러나 이것은 어디까지나 기준이므로 반드시 지킬 필요는 없다. 고성능을 목적으로 할 때는 동체 단면적을 작게 하기 위해 조종사가 위를 향해 누운 형태를 취하고 있는 것도 있다.

그림 2-28은 소형 항공기의 조종석 내부의 배치이다. 소형 항공기의 조종 계통은 모두 매뉴얼(수동)로 조작되며, 이 등급(Class)보다 대형인 비행기는 대부분이 유압에 의한 동력 조종 장치로 되어 있다.

제 3 장 조립과 리깅

3-1. 개요

비행기의 조립(Assembly)은 비행기의 각 부분을 짜맞추는 것이고, 리깅(Rigging)은 비행기의 각 부분을 비행에 대비하여 일치시키는 것(Alignment)으로서 서로 불가분의 관계가 있다. 모든 조립 및 리깅 작업에서는 다음의 2가지 사항을 배려해야 한다.

① 부품의 공기 역학적 및 기계적 기능에 관한 올바른 작동을 이해한다.

② 구조 재료, 하드웨어 및 안전 장치를 바르게 사용하여 비행기 구조의 원형을 유지한다.

불완전한 조립 및 리깅을 하면 어떤 부품에 그 설계 하중 이상의 하중이 걸리는 결과가 초래된다.

리깅(Rigging)은 비행기의 조립이 행해지고 있는 동안 계속되나 마지막 조립이 완료된 뒤에도 리깅 작업이 남아있다고 생각해도 좋다. 여기서 리깅이란 용어는 어느 경우든지 같은 의미로 사용된다.

이 장에서는 비행기의 일반적인 주요 구조부의 조립과 리깅의 원칙적인 방법에 대해 설명하고 특정한 비행기에 대해서는 적용되는 제작사의 매뉴얼(Manual) 등에 따라 작업을 해야 한다. 일반적으로 제작사의 매뉴얼에는 이들 방법에 대해 상세하게 기술되어 있다.

3-2. 비행기의 조립

비행기의 동체(Fuselage), 날개(Wing), 착륙 장치(Landing Gear) 및 나셀(Nacelle)과 같은 주요 부분은 완전한 서브 유닛(Sub-Unit)으로 제작되어 조립되는 것이 보통이다.

비행기의 실제 조립 작업은 그 형식, 종류 및 제작사에 따라 매우 다르나, 몇가지 일반적인 원칙이 있다. 비행기의 제작 공장에서는 서로 장착할 준비가 되어 있는 서브 유닛을 지그(Jig) 등을 사용하여 조립하지만 일반적인 수리 공장에서는 그리 간단하지가 않다.

조립에 필요한 공구는 각각의 작업에 따라 다르지만 플라스틱 해머나 렌치, 드라이버, 드리프트 펀치(Drift Punch) 및 작은 지레(Pinch Bar) 등은 꼭 필요한 공구이다. 날개나 동체

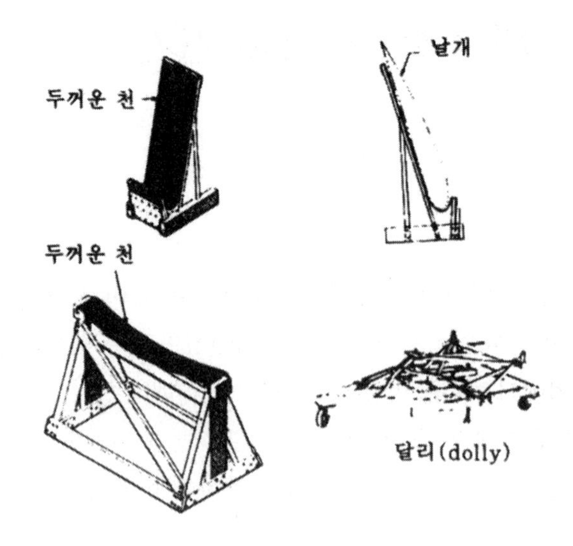

그림 3-1 날개와 동체 지지 스탠드

(Fuselage)의 지지 스탠드(Wooden Horse), 채핑 기어(Chaffing Gear), 사다리 등은 소형 항공기의 조립에 자주 사용되는 것이다.

모든 공구 및 부품은 작업 중에 언제라도 쉽게 손이 닿는 장소에 놓는다. 분해 및 세척한 볼트(Bolt), 너트(Nut), 크레비스 볼트(Clevise Bolt) 등은 각각의 장소에서 바로 검사하여 필요에 따라 교환하는 것이 좋다. 그렇게 하면 나중에 부품을 구분할 필요가 없고 잘못 사용할 우려가 없다. 결함이 있는 것이나 치수로 정확하지 않은 것이 발견되면 교환한다. 장착하는 것이 신품이거나 분해된 것이라도 장착하기 전에 부품을 점검하여 이상이 없는지 확인해 둔다.

볼트 구멍을 맞추기 위한 테이퍼형의 드리프트 셋트(Droft Set)는 매우 편리하다. 이것들을 이용할 수 없을 때는 드리프트의 대용으로 구멍 치수보다 한 치수 작은 볼트를 사용하면 된다.

사다리, 발판, 전용 달리(Dolly), 풀리 등은 모두 사용 전에 점검해두어야 한다.

1) 기체의 리프팅(Lifting)

기체를 조립하려면 먼저 기체의 주요 구조 부품을 들어올리고(Lifting) 그 위치에 유지시킬(Shoring) 필요가 있다.

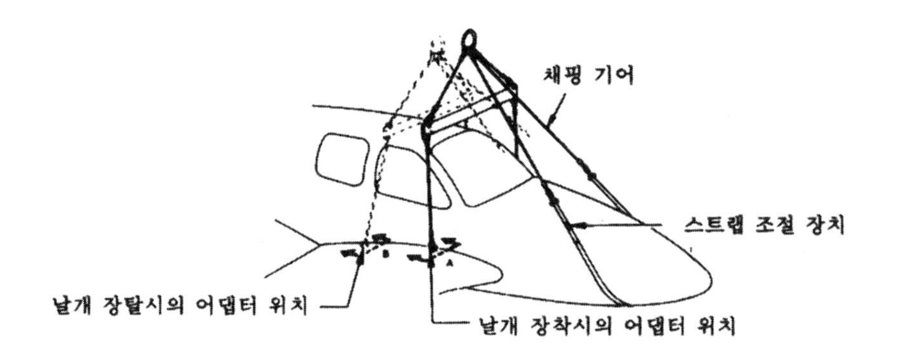

그림 3-2 기체를 들어올리는 장치 및 위치

동체를 들어올리는 전용 리프팅 포인트(Lifting Point)가 없을 경우에는 채핑 기어(Chaffing Gear)를 사용하여 들어 올리려하는 동체 구조의 스킨(Skin)에 충분한 패드(Pad)를 댄다.

엔진 마운트(Engine Mount)가 있는 단발 항공기는 리프팅 포인트로서 엔진 마운트를 이용할 수 있으나 마운트에 부분적인 하중이 가해지지 않게 주의해야 한다.

일반적으로 엔진은 리프팅 포인트에 샤클(Shackle)을 장착해서 윈치(Winch) 등으로 상승 마운트에 단다. 소형 항공기용의 엔진에서는 중심 위치의 바로 위 1곳에 샤클을 장착하면 올라간다. 대형 항공기의 프로펠러 및 조종면의 장착과 장탈에는 전용의 슬링(Sling) 또는 리프팅 택클(Lifting Tackle)을 준비해야 한다. (그림 3-3)

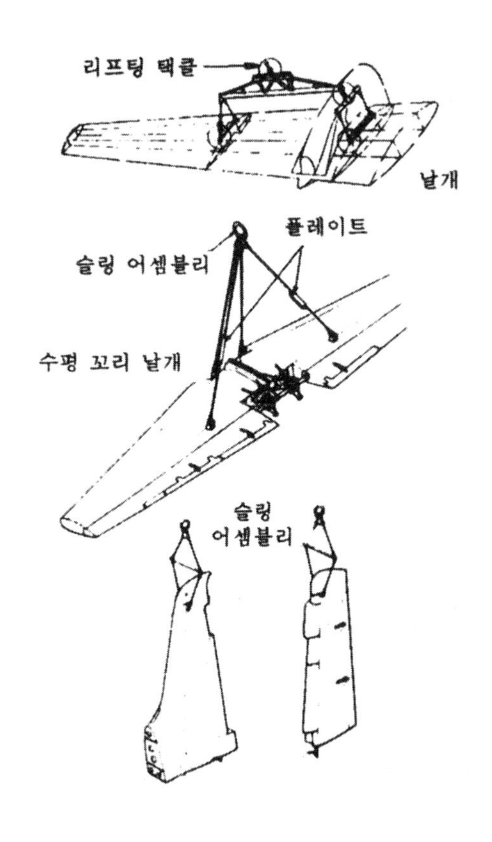

그림 3-3 날개를 들어올리는 장치

2) 기체의 잭킹(Jacking)

기체의 잭킹은 기체의 레벨링(Leveling), 중량 측정(Weighing), 착륙 장치 구성 부품의 장착 및 장탈에 꼭 필요한 작업이다.

잭킹 포인트(Jacking Point)는 그림 3-4와 같이 날개 및 동체의 여러곳에 설치되지만 소형 항공기 중에는 이런 위치가 전혀 없는 것도 있다. 이러한 소형 항공기는 동체나 날개 아래에 패드(Pad)를 사용해서 기체를 지탱한다.

비행기를 잭킹할 경우 중량과 적재량은 제작사의 매뉴얼에 규정된 값을 지켜야 한다. 잭킹 중량이 정해져 있을 경우 그 중량을 넘으면 기체 구조가 파괴될 우려가 있다.

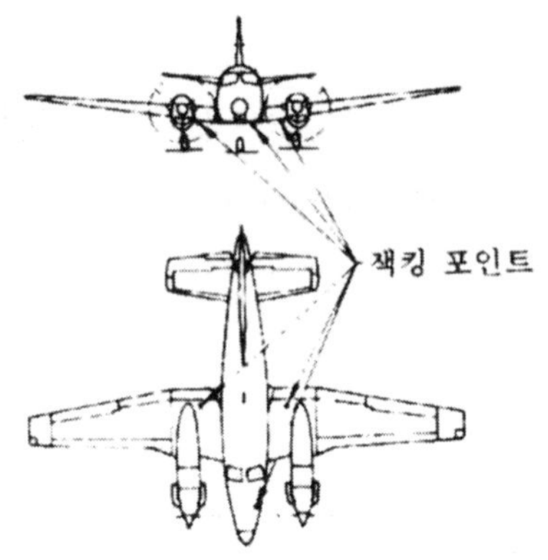

그림 3-4 잭킹 포인트

3) 날개의 장착

비행기의 날개는 가능한한 동체에 장착하기 전에 모든 패스너(Fastener) 및 부속품을 장착해 둔다. 이 날개를 동체에 장착할 때는 보통 동체를 고정한 상태로 날개를 장착한다. 날개의 리프팅 포인트가 설치되어 있으면 이것을 이용하여 매달아 유지하며 동체와 결합한다. 동체와의 결합은 볼트가 전방이나 또는 인장 방향으로 고정되는 수가 많다.

동체와 날개의 구멍을 맞추려면 테이퍼형의 드리프트를 사용한다. 볼트의 장착 방향은 원칙적으로 위쪽이나 진행 방향의 전방이 머리가 되게 장착하고 안전 지선(Safety Wire) 또는 코터 핀(Cotter Pin)을 끼운다. 또 토큐(Torque)는 반드시 조여져 있는 너트 쪽에서 점검한다.

4) 꼬리 날개의 장착

꼬리 날개(Tail Wing)는 마지막에 조립되는 것이 보통이다. 수평 안정판(Horizontal Stabilizer)은 장착하기 전에 모든 장착 패스너 및 부속품이 장착되어 있는 것을 확인한 뒤에 매달아 동체 후단의 장착 스테이션(Station)에 맞춘다. 장착 볼트 및 너트를 장착하고 안전 지선을 건다.

승강타 탭(Elevator Tab) 조종 장치는 조종실에서 중립 위치로 조절해 놓는다. 승강타 탭 조종 케이블은 페어리드(Fairlead)를 통해 그 페어리드에 안전 지선을 하고 조종 케이블 터미널을 탭 구동부에 결합하고 승강타 조종 혼(Elevator Control Horn)을 장착한다.

이어서 수직 안정판을 정위치에 위치시키고 마찬가지로 볼트 및 너트에 안전 지선을 하고 본딩(Bonding) 결합을 확인한다.

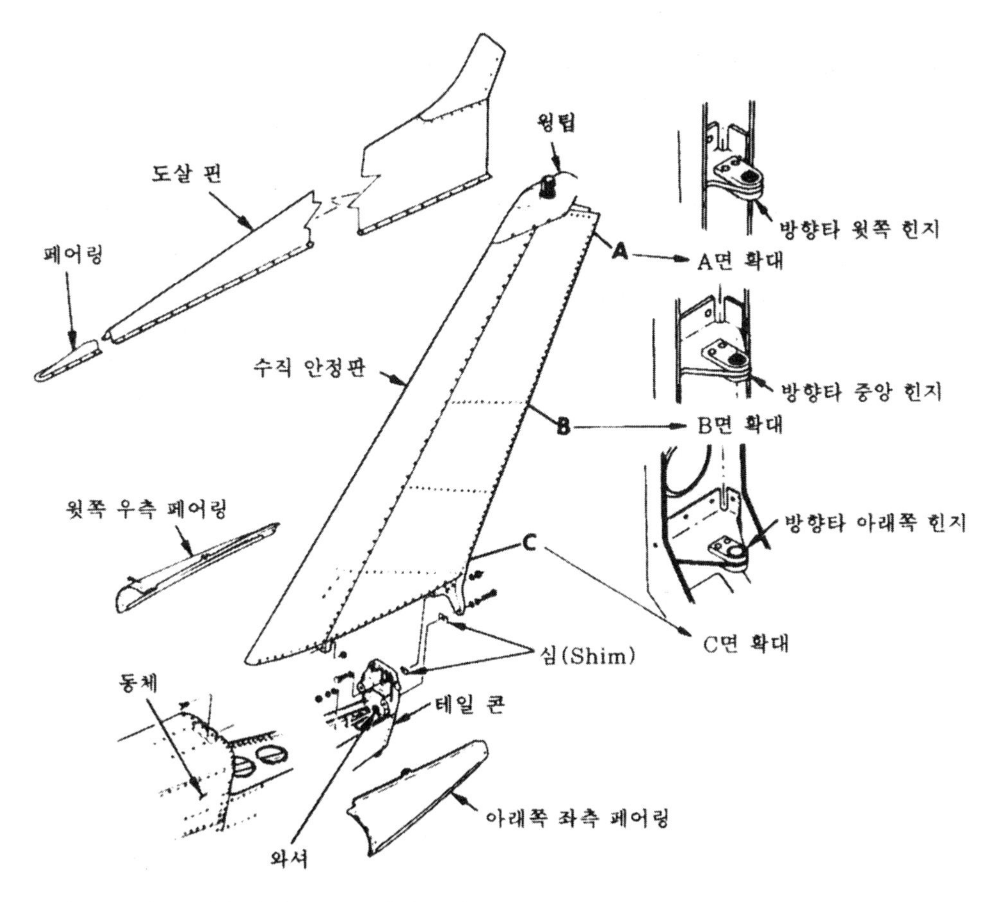

참고 : 전방 안정판 장착 볼트를 먼저 조이고 후방 스파(Rear Spar)와 와셔 사이의 간격이 0.10in가 되게 와셔의 두께를 조절하여 장착한다 (와셔는 2개까지 사용한다). 페어링(Fairing)과 도살핀(Dorsal Fin)은 동체에 리벳으로 장착된다.

그림 3-5 꼬리 날개의 장착

5) 엔진의 장착

① 엔진을 컨테이너에서 꺼내면 먼저 파손의 유무를 상세히 점검하고 방청 오일을 완전히 제거한다. 또 엔진 보기류를 포함한 모든 장비품의 부품 번호 및 제조 번호를 기록해 둔다. 장착한 뒤에는 이들의 번호를 확인하기가 쉽지 않기 때문이다. 엔진을 임시로 고정하는 스탠드가 있으면 기체에 장착하기 전에 이 스탠드에 임시로 걸치고 드레인 플러그(Drain Plug)에서 방청 오일을 빼낸 후 엔진 오일을 주입해 두면 엔진을 마운트에 장착한 뒤에 작업이 쉬워진다.
② 엔진을 마운트에 장착한 후 쇽크 마운트(Shock Mount)의 조임 및 마운트 볼트의 느슨함 방지 상태, 회전계 구동축의 회전 방향을 확인한다. 수퍼차저(Supercharger) 및 캬뷰레터(Carburetor) 내의 이물질 유무, 시일(Seal) 상태, 모든 부분의 부식 유무 및 시일이나 플러그가 빠져 있지 않은지 확인한다.
③ 마지막으로 배플 플레이트(Baffle Plate), 카울링(Cowling)과의 간격이나 조임 상태, 덕트(Duct), 전기 배선, 조작 장치의 링크 및 케이블의 접합, 조절 상태에 대해 점검한다. 방화벽(Fire Wall)의 점검은 특히 중요하다. 개구부가 바르게 시일(Seal)되었고 방수 및 절연 재료와의 간격이 정상인지를 점검한다.

3-3. 기체 구조의 리깅

리깅(Rigging)은 주로 날개(Wing), 동체(Fuselage), 착륙 장치(Landing Gear), 꼬리 날개(Tail Wing) 등의 구조 부품을 매뉴얼 또는 규격에 따라 일치(Alignment)시키는 것이다. 이들의 구조 부품을 각각의 위치에 유지시키기 위해 스트러트(Strut)의 길이를 조절하거나 부싱(Bushing)을 편심시켜서 얼라인먼트(Alignment)를 한다.

이 항에서는 비행기의 주요 구조부의 얼라인먼트 점검과 조절 방법에 대해서 설명한다.

1) 구조의 얼라인먼트

주요 구조의 위치나 각도는 비행기의 중심선에 평행인 기준선과 양 날개 끝을 연결하는 선에 평행인 가로의 기준선(Datum Line)과의 관계로 나타내진다. 주요 구조 부분의 위치나 각도를 측정하기 전에 먼저 비행기의 수평(Level)을 맞춘다.

소형 항공기에는 보통 기준선에 평행이거나 그 선상에 장착된 고정 블록(Block)이나 페그(Peg : 수준기의 위치를 정하는 표시)가 준비되어 있다. 비행기의 수평을 점검하려면 먼저 페그나 블럭 위에 수준기와 직각자를 놓는다. 이 점검 방법은 대부분의 대형 항공기에도 적용되나 대형 항공기에는 그리드법(Grid Method)이 많이 사용된다.

그림 3-6의 그리드 플레이트(Grid Plate)는 비행기의 바닥이나 지지 구조에 장착된 고정 장치이다. 비행기의 수평을 수정할 때는 그리드 플레이트 위에 비행기에 천정의 장점에서 내린 추를 일치 시킨다. 비행기를 수평으로 하기 위해 필요한 잭(Jack)의 조절은 그리드의 눈금으로 표시된다. 추(Plumb Bob)가 그리드의 중심에 오면 비행기는 수평으로 된 것이다.

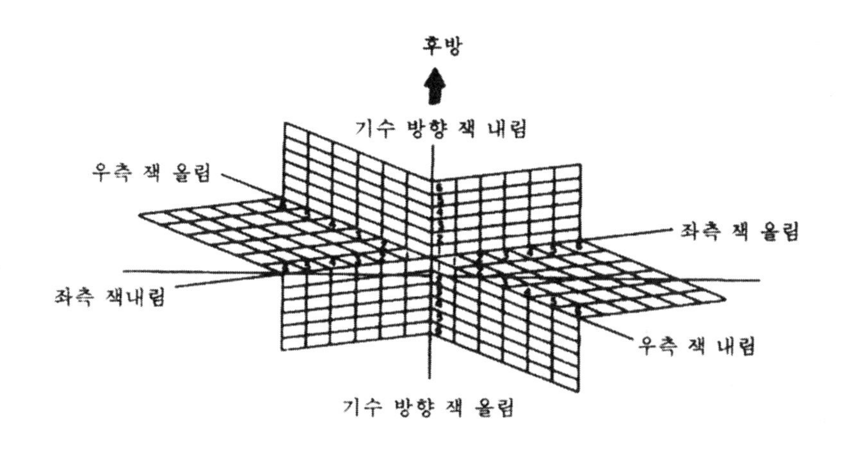

그림 3-6 그리드 플레이드(Grid Plate)

2) 구조의 얼라인먼트(Alignment) 점검

비행기의 조립(Assembly)과 얼라인먼트(Alignment) 점검은 원칙적으로 실내에서 해야 한다. 만약 어쩔 수 없는 경우에는 비행기를 바람과 반대 방향으로 놓고 실시한다. 약간의 예외는 있으나 일반적인 비행기 날개의 상반각과 장착각(취부각)은 조절할 수 없다.

일부 경비행기에서는 날개의 기울기를 수정하기 위해 날개의 장착각을 조절할 수 있도록 해놓고 있다. 이와 같은 비행기에 비정상적인 하중이 가해졌을 때에는 구조 부분에 변형이 없는지 장착 각도가 규정 한계내에 있는지를 확인해야 한다.

구조의 조절과 조립 각도를 점검하는 방법은 몇가지가 있다. 비행기에 따라서는 각도를 측정 하기 위한 측정 장치(수준기 또는 경사계)를 내장하거나 비행기 위에 설치하는 특수 조립 보드를 사용하기도 한다. 사용하는 장치는 보통 제작사의 매뉴얼에 규정되어 있다. 얼라인먼트 점검을 할 때는 정해진 순서에 따라 정해진 위치에서 한다. 보통 얼라인먼트 점검에는 다음 사항이 포함된다.

① 날개 상반각(Wing Dihedral Angle)
② 날개 장착각(취부각)(Wing Incidence Angle)
③ 엔진 얼라인먼트(Engine Alignment)
④ 착륙 장치의 얼라인먼트(Landing Gear Alignment)
⑤ 수평 안정판 장착각(Horizontal Stabilizer Incidence Angle)
⑥ 수평 안정판 상반각(Horizontal Stabilizer Dihedral Angle)
⑦ 수직 안정판의 수직도
⑧ 대칭도

A. 상반각(Dihedral Angle)의 점검

상반각(Dihedral Angle)은 제작사가 준비한 특수 보드를 사용하여 점검한다. 이와 같은 보드가 없을 때는 직각자와 경사계를 사용하여 점검할 수 있다. 상반각을 점검하는 방법을 그림 3-7에 나타냈다. 상반각은 제작사가 규정하는 위치에서 점검한다.

날개의 구조에 따라서는 상반각이 날개의 루트(Root)와 팁(Tip)에서 달라지기도 하므로 주의해야 한다.

V형 스트러트(Strut)가 장착된 날개는 보통 날개의 상반각과 장착각의 양쪽을 조절할 수 있도록 하고 있다. 먼저 날개를 달고 동체가 완전히 수평이 된 것을 확인한 후 바른 상반각이 되도록 전방 스트러트를 조절한다.

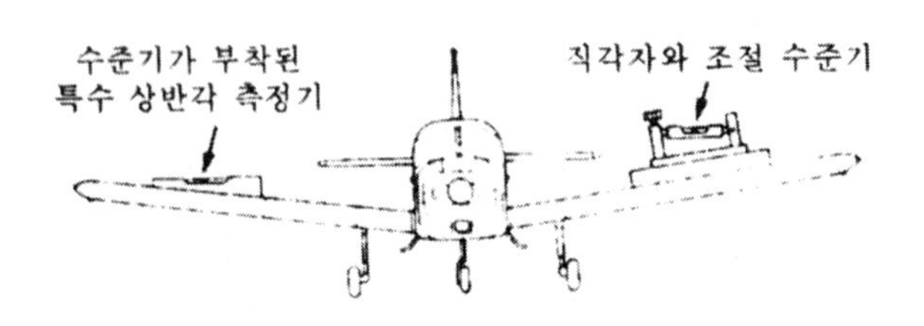

그림 3-7 상반각 측정

각도는 테이퍼가 달린 상반각 보드(Dihedral Angle Board)로 확인한다. 이 보드를 제작사에 따라 규정된 위치의 날개 밑면에 유지하면서 보드의 밑면이 수평이 될 때까지 장착 장치를 회전시킨다. 비행기에 따라서는 전방 스파(Front Spar)의 날개 끝에 실을 사용해서 그 길이가 일정한 범위가 되도록 규정한 것도 있다.

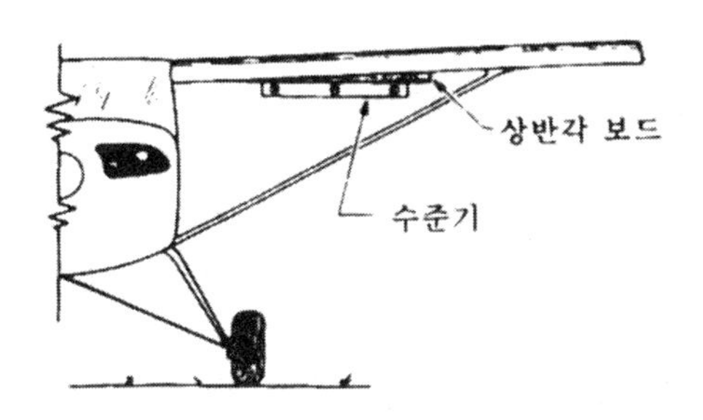

그림 3-8 상반각의 측정

B. 장착각(Incidence Angle : 취부각)의 점검

장착각(취부각)은 날개의 비틀림 여부를 확인하기 위해 적어도 조종면(Control Surface) 위의 정해진 두 점에서 점검한다. 이것에는 여러가지 장착각용 보드가 사용된다. 어떤 것은 리딩에이지(Leading Edge)에 스톱퍼(Stopper)가 있어 그것을 날개의 리딩에이지에 대어 설치한다.

다른 종류는 구조의 어떤 규정 부분에 맞도록 로케이션 페그(Location Peg)를 갖추고 있다. 어떤 경우라도 그 목적은 보드를 정확히 원하는 위치에 확실히 꼭 맞추기 위한 것이다. 대부분의 경우 보드는 보드에 장착된 짧은 다리를 날개의 표면으로부터 거리를 두고 설치한다. 대표적인 장착각용 보드를 그림 3-9에 나타냈다.

이 보드를 사용하는 경우 점검하는 날개면의 규정된 위치에 놓는다. 장착각이 정확한 경우는 보드위의 경사계는 0 또는 규정된 허용 범위 내를 가리킨다. 예를 들어 리딩에이지 디아이서 부트(Deicer Boot)를 장착하면 리딩에이지 스톱이 있는 보드의 위치에 영향을 준다.

V스트러트 날개에서는 상반각을 올바로 조절한 후에 장착각(취부각), 즉 와쉬 인(Wash-in)이나 와쉬 아웃(Wash-out)을 조절한다. 이것은 보통 후 방 스트러트의 길이로 조절한다. 상반각 보드와 비슷한 장착각 보드를 규정된 날개 리브(Wing Rib) 아래로 유지하면서 그 보드 밑면이 수평이 될 때까지 스트러트 길이를 조절한다.

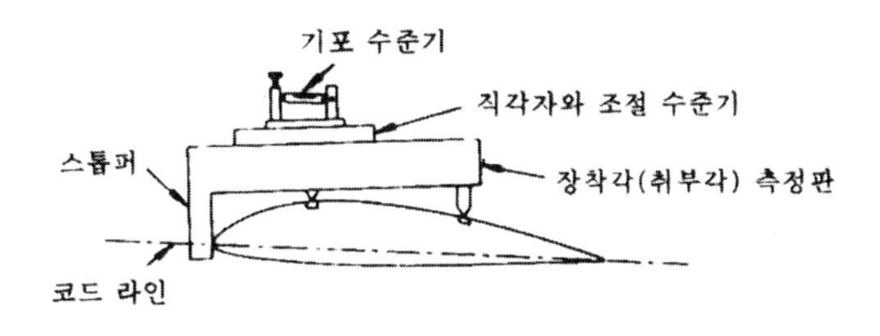

그림 3-9 취부각(Incidence Angle) 측정판

이 조절이 가능한 비행기는 조립 후 먼저 자동으로 직선 수평 비행이 가능한 지 확인하고 미소 조절량을 결정한다.

C. 수직 안정판의 수직도 점검

수평 안정판의 리깅(Rigging)을 점검한 후에 날개의 기준선에 대한 수직 안정판의 직각 정도를 점검한다. 수직 안정판(Vertical Stabilizer)의 상부 양쪽에 정해진 점에서 좌우 수평 안정판 위의 정해진 점까지의 길이를 측정한다 (그림 3-10). 그 치수는 허용 한계내에 있어야 한다.

방향타 힌지의 얼라인먼트를 점검할 필요가 있을 때는 방향타를 제거하고 방향타 힌지 장착 구멍에 추가 달린 실을 관통시킨다. 그 실이 모든 구멍의 중심을 통과하여야 한다.

비행기에 따라서는 엔진의 토큐를 상쇄시키기 위해 세로 중심선에 편심된 안정판으로 되어 있기도 하므로 주의해야 한다.

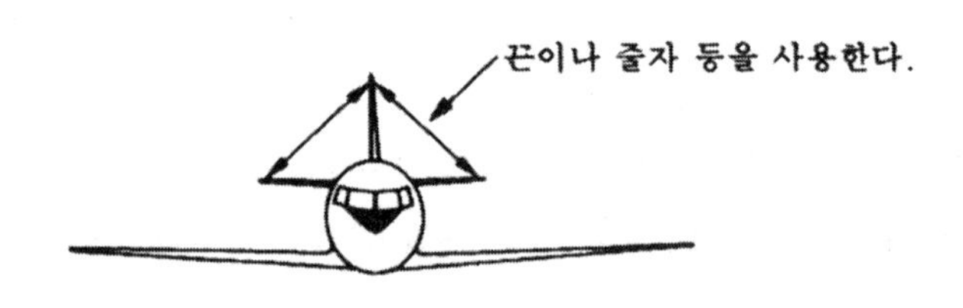

그림 3-10 수직 안정판의 수직도 점검

D. 엔진 중심선의 점검

엔진의 추력선은 종방향과 대칭면의 수평선에 평행이 되게 장착된다. 그러나 엔진을 날개에 장착할 때는 항상 그렇지만은 않다. 편심의 정도를 포함하여 엔진의 장착 위치는 마운트의 형식에 크게 좌우된다. 보통 매뉴얼에 규정된 지점에서 마운트의 중심선에서부터 동체의 세로 중심선까지의 거리를 재는 방법으로 점검한다.

E. 착륙 장치의 얼라인먼트 점검

착륙 장치는 토우 인(Toe-in), 토우 아웃(Toe-out) 및 캠버(Camber)가 규정과 일치되는지 확인해야 한다.

토우 인은 항공기 동체쪽으로 들어와 있는 명사 상태, 토우 아웃은 토우 인의 반대 상태를 말한다. 캠버는 메인 기어의 수직 얼라인먼트이다.

동체에 메인 기어를 장착한 비행기의 토우 인과 캠버를 점검하는 방법을 그림 3-11에 나타냈다.

이 점검은 월(Wheel)과 지표면의 마찰에 의해 잘못된 얼라인먼트가 되지 않도록 가운데에 그리스(Grease)를 칠한 2장의 알루미늄판 위에 휠을 올려 놓고 한다.

토우 인 점검에는 직선자(Straight Edge) 및 직각자(Carpenter' s Squar)가 캠버 점검에는 각도기(Protractor)가 사용된다.

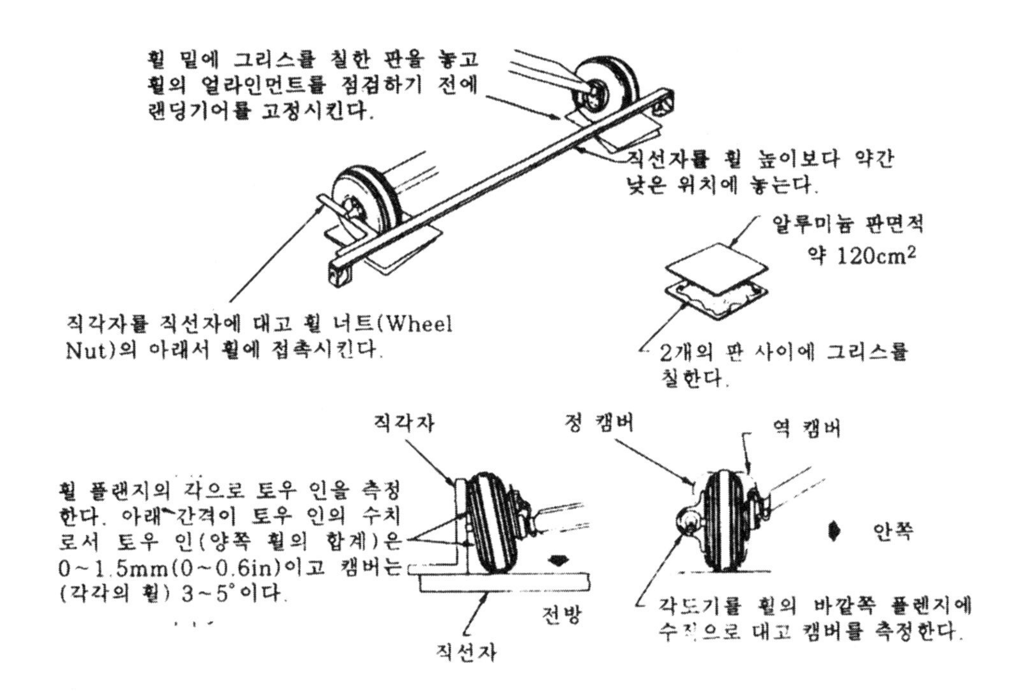

그림 3-11 토우 인(Toe-in)과 캠버(Camber)의 점검

날개 밑면에 장착되는 메인 랜딩기어 스트러트의 얼라인먼트 점검은 그림 3-12와 같은 방법을 쓴다. 토우 인이나 토우 아웃은 전술한 바와 같이 직선자 및 직각자로 점검한다. 이 수정은 토큐 링크 사이에 와셔(Washer) 또는 심(Shim)을 추가하거나 제거함으로서 가능하다.

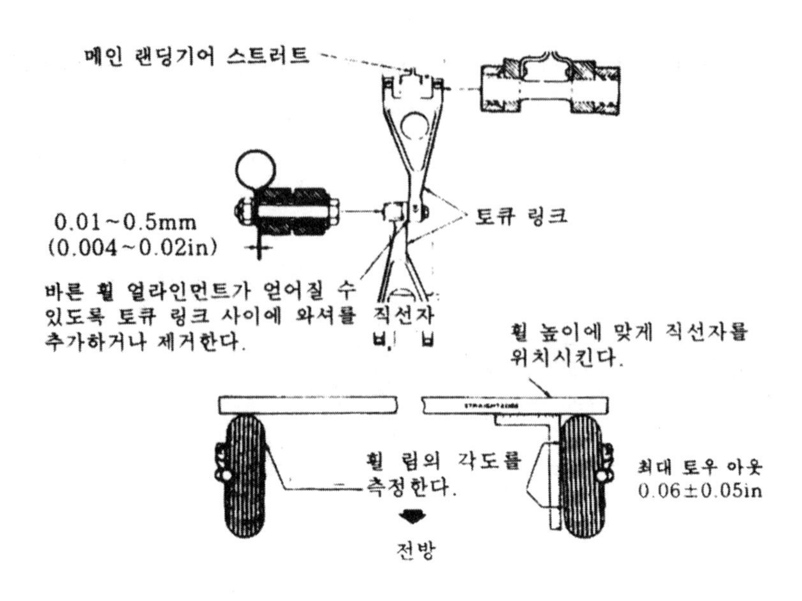

그림 3-12 메인 랜딩기어 스트러트(Main Strut)의 얼라인먼트

F. 대칭의 점검

전형적인 대칭 점검의 원리를 그림 3-13에 나타냈다. 특정한 비행기에 대한 측정점 및 허용차는 각각의 정비 및 서비스 매뉴얼에 기재되어 있다.

소형 항공기의 2점간의 거리 측정은 보통 강으로 된 자를 사용한다. 긴 거리를 잴 때는 용수철 저울도 함께 사용하면 좋다.

보통은 약 2.3kg(5lb)의 장력을 주면 충분하다. 거리 측정 기준점은 리벳 머리 등을 빨갛게 칠하던지 빨간 원으로 둘러 재측정을 할 때 실수하지 않도록 해둔다 (그림 3-14).

대형 항공기에서는 보통 치수를 측정하려고 하는 점을 바닥에 표시한다. 이 점은 측정점에서 추를 내려 달고 각 추의 바로 밑바닥에 표시하여 그 중심 사이를 측정한다 (그림 3-15).

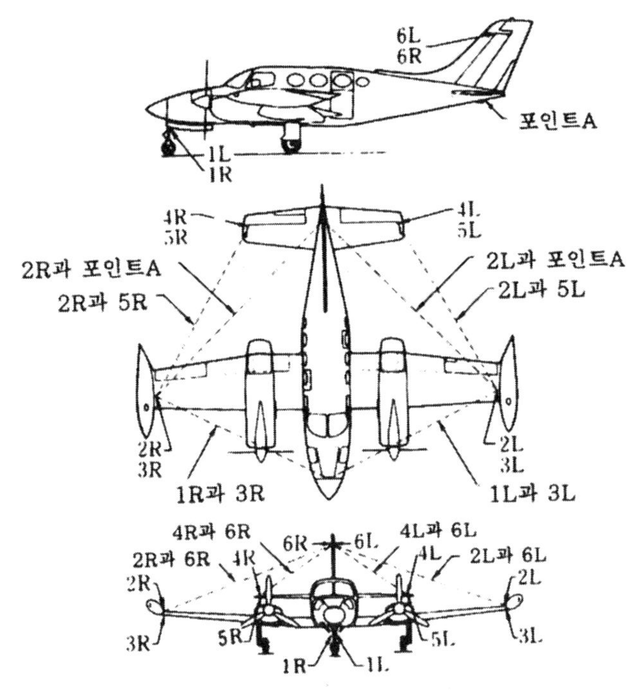

그림 3-13 쌍발 항공기의 얼라인먼트(Alignment) 측정점

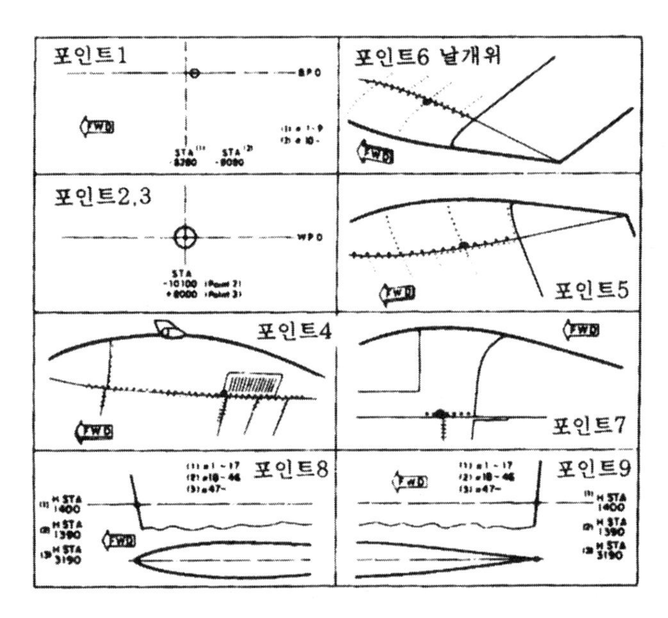

그림 3-14 거리 측정의 기준

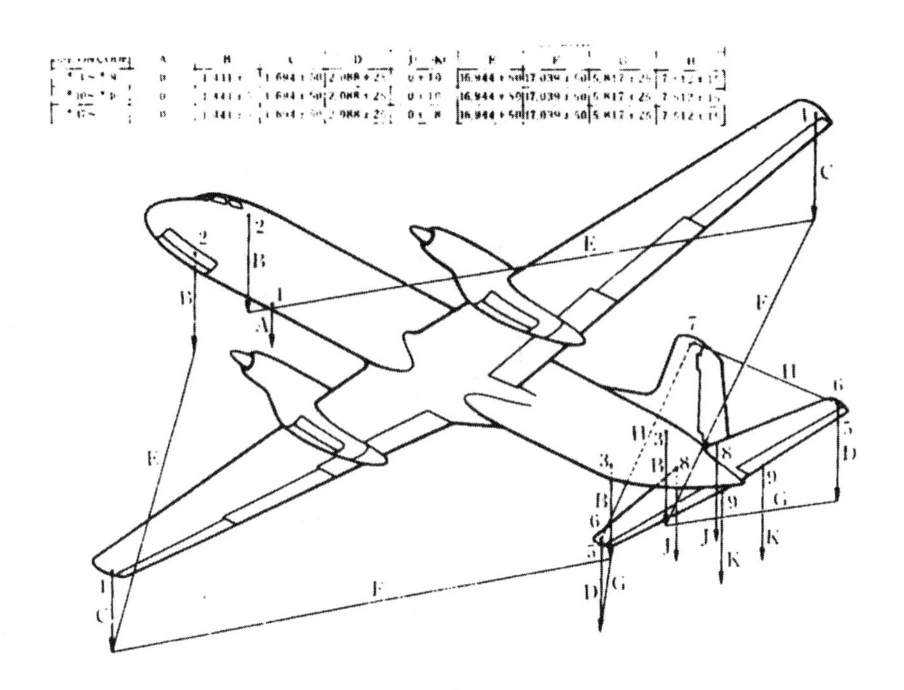

그림 3-15 대형 항공기의 측정법

3-4. 조종면의 얼라인먼트

조종 계통이 정상적으로 작동하기 위해서는 조종면(Control Suface)이 정확히 조절되어 있어야 한다. 바르게 장착된 조종면은 규정된 각도로 움직여 조종 장치의 움직임에 따라 운동한다.

어느 계통의 조종면을 조절하려면 정비 매뉴얼에 나와 있는 순서에 따라 실시하는 것이 중요하다.

대부분 비행기의 완전한 조절법에는 상세하게 정해진 순서가 있어 몇 개의 조절이 필요하지만 기본적인 방법은 다음 3단계이다.

① 조종실의 조종 장치, 벨크랭크 및 조종면을 중립 위치에 고정한다.

② 방향타, 승강타 또는 보조 날개를 중립 위치에 놓고 조종 케이블의 장력을 조절한다.

③ 비행기를 조립할 때에는 주어진 작동 범위(Travel) 내에 조종면을 제한하기 위해 조종 장치의 스톱퍼(Stopper)를 조종한다.

조종 장치와 조종면의 작동 범위는 중립점에서 양방향으로 점검한다.

트림 탭(Trim Tab) 계통의 조립도 마찬가지 방법으로 한다. 트림 탭의 조작 장치는 중립 위치(트림되어 있지 않은)에 있을 때 조종면의 탭이 보통 조종면과 일치하도록 조절된다. 그러나 비행기에 따라서는 중립 위치에 있을 때 약간 벗어나는 수도 있다. 조종 케이블의 장력은 탭과 탭 조작 장치를 중립 위치에 놓고 조절한다.

리그 핀(Rig Pin)은 풀리(Pulley), 레버(Lever), 벨크랭크(Bellcrank) 등을 중립 위치에 고정시키기 위해 사용한다. 리그 핀은 작은 금속제의 핀(Pin) 또는 클립(Clip)이다.

최종적인 얼라인먼트와 계통의 조절이 바르게 되었을 때는 리그 핀(Rig Pin)을 쉽게 빼낼 수 있게 된다. 조절용 구멍에서 핀이 이상하게 빡빡하면 장력에 이상이 있거나 또는 조절이 잘못되어 있는 것이다.

계통을 조절한 후에 조종 장치의 전체 행정과 조종면의 움직임을 점검한다. 조종면의 작동 범위를 점검할 때는 조종 장치는 조종면에서 움직이는게 아니라 조종실에서 작동시켜야 한다.

조종 장치가 각각의 스톱퍼(Stopper)에 닿으면 체인(Chain), 조종 케이블(Control Cable) 등이 작동 한계에 달한 것이 아닌지 확인한다.

3-5. 케이블 장력의 측정

케이블(Cable)의 장력을 측정하기 위해 장력계(Tension Meter)를 사용하며 장력계가 바르게 교정되어 있으면 99%의 정밀도가 보증된다. 케이블의 장력은 앤빌(Anvil)이라고 하는 담금질을 한 2개의 강 블록 사이에서 케이블에 오프 셋트를 주는데 필요한 힘의 크기를 측정해서 정한다.

오프 셋트(Off Set)를 만들기 위해 라이서(Riser) 또는 플런저(Plunger)를 케이블에 장착한다. 현재 장력계는 몇 개 회사의 제품이 있지만 어느 것이나 다른 종류의 케이블, 케이블의 치수 및 장력에 사용할 수 있도록 설계된다.

그림 3-16은 그 예이다.

케이블의 장력을 측정하려면 트리거(Trigger)를 내리고 측정하는 케이블을 2개의 앤빌 사이에 넣는다. 그리고 트리거를 위로 움직여 조인다. 트리거가 움직이면 라이서를 위로 올리고 앤빌 아래쪽 2개의 지점에 직각으로 케이블을 넣는다. 여기에 필요한 힘이 지침(Needle)으로 표시된다.

그림 3-16의 표와 같이 다른 사이즈의 케이블에는 다른 번호의 라이서를 사용한다. 각 라

이서에는 식별 번호가 있어 쉽게 장력계에 삽입할 수 있다.

이 밖에도 요즘은 측정하려는 케이블 크기를 직접 측정하여 사이즈에 맞게 미리 눈금을 조절한 후 장력을 측정, 곧바로 눈금을 읽을 수 있는 것도 사용되고 있다.

그림 3-16처럼 생긴 장력계는 환산표를 갖고 있어 눈금을 읽을 경우 파운드(lb)로 환산할 때 사용된다. 다이얼(Dial)의 판독법을 예를 들면 직경 5/32in의 케이블의 장력을 측정할 때, No.2의 라이서를 사용해서 30이라고 읽었으면 케이블의 실제의 장력은 환산표로부터 70 lb가 된다(이 장력계는 7/32 또는 1/4in의 케이블에 사용되도록 만들어져 있지 않으므로 도표의 No.3 라이서의 란이 공란으로 되어 있다).

지침을 읽을 경우 다이얼이 잘 안보일 때가 있다. 그 때문에 장력계에는 지침 락크가 달려 있다. 지침을 락크(Lock)할 때는 이 락커(Locker)를 눌러 측정하고 장력계를 케이블에서 분리한 뒤 수치를 읽는다.

그림 3-17은 케이블 장력에 온도 변화의 보정을 적용하는 케이블 장력 조절 도표이다. 이것은 조종 계통, 착륙 장치 또는 그 밖의 모든 케이블 조작 계통의 케이블 장력을 결정할 때 사용된다. 이 도표를 사용하려면 조절하는 케이블의 사이즈와 외기 온도를 알아야 한다.

예를 들어 케이블은 7×19로 사이즈는 1/8in, 외기 온도는 85°F라고 가정한다. 85°F의 선을 위쪽 1/8in의 케이블의 곡선과 만나는 점까지 간다. 그 교점에서 도표의 오른쪽 끝가지 수평선을 긋는다. 이 점의 값(70 lb)이 케이블이 조절되는 장력이다.

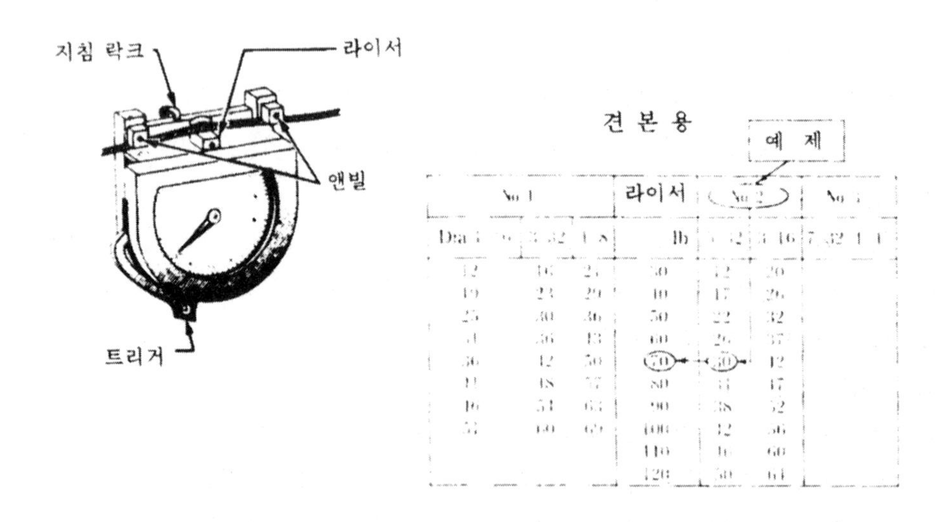

그림 3-16 장력계와 환산표

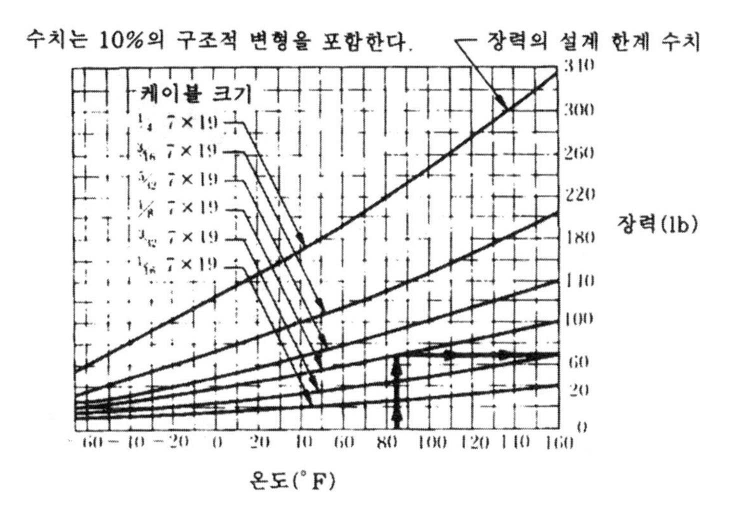

그림 3-17 케이블 장력(Cable Tension) 조절 도표

3-6. 조종면 작동 범위의 측정

조종면(Control Surface)의 작동 범위를 측정하는 공구는 주로 각도기, 조절용 기구, 에어포일형 형판 및 자이다. 이들의 공구는 조절한 조종 계통이 규정대로 움직이는지 확인할 때 사용된다. 각도기는 각도를 도(°)의 단위로 재는 측정기이다. 조종면의 움직임을 측정하는 데는 여러 가지 형식의 각도기를 사용한다 (그림 3-18).

보조 날개, 승강타 또는 플랩의 움직임을 측정하기 위해 사용할 수 있는 각도기에 프로트랙터(Universal Propeller Protractor : 프로펠러 각도기)가 있다 (그림 3-19).

프로트랙터는 프레임(Frame), 디스크 링크(Disk Link) 및 2개의 액체 수준기로 되어 있다. 디스크와 링은 서로 프레임에서 독립되어 회전한나 (구식의 수준기는 프로펠러의 블레이드각(Blade Angle)을 측정할 경우 프레임의 수직을 확인하는데 사용되며 중앙의 수준기는 조종면의 움직임을 측정할 때 디스크의 위치를 정하는데 사용된다).

링(Ring)의 버니어 눈금의 제로(0)와 디스크 눈금의 제로를 맞출 때, 디스크 링 고정 장치는 디스크와 링을 서로 고정하도록 되어 있다. 링 프레임 고정 장치는 디스크로 움직일 때 링이 움직이지 않도록 한다. 링에는 10눈금이 표시되어 있다.

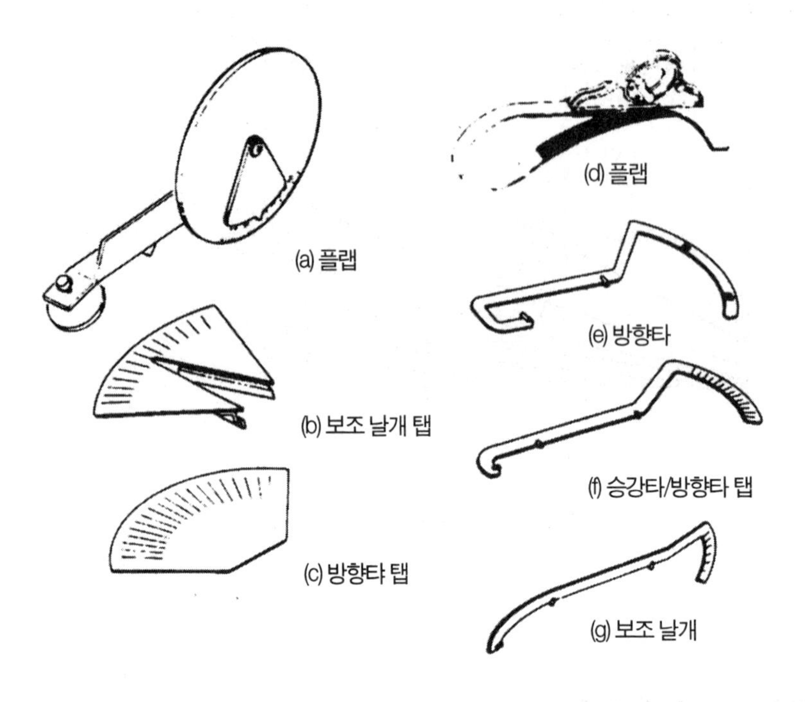

그림 3-18 조종면의 작동 범위 측정 게이지

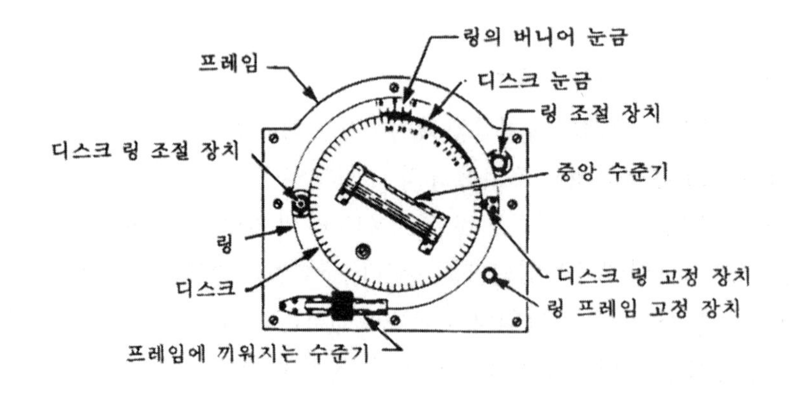

그림 3-19 조종면의 작동 범위 측정용 각도기

a. 조절용 기구와 에어포일형 형판

조절용 기구와 에어포일형 형판은 제작사에 따라 준비된 조종면의 움직임을 측정하는 특수 공구이다. 용구나 형판상의 표시는 소정의 조종면의 움직임을 나타내는 것이다.

b. 자

대부분의 경우 비행기 제작사는 특정 조종면의 움직임을 인치(in)나 밀리미터(mm)로 표시한다. 이들 단위가 인치나 밀리미터이므로 환산할 때 실수하지 않게 각각 해당 단위의 눈금자를 사용해야 한다.

c. 알코올 수준기(Plumb Level)

알코올 수준기 또는 레벨은 수평선 또는 수평면을 재기 위한 기구이다. 리깅에는 한쪽면 글래스식(Open-faced)이 자주 사용된다. 손상을 입히거나 고장나지 않게 취급에 주의하고 사용하지 않을 때는 전용 보관 장소에 넣어 둔다. 앞에서 설명한 프로트랙터는 이 일종이다.

d. 강철자

대부분의 비행기 리깅 작업자가 사용하는 인치 눈금의 강철자(Steel Tape)의 폭은 약 9mm(3/8in)이다. 길이가 약 7.5m(25ft)이며 1/16in 까지 눈금이 새겨져 있으며 1/32in 또는 1/64in까지 눈금이 새겨진 것도 있다.

밀리미터 눈금의 강철 테이프도 인치 눈금의 강철 테이프와 거의 같은 치수로 만들어지며 길이는 10, 25 또는 50m, 1mm나 0.5mm로 눈금이 새겨져 있다. 강철자는 사용중이나 보관중에 꼬여서는 안된다. 꼬이면 줄자를 파손하는 것 뿐만이 아니라, 리깅중의 비행기를 손상시키고 스킨(Skin)을 손상시킬 우려가 있다.

e. 진자(Plumb Bob)

진자란 실에 매달린 추이다. Plumb Line은 추나 분 동을 한쪽 끝에 단 실로 어떤 것이 수직인지 아닌지를 알기 위해 사용한다. 비행기의 리깅에는 기계 가공한 중량 8 Oz(227g)의 것이 사용된다.

3-7. 조종면의 균형

조종면 균형의 원리는 어떤 간단한 비교를 하면 이해하기가 그리 어렵지는 않다.

예를 들어 균형을 이루지 않고 있는 시이소(Seesaw)는 그림 3-20과 같이 꼬리부가 내려가고 또 앞이 내려간 조종면과 같은 상태가 된다. 이 불평형 상태는 비행기의 심한 플러터(Flutter)나 부펫팅(Buffetting)을 일으키기도 하므로 이러한 상태로 되는 것을 피해야 한다.

이 경우에는 탭(Tab)이나 보조 날개(Aileron)의 내부 또는 리딩에이지의 한 곳 또는 밸런스 판넬의 바른 위치에 중량을 추가하는 것이 올바른 방법이다. 이것이 적절하게 실시되면 균형 상태를 얻을 수 있다.

조종면 위의 모멘트(Moment) 효과는 시이소의 다른 위치에 탄 체중이 다른 2명의 아이들을 관찰하면 쉽게 이해할 수 있다.

그림 3-21은 30kg인 아이가 시이소 중앙에서 2m인 거리에 앉아 있는 상태이다.

시이소은 아이가 앉은 쪽으로 기울어진다.

시이소를 수평이나 균형 상태로 유지하려면 시이소 반대측의 끝에 아이를 앉혀야 한다. 그 아이는 시이소의 우측에서 모멘트(Moment)가 같은 점에 앉지 않으면 안된다.

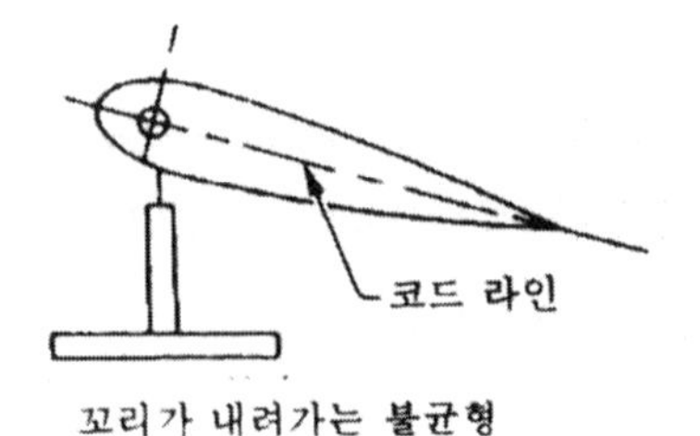

(a) + 상태

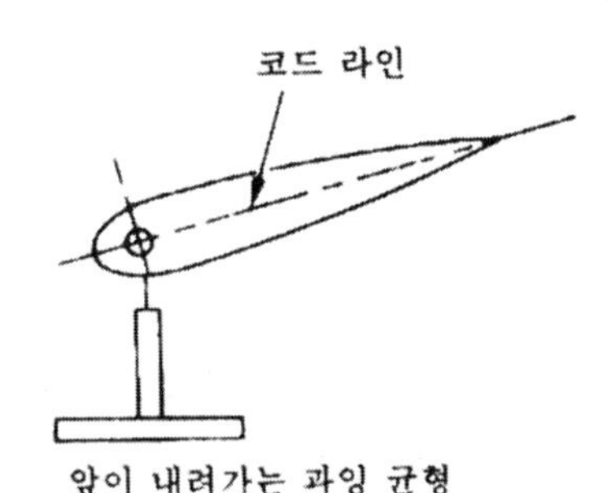

(b) - 상태

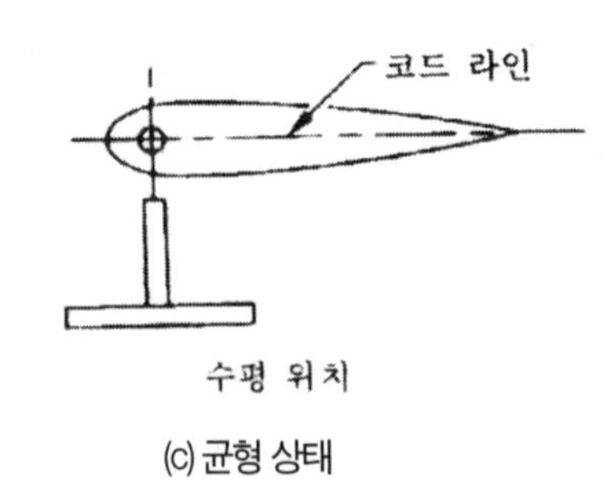

(c) 균형 상태

그림 3-20 조종면의 정적 균형 (Static Balance)

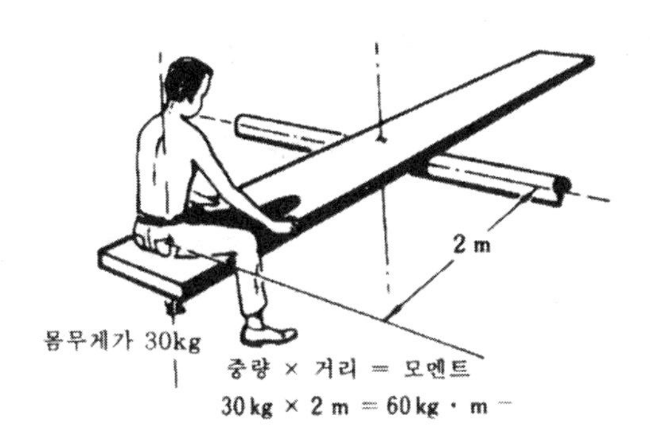

그림 3-21 모멘트(Moment)

다른 아이가 시이소 반대편 3m 되는 지점에 앉아 사이소가 평형이 되려면 다른 아이의 무게는 간단한 식으로 구할 수 있다.

시이소(또는 조종면)의 균형 상태를 만들려면 반시계 회전의 모멘트와 시계 방향의 모멘트를 같게 할 필요가 있다. 모멘트는 중량에 거리를 곱해서 구한다. 따라서 시이소를 균형을 이루게 하기 위한 식은

$$W_1 \times D_1 W_2 \times D_2$$

이다. W_2는 두 번째 아이의 미지의 중량, D_2는 그 아이가 앉은 지점으로 부터의 거리(3m)이다. W_1은 최초의 아이의 중량(30kg), D_1은 그 아이가 앉아 있는 지점으로 부터의 거리(2m)이다.

두 번째의 아이의 중량을 구하려면 다음과 같은 간단한 공식에 의해 구한다.

$$W_1 \times D_1 = W_2 \times D_2$$

$$W_2 = \frac{W_2 \times D_2}{D_2}$$

$$W_2 = \frac{30kg \times 2}{3}$$

조종면에 중량을 가할 때도 같은 방법으로 계산할 수 있다.

조종면의 수리는 대부분의 경우 힌지 중심선의 뒤쪽에서 하므로 트레일링 에이지(Trailing Edge)가 내려가는 상태(Tail Heavy)가 되어 힌지 중심선의 전방에 중량을 추가해야 한다.

3-8. 가동 조종면의 균형을 찾는 법

이 절은 학습용의 목적으로 설명한 것이므로 실제 작업은 각 기종의 서비스 매뉴얼이나 오버홀 매뉴얼에 따라야 한다.

조종면을 수리하거나 페인트칠을 할 때는 반드시 균형을 다시 잡아줘야 한다. 균형이 취해져 있지 않은 조종면은 불안정해져 비행 중에 정상적인 에어포일의 위치를 유지하지 못하는 경우가 있다.

예를 들어 트레일링 에이지가 무거운 보조 날개는 날개가 위로 올라갔을 때 아래쪽으로 움직이고 날개가 내려가면 위로 올라간다. 이와 같은 상태는 비행기에 예기치 못한 운동을 일으킬 수도 있다.

심할 경우에는 비행기가 공중 분해될 수 있는 플러터(Flutter) 및 부펫(Buffet)이 발생한다.

조종면의 균형을 이루려면 정적 및 동적 균형 모두를 고려해야 한다. 정적으로 균형을 이루고 있는 조종면은 동적으로도 균형을 이루고 있다고 생각할 수 있다.

1) 정적 균형(Static Balance)

정적 균형이란 물체가 중심을 유지하면서 정지하고 있는 성질이다. 조종면의 정적 균형에는 2개의 상태 「과소 균형과 과대 균형」가 있다.

조종면(Control Surface)을 밸런스 지그(Balance Jig)에 장착할 때, 트레일링 에이지가 수평 위치보다 아래로 내려가는 것은 균형 부족임을 나타낸다. 제작사에 따라서는 이 상태를 플러스(+)의 부호로 나타낸다. 그림 3-20 (a)는 이 상태이다.

그림 3-20 (b)처럼 트레일링 에이지가 수평 위치보다 위로 올라가는 상태는 과잉 균형으로 마이너스(-)의 부호로 나타낸다. 이들 상태는 같은 그림 (c) 처럼 균형을 취한 조종면이 되도록 수리 부분에 대해 중량을 증감할 필요가 있음을 의미한다.

일반적으로 트레일링 에이지의 하강(정적 균형 부족) 상태는 바람직한 비행 특성이 얻어지지 못하므로 저속 항공기 이외에는 허용되지 않는다. 반대로 리딩에이지 하강(정적 과잉 균형)의 상태에서는 양호한 비행 특성이 얻어지므로 대부분의 제작사에서는 리딩에이지 하강 상태의 조종면 사용을 추천하고 있다.

2) 동적 균형(Dynamic Balance)

동적 균형(Dynamic Balance)이란 운동중에 진동이 생기지 않고 모든 회전력이 각각의 계통 내부에서 균형을 이루고 있는 회전체의 상태를 말한다. 조종면에 관한 동적 균형이란 조종면이 비행중인 항공기의 운동에 따라 움직일 때 균형을 유지하려고 하는 효과를 말한다. 여기에는 단지 정적 균형 뿐만 아니라 조종면 날개 폭 방향의 중량 분포도 관련된다.

3-9. 재균형 조절

1) 요건

조종면이나 그 탭의 수리는 보통 힌지 중심선의 후방에 중량을 증가시키게 되므로 조종면 및 탭의 정적 재균형을 맞출 필요가 있다.

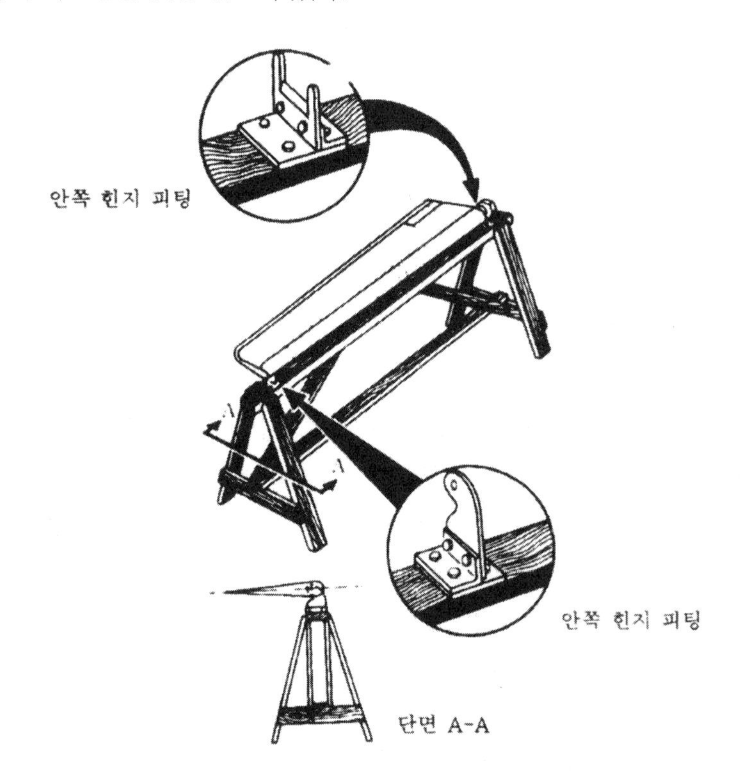

그림 3-22 밸런스 지그(Balance Jig)

다시 균형을 조절해야하는 조종면은 비행기에서 떼어낸 후 그림 3-22처럼 적당한 스탠드, 지그에 놓고 지지한다. 조종면에 붙어 있는 트림 탭(Trim Tab)은 스탠드에 장착했을 때 중심 위치에 고정한다. 스탠드는 수평으로 해서 공기의 흐름이 없는 곳에 둔다. 조종면의 힌지 축 주위에서 자유롭게 회전할 수 있도록 한다. 균형 상태는 조종면이 그 힌지로 지탱되어졌을 때 트레일링 에이지의 위치에 의해 정해진다. 힌지의 마찰이 많으면 잘못된 반응을 보이는 수가 있으므로 주의해야 한다.

조종면(Control Surface)을 스탠드나 지그에 장착했을 때 조종면의 날개 코드 라인을 수평으로 위치시켜 중립 위치를 정한다 (그림 3-23).

균형을 얻기 전에 중립 위치를 정하려면 기포 각도기를 쓴다. 균형을 취하고 있는 한 중간의 날개 위에 남겨 두어야 할 트림 탭(Trim Tab) 또는 다른 장치는 모두 정상적인 위치에 있어야 한다. 균형을 취하기 위해 장탈해야 할 장치나 부품은 반드시 떼어내어야 한다.

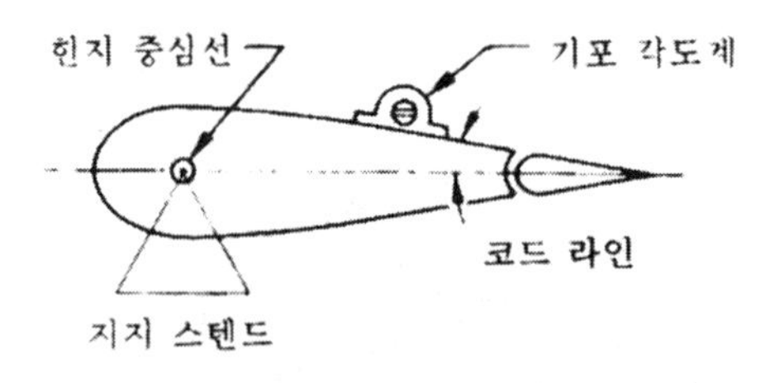

그림 3-23 중립점을 찾는 법

2) 재균형 조절 방법

조종면의 균형(재균형)을 취하는 방법은 비행기 제작사에 따라 여러 가지 방법이 사용되고 있으며, 이것은 4개의 방법「계산 방법(Calculation Method), 측정 방법(Scale Method), 시험 중량 시행 착오 방법(Trail Weight Method 및 컴포넌트 방법(Component Method)」으로

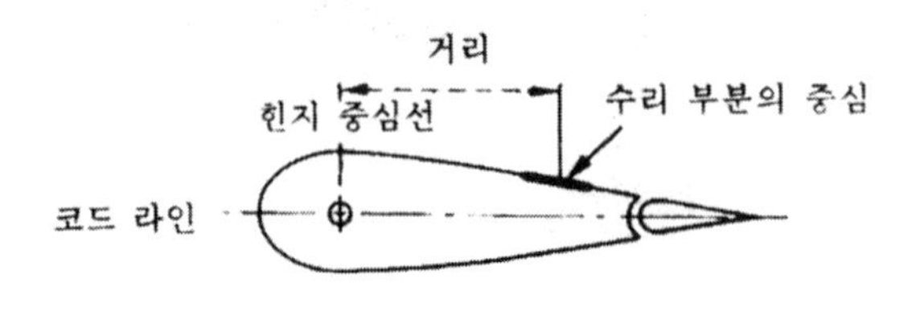

그림 3-24 계산 방법

구별된다. 조종면의 계산법이란 전술한 균형법의 원리에 직접 관련된 것이다. 이 방법은 다른 방법에 비해 비행기에서 조종면을 분리하지 않고 균형을 취할 수 있는 장점이 있다.

계산 방법을 사용하려면 수리한 부분에서 제거한 재료의 중량과 수리를 하는데 사용한 재료의 중량을 알아야 한다. 추가된 중량에서 제거된 중량을 빼면 조종면에 더해진 실질 중량이 산출된다. 이어서 힌지 중심선에서 수리 부분의 중심까지의 거리를 가능한 한 정밀하게 측정한다.

거리에 중량을 곱해서 모멘트를 구하고 그 값이 규정 공차 내에 있으면 그 조종면은 균형을 갖고 있다고 생각해도 좋다. 만약 정상 한계를 벗어난 경우는 필요한 추, 추에 쓰이는 재료, 제작 방법 및 장착 위치에 대해 제작사의 매뉴얼을 조사한다.

조종면의 측정 방법은 5g(약 1/100 lb)의 눈금이 있는 계기가 필요하며 조종면의 지지 스탠드와 균형용 지그도 필요하다. 그림 3-25는 재균형을 취하기 위해 지지 스탠드에 장착한 상태이다.

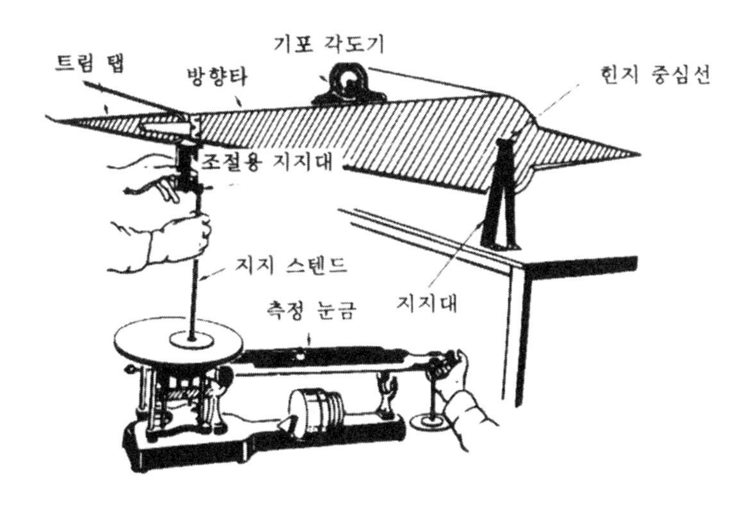

그림 3-25 균형을 찾는 법

제 4 장 랜딩기어 시스템

4-1. 랜딩기어 배열

대부분의 항공기가 트라이사이클 기어(Tricycle Gear) 형태를 갖고 있으며, 대형 항공기의 경우 거의 그렇다. 이 트라이사이클 기어 배열은 노스 기어(Nose Gear)와 메인 기어(Main Gear)로 구성되며, 트라이사이클 기어 배열은 최소한 다음과 같은 3가지의 장점을 가지고 있다.

① 빠른 착륙 속도에서 강한 브레이크(Brake)를 사용할 수 있다.

② 이륙이나 착륙중 조종사에게 좋은 시야를 제공한다.

③ 항공기의 중력 중심이 메인 휠(Main Wheel)의 전방으로 움직여서 항공기의 그라운드 루핑(Ground Looping)을 방지한다.

메인 기어의 개수나 위치는 항공기 종류에 따라 각각 다르며, 그림 4-1은 2개의 휠(Wheel)이 장착된 메인 기어를 보여주고 있다. 멀티플 휠(Multiple Wheel)은 항공기의 무게

그림 4-1 메인 랜딩기어 휠

를 분산시켜 하나가 고장나도 안전한 한계 내에 있게 한다. 대형 항공기는 4개나 그 이상의 휠을 사용하며, 1개의 스트러트(Strut)에 2개 이상의 휠(Wheel)이 장착된다.

그림 4-2와 같이 장착되는 구조를 "Bogie"라고 한다. 휠의 숫자는 항공기의 전체 설계 중량과 착륙 표면 등에 따라 결정된다. 랜딩기어의 트라이사이클(Tricycle) 배열은 여러 가지 조립품과 부품으로 이루어진다.

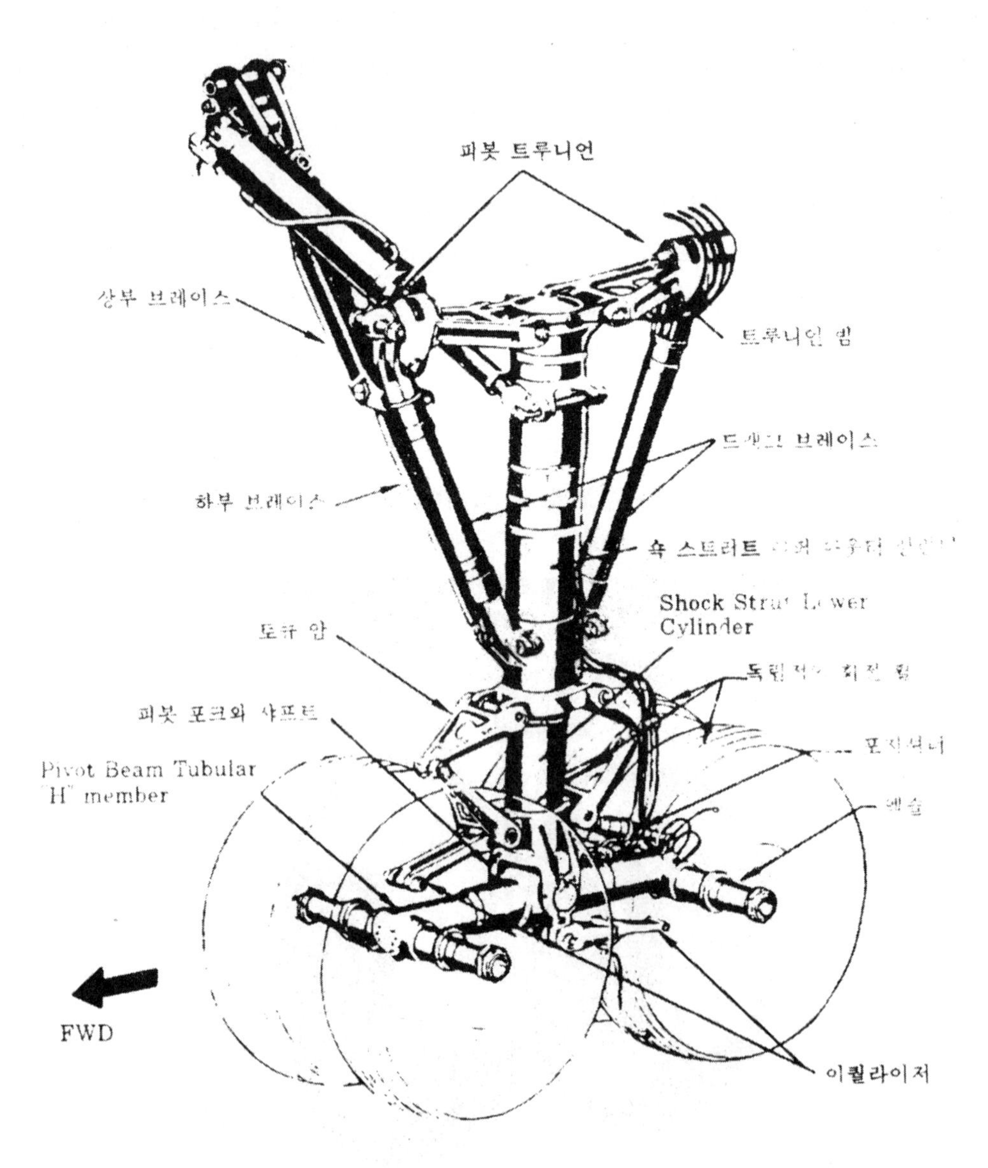

그림 4-2 Bogie Truck Main Landing Gear

이것은 공기/오일 쇽 스트러트(Air/Oil Shock Strut), 메인 기어 얼라인먼트 유닛(Alignment Unit), 서포트 유닛(Support Unit), 리트랙션(Retraction), 안전 장치(Safety Device), 보조 기어 보호 장치(Auxiliary Gear Protective Device), 노스 휠 스티어링 계통(Steering System), 항공기 휠(Wheel), 타이어(Tire), 튜브(Tube)와 항공기 브레이크(Brake) 계통 등으로 구성된다.

1) 쇽 스트러트(Shock Strut)

쇽 스트러트는 내부의 유압유에 의해 지상에서 항공기를 지지하고 착륙시 큰 충격 하중을 흡수한 후 분산시켜서 항공기 구조를 보호한다.

쇽 스트러트는 정기적으로 검사하고 관리해서 본래의 기능을 유지해야 한다. 쇽 스트러트의 설계는 여러 가지가 있으나, 여기서는 일반적인 성질만 설명한다.

그림 4-3은 공기/유압식 쇽 스트러트(Pneumatic/Hydraulic Shock Strut)로 압축된 공기가 유압유와 결합되어 충격 하중을 분산시킨다. 공기/오일 혹은 오레오 스트러트(Oleo Strut)라고도 부른다. 쇽 스트러트는 기본적으로 2개의 실린더나 튜브로 외부로부터 차단되어 있다.

2개의 실린더는 아웃터 실린더(Outer Cylinder)와 피스톤(Piston : Inner Cylinder)으로 되어 있는데 조립되면 작동유(Fluid)의 움직임을 위한 위쪽 챔버(Upper Chamber)와 아래쪽 챔버(Lower Chamber)를 구성한다. 아래쪽 챔버는 항상 작동유로 채워져 있고 위쪽 챔버는 압축 공기로 채워져 있다.

두 챔버 사이에 오리피스가 있어서 압

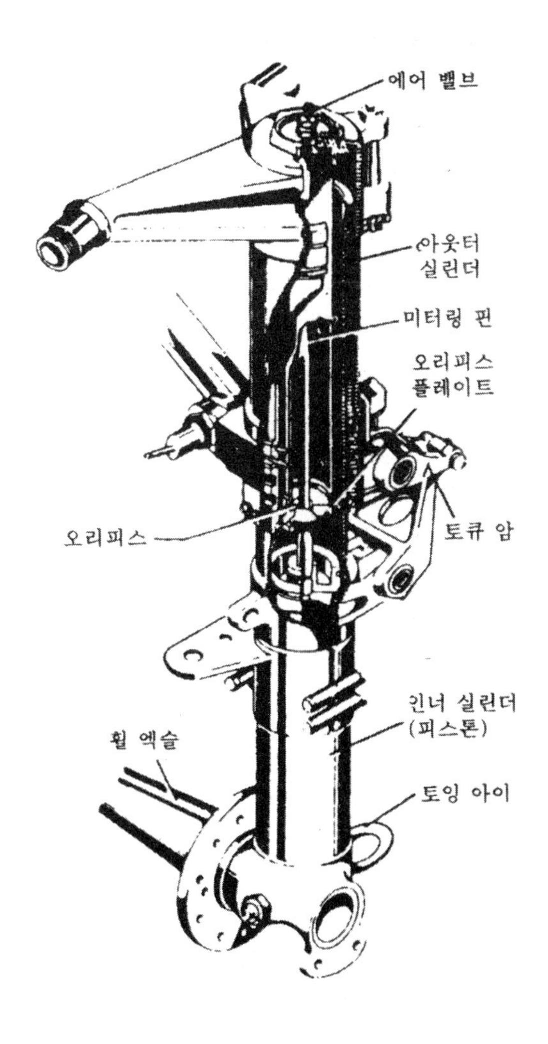

그림 4-3 미터링 핀 형식의 랜딩기어 쇽 스트러트

축중에는 작동유가 위쪽 챔버로 가는 통로가 되고 스트러트의 확장시에는 오리피스를 통하여 리턴(Return) 된다. 대부분의 쇽 스트러트는 미터링 핀(Metering Pin)이 있어서 아래쪽 챔버에서 위쪽 챔버로의 작동유 흐름 비율을 조절한다.

압축 행정(Compression Stroke) 중에는 작동유의 흐름 비율이 일정하지 않으므로 작동유가 오리피스를 통과하면서 미터링 핀의 형상에 의해 자동적으로 조절된다. 일부의 쇽 스트러트에서는 미터링 튜브가 미터링 핀을 대신 하지만 쇽 스트러트의 작용은 똑같다. (그림 4-4)

일부 쇽 스트러트는 댐핑(Damping)이나 스너빙(Snubbing) 장치가 있으며 여기에 피스톤이나 리코일 튜브에 리코일 밸브(Recoil Valve)가 있어서 확장 행정(Exten-sion Stroke)중에 반동(Rebound)을 감소시키고 쇽 스트러트의 너무 빠른 확장(Extension)을 막는다. 이것은 행정(Stroke)의 끝에서 급격한 충격이 되고 항공기와 랜딩 기어에 손상을 준다.

대부분의 쇽 스트러트는 엑슬(Axle)이 아래쪽 실린더에 장착되어 휠 장착 지점을 제공한다.

작동유 필러 인렛(Filler Inlet)과 공기 밸브 어셈블리로 구성된 피팅(Fitting)은 각 쇽 스트러트의 위쪽 끝에 위치해서 스트러트에 유압유를 채우고 공기로 팽창시킨다. 패킹 그랜드(Packing Gland)는 상·하 실린더 사이의 슬라이딩 조인트(Sliding Joint)를 밀봉하도록 피스톤(Piston : Inner Cu : om-der) 바깥쪽에 장착된다. 패킹 그랜드 와이퍼 링(Wipper ring)이 쇽 스트러트의

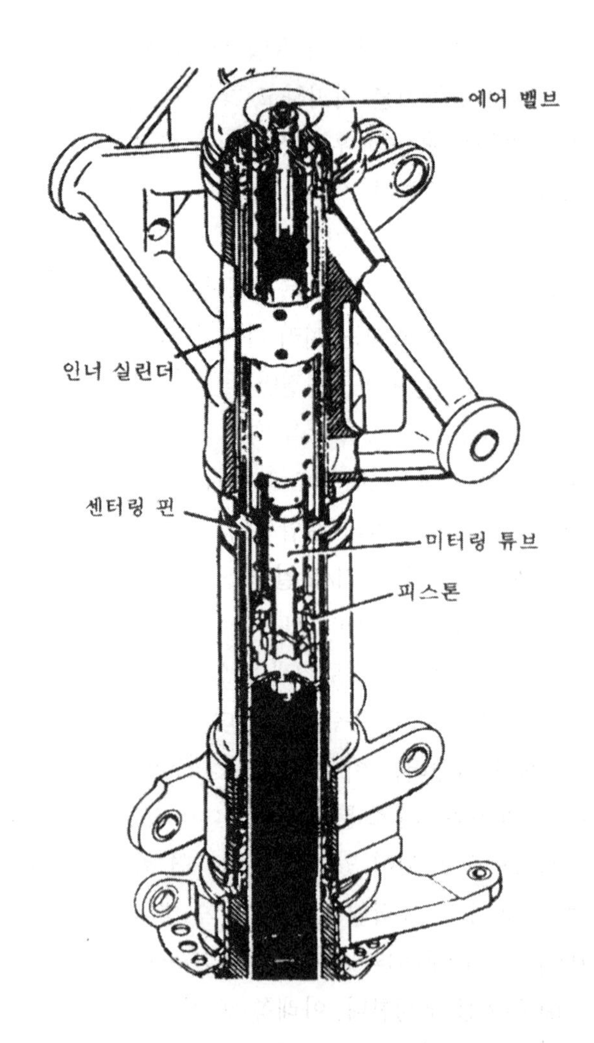

그림 4-4 Metering Tube 형식의 메인 랜딩기어 쇽 스트러트

아래쪽 베어링이나 그랜드 너트에 있는 그루브(Groove)에 장착되어 피스톤이나 내부 실린더의 슬라이딩 표면에서 먼지, 진흙, 얼음, 눈 등이 달라붙지 못하게 한다.

대부분의 쇽 스트러트는 토큐 암(Torque Arm)이 위쪽과 아래쪽 실린더에 장착되어 휠의 올바른 정렬을 유지시키며, 토큐 암이 없는 쇽 스트러트는 스플라인(Splined)이 있는 피스톤 헤드와 실린더가 있어서 정확한 휠의 정렬을 유지한다. 노스 기어 쇽 스트러트는 상부 캠(Upper Locating Cam)이 위쪽 실린더에 그리고 맞닿는 하부 캠(Lower Locating Cam)이 아래쪽 실린더에 장착되어 있다. (그림 4-5)

이 캠(Cam)들은 쇽 스트러트가 완전히 펼쳐지면 휠과 엑슬 어셈블리를 앞쪽으로 일직선이 되게 정열시켜서 노스 기어가 접힐 때 노스 휠이 한쪽으로 비스듬해지는 것을 막고 항공기의 구조부 손상을 방지하여 이 두 캠은 스트러트가 완전히 펴지면 착륙 전에 노스 휠이 앞쪽으로 일직선이 되게 유지시킨다.

일부의 노스 기어 쇽 스트러트는 외부 시미 댐퍼(Shimmy Damper) 가 장착되어 있다.

일반적으로 노스 기어 스트러트는 락킹(Locking 또는 Discon -nect) 핀이 있어서 지상에서나 격납고(Hangar)에서 짧은 선회를 할 수 있게 한다. 이 핀을 풀면 휠 포크 스핀들(Wheel Fork Spindle)은 360° 회전이 되므로 아주 좁은 장소나 복잡한 격납고 안에서 항공기를 선회할 수 있게 한다.

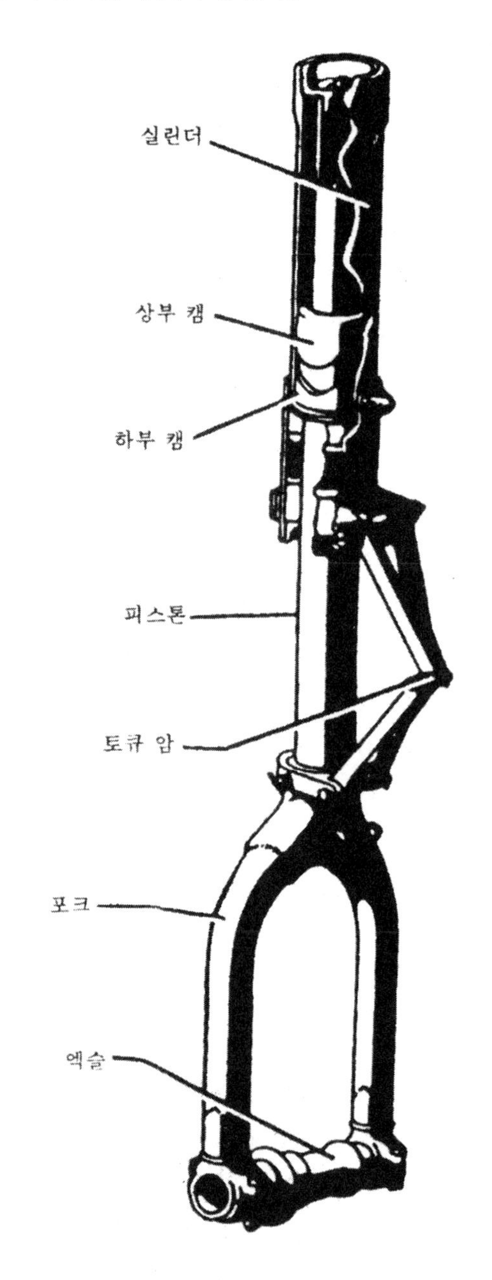

그림 4-5 노스 기어 쇽 스트러트

노스와 메인 쇽 스트러트는 잭킹 포인트(Jacking Point)와 토잉 러그(Towing Lug)가 마련되어 있다. 잭(Jack)은 항상 정해진 지점에 설치해야 하며, 토잉 바(Towing Bar)는 반드시 토잉 러그에 연결시켜야 한다. 모든 쇽 스트러트에는 지시판(Instruction Plate)이 있어서 스트러트에 작동유 및 공기 보급시는 이 지시대로 수행해야 한다. 이 지시판은 필러 인렛(Filler Inlet)과 공기 밸브 어셈블리(Air Valve Assembly) 근처에 부착되어 있으며, 스트러트에 사용하는 유압유의 형식이 표시되어 있다.

쇽 스트러트를 유압유로 채우거나 공기로 확장시키기 전에 이 지시를 철저히 이해해야 하는 것이 가장 중요하다.

그림 4-6은 쇽 스트러트의 내부 구조로써 스트러트의 압축과 확장 기관 중에 작동유의 움직임을 설명하고 있다.

쇽 스트러트의 압축 행정(Compression Stroke)은 항공기의 휠이 지면에 닿으면서 시작되고 항공기의 중심이 계속해서 아래로 향하여 스트러트를 압축한다.

미터링 핀(Metering Pin)이 오리피스를 통해서 들어가고 핀의 형상 때문에 전체 압축 행정의 모든 지점에서 작동유의 흐름 비율을 조절한다. 이런 방법으로 굉장한 열이 쇽 스트러트의 벽을 통해서 분산된다.

압축 행정의 끝부분에서 압축 공기가 더욱 압축되어 스트러트의 압축 행정을

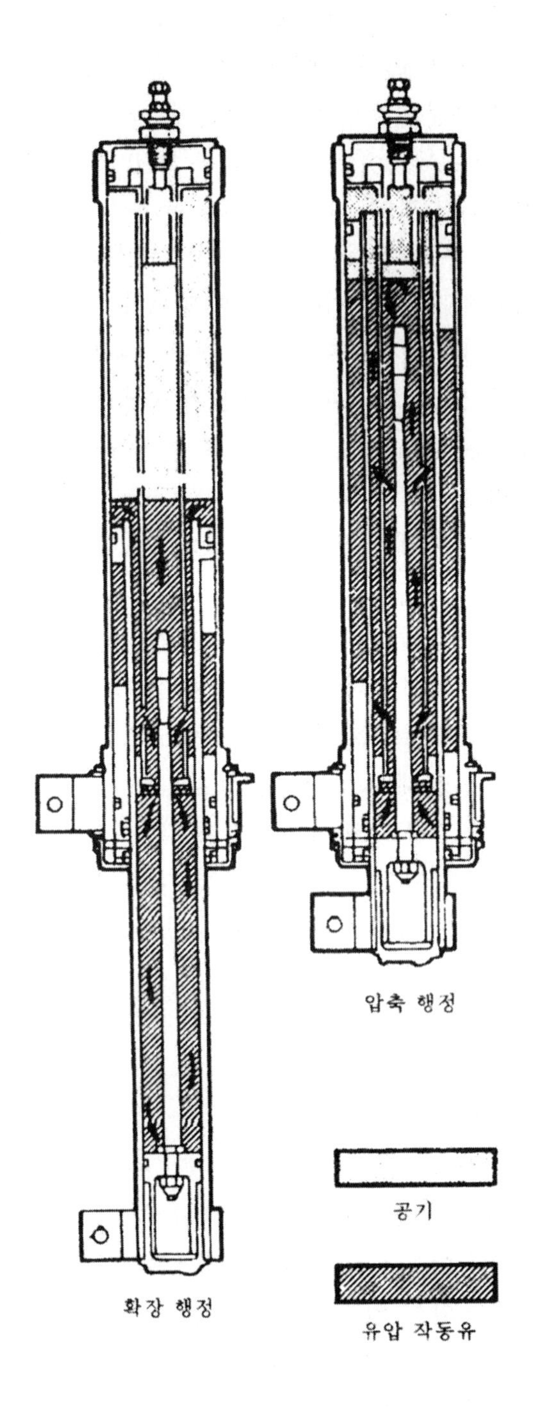

그림 4-6 Shock Strut의 작용

제한한다. 만약 스트러트에 불충분한 양의 작동유와 공기 혹은 둘 중에 어느 것이든 부족하면 압축 행정은 제한되지 않고 스트러트는 충격(Bottom)을 받게 된다.

압축 행정의 끝에서는 확정 행정(Extension Stroke)이 발생하는데 압축 공기에 에너지가 축적되어 항공기가 지면과 휠에 대해서 위쪽으로 움직인다. 이 경우는 압축 공기가 스프링처럼 작용해서 스트러트는 정상으로 돌아간다. 이 지점에서 스누빙(Snubbing)이나 댐핑 효과가 작동유를 스누빙 장치의 제한을 통해 힘을 가해서 리턴(Return)시킨다.

만약 팽창이 급히 정지되지 않으면 항공기는 급격히 반동(Rebound)되어 위 아래로 요동하게 되는데 압축 공기의 작용 때문에 기인된 것이다. 슬리브(Sleeve), 스패이서(Spacer), 범퍼링(Bumpering)이 스트러트의 팽창 행정을 제한한다.

쇽 스트러트의 효율적인 작용을 위해 적절한 작동유 양과 공기 압력을 유지해야 한다. 작동유 양을 점검하기 위해 쇽 스트러트를 수축시키고 완전히 압축된 상태로 만든다.

쇽 스트러트를 수축시키는 것은 고압 공기 밸브(High Pressure Air Valve)에 완전히 익숙하지 않으면 아주 위험하므로 모든 안전수칙을 준수해야 한다.

적절한 수축 순서는 제작사의 정비 매뉴얼(Manual)에 의거 수행한다. 현재 2가지의 고압 공기 밸브가 쇽 스트러트에 사용된다. (그림 4-7)

비록 2개의 공기 밸브를 서로 교환해서 사용할 수 있지만 구조상의 중요한 차이점이 있다. 한쪽 밸브[그림 4-7 (a)]는 밸브 코어(Core)와 5/8in 스위블 육각 너트(Swivel Hex nut)가 있고 다른 한쪽 공기 밸브[그림 4-7 (b)]는 밸브 코어가 없고 3/4in 스위블 육각 너트가 있다.

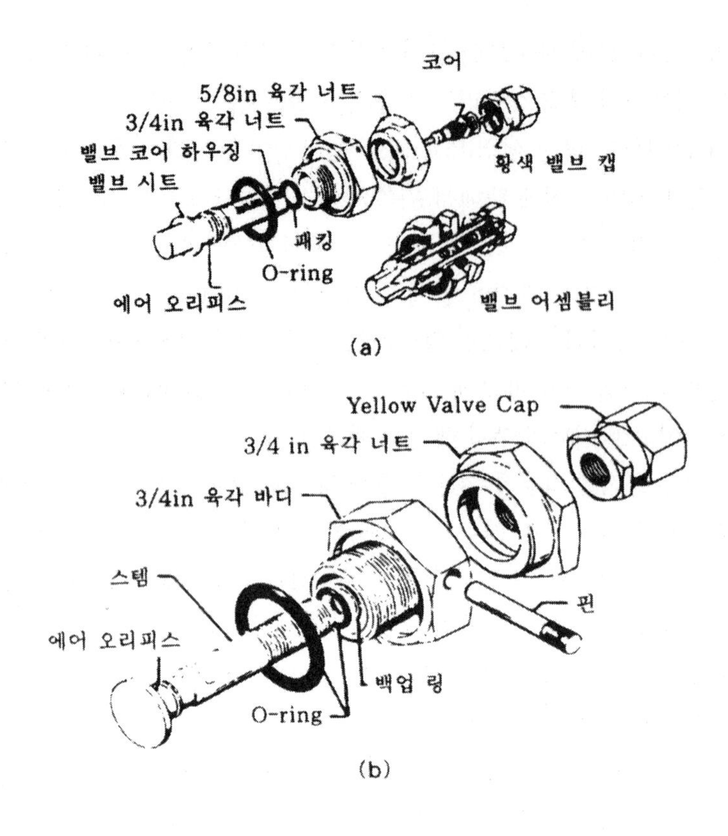

그림 4-7 고압 공기 밸브

2) 쇽 스트러트 서비싱(Shock Strut Servicing)

다음의 절차는 쇽 스트러트 수축 작업(Deflating)의 절차와 유압유 보급 및 재보급(Inflating)을 설명하였다.

① 쇽 스트러트가 정상 지상 작동 위치에 있게 한 후, 항공기에서 모든 장애물을 없앤다. 일부 항공기는 쇽 스트러트 서비싱(Shock Strut Servicing)을 위해 잭(Jack)이 필요하다.

② 공기 밸브에서 캡(Cap)을 제거한다. [그림 4-8 (a)]

③ 스위블 육각 너트가 안전하게 조여져 있는지 렌치로 점검한다. [그림 4-8 (b)]

④ 만약 공기 밸브에 밸브 코어(Valve Core)가 있으면 밸브 코어와 밸브 시트(Valve Seat) 사이에 갇혀 있는 공기 압력을 밸브 코어를 눌러서 빼낸다. 이때 고압 공기는 시력 상실과 같은 큰 부상을 초래할 수 있으므로 항상 밸브의 한쪽으로 비켜서 작업을 한다. [그림 4-8 (c)]

⑤ 밸브 코어를 제거한다. [그림 4-8 (d)]

⑥ 스위블 너트를 반시계 방향으로 돌리면서 스트러트의 공기 압력을 모두 뺀다. [그림 4-8 (c)]

⑦ 공기 압력이 빠지면서 속 스트러트가 압축되는지 확인한다.

⑧ 스트러트가 완전히 압축되면 공기 밸브 어셈블리를 제거한다. [그림 4-8 (f)]

⑨ 인가된 형식의 유압유를 공기 밸브 구멍을 통해서 보급한다.

⑩ 새 O-ring 패캥(Packing)을 사용하여 공기 밸브 어셈블리를 다시 장착한 후 정해진 수치로 공기 밸브 어셈블리에 토큐를 가한다.

⑪ 공기 밸브 코어를 장착한다.

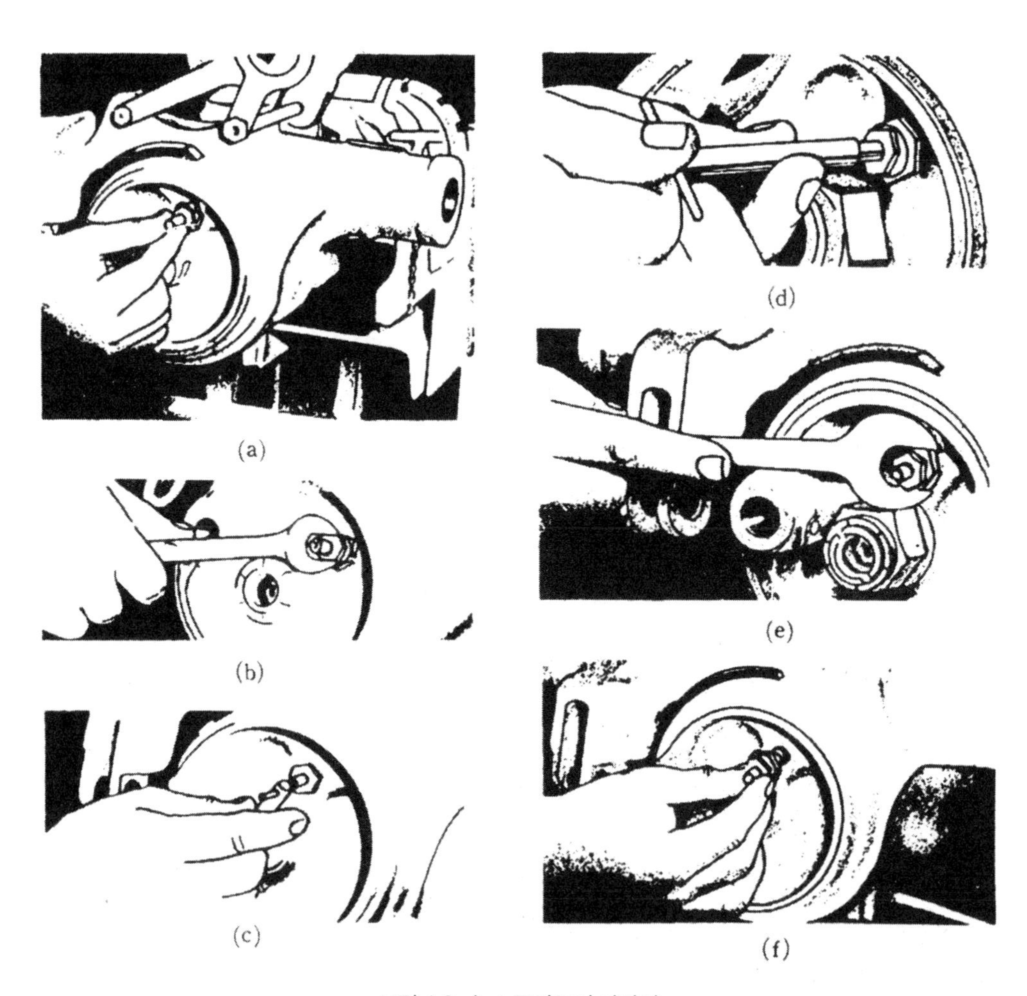

그림 4-8 쇽 스트러트의 서비싱

⑫ 고압의 건조된 공기나 질소(Nitrogen)를 보급하여 스트러트를 팽창(Inflating)시킨다. 고압력 게이지를 사용해서 정확한 팽창 크기를 결정한다. 또 다른 방법은 스트러트에 주어진 두 지점 사이의 팽창 크기를 측정해서 결정한다. 적절한 절차는 쇽 스트러트의 지시판(Instruction Plate)에 적혀 있다. 숏 스트러트는 천천히 팽창시켜서 과열이나 과팽창을 피한다.

⑬ 정비교범에 표시된 토큐값으로 스위블 육각 너트를 조인다.

⑭ 고압 공기 라인을 제거하고 밸브 캡(Valve Cap)을 닫는다.

3) 쇽 스트러트 브리딩(Shock Strut Bleeding)

만약 쇽 스트러트의 작동유 양이 극히 낮으면, 혹은 다른 이유로 스트러트 실린더에 공기가 갇히면 보급중에 스트러트를 브리드(Bleed)하는 것이 필요하다.

브리딩은 보통 항공기를 잭으로 받친 상태(Jacking)에서 실시한다. 이 위치에서 숏 스트러트는 팽창되고 작동유 보충중에는 압축되어 갇혀 있는 모든 공기를 밀어낸다.

다음은 일반적인 브리딩 절차이다.

① 쇽 스트러트 필러(Filler) 구멍에 브리드 호스를 연결한다.

② 쇽 스트러트가 완전히 빠질 때까지 항공기를 잭으로 들어올린다.

③ 스트러트에서 공기 압력을 에어 밸브는 통하여 공기를 완전히 빼낸다.

④ 공기 밸브 어셈블리를 장탈한다.

⑤ 인가된 작동유로 필러 포트(Filler Port) 레벨까지 채운다.

⑥ 브리드 호스를 필러 포트에 장착한다. 필러 포트에 연결된 호스보다 반대쪽 호스의 유압유를 낮게 유지시킨다.

⑦ 쇽 스트러트 잭킹 포인트(Jacking Point)에 엑서사이저 잭[Exerciser Jack(그림 4-9)]이나 다른 적당한 싱글 베이스 잭(Single Base Jack)을 놓는다. 잭을 올리고 내림을 반복하여 스트러트를 압축하고 확장시켜서 스트러트에서 공기 방울이 그칠 때까지 반복한다.

⑧ 엑서사이저 잭을 제거하고 모든 다른 잭을 제거한다.

⑨ 쇽 스트러트에서 브리드 호스를 제거한다.

⑩ 공기 밸브를 장착하고 스트러트를 확장시킨다.

쇽 스트러트는 작동유 유출과 적절한 확장(Extension)이 되는지를 확인하기 위해 정기적으로 점검한다. 스트러트 피스톤의 노출된 부분은 매일 깨끗이 닦고 부식과 긁힌 자국 등이 있는지 자세히 검사한다.

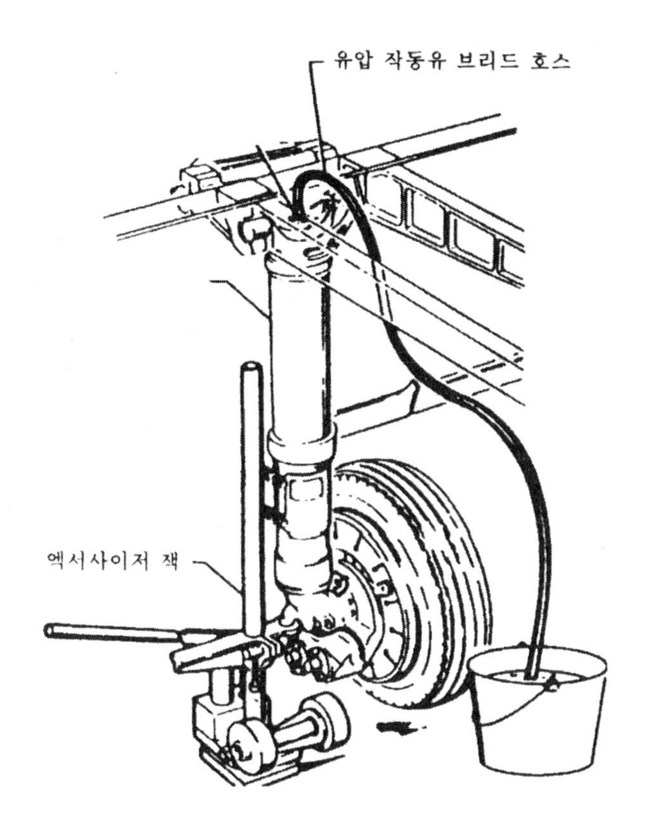

그림 4-9 쇽 스트러트의 브리딩

4-2. 메인 랜딩기어의 일치, 지지, 접힘

메인 랜딩기어는 몇 개의 구성품으로 구성되어 있으며, 구성품의 대표적인 것이 토큐 링크(Torque Link), 트루니언(Trunnion), 브라켓(Bracket) 배열, 드래그 스트러트 링케이지(Drag Strut Linkage), 전기 유압식 기어 리트랙션 장치와 기어 인디케이터(Gear Indicator) 등이다.

1) 일치(Alignment)

토큐 링크는 랜딩기어를 곧게 전방으로 향하게 하며, 토큐 링크의 한쪽 부분은 쇽 스트러트 실린더에 다른 한쪽 부분은 피스톤에 연결된다. 링크는 중심에서 힌지(Hinge)가 되어 피스톤이 스트러트 내부에서 위 · 아래로 움직일 수 있다.

2) 지지(Support)

메인 기어를 항공기 구조부에 연결시키기 위해서는 트루니언과 브라켓 배열을 사용한다. (그림 4-11) 이 배열은 항공기를 스티어링(Steering)하거나 기어가 접힐 때 스트러트를 필요한 만큼 앞 뒤로 스윙(Swing)하거나 피봇(Pivot)할 수 있게 설치된다.

항공기가 지상에서 움직일 때 이 작용을 제한하기 위해서 여러 가지 형태의 링케이지(Linkage)가 사용되며, 그중 하나가 드래그 스트러트(Drag Strut)이다. 드래그 스트러트 위쪽 끝이 항공기 구조부에 연결되고 아래쪽 끝은 쇽 스트러트에 연결되어 있으며, 드래그 스트러트는 랜딩기어가 접힐 때 접힐 수 있도록 힌지(Hinge)로 되어 있다.

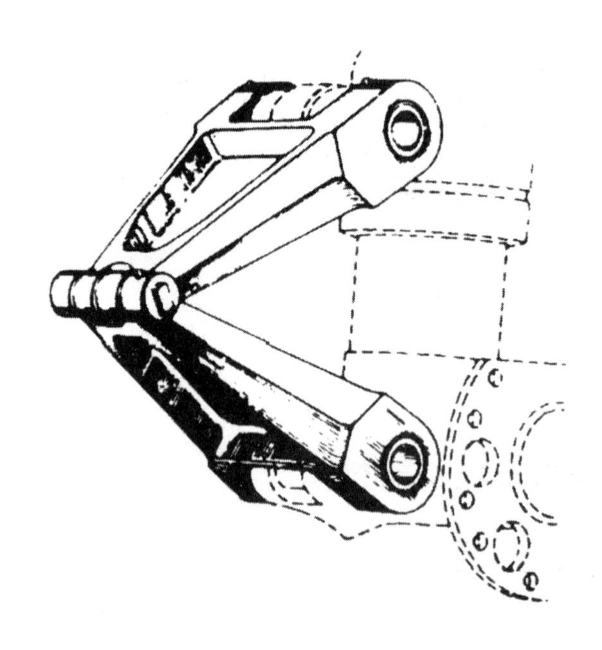

그림 4-10 토큐 링크(Torque Link)

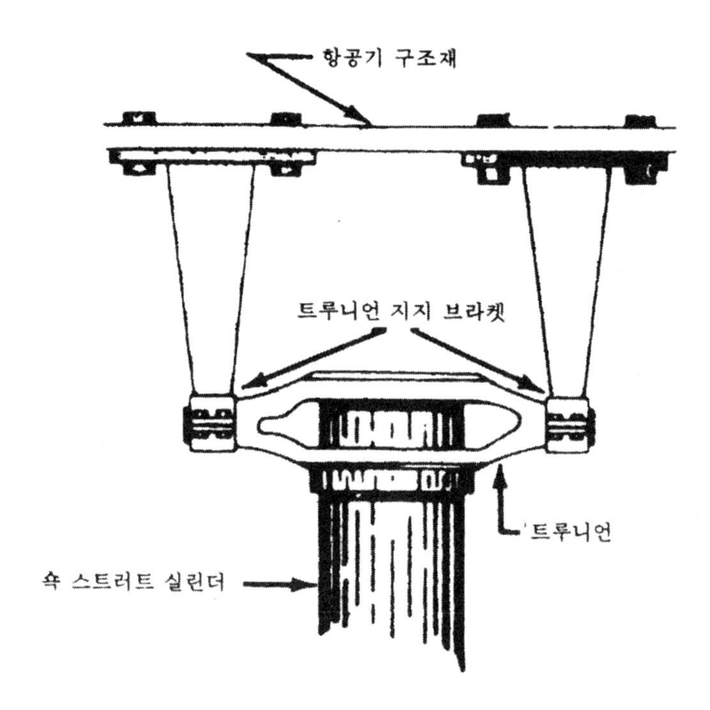

그림 4-11 트루니언(Trunnion)과 브라켓(Bracket) 배열

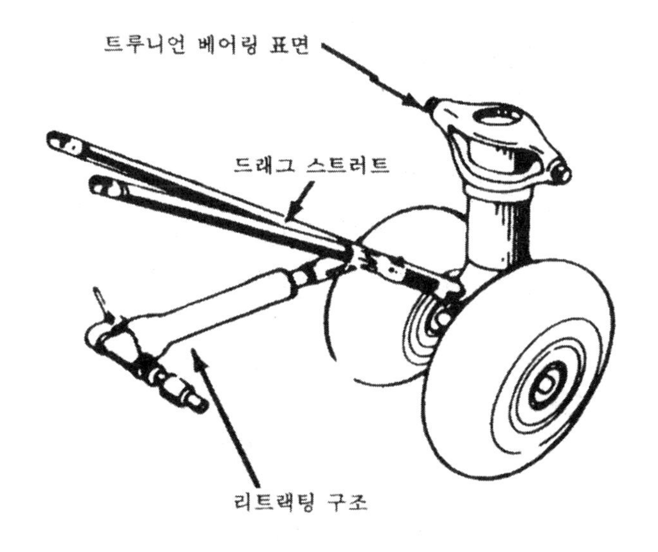

그림 4-12 드래그 스트러트 링케이지

3) 전기식 랜딩기어 리트랙션 장치

그림 4-13은 전기식 랜딩기어 리트랙션 장치로서, 다음과 같은 특징이 있다.
① 모터에 의해 전기적 에너지를 회전 운동으로 바꾸어 준다.
② 기어 감속 장치에 의해 속도를 감소시키고 회전력을 증가시킨다.
③ 다른 기어는 회전 운동을 푸쉬 풀(Push Pull) 운동으로 바꾼다.
④ 링케이지(Linkage)는 푸쉬 풀 움직임을 랜딩기어 쇽 스트러트에 연결한다.

기본적으로 랜딩기어 계통은 전기적으로 구동되는 잭으로 기어를 들거나 내린다. 조종석에서 스위치를 "UP" 위치로 움직이면 전기 모터가 작동해서 축(Shaft), 기어, 어댑터, 액츄에이터 스크류(Actuator Screw), 토큐 튜브 등을 통해서 힘이 드래그 스트러트 링케이지에 전달된다. 그래서 랜딩기어가 접히고 도어가 닫히게 된다.

만약 스위치를 "DOWN" 위치에 놓으면 모터가 거꾸로 작동해서 기어가 내려지고 도어가 닫힌다. 도어(Door)와 기어의 작동 순서는 유압으로 작동되는 랜딩기어 장치와 똑같다.

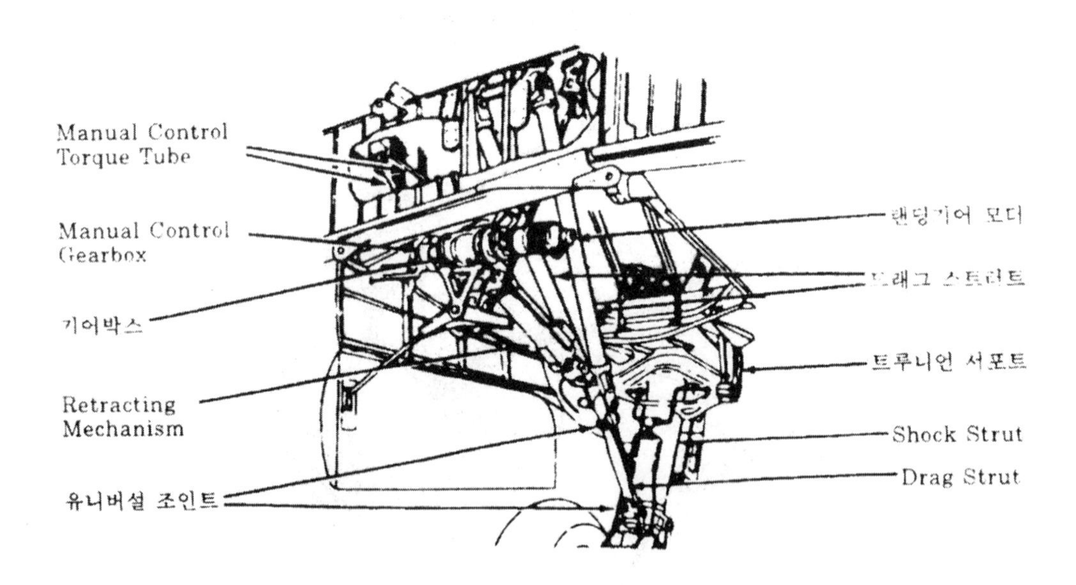

그림 4-13 전기적인 리트랙션 장치(Retraction System)

4) 유압식 랜딩기어 리트랙션 장치

일반적인 유압으로 작동되는 랜딩기어 리트랙션 장치에는 액추에이터 실린더(Actuator Cylinder), 선택 밸브(Selector Valve), 업락크(Uplock), 다운락크(Downlock), 시퀀스 밸브(Sequence Valve), 튜브(Tube)와 다른 일반적인 유압 구성품(Hydraulic Component)이 있다. 이 계통은 서로 연결되어 랜딩기어가 순서에 맞게 접힘과 신장되고 여기에 맞게 랜딩기어 도어가 작동된다.

유압식 랜딩기어 리트랙션 장치의 작동은 매우 중요하므로 상세히 다룬다. 먼저 랜딩기어가 접할 때 계통이 어떻게 작동하는지 그림 4-14를 보면서 살펴보자.

선택 밸브가 "UP" 위치로 가면 압력 상태의 작동유가 기어 업 라인(Gear Up Line) 쪽으로 간다.

작동유는 시퀀스 밸브 C와 D, 3개의 기어 다운락크, 노스기어 실린더, 2개의 메인 액츄에이터 실린더(Main Actuater Cylinder) 등 8개의 유닛(Unit)으로 간다.

시퀀스 밸브 C와 D에서 작동유 흐름을 보자. 시퀀스 밸브가 닫혀 있어서 압축된 작동유가 도어 실린더(Door Cylinder)로 갈 수가 없으므로 도어는 닫을 수 없다. 그러나 작동유가 3개의 다운락크 실린더로 즉시 가서 기어가 풀리게(Unlock)된다. 동시에 작동유는 각 기어-액츄에이팅 실린더의 위쪽으로 들어가서 기어는 접히기 시작한다.

노스 기어가 완전히 접히게 되면 액츄에이팅 실린더의 크기가 작기 때문에 첫 번째로 업락크(Up Lock)를 걸리게(Engage) 한다. 또한 노스 기어 도어가 노스 기어로부터의 링케이지에 의해 혼자서 작동되어 도어가 닫힌다.

메인 랜딩기어는 아직 접히는 중이고 작동유가 각 메인 기어 실린더의 아래쪽으로 떠나도록 밀어낸다. 이 작동유가 오리피스 첵크 밸브(Orifice Check Valve)를 통해 제한 없이 흐르고 시퀀스 첵크 밸브 A나 B를 열고 랜딩기어 선택 밸브(Landing Gear Selector Valve)를 통해 흘러서 유압 계통 리턴 라인으로 간다.

메인 기어가 완전히 접힌 위치에 도착하면서 스프링 힘으로 작용하는 업락크에 걸리고 기어 링케이지가 시퀀스 밸브 C와 D의 플런저(Plunger)를 친다. 이것이 시퀀스 첵크 밸브를 열고 작동유가 도어 실린더로 흘러서 랜딩기어 도어를 닫는다.

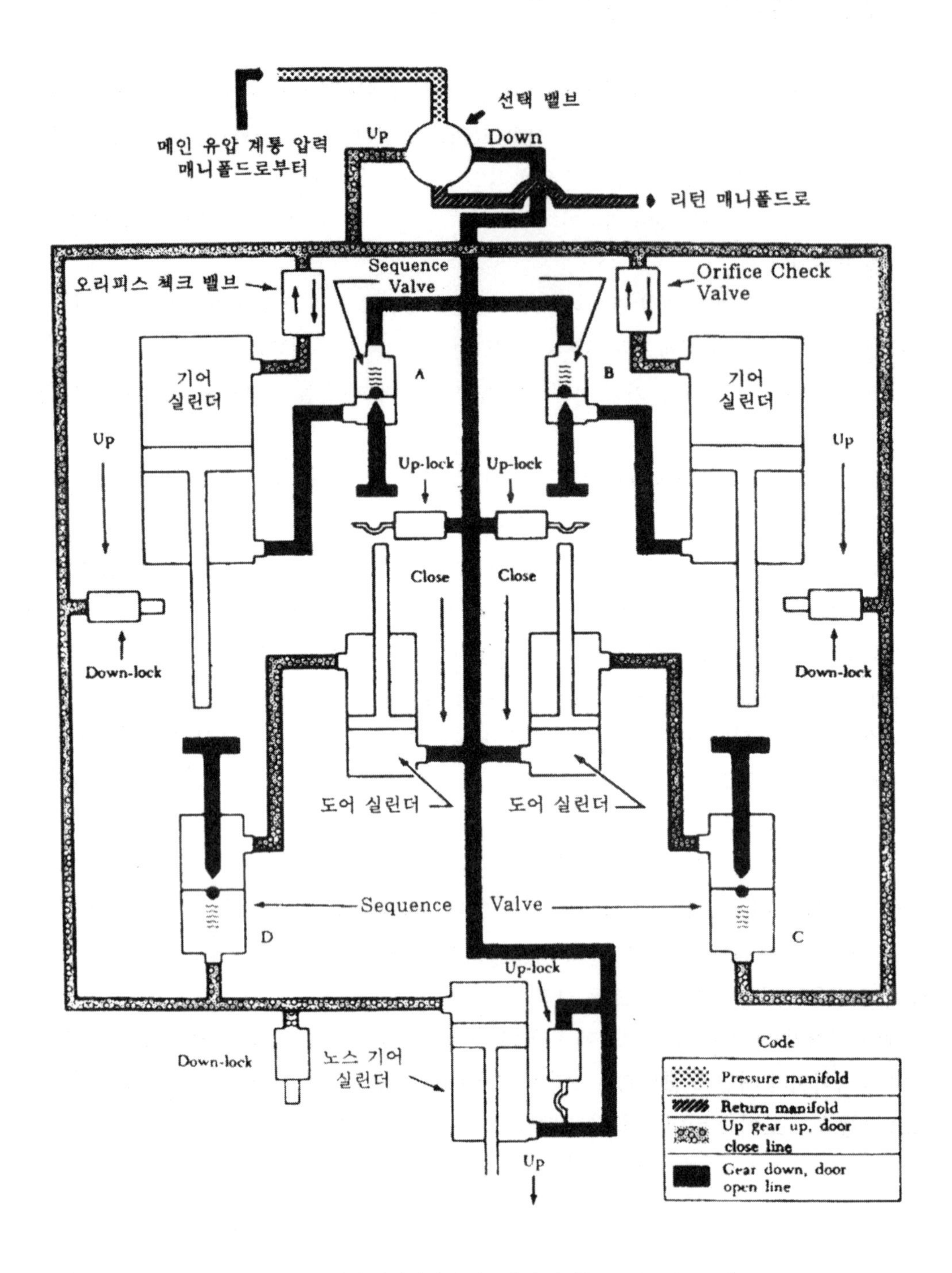

그림 4-14 유압식 랜딩기어의 리트랙션 장치(Retraction System)

5) 윙 랜딩기어 작동(Wing Landing Gear Operation)

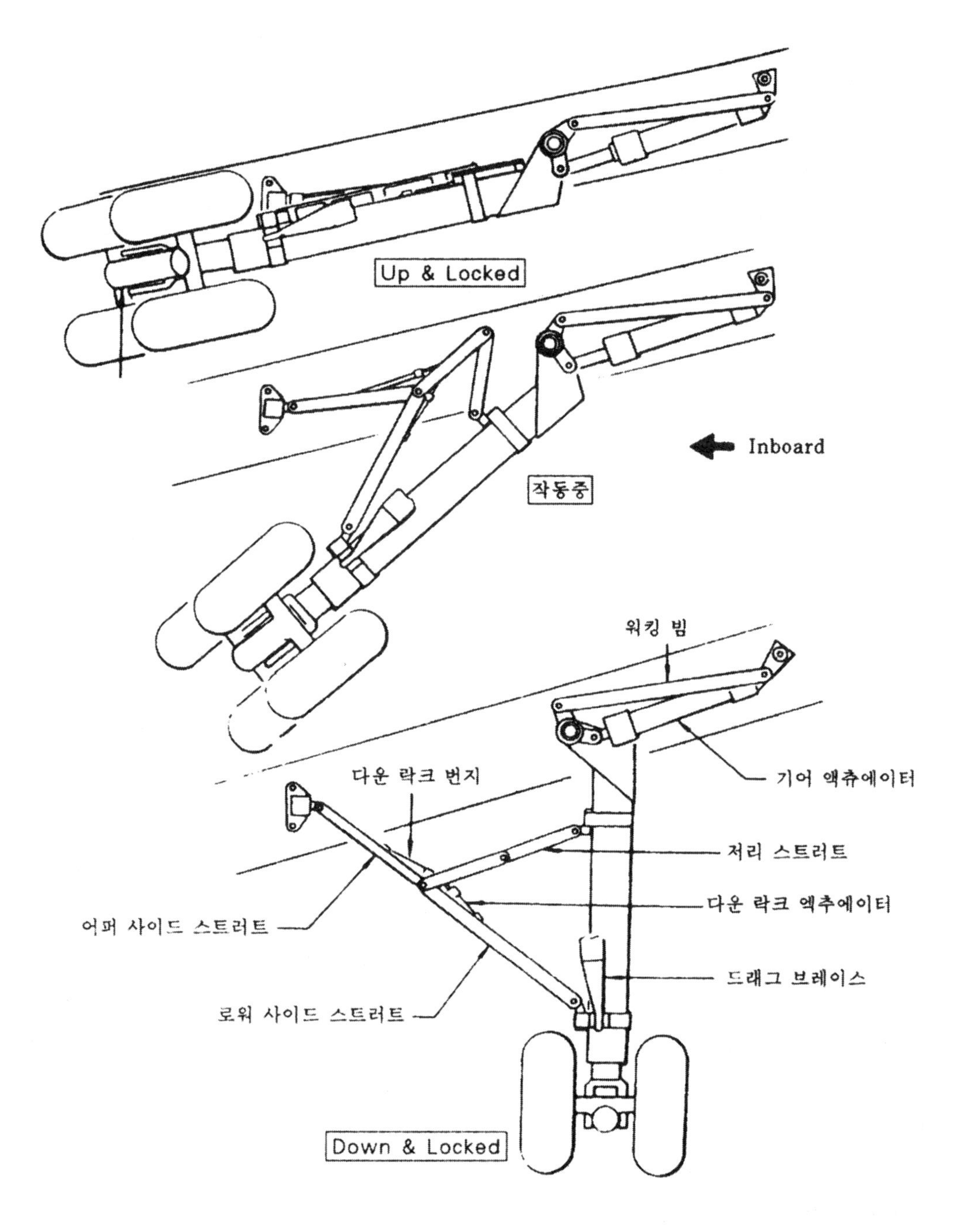

그림 4-15 윙 랜딩기어(Wing Landing Gear) 작동 순서

그림 4-15는 일반적인 날개에 장착된 메인 랜딩기어(Main Landing Gear) 작동 순서를 설명하고 있다. 윙 랜딩기어의 접힘(Retraction)과 펴짐(Extension)은 유압이 기어 액츄에이터의 위나 아래에 공급되면 작용하며, 기어 액츄에이터가 기어를 들어 올리고 내리는데 필요한 힘을 공급한다.

액츄에이터는 워킹 빔(Walking Beam)과 연결되어 작용하며 윙 기어 쇽 스트러트에 힘을 공급하고 이 스트러트가 안쪽으로 꺾여 휠 웰(Wheel Well)로 들어가게 한다. 액츄에이터와 워킹 빔은 랜딩기어 트루니언(Trunion)의 러그(Lug)에 연결된다. 액츄에이터 바깥쪽 끝과 빔 행거(Beam Hangar)의 워킹 빔 피봇(Walking Beam Pivot)이 항공기 구조부에 장착된다.

윙 랜딩기어 잠금 장치는 휠 웰의 바깥쪽에 위치해서 "UP"과 "DOWN" 위치에서 기어를 잠근다. "DOWN" 위치에서 기어 락크는 쥬리 스트러트(Jury Strut)에 있는 다운 락크 번지(Down Lock Bungee)에 의해서 이루어지고 위쪽과 아래쪽 스트러트는 접힐 수 없게 된다.

4-3. 비상 펴짐 장치

이 장치는 만약 메인 파워 계통(Main Power System)이 고장일 때 랜딩기어를 펴지게 한다.

어떤 항공기는 조종석에 비상 릴리스 핸들(Emergency Release Handle)이 있어서 기어 업락크의 기계적인 링케이지를 통해 연결된다. 핸들이 작용하면 업락크(Uplock)를 풀고 기어가 자체의 무게로 자유롭게 떨어지거나 펴지게 만든다.

일부 항공기에서 업락크를 풀 때 압축 공기를 사용하며 업락크 릴리스 실린더에서 연결된다. 또 일부 항공기에서는 자중에 의해서 비상시에 랜딩기어가 펴지도록 설계되어 있으나, 사실은 불가능하고 비현실적이다. 이런 항공기에는 비상시에 강제로 기어를 내리는 것이 포함되어 있다. 일부는 유압유나 압축 공기로 필요한 압력을 제공하고 다른 일부는 비상시에 수동으로 랜딩기어를 펴도록 되어 있다.

랜딩기어의 비상 작동을 위한 유압은 보조 핸드 펌프(Auxiliary Hand Pump), 어큐물레이터(Accumulator), 전기로 작동하는 유압 펌프(Hydraulic Pump)등 항공기의 설계에 좌우된다.

1) 랜딩기어 안전 장치

랜딩기어의 부주의한 접힘(Retraction)은 기계적인 다운 락크(Down Lock), 안전 스위치

(Safety Switch), 그라운드 락크(Ground Lock)와 같은 안전 장치에 의해 예방된다.

기계적인 다운락크는 기어 리트랙션 계통의 일부로 제작되어 기어 리트랙션 장치에 의해 자동적으로 작동된다. 다운락크의 부주의로 인한 작동을 막기 위해 전기적으로 작동하는 안전 스위치가 장착되어 있다.

A. 안전 스위치(Safety S/W)

그림 4-16은 하나의 메인 랜딩기어 쇽 스트러트에 브라켓(Bracket)에 의하여 장착된 안전 스위치는 랜딩기어 안전 회로에 사용된다. 이 스위치는 랜딩기어 토큐 링크(Torque Link)를 통하는 링케이지에 의해 작동된다. 토큐 링크는 실린더에서 쇽 스트러트 피스톤이 확장(Extend)되거나 접힘(Retract)에 따라 분리된다.

스트러트가 압축되면(항공기가 지상에 있을 때) 토큐 링크는 가까워지고 조절 링크가 안전 스위치를 오픈시킨다. 이륙중에 항공기의 무게가 스트러트에 작용되지 않으면 스트러트와 토큐 링크는 확장(Extend)되어 조절 링크가 안전 스위치를 닫는다.

그림 4-16과 같이 안전 스위치가 닫히면 그라운드(Ground)가 완성된다. 그러면 솔레노이드(Solenoid)가 자화되고 선택 밸브(Selector Valve)를 풀어서 기어 핸들이 기어를 들어올리는 위치로 한다.

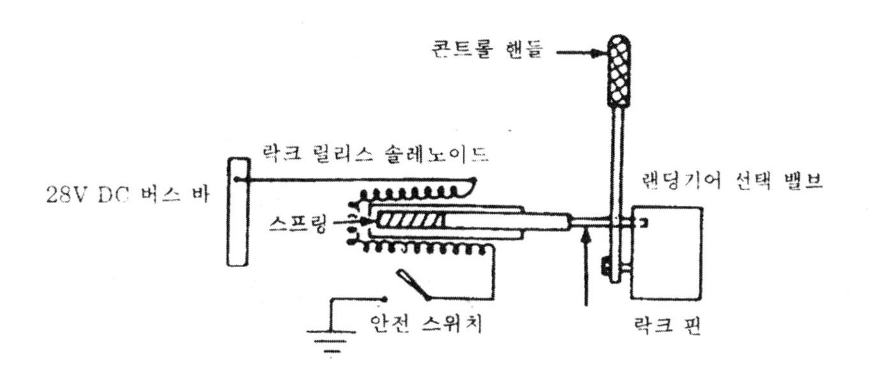

그림 4-16 랜딩기어 안전 회로

B. 그라운드 락크(Ground Lock)

안전 스위치 이외에 대부분 항공기는 추가적인 안전 장치가 있어서 항공기가 지상에 있을 때 기어 풀림을 방지한다. 이 장치를 그라운드 락크(Ground Lock)라고 부른다.

가장 흔한 형식이 둘 이상의 랜딩기어 지지 구조부에 일치된 구멍을 만들어 핀을 끼우는 형태이다. 또 다른 형식은 스프링 힘으로 작용하는 클립(Clip)으로 두 개 이상의 지지 구조부(Support Structure)를 함께 잡고 있는 형태이다. 모든 형태의 그라운드 락크에는 붉은 스트리머(Streamer)가 붙어 있어서 장착 여부를 확인할 수 있다.

2) 기어 계기(Gear Indicator)

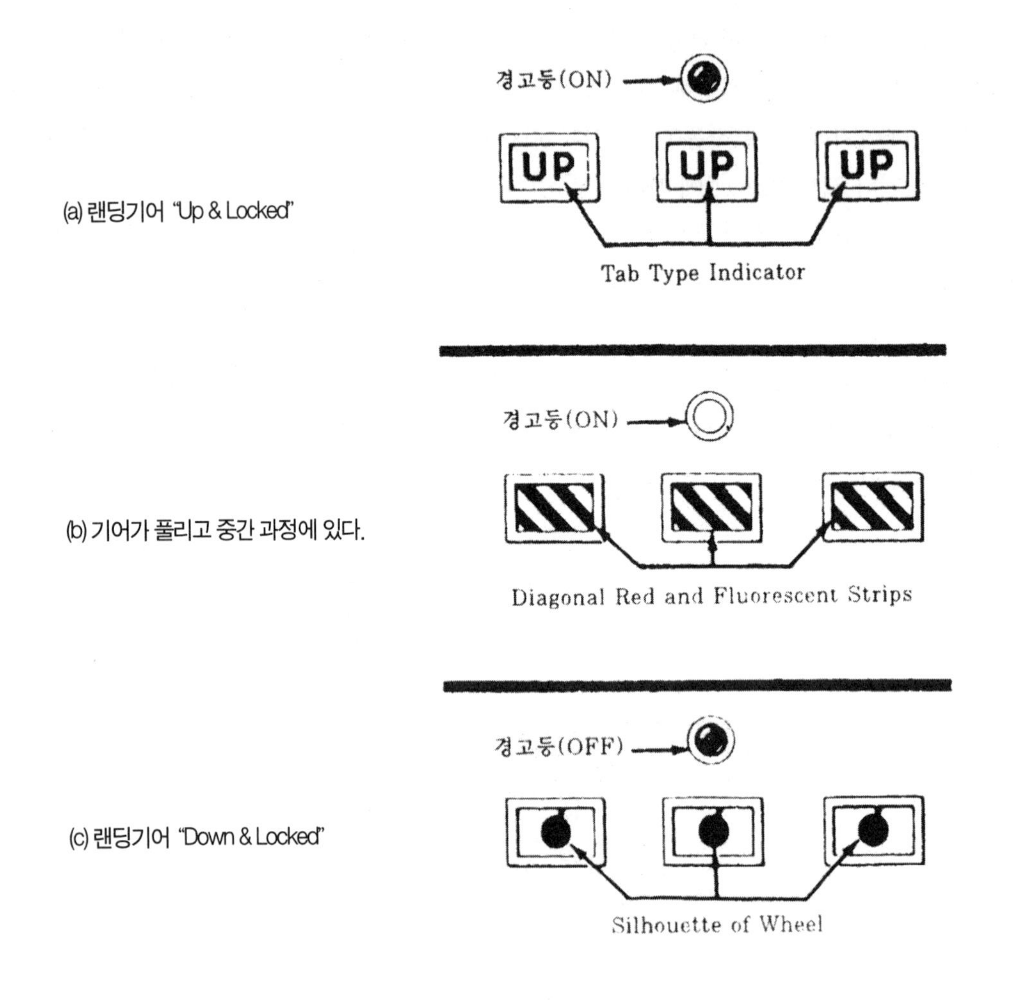

그림 4-17 기어 위치 지시계와 경고등

랜딩기어 위치의 시각적인 지시를 위해서 계기(Indicator)가 조종실에 장착된다. 모든 리트랙트식 기어 항공기에는 기어 경고 장치가 있고, 보통 혼(Horn) 혹은 음성 경고 장치(Aural Warning System)와 적색 경고등(Red Warning Light)으로 구성된다.

랜딩기어가 다운락크 이외의 위치에 있는 상태에서 엔진 스로틀(Throttle)이 어느 하나라도 리타드(Retard)되어 아이들(Idle) 위치가 되면 경고등이 들어오고 혼(Horn)이 울린다. 몇 가지의 기어 위치 계기의 설계가 가능하다.

그중 하나는 랜딩기어의 움직임에 의해서 전기적으로 위치가 표시되는 움직일 수 있는 소형 랜딩기어로 표시된다. 또 다른 형식은 2개나 3개의 녹색등(Green Light)으로 항공기 기어가 다운 락크되면 지시등(Light)이 들어온다.

그림 4-17은 탭형(Tab-Type) 지시계로 "UP"을 지시하면 기어가 올려지고 락크된 상태이며 붉고 흰색의 대각선 라인을 지시할 때는 기어가 언락크(Unlock)된 상태를 지시하며 기어 모양의 그림이 나타나면 "DOWN" 되고 락크된 상태이다.

3) 노스 휠 센터링(Nose Wheel Centering)

센터링 장치는 내부 센터링 캠(Internal Centering Cam)에 의해서 노스 휠(Nose Wheel)을 중심에 오게 해서 휠 웰(Wheel Well)로 접히게 한다.

만약 센터링 장치(Centering Unit)가 없으면 동체 휠 웰과 노스 랜딩기어에 손상이 생긴다.

노스 기어가 접히는 중에는, 항공기의 중량은 스트러트에 의해 지지되지 않고 스트러트는 자중과 스트러트 내부의 공기 압력에 의해 펴진다. 스트러트가 펴지면서 피스톤이 스트러트의 볼록한 부분이 고정된 센터링 캠(Centering Cam)의 경사진 부분과 접촉해서 이것을 따라 들어간다. 이렇게 해서 센터링 캠(Centering Cam)과 함께 자체적으로 일치(Align)되고 노스 기어 피스톤을 회전시켜서 똑바로 정면을 향하게 한다.

내부 센터링 캠은 대부분 대형 항공기에서도 공통적인 특징이다. 그렇지만 다른 센터링 장치를 소형 항공기에서 볼 수 있다. 소형 항공기는 스트러트에 외부 로울러(Roller)나 안내핀(Guide Pin)을 사용한다.

접히는 과정(Retraction)에서 스트러트가 휠 웰로 접히면서 로울러나 안내핀이 휠 웰 구조에 붙어 있는 램프(Ramp)나 트랙(Track)에 연결된다. 램프 /트랙은 로울러나 핀을 안내해서 노스 휠이 바르게 펴진 상태로 휠 웰(Wheel Well)에 들어가게 한다. 내부 캠이나 외부 트랙 어느 것이든지 일단 기어가 펴지면, 그리고 스트러트에 항공기 중량이 주어지면 노스 휠은 스티어링(Steering)을 위해서 선회하게 된다.

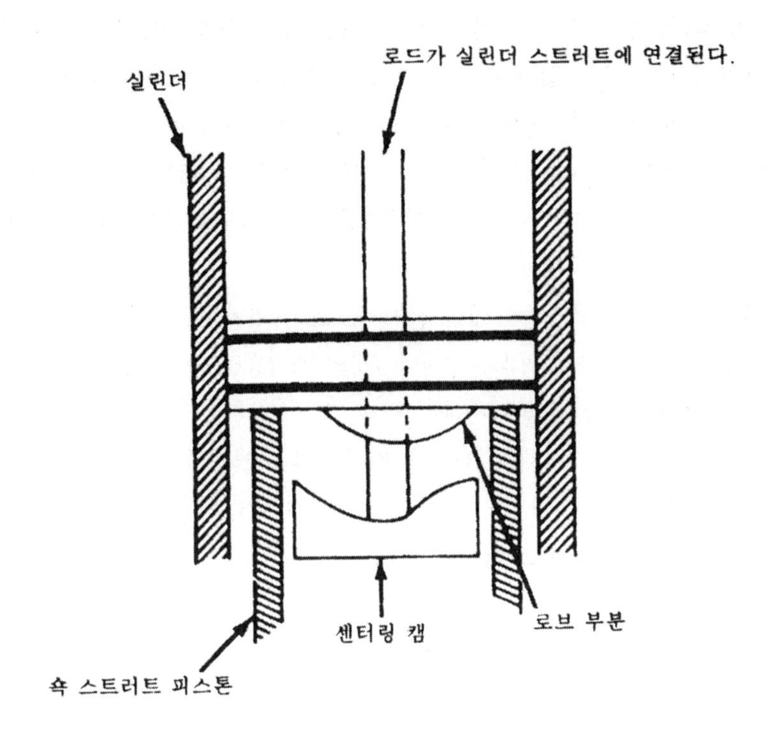

그림 4-18 노스 기어 내부 센터링 캠의 단면

4-4. 노스 휠 스티어링 장치

1) 경 항공기(Light Aircraft)

경 항공기는 노스 휠 스티어링(Nose Wheel Steering) 능력을 단순한 장치로 된 기계적인 링케이지(Mechanical Linkage)를 고무 페달(Rubber Pedal)에 연결해서 제공한다.

가장 흔한 것은 노스 휠의 피봇지점에 위치한 혼(Horn)에다 페달을 연결하기 위하여 푸쉬풀 로드(Push-Pull Rod)를 이용하는 것이다.

2) 대형 항공기

대형 항공기는 큰 덩치에 맞는 확실한 조종이 필요하며, 노스 기어 스티어링에 파워 소스(Power Source)를 이용한다. 비록 대형 항공기 노스 기어 스티어링 장치가 제작상 각각 다르긴 하지만, 기본적으로 이 장치는 거의 같은 방법과 같은 장치로 작동한다.

그림 4-19의 스티어링 장치는 다음을 포함하고 있다.

① 조종실에 있는 조종 장치인 휠(Weel), 핸들(Handle) 또는 스위치로서 시스템의 작동을 시작 또는 맺음을 할 수 있다.

② 조종석에 있는 조종 장치의 움직임은 스테어링 조종 장치(Steering Control Unit)에 전달되어 기계적이거나 전기적 또는 유압을 연결시킨다.

③ 조종 장치는 보통 미터링 밸브(Metering Valve)나 콘트롤 밸브 (Control Valve)이다.

④ 파워 소스(Power Source)는 대부분 항공기 유압 계통이다.

⑤ 튜브는 계통 내의 여러 부품으로부터 작동유를 운반시킨다.

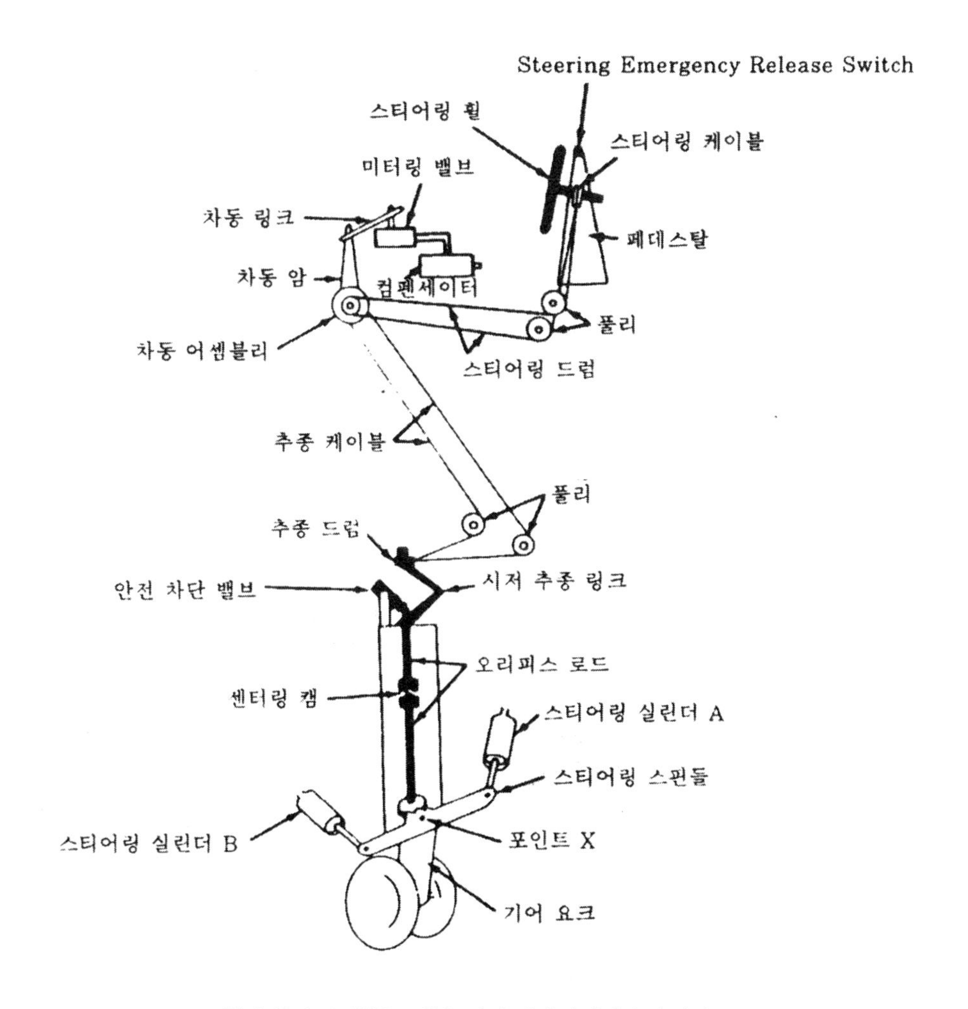

그림 4-19 노스 휠(Nose Wheel)의 기계 장치와 유압 장치

⑥ 하나 또는 그 이상의 스티어링 실린더(Steering Cylinder), 필요한 링케이지가 압력 상태의 작동유를 사용해서 노스 기어를 선회시킨다.
⑦ 가압되어진 모두개들은 각각의 스테어링 실린더에 작동유를 유지시켜 저압 상태에서 시미(Shimmy : 이상 진동)를 방지시킨다.
⑧ 기어(Gear), 케이블(Cable), 로드(Rod), 드럼(Drum) 혹은 벨크랭크(Bellcrank)로 구성되는 추종 장치(Follow Up Mechanism)가 스티어링 조종 장치(Steering Control Unit)를 중립으로 유지하고 노스 기어를 정확한 각도로 선회하게 한다.
⑨ 유압 결함인 경우에 안전 밸브가 휠을 스위블(Swivel)할 수 있다.

3) 노스 휠 스티어링 작동

노스 휠 스티어링 휠은 축을 통해서 조종석 조종 장치 내부에 위치한 스티어링 드럼(Steering Drum)에 연결된다. 이 드럼의 회전은 스티어링 신호를 케이블(Cable)과 풀리(Pulley)를 통해서 차동 어셈블리의 콘트롤 드럼(Control Drum)에 전달한다.

차동 어셈블리(Differential Assembly)의 움직임은 차동 링크에 의해서 미터링 밸브 어셈블리에 전해지며 미터링 밸브는 이것이 선택 밸브를 선택된 위치로 움직인다. 이 때 유압이 노스 기어의 선회에 필요한 유압력을 제공한다.

그림 4-20에서 항공기 유압 계통으로부터의 압력은 열려 있는 안전 차단 밸브(Safety

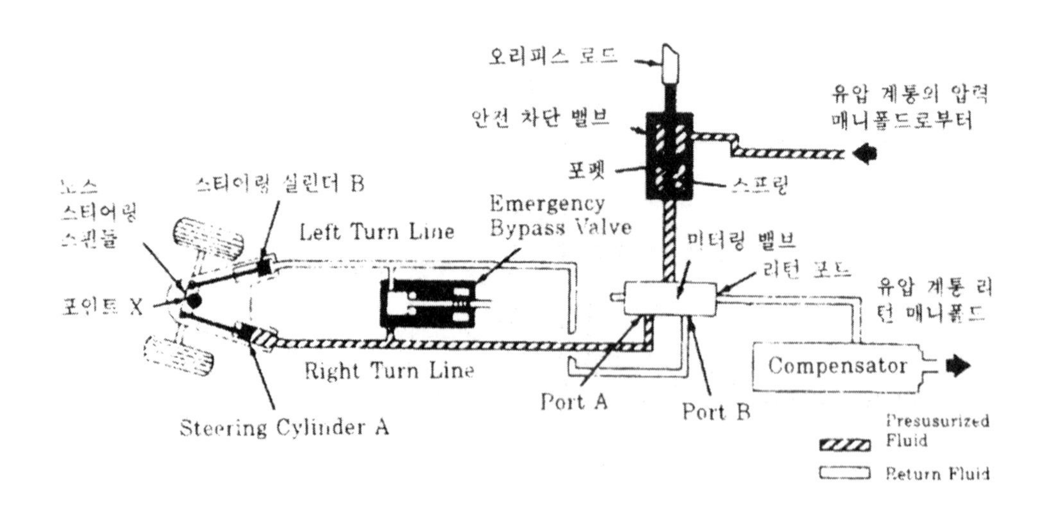

그림 4-20 노스 휠 스티어링(Nose Wheel Steering)의 유압 흐름

Shutoff Valve)를 통해서 미터링 밸브로 보내진다. 이 미터링 밸브는 다시 여압된 작동유(Pressurized Fluid)를 포트 A에서 우 선회 대체 라인(Right-Turn Alternating Line)을 통해서 스티어링 실린더 A로 가게 한다. 이것은 원 포트(One-Port) 실린더로서 압력이 피스톤을 밀어서 펴짐(Extending)이 시작된다.

이 피스톤 로드가 노스 스티어링 스핀들(Steering Spindle)에 연결되었기 때문에 이것은 포인트 X에 피봇(Pivot)이 되어 피스톤의 펴짐이 스티어링 스핀들을 점차적으로 우측으로 선회시킨다. 이 작동이 노스 기어를 천천히 우측으로 향하게 하는데, 왜냐하면 스핀들은 노스 기어 쇽 스트러트(Shock Strut)에 연결되기 때문이다.

노스 기어가 우측으로 선회하면서 작동유는 실린더 B에서 밀려 나가고 좌선회 대체 라인(Left-Turn Alternating Line)을 통해서 미터링 밸브의 포트 B로 들어간다.

미터링 밸브는 이 리턴 작동유를 컴펜세이터(Compensator)로 보내고 여기서 다시 작동유는 항공기 시스템 리턴 매니폴드(System Return Manifold)로 간다.

노스 기어는 유압에 의해서 선회(Pivot)가 시작되고 노스 기어 스티어링 시스템(Nose Gear Steering System) 선회를 정지하는 장치에 의해 선택된 각도에서 머물게 한다.

4) 추종 링케이지(Follow Up Linkage)

그림 4-20에서 설명한 것처럼 노스 기어는 피스톤의 실린더 A가 펴지면서 스티어링 스핀들에 의해서 선회된다. 그러나 스핀들의 뒤에는 기어 이(Teeth)가 있어서 오리피스 로드의 바닥에 있는 기어와 맞물린다.

위와 같이 노스 기어와 스핀들이 선회하고 오리피스 로드도 또한 선회하지만, 방향은 반대 방향이다. 이 회전이 오리피스의 두 부분에 의해 노스 기어 스트러트의 위에 있는 시저 추종 장치(Scissor Follow Up Link)에 전달된다.

추종 링크(Follow Up Link)가 리턴되면서 연결된 추종 드럼(Follow Up Drum)을 회전시키고 추종 드럼은 케이블과 풀리에 의해 움직임을 차동 어셈블리에 전달한다. 차동 어셈블리의 작동은 차동 암(Arm)과 링크(Link)로 미터링 밸브를 중립 위치로 다시 가게 움직인다.

그림 4-21은 보상 장치(Compensator Unit)로서 노스 휠 계통의 부품이며, 스티어링 실린더 안에 항상 압력 상태의 작동유를 유지하고 있다. 이 유압 장치는 3-포트 하우징(Three Port Housing)으로 구성되며, 스프링 힘으로 작동하는 피스톤과 포펫(Poppet)이 있다. 좌측 포트의 공기 벤트는 피스톤의 뒤에서 피스톤 움직임을 간섭한다. (갇혀 있는 공기를 막는다)

두 번째 포트는 컴펜세이터(Compensator) 위에 위치해 있고 라인을 통해서 연결되어 미

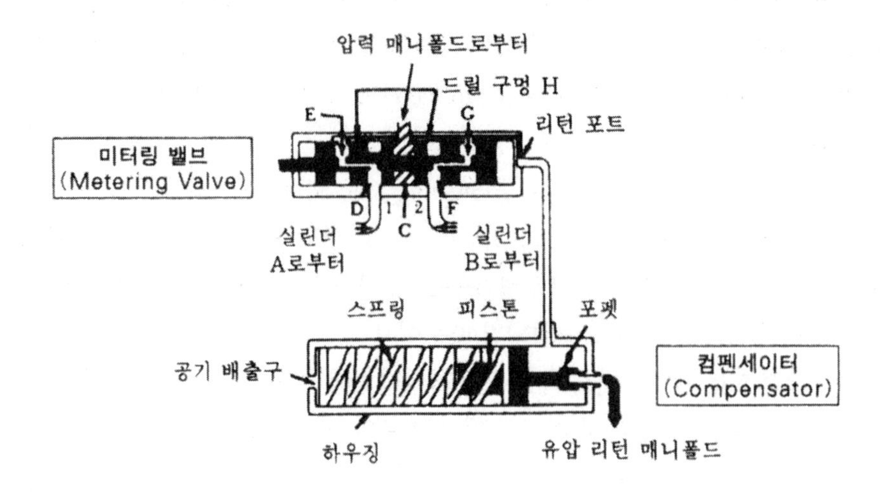

그림 4-21 Metering Valve 와 Compensator의 단면

터링 밸브 리턴 포트로 간다. 3번째 포트는 컴펜세이터의 우측에 위치해 있다. 이 포트는 유압 리턴 매니폴드(Hydraulic Return Manifold)에 연결되고 포펫 밸브(Poppet Valve)가 열리면 스티어링 시스템 리턴 작동유(Steering System Return Fluid)를 매니폴드로 가게 한다.

피스톤에 작용하는 압력이 스프링을 누르기에 충분할 만큼 높으면 컴펜세이터 포펫이 열린다. 이것은 100psi 압력을 필요로 하므로 미터링 밸브 리트랙트 링크(Metering Valve Retract Link)에 작동유 100psi 상태에서 갇힌 작동유를 포함한다. 갇혀 있는 작동유의 압력은 모든 방향으로 똑같이 감소되지 않고 전달됨으로 100psi가 미터링 밸브 통로(Metering Valve Passage) H, 그리고 챔버 E, D, G와 F에 존재한다. 이같은 압력이 좌 · 우측의 대체 라인(Alternating Line)에 공급될 뿐만 아니라 스티어링 실린더 자체에도 공급된다.

4-5. 시미 댐퍼

시미 댐퍼(Shimmy Damper)는 유압 댐 플러그(Hydraulic Dam Plug)에 의해 진동과 시미를 조절한다. 댐퍼는 장착되거나 노스 기어의 일부로 제작되어 택싱(Taxing), 착륙, 이륙중에 노스 휠의 시미(이상 진동)을 막는다.

다음과 같은 3가지 형태의 시미 댐퍼가 흔히 항공기에 사용된다.

① 피스톤 형(Piston Type)
② 베인 형(Vane Type)
③ 노스 휠 파워 스티어링 계통과 같이 작동되는 것

1) 피스톤형 시미 댐퍼(Piston Type Shimmy Damper)

그림 4-22의 피스톤 형 시미 댐퍼는 캠 어셈블리(Ca Assembly)와 댐퍼 어셈블리(Damper Assembly)로 구성되어 있다. 시미 댐퍼는 노스 기어 쇽 스트러트 외부 실린더의 낮은 쪽 끝의 브라켓에 장착된다. 캠 어셈블리는 쇽 스트러트의 내부 실린더에 장착되고 노스 휠과 함께 회전한다. 실제로 캠은 똑같은 두 개로 구성되며, 두 개가 서로 마주보고 있다. 휠이 중립에 있을 때 캠들이 둥근 돌출부에 위치하게 되고 이때 회전에 대한 제일 큰 저항이 댐핑(Damping) 효과를 부여하게 된다.

추종 크랭크(Follow Up Crank)는 U자 모양의 주물(Casting)로 로울러를 갖고 있어서 캠 로브를 따르면서 회전을 제한한다. 크랭크 암은 작동하는 피스톤 축에 연결된다.

댐퍼 어셈블리는 스프링 힘으로 작용하는 리저버 피스톤으로 구성되고 갇혀 있는 작동유가 일정한 압력을 갖도록 유지시켜 실린더와 피스톤을 작동한다. 볼 첵크 밸브(Ball Check Valve)는 리저버(Reservoir)에서 작동 실린더로 작동유를 흐르게 하여 작동 실린더의 작동유 손실을 채워준다.

작동 피스톤에 있는 로드 때문에 피스톤의 필러 엔드(Filler End)로부터 행정이 필러 쪽으로 가는 행정보다 많은 작동유를 갖는다. 이 차이는 리저버 오리피스(Reservoir Orifice)에 의해서 조절되고 리저버와 작동 실린더 사이의 양쪽 길에 작은 흐름을 허용한다. 리저버 지시계 로드(Rod)의 붉은 점 표시는 리저버의 작동유 양을 나타낸다.

피스톤이 리저버 속으로 들어가서 표시를 볼 수 없을 때는 리저버에 작동유를 보급해야 한다. 작동 실린더에는 작동 피스톤이 있다. 피스톤 헤드의 작은 오리피스는 피스톤의 한쪽으로부터 다른 쪽으로 작동유가 흐르게 한다. 피스톤 축은 캠 추종 크랭크(Cam Follower Crank)의 암에 연결된다. 노스 휠 포크(Nose Wheel Fork)가 어느 방향으로 회전하든지 시미 댐퍼는 캠 추종 로울러를 움직여서 작동 피스톤(Operating Piston)이 챔버 내에서 움직이게 한다. 이 움직임이 작동유를 피스톤의 오리피스를 통과하게 한다.

오리피스가 아주 작기 때문에 착륙과 이륙에서는 피스톤의 빠른 움직임은 제한되고 노스 휠 시미(Nose Wheel Shimmy)는 제거된다. 노스 휠 포크(Fork)의 점차적인 회전은 댐퍼에 의해 제한되지 않으며, 항공기가 느린 속도로 스티어링 할 수 있게 한다. 만약 포크가 어느 쪽으로든지 캠의 가장 높은 지점을 지나면 회전해서 노스 휠의 더 이상의 움직임은 실제적

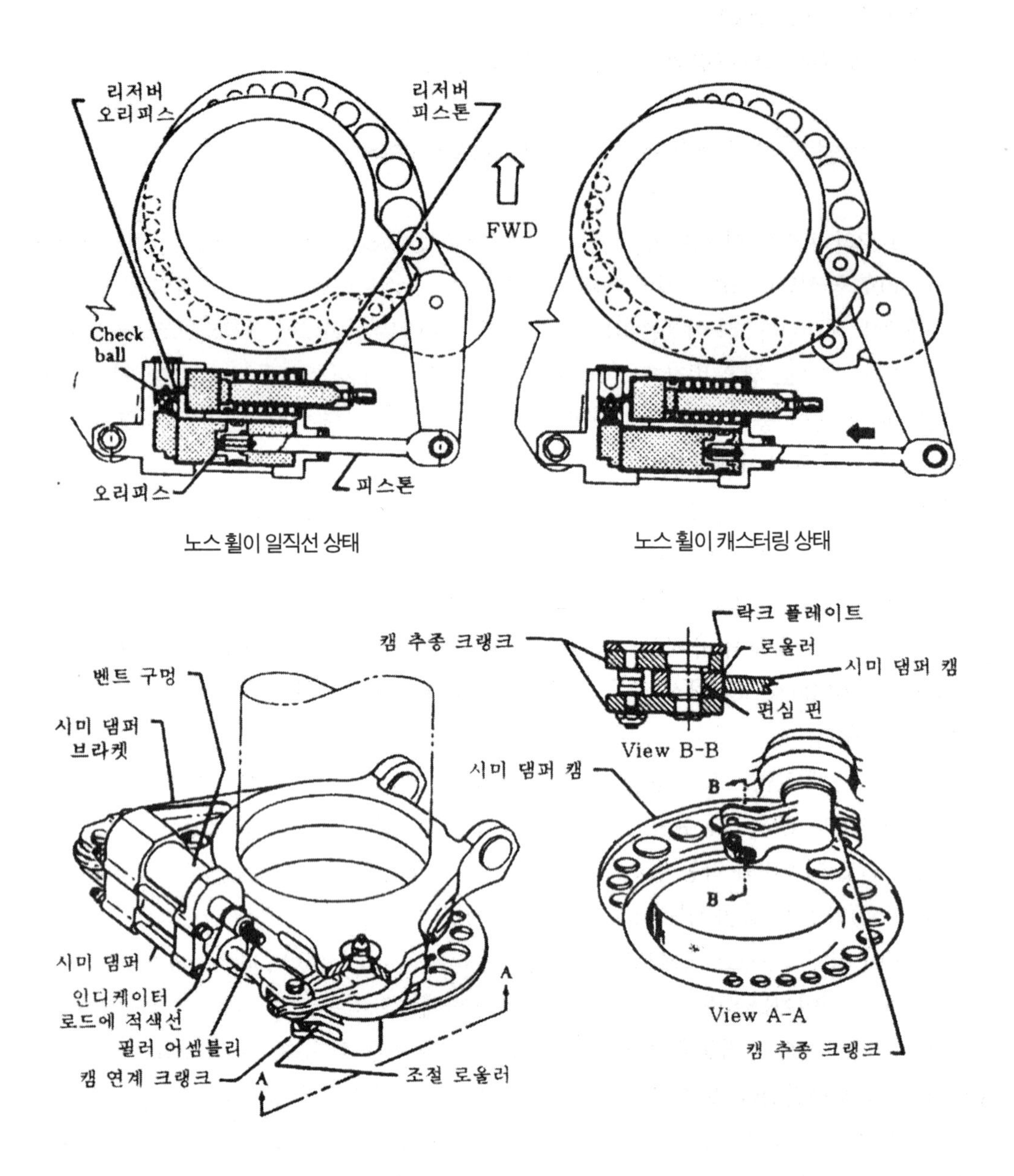

그림 4-22 피스톤 형식의 시미 댐퍼

으로 제한되지 않는다.

피스톤 형 시미 댐퍼(Piston Type Shimmy Damper)는 일반적으로 최소의 서비싱(Servicing)과 정비만 요구되지만, 정기적으로 댐퍼 어셈블리 주변에 작동유 누출의 증거가 있는지 점검하고 리저버의 작동유 양을 적절히 유지해야 한다. 캠 어셈블리는 바인딩(Binding)의 흔적이나 마모, 느슨하게 풀린 것, 깨진 부품(Broken Part) 등이 있는지 점검한다.

2) 베인형 시미 댐퍼(Vane Type Shimmy Damper)

베인 형 시미 댐퍼는 노스 휠 쇽 스트러트(Nose Wheel Shock Strut)의 노스 휠 포크(Nose Wheel Pork) 바로 위에 위치하고 내부나 외부의 어느 쪽에도 장착될 수 있다.

만약 내부로 장착되면 시미 댐퍼의 하우징은 쇽 스트러트 내부에 맞게 고정되고 샤프트는 노스 휠 포크에 스플라인(Spline)으로 연결된다. 만약 외부에 장착되면 시미 댐퍼의 하우징은 쇽 스트러트의 측면에 볼트로 연결되고 샤프트(Shaft)는 기계적인 링케이지로 노스 휠 포크에 연결된다.

그림 4-23에서 하우징은 3개의 부품으로 나누어 진다.

① 보급 챔버(Replenishing Chamber)

② 작동 챔버(Working Chamber)

③ 하부 샤프트 패킹 챔버(Lower Shaft Packing Chamber)

보급용 챔버는 하우징(Housing)의 맨 위 부품으로 작동유를 저장한다. 스프링 힘으로 작용하는 보급용 피스톤(Repenishing Pistion)에 의해서 작동유를 공급하고 피스톤 샤프트는 위쪽 하우징을 통해서 뻗쳐져 작동유 지시계의 역할을 한다. 피스톤 뒤쪽에는 피스톤 스프링이 있으며, 대기중으로 개방되어 하이드롤릭 락크(Hydraulic Lock)를 막는다. 피스톤을 지나서 누출되는 작동유를 막는데 오링 패킹(O-ring Packing)을 사용한다. 그리스 피팅(Grease Fitting)은 보급용 챔버를 작동유로 채우는 수단을 제공한다.

작동 챔버는 어버트먼트(Abutment)와 밸브 어셈블리에 의해 보급용 챔버로부터 분리된다. 작동 챔버는 두 개의 원 웨이 볼 첵크 밸브(One-Way Ball Check Valve)가 있어서 작동유가 보급용 챔버에서 작동 챔버로만 흐르게 한다. 이 챔버는 어버트먼트 플랜지(Abutment Flange)라고 부르는 두 개의 고정 베인(Stationary Vane)에 의해 4부분으로 나누어져 하우징의 내부 벽에 키로 되어 있으며, 두 개의 회전 베인(Rotating Vane)은 날개 축의 전체 부품이다.

샤프트는 밸브 오리피스(Valve Orifice)를 갖고 있어서 작동유가 통과하여 챔버에서 다른

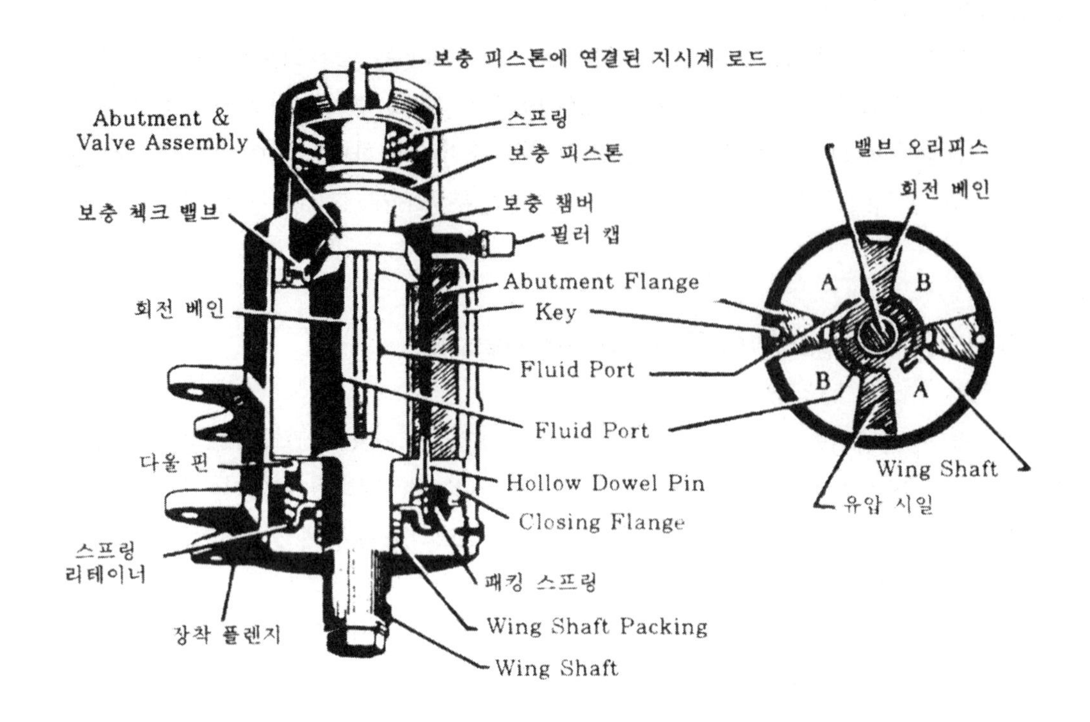

그림 4-23 베인형 시미 댐퍼

챔버로 간다. 노스 휠을 어느 쪽이든 돌려서 하우징에서 베인이 회전하게 한다. 이 결과로 두 부분의 작동 챔버가 작아지고 반대쪽 두 챔버는 커진다. 회전 베인은 한 챔버에서 다른 챔버로 움직이는 작동유의 속도에 좌우된다.

퍼지는 모든 작동유는 샤프트의 밸브 오리피스를 지나서 통과해야 한다. 오리피스를 통해서 지나는 작동유의 흐름 저항은 흐름 속도에 비례한다. 이 말은 시미 댐퍼(Shimmy Damper)가 지상에서 취급할 때나 정상 노스 기어의 스티어링(Steering)과 같은 느린 동작에서 거의 저항이 없지만 착륙, 이륙, 빠른 속도의 택싱(Taxing)에서는 시미(Shimmy)에 많은 저항을 만든다는 것이다.

자동 오리피스 조절이 온도 변화를 보상한다. 샤프트 속의 바이메탈식 온도 조절 장치(Bimetallic Thermostat)가 온도와 점도(Viscosity) 변화에 따라 오리피스를 개폐시킨다. 이것이 결과적으로 넓은 온도 범위에서 일정한 저장을 갖게 한다.

노스 휠의 심한 꼬임에 의해서 갑작스럽게 예외적으로 높은 압력이 작동 챔버에 발생하면 클로징 플랜지(Closing Flange)가 밑으로 움직이고 하부 샤프트 패킹 스프링(Lower Shaft

Packing Spring)을 압축해서 작동유가 베인의 아래쪽 끝(Lower End)을 돌아지나서 구조부의 손상을 막는다. 적절한 유량을 유지하는 것이 베인형 시미 댐퍼의 계속적인 기능에 필요하다. 만약 시미 댐퍼가 적절하게 작동하지 않으면 리저버 커버(Reservoir Cover)의 중심에서부터 지시계 로드(Indicator Rod)가 튀어나온 것을 측정해서 유량을 점검한다.

시미 댐퍼의 검사에는 누출 흔적과 모든 피팅(Fitting)과 연결부의 검사가 포함되어야 한다. 이 연결부의 검사는 쇽 스트러트와 댐퍼 샤프트(Damper Shaft)의 움직이는 부품 사이의 연결부가 풀려 있는지 확인한다. 시미 댐퍼에 작동유를 넘치게 보급해서는 안되며, 만약 지시계 로드가 정해진 높이보다 높게 지시할 때는 작동유를 댐퍼에서 브리드(Bleed) 해낸다.

3) 스티어 댐퍼(Steer Damper)

스티어 댐퍼는 유압으로 작동되고 스티어링(Steering) 작동과 시밍(Shimmying)을 제거하는 두가지 분리된 기능을 한다. 그림 4-24는 일반적인 스티어 댐퍼이다.

기본적으로 스티어 댐퍼는 밀폐된 실린더이며 회전식 베인형 작동 챔버(Vane-Type Shimmy Damper)와 밸브 계통(Valving System)으로 되어 있다. 스티어 댐퍼는 짝수의 작동 챔버를 갖고 있다.

스티어 댐퍼에는 날개 축(Wing Shaft)에 하나의 베인과 어버트먼트 플랜지(Abutment Flange)에 하나의 어버트먼트 레그(Abutment Leg)가 있어서 두 개의 챔버를 갖고 있다. 비슷하게 날개 축에 두 개의 베인이 있고 두 개의 어버트먼트 레그가 어버트먼트 플랜지에 있어서 한 유닛(Unit)은 4개의 챔버가 된다. 싱글이나 이중 베인 장치(Double-Vane Unit)는 가장 흔히 사용하는 것 중의 하나이다.

기계적 링케이지가 날개 축의 튀어나온 스플라인 부분에서 휠 포크까지 연결되고 힘을 전달하는 수단으로 사용된다. 스티어 댐퍼의 링케이지는 오토메틱 휠 센터링(Automatic Wheel Centering)을 위해서 리저버의 바깥에 있는 코일 스프링과 연결된다.

스티어 댐퍼는 두 개의 분리된 기능을 하는데 하나는 노스 휠의 스티어링(Nose Wheel Steering)이고 나머지 하나는 시미 댐핑(Shimmy Damping)이다. 여기서는 스티어 댐퍼의 댐핑 기능만 설명한다.

스티어 댐퍼는 어떤 이유에서든지 고압의 작동유가 스티어 댐퍼의 입구(Inlet)로부터 제거되면 댐핑을 시작한다. 이 고압은 스티어 댐퍼의 밸브 계통(Valving System)을 작동시키고 콘트롤 통로(Control Passage)로부터 장착 상태에 따라 다음 둘 중의 어느 한 가지 방법으로 제거된다.

그림 4-24 스티어 댐퍼(Steer Damper)

입구쪽 라인(Inlet Line)이 3-way 솔레노이드 밸브(Solenoid Valve)에 의해 공급되면 높은 압력 공급은 차단되고 작동유는 밸브의 출구쪽 포트(Outlet Port)를 통해 계통을 빠져나가서 배출 라인(Discharge Line)으로 간다. 2-Way 솔레노이드 밸브가 장착되어 있으면 작동유가 오리피스를 통해서 콘트롤 통로를 떠나고 오리피스는 리턴 라인 플런저(Return Line Plunger)의 중심에 위치해 있다. 효과적인 댐핑은 작동 챔버에 공기가 섞이지 않은 작동유를 유지시켜서 얻는다.

계통 내의 과도한 압력은 온도 변화에 의해서 생기고 입구 플랜지(Inlet Flange)의 서멀 릴리프 밸브(Thermal Relief Valve)에 의해 방지된다. 일일 검사에는 스티어 댐퍼의 검사도 포함해서 모든 연결 부분이나 스티어 댐퍼의 장착 볼트, 피팅, 쇽 스트러트와 스티어 댐퍼 윙 샤프트(Steer Damper Wing Shaft) 등의 연결 부분을 검사한다.

4-6. 브레이크 계통

브레이크는 항공기에서 극히 중요한 부분이다. 브레이크는 항공기의 감속, 정지, 대기(Holding), 방향 전환(Steering)에 사용한다. 브레이크는 적당한 거리 내에서 항공기 정지에 필요한 충분한 힘을 만들어야 한다. 즉 브레이크는 정상 엔진 작동중에 항공기를 지상에 대기시켜야 하고, 또한 지상에서 항공기의 방향 전환을 허용해야 한다. 브레이크는 각 메인 랜딩기어 휠(Main Landing Gear Wheel)에 장착되고 서로 독립적으로 작동한다. 우측 랜딩 휠은 우측 방향타 페달(Rudder Pedal)의 끝에서 가해지는 힘에 의해 조종되고 좌측 휠은 좌측 방향타 페달에 의해 조종된다.

브레이크의 효율적인 기능을 위해서 브레이크 계통의 각 구성품(Component)을 적절하게 작동하고 항공기의 각 브레이크 어셈블리는 같은 효율로 작동되어야 한다. 그러므로 모든 브레이크 계통은 자주 검사하고 계통에 충분한 유압유를 유지시키며, 각 브레이크 어셈블리는 적절히 조절하고 마찰 표면에 그리스나 오일 등이 없어야 한다.

3가지 형식의 브레이크 계통이 일반적으로 사용된다.

① 독립적인 계통(Independent System)

② 파워 조종 계통(Power Control System)

③ 파워 부스트 계통(Power Boost System)

1) 독립 브레이크 계통(Independent Brake System)

일반적으로 독립적인 브레이크 계통은 소형 항공기에 사용된다. 이 형식의 브레이크 계통을 "독립적"이라고 하는 이유는 각각의 리저버가 있고 항공기의 메인 유압 계통과는 완전히 분리되어 있기 때문이다. 독립적인 브레이크 계통은 마스터 실린더(Master Cylinder)에 의해 힘을 받는다.

계통은 리저버 하나 또는 두 개의 마스터 실린더(Master Cylinder), 각 마스터 실린더를 연결하는 링케이지(Linkage), 각 브레이크 페달(Brake Pedal), 작동유 라인, 그리고 각 메인 랜딩기어 휠에 있는 브레이크 어셈블리 등으로 구성된다. 각 마스터 실린더는 연결된 페달(Padel)의 압력에 의해 작동한다.

마스터 실린더는 작동유로 채워져 있는 실린더의 내부 피스톤의 유압이 형성된다. 형성된 유압은 휠에 있는 브레이크 어셈블리에 연결된 작동유 라인에 전달된다. 이것이 휠을 정지시키는데 필요한 마찰을 만든다.

브레이크 페달이 풀리면 마스터 실린더 피스톤은 리턴 스프링(Return Spring)에 의해

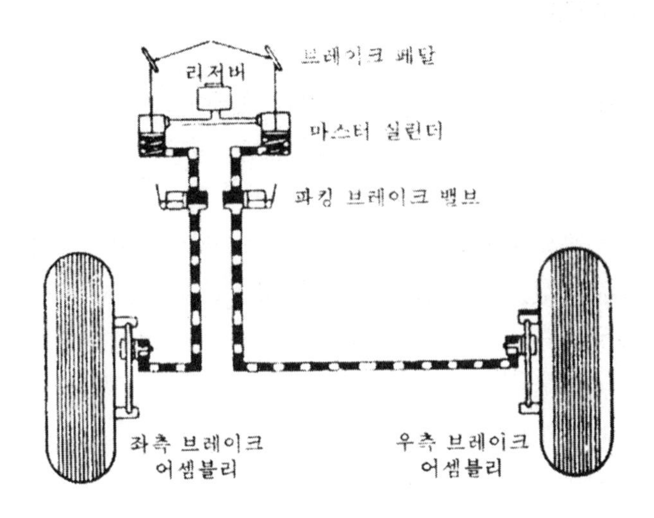

그림 4-25 독립된 브레이크 시스템

"OFF" 위치로 돌아가며, 브레이크 어셈블리로 유입된 작동유는 브레이크 어셈블리의 피스톤에 의해 마스터 실린더로 되돌아감으로써, 브레이크 어셈블리 피스톤은 브레이크의 리턴 스프링(Return Spring)에 의해 "OFF" 위치로 되돌아간다.

일부 소형 항공기에 장착된 싱글 마스터 실린더(Single Master Cylinder)는 핸드 레버(Hand-Lever)로 작동되고 양쪽 메인 휠에 동시에 브레이크 작동을 가한다. 이 계통의 스티어링은 노스 휠 링케이지에 의해 이루어진다.

일반적인 마스터 실린더는 보상 포트 밸브(Compensating Port Valve)가 있어서 온도 변화로 인해서 브레이크에 과도한 압력 생기면 브레이크 챔버로부터의 작동유가 리저버로 되돌아가게 한다. 이것이 마스터 실린더가 잠기지(Lock) 않고 브레이크를 끌리지 않게 한다.

그림 4-26은 "Goodyear" 마스터 실린더이며 작동유는 외부 리저버로부터 중력에 의해 마스터 실린더로 공급된다. 작동유는 실린더 입구쪽 포트(Cylinder Inlet Port)와 보상 포트(Compensating Port)를 통해서 마스터 실린더로 들어가고 작동유 라인은 브레이크 액츄에이팅 실린더(Actuating Cylinder)를 연결한다.

브레이크 페달을 누르면 마스터 실린더 피스톤 로드에 연결되고 피스톤이 마스터 실린더 내부의 피스톤을 전방으로 밀어낸다. 약간 전방으로 움직이면 보상 포트를 막고 압력이 증가하기 시작한다. 이 압력은 브레이크 어셈블리에 전달된다. 브레이크 페달이 풀리면 "OFF" 위치로 돌아가고 피스톤 리턴 스프링(Piston Return Spring)이 전방 피스톤 시일(Seal)

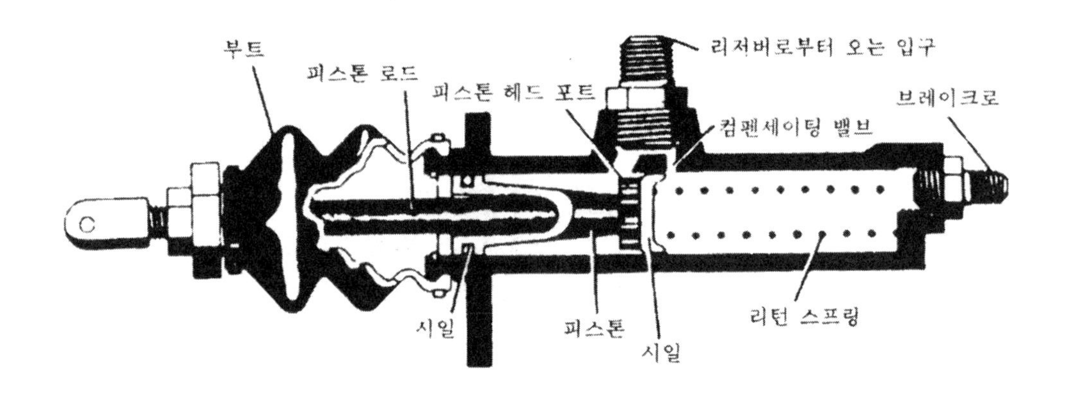

그림 4-26 Goodyear Master Brake Cylinder

을 밀어서 피스톤이 완전히 "OFF" 위치로 간다.

브레이크 어셈블리와 브레이크로 들어갔던 작동유는 브레이크 피스톤 스프링 힘에 의하여 브레이크 피스톤이 "OFF" 위치로 되돌아갈 때 브레이크로 두 개에 연결된 라인을 통하여 마스터 실린더로 되돌아간다. 초과되는 압력이나 부피는 보상 포트를 통하여 풀려서 작동유 리저버로 돌아간다. 이러한 흐름이 마스터 실린더가 잠기거나 브레이크가 끌리는 것을 막는다. 만약 전방 피스톤 시일(Seal)의 뒤에서 작동유가 새면 중력에 의해서 작동유 리저버로부터 채워진다.

라인이나 브레이크 어셈블리(Brake Assembly)의 누출로 인하여 피스톤 전방 부분의 작동유 손실은 자동적으로 피스톤 헤드 포트(Piston Head Port)를 통해서 채워진다.

전방 피스톤 시일(Seal)의 기능은 전방 스트로크(Forward Stroke) 등에 시일의 역할을 하는데 자동적으로 작동유를 채워주는 것으로서 리저버에 작동유가 있는 동안은 마스터 실린더, 브레이크 연결 라인, 브레이크 어셈블리에 완전히 작동유를 채우게 된다.

후방 피스톤 시일(Seal)은 항상 실린더의 뒤쪽 끝(Rear End)을 밀봉해서 작동유의 누출을 막고 유연 고무 부트(Flexible Rubber Boot)는 단지 먼지 덮개의 역할을 한다.

파킹(Parking)을 위해 브레이크를 잡을 때는 마스터 실린더와 페달(Foot Pedal) 사이의 기계적인 링케이지에 장착된 라쳇형(Ratchet-Type) 락크에 의해서 이루어진다.

파킹 브레이크가 "ON" 상태에서 팽창에 의한 작동유 양의 변화는 링케이지에 연결되는 스프링에 의해 조절된다. 파킹 브레이크(Parking Brake)를 풀려면 충분한 압력을 브레이크 페달에 가해서 라쳇을 풀어야 한다.

그림 4-27 Warner Master Brake Cylinder

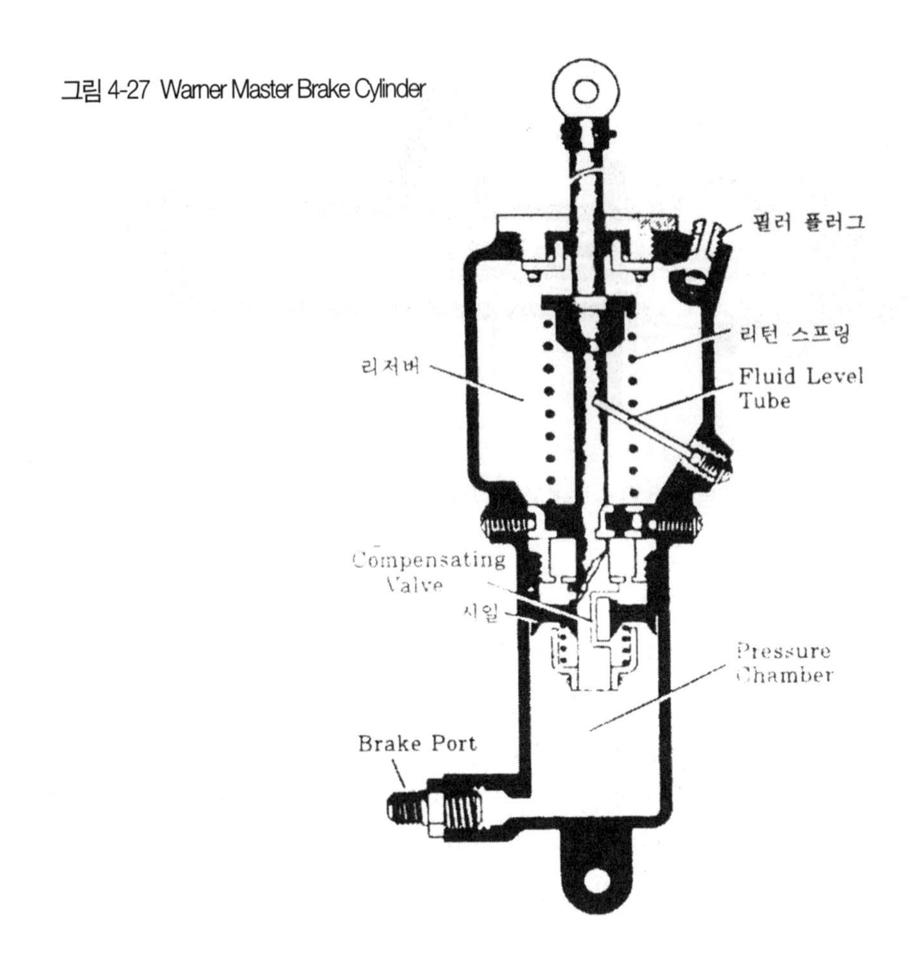

그림 4-27은 "Warner" 마스터 실린더로 리저버, 압력 챔버, 보상 장치가 싱글 하우징에 있다. 리저버는 대기중으로 필러 플러그(Filler Plug)를 통해서 벤트(Vent)되고, 또한 첵크 밸브도 있다.

작동 유량 튜브(Fluid Level Tube)가 리저버 하우징의 옆에 있다. 브레이크 페달의 압력은 기계적 링케이지에 의해 실린더 피스톤에 전달된다. 피스톤이 아래로 움직이면서 보상 밸브(Compensating Valve)가 닫히고 압력이 압력 챔버에 갇힌다.

피스톤이 더 움직이면 작동유가 브레이크 어셈블리로 들어가게 되어 브레이크 작동을 만든다. 브레이크 페달에서 브레이크 페달 압력이 제거되면, 피스톤 리턴 스프링(Piston Return Spring)이 피스톤을 "OFF" 위치로 되돌린다.

보상 장치는 브레이크가 "OFF" 위치와 전체 계통이 대기압 상태에 있을 때 작동유가 리저버와 압력 챔버로 흐르게 하고 흘러나오게 한다. 파킹(Parking) 기능이 있는 "Warner" 실린더는 라쳇과 스프링 배열로 구성되어 있다. 라쳇은 계통을 "ON" 위치에 잠그고(Lock) 스프링은 작동유의 수축과 팽창을 보상한다.

2) 파워 브레이크 콘트롤 밸브 계통 (Power Brake Control Valve System)

그림 4-28은 브레이크 작동에 많은 용량의 작동유가 필요한 파워 브레이크 콘트롤 밸브 계통이다. 일반적으로 무게와 계통이 중형이기 때문에 대형 휠과 브레이크가 요구되는 대형 항공기에 많이 적용된다.

대형 브레이크는 작동유의 유동량이 많고 고압이므로 독립적인 마스터 실린더(Master Cylinder) 계통이 대형 항공기에는 적용될 수 없다. 이 계통은 주유압 계통(Main Hydraulic System) 압력 라인으로부터 유압을 공급 받는다. 이 라인의 첫 번째 장치가 첵크 밸브로서 주계통의 고장시에 브레이크 계통 압력의 손실을 막는다.

다음 장치가 어큐물레이터(Accumulator : 축압기)이며, 압력 상태의 예비 작동유를 저장한다. 브레이크가 가해지면 어큐물레이터의 압력이 감소되어 더 많은 작동유가 주 계통으로부터 들어오고 첵크 밸브에 의해 어큐물레이터에 갇혀 있게 한다. 또한 브레이크 유압 계통에 가해지는 과도한 하중을 위해 서지 챔버(Surge Chamber)와 같은 역할을 한다.

어큐물레이터의 다음 장치가 파일롯(Pilot's)과 코파일롯(Copilot's) 콘트롤 밸브(Control Valve)이다. 콘트롤 밸브는 브레이크를 작동시키는 작동유의 양과 압력을 조절하거나 조종한다. 파일롯과 코파일롯의 브레이크 액츄에이팅 라인(Actuating Line)에는 4개의 첵크 밸브와 2개의 오리피스 첵크 밸브(Orifice Check Valve)가 장착된다. 첵크 밸브는 오직 한쪽 방향으로만 작동유를 흐르게 한다.

오리피스 첵크 밸브는 파일롯의 브레이크 콘트롤 밸브로부터는 한쪽 방향으로 제한 없이 작동유를 흐르게 하지만, 반대 방향으로의 흐름은 포펫(Poppet)에 있는 오리피스에 의해 작동유 흐름이 제한된다. 오리피스 첵크 밸브는 채퍼링(Chaffering) 방지를 돕는다.

브레이크 액츄에이팅 라인의 다음 장치가 압력 릴리프 밸브(Pressure Relief Valve)이며, 825psi에서 열리게 되어 리턴 라인(Return Line)으로 작동유를 배출하고 최소 760psi에서 닫힌다. 각 브레이크 액츄에이팅 라인에는 셔틀 밸브(Shuttle Valve)가 있으며, 정상 브레이크 계통에서 비상 브레이크 계통(Emergency Brake System)을 분리시키는 목적으로 작동된다. 브레이크 액츄에이팅 압력이 셔틀 밸브로 들어가면 셔틀은 자동적으로 밸브의 반대쪽 끝으로 움직인다. 이것이 유압 브레이크 계통 액츄에이팅 라인을 닫는다.

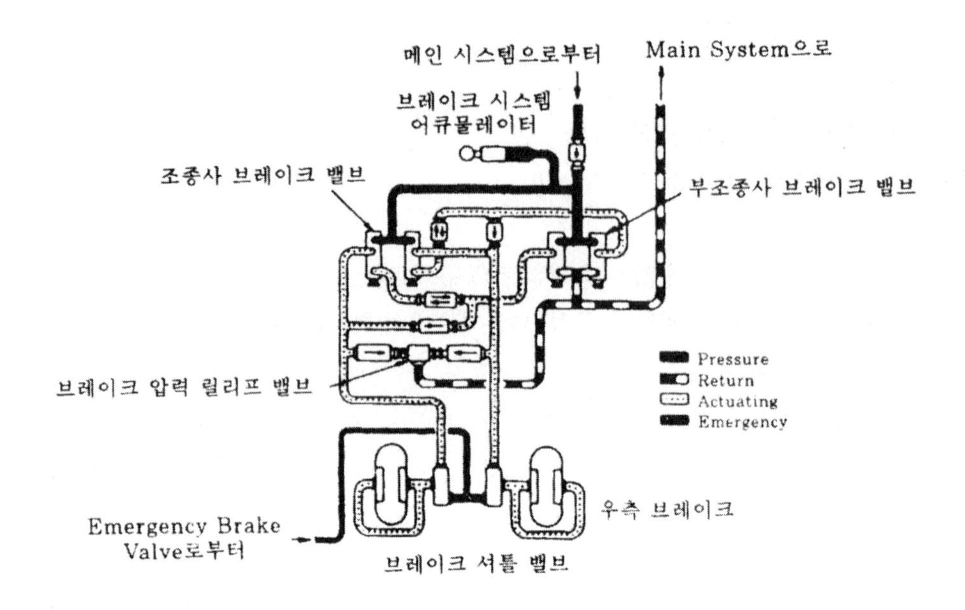

그림 4-28 파워 브레이크 콘트롤 밸브(Power Brake Control Valve)

3) 압력 볼 첵크 브레이크 콘트롤 밸브 (Pressure Ball-Check Brake Control Valve)

그림 4-29의 볼 첵크 파워 브레이크 콘트롤 밸브는 주계통 압력을 브레이크에 맞게 풀거나 조절하고 브레이크를 사용하지 않을 때는 열 팽창(Thermal Expansion)을 제거한다.

밸브의 주요 구성품은 하우징, 피스톤 어셈블리, 튜닝 포크(Tunning Fork)이다. 하우징은 3개의 챔버와 3개의 포트(Port)를 갖고 있다. 즉 압력 입구(Pressure Inlet), 브레이크, 리턴 포트(Return Port)이다.

브레이크 페달의 움직임이 링케이지를 통해서 튜닝 포크에 전해진다. 튜닝 포크 스위벨(Tunning Fork Swivel)이 실린더에서 피스톤을 위쪽으로 움직인다. 이 첫 번째 위쪽으로의 움직임에 의해 피스톤 헤드가 파일롯 핀(Pilot Pin)의 플랜지를 접촉해서 리턴 작동유 통로(Return Fluid Passage)를 닫는다.

위로 계속해서 움직이면 볼 첵크 밸브를 자리에서 뜨게 하고 주 계통 압력이 브레이크 라인으로 들어간다. 브레이크 액츄에이팅 실린더와 라인에서 압력이 증가하면서 피스톤의 위

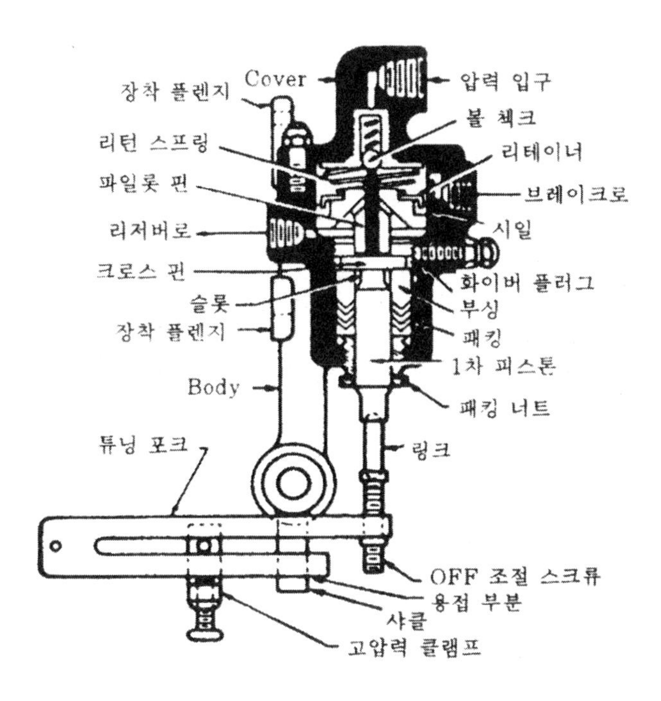

그림 4-29 Pressure Ball Check Power Brake Control Valve

쪽에도 또한 압력이 증가한다. 피스톤 위쪽의 전체 힘이 브레이크 페달에 가해지는 힘보다 크면 피스톤이 바 스프링(Bar Spring)의 장력을 누르고 밑으로 내려온다.

이것이 볼 체크 밸브(Ball Check Valve)를 제자리에 앉게 하고 계통 압력을 닫는다. 이 지점에서 압력포트와 리턴 포트(Return Port)는 모두 닫히고 파워 브레이크 밸브는 균형을 잡는다. 이 균형 상태의 작용이 계통 압력을 브레이크 압력으로 낮추고 이것은 주계통으로부터 압력을 닫아서 이루어진다. 밸브가 균형을 유지하는 동안 압력 상태의 작동유가 브레이크 어셈블리와 라인에 갇혀 있다.

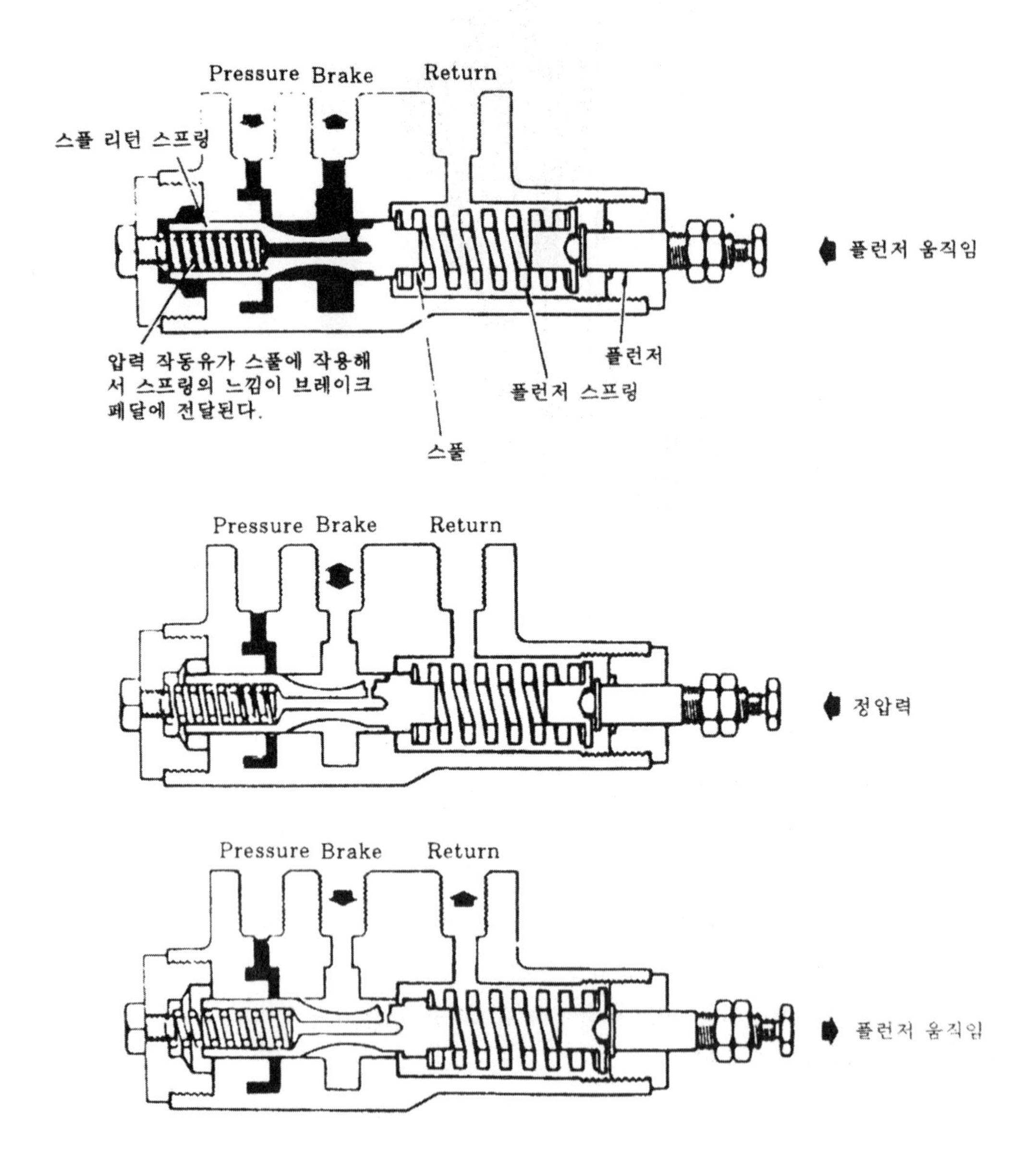

그림 4-30 Sliding Spool Power Brake Control Valve

4) 파워 브레이크 콘트롤 밸브(슬라이딩 스풀 타입) (Power Brake Control Valve : Sliding Spool Type)

그림 4-30은 슬라이딩 스풀(Sliding Spool) 파워 브레이크 콘트롤 밸브로써 하우징에 슬리브(Sleeve)와 스풀(Spool)이 있다. 스풀은 슬리브의 안쪽에서 움직이고 브레이크 라인의 압력 또는 리턴 포트(Pressure or Return Port)를 열고 닫는다.

두 개의 스프링이 있으며 큰 스프링을 플런저 스프링(Plunger Spring)이라고 하고 브레이크 페달에 느낌(Feel)을 제공한다. 작은 스프링은 스풀을 "OFF" 위치로 리턴(Return)시킨다. 플런저가 눌러지면 큰 스프링은 스풀의 리턴 포트를 닫고 브레이크 라인의 압력 포트를 연다.

압력이 밸브로 들어가면 작동유가 구멍을 통해서 스풀의 반대쪽 끝으로 흐르고 압력이 스풀을 뒤로 밀어서 큰 스프링이 압력 포트를 닫지만 리턴 포트는 개방시키지 못한다. 밸브는 이때 정적(Static) 상태에 있다. 이 움직임은 부분적으로 큰 스프링을 압축해서 브레이크 페달에 "Feeling"을 준다. 브레이크 페달을 놓으면 작은 스프링이 스풀을 뒤로 움직이게 하여 리턴 포트(Return Port)가 열리고 이것이 브레이크 라인이 있던 유압을 리턴 포트를 통하여 빠지도록 한다.

5) 브레이크 디부스터 실린더(Brake Debooster Cylinder)

일부의 파워 브레이크 콘트롤 밸브(Power Brake Control Valve) 계통에는 디부스터 실린더(Devooster Cylinder)가 있어서 파워 브레이크 콘트롤 밸브와 함께 사용된다.

디부스터 장치는 일반적으로 고압 유압 계통과 저압 브레이크를 갖고 있는 항공기에 사용된다. 브레이크 디부스터 실린더는 브레이크에 압력을 감소시키고 작동유의 흐름양을 증가시킨다.

그림 4-31은 일반적인 디부스터 실린더로서 콘트롤 밸브와 브레이크 사이에 있으며 랜딩 기어 속 스트러트에 장착되어 있다.

실린더 하우징은 작은 챔버와 큰 챔버가 있으며 피스톤은 작은 헤드와 큰 헤드가 있고 스프링 힘으로 작용하는 브레이크 첵크 밸브(Brake Check Valve), 그리고 피스톤 리턴 스프링(Piston Return Spring)이 있다.

"OFF" 위치에서 피스톤 어셈블리는 피스톤 리턴 스프링에 의해 디부스터의 입구 끝에 고정된다. 볼 첵크 밸브는 가벼운 스프링에 의해서 작은 피스톤 헤드에 있는 시트(Seat)에 머물러 있다.

작동유가 브레이크 장치에서 열 팽창에 의해 나오면 볼 첵크 밸브를 자리에서 떨어지게 해서 디부스터를 통해서 파워 콘트롤 밸브로 빠져나간다.

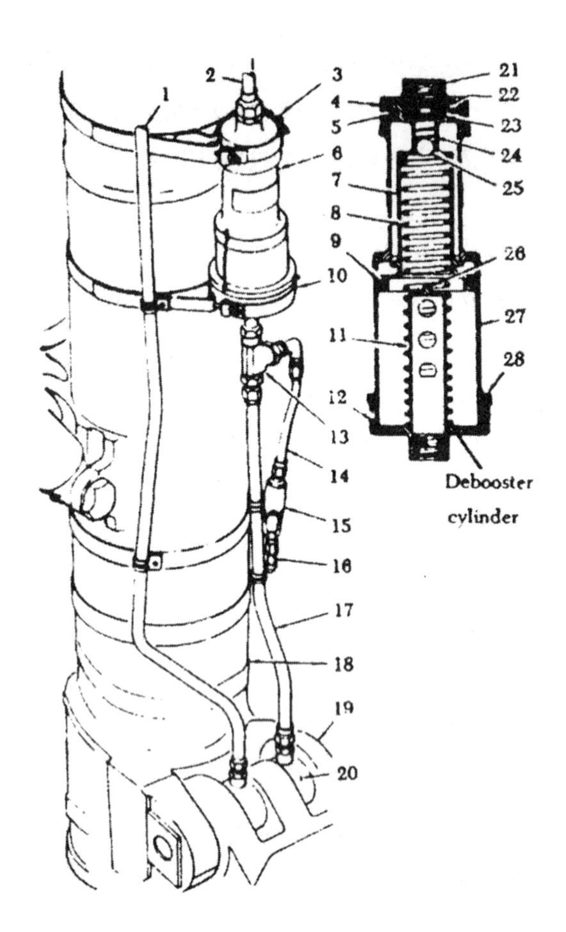

1. Emergency System Pressure Line
2. Main Brake Pressure Line
3. Upper Support Clamp
4. 5, 9, 12. Packing
6. Debooster Cylinder Assembly
7. Piston
8. Piston Spring
10. Lower Support Clamp
11. Riser Tube
13. Tee Fitting
14. Brake Line
   (To Pressure Relief Valve)
15. Brake Pressure Relief Valve
16. Overflow Line
17. Brake Line
   (Debooster To Shuttle Valve)
18. Shock Strut
19. Torque Line
20. Brake Shuttle Line
21. Upper End Cap
22. Snap ring
23. Spring Retainer
24. Valve Spring
25. Ball
26. Ball Pedestal
27. Barrel
28. Lower End Cap

그림 4-31 브레이크 부스터 실린더

브레이크가 가해지면 압력 상태의 작동유가 입구 포트(Inlet Port)로 들어가서 피스톤의 작은 끝에 작용한다. 볼 첵크 밸브(Ball Check Valve)는 샤프트를 통해서 지나는 작동유를 막는다.

힘(Force)은 피스톤의 작은 끝을 지나서 피스톤의 큰쪽 끝에 전달된다. 피스톤이 하우징에서 아래쪽으로 움직이면서 새로운 작동유의 흐름이 출구쪽 포트(Outlet Port)를 지나서 하우징의 큰쪽 끝에서 브레이크 쪽으로 형성된다.

작은 피스톤 헤드로부터의 힘이 큰 피스톤 헤드에서는 넓은 면적에 분해됨으로 출구 포트에서의 압력은 감소한다.

동시에 많은 양의 작동유가 큰 피스톤 헤드에 의해서 운반되는데 이 양은 작은 피스톤 헤드를 움직이던 것보다 많은 양이다. 정상적으로 브레이크는 움직이는 구간에서 낮은쪽 끝에 도착하기 전에 완전히 가해진다.

그렇지만 만약 피스톤이 정지하는데 필요한 충분한 저항이(이것은 주로 브레이크 장치나 연결 라인에서 작동유의 손실로 인한 것으로) 없으면 피스톤은 계속 밑으로 움직여서, 마침내는 샤프트 속에 있는 볼 첵크 밸브에서 라이저(Riser)가 자리에서 떨어진다.

볼 첵크 밸브가 자리에서 떨어지면(들려지면) 파워 콘트롤 밸브로부터 작동유가 피스톤 샤프트(Piston Shaft)를 통해 흘러서 작동유 손실을 보충한다. 작동유가 피스톤 샤프트를 통해서 지나기 때문에 큰 피스톤 헤드에 작용하여 피스톤은 위로 움직이고, 브레이크 어셈블리의 압력이 정상으로 되면 볼 첵크 밸브(Ball Check Valve)는 자리에 앉는다.

브레이크 페달이 풀리면 압력이 입구쪽 포트(Inlet Port)에서 제거되고 피스톤 리턴 스프링(Piston Return Spring)이 피스톤을 빠르게 움직여서 디부스터의 맨위로 가게 한다. 빠른 움직임은 브레이크 어셈블리까지의 라인에 빨아 들이는 힘(Suction)을 만들어 브레이크를 빠르게 풀게 한다.

6) 파워 부스트 브레이크 계통(Power Boost Brake System)

일반적으로 파워 부스트 브레이크 계통은 착륙이 너무 빨라서 독립적인 브레이크 계통을 사용할 수 없는 곳에 사용하지만, 파워 브레이크 콘트롤 밸브를 사용하기에는 무게가 가벼운 항공기에 사용한다. 이 형태의 계통 라인은 메인 유압 계통 압력 라인(Main Hydraulic System Pressure Line)으로부터 공급되지만, 메인 유압 계통 압력은 브레이크로 들어가지 않는다.

메인 유압 계통 압력은 오직 파워 부스트 마스터 실린더의 사용을 통해서 페달을 돕는다.

그림 4-32는 일반적인 파워 부스트 브레이크 계통으로 리저버(Reservoir), 2개의 파워 부

스터 마스터 실린더(Power Booster Master Cylinder), 2개의 셔틀 밸브(Shuttle Valve), 그리고 각 메인 랜딩 휠에 있는 브레이크 어셈블리로 구성된다. 압축 공기 용기(Bottle)에는 게이지(Gauge)와 릴리스 밸브(Release Valve)가 장착되어 브레이크가 비상 작동을 하게 한다. 주유압 계통 압력은 압력 매니폴드(Pressure Manifold)에서 파워 마스터 실린더로 연결된다.

브레이크 페달을 밟으면 브레이크 작동을 위한 작동유는 셔틀 밸브를 통해서 파워 부스터 마스터 실린더에서 브레이크로 간다.

브레이크 페달이 풀리면 마스터 실린더에 있는 주계통(Main System) 압력 포트(Pressure Port)는 닫히고 브레이크 어셈블리에 있는 피스톤에 의해서 리턴 포트(Return Port) 밖으로 밀려난다. 브레이크 리저버는 주압력 계통(Main Hydraulic System) 리저버에 연결되어 브레이크 작동시 적절한 작동유가 공급되게 한다.

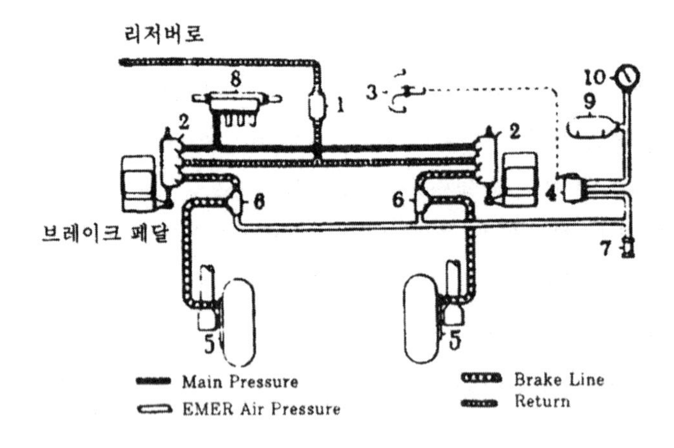

1. Brake Reservoir
2. Power Boost
3. Emergency Brake Control
4. Air Release Valve
5. Wheel Brake
6. Shuttle Valve
7. Air Vent
8. Main System Pressure Manifold
9. Emergency Air Bottle
10. Emergency Air Gauge

그림 4-32 Power Boost Master Cylinder Brake System

7) 노스 휠 브레이크(Nose Wheel Brake)

보잉 727과 같은 많은 여객기는 노스휠에 브레이크가 장착된다.

좌 · 우측 브레이크 페달의 움직임은 해당되는 쪽의 메인 기어 브레이크 미터링 밸브(Metering Valve)를 작동시킨다. 양쪽 브레이크 페달을 동시에 움직이면 양쪽 메인 기어 브레이크를 작동되고 노스 휠 기어 브레이크는 대략 1/2 페달 행정(Pedal Stroke)후에 작용한다.

방향 조종을 위해 한쪽 브레이크 페달만 사용하면 노스 휠 브레이크는 작동하지 않고 페달 행정의 거의 끝에서 방향 조종을 위해서 작동된다. 노스 휠 브레이크의 작용은 브레이크 차동 링케이지(Differential Linkage)를 통해서 조종된다. 브레이크 페달을 밟으면 차동 링케이지를 통해서 직접 메인 기어 미터링 밸브(Metering Valve)에 첫 번째로 힘을 전달한다. 이 밸브가 열린 후에 계속 브레이크 페달을 움직이면 노스 기어 미터링 밸브로 전달되어 이 미터링 밸브가 열리고 브레이크가 작동을 시작한다. 노스 휠 제동은 15mph 이상에서 대략 전방 기준 6° 회전할 때까지 가능하다.

이 지점에서 노스 휠 스티어링 차단 스위치(Nose Wheel Steering Cutoff S/W)가 앤티 스키드 밸브(Antiskid Valve)를 작동시켜서 노스 휠 제동(Nose Wheel Braking)을 차단한다. 15mph 이하에서는 노스 휠 제동은 작동되지 않는다.

4-7. 브레이크 어셈블리

항공기에 흔히 사용되는 브레이크 어셈블리(Brake Assemble)는 싱글 디스크(Single-Disk), 듀얼 디스크(Dual-Disk), 멀티플 디스크(Multiple Disk), 세그먼트 로우터(Segmented Rotor), 팽창 튜브(Expander Tube) 식 등이 사용된다.

소형 항공기에는 싱글과 듀얼 디스크 형이 쓰이고 멀티플 디스크 형은 주로 중형 항공기에 그리고 조각으로 된 로우터(Segmented Rotor)와 팽창 튜브형은 대형 항공기에서 주로 쓰인다.

1) 싱글 디스크 브레이크(Single Disk Brake)

이 형식은 회전 디스크(Rotation Disk)의 양쪽에 마찰을 가해서 브레이크를 잡고 이 디스크는 랜딩기어 휠에 키(Key)로 연결된다.

싱글 디스크 브레이크에는 여러 가지 변형된 형식이 있지만, 모든 작동 원리는 동일하며, 주로 실린더의 숫자나 브레이크 하우징 형식(Brake Housing Type)이 다를 뿐이다. 브레이크 하우징은 하나 혹은 여러 개로 나누어진 형식이 있다.

그림 4-33은 항공기에 장착된 싱글 디스크 브레이크이다. 브레이크 하우징은 마운팅 볼트(Mounting Bolt)에 의해 랜딩기어 축 플랜지(Axle Flange)에 장착된다.

그림 4-34는 일반적인 싱글 디스크 브레이크 어셈블리이다. 이 브레이크 어셈블리는 3개의 실린더와 1개의 하우징이 있다.

하우징의 각 실린더는 피스톤, 리턴 스프링(Return Spring), 자동 조절 핀(Automatic Adjusting Pin)이 있다.

6개의 브레이크 라이닝(Lining) 가운데 3개는 회전 디스크의 안쪽(Inboard)에 3개는 바깥쪽(Outboard)에 있다. 이 브레이크 라이닝은 "Puck" 이라고도 한다. 바깥 쪽 라이닝 퍽(Puck)은 3개의 피스톤에 장착되어 브레이크가 작동할 때 3개의 실린더의 안과 밖으로 움직인다. 안쪽 라이닝 퍽은 브레이크 하우징의 움푹한 곳에 장착되고 움직이지 않는다.

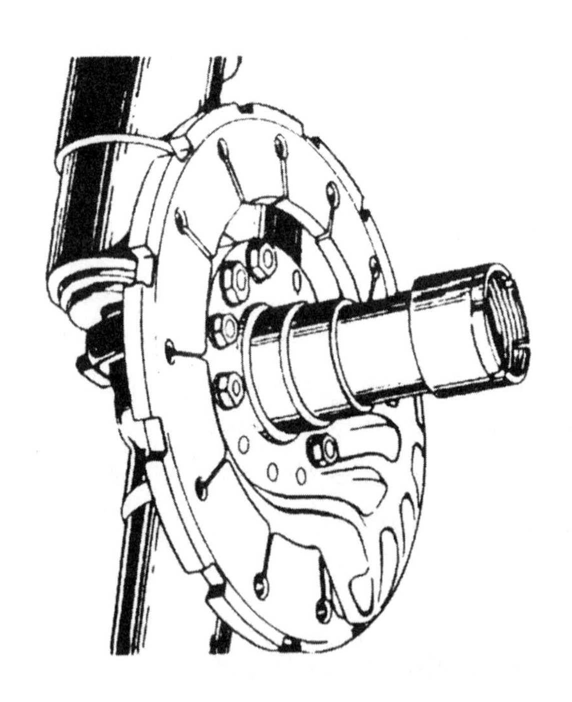

그림 4-33 싱글 디스크(Single Disk) 브레이크의 장착

브레이크 콘트롤 유니트(Brake Control Unit)로부터 유압이 브레이크 실린더로 들어가고 피스톤에 힘을 가해서 라이닝이 회전 디스크에 달라붙는다. 회전 디스크는 랜딩기어 휠에 키(Key)로 연결되어 휠에 브레이크 공간에서는 횡방향으로 자유롭게 움직인다. 회전 디스크는 하우징에 장착된 안쪽 라이닝에 밀착되게 된다. 회전 디스크의 횡적인 움직임은 디스크의 양쪽면에 똑같은 브레이크 작용을 가능케 한다.

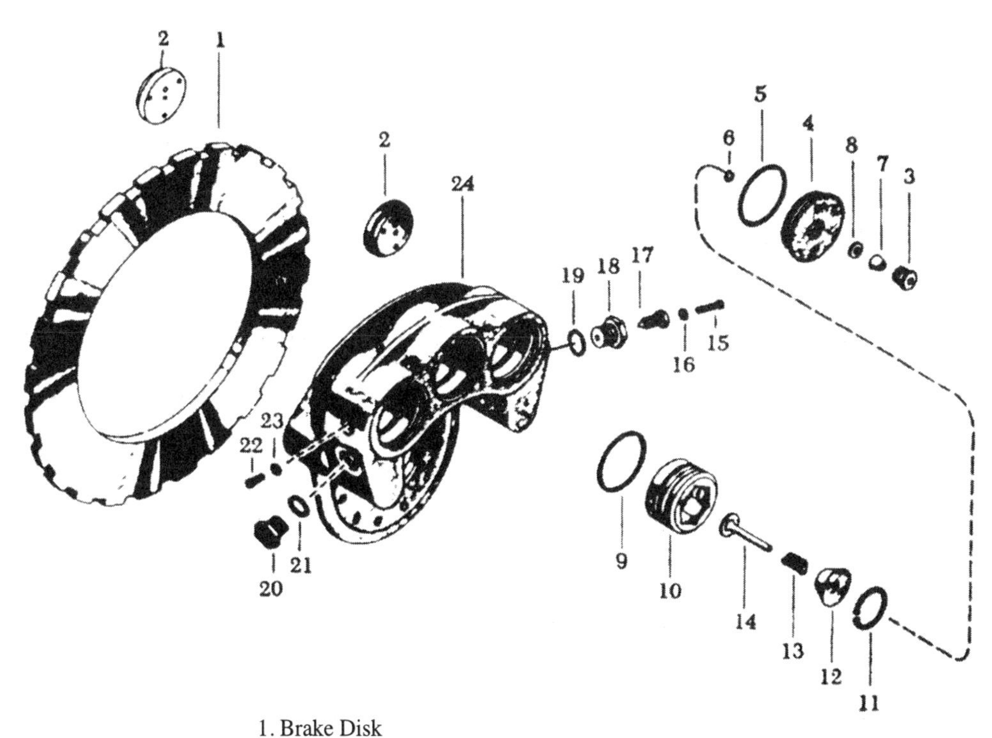

1. Brake Disk
2. Lining Puck
3. Adjusting Pin Nut
4. Cylinder Head
5. O-ring Gasket
6, 9. O-ring Paccking
7. Adjusting Pin Grip
8. Washer
10. Piston Packing
11. Internal Retainer Ring
12. Spring Guide
13. Brake Return Spring
14. Adjusting Pin
15. Bleeder Screw
16. Washer
17. Bleeder Valve
18. Bleeder Adapter
19. Gasket
20. Fluid Inlet Bushing
21. Gasket
22. Screw
23. Washer
24. Brake Housing

그림 4-34 싱글 디스크 브레이크 어셈블리의 분해 그림

브레이크 압력이 풀리면 리턴 스프링이 피스톤을 뒤로 밀어서 라이닝과 디스크 사이에 정해진 간격을 유지시킨다. 브레이크의 자체 조절(Self- Adjusting) 특징은 라이닝의 마모에 관계 없이 원하는 라이닝과 디스크의 간격을 유지한다.

브레이크가 가해지면 유압은 각 피스톤을 움직이고 각각의 라이닝이 디스크에 밀착된다. 동시에 피스톤은 스프링 가이드(Spring Guide)를 통해서 조절핀(Adjusting Pin)을 밀고 조절핀 그립(Grip)의 마찰보다 세게 핀 안쪽을 움직인다. 압력이 풀리면 리턴 스프링(Return Spring)의 힘이 피스톤을 브레이크 디스크에서부터 떨어뜨리지만, 조절핀을 움직일 만큼 세지는 않고 이 핀은 핀 그립의 마찰에 의해 고정된다.

피스톤은 디스크에 멀리 떨어져 조절핀의 헤드(Head)에 의해 정지될 때까지 뒤로 빠진다. 이것은 마모의 크기에 관계 없고 피스톤의 똑같은 거리가 브레이크 작동에 필요하다. 싱글 디스크 브레이크의 정비는 브리딩(Bleeding), 작동 검사, 라이닝 마모 검사, 디스크 마모 검사, 마모된 라이닝과 디스크의 교환 등이 포함된다.

싱글 디스크 브레이크(Single Disk Brake)의 브리딩(Bleeding)은 브레이크 하우징에 있는 브리더 밸브(Bleeder Valve)를 통해서 이루어진다. 브리딩을 할 때는 항상 제작사의 지시를 따른다. 작동 검사는 택싱(Taxing)중에 한다.

각 메인 랜딩기어 휠의 브레이크 작동은 똑같아야 하고 같은 페달 압력(Pedal Pressure) 적용하에서 소프트(Soft)나 스폰지(Spongy) 작동이 없어야 한다. 페달 압력이 풀리면 브레이크는 어떤 저항(Drag)의 징후 없이 풀려야 한다.

2) 듀얼 디스크 브레이크(Dual-Disk Brake)

듀얼 디스크 브레이크는 항공기에 더 많은 제동(Braking) 마찰이 필요할 때 사용한다. 듀얼 디스크 브레이크는 싱글 디스크 형과 거의 비슷하지만, 다른 점은 두 개의 회전 디스크(Rotating Disk)가 있다는 점이다.

3) 멀티플 디스크 브레이크(Multiple-Disk Brake)

멀티플 디스크 브레이크(Multiple-Disk Brake)는 강력한 브레이크로서 파워 브레이크 콘트롤 밸브(Power Brake Control Valve)나 파워 부스트 마스터 실린더(Power Boost Master Cylinder)에 사용하도록 설계되었다.

그림 4-35는 완전한 멀티플 디스크 브레이크(Multiple-Disk Brake)이다. 브레이크는 베어링 캐리어(Bearing Carrier), 4개의 회전 디스크(Rotating Disk), 3개의 고정 디스크(Stationary

Disk), 순환 액츄에이팅 실린더(Circular Actuating Cylinder), 자동 조절기(Automatic Adjuster) 기타 구성품으로 구성된다.

조절된 유압이 자동 조절기(Automatic Adjuster)를 통해서 베어링 캐리어의 챔버(Chamber)로 공급된다.

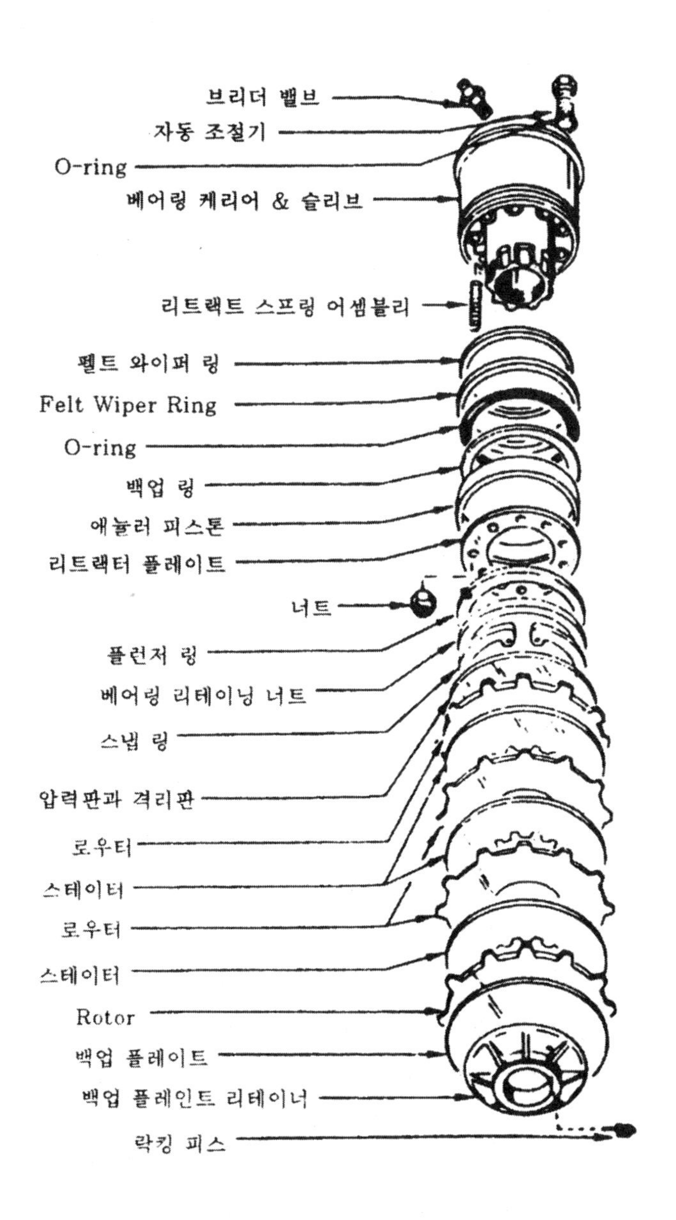

그림 4-35 멀티플 디스크 브레이크

베어링 캐리어는 쇽 스트러트(Shock Strut) 축 플랜지에 볼트로 연결되어 애뉼러 액츄에이팅(Annular Actuating) 피스톤을 위한 하우징으로 사용된다. 유압은 애뉼러 피스톤을 바깥쪽으로 밀어서 회전 디스크를 압축하고 이 디스크는 랜딩 휠에 키(Key)로 연결되며 고정 디스크를 압축하는데 이 디스크는 베어링 캐리어(Carrier)에 키로 연결된다. 이렇게 생긴 마찰은 휠과 타이어 어셈블리에 브레이크 작동을 한다.

유압이 풀리면 리트랙팅(Retracting) 스프링이 액츄에이팅 피스톤을 베어링 캐리어에 있는 하우징 챔버로 리트랙트(Retract)하도록 힘을 가한다. 챔버 안의 유압유가 리트랙트되는 애뉼러 액츄에이팅 피스톤에 의해서 밀려나고 자동 조절기(Automatic Adjuster)를 통해서 리턴 라인(Return Line)으로 간다.

자동 조절기(Automatic Adjuster)는 브레이크에 정해진 양의 작동유를 가두어 두는데, 이 양은 회전 디스크와 고정 디스크 사이에 정확한 간격을 유지하기에 충분한 양이다. 멀티플 디스크 브레이크의 정비는 브리딩(Bleeding), 디스크의 마모 점검, 디스크 교환, 작동 검사 등이다.

브리더 밸브(Bleeder Valve)가 있어서 브레이크가 어느 위치에 있든지 브리드(Bleed)가 가능하다. 브리딩은 항공기 제작사의 지시를 따른다.

4) 세그먼트 로우터 브레이크(Segment Rotor Brake)

세그먼트 로우터 브레이크(Rotor Brake)는 강력한 브레이크로서 특히 고압력 유압 계통에 사용한다. 이 브레이크는 파워 브레이크 콘트롤 밸브(Power Brake Control Valve)나 파워 부스트 마스터 실린더를 사용한다.

제동(Braking)은 몇 개의 고정된 높은 마찰 형식(High-Friction Type) 브레이크 라이닝(Brake Lining)과 회전 세그먼트(Rotating Segment)의 세미트로 이루어진다. 세그먼트 로우터 브레이크(Segmented Rotor Brake)는 멀티플 디스크 형태와 비슷하다.

브레이크 어셈블리는 캐리어(Carrier), 2개의 피스톤, 피스톤 컵 시일(Piston Cup Seal), 압력판(Pressure Plate), 보조 스테이터 플레이트(Auxilliary Stator Plate), 로우터 부분(Rotor Segment), 스테이터 플레이트(Stator Plate), 보상 심(Compensating Shim), 자동 조절기(Automatic Adjuster), 브레이크 판(Braking Plate) 등으로 구성된다. 캐리어 어셈블리(Carrier Assembly)는 브레이크의 기본 장치이며 랜딩기어 쇽 스트러트 플랜지에 장착된다. 두 개의 그루브(Groove)나 실린더가 캐리어에 기계 가공되어 있어 피스톤 컵과 피스톤을 받는다.

유압유는 라인을 통해서 이 실린더로 들어가는데, 이 라인은 캐리어의 바깥쪽 부분에 장착된다. 자동조절기가 캐리어의 앞면에 위치한 구멍에 장착되어 브레이크가 "OFF" 위치에서 고정된 거리를 유지시켜서 라이닝 마모를 보상한다. 각 자동 조절기는 조절기 핀과 조절기 클램프, 리턴 스프링, 슬리브(Sleeve), 너트, 그리고 클램프 홀딩(Clamp Holding) 어셈블리로 구성된다.

압력판은 납짝하고 원추형으로 비회전판이며, 안쪽에 노치(Notch)가 있어서 스테이터 드라이브 슬리브(Stator Drive Sleeve) 위에 끼워진다. 압력판 다음에 있는 보조 스테이터 플레이트 또한 비회전판이며 내경에 노치가 있다.

브레이크 라이닝은 보조 스테이터 플레이트의 한쪽에 리벳으로 고정된다. 어셈블리의 다음 장치가 몇 개의 로운터 부분이다. 각 로우터 플레이트는 바깥 원추상에 노치가 있어서 랜딩기어 휠에 키(Key)을 연결을 할 수 있게 하고 휠과 함께 회전한다. 로우터 사이에 끼워지는 것이 스테이터 플레이트(Stator Plate)이다.

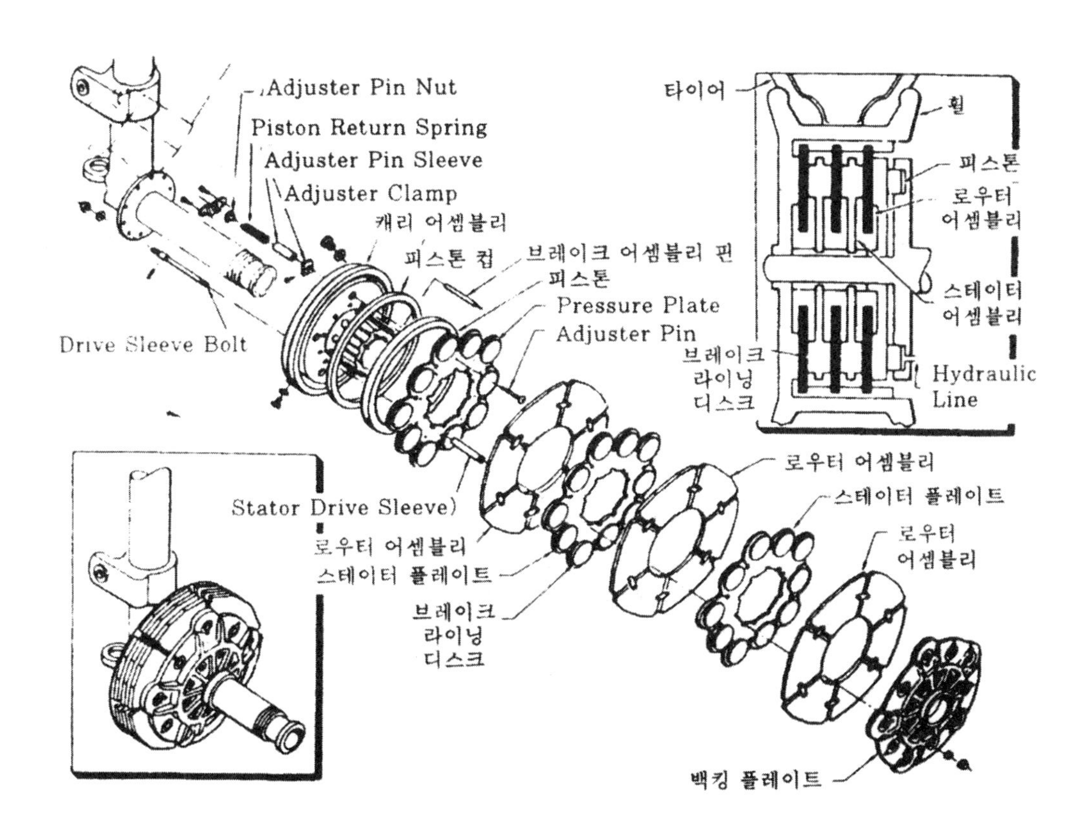

그림 4-36 세그먼트 로우터 브레이크 어셈블리

스테이터 플레이트는 비 회전 판이고 브레이크 라이닝이 양쪽에 리벳트되어 있다. 라이닝은 멀티플 블록(Multiple Block)을 형성하고 분리되어 있어서 열의 발산을 돕는다.

마지막 로우터 부분 다음이 보상 심(Compensating Shim)이다. 보상심은 브레이크 라이닝이 모두 마모될 때까지 사용할 수 있게 한다. 심이 없으면 라이닝의 1/2 밖에 사용할 수 없는데 피스톤의 움직임이 제한되어 있기 때문이다. 대략 1/2의 브레이크 라이닝을 사용한 후에 심은 제거된다. 조절 클램프가 자동조절핀 위에서 재위치되어 피스톤 움직임을 가능하게 하여 나머지 라이닝을 사용할 수 있게 한다.

백킹 플레이트(Backing Plate)가 어셈블리의 마지막 부품으로 비회전판이고 브레이크 라이닝의 한쪽에 리벳으로 고정된다. 백킹 플레이트는 브레이크 작동에 의한 엄청난 유압의 힘을 받는다.

브레이크 조절 장치(Brake Control Unit)에서 풀어지는 유압이 브레이크 실린더로 들어가고 피스톤 컵과 피스톤에 작용해서 캐리어로부터 바깥쪽으로 가게 한다. 피스톤이 압력판(Pressure Plate)에 가하는 힘은 다시 보조 스테이터를 밀어낸다. 보조 스테이트는 첫 번째 로우터 세그먼트를 접촉하고 다시 첫 번째 스테이터 플레이트를 접촉한다. 횡방향(Lateral)의 움직임은 계속되어 모든 브레이크 표면이 접촉된다.

보조 스테이터 플레이트, 스테이터 플레이트, 백킹 플레이트(Backing Plate)는 스테이트

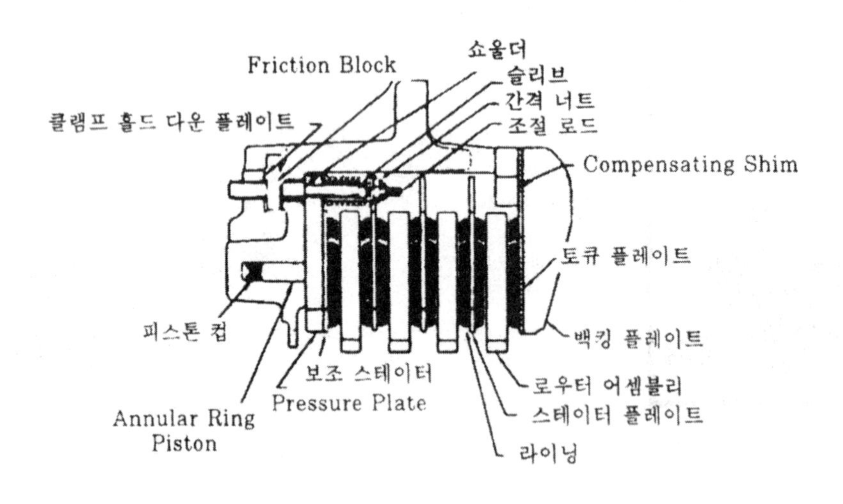

그림 4-37 세그먼트 로우터 브레이크의 단면

드라이브 슬리브(Stator Drive Sleeve)에 의해 회전이 금지된다.

비회전 라이닝은 모두 로우터와 접촉해서 휠을 정지시키기에 충분한 마찰을 만들어내고 이 휠에 로우터가 키로 연결된다. 자동 조절기의 기능은 조절핀과 조절 클램프 사이의 정확한 마찰에 좌우된다.

브레이크 런닝(Brake Running) 간격의 조절은 브레이크가 조립되었을 때 조절 와셔와 조절기의 끝 사이에서 얻어지는 거리에 의해 조절된다. 브레이크가 가해지는 동안, 압력판은 로우터 쪽으로 움직인다. 와셔는 압력판과 함께 움직이고 스프링이 압축되게 한다.

피스톤의 움직임이 커지고 압력판이 더 멀리 움직이면서 라이닝은 로우터 세그먼트와 접촉하게 된다.

라이닝이 마모되면서 압력판은 계속 움직이고 마침내 조절와셔를 통해서 조절기 슬리브와 직접 만난다. 더 이상의 힘이 스프링에 가해지지 않는다. 라이닝 마모에 의해서 생긴 압력판의 추가의 움직임은 조절핀이 조절 클램프를 통해서 미끄러지게 한다.

브레이크 유압이 풀리면 리턴 스프링(Return Spring)은 압력판을 밀어서 조절핀의 쇼울더(Shoulder)의 밑에 압력판(Pressure Plate)이 올 때까지 밀어낸다.

이 사이클(Cycle)이 브레이크에 가해지고 풀리는 동안에 반복되고 조절핀은 조절 클램프를 통해 앞으로 나가는데, 이것은 라이닝 마모 때문이지만 작동 간격은 일정하게 남는다.

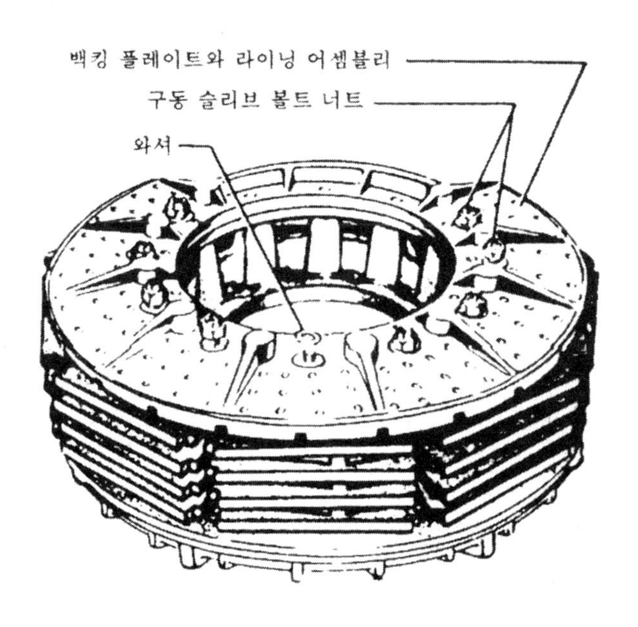

그림 4-38 백킹 브레이크(Backing Brake)의 장착

5) 팽창 튜브 브레이크(Expander Tube Brake)

그림 4-39는 팽창 튜브로써 저압력 브레이크이며, 360° 의 제동 표면을 갖고 있다. 무게가 가볍고 움직이는 부품이 적어서 대형 항공기 뿐만 아니라 소형 항공기에도 사용한다. 그림 4-40은 펼쳐진 상태의 팽창 튜브 브레이크이다.

브레이크의 주요 부품은 프레임(Frame), 팽창 튜브(Expander Tube), 브레이크 블록(Brake Block), 리턴 스프링(Retrun Spring), 간격 조절기(Clearance Adjuster) 등이다.

브레이크 프레임은 기본 부품이며, 이 주변에 팽창 튜브 브레이크가 장착된다. 프레임의 주요 부품은 주물로써 랜딩기어 속 스트러트의 토큐 플랜지(Torque Flange)에 볼트로 연결된다.

바깥 원 주위에 그루브(Groove)가 형성되어 브레이크의 움직이는 부품이 끼워진다.

팽창 튜브는 네오프렌(Neoprene)에 패브릭(Fabric)을 보강한 것으로 금속 노즐이 있어서 이곳으로 작동유가 들어가고 튜브를 떠난다. 브레이크 블럭은 특수한 브레이크 라이닝 재질로 만들어지고 실제의 제동 표면은 금속의 백킹 플레이트(Backing Plate)에 의해 강화된다.

브레이크 블록은 프레임 주변에 자리잡고 있어서 토큐 바(Torque Bar)에 의해 원주 방향으로 움직이는 것을 막는다. 브레이크 리턴 스프링은 반 타원형(Semi-Elliptrical)이나 반달 모양이다. 하나는 브레이크 블록에 분리되는 곳에 각각 끼워진다.

리턴 스프링은 끝은 토큐 바를 누르면서 바깥쪽으로 밀고 굽혀진 중심 부분은 안쪽으로 밀고 브레이크가 풀리면 브레이크 블록을 풀어준다. 가압 상태의 유압유가 팽창 튜브로 들어가서 튜브가 팽창한다.

프레임(Frame)이 튜브 안쪽으로 팽창해서 측면으로 팽창하는 것을 막기 때문에 모든 움직임은 바깥쪽이다. 이 힘은 브레이크 블록이 브레이크 드럼(Brake Drum)을 밀어서 마찰을 만들어낸다.

튜브 쉴드(Tube Shield)는 팽창 튜브가 블록 사이에서 빠져나가는 것을 막고 토큐 바는 블록이 드럼과 함께 회전되는 것을 막는다. 브레이크에 의해 만들어지는 마찰은 직접 브레이크 라인 압력과 비례한다.

간격 조절기는 네오플렌 다이아프렘(Neopren Diaphragm)의 뒤에서 작용하는 스프링 힘으로 작동하는 피스톤으로 구성된다. 통로(Passage)에서 스프링 장력이 작동유 압력보다 클 때는 간격 조절기가 매니폴드 입구쪽에서 작동 유로를 막는다.

스프링의 장력은 조절 스크류의 조절에 따라 크거나 작아진다. 팽창 튜브 브레이크의 일

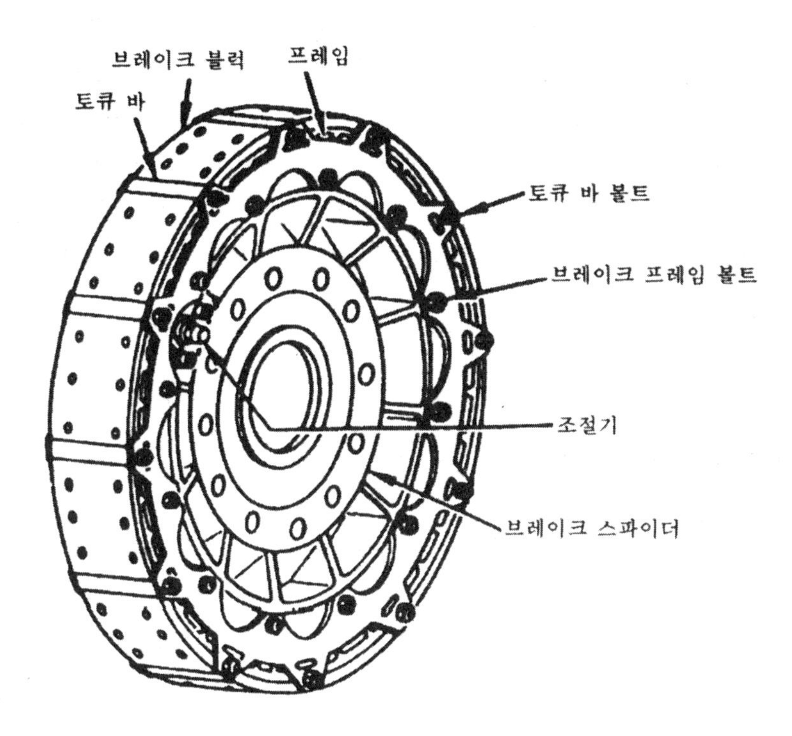

그림 4-39 팽창 튜브 브레이크(Expander Tube Brake)

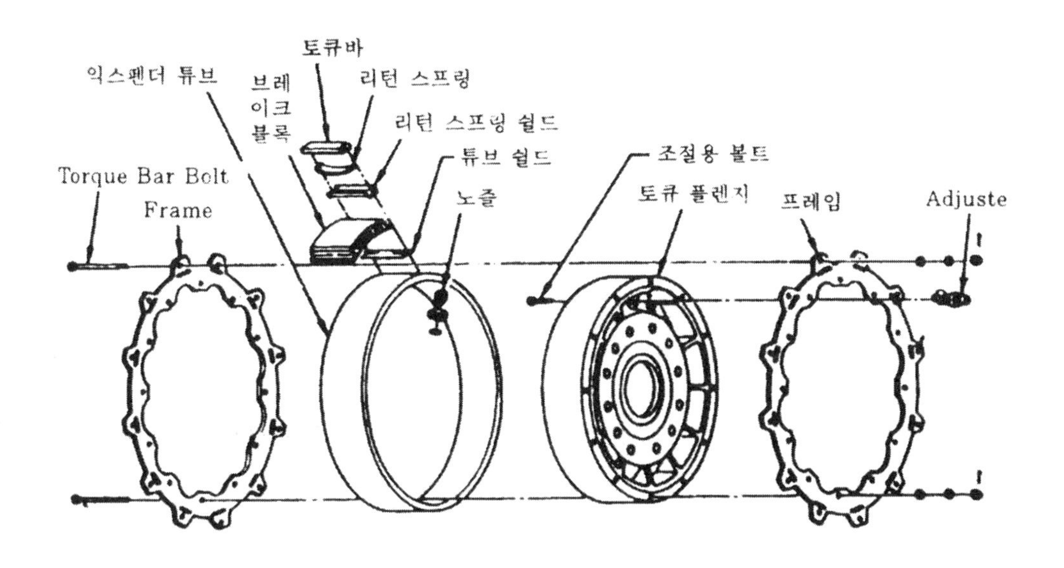

그림 4-40 팽망 튜브 브레이크의 분해도

부 구형 모델은 간격 조절기가 없다. 브레이크와 조절기가 있기 때문에 브레이크 블록과 드럼사이의 간격은 최소 0.002~0.015in로 하는데 정확한 설정은 항공기에 의해 좌우된다.

같은 항공기의 브레이크는 같은 간격으로 정하며, 간격을 줄이기 위해서 조절기 노브(Adjuster Knob)를 시계 방향으로 돌리고 간격을 크게 하기 위해서 반시계 방향으로 돌린다.

여기서 꼭 기억할 것은 조절기 노브 하나만 조절해서는 간격이 변하지 않는다. 조절기 노브의 매번 설정시에 브레이크를 가했다 풀었다 반복해서 브레이크에 압력을 바뀌게 하고 브레이크 간격은 변하게 한다.

4-8. 브레이크 계통 검사와 정비

브레이크 계통의 적절한 기능이 가장 중요하다. 검사를 자주 하고 필요한 정비 역시 주의깊게 한다. 누유 검사를 할 때는 계통이 작동 압력 상태인지 확인을 한다. 그렇지만 느슨하게 풀린 피팅(Fitting)을 조일 때는 압력이 없는 상태에서 행한다. 연성 호스(Flexible Hose)를 주의깊게 점검해서 부푼 곳이나(Welling), 균열(Crack), 기타 변형된 곳이 있는지 검사한다.

항상 적정 수준의 작동유를 유지해서 브레이크 고장이 생기거나 공기가 계통으로 들어오지 않게 한다.

계통에 공기가 있는 것은 브레이크 페달(Pedal)의 스폰지 작용(Spongy Action)으로 나타난다. 만약 공기가 계통내에 있으면 계통을 브리딩(Bleeding : 공기 빼기 작업) 해서 제거한다.

브레이크 계통의 브리딩에는 중력식(Top Downward : Gravity Method)과 압력식(Bottom Upward ; Pressure Method)의 두가지 방법이 일반적으로 사용된다.

1) 중력식(Gravity Method)

중력식에서 공기는 브레이크 어셈블리에 있는 브리더 밸브(Bleeder Valve)를 통해서 브레이크 계통으로부터 빼낸다.

브리드 호스(Bleed Hose)가 브리더 밸브에 장착되고 호스의 한쪽 끝은 용기에 넣는다.

브레이크를 작동하여 계통에서 공기가 섞인 작용유를 빼낸다. 만약 브레이크 계통이 메인 유압 계통(Main Hydraulic System)의 한 부분이면 휴대용 유압 테스트 스탠드(Portable Hydraulic Test Stand)를 사용하여 압력을 공급한다.

만약 계통이 독립적인 마스터 실린더 계통(Master Cylinder System)이면 마스터 실린더를

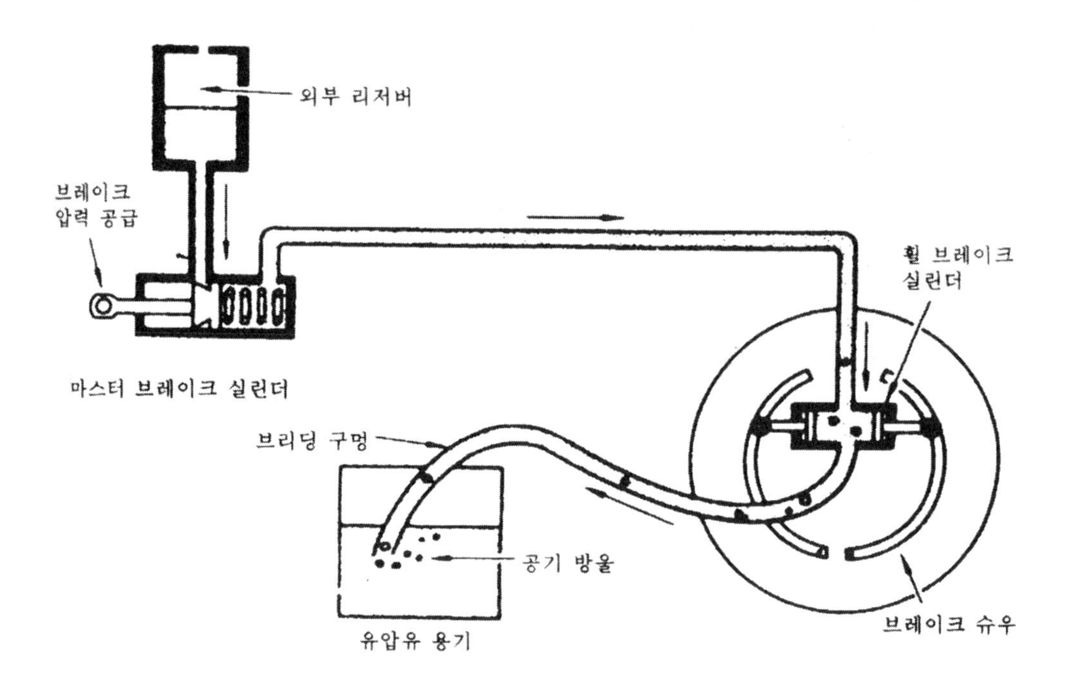

그림 4-41 중력식 브레이크 브리딩 방법

통해서 필요한 압력을 공급한다. 어느 경우든지 매번 브레이크 페달이 풀리면 브리더 밸브를 닫거나 브리더 호스를 막아서 공기가 거꾸로 계통 안으로 들어가지 못하게 한다.

브리딩(Bleeding)은 브리더 호스를 통해서 기포가 나오지 않을 때까지 계속한다.

2) 압력식(Pressure Method)

압력식에서 공기는 브레이크 계통 리저버(Resservoir)나 다른 준비된 곳을 통해서 빠져 나가게 한다.

일부 항공기는 브리더 밸브가 브레이크 라인 위쪽에 있다. 이 방법의 브리딩은 브리드 탱크(Bleed Tank)를 사용해서 압력을 가한다. 브리드 탱크는 휴대용 탱크로써 압력 상태의 유압유를 갖고 있다.

브리드 탱크는 에어 밸브(Air Valve)가 있고 공기 압력 게이지(Air Pressure Gauge)와 연결 호스(Connector Hose)가 있다. 연결 호스는 브레이크 어셈블리에 있는 브리더 밸브에 장착

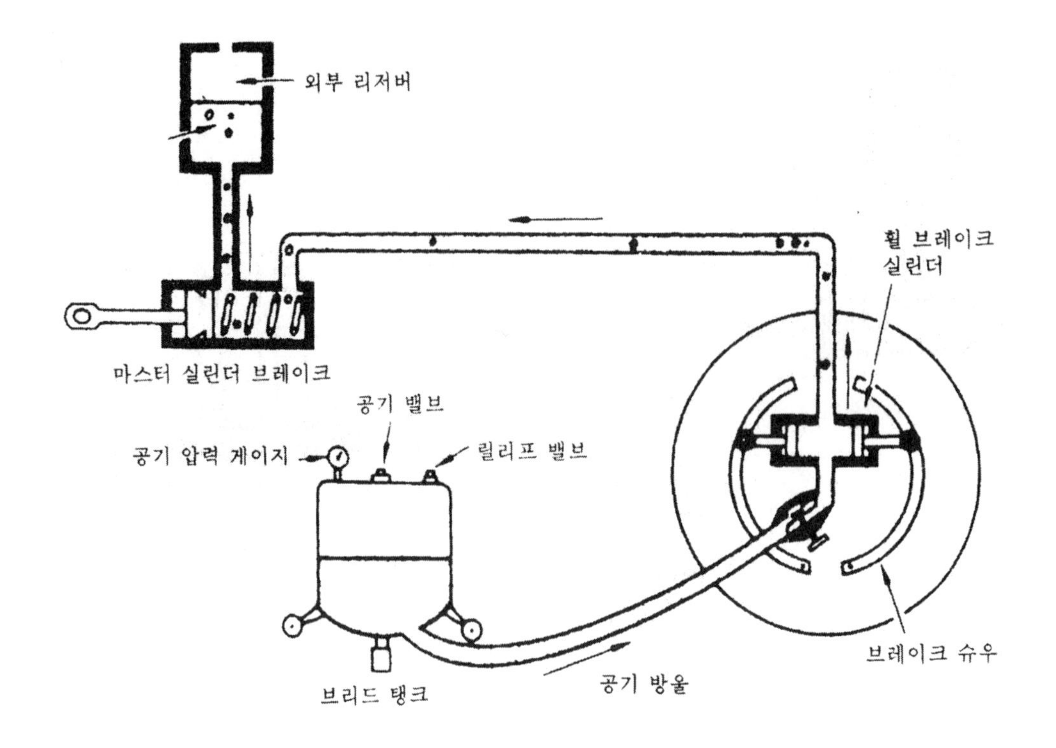

그림 4-42 압력식 브레이크 브리딩 방법

되며 차단 밸브(Shutoff Valve)가 있다.

이 방법의 브리딩은 항공기 제작사의 지시를 철저히 따라야 하며 브리딩 작업 중에는 다음과 같은 사항을 따른다.

① 사용하는 브리딩 장비가 깨끗하고 인가된 종류의 유압유가 채워져 있는지 확인한다.

② 전체 작업중에 작동유를 공급할 수 있도록 유지한다. 작동유 공급이 부족하면 계통으로 공기가 들어간다.

③ 브리딩은 기포가 보이지 않을 때까지 계속하여 확실한 브레이크 페달 압력을 얻도록 한다.

④ 브리딩 작업이 끝난 후에 리저버 작동유 레벨(Reservoir Fluid Level)을 점검한다. 브레이크 압력을 가압한 상태에서 전체 계통의 누출 (Leak) 여부를 점검한다.

4-9. 항공기 랜딩 휠

항공기 랜딩 휠(Landing Wheel)은 타이어의 장착을 제공하고 착륙시 충격을 흡수하며 지상에서 항공기를 지지하여 택싱(Taxing), 이륙(Take Off), 착륙(Landing) 중에 조종을 돕는다.

휠은 흔히 알루미늄이나 마그네슘으로 만든다. 이 두가지 재질은 강하고 가벼우며 정비가 거의 필요치 않다.

그림 4-43은 대형 항공기의 휠이고 그림 4-44는 소형 항공기의 휠이다. 그림 4-45는 가능한 플랜지 타입이고 그림 4-46은 드롭 중앙 고정식 플랜지(Drop Center Fixed Flange)이다. 항공기에는 대부분 분리형 휠(Split Wheel)을 사용한다.

1) 분리형 휠(Split Wheel)

그림 4-43은 분리형 휠이고 해당되는 부품 목록이다.

① 메인 랜딩기어 휠은 튜브리스(Tubeless)이고 알루미늄 단조로 만들어진 분리형 타입 어셈블리(Split-Type Assembly)이다.

② 안쪽과 바깥쪽의 반쪽 어셈블리는 18개의 타이 볼트(Tie Bolt : 11)와 너트 (9)에 의해서 조여진다. 튜브리스 타이어 밸브 어셈블리(Tubeless Tire Valve Assembly)가 내부 휠 반쪽(18)의 웨브(Web)에 장착되고 밸브 스템(Valve Stem : 7)이 바깥쪽 휠 반쪽 (30)에 있는 벤트 홀(Vent Hole)을 통하여 빠져 나오고, 이것은 튜브리스 타이어를 부풀리는데 사용한다. 휠 반쪽의 접촉면을 통해서 튜브리스 타이어로부터 공기의 누출은 안쪽 휠 반쪽의 표면에 붙어 있는 고무 패킹(Packing :14)에 의해 막아진다. 안쪽 휠 반쪽의 내부 표면에 장착된 패킹 (13)은 먼지나 습기로부터 휠의 허브(Hub) 부분을 기밀(Sealing)한다.

③ 리테이닝 링(Retaining Ring : 2)이 내부 휠 반쪽의 허브(Hub)에 장착되고 휠이 축(Axle)에서 제거될 때 시일(Seal : 3)과 콘 형태의 베어링(Bearing Cone : 4)을 제자리에 고정시킨다. 시일은 베어링 윤활제를 유지시키고 먼지나 습기를 막는다. 휠 반쪽 허브에 있는 테이퍼 로울러 베어링(Taper roller Bearing : 1, 4, 29, 47)은 축에서 휠을 지지한다.

④ 내부 휠 반쪽 (48)에 있는 보스(Boss)에 인서트(Insert : 45)가 장착되고 브레이크 디스크에 드리이브 슬롯(Drive Slot)에 끼워져 휠이 회전하면서 디스크를 회전시킨다. 히트

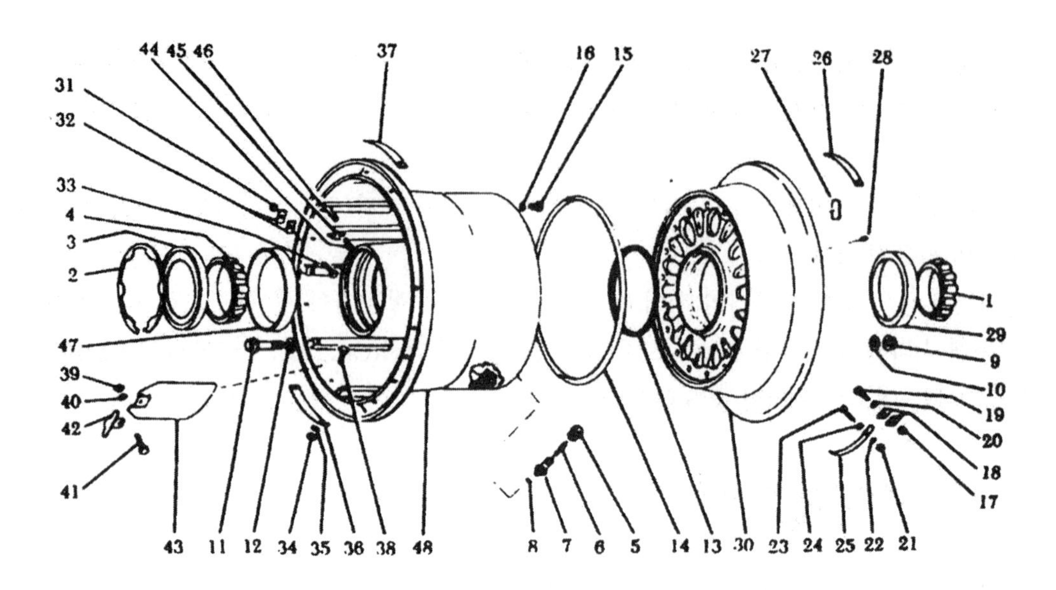

Wheel Landing Gear, 49 × 17 Tubeless. Main

1. Cone Bearing
2. Ring, Retaining
3. Seal
4. Cone Bearing
   Valve Assy. Tubeless Tire
5. Cap. Valve
6. Valve Inside
7. Stem. Valve
8. Grommet.Rubber(Tire & Rim Assoc)
9. Nut
10. Washer
11. Bolt
12. Washer
13. Packing. Preformed
14. Packing. Preformed
15. Plug.Machine Thd, Thermal
   Pressure Relief. Assy of
16. Packing. Preformed
17. Nut
18. Weight Wheel Balance. 1/4 oz
19. Bolt. Machine
20. Washer Flat
21. Nut
22. Washer. Flat
23. Bolt. Machine
24. Washer. Flat
25. Identification Plate
26. Instruction Plate
27. Plate. Identification
28. Insert. Heli-Coil
29. Cup. Bearing
30. Wheel Half. Outer
   Wheel Half. Assy. Inner
31. Nut
32. Weight Wheel Balance 1/4 oz
33. Bolt Machine
34. Nut
35. Washer. Flat
36. Identification Plate
37. Instruction Plate
38. Bolt. Machine
39. Nut
40. Washer. Flat
41. Bolt. Machine
42. Bracket
43. Shield. Heat
44. Screw
45. Insert
46. Insert. Heli-Coil
47. Cup. Bearing
48. Wheel Half. Inner

그림 4-43 대형 항공기의 분리형 휠(보잉 727)

쉴드(Heat Shield : 43)는 인서트 사이와 밑에 장착되고 휠, 타이어, 브레이크에 의해서 발생되는 과도한 열을 막는다. 두 개의 얼라인먼트 브라켓(Alignment Bracket : 42)은 160° 떨어져 있고 히트 쉴드(Heat Shield)과 함께 휠 반쪽에 장착된다. 브라켓은 휠 장착 기간중 브레이크 디스크의 잘못된 정렬을 막는다.

⑤ 3개의 서멀 릴리프 플러그(Thermal Relief Plug ; 15)는 안쪽 휠 반쪽의 웨브에 장착되는데, 이 위치는 접촉 표면의 바로 아래이고 과도한 브레이크 열이 타이어 속의 공기 압력을 팽창시켜서 터지는 것을 막는다. 서멀 릴리프 플러그의 내부 코어(Core)는 가용성 금속으로 제작되고 미리 정해진 온도에서 녹아서 타이어에서 공기를 빼낸다. 패킹 (16)이 각 서멀 플러그의 헤드 밑에 장착되어 타이어의 공기가 빠지는 것을 막는다.

그림 4-44는 분리형 휠(Split Wheel)로 경항공기에 사용된다.

① 메인 휠은 튜브리스 분리형 타입 어셈블리로써 단조 알루미늄으로 제작된다.

② 내부 (24)와 외부 (16) 휠 반쪽 어셈블리는 8개의 타이 볼트 (11)와 너트 (9)로 조여진다. 튜브리스 타이어 밸브 어셈블리가 바깥쪽 휠 반쪽 (16)에 장착되고, 6050-8 튜브리스 타이어를 이 휠에 사용한다. 휠 반쪽 접촉 표면을 통한 튜브리스 타이어의 공기 누출은 바깥 휠 반쪽의 접촉 표면에 장착되는 고무 패팅 (12)에 의해 막아진다.

③ 시일 (1)은 베이링 (2)의 그리스를 유지시키고 베어링은 안쪽 휠 반쪽과 바깥쪽 휠 반쪽 (15) 베어링 컵(Bearing Cup : 23)에 장착된다. 테이퍼 베어링 (2)이 휠 반 쪽에 베어링 컵에 장착되어 축에서 휠을 지지한다.

④ 토큐 키(Torque Key : 19)가 휠의 내부 림(Rim)의 잘린 부분에 장착되어 브레이크 디스크에 있는 드라이브 탭(Drive Tab)에 끼워지고 휠이 돌면서 디스크를 회전시킨다.

2) 장찰 가능한 플랜지 휠(Removable Flange Wheel)

그림 4-44는 드롭 센터(Drop Center)와 평면형 장탈 가능한 플랜지 휠(Flat Base Removable Flange Wheel)로써 원피스 플랜지(One-Piece Flange)가 리테이너 스냅 링(Retainer Snop Ring)에 의해 제자리에 잡혀 있다. 장탈 가능한 플랜지 타입의 휠은 저압력 케이싱(Low Pressure Casing)에 사용하고 드롭 센터(Drop Center)나 플랫 베이스(Flate Base)를 갖고 있다.

플랫 베이스 림은 하나로 된 장탈 가능한 플랜지를 제자리에 잡고 있는 리테이닝 락크 링(Retaining Lock Ring)을 제거해서 타이어에서 쉽게 제거할 수 있다. 일반적 타입의 브레이크 드럼(Brake Drum)이 휠의 양쪽에 장착되서 이중 브레이크 어셈블리를 제공한다.

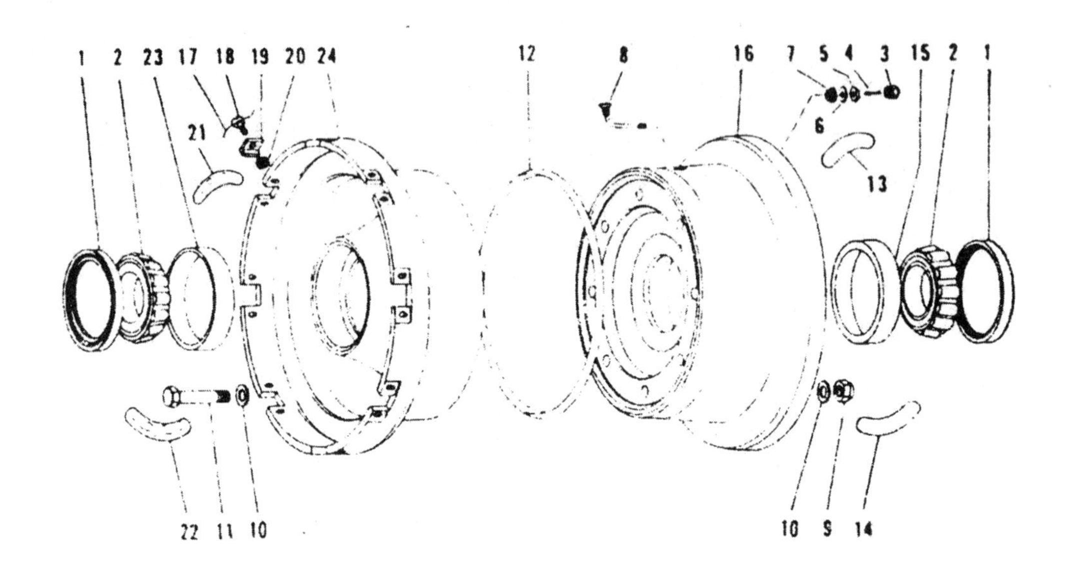

1. Wheel Assembly(With Valve Assy)
2. Seal Assy
   Cone. Bearing
   Valve Assy Tubeless Tire
3. Cap. Valve
4. Code. Valve
5. Nut
6. Spacer
7. Grommet
8. Stem. Valve
9. Nut
10. Washer
11. Bolt
12. Packing
13. Wheel Half Assy Outer
14. Plate. Identification
15. Plate. Instruction
16. Cup. Bearing
    Wheel Half Assy. Inner
17. Wire. Lock
18. Screw
19. Key. Torque
20. Insert. Heli-coil
21. Plate. Indentification
22. Plate. Instruction
23. Cup. Bearing
24. Wheel-Half. Inner

그림 4-44 소형 항공기의 분리형 휠

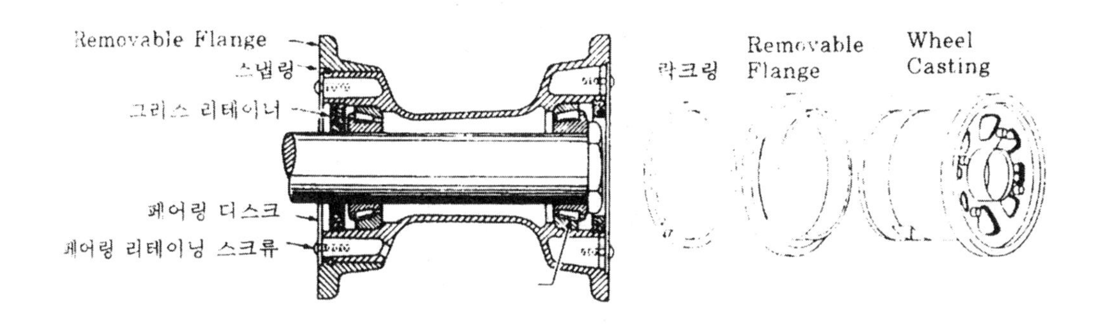

그림 4-45 장탈 가능한 플랜지 휠

브레이크 드럼 라이너(Brake Drum Liner)는 안쪽에 락크 너트(Lock Nut)가 있는 캐스팅(Casting)을 통해서 강 볼트(Steel Bolt)로 제자리에 잡혀 있다. 이것은 휠의 스포크(Spoke)를 통해서 쉽게 조일 수 있다. 베어링 레이크(Bearing Race)는 휠 캐스팅(Wheel Casting)의 허브에 억지 끼워 맞춤(Shrink Fit)으로 끼워지고 베어링 장착면을 제공한다. 베어링은 테이퍼 로울러 타입이다.

각 베어링은 콘(Cone)과 로울러(Roller)로 되어 있다. 베어링은 제작사의 지시에 따라 깨끗이 하고 그리스(Grease)를 바른다.

3) 고정 플랜지 휠(Fixed Flange Wheel)

그림 4-46은 드롭 센터 고정 플랜지 항공기 휠로써 고압 타이어가 필요한 군용 항공기에 사용되며, 바깥쪽 레디얼 리브(Radial Rib)는 바깥쪽 비드 시트(Bead Seat)에서 림을 지지한다.

스트림 라인(Streamline) 타이어를 사용하는 휠과 매끈한 모양의 타이어를 사용하는 휠과의 기본적인 차이점은 후자의 플랜지가 넓다는 것이다.

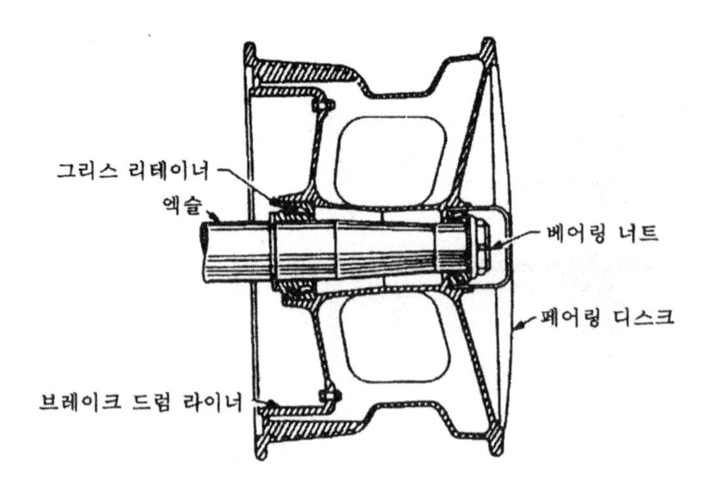

그림 4-46 Fixed Flange Drop Center Wheel

4-10. 항공기 타이어

항공기 타이어는 튜브리스(Tubeless) 또는 튜브형이고 착륙이나 이륙시의 충격을 흡수하기 위해 공기 쿠션(Air Cushion)을 가진다.

타이어는 지상에서 항공기의 하중을 지지하고 착륙 제동(Braking) 및 정지(Stopping)를 위해 필요한 마찰 작용을 한다. 그러므로 항공기 타이어는 가혹한 상황에 대비하기 위해 주의깊게 정비를 수행해야 한다. 즉 넓은 범위의 운용 조건에 따른 정응력(Static Stress) 및 동응력(Dynamic Stress)의 변화를 감수해야 하기 때문이다.

A. 타이어 구조

항공기 타이어를 분해 해보면 대단히 강하고 질기게 만들어졌음을 알 수 있다. 타이어는 빠른 속도와 대단히 무거운 정하중(Static Load) 및 동하중(Dynamic Load)에 견디어야 한다.

예를 들면 4발 제트 항공기의 메인 랜딩기어는 착륙 속도가 250mph까지 견딜수 있어야 하며 22~33Ton에 해당하는 정하중 및 동하중을 견디어야 한다. 전형적인 구조는 그림 4-47에 보여주고 있다.

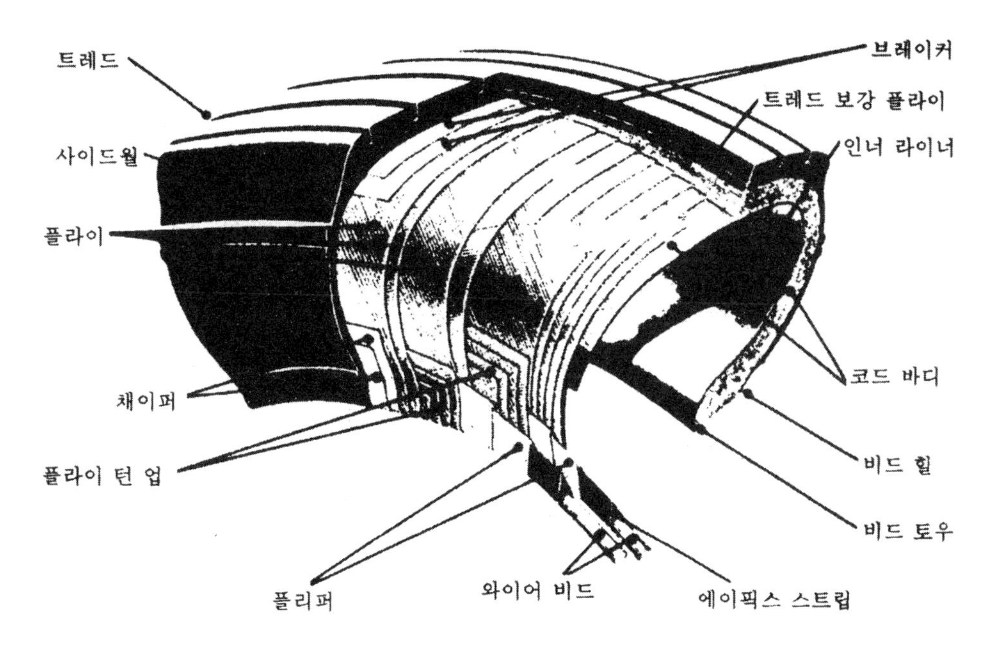

그림 4-47 항공기 타이어 구조

B. 트레드(Tread)

내구성과 강인성을 갖도록 하기 위해 합성 고무 성분으로 만들어져 있으며, 트레드의 형태는 항공기 운용 필요에 따라 정해 진다.

오늘날에는 활주로의 여러 조건하에서 바람직한 마찰을 위해 원주 리브 패턴(Circumferential Ribbed Pattern)이 광범위하게 사용되고 있다.

C. 트레드 보강(Tread Reinforcement)

고속 운용을 위해 여러층의 보강용 나일론 실로 강화되어 있다.

D. 브레이커(Breakers)

항상 사용되는 것은 아니나, 보강용 나일론 코드 패브릭(Nylon Cord Fabric)의 외부층(Extra Layer)이 카커스 플라이(Carcass Ply)와 직선 트레드 부분을 보호하기 위하여 트레드 고무 아래에 위치해 있으며, 카커스(Carcass) 구조의 한 부분으로 생각할 수 있다.

E. 카커스 플라이/코드 바디(Carcass Ply/Cord Body)

고무로 코팅된 나일론 코드 패브릭(Nylon Cord Fabric)의 대각선층(Diagonal Layer)은 타이어 강도를 제공해준다.

타이어 바디(Tire Body)를 완전히 둘러싸고 있는 카커스 플라이(Carcass Plies)들은 와이어 비드(Wire Bead)와 타이어 사이드 월[플라이 턴업(Ply Turnup)]에 의해 원주 방향으로 감겨있다.

F. 비드(Bead)

비드는 고무 사이에 끼어 있는 강 와이어(Steel Wire)로써 패브릭(Fabric)으로 둘러싸여 있다. 또한 카커스를 고정하고 있으며 휠(Wheel)에 장착되는 피막 부분이 된다.

G. 플리퍼(Flipper)

패브릭과 고무 층은 비드 와이어(Bead Wire)로부터 카커스를 둘러싸고 있으며 타이어의 내구성을 증대시킨다.

H. 채이퍼(Chafer)

타이어 장착 또는 장탈중 카커스의 손상을 패브릭 또는 고무층이 보호한다. 채이퍼는 제동열로부터 카커스를 보호하고 동격인 움직임에 대해 시일(Seal) 역할을 한다.

I. 비드 토우(Bead Toe)

타이어 중심선에 가장 가까운 내부 비드의 끝단 부분이다.

J. 비드 힐(Bead Heel)

휠 플랜지(Wheel Flange)에 붙는 외부 비드의 끝 부분이다.

K. 인너 라이너(Inner Liner)

튜브리스 타이어(Tubeless Tire)에서는 비투과성의 고무로 만들어진 내부층(Inner Layer)이 튜브 역할을 하게 되며, 공기가 카커스 플라이(Carcass Ply)를 통해 새는 것을 방지한다. 튜브형에서는 얇은 고무 라이너가 안쪽 플라이의 튜브와 부딪쳐서 벗겨지는 것을 방지한다.

L. 트레드 보강 플라이(Tread Reinforcing Ply)

트레드와 카커스 플라이 사이의 합성고무 쿠션은 내구성과 강인성을 높여주고 트레드 절단(Cutting)과 손상(Bruising)을 방지하는데 도움을 준다.

M. 사이드월(Sidewall)

사이드월은 코드(Cord)가 손상을 받거나 노출되는 것을 방지하기 위해 코드바디의 측면을 일차적으로 덮는 구실을 한다. 사이드월에 의해서 코드바디는 거의 충격을 받지 않는다.

특수한 사이드월 구조인 "Chine Tire"는 활주로상의 물을 측면으로 분산시키기 위해 설계된 노스 휠 타이어(Nose Wheel Tire)로써 후방에 위치한 제트 엔진으로 물이 분사되는 범위를 줄여준다.

N. 에이픽스 스트립(Apex Strip)

에이픽스 스트립은 플라이 튜업(Ply Turnup)을 고정시키기 위한 외형을 유지하기 위해 비드(Bead) 주위에 부가적으로 만든 고무띠이다.

O. 타이어 관리

타이어는 자동차에서와 마찬가지로 항공기의 운용에서도 필요 불가결한 것이다. 지상에서 작동중 타이어는 지상 조종면으로 생각할 수 있다.

고속도로에서와 마찬가지로 활주로에서도 안전운전 및 주의 깊은 검사 규정이 적용된다. 이 규정에는 속도, 제동, 코너링(Cornering)의 조종과 적합한 검사, 절단 또는 트레드 마모 등이 포함된다. 대부분의 사람들이 생각하는 것과는 달리 항공기 타이어의 가장 심각한 문제는 착륙시의 강한 충격이 아니고 지상에서 원거리를 운행하는 동안 급격히 타이어 내부 온도가 상승하는 것이다.

항공기 타이어는 자동차 타이어보다 약 두배 가량 더 잘 구부러지게 설계되어 있다. 이 탄성력으로 인해 내부 응력과 활주로를 활주할 때 마찰을 발생하게 된다. 높은 온도가 발생하며 타이어 바디에 손상을 주게 된다.

항공기 타이어의 과도한 온도 상승을 방지할 수 있는 가장 좋은 방법은 짧은 지상 활주, 느린 택싱(Taxing) 속도, 최소 한도의 제동, 적절한 타이어 인플레이션(Inflation) 등이다. 과도한 제동(Braking)은 트레드 마찰을 증가시키고 급한 코너링(Cornering)은 트레드 마모를 촉진시킨다.

적당한 인플레이션(Inflation)은 적절한 플렉싱(Flexing)을 보장하고 온도 상승을 최소로 하며 타이어 수명을 연장시키고 과도한 트레드 마모를 방지한다.

인플레이션 압력은 항공기 정비교범 또는 타이어 제작사의 정보에 의해 규정된 양으로 항상 유지되어야 한다. 타이어 압력 게이지(Tire Pressure Gaouge)를 사용하여 스폿 첵크(Spot Check)를 하는 것이 인플레이션을 정확히 측정하는 방법이 되나, 트레드의 육안 검사로도 공기 압력이 높은지 낮은지 신속히 알 수 있다.

쇼울더 부분(Shoulder Area)의 과도한 마모는 언더 인플레이션(Under Inflation)을 나타낸다. 타이어 트레드의 중간 부분이 심하게 닳으면 오버 인플레이션(Over Inflation)을 나타낸다.

타이어는 절단(Cut), 손상(Bruise)에 대해서 역시 주의깊게 검사해야 한다. 이러한 손상을 줄일 수 있는 방법은 활주로 표면의 상태가 확실치 않을 경우 속도를 줄이는 것이다.

항공기 타이어는 자동차와 마찬가지로 지면과 잘 맞물려야 하므로 트레드 깊이 역시 중요한 요소이다. 트레드의 홈은 지면의 물이 타이어 사이를 통과할 수 있을 만큼 충분해야 하며 물에 젖은 활주로 위를 미끄러지거나 또는 수막 현상의 위험을 최소한으로 할 수 있어야 한다.

타이어 트레드는 육안으로 또는 제작사의 규격에 따라 승인된 깊이 게이지(Depth Gauge)로 검사해야 한다. 또 다른 검사의 목적은 타이어 위에 개솔린 또는 오일이 묻었는가를 검사하고 이를 제거하는 것이다. 이와 같은 광물성 액체는 고무를 손상시키며, 타이어의 수명을 단축시킨다. 그리고 타이어는 오존(Ozone)이나 웨더 첵킹(Weather Checking)을 위해 점검이 되어야 한다.

전기는 대기중의 산소를 오존으로 변화시켜서 고무 수명을 단축시킨다. 항공기 타이어는 건조한 장소에서 보관해야 하며 타이어 정비를 수행할 때는 항상 제작상의 규정을 따라야 한다.

2중 휠을 가진 항공기에 사용하는 타이어가 그림 4-48의 수치와 일치된다면 그 수명을 연장할 수 있다.

멀티 기어 배열에서 2중 휠 타이어를 똑같이 일치시켜서 각각의 타이어가 지면에 같은 면적으로 접촉하게 해서 똑같이 하중을 분담시킨다. 2중 휠에 장착된 타이어는 인플레이트 되었을 때 다음의 허용치 안에 있어야 한다. 타이어 외경의 측정은 정상 실온에서 장착 후 최소한 12시간 경과한 후에 측정한다.

타이어의 외경	최대 허용 수치
24in 까지	1/4in
25in~32in	5/16in
33in~40in	3/8in
41in~48in	7/16in
49in~55in	1/2in
56in~65in	9/16in
66in 이상	5/8in

그림 4-48 2중 휠 장착시의 타이어의 일치

4-11. 항공기 타이어 정비

타이어 제작사들은 정비 매뉴얼과 검사 매뉴얼을 발행한다. 다음 설명은 B.F Good Rich 사의 항공기 타이어 관리 및 정비 매뉴얼에서 발췌한 것이다.

A. 만족스런 사용을 위한 적절한 인플레이션

적절하게 인플레이션된 항공기 타이어의 안전 및 장시간 사용을 위해 정비는 가장 중요하고 필요한 기능이다. 타이어 압력은 일주일에 최소 한번 이상은 정확한 게이지로 점검해야 하며, 비행전에도 점검하도록 권고되고 있다. 그렇지 않으면 약간의 공기 누출이 2~3일 이내 심각한 공기 손실로 발전하는 원인이 되며 타이어 튜브에 손상을 주는 결과를 초래한다. 공기 압력은 타이어가 차가울 때 반드시 점검해야 한다. 비행후 최소 2시간 이후에 압력을 점검해야 한다. (더운 날씨에서는 3시간)

B. 장착시

새로 장착한 타이어 또는 튜브는 최소 몇 일간은 매일 점검을 해야 하며, 그후 정기적인 인플레이션(Inflation) 조절 계획이 뒤따라야 한다. 왜냐하면 장착할 때 공기가 타이어나 튜브 사이에 고여 있어 실제와 다른 압력을 나타내기 때문이다. 이 갇혀 있는 공기는 비드의 아래나 휠의 밸브 구멍 주위로 스며나오기 때문에 1~2일 사이에 타이어의 압력은 심하게 떨어지게 된다.

C. 나일론 신장의 허용 한계

지금의 모든 항공기 타이어는 나일론 코드(Nylon Cord)로 만들어지고 있으며 새로 장착된 나일론 타이어는 처음 24시간 동안에 타이어가 늘어나기 때문에 2~10%의 공기 압력 감소가 생긴다. 그래서 이러한 타이어는 정상적인 압력으로 인플레이션되고 장착된 후 최소 2시간이 지난 후에 사용하도록 해야 한다. 코드 바디(Cord Body)의 신장에 따른 압력 감소를 보상하기 위해 공기 압력이 조절되어야 한다.

D. 튜브리스 타이어의 공기 확산 손실

24시간 동안의 최대 허용 확산(Diffusion)량은 5%를 초과해서는 안된다. 그러나 타이어가 장착되어 인플레이션된 후 최소 12시간이 지나고 나일론 코드 바디(Nylon Cord Body)의 팽창에 의한 압력 강하를 보상하기 위해 공기를 추가 보급하여 타이어 온도가 변하는 이후가 아니면 정확한 점검을 할 수가 없다. 처음 이 기간 동안 10%를 넘는 압력 강하가 있으면 이 타이어와 휠 어셈블리는 사용해서는 안된다.

E. 2중 타이어(같은 압력을 유지시킨다)

2중으로 장착된 타이어의 공기 압력이 서로 차이가 있으면 메인이나 노스의 한쪽 타이어가 더 많은 하중을 감당하게 된다. 5Lbs 이상의 차이가 있다면 탑재용 항공 일지(Log Book)에 기록해야 한다. 그리고 이 탑재용 항공 일지는 다음의 인플레이션 점검의 참고가 되야 하며, 심각한 타이어나 튜브의 손상이 때때로 이 방법으로 발견될 수가 있다.

압력 차이가 발견되면 밸브 끝에 물을 뿌려 밸브 코어를 점검해야 한다. 물거품이 생기지 않으면 밸브 코어(Valve Core)가 압력을 충분히 유지하고 있다고 볼 수가 있다.

F. 압력 데이터 소스(Sources of Pressure Data)

노스 휠 타이어(Nose Wheel Tire)의 인플레이션(Inflation)은 제동 효과(Braking Effect)와 정하중(Static Load)에 의해 노스 휠에 전달되는 추가 하중까지 고려하고 있기 때문에 항공기 제작사의 권고 사항에 따라야 한다. 정하중을 고려한 노스 휠 타이어의 공기 압력은 브레이크가 작동될 때 전달되는 하중 때문에 언더 인플레이션(Under Inflation)의 결과를 초래한다.

그러나 테일 휠 타이어(Tail Wheel Tire)는 엑슬 정하중(Axle Static Load)에 따라 인플레이션 되어야 한다. 타이어가 하중하에서 인플레이션 됐을 때 제작사로부터 권고된 압력은 4%까지 증가된다. 그 이유는 타이어의 디플렉트(Deflect)된 부분은 공기 챔버의 체적을 줄이는 원인이 되기 때문이며, 측정기에 나타나는 인플레이션 압력은 증가하게 된다. 그러므로 위의 규정대로 압력을 감소시켜야 한다.

G. 언더 인플레이션(Under Inflation)의 영향

언더 인플레이션은 직접 또는 잠정적인 위험 요소를 가지고 있다. 항공기 타이어가 언더 인플레이션일 때 착륙 또는 브레이크가 작동되면 타이어와 휠 사이에 크리프(Creep)나 슬립(Slip) 발생이 쉬워진다. 이러한 상황하에서는 튜브 밸브(Tube Valve)가 부러지거나 타이어 및 튜브 또는 휠 어셈블 리가 파괴될 수가 있다. 또한 타이어 압력이 낮을 때는 트레드의 가장자리 부분이 급격히 불균일하게 닳게 된다.

언더 인플레이션은 착륙시나 활주로의 가장자리에 부딪칠 때 휠 림 플랜지(Wheel Rim Flange)에 의해 타이어 사이드월(Tire Sidewall)이나 쇼울더(Shoulder)가 찌그러져서 파손되는 대부분의 요인이 된다. 타이어가 휠 플랜지를 넘어서 구부러지게 되면 비드와 아래쪽 사이드월(Lower Sidewall) 부분에 손상을 줄 많은 가능성이 있고, 또한 타이어 코드 바디 파열을 초래할 수도 있다. 심한 언더 인플레이션은 과도한 열과 심하게 플렉싱(Flexing) 됨으로 발생하는 응력으로 코드가 늘어지거나 타이어가 파손되는 원인이 된다. 위와 같은 상황은 역시 인너 튜브 채핑(Inner Tube Chaffing)이나 터짐(Blowout)의 원인이 되기도 한다.

H. 제한 하중의 준수

항공 운송이 시작된 이후 항공기용 타이어는 효율 및 안전성에 있어서 많은 역할을 하고 있다. 그러나 효율 및 안전성을 고려하여 어떠한 항공기 타이어에 대한 하중은 제한되어 있는 것이다. 항공기 타이어에 대해 그 한계를 초과하여 하중을 가해졌을 때는 다음과 같은 바람직하지 못한 결과가 초래될 수 있다.

① 과도한 변형(Strain)이 코드 바디(Cord Body) 또는 비드(Bead)에 가해지면 안전도 및 사용 수명이 단축된다.

② 외부의 장애물에 부딪히거나 착륙시의 충격 등으로 손상(Bruising)이 생길 수 있는 경우가 많다. [사이드월 또는 쇼울더 부분에 브루이스 브레이크(Bruise Break), 임펙트 브레이크(Impact Break), 플렉스 브레이크(Flex Breake)가 발생]

③ 휠에 손상을 줄 가능성(외부의 하중에 대한 과도한 응력으로 타이어가 손상 되기 전에 휠이 파괴될 수가 있다.)

[참고] 증가한 하중을 보상하기 위해 추가로 공기 압력(Inflation)을 높힘으로써 심하게 타이어 디플렉션(Defleotion)되는 것을 방지할 수는 있으나, 코드 바디에 변형을 증가시키고 컷팅(Cutting), 브루이스(Bruise), 임펙트 브레이크(Impact Break)가 생길 우려가 커진다.

I. 나일론의 플렛 스폿팅(Nylon Flat Spotting)

나일론 타이어는 정하중에서 일시적인 플렛 스폿(Flat Spot)이 발생한다. 이 플렛 스폿의 정도는 내부 압력 강하에 따라, 또는 타이어에 의해 지지되는 중량에 따라 변하게 된다. 플렛 스폿은 추운 날씨에서 심하게 발생하며 저온에서 타이어의 작업은 더 어렵게 된다. 보통의 조건에서 플렛 스폿은 택싱(Taxing)에 의해 없어진다. 만약 그렇게 되지 않으면 그 타이어를 25~50%로 오버 인플레이팅(Over Inflating)시킴으로써 보통 원래의 모양으로 되돌릴 수가 있다. 그리고 이때는 항공기를 움직여 로우 스폿(Low Spot)이 위로 올라오게 하여야 한다. 이 압력을 1시간 정도 타이어 내부에 유지시켜야 하며 원형으로 되돌아오지 않을 때는 택싱(Taxing)이나 토잉(Towing)을 수행할 필요도 있다.

플렛 스폿은 심한 진동의 원인이 되며, 승객이나 조종사에게 불쾌감을 주게 된다. 3일 이상 비행하지 않고 정지되어 있는 상태의 항공기는 48시간마다 움직여 주거나 타이어에 중량이 가해지지 않도록 한다.

다음은 타이어 예방 정비를 요약한 첵크 리스트이다.

- 일주일에 최소한 한번씩, 그리고 매비행 전에 정확한 게이지로 타이어 압력을 측정한다.
- 새로 장착한 타이어와 튜브는 몇일간 매일 점검한다.
- 새로 장착한 타이어는 코드 바디(Cord Body)가 충분히 펴질 때까지 사용하지 않는다.
- 비정상적인 확산 손실(Diffusion Loss)을 점검한다.
- 정해진 인플레이션(Inflation) 절차를 준수한다.
- 적정 하중을 준수한다.
- 오랫동안 항공기를 사용하지 않을 때는 항공기를 주기적으로 움직인다.

4-12. 타이어 점검(휠에 장착시)

A. 밸브의 누출이나 손상

밸브의 누출을 점검하기 위하여 밸브 스템(Valve Stem) 끝에 소량의 물을 묻혀 공기 방울을 검사한다. 방울이 생기면 밸브 코어를 교환하고 같은 검사를 반복한다. 나사산의 손상 여부를 확인하기 위해 항상 밸브를 검사한다. 그렇지 않으면 밸브 코어(Valve Core)와 밸브 캡(Valve Cap)이 적당하게 맞지 않을 수가 있다. 만약 나사산이 손상되면 밸브 수리 공구를 사용하여 휠에서 타이어를 장탈하지 않고 나사산을 수리할 수 있다. 밸브에 밸브 캡이 붙어 있는지 확인한다. 그리고 손으로 단단하게 조인다. 캡(Cap)은 먼지, 오일, 습기 등이 밸브 안으로 침투하는 것을 방지하고 밸브 코어가 손상되는 것을 방지한다.

캡은 또한 공기 시일의 역할도 하고 밸브 코어에서 공기 누출이 커질 경우 누출을 방지하는 역할도 한다. 밸브가 휠과 마찰되지 않았는지 검사한다. 만약 휘어졌거나 균열이 있거나 심하게 마모되었으면 타이어를 분리하고 튜브 또는 밸브를 즉시 교환해야 한다.

B. 트레드의 손상

트레드 부분의 절단(Cut)이나 다른 손상 여부를 주의 깊게 검사한다. 유리, 돌멩이 금속 조각 또는 다른 외부 물체가 트레드에 끼었는지 또는 코드 바디에 박혀 있는지 확인하고 있으면 이를 제거한다. 제거할 때는 무딘 송곳을 사용하고 송곳이 없을 때에는 중간 크기의 스크류 드라이버를 사용할 수도 있다.

외부 물체에 의한 손상을 검사할 때 손상 부분이 확대되지 않게 송곳이나 스크류 드라이버의 끝이 손상 부분의 깊이보다 더 들어가지 않도록 조심해야 한다. 박혀 있는 물체를 꺼낼 때 다른 손으로는 손상 부분을 막아 박힌 물체가 튀어 작업자의 얼굴에 상처를 주지 않도록 해야 한다. 절단이나 다른 손상으로 코드 바디가 노출되거나 관통된 타이어는 장탈하여 수리하거나 리캡핑(Recapping) 또는 스크래핑(Scrapping)을 하여야 한다.

카커스 코드 바디(Carcass Cord Body)가 드러나지 않은 절단이 있는 것은 사용이 가능하다. 트레드 또는 사이드월에 부푼(Bulge) 현상을 보이면 그 타이어는 떼어낸다. 이것은 코드 바디의 손상 또는 트레드 또는 플라이 분리의 손상 가능성을 나타내기 때문이다. 이때 타이어를 디플레이팅하기 전에 부푼(Bulge) 부분을 타이어 크레용(Tire Crayon)으로 항상 표시한다. 그렇지 않으면 디플레이팅 후 그 위치를 찾기가 대단히 힘이 든다.

C. 사이드월 손상

Weather or Ozone Checking, Cracking Cut, Radial Crack, Snag. Gouge 등의 여부가 있는지 사이드월을 조사한다. 코드가 노출되거나 손상을 입었으면 교환한다.

D. 리캡핑(Recapping)을 위한 분리

타이어를 리캡핑을 할 수 있는지 검사한다. 다음과 같은 경우에는 사용할 수가 없다.

① 하나 이상의 플렛스폿(Flat Spot)을 가졌을 때 심한 불균형이 없다면 보통 하나 정도의 플렛스폿 또는 스키드 번(Skid Burn)으로 카커스 코드 바디가 노출되지 않았다면 계속 사용될 수 있다.

② 80% 이상의 트레드 마모가 있을 때

③ 수리가 필요한 많은 균열이 있을 때, 즉 절단에 대한 수리 비용이 리캡핑의 50% 이상이 될 때는 리캡핑하는 것이 경제적이다.

E. 불균일한 마모

휠의 불일치(Misalignment)가 있는지 타이어를 점검한다. 타이어가 균일하게 마모되지 않을 때는 타이어를 떼어내고 반대편으로 다시 장착한다. 만약 다시 스폿(Spot) 또는 불균일한 마모(Uneven Wear)가 발견되면 브레이크의 결함일 수도 있으므로 가능한 빨리 기계적인 조정이 필요하다.

F. 휠 손상

휠 전반에 대해 손상 여부를 검사한다. 균열 또는 손상된 휠은 사용해서는 안되고 더욱 더 세밀한 검사 혹은 수리나 교환을 해야 한다. 항공기에 장착된 휠의 타이어를 검사할 때는 랜딩기어(Landing Gear)와 타이어 사이에 어떤 것이 걸려 있는지 또는 끼어 있는지 항상 확인해야 한다.

그리고 랜딩기어의 어느 부품이 타이어와 마찰을 일으키는지 확인하여야 하며, 이때 랜딩기어가 리트랙트(Retract)될 때 타이어가 들어가는 나셀(Nacelle) 부분도 점검을 해야 한다. 간격이 대단히 가깝고 외부 물체 또는 나셀 부분이 풀어지거나 부러진 부품은 타이어에 심각한 손상을 줄 수 있으며 심지어는 착륙 실패를 초래하기까지 한다. 그림 4-49는 타이어가 장착된 상태에서 점검하는 것을 보여주고 있다.

 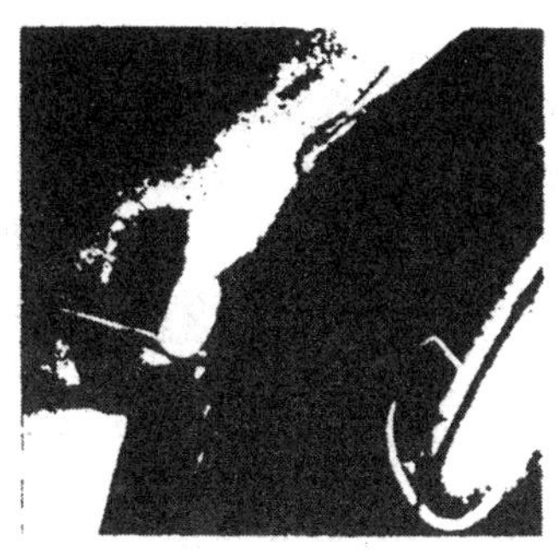 

(a) 밸브 캡이 있어야 한다.

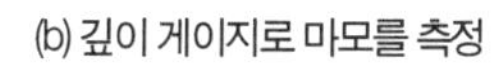
(b) 깊이 게이지로 마모를 측정

(c) FOD를 표시하고 제거

그림 4-49 기본적인 타이어 정비

4-13. 타이어 점검(타이어 장탈 후)

A. 정기적인 장탈

정해진 시간이나 또는 일정한 착륙 회수 후에 타이어나 튜브의 정기적인 검사를 위해 일정한 스케줄이 짜여질 수가 있으며, 이 타이어나 튜브는 검사를 위해 휠에서 장탈해야 한다. 그러나 비상 착륙 또는 특별히 거칠게 착륙을 하였다면 타이어 또는 튜브는 떼어내 가능한 한 빨리 보이지 않는 결함이 있는지를 검사해야 한다. 동시에 휠도 같이 검사하여야 한다.

B. 프롭(Prope)의 손상

절단, 구멍 및 그 외 트레드 부분의 손상을 뭉뚝한 송곳으로 면밀히 조사한다. 그리고 박혀 있는 외부의 물체를 제거한다. 트레드 부분에 박혀 있는 외부 물체를 제거할 때 얼굴에 튀어 상처를 입지 않도록 다른 손으로 그 위를 가리고 작업하도록 해야 한다. 사이드월을 양쪽에서 압착시킴으로써 절단과 외부 손상을 벌어지게 하여 작업에 도움을 줄 수 있다. 절단이나 손상 부분의 크기와 깊이는 송곳으로 측정할 수가 있다. 이때 원래의 손상된 깊이 이상 찔려서 송곳이 들어가게 해서는 안된다.

C. 수리 가능한 손상

카커스 코드 바디(Carcass Cord Body)의 바깥쪽이 1/4in 또는 안쪽에 1/8in 이하의 손상은 구멍(Puncture)으로 고려될 수 있으며, 따라서 수리시 타이어 내부에 패브릭 보강(Fabric Reinforcement)의 필요 없이 쉽게 수리될 수 있다. 160mph 이상의 성능을 가진 타이어는 다음의 조건에 맞게 수리될 수 있다.

트레드를 통한 손상은 실제 바디 플라이의 40% 이상 관통되지 않을 것, 길이 1/2in 너비 1/4in 이하의 손상일 것(트레드가 제거되기 전), 표면의 손상이 길이 1in 너비 1/8in 이하의 손상일 것(트레드가 제거된 뒤), 160mph 이하의 성능을 가진 타이어는 실제 플라이의 40% 이상 관통되고 길이 1in 이하의 손상에서는 수리가 가능하다. 그리고 당연히 이러한 타이어의 사용 가능성은 손상의 수에 의해 제한된다. 수리 가능성의 결정은 타이어 제작사의 결정에 달려 있다.

D. 사이드월의 상태

기후 또는 Ozone Checking, Cracking, Radial Crack, Out, Snag의 여부를 확인하기 위해 사이드월을 검사한다.

① 코드(Cord)까지 원형으로 균열이 생긴 타이어는 폐기한다.

② 코드까지 Weather-Checking, Ozone-Checking, 또는 Cracking 된 타이어는 폐기한다. 웨더 첵킹(Weather Checking)은 모든 타이어에 영향을 주는 정상적인 조건이며, 코드 부분이 노출되지 않는 한 결코 타이어의 사용 가능성이나 안전에 영향을 주지 않는다.

③ 아웃터 플라이(Outer Ply)에 손상을 준 사이드월 부분에 절단 또는 스내그(Snag)가 있는 타이어는 폐기한다.

E. 비드 손상

비드(Bead)의 전체 부분과 타이어 외부의 비드 힐(Bead Heel) 바로 윗 부분이 휠 플랜지와 채핑(Chaffing) 또는 타이어 공구에 의해 상처를 입었는지를 점검한다. 첫 번째 플라이 아래로부터 채퍼 스트립(Chaffer Strip)의 블리스터링(Blistering) 또는 분리는 채퍼 스트립의 수리 또는 교환을 필요로 한다. 채퍼 스트립 아래에 있는 첫 번째 플라이어의 코드가 손상되었으면 타이어는 폐기되어야 한다. 튀어나오거나 비드 와이어가 절단되었거나 심하게 꼬이거나 뒤틀렸으면 타이어는 폐기한다.

늘어지거나 끝이 부풀어 오른 타이어는 수리할 수가 있다. 그러나 이 상태에서 타이어는 계속 사용될 수는 없다. 그림 4-50은 장탈된 타이어를 점검하는 모습을 보여주고 있다.

F. 벌지와 절단된 코드(Bulge-Broken Cord)

타이어가 장착되고 인플레이트 되었을 때 부푼 표시(Bulge)가 있는 타이어를 점검한다. 타이어 내부에 아무런 손상(Break)이 없으면 분리(Separation)가 있는지를 확인하기 위하여 송곳을 사용하여 검사한다. 분리가 발견되면 그 분리가 트레드 또는 사이드월과 코드 바디

(a) 끝이 뭉툭한 송곳으로 손상 부위를 검사한다.

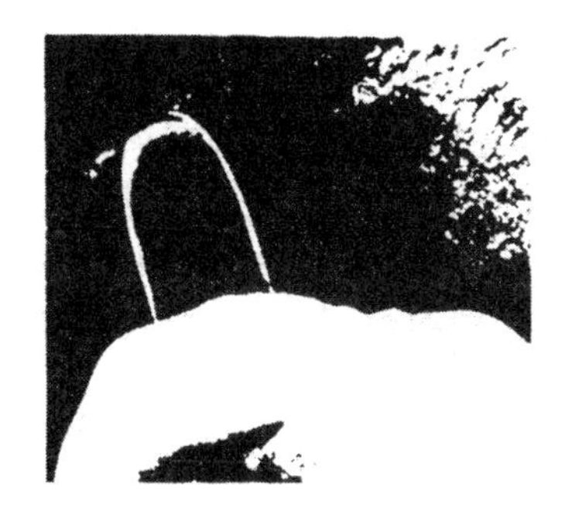

(b) 사이드월 코드가 노출 되었는지 확인한다.

(c) 수리 가능한 표면 손상

그림 4-50 기본적인 타이어 정비

사이의 국부적인 작은 분리가 아니면 이 타이어는 폐기한다. 국부적인 작은 분리 일때는 스폿 수리(Spot Repair) 또는 리트레딩(Retreading)으로 만족할만한 수리가 될 수 있다. 느슨하게 풀리거나 닳거나 내부 코드가 파괴된 타이어는 폐기한다.

G. 튜브리스 타이어(비드 부분)

공기 압력을 적절하게 보존하기 위하여 튜브리스 타이어는 튜브형 타이어 보다 더 단단하게 휠에 장착되어야 한다. 그래서 비드의 전면(Toe와 Heel 사이의 편평한 부분)은 공기 누출의 원인이 되기 때문에 손상을 입어서는 안된다.

튜브리스 타이어의 첫 번째 시일링(Sealing) 표면은 바로 이 부분이다. 그래서 타이어 공구에 의한 손상 흔적 및 정비시의 슬립페이지(Slippage) 등 공기가 빠져나갈 수 있는 손상에 대해 세심하게 검사할 필요가 있다. 비드의 전면에 드러난 속 코드(Bare Cord)는 보통 아무런 문제점이 없으나 이러한 타이어는 현재 그 상태나 또는 리트레닝(Retreading) 후에도 계속적으로 적당한 조치를 하여야 한다.

H. 라이너 블리스터링(Liner Blistering)

튜브리스 타이어에 4in×8in 이상의 라이너 블리스터(부풀림) 또는 라이너 분리 지역이 있으면 폐기해야 한다. 보통 작은 블리스터(직경이 2in 이하)는 문제점이 없으며, 수리의 필요성도 없다. 그러나 블리스터를 뚫거나 짤라내어서는 안된다. 이것은 타이어가 공기를 보존하는 능력을 저하시키는 결과가 되기 때문이다.

I. 서멀 퓨즈(Thermal Fuse)

어떤 항공기는 정해진 온도 이상에서는 녹거나 휠이 파괴되거나 타이어가 터지는 것을 방지하기 위하여 공기를 빼주는 가용성 플러그(Fusible Plug)가 휠에 있다. 이 플러그가 녹아 공기 압력이 빠지면 이 플러그를 가진 타이어는 폐기하도록 권고하고 있다.

그러나 규정된 온도 이하에서도 플러그가 녹았는지 또는 적당치 않은 장착으로 인하여 공기 손실이 있는지 확인해야 한다. 만약 퓨즈가 녹을 정도의 열을 받았으면 림(Rim)과 접촉된 부분에 고무 코팅이 벗겨졌는지를 조심스럽게 살펴야 한다. 그림 4-51는 벌지(Bulge) 부분의 표시법, 림 주위의 고무 뒤틀림, 또 외부 사이드월 손상을 보여주고 있다.

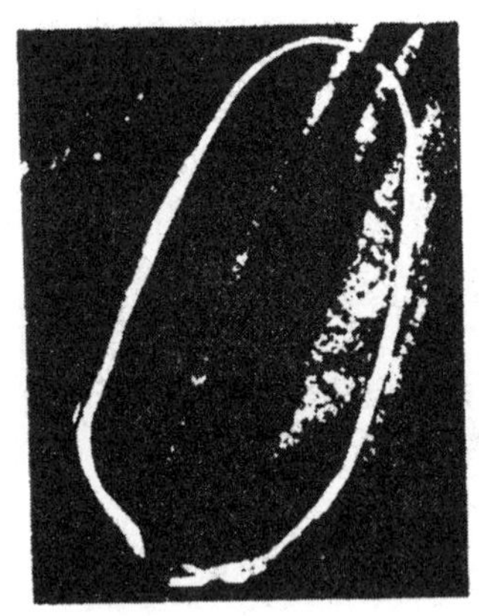

(a) 부푼 부분(Bulge Area)타이어

(b) 긁힌 타이어의 아웃터 사이드월 플라이 손상

(c) 높은 휠 열에 의해서 변했다.

그림 4-51 기본적인 타이어 정비

4-14. 튜브 검사

A. 적절한 크기

튜브형 타이어(Tube Type Tire)에서 인너 튜브(Inner Tube)의 파손은 휠이나 항공기 자체에는 물론이고 튜브가 장착된 타이어에는 수리를 할 수 없는 정도의 손상을 주는 원인이 된다. 규격에 맞는 크기의 튜브를 사용하고 올바른 밸브를 장착하는 것은 매우 중요한 일이다. 튜브를 검사할 때 튜브를 필요 이상의 공기로 인플레이션시키지 말아야 한다.

과도한 량의 공기는 스플라이스(Splice)와 밸브 스템(Valve Stem) 주위에 변형을 주게 된다. 그 외 과도한 공기는 튜브의 바깥 쪽으로부터 패브릭(Fabric)을 끌어당김으로써 패브릭에 손상을 준다. 언더 프레셔(Under Pressure)에서 튜브의 누출을 주의 깊게 검사하고 가능하면 물속에 넣어 인플레이션시켜 검사한다. 물탱크에 튜브를 담글 수 없을 때는 검사하려는 부위에 물을 뿌려 거품이 생기는지 검사한다.

B. 밸브 스템(Valve Stem)

밸브 스템 주위에 누출이나 밸브 패드의 분리 징조. 스템의 굽힘이나 밸브 스템이 손상되었는지를 조사한다.

C. 주름(Wrinkle)

심하게 주름진 튜브를 폐기한다. 이 주름은 타이어 내부에서 튜브가 잘 맞지 않게 되는 원인이 된다. 그리고 주름이 생긴 곳에서 채핑(Chaffing)이 발생하게 되고 이 결과 블로우 아웃(Blow Out)이 생길 수 있다.

D. 채핑(Chaffing)

타이어 비드의 토우(Toe)에 의한 채핑이 튜브에 있는지 검사하고 상당한 채핑의 여부가 확인되면 폐기한다.

E. 시닝(Thinning)

가열된 부분에서는 튜브는 늘어나게 되고 이로 인해 휠이 비드 시트(Bead Steat)의 가장자리에 늘어져 나오게 된다. 장착할 때 튜브를 비드가 제 위치에 올 때까지 인플레이트시킨 후 다시 완전히 디플레이트 시키고 난 후 다시 마지막 압력까지 인플레이트시키는 이유가 여기에 있다. 이렇게 되면 튜브의 팽창은 인너(Inner)와 아웃터(Outer)의 둘레를 통하여 완전히 균일하게 된다. 또한 휠과 비드 토우에 접촉된 부분이 브레이크 드럼 열에 의해 얇아지게 되는(Thinning Out) 가능성에 대해 검사한다.

그림 4-52에는 "SET" 또는 튜브의 모양이 비드 부분이 얇아져서 사용될 수 없는 튜브를 판정하는데 도움이 된다. 그 외 경험을 통하여 그 부분을 손가락의 촉감으로도 알 수가 있다. 수명이 다 되었을 때는 폐기해버려야 한다. 림(Rim)으로부터 상당히 떨어져 있을 때는 이 조건이 충족되지 않는다.

그림 4-52 인너 튜브(Inner Tube) 검사

F. 패브릭계 튜브(Fabric Base Tube)

브레이크 드럼 열이 고려될 수 있을 정도의 요소일 때 타이어 비드는 물론 세심한 튜브의 검사가 결함을 방지하기 위해 필요하다.

이와 같은 경우에 통상 사용되는 패브릭계 튜브는 브레이크 드럼 열이 얇아지는 것(Thinning Out)을 방지하기 위하여 튜브의 안쪽 둘레에 묻혀 있는 나일론 코드 층이 있다. 타이어 비드 토우의 채핑 작용과 또 장착 혹은 장탈 시에 발생하기 쉬운 손상을 보호하는 준비가 되어 있다.

4-15. 타이어 장착과 분리

이 지침은 타이어 튜브 또는 휠에 손상을 주지 않고 적절한 공구를 사용하여 효율적으로 안전하게 쉽게 작업할 수 있도록 하기 위함이다. 대부분의 숙련된 작업자는 약간은 스스로 작업 방법을 개선하여 왔고, 물론 여기에 제시된 것만큼 실질적인 방법들일 수 있다. 여기에 제시하는 지침은 특별한 장비를 사용하는 것보다는 보통 공통으로 사용하는 공구로 수행할 수 있는 간단한 작업을 이야기하려고 한다.

A. 검사와 튜브의 장착

타이어를 장착하기 전에 균열이나 손상된 부품이 없는지 휠을 검사한다. 물론 타이어와 튜브는 타이어와 튜브의 검사에서 설명한 바와 같이 세심하게 검사해야 한다.

점검(Quick Check)은 항상 다음 사항을 확인해야 한다. 타이어 내부 혹은 인너 튜브(Inner Tube)에 이물질이 있는가 확인해야 한다. 튜브를 타이어에 장착하기 전에 타이어 탈크(Tire Talc) 또는 소프스톤(Soap Stone)으로 타이어 내부와 튜브의 표면을 바른다. 이것은 타이어 내부나 타이어 비드가 달라붙는 것을 방지하기 위함이다.

이 탈크 가루는 인플레이션 하는 동안 타이어 내부에서 원래 모양을 유지하는데도 도움을 주고 주름이 잡히거나 얇아지(Thinning Out)는 기회를 줄인다. 항상 튜브를 타이어 시리얼 사이드(Tire Serial Side)에 밸브가 나오게 타이어에 장착하는 것이 좋다.

B. 윤활

튜브리스 타이어는 튜브형보다 휠이 더욱 강하게 밀착된다. 그래서 비드의 토우 부분에 공인된 10% 식물성 오일 숍 용액(Oil Soap Solution)이나 물로 윤활하는 것이 바람직하다. 이것은 장착을 도와주고 휠 플랜지에 비드가 알맞게 자리잡게 하여 공기 손실을 방지해준다. 그러나 휠 플랜지와 접촉되는 비드 부분에 용액이 묻지 않도록 조심해야 한다.

튜브형 타이어에서는 사용하는 휠의 형식에 따라 타이어 비드의 윤활이 필요할 때도 있고 없을 때도 있다. 공인된 장착 용액 예를 들면 10% 식물성 오일 숍(Oil Soap) 용액 또는 물은 장착을 돕기 위하여 비드 토우(Bead Toe) 또는 튜브의 림 사이드(Rim Side)에도 사용할 수 있다.

C. 균형(Balance)

항공기 휠 어셈블리(Wheel Assembly)의 균형은 대단히 중요하다. 휠이 착륙 위치에 있을 때 휠 어셈블리의 무거운 부분이 아래로 향하게 되어 활주로에 먼저 닿게 된다. 이 결과 트레드의 한 부분이 심하게 마모되어 조기 장탈의 원인이 된다. 더구나 불균형한 타이어는 심한 진동의 원인이 되어 항공기 운용에 영향을 주게 된다. 실제로 이러한 진동 때문에 계기를 읽을 수 없는 상태도 가끔 있다고 조종사들은 이야기 한다.

균형 표시(Balance Mark)는 튜브의 무거운 부분을 나타내기 위하여 튜브 위에 표시한다. 이 표시는 너비 1/2in, 길이 2in의 크기이다.

튜브가 타이어에 장착되면 튜브 위의 균형 표시는 타이어 위의 균형 표시에 일치해야 한다. 튜브에 균형 표시가 없다면 밸브가 타이어의 균형 표시에 위치하도록 해야 한다. 튜브리스 타이어를 장착할 때는 타이어에 있는 균형 표시인 "RED DOT" 는 항상 휠에 장착되는 밸브에 위치하도록 해야 한다.

(a) 밸브(Valve)가 타이어에서 튀어 나와 있다.

(b) 튜브 균형 표시와 타이어 균형 표시를 일치시킨다.

그림 4-53 타이어와 튜브 어셈블리

E. 인플레이션시의 안전

타이어의 튜브가 휠에 장착된 후 그 어셈블리는 인플레이션(Inflation)시킬때 안전케이지 안에 넣어져야 한다.

케이지는 바깥쪽 월(Outside Wall)을 향하도록 위치해야 하고 튜브, 타이어 또는 휠이 폭발할 때도 견딜 수 있도록 견고하게 만들어져야 한다.

압축기나 다른 공기 소스(Air Soure)와 연결되는 공기 라인은 안전 케이지로부터 최소 20~30ft 떨어져 있어야 하고 밸브와 압력 게이지가 공기 라인에 장착되어야 한다. 이 라인은 연결부로부터 연장된 고무 호스로 안전 케이지까지 연결 · 고정되어야 한다.

그때 클립 온 척(Clip On Chuck)이 실제 인플레이션을 위해 호스 끝에 연결된다. 이러한 장치로 공기 압력을 체크하기 위해 케이지에 접근한다든지, 또는 타이어가 인플레이션 되는 동안 안전 케이지 가까이에 작업자가 있을 필요성이 없다.

(a) 타이어를 안전 케이지에 넣고
인플레이션 시킨다.

(b) 타이어 샵에서 필요한 안전 케이지

그림 4-54 인플레이션 중의 주의

F. 튜브형 타이어의 장착

타이어 비드를 휠 위에 알맞게 자리잡게 하기 위해서 먼저 특정한 크기 만큼 권고된 압력으로 타이어를 인플레이션시키고 다음에는 항공기에 장착하기 위한 만큼을 인플레이션시킨다. 그리고 완전히 디플레이트(Deflate)시키고 마지막으로 정확한 압력까지 인플레이션시킨다.(이 작업이 수행될 때까지 림에다 밸브를 고정하지 말 것) 필요하다면 인플레이션을 위해 밸브 익스텐션(Valve Extension)을 사용한다.

위의 과정은 튜브의 주름을 없애는데 도움을 주고 비드의 토우 밑에 튜브가 끼이는 것을 방지하며, 튜브 부분이 얇아지는 것보다 더 많이 신장(Stretching)되는 것을 제거할 수 있다. 그리고 튜브와 타이어 사이에 고여 있는 공기를 제거하는데 도움을 준다.

[참고] 튜브리스 타이어는 Inflation-Deflation-Reinflation의 과정이 필요 없음.

G. 스탠드에서의 재점검

새로 장착된 어셈블리는 작업장으로부터 떨어져서 최소 12시간 가능하면 24시간 정도 보관하는 것이 좋다. 이것은 타이어 튜브 또는 휠 중 어느 것에 구조적인 취약점이 있는지를 결정하는데 목적이 있다.

또한 이것은 어떤 압력 강하를 검사하고, 또 이 압력 강하가 정상 타이어 성장에 의한 것인지를 판단하기 위하여 12시간 또는 24시간 후에 타이어의 재점검을 할 필요에 의한 것이다. 어셈블리가 항공기에 장착될 때는 이러한 테스트에 의해 어셈블리의 각 부분들이 사용하기에 충분히 만족하다고 확신할 수가 있다.

H. 분리시의 안전

항상 분리 전에 완전히 타이어가 디플레이트(Deflate)되었는지 확인한다. 확인하지 않으므로서 심각한 사고를 일으킬 수도 있기 때문이다. 항공기에서 휠을 분리하기 전에 타이어를 디플레이트시키는 것이 권장되고 있다.

[참고] 타이어 내부의 압력으로 밸브 코어(Valve Core)가 총알같이 튀어나오기 때문에 밸브 코어를 풀 때는 조심하여야 한다.

I. 비드(Bead)와 휠의 취급

어떤 형의 휠에서든지 타이어 비드는 분리 작업시 우선적으로 휠 플랜지(Wheel Flange) 또는 비드 시트(Bead Seat)로부터 이완되어야 한다. 타이어 비드와 비교적 연한 금속인 휠에 상처를 주지 않도록 주의하여야 한다. 심지어 허용되는 공구를 사용한다 하더라도 극히 조심을 해야 한다.

1) 튜브리스 스플릿 휠(Tubeless Split Wheel)

A. 튜브리스 스플릿 휠(Tubeless Split Wheel)

튜브리스 타이어는 휠과 타이어가 공기 압력을 보존하도록 설계된다. 인플레이션은 휠에 장착된 밸브를 통하여 수행하도록 되어 있다. 밸브가 장착된 휠 밸브 구멍은 팩킹 링(Packing Ring) 또는 O-ring을 장착하므로써 공기를 시일링(Sealing)한다. 튜브리스 타이어의 공기 압력은 휠 비드 시트에 타이어 비드가 시일(Seal)되어 손실을 방지한다.

디스크 브레이크(Disc Brake)와 같이 사용되는 휠에는 서멀 퓨즈(릴리프), 플러그(Thermal Fuse(Relief) Plug)가 휠의 로우터 구동 부분(Rotor Drive Area)에 장착되어 과도한 열에 의해 타이어가 터지는 것을 방지해 준다. 이 플러그는 미리 정해진 온도에서 코어(Core)가 녹으므로 고압력이 형성되는 것을 방지한다.

B. 장착

튜브리스 타이어의 인플레이션 밸브와 서멀 릴리프 플러그가 적당하게 잘 장착되어 있는지 손상이 없는지를 점검한다.

(a) O-ring 시일은 취급과 장착시에 주의한다.

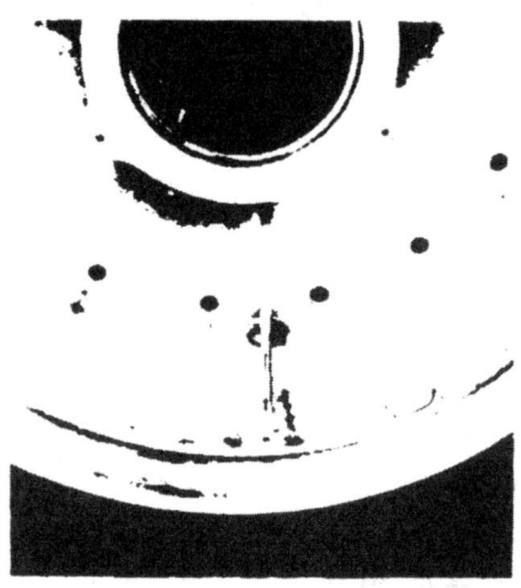

(b) 밸브 시일의 손상여부를 검사한다.

그림 4-55 스플릿 휠 시일(Split Wheel Seal)의 검사

휠의 장착 과정에 대해 휠 제작사의 매뉴얼을 참조한다. 첫째 휠을 시일링하는데 사용되는 O-ring에 손상이 있는지 검사하고 필요하다면 교환한다. 둘째 O-ring을 윤활한다.(휠 제작자에 의한 규정에 따라) 그리고 휠 홈에 장착한다. O-ring이 꼬이거나 비틀리지 않았는지 또 적절하게 자리가 잡혔는지 확인한다. 휠 베이스(Wheel Base)에 장탈 플랜지를 장착할 때 비뚤어지게 장착하거나 먼저 장착된 O-ring에 손상을 주지 않도록 조심한다. 튜브형 타이어와 같은 방법으로 튜브리스 타이어도 장착한다.

튜브리스 타이어 비드의 시일링(Sealing)이 적절이 유지되도록 휠 비드 시트(Wheel Bead Seat)를 세척하고 건조시킨다. 스플릿트형 휠의 한쪽 휠을 가벼운 쪽(플랜지에 "L"로 표시)과 서로 180° 떨어지게 조립하면 불균형을 최소화할 수 있다.

너트, 와셔, 볼트 등 조립에 사용되는 것들은 순서에 맞게 조립하여야 하고 이 부품들의 맞닿는 면은 적절하게 윤활되어야 한다. 권고된 토큐로 조인다. 항상 휠 제작사가 제시한 과정으로 수행하도록 한다.

C. 분리

일반적으로 튜브리스 타이어의 분리 과정은 튜브형과 거의 같지만 손상을 주지 않기 위해 세심한 주의가 필요하다.

① 휠의 O-ring 홈(Groove)과 표시된 표면과의 일치
② 타이어 비드가 자리잡은 플랜지(Flange) 부분
③ 튜브리스 타이어 인플레이션 밸브 구멍의 시일링(Sealing) 부분

위의 휠 부분은 상당히 위험하므로 손상을 입으면 공기 압력을 유지해야 하는 휠과 타이어가 그 목적을 수행하지 못한다.

2) 튜브형 타이어(Tube Type Tire)

A. 장착

튜브가 완전히 디플레이트된 상태로 타이어에 삽입한다. (접어서 넣으면 쉽게 넣을 수 있으며, 특히 직경이 작은 타이어는 더욱 용이하다) 그리고 튜브가 둥글게 펴질 정도까지 인플레이트시킨다. 밸브 코어(Valve Core)는 이 작업을 수행하는 동안에 밸브 안에 있어야 한다.

타이어 안에서 잘 팽창하도록 튜브의 림(Rim)에 식물성 오일 숍(Oil Soap)의 10% 용액으로 닦거나 솔질을 하고 림 플랜지(Rim Flange)에 접촉되는 비드 부분에는 묻지 않도록 조심한다.

휠의 밸브 구멍 부분을 타이어 속에 삽입하고 밸브를 휠의 밸브 구멍을 통하여 밀어 넣는다. 밸브가 그 위치에 유지(Holding)되어 있는 동안 다른쪽 휠을 삽입하고, 이때 튜브가 휠 사이에 끼이지 않도록 조심한다.

다음으로 Inflate-Deflate-Reinflate 과정을 제시된 압력으로 수행한다. 락킹 너트(Locking Nut) 또는 너트를 장착하고 견고하게 조인 후, 밸브 캡(Valve Cap)을 씌우고 손으로 조인다.

B. 분리

밸브 코어를 장탈하고 완전히 디플레이트시킨다. 지렛대, 타이어 공구(Tire Iron) 또는 다른 날카로운 공구를 사용하여 타이어 비드를 휠로부터 제거하지 말 것. 왜냐하면 휠에 손상을 주기 때문이다. 표시된 표면에 손상을 주는 것을 방지하기 위해 타이 볼트(Tie Bolt)를 풀기 전에 비드를 분리한다. 양쪽 사이드 월의 원주 둘레에 압력을 가함으로써, 양쪽 휠 플랜지(Wheel Flange)로부터 타이어 비드를 느슨하게 하는데만 비드 브레이커(Bead Breaker)를 사용한다. 휠에서 타이 볼트와 볼트 너트를 떼어낸다. 그리고나서 타이어로부터 휠의 양쪽 부분을 당긴다.

3) 제거 가능한 사이드 플랜지 드롭 센터 휠 장착

A. 장착

튜브의 공기를 완전히 빠지게 한 다음 타이어 균형 표시와 튜브 균형 표시를 일치시킨다. 밸브가 다치지 않도록 주의하면서 Angle 위 플랜지 넘버(Flange Number)에 맞게 타이어를 끼운다.

휠을 장착하기 전에 밸브 익스텐션(Valve Extension)이나 밸브 피니싱 툴(Valve Finishing Tool)을 꼭 제거하여야 한다.

B. 분리

충분히 공기를 디플레이트시켰는지 확인한다. 분리할 수 있는 쪽에서 플랜지 넘버로 비드를 빼낼 때 휠을 충분히 이용한다. 타이어를 쉽게 분리하기 위해서 휠을 위 아래로 조금씩 움직인다.

한사람이 분리 작업을 할 때는 밸브를 옆으로 제치고 타이어를 벽이나 벤치에 기대게 하고 일할 수 있다.

4) 스무스 콘투어 테일 휠 타이어
(Smooth Contour Tail Wheel Tire)

스무스 콘투어 테일 휠 타이어는 비드가 더 빳빳하고 간격이 좁고 직경이 작기 때문에 보통 취급하기가 더 힘든다.

A. 장착

튜브를 동그스름하게 부풀리고 튜브가 어디에 끼이지 않도록 고루 부풀었나 확인한다. 먼저 휠 가장자리 위의 밸브 반대쪽으로 비드를 넣는다.

튜브의 공기를 뺀다.

밸브 구멍에 밸브를 넣을 수 있도록 휠 가장자리에 두 번째 비드를 계속 유지시키고 부풀렸다 공기를 뺏다가 다시 부풀린다.

B. 분리

적당한 길이의 공구를 사용할 것. 림 플랜지(Rim Flange)의 연한 금속을 손상시키지 않도록 주의하여야 하며, 락크 링(Lock Ring)을 제거한 뒤 튜브를 계속 부푼대로 유지한다.

5) 드롭 센터 휠(Drop Center Wheel)

A. 장착

보통 절차와는 반대로 타이어에 휠을 끼운다.(Valve Hole Side가 먼저 들어간다) 상당히 얇은 공구를 사용하여 조금씩 물어제껴 플랜지에 비드를 고정시킨다. 첫 번째 비드가 휠에 닿아 있을 때 튜브를 삽입하고 튜브가 조금이라고 비드 밑에 끼이지 않도록 한다. 부풀게 했다가 공기를 뺏다가 다시 부풀게 한다.

B. 장탈

비드(Bead)를 느슨하게 한 후 사이드월(Sidewall) 아래 3~4in 높이의 나무토막으로 타이어를 평평하게 만든다. 조금씩 집어서 비드를 빼낸다.

6) Flat Base Wheels Removable Flange Locking Ring

A. 장착

① 버(Burr)나 고오지(Gouge)가 생긴 곳이 있는지 주의 깊게 휠과 플랜지를 조사한다.
② 튜브와 타이어 균형 표시를 일치시킨다.
③ 튜브에 탈크(Talc)를 칠한다.
④ 플랜지를 바깥을 향하게 하고 타이어를 벤치나 벽에 기대어둔다. 굽힘을 방지하기 위하여 골고루 플랜지가 느슨해지도록 지레를 사용한다.

B. 분리

비드를 주의해서 느슨하게 한다. 사이드 링(Side Ring)을 느슨하게 하기 위해 납 해머(Lead Hammer)나 고무망치(Mallet)를 사용한다. 주의 깊게 링 사이드를 플라이 위로 한다.

휠이 쉽게 장탈되도록 휠 허브(Wheel Hub)에 맞게끔 14in 정도의 나무토막 위에 휠과 타이어를 올려 놓는다.

4-16. 튜브리스 항공기 타이어의 공기 압력 손실 원인

항공기 휠과 타이어 어셈블리의 공기 압력 손실은 수많은 원인이 있을 수 있으므로 체계적인 첵크 리스트를 가지고 점검하는 것이 현명하고 경제적인 방법이다. 그런 절차가 없으면 자주 시행 착오를 범하여 타이어 정비비가 높아지게 된다.

예를 들어 튜브리스 항공기 타이어 어셈블리에 있어서 공기 손실은 추운 계절에 더욱 빈번하긴 하지만 계절에 따른 제한 사항은 없다. 이 문제에 관계가 먼 것같은 요인들 타이어 정비사의 변동, 부정확한 계기, 변화가 심한 기온이 종종 불만족스러운 타이어 서비스의 기본 원인이 되며 간단한 첵크 절차의 필요성을 강조하게 된다.

균일한 검사 방법을 정하는 지침으로써 공기 압력 손실에 관련될 수 있는 타이어와 휠 어셈블리의 일반적인 부분이 있다. (그림 4-56)

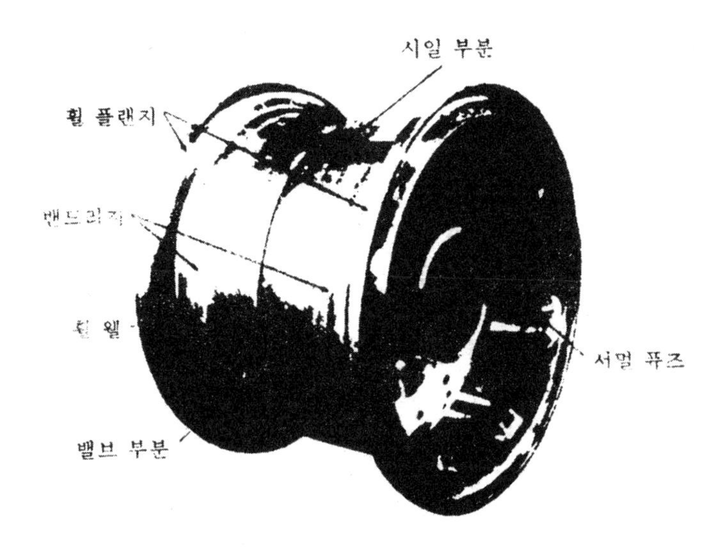

그림 4-56 스플리트 휠의 공기 손실

① 손상된 비드 — 비드 토우(Bead Toe) 부분과 비드의 아랫면에 카커스(Carcass) 코드가 노출되었는지 점검 한다.

② 부적절하게 자리잡은 비드의 발생 조건은 다음과 같다.

ⓐ 불충분한 공기 압력

ⓑ 윤활되지 않은 비드

ⓒ 꼬이거나 비틀린 비드

③ 절단(Cut) 또는 구멍(Puncture) — 카커스 코드 바디와 라이너(Liner) 전체를 통하여 절단이나 구멍의 유무를 확인 · 점검한다.

A. 공기 온도(Air Temperature)

공기 압력은 온도가 4° 강하됨에 따라 약 1psi의 압력 강하를 가져온다. 타이어는 자체의 내부 온도가 대기 온도에 도달한 후 특별히 요구되는 양으로 조정되고 점검되어야 한다.

B. 튜브리스 타이어의 벤팅(Venting)

튜브리스 타이어는 라이너나 코드 바디를 통해 빠져나온 공기를 사이드월을 통해 유출시킬 수 있으므로 카커스 코드 바디 내의 압력 상승 및 트레드 또는 플라이(Ply)의 분리의 가능성을 배제시킨다.

발산율은 제작사의 설계에 따라 변화한다. 그리고 최대 허용치는 24시간 동안 5%를 초과하지 못한다.

벤트 구멍은 사이드월 고무를 관통하여 카커스 코드 바디(Carcass Cord Body)까지 뚫려 있다. 그리고 크기, 깊이, 각도에 있어서는 여러 가지로 변화될 수 있다. 그러므로 이 구멍을 통하여 발산되는 공기의 양은 변하게 된다. 그래서 물 또는 비눗물을 타이어의 바깥면에 바르면 공기 거품이 생긴다. 어떤 구멍에서는 계속적으로 거품을 발산하고 다른 곳에서는 간헐적으로 거품이 발생할 수도 있다. 이것은 타이어에 이상이 있는 것이 아니라 정상적인 것이다.

사실상 튜브리스 타이어가 인플레이션 상태로 있는 동안은 공기는 이 구멍을 통하여 나오게 되어 있다. 24시간 동안 5% 이상 감소되면 결함의 가능성을 점검한다. 벤트 구멍은 솔벤트나 타이어 페인트로 덮혀 있을 수 있다. 그리고 리트레딩(Retreading) 도중에 막힐 수도 있다. 리트레딩 후에는 리벤트(Revent)되었는지를 확인하여야 한다.

C. 초기의 신장 기간(Initial Stretch Period)

항공기 타이어는 나일론으로 구성되어 있어 타이어가 인플레이션되면 어느 정도 늘어나게 되므로 타이어 압력은 감소하게 된다. 그래서 규정된 공기압력으로 인플레이션시키고 나서 코드 바디(Cord Body)의 팽창을 위해 최소 12시간은 그대로 두어야 한다. 그러면 보통 10%의 공기 압력 강하가 생기게 된다.

이후에 원래의 규정된 공기 압력까지 다시 인플레이션시켜야 한다. 이러한 초기의 팽창 시기 이후에만 타이어 내부에 실제로 어떤 공기 손실이 있는지를 알 수 있게 된다.

4-17. 휠

다음과 같은 휠(Wheel)의 상태는 타이어 비드 부분에 공기 손실을 유발할 수 있다.

A. 균열 또는 스크래치(Bead Ledge 또는 Flange 부분)

균열은 보통 작업중의 손상으로 인한 피로(Fatigue) 파괴에 그 원인이 있거나 또는 적당치 않는 타이어 공구 사용에 큰 원인이 있다.

B. 비드 시트 리지(Bead Seat Ledge)

위의 특별한 에나멜 처리를 한다.

C. 비드 리지 부분(Bead Ledge Area)

부식 또는 마모 흔히 비드토우에 발생한다.

D. 비드 부분에 제대로 시팅(Seating)

안착이 안되었을 때, 먼지 혹은 타이어로부터 고무의 축적에 의해서 유발 되어진다.

E. 널(Knurl)

튜브형에서 개조된 휠은 널(Knurl)을 제거해야 한다.

F. 포러스 휠 어셈블리(Porous Wheel Assembly)

적당한 페인트 또는 침윤(Impregnation) 과정을 수행함으로써 보호할 수 있다. 구멍은 휠 어셈블리 구성품의 장착을 위하여 만들어진 것이다.

장착 스크류나 볼트는 반드시 알맞게 시일링되어야 한다. 이때 휠 제작사의 권고에 따라야 하며, 휠 웰(Wheel Well) 부분의 균열은 대부분 수리할 수가 없다.

G. 시일링 표면(Sealing Surface)

시일링되는 표면의 손상이나 부적당한 기계적 처리를 살펴야 한다. 작업중 취급 부주의로 인한 손상이 있는지를 조심해서 살핀다. 휠과 타이어를 재장착하기 전에 비정상적으로 처리된 것은 수정하도록 해야 한다. 가벼운 프라이머(Primer)를 칠하는 것은 허용된다. (그림 4-57)

외부의 불순물 또는 페인트는 시일링 표면에 손상을 줄 수 있다. 그래서 모든 불순물은 휠이 조립되기 전에 시일링 표면으로부터 깨끗이 세척되게 한다.

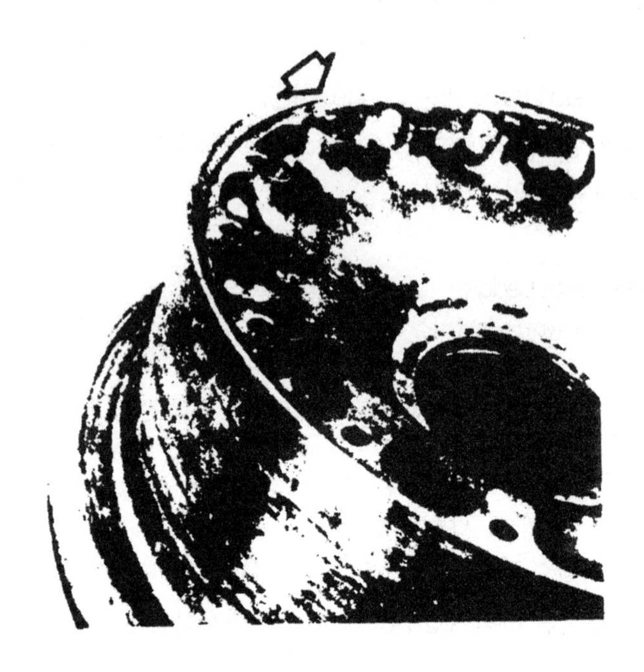

그림 4-57 휠(Wheel) 검사

H. O-ring의 부적절한 장착

꼬이거나 규정된 윤활유가 공급이 안되었을 때 공기 손실이 생길 수 있다. 규격이 특별한 저온에서 사용하는 콤파운드는 틀린 O-ring을 사용하는 경우 누설의 원인이 될 수 있다. 사용하는 O-ring을 조심스럽게 검사한다. 부분적으로 얇게 되었거나 변형되었거나 또는 깍이거나 찢어졌는지 확인해야 한다.

I. 휠 타이 볼트(Wheel Tie Bolt)

어떤 온도 상태하에서도 시일링을 위한 O-ring에 적당한 압축력을 주기 위하여 휠 제작사가 정한 토큐(Torque)를 가하여야 하며, 또 그 정해진 절차에 따라 수행해야 한다. 낮은 토큐, 저온 또는 휠 한쪽의 수축은 O-ring 시일에 심각한 압축력 감소를 가져온다.

J. 튜브리스 휠 밸브 구멍

튜브리스 휠 밸브 구멍과 그 주위는 스크래치(Scratch) 또는 고오지(Gouge) 및 외부의 불순물로부터 보호되어야 한다. 적당한 고무 그로멧(Rubber Grommet) 또는 O-ring은 휠 제작자가 정한 규격에 따라 사용해야 한다.

규격에 맞지 않는 시일은 압축력과 낮은 온도의 조건하에서 충분히 기능을 발휘하지 못한다. 튜브리스 밸브의 고정은 휠 제작사의 특별한 지시에 따라야 한다. 밸브 코어는 누출이 있으면 교환해야 하고 점검해야 한다. 밸브 캡(Valve Cap)은 반드시 장착해야 하며 손으로 조인다.

K. 서멀 퓨즈(Thermal Fuse) 장착

결함이 있는 서멀 퓨즈는 누설의 원인이 되므로 교환해야 한다. 이것은 보통 용융(Thermal Melting) 물질과 볼트 사이의 접촉이 제대로 안되었기 때문이다. 서멀 퓨즈 가스켓을 위한 시일링 표면은 스크래치(Scratch)나 불순물로부터 보호되어야 하고 깨끗이 세척된 상태라야 한다. 때때로 표면은 제작사의 지시에 따라 수리가 가능하다. 시일링 가스켓(Sealing Gasket)은 그 특별한 기능에 따라 크기나 콤파운드가 휠 제작사가 정한 것이어야 한다.

가스켓은 뒤틀리거나 절단 되어서는 안된다.

공기 손실을 방지하기 위해 조립 전에 충분히 그리고 완전히 검사하는 것이 가장 믿을 수 있다. 조립후 공기 손실이 발생했다면 비눗물을 사용하여(가능하면 휠과 타이어가 조립된 상태로 담금) 누설의 정확한 원인을 찾아낼 수 있다.

4-18. 압력 게이지 사용

때때로 공기 압력의 차이는 실제 공기 압력의 변화보다는 게이지의 정확도 차이에 기인하는 수가 있다. 그래서 부정확한 타이어 압력 게이지는 수리하거나 교환해야 한다. 차가운 온도는 역시 타이어 압력 게이지에 영향을 주며 보통의 경우보다 압력을 낮게 지시하는 원인이 된다.

오일이나 윤활유를 잘못 사용하여 게이지의 성능을 저하시킬 수도 있다. 정기적으로 게이지를 교정시키는 것이 필요하며 인플레이션 사이클 도중의 측정은 같은 게이지를 사용하는 것이 좋다. (Inflation Cycle-12 또는 24시간) 다이얼식 게이지(Dial Type Gauge)가 가장 보편적으로 많이 쓰이며, 또 성능도 좋다.

A. 항공기 타이어의 저장(Storing Aircraft Tire)

타이어나 튜브를 보관하는 이상적인 장소는 시원하고 건조하며, 상당히 어둡고 공기의 흐름이나 불순물(먼지 등)로부터 격리된 곳이 좋다. 저온의 경우는 그렇게 문제가 아니나 (32°F 이하가 아닐 경우), 고온(80°F 이상일 경우)은 상당히 해로우므로 피해야 한다.

a. 습기와 오존을 피한다.

젖거나 습기가 있는 상태는 부패될 수가 있고 고무나 코드 패브릭(Cord Fabric)에 해로운 불순물을 포함하고 있을 경우는 더 큰 손상을 줄 수가 있다. 심한 공기의 유동은 산소와 오존의 공급을 증가시켜 고무의 수명을 단축시키므로 피해야 한다. 또한 전기 모터, 밧데리 충전기, 전기 용접 장비, 전기 제너레이터 및 그와 유사한 장비들은 오존을 발생시키므로 타이어를 보관하고 있는 장소로부터 멀리하는 것이 좋다.

b. 연료와 솔벤트 위험

타이어는 오일, 개솔린, 제트 연료, 유압 작동유 또는 솔벤트 종류와 접촉되지 않도록 주의해야 한다. 왜냐하면 이러한 것들은 화학적으로 고무를 급속히 파괴시키기 때문이다. 오일(Oil)이나 그리스(Grease)가 묻어 있는 곳에 절대 타이어를 두어서는 안된다. 엔진이나 랜딩기어 작업시는 타이어를 덮어서 오일이 타이어에 떨어지는 것을 방지해야 한다.

c. 암실에 저장

타이어 보관 장소는 어두워야 하며, 최소한 직사광선은 피하도록 한다. 창문은 청색 페인트로 입히거나 검정색 플라스틱으로 덮어 직사광선을 피해야 한다. 검정색 플라스틱은 더운 계절에는 보관 장소의 온도를 낮게 하고 타이어를 창문 가까이에도 보관할 수 있게 한다.

d. 타이어 랙(Tire Rack)

가능하면 타이어를 수직으로 세울 수 있는 타이어 랙(일종의 그물 선반)에 규칙적으로 배열하여 보관하는 것이 좋다. 타이어의 무게를 받치는 랙의 면은 평편해야 한다. 가능하다면 타이어에 영구적인 변형이 오지 않게 하기 위해서 3~4in 정도 폭이 있는 것이 좋다. 타이어를 쌓아 놓는다면 너무 높게 쌓아두게 되면 타이어에 변형이 생기고 이 타이어를 사용하였을 때 문제점이 생기는 원인이 된다. 사실상 튜브리스 타이어인 경우 아래쪽에 쌓인 타이어는 비드 부분이 눌려져서 서로 가깝게 되므로 휠에 장착할 때 휠에 제대로 비드가 자리잡기 위해서는 시팅 툴(Seating Tool)로 과도한 힘을 주게 된다.

B. 안전한 타이어 저장

튜브는 원래 포장된 상자 내에 항상 보관해야 광선과 공기의 유동으로부터 보호될 수가 있다. 두꺼운 종이로 여러겹 싸지 않은 채로 빈(Bin)이나 선반위에 보관해서는 안된다. 튜브는 약간 팽창시킨 상태나 같은 규격의 타이어에 끼어서 보관할 수도 있다. 물론 이 경우는 어느 정도 일시적으로 보관할 때이다. 이럴 경우 사용전에 반드시 튜브를 빼내고 타이어의 내부를 면밀히 조사해야 한다. 왜냐하면 튜브와 타이어 사이에 불순물이 들어 갈 경우가 많고 그렇게 되면 타이어나 튜브에 심한 손상을 주는 원인이 되기 때문이다. 튜브를 못이나 말뚝(Peg)같은 곳에 걸어서 주름이 생기게 해서는 안된다. 이러한 주름은 나중에 균열을 생기게 할 수가 있다.

4-19. 수리 작업

사용중에 손상된 항공기 타이어나 튜브는 통상 수리될 수 있다. 예를 들면 닳거나(Worn Out) 플렛 스폿(Flat Spot) 또는 조기 장탈된 타이어들은 리캡핑(Recapping)이 될 수가 있고 원래의 트레드(Tread)와 마찬가지로 새로운 트레드로 제작할 수 있다.

사이즈	튜브 없이	튜브 삽입후	사이즈	튜브 없이	튜브 삽입후
26×6	5	6	56sc″ 이상	3	4
33“	4	5	12.50~16	4	5
36“	4	5	15.00~16	3	4
44“	4	5	17.00~16	3	4
47“	3	4	15.50~20	3	4
			17.00~20	3	4

[참고] 39×13 크기의 타이어와 튜브는 5개까지 겹쳐서 쌓을 수 있지만, 이보다 클 때는 4개 이상을 겹쳐서 쌓을 수 없다.

그림 4-58 겹쳐 쌓을 수 있는 타이어 수

리캡핑이나 수리는 수년동안 그 방법이 개선되어 왔고 많은 물자와 비용을 절감하게 되었다.

A. 항공기 타이어의 리캡핑(Recapping)

리캡핑은 트레드를 새로 입히거나 또는 트레드와 사이드월(Side Wall)을 새로 입히는 방법이다. (그림 4-59)

(a) 사이드웰 코드가 수리한계 이상이다.

(b) 사이드웰 코드 손상의 정도가 리트레드 (Retread)가 가능하다.

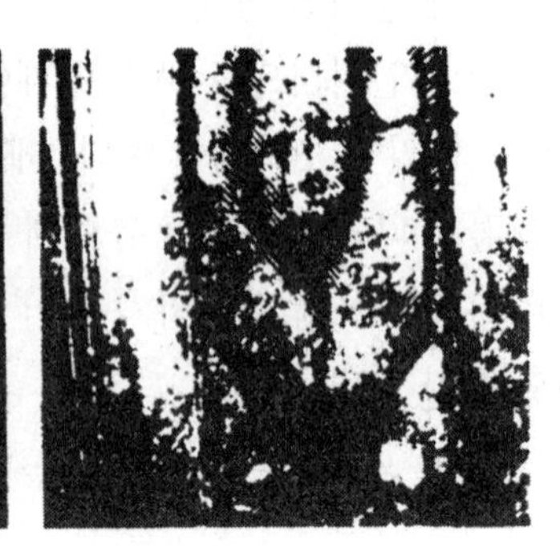

(c) 브레이커(Breaker)가 마모되었지만, 리트레드가 가능하다.

그림 4-59 수리 가능한 손상

항공기 타이어 리캡핑에는 다음과 같은 4가지 형식이 있다.

① 톱 캡핑(Top Capping) — 약간의 플롯 스폿이나 쇼울더 마모 정도 이상이 아닌 트레드 바닥 부분이 닳았을 때는 낡은 트레드를 꺼칠꺼칠하게 만들어 그 위에 새 트레드를 입힌다.

② 풀 캡핑(Full Capping) — 타이어 둘레가 전체적으로 닳았거나 코드(Cord) 부분까지 플렛스폿이 생기거나 트레드 부분에 여러 가지 많은 절단이 생겼을 때는 톱 캡의 경우보다 더 넓게 새 트레드 재료가 쇼울더 부분 아래쪽으로 몇인치 내려오게 된다.

③ 3/4 리트레드 — 손상이나 웨더 체킹(Weather Checking)으로 인하여 새트레드(New Tread)와 한쪽 사이드월을 재생해야 할 경우 풀캡(Full Cap)을 수행하고 덧붙여 1/16in 정도 두께로 낡은 사이드월(Old Side Wall)을 벗겨내고 비드 부분에서 새 트레드 끝까지 새 사이드월을 입힌다.

④ 비드에서 비드까지 리트레드(Bead to Bead Retread) — 새 트레드와 양쪽 사이드월을 위와 같은 방법으로 수행한다.

B. 리캡핑(Recapping)을 해야 할 타이어

코드 바디(Cord Body)나 비드(Bead)가 손상되지 않았거나 수리가 가능한 범위 내에 손상을 입은 타이어는 리캡핑을 할 수가 있다.

트레드 깊이로 타이어의 80%까지 닳은 타이어와 마모의 정도에 관계 없이 타이어의 균형에 영향을 줄 정도로 한군데 이상 플렛 스폿(Flat Spot)이 난 타이어와 많은 곳에 절단(Cut)되어 수리하는 것이 비경제적일 때는 리캡핑을 한다.

C. 리캡핑할 수 없는 타이어(Nonrecappable Tire)

6Ply 이상을 가진 타이어일 때 스폿 마모(Spot Worn)가 첫째 바디 플라이(Body Ply) 이상 닳았을 때(보통 4~6Ply인 항공기 타이어는 리캡핑이 비경제적인 것으로 고려됨)와 트레드나 사이드웰에 코드가 드러날 정도로 웨더 첵킹(Weather Checking)이나 오존 균열(Ozone Crack)이 있는 타이어는 리캡핑할 수 없다.

D. 수리 가능한 항공기 타이어

단지 수리가 고려되는 타이어는 남아있는 수명이 중요하다. 보통 최소한 30%의 트레드 수명이 남아있는 타이어는 단지 보증(Warrant) 수리로 충분히 사용될 수 있다.

E. 수리 불가능한 항공기 타이어

다음과 같은 조건의 타이어는 수리할 수가 없다.

① 비드나 비드 부분의 손상(단 앞에서 언급한 수리 가능한 타이어로서 비드 커버 또는 피니싱 스트립(Finishing Strip)에 제한된 손상인 경우는 제외)

② 비드 와이어(Bead Wire)가 튀어나왔거나 심하게 뒤틀린 타이어

③ 플라이(Ply) 혹은 트레드(Tread)의 분리가 나타난 타이어

④ 내부와 코드가 느슨하게 풀려졌거나 손상되었거나 끊어진 타이어

⑤ 사이드월 또는 쇼울더 부분의 외부에 코드가 끊어졌거나 파손된 타이어

⑥ 휠의 퓨즈 플러그(Fuse Plug)가 녹았거나 결함으로 인하여 타이어가 플렛(Flat) 또는 부분적으로 플랫되었을 때는 타이어의 내부나 외부에 눈으로 볼 수 있는 뚜렷한 결함이 없더라도 이 타이어는 폐기시켜야 한다. 퓨즈 플러그의 결함에 의해 공기가 누출되었을 때는 예외로 한다.

F. 스폿(Spot)의 수리

경제적인 면을 고려할 때 트레드 부분에 실제 바디 플라이의 25% 이하 그리고 표면에서 길이가 2in 이하로 절단되었거나 스내그(Snag)된 손상은 부분적인 수리가 가능하다.

부분적인 유화 수리(Vulcanized Spot Repair)는 트레드 고무 이상 깊게 또는 코드 바디

(Cord Body)를 뚫고 들어간 트레드 고오지(Tread Gouge)가 아닐 때는 이 부분을 메꾸는 방법으로 수리가 가능하다. 저속용 타이어(160mph 이하)가 실제 바디(Breaker Strip는 불포함)의 25% 이하의 깊이로 트레드에 상처가 났을 때 또한 표면이 최대 2in 이하의 깊이로 상처가 났을 때는 수리가 가능하다. 만약 25% 이상의 바디 플라이 깊이로 상처가 났더라도 길이가 1in 이하이면 수리가 가능하다. 고속용 타이어(160mph 이상)는 실제 바디 플라이(Breaker Strip과 Tread에 있는 Fabric Reinforcement Strip은 불포함)의 40% 이하 깊이로 트레드에 상처가 나고 표면의 최대 길이가 $1\frac{1}{2}$in 이하의 손상으로 그 폭이 1/4in 이하일 때 수리가 가능하다. 트레드 부분에 코드 바디를 통하여 1/8in 이하의 큰 점과 같이 생긴 손상은 구멍으로 생각할 수 있으며 이 경우는 쉽게 수리된다. 사이드 월이나 쇼울더 고무가 얇게 절단되었을 때는 코드가 드러나더라도 코드에 상처가 없다면 수리될 수 있다. 피니싱 스트립(Finishing Strip)을 통한 조그만 상처나 비드 부분에 타이어 공구로 인한 경미한 상처는 수리가 가능하나, 피니싱 스프립이 느슨해지거나 부풀어서 기포가 생겼으면 비드 부분에서 반대편 비드 부분까지 리트레딩(Retreading)을 함으로써 수리를 할 수가 있다.

4in×8in 크기보다 작은 라이너 블리스터(Liner Blister)는 트레드 1/4 부분에 이런 것이 2군데 이하일 경우 그리고 타이어 전체에 5군데 이하일 때 수리될 수가 있다. 그러나 보통 타이어가 리캡할 때 이러한 것을 수리하는 것이 경제적이다. 일반적으로 4 또는 6ply의 항공기 타이어를 수리하는 것은 비경제적인 것으로 고려되고 있다.

4-20. 작동 및 취급

A. 택싱(Taxing)

항공기의 택싱시에 적절히 항공기를 취급함으로써 불필요한 손상이나 과도한 마모를 방지할 수가 있다. 항공기의 대부분의 하중은 2개 또는 4개, 8개 혹은 그 이상의 타이어로 구성된 메인 랜딩기어 휠에 걸리게 된다. 타이어는 착륙시의 충격을 흡수하도록 설계되어 있고, 또 인플레이션 되어 있다. 그리고 디플렉트(Sidewall의 Bulge)는 자동차나 트럭 타이어 보다 2배 내지 $1\frac{1}{2}$배가 된다.

디플렉션이 크면 트레드의 운동량이 커져 트레드의 가장자리 부분을 따라 스커핑(Scuffing)이 생성되어 마모가 빨리 생기는 결과를 가져온다. 또한 디플렉션이 클 때 타이어가 유도로(Taxi Way), 램프(Ramp) 활주로상의 외부 물체(Stone이나 Chuck Hole)에 부딪히게 되면 절단이나 스내그(Snag) 또는 손상(Bruise)이 생길 가능성이 크다.

또는 회전할 때 메인 랜딩기어 휠 중의 하나가 포장된 활주로나 지면의 끝에 빠지게 되면 메인 랜딩기어 휠을 가진 항공기는 양쪽 랜딩기어에 균등하게 하중에 걸리지 않고 한쪽에 집중적으로 걸리게 되면 그쪽 타이어에 손상을 줄 수 있는 충격을 받게 된다.

공항이 커지고 택시 런(Taxi Run) 길이가 길어지므로써 타이어의 손상이나 마모를 증가시키게 된다. 택시 런은 가능한 한 줄이고 25mph 이하로 택싱(Taxing)해야 하며, 특히 노스휠 스티어링(Nose Wheel Steering)을 장착하지 않은 항공기는 더욱 이 사실을 이행해야 한다. 택싱시에 손상을 줄이기 위해 활주로나 유도로(Taxing Way) 또는 램프(Ramp) 위의 불순물들을 제거시켜야 한다.

B. 제동과 피봇팅(Braking and Pivoting)

공항의 교통량 증가에 따라 택시 런(Taxi Run)이나 이륙이나 착륙의 길이가 길어짐에 따라 제동(Braking), 선회(Turning), 피봇팅(Pivoting) 등의 결과로 더욱 더 많은 타이어의 손상이나 마멸이 생기게 되었다.

브레이크를 심하게 사용함으로써 타이어에 플렛 스폿 마모(Flat Spot Wear)가 발생시켜 타이어 한쪽의 무게를 감소시켜 타이어의 균형을 깨뜨리므로 조기 리캡핑(Recapping)이나 교환이 필요하게 된다. 갑작스런 심한 브레이크의 작동이나 장시간 브레이크의 사용은 그라운드 속도가 줄어들었을 때는 피할 수가 있다. 조심스럽게 피봇팅(Pivoting)하는 것도 역시 타이어 트레드의 수명을 연장시킬 수가 있다.

항공기가 자동차처럼 회전을 한다면 회전 반경이 훨씬 커지므로 트레드의 마모가 줄어들 수가 있을 것이다. 그러나 한쪽 휠을 락크시키고 이것을 축으로 회전시키게 되면 락크된 휠의 타이어는 지면과 마찰되어 심하게 뒤틀리게 된다. 조그만 돌멩이는 보통의 경우는 아무런 손상을 타이어에 줄 수 없지만 이러한 경우는 타이어에 깊이 박힐 수가 있다.

이러한 스커핑(Scuffing) 또는 그라인딩(Grinding) 작용은 트레드 고무를 벗겨내거나 동시에 사이드월이나 비드에 심한 응력을 주게 된다. 이러한 작용을 최소한으로 줄이기 위해 회전을 할 때는 안쪽 휠이 타이어가 20~25ft 반경을 가지고 회전하도록 하고 보기(Bogie)를 장착한 항공기일때도 40ft까지 반경을 가지고 회전하도록 해야 한다.

C. 이륙과 착륙(Take off and Landing)

항공기 타이어는 이륙이나 착륙시에 항상 심한 응력을 받게 된다. 그러나 보통의 조건하에서는 적절한 관리나 정비를 수행함으로서 손상 없이 이러한 응력을 견디어 낼 수 있다.

이륙시의 타이어 손상은 활주로상 외부의 어떤 물체(돌멩이나 불순물, 금속 조각 등) 위를 지나는 결과로 보통 발생한다. 플렛 스폿(Flat Spot)이나 피봇팅(Pivoting)시에 생긴 절단(Cut)도 역시 이륙이나 착륙시의 손상의 원인이 될 수 있다. 순탄한 착륙은 충격의 순간에 타이어에 오는 응력을 줄일 수가 있다. 브레이크를 락크(Lock)한 채로 착륙을 하게 되면 플렛 스폿이 생기게 된다. 리캡핑(Recapping)이나 교환을 위해 장탈된 타이어는 지워지지 않게 표시를 해둔다.

브레이크가 락크된 채로 착륙을 하게 되면 지면에 닿게 되는 트레드 부분은 심하게 열이 발생되어 트레드 고무가 타게 된다. 열은 코드 바디를 약하게 만드는 경향이 있고 비드에 심한 응력을 주게 된다. 더욱이 브레이크에 발생하는 열은 타이어 비드 부분을 타게 할 수도 있다. 이러한 상황에서는 압축된 공기가 열을 받으면 팽창하므로 블로우 아웃(Blow Out)이 생기기도 한다.

테일 휠이 있는 항공기의 2점 착륙(Tow Point Landing)은 3점 착륙(Three Point Landing)보다는 어느 정도 매끈하다. 그러나 보통 상당한 고속일 때는 항공기를 정지시키기 위해 브레이크의 더 강한 작동이 필요하게 된다.

고속에서 타이어가 활주로상에서 스키드(Skid)된다면 이 작용은 매우 빠른 속도로 회전하는 휠에 대해 지면에 타이어가 닿는 결과와 같게 된다. 때때로 항공기 속도가 매우 빠를 경우는 활주로의 길이상 브레이크를 심하게 작동시켜 타이어에 플렛 스폿(Flat Spot)이 발생하게 된다. 또는 항공기가 아직 상당한 속도로 달리고 있을 때나 아직 상당한 양력을 가지고 있을 때 브레이크가 작동되면 타이어는 활주로상에 대해 스키드를 하게 되고 사용이나 수리가 불가능한 상태의 손상을 받게 된다.

거칠게 착륙을 하면서 항공기가 다시 튀어올라갔을 때 브레이크를 작동시키게 되면 같은 결과를 가져올 수가 있다. 타이어 수명을 최대한 연장시키기 위해서는 어느 한계의 속도로 줄어들기 전에 브레이크를 작동시키지 않아야 한다. 착륙보다 이륙시에 타이어의 고장이 많으며, 이륙시의 이러한 고장을 지극히 위험한 것이다. 이러한 이유로 비행 전 타이어와 휠의 검사가 강조되고 있다.

D. 착륙 활주로의 상태

예방 정비나 극도로 세심한 항공기의 운용에도 불구하고 활주로나 계류장 진입로, 유도로 등의 지면 상태가 좋지 않으면 타이어에 손상을 주게 된다.

지면의 척홀(Chuck Hole)이나 균열(Crack) 또는 스톱 오프(Stop-Off) 등은 타이어에 손상을 주게 된다.

차가운 날씨, 특히 겨울에는 지면의 균열은 바로 보수를 하여야 한다. 또 다른 위험한 상태는 지면이나 격납고 바닥에 불순물(돌, 헝겊, 금속 조각 등)들이 흩어져 있는 것이다. 돌멩이나 다른 외부의 불순물을 치워야 한다. 항공기 위에 놓여 있는 공구, 볼트, 리벳 또는 다른 여러 가지 수리 부품들이 바닥에 떨어져 있는 곳을 다른 항공기가 지나면서 타이어에 구멍,

절단 또는 결함을 가지고 오거나 튜브, 심지어는 휠에 손상을 주기도 한다. 제트 항공기에서는 더욱더 주의해야 한다.

E. 수막 현상(Hydroplaning)

이 현상은 물이 있는 활주로에서 발생하며 빠른 속도로 회전하고 있는 타이어 앞 부분에는 물결이 생기게 되므로 타이어는 활주로에 접촉이 안되게 된다. 이 결과 스티어링(Steering)의 작동이나 브레이크 작동이 되지 않게 된다. 수막 현상은 활주로상에 불순물이 섞여 있는 수분의 얇은 막에 의해서도 발생할 수 있다.

활주로의 노면에 크로스 컷팅(Cross Cutting)을 하므로써 수막 현상의 위험을 줄일 수 있다고 보고되고 있다. 그러나 이러한 크로스 컷팅으로 인하여 생기는 콘크리트의 모서리는 트레드 리브(Tread Rib)에 쉬브론(Chevron)형의 절단을 생기게 하는 원인이 될 수도 있다. 특히 고압력을 사용하는 제트 항공기에서는 더욱 더 그러하다. 이러한 손상은 트레드 리브가 찢어져 패브릭(Fabric)이 드러나지 않는 한 타이어 장탈의 원인은 되지 않는다.

그림 4-60 크로스 커팅 상태의 활주로는 수막 현상의 위험성을 줄인다.

4-21. 튜브 수리

대부분의 튜브 수리는 밸브가 떨어져 나가거나, 혹은 다른 손상 때문에 하게 된다. 그러나 때로는 튜브가 절단되거나 구멍 또는 장착, 장탈할 때 타이어 공구에 의해 받은 손상일 경우도 많다. 1in 이상이 되는 손상은 튜브 내부에 보강 패치(Reinforcement Patch)를 사용함으로써 수리될 수 있다. 이 보강 재료는 바깥쪽 튜브를 수리할 때 사용되는 것과 같은 것이 좋다. 1in 이하의 손상은 보강용 조각이 필요하지 않다. 타이어 비드의 토우(Toe)에 의해 발생하는 채핑 손상 또는 제동열에 의해 튜브가 얇아져 약해지는 결함이 생겼을 때는 폐기하여야 한다. 항공기의 인너 튜브(Inner Tube)에 사용하는 밸브에는 다음과 같은 3가지 형식이 있다.

① 고무 스템(Rubber Stem)과 고무 베이스(Rubber Base)를 갖고 있는 고무 밸브는 인너 튜브의 바깥 표면에 부착되어 있으며 이 밸브는 승용차에 사용하는 것과 비슷한 것이다. 이 밸브의 교환은 대부분 주유소나 차고에서도 행할 수 있다.

② 고무 베이스로 된 금속 밸브 사용하는 고무 베이스는 모든 고무 밸브에 사용하는 것과 비슷하므로 쉽게 식별이 가능하다. 일반적으로 교환 방법은 위의 방법과 같으나 교환되는 밸브의 규격은 원래의 것과 반드시 같아야 한다.

③ 패브릭 보강 고무 베이스(Fabric Reinforced Rubber Base)를 가진 메탈 밸브(Metal Valve) 베이스(Base)는 튜브의 위쪽에 경화되어 있거나 튜브 안으로 경화되어 있다. 금속 밸브는 적당한 각도로 벤트되어 있다. 이러한 형식의 튜브를 수리하는 것은 밸브 패드(Valve Pad)를 교환할 필요가 있으므로 상당히 어렵다. 이 작업에는 경험과 특수한 공구가 필요하다.

위에서 언급한 ②번과 ③번의 밸브는 수리될 수 있다. 이 작업은 원래의 밸브를 잘라내고 본래 밸브의 스퍼드(Spud)에 교환할 밸브를 조인다.

4-22. 사이드월이 부풀어진 타이어

소형 항공기의 타이어 중에는 사이드월에 밸브가 장착되어 휠의 기계적인 작업에 편리하게 되어 있다. 공기 압력을 점검하는 것은 물론이고 인플레이션도 고무 사이드월 밸브(Rubber Side Wall Valve)를 통하여 니들(Needle)을 삽입하여 수행하며 이것은 축구공을 인플레이션시키는 것과 같은 것이다. 이 니들에 세심한 주의가 필요하다. 만약 손상되었다면 밸브에 상처를 줄 우려가 있고 이 결과 공기 손실을 가져올 수 있다. 특히 타이어가 하중을 받고 있을 때는 더욱이 공기 손실의 가능성이 많다. 이러한 밸브의 교환은 간단하다. 타이어 내부의 낡은 밸브(Old Valve)를 짤라 내기 위해서는 칼 또는 가위만 있어도 되며, 교환할 밸브에 끼울 시일이 있으면 된다. 또한 이 작업을 수행하는데 휠에서 타이어를 완전히 장탈하지 않아도 된다.

그림 4-61 사이드 월이 부풀어진 타이어

4-23. 타이어 검사 요약

사용되고 있는 타이어는 규칙적으로 과도한 마모 또는 타이어의 안전을 해칠 수 있는 다른 조건들을 항시 검사해야 한다. 그러므로 해서 타이어의 비용을 절감할 수가 있고 심각한 사고를 방지할 수 있다.

그림 4-62는 가장 보편적인 타이어 마모와 손상을 보여주고 있다.

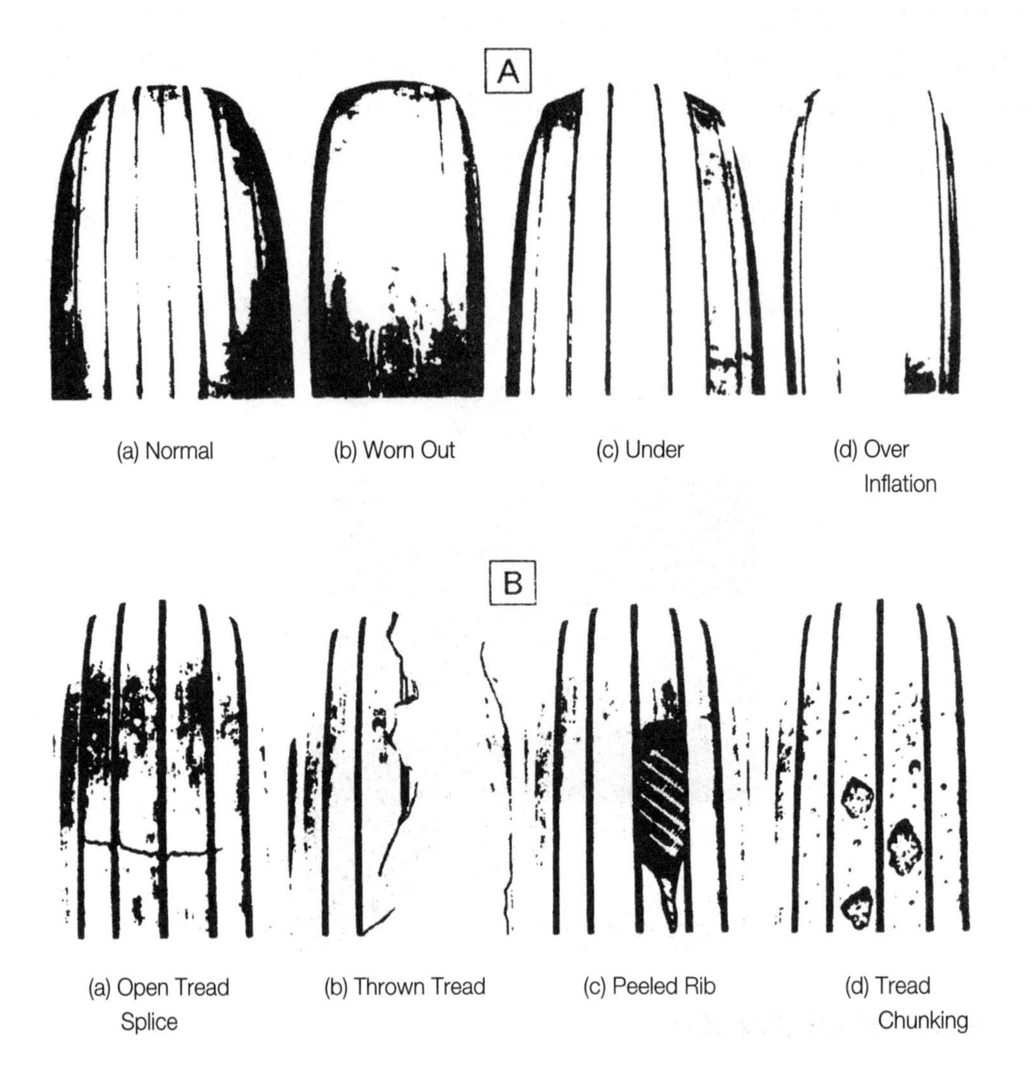

그림 4-62 타이어 손상 예 (A: 트레드 마모, B: 트레드)

4-22. 사이드월이 부풀어진 타이어

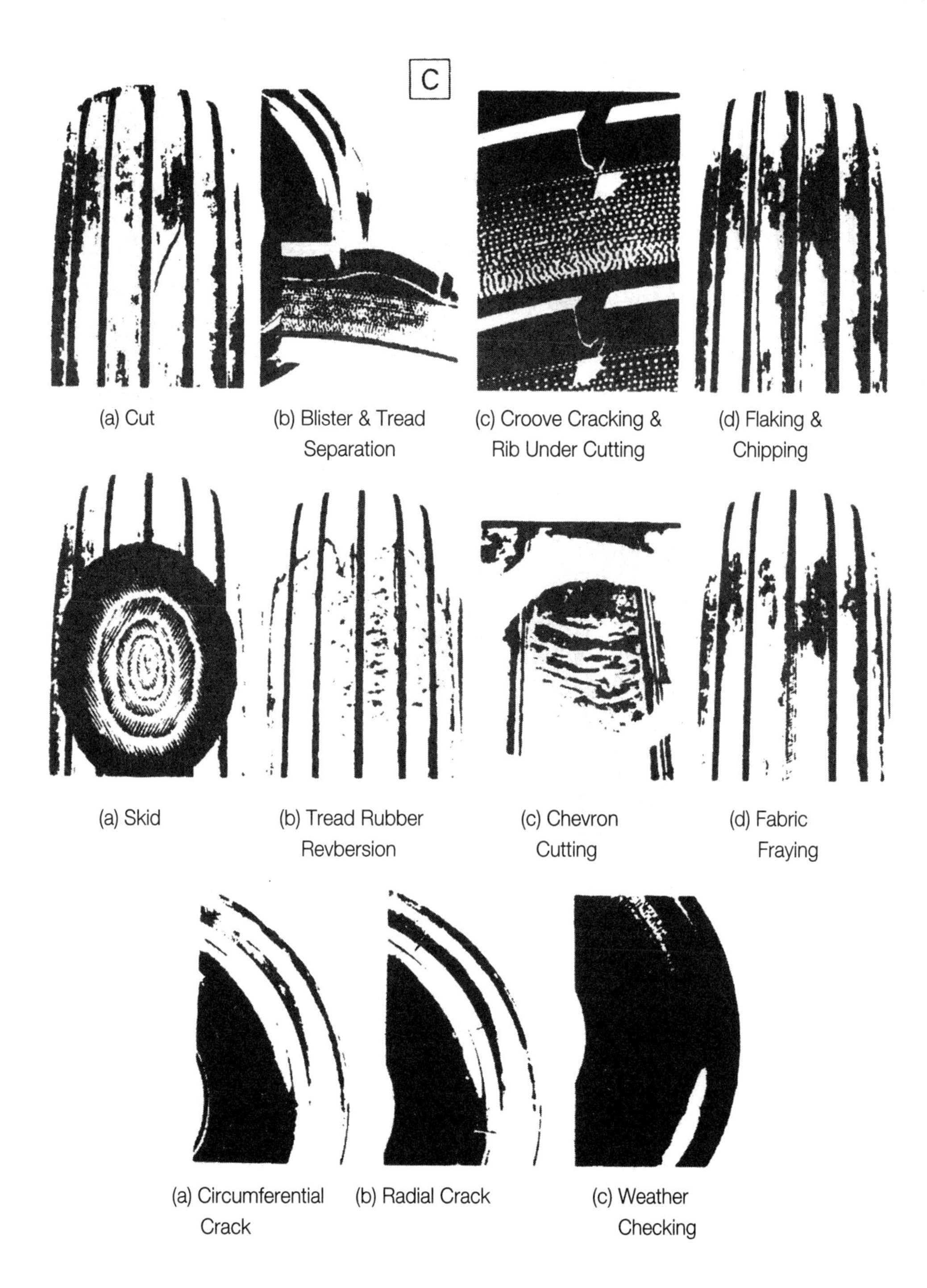

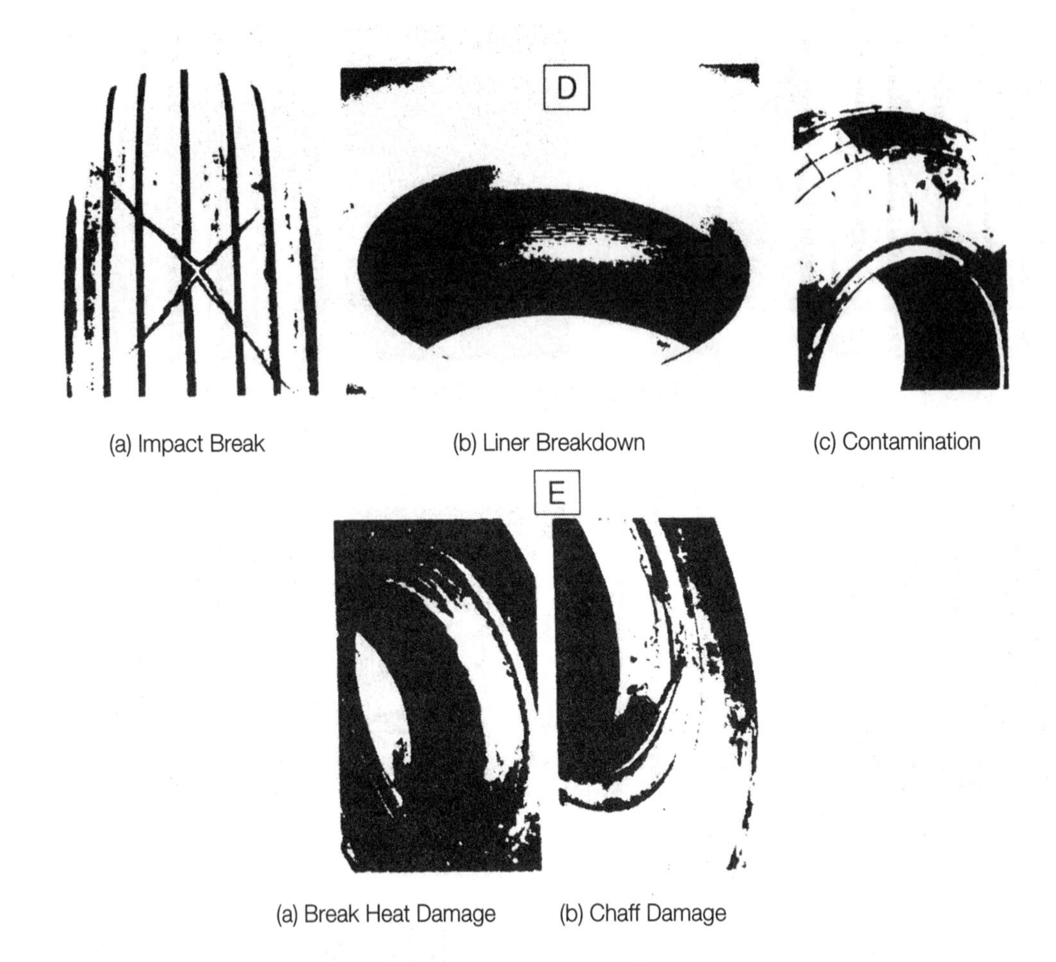

그림 4-63 타이어 손상 예 [C : 사이드월(Sidewall),
D : 카케이스(Carcase), E : 비드(Bead)]

4-24. 앤티스키드 시스템

휠 브레이크(Wheel Brake)의 목적은 지상에서 굴러가는 동안 움직이는 항공기를 정지시키기 위한 것이며, 운동에너지를 브레이크의 작용으로 마찰에 의한 열에너지로 바꾸므로 수행되는 것이다. 높은 성능을 가진 항공기 브레이크 시스템에는 스키드 콘트롤(Skid Control)이나 앤티스키드 시스템(Antiskid System)이 갖추어져 있다.

이것은 매우 중요한 시스템으로서 휠이 스키드 상태로 되면 제동 성능이 급격히 저하되므로 이를 방지한다. 스키드 콘트롤 시스템은 다음 4가지 기능을 수행한다.

① Normal Skid Control

② Locked Wheel Skid Control

③ Touchdown Protection

④ Fail-Safe Protection

이 시스템의 주요 구성품은 2개의 스키드 콘트롤 제너레이터(Skid Control Generator), 한 개의 스키드 콘트롤 박스(Skid Control Box), 2개의 콘트롤 밸브(Control Valve), 한 개의 스키드 콘트롤 스위치(Skid Control Switch), 경고등(Warning Lamp), 그리고 스쿼트 스위치(Squat Switch)에 연결된 전선(Electrical Control Harness)으로 구성되어 있다.

A. 정상 스키드 콘트롤(Normal Skid Control)

정상 스키드 콘트롤은 휠 회전이 줄어들 때 작동하게 되며 정지할 때까지는 작동하지 않는다. 이와 같이 휠 회전이 줄어들 때 휠의 슬라이딩(Sliding) 작용은 바로 시작하게 되며, 완전한 크기의 스키드에 도달하지는 않는다. 이러한 상태에서 스키드 콘트롤 밸브는 유압(Hydraulic Pressure)의 일부를 휠에서 제거한다. 이것이 휠을 좀더 빠르게 회전시키고 슬라이딩을 잠시 멈출 수 있게 하여 준다. 더 강하게 스키드가 있을 때는 더 많이 제동 압력을 빼내어야 한다. 각각의 휠의 스키드 탐지나 조종은 다른 휠들과 각각 연관되지 않고 독립적으로 이루어진다. 휠 스키드의 강도는 휠 감속 비율에 의해 측정된다.

B. 스키드 콘트롤 제너레이터(Skid Control Generator)

스키드 콘트롤 제너레이터는 휠의 회전 속도를 측정하는 장치로서도 속도의 변화를 감지한다. 이것은 작은 발전기로서 휠 엑슬(Wheel Axle)에 각기 하나씩 장착되어 있다. 제너레이터 아마추어는 휠의 구동 캡(Drive Cap)을 통하여 메인 휠과 같이 회전한다.

회전함에 따라 이 제너레이터는 전압과 전류 신호를 보내게 된다. 이 신호의 세기에 따라 휠 회전 속도를 나타내게 되며 이 신호는 전선을 통하여 스키드 콘트롤 박스(Skid Control Box)에 보내어진다.

C. 스키드 콘트롤 박스(Skid Control Box)

이 박스는 제너레이터로부터 온 신호를 식별하고 신호의 세기 변화를 감지한다. 이 변화에서 스키드(Skid)가 발생되는지 휠이 락크되었는지 브레이크가 작용하고 있는지, 또는 릴리스(Release)되었는지 등을 판단하게 된다. 이러한 것을 분석하고 난 후 적당한 신호를 스키드 콘트롤 밸브에 있는 솔레노이드(Solenoid)로 보내게 된다.

D. 스키드 콘트롤 밸브(Skid Control Valve)

브레이크 콘트롤 밸브에 장착된 2개의 스키드 콘트롤 박스로부터 받은 전기적인 신호가 솔레노이드를 작동시킨다.

신호가 없을 경우(Wheel Skidding이 없을 경우)는 스키드 콘트롤 밸브는 브레이크 작동에 아무런 영향을 주지 않는다. 그러나 스키드가 발생하면 스키드가 약하든 강하든 신호가 스키드 콘트롤 밸브 솔레노이드에 보내지게 된다. 이 솔레노이드의 작용은 미터링 밸브(Metering Valve)와 브레이크 실린더(Brake Cylinder) 사이에 있는 압력 라인의 압력을 낮추게 된다. 이것은 솔레노이드가 자화될 때는 언제나 리턴 라인을 따라 리저버(Reservoir)에 덤핑(Dumping) 됨으로써 이루어진다. 그리고 바로 브레이크가 릴리스 된다. 미터링 밸브로부터 브레이크 라인으로 들어가는 압력 흐름은 조종사가 브레이크 페달을 밟고 있는 동안에는 계속적으로 들어가게 된다. 그러나 흐름과 압력은 휠 브레이크(Wheel Brake)로 가지 않고 리저버로 다시 보내진다. 유틸리티 시스템 압력(Utility System Pressure)은 조종사가 페달을 밟는 힘에 비례해서 휠 브레이크로 가는 양을 미터링하는 브레이크 콘트롤 밸브로 들어간다. 그러나 브레이크에 가기전에 반드시 스키드 콘트롤 밸브를 통하게 되어 있다. 솔레노이드가 작동되면 브레이크 콘트롤 밸브와 브레이크 사이에 있는 포트(Port)가 열리게 된다. 이 포트는 브레이크를 작동시키는 압력을 유틸리티 시스템 리턴 라인으로 벤트시킨다. 이렇게 함으로써 브레이크 작용이 줄어들고 휠은 다시 빠르게 회전하게 된다. 시스템은 스키드 지점(Skid Point) 바로 아래에서 작용할 수 있도록 충분한 힘을 공급할 수 있게 설계되어 있다. 이렇게 함으로써 가장 효과적인 제동 작용을 얻을 수 있다.

E. 조종사 조정(Pilot Control)

조종사는 조종실의 스위치로 앤티스키드 시스템을 OFF할 수 있다. 시스템을 ON/OFF할 수 있거나 고장나면 경고등이 켜지게 되어 있다.

F. 락크된 휠 스키드 콘트롤(Locked Wheel Skid Control)

락크된 휠 스키드 콘트롤은 휠이 락크되었을 때는 브레이크가 완전히 릴리스되게 해준다. 락크된 휠의 상태는 타이어의 마찰이 생길 수 없는 얼음판에서 일어난다. 이것은 정상 스키드 콘트롤이 완전히 휠이 스키드에 도달하는 것을 방지하지 못할 때 생긴다. 락크된 휠 스키드를 릴리스시키기 위해 압력은 정상 스키드 기능 이상으로 길게 브리드(Bleed)되어야 한다. 이것은 휠이 다시 속도를 얻을 수 있는 시간적 여유를 주는 것이다. 락크된 휠 스키드 콘트롤은 항공기 속도가 15~20mph 이하로 떨어지면 작동이 안 되게 되어 있다.

G. 터치 다운 보호(Touchdown Protection)

터치다운 보호회로는 항공기가 착륙을 위해 접근 중에 조종사가 브레이크 페달을 누르더라도 브레이크가 작동하지 못하도록 하는 것이다. 이것은 항공기가 활주로에 닿을 때 휠이 락크되는 것을 방지해 준다. 휠은 항공기의 전체 하중을 받기 전에 회전할 수 있는 여유를 가진다.

스키드 콘트롤 밸브가 브레이크 작동을 허용하는 데는 2가지 조건이 있다. 이 조건이 충족되지 않으면 스키드 콘트롤 박스는 적당한 신호를 밸브 솔레노이드에 보내지 않는다. 첫째는 스쿼트 스위치(Squat Switch)가 항공기 전체 하중이 휠에 걸렸다는 신호를 해야 한다. 둘째는 휠 제너레이터(Wheel Generator)가 휠 속도가 15~20mph 이상이라는 것을 감지해야 한다.

H. 페일 세이프 보호(Fail Safe Protection)

페일 세이프 보호 회로는 스키드 콘트롤 시스템의 작동을 모니터한다. 이것은 시스템이 고장일 때 자동적으로 브레이크 시스템이 완전 수동으로 작동되게 하고 역시 경고등이 켜지게 한다.

4-25. 랜딩기어 시스템 정비

랜딩기어에 작용하는 압력과 응력 때문에 검사, 서비싱(Servicing) 및 다른 정비가 계속 진행되어야 한다. 항공기 랜딩기어 계통의 정비에서 가장 중요한 일은 철저하고 정밀한 점검이다.

점검을 잘 수행하기 위하여 모든 표면들을 검사하고 많은 고장난 지점을 찾기 위하여 깨끗이 크리닝(Cleaning)해야 한다. 주기적으로 쇽 스트러트(Shock Strut), 시미 댐퍼(Shimmy Damper), 휠 베어링(Wheel Bearing), 타이어 브레이크(Tire Brake)들을 점검할 필요가 있다.

이 점검을 하는 동안 기어 다운 락크(Down Lock) 안전핀이 꼽혀 있나 점검한다. 랜딩기어 위치 지시계와 지시등, 경고혼(Warning Horn)이 작동하는지 확인하고 비상 콘트롤 핸들과 계통은 알맞은 위치에 있고 상태는 양호한가 점검한다. 랜딩기어 휠의 청결과 부식, 또는 갈라진 곳이 있나 점검한다. 휠 타이 볼트(Wheel Tie Bolt)가 풀어졌나 점검하고 앤티 스키드 배선(Antiskid Wiring)이 약화되었나 검사한다.

타이어가 닳았거나 찍히고 약화되었는지 그리스나 오일의 흔적 슬립페이지 표시(Slippage Mark)가 일치되고 잘 부풀어 있나 검사한다. 랜딩기어 구조의 상태 작동 그리고 적절히 조절되었나 점검한다. 노스 휠 스티어링(Nose Wheel Steering)을 포함한 랜딩기어를 윤활한다. 스티어링 계통의 케이블이 약화되고 가닥이 단락되었는지 정렬이 잘 되고 안전한가를 점검한다.

랜딩기어 쇽 스트러트(Landing Gear Shock Strut)의 상태가 금이 가고 부식되고 파괴되고 조정되었나 점검한다. 적용할 수 없는 곳에 있는 브레이크 간격을 점검한다. 여러 가지 윤활제는 랜딩기어의 마찰되는 부분과 마모되는 부분을 윤활시키기 위하여 필요하다. 이런 윤활제는 손과 오일 캔 또는 압력식 그리스 건(Grease Gun)으로 주입할 수 있고 압력식 그리스 건을 사용하기 전에 먼지, 모래와 혼합된 윤활제는 아주 해로운 연마제 콤파운드(Compound)를 생성시키므로 그리스와 축적된 먼지를 씻어내기 위하여 윤활 피팅(Lubrication Fitting)을 깨끗이 하여야 한다. 피팅에 과도하게 묻은 윤활제와 밖으로 새로나온 윤활제를 닦아내야 한다.

모든 노출된 작동 실린더(Actuating Cylinder)의 피스톤 로드(Piston Rod)의 광이 나는면과 시일(Seal)이 손상되는 것을 방지하기 위하여 작동하기 이전에 항상 피스톤 로드를 닦아야 한다. 주기적으로 휠 베어링을 장탈하여 세척 · 점검하고 윤활을 해야 한다. 휠 베어링을 세척할 때는 적당한 세척용 솔벤트를 사용한다. (납이 함유된 개솔린을 사용해서는 안된다)

로울러(Roller) 사이에 건조된 공기를 직접 불어넣음으로서 베어링을 건조시킨다. 베어링을 회전시키면서 공기를 직접 분사해서는 안된다. 베어링을 점검할 때 베어링 표면이 깨진 것, 금이 간 것, 표면이 떨어진 것, 표면이 닳았거나 충격 압력으로 인해 거칠어진 것, 베어링 표면의 부식이나 곰보진 것, 과열로 인한 변색, 금이 가거나 깨어진 케이지(Cage) 휠이나 엑슬에 잘 안착하게 해주는 베어링 컵(Bearing Cup)이나 또는 콘(Cone)이 헐거워지거나 긁힌 자국과 같은 결함을 점검한다. 만약 이런 결함이 나타나면 사용가능한 베어링으로 교환하여야 한다. 녹이나 부식을 방지하기 위하여 베어링을 검사하거나 세척을 한 후는 즉시 베어링을 윤활하여야 한다.

테이퍼 로울러 베어링(Taper Roller Bearing)에 윤활제를 넣어주기 위하여 손바닥에 적당량의 윤활제를 놓고 다른 손의 엄지손가락과 첫 번째 두 개의 손가락으로 베어링 어셈블리의 콘을 잡고 베어링의 직경이 더 큰 쪽을 손바닥으로 잡는다. 그리고 엄지손가락 방향으로 손바닥에 있는 윤활제가 들어가게 베어링 어셈블리를 움직이면서 콘과 로울러 사이의 공간 내로 윤활제를 밀어넣는다. 로울러와 로울러 사이의 빈 곳 모두에 윤활제로 채워질 때까지 반복한 후 어셈블리를 회전시킨다. 그리고 콘과 케이지 외부의 과도한 윤활제는 제거한다.

A. 랜딩기어 리깅과 조절(Rigging and Adjustment)

때로는 랜딩기어와 도어의 적절한 작동을 위하여 랜딩기어 스위치, 도어 링 케이지 래치(Door Linkage Latch)와 락크를 조절할 필요가 있다. 랜딩기어 작동 실린더를 교환했을 때와 길이를 조절했을 때 작동 범위를 벗어나지 않았는가(Overtravel)를 점검해야 한다. 오버 트래블이란 랜딩기어가 익스텐션(Extension)과 리트렉션(Retraction)하는데, 필요한 운동을 초과하는 실린더 피스톤의 동작을 말한다. 추가되는 동작은 랜딩기어 래치 구조를 작동시킨다.

항공기 형태와 설계의 광범위한 변화 때문에 랜딩기어를 조절하고 리깅(Rigging)하는 것은 다양하다. 업 락크(Up Lock)와 다운 락크(Down Lock) 간격, 링케이지(Linkage) 조절, 리미트 스위치(Limit S/W) 조절, 그리고 다른 랜딩기어 조절은 랜딩기어 설계에 따라 광범위하게 변한다. 이런 이유 때문에 언제나 랜딩기어 리깅(Landing Gear Rigging)이나 또는 장착시 어떤 단계를 수행하기 이전에 해당 제작사의 정비 매뉴얼(Maintenance Manual)이나 서비스 매뉴얼(Service Manual)을 참고하여야 한다.

B. 랜딩기어 래치의 조절

래치(Latch)의 조절은 정비사에게는 중요한 사항이다. 래치는 유닛(Unit)이 사이클의 전체나 일부를 움직인 후에 정확한 위치에 유닛을 잡고 있게 하기 위하여 랜딩기어 시스템에 사용된다. 예를 들면 어떤 항공기에서 랜딩기어가 리트랙팅(Retracting)되었을 때 각 기어는 래치에 의해서 업(UP) 위치에 홀딩된다. 랜딩기어를 익스텐딩(Extending)했을 때도 같은 방법으로 홀딩된다. 래치는 또한 랜딩기어 도어를 열림 위치와 닫힘 위치에 홀딩(Holding)하기 위하여 사용된다.

래치 설계는 여러 가지 종류가 있다. 그러나 모든 래치는 같은 일을 수행하기 위하여 설계되며 그들은 적당한 시간에 자동적으로 작동해야 하며, 원하는 위치에 유닛을 홀딩해야 한다. 대표적인 랜딩기어 도어 래치는 다음 절에 설명한다. 어떤 항공기에서는 랜딩기어 도어는 2개의 도어 래치에 의해서 닫힘 위치로 홀딩된다.

그림 4-64에서 보는 바와 같이 1개는 도어의 후방 근처에 장착되어 있다. 도어를 확실하게 락크되게 하기 위하여 양쪽 락크는 도어를 항공기 구조에 단단히 홀딩하고 그리핑(Griping)해야 한다.

그림 4-64에 나타난 각 래치 구조(Latch Mechanism)의 기본 구성품은 유압 래치 실린더(Hydraulic Latch Cylinder), 래치 훅(Latch Hook), 스프링 힘을 받은 크랭크(Spring Loaded Crank)와 래버 링케이지(Lever Linkage)와 섹터(Sector)이다.

래치 실린더는 랜딩기어 콘트롤 시스템과 유압적으로 연결되어 있고 래치 훅(Latch

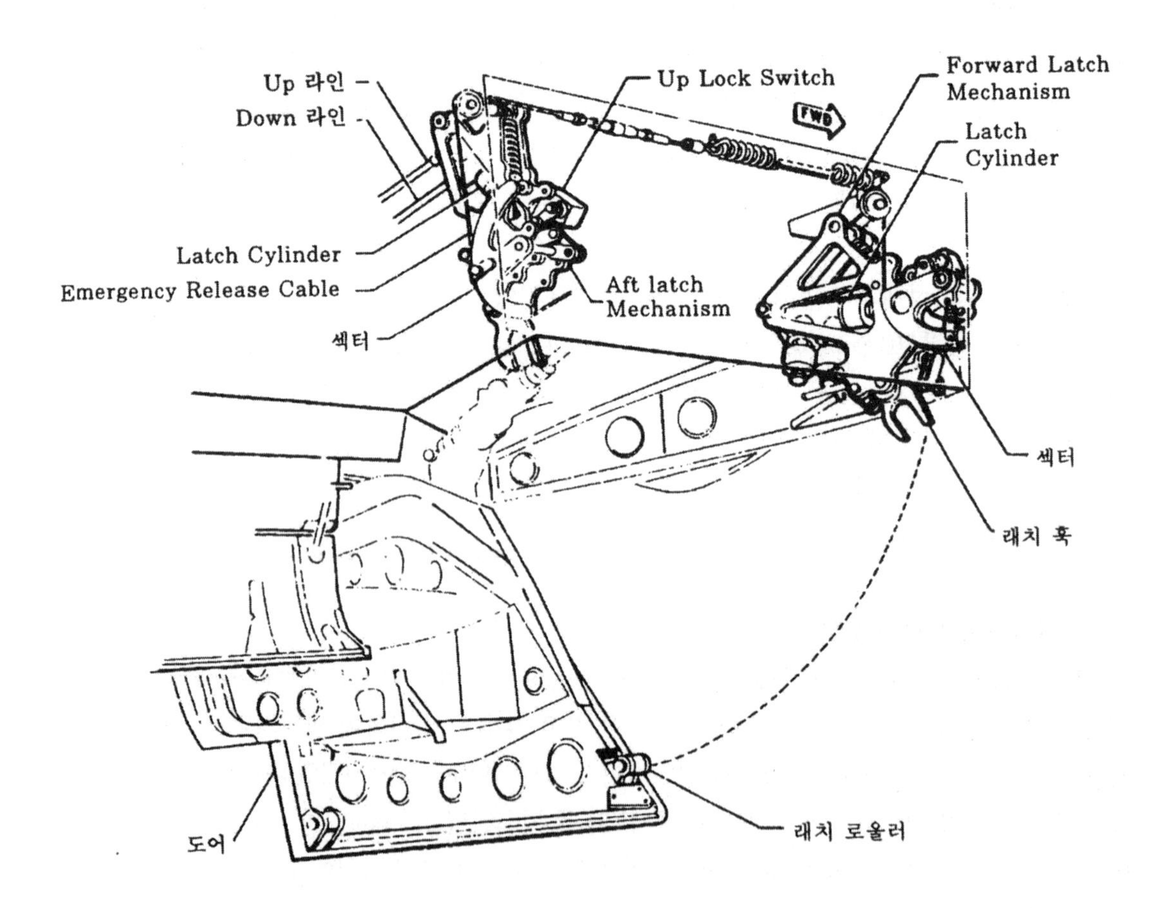

그림 4-64 메인 기어 도어 래치 구조(Latch Mechanism)

Hook)과 기계적으로 링케이지를 통하여 연결되어 있다. 유압이 걸렸을 때 실린더는 도어에 있는 래치 로울러(또는 에서)와 훅을 연결(또는 분리)하기 위하여 링케이지를 작동시킨다. 기어 다운 순서에서 훅은 링케이지에 있는 스프링 하중에 의해서 분리된다.

기어 업(Gear Up) 순서에서 스프링 작업은 닫히는 도어가 래치 훅과 접촉될 때 반대로 되고 실린더가 래치 로울러와 훅을 연결하기 위하여 링케이지를 작동시킬 때 리버스(Reverse)된다.

랜딩기어 비상 내림(Emergency Extension) 계통에 있는 케이블은 비상시 래치 로울러를 풀어주기 위하여 섹터(Sector)에 연결되어 있다.

업 락크 스위치(Up Lock Switch)는 조종석에 기어 업 지시(Gear Up Indication)를 주기 위하여 각 래치에 의하여 작동되고 각 래치에 장착되어 있다. 기어가 UP되고 도어가 래치(Latch)되었으면 그림 4-65에서 보는 바와 같이 적당한 간격이 있는지 래치 로울러를 점검한다. 이 장치에서 필요한 간격은 1/8±3/32in 이다.

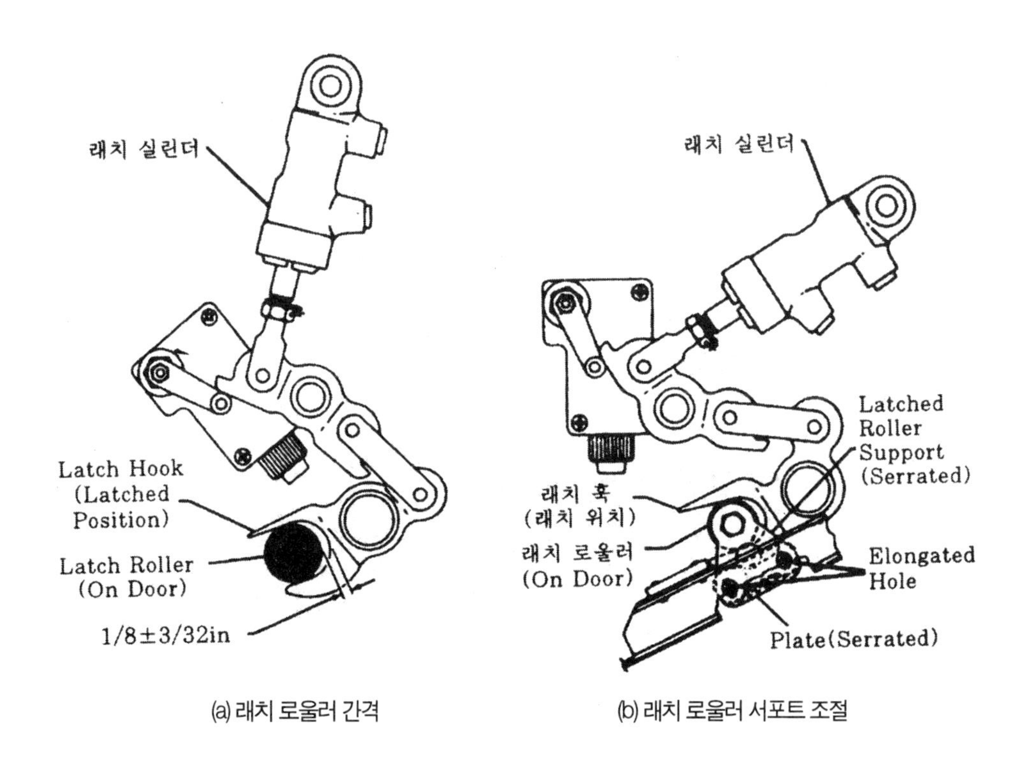

(a) 래치 로울러 간격

(b) 래치 로울러 서포트 조절

그림 4-65 랜딩기어 도어 래치 장착

만약 로울러가 이 범위 내에 있지 않으면 장착 볼트를 풀고 래치 로울러 서포트(Latch Roller Support)를 올렸다 내렸다함으로써 조절할 수 있다. 이것은 래치 로울러 서포트의 톱니 모양으로 된 락킹면과 타원형으로 된 구멍과 톱니 모양으로 된 판 때문에 이루어진다.

C. 랜딩기어 도어 간격

랜딩기어 도어와 항공기 구조 또는 다른 랜딩기어 도어 사이에 유지되어야 하는 명백히 허용될 수 있는 간격을 가지고 있다. 이와 같이 요구되는 간격은 도어 힌지(Door Hinge)와 컨넥팅 링크를 조절하고 필요시 도어에서부터 여분의 재질을 트리밍(Trimming)하므로서 유지될 수 있다. 어떤 일부의 장치에서는 도어 힌지(Door Hinge)는 적당한 위치에 톱니 모양으로 된 와셔와 톱니 모양으로 된 힌지를 놓고 장착 볼트로 조임으로서 조절된다. 그림 4-66은 일직선 조절(Linear Adjustment)을 할 수 있게 하는 이런 형식의 장착을 나타내었다.

일직선 조절(Linear Adjustment)의 총량은 도어 힌지에 있는 연장된(Elongated) 볼트 구멍의 길이에 의해서 조절된다. 도어가 열리거나 닫히는 길이는 도어 링케이지의 길이와 도어 스톱(Door Stop)의 조절에 달려 있다. 제작사의 정비 매뉴얼에는 도어 링케이지의 길이와 스톱(Stop)의 조절 또는 정확한 조절이 이루어질 수 있는 다른 절차들이 기록되어 있다.

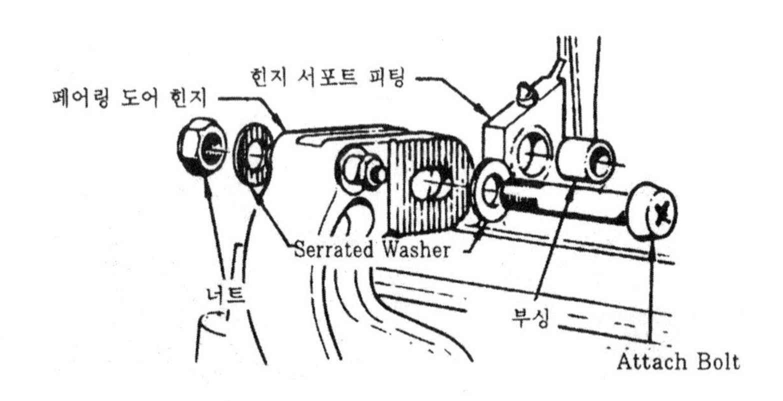

그림 4-66 조절 가능한 도어 힌지

D. 랜딩기어 드래그 사이드 브레이스 조절
(Landing Gear Drag Side Brace Adjustment)

그림 4-67에 설명되어 있는 랜딩기어 사이드 브레이스(Side Brace)는 랜딩기어를 리트렉션(Retraction)하는 동안 브레이스(Brace)를 구부러지게 하기 위하여 중간에 경첩식으로 된 어퍼(Upper)와 로워 링크(Lower Link)로 구성되어 있다.

어퍼 엔드(Upper End)는 휠 웰(Wheel Well) 위에 부착된 트루니언(Trunnion)에 장착되어 있고 로워 엔드(Lower End)는 쇽 스트러트(Shock Strut)에 연결되어 있다. 그림에서 사이드 스트러트의 락킹 링크는 쇽 스트러트의 어퍼 엔드와 로워 드래그 링크(Lower Drag Link) 사

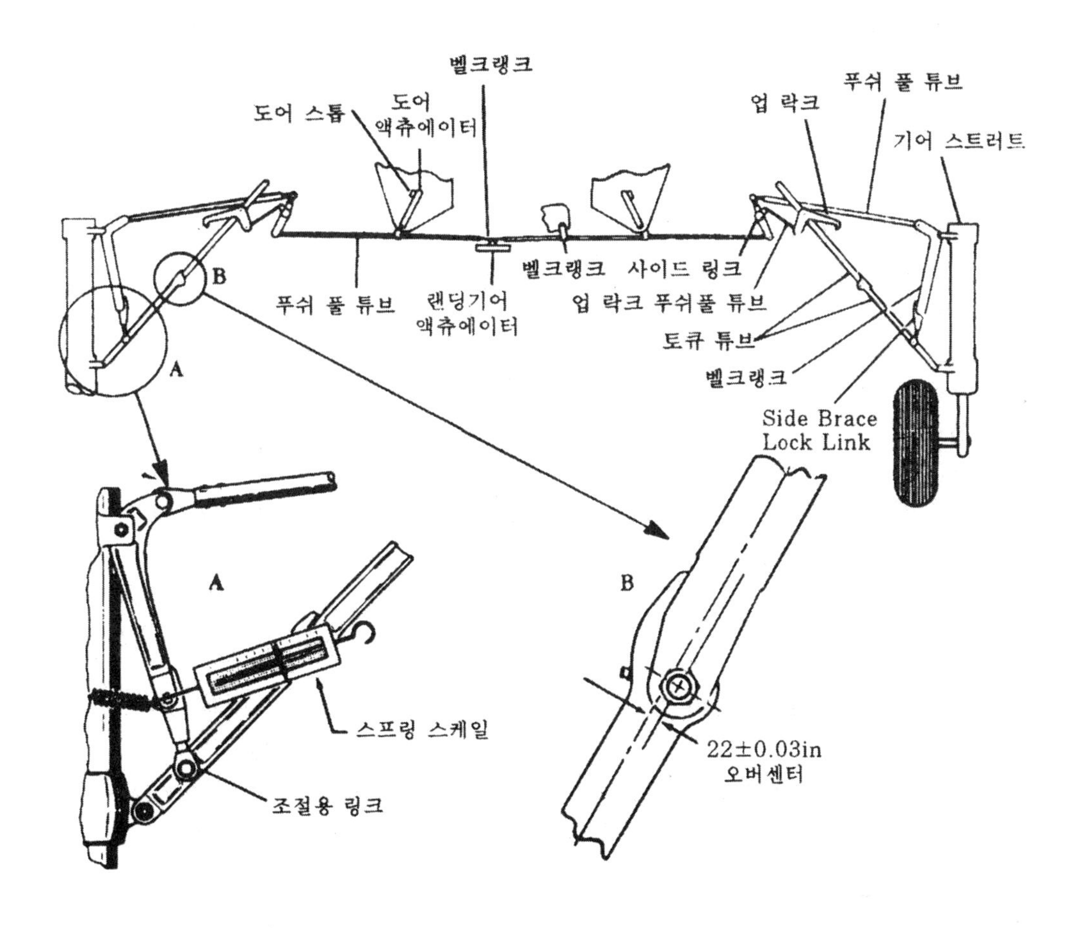

그림 4-67 랜딩기어 오버센터(Overcenter) 조절

이에 결합되어 있다.

보통 이런식의 장착에서 락킹 구조는 약간 오버센터(Overcenter)에 놓이도록 조절된다. 이것은 락킹 구조와 사이드 브레이스의 확실한 락킹을 마련하고 추가된 안전 장치로서 사이드 브레이스가 접혀지므로서 일어나는 불리한 기어 파괴를 방지한다.

그림 4-67에서 사이드 브레이스 락킹에 링크의 오버센트 위치를 조절하기 위하여 랜딩기어를 다운 위치로 놓고 사이드 브레이스 락킹 링크(Locking Link)가 확고하게 오버센터에 유지되도록 락크 링크 엔드 피팅(End Fitting)을 조절한다. 수동으로 락크 링크를 꺽고 랜딩기어를 다운락크 위치에서 안쪽으로 5~6in 움직이고 기어를 릴리스(Release)한다. 이 위치에서 릴리스를 되었을 때 랜딩기어는 자유롭게 떨어져야 하고 다운에 락크(Lock)되어야 한다. 오버센터 트래블(Overcenter Travel)의 조절에 추가하여 다운 락크 스프링 장력(Down Lock Spring Tension)은 스프링 스케일(Spring Scale)을 사용하여 점검해야 한다. 그림에서 락크 링크에 대한 장력은 40~60Lbs 사이에 있어야 한다. 점검하는 절차와 명확한 장력은 항공기에 따라 변한다.

E. 랜딩기어 리트렉션 점검(Retraction Check)

리트랙션 점검을 수행해야 할 때는 여러 가지 경우가 있다.

첫째 리트랙션 점검은 일년에 한번씩 하는 랜딩기어 시스템 점검(Annual Inspection)시 수행해야 한다.

둘째 액츄에이터(Actuator)를 교환하는 것과 같이 랜딩기어 링케이지에 영향을 줄 수 있거나 조절해야 하는 정비를 수행했을 경우에 모든 것이 잘 조절 되었으며 잘 연결되었나 확인하기 위하여 리트랙션 점검을 수행한다.

셋째 랜딩기어를 손상시킬 수 있는 하드 랜딩(Hard Landing)이나 오버 웨이트 랜딩(Overweight Landing)을 한 후에 리트랙션 점검을 수행한다. 그리고 마지막으로 랜딩기어 계통에 있는 고장을 찾아내는 한가지 방법은 기어에 리트렉션 점검을 수행하는 것이다.

랜딩기어 리트렉션 점검을 할 때 수행하여야 할 몇가지 특별한 검사 방법이 있다.

① 랜딩기어가 잘 리트렉션(Retraction)되고 익스텐션(Extension)되는가
② 스위치, 지시등, 경고 혼(Warning Horn) 또는 부저(Buzzer)가 잘 작동하는가
③ 랜딩기어 도어는 간격이 적당하고 어떤 장애가 없이 잘 작동되는가
④ 랜딩기어 링케이지는 잘 작동하며 조절은 잘 되어 있으며 일반적인 상태는 양호한가
⑤ 래치와 락크는 잘 작동하며 조절은 잘 되어 있는가
⑥ 비상용 익스텐션(Alternate Extension)이나 또는 리트랙션(Retraction) 계통이 잘 작동하는가

⑦ 마찰, 바인딩(Binding), 채핑(Chaffing) 또는 진동으로 인해서 생기는 어떤 이상한 소리가 나는가

제 5 장 금속 재료

5-1. 항공기의 구조 재료

오늘날 항공기의 구조 재료를 보면 날개(Wing)와 동체(Fuselage)의 주된 부분은 알루미늄 합금, 단조재의 일부에 티타늄 합금, 가동 부분 등은 경량화 시켜야 하므로 알루미늄이나 글래스 화이버(Glass Fiber)의 허니컴(Honeycomb)이 사용되고 있고 랜딩 기어(Landing Gear)는 고장력강, 엔진은 티타늄 합금, 스테인레스 강, 그리고 내열 합금이 사용되고 있다. 중량비로 보면 전체의 약 60~70%가 알루미늄 합금, 20~30%가 강, 나머지 15% 정도가 티타늄 합금이나 합성 수지 등이다.

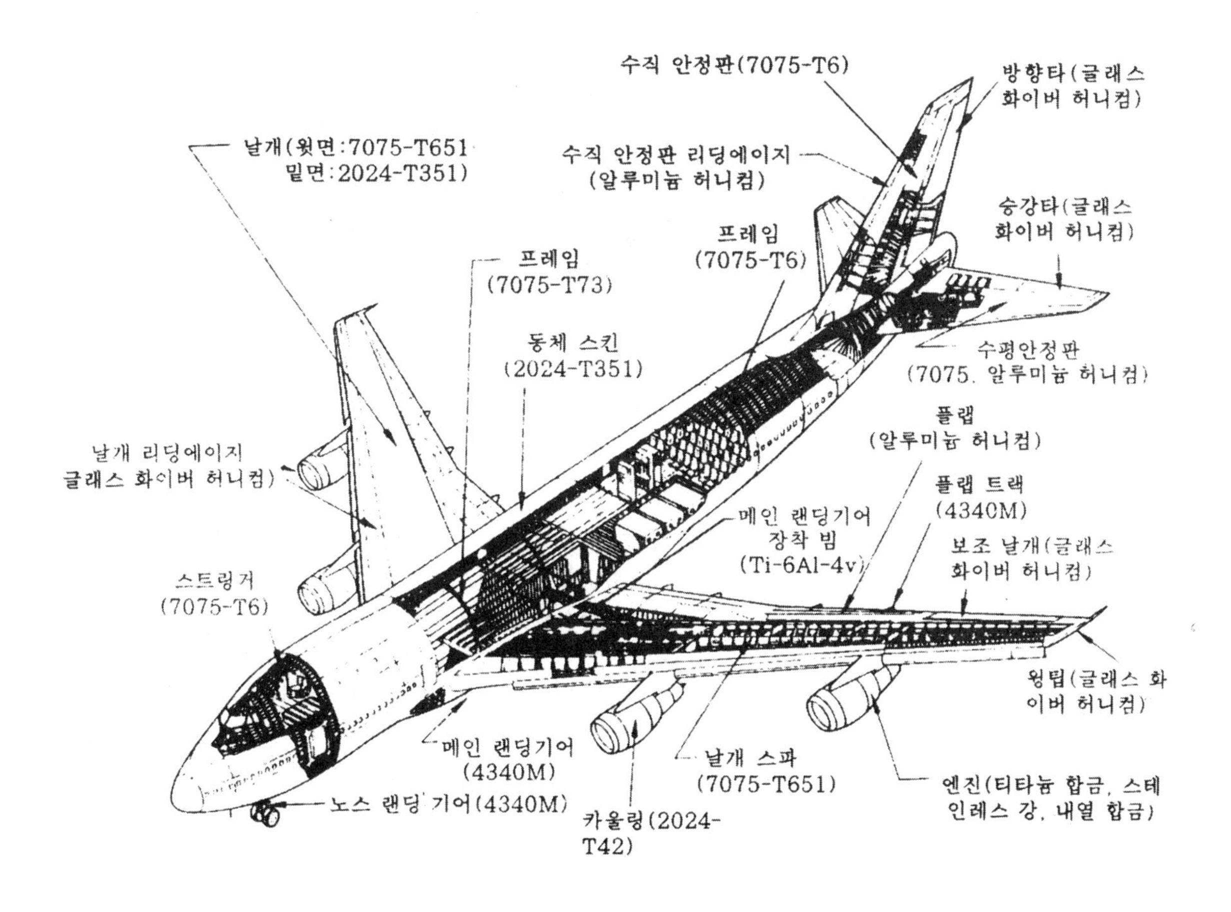

그림 5-1 보잉 747의 구조 재료 사용 예

그림 5-1에는 보잉 747의 구조 재료를 나타냈고, 그림 5-2에 Beach C90A, 표 5-1에는 몇 항공기의 주요 구조 재료를 나타내었다.

매우 큰 압축 하중을 받는 날개 윗면에는 일반적으로 강도비(무게당의 강도)가 큰 알루미늄 합금 7075-T6가 사용된다. 또 강도가 높은 7178은 보잉 727, 737에 사용되었으나 전단 인성이 떨어지고 박리 부식에도 약하므로 보잉 747에서는 다시 7075로 돌아가고 있다.

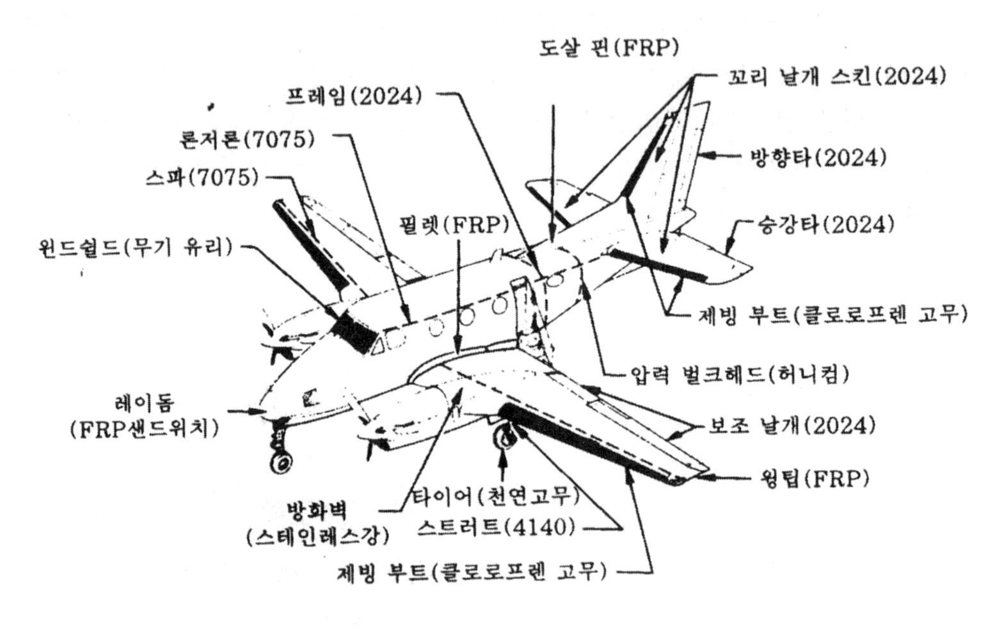

그림 5-2 Beach C90A의 구조 재료 사용 예

		YS-11	보잉 727	보잉 747	A 300 시리즈	DC-10	L-1011
날개	윗면판	7075-T6	7178-T651	7075-T651	7075-T651	7075-T6	7075-T76
	밑윗면	2024-T3	2024-T351	2024-T351	2024-T351	2024-T3	7075-T76
	스 피	2024-T3	2024-T351	7075-T651	2618-T851	7075-T6	7075-T76
동체	스 킨	2024-T3	2024-T351	2024-T351	2024-T3	2024-T3	2024-T3
	프레임	7075-T6	7075-T6	7075-T6	2618-T851	7075-T6	7075-T3
주요 단조재		2014-T6	7079-T6	7075-T73 Ti-6Al-4V	2618-T851	7075-T73	7075-T76
랜딩기어		4340	4330M	4340M	2618-T8	300M	4340

표 5-1 항공기의 주요 구조 재료

날개 밑면은 인장 하중과 반복 응력을 받으므로 파괴 인성이 좋고 피로 강도가 큰 알루미늄 합금 2024-T3이 사용된다. DC-7, DC-8에서는 날개 밑면에도 7075가 사용되었는데, 역시 피로를 고려하여 DC-9, DC-10에서는 2024가 이용되고 있다. 록키드 L-1011에서는 날개 윗면과 밑면 모두 7075-T76이 사용되고 있다. 이것은 7075-T6에서 보다 더 높은 온도로 안정화 열 처리를 행한 것으로 강도는 조금 떨어지나 응력 부식 균열과 박리 부식에 강한 상태로 한 것이다.

최근의 보잉 767이나 747-400의 항공기 재료로는 날개 윗면에 7150, 밑면이나 스파(Spar)에는 2024의 개량형인 첨단 알루미늄 합금 2324를 사용하여 중량의 경감을 꾀하고 있다.

동체 스킨(Skin)은 객실 여압의 반복에 의한 하중을 받으므로 파괴 인성이 우수한 2024가 사용되고 프레임(Frame)이나 론저론(Longeron) 등의 골조에는 인장 강도가 큰 7075-T6이 사용된다. 메인 프레임(Main Frame)이나 메인 랜딩 기어 빔(Main Gear Support Beam), 윈도우 프레임(Window Frame) 등 3~8in의 두께 단면을 갖는 대형 단조재에는 열 처리성이 좋은 7079-T6이 주로 사용되나 응력 부식 균열의 문제가 있으므로 보잉 737, 747에서는 7075를 T6보다 안정화 처리를 한 7075-T73이 사용되고 있다. 또 보잉 747에서는 메인 랜딩기어 빔에 길이 7m, 무게 1.8t의 거대한 티타늄 합금 Ti-6Al-4V의 단조품이 사용되고 있다. 플랩(Flap), 보조 날개(Aileron), 방향타(Rudder), 승강타(Elevator) 등의 움직이는 부분에는 알루미늄 합금판으로부터 알루미늄 허니컴, 또 글라스 화이버 허니컴(Glass Fiber Honeycomb)으로 경량화의 노력이 행해지고 있다. 엔진의 카울링(Cowling)이나 윙팁(Wing Tip) 부분 등은 그다지 강도를 필요하지 않으므로 가공도가 큰 부품에는 5052, 6061 등의 내식 알루미늄 합금도 사용된다.

이 · 착륙시에 큰 하중을 지탱하는 착륙 장치를 무한정 크게 할 수 없으므로 단면당 허용 하중이 커야 한다. 즉 인장 강도가 최고인 4330, 4340 등의 고장력강이 사용된다.

DC-8에서 260~280ksi, 대형 보잉 747에서는 270~300ksi의 인장 강도로 열처리한 것이 사용된다. 다음으로 초음속 여객기(SST)의 기체 재료에 대해 간단히 살펴보면 우선 「열 차단벽」의 문제가 있다. 대기중을 초음속으로 비행할 경우 기체 스킨(Skin)은 공기와의 마찰에 의해 온도가 상승하고 재료의 강도는 떨어진다. 알루미늄 합금에서의 사용 한계는 지상에서 마하 2.0, 고공에서 2.7 정도이다. 한편 운항 효율의 면에서는 적어도 마하 2.0 이상이 되어야 유효하다. 그래서 콩코드에서는 순항 속도가 마하 2.0~2.2인 것이 선택되고 스킨(Skin)은 알루미늄 합금이다. 콩코드의 주 재료는 알루미늄 RR58이라 부르는 내열 알루미늄 합금(2618에 상당)으로 최고 130℃ 정도까지도 강도가 거의 떨어지지 않는다. 몇 년 전에 개발은 중지되었으나 순항 속도 마하 2.7을 목표로 한 미국의 SST, 보잉 2707의 스킨은 티타늄 합금(Ti-8Al-1Mo-1V)을 사용하였다.

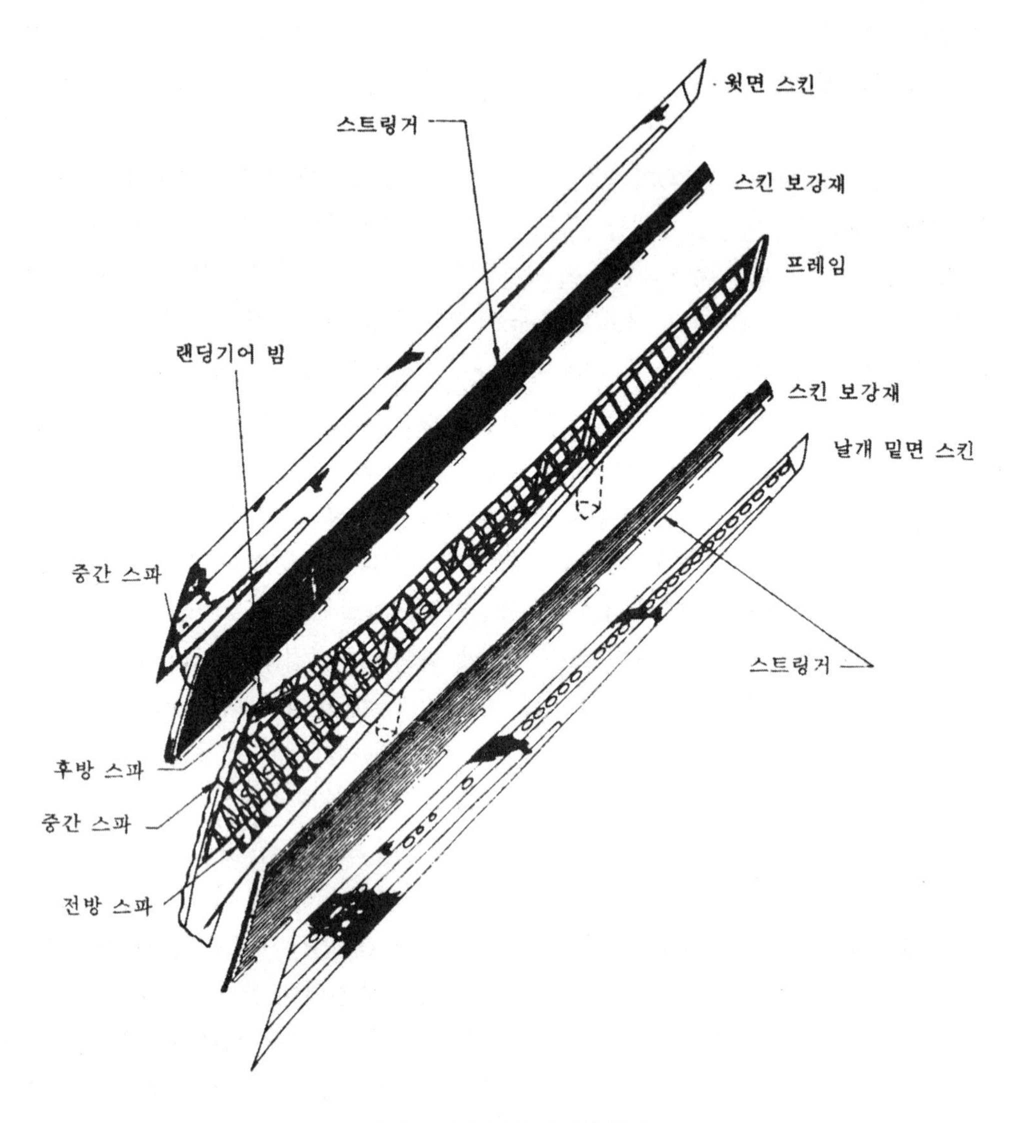

그림 5-3 보잉 747의 날개 구조

5-2. 구조용 금속 재료

항공기용에 쓰이는 금속 재료의 종류는 매우 많은데 항공기의 구조에 쓰이는 금속 재료로서는 알루미늄 합금, 티타늄 합금, 마그네슘 합금 등의 경합금 및 고장력강, 내식강 등이 있다. 또 고온에 노출되므로 내열강, 내열합금이 사용된다. 일반적으로 항공기의 구조 재료로는 강도, 내식성은 물론이나 그 중량이 문제가 되므로 재료의 강도, 강도비(인장 강도/비중)로 비교된다.

1) 기계적 성질

인장 강도(Tension Strength), 항복점(Yield Point), 신장(Stretch), 압축(Compression), 경도(Hardness), 충격치(Impact Value), 피로 강도(Fatigue Strength), 크리프(Creep) 등 기계적인 변형 및 파괴에 관계되는 여러 성질을 기계적 성질이라고 한다.

기계적 성질은 일반적으로 정해진 형상과 재료 시험에 의한 수치로서 표현된다. 다음에 대표적인 기계적 성질에 대해 설명한다.

A. 인장 강도(Tensile Strength)

그림 5-4는 인장 시험에 있어서의 연강의 응력 변형 선도이다. 그림 중 6지점의 응력을 인장 강도라 한다. 인장 하중을 가한 최초의 단계에서 변형은 응력에 비례한다.

그림 5-4에서는 직선 0~1이고 1이 비례 한도이다. 이 범위에서는 하중이 증가하면 변형도 이것에 비례하여 증가하고 하중을 제거하면 잔류 변형이 0이 된다. 또 비례 한도를 넘으면

그림 5-4 응력 변형 선도

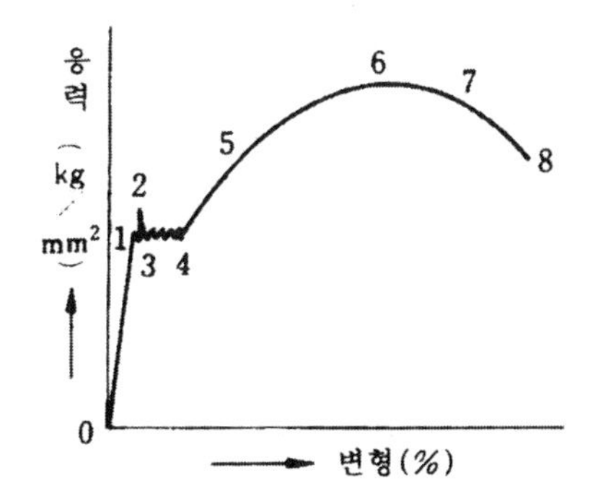

응력과 변형의 비례 관계가 없어지고 하중을 없앴을 때 잔류 변형이 남지 않는 일이 있다. 그 상한을 탄성 한도라 한다.

탄성 한도 이하의 응력 σ와 변형 ε과의 사이에는 σ=Eε의 관계가 있고 E를 종탄성 계수 또는 영률이라 한다. 탄성 한도를 넘으면 응력의 급격한 감소가 일어나고 변형이 증가한다. 이와 같은 현상을 항복(Yield)이라 하고 항복이 일어나는 응력을 항복점(Yield Point)이라 한다.

그림 5-4에서는 2가 항복점이다. 항복점과 탄성 한도는 실제로 동일하게 취급하는 경우가 많다. 항복 현상이 일어나서 응력이 떨어진 후에는 낮은 응력으로 변형의 발생이 계속되어 이 사이의 곡선은 톱니 모양으로 변화한다. (그림 5-4의 3~4)

금속이 항복된 후에 하중을 제거하면 변형은 어느 정도 회복되지만 금속은 원래 치수로 돌아가지 않는다. 하중을 제거해도 회복하지 않는 변형을 소성 변형(Plastic Deformation)이라 한다.

소성 변형이 일어나면 그 금속이 손상(Failure)되었다고 한다. 또 한편으로는 소성 변형은 금속의 성형 가공에 응용된다. 다시 말해 소성은 금속의 중요한 특성이고 가공의 경우에는 이것을 전성(Malleability), 연성(Ductility) 등이라 한다.

[참고] ① 전성 : 외부 힘을 가하여 판이나 박판으로 넓혀지는 성질
② 연성 : 잡아당겼을 때에 길게 연장되는 성질

항복 후, 곡선은 4~5로 변화한다. 이 범위에서는 응력과 변형은 비례하지 않는다.

연강의 응력 변형 곡선에는 불연속 항복이 나타나지만, 다른 금속의 응력 변형 곡선은 그림 5-5와 같은 연속적인 곡선이 되고 항복점이 명확히 나타나지 않는 경우가 많다.

응력 변형 곡선은 탄성 변형 범위의 직선 부분으로 연결되어 변형 곡선으로 옮겨간다. 그러나 이 경계에서 항복 현상이 일어나므로 하중을 제거한후에 영구 변형이 남는다.

연속적 항복이 일어나는 응력을 항복 강도(Yield Strength) 또는 내력(Proof Stress)이라 한다. 내력은 반드시 영구 변형의 양에 의해 규정되는 것으로 공업적으로는 0.2%의 영구 변형을 취한다.

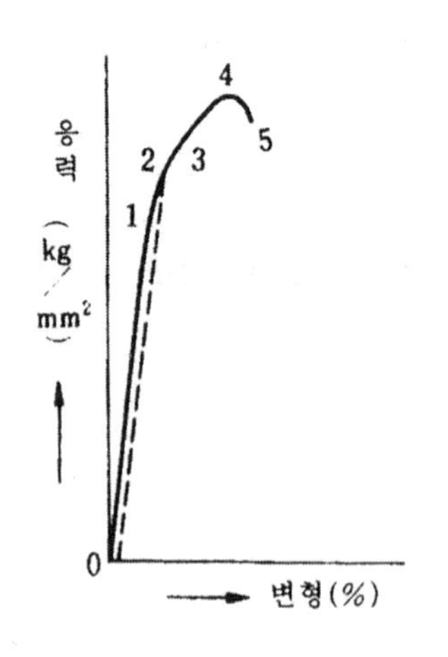

그림 5-5 연속 항복 응력 변형 선도

B. 경도(Hardness)

경도는 재료의 성질로서 중요하고 측정도 간단하다. 금속의 경로는 대체로 인장 강도와 직접적인 관계가 있다. 한편 경도의 크기가 큰 것은 일반적으로 마모에 대한 저항이 강하다 따라서 마모될 수 있는 부분에 대해서는 재료의 표면에 표면 처리(Surface Treatment) 등을 하여 경도를 크게 한다.

C. 인성(Toughness)

충격에 잘 견디는 성질이다. 인성의 반대되는 성질은 취성(Brittleness : 깨지기 쉬운 성질)으로 변형하는 능력이 작은 성질을 말한다.

D. 피로 강도(Fatigue Strength)

재료에 반복하여 하중이 작용하면 그 재료의 파괴 응력(Breaking Stress) 보다도 훨씬 낮은 응력으로 파괴된다. 이와 같은 현상을 재료의 피로(Fatigue) 파괴라 한다.

이 경우, 하중을 반복하여 가해도 재료가 파괴되는 일이 없는 응력의 최대 값을 피로 한도(Fatigue Limit)라 하고 이것에 대한 반복수를 한계 반복수라 한다.

강의 피로 한도는 약 30~60ksi, 반복수는 106~107회 정도이다. 알루미늄에서는 위와 같은 피로 한도는 없다. 따라서 반복 수를 지정하여 이것에 견디는 응력으로 피로에 대한 재료의 강도를 나타내고 이것을 시간 강도라 하고 보통 107 드물게는 108을 취한다. 피로 한도와 시간 강도를 총칭하여 피로 강도라 한다.

E. 크리프(Creep)

시험편(Test Piece)을 일정한 온도로 유지하고 이것에 일정한 하중을 가할 때 시간에 따라 변화하는 현상을 말한다.

2) 재료 시험

A. 인장 시험(Tension Test)

인장 시험은 인장 시험기를 써서 시험편을 서서히 잡아당겨서 항복점, 인장 강도, 신장(Extension) 등을 측정하는 시험이다.

B. 경도 시험(Hardness Test)

경도 시험은 일정한 형을 가진 작고 단단한 입자를 표면에 눌러 억지로 밀고 들어가는 것에 의해 생긴 흔적 또는 그것에 가한 하중 등 비교값의 저항을 나타내는 시험이다.

경도 시험에는 브리넬 경도(Brinell Hardness), 로크웰 경도(Rockwell Hardness), 비커스 경도(Vicuers Hardness), 쇼어 경도(Shore Hardness) 등의 시험법이 있다.

C. 충격 시험(Impact Test)

충격 시험은 재료의 인성과 취성을 측정하기 위해 하는 동적 시험법이다. 시험법은 무거운 추 또는 진자(Pendulum)를 어느 높이에서 떨어뜨려 시험편에 흡수된 에너지에 의해 충격에 견디는 정도를 알아보는 시험이다.

충격 시험에는 샬피 충격 시험(Charpyd Impact Test), 아이조드 충격 시험(Izod Impact Test) 등의 방식이 있다.

D. 기타 시험

그 외의 시험으로 다음과 같은 것이 있다.

① 압축 시험(Compression Test)
② 굽힘 시험(Bending Test)
③ 전단 시험(Shear Test)
④ 비틀림 시험(Torsion Test)
⑤ 마모 시험(Abrasion Test)
⑥ 피로 시험(Fatigue Test)
⑦ 크리프 시험(Creep Test)

3) 금속 재료의 기계적 성질을 바꾸는 방법

금속 재료는 열처리(Heat Treatment) 또는 가공 경화(Work Hardening)에 의해 고체의 상태에서도 내부 조직에 변화를 일으키고 기계적 성질을 변화시킬 수 있다.

A. 열처리(Heat Treatment)의 목적

열처리는 고체 합금의 성질을 변화시키려 하는 적극적인 의도를 가지고 일정한 열, 시간 싸이클에 따라 가열 냉각하는 금속의 질적 가공이다.

이것에는 가열에 의해 금속내에서 일어나는 여러 현상 및 냉각에 의해 일어나는 안정, 준안정의 여러 가지 변화를 응용한다. 실제로 행해지는 열처리의 주된 목적은 다음과 같은 것이다.

a. 금속 용도에 적합한 성질을 부여한다.

① 기계적 성질(강도)을 개량한다. (강하게 함, 탄력성 있게 함, 단단하게 함, 유연하게 함)

② 내마모성을 부여한다.

③ 내식성을 개량한다.

④ 변형을 방지한다. (잔류 응력, 조직 변화에 의한 변형의 방지)

b. 금속의 가공성을 좋게 한다.

① 절삭성을 좋게 한다.

② 소성 가공을 쉽게 한다.

[참고] 이 상태 변화에는 변태(Transformation), 석출(Precipitation) 등이 있다.

변태란 금속이 온도의 상승 하강에 의해 그 조적에 변화를 일으키는 것이고 그 변화가 일어나는 온도를 변태점(Transformation Point)이라 한다. 석출이란 단일한 모양의 고용체로부터 다른 모양의 결정이 분리 성장하는 것이다. 석출도 넓은 의미의 변태에 포함한다.

B. 열처리의 종류

a. 어닐링(Annealing)

어닐링(Annealing)은 원자의 확산이 활발히 행해지는 임계점(Critical Point)까지 가열하여 그 온도로 일정시간 유지한 후, 노(Furnace) 안에서 서냉하는 열처리 조작으로 재료의 조직, 성질의 안정화를 이루어 연성을 갖게 한 것이다.

b. 노멀라이징(Normalizing)

노멀라이징은 용접, 주조, 성형, 기계 가공 등에서 형성된 내부 응력을 제거하기 위해 높은 임계점 이상으로 가열 후 대기 중에서 냉각시키는 열처리 이다.

c. 담금질(Quenching)

담금질은 재료를 가열 후, 급속히 냉각시키는 처리이다. 물에서 냉각하든지 기름에서 냉각하든지에 따라 물 담금질(Water Quenching), 기름 담금질(Oil Quenching) 등으로 부르며 이 담금질의 목적은 재료를 경화시켜 강도를 증가시키는 것이다.

d. 템퍼링(Tempering)

탬퍼링은 담금질 후의 재료를 낮은 임계점 이하의 온도로 가열 후 공기 중에서 냉각시켜 경화에서 생긴 취성을 감소시키는 열처리이다.

C. 강의 표면 경화

강의 표면층 만을 경화시켜 내부의 인성을 그대로 유지시킴으로써 내마모성, 내피로성 등을 향상시키는 열처리를 표면 경화라 하고 그 방법에 침탄법(Carburizing), 질화법(Nitriding), 고주파 담금질법(High-Frequency Quenching), 금속 침투법 등이 있다.

a. 침탄 처리

침탄법이란 저탄소강 또는 저탄소 합금강의 표면층에 탄소를 침투 확산시켜 표면층만 탄소 함유량을 많게 하고 이어서 담금질, 템퍼링에 의해 표면을 경화시키는 방법이다. 이 처리법에는 침탄제로서 목탄(Charcoal), 코크스(Coke) 등을 쓰고 이것에 촉진제로 탄산 소다, 탄산 바륨 등을 쓰는 고체 침탄법(Pack Carburizing)과 천연 개스, 석탄 개스, 프로판 개스 등을 사용하는 개스 침탄법(Gas Carburizing) 및 청화 소다를 주성분으로 한 소금 가운데 강재를 침투시켜 침탄을 하는 액체 침탄법(Liquid Carburizion)의 3종류가 있다.

모두 강을 침탄제(Carburizer) 속에서 고온으로 가열하여 행해지는데 요구되는 침탄 깊이에 의해 침탄 온도와 시간이 정해진다. 이 3가지 방법 가운데 액체 침탄은 침탄과 질화의 두 가지 작용이 동시에 행해져서 침탄 질화법이라고도 하고 부품의 국부 만을 침탄하는 데에 편리하다. 또 경화층의 조절이 용이하고 균일성도 양호하지만 침탄제에 쓰이는 청화물은 유독성인 것이므로 취급에 주의해야 한다.

침탄 처리는 기어(Gear)나 스플라인(Spline)이 맞물리는 면, 축의 저널부(Journal Section) 등에 사용된다.

b. 질화(Nitriding)

질화법은 일반적으로 암모니아 개스처럼 질소를 포함하는 개스 가운데서 강을 가열하고 질소를 강 표면에 작용시켜 단단한 질화물을 만들고 이것을 내부로 확산시켜 질소 경화층을 형성시키는 것이다. 이 방법은 처리 온도가 비교적 저온이고, 또 질화 후 담금질, 탬퍼링(Tempering)이 불필요하므로 비틀림이 생기지 않고 중심부의 결정 입자가 거칠어질 우려가 적으며 내마모성이 크고, 또 내식성도 주어진다.

질화에 쓰이는 재료는 Al, Cr, V, Mn, Si 등을 포함하는 강으로 질화에 의해 현저히 경화한다. 순철(Pure Iron), 탄소강, Ni이나 Co 등을 포함하는 강은 질화해도 경화되지 않는다.

질화되어 있는 항공기 부품의 예로 왕복 엔진의 실린더 배럴(Cylinder Barrel)이 있다.

c. 고주파 담금질법(High-Frequency Quenching)

고주파 전류는 주파수가 높은 만큼 물체의 표면층을 얇게 흐르는 성질이 있다. 이 성질을 이용해서 강재의 표면에 고주파 전류를 유도하고 그 저항열에 의해 표면층을 급속히 담금질 온도까지 상승시켜 이것을 물이나 기름으로 급냉하여 표면만 담금질 경화시키는 방법을 고주파 담금질이라 한다. 고주파 전류의 주파수를 높게 하면 표면층은 얇아지고 전력을 많이 가하면 급속히 가열되므로 내부까지 경화하는 것을 막을 수 있다.

고주파 담금질용에 쓰이는 재료는 담금질이 가능한 정도로 탄소를 함유한 탄소강이나 합금강이어야 한다.

d. 금속 침투법

금속 침투법이란 금속 제품의 표면에 다른 금속을 부착시켜 그것을 내부로 확산시키는 방법이다. 따라서 제품의 표면층은 침투 확산한 금속과의 합금층으로 되어 있다. 그 목적은 내식성, 내고온 산화성, 내마모성의 향상으로 주로 철강 제품에 대해 행해지고 있다. 보통 이런 처리 방법은 고체 침탄법과 비슷하다. 즉 침투 금속 분말을 주성분으로 하는 침투제 중에서 적당 온도로 가열하고 소요 시간 동안 유지하는 것이다.

침투 금속으로서는 Al, Zn, Cr 등이 쓰인다. 또 최근에는 Al과 Si, Al와 Ni, Co, Cr, Y(Yttrium)의 합금이 제트 엔진의 터빈 베인(Turbine Vane)이나 터빈 브레이드(Turbine Blade)에 고온 산화 방지의 목적으로 코팅(Coating)되고 있다.

D. 시효 경화(Age Hardening)

재료를 가열후, 급냉하면 유연한 상태가 되는 경우가 있다. 이 열처리를 용체화 처리(Solution Treatment)라 한다. 용체화 처리에 의해 얻어진 재료는 불안정하고 시간의 경과에 따라 단단해진다. 일반적으로 시간의 경과와 함께 성질이 변화하는 것을 시효(Aging)라 하고 시효에 의해 경화하는 경우를 시효 경화(Age Hardening)라 한다. 상온에서 진행하는 시효를 자연 시효(또는 상온 시효, Natural Aging), 가열에 의해 진행하는 시효를 인공 시효(또는 템퍼링 시효, Artificial Aging)라 한다.

시효 경화는 비철합금(알루미늄 합금, 마그네슘 합금, 티타늄 합금 등)의 경화에 널리 응용되고 있는데 최근에는 강의 분야에 있어서도 합금 강화의 중요한 방법이 되고 있다.

E. 가공 경화(Work Hardening)

그림 5-4의 5의 시점에서 하중을 제거했을 때의 응력과 변형의 관계를 그림 5-6에 나타낸다.

그림 5-6의 5에서 하중을 제거하면 탄성 변형이 회복되고 5~5 '처럼 응력과 변형은 직선상으로 변화한다. 하중을 다시 가하면 금속은 탄성적으로 변형하고 먼저 가한 하중에 의한 최대 응력과 거의 같은 응력이 되고 나서 소성 변형으로 옮겨지고 곡선은 먼저의 곡선 연장과 같은 형상이 된다. 그림 중 5' ~5"~6은 이미 소성 변형을

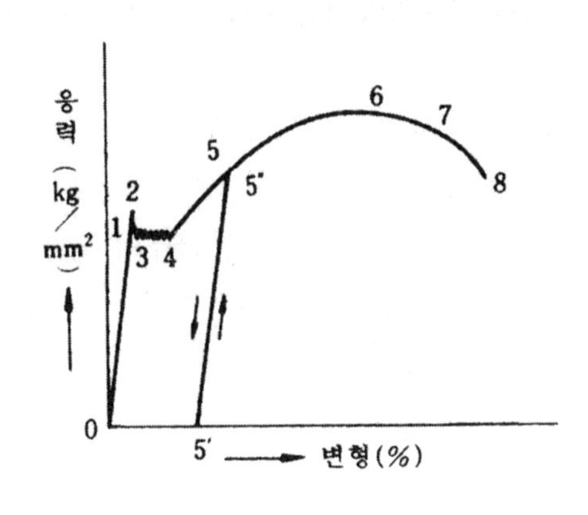

그림 5-6 가공 경화

일으킨 금속의 응력 변형 곡선으로 5는 항복점에 해당한다. 따라서 미리 영구 변형이 생긴 금속의 항복점은 최초의 금속 항복점보다 높게 된다. 이와 같은 현상을 가공 경화 또는 변형 경화(Strain Hardening)라 한다. 가공 경화 후, 응력은 최대(그림 중 6)가 되고 계속해서 응력이 감소하면서 변형이 증가하고 7에서 8로 되어 결국 파괴된다.

[참고] 예를 들어 와이어(Wire)를 구부리면 와이어는 경화되고, 또 더 크게 구부리기 위해서는 필요한 힘이 점차로 커진다. 이것이 가공 경화이다. 금속이 가공 경화하는가 아닌가는 그 소성 가공(Plastic Working)이 행해지는 온도와 관계가 있고 저온에서는 가공 경화되며 고온에서는 가공 경화되지 않는다.

[참고] 변형된 재료 내부에는 변형 에너지가 축적된다. 이와 같은 상태는 열역학적으로 불안전하므로 안정화하려고 하는 경향이 있다. 특히 온도가 높아져 원자의 운동이 활발해지면 안정화가 촉진되고 변형 에너지가 감소하며, 또 원자 배열의 혼란이 적어져 강도, 경도가 감소된다. 가공 경화가 일어나는 저온 가공을 냉간 가공(Cold Working)이라 한다.

5-3. 대표적인 재료 규격

A. AA 규격

미국 알루미늄 협회(The Aluminum Association)의 규격으로 알루미늄 합금용의 규격이

다.

B. ALCOA 규격

미국의 ALCOA사(Aluminum Company of America)의 규격으로 알루미늄 합금의 규격이다.

C. AISI 규격

미국의 철강 협회(American Iron and Steel Institute)의 규격으로 철강 재료의 규격이다.

D. AMS 규격

SAE 항공부(Aerospace Material Specification)가 민간 항공기 재료에 대해 정한 규격으로 티타늄 합금, 내열 합금에 많이 쓰인다.

E. ASTM 규격

미국 재료 시험 협회(America Society of Testing Materials)의 규격으로 마그네슘 합금에 많이 쓰인다.

F. MIL SPEC

미군 약식(Military Specification)이다.

G. SAE 규격

미국 자동차 기술 협회(Society of Automotive Engineers)의 규격으로 철강에 많이 쓰인다.

SAE가 제정한 재료 규격은 철강에 번호를 붙여 표시하는데 이것을 SAE 재료 번호라고 한다. SAE 재료 번호는 거의 4자리 숫자로 표시되는데 5자리인 것도 있다. 이 번호의 원칙은 다음 표에서 보는 것처럼 처음 숫자는 강의 종류를 표시한다. 또 SAE 재료 번호는 극소량의 성분을 빼면 AISI의 재료 번호와 거의 동일하다. 최근에는 SAE 대신에 AISI 규격이 많이 사용된다.

강의 종류	재료 번호	강의 종류	재료 번호
탄소강	1×××	크롬강	5×××
망간강	13××	크롬 바나듐 강	6×××
니켈강	2×××	텅스텐 크롬 강	72××
니켈 크롬강	3×××	니켈 크롬 몰리브덴 강	81×× / 86××~88××
몰리브덴 강	40×× / 44××		
크롬 몰리브덴 강	41××	실리콘 망간강	92××
니켈 크롬 몰리브덴 강	43×× / 47××	니켈 크롬 몰리브덴 강	93××~98××

표 5-2 SAE 재료 번호

5-4. 알루미늄 합금

1) 일반

그림 5-7, 그림 5-8은 항공기에 쓰이는 각종 합금의 인장 강도와 온도의 관계 및 강도비(인장 강도 또는 내력/비중)와 온도의 관계를 나타내었다.

이것들로부터 알루미늄 합금(Aluminum Alloy)은 다른 합금에 비해 인장 강도는 커지지 않으나 비강도는 티타늄 합금, 고장력강에 이어 큰 것을 알 수 있다.

[참고] ① 알루미늄 합금(Aluminum Alloy)은 고장력(인장)강에 비해 균열의 전파가 늦다.
② 알루미늄 합금은 티타늄 합금에 비해 가격 및 가공성이 우수하다.

고속으로 대기중을 비행하는 기체 주위의 공기에 의한 온도 상승(공기역학적 가열) 때문에 알루미늄 합금으로 만들어진 항공기는 지상 부근에서 약 마하 2이고, 10,000m 이상의 고공에서 약 마하 2.7로 속도가 제한된다.

이것은 그림 5-7, 그림 5-8처럼 고온 상승에 따라 인장 강도, 강도비가 급감하기 때문이다.

[참고] ① 저온에서는 일반적으로 강도가 증가한다.
② 공력 가열에 의한 온도 상승이 더욱 커진 경우는 티타늄 합금, 내식강, 내열 합금이 필요하게 된다.

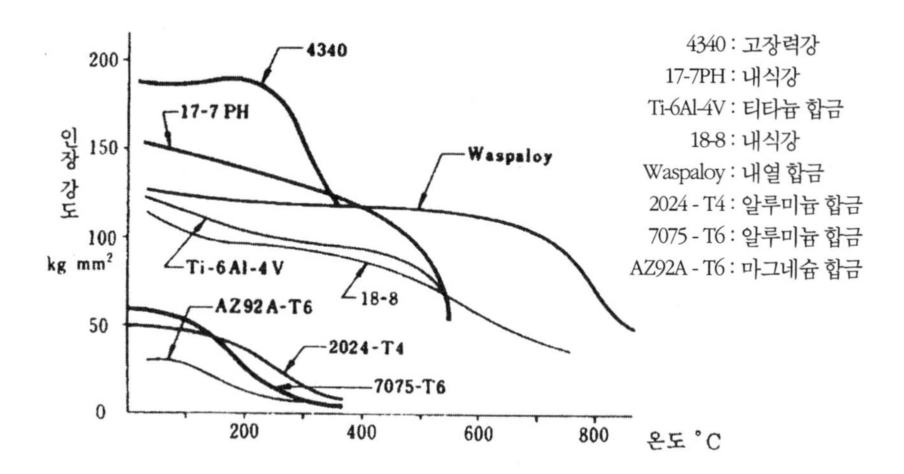

그림 5-7 온도에 따른 인장 강도

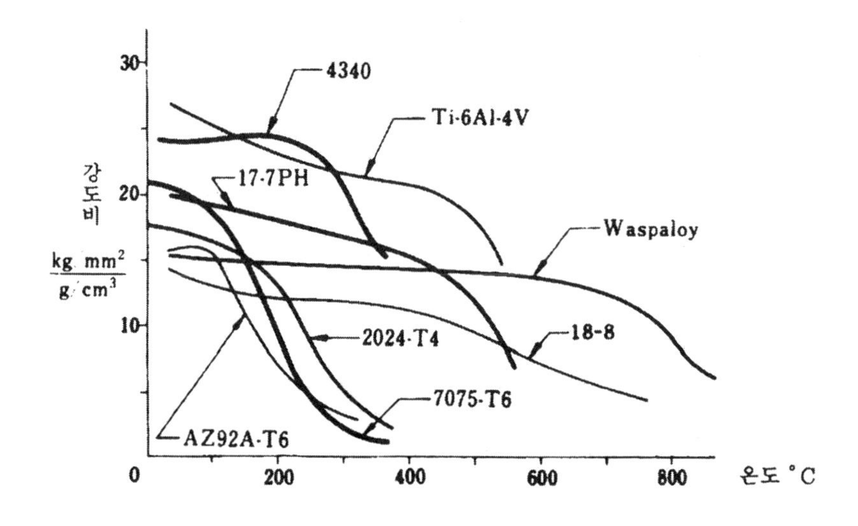

그림 5-8 온도에 따른 강도비

2) 알루미늄 합금의 용도에 의한 분류와 규격

알루미늄 합금은 용도에 의해 단련용 알루미늄 합금과 주조용 알루미늄 합금의 두가지로 분류된다.

A. 단련용 알루미늄 합금

이것은 단조, 압연, 인발, 압출 등의 가공에 의해 판(Plate), 봉(Rod), 관(Tube), 선(Wire) 등으로 되는 알루미늄 합금이다.

B. 주조용 알루미늄 합금

이것은 사형 주물, 금형 주물 혹은 다이캐스트(Die Cast) 등에 쓰이는 알루미늄 합금이다. 다소 강도를 희생해도 주조성이 좋은 조성으로 할 필요가 있으므로 일반적으로 단련용 알루미늄 합금보다 합금 원소의 첨가량이 많고 용융점은 낮다.

- 단련용 알루미늄 합금은 미국 알루미늄협회의 AA 규격이 널리 쓰이고 있다.

[예] 2 0 2 4

첫째자리 : 합금의 주성분을 나타낸다.
1 : 99% 이상의 순도 알루미늄 2 : 구리 3 : 망간
4 : 실리콘 5 : 마그네슘 6 : 마그네슘-실리콘
8 : 위 이외의 원소를 주성분으로 하는 합금 9 : 예비
둘째자리 : 개량 번호 0은 원형
셋째, 넷째자리 : 합금의 명칭 기호

- 주조용 알루미늄 합금은 미국의 ALCOA 규격이 쓰인다.

[예] ALCOA 142, ALCOA 356

3) 알루미늄 합금의 열처리에 의한 분류

알루미늄 합금은 열처리에 의해 강도 증가가 가능한지 아닌지로 분류가 가능하다. 알루미늄 합금의 열처리에 의한 분류는 다음 두가지로 나눈다.

A. 비열처리 합금

비열처리 합금은 냉간 가공에 의해서만 강도를 높이는 것이 가능한 것으로 순알루미늄에 비해 그다지 떨어지지 않는 내식성이 있는 내식 알루미늄 합금이다.

B. 열처리 합금

열처리 합금은 열처리에 의해 강도를 높이는 것이 가능한 것으로 이것에는 내식 알루미늄 합금, 고강도 알루미늄 합금, 내열 알루미늄 합금의 3가지가 있다. 내식 알루미늄 합금은 순 알루미늄에 비해 그다지 뒤지지 않는 내식성이 있는 것, 고강도 알루미늄 합금은 내식성을 다소 희생해도 강도를 현저히 높인 것, 내열 알루미늄 합금은 열팽창 계수가 작고 열전도율이 크고 고온(230℃ 정도까지)에 있어서 기계적 성질이 우수하다.

4) 알루미늄 합금의 기계적 성질을 변화시키는 법

A. 열처리와 냉각 가공에 의한 기계적 성질의 변화

열처리 합금은 열처리에 의해, 비열처리 합금은 냉간 가공에 의해 같은 합금이라도 기계적 성질은 크게 달라진다. (표 5-3)

B. 열처리(Heat Treatment)

알루미늄 합금에는 열처리에 의해 강도를 올릴 수 있는 것과 그렇지 못한 것이 있다. 내식 알루미늄 합금 가운데 6061과 6063, 고강도 알루미늄 합금, 내열 알루미늄 합금 및 주조용 알루미늄 합금은 모두 열처리 강화형 합금이다. 이들 합금은 500℃ 전후의 온도로 가열한 후 물 담금질(Water Quenching)하면 합금 성분이 기본 금속 속으로 녹아들어가 유연한 상태가 얻어진다. 이 열처리를 용체화 처리(Solution Heat Treatment)라 하고 합금 성분을 균일하게 과포화로 녹아들게 하기 위해 다음 경화 처리전에는 반드시 행해진다. 물 담금질은 노(Furnace)에서 꺼낸 후 가능한한 빨리 수행하는 것이 중요하며 이것이 늦어지면 기계적 성질이 저하될 뿐만아니라 내식성도 나빠진다. 물의 온도는 30℃ 이하로 유지해야 하고 수온이 올라가지 않도록 탱크는 충분히 큰 것을 준비한다.

용체화 처리한 이들 합금은 상온에 방치하면 점차 단단해지고 강도가 커진다. 이것을 시효 경화(Age Hardening)라 하고 2017이나 2024로는 24시간으로 시효가 90% 정도 진행되고 수일 내에 완료된다. (이 상태가 -T_4이다)

7075는 상온에서의 시효가 매우 완만하여 1년 후에도 여전히 계속 경화한다. 이와 같은 합금은 120~200℃ 정도로 장시간 가열하면 경화가 촉진된다. (이 상태가 - T_6이다) 이것을 상온에서의 「자연 시효」에 대해 「인공 시효」라 한다. 또 상온에서 시효 경화하는 것이라도 -20℃의 저온으로 유지하면 1주일 후에도 거의 경화하지 않는다. 알루미늄 합금의 완전 어닐링(Annealing)은 400~430℃로 가열한 후, 노(Furnace) 속에서 매우 완만하게 냉각하여 행한다. 이 상태가 -0℃에서 가장 유연하다. 냉간 가공후의 응력 제거 어닐링(Stress Relief Annealing)은 350℃ 전후에서 행한다.

		재 료 명	인장 응력	신장
			psi	%
비열처리 합금	단련용 합금	11000-0	13,000	35
		-H18	24,000	5
		3003-3	16,000	30
		-H18	29,000	4
		5052-0	27,000	25
		-H38	41,000	7
		5056-0	43,000	35
		-H38	65,000	15
열처리 합금		6061-0	18,000	30
		T6	45,000	17
		2014-0	27,000	18
		T6	70,000	13
		2017-0	26,000	22
		T4	62,000	22
		2024-0	27,000	19
		T4	68,000	20
		7075-0	33,000	17
		T6	82,000	11
	주조용 합금	ALCOA-T6	47,000	0.5
		ALCOA-T4	46,000	14
		ALCOA-T6	40,000	5

표 5-3 알루미늄 합금의 기계적 성질

C. 방청을 위한 표면 처리

알루미늄 합금의 방청법으로서는 알루미늄을 양극으로 하고 수산(Oxalic Acid)이나 황산 등의 액 중에서 전해하여 표면에 산화 피막을 만드는 이른바 아노다이징(Anodizing : 양극 산화법)이 널리 행해지고 있다. 또 간단히 보호 피막을 만드는 방법으로서 인산이나 크롬산을 주성분으로 하는 용액중에 침적하든가 혹은 브러시(Brush)로 칠하여 방식하는 알로다인(Alodine : 화학 처리법)이 있어 항공기 재료에도 널리 사용되고 있다.

D. 성질별 기호

성질별 기호란 제조 과정에 있어서의 가공, 열처리 조건의 차이에 의해 얻어진 기계적 성질의 구분을 말한다.

AA 규격에서는 이 성질별의 기호를 표 5-4처럼 정해두고 있다.

성질별 기호	의 미
F	제조 상태
O	어닐링(Annealing)을 한 것
H	냉간 가공한 것(비열처리 합금) H_1 : 가공 경화만 한 것 H_2 : 가공 경화 후 적당하게 어닐링한 것 H_3 : 가공 경화 후 안정화 처리한 것
W	용체화 처리 후 자연 시효된 것
T	열처리한 것 T_1 : 고온 성형 공정부터 냉각 후 자연 시효를 끝낸 것 T_2 : 어닐링한 것(주조용 합금) T_3 : 용체화 처리후 냉간 가공한 것 T_{361} : 용체화 처리후 6% 단면 축소 냉간 가공한 것(2024 판재) T_4 : 제조시에 용체화 처리후 자연 시효한 것 T_{42} : 사용자에 의해 용체화 처리된 후 자연 시효한 것 (2014-0, 2024-0, 6061-0만 사용된다) T_5 : 고온 성형 공정에서 냉각후 인공 시효한 것 T_6 : 용체화 처리 후 인공 시효한 것 T_{62} : 용체화 처리 후 사용자에 의해 인공 시효한 것 T_7 : 용체화 처리 후 안정화 처리한 것 T_8 : 용체화 처리 후 냉간 가공하고 인공 시효한 것 (T_3을 인공 시효한 것) T_9 : 용체화 처리 후 인공 시효하고 냉간 가공한 것 (T_6을 냉간 가공한 것) T_{10} : 고온 성형 공정부터 냉각하고 인공 시효하고 냉간 가공한 것

표 5-4 성질별 기호

5) 항공기에 주로 사용되는 알루미늄 합금

A. 내식 알루미늄 합금

1100(2S)은 순도 99% 이상의 순알루미늄으로 내식성이 우수하다. 매우 유연하고 가공성이 좋은 재료인데 냉각 가공에 의해 어느 정도 강도를 높일 수 있다. 그러나 인장 강도가 17kg/㎟ 정도이므로 기계적 강도는 불충분하고 구조재로서 사용하는 데는 한도가 있으므로 주로 내식성을 목적으로 한 곳에 사용된다. 항공기 부품에서는 연료나 윤활유의 탱크, 파이프 등이다. 용접성도 좋고 용접봉으로서도 사용된다.

3003은 Mn을 1.0~15% 함유시켜 순알루미늄의 내식성을 저하시키지 않고 강도를 높인 합금으로 일반적으로 가공 경화한 상태로 사용된다. 가공성, 용접성이 좋으므로 용접을 요하는 비구조 부분, 그다지 강도를 요하지 않는 부분 등 1100과 같은 용도로 사용된다. 이들과 같이 내식성이 있고 또 이들 합금보다 강한 강도를 필요로 하는 경우에는 5052, 5056 등의 Al-Mg 합금이 사용된다.

이들 합금은 각각 Mg을 2.5%와 5% 포함하고 있고 Mg의 증가와 함께 강도는 증가하는데 가공성, 용접성은 떨어진다. 또 이들 합금에는 Cr이나 Mn이 소량 첨가되어 있는데 이것은 강도의 개선보다 오히려 내식성을 유지하는 데 도움을 준다. 이 가운데 5052는 해수에 강하고 인장 강도도 가공 경화의 상태에서 약 30kg/㎟나 되며 내식성, 가공성, 용접성 및 강도가 균형을 갖춘 알루미늄 합금이다. 특히 피로 강도가 크므로 진동이 심한 엔진 부품 등에 사용된다.

5056은 Mg을 많이 포함하므로 용접성이 나쁘고 장시간의 사용으로는 내식성도 떨어진다. 가공 경화하지 않는 상태에서도 큰 강도를 가지고 있으므로 항공기에서 주로 리벳 재료로 5052와 6061을 사용하고 있다. 6061, 6063은 Al-Mg-Si계의 합금으로 다른 내식 알루미늄 합금이 모두 가공 경화에 의해 강도를 가지게 하는데 비해 용체화 처리에 의해 강도를 높일 수 있다. 이른바 열처리형의 합금이다. 또 내식성이 좋고 용접이 가능하고 노멀라이징 상태에서는 성형 가공도 용이하게 행할 수 있다.

이 가운데 6061은 Cu를 포함하고 6063보다 강도가 크며 항공기에서는 가공도가 큰 곳, 예를 들면 노즈 카울(Nose Cowl), 윙팁(Wing Tip), 엔진 커버(Engine Cover) 등에 종래의 5052에 대신하여 많이 사용되고 있다.

또 내식 알루미늄 합금의 일종으로 4043이 있는데 이것은 Al-Si 합금으로 주로 용접봉으로써 사용된다.

B. 고강도 알루미늄 합금

고강도 알루미늄 합금은 내식성보다 강도를 중시하여 만들어진 것으로 1906년 독일인 윌름(Wilm. A.)이 발명한 듀랄루민으로 시작되어 현재 항공기에서 가장 많이 사용되고 있는 합금이다.

보통 열처리한 가장 강한 상태로 사용되며 인장 강도가 50~58kg/㎟에 이르는 것도 있다. 이 합금은 모두 Cu 또는 Zn을 가하여 시효 경화시키고 있는데 이들 원소의 함유량이 많은 것은 내식성이 나쁘고 특히 해수등에 접촉하면 부식이 심하므로 이것을 막기 위해 순알루미늄 또는 내식성이 우수한 알루미늄 합금의 얇은 판을 표면에 융착하여 사용하고 있다. 이것을 알크래드(Alclad)판이라 한다. 이 스킨의 두께는 양면 각각 판두께의 2.5% 또는 5% 정도로 열간 압연(Hot Rolling)에 의해 붙여지고 있다. 2014는 Cu를 4.5% 함유한 Al-Cu-Mg계 합금으로 505℃의 용체화 온도로 수냉한 후, 약 170℃로 12시간 인공 시효 경화하면 매우 높은 내구력이 얻어지므로 응력이 큰 부분의 단조재, 앵글이나 T형재 등의 압출형재, 또는 판으로 사용된다.

종래 단조품에 가장 잘 사용되는 알루미늄 합금은 이 2014로 항공기에서도 고강도의 장착대나 수퍼 차저(Supercharger)의 임펠러(Impeller) 등에 사용되고 있는데 최근에는 7075-T73으로 변해가고 있다.

판재는 주로 클래드재가 쓰이는데 피로 강도가 높고 균열에 대한 저항도 크므로 7075판 대신에 사용되는 일이 있다. 영국에서는 2024 대신 널리 사용되고 있다. 용접(Welding)은 어려우므로 리벳(Rivet)으로 결합한다.

2017은 윌름이 발명한 이른바 듀랄루민이다. Cu 4%, Mg 0.5% 를 함유, 505℃ 의 용채화 온도에서 수냉하여 실온에 방치해두면 수일 내 경화하고 인장 강도가 40kg/㎟ 이상이나 된다. 이 시효 경화 현상의 발견이 알루미늄의 항공기로의 사용에 결정적인 영향을 미치고 이후 항공기의 스킨이라 하면 듀랄루민이라 할 정도가 되었다. 그러나 현재는 항공기의 응력스킨(Stress Skin)에는 이것을 개량한 2024가 널리 사용되고 2017은 오직 리벳으로 사용된다.

2117은 Cu와 Mg의 함유량이 적고 경화 능력이 감소되며 상온 시효한 상태(T_4)로 리벳팅이 가능하므로 연질 리벳으로서 널리 사용된다. 항공기의 주요 강도 구조재 이외의 거의 모든 구조 부품의 리벳으로 사용된다.

2024는 2017의 Mg 양을 1.5% 로 증가하고 시효 경화의 효과를 높인 합금으로 초 두랄루민이라 부른다. 495℃ 의 용체화 온도에서 수냉한 후에 상온에서 시효 경화하고 인장 강도는 48kg/㎟ , 내력은 34kg/㎟ 이다. 또 내력을 필요로 할 경우는 190℃ 로 10시간 정도의 고온 시효를 행하면 40kg/㎟ 이상으로 할 수도 있다. 또 시효 전에 압연 등의 냉간 가공을 가하면 상온 시효나 인공 시효에 의해서도 더 높은 강도가 얻어지므로 일반적으로 열처리 과정으로서는 T_4, T_6 보다 T_3, T_8 이 행해진다.

2024는 파괴 인성이 좋고 또 피로 특성에도 우수하므로 인장 하중이 큰 날개 밑면의 스킨이나 여압을 받는 동체의 스킨에 널리 쓰인다. 현재, 주요한 제트 여객기의 날개 밑면과 동체에 이것을 사용한다. (표 5-1)

대기중에서의 내식성은 그다지 좋지 않으므로 판(Plate)의 경우는 순알루미늄을 클래드한 것이 쓰인다. 그 외에 고강도용의 리벳으로도 사용된다. 이 합금은 시효 경화의 속도가 빠르고 2시간에 50% 이상 진행되므로 성형 가공 등은 담금질 후 15분 이내에 행하여야 한다. 그 이상의 시간을 작업 가능 상태로 보존하고 싶은 경우에는 급냉 후 즉각 -18℃ 이하의 온도로 저장해 두면 시효 시간을 연장할 수 있다. 리벳도 이 상태로 저장해 두면 시효 경화를 막을 수 있고 상온에 꺼낸 후에는 20분 이내에 작업을 완료해야 한다. 20분 이상 경과한 것은 사용해서는 안된다. 2017, 2014도 보통 용접은 불가능하지만 스폿 용접(Spot Welding), 시임 용접(Seam Welding)은 가능하다.

2224, 2324는 2024의 개량형인 새로운 합금으로 최근의 여객기 보잉 767이나 747-400의 날개 밑면 스킨과 날개 스파(Wing Spar)에 사용된다. (그림 5-9 참조)

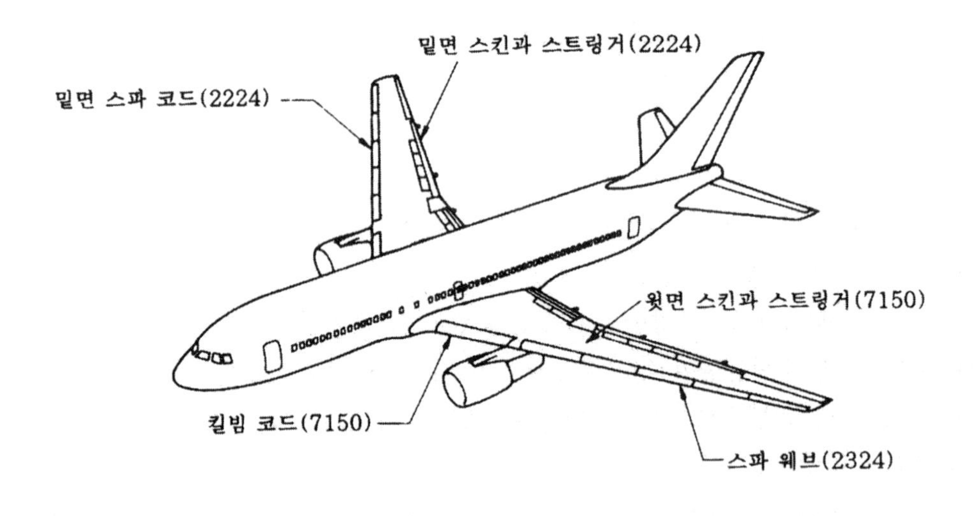

그림 5-9 보잉 767의 알루미늄 합금 사용 예

이들은 2024와 주성분은 같지만 Fe나 Si 등의 불순물을 적게 하고 첨가 원소의 양을 미세하게 조절하여 파괴 인성과 피로 특성을 더 개선한 것이다. 2025는 Mg를 포함하지 않고 열간의 단조성이 좋으므로 심한 변형 가공을 하는 단조품에 사용된다.

항공기에는 프로펠러의 재료로 사용된다. 용체화 처리 온도 550℃에서 수냉 후 170℃에서 12시간 동안 인공 시효한다. 7075는 2024보다 더 강력한 재료로 Cu를 적게 하고 Zn을 5.6% 가한 Al-Zn-Mg 계의 열처리 강화형 합금으로 초 듀랄루민이라 한다.

원래 이 Al-Zn-Mg 합금은 시효 경화가 두드러지고 Zn을 많이 하면 인장 강도가 70kg/㎟ 이상인 것도 만들 수 있는데 응력 부식 깨짐을 일으키기 쉬워 실용화되지 않았다. 그러나 Cr이라든가 Mn을 소량 첨가하여 이들 결점을 방지할 수 있다. 이것을 당시의 군용기의 날개 스파에 사용되었는데, 그것을 실용화 한 것이 이 7075 합금이다. 7075는 가공성이 좋고 오늘날에는 판재로도 많이 생산되고 항공기 날개의 스킨 등에 사용된다.

이 합금은 470℃의 용체화 온도로 급냉한 후, 상온에서의 시효가 매우 늦으므로 120℃로 24시간의 인공 시효를 한 상태(T_6)에서 사용한다. 이 상태로 인장 강도는 58kg/㎟, 내력 55kg/㎟에 달하고 알루미늄 합금 중 최고의 강도를 갖는다. 그러나 150℃ 이상의 온도에서는 2014나 2024 보다 약해지므로 고속 항공기에서의 사용은 문제가 될 것이다.

7075는 시효 경화한 상태에서 깨지기 쉽고 가공성이 나쁘고 가공에 대해서도 민감하므로 구멍 뚫기나 리벳팅의 경우에도 세심한 주의가 필요하다. 또 대기 중의 약한 부식 환경에서도 잔류 응력이 있으면 오랫동안 균열을 일으킨다. 이른바 응력 부식 균열에도 약한 점이 있다.

그래서 대형의 단조품 등으로 이것을 개선하는 방법으로서 1960년대에 T_{73}, T_{76}의 열처리가 개발되었다. 이것을 ALCOA사의 특허로 T_{73}은 110 ℃ 부근의 1단계의 시효에 더하여, 또 60~80℃로 10~20시간의 2단계 시효 처리를 하는 이른바 과시효(Overaging) 상태로 한 것이다.

이 상태에서 인장 강도는 51kg/㎟, 내력은 44kg/㎟으로 저하하는데 결정 입자와 결정 입계의 전기적 전위차가 적어지고 응력 부식, 깨짐에 대한 감수성은 현저히 개선되었다. 그러나 T_{73}에서는 T_6에 비해 10~15%나 강도가 떨어지므로 박리 부식 만을 문제로 할 경우에는 T_{73}보다 과시효의 시간을 짧게 한 T_{76} 처리가 행해진다.

록히드 L-1011의 날개 상하면 스킨에는 7075-T_{76}이 사용되고 있다. 7075는 일반적으로 2024와 같든지 그 이상으로 내식성이 나쁘므로 판인 경우는 통상 Zn을 1% 포함하는 7072로 클래드한 것을 쓴다. 어쨌든 알루미늄 합금 가운데서는 매우 강도가 크므로 현재는 제트 여객기를 시초로 소형기의 날개 윗면이나 동체의 프레임 등 큰 응력이 가해지는 곳에는 거의 7075가 사용된다.

7079는 7075의 절삭성이나 열처리성을 개선한 합금으로 Cu와 Zn의 함유량이 모두 7075보다 적고, 따라서 7075보다 두꺼운 재료에서의 기계적 강도가 개선되어 단조재로서 DC-8, 보잉 727, 737의 프레임 등의 두께 단면이 대형인 부품에 사용되었다. 그러나 이 재료는 응력 부식, 깨짐의 문제가 있고 최근에는 7075-T_{73}으로 대체되어지고 있다.

7018은 7075와 같이 Mg과 Zn을 포함하는 합금인데 그들 합금 원소의 함유량은 모두 7075보다 많아 균열이 일어나기 쉽고, 또 내식성도 좀 나쁜 것으로 7075로 대체할 수는 없다.

7150은 7075보다 Zn과 Cu를 증가시키는 것에 의해 T_{73}의 과시효의 상태에서 7075-T_6에 필적하는 강도를 가지고, 또 내응력 부식, 취성이 우수한 합금이다. 또 일반적으로 Al-Zn-Mg계의 알루미늄 합금에는 응력 부식 균열 방지를 위해 Cr이 첨가되어 있는데, 7075, 7150에서는 Cr 대신 Zr을 첨가하여 담금질성을 개선하고 있다.

7050은 담금질성을 개선하여 두꺼운 재료로서의 고강도를 얻을 목적으로 개발된 것으로 주로 대형 단조재로서 사용된다.

7150은 새로이 개발된 합금으로 보잉 747이나 747-400의 날개 윗면 스킨이나 칼 빔(Kell Beam) 등, 종래 7075가 사용되었던 압축 응력이 큰 곳에 사용된다. (그림 5-9)

7475는 7075의 개량형 합금으로 합금 성분의 고순화를 도모하여 강도와 파괴 인성을 개선한 것으로 특히 판재용으로 개발되었다.

7075에 비해 Fe, Si 등의 불순물을 낮게 억제하고 제조 공정 중의 콘트롤(Control)을 엄격하게 한 것이다. 이들 고강도 알루미늄 합금의 개발로 실용화가 가장 기대되고 있는 것은 알루미늄 리튬 합금이다.

리튬(Li)은 금속 원소중 가장 밀도가 작고(0.53 g/㎤), Al과 합금시키면 리튬 중량 1%의 첨가시 약 3%의 밀도의 저하가 얻어지고 또 강성(탄성율)이 약 6% 향상한다. 이것은 종래의 알루미늄 합금에 비해 전체로 10~5%의 중량 경감이 가능하고, 또 피로 특성도 좋아서 항공기의 주요한 재료가 될 것으로 기대된다. 그러나 리튬은 화학적으로 활성인 금속으로 개스나 물과 반응하기 쉽고 그 때문에 합금의 용해나 주조라는 제조 공정에 비용이 들어 아직은 비싼 재료이다.

또 전에 개발된 알루미늄 리튬 합금에서는 가공에 민감하고 인성도 열등하여 항공기에 사용을 금지한 일도 있었다. 그러나 위에서 말한 것처럼 비강도상의 장점이 크고 인성을 개선한 새로운 알루미늄 리튬 합금이 기체 구조용재로서 실용화되려고 하고 있다.

그 중에서도 Al-Li-Cu-Mg 계의 Mn이나 Zr을 아주 적은 양으로 첨가한 합금이 가장 실용화에 가깝다. 이것은 Mg에 의해 기본 성질을 강화하고 Cu에 의해 시효 경화를 부여하여 강도를 향상시킴과 동시에 Mn과 Zr에 의해 결정 입자를 미세화하여 인성을 개선한 것으로 이미

AA 규격으로서 2090, 2091이나 8090이 등록되어 있다.

C. 내열 알루미늄 합금

내열 알루미늄 합금은 가볍고 강하며 내열성이 필요한 왕복 엔진의 피스톤 용으로 발달했다.

2218은 Al-Cu-Mg 계 합금에 Ni를 약 2% 첨가하여 내열성을 개선한 것으로 Y합금이라 불리는 것이다. 인장 강도는 인공 시효 경화한 상태에서 42kg/㎟로 열간 가공이나 압출 가공이 비교적 용이하게 행해지므로 단조 피스톤 등에 사용되고 있다.

2219는 내열성이 좋은 열처리 경화형의 합금으로 250℃ 이상에서는 다른 어느 알루미늄 합금보다 강도가 높다. 내식성, 성형 가공성은 2024와 같은 종류인데 용접성이 좋고 판재, 단조재로서 내열 알루미늄 합금으로서 가장 널리 쓰인다. 판재는 7072로 클래드(Clade) 된다.

2618은 원래 항공기용으로 단조재로 개발된 열처리 경화형의 내열 알루미늄 합금이고 100~200℃의 온도 범위에서는 알루미늄 합금 중 가장 강도가 크다. 용체화 온도에서 가열 후, 열탕 중에 냉각한 상태가 T_4인데, 일반적으로 이것은 200℃에서 20시간의 시효를 행한 T_{61}의 상태로 사용된다. 유럽에서는 이 2618에 상당하는 RR58이 콩코드의 주재료로 선택되었다. 콩코드인 경우 공기 마찰 가열에 의한 스킨(Skin)의 최고 온도는 130℃ 정도인데, 이 온도에서도 강도가 거의 떨어지지 않는 것은 크리프 특성이 좋기 때문이다.

4032는 Al-12% Si 합금에 Cu, Mg, Ni을 각각 약 1% 첨가한 합금으로 Y합금보다 고온 강도는 약간 낮지만, 열팽창 계수가 작으므로 피스톤용 합금으로 적합하다. 이들 합금은 용체화 처리후 170℃로 장시간 가열하여 시효 경화시킨 것이므로 이 온도를 웃도는 고온에 노출되면 이른바 과시효 경화를 일으켜 연화하므로 그 주위가 내열성의 한계가 된다.

구 분			A.A 배합 (ALCOA)	성질 특성	용 도	표준 화학 성분	성질 기호	인장응력 (psi)
가공경화	알루미늄		1100 (2S)	◦ 순 Al(순도 99%)이다. ◦ 가공성이 좋고, 내식성이 양호 ◦ 연질 재료이므로 기체 재료로는 사용한 함.	◦ 알크래드의 피복재 ◦ 리벳(A)	순도가 Al의 99~99.5%	O H	13,000 24,000
	Al~Mn계		3003 (3S)	◦ Mn이 25%인 합금으로 가공성 양호 ◦ 내식성 양호	◦ 용접봉 ◦ 기내품의 일부	Mn—1.2% Al—나머지	O H	16,000 29,000
	Al~Mg계		5052 (52S)	◦ 강도 내식성 내피로성은 1100, 3003보다 낮다.	◦ 튜브	Mg—2.5% Cr—0.25% Al—나머지	O H	27,000 41,000
시효경과합금	고온시효경과	Al~Cu계	2017 (17S)	◦ 두랄루민이라고 부른다. ◦ 2024와 같은 성질인데 강도는 조금 처짐	◦ 단순한 2차 구조 ◦ 리벳(D)으로 사용	Cu—4.0% Mg—0.5% Mn—0.5% Al—나머지	O T4	26,000 62,000
			2117 (A17S)	◦ 2017의 개량형으로 2017, 2024보다 강하지 않음.	◦ 리벳(AD)으로 사용(열처리 없이 바로 사용)	Cu—2.5% Mg—0.3% Al—나머지	T4	43,000
			2024 (24S)	◦ 2027과 성분은 같은데 분배 비율이 다르다. 2017보다 강하고 내피로성이 좋다. ◦ 가공성은 좋지 않다. ◦ 내식성이 좋지 않으므로 판재는 Alclad로 사용됨.	◦ 기체 구조 가장 널리 사용 ◦ 리벳(DD)으로 1차 구조 부재에	Cu—4.5% Mg—0.3% Mn—0.6% Al—나머지	O T4 CL AD T4	27,000 68,000 64,000
	고온시효경과합금		2014 (14S)	◦ 내식성이 안좋다. ◦ 단조 압축에 적합하고 T6 처리에 의해 높은 인장을 얻음. ◦ 피로 강도는 2024 이상	◦ 스킨 ◦ 단조 부재 앵글, 찬넬	Cu—4.4% Si—0.8% Mn—0.8% Mg—0.4% Al—나머지	O T4 T6	27,000 62,000 70,000
		Al~Mg~Si계	6053 (53S)	◦ 성형 가공성은 T 상태를 제외하고 내식성이 우수	◦ 중간 강도를 요하는 압출재에 사용		O T4 T6	16,000 33,000 39,000
			6061 (61S)	◦ 성형 가공성이 양호하므로 내식성이 강함.	◦ 에어덕트, 윙팁 ◦ 튜브	Mg—4.4% Si—0.8% Cu—0.8% Cr—0.4% Al—나머지	O T4 T6	18,000 35,000 45,000
		Al~Zn계	7075 (75S)	◦ T 상태로는 2024보다 20% 정도 강함. 하중이 높은 곳에 사용 ◦ 내피로성은 좋지 않다. ◦ 균열이 발생하기 쉬우므로 가공중에 취급 주의	◦ 기체 구조의 주요 부재에 2024와 함께 사용 ◦ 판재 압축재, 단조재	Zn—5.6% Mg—2.5% Cu—1.6% Cr—0.3% Al—나머지	O T6 CL AD T4	33,000 82,000 76,000

표 5-5 주된 알루미늄 합금의 특성

D. 주조용 알루미늄 합금

142는 주조용 내열 알루미늄재로서 유명한 Y합금의 주물로 과거부터 왕복 엔진의 피스톤이나 실린더 헤드에 사용되고 있다. 용체화 처리 온도는 510℃ 이며 200℃에서 6시간 동안 인공 시효시킨다.

195는 Cu 4.5%을 포함 Al-Cu 계의 합금으로 열처리에 의해 기계적 강도를 크게 할 수 있고 절삭성도 좋아서 비교적 일찍이 크랭크 케이스 등에 사용되는데 단조성과 내식성이 그다지 좋지 않아 Al-Si-Mg 합금으로 대신된다. 220은 10% Mg을 포함하는 Al-Mg 합금으로 시효경화 상태에서는 강도, 연성, 내충격성 모두 알루미늄 합금 주물중 최고이며 내식성, 절삭성도 매우 좋으므로 항공기의 레버(Lever)나 브라켓(Braclet) 등에 사용된다. 그러나 Mg이 많으므로 주조성은 그다지 좋지 않다. 또 고온 특성도 안 좋으므로 내열 주물로서는 안 쓰인다. 430℃로 24시간 이상 용체화 처리(Solution Heat Treatment)를 한 상태로 상온에서 시효경과(Age Hardening)하여 최고의 성능을 발휘한다.

355, 356은 Al-고Si 합금을 개량한 Al-Si-Mg계 열처리 강화형 합금으로 355는 1% 이상 Cu를 포함하고 있으므로 356보다 강도는 높은데, 전성과 내식성에서 열등하다. 그러나 모두 주조성, 기밀성, 내식성, 용접성이 우수하고 내진성도 좋아서 왕복 엔진의 크랭크 케이스(Crank Case) 등의 중요 부품에 쓰인다.

357도 같은 Al-Si-Mg 계의 합금으로 Si는 356처럼 7.0%, Mg는 355처럼 05%로 첨가량을 증가시켜 강도를 올리고 있다. 대형 제트 엔진의 기어 박스 하우징(Gear Box Housing) 등에 사용되고 있다.

5-5. 티타늄 합금

1) 일반

티타늄 합금(Titanium Alloy)은 알루미늄 합금보다 강도비, 내열성이 크고 내식성이 양호하므로 기체, 엔진 등의 구조 용재로서 중요한 곳에 사용되고 있다. (티타늄의 비중은 알루미늄의 1.6배, 강의 0.6배)

[참고] 그림 5-11, 5-12에서 알 수 있듯이 티타늄 합금은 알루미늄 합금과 내식강의 중간 정도의 내열성을 가지고 400~500℃ 정도의 온도까지는 강도가 크게 떨어지지 않는다.

2) 티타늄 합금의 규격

티타늄(Ti)과 그 합금에는 그 표시법으로서 상품명, MIL 규격, AMS 규격이 쓰이는 일이 많다.

[참고] 상품명은 Ti-6Al-4V라든가 Ti-8Al-1 Mo-1V처럼 Ti 이외의 합금 원소를 그 함유 %로 나타낸 것이나, Ti-50A 처럼 그 합금의 강도를 나타낸 것 등이 있다. MIL 규격에서는 MIL-T-9046 class1과 같이 나타낸다. AMS 규격에서는 AMS 4908A 처럼 나타낸다.

3) 티타늄 합금의 기계적 성질

표 5-6에 대표적인 티타늄 합금의 기계적 성질을 나타내었다. 티타늄 합금에도 열처리에 의해 강도를 올릴 수 있는 것과 없는 것이 있다.

① 티타늄은 고온에서 산소, 질소, 수소 등과의 친화력이 매우 크고, 또한 이러한 개스를 흡수하면 매우 약해진다. 또 약간의 불순물이 들어가면 경화되어 가공성이 현저히 떨어지는 결점이 있다.

② 티타늄 합금은 거의가 합금 원소로서 몇 %의 알루미늄을 포함하고 있다. 이것은 알루미늄이 고온 강도의 증가, 내산화성의 향상을 가져오고 취성을 감소시키는 효과가 있기 때문이다.

③ 티타늄 합금은 열전도 계수가 작으므로 열의 분산이 나쁘고 가공을 할 경우 인화를 일으키기 쉽다. 또 미세한 분물은 발화 연소하는 일이 있으므로 주의 한다.

	재료명	열처리 상태	인장 응력	신장 (%)
비열처리 합금	Ti-50A	Annealing	50,000	22
	Ti-65A	Annealing	65,000	20
	Ti-75A	Annealing	75,000	15
	Ti-75A	Annealing	110,000	15
열처리 합금	Ti-8Al-Mo-1V	Annealing	150,000	15
		용체화처리+시효	175,000	8
	Ti-6Al-4V	Annealing	130,000	15
		용체화처리+시효	170,000	7

표 5-6 티타늄 합금의 기계적 성질

[참고] 표 5-6에서 Ti-50A ~ Ti-75A는 공업적으로 제조된 순티타늄이다. 50이라든가 75의 숫자는 인장 응력을 1,000psi 단위로 나타낸 것이며, 끝의 "A"는 어닐링 상태임을 나타낸다.

4) 티타늄 합금의 특성과 용도

A. 순 티타늄(Pure Titanium)

순 티타늄은 다른 티타늄 합금에 비해 강도는 떨어지나 연성, 내식성이 우수, 용접성도 좋다. 플로어 판넬(Floor Panel)이나 방화벽(Fire Wall) 등에 사용된다.

B. Ti-5A1-2.5 Sn

고온 강도, 특히 크리프(Creep) 성질이 우수, 400℃ 이상에서는 열처리한 Ti-6Al-4V 보다 크리프 파괴 강도가 크다. 용접성도 순 티타늄처럼 좋다. 가스터빈 엔진의 케이스(Case)에 사용된다.

C. Ti-6Al-4V

기체 구조 부재나 가스터빈 엔진의 압축기 브레이드에 사용된다. 이 합금은 열처리에 의해 높은 강도를 얻을 수 있다. 400℃ 정도까지는 높은 강도를 유지하는 한편 0℃ 이하의 저온에서 충격 강도가 우수하다. 용접성은 순 티타늄이나 Ti-4Al- 25Sn에 떨어지지만 양호한 편이다. Ti-6Al-4V는 가장 잘 알려진 티타늄 합금으로 초음속 항공기(SST)의 기체 구조재의 대부분이 이 합금을 사용했으며 현재 보잉 747 기체 구조 부재로서 그리고 가스터빈 엔진의 압축기 브레이드(Compressor Blade)와 압축기 디스크(Compressor Disk)에 폭넓게 사용된다.

JT9D 대형 팬 엔진(Fan Engine)은 거의 이 합금을 사용한다.

그림 5-10 팬 브레이드(Ti-6Al-4V로 제작된 팬 브레이드)

D. Ti-8Al-1Mo-1V

강도는 Ti-6Al-4V에는 미치지 않으나 400~500℃의 고온에서는 다른 티타늄 합금보다 우수한 크리프 성질을 가지고 있고 용접성도 좋다.

5-6. 마그네슘 합금

1) 일반

마그네슘 합금(Magnesium Alloy)은 사용중인 금속 중에서 가장 가볍고(마그네슘의 비중은 알루미늄의 2/3) 전연성이 풍부하며 절삭성이 좋으나 내열성, 내마모성이 떨어져 항공기의 구조대로서 사용되는 예는 적다. 그러나 경량 주물로서는 유효한 재료이고 좋지 않으므로 일반적으로 화학 피막 처리를 할 필요가 있다.

[참고] 마그네슘 합금의 미세한 분말은 타기 쉬우므로 취급에 주의를 요한다. 발화했을 때는 마른 모래를 뿌려 소화한다. 물은 연소를 촉진시키므로 피한다.

2) 마그네슘 합금의 규격

마그네슘 합금의 규격으로서 일반적으로 ASTM의 기호가 사용되고 있다.

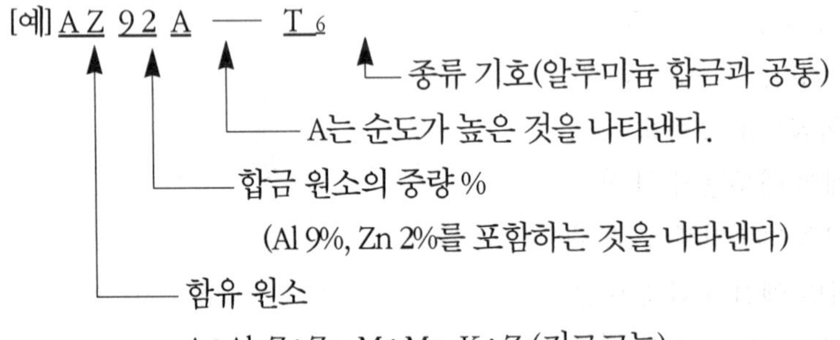

	재료명	열처리 상태	인장 응력 (psi)	신장 (%)
주조용 합금	AZ63A	F	25,500	6
		T4	40,000	12
		T6	40,000	5
	AZ92A	F	24,000	2
		T4	40,000	10
		T6	40,000	2
단조용 합금	AZ31B	O	37,000	21
		H24	42,500	15
	ZK60A	F	48,000	14
		T5	54,000	11

표 5-7 마그네슘의 기계적 성질

3) 종류

A. 종류별 성질의 변화

그림 5-11은 QE22A를 사용한 예이다.

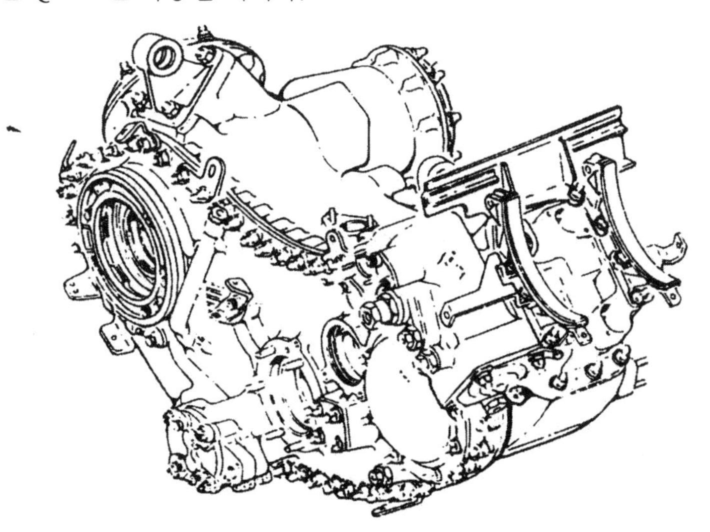

그림 5-11 기어 박스 (QE22A로 제작)

QE22A는 새로운 고온용 주조 합금으로 석출 경화 원소로 Ag, Zr를 포함하여 280℃ 까지는 주조용 마그네슘 합금 가운데 가장 강도가 높다. 280℃ 이상에서는 HK31A가 강하다. 또 200℃ 까지는 크리프 강도가 우수하고 주조성이 양호하므로 대형 제트 엔진의 기어 박스 하우징 등에 사용 한다.

B. 종류별 기호

마그네슘 합금의 종류별 기호는 마그네슘 합금과 공통이다.

5-7. 강

1) 일반

강(Steel)이란 순철의 기계적 성질이나 내식성, 내열성, 그 외의 성질을 향상시키기 위해 각종 원소를 첨가한 것으로 탄소강, 고장력강, 내식강(스테인레스강) 등 여러 종류가 있다.

2) 강의 규격

강의 규격으로서 일반적으로 SAE 및 AISI의 기호가 사용되고 있다. 기호는 원칙적으로는 아래처럼 4자리의 숫자로 표시된다.

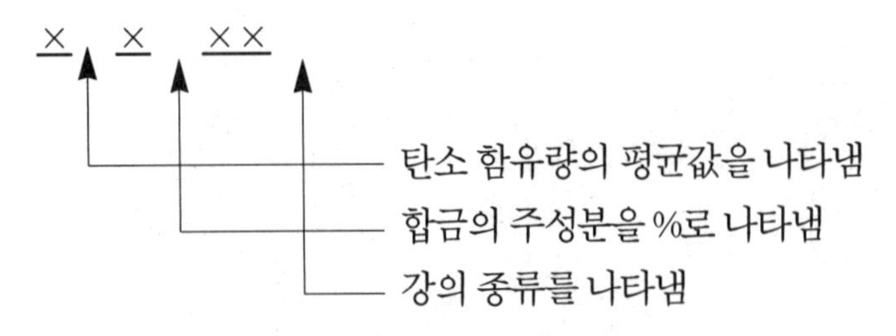

3) 강중의 합금 원소의 주된 작용

- C - 탄소를 증가시키면 인장 강도나 경도는 증가하는데 연성은 줄고 충격에 대해서 약해지며 재질적으로도 다소 불량해지고 용접성도 떨어진다.

- Mn — 망간이 증가하면 신장이나 내충격성 및 내마모성이 증가하고, 담금질(Hardening, Quenching) 경화 심도가 깊어진다. 또 유황(S)에 의한 취성도 방지한다.
- P — 인은 강중에서 일반적으로 선호되지 않는 원소로 함유량도 0.05% 이하가 보통이다. 인은 담금질 균열(Hardening Crack)의 주된 원인이 된다. 또, 인은 산소와의 친화력이 강해서 용접성도 나쁘다. 단 저탄소강의 내식성을 증가시키며 절삭성을 좋게 한다.
- Si — 실리콘은 저합금강의 크리프 강도나 탄성 한계를 증가시키고 내산화성, 내식성을 높인다.
- Ni — 니켈의 고용에 의해 담금질이 아닌 상태에서의 강의 인장 강도 및 내식성을 증가시킨다. 특히 저온에서의 내취성이 좋아진다.
- Cr — 크롬의 첨가에 의해 담금질에 의한 경화가 미치는 깊이가 증가하고 고온에서의 강도를 증가시킨다. 또 내식, 내산화성도 높아진다. Cr이 풍부한 탄화물은 내마모성을 주므로 베어링강이나 공구강 등에 쓰인다.
- Mo — 몰리브덴을 첨가하면 노멀라이징(Normalizing) 상태의 강의 강도를 개선하고 내크리프성을 증가시킨다. 또 담금질성의 개선에도 효과가 있고 템퍼링(Tempering)의 취성 방지에 효과가 있고 용접 균열을 줄이는 데에 좋다. 스테인레스 강의 개량 등에도 중요한 합금 원소이다.

강의 종류	재료 번호	강의 종류	재료 번호
탄소강	1×××	크롬강	5×××
망간강	13××	크롬 바나듐 강	6×××
니켈 크롬강	3×××	니켈 크롬 몰리브덴 강	81××
몰리브덴 강	40×× / 44××		86×× ~88××
크롬 몰리브덴 강	41××	실리콘 망간강	92××
니켈 크롬 몰리브덴 강	43×× / 47××	니켈 크롬 몰리브덴 강	93×× ~98××

표 5-8 강의 규격

4) 탄소강

탄소강은 철과 탄소의 합금으로 탄소 함유량이 보통 약 0.02~2% 범위의 강을 말한다. 또 소량의 규소, 망간, 인, 유황 등을 포함하는 것이 보통이다. 또 탄소 함유량의 미세한 변화에 따라 성질이 크게 변화한다. 탄소가 많은 만큼 단단함(경도)은 증가하나, 끈질김(인성), 내충격성은 감소하고 용접은 곤란하게 된다.

항공기용으로서 코터 핀(Cotter Pin), 케이블(Cable) 등에 사용되는 정도이다.

5) 고장력강(강인강, 합금강, 특수강)

A. 일반

강의 양호한 기계적 성질은 가열하고 템퍼링했을 때 얻어지는데 탄소강에서는 담금질이 나쁘고, 강하고, 끈질긴 성질은 그다지 얻어질 수 없다. 이런 요소를 보충하는데 탄소강에 탄소 이외의 원소를 소량 더한 것이 고장력 강으로 많은 종류가 있고 항공기용으로서는 Cr-Mo(크롬 몰리브덴)강, Ni-Cr- Mo(니켈 크롬 몰리브덴)강이 대표적인 것이다. 고장력강은 내식성이 좋지 않으므로 일반적으로 Cd(카드뮴) 또는 Ni-Cd(니켈 카드뮴)으로 피막한 것을 사용한다.

B. 취성 파괴

고장력(인장) 강은 취성 파괴를 일으키기 쉬운 성질을 가지고 있으므로 주의를 요한다. 이 현상은 강도가 높은 강에서 일어나기 쉽다. 이것은 응력 집중 부분이 어떤 작은 상처나 부식 또는 도금 공정 등에서 침입한 수소의 석출 과정으로 형성하는 공극 등이 균열의 핵이 되어 균열이 시작되고 서서히 진행하여 긴 시간이 경과한 후, 낮은 하중 상태에서도 외견상 거의 변형없이 지연 파괴하는 현상으로 지연 파괴라고도 한다.

침입한 수소는 취성 파괴의 원인이 되는 동시에 그 진행도 조장하므로 사용할 때는 적당한 온도의 노(Furnace)에 일정 시간 강을 넣어 두는 배킹(Baking)이라는 처리가 행해진다.

C. 주요 고장력강

a. Cr-Mo(크롬 몰리브덴)강(AISI 4130~AISI 4140)

이것은 용접성 열처리성을 향상시킨 강으로 열처리하여 120,000 ~ 160,000psi 로 강도를 높인 강이다. 4130은 용접 후 그대로 사용하는 용접 구조재로서 신뢰도가 높다. 볼트, 랜딩 기어 부품, 엔진 부품 등에 사용되고 있다.

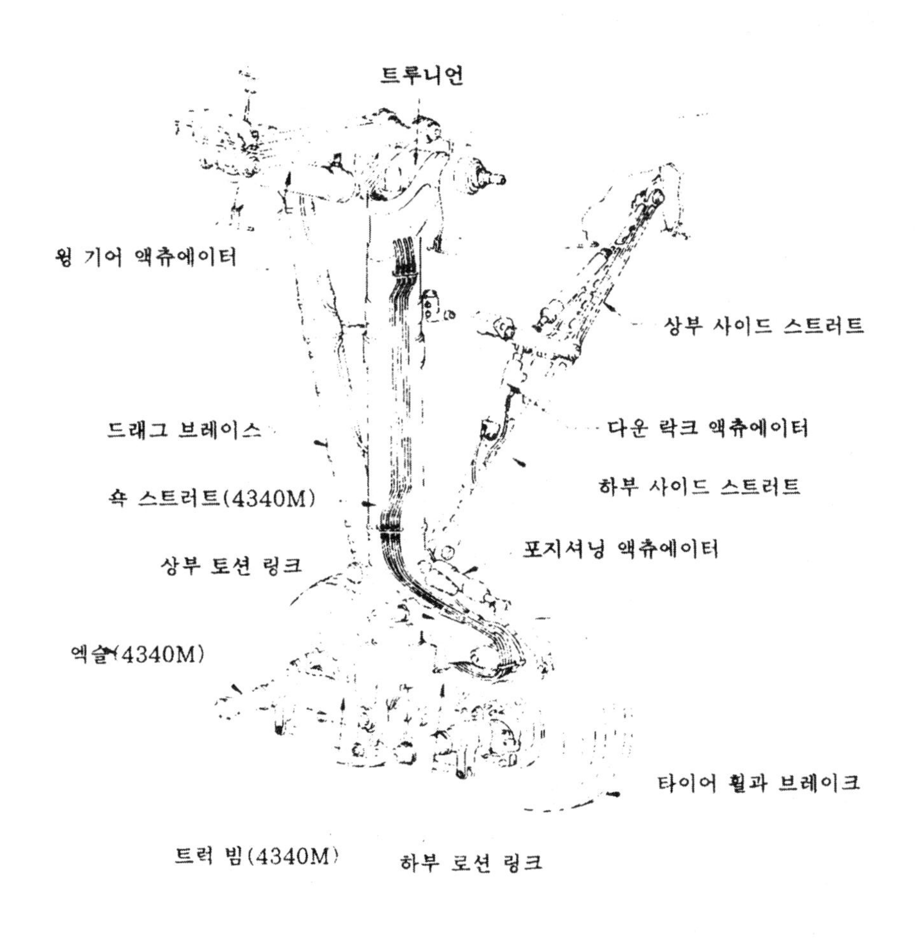

그림 5-12 보잉 747의 윙 랜딩 기어(Wing Landing Gear)

b. Ni-Cr-Mo(니켈 크롬 몰리브덴)강 (AISI 4340)

이것은 Cr-Mo(크롬 몰리브덴)강의 담금질성을 개선한 고장력강의 대표적인 것으로 인성이 풍부하고 열처리에 의해 250,000psi를 넘는 인장 강도도 얻어지므로 높은 강도를 요구하는 랜딩기어, 그 외의 대형 부품, 엔진 부품 등에 사용된다. 앞의 그림에서 보면 4340의 개량형으로 4340M 혹은 300M 이라는 것이 사용된다. 이것은 4340에 S와 P의 양을 적게 하고 Si의 양을 증가시켜 300℃ 부근에서 탬퍼링해서 취성을 개량하고 V를 첨가하여 결정을 미세하게 형성시켜 절삭성과 인성을 향상시킨 것이다.

보잉 737, 747, DC-10 등의 랜딩기어 구조재로 사용된다.

6) 내식강(CRES : Corrosion Resistant Steel)

A. 일반

기본적으로는 Cr(크롬)을 다량(11% 이상) 포함한 강이라고 말할 수 있다. Cr의 산화에 의해 강의 표면이 투명하고 치밀하여 동시에 안정된 Cr의 산화 피막으로 덮여 있는 것에 의해 내부에 산화가 진행되지 않도록 되어 있고 대표적인 것으로서는 Cr 스테인레스강과 Cr-Ni 스테인레스강이 있다.

B. 주요 내식강

a. 마르텐사이트계 스테인레스강(AISI 410, AISI 403, AISI 440)

이것은 13Cr 이라고도 하고 자성이 있어 열처리가 가능하다. 일반적으로 열간 가공 및 단조가 용이하고 저탄소인 것에서는 냉각 가공도 양호하고 긱 가공성은 내식강중에서 가장 좋다. 내식성과 강도를 요구하는 부품(Inlet Guide Vane, Compressor Blade 등)에 사용된다.

[참고] 13Cr 이라 불리는 것 중에는 퍼얼라이트계 스테인레스 강도 있다.

b. 오스테나이트계 스테인레스강(AISI 302, AISI 316, AISI 321)

이것은 일반적으로 18-8 스테인레스강이라 불리는 Cr-Ni 강이다. 이것은 18% 크롬 스테인레스강에 8%의 Ni을 첨가한 것으로 약 110℃로 가열하여 급냉하면 탄화물이 모두 오스테나이트에 녹아들어가 상온에서 일정한 오스테나이트 만의 조직이 된다. 비자성으로 가공성, 용접성은 양호하다. 열처리에 의해 강화될 수 없고 냉간 가공으로 강화시킬 수 있다.

내식성은 스테인레스강 중에서도 우수하고 엔진 부품(Engine Parts), 방화벽(Fire Wall), 안전 지선(Safety Wire), 코터 핀(Cotter Pin) 등에 사용된다.

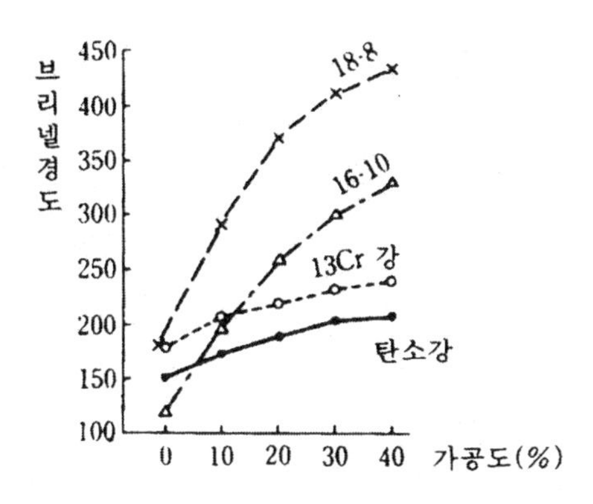

그림 5-13 냉간 가공에 의한 경도의 변화

c. 석출 경화형 스테인레스강(17-4PH, 17-7PH)

이것은 마르텐사이트계 스테인레스강의 강도와 오스테나이트계 스테인레스강의 내식성을 겸비한 스테인레스강으로 개발된 강이다. 17-7PH는 내식성이 우수하고 성형 가공이나 용접도 양호하다.

내식성과 강도가 요구되는 부품에 쓰이는데 내열성의 면에서도 우수하고 내열강으로서의 용도도 넓다.

7) 내열강 및 내열 합금

A. 일반

내열강이란 크리프 강도와 내식성이 좋은 강으로 앞의 내식강도 내열강으로서 사용되는데, 700℃ 이상의 고온에 견디는 합금으로서 Fe(철) 성분의 내열 합금, Ni(니켈) 성분의 내열 합금 및 Co(코발트) 성분의 내열 합금이 있다.

B. 규격

내열강 및 내열 합금의 규격에는 AISI, AMS, MIL 등이 있는데, 일반적으로는 재료 메이커의 상품명이 널리 사용되고 있다.

C. 주요 내열강 및 내열 합금

a. 철 성분의 내열 합금

오스테나이트계 스테인레스강의 발전형으로서 19-9 DL, 팀켄(Timken) 16-25-6 등이 있고, 엔진 배기 파이프, 노즐 등에 사용되고 있다. 석출 경화형 스테인레스강의 발전형으로서는 A286이 있고 터빈 디스크, 샤프트, 케이스나 고온 볼트에 사용되고 있다.

b. 니켈 성분의 내열 합금

이것은 아래에 나타낸 합금으로 대부분은 열처리 가능한 석출 경화형인데 인코넬(Inconnel) 600, 하스텔로이(Hastelloy) C 및 X 처럼 열처리할 수 없는 비석출 경화형인 것도 있다.

하스텔로이계의 합금에 Mo을 다량 첨가하여 고온에서의 내식성을 향상 시킨 것으로 1,100℃ ~ 1,200℃ 에서도 우수한 내식성을 갖는다.

하스텔로이 C는 1,150℃ 정도까지 내산화성이 양호하고 980℃ 정도에서는 연소 개스에도 우수한 내식성을 나타내므로 가스터빈 엔진의 베인(Vane) 등에 사용된다.

하스텔로이 X는 1,200℃ 정도의 고온까지 내식성이 우수한 합금으로 가공성, 용접성이 양호하지만 크리프 강도가 양호하지 못하므로 고온에서 응력이 가해지지 않는 곳(연소실과 터빈의 시일 등)에 사용된다.

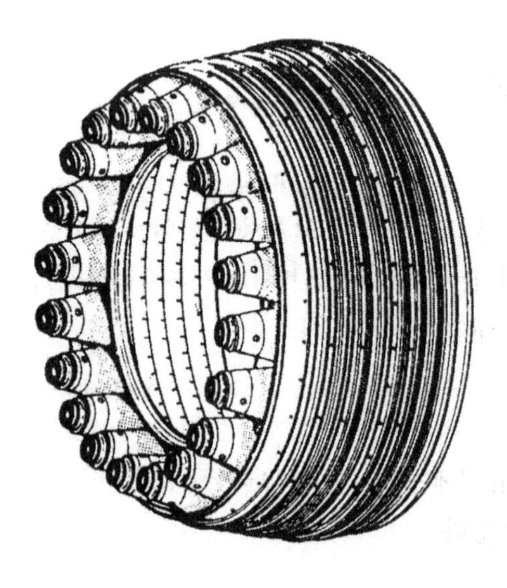

그림 5-14 제트 엔진의 연소실(Hestelloy X 로 제작)

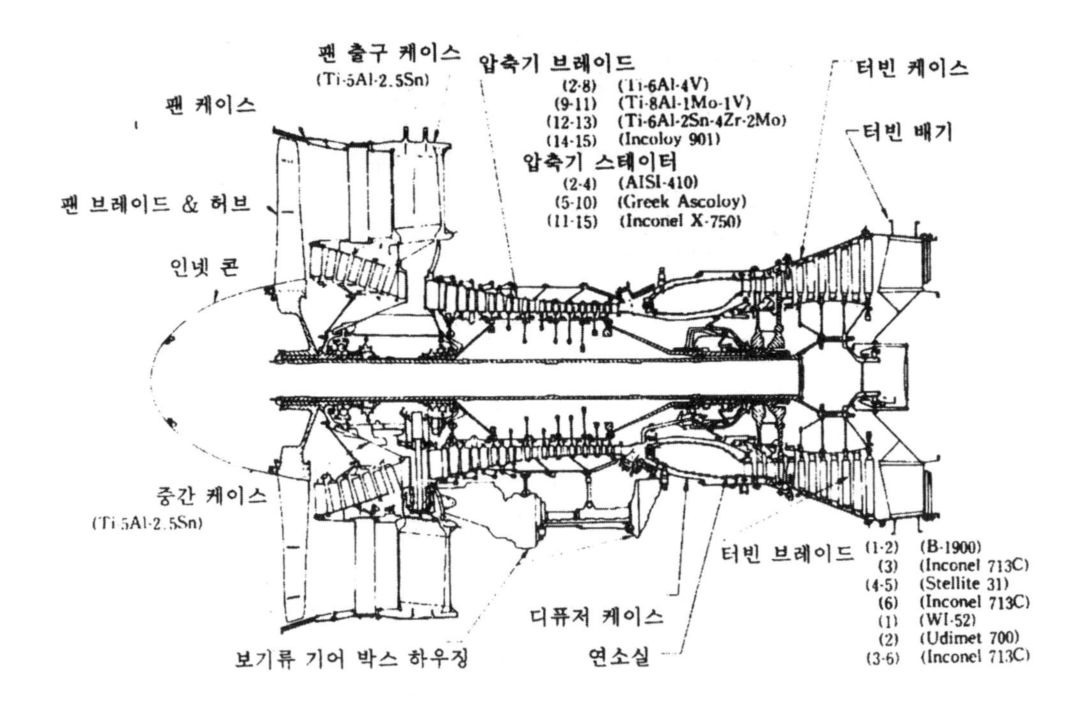

그림 5-15 JT 9D-7A의 주요 부품 재료

석출 경화형의 니켈 합금은 현재의 내열 합금중에서 가장 고온 강도가 우수한 재료로 고온에 노출되고 동시에 응력에 노출되는 부분으로 예를 들어 터빈 브레이드(Turbine Blade), 터빈 베인(Turbine Vane), 배기 덕트(Exhaust Duct) 등에 사용된다.

Ni-Cu계	모넬(내식, 고응력, 비자성)
Ni-Cr계	크로멜(고압 전기 계통, 내열)
Ni-Cr-Fe계	인코넬(내산, 내열, 고응력)
Ni-Mo-Fe계	하이텔로이(내염산, 내열)

c. 코발트 성분의 내열 합금

니켈 성분의 내열 합금으로 대신되고 있는데, 1,000℃ 이상에서는 Ni 성분의 내열 합금보다 강하므로 여전히 엔진 부품으로 꽤 많이 사용된다.

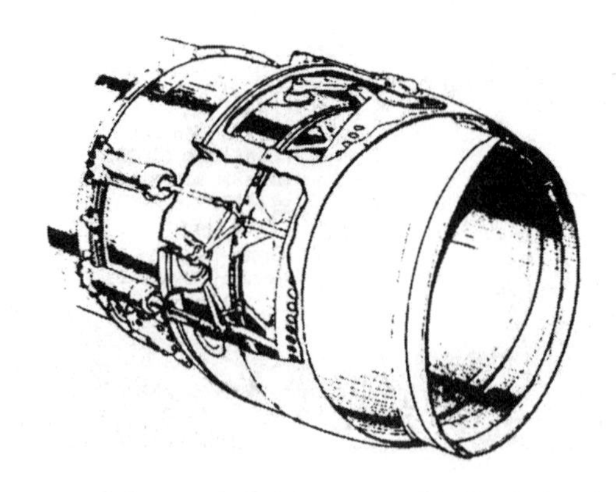

그림 5-16 애프터 버너(Stellite 25 : L-605로 제작)

위 그림은 스텔라이트 25(Stellite 25 : L-605)를 사용한 애프터 버너의 예이다. 이 합금은 코발트계 합금으로 탄소 C의 함유량이 낮고 단조성이 풍부하고 판, 봉, 선 등의 가공재로 사용되며 용접성도 양호하다.

강도를 크게 하기 위해서 시효 처리는 큰 효과가 없고 냉간 가공에 의해 경화시킬 수 있고 815℃ 까지 유효하다. 내식성도 1,090℃ 정도까지 유효하다. 항공기 엔진에는 연소 라이너(Combustion Liner), 터빈 베인(Turbine Vane), 애프터 버너(After Burner) 등에 사용한다.

제 6 장 비금속 재료

6-1. 항공기에 사용되는 비금속 재료

1) 고분자 물질(유기 재료)

고분자 물질은 탄화 수소가 기본 물질로서 공유 결합에 의해 더욱 큰 분자량의 물질로 구성되는 것으로 목재, 고무, 기름, 수지(플라스틱) 등이 있고 구조 재료, 시일(Seal), 실란트(Sealant), 접착제, 윤활제, 작동유, 도료 등 넓은 범위에 사용된다.

2) 세라믹 물질(Ceramic Material)

세라믹 물질(Ceramic Material)은 금속 원소와 비금속 원소의 화합물로서 내열 재료, 내화 재료, 유리 등으로 사용된다. 여기서는 특히 플라스틱과 고무에 대해 그 재료 특성과 그것들을 주원료로 한 구조 재료, 시일(Seal), 실란트(Sealant), 접착제(Adhesive Compound) 등에 대해 설명한다. 또 이것들의 제품에는 매우 많은 종류가 있고 각각의 사용 목적에 따른 성질에 적합하도록 합성되고 있으며 사용에 있어서도 개개의 제품에 따른 특별한 취급을 필요로 하는 것이 많으므로 작업을 할 때는 정해진 규정에 따라 주의하여 행할 필요가 있다.

6-2. 플라스틱

1) 일반

플라스틱(Plastic)이란 합성한 고분자 물질의 총칭인데 여기서는 주로 합성 수지의 의미로 쓴다. 또 플라스틱이란 본래 성형에 있어서, 그 가소성(Plasticity)을 이용할 수 있는 재료인 점에서 이름 붙여진 것이다.

2) 플라스틱의 종류

플라스틱(Plastic)에는 매우 많은 종류가 있다.

A. 열가소성 수지(Thermoplastic Resin)

열가소성 수지는 가열하면 연화와 경화가 반복하여 일어난다. 일반적으로 유기 용제에 용해되기 쉽고 열에 약하다. 종류에는 폴리 염화 비닐(PVC), 폴리에틸렌 나일론 및 폴리메딜메다 크릴게이트(PMMA) 등이 있다.

B. 열경화성 수지(Thermosetting Resin)

열경화성 수지는 가열하면 일단은 유동 상태가 되는데 가열중에 화학 반응이 진행되어 그 온도에서 고체화하는 플라스틱이다. 냉각된 후는 가열전과 다른 구조로 되고 여러번 가열해도 연화하지 않는다. 즉 내열성, 내약품성, 내마멸성을 갖고 있으며 페놀 수지, 에폭시 수지, 불초화 폴리에스테르 및 폴리 우레탄 등이 여기에 속한다.

3) 주요 열가소성 수지의 용도

A. 염화 비닐 수지(폴리 염화 비닐)

용도 : 연질 : 전선 피복, 절연 테이프, 객실내 붙임
　　경질 : 튜브(Tube), 각종 용기(Container)류 등

B. 아크릴 수지(유기 유리)

용도 : 창유리(단, 방풍용 창유리는 무기 유리가 많다). 스위치 커버, 객실내 각종 플랭카드, 조종실의 창유리에 강화 무기 유리(Tempered Glass)를 사용한다.

이 강화 무기 유리는 두꺼운 판으로 유리를 연화 온도 가까이 가열한 후 판의 양면을 가능한한 균일하게 급냉해서 표면 전체에 매우 큰 영구 변형을 만들어 유리를 강화시킨 것을 말한다. 그림 6-1은 이 재료를 이용한 B-747의 윈드실드이다.

C. ABS(Acrylonitrile Butachilence Styrene) 수지

용도 : 객실 벽, 테이블, 좌석 훼어링(Fairing), 그 외의 객실 장비

D. 테프론(Teflon)

용도 : 유압 백업 링(Backup Ring), 호스(Hose), 패킹(Packing), 전선 피복(Coating) 등

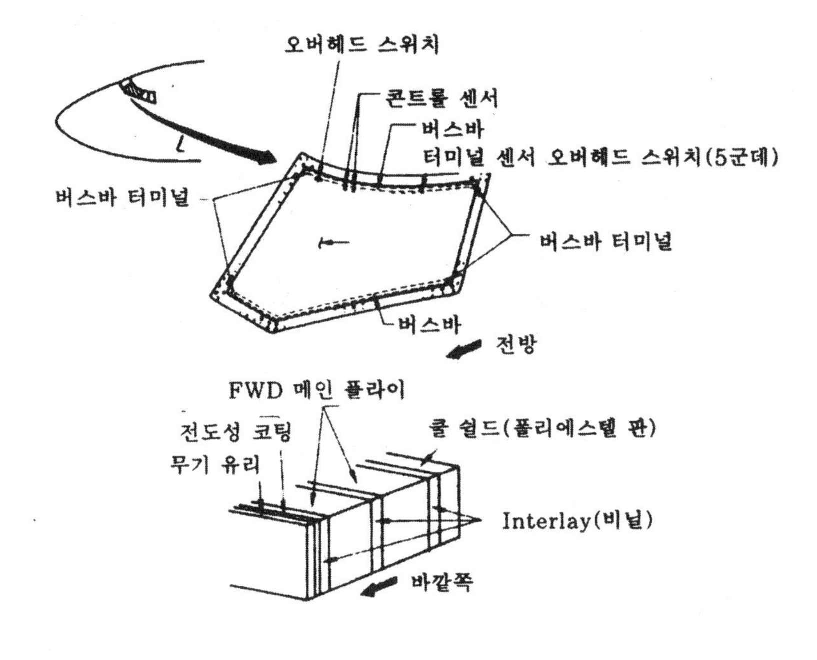

그림 6-1 보잉 747의 윈드쉴드(Windshield)

E. 폴리에틸렌 수지

용도 : 고주파 절연 재료, 파이프(Pipe)

4) 주요한 열경화성 수지의 용도

A. 페놀 수지(배크라이트)

용도 : 성형품 : 전기 라디오 계통의 각종 부품, 기계 부품 등
　　적층품 : 풀리(Pulley), 전기 절연 재료, 객실내 배관 등
　　그 외 : 절연 도료, 방식 도료, 목재 접착제 등

B. 에폭시 수지(Epoxy Resin)

용도 : 레이돔(Radome), 안테나 커버(Antena Cover), 고온 에어 덕트, 물탱크, 공기 흡입구(Air Intake), 디아이서 블랑킷(Deicer Blanket) 등의 구조재(허니컴, FRP), 접착제, 도료

그림 6-2는 레이돔에 에폭시 수지를 사용한 예이다. 또한 레이돔에는 네오프렌(Neopren)이 사용되기도 한다.

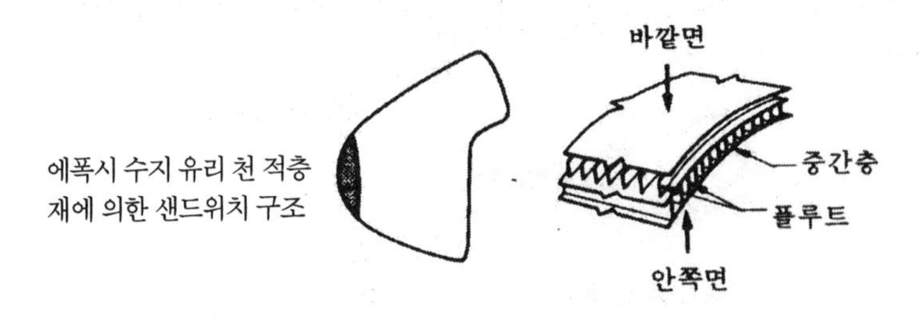

그림 6-2 DC-8 항공기의 레이돔(Radome)

C. 폴리에스텔 수지

용도 : 레이돔, 안테나 커버, 고온 에어 덕트(Hot Air Duct), 탱크류, 필렛(Fillet), 악세스 도어(Acess Door), 화물실, 객실내 창틀 등의 구조 재료(허니컴, FRP)

아래 그림은 수직 꼬리 날개에 사용한 폴리에스텔 수지의 유리천(Glass Cloth) 적층재이다.

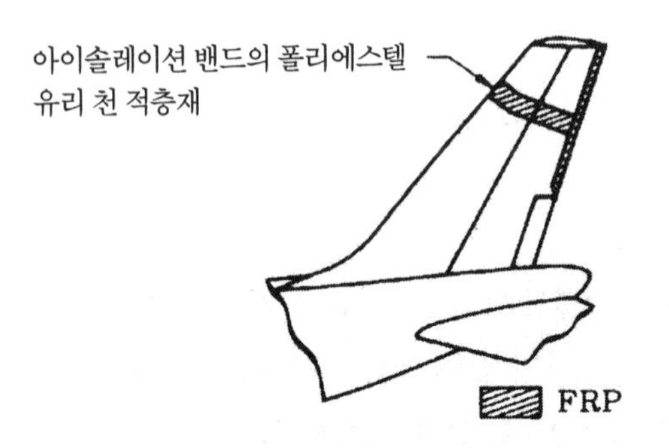

그림 6-3 DC-8 항공기의 수직 꼬리

D. 실리콘 수지

용도 : 고온 에어 덕트 슬리브(Sleeve), 전선 피복, 전기 절연재, 내열 도료, 윤활제, 작동유, 방습 콤파운드(Moisture Proof Compound) 등

E. 폴리우레탄 수지
용도 : 스폰지, 방음 방진재, 도료

6-3. 고무

1) 일반

고무(Rubber)에는 천연 고무(Natural Rubber)와 합성 고무(Synthetic Rubber)가 있다. 모두 탄성을 가지는 고분자 물질이다.

천연 고무는 윤활유, 연료 등에 약하므로 타이어의 원료로서 사용되는 것 외에는 항공기에는 거의 사용되지 않는다. 합성 고무는 개발 초기는 천연 고무와 비슷한 것을 합성에 의해 만들었는데, 그 후 공업용 재료로서의 사용 목적에 맞는 여러 종류가 개발되어 항공기에도 널리 사용되고 있다.

2) 대표적인 합성 고무의 용도

A. 크로로프렌 고무(Chloroprene Rubber)
용도 : 레이돔 부츠, 공기 다이어프램, 팩킹(Packing), 도어 시일

B. 니트릴 고무(Nitril Rubber 또는 Buna-N)
용도 : 음료수 공급 라인, 광유계 작동유, 연료 및 엔진 오일용 O-ring, 가스켓(Gasket), 연료 탱크, 호스(Hose)

C. 부틸 고무(Butyl Rubber)
용도 : 인산 에스텔용 호스, O-ring, 진공 시일(Seal) 등

D. 에틸렌 프로필렌 고무(Etylene Propylene Rubber)
용도 : 인산 에스텔용 호스, O-ring, 가스켓, 도어 시일(Seal) 등

E. 불소 고무
용도 : O-ring, 가스켓(인산 에스텔계를 제외)

F. 실리콘 고무

용도 : 윈드 시일, 도어 시일, 공기 계통 고온 장소의 시일, 패킹, 다이아 프램(Diaphram), O-ring 등

3) 고무 부품(Rubber Parts)의 보관

고무 제품의 보관에 있어서는 고무의 노화의 원인이 되는 오존, 빛, 열 및 산소에 침입받지 않도록 충분히 주의해야 한다. 만약, 이것들의 원인으로 노화된 것은 균열이 생기거나 표면에 비탄성을 형성하여 결국에는 균열로 발전한다.

일반적으로 실온 24℃ 이하(18℃±2℃가 적당), 습도 50~55%, 그리고 일광이 없는 암실에 보관하면 좋다. 또 포장에 있어서는 두꺼운 종이 등으로 밀폐한다. 또 고무에 굴곡이나 늘임 등의 일그러짐이 생기지 않도록 가볍게 접어야 한다.

6-4. 구조 재료

1) 일반

플라스틱은 금속과 비교하면 가볍고 내식성이 우수한데 구조재로서는 강도, 탄성 계수가 작고, 또 열팽창 계수가 크다는 등의 결점이 있으므로 다른 재료와 조합시켜서 우수한 성질을 발휘하는 복합 재료(Composite Material)로서 사용된다. 항공기의 구조 부재(Structural Member)로서 잘 사용되는 복합 재료로서는 다음의 FRP가 있다.

2) FRP(Fiber Reinforced Plastic)

FRP란 Fiber Reinforced Plastic(섬유 강화 플라스틱)의 약어로 대표적인 것으로는 전기 절연성, 내열성이 양호한 유리를 섬유상으로 하고 불포화 폴리에스텔 수지나 에폭시 수지 등의 열경화성 수지에 보강재로서 유리 섬유를 가하여 성형한 것이다.

FRP는 경도, 강성은 낮은데 강도비가 크고 내식성, 전파 투과성이 좋으며 진동에 대한 감쇠도도 크므로 2차 구조나 1차 구조에 적층재나 샌드위치 구조재로서 사용된다.

[참고] ① 유리 섬유는 필라멘트(1개의 섬유, 여러개 모여 실이 됨)로 사용되는 것도 있는데

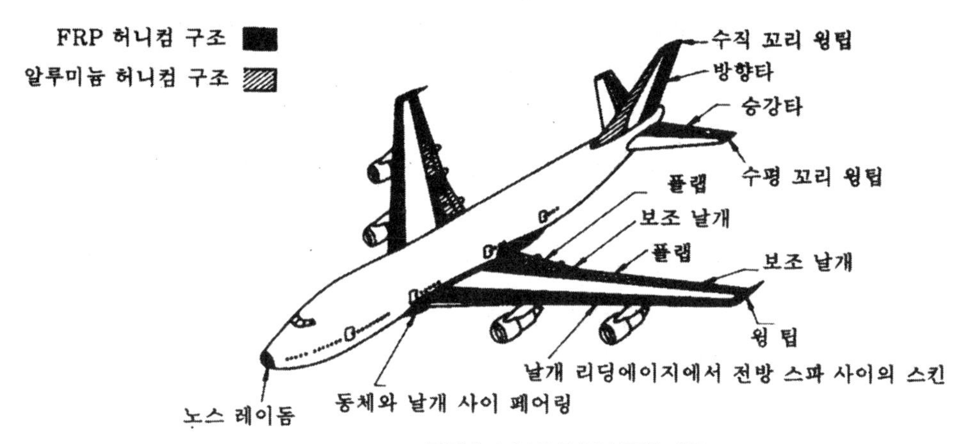

그림 6-4 보잉 747의 FRP 사용

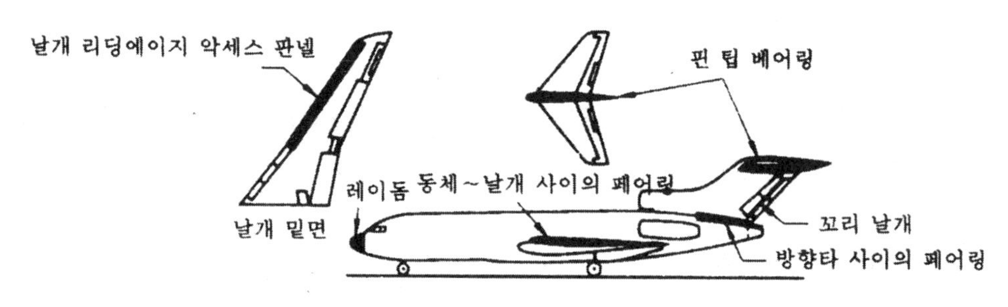

그림 6-5 보잉 727의 FRP 사용

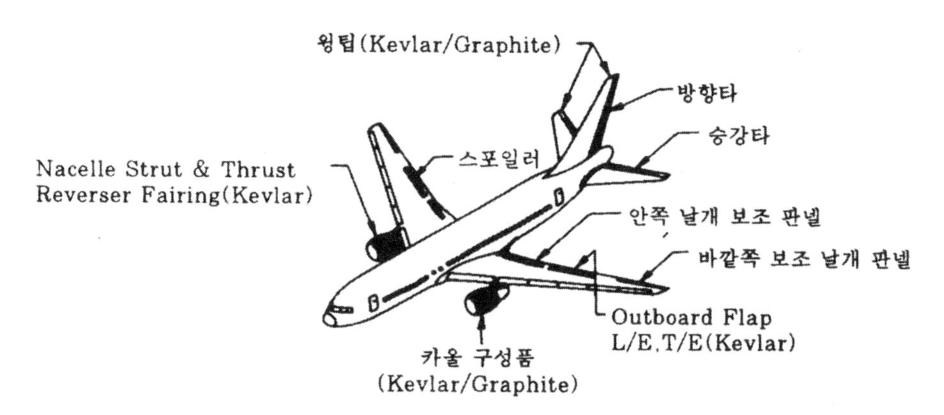

그림 6-6 보잉 767의 FRP(Fiber Reinforced Plastic) 사용

필라멘트(Filament)를 모아 다발(Strand)로 하여 천(Cloth)으로 하여 사용하는 일도 있다. 또 유리 대신에 탄소(Carbon)를 사용한 FRP를 CFRP(Carbon Fiber Reinforced Plastics), 붕소(Boron)을 사용 한 BFREP(Boron Fiber Reinforced Plastics)이라는 것도 있다. 특히 유리의 경우 GFRP(Glass Fiber Reinforced Plastic)라는 것이 있다.

② 적층재란 유리 섬유에 플라스틱을 합해서 적층한 것을 가열 압축하여 성형한 것이다.

③ 샌드위치 구조(Sandwich Structure)란 비교적 강성이 있는 판(Face Plate) 2장 사이에 가벼운 코어(Core)를 샌드위치와 같이 끼워 접착한 구조이다. 판으로는 알루미늄 합금, FRP, 코어로서는 발사(Balsa), 발포재, 벌집형 재료 등이 사용되고 있다.

그림 6-4, 5, 6의 보잉 747에서는 중량을 경감시키기 위해서 섬유 강화 플라스틱(FRP)을 기체 스킨으로 다량 사용하고 있음을 알 수 있다.

최근의 보잉 767은 종래의 섬유보다 높은 강도비, 강성비가 있는 카본 섬유(그라파이트), 유기 합성 섬유(케블러) 등을 충진재로 사용한 신형 섬유 강화 플라스틱(신 복합 재료)을 유리 섬유 강화 플라스틱(GFRD) 대신으로 사용한다.

3) 허니컴 샌드위치 구조 (Honeycomb Sandwitch Structure)

A. 일반

허니컴 샌드위치 구조란 코어(Core)가 알루미늄, FRP, 종이 등이 얇은 막의 벌집 모양으로 성형된 것으로 90~99%가 공간으로 되어 있어 강도비, 피로 강도, 중량 대 강성의 비가 크고 구조 부재에 적당하다.

B. 허니컴 샌드위치 구조의 특징

a. 표면이 평평하다.

접착 구조이므로 표면이 평편하고 리벳 결합과 같은 표면의 요철이 없다.

b. 외형의 변형이 없다.

허니컴(Honeycomb)은 무수한 셀로 판을 지탱하고 있으므로, 공기력에 의한 하중을 받아

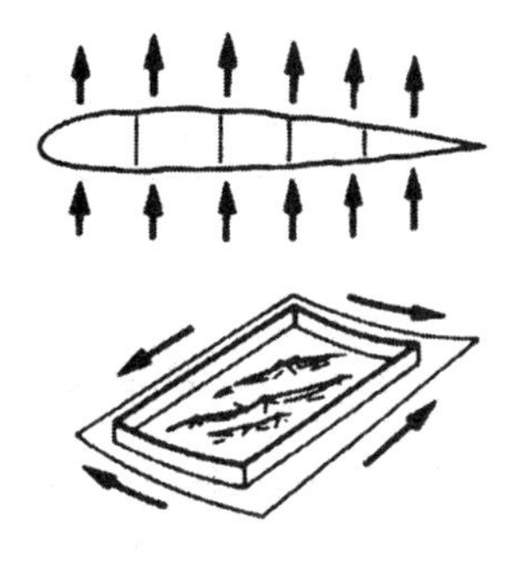

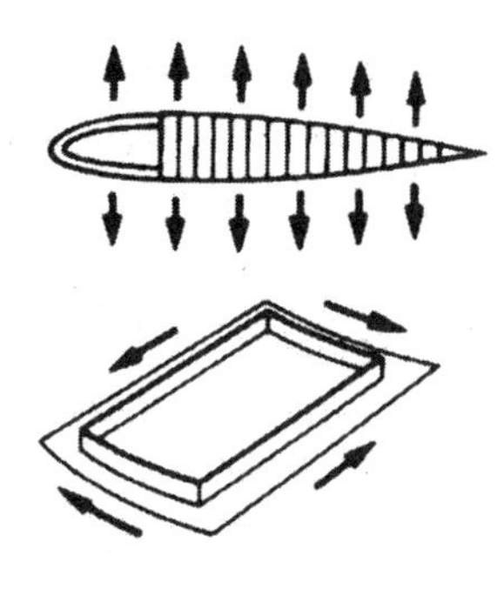

그림 6-7 리벳 구조

그림 6-8 샌드위치 구조

도 리벳 구조의 스킨(Skin)처럼 팽창하거나 음푹 패거나, 비틀리거나 하는 일이 적고 원형을 유지하는 능력이 크다.

c. 충격을 흡수한다.

그림 6-9과 같이 두께 방향으로 압력을 가한 경우, 균일하게 하중이 걸리므로 충격 흡수가 우수하다.

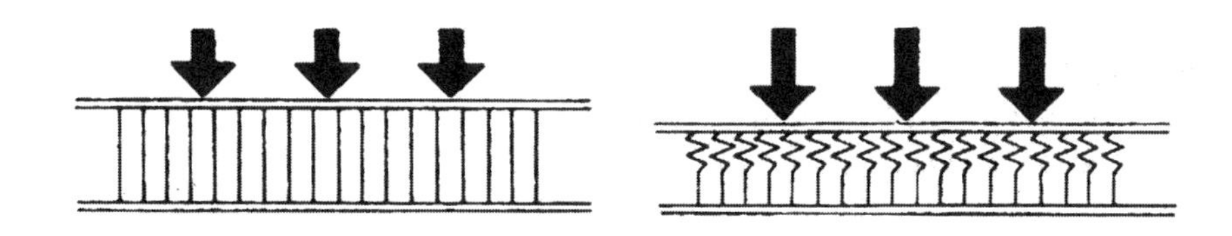

그림 6-9 충격 흡수에 강하다

d. 단열성이 좋다.

수많은 셀(Cell)을 가지고 있어서 공기의 대류가 방해 받으므로 단열 효과가 좋다.

그림 6-10 단열 효과가 좋다.

e. 허니컴의 문제점

허니컴은 얇은 판의 접착 구조이므로 집중 하중에 약하고 절연체이다.(다만 알루미늄 허니컴 제외) 강도, 강성에 방향성이 있는 등 사용에 있어 배려해야 하는 문제점도 있다.

[참고] 허니컴은 코어 L방향(Ribbon Direction 또는 Longitudinal Direction)으로 강도가 크고 이것과 직각으로 접착된 W방향(Transverse Direction)의 강도가 낮다.(대체 L 방향의 40~60%) 또 허니컴의 개개의 육각형을 셀(Cell)이라 부른다.

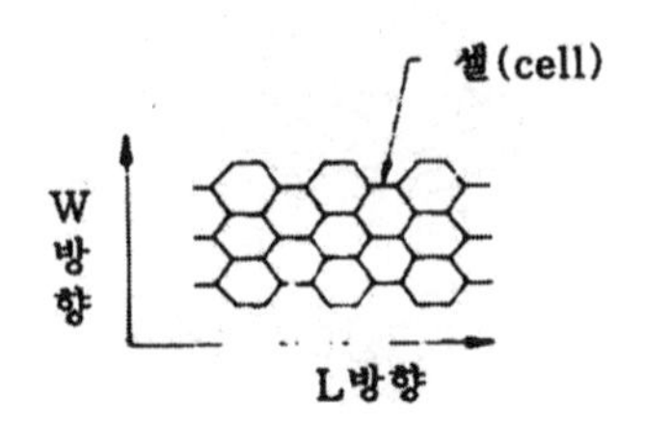

그림 6-11 허니컴 셀의 구조

C. 허니컴 샌드위치 구조의 검사

a. 시각 검사

스킨 분리(Delamination)를 조사하기 위해 광선을 이용하여 측면에서 본다.

b. 촉각에 의한 검사

손으로 눌러 분리(Delamination)를 검사한다.

c. 습기 검사

비금속의 허니컴 판넬 가운데에 물이 들어가 있는가 아닌가를 검사하는 장비를 사용하면 수분이 있는 부분은 전류가 통하므로 미터의 흔들림에 의해 수분의 존재가 발견될 수 있다.

c. 시일(Seal) 검사

코너 시일(Coner Seal)이나 캡 시일(Cap Seal)이 나빠지면 수분이 들어가기 쉬우므로 만져보거나 확대경으로 보고 나쁜 상황을 검사한다.

e. 코인(Coin) 검사

판을 두드려 소리(Sound)의 차이에 의해 들뜬 부분을 발견한다.

f. X 선 검사

허니컴 판넬 속에 물이 들어있는지 여부를 검사한다. 물이 있는 부분은 X 선의 투과가 나빠지므로 사진의 결과로 그 존재를 알 수 있다.

D. 허니컴 샌드위치 구조 수리의 기본

a. 판

접착제와 결합한 화이버 글래스 클로스(Fiber Glass Cloth)의 패치(Patch)를 그림 6-12, 6-13처럼 수리 장소에 압착한다.

그림 6-12 스텝(Step) 방법

그림 6-13 테이퍼(Taper) 방법

b. 코어

① 충진 수리(Potting Repair)

작은 손상인 경우는 손상된 코어를 그대로 하고 거기에 그림 6-14처럼 충진재(Potting Compound)를 끼워 넣어 수리한다.

② 코어 플러그에 의한 방법

일반적으로 코어까지 파손될 경우는 그림 6-15처럼 파손된 코어를 제거하고 코어 플러그를 제작하고 삽입, 압축하여 수리한다.

그림 6-14 허니컴 샌드위치 구조 수리의 기본

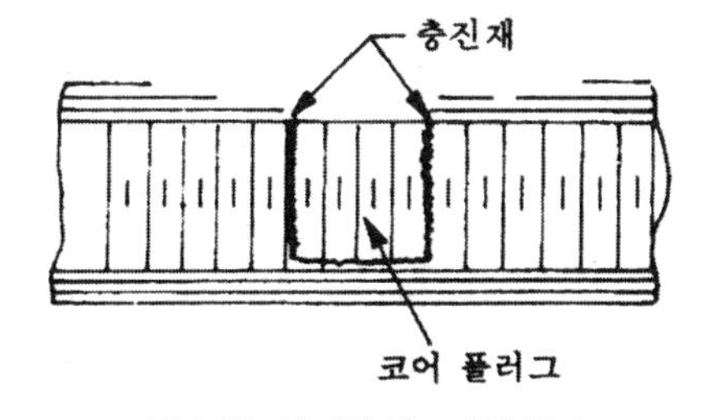

그림 6-15 허니컴 샌드위치 구조 수리의 기본

6-5. 시일

1) 일반

시일은 기체 구조부의 기밀 유지를 위한 압력 시일(Pressure Seal), 도어 시일(Door Seal), 윈도우 시일(Window Seal) 등의 종류와 유압, 연료, 엔진 오일, 산소, 그 외 여러 계통에 사용되는 주로 합성 고무계 가스켓과 실란트가 적용되고 후자에서는 O-ring, 오일 시일, 메캐니컬 시일(Mechanical Seal) 등 갖가지 형태를 한 시일이 적용되고 있다.

2) O-ring 시일의 취급

O-ring 시일은 작동유, 오일, 연료, 공기 등의 누설(Leak)을 막아서 항공기의 안전상 매우 중요한 역할을 해내고 있다. 따라서 그 기본적인 취급에는 충분한 주의가 필요하다.

3) O-ring의 기능

피스톤 및 실린더는 모두 고정 상태로 압력이 가해지면 O-ring이 홈의 한쪽 벽쪽으로 움직이고 거기서 내압에 의해 시일 작용을 한다. 반대 방향부터 압력이 가해지면 O-ring의 상하가 압축되어 누설을 막으므로 반대쪽의 벽쪽으로 움직인다. O-ring은 압축되지 않으면 누설의 원인이 된다. 보통 O-ring의 두께는 홈의 깊이보다 약 10% 정도 커지지 않으면 안된다. 그러나 너무 크면 마찰이 크게 되고 O-ring이 손상된다. 피스톤이 움직이면 O-ring은 감기거나 또는 미끄러진다.

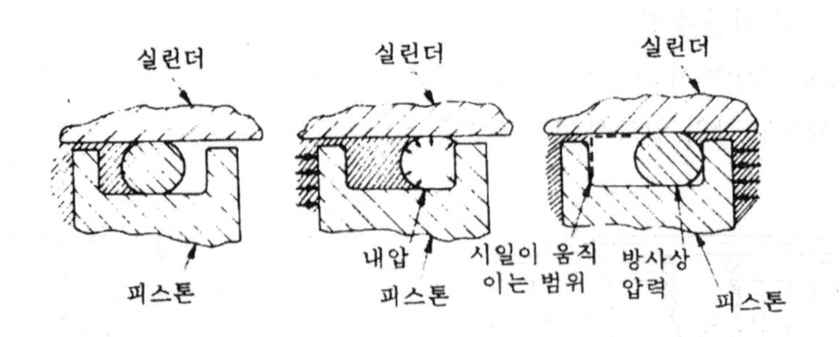

그림 6-16 O-ring의 장착

4) 칼라 코드(Color Code)

O-ring에는 식별을 위해 칼라 코드가 붙어 있다. 그러나 칼라 코드는 제작사를 표시하는 점(Dot)과 재질을 표시하는 스트라이프(Stripe)를 혼동하여 잘못 보는 일이 있으므로 칼라 코드와 외관에 의해 선정하지 말고 부품 번호에 의해 선정해야 한다. 인산 에스텔계용 O-ring을 광물성 오일에 쓰거나, 광유성 오일용 O-ring을 인산 에스텔계 작동유에 사용하거나 하면 O-ring은 팽창 기능을 잃는다.

[참고] ① 광물성용 O-ring (그림 6-17)

② 인산 에스텔계용 O-ring (그림 6-18)

③ 연료용 O-ring : 적색 스트라이프, 식별색의 점 또는 칼라 코드가 없는 3종류가 있다.

④ 오일용 O-ring : 백색 스트라이프 칼라 코드가 없는 2종류가 있다.

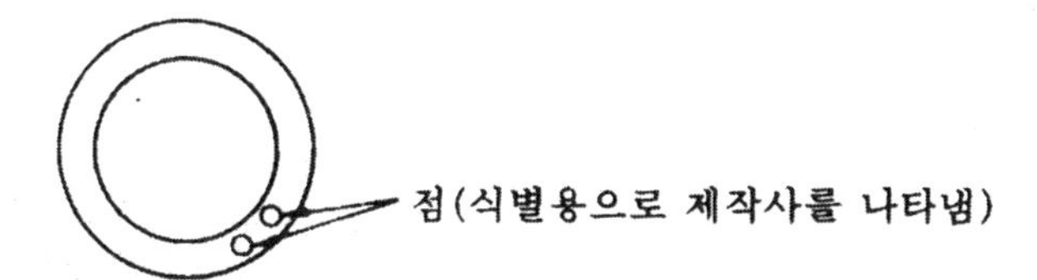

그림 6-17 O-ring의 칼라 코드

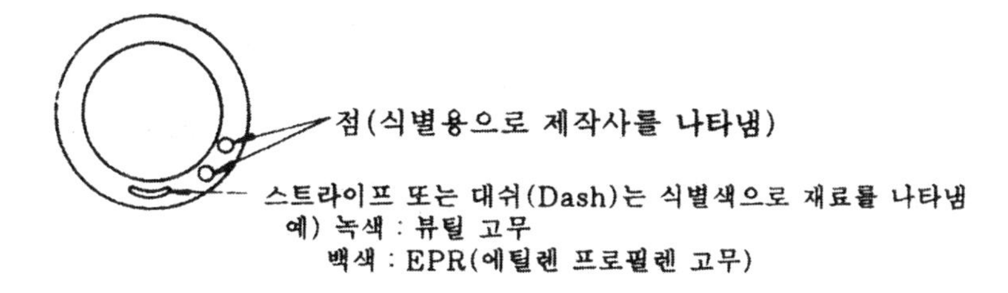

그림 6-18 O-ring의 칼라 코드

5) 재사용

한번 사용되었던 O-ring은 겉모양이 좋아도 재사용하면 안된다. 겉모양으로는 마모(Abrasion)라든가 베인 상처를 못보는 일도 있고 팽창(Swell)이나 영구 변형(Permanent Set)을 일으킬 가능성이 있다.

6) 보관

O-ring, 패킹(Packing), 가스켓(Gasket) 등에서 보관 기한이 설정되어 있는 것은 니트릴(Nitril) 고무제이다. 이것들은 산소, 오존, 광선, 온도, 열과 같은 자연 환경에 의해 성질이 나빠지기 쉽기 때문이다. 니트릴 고무 이외의 것에 대해서는 특히 정비 매뉴얼 등에서 지시가 없는 한 보관 기간에 제한은 없다.

7) 백업 링(Backup Ring)

고압의 시일에는 O-ring의 한쪽 또는 양쪽에 테프론제의 백업 링을 사용하여 O-ring의 튀어나옴을 방지하고 O-ring의 수명을 연장하고 있다. 압력이 O-ring의 한쪽에만 가해지는 경우에는 백업 링은 O-ring의 출구 흐름쪽, 즉 저압쪽에 사용한다. 백업 링에는 스파이럴, 바이어스컷트, 엔드리스(Endless)의 3종류가 있다.

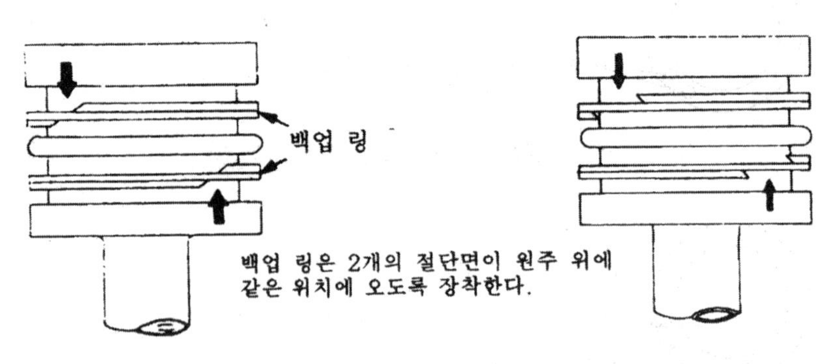

그림 6-19 백업 링의 장착

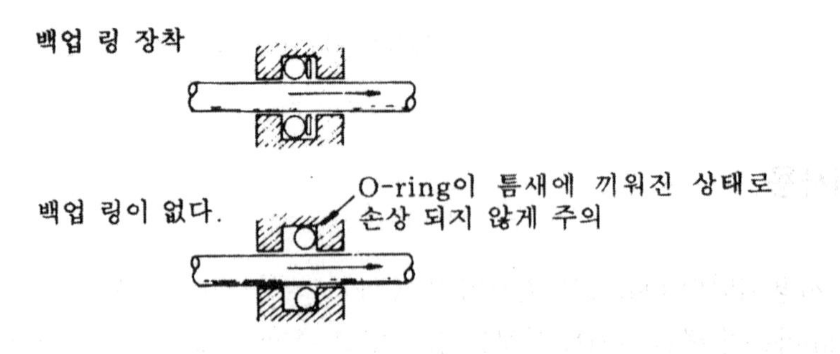

그림 6-20 백업 링의 장착

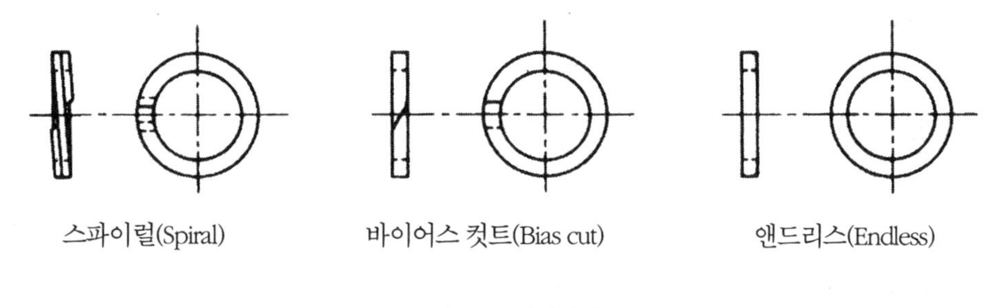

그림 6-21 백업링의 종류

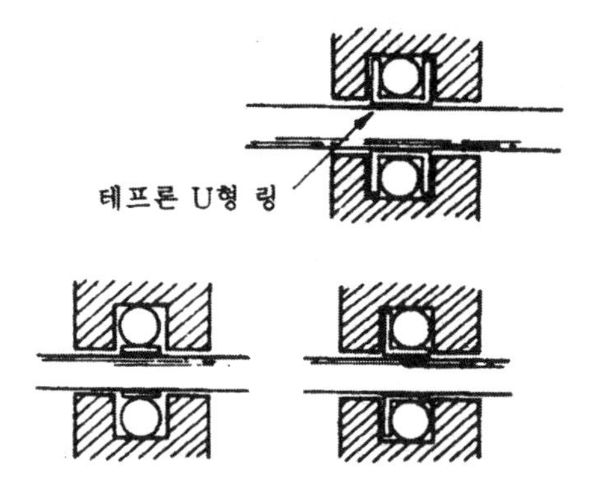

그림 6-22 슬리퍼 링 시일(Slipper Ring Seal)

[참고] 슬리퍼 링 시일(Slipper Ring Seal) : 이것은 테프론이 낮은 마찰 계수를 이용하여 움직이기 시작하는데 필요한 힘(Break Out Force)의 감소를 측정, O-ring 시일에서 보여지는 미끄러운 면의 고착을 방지한다. 단면의 형상에 의해 "U", "L", "플래인(Plain)"의 3 종류가 있다.

8) 기체 구조부의 시일

기체 구조부의 시일로서 주된 것을 들면 윈도우 시일, 객실 도어 시일, 조종실 시일 등이 있다. 이것들의 재료로서는 클로로플렌(Chloroprene), 실리콘 고무(Silicon Rubber) 등의 고무와 실란트(Sealant)가 있고 모두 기후에 견디는 성질, 기밀성 등이 우수한 특성을 가지고 있다.

6-6. 실란트

1) 일반

실란트(Sealant)는 기체나 액체가 기체 구조의 사이를 빠져 나가는 것을 막거나 기체 표면의 홈을 메워 공기 흐름의 혼란을 감소시키는 등의 목적으로 널리 쓰이고 있다. 성분적으로 구별하면 티오콜계와 실리콘계의 합성 고무로 나뉜다. 티오콜계는 내연료성, 내유성, 금속에 대한 접착성이 우수하고 실리콘계는 내열성, 내한성, 내기후성, 내인산 에스텔계 작동유 등의 우수한 특성을 갖고 있다.

2) 실란트의 취급

A. 베이스 콤파운드와 악셀레이터

① 2액성의 실란트가 많이 사용되고 있고, 보통 베이스 콤파운드(Base Compound)와 악셀레이터(Accelerator)가 킷트(Kit)화되고 있다.

② 실란트는 냉암소에 저장된다.

③ 유효 기간을 넘은 것은 원칙으로서 사용해서는 안된다.

B. 베이스 콤파운드와 악셀레이터의 혼합

① 베이스 콤파운드와 악셀레이터의 바른 혼합법을 미리 확인한다. 빨리 경화시키기 위해 악셀레이터를 규정량 이상 혼합하면 접착력 및 실란트의 수명이 떨어지고 품질이 현저히 나빠진다.

② 완전히 혼합되었는지를 확인하는데는 평평한 면(예를 들면 유리판)에 얇게 펴서 전부 같은 색으로 되었는지 점검한다. 악셀레이터에 비단 모양이 보이는 경우는 다시 혼합한다.

C. 작업상의 주의 사항

① 작업하는 부분에 낡은 실란트가 있고 제거할 필요가 있을 때는 PR-38 등의 실란트 제거제를 사용하여 완전히 제거한다.

② 제거한 부분은 완전히 닦아내고 필요하면 표면 처리를 하여 건조시킨다.

③ 경화를 촉진하고 싶은 경우는 내폭형 적외선 램프나 온풍으로 가열할 수는 있는데, 이

때는 온도 및 습도에 주의할 필요가 있다.

④ 실란트나 실란트 제거제 중에는 독성을 가지고 있는 것이 많으므로 취급에 주의하고 피부에 닿았을 경우는 즉각 세척한다.

3) 실란트의 사용 예

A. 접착면 시일(Faying Surface Seal)

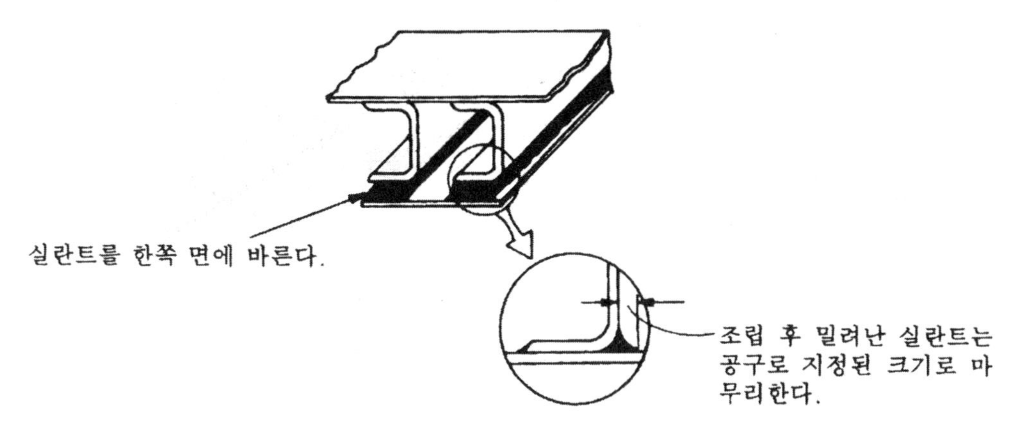

그림 6-23 접착면 시일

B. 패스너 시일(Fastener Seal)

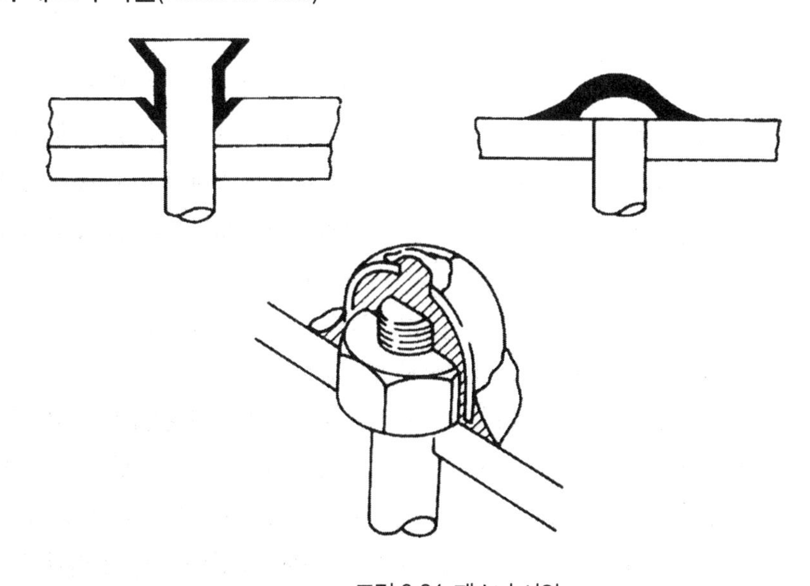

그림 6-24 패스너 시일

C. 에로 다이나믹 스무스 시일(Aerodynamic Smooth Seal)

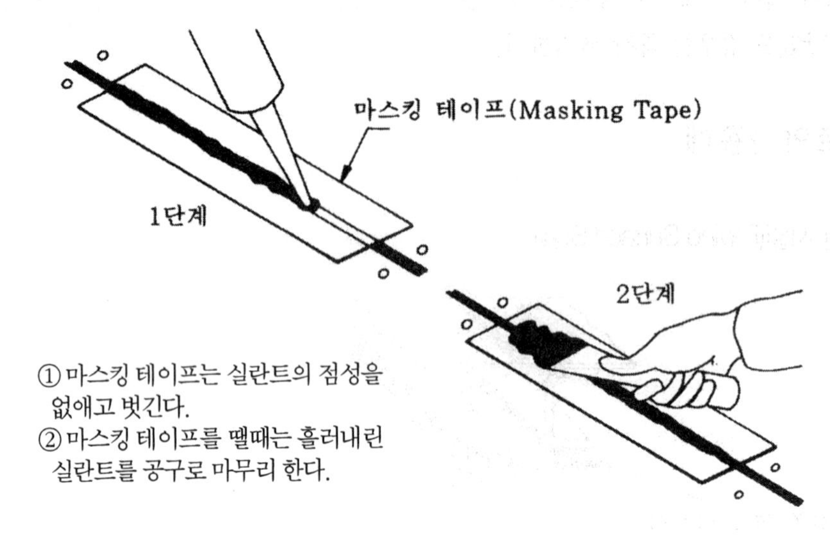

그림 6-25 에로 다이나믹 스무스 시일

6-7. 접착제

1) 일반

항공기에는 목재(합판), 고무, 플라스틱, 금속 등 그 피착재의 종류 또는 사용 조건 등에 의해 매우 다종 다양한 접착제(Adhesive Compound)가 여러 곳에 사용되고 있는데 정비 작업상 사용되는 접착제에 대해 구별하면 합성 수지 또는 고무를 용제에 녹이고 용제의 휘발에 의해 경화하고 용착하는 용제형 접착제와 경화제를 더해 상온 경화 접착하는 2액성 접착제가 있다. 용제형 접착제는 피착재의 양쪽 또는 한쪽이 직물, 목재, 종이 등의 다공질 재료로 용제가 휘발할 수 있는 것에 일반적으로 적용된다. 금속, 고무, 플라스틱 등 비다공질 종류를 접착할 경우에는 이 점에 주의하여 접착해야 한다.

2액성 접착제는 용제형 접착제와 같이 용제의 휘발을 가지고 접착할 필요가 없고 경화제의 작용에 의해 경화하는 것이다. 그림 6-26에서 보는 것처럼 동체를 비롯한 날개, 꼬리 날개의 리딩에이지와 트레일링 에이지 판넬(Panel) 및 바닥 판넬(Floor Panel) 등에 사용된다. 이처럼 접착제가 다량으로 사용되게 된 이유는 종래의 볼트, 리벳, 용접에 의한 조립과 비교하여 다음과 같은 장점이 있기 때문이다.

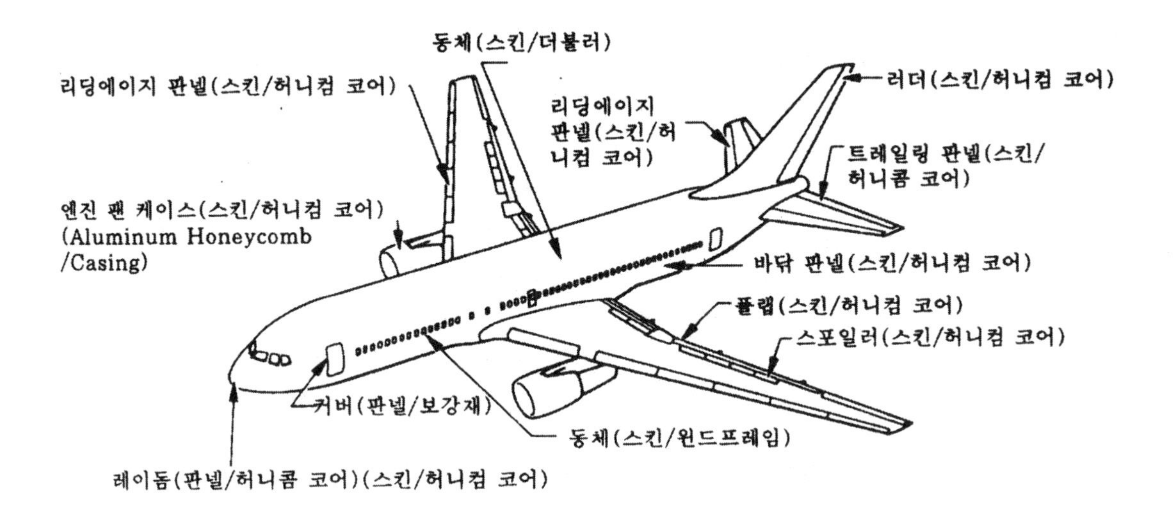

그림 6-26 항공기 구조용 접착제의 적용 부위

① 접착된 장소에서 하중을 큰 면적으로 받아 연속적으로 원활히 전달하므로 볼트, 리벳 결합보다 응력 집중이 매우 작아져 역학 특성(전단 강도, 압축 강도, 피로 강도)이 매우 향상되기 때문이다.

② 균열의 전파 속도가 작다. 스킨(외판)에 더블러(Doubler)를 접착하면 스킨에 균열이 생겨도 더블러 일부가 스톱퍼(Stopper) 구실을 하여 균열 전달 속도를 방지하는 효과가 크기 때문에 페일 세이프(Fail Safe) 성능이 향상된다.

③ 접착제를 사용하면 현재 사용하는 볼트나 리벳의 수가 감소하므로 기체중량이 감소한다.

④ 시일(Seal) 효과가 커진다. 항공기는 고고도를 비행하므로 감압이 되어 지상과의 차이를 여압할 필요가 있다. 또한 날개 속에 연료 탱크가 있으므로 이런 장소에 접착제를 사용하면 접착제가 시일 특성을 갖고 있어서 효과가 증가한다.

⑤ 기체 표면의 평면이 커진다. 항공기 표면의 요철은 항공기 저항을 크게해서 공기 역학적인 성능을 저하시키고 또한 연료 소모의 증대도 초래하지만 접착된 면은 일반적으로 평면이므로 이런 점에서 매우 유리하다.

⑥ 용접에 의한 조립에 비교하여 이질 금속과도 접합이 쉬워져 변형이 적은 조립을 가능하게 한다. 잡음, 진동의 감소, 리벳 작업시의 공정 등을 대폭 줄일 수 있다.

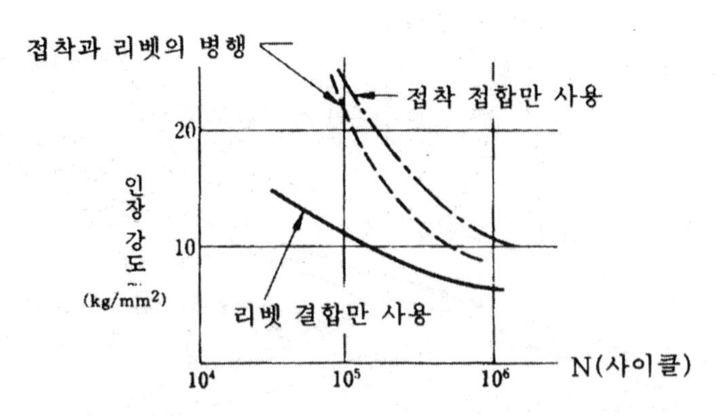

그림 6-27 접착 접합과 리벳 접합의 인장 피로 강도의 비교

위와 같은 장점에도 불구하고 다음과 같은 단점이 있다.

① 역학적 특성 중 필요한 강도(인장 강도)가 약해서 설계상의 배려가 필요하다.

② 고온 환경에 약하다. 현재 사용하고 있는 접착제는 유기물이기 때문에 내열성은 아무래도 금속 재료와 비교해서 떨어진다. 일반적으로는 80℃가 사용 한도이고, 내열성이 있는 재료라도 특수한 것 이외에는 150℃가 사용 한도이다.

③ 기후 변화에 대한 신뢰성이 불안하다.

④ 작업 공정이 복잡하고 특별한 설비나 장치가 필요하다.

⑤ 한번 접착하면 분해하기가 매우 어렵다.

2) 접착제의 분류

A. 1액성 접착제(용제형)

a. 네오플랜계 접착제(예 : EC-880)

용도 : 목재, 고무, 금속, 플라스틱, 섬유, 콜크 등의 접착, 특히 네오 플랜계 합성 고무 및 객실에 사용되는 재료의 접착

b. 니트릴/페놀 수지계 접착제(예 : Well Bond Super)

용도 : 목재, 고무, 플라스틱 등 각종 재료의 접착

[참고] 특유한 악취를 가지고 있으므로 작업성이 별로 안 좋다.

c. 실리콘 고무계 접착제(예 : RTV - 102)

용도 : 실리콘 고무 종류 또는 실리콘 고무와 금속의 접착 실란트로서도 사용된다.

B. 2액성 접착제

a. 티오콜계 접착제(예 : Proseal 501)

용도 : 고무, 플라스틱, 금속 등 각종 재료의 접착, 특히 기체 내외부의 내 식성을 요구하는 부분(엔진 배기가스 통로나 갤리, 화장실 등의 판재 등)에 부착되는 폴리에스텔계 시트의 접착

b. 에폭시 수지계 접착제(예 : Araldite, Lefkoweld 109)

용도 : 금속의 접착, 그 외 유리, 세라믹, 섬유 강화 플라스틱, 허니컴 구조부의 접착

C. 기타

합성 수지계의 특수한 접착제로서 순간 접착제와 염기성 접착제가 있다. 순간 접착제는 매우 빨리 붙는다는 특징뿐 아니라 접착할 때에 수분이 있는 것이 좋다고 하는 특징을 가지고 있다. 대표적 제품으로서는 아론 알파가 있다. 염기성 접착제는 공기를 차단시켜서 경화하므로 스크류, 볼트, 너트, 스터드(Stud) 등의 헐거움 방지나 금속의 접착 등 미세한 틈의 접착이나 시일 등에 쓰인다. 대표적 제품으로서는 락크 타이트(Locktight)가 있다.

3) 일반적 사용법

A. 준비

피착재가 금속인 경우에는 산화 피막, 부식물 등을 샌드 블라스트, 연마 등으로 표면을 연삭한다.

[참고] 알루미늄 합금의 경우에는 알로다인 처리, 마그네슘 합금에 대해서는 Dow #1 처리를 해서 접착력을 증가시킨다.

B. 용제형 접착제의 일반적 접착 방법

대표적인 고무계 접착제 Well Bond Super 및 EC-880 등의 접착 방법을 들면 다음과 같다.

a. 상온 접착법

일반적인 방법이고 피착면 양면에 접착제를 칠하여 잠시 방치하고 피막이 점착 상태가 된 곳을 압착한다.

b. 용제 활성법

피착제 양면에 칠한 후 충분히 건조시킨다.

그 후 메틸 에틸 케톤(M.E.K)을 침투시킨 직물로 도료 각 표면을 가볍게 닦아 점착 상태로 한 후, 즉각 양면을 압착한다.

c. 가열법

피착제 양면에 뿌린 후 충분히 건조한다. 다음에 양면을 클립 등으로 압착하여 100~150℃의 가열로에 넣고 피착재가 노(Furnace)의 온도에 달한 후 빼내어 냉각한다.

C. 2액성 접착제의 일반적 접착 방법

이 종류의 접착제는 규정량의 경화제를 베이스에 첨가하여 충분히 혼합한 것을 피착면 양면에 얇고 균열하게 펴바른 후 즉각 양면을 압착하고 그대로 방치(24시간 정도)하면 된다.

제 7 장 복합 재료

복합 재료(Composite Material)란 「2종류 이상의 소재를 인위적으로 조합하여 원래의 소재보다 뛰어난 성질이나 아주 새로운 성질을 갖도록 만들어진 재료이다」라고 정의할 수 있다. 예를 들면 철근 콘크리트에서 도금 제품, 베니어 합판까지 2종 이상의 소재를 조합한 재료는 대부분의 복합 재료로서 여러 종류를 열거해 볼 수 있다. 이러한 복합 재료를 영어로는 Composite Material 또는 그냥 Composiste 이라고도 한다. 간단히 CM이라 표기하기도 한다.

CM 중에서 어떤 재료(D)를 미소한 형으로 해서 다른 재료(M) 속에 많이 분산시킨 것이 있다. 전자를 분산재(Dispersant), 후자를 매트릭스(모재 : Matrix)라고 한다. 이러한 CM을 분류해 보면 표 7-1이 된다.

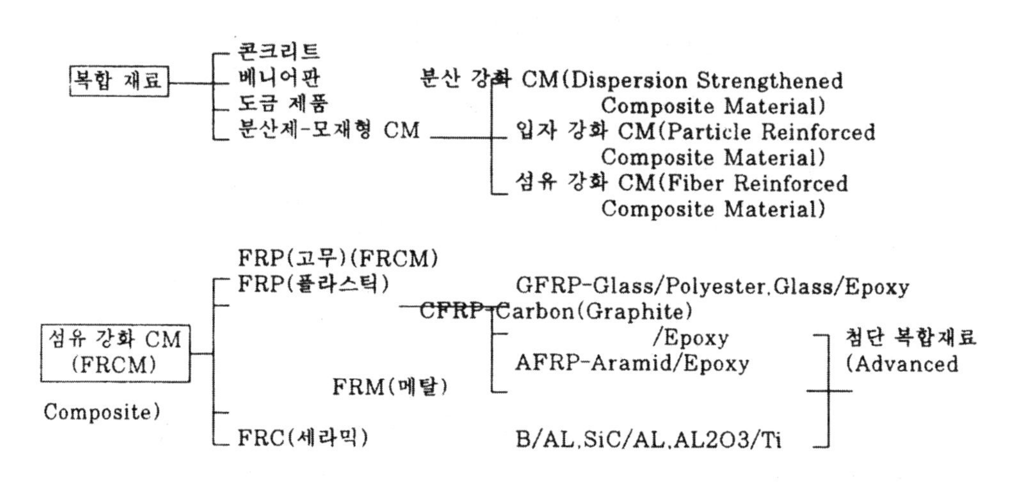

표 7-1 복합 재료의 분류

본장에서는 그 중 섬유 강화 CM으로서 첨단 복합 재료를 염두에 두고 설명한다. 또 CM의 표시를 「섬유명/매트릭스명」과 같이 나타내기도 한다. 예를 들면 C/Epoxy는 탄소 섬유 강화 에폭시 수지, SiC/Al은 탄화 규소 섬유 강화 알루미늄을 말한다.

7-1. 항공기 구조 재료로서의 복합 재료

그림 7-1은 목재(Wood)나 천(Cloth)에서 시작하여 알루미늄 합금이나 장력강, 티타늄 합금으로 발달되어온 현재까지의 항공기에 사용된 재료의 변천을 나타낸 것이다.

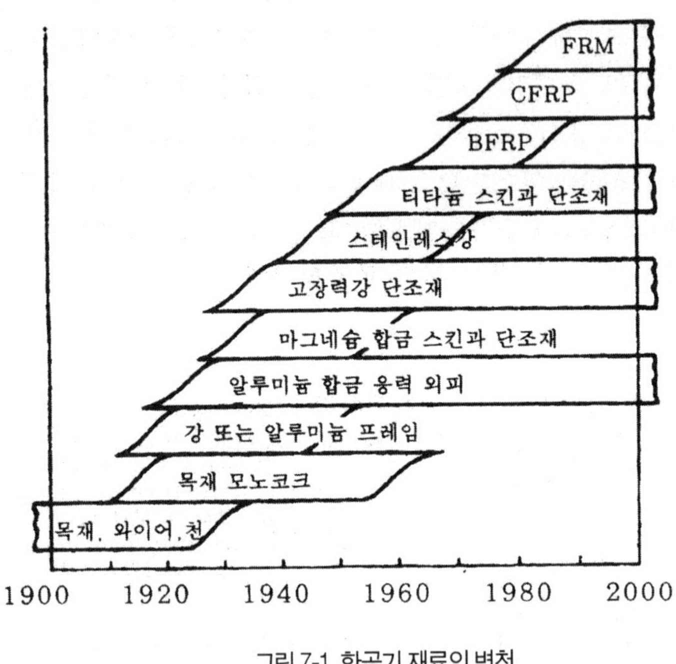

그림 7-1 항공기 재료의 변천

FRP(Fiber Reingorced Plastics : 섬유 강화 플라스틱)의 응용은 티타늄 합금보다 오래된 1940년 영국에서 60ft의 GFRP (Glass Fiber Reinforced Plastics : 글래스 섬유 강화 플라스틱) 제 날개의 시작에서 비롯된다. 이후 GFRP는 그 경량, 고강도, 내식성 및 전파 투과성이 양호하다는 이점 때문에 항공기 재료로서 널리 응용되어왔다. 그러나 이 GFRP는 인장 강도 σ_t와 비중 γ(또는 밀도ρ)의 비 σ_t/γ(또는 σ_t/ρ), 즉 비강도는 높으나 비탄성율 E/ρ이 높지 않아서 주로 2차 구조 부재로 사용되었다.

1960년대가 되어 보론 섬유(Boron Fiber), 탄소 섬유(카본 섬유 : Carbon Fiber) 또는 아라미드 섬유(Aramid Fiber) 등, 종래의 글래스 섬유보다 훨씬 강한 섬유가 개발되어 강도 부재로서 중요한 1차 구조 부재에도 적용되게 되었다.

1980년대가 되어 강화재의 인장 강도, 탄성율, 신장의 향상과 모재인 수지(Resin)이 내열성, 내충격성의 향상을 목표로 새로운 수지의 개발이 진행되었고, 그것들을 조합해서 복합 재료서 성능을 향상시키려는 연구가 진행되고 있다. FRM(Fiber Reinforced Metallics : 섬유 강화 금속)은 FRP의 매트릭스를 플라스틱에서 금속으로 바꿈으로써 고온 특성이 뛰어난 재료를 얻으려는 목적으로 개발되고 있다.

1970년대 초에는 탄화 규소(SiC) 섬유나 알루미너(Al_2O_3) 섬유가 개발되어 FRM의 연구가 활발해졌다. 1980년대에는 실제의 기체를 상정한 제조 기술이 연구되어 일부에서는 기체에 장착하여 시험적으로 적용도 하고 있다. FRC(Fiber Reinforced Ceramics : 섬유 강화 세라믹)는 금속보다 내열성이 높은 엔지니어링 세라믹을 카본(Carbon)이나 금속 섬유, 또는 세라믹 섬유로 강화시킨 복합 재료이다. 항공 우주용으로는 내열재, 마찰재로 일부 실용화되고 있다.

현재 항공기에 사용되고 있는 복합재의 주류는 카본/에폭시 및 아라미드/에폭시 등의 열경화성 수지계의 섬유 강화 복합재이다. 이들 수지계 복합재는 직경 10㎛ 정도의 강화 섬유를 한쪽 방향으로 나열한 것. 또는 직물 상태에 수지를 함침시켜 반경화 상태로 한 프리프레그(Prepreg)라고 하는 두께 0.1~0.4mm의 얇은 시트 상태의 소재로서 공급된다. 항공기 제작회사는 이 프리프레그를 필요한 크기로 절단하여 여러겹 합쳐 일정 온도와 압력으로 경화시켜 구조물을 제작한다. 구조 재료로서의 복합재의 특성은 그 경화후의 강도, 탄성율, 비중, 파괴 신장 등을 평가함으로서 다른 재료와 비교할 수 있다.

그림 7-2는 이 경화후의 비강도와 비탄성율을 금속과 비교한 것인데 그림의 위쪽에 있는

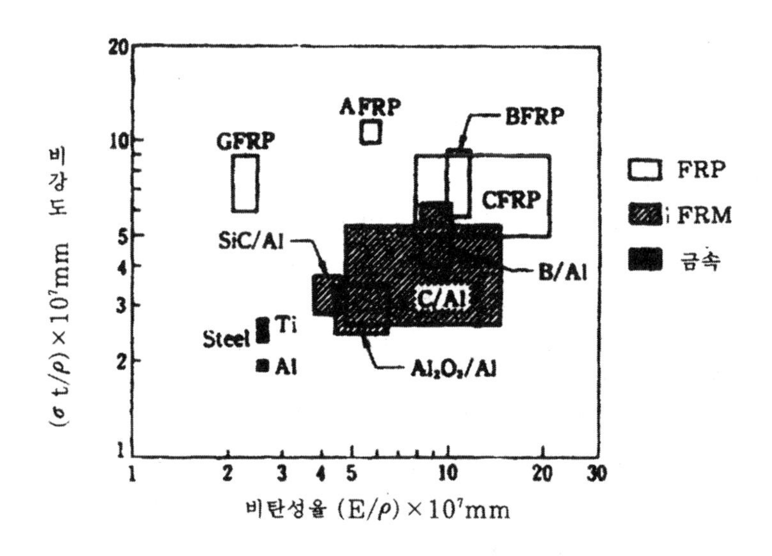

그림 7-2 각종 재료의 비 탄성율과 비 강도의 비교

것은 필요 강도를 경량으로 달성시킬 수 있고 우측에 있는 것은 필요 강성을 경량으로 달성시킬 수 있는 것이다. 이와 같이 높은 비강도, 높은 비강성을 특징으로 하는 새로운 복합 재료를 첨단 복합 재료(또는 신 복합 재료 : Advanced Composite Materials를 약하여 ACM이라고도 함)라 부르며 1960년 이후, 이 재료를 사용하므로서 항공기 구조 중량이 대폭 경감되었다.

7-2. FRCM의 기본 재료

강화 섬유와 매트릭스를 총칭해서 기본 재료라고 한다.

1) 강화 섬유

여기서는 대표적인 것에 대해서만 설명 한다

A. 보론(Boron) 섬유

보론 섬유는 첨단 복합 재료로서 가장 오래전부터 실용화를 시도한 섬유로서 수지와 조합한 것을 약하여 BFRP(Boron Fiber Reinforced Plastics)라고 한다. 가열된 직경 10㎛ 정도의 텅스텐 와이어에 보론의 할로겐 화합물이나 수소 화합물을 열분해 · 증착하여 직경을 100㎛ 정도로 만든 것으로 압축 강도, 강성이 높다. 열팽창율이 크므로 FRP로 사용할 경우, 금속과의 접착성이 좋다. 그러나 굵어서 구부리기 힘들고 취급이 어려운 결점도 있고 가격이 비싸므로 사용이 곤란하다. 또 보론은 많은 실용 금속과 반응하기 쉬우므로 FRM을 만들 때는 반응을 저지하는 코팅이 필요하다. 보론 섬유의 표면에 탄화규소(SiC)를 코팅해서 안정화시킨 것에 보식(Borsic®)이 있다. 또 같은 목적으로 탄화붕소(B_4C)를 코팅한 보론 섬유도 있다.

B. 카본 섬유(Carbon Fiber)

카본(탄소) 섬유는 피치계, 폴리아크릴로니트릴계(PAN이라 약칭)의 유기물 섬유를 탄화시켜 만들어 수지와 조합한 것을 약하여 CFRP(Carbon Fiber Reinforced Plastics)라 한다. 가격도 보론의 수분의 1이고 항공기용 FRCM 강화재의 주류를 이루고 있다.

표 7-2는 대표적인 제조 공정의 예이다.

크게 나누면 고강도계, 고탄성계의 2종류가 있고 흑연화된 고탄성계를 그라파이트(Graphite) 섬유라고 하는데, 피치계는 고탄성계를 얻기 쉽다. 일반 산업용으로 골프 클럽의 샤프트(블랙 샤프트라고 불리운다)나 낚시대에 많이 쓰이고 있다.

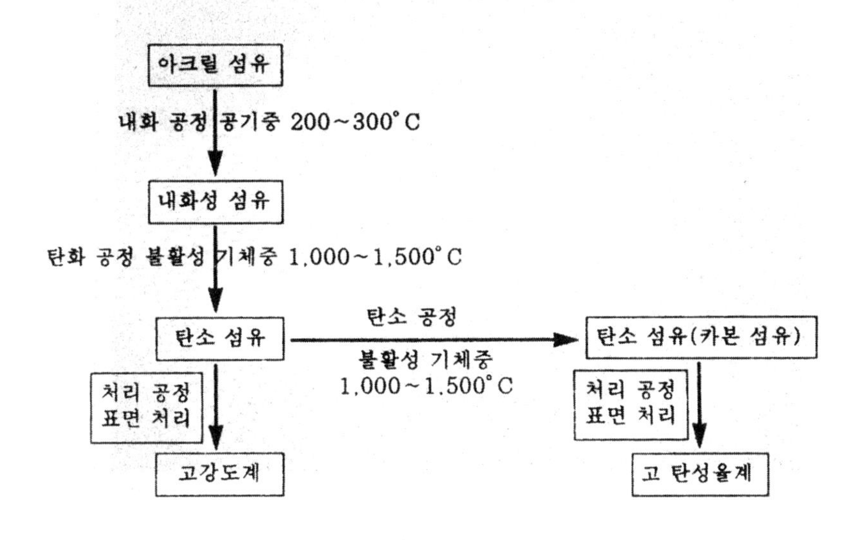

표 7-2 탄소 섬유의 제조 공정

카본 섬유는 가늘고 유연하며 밀도는 보론이나 유리보다 작다. 열팽창율이 매우 작아서 온도 변화에 대해 치수 안정성이 필요한 우주 장비에 적합하다. 특히 피치계는 고탄성이므로 우주 장비에 적합한 카본 섬유이다. 한편 치수 안정성이 너무 좋다는 것은 다른 구조재와 접합할 때 열팽창 차이에 기인하는 열응력의 발생을 고려해야 한다는 것이므로 운용 온도 범위가 넓은 경우, 상대 금속으로는 열뱅창율이 가장 작은 티타늄 합금을 사용한다. 또 파괴 신장이 작고 내충격성이 낮아서 FRP화 할 때는 인성(점성의 강도)이 높은 수지를 써서 더 경계면을 강화시키고 충격 에너지를 FRP 전체로 흡수하여 내충격성의 감소를 막을 필요가 있다.

카본 섬유는 FRM에도 사용되지만 약 500℃ 이상의 공기중에서는 산화 성능이 떨어지고 고온에서 금속과 반응하므로 사용할 때에는 탄화규소(SiC)를 코팅하는 등의 처리가 필요하다.

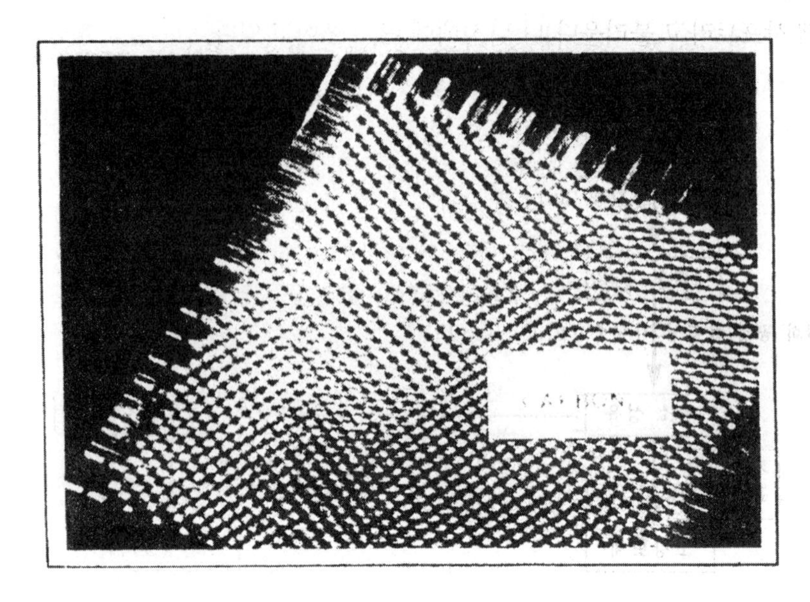

그림 7-3 Carbon/Graphite의 예

C. 실리콘 카바이드(Silicon-Carbide) 섬유

텅스텐이나 카본 섬유를 코어로 CVD(Chemical Vaper Deposition : 화학 증착)법으로 탄화 규소를 증착시킨 SiConW, SiConC 등의 복합 섬유가 개발되었다. 고가이고 또 절단 · 천공 등의 가공성에 문제점은 있으나 강도 · 강성이 PCS(Polycarbosilane)계보다 높아 내열성을 필요로 하는 부위의 스킨이나 형재 등의 용도로 사용될 수 있다.

D. 알루미나(Alumina) 섬유

제조 방법은 여러 종류가 있다. 카본 섬유보다 밀도는 높으나 내열성이 뛰어나 공기중에서 1,300℃로 가열해도 취성을 갖지 않는다. 전기 · 광학적 특성은 글래스 섬유와 같이 무색 투명하고 부도체이다. 금속과 수지와의 친화성이 좋고 표면 처리를 하지 않아도 FRP나 FRM으로 할 수 있다. 내열성의 면에서 FRM의 우수한 기본 재료이며 FRM으로 했을 때의 강도는 PCS계 탄화 규소 FRM과 같다.

E. 아라미드(Aramid) 섬유

아라미드 섬유로는 미국 듀퐁사가 「케블러®(Kevlar)」로 발표한 유기 합성 섬유가 널리 알려져 있다. 약하여 KFRP(Kevlar Fiber Reinforced Plastics)이라고도 한다. 카본 섬유보다 비강도가 높고 가격도 싸며 취급도 용이하여 단독적으로 또는 카본 섬유와의 하이브리드(혼합)

로서 널리 이용된다. 압축 강도는 인장 강도에 비해 매우 작으나 압축 하중하에서는 금속과 같은 연성이 있으므로 양호한 내충격성을 얻을 수 있다. 최근에는 종래의 케블러 49에 비해 인장 탄성율이 14배로 향상된 케블러 149도 출현하였다. 이 섬유는 황색이고 전기의 부도체로서 전파도 투과시킨다.

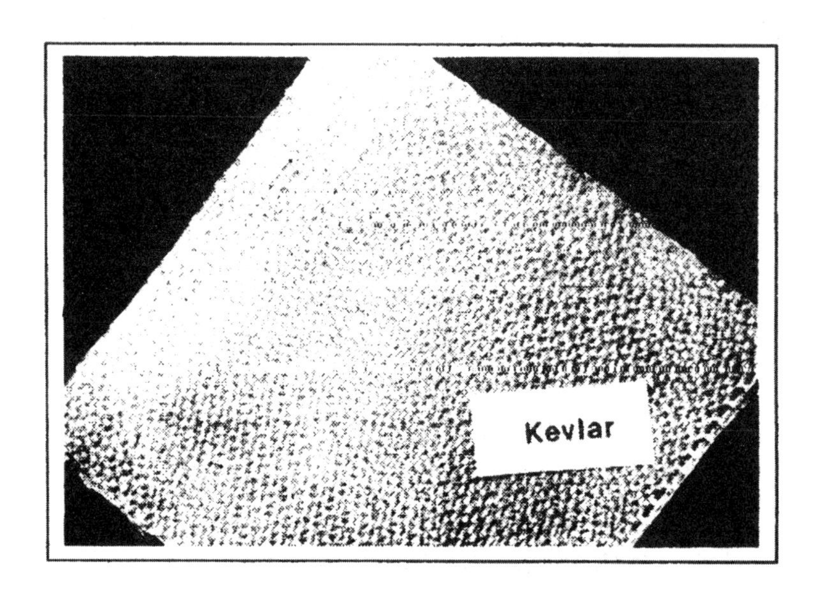

그림 7-4 Aramid Fiber로 가장 많이 사용되는 케블러

2) FRCM의 매트릭스(Matrix)

A. FRP(Fiber Reinforced Plastics)의 매트릭스

항공기 구조 재료로 사용되는 첨단 FRP의 매트릭스는 열경화성의 에폭시(Epoxy) 수지가 주를 이룬다. 각 재료 메이커에서는 독자적 연구가 행해져 단순히 에폭시 수지라 하더라도 천차만별이다. 이것은 에폭시 수지를 주제로 해서 각종 경화제, 열가소제, 고무 성분 등을 가한 것이라도 조합과 비율에 따라 성질이 달라지기 때문이다.

성형 온도는 250°F(121℃) 경화형과 350°F(177℃) 경화형이 시판되고 있다. 2차 구조에 많이 사용되고 있는 AFRP나 AFRP/CFRP 하이브리드 등에 250°F 경화형 수지가 사용된다. 최근에는 기체의 요구로 하는 1차 구조에는 350°F 경화형 수지가 사용된다. 최근에는 기체의 요구로 내열성, 내충격성, 습열 특성(습기 흡수후의 고온 강도)의 향상이 요구되어 1차 구조용으로 개량된 에폭시 수지를 사용한다. 응집력을 높이면 내충격성이 떨어지므로 각종 첨가제를 가해서 인성을 높이려는 연구가 행해지고 있다.

표 7-3는 에폭시 수지의 대표적인 특성이다.

항 목	특 성
비 중	1.2~2.0
인장강도	3.5~21kg/㎟
신 장	4~7%
탄 성 율	21kg/㎟
압축강도	12~21kg/㎟
굽힘강도	7~18kg/㎟
경 도	M100~108
비 열	0.20~0.27cal/g℃
선팽창 계수	2.0~4.0×10-5℃
열전도율	7~18×10-4cal/s · ㎝℃

표 7-3 에폭시 수지(Epoxy Resin) 특성

내열용 수지에는 현재 연구중인 것을 포함하여 다음과 같은 것이 있다.

BMI(Bismaleimide) 수지는 에폭시 수지보다 높은 180~240℃의 내열성이므로 습기 흡수가 적으므로 습기 및 열특성이 좋다. 경화 온도도 에폭시와 비슷한 180℃이므로 종래의 설비가 사용된다. 그러나 경화후에 약해지는 성질이 있기 때문에 가소재(유연성이 있는 재료)를 혼합하여 인성을 높여서 내열성이 약간 희생된 것이 실용화되고 있다. 현재에는 내열성을 유지시키면서 인성을 향상시키려는 연구가 행해지고 있다.

PI(Polyimide) 수지는 현존하는 수지 중에서도 가장 높은 300℃ 정도의 내열성을 가지고 있으나 경화 온도가 280℃ 이상인 것과 성형 가공이 곤란하다는 2가지가 문제점을 갖는다. 다른 내열 수지를 포함하여 성형을 쉽게 하려는 연구가 진행중이다.

열가소성 수지(Thermoplastics)의 내열성은 150~230℃로서 열경화성 수지(Thermosetting)와 비교하면 높지 않으나 파괴 인성이 뛰어난 데다가 에폭시에 비해 제조 비용을 낮출 수 있는 가능성이 있어 복합재의 인성을 향상시키기 위해 매트릭스로서 적용하려는 연구가 진행중이다. 또 열가소성 수지는 경화된 것에 열을 가해 형상을 바꿀 수 있기 때문에 수리가 용이하다는 이점이 있다. 현재 연구되고 있는 열가소성 재료에는 PES(폴리에스테르사르폰), PS(폴리사르폰), PEEK(폴리에스테르케톤) 등이 있다. 이상에서 설명한 수지를 매트릭스로 한 복합재의 내열성과 충격을 받은 후의 압축 강도를 그림 7-5에 나타냈다. 횡축 Tg(글래스 전이 온도 : 딱딱하고 깨지기 쉬운 유리 상태에서 고무 탄성 상태로 변화시키는 온도)는 내열성의 지표이다.

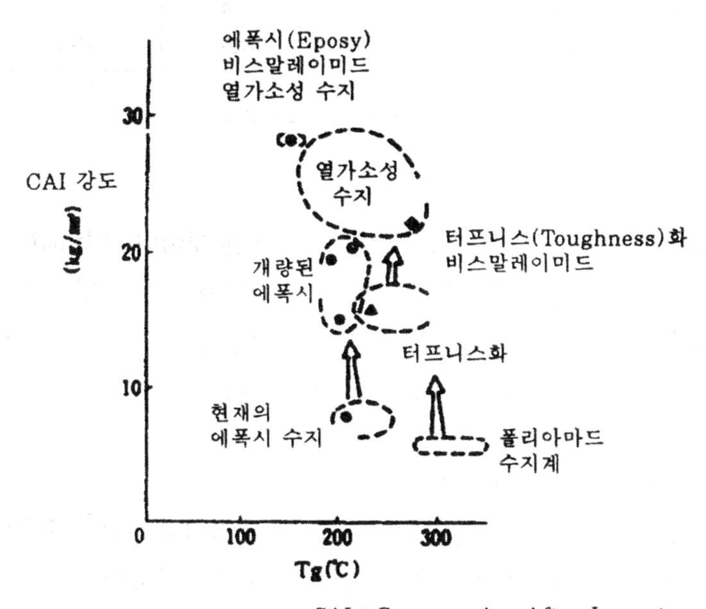

그림 7-5 충격(1,500in-lb/in)후의 압축 강도와 글래스 전이 온도

B. FRM(Fiber Reinforced Metallics)의 매트릭스

금속 매트릭스의 특징은 연성과 인성이 크다는 것이다. 비강도라는 점에서 밀도가 작은 것을 골라보면 Al, Mg, Ti 등이 유리하다. 내열성을 고려하면 철이나 구리계의 금속이 사용된다.

표 7-4은 각 금속 매트릭스의 특징을 나타낸 것이다.

금 속	밀 도 (g/cm³)	용 점 (°C)	상온 인장 강도 (kg/mm²)	열팽창율 (×10⁻⁶/°C)	열전도율 (Wm⁻¹K⁻¹)
AL	2.70	660	9	23.6	200
Mg	1.74	650	18	27.1	
Ti	4.51	1,668	60	8.4	20
Fe	7.86	1,535	34	12.0	73
Ni	8.90	1,453	32	13.3	
Co	8.90	1,495	26	13.8	
Cu	8.96	1,083	35	16.5	390

표 7-4 금속 매트릭스(Metallic Matrix)의 수치

알루미늄 및 그 합금은 항공기 구조 재료로서 실용성이 높은 것이며 금속 매트릭스로서도 대표적인 것이다. 마그네슘은 용해될 때 타기 쉽고 또 부식의 문제 등은 있으나 가벼워서 특정 용도에는 유용하게 사용될 수 있다. 티타늄은 비강도, 선단 강도, 고온 강도, 내식성, 그 밖의 점에서 매우 뛰어나므로 장래가 유망한 금속 매트릭스이다.

C. FRC(Fiber Reinforced Ceramics)의 매트릭스

세라믹은 내열 합금도 견디지 못하는 천수백도의 내열성이 있어서 산화물계열의 알루미너(Al_2O_3), 지르코니어(ZrO_3), 비산화물 계열의 탄화규소(SiC), 질화규소(Si_3N_4) 등이 매트릭스로 사용되고 있다. 비산화물 계열은 산화물 계열에 비해 열전도율이 높고 열팽창율이 작아서 열충격에 대해 성능이 우수하다. 세라믹은 균열에 대해 파괴 인성이 낮은 재료이므로 인성을 높이려면 섬유 강화를 하는 것이 효과적이다. 세라믹은 강성이 높고 하중시의 신축이 작다. 그 때문에 FRC에는 고탄성 섬유를 사용해서 복합했을 때에 섬유가 하중을 분담하기 이전에 매트릭스의 파괴가 일어나지 않게 하는 편이 유리하다. 섬유에는 카본이나 세라믹 섬유가 사용된다.

표 7-5는 세라믹 매트릭스의 특징을 나타낸 것이다.

특수한 복합재에는 섬유 뿐만이 아니고 매트릭스에도 카본을 사용한 것이 있는데, C/C(Carbon/Carbon) 복합재라고 부르며 내열성이나 마찰 · 제동 특성 등이 우수하다. 이것은 탄소 섬유를 수지로 형성한 뒤 불활성 가스중에서 열처리를 함으로서 수지를 탄화시키거나 또는 탄소 섬유로 열분해한 탄소를 증착시키는 방법으로 제작한다. 용도는 항공기용 브레이크 디스크(Brake Disk)나 로켓 노즐(Rocket Nozzle) 등에 실용화되고 있다.

그림 7-6에 각종 매트릭스의 사용 온도 범위를 나타내었다.

	밀 도 (g/cm3)	상온 탄성율 (kg/mm2)	굽힘 강도		열팽창율 (×10-6/°C)	열전도율 $Wm^{-1}K^{-1}$
			상 온	고 온		
Si_3N_4 (질화규소)	3.2	2.8×104	85	80 (1,000℃)	3.4	15
SiC (탄화규소)	3.15	4.1	35	38 (1,200℃)	4.8	92
AL_2O_3 (알루미너)	3.98	4.0	3.5		8.6	
ZrO_2 (지르코니어)	6.05	2.1	120		9.2	2

표 7-5 세라믹 매트릭스(Ceramic Matrix)의 수치

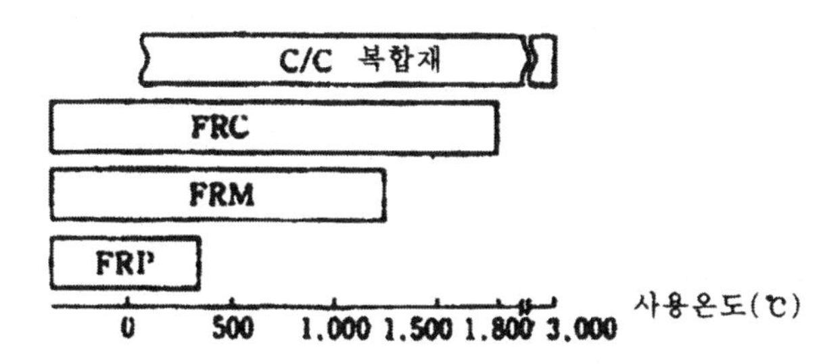

그림 7-6 각종 매트릭스 복합재의 사용 온도 범위

7-3. 복합 재료의 특성

1) FRCM의 특성

표 7-6의 FRCM(Fiber Reinforced Composite Material)의 특성을 금속 재료와의 관련, 또는 FRP와 FRM과의 비교로 나타냈다. FRCM은 본질적으로는 매트릭스의 성질을 가지고 있으나, 특유의 성질도 있다.

이들 표 7-6의 특성 등에 대해 다음에 간단히 설명한다.

특 징	F R P	F R M
이방성	있다	있다
비강도, 비강성	높다	높다
층간의 선단 강도	낮다	높다
내열 강도	낮다	높다
피로 강도	뛰어나다	뛰어나다
충격 특성	문제가 있다	
기후에 견디는 성질	문제가 있다	뛰어나다
내식성	뛰어나다	매트릭스 금속만
전파, 빛의 투과	유리, 알루미너는 우수	
전기 절연성	유리, 알루미너는 우수	
성형성	속도는 느리나 양호	느리고 성형성도 문제가 있다
원하는 특성의 조절 가능성	가능하다	가능하다
여러 가지 특성의 조절 가능성	가능하다	가능하다

표 7-6 FRCM(Fiber Reinforced Composite Material)의 특성

A. 경계면 문제

섬유와 매트릭스의 경계면을 연구하는 것은 FRCM의 특성을 이해하는데 있어서 매우 중요하다. 복합 재료의 대다수가 경계면의 결합이 완전하다는 가정하에 성립되므로 강화 섬유의 표면 처리법이나 매트릭스의 상태 조절이 많이 연구된다. 또 경제면의 존재 및 그 성질은 역학적 특성, 전기, 파동, 열전도, 열팽창, 내열 등에 대해 여러 가지 효과를 가지고 있다.

B. 이방성(Fiber Orientation)

한방향 적층 CFRP의 섬유 배열각이 강도에 미치는 영향을 그림 7-7에, 또 강성에 미치는 영향을 그림 7-8에 나타냈다. 강도는 섬유 방향(L)과 섬유 직각 방향(T)간에 큰 차이가 있음을 알 수 있다. 또 탄성율도 강화 섬유의 배열 방향의 조합에 따라 현저한 차이가 있다. 이처럼 강화 섬유의 배열 방향에 따라 현저히 물리적인 성질에 차이가 있는 것을 이용해서 각 층을 잘 배열하면 임의의 강도, 강성 분포를 나타내는 재료를 설계할 수 있다. 적층 복합재의 강성은 배열각의 조합과 각 배열각을 갖는 층의 구성비도 구할 수 있으므로 이것을 조정함으로서 임의의 강성을 얻는다. 이 성질을 이용하여 공기력에 따라 가장 효율이 좋은 형으로 날개를 변화시키거나 비틀림을 주는 등의 설계가 가능하다.

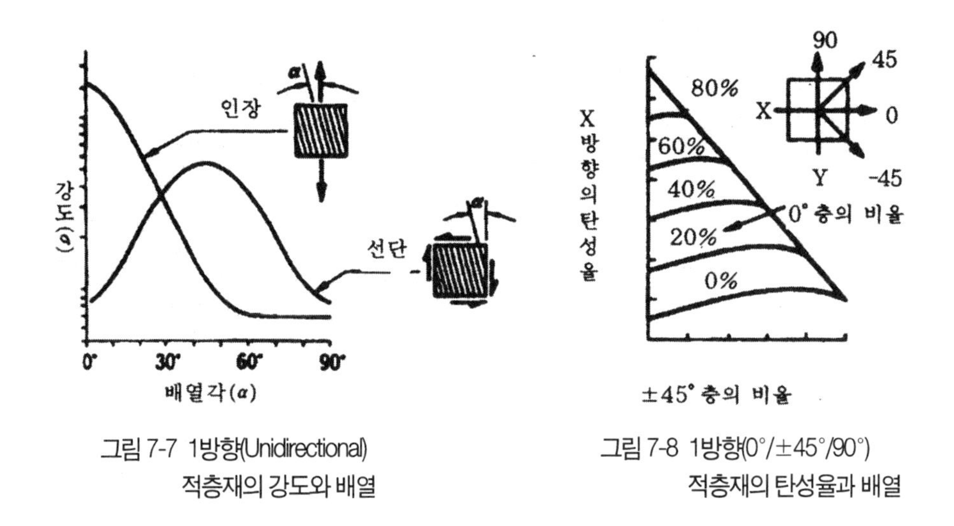

그림 7-7 1방향(Unidirectional) 적층재의 강도와 배열

그림 7-8 1방향(0°/±45°/90°) 적층재의 탄성율과 배열

이와 같이 적층 복합재의 각 층 방향이나 비율을 바꿈으로서 얻어지는 이방성을 활용하여 날개의 공기 역학적인 탄성 움직임을 조절하는 것을 공력 탄성 테일러링(Aeroelastic Tailoring)이라 한다. 하중을 가했을 때의 변형의 구체적인 예를 그림 7-9에 나타냈다.

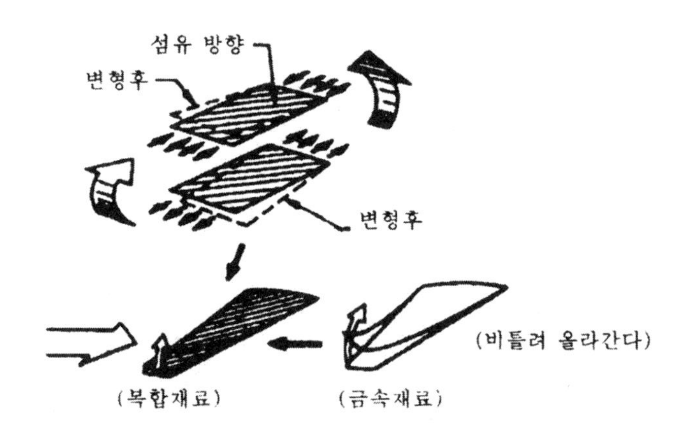

그림 7-9 공기 역학적 탄성의 변화(전진익의 경우)

C. 층간 선단 강도

FRP는 적층간에 작용하는 선단에 대해 강도가 작은 점이 한가지 결점이다. 섬유의 표면처리나 수지에 개량이 계속되어 층간 선단 강도는 현재

10kg/㎟ 정도가 되었으나 금속과 비교하면 작다. (예를 들면 2024- T3 에서는 28kg/㎟) 설계에 있어서 충분히 이해해 둘 필요가 있다.

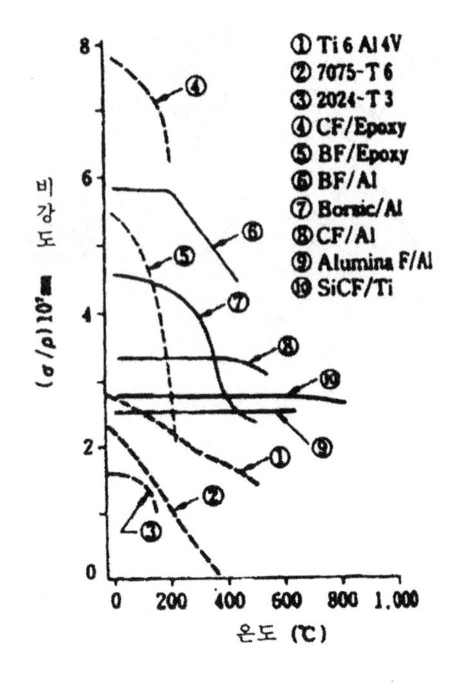

그림 7-10 각 온도에서의 비 강도

D. 내열 강도

그림 7-10은 각 FRCM의 강도와 온도와의 관계이다.

FRP는 매트릭스가 수지로서 한계가 있다. 현재의 고성능 에폭시 수지계에서는 150~180℃가 기체에 적용할 수 있는 상한으로 여겨진다. FRM의 내열 강도는 우수하다. 알루미늄 단독의 강도와 알루미늄 매트릭스 FRM의 강도를 비교하면 그 결과는 분명하다.

E. 피로 강도

FRCM(Fiber Reinforced Composite Materials)은 정적 강도가 높고 피로 강도도 높다는 것이 특징이다. 그림 7-11은 FRCM의 피로 곡선의 예이다. FRCM을 금속과 비교하면 거의 직선이라고 하는 특징이 있다.

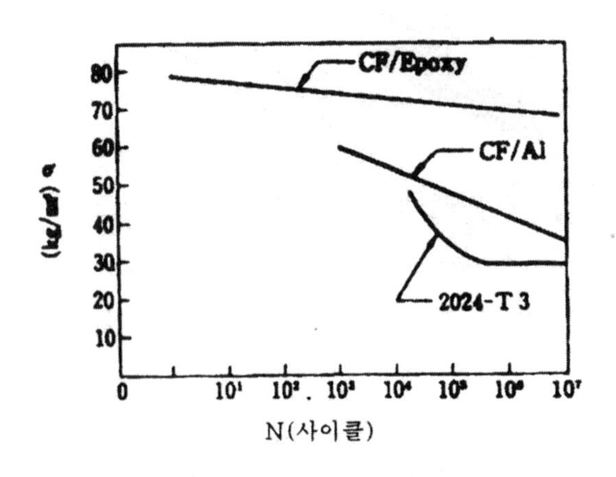

그림 7-11 인장 피로 곡선의 예

항공기 구조에 FRCM을 사용할 경우, 극한 하중 강도를 표준으로 설계하면 피로 강도는 충분한 보충이 되지만 실제의 설계에는 충분한 데이터가 필요하다.

F. 충격 특성

금속 재료에 비해 파괴 신장이 작은 섬유, 예를 들어 보론(Boron), 카본(Carbon) 등의 FRCM은 내충격성이 낮으므로 수지의 개량에 의한 내충격성 향상의 연구가 활발히 진행되고 있다. 평가 방법은 복합재의 두께 1in당에 가해지는 에너지를 여러 단계로 바꾸어 시험편에 충격을 준 뒤, 압축 시험을 실시하여 잔존 강도를 확인하는 방법을 취하고 있다.

이 시험을 C.A.I.(Compression After Impact) 시험이라 하며 압축 하중시의 온도와 습도를 바꾸어 자료를 얻은 다음, 항공기 운항중에 예상되는 조건을 고려하여 가장 적절한 FRCM을 선정한다. KFRP는 압축시에는 섬유에 연성이 있어 내충격성이 뛰어나므로 CFRP와 동시에 적층하여 CFRP[Carbon(Graphite)/Epoxy Fiber Reinforced Plastic]의 결점을 보완 할 수 있다.

G. 기후에 견디는 성질

FRP(Fiber Reinforced Plastic)는 대기중에서도 수지가 습기를 흡수하여 중량이나 치수의 변화를 일으켜 물리적인 성질이 떨어진다는 것이 알려져 있다. 특히 고온에서 습기를 흡수했을 때의 압축 강도의 감소가 문제이다. CFRP의 예를 그림 7-12에 나타냈다.

습기 흡수와 고온의 영향은 인장 강도에는 적으나 압축 강도에의 영향은 매우 크므로 설계시에는 사용 환경과 그에 대한 자료가 필요하다. 또 온도 상승의 반복 및 자외선 등의 영향도 포함하여 검토할 필요가 있다. 우주 장비의 경우는 고진공 상태, 고저온의 반복, 원자 산소에 의한 표면의 산화 및 고에너지 방사선 등에 의한 영향을 검토할 필요가 있다. 특히

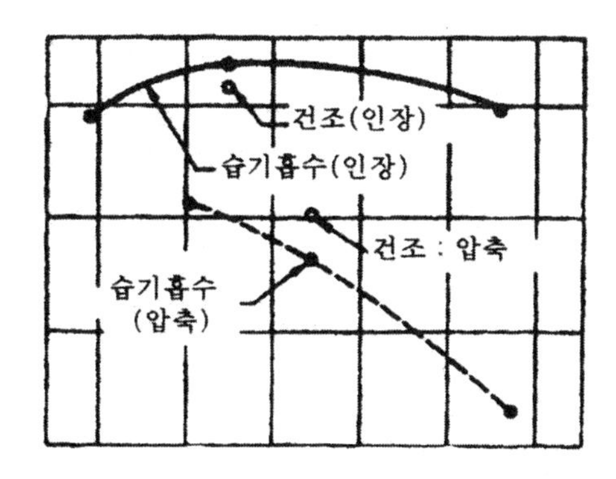

그림 7-12 CFRP의 습도와 강도의 영향

고진공하에서는 아우트 개스(Out Gas)라고 하는, 재료의 증발 현상에 의한 광학 장비 등의 오염이 문제가 된다.

H. 내약품성과 내식성

FRP는 플라스틱의 성질 때문에 내약품성과 내식성이 우수하나 FRM (Fiber Reinforced Metallics)은 금속의 성질이 있어 매트릭스 금속의 성질을 고려해야 한다.

I. 전기와 광학 특성

전파와 빛에 대한 투명도와 전기 절연성은 GFRP(Glass/Polyester Firber Reinforced Plastic)의 큰 특징이다. 알루미너 섬유도 투명하므로 FRP를 만들면 같은 성질이 된다. KFRP(Kevlar Fiber Reinforced Plastic)는 섬유가 황색의 반투명이므로 광학적으로는 반투명하지만, 전기적으로는 GFRP와 마찬가지이다. CFRP[Carbon(Graphite)/Epoxy Fiber Reinforced Plastic]와 SiCFRP는 섬유가 검고 전도체(또는 반도체)이므로 GFRP의 특징과 반대가 된다.

J. 재료 설계와 구조 설계의 동시화

표 7-6을 참고로 하면 다음을 알 수 있다. FRCM을 구조에 적용하려고 할 경우, 구조 설계자는 설계의 목적에 따라 소재의 선정, 섬유 방향 배열과 적층수, 하이브리드재의 비율 등 FRCM의 성질을 여러 가지로 조정할 수가 있다. 복합 재료가 「재료 설계가 가능한 재료」라고 말해지는 것은 그 때문이다. 또 설계할 때 성형후의 절삭이나 가공을 가능한 한 피하려고 하면 성형품에는 최종 형상을 가할 필요가 생기므로 생산 과정을 고려해야만 한다. 이와 같이 복합에 의해 FRCM이 완성됨과 동시에 형상도 결정되므로 재료 설계와 구조 설계를 동시에 하는 것이 된다.

7-4. FRCM의 제작

1) FRP의 제작법

항공기 구조에 사용되는 FRP의 대표적인 제작 방법은 레이업(Lay up)법이다. 이 방법은 프리프레그(Prepreg)를 임의의 크기, 두께(적층수), 또는 임의의 각도로 적층해서 층간의 공기를 빼낸 후, 오토 크레이브(압력솥) 속에서 백(Bag) 내부의 대기를 방출시키고 가열 가압

하여 경화시킨다. 프리프레그는 반경화 상태이므로 사용전까지는 냉동 보관을 하여 경화되지 않게 해야 한다.

그림 7-13는 레이업(Lay-up) 제작 방법의 예이다. 브래더(Breather)는 진공 펌프에 연결되어 공기를 내보내기 쉽게 하기 위해 사용되며, 또한 브리더(Bleeder)는 여분의 수지를 흡수하는데 사용된다. 이 그림처럼 준비가 되면 오토 크레이브 내에 넣는다. 그리고 나서 오토 크레이브 내에서 그림 7-14와 같이 가열 가압하여 경화시킨다. 그림 7-13, 7-14는 얇은 판 등 간단한 형상의 구조물을 성형할 때의 예이다.

그림 7-15와 같이 입체적이고 복잡한 구조물에서는 먼저 막대나 리브, 스킨을 레이업한 뒤 각 부품을 밀착시켜 형상을 유지할 수 있게 한다. 그후 막대나 리브를 소정의 위치에 맞추고 배깅(Bagging : 복합재 부분을 나일론 필림 등으로 입히고 주변을 봉해서 내부를 진공 상태로 하는 작업)하여 경화시킨다.

복잡한 구조물의 경화 조건은 그림 7-14처럼 온도 상승, 강하를 지체시켜 구조물 전체가 균일한 온도 분포가 되게 하는 것이다. 유지 시간은 온도 상승이 가장 느린 부분에서 조건을 만족하는 것을 서모커플로 모니터하여 구조 전체가 완전히 경화되도록 작업을 한다.

대형 구조물에서는 성형시 가열에 따른 툴(Tool)의 열팽창도 무시할 수가 없기 때문에 그림 7-13과 같이 툴(알루미늄제)을 CFRP(Carbon/Eposxy Reinforced Plastics)제로 바꾸어 온도 상승과 온도 강하에 의한 툴과 구조물과의 상대 변위를 방지하려는 연구가 행해지고 있다.

또 특수한 적층법에는 섬유를 실타래 모양으로 금형으로 말아 적층하는 필라멘트 와인딩(FW)법이 있다. 이것은 몇 개에서 몇십개의 연속된 섬유에 매트릭스(Matrix)를 함침시키면서 맨드릴이라고 하는 회전 지그에 감아 적층한 후, 배깅(Bagging)으로 경화하는 방법이다. FM법은 원통이나 스트러트를 복합재로 만드는데 편리한 방법으로서 압력 용기나 파이프, 그리고 소형 항공기의 동체 스킨의 제작에 이용된다.

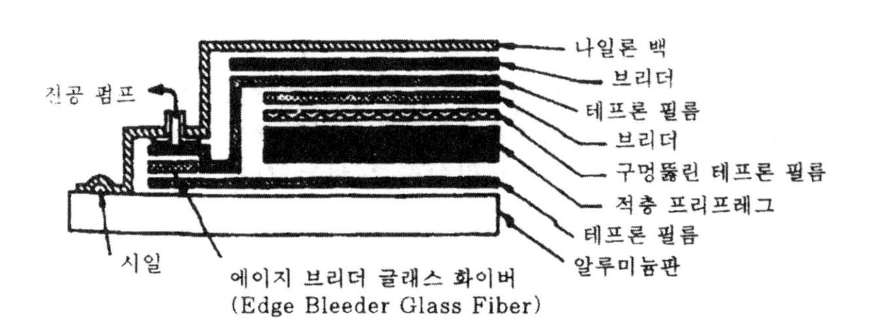

그림 7-13 FRP의 레이업(Lay-Up)제작 방식

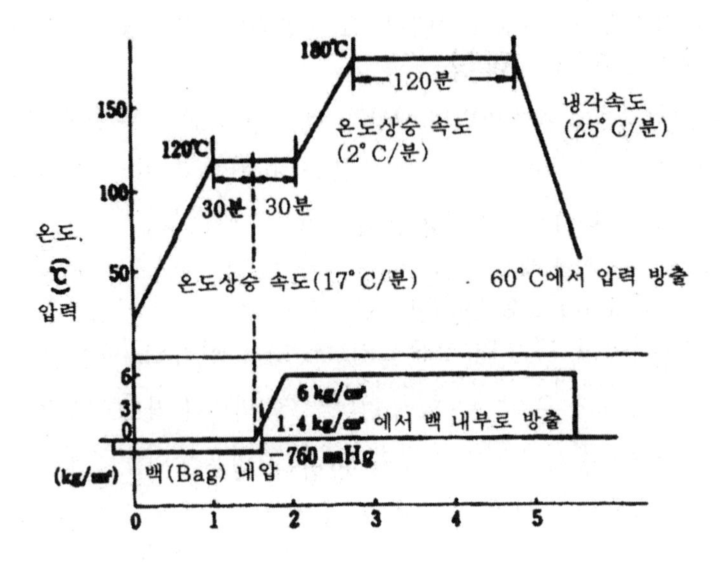

그림 7-14 FRP의 대표적인 경화 사이클

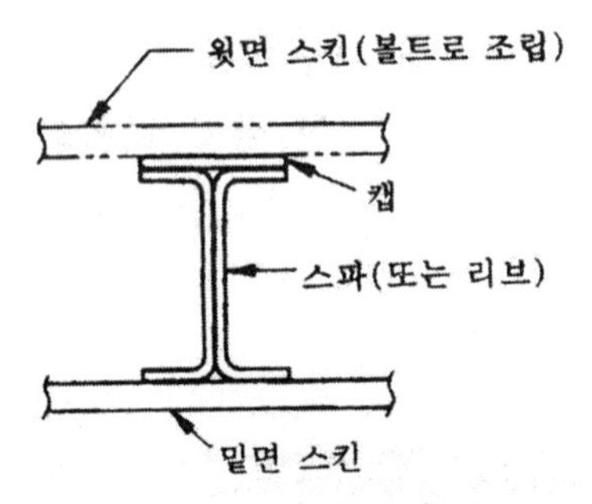

그림 7-15 복잡한 구조의 예

2) FRM의 제작법

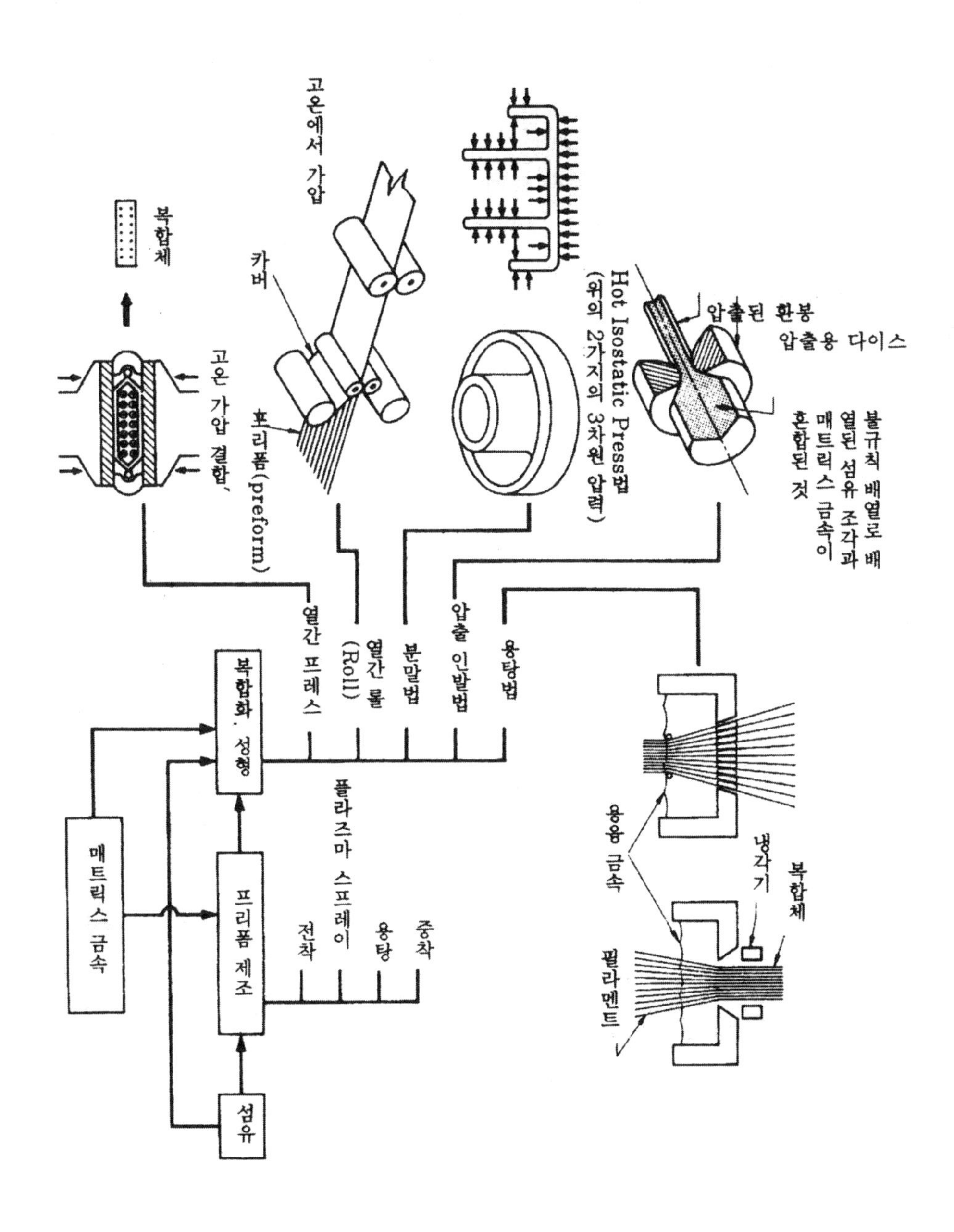

그림 7-16 FRM(Firber Reinforced Matallics)의 성형법

FRM(Fiber Reinforced Metallics)은 내열성 등의 점에서 장래가 기대되는 재료이지만, 그 제조 방법은 FRP보다 매우 어렵다. 현재까지 여러 가지 방법이 고안되고 기본적인 제조 기술에 관한 연구가 활발해져 일부에서는 항공기 부품용으로 시험 제작을 하기까지에 이르고 있다.

그림 7-16은 대표적인 제조법이다. 복합화의 방법 중, 용탕법은 금속을 용융해서 섬유 사이로 흘려 넣거나 침투시켜 냉각하는 방법이고 그 밖의 것은 금속의 융점 이하의 온도에서 눌러 굳히는 방법이다. 또, 매트릭스와 섬유를 직접 복합한 성형을 할 때와 섬유의 주위에 금속을 부착시킨 중간 소재(프리폼이라 함)를 사용하는 경우가 있다. 어떤 성형법이든지 고온, 고압이 필요한데, 그 최적 조건 등을 현재 연구중이다.

7-5. 가압 방법

굳는(경화) 기간 동안 표면에 압력을 가하고 가능하면 완전히 굳을 때까지 유지시킨다. 기계적인 압력을 가하는 목적은 다음과 같다.

① 수지와 화이버 보강재의 적절한 비율을 얻기 위해 초과분의 수지를 제거한다.
② 층 사이에 갇혀 있는 공기를 제거한다.
③ 원래 부품에 맞게 수리한 곳의 곡면을 유지한다.
④ 굳는 기간 동안 패치(Patch)가 밀리지 않게 수리한 곳을 잡아주는 역할을 한다.
⑤ 화이버 층(layer)을 밀착시킨다.

여러 가지 형태의 공구와 장비가 기계적인 압력을 가하는데 사용된다. 진공백이 아마도 가장 널리 사용되고 첨단 복합 소재를 위해서 압력을 가하는데 가장 좋은 방법이다. 만약 진공백과 장비를 사용할 수 없을 때는 다른 방법으로 압력을 가해야 한다.

1) 가압 방법(Applying Pressure)

A. 숏 백(Shot Bag)

이 방법은 넓은 곡면이 있어서 클램프를 사용할 수 없는 곳에 적합하다. 숏백이 수리된 부분에 달라 붙는 것을 막기 위해서 플라스틱 필름(Plastic Film)을 사용해서 숏 백과 수리된 부분을 분리시킨다.

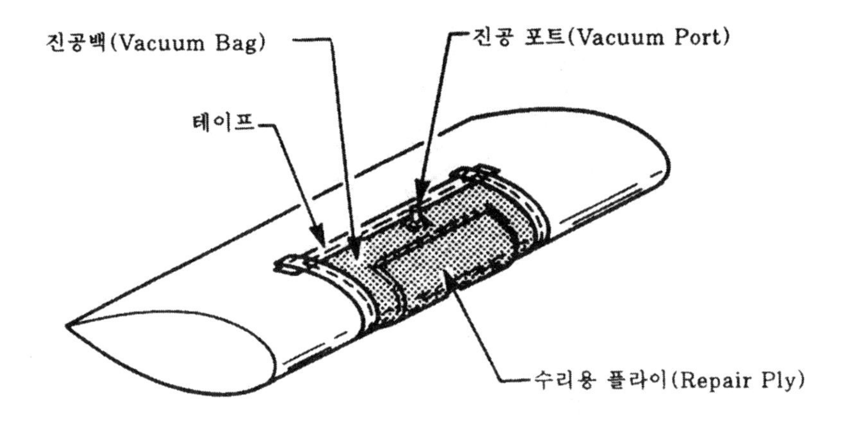

그림 7-17 부품의 곡면수리시에 수리용 플라이는 부품의 모양을 유지하므로 경화중에 패치를 눌러서 움직이지 못하게 한다.

중력의 법칙 때문에 리딩에이지의 곡선 아래쪽에는 숏 백을 사용할 수 없고 항공기의 다른 부분의 아래쪽에도 사용할 수 없다. 이런 경우는 부품을 항공기에서 장탈한 뒤 뒤집어 엎고 숏 백에 압력을 가한다.

B. 클리코(Clecos)

클리코는 미리 성형된 카울 플레이트(Caul Plate)와 함께 사용되어 수리 부분의 뒤쪽을 지지한다. 그림에서와 같이 구멍이 문제를 일으키기 때문에 나중에 채워야 한다. 이 구멍은 자체의 손상처럼 더 큰 손상을 일으킬 수 있으므로 이런 종류의 가압 방법은 추천하기 힘들다.

C. 스프링 클램프(Spring Clamp)

스프링 클램프를 사용할 때 카울 플레이트를 사용해서 압력을 고르게 분배해야 하지만 C-클램프의 사용은 추천할 수 없다. 왜냐하면 굳는 시간에 수지가 흘러서 클램프는 일정한 압력을 주지 못하게 된다. 만약 C-클램프를 사용하면 계속해서 조여야 하기 때문에 이것이 부품에 압축 손상을 일으키는 기회가 된다.

D. 필 플라이(Peel Ply)

필 플라이는 나일론 직물로 진공백을 사용할 때 수리 부분에서 브리더 재료(Bleeder Material), 진공백 플라스틱(Vacuum Bag Plastic) 등의 제거를 용이하게 해준다. 그렇지만 만

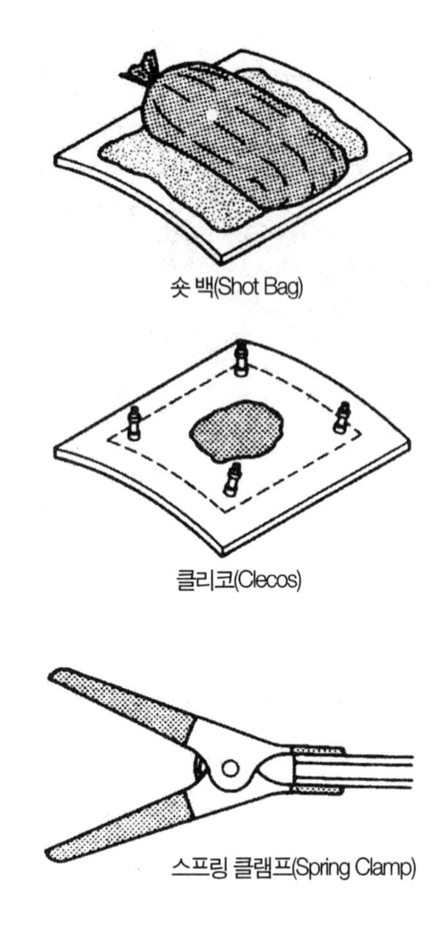

그림 7-18 가압 장치의 종류

약 필 플라이가 패치 위에 보태지면 수지가 이것을 파고들어 필 플라이가 초과하는 수지와 기포(Bubble)를 제거할 뿐만 아니라 수리 부분의 움직임(미끄러짐)을 막고, 주변 표면에 완만한 경사를 만든다. 필 플라이는 다양한 곡면이나 모양으로 인해 진공백이 접근할 수 없는 곳에 사용한다. 필 플라이는 다른 압력 방법과 함께 사용된다.

E. 진공백(Vacuum Bagging)

진공백은 수리한 곳에 압력을 가하는 가장 효과적인 방법이다. 이것의 사용이 가능한 곳에는 무엇보다 먼저 이 방법을 권한다.

높은 습도가 있는 곳에는 작업할 때는 진공백을 사용해야 한다. 높은 온도가 수지의 경화에 영향을 미치는 곳에는 진공백의 공기와 습도를 없애준다. 진공백은 대기업을 사용해서 수리 작업한 표면에 고른 압력을 가하므로 주변의 압력이 높은 위치보다 낮은 쪽이 훨씬 크다.

해면상에는 진공백에 의해 만들어지는 압력이 산악 지형의 공장에서 수리후 가해지는 압력보다 크다. 압력의 크기는 진공 시일(Seal)의 효율성에 좌우되어 장비에서 만들어지는 진공의 크기와 작업이 행해진 고도 등에 좌우된다. 표면 백(Surface Bagging)은 넓은 표면과 대부분의 수리 작업에 사용된다. 어느 곳을 뚫는 수리 작업에서 손상된 부위의 뒤쪽은 시일링을 해서 수리하는 쪽으로부터 공기가 새지 않게 막아야 한다. 이 경우 반대쪽의 뚫린 부분을 진공백 재료로 막고 이 위에 패치(Patch)를 대고 굳게 한다. 이쪽이 완전히 굳으면 반대쪽의

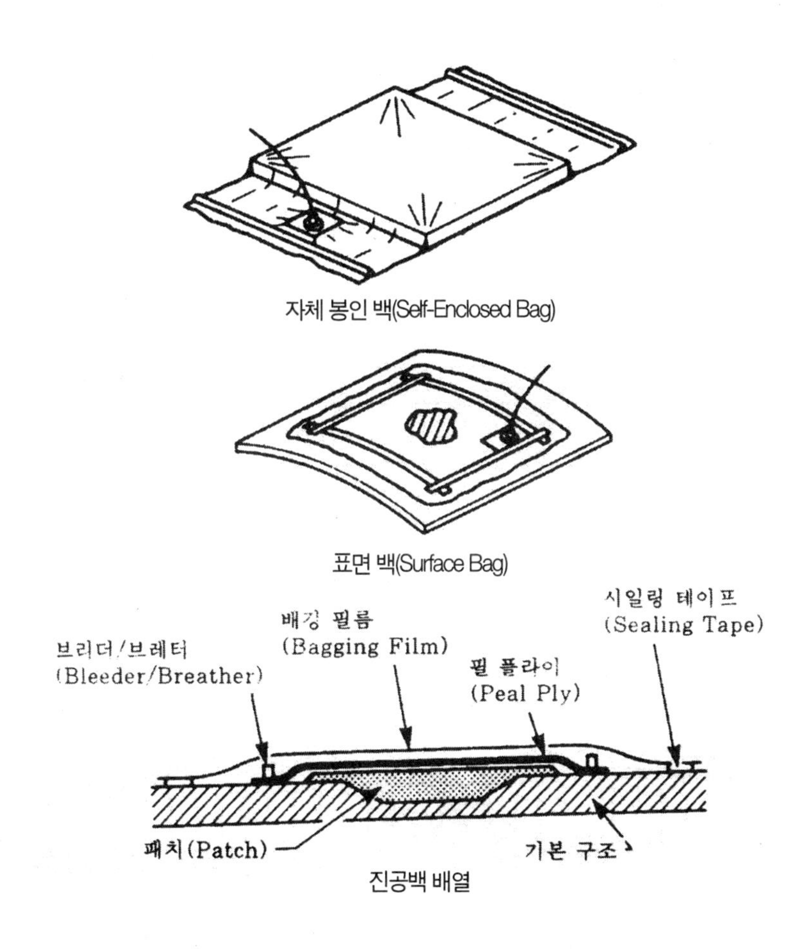

그림 7-19 표면백과 봉인 백은 기능면에서 근본적으로 같다.

수리 작업을 완료한다. 이 수리는 각각 분리해서 할 수도 있다.

자체 봉인백(Self Enclosed Bag)은 작은 부품에 사용된다. 자체 봉인백을 플라스틱 튜브로 끝을 봉할 수 있다. 자체 봉인 튜브 진공백은 항공기에서 부품을 떼어내고 안쪽에 튜브를 설치할 수 있을 때 사용한다. 대기압이 부품의 모든 부분에 가해진다. 만약 부품의 속이 비어 있는 경우, 특히 수리 부분이 완전히 굳지 않았을 때는 대기압이 부품을 붕괴시킨다. 또한 내부뿐만 아니라 외부에서도 백을 사용할 수 있다.

2) 진공백 과정(Vacuum Bagging Process)

일단 수리하고 패치를 대면 수리 부분을 분리용 필름(Parting Film)이나 분리용 천(Parting Fabric : Peel Ply)으로 덮는다. 이것이 위쪽 표면과 브리더 재질(Bleeder Material)로 초과하는 모체(Matrix)를 흐르게 한다. 분리용 필름은 굳어진 후에 쉽게 뗄 수 있고, 브리더 재질과 같은 다른 재질이 수리 부분에 달라 붙는 것을 막는다.

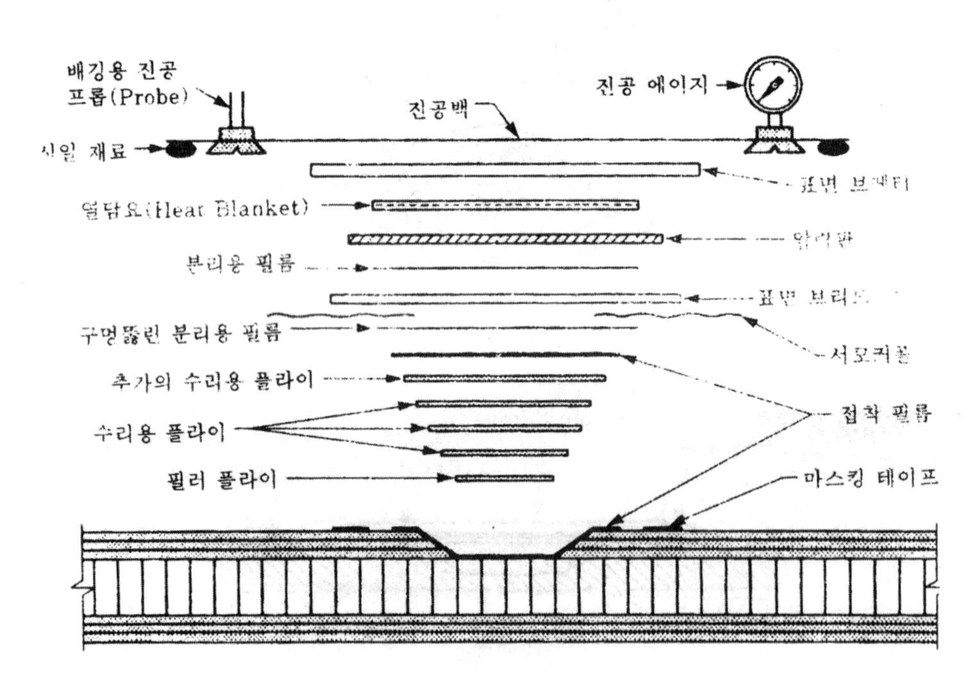

그림 7-20 진공 주조법에(Vacuum Bagging)의한 표면 수리의 단면

분리용 막이나 분리용 천은 이음매나 직물의 겹침에서 "Feather"를 형성해서 매끈한 표면을 만든다. 일부의 제거용 직물을 분리용 필름 대신 사용해서 페인팅에 알맞은 거친 표면을 제공한다. 필 플라이를 사용하는 대신에 일부 제작사는 구멍이 뚫린 제거용 필름(Release Film)을 사용하도록 권고한다. 이것은 플라스틱으로 젖은 수리 표면에 사용하지만 구멍을 통해서 수지가 흘러 나와서 브리더를 통하게 된다. 브리더 재질은 흡수하는 물질로 가장자리에 위치하거나 수리 부분의 맨 위에 위치해서 초과되는 모체를 흡수한다.

브래더 재질(Breather Material)은 수리 부분의 한쪽에 있어서 공기가 이것을 통해 지나서 진공 밸브를 통하게 한다. 브리더(Bleeder)나 브래더(Breather)는 같은 재질로 만들고 서로 바꿔 사용할 수 있다.

진공 밸브가 브래더 재질의 맨 위에 위치해서 진공백 내부의 공기를 제거한다. 나중에 진공 밸브는 진공 호스에 연결되어 진공 펌프에 연결시킨다. 실란트 테이프(Sealant Tape)는 수리된 곳의 가장자리에 붙인다. 실란트용 테이프는 진공백 필름과 함께 사용하여 기밀 시일(Airtight Seal)을 만들도록 설계되었고 수리후에 항공기의 표면에서 뗄 수 있도록 만들어졌는데, 뗄 때는 페인트를 벗겨내지 않도록 되어 있다. 실란트 테이프 뒤쪽에 종이가 있는 롤로 만들어진다.

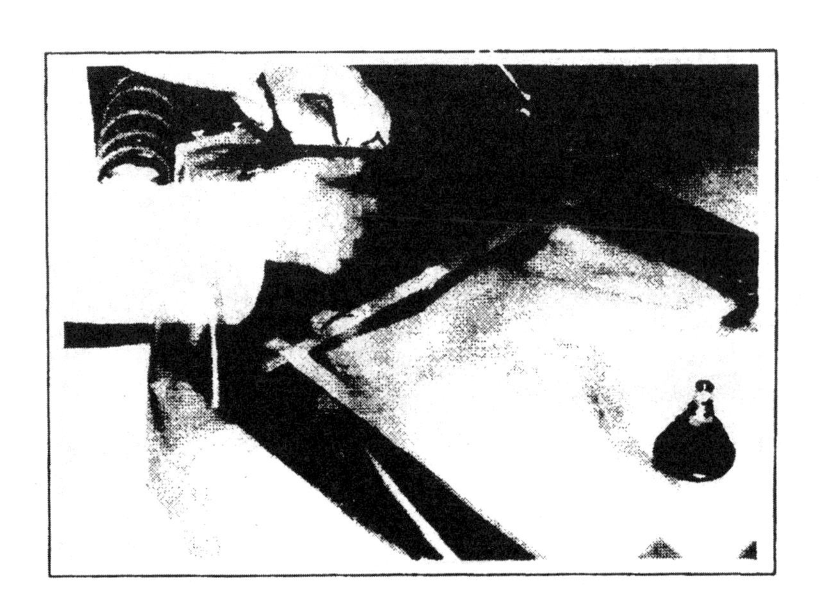

그림 7-21 실란트 테이프는 수리 부위의 가장자리에 붙인다.

테이프를 표면에 놓으면 종이가 위쪽에 있어서 손으로 누를 때 손에 달라 붙지 않는다. 실란트 테이프의 종이는 또한 백(Bag)이 표면에 달라붙는 것도 막아준다. 실란트 테이프는 커브진 곳에서 공기 누출(Air Leakage)을 막기 위해 되도록 직선으로 잘라서 붙인다. 각각의 모서리에서는 서로 겹치게 해서 공기가 새지 않도록 한다. 만약 서모커플 온도 수감부가 사용되면, 이것은 수리한 곳의 옆에 놓고 서모커플 와이어 위에 작은 조각의 테이프를 붙인다. 이것이 서모커플 와이어 주변으로 공기가 새는 것을 막는다. 만약 수리 부분에 열담요(Heat Blanket)가 사용되면 분리용 필름(Parting Film)을 수리 부분 위에 깔아서 열담요가 달라붙는 것을 막는다. 이때 사용하는 분리용 필름은 구멍이 없는 제거 막이거나 진공백의 일부로 한다. 만약 필름의 위치 조절이 필요하면 다시 들어서 바른 위치에 놓는다. 필름이 테이프에 너무 세게 붙으면 위치를 옮기기가 무척 힘들다. 일단 필름이 올바른 위치에 다시 자리잡으면 테이프를 확실히 눌러서 기밀 시일(Airtight Seal)을 만든다.

진공 밸브 위의 진공백 필름(Bagging Film)을 X자로 자른다. 구멍(X자로 자른 것)을 너무 크게 만들지 말아야 한다. 너무 크면 이것을 통해서 공기가 새어나간다. 필름은 작은 구멍을 통해 들어가서 밸브의 바닥까지 가야한다. 진공 밸브의 주변은 기밀 시일을 만든다.

고무 그로멧(Rubber Grommet)은 밸브로 가서 시일을 형성한다. 밸브 주변의 진공백 필

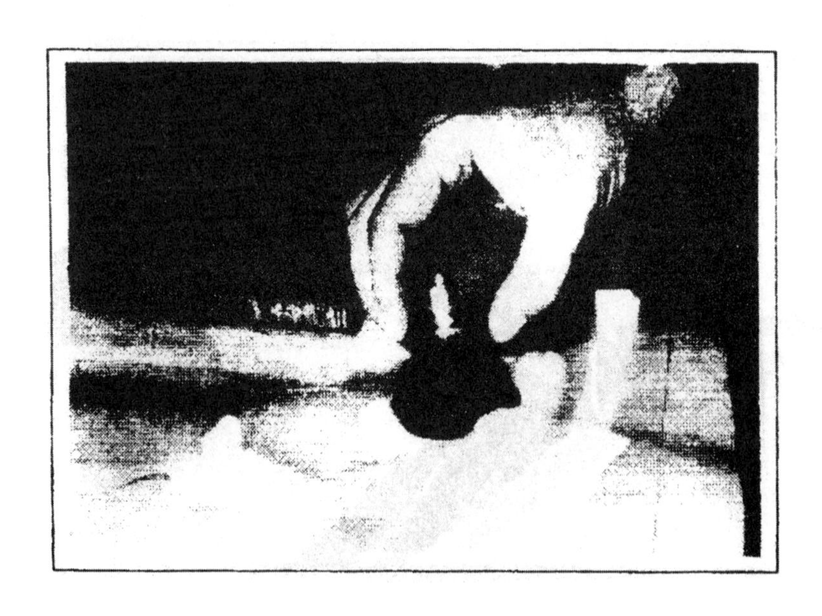

그림 7-22 X자 모양으로 잘라서 설치하는 밸브는 진공백 재료와 같다.

름에 구김(Wrinkle)을 피해야 한다. 왜냐하면 이것을 통해서 공기가 새어 나가므로 만약 구김이 보이면 매끈하게 작업을 해야 한다. 밸브를 진공 호스에 연결한다. 진공원(Vacuum Source)을 진공 호스에 연결하고 개방한다.

진공백 필름에서 누출되는지 살펴보고, 만약 새면 휘파람 소리가 난다. 휘파람 소리가 나는 진공백 필름은 실란트 테이프(Sealant Tape)를 눌러서 소리가 안나게 한다. 누출은 보통 테이프가 겹치거나 주름진 곳, 와이어가 실란트 테이프를 지나는 곳에서 생긴다. 어느 경우든 이것은 높은 온도에 견딜수 있어야 하는데, 왜냐하면 열 담요와 직접 접촉하기 때문이다. 열 담요는 분리용 필름(Parting Film) 위에 직접 놓아야 한다. 확실히 할 것은 열담요가 서모커플 와이어를 덮어야 한다. 만약 열 담요가 두 개의 와이어를 갖고 있으면 이들 둘은 서로 떨어지게 하고, 또 다른 실란트 테이프로 2개의 와이어를 덮어서 공기 누출의 기회를 줄인다. 진공백 필름이 수리된 부분에 깔리고 가장자리는 기밀 시일을 만들도록 실란트 테이프를 붙인다. 진공백 막은 가장 흔히 사용되고, 보통 나이론으로 만든다. 이것은 잘 찢어지지 않고, 구멍 뚫기도 힘들 뿐만 아니라 서로 다른 온도 범위를 갖고 있다. 가장 효과적인 방법으로 진공백으로 시일을 만드는 방법은 실란트 테이프의 한쪽에서 종이를 벗기고 진공백 필름을 실란트 테이프에 가볍게 누른다. 이것은 한번에 한쪽만 해서 진공백 필름이 실란트 테이프에 달라붙지 않아야 한다.

곡면(Contoured)이 있는 부품은 주름을 만들어 추가적인 진공백 필름이 부품의 모양에 맞게 한다. 주름진 실란트 테이프의 작은 조각을 서로 접어서 만든다. 이 조각은 수리한 가장자리 주변에 실란트 테이프(Sealant Tape)가 놓이는 곳에 놓는다. 진공백 필름이 놓이면 실란트 테이프의 모든 표면에 붙어서 진공백 필름에 주름을 형성한다. 진공백 필름은 부품을 덮는 기밀 시일을 형성할 때까지 가볍게 테이프에 누른다.

3) 진공 누출 점검(Vacuum Leak Check)

이 검사는 백(Bag)의 봉합 상태를 점검한다. 부품을 진공으로 만드는 것은 대략 작동 2분 후이다. 부품에 진공 게이지를 달아서 얼마만큼의 수은이 떨어지는지 관찰한다. 제작사의 지시에 따르지만 1~4inHg 떨어지는 것까지 허용할 수 있다.

굳는(경화) 과정이 지난 후에 모든 진공백 필름, 실란트 테이프, 브리더(Bleeder), 브래더(Breather), 필 플라이나 제거용 막 등이 부품에서 제거된다. 필 플라이는 페인트 칠해서 표면을 깨끗이 할 때까지 놔둔다. 필 플라이의 거친 표면이 부품에 페인트가 잘 달라 붙게 한다. 만약 분리용 막이나 플라스틱이 사용되면 표면을 문질러서(Scuff Sand) 페인트가 잘 붙게 한다.

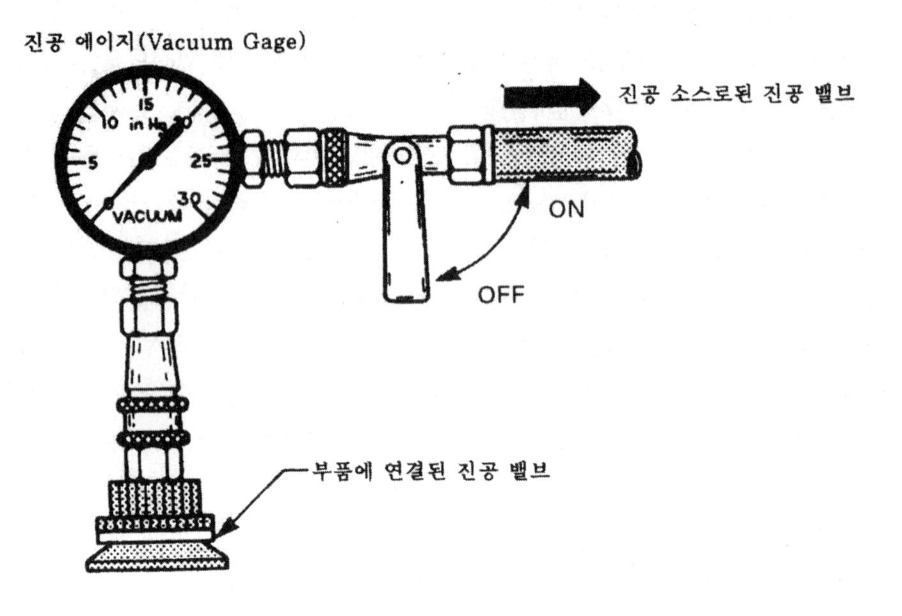

그림 7-23 진공 게이지 ON/OFF 밸브, 호스 등이 있는 밸브를 장착한다.

만약 표면을 스카프 샌딩하면 직물을 갈아내지 않도록 주의해서 샌딩해야 된다.

진공백이 오븐(Oven), 열접착 장치(Hot Bonding Unit), 열담요(Heat Blanket), 가열 건(Heat Gun), 가열 램프(Heat Lamp)에 의해 굳어질 때 사용할 수 있다. 진공백 절차는 제작할 때 뿐만 아니라 수리 과정에서도 사용한다.

4) 진공백 재료(Vacuum Bagging Material)

진공백에 사용하는 재질은 여러 가지 형태로 제작사에 따라 다르다. 아래는 복합 소재를 수리할 때 가장 흔히 사용하는 재질이다.

A. 진공백 필름(Vacuum Bagging Film)

이 필름은 구성품을 덮거나 공기를 차단하는 곳에 사용된다. 이것은 어떤 크기의 작은 구멍도 있어서는 안된다. 만약 필름에 작은 구멍이 있으면 공기가 새어나와서 굳는 기간 동안 부품에 가해지는 압력이 작아진다. 진공 필름은 실내 온도에서부터 750°F까지 다양한 온도 범위로 만들어진다. 또한 굳는데 필요한 온도를 정확히 선택하는 것이 중요하다. 이 필름은 고온도에서 굳는 동안 유연하게 남아야 되는데, 특히 크게 굴곡진 모양에서는 더욱 그렇다. 만약 이 필름이 취성이 커지면 공기가 새기 시작해서 부품에 가해지는 대기압이 줄어든다. 적절한 필름의 선택은 부품이 굳는 방법과 온도에 좌우된다. 이 필름은 수분에 예민(Hydro-Philic)하거나 물에 민감한 재질(Water Sensitive Material)이다. 습기가 플라스틱 성질을 띠게 하는 플라스티사이저(Plasticizer) 역할을 한다.

필름이 포함하고 있는 습기가 많아지면 더 유연해지고 고무같은 성질을 띠게 된다. 진공백 과정에서 필름이 가능한한 유연해서 곡면에 맞는 필름을 형성하는 것이 중요하다. 이 필름을 저장할 때 극히 중요한 것은 계속 습기를 유지해주는 것이다. 재료를 운반할 때 플라스

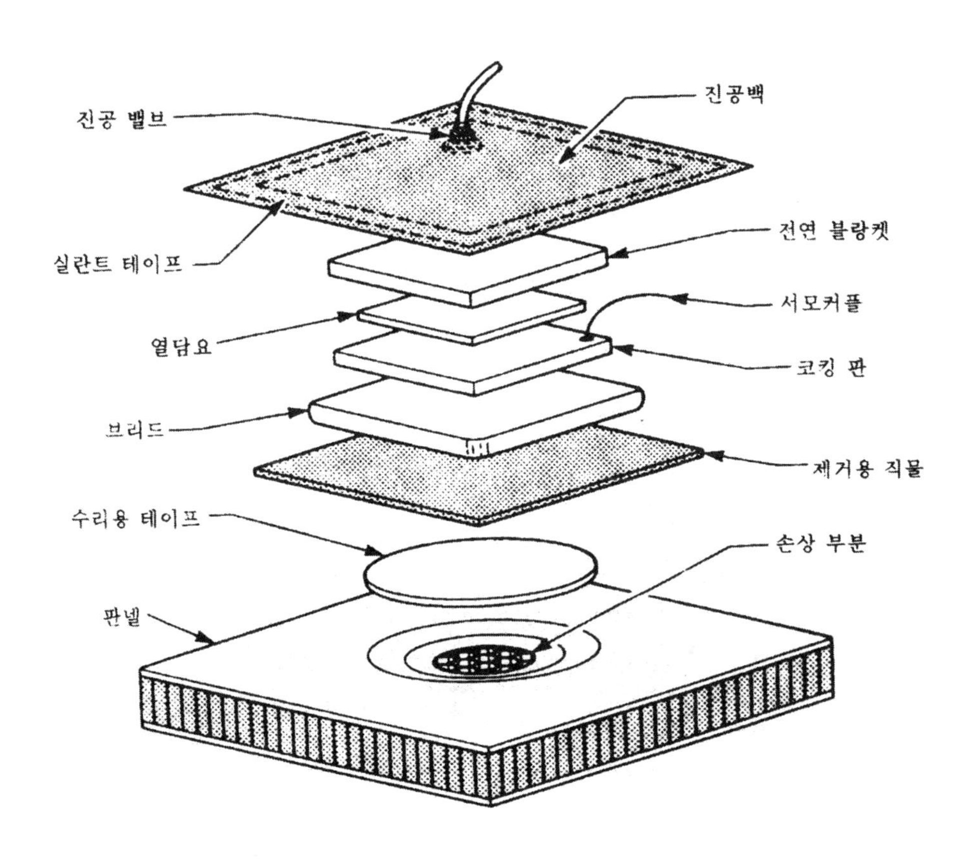

그림 7-24 표면 수리에 사용되는 진공백의 구성품

틱 랩(Wrap)으로 감는다. 반드시 사용할 만큼만 롤에서 끊어서 사용한다. 롤의 나머지는 원래의 플라스틱 랩으로 싸서 보관한다. 이것은 습기가 건조되어 필름이 부서지는 성질이 강해지는 건조한 날씨나 겨울에는 특히 중요하다.

B. 실란트 테이프(Sealant Tape)

이 테이프는 본래 부품의 표면과 진공백 필름(Bagging Film) 사이에 양호한 시일을 유지하는데 사용한다. 이 시일은 누출 방지용이어야 되고 부품에 최대의 대기압을 줄 수 있어야 한다. 대부분의 실란트 테이프는 제한된 저장 기간을 갖고 있어서 저장 기간이 초과되면 시일은 상태가 나빠져서 접착 표면에서 깨끗이 떼어내기 힘들다.

테이프는 단단히 붙어 있어야 한다. 굳는 기간에 심지어 진공백 필름이 수축되어도 이 실란트 테이프는 견고하게 붙어있어야 하며 굳는 온도에 견딜 수 있어야 한다. 주름은 실란트 테이프로 만들어 부품이 곡면일 경우 여분의 백 주조막을 제공한다. 주름을 만들기 위해

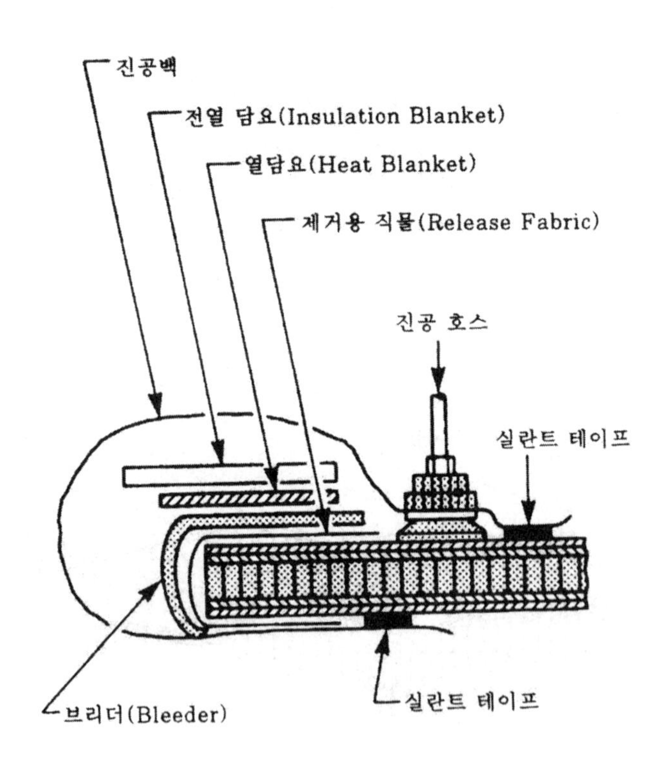

그림 7-25 허니컴 가장자리에 열을 가하는 법

3~4in의 실란트 테이프를 자른다. 실란트 테이프의 중앙을 함께 집어서 끝은 부품의 주변에 있는 실란트 테이프에 붙인다. 주름이 사용되면 각 모서리나 예리한 곡면에 고르게 깔려서 양호한 시일링(Sealing)을 하도록 해야 한다. 진공백 필름을 붙이기 전에 실란트 테이프의 받침 종이(Backing Paper)의 반 이상을 벗겨서는 안된다. 주름은 백 필름에 더 많은 여유를 주어서 부품의 모양에 충분히 맞게 하고 양호한 시일링(Sealing)을 하게 한다. 만약 여분의 진공백 재료(Extra Vacuum Bagging Material)를 이용할 수 없을 때는 브릿지 효과(Bridging Effect)가 발생한다. 브릿징(Bridging)은 여분의 진공백 필름이 부품의 모양을 충분히 덮지 못할 때 초과분의 수지가 굳는 과정에서 이 부분으로 흘러나온다. 만약 충분한 주름이 진공백 부근에 더해지고 여분의 재질에 진공이 공급되면 부품의 모양에 맞게 충분히 쉽게 덮는다.

C. 제거용 직물과 필름(Release Fabric and Film)

제거용 직물과 필름은 습식 패치(Wet Patch)와 다른 진공백 재질 사이에 막(Barrier)이 필요할 때 사용한다. 제거용 직물은 수지가 재료와 브리더(Bleeder)로 흐르는 것이 예상될 때 사용한다.

D. 필 플라이(Peel Ply)

나일론이나 폴리에스터 제거용 직물(Polyester Release Fabric)은 굳는 기간동안 습식 수지 다음에 사용한다. 이것은 초과하는 수지를 부품에 붙이지 않고 브리더 재료(Bleeder Material)로 전달하는데 사용한다. 굳어진 후에 필 플라이가 부품에서 벗겨지는데 이것이 약간의 거친 표면을 만든다.

만약 부품에 다시 페인트를 칠할때는 상당히 중요하다. 필 플라이는 이음새(Seam)나 직물층이 겹쳐진 곳에는 아주 효과적이다. 이것은 "Feather-In" 층이어서 샌딩의 필요성을 없애 준다. 이것은 여러 상태의 끝마무리 상태이고 일부는 아주 매끈하고 다른 것들은 거칠다. 일부의 필 플라이는 주조 제거(Mold Release), 코로나 처리(Corona Treated), 혹은 테프론 코팅(Teflon Coating) 등으로 처리되었다.

E. 제거용 필름(Release Film)

제거용 필름은 두가지 형태이다. 구멍 뚫린 제거 필름(Perforted Release Film)은 플라스틱 필름으로 구멍이 뚫려있다. 필름의 이 구멍은 초과하는 수지가 이곳을 통해서 브리더(Bleeder)로 가게 하는 역할을 한다. 만약 구멍이 없는 필름(Non-Perforated Film)이 사용되면 초과하는 수지는 밖으로 흐르지 못해서 취성을 갖게 되고 무게가 더해지게 된다. 구멍이 없는 제거 필름은 진공백 과정의 다른 부품 사이에 막(Barrier)이 필요할 때 사용된다.

열담요(Heat Blanket) 밑에 사용하거나 브리더 재질(Bleeder Material) 위에 사용한다. 이것이 브리더 재질과 수지 가열 담요와 접촉을 막는다. 제거용 필름으로 굳어진 표면을 페인트질 하기 전에 반들반들한 면을 손으로 샌딩해서 없애야 하는데, 그렇지 않으면 페인트가 구조에 붙지 않는다. 주의해서 반들반들한 면(Glaze)을 샌딩하고, 화이버 재질까지는 샌딩하지 않도록 주의 한다.

F. 브리더(Bleeder)

브리더는 흡수 물질로 여분의 수지를 빨아들이는데 사용한다. 일부 제작사는 양탄자(Felt)나 다른 흡수제를 사용한다. 브리더는 수리 부분과 접촉시켜서는 안된다. 이 브리더 재질은 만약 필 플라이나 제거용 재질이 사용되지 않으면 항공기의 영구적인 부품이 된다. 항상 제거용 직물, 필 플라이 혹은 제거용 필름과 함께 사용한다. 여러 가지 두께와 무게의 브리더가 있다. 만약 패치가 손으로 작업되면 무거운 브리더를 사용해서 초과하는 수지를 빨아들이게 한다. 만약 프리-프래그가 사용되면 보통 얇은 형태의 브리더 재질이 사용된다.

G. 브래더(Breather)

브래더는 면종류 재질로 밸브나 부품의 표면 등을 통해서 공기가 흐를 수 있게 한다. 이것은 브리더와 같은 재질로 브래더라고 부르기도 한다.

H. 코킹 판(Calking Plate)

코킹판이나 압력판은 추가의 압력을 더하거나 경화되는 표면의 곡면을 더욱 매끈하게 한다. 이것은 목재, 알루미늄, 구리 등으로 만들어진다.

I. 차단층(Insulation Ply)

차단 진공백 필름(Insulation Vacuum Bagging Film) 아래나 열담요 위에 놓는다. 이것이 열을 차단하고 굳는 과정에서 최소의 열만 잃게 한다.

차단은 적은 수의 화이버글래스나 몇 겹의 담요이다. 진공백 주조 중에 구석이나 그림 6-9에서와 같이 모서리위에 한다. 트레일릴 에이지도 이 방법으로 진공백을 할 수 있다. 만약 양쪽 모서리에 수리를 했을 때 진공백을 사용할 때 코킹판을 이용해서 수리한 곳에서 공기가 빠져나오면서 수리한 플라이가 위아래로 굳는 것을 막는다.

7-6. 복합 재료의 검사

FRP는 프리프레그(Prepreg)를 적층한 뒤, 경화시키면 거의 최종 형태에 가까운 구조물을 만들 수 있으며 이차 가공은 모서리의 트림이나 천공 등 약간에 불과하다. FRP 부품 제조시의 결함 중에서 외관적인 것인 종래대로 시각 검사로 발견할 수 있으나 프리프레그를 적층한 복합재는 내부에 보이드(Void : 공기 구멍)나 층간의 분리, 수지의 갈라짐 등의 결함이나 이물질이 혼입되어 있을 가능성이 있다. 이것들의 내부 결함의 유무를 확인하고 설계 단계에서 정해진 허용 결함의 종류, 크기와 비교하여 제품으로서의 사용 가부를 판정할 필요가 있다. 이와 같이 제품을 파괴하지 않고 내부의 품질을 검사하는 것을 NDI(Non Destructive Inspection : 비파괴 검사)라 하며 주로 초음파, X선으로 검사를 실시한다.

1) 초음파 검사(Ultrasonic Inspection)

초음파에 의한 내부 결함의 검출은 피검사물에 송신된 초음파가 보이드(Void)나 층간의 박리 등의 결함 경계 부분에서 반사 또는 산란되는 성질을 응용한 것으로 음파가 결함에 의해 변화되었을 때의 정보를 잡아서 내부 품질을 확인하는 방법이다. 검사법은 투과법, 반사법, 공진법으로 분류된다.

A. 투과법

사용하는 음파에 따라 연속파법과 펄스법으로 분류되며, 복합재의 검사에는 주로 연속파를 사용한 투과법이 사용된다. 탐촉의 사용 방법에 따라

① 수침법

② 워터 젯트(Water Jet)법

③ 접촉(Pulse)법이 있다.

수침법은 피검사물과 탐촉을 물통 속에 담그고 피검사물을 송신자(탐촉의 송신쪽을 송신자, 수신쪽을 수신자라 함)와 수신자 사이에 낀 형태로, 탐촉을 넣어서 검사를 한다. 워터 젯트법은 송신자 및 수신자 사이를 특수한 노즐을 써서 양쪽을 물줄기로 잇고 그 사이에 피검사물을 놓은 후 탐촉 또는 피검사물을 이동시켜 검사를 한다. 이 검사법은 물 탱크를 사용하지 않으므로 큰 것도 검사할 수가 있다.

접촉법은 송신자와 수신자를 피검사물에 접촉시켜 검사하는 방법인데, 이 경우는 초음파

의 투과를 안정시키기 위해 탐촉과 피검사물 사이에 글리세린 수용액과 같은 저점도의 피막이 필요하다. 또 접촉법은 송신자와 수신자의 위치 일치를 수작업으로 행하므로 일반적으로는 다른 검사의 보조로 사용된다. 투과법에 따른 초음파 파형, 피검사물과 탐촉자의 위치 관계를 그림 7-26에 나타냈다.

B. 반사법

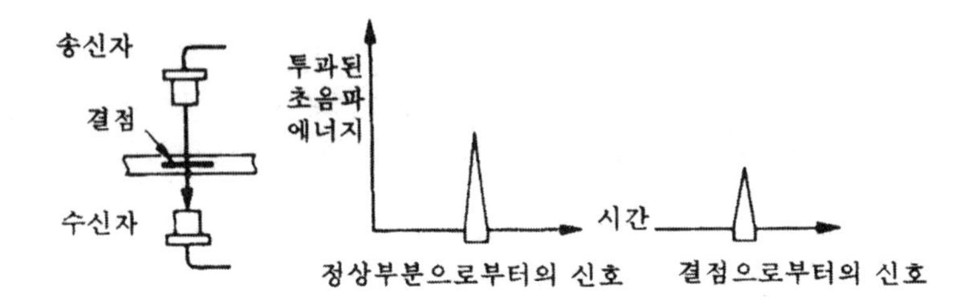

그림 7-26 투과법에 의한 초음파 신호

반사법은 한 개의 탐촉자에서 송신한 초음파의 펄스(충격파)가 피검사물 속을 투과 반사해오는 사이에 얻은 재료내의 상황을 펄스 에코우(Pulse Echo)의 세기와 전파 시간과의 관계로 브라운관(CRT)에 표시하여 결함의 유 · 무 위치 및 그 성질을 판단하는 것이다. 반사법은 표면의 가까운 곳에 내재하는 결함을 검출하지 못하는 불감대가 있으므로 얇은 적층 구조물의 결함 검출은 어렵다. 이 문제를 해결하는 방법에는 반사판 방법이 있다. 반사판 방법은 피검사물의 후방에 알루미늄판 등, 음(Sound)을 반사시키는 판을 놓고 피검사물을 투과해 온 펄스파가 거기서 반사되어 다시 피검사물을 투과해서 탐촉자에 돌아갔을 때의 펄스 에코우로 내부에 있는 결함의 유무에 대한 정보를 얻는 방법이다. 반사판 방법에 의한 초음파 검사는 송신된 펄스파가 피검사물을 2회 통과하게 되므로 결함에 의한 감쇠량은 투과법에 비하면 2배가 된다. 따라서 결함에 의한 음파의 산란 양이 많아져서 정상부와 결함부의 에코우의 높이의 차가 명확해져 작은 결함이라도 검출할 수 있게 된다. 반사법 및 반사판법에 의한 초음파 파형, 피검사물과 탐촉자의 위치 관계를 그림 7-25, 7-26에 나타냈다.

C. 공진법

공진법은 초음파 중에서도 낮은 주파수의 음향을 피검사물에 주고 그것에 대한 피검사물로부터의 응답을 이용하는 방법이다. 복합재의 검사에 사용되는 초음파를 이용한 공진법은 폭카본드테스터®나 손디케이터®라고 하는 검사 장치에 응용되고 있다. 이들 장치는 금속의 접착 구조부를 비파괴 검사하기 위해 개발되어졌으나 FRP(Fiber Reinforced Plastics)의 내부 결함의 검출에 대해서도 충분히 적용할 수 있는 장치이다. 초음파를 이용하여 NDI를 할 경우에는 허용되지 않은 결함을 제대로 검출할 수 있는 검사 방법과 검사 조건을 사전에 확립해 놓고 그 방법에 따라 피검사물을 검사, 판정하는 순서를 택하고 있다. 검사 방법 및 검사 조건의 확립은 피검사물과 같은 재료로 구성된 구조를 갖는 인공 결함이 들어간 표준 시험편을 이용한다.

2) X 선 검사

복합재의 표면에서 X선을 조사해서 내부에 존재하는 결함을 반대쪽에 놓은 필림으로 촬영하여 검출하는 방법이다. X선은 금속의 NDI에도 사용되듯이 투과도가 우수하므로 매트릭스(Matrix)의 밀도가 낮은 FRP에서는 소프트 X선이라고 불리는 전압을 낮춘 방법을 적용

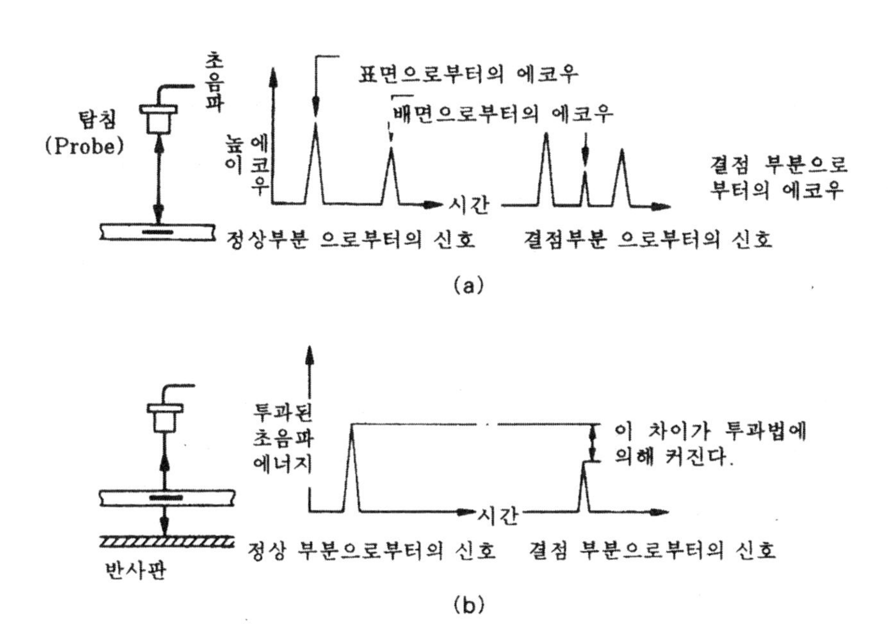

그림 7-27 (a) 반사법에 의한 초음파 신호
(b) 반사판 방식에 의한 초음파 신호

한다. X선 검사에서는 층간의 박리나 판두께의 1~2% 이하의 기공(Void)는 검출할 수 없으나 초음파에서는 곤란한 복잡 구조, 필렛(Fillet) 부분 등의 검사가 가능하다. 최근에는 판두께나 형상에 맞추어 검사 조건을 설정하여 자동적으로 검사를 하는 장치도 사용되고 있다.

7-7. 복합재 구조의 수리

복합재 구조는 손상을 받는 방법 및 손상의 형태가 금속 구조의 경우와 크게 다르다. 다른 구조에서는 작업중 공구의 낙하, 비행중의 우박이나 새들과의 충돌, 활주중의 작은 돌들이 튀어서 발생하는 손상은 표면적인 패임 정도로 그다지 문제가 되지 않는다. 그러나 복합재 구조에서는 스킨의 관통, 코어의 비틀림, 접착의 벗겨짐, 섬유를 절단하는 등의 표면층의 스크래치(Scrach)나 두꺼운 판 구조 내부에서의 박리 등의 손상이 치명적인 손상에 연결되는 경우가 있다.

1) 손상의 검출

에너지의 크기에 따라 다르나 충격을 받는 복합재 구조는 일반적으로 표면에 흔적이 남아 층간이나 표면에 박리가 생긴다. 판두께가 두꺼워지면 표면에 흔적이 남지 않고 내부에만 층간 박리가 생길 수 있다. 그 때문에 복합재를 적용하는 부위에 따라서는 충격을 받은 경우 눈으로 발견할 수 없는 내부 결함이 존재한다는 것을 고려해서 재료의 허용 응력을 정한다. 눈으로 손상을 발견하는 것은 반대면에서 먼저 가능하다. 이어서 결함이 진행된 결과로 표면에서 포착할 수 있게 된다. 일반적으로 시각 검사는 페인트막의 갈라짐 등의 발견에 의한 검출이 주체를 이룬다.

그림 7-28은 10층의 CFRP(Carbon/Epoxy Fiber Reinforced Plastic) 적층판에서 손상을 발견했을 때의 내부 결함 크기의 측정 결과 예이다.

운항중에 발생하는 내부 결함은 샌드위치(Sandwich) 구조에서의 접착 박리나 스킨(Skin)의 박리, 솔리드(Solid) 구조에서의 층간 박리가 대부분이다. 그 때문에 내부 결함의 검출 방법은 초음파 검사가 주체를 이룬다.

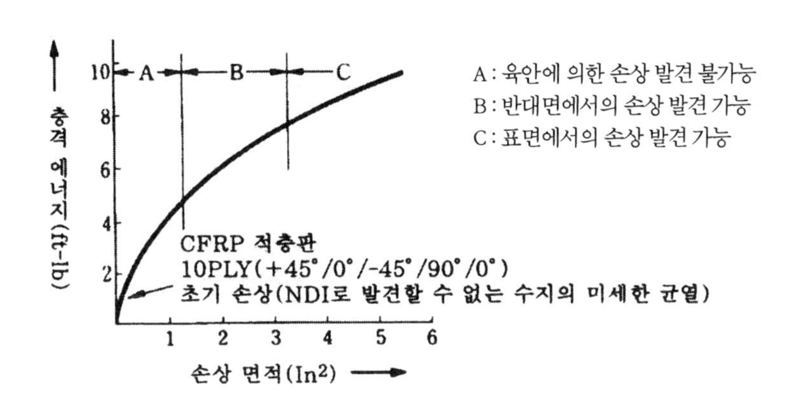

그림 7-28 충격과 손상의 크기 관계

2) 수리

검출된 손상의 정도와 그 부위의 구조적인 중요도로 부품을 그대로 사용할지 수리할지 폐기 할지를 판단해서 쉽게 영구 수리가 가능한 것은 작업 현장(Field)에서 수리한다. 작업 현장에서의 영구 수리가 불가능한 손상 중 기체에서 떼낼 수 없는 부위는 일시적으로 수리하여 수리 공장으로 보내서 영구 수리를 한다.

복합재의 수리법에는 다음과 같은 3가지 종류가 있다.

① 볼트에 의한 패치(Patch) 수리

② 접착에 의한 패치 수리

③ 손상 부위을 제거한 뒤의 수리

A. 볼트에 의한 패치 수리

손상부의 바깥면에 금속판 등을 볼트로 고정해서 보강하는 방법인데, 절삭이나 천공을 해야 하므로 수리시에 새로운 결함을 발생할 가능성이 있다. 따라서 이 방법은 일시적인 수리라고 생각해야 한다.

B. 접착에 의한 패치 수리

손상 부위에 금속판이나 사전에 경화시킨 복합 재료를 겹쳐 접착제를 사용해서 접착하는 방법과 부품 위에 프리프레그(Prepreg)나 웨트(Wet) 수지를 천에 적셔서 적층하여 굳게(접착과 동시에 경화시킴)하는 2가지 방법이 있다. 두가지 모두 허니컴(Honeycomb) 구조, 솔리드 구조를 불문하고 적용할 수 있으므로 널리 사용된다. 필림 접착제나 프리프레그는 품질 및 성능면에서는 우수하나, B스테이지(경화제가 첨가되어 있지만 반경화 상태)화되어 있어 냉동 보관이 필요하고, 또 유효 기한이 정해져 있으므로 관리상 번거롭다. 이 때문에 스킨이 얇은 허니컴 구조, 성능 요구가 그다지 높지 않은 구조물이나 일시적인 수리에 대해서는 웨트 수지에 의한 수리를 하는 경우가 많다.

C. 손상부를 제거하고 새로 성형하는 수리

이 수리법은 특히 큰 중량의 증가가 없고 다른 수리법에 비해 높은 이음매의 효율을 얻을 수 있으며 공력 표면을 손상시키는 일도 없으므로 가장 좋은 방법이다.

수리부의 페인트를 제거한 뒤, 접착시의 양호한 상태를 위해 충분히 건조시킨다. 이것은 에폭시 수지가 운항중에 1% 정도까지 습기를 흡수해야 평형 상태가 되기 때문에 수리시의 가열에 의한 수분의 팽창에 기인하는 박리 방지와 수분에 의한 접착 불량 방지를 위한 것이다. 이어서 손상 부위를 절삭하여 제거한 뒤 표면을 용제로 세척해서 수리 부위에 프리프레그 등을 레이업(Lay Up)한다. 이때 적층 방향이나 코어의 방향은 원래 구성에 맞추는 것이 중요하다. 또 적층시의 공기의 유입을 최소한으로 억누르기 위해 진공 공기 제거 등의 조작을 한다. 수리 부분 이음매의 예를 그림 7-29에 나타냈다.

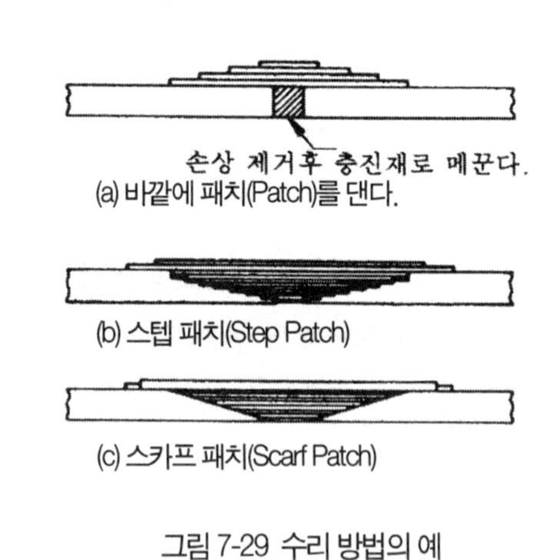

(a) 바깥에 패치(Patch)를 댄다.

(b) 스텝 패치(Step Patch)

(c) 스카프 패치(Scarf Patch)

그림 7-29 수리 방법의 예

레이업이 완료된 후, 그림 7-30와 같이 배깅(Bagging)한다. 이것은 히팅 블랑켓(가열 담요)이라고 하는 장치인데 바깥면을 시일(Seal)할 수 있는 형식이다. 곡면 부분의 수리에는 히팅 엘레멘트(Heating Element)를 사용하고, 바깥에 내열 나일론 필림을 덮은 뒤 그 밖을 실란트(Sealant)로 시일한다. 미리 설정된 경화 사이클로 가열 및 진공 처리하여 배깅(Bagging)이 완료된 수리부를 경화시킨다. 경화가 완료된 단계에서 수리 부분을 검사하여 품질을 보증한다. 경화 과정은 온도 기록에 의해 보증되며 내부 품질은 상세한 NDI에 의해 보증된다.

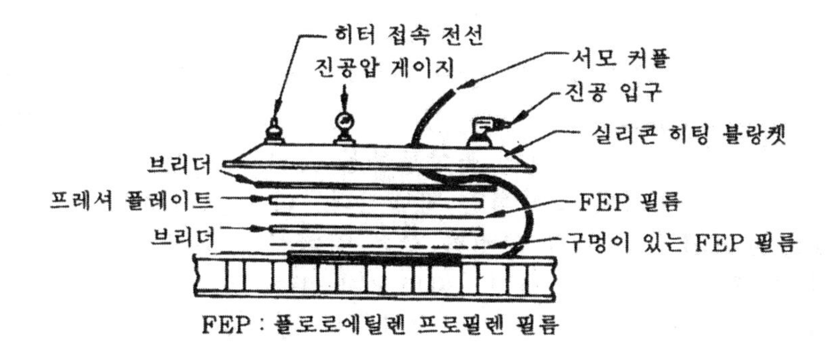

그림 7-30 열담요(Heating Blanket)를 사용한 경우의 Bagging 방법

7-8. 수리의 예

1) 수리의 결함

모든 수리 작업은 손상의 형태와 항공기 부품의 기능에 맞게 정확히 행해져야 한다. 수리 작업이 결함을 나타내는 가장 흔한 이유는 다음과 같다.

① 불충분한 표면의 준비 작업
② 사용한 직물(Fabric)이나 재료가 깨끗하지 못한 것
③ 수지계의 측정과 혼합이 잘못 되었을 때
④ 굳는 시간이 너무 짧거나 길었을 때, 온도가 너무 낮거나 높았을 때, 온도의 상승과 강하가 너무 빠르거나 너무 느렸을 때
⑤ 부적절한 압력

2) 일반적인 수리 절차

아래의 수리 절차는 복합 소재 구조를 수리하는 일반적인 절차와 다양한 기술을 설명하고 있다. 이 책에서 설명하는 수리 절차는 설명을 목적으로 한 것이다. 실제 작업에서는 해당 교범을 참고해야 한다.

A. 예비 경화 패치(Pre-cured Patch)를 사용한 수리

현장 작업에서 적절한 시설이나 경화(굳는)와 배깅(Bagging) 장비가 없을때 예비 경화 패치를 집어넣고 특수 패스너(Blind Fastner)로 조일 수 있지만 이 형태의 수리는 최대 강도를 얻지 못한다. 왜냐하면 이것은 다른 표면과 일치하는 것(Flush Repair)이 아니어서 중요한 부품의 경우는 진동을 일으키기 때문이다. 이 형태의 수리는 손상 부분을 오려내고 패치를 대고 열과 압력으로 수리하기 전까지의 일시적인 방법이다. 대부분의 경우 이 수리는 판금판(Sheet Metal Plate)과 리벳과 같은 일반적인 수리 재료를 사용한다. 만약 복합 소재 패치가 필요하면, 예비경화 패치 킷트(Precured Patch Kit)를 사용한다. 예비 경화 패치는 여러 가지 크기로 만들어 지는데, 2in, 3in와 4in 등이다.

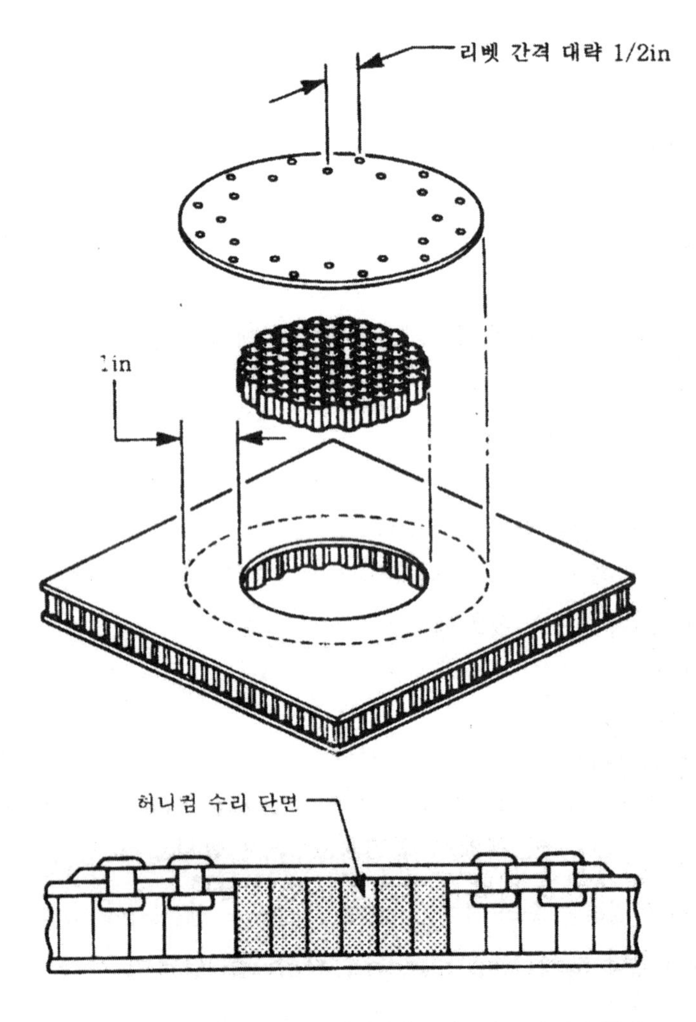

그림 7-31 특수 패스너와 판금판을 사용한 예비 경화 패치

이 패치는 각 층의 화이버가 정확한 방향을 갖고 있다. 이 패치는 표면에 필 플라이 층이 있다. 일부 제작사는 여러 가지 크기의 코어 재료를 만들어서 예비 경화층과 접착시킬 수 있게 한다. 이미 만들어진 패치는 손상 부위를 오려내고, 코어를 집어 넣고, 얇은 층 패치(Laminate Patch)를 덮는다. 특수 패스너를 사용하는 패치는 이것을 통해서 본래 부품의 표면에 드릴로 뚫고 패치가 제자리에 있도록 잡아준다. 특수 패스너를 사용할 때의 문제점은 코어 구조를 부서지게 하는 경향이 많은 것이다. 이것은 또한 코어가 양쪽 표면으로부터 분리되는 원인이 된다. 다시 말하면, 이 방법은 오직 일시적인 수리 방법이다.

B. 리브(Rib)에서의 복합 소재 스킨(Skin) 수리 작업

① 표면 층을 제거한다.
② 손상된 스킨을 가능한 한 많이 제거하는데, 또 다른 스킨이나 리브의 손상을 주어서는 안된다.
③ 작업 부위를 솔벤트(Solvent)로 닦아 낸다.
④ 스킨을 제거한 부위에 채울 것(Potting Compound)을 넣는다.
⑤ 손상된 부분보다 2in 큰 알루미늄 더블러(Aluminum Doubler)를 사용한다. 알루미늄 더블러는 수리하는 부품과 꼭 맞는지 확인한다.
⑥ 알루미늄 판에 리벳 구멍을 뚫고 한쪽에 카운터 싱크를 한다. 리벳 구멍은 대략 1in 간격으로 하고 리브에 가까워야 한다.
⑦ 복합 소재와 잘 접착되도록 알루미늄 표면을 스카치 브라이트(Scotch Brite)로 문지른다.
⑧ 접착제를 준비하고 복합 소재 스킨과 알루미늄 더블러에 칠한다.
⑨ 수리 부위에 더블러(Doubler)를 대고 패스너를 집어 넣는다.
⑩ 더불러 주변에는 흘러 나오는 초과되는 접착제를 닦아낸다.
⑪ 제작사의 지시에 따라 접착제를 굳힌다.
⑫ 제작사의 지시에 따라 끝마무리를 한다.

C. 메꾸는 수리(Potted Repair)

이 수리는 새 코어에 복합 소재 구조를 접합시키는 만큼의 강도를 주지 못한다. 구멍에 수지/마이크로벌룬(Resin/Microballoon) 구조 혼합체를 채워서 무게를 더하고 부품의 유연성을 감소시킨다. 왜냐하면 부품의 유연성이 지나치면 메꾸는 프러그(Potted Plug)가 빠져 나간다.

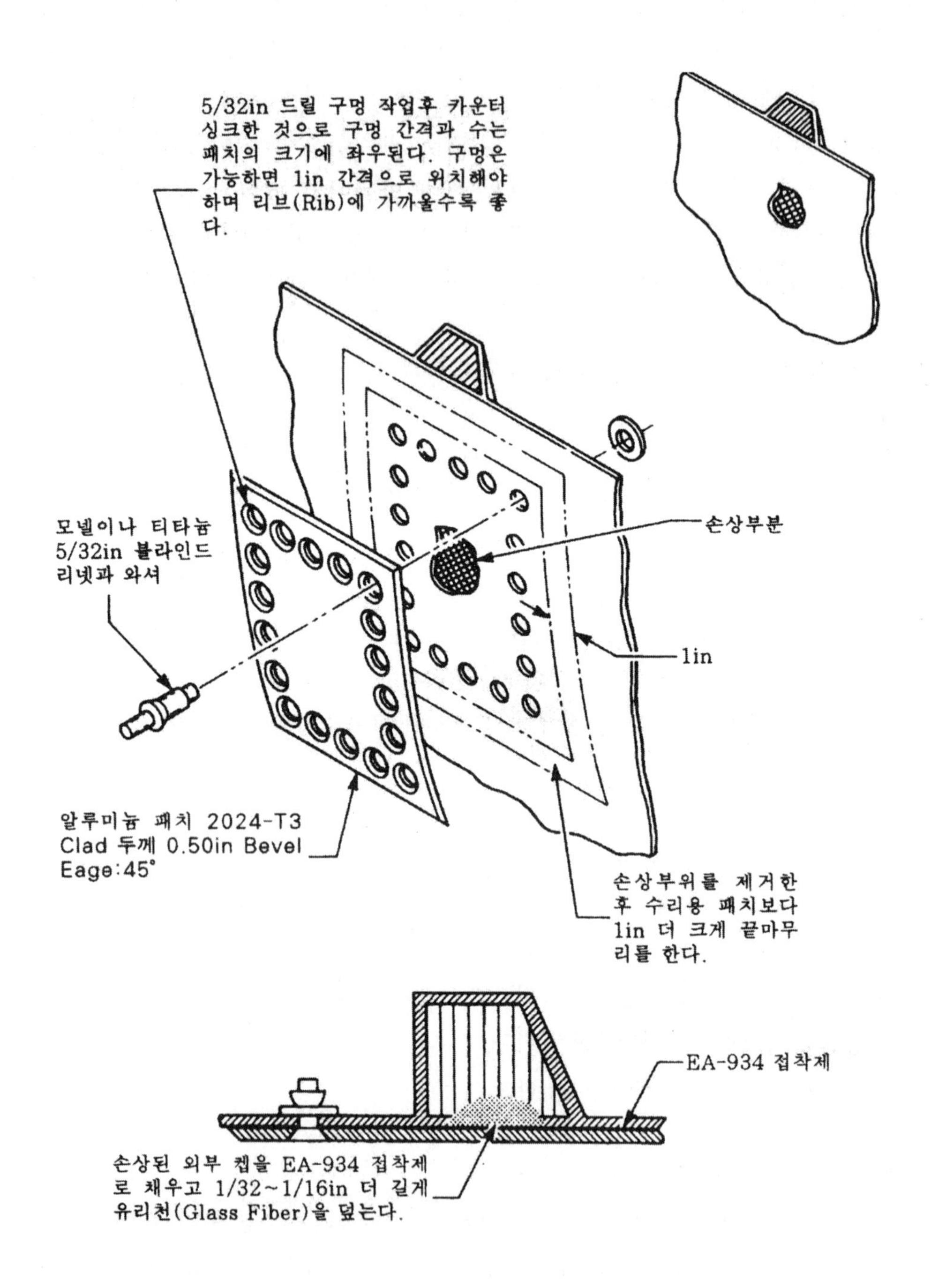

그림 7-32 알루미늄 패치 구조의 수리 예

SRM(Structural Repair Manual)에 의한 첨단 복합 소재 구조의 수리 절차는 다음과 같다.

① 손상된 부위를 깨끗이 하고
② 분리된 부분(Delaminated area)을 샌딩으로 깎아낸다.
③ 코어 부분을 수지/마이크로벌룬 혼합제(Resin/Microballoon Mixture)로 채운다.
④ 패치를 준비한다.
⑤ 압력을 가하고 굳힌다.

대부분의 메꾸는 수리는 거품 코어 샌드위치 구조(Form Core Sandwich Structure)에 적합하다. 그렇지만 일부의 경우는 분리된 부분에 작은 구멍을 뚫고 허니컴 접착이 떨어진 부분에 수지를 주입한다.

D. 한쪽 면과 코어의 수리

아래의 수리는 화이버글래스 수리의 형식과 유사하다. 구형의 화이버글래스 수리의 가장 흔한 문제점은 손상된 코어를 직각으로 오려서 하는 것이다. 수리된 부품이 비행중 굽혀지면 프러그가 튀어 나오게 된다. 만약 수리가 비구조적 부품(Nonstructural Part)이면 문제가 없지만 새로운 첨단 복합 소재가 구조(Structure)에 사용된 경우는 다르다. 만약 구조에서 프러그가 튀어 나오면, 조종면(Control Surface)에 사용했을 경우 조종성을 잃게 된다.

복합 소재 수리와 화이버 글래스 수리의 근본적인 차이는 코어의 파낸 구멍에서 어떻게 수리용 프러그를 유지시키는가 하는 점이다. 복합 소재 수리는 손상된 코어 재료를 마주보는 쪽의 얇은 표면 층을 얇게 파고 들어 가도록 한다. 이 방법이, 즉 본래의 얇은 층 스킨(Original Laminate Skin)의 표면이 굽혀질 때 수리된 프러그를 잡아 주는데 도움을 준다. 게다가 복합 소재 수리는 겹치기 패치(Overlap Patch)를 하게 됨으로 수리 작업 부위의 강도를 크게 한다.

① 드릴이나 루어터(Router)를 사용해서 지저분한 모서리나 부서진 화이버를 제거한다.
② 깨진 코어를 깨끗이 하고 코어를 약 0.125in 만큼 파고 들어간다.
③ 표면을 준비한다.
④ 샌딩 먼지를 깨끗이 하고 구멍을 진공(Vacuum)으로 청소한다.
⑤ 거품 필러(Foam Filler)를 불어 넣는다. 거품을 저어서 에어 포켓(Air Pocket)을 없애고 빈 곳을 채우게 하여 거품을 굳게 한다.

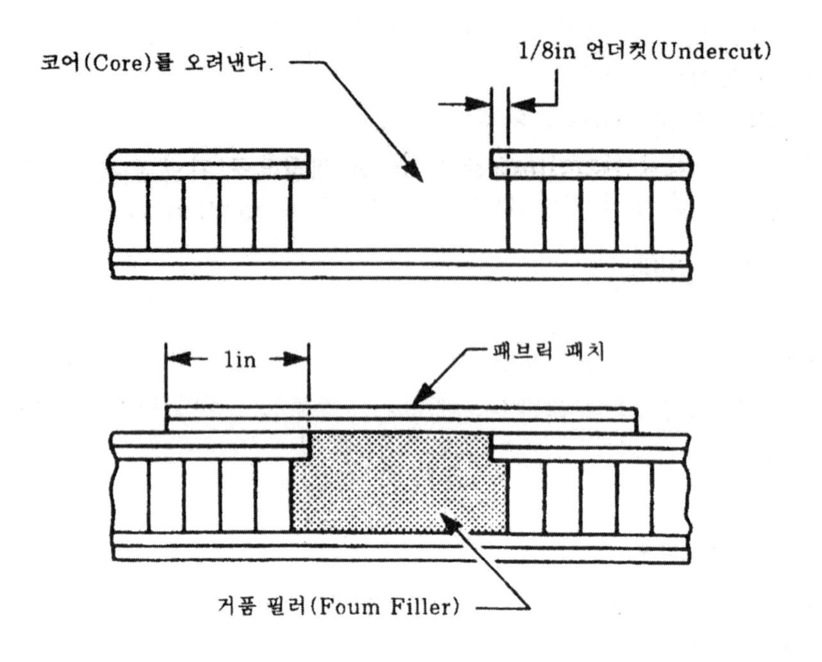

그림 7-33 수리용 플라이를 접착시킨 Undercut Potted 수리 예

⑥ 수리 패치를 알맞은 크기로 자른다. 구멍 가장자리 보다 커서 오버랩(Overlap)이 되도록 한다.
⑦ 접착 패치(Bonding Patch)를 준비한다.
⑧ 압력을 가하고 굳게 한다.
⑨ 끝마무리를 한다.

3) 층의 분리(Delamination)

층의 분리는 얇은 층에서 발생해서 이 얇은 층이 분리되거나 코어 재료로부터 분리되는 것이다. 층의 분리는 가끔 플라이가 접착되지 않았거나(Unbonding), 잘못 접착된 것(Disbonding)으로 말하기도 한다. 가끔 층의 분리는 부품위에 밝은 빛을 비추어 찾아내기도 한다. 손상된 부위는 부풀어 오르거나 움푹 들어가는 것으로 알 수 있다.

내부의 분리(Internal Delamination)는 플라이의 분리로 가장자리나 드릴 구멍 주변으로 확장되지 않는다. 내부 층의 분리를 찾아낼 때는 알맞은 NDI 방법을 사용한다. 만약 내부의 분리가 최소 상태이면 이것은 가끔 수지를 플라이 분리에 의해서 생긴 공간(Cavity)에 주입시킨다.

A. 분리된 층의 주입식 수리(Delamination Injection Repair)

① 부품의 양쪽을 깨끗이 한다.

② 그림 7-34와 같이 분리된 양쪽 끝에 0.06in 직경의 구멍을 뚫는다.

③ 아세톤이나 MEK로 표면을 다시 닦는다.

④ 수지를 섞는다.

⑤ 수지를 깨끗한 주사기에 넣고 바늘을 붙인다. 수지를 드릴 구멍을 통해서 주입시킨다. 반대쪽 구멍으로 수지가 나올 때까지 계속 넣는다.

⑥ 압력을 가하고 굳힌다.

⑦ 굳힌 후에 클램프, 진공백 필름(Bagging Film)등을 제거하고 샌딩을 하고 끝마무리를 한다.

이 수리 방법은 제작사에 의해서 인정받지 못하는데 이유는 분리된 공간에 수지를 채워서 이것이 무게를 더하기 때문이다. 만약 손상된 부품이 1차 조종면(Primary Control Surface)이면 더욱 중요하다. 게다가 수지 하나만으로는 강도를 회복시킬 수 없고 오히려 취성(Brittleness)만 더하게 된다. 비행중에 이 부분의 과다한 수지는 유연성을 떨어뜨려서 이 부분의 분리를 더하게 한다.

B. 허니컴 코어 모서리 접착의 분리
(Honeycomb Core Edgeband의 Delami-nation)

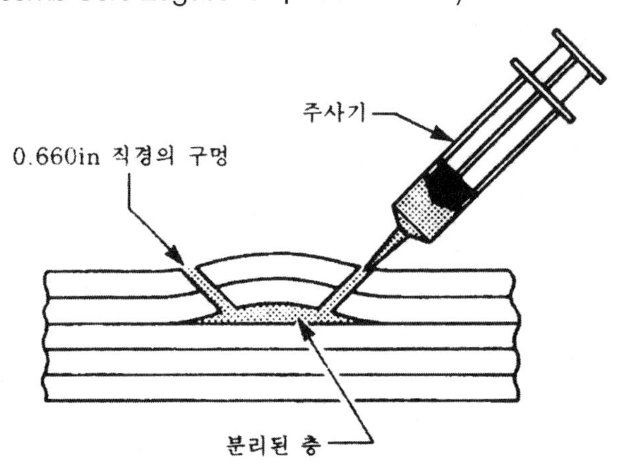

그림 7-34 분리된 부분에 수지(Resin)을 주입한다.

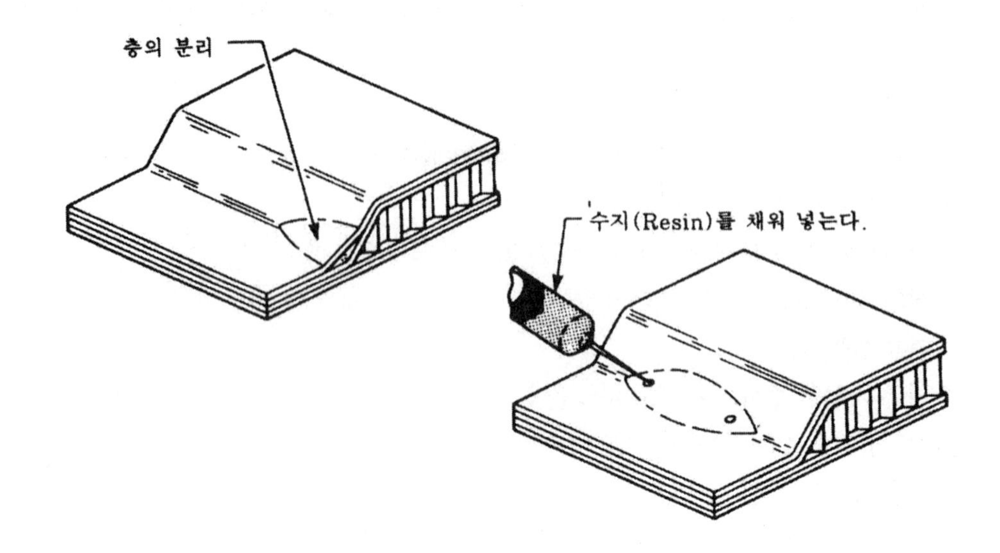

그림 7-35 수지 주입으로 작게 분리된 부분을 수리하는 수리 예

① 솔벤트로 표면을 닦는다.
② 속이 빈(Void) 부위를 표시하고 주입 구멍의 위치를 표시한다.
③ 0.06in 직경의 드릴을 사용해서 접착이 떨어진 부분을 천천히 뚫는다. 부품을 완전히 통과하지 않도록 한다.
④ 주사기를 사용해서 섞은 수지를 한쪽 구멍을 통해서 집어 넣고 반대쪽 구멍으로 나오는지 관찰한다.
⑤ 부품의 표면에서 과다한 수지를 닦아낸다.
⑥ 제작사의 지시에 따라 굳힌다.

C. 허니컴 구조에 잘못 위치한 메꾸는 재료(Potting Compound)

일부의 경우 제작사는 메꾸는 재료를 공급해서 패스너를 붙일 수 있게 한다. 만약 정확하게 위치하지 못하면 다시 올바른 위치에 오게 해야 한다.

① 추가적인 메꾸는 재료가 필요한 패스너의 위치를 표시한다.
② 정확한 위치에 1/8in 구멍을 뚫는데 오직 스킨만 뚫는다.
③ 구멍을 통해서 작은 알렌 렌치(Allen Wrench)를 넣는다. 이것을 360°회전시켜서 허니컴 구조 벽(Honeycomb Cell Wall)을 부수어 드릴 구멍 주면에 1in 반경을 만든다.
④ 작은 조각을 진공으로 흡수한다.

⑤ 실란트 건(Sealant Gun)이나 주사기(Syringe)를 사용해서 드릴 구멍을 통해서 메꾸는 재료를 넣는다.
⑥ 제작사의 지시에 따라 굳힌다.
⑦ 다시 드릴 구멍을 만들고 조건에 맞게 피팅(Fitting)을 설치한다.

만약 패스너가 뽑혀서 부품이 파손되면 손상된 구멍을 채우고 재차 드릴하면 그렇게 좋은 수리가 못된다. 이것은 다시 뽑혀지는데 왜냐하면 수지/필러 혼합(Resin/Filler Mix)이 적절한 강도를 제공하지 못하기 때문이다. 인서트(Insert)나 그로멧(Grommet)을 접착제를 사용해서 영구적으로 장착한다. 이때부터는 복합 소재 구조의 더 이상의 손상 없이도 패스너를 사용할 수 있다.

4) 층 구조(Laminate Structured)의 손상

A. 외관상 결함(Cosmetic Defect)

외관상 결함은 표면 수지의 긁힘(Scratch)으로 처음의 구조 플라이를 뚫고 들어가지는 않는 상태다.
① MEK나 아세톤이나 닦아낸다.
② 손상된 부분 주변의 페인트를 샌딩으로 벗겨낸다.
③ 문질러서 닳은 부분은 솔벤트로 닦아낸다.

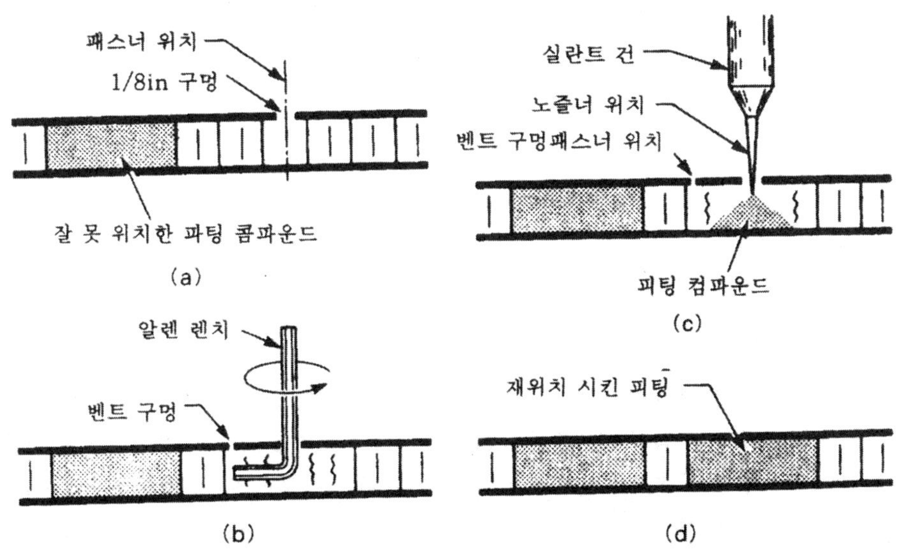

그림 7-36 패스너 위치를 위한 파팅 콤파운드의 위치가 잘못 되었을때 패스너의 위치를 다시 잡는다.

④ 수지와 필러(Filler)를 섞는다.

⑤ 수지-필러 혼합물(Resin-Filler Mixture)로 손상된 부분을 채운다. 이때는 스퀴즈(Squeeze), 특수 공구(Brush Fairing Tool) 등으로 바른다.

⑥ 굳힌다.

⑦ 샌딩을 하고 마무리 한다.

B. 손상 부분 제거와 플라이 교환

이 형태의 수리는 손상된 얇은 층 플라이를 제거하고 새 플라이로 교환한다. 교환하는 플라이는 열과 압력을 가해서 원래의 복합 소재 강도를 갖게 한다. 새로운 가공방식(Impregnated)과 사전 준비된 패치(Pre-Cut Patch)는 샌딩한 부분에 본래 부품(Original Part)의 방향과 맞게 새 패치의 방향을 맞추어 넣는다. 오버랩 패치(Overlap Patch)는 마지막의 수리 플라이보다 1in 더 크다. 이것은 수리 부위와 본래 부품 사이의 다리 역할을 한다. 오버랩 패치는 처음에는 부품의 맨 위에 있지만 열과 압력을 가해서 부품의 표면과 같은 수준으로 눌러서 밀착시킨다.

C. 한쪽 표면의 손상

표면의 한쪽의 손상 때문에 부품을 완전하게 침투하지 못하는 것은 다음 절차로 수리한다.

① 깨끗이 닦고 페인트를 제거해서 표면을 준비한다.

② 플라이를 경사지게(Scarfing) 다듬거나 단계적으로 절단(Step-Cutting) 해서 손상을 제거한다.

③ 적절하게 수지를 섞고 수리 재료를 고른다.

④ 접착 패치(Bonding Patch)를 준비한다.

⑤ 진공백(Vacuum Bag)이나 압력을 가해서 굳힌다.

⑥ 진공백 재료(Vacuum Bag Material) 등을 제거한다.

D. 글라이더식 절단 수리(Glider Step Cut Repair)

이 형태의 수리는 일부의 글라이더 수리 교범이 필요하다. 이 형태의 수리를 사용하는 목적은 큰 충격이 스킨의 표면에 가해져서 껍질이 벗겨지는 것(Peeling Off)과 층의 분리로부터 수리 표면 플라이를 막는 데 있다. 수리 패치가 자른 면의 모양과 맞지 않아서 공기막(Air Gap)이 패치의 가장자리에 생긴다. 만약 이런 공기막이 생기면 수리는 감항성이 없다.

E. 부품의 화이버 손상

구조의 얇은 층에 영향을 미치는 손상은 다음과 같다.
① 부품 중 몇 개의 플라이
② 손상의 위치, 즉 리딩에이지(Leading Edge)나 휠 웰 도어(Wheel Well Door)
③ 손상의 크기

이 수리는 다음에 의해서 완료할 수 있다.
① 표면을 준비한다.
② 플라이의 경사(Scarfing)나 단계적인 절단(Step Cutting)으로 손상을 제거한다.

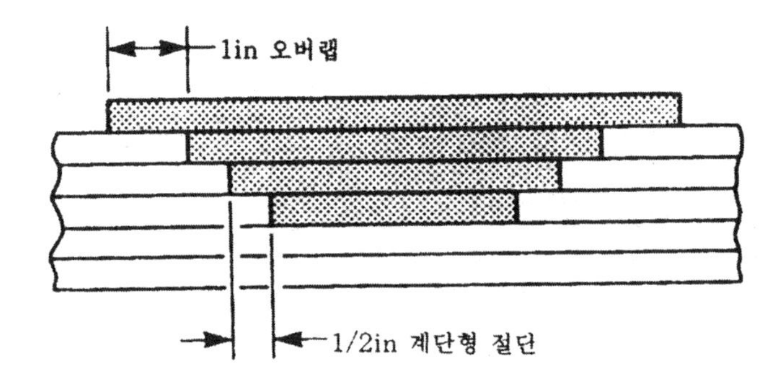

그림 7-37 계단식 절단으로 손상된 재료를 제거하고 새 보강 패치를 댄다.

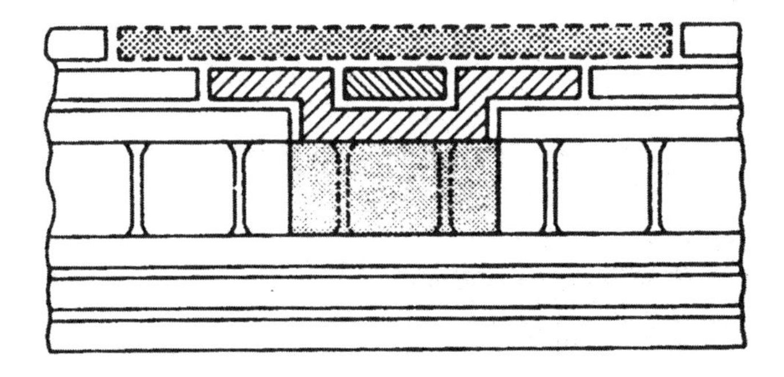

그림 7-38 계단식 수리의 변형으로 대체용 플라이를 사용한다.

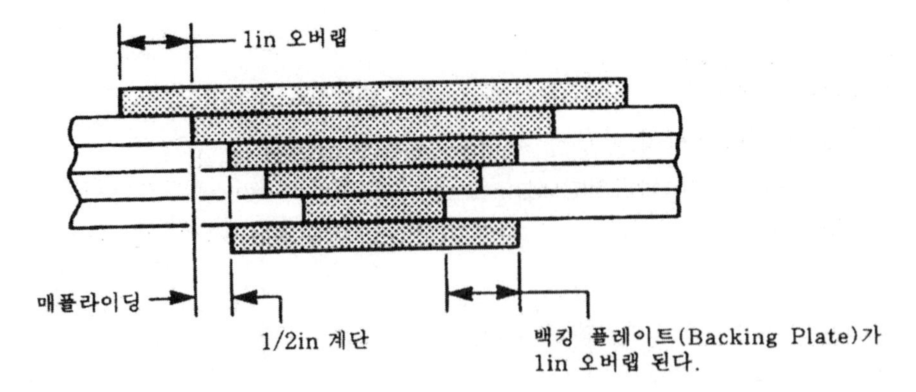

그림 7-39 아주 얇은 층 부품에 확장된 화이버 손상의 수리는 받침판(Backing Plate)을 사용한 계단식 절단 예

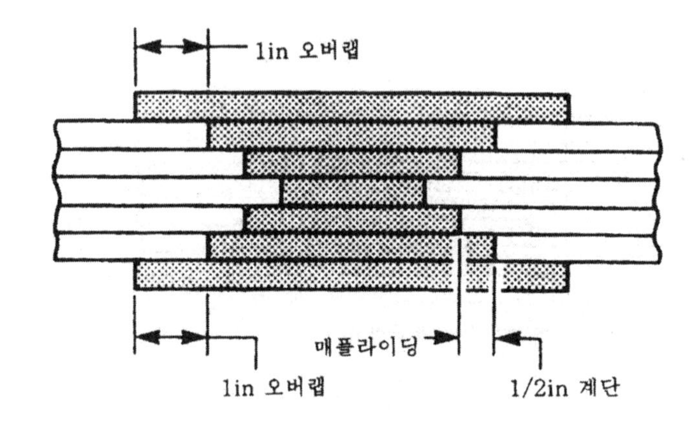

그림 7-40 두꺼운 층의 계단식 절단은 조금 변형되므로 양쪽에서 절단을 시작한다.

③ 수지를 섞고 수리 재료를 고른다.

④ 접착 패치를 준비한다.

⑤ 뒤쪽에 받침판(Backing Palte)을 사용해서 구조를 지지한다.

⑥ 진공백이나 압력을 가해서 굳게 한다.

⑦ 진공백 재료를 제거한다.

얇은 층이 아주 두꺼울 때 각 플라이 마다 1/2in씩 샌딩하면 수리가 커지므로 수리는 한쪽에서 샌딩해 내려가고 다른 한쪽에서는 샌딩해 올라온다. 이것이 수리 범위를 작게 만든다.

F. 한쪽 면에서의 얇은 층 수리

만약 손상이 얇은 층 전면에 걸쳐 있고 반대쪽에서는 접근할 수 없을 때, 예비 경화 패치(Pre-Cured Patch)를 수리 부분 안쪽에 대고 그 위에 수리 플라이(Repair Ply)를 쌓아 올린다.

① 수리 부분을 깨끗이 한다.

② 손상된 부분은 사각으로 자르는데, 각 모서리는 둥글게 해서 받침판(Backup Plate)이 지날 수 있게 하고, 이 판이 손상된 모서리 부분에서 최소 1in 이상을 더 크게 덮어야 한다.

③ 내부 스킨의 표면을 문지른다.

④ 샌딩한 부분을 솔벤트로 닦는다.

⑤ 제작사가 정한대로 받침판을 만든다. 이것은 특수 가공 물질 (Impregnated Material)로 만들거나 프리 프레그를 이용한다.

⑥ 받침판에 맞게 층을 자른다. 분리용 필름(Parting Film)이 맞도록 표면을 준비한다.

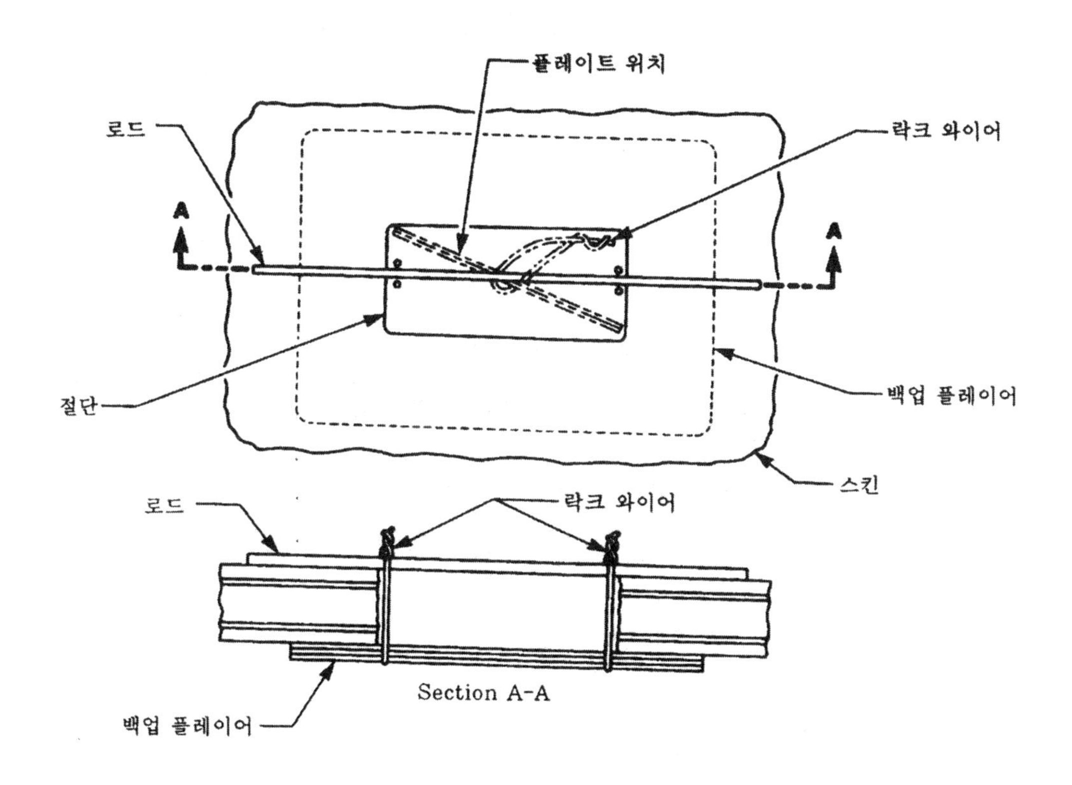

그림 7-41 한쪽에서만 접근이 가능할 때의 받침판을 경화 시키는 예

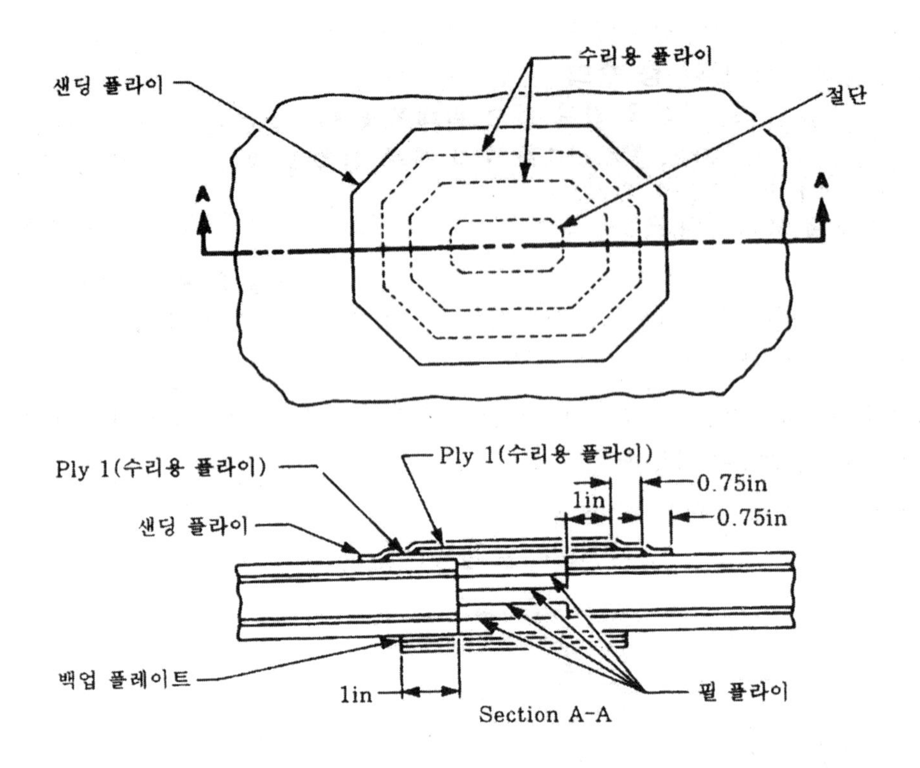

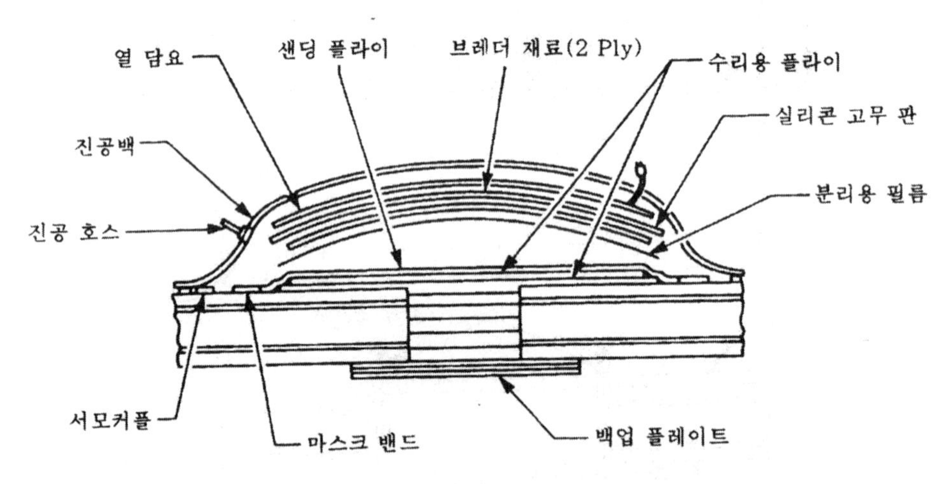

그림 7-42 손상이 넓게 층판에 퍼져 있을 때 진공백과 그밖의 필요한 공구를 사용한 예

⑦ 패치에 진공백을 대고 열을 가해서 굳게 한다.
⑧ 받침판의 양쪽 받침판 끝에 2개의 드릴 구멍을 뚫는다. 이 구멍은 받침판을 제자리에 붙어 있게 하는데 사용한다.
⑨ 받침판을 통해서 락크 와이어(Lock Wire)를 통과시킨다. 와이어를 꼬아서 제자리에 있게 한다.
⑩ 적절한 접착제를 섞고 받침판의 한쪽에 바른다.
⑪ 파낸 구멍을 통해 받침판을 집어 넣고 내부 스킨에 붙게 위치시킨다.
⑫ 목재나 강 봉(Steel Rod)을 와이어 루프(Wire Loop)를 통과시켜서 오려낸 부분에 다리를 만든다. 꼬은 와이어가 봉에 의해 받침판을 내부 스킨에 견고하게 붙어 있게 한다.
⑬ 제작사의 지시에 따라 열을 가해서 굳게 한다.
⑭ 굳은 후에 락크 와이어를 제거하고 구멍은 접착제로 채운다.
⑮ 제작사의 지시에 따라 특수 직물(Impregnating Fabric)이나 프리프래그(Prepreg)로 패치를 준비한다.
⑯ 구멍을 채우기에 필요한 수만큼 플라이(Ply)를 자른다. 각 플라이의 방향을 기억한다.
⑰ 플라이를 수리 부분에 놓는다. 마지막 플라이는 샌딩 플라이(Sanding Ply)로 구별하고 전체 부분 위에 놓는다.
⑱ 압력을 가하고 제작사의 지시에 따라 굳힌다.

5) 모서리 층의 분리(Edge Delamination)

사소한 모서리 층의 분리는 가끔 층이 분리된 곳에 수지를 주입해서 수리하고 모서리를

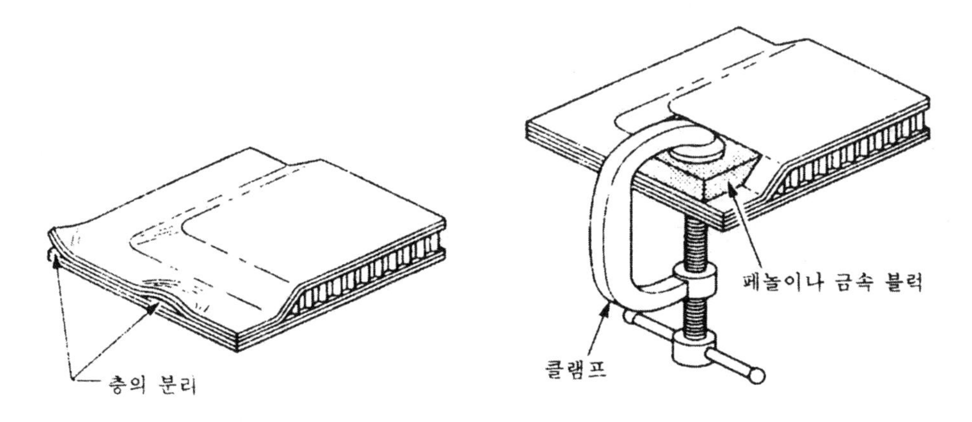

그림 7-43 모서리 분리의 수리 예

클램핑하고 수지가 굳게 한다.

A. 제한된 표면층에 있는 구멍

① 그림 7-44와 같이 손상된 부위를 단계적으로 자른다.(Step Cut)
② 일시적인 알루미늄 판(각기 다른 크기)을 만들어 플라이 3, 4, 5와 6번의 빈 공간을 채운다.
③ 알루미늄 판을 분리용 필름으로 덮는다.
④ 솔벤트로 깨끗이 닦는다.
⑤ 또다른 일시적인 알루미늄 판을 No.1 플라이 보다 2in 더 크게 만들고 이것을 분리용 필름(Parting Film)으로 덮는다.
⑥ 알루미늄 판을 제자리 클램프로 조여서 플라이 1, 2를 위한 단단한 받침판 표면(Backup Surface)을 만든다.
⑦ 제작사가 제공하는 특수 직물과 수지계나 프리프레그(Prepreg)를 사용한다.
⑧ 파낸 부분에 맞게 플라이를 자른다.

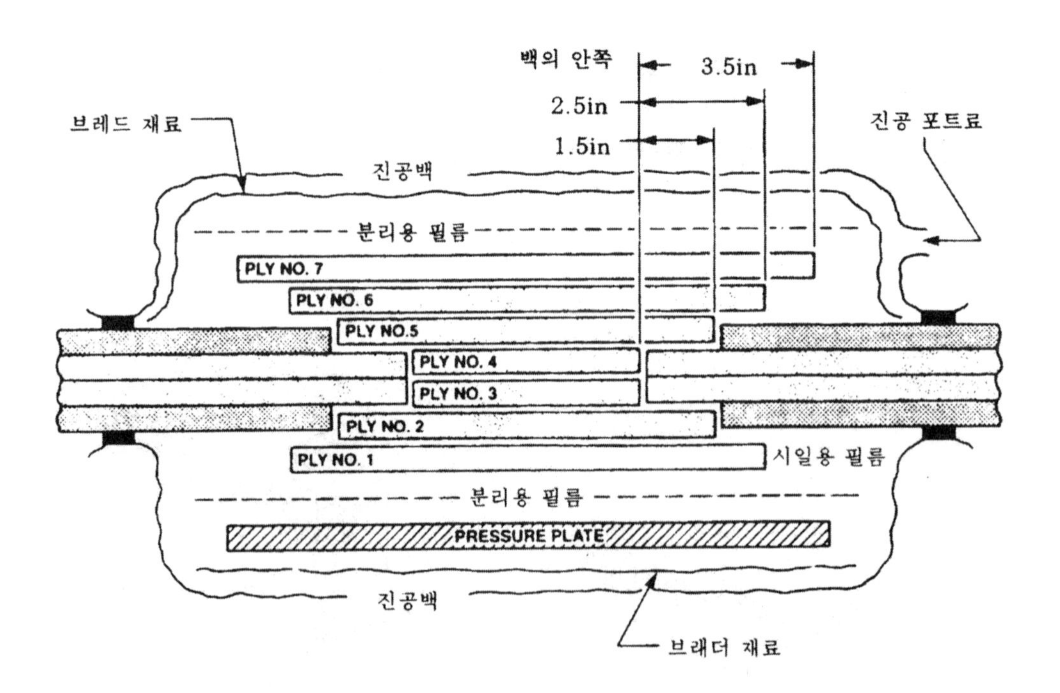

그림 7-44 제한된 표면의 층판(Laminar)을 위한 수리와 작업 순서

⑨ 수리용 플라이 1, 2를 제자리에 놓고 다른 알루미늄 압력판(Pressure Plate)을 사용해서 플라이 1, 2를 제자리에 있게 붙잡는다.
⑩ 주의해서 테어퍼진 알루미늄 압력판을 제거하고 다른 수리용 플라이를 집어 넣는데, 이때 플라이의 방향을 정확히 한다.
⑪ 분리용 필름이나 필 플라이(Peel Ply)로 덮고 압력을 가한다.
⑫ 제작사의 지시에 따라 굳게 한다.
⑬ 제작사의 지시에 따라 마무리를 한다.

6) 샌드위치 구조의 수리

샌드위치 구조 판넬은 충격 손상(Impact Damage)에 약한데, 왜냐하면 이 구조는 얇은 표면을 갖고 있기 때문이다.
① 층의 분리는 코어와 스킨이 접착된 부분에서 발생하기 쉽다.
② 손상된 부분이 있는 면(Face Sheet)을 뚫어서 코어를 알맞은 방법으로 수리하는데 손상의 크기, 폭, 위치 등에 좌우된다.

다음은 가장 흔한 두 가지 방법이다.

A. 코어에서의 층의 분리(스킨과 코어 사이에 생긴 공간)

표피와 코어 사이의 사소한 층의 분리는 앞에서 말한 수지(Resin) 주입과 비슷한 방법으로 수리한다. 스킨에 드릴 구멍을 뚫고 분리된 공간(Delamination Cavity)에 수지를 주입한다. 수리 부위에 클램프를 하고 굳게 한다. (그림 7-45)

좀 더 확장된 방법의 스킨과 코어의 분리된 층 수리는 분리된 층 스킨을 잘라내고 얇은 층 스킨(Laminate Skin)을 비스듬히 잘라내고 코어 부분은 메꾸는 재료(Potting Compound)로 채우고 수리용 플라이를 댄다. 그리고 수리 부위는 열과 압력으로 굳게 한다.

일부의 수리는 코어를 채우지 않고 한 겹의 접착제를 코어 재료 맨 위에 놓고 패치를 놓고 굳게 한다.

B. 스킨을 뚫고 샌드위치 구조(Sandwich Structure)로 파고들어간 것

① 손상된 부위의 범위를 결정한다.
② 작은 조각이나 물, 오일, 그리스 등은 진공을 사용해서 깨끗이 한다.
③ 수지로 된 필러(Resin Hole Filler)를 준비하고 글래스화이버를 준비한다.

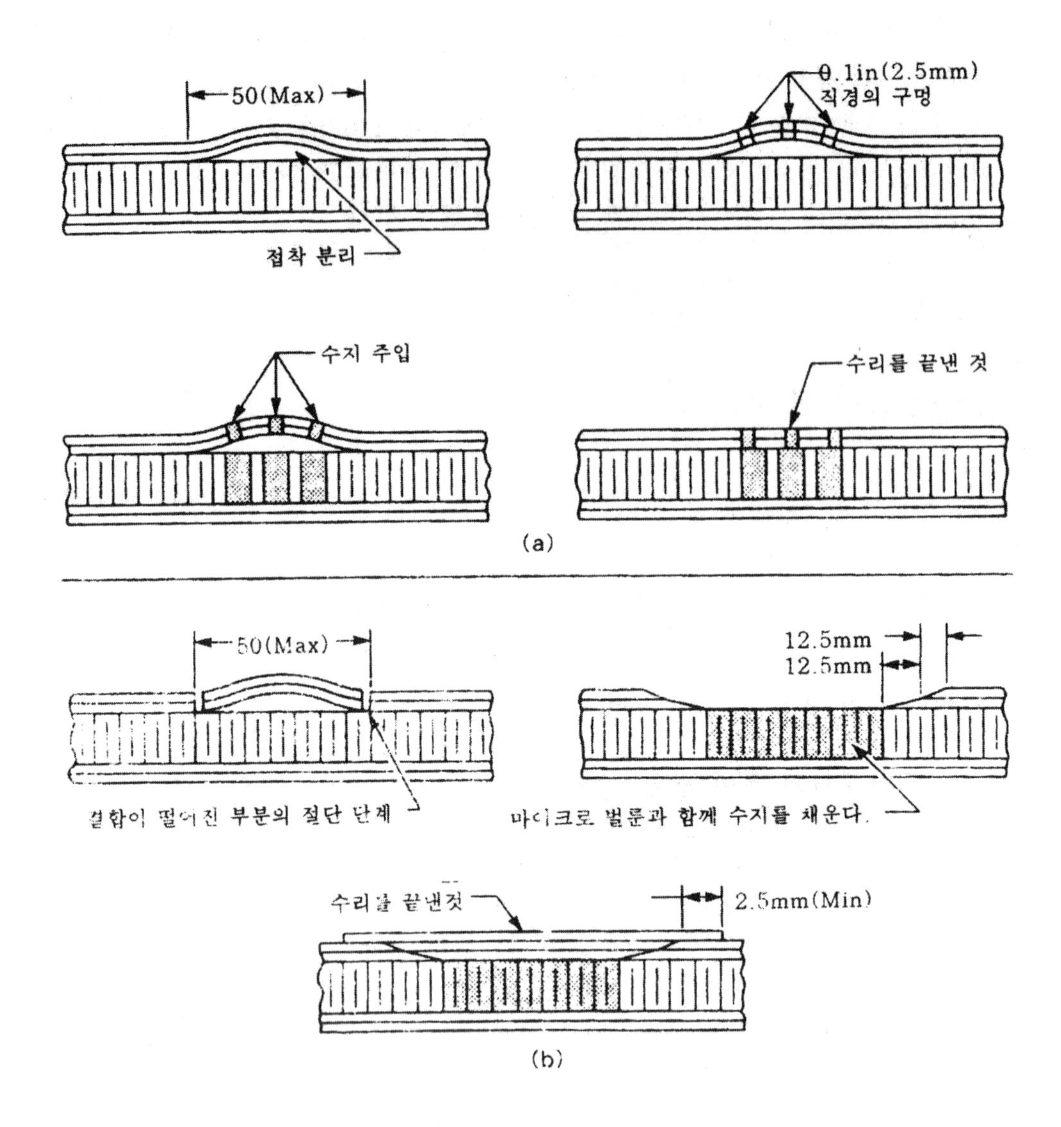

그림 7-45 (a) 스킨과 코어 사이의 공간(Void)을 분리된 층의 수리 예
(b) 스킨과 코어 사이의 공간을 스카프 형태로 수리하는 예

④ 수지 반죽을 구멍에 집어 넣는다.
⑤ 제작사의 지시에 맞게 수지를 굳게 한다.
⑥ 고운 샌드 페이퍼(Sand Paper)로 표면을 문지른다.
⑦ 인가된 솔벤트로 표면을 닦아낸다.

⑧ 마무리를 한다.

7) 허니컴 구조의 수리

A. 한쪽 면과 코어의 손상[그림 7-46 (a)]

만약 손상이 크고 채우는 방법(Potting)으로 수리할 수 없으면 다음의 수리 절차를 따른다.

① 표면을 준비한다.

② 허니컴의 코어를 제거한다.

③ 경사지게 다듬거나(Scarfing) 단계적인 절단(Step Cutting)으로 플라이를 잘라내어 층(Laminate)의 손상을 제거한다.

④ 진공(Vacuuming)으로 깨끗이 하고 솔벤트로 닦는다.

⑤ 허니컴 플러그(Honeycomb Plug)를 알맞게 자르고 원래와 같게 리본(Ribbon) 방향을 유지한다.

⑥ 내부에 수지를 바르고 허니컴 플러그를 집어 넣는다.

⑦ 패치를 준비하고 갈아낸 부분에 댄다.

⑧ 압력을 가해서 굳힌다.

⑨ 끝마무리를 한다.

B. 양쪽 면과 허니컴 코어의 수리[그림 7-46(b)]

① 표면을 준비한다.

② 코어를 오려낸다.

③ 앞면(Face Sheet)의 양쪽 면을 잘라낸다.

④ 코어를 알맞은 크기로 자르고 리본(Ribbon) 방향을 원래와 같이 유지한다.

⑤ 한쪽 면에 맞게 패치를 준비하고 플라이 방향이 맞는지 확인한다.

⑥ 양쪽 수리에 진공백(Vacuum Bag)을 대고 한쪽만 굳게 한다.

⑦ 완전하게 굳은 후에 진공백을 제거하고 다른쪽의 패치를 준비한다.

⑧ 다른 쪽에 패치를 대고 이 쪽에는 진공백을 대고 굳힌다.

⑨ 양쪽면 수리 작업을 끝낸다.

C. 구조적 리브(Structural Rib)의 수리

구조적 리브는 부품의 중요성 때문에 대부분의 제작사는 이것의 수리를 인가하지 않는

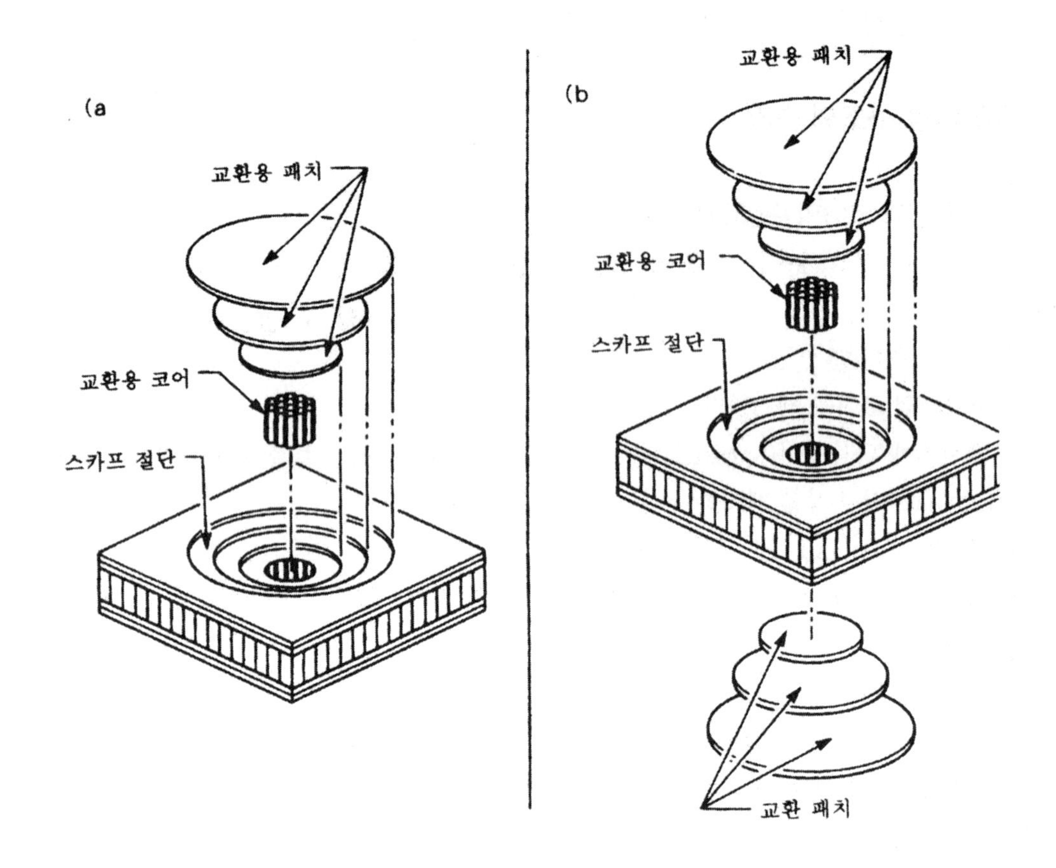

그림 7-46 (a) 한쪽에서 허니컴 코어와 얇은 층의 패치를 교환하는 경우
(b) 얇은 층의 패치와 함께 양쪽을 교환하는 경우

다. 이런 것의 수리에 가장 흔한 문제점이 굽힘(Flexing)과 응력으로 인한 수리한 부분의 결함을 발생시키는 것이다. 구조적 리브의 수리는 전체 리브가 제거되고 교환되기 전까지의 일시적인 방법으로 간주한다.

여기서 예로들은 수리는 리브가 셀룰로스 아세테이트 거품 코어(Cellulose Acetate Foam Core)와 카본/그라파이트의 얇은 층 스킨을 사용한 샌드위치 구조로 만들어졌다고 가정한다.

일부의 SRM(Structural Repair Manual)은 수리 재료로 카본/그라파이트 대신에 화이버글래스를 사용하는 것을 권장한다. 화이버글래스가 수리에 사용되는데, 이유는 리브가 보강되는 부분에서 너무 많은 응력을 받아서 수리한 부위의 외곽의 모서리에서 계속해서 균열이 생긴다. 화이버글래스는 카본/그라파이트 만큼 딱딱하지 않아서 카본/그라파이트 대신에 이것을 사용하면 집중되는 응력에 덜 노출된다.

D. 부서진 손상(Crush Damage)

① 손상된 재료를 제거하고 거품 코어를 합성체 거품(Syntactic Foam)으로 교환한다. 이 거품은 액체 상태이고 빈 공간으로 주입시키거나 밀어 넣을 수 있다.
② 거품이 굳어진 후에 거품을 본래 부품의 모양으로 샌딩한다.
③ 수리용 패치를 준비하고 거품 위에 덮는다.
④ 압력을 가하고 굳힌다.

E. 끝손상(End Damage)과 모서리 손상(Edge Damage)

① 손상된 코어 재료를 제거하고 얇은 층 플라이(Laminate Ply)를 경사지게 하거나 단계적으로 샌딩(Step Sanding)한다.
② 손상된 코어를 합성제 거품(Syntactic Foam)으로 채운다.
③ 거품을 굳게 하고 부품의 원래 모양으로 샌딩을 한다.
④ 새 얇은 층 패치를 준비한다.
⑤ 패치를 샌딩한 부분에 댄다.
⑥ 압력을 가하고 굳게 한다.

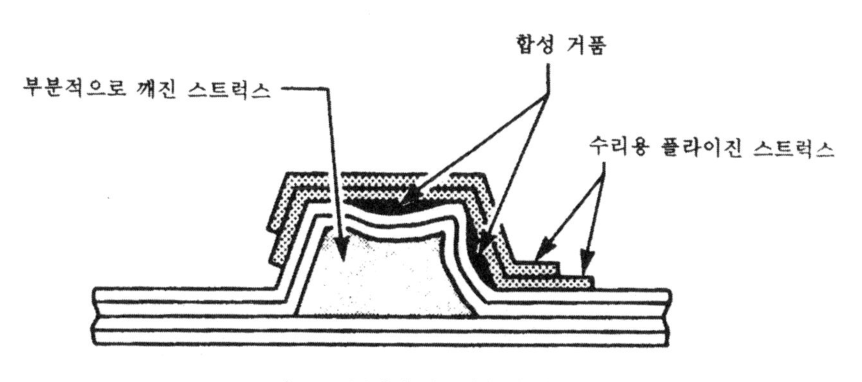

그림 7-47 부서진 리브의 수리 예

F. 중간 리브의 손상(Mid Rib Damage)

보강용 리브는 항공기 짐을 싣거나(Loading) 내리는 과정(Unloading)에서 손상된다. 이런 경우에 일시적인 수리는 아래와 같이 한다.

① 손상된 거품 코어를 경사지게 잘라낸다.

② 코어 주변의 얇은 층을 경사지거나(Scarf) 계난식 절단(Step Cut)으로 한다.
③ 합성제 거품(Syntactic Foam)을 붙이고 굳게 한다.
④ 새로운 수리용 플라이를 준비하고 경사진 부분에 붙인다.
⑤ 압력을 가하고 굳게 놓아 둔다.

G. 복합 소재 스킨과 리브 손상의 수리

① 표면 칠을 제거하고 솔벤트로 표면을 닦는다.
② 스킨 플라이를 45° 각도로 샌딩해서 손상된 부위를 제거한다. 리브 부분에서 코어의 손상된 부위를 제거하고 깨끗이 한다.
③ 특수 가공한 직물(Impregnate Fabric)과 혼합된 수지나 프리 프레그직물(Pre-Preg Fabric)을 제작사의 지시에 따라 작업한다.
④ 채우는 플라이(Filler Ply)에 맞게 직물을 자르고 제거된 손상 부위를 교환한다.
⑤ 인가된 채우는 재료로 허니컴의 손상된 부위를 채운다.
⑥ 코어 위에 필러 플라이를 놓는다.
⑦ 분리용 필름을 놓고 압력과 열을 가해서 부품이 굳게 한다.
⑧ 수리 부분을 가볍게 샌딩하고 솔벤트로 닦는다.
⑨ 수리용 플라이는 손상된 부위로부터 위쪽으로 테이퍼지게 만든다. 첫번째 수리용 플

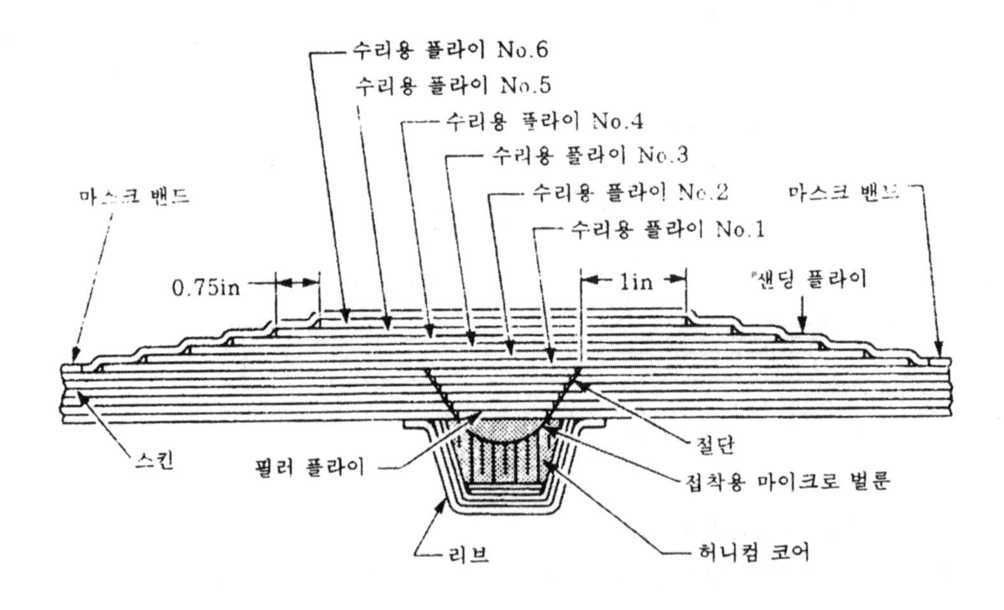

그림 7-48 복합 소재 스킨과 리브의 수리

라이를 폭 4 3/4in로 만들어서 손상된 부위와 패치 주변을 모두 덮게 한다.

⑩ 각 플라이는 처음보다 1in씩 작게 만든다.

⑪ 전체 수리용 플라이가 수리 부위 전체에 사용된다.

⑫ 일단 수리용 플라이가 정착되면 압력을 가하고 열로 굳혀야 한다.

H. 잘못 위치한(Mislocated), 초과된 크기(Oversized), 혹은 층이 분리된(Delaminate) 드릴 구멍의 수리

위의 문제는 모두 복합 소재의 드릴 작업으로 인한 것으로 구멍을 뚫을 때 너무 많은 압력을 가하면, 각 층의 화이버의 층이 분리되어 빈 공간이 생긴다. 뒤쪽의 얇은 층도 드릴 작업중에 깨진다. 패스너(Fastner)를 장착하기 전에 이 빈 공간을 수리해야 한다.

① 구멍 주변의 대략 1/2in 가량을 가볍게 샌딩한다.

② 잘게 자른 화이버와 혼합된 수지를 섞고 구멍을 채운다.

③ 패치를 준비한다.

④ 올바른 크기나 위치에 다시 드릴 작업한다.

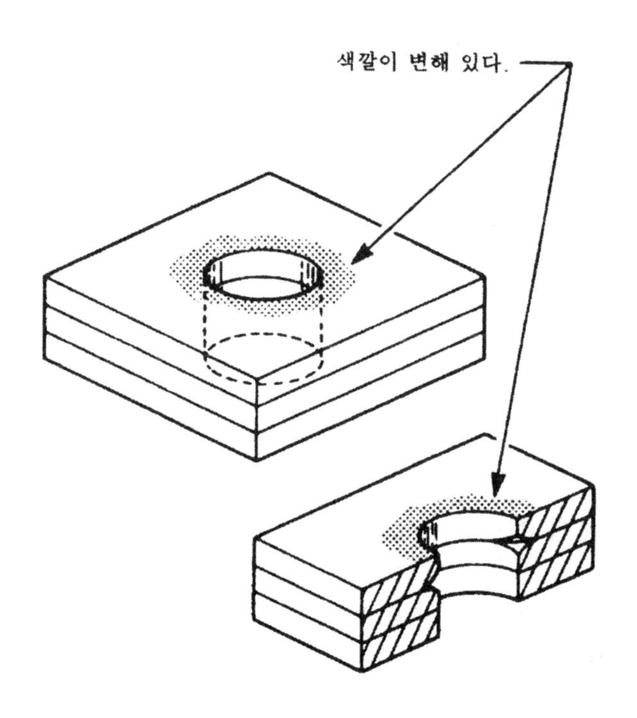

그림 7-49 패스너 장착 전에 손상된 드릴 구멍을 수리하는 예

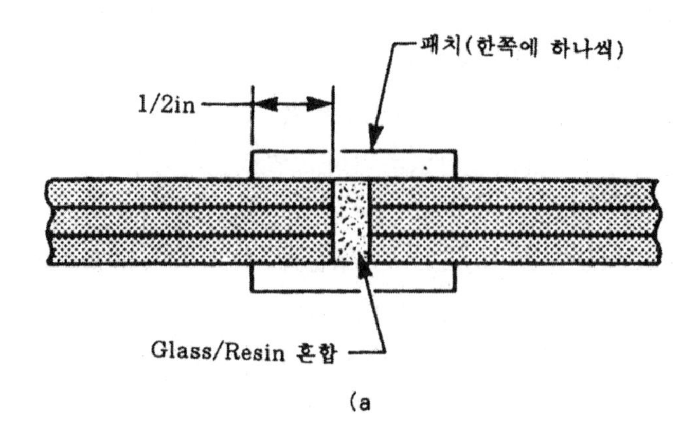

(a

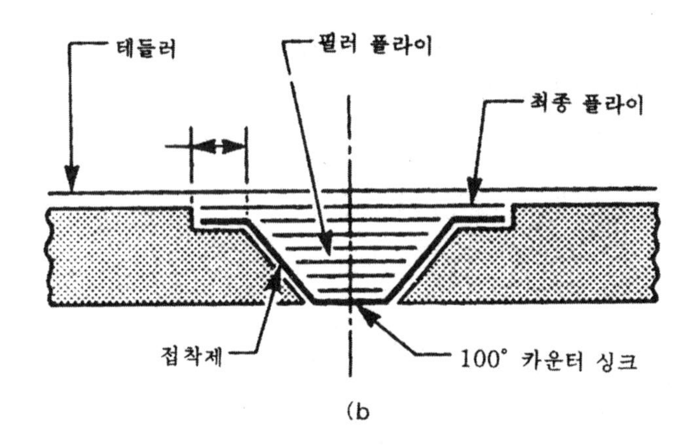

(b

그림 7-50 (a) 잘못 위치한 구멍을 채우고 수리하는 예
(b) 잘못 위치한 구멍을 보강용 플라이로 채우는 수리 예

드릴 작업시에 다소 문제가 복잡하다.

만약 잘못 위치한 드릴 구멍(Mislocated Hole)의 드릴 작업을 할 때 처음 잘못 뚫은 구멍은 채우고 원래 있던 곳으로부터 1/2in 직경의 구멍을 뚫는다. 채운 구멍이 원래 구조보다 드릴 작업하기에 약하다. 그래서 드릴날(Drill Bit)이 약한 수지 혼합체(Resin Mixure)쪽으로 가려고 한다. 만약 드릴 작업대를 이용하면 이런 문제는 제거할 수 있지만, 모든 부품을 드릴 작업대에 올려 놓을 수 없다. 가장 좋은 해결책은 드릴 방법을 습득하는 길이다. 또한 드릴 블록(Drill Block)을 사용해서 드릴이 한 곳에 집중되게 할 수 있다.

I. 트레일링에이지(Trailing Edge)의 수리

① 트레일링에이지의 코어를 파내고 손상된 플라이를 경사지거나(Scarf) 단계적인 절단 (Step Cut)으로 다듬는다.

② 새로운 코어 재료를 넣는다.

③ 패치를 준비하고 샌딩한 부분에 붙인다.

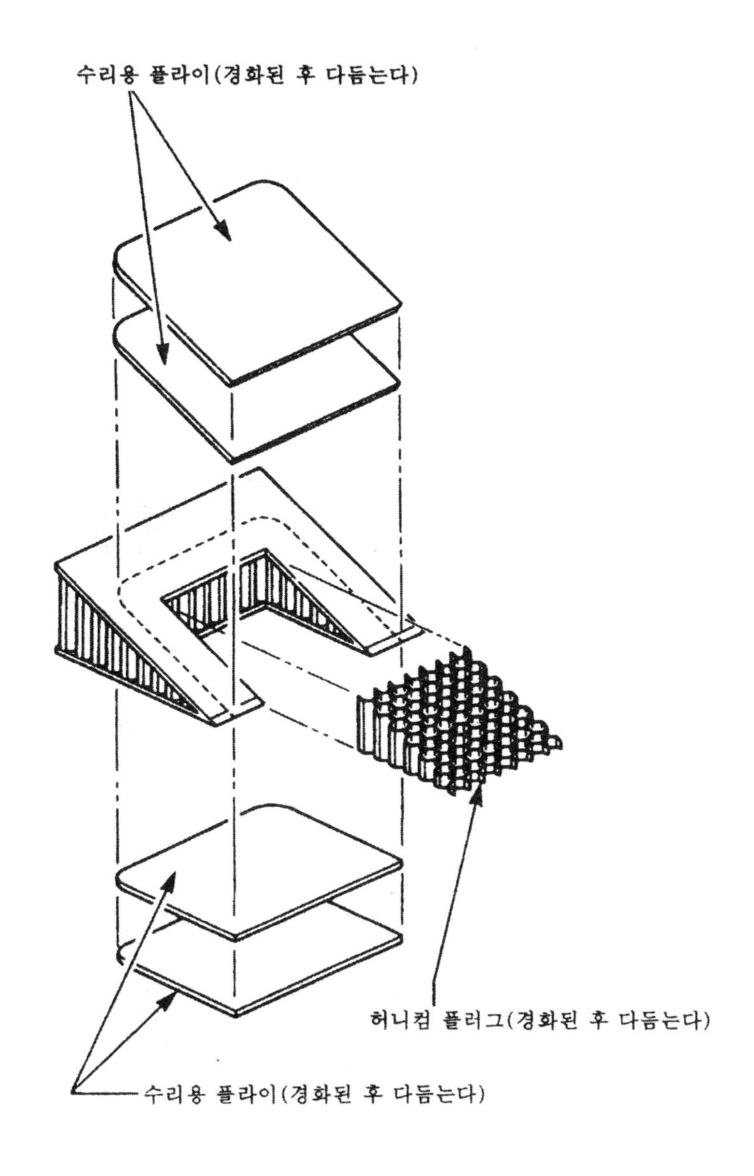

그림 7-51 허니컴 필러 플러그를 사용해서 트레일링에이지를 수리하는 예

④ 압력을 가한다. 만약 진공백(Vacuum Bagging)이 사용되면 자체 밀폐용 백(Self-Enclosed Bag)을 트레일링에이지의 모든 주변에 사용한다. 카울 플레이트(Caul Plate)나 압력판(Pressure Plate)을 사용해서 굳히는 동안 약한 끝이 말려 올라가지 않게 한다.

⑤ 부품을 굳게 한다. 가끔 부품의 양쪽 면의 수지가 각각 다른 온도에서 굳는다. 이 경우, 두 개의 열담요(Heat Blanket)를 사용해서 각각 다른 온도로 각각 조절되게 한다.

⑥ 부품의 끝 마무리를 한다.

J. 느슨하거나 없어진 패스너의 수리

① 표준적인 절차를 따라서 느슨하거나 없어진 패스너를 수리한다. 패스너의 팽창하는 쪽의 밑에는 와셔를 사용해야 한다. 이것이 패스너 구멍의 가장자리에서 층의 분리를 막는다.

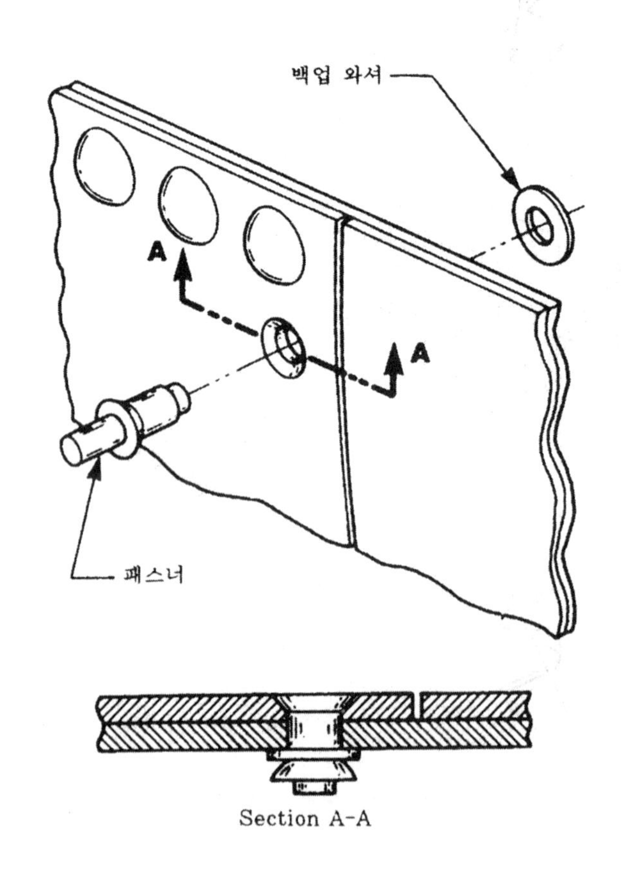

그림 7-52 오버 사이즈 패스너를 받침용 와셔와 함께 장착하여 패스너 구멍의 가장자리에서 층의 분리가 일어나지 못하게 한다.

② 만약 구멍이나 카운터 싱크(Counter Sink)가 오버사이즈(Oversize)이면 다음 큰 크기의 패스너/카운터 싱크 크기를 사용한다.
③ 대부분의 패스너를 접착제를 발라서 설치한다.

8) 번개 보호(Lighting Protection)

항공기가 알루미늄이나 복합 소재에 관계없이 번개가 항공기를 치면 전기가 통할 수 있는 길이 있어야 한다. 항공기는 모든 금속성과 복합 소재 부품 사이의 전기적인 접촉이 있어서 아크발생(Arcing)이나 화이버 손상을 막아야 한다.

알루미늄은 전기의 통로(Conductive Path)를 제공해서 전기적인 에너지를 분산시킨다. 이 통로는 보통 정전기 방출 장치(Static Wick)에 의해 제공된다.

복합 소재는 전기적으로 통하지 않아서 번개 방지를 구성품 자체에 만들어 놓는다. 만약 복합 소재에 번개 보호가 되어 있지 않으면 번개가 복합 소재 구성품을 통해 나와서 복합 소재의 수지를 기화시켜서 천(Bare Cloth)만 남는다. 그래서 수리 작업중에 제거한 번개 보호 장치는 수리 절차중에 교환해야 한다.

어떤 형태의 번개 보호 장치를 사용하든지 간에 수리 후에 부품은 반드시 전기적 충전(Electrical Charge)의 분산 통로를 제공해야 한다. 만약 알루미늄 와이어(Aluminum Wire)가 맨 윗층에 같이 짜였으면 혹은 얇은 알루미늄 스크린(Aluminum Screen)이 맨 윗층(Top Layer) 밑에 사용되면 수리는 모든 수리용 플라이가 샌딩(Sanding)한 부분에 놓이는데 이 때 플라이는 알루미늄 보호(Aluminum Protection)에 접해야 한다.

알루미늄의 얇은 스크린은 수리하는 플라이의 맨 위쪽에 놓고 작업을 진행한다. 상당히 주의해서 새 알루미늄 와이어가 본래 부품의 와이어와 접촉하게 정렬되어야 한다. 만약 와이어가 서로 연결되지 않으면 전기적 충전을 위한 길(Path)이 없어서 이 충전(Charge)은 수리한 곳을 통해서 빠져 나간다. 일단 알루미늄 스크린 통로가 설치되면 화이버 패치를 수리 부위에 놓고 굳힌다.

굳힌 후에 시험을 해서 연속성(Continuity)을 확인한다. 이것은 본래 부품의 표면을 긁어서(Scratching) 옴미터 탐침(Onmmeter Probe)을 집어 넣는다. 수리 부위를 긁고 옴미터의 다른 탐침을 넣는다. 이 두 지점 사이가 양호한 전도성(Conductance)을 지시해야 한다. 만약 이 두 지점 사이에서 양호한 연속성(Contiuity)을 나타내면 번개로 인한 충전은 구조를 지나서 스태틱 포트(Static Port)를 통해 나간다. 문제점은 스크린보다도 얇은 알루미늄 필름(Aluminum Film)을 접합 시킬 때이다.

수지가 알루미늄 판(Aluminum Sheet)을 통해 흐를 수 없어서 바닥의 수리용 플라이는 수지가 진한 상태가 된다. 이 형태의 알루미늄은 부품이 완전히 굳은 후에 접착제로 접합시킨다. 만약 부품이 원래부터 알루미늄으로 분무(Spray)되었거나 알루미늄화된 페인트(Aluminized Paint)로 페인트 되었을 경우는 제작사의 지시에 따른다.

9) 복합 소재 부품의 페인팅

완전한 수리 후에 부품은 페인트 해야 한다. 대부분의 항공기는 항공기의 금속 부분에 사용하는 같은 형태의 페인트는 복합 소재에도 적합하다. 보잉(Boeing)에서는 복합 소재에 칠하기 전에 테들러(Tedlar)의 층을 이용한다. 테들러는 플라스틱 코팅으로, 이것이 습기 장벽을 형성한다.

7-9. 첨단 복합 재료(ACM)의 응용 예

GFRP는 비강성이 작은 결점이 있어 응용 범위가 2차 구조에 한정되었으나 비강도 · 비강성이 높은 ACM(Advanced Composite Material)이 개발된 이래, ACM을 2차 구조는 물론 1차 구조에도 적용하여 대폭적인 중량 경감을 달성하려는 연구가 진행되었다. 이 성과는 먼저 70년대에 등장한 전투기에 반영되었다.

표 7-7은 미국 군용기의 ACM 적용 예이다.

당초 BFRP(Boron Fiber Reinforced Plastic)의 연구가 진행되어 F-111의 수평 안정판에 적용한 뒤, 약 25%의 중량 경감을 달성한 실적을 기초로 BFRP는 F-14, F-15의 꼬리 날개에 사용되었다. 그러나 비용이 높은 BFRP는 비용 절감 전망이 있는 CFRP [Carbon(Graphite)/Epoxy Fiber Reinforced Plastic]의 출현에 의해 대체되어서 F-16 이후 ACM의 주류는 CFRP로 이행되었다.

F-14, F-15, F-16은 모두 꼬리 날개 주위에 ACM을 사용하고 있으나, 그 사용량은 약간에 불과하다. 그러나 이 3기종보다 약간 늦게 등장한 F -18에서는 ACM이 날개 스킨에도 사용되었고, 그 밖에도 꼬리 날개, 리딩 에이지 슬랫(Leading Adge Slat), 조종면 등을 포함하여 그 적용율이 구조 중량의 약 10%에 달하고 있다. 더욱이 미해군의 VTOL 전투기 AV-8B에서는 날개, 꼬리 날개, 전방 동체가 완전한 CFRP 구조로서 실제로 구조 중량의 26%가 ACM이다. AV-8B의 구조 재료의 분포를 그림 7-55에 나타냈다.

한편, 민간 항공기에서는 높은 신뢰성이 요구되므로 ACM의 기체 구조로의 적용은 보다 신중을 기하였다. 1970년대 전반에 NASA가 중심이 되어 ACM제의 조종면 등의 2차 구조품

종류	부 분	재료	점유율(% 구조 중량)	제작년도
F-14	수평 미익	BFRP	0.8	1973
F-15	수평, 수직 미익	BFRP	1.2	1975
	스피드 브레이크	CFRP		
F-16	수평, 수직 미익	CFRP	2.5	1977
F-18	수평, 수직 미익	CFRP	10	1983
	주익 스킨			
AV-8B	수평 미익	CFRP	26	1984
	주익, 전방동체			

표 7-7 선진 복합 재료의 적용 예

그림 7-53 B-2 폭격기로 프레임과 스킨은
카본이 에폭시와 함께 사용되었다.

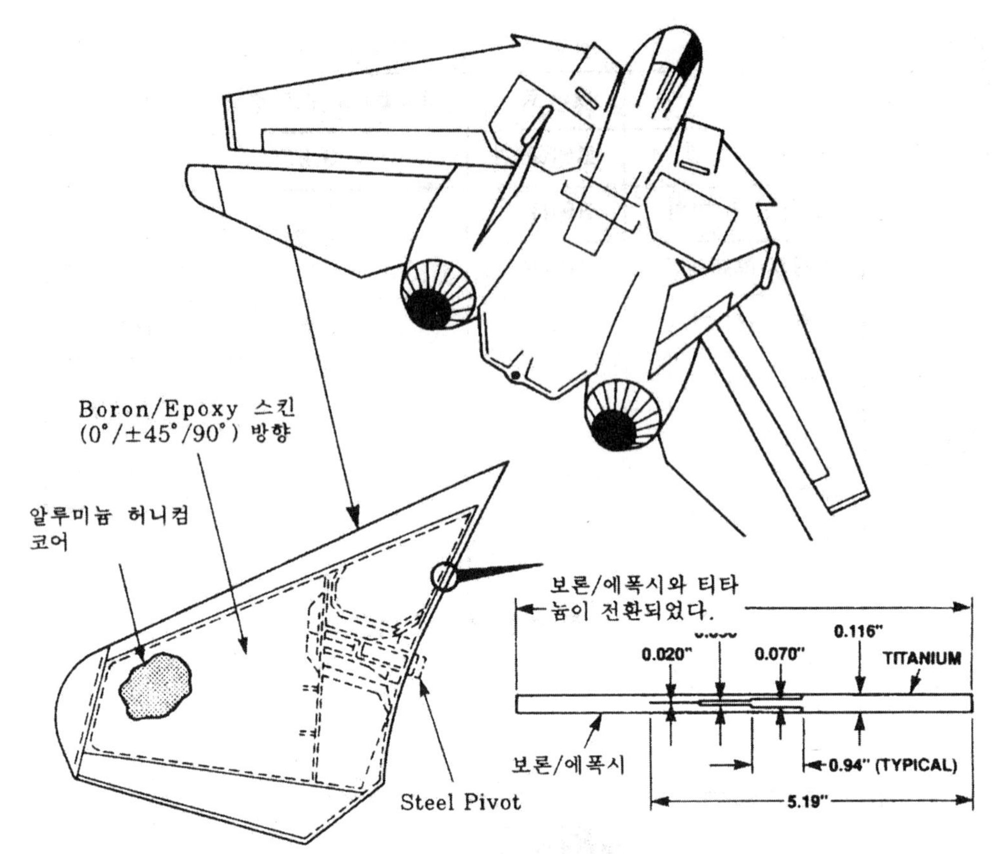

수평 안정판(Horizontal Stabilizer)에 보론(Boron) 복합 소재가 사용되어 19%의 무게를 절감했다. 생산이나 사용에 큰 문제점이 없고 피로 테스트(Fatigue Test)도 기준치 보다 2.5배를 초과 한다.

그림 7-54 F-14 Horizontal Stabilizer의 복합 소재 사용 예

을 시작으로 민간 항공기의 기체의 장착, 실제의 운항 환경하에서의 ACM의 안정성 · 신뢰성을 평가하는 계획을 시작했다.

보잉 737 스포일러(Spoiler)나 록히드 L-1011의 날개와 동체 사이의 페어링(Fairing) 등 144개의 구성품에 사용된다. 민간 항공기에서의 누적 비행 시간은 약 200만 시간이나 되어 ACM제 2차 구조의 실용성이 실증되었다. 이 성과는 1978년에 개발이 시작된 보잉 757, 767에 반영되어 조종면등에 ACM이 사용되었다. 보잉 767에서는 1,530kg의 ACM이 사용되어 565kg의 중량 경감을 달성하였다. 보잉 767의 ACM 사용 장소를 그림 7-57, 58, 59와 같다.

NASA에서는 또 민간 여객기의 연비 감소를 목표로 1975년에 ACEE (Aircraft Energy

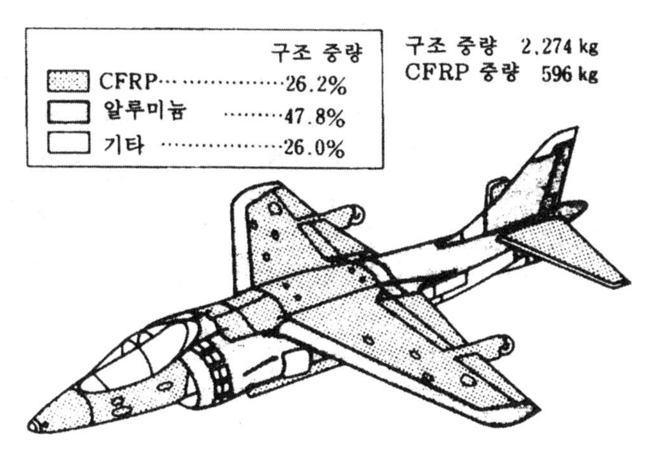

그림 7-55 AV-8B에 적용된 CFRP

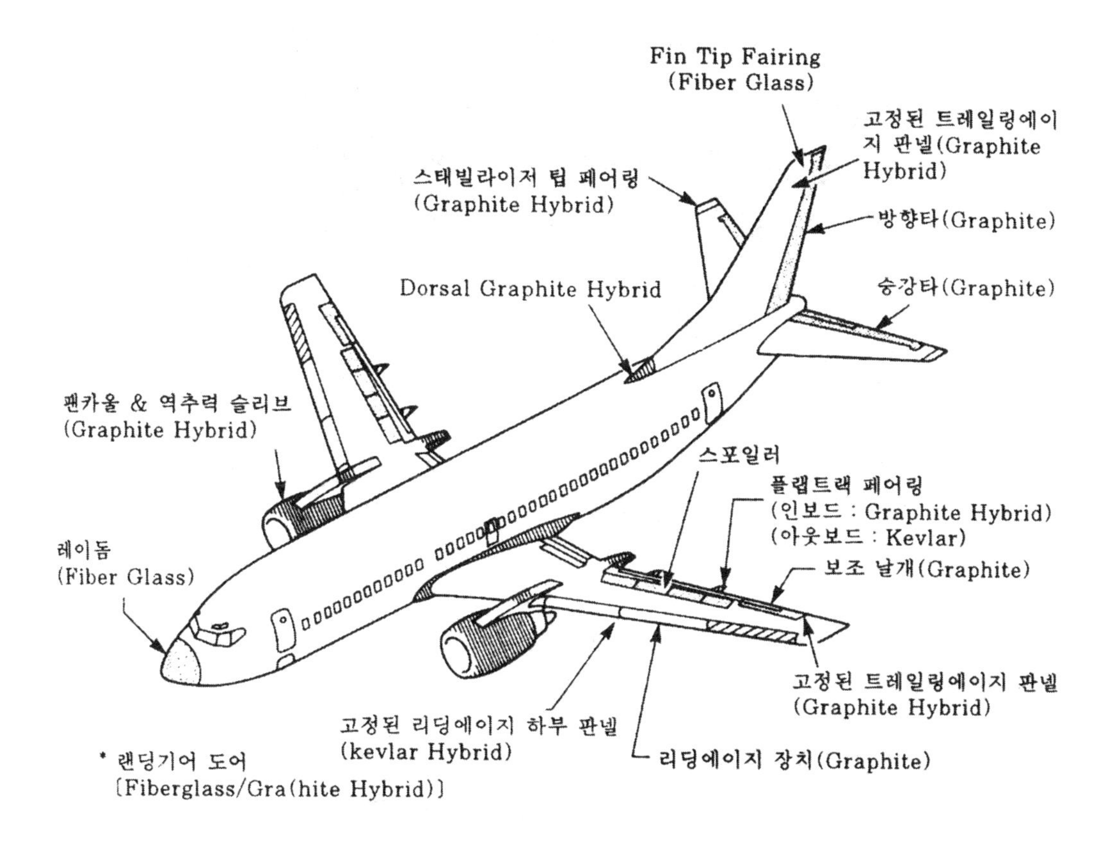

그림 7-56 보잉 737-300에 사용된 복합 소재

Efficiency) 계획을 시작했다. 그 중 ACM의 기체 구조로의 적용 기술은 연비를 절감할 수 있는 기술로서 이 계획에 사용된 구조로는 보잉 737의 수평 안정판과 록키드 L-1011 및 맥도널 더글러스 DC-10의 수직 안정판, 조종면 구조로는 727의 승강타, L-1011의 보조 날개, DC-10의 방향타가 선택되었다. 1982년 현재, 비행 시간을 총계 1,000만 시간을 넘었으며 이 계획에 의해 민간 항공기로의 적용에 대해 많은 자료를 얻을 수 있었고 금속부를 단지 CFRP로 바꿈으로서 약 20%의 중량 경감을 달성했다. 소형 제트기에서는 애비어사의 터보 플롭(Turbo Prop) 항공기 리어 팬 2100이 날개 · 꼬리 날개 · 동체 등을 CFRP화하여 개발되었으

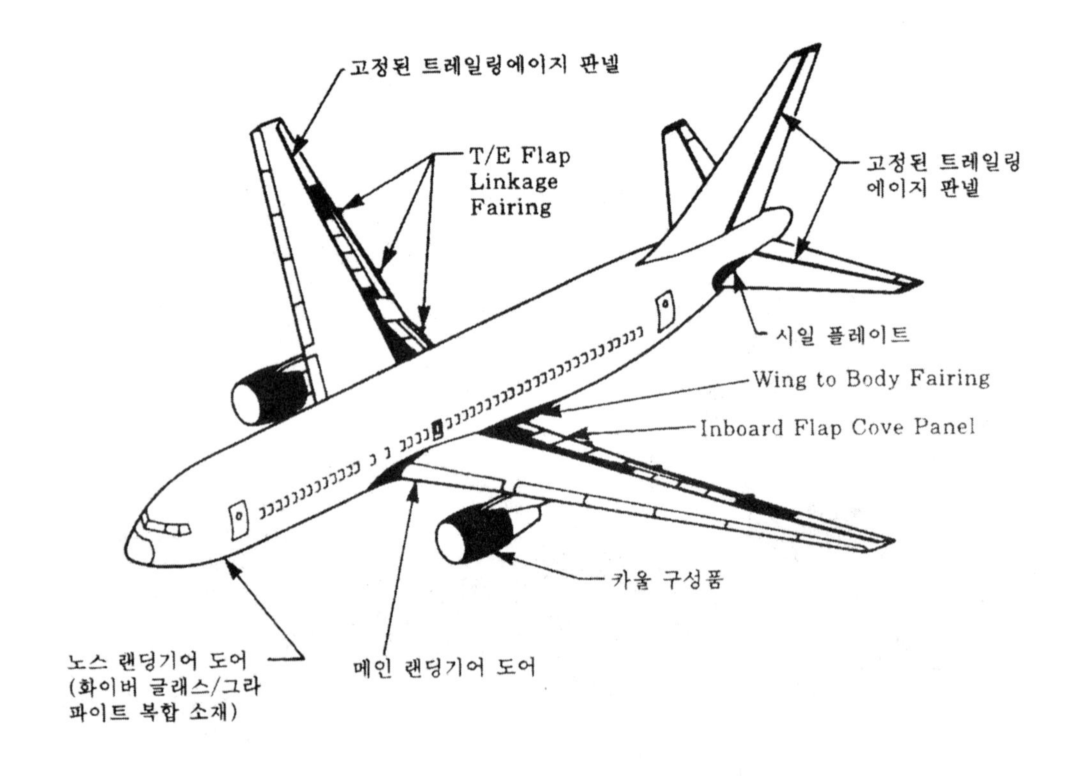

그림 7-57 보잉 767에 사용된 하이브리드(Hybrid) 복합 소재

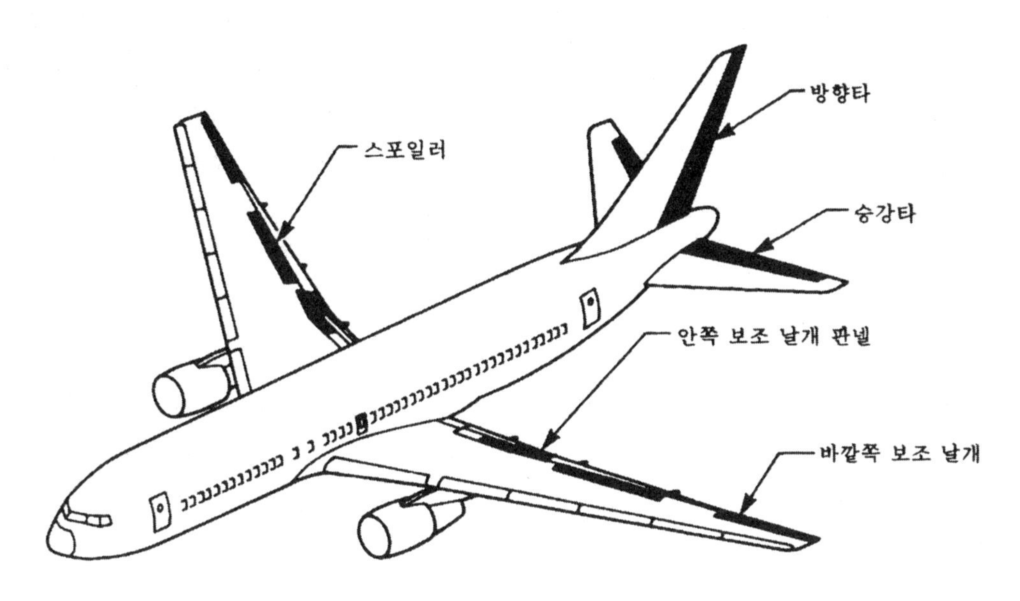

그림 7-58 보잉 767에 사용된 Graphite/Epoxy

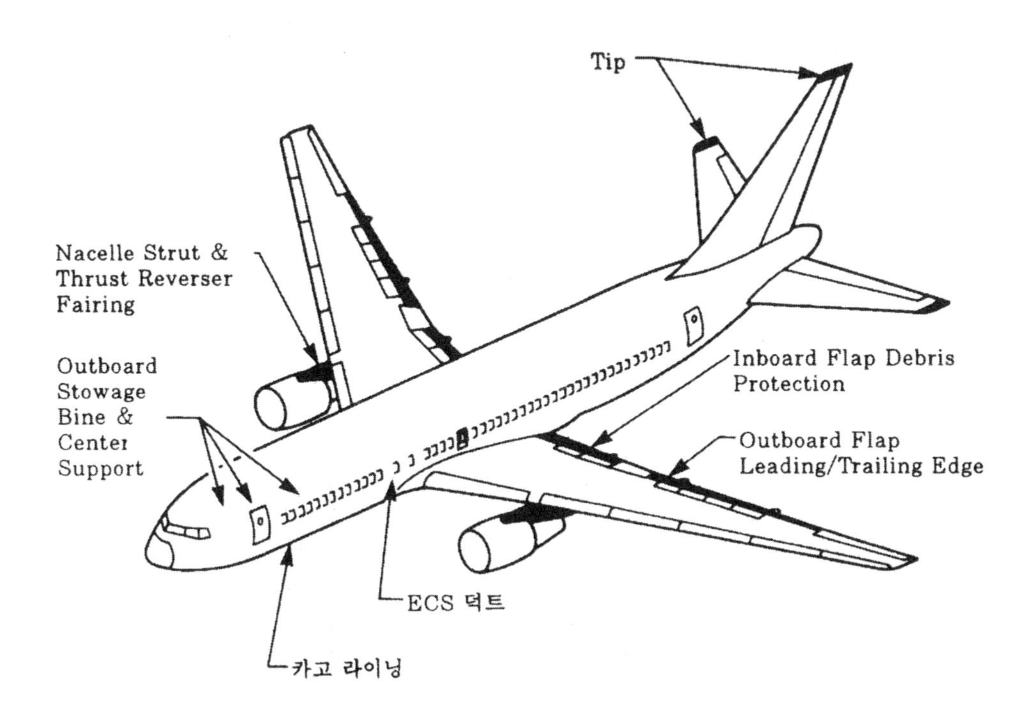

그림 7-59 보잉 767에 사용된 케블러(Kevlar)

나 현재 중단되었다. 1984년에 최초로 비행한 AVTEK 400은 KFRP 스킨을 사용한 허니컴 샌드위치 판넬(Honeycomb Sandwich Pannel)이 주체를 이루고 압축 응력을 받는 부분에는 CFRP를 사용하여 기체 구조 중량의 약 70%에 ACM이 사용되었다. 한편, 1986년에 최초로 비행한 비치사의 스타쉽 I은 기체 구조 중량의 약 72%에 CFRP를 사용했고 동체 구조의 제작에는 FW (Fillament Winding)법이 사용되었다. 현재에는 FW법과 종래 성형법으로 제작된 기체로 형식 증명 취득을 위해 비행 시험을 하고 있다. 이들 기체의 출현에 의해 소형 제트기도 ACM의 시대를 맞고 있다. 그림 7-60은 스타쉽 I의 삼면도이다.

우주 분야에서는 스페이스 셔틀(Space Shuttle)인 오비터의 동체내 트러스(Truss)재에 비강성이 높은 B/Al FRM이 강도 부재로 사용된다. 또 기수부와 날개 리딩에이지에는 대기권으로의 재돌입시의 고온에 견딜 수 있는 C/C(Carbon/Carbon) 복합재가 강도 부재로서 사용되며 기체 밑면에는 FRCM은 아니지만 단열재로서 세라믹(SiO2 & SiC)이 쓰이고 있다. 이것이 적용 부위를 그림 7-61과 같다.

현재 미국에서는 우주 왕복선의 중량을 경감시키기 위해 내열 강도 부재를 개발하려는 CASTS(Composite for Advanced Space Transport System) 계획이 진행중이다. 후보 재료의 하나로 그라파이트/폴리아미드(Graphite/ Polyamide)를 들 수 있다.

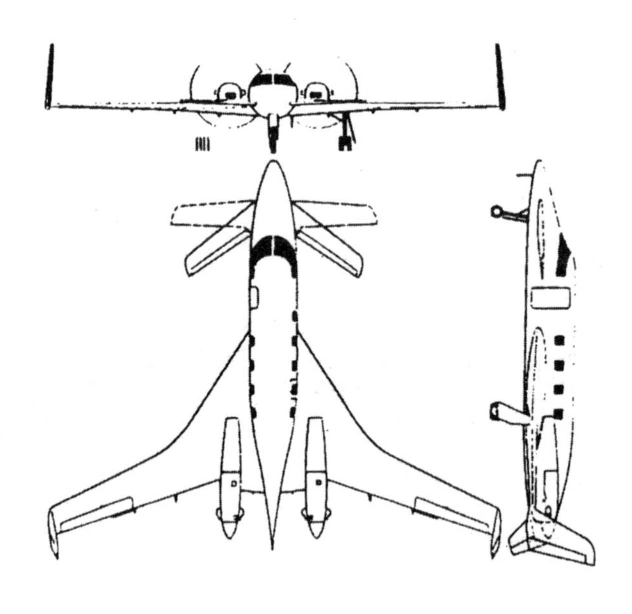

그림 7-60 Starship의 예

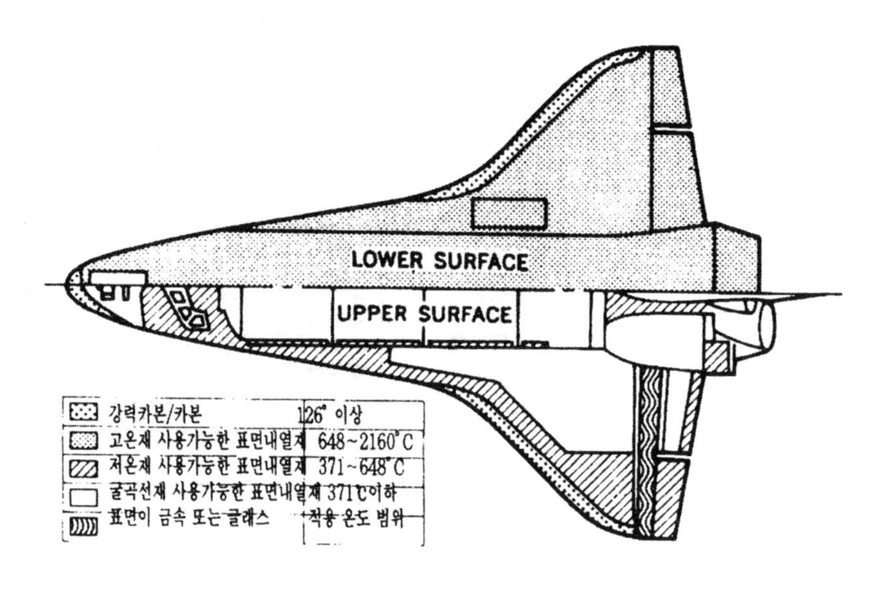

그림 7-61 Spaceshuttle Orbiter의 내열 재료

또 유럽의 우주 왕복선(아르메스)의 날개 리딩에이지에는 강도 부재로서 FRC(SiC/SiC)를 사용하려는 계획이 진행되고 있다. 이상 미국을 중심으로 적용 예를 보았는데, 유럽, 일본에서도 ACM의 연구 개발이 활발히 진행되고 있다.

표 7-8은 각국의 항공기에 있어서의 ACM의 적용 예를 정리한 것이다.

나라명	기 종	제작사	부 품	재료
미국	F-4	맥도널 더글라스	점검창	CF/EP
	B-1	록크웰	플랩, 수평 꼬리 날개	Hybrid
	B737	보잉	스포일러	CF/EP
	B757	보잉	방향타, 날개 페어링	Hybrid
	L-1011	록히드	페어링, 필렛	KF/EP
	L-1011	록히드	수직 안정판	Hybrid
	S-76	시콜스키	테일 로우터, 동체	KF/EP
영국	재규어	BAe/닷소	방향타	CF/EP
	토네이도	BAe/닷소	꼬리 날개	CF/EP
	BB211-535	롤스로이드	엔진 커버	CF/EP
프랑스	미라쥬 F1	닷소	수평 안정판	BF/EP
	미라쥬 F2,000	닷소	플랩, 방향타, 커네드	CF/EP
	Dauphin	에로스파샬	로우터 브레이드	CF/EP
독일	알파제트	단에어	스피드 브레이크	CF/EP
일본	C-1	川崎重工	그라운드 스포일러	CF/EP
	Ps-1	新明和工業	슬래트 레일	CF/EP
	T-2	三菱重工業	노스 기어 도어	CF/EP
	T-2	三菱重工業	방향타	CF/EP

CF/EP : Carbon Fiber/Epoxy

표 7-8 ACM의 적용 예

제8장 하드웨어

8-1. 일반

항공기는 많은 부품이 볼트(Bolt), 스크류(Screw) 및 너트(Nut) 등의 나사류로 결합되어 구성된다. 따라서, 부품의 조립, 분해, 교환은 나사류를 각종 렌치(공구)에 따라 결합 조정하여 소요되는 기능, 성능을 유지하기 위한 작업이므로 나사류의 지식이나 나사의 취급법을 모르고서는 항공기의 정비 작업을 할 수 없다고 해도 결코 과언이 아니다.

또, 항공기에 사용되고 있는 나사류는 온도, 부식 및 심한 진동에 견딜 수 있는 강도와 한 번 결합된 것은 절대로 느슨해지지 않게 하는 구조와 방법이 강구되고 있다.

1) 규격(Standard)

항공기에서는 여러 종류의 기본 부품이 사용되고 있으나 이들의 표준 부품으로서의 형상, 치수, 재질 등이 다음과 같이 규정되어 있다. 이것에 의해 부품의 공급이 용이하고, 동시에 잘못된 부품의 사용이나 혼용을 방지하여 항공기의 안전성에 기여한다.

2) 규격의 분류

규격은 그 제정에 관여되는 범위, 즉 그 적용되는 범위의 넓고 좁음에 따라, 다음과 같이 분류된다.

A. 국제 규격

국제적인 표준 기관에서 심의 제정되어 국제적으로 적용, 실시되는 것으로 기본적 혹은 보편적인 것이 많다. ISO(International Organization for Standardization : 국제 표준화 기구)가 제정하는 것 등이 있다.

B. 국가 규격

국가적인 표준화 기관에서 심의 제정되며 국내 전반에 적용 실시되고 있다. 주된 규격에는 다음과 같은 것이 있다.

- ANSI (American National Standard Institute)
- BS (British Standard)
- CSA (Canadian Standard)

C. 단체 규격

학회, 협회, 공업회 또는 군 등의 단체에서 심의 제정되며 단체 구성원 사이에서 실시되는 것이다. 주된 규격에는 다음과 같은 것이 있다.

- AN 규격(Air Force & Navy Aeronautical Standard)
  1950년 이전에 미해군 및 미공군에 의해 규격 승인되어진 부품에 사용된다.
- NAS 규격(National Aerospace Standard)
  미군 항공기와 미사일의 제조업자가 협의 작성한 피트 파운드 단위의 규격이다. 그리고 미터 단위의 규격은 NA이다.
- MS 규격(Military Standard)
  1950년 이후 미군에 의해 규격 승인된 부품에 사용한다. 그리고 MS 33500~MS 34999는 설계 규격이다.
- BAC 규격(Boeing Aircraft Co. Standard)
- MDC 규격(McDonnell Douglas Corporation Standard)
- NSA 규격(Norma Sud Aviation Standard)
- LS(Lockheed Aircraft Corporation Standard)
- ABS 규격(Airbus Basic Standard)
- ASN 규격(Aerospatiale Normalisation Standard)

3) 나사의 종류와 표시법

A. 나사 각 부의 명칭

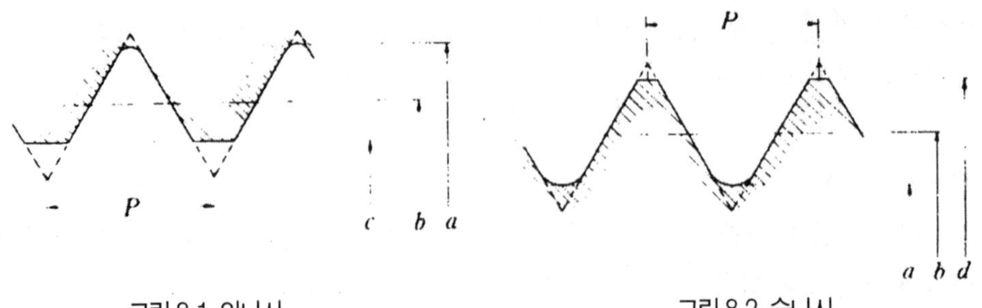

그림 8-1 암나사　　그림 8-2 숫나사

암나사 : 나사산이 원통 또는 원추의 내면에 있는 나사(너트)

숫나사 : 나사산이 원통 또는 원추의 외면에 있는 나사, 외경이 나사의 지름으로 표시한다. (볼트, 스크류)

a : 골의 지름 - 숫나사(암나사)의 골의 밑바닥에 접하는 가상적인 원통 또는 원추의 지름

b : 유효 지름 - 나사홈의 폭이 나사산의 폭과 같아지는 가상적인 원통 또는 원추의 지름

c : 내경 - 암나사산의 꼭대기에 접하는 가상적인 원통 또는 원추의 지름

d : 외경 - 수나사산의 꼭대기에 접하는 가상적인 원통 또는 원추의 지름

B. 나사 계열

아메리카(America) 나사는 이전의 미국산 항공기에 사용되었다. 유니파이 나사는 1945년 미국, 영국, 캐나다 3개국 간에 협정된 결과로 제정된 것이다. 아메리카 나사와 형상은 같으나, 그 차이는 지름의 공차에 있다. 그러므로 유니파이 나사와 아메리카 나사는 서로 호환성이 있다. 이때 1인치 지름의 크기에서 아메리카 나사는 매 인치당 14산, 유니파이 나사는 매 인치당 12산으로 나사의 수가 다르다.

a. 거친 나사(Coarse Thread)

거친 나사(NC, UNC)는 일반적으로 그다지 강도가 필요하지 않은 곳이나 부드러운 재료, 약한 재료에 사용한다. 대부분의 항공기용 스크류와 작은 너트는 거친 나사 계열로 만들어진다.

계 열	약 호	
	유니파이 나사	아메리카 나사
Coarse Thread Serises(거친 나사 계열)	UNC	NC
Fine Thread Serises(가는 나사 계열)	UNF	NF
Extra Fine Thread Serises (아주 가는 나사 계열)	UNEF	NEF
항공우주기기용 유니파이 나사(거친 나사 계열)	UNJC	
항공우주기기용 유니파이 나사(가는 나사 계열)	UNJF	

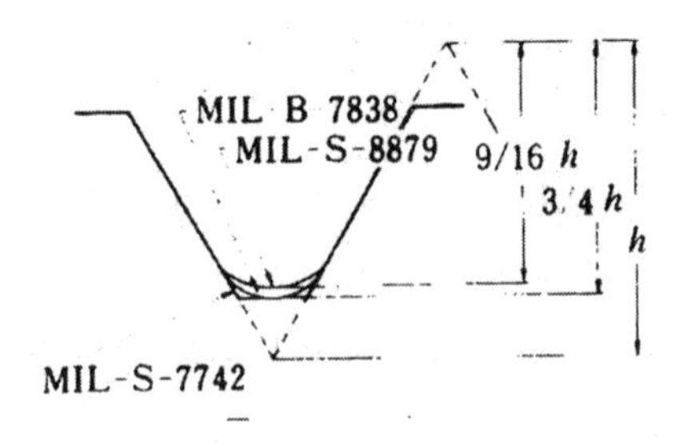

그림 8-3 나사 계열

b. 가는 나사(Fine Thread)

항공기에 사용되고 있는 대부분의 볼트는 가는 나사(NF, UNF) 계열로 만들어진다.

c. 아주 가는 나사(Extra Fine Thread)

아주 가는 나사(NEF, UNEF)는 응력이 큰 장소나 결합되어지는 길이가 짧은 곳에 사용한다. 항공기 부품에는 거의 사용되지 않는다.

C. 나사의 등급

나사는 외경, 내경, 유효 지름, 골 지름의 공차가 어느 정도인가, 즉 나사의 끼워지는 정도에 따라 등급이 정해진다.

- Class 1 : 강도를 필요로 하지 않는 곳에 사용. 스크류 등
- Class 2 : 강도를 필요로 하지 않는 곳에 사용. 스크류 등
- Class 3 : 강도를 필요로 하는 곳에 사용. 볼트 등

D. 나사의 표시법

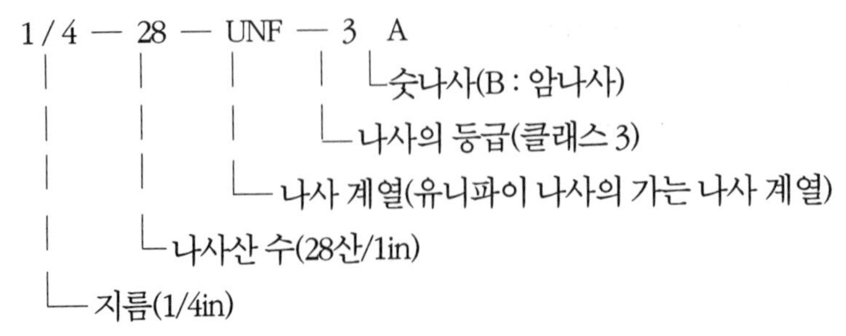

8-2. 볼트(Bolt)

1) 일반

항공기용 볼트는 매우 큰 하중(인장, 전단)을 받는 결합 부분에 사용한다. 즉, 큰 하중을 받는 부분을 반복해서 분해, 조립할 필요가 있는 곳이나 또는 리벳(Rivet)이나 용접(Welding)이 부적당한 부분을 결합하는데 사용된다.

2) 볼트의 종류

그림 8-4 볼트 형태에 의한 분류

볼트는 AN, NAS, MDS, BAC 등의 규격별, 재질별, 용도별, 목적별, 정밀 공차별, 형상별 등으로 분류할 수 있다.

A. 형상에 의한 분류 (그림 8-4)

다음은 항공기의 구조용에 쓰이는 볼트의 대표적인 형상을 나타낸다.

① 육각머리 볼트(Hexagon Head Bolt)
② 클레비스 볼트(Clevis Bolt)
③ 아이 볼트(Eye Bolt)
④ 드릴 헤드 볼트(Drilled Head Bolt)
⑤ 인터널 렌칭 볼트(Internal Wrenching Bolt)
⑥ 익스터널 렌칭 볼트(External Wrenching Bolt)
⑦ 접시 머리 볼트(Flush Head Bolt)
⑧ 개조된 육각머리 볼트(Modify Hexagon Head Bolt)

B. 용도에 의한 분류

a. 쉐어 볼트(Sheer Bolt)

전단 하중이 걸리는 곳에 사용된다. 쉐어 볼트는 볼트 머리의 두께가 얇고 나사부가 짧다.

b. 텐션 볼트(Tension Bolt)

인장 하중이 걸리는 곳에 사용한다. 특히 높은 인장 하중이 걸리는 곳에는 하이 텐션 볼트(예를 들면 인터널 렌칭 볼트)가 사용된다.

C. 재료에 의한 분류

볼트는 일반적으로 다음과 같은 재질이 사용된다.

① 알루미늄 합금
② 내열강
③ 합금강
④ 티타늄 합금
⑤ 내열 합금
⑥ 내식강

D. AN 볼트의 식별

볼트의 재질, 용도 등을 식별할 수 있도록 볼트 머리에 표시를 하고 있다.

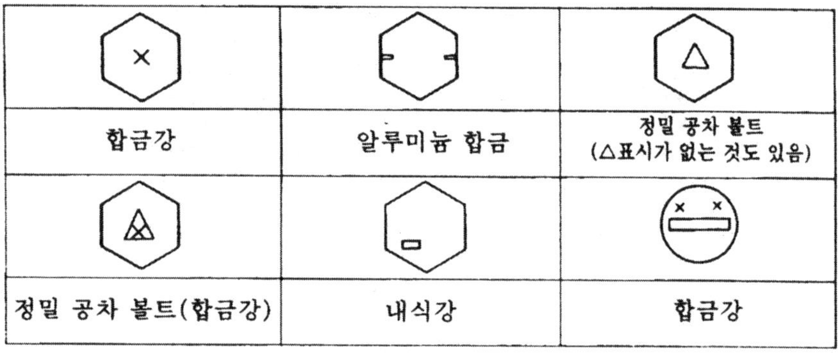

합금강	알루미늄 합금	정밀 공차 볼트 (△표시가 없는 것도 있음)
정밀 공차 볼트(합금강)	내식강	합금강

[참고] AN 이외의 MS, NAS에서는 적용되지 않음

그림 8-5 볼트(Bolt)의 식별 표시

3) 볼트 각 부의 명칭

A. 각 부의 명칭

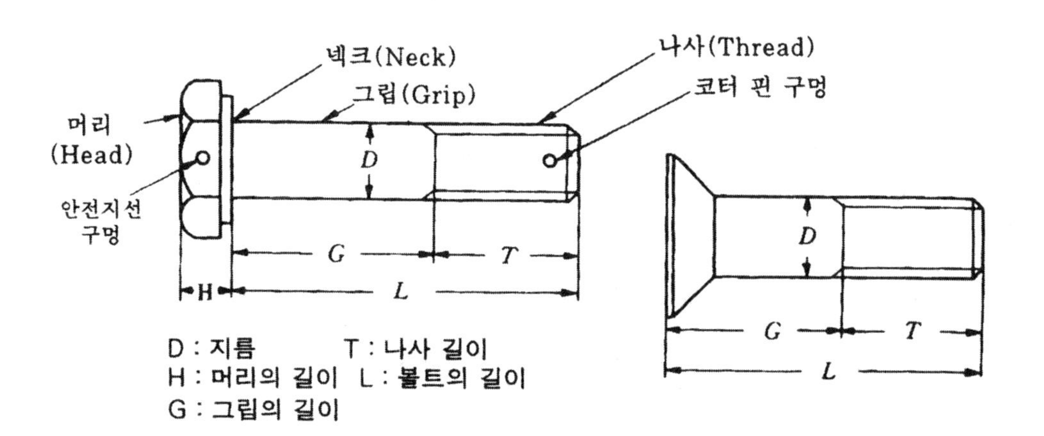

그림 8-6 볼트 각 부의 명칭

지름		기준 외경	나사산 수	
			거친나사	가는나사
1차	2차	in	UNC	UNF
No. 0		0.0600		80
	No. 1	0.0730	64	72
No. 2		0.0860	56	64
	No. 3	0.0990	48	56
No. 4		0.1120	40	48
No. 5		0.1250	40	44
No. 6		0.1380	32	40
No. 8		0.1640	32	36
No.10		0.1900	24	32
	No.12	0.2160	24	28
1/4		0.2500	20	28
5/16		0.3125	18	24
3/8		0.3750	16	24
7/16		0.4375	14	20
1/2		0.5000	13	20
9/16		0.5625	12	18
5/8		0.6250	11	18
	11/16	0.6875		
3/4		0.7500	10	16
	13/16	0.8125		
7/8		0.8750	9	14
	15/16	0.9375		
1		1.0000	8	12
	1 1/16	1.0625		
1 1/8		1.1250	7	12
	1 3/16	1.1875		
1 1/4		1.2500	7	12
	1 5/16	1.3125		
1 3/8		1.3750	6	12
	1 7/16	1.4375		
1 1/2		1.5000	6	12

표 8-1 지름과 나사산 수

B. 볼트의 지름 표시와 길이의 단위

a. 볼트의 지름 표시법의 단위

No.10에서 5/8in 까지는 1/16in 단위, 3/4in에서 $1\frac{1}{2}$in 까지는 1/8in의 단위로 나누어져 있다.

b. 볼트의 길이의 단위

볼트의 길이는 1/16in의 배수가 되어 있으나, AN 볼트는 1/8in의 배수가 되어 있는 것도 있다.

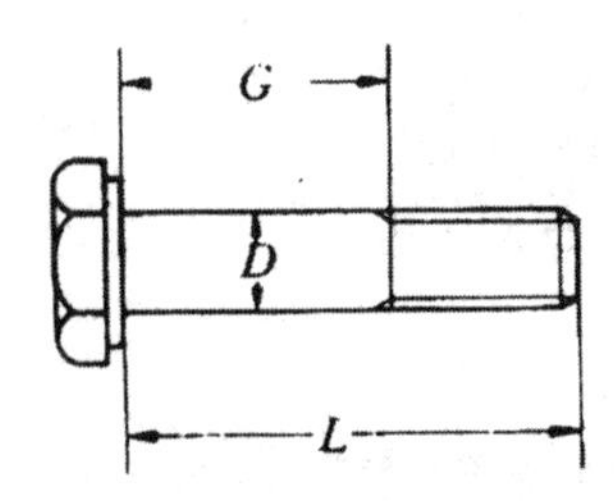

8-7 볼트의 지름, 길이 단위

C. 나사(Thread)의 종류와 사용 구분

볼트 나사 길이에는 롱 스레드(Long Thread), 쇼트 스레드(Short Thread), 풀 스레드(Full Thread)가 있고 사용 구분이 다르다.

① 롱 스레드는 인장력(Tension)이 작용되는 곳에 사용하며, 전단력이 작용하는 곳에도 사용할 수 있다.

② 쇼트 스레드는 전단력(Shear)이 작용하는 곳에 사용한다.

③ 풀 스레드는 인장력(Tension)이 작용하는 곳에만 사용한다.

4) 부품 번호

볼트의 재료, 머리의 형상, 치수, 또 머리 및 나사 끝에 안전한 풀림 방지용 구멍이 있는지 없는지는 부품 번호(Parts Number)에 나타나 있으므로 필요한 볼트를 신청할 수 있다.

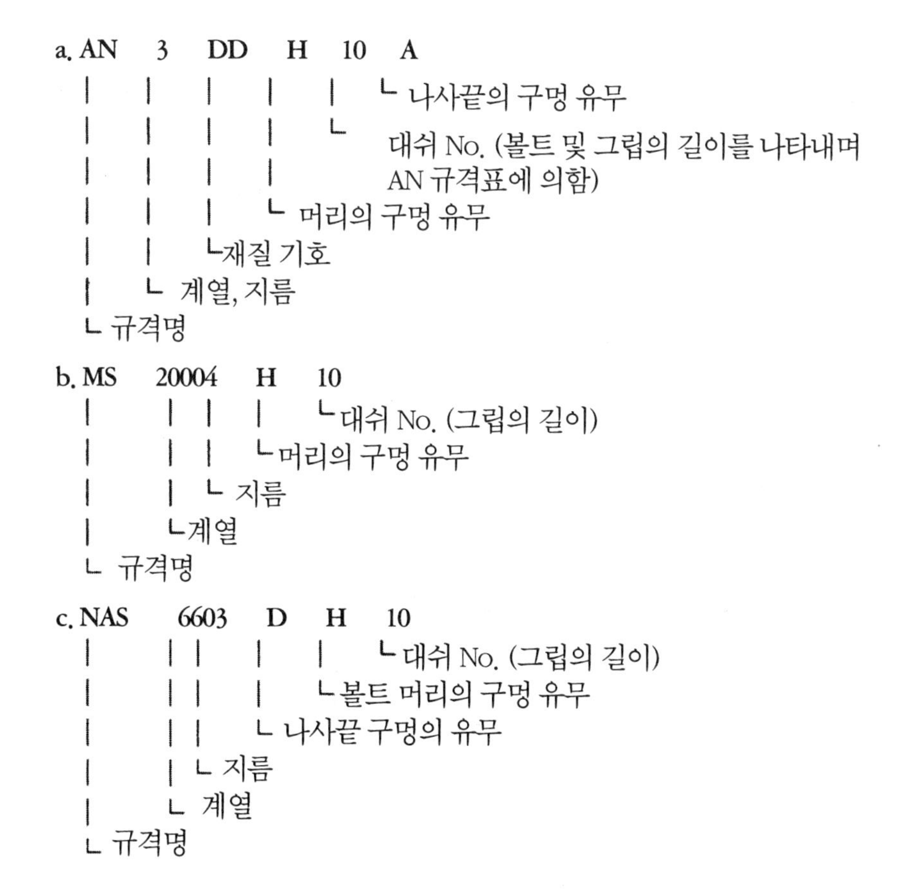

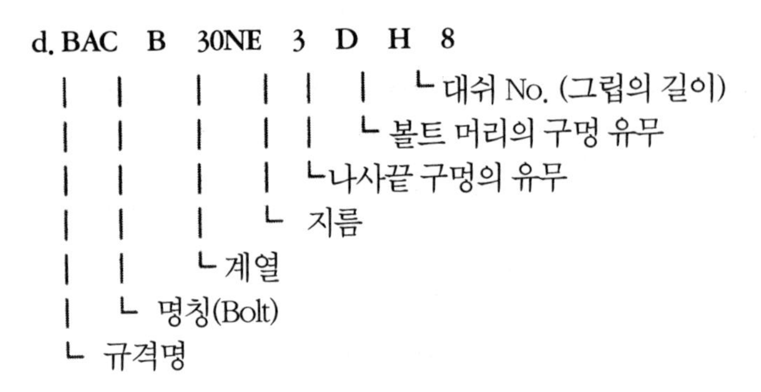

5) 볼트의 취급

① 볼트는 사용되는 장소에 따라 강도, 내식, 내열에 적합한 지정된 부품 번호의 볼트를 사용해야 한다.

② 조임부의 볼트, 와셔의 조합

부식 방지 면에서 일반적으로는 알루미늄 합금부에는 알루미늄 합금의 와셔 및 볼트를 사용하며, 강재료에는 강으로된 와셔 및 볼트를 사용한다.

또 높은 토큐에는 알루미늄 합금이나 강의 조임부에 상관 없이 강의 와셔와 볼트를 사용한다.

알루미늄 합금부에 강 볼트를 사용할 때는 부식 방지를 위해 카드뮴 도금된 볼트를 사용한다. (이질 금속의 접촉은 부식의 원인이 된다)

③ 볼트 길이의 결정

그립의 길이는 부재의 두께와 같거나 약간 길어야 한다. 그립 길이의 미세한 조정은 와셔의 삽입으로써 가능하다.

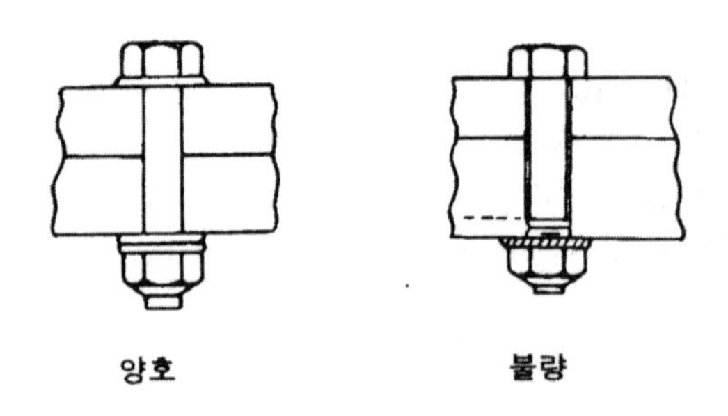

그림 8-8 볼트 길이의 결정

이 경우는 한쪽 2장, 양쪽 3장까지가 최대이며, 그 이상에서는 볼트를 교환해야 한다. 특히, 전단력이 걸리는 부재(쉐어 볼트)에서는 나사산이 하나라도 부재에 걸려서는 안 된다.

④ 볼트를 장착하는 방향

일반적으로 너트가 떨어져도 볼트가 빠지지 않도록 앞쪽에서 뒤로, 위에서 아래로, 안쪽에서 바깥쪽을 향해 장착 해야 한다. 그러나 구조용 이외의 유압, 전기 계통 등의 클램프의 장착 볼트는 지정이 없는 한 어디를 향해도 좋다.

⑤ 티타늄 합금 볼트 사용상의 주의

ⓐ 티타늄 합금 볼트는 600°F를 넘는 곳에서 은 도금된 셀프 락킹 너트(Self Locking Nut)를 사용해서는 안된다.

ⓑ 티타늄 합금의 볼트는 200°F를 넘는 곳에서 카드뮴 도금된 너트를 사용해서는 안된다.

⑥ 정밀 공차 볼트 사용상의 주의

ⓐ 볼트를 쳐서 박을 때는 가죽을 두른 해머 또는 플라스틱 해머 등을 사용한다. 또, 볼트 장착이 매우 힘들 경우는 구멍의 지름과 볼트의 지름을 재점검한다.

ⓑ 접시 머리가 아닌 정밀 공차 볼트를 장착할 때는 볼트의 머리쪽 구멍은 카운터 싱크(Countersink)를 한다.

⑦ 인터널 렌칭 볼트(Internal Wrentching Bolt) 사용상의 주의

ⓐ 볼트 머리 아래의 라운드(R)에 맞도록 볼트 구멍을 카운터싱크 작업하던지, 또는 고강도 카운터싱크 와셔를 사용한다. 또, 너트의 아래는 고강도 와셔를 사용한다.

ⓑ 카운터싱크 와셔를 사용할 때는 와셔의 방향에 주의한다.

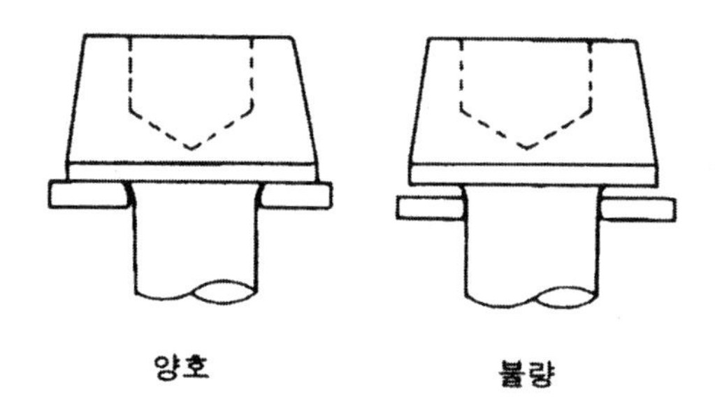

그림 8-9 인터널 렌칭 볼트의 사용상 주의

ⓒ 이 볼트에는 고강도 너트를 사용한다.
ⓓ MS와 NAS의 인터널 렌칭 볼트의 호환성
- MS를 NAS로 교환 불가
- NAS를 MS로 교환 가능
이 이유는 MS 볼트는 필렛(Fillet)를 압연 가공하고 볼트 머리의 높이가 높아서 피로 강도가 크기 때문이다.

6) 볼트의 계열

(참고 : Ksi = Kilo pound square inch)

규격번호	명 칭	재질	사용목적	응력	비 고
AN3~AN20	항공기용 기계 볼트 (Aircraft Machine Bolt)	알루미늄 합금	주로 전단 하중	62Ksi	직경 1/4in 이하는 1차 구조부, 정비나 검사의 목적으로 가끔 장탈하는 곳에는 사용 불가. 사용 온도 250℉ 이하
		합금강	인장 및 전단 하중	125Ksi	카드뮴(Cd) 도금에 크로메트 처리. 지름 3/16in는 1차 구조에 사용 불가 사용 온도 450° F이하
		내식강	고온		내식성, 내열성이 요구되는 장소. 사용온도 800° F이하

규격번호	명 칭	재질	사용목적	응력	비 고
		AN 3 DD H 10 A └나사 끝에 구멍이 없음 (무표시 : 구멍이 있음) └대쉬No(볼트의 길이 : 1/8in) └볼트 머리에 구멍이 있음 (무표시 : 구멍이 없음) └재질(DD : 알루미늄 합금, C : 내식강, - : 합금강) └볼트 계열 직경 : 1/16in 단위			
AN21 ~ AN37	클레비스 볼트 (Clevis Bolt)	합금강	전단 하중	125Ksi	전단력이 걸리는 곳에 사용 인장용으로는 사용 불가
		AN 2 3 — 10 A └나사 끝에 구멍이 없음 (무표시 : 구멍이 있음) └대쉬No(볼트의 길이 : 1/16in) └직경 : 1/16in 단위 └볼트 계열			
AN42B ~ AN49	클레비스 볼트 (Clevis Bolt)	합금강 내식강	인장 하중	125Ksi	턴버클, 케이블에 사용. AN의 44까지 끝의 숫자와 호칭 나사 지름이 일치하지 않으므로 주의

규격번호	명 칭	재질	사용목적	응력	비 고
		AN 4 5 — 6 └대쉬 No(볼트의 길이:1/8in) └재료(—:합금강, C:내식강) └직경: 1/16in 단위 └볼트계열			
AN173 ~ AN185	항공기용 정밀공차 볼트 (Aircraft Close Tolerance Machine Bolt)	합금강	인장 및 전단 응력	125Ks i	볼트와 구조부문에 정밀한 결합을 필요로 할 때 사용한다. 리머(Reamer) 작업된 곳에 만 사용. 지름 공차는 1/10,000in 단위. 섕크부는 도금되어 있지 않다.
		AN 173 H 10 A └──└──└──└──항공기용 기계 볼트와 동일 └──── 볼트 계열			
MS2000 4~ MS2002 4	렌칭 볼트 (Internal Wrenching Bolt) 160,000Psi	합금강 (Cd 도금)	고인장 하중	160Ks i	열처리후 볼트 머리의 필렛부에 압연 가공을 함으로써 피로 강도가 증가한다.

규격번호	명 칭	재질	사용목적	응력	비 고
		MS 20004 H 6 └대쉬 No(그립 길이:1/16in단위) └볼트 머리에 구멍 있음(—:구멍 없음) └지름: 1/16in 단위 └볼트 계열			
MS20073~MS20074	항공기용 드릴 머리볼트 (Aircraft Drilled head Machine Bolt)	합금강 (Cd 도금)	인장과 전단 응력	125Ksi	상대가 너트가 아니고 모재의 암나사에 들어가 부품을 장착할 때 사용
		MS 20073 — 05 — 07 └대쉬 No (볼트의 길이:1/8in단위) └지름: 1/16in 단위 └나사계열(73:가는 눈, 74:거친 눈) └볼트 계열			
NAS333~NAS340	정밀 공차, 고강도, 100° 접시머리볼트 (100° Countsunk Head Close Tolerance high Strength Bolt)	합금강	고강도	160~180Ksi	고강도, 평면을 필요로 하는 곳에 사용. 심한 반복 하중이나 진동을 받는 연결부에 사용한다.

<table>
<tr><th>규격번호</th><th>명 칭</th><th>재질</th><th>사용목적</th><th>응력</th><th>비 고</th></tr>
<tr><td></td><td></td><td colspan="4">NAS 334 C P A 15 ~ 5
└그립길이의 오버사이즈
└대쉬 No(그립의 길이:1/8in단위)
└나사끝에 구멍없음
└머리홈이 필립스(Phillips)
└축 Cd도금
└지름 : 1/16in 단위
└볼트계열</td></tr>
<tr><td>NAS624
~
NAS644</td><td>렌칭 볼트
(External Wrenching Bolt)
180000psi</td><td>합금강
(Cd 도금)</td><td>고인장</td><td>180~200Ksi</td><td>고 인장하중에 사용. 고강도 너트, MS20002C를 사용
사용온도 450° 이하</td></tr>
<tr><td></td><td></td><td colspan="4">NAS 628 − H 14
└대쉬 No
(그립의 길이:1/16in단위)
└볼트머리에 구멍있음
(무표시:구멍없음)
└지름: 1/16in 단위
(28=8/16in, 44=24/16in)
└볼트계열</td></tr>
<tr><td>NAS653
~NAS658</td><td>정밀 공차.육각머리, 짧은 나사 티타늄 볼트
(Close Tolerance - Hexagon head, Titanium, short thread)</td><td>티타늄합금</td><td>전단응력</td><td></td><td></td></tr>
</table>

<table>
<tr><th>규격번호</th><th>명 칭</th><th>재료</th><th>사용목적</th><th>응력</th><th>비 고</th></tr>
<tr><td colspan="2">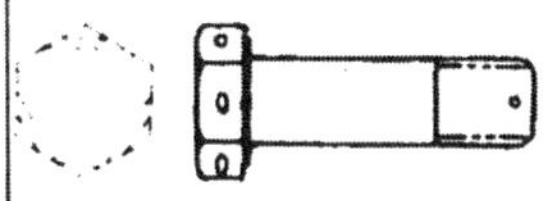</td><td colspan="4">NAS 654 V 10 D
└나사끝에 구멍있음(H : 볼트머리에 구멍있음)
└대쉬 No(그립의 길이 : 1/16in단위)
└재질(6Al-4V)
└지름 : 1/16in 단위
└볼트 계열</td></tr>
<tr><td>NAS6603
~
NAS6620</td><td>Hex Head, Close Tolerance, Alloy Steel, Long Thread, Self Locking and Nonlocking</td><td>합금강
(Cd 도금)
(Cr 도금)</td><td>인장 응력</td><td>160~180Ksi</td><td>고인장 하중에 사용.</td></tr>
<tr><td colspan="2">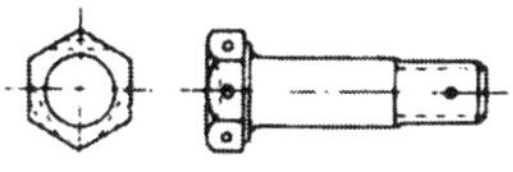</td><td colspan="4">NAS 6604 C D H 10 X
└샹크의 오버사이즈
(X; 0.0152in. Y; 0.0312)
└ 그립의 길이:1/16in단위
└볼트머리에 구멍 있음
└나사끝에 구멍 있음(무표시:구멍없음)
└샹크 Cr도금(무표시; Cd도금)
└지름:1/16in단위
└지름:1/16in단위

A ; Aluiminium Cort
C ; Chromium Plate
(Shank만) 나머지는
Cadmium Plate
E ; Shank를 Shot Peening
나머지는 C와 같음
G ; Shank를 Shot Peening한 후
Chrome Plate
L ; Locking Element Type
P ; Patched Type</td></tr>
</table>

규격번호	명 칭	재질	사용목적	응력	비 고
NAS6703 ~ NAS6720	Hex Head .Close Tolerance .A-286 Long Thread, Self locking and Nonlocking	A286 (Cd 도금) (Cr 도금)	인장	160Ksi (Min)	온도가 높은 곳에서의 고인장 하중 용
	NAS 6704 A D H 10 X 나머지는 NAS6603~6620계열과 같음 6704 └알루미늄 코팅 볼트				

〔참고〕AN 볼트의 길이를 나타내는 대쉬넘버(Dash Number)는 다음과 같은 특징이 있다.

① −8과 −9는 없으며 −7에서 −10으로 건너 뛴다.
(−18, −19와 −28, −29도 마찬가지임)

② 두자리 대쉬 넘버일 경우 첫자리는 실제 길이이고 두번째 자리수는 1/8in 단위로 적용된다.

-14의 경우
첫자리는 1in
두번째 자리는 4/8in $=\frac{1}{2}$

그러므로 볼트의 길이는 $1\frac{1}{2}$이다.

8-3. 너트(Nut)

1) 일반

항공기용 너트는 여러 가지 모양과 치수가 있으며 볼트와 같이 그 위에 식별 기호나 문자가 있는 것이 적으므로, 일반적으로는 금속 특유의 광택, 내부에 삽입된 화이버(Fiber) 또는 나일론의 색 혹은 구조 및 나사 등으로 식별 한다.

2) 너트의 형상

그림 8-10은 너트의 대표적인 형상이다.

3) 락크 기구에 의한 분류

너트는 그 자체가 락크 기구를 갖지 않은 것(Non Self Locking Nut)과 락크 기구를 가진 것(Self Locking Nut)이 있다.

A. 넌 셀프 락킹 너트(Non Self Locking Nut)
① 평 너트(Plain Hexagon Airframe Nut)
② 잼 너트(Hexagon Jam Nut)
③ 나비 너트(Plain Wing Nut)
④ 구조용 캐슬 너트(Plain Castellated Airframe Nut)
⑤ 전단 캐슬 너트(Plain Castellated Shear Nut)

B. 셀프 락킹 너트(Self Locking Nut)
① 전 금속제(All Metal Type)
② 인서트 비금속제(Non Metallic Insert Type)

4) 넌 셀프 락킹 너트(Non Self Locking Nut)

A. 일반적 특징

a. 평 너트(Plain Hexagon Airframe Nut)

인장 하중을 받는 곳에 사용한다.

b. 잼 너트(Hexagon Jam Nut)

이 너트는 평 너트, 세트 스크류 끝부분의 나사가 있는 로드에 장착되어 고정하는 역할을 한다.

(a) 평 너트
(Plain Hexagon Airframe Nut)

(b) 잼 너트
(Hexagon Jam Nut)

(c) 나비 너트(Plain Wing Nut)

(d) 캐슬 너트
(Plain Castellasted Airframe Nut)

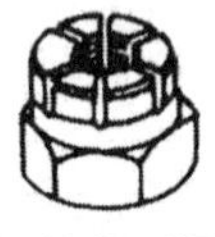

(e) 가는 홈이 있는 셀프 락크 너트
(Segment Beam Lock Type Self Lock Nut)

(f) 변형 셀프 락크 너트
(Elliptical Self Lock Nut)

(g) 분할형 셀프 락크 너트
(Interrupped Thread Type Self Lock Nut)

(h) 12각 너트 (12 Point Nut)

(i) 앵커 너트 (Anchor Nut)

(j) 채널 너트 (Channel Nut)

(k) 배럴 너트 (Barrel Nut)

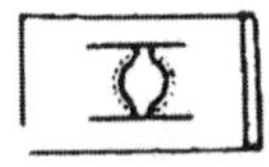

(l) 시트 스프링 너트
(Sheet Spring Nut)

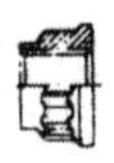

(m) 스플라인 드라이브 너트
(Spline Drive Nut)

그림 8-10 너트의 종류

c. 나비 너트(Plain Wing Nut)

이 너트는 맨손으로 조일 수 있는 곳에서 조립부를 빈번하게 장탈 혹은 장착하는데 적합하게 만들어져 있다.

d. 구조용 캐슬 너트(Plain Castellated Airframe Nut)

① 나사끝 구멍이 있는 볼트, 또는 나사에 구멍이 있는 스터드와 함께 사용한다.
② 인장용의 홈이 있는 너트이다.
③ 장착 부품과 상대 운동을 하는 볼트에 사용한다.

e. 전달 캐슬 너트(Plain Castellated Shear Nut)

① 보통 전단 하중만을 받는 구멍이 있는 클레비스 볼트, 나사에 구멍이 있는 테이퍼 핀과 함께 쓰인다.
② 장착 부품과 상대적 운동을 하는 볼트에 사용한다.

B. 넌 셀프 락킹 너트의 풀림 방지법

넌 셀프 락킹 너트의 풀림 방지에는 그림 8-11과 같은 방법이 있다.

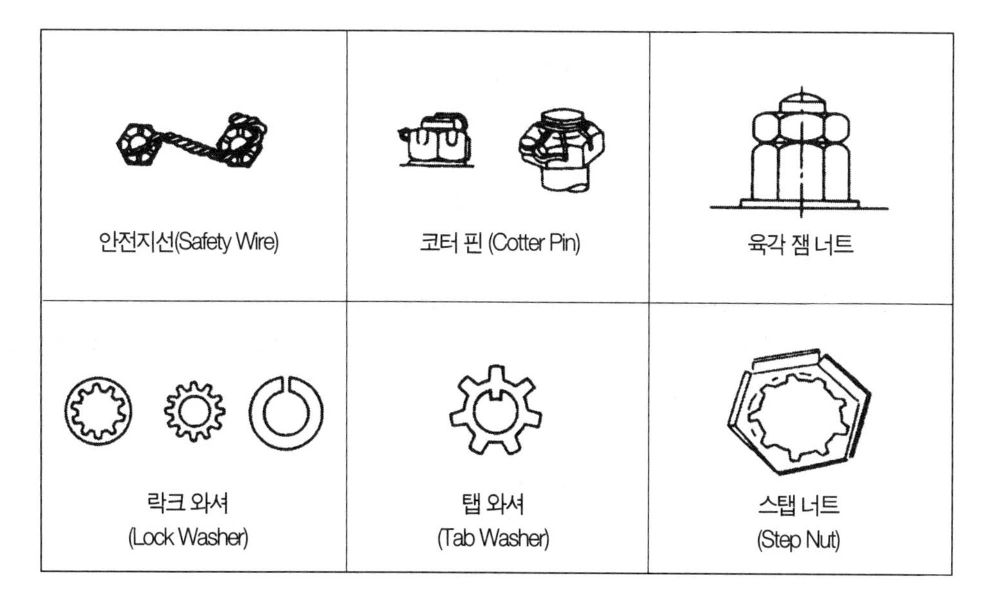

그림 8-11 넌 셀프 락킹 너트의 풀림 방지

5) 셀프 락킹 너트(Self Locking Nut)

셀프 락킹의 방법은 전 금속제와 인서트 비금속제로 구별된다.

A. 전 금속제

a. 홈이 있는 형(Segment Beam Self Lock Type)
너트의 일부에 홈을 만들어 그 부분의 내경을 작게 하여 그 마찰로 락크한다.

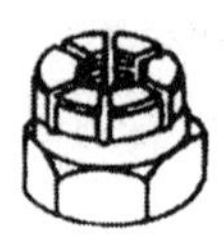

그림 8-12 Segment Beam Self Lock Type Nut

b. 변형 셀프 락크 형(Elliptical Self Lock Type)
너트 꼭대기의 나사부가 계란형, 타원형으로 되어 있다. 숫나사를 끼워 넣으면 이 변형부가 숫나사와 같은 원형으로 넓혀지므로 그 마찰로 락크된다.

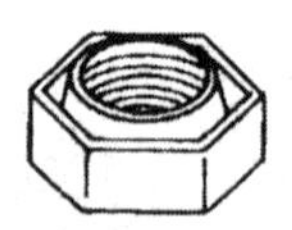

그림 8-13 변형 셀프 락크 형(Elliptical Self Lock Type)

c. 분할 나사산형(Interrupted Thread Type Self Lock Nut)
나사부를 2개로 분할하여 나사산의 위쪽모양으로 어긋나게 하여 스프링 작용을 하게 하고 그 스프링 작용으로 락크한다.

그림 8-14 분할 나사산형(Interrupted Thread Type Self Lock Nut)

B. 비금속제 인서트

너트의 윗부분에 나일론 또는 화이버(Fiber)를 삽입하여 숫나사 등이 끼워졌을 때, 그 나일론 등의 탄성적 변형에 의해 락크된다.

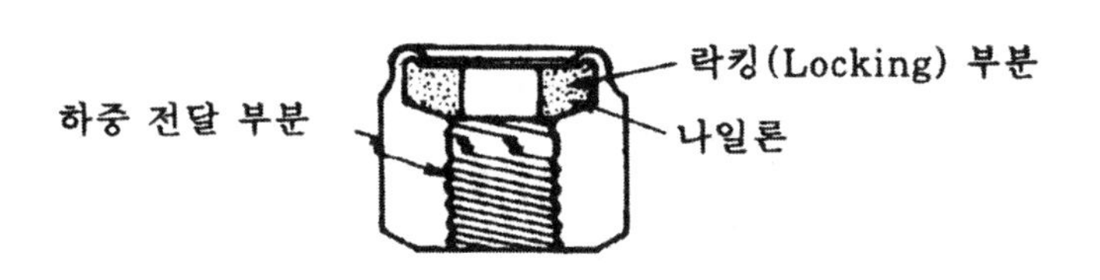

그림 8-15 인서트 비금속제 너트

6) 너트의 사용 온도 제한

너트는 사용되는 부분의 온도에 따라 분류한다.

a. 250°F용 너트
. 비금속제 인서트 너트(Non Metallic Insert Nut)
. 알루미늄 합금 너트

b. 450°F용 너트
. 내식강 너트
. 합금강에 카드뮴 도금된 너트

c. 800°F용 너트
. 내식강에 온 도금된 너트

d. 1,200°F용 너트
. 내열 내식강에 은 도금된 너트

[참고] 800°F용 너트와 1,200°F용 너트의 구별법 1,200°F 너트는 다음과 같은 특징이 있다.
너트의 육각면의 1곳에 제조회사의 마크(오래된 것은 "12"라고 스템프되어 있다)가 스템프(Stamp)되어 있다.

7) 너트의 지름

너트의 지름은 나사의 골 지름이다.

8) 부품 번호

부품 번호에 의해 너트의 종류, 지름, 오른 나사 혹은, 왼 나사인지를 알 수 있다.

a. AN 315 D 7 R
| | | └ 오른 나사
| | └ 지름
| └ 재질
└ 너트 계열

b. MS 21044 N 4
| | └ 지름
| └ 재질
└ 너트 계열

c. NAS 679 A 4
| | └ 지름
| └ 재질
└ 너트 계열

d. BACN 10JC 4 C
| | | └ 재질(무표시 일경우는 합금강, 카드뮴 도금)
| | └ 지름
| └ 너트 계열
└ 너트(Nut)

9) 너트의 취급

① 너트는 사용되는 장소에 따라 강도, 내식, 내열에 적합한 지정된 부품번호의 너트를 사용해야 한다.

② 셀프 락킹 너트를 사용해서는 안되는 장소

- 셀프 락킹 너트의 느슨함으로 인한 볼트의 결손이 비행의 안전성에 영향을 주는 장소
- 회전력을 받는 곳[예 : 풀리(Pulley), 벨크랭크(Bellcrank), 레버(Lever), 링케이지(Linkage), 힌지 핀(Hing Pin), 캠(Cam), 롤러(Roller) 등]
- 너트 볼트, 스크류가 느슨해져 엔진 흡입구 내에 떨어질 우려가 있는 장소
- 비행전이나 비행후 정례적으로 정비를 위해 수시로 열고 닫는 악세스 판넬(Access Panel), 도어 등

③ 셀프 락킹 너트를 볼트에 장착했을 때, 볼트 나사 끝부분은 너트면보다 2산에 상당하는 길이(볼트의 카운터싱크 부분을 포함) 이상 나와 있을 것

④ 셀프 락킹 너트를 가공하지 말 것

⑤ 카드뮴 도금된 셀프 락킹 너트는 티타늄, 티타늄 합금의 볼트, 스크류, 스터드(Stud)에 사용해서는 안된다.

⑥ 은도금된 셀프 락킹 너트는 600°F를 넘는 곳에서 티타늄, 티타늄 합금의 볼트, 스크류, 스터드(Stud)에 사용해서는 안된다.

⑦ 은도금된 셀프 락킹 너트는 은도금된 볼트에 사용해서는 안된다.

⑧ 볼트 지름이 1/4in 이하인 것으로 코터 핀 구멍이 있는 것에 대해 셀프 락킹 너트를 사용해서는 안된다.
5/16in 이상인 볼트에 대해서는 코터 핀 구멍을 확인한 뒤 너트를 장착한다.

⑨ 셀프 락킹 너트를 사용할 때는 너트를 고정하는데 필요한 락킹 토큐 (표 8-2)를 확인하여 허용값 이내인 것을 확인한다.

⑩ 셀프 락킹 너트를 이용하여 토큐를 걸 때는 규정 토큐값에 락킹 토큐를 더한 값을 사용해야 한다.

나 사 계 열					
	가는 나사			거친 나사	
	토 큐 (in·lb)			토 큐 (in-lb)	
크 기	최 소	최 대	크 기	최 소	최 대
			No. 4−40		2.5
			No. 5−40		5
			No. 6−32	1.0	10
			No. 8−32	1.5	15
No. 10−32	2.0	18	No. 10−24	2.0	18
1/4−28	3.5	30	1/4−20	4.5	30
5/16−24	6.5	60	5/16−18	7.5	60
3/8−24	9.5	80	3/8−16	12.0	80
7/16−20	14.0	100	7/16−14	16.5	100
1/2−20	18.0	150	1/2−13	24.0	150
9/16−18	24.0	200	9/16−12	30.0	200
5/8−18	32.0	300	5/8−11	40.0	300
3/4−16	50.0	400	3/4−10	60.0	400
7/8−14	70.0	600	7/8−9	82.0	600
1−12	90.0	800	1−8	110.0	800
1-1/8−12	117.0	900	1-1/8−8	137.0	900
1-1/4−12	143.0	1,000	1-1/4−8	165.0	1,000

표 8-2 토큐표

10) 너트의 계열

규격번호	명 칭	재질	사용온도	응력	비 고
AN315	평 너트 (Plain Hexagon Airframe Nut)	알루미늄 합금(양극처리) 합금강(Cd도금) 내식강	250°F 이하 450°F 이하 800°F 이하	62Ksi 125Ksi	인장 하중이 걸리는 곳에 사용한다. 육각 풀림 방지 너트, 락크 와샤 등에 의한 풀림 방지가 필요하다.
		AN 315 D 7 R └R:오른나사, L:왼나사 └지름(1/16in단위) └재질(—:합금강, C:내식강, D:Al합금) └계열			
AN316	잼 너트 (Hexagon Jam Nut)	합금강(Cd도금) 내식강	450°F 이하 800°F 이하	125Ksi	평 너트의 락크용 또는 나사가 있는 로드의 풀림 방지에 사용한다.
		AN 316 — 7 R └ └AN315와 동일 └재질(-:합금강, C:내식강) └계열			
AN310	구조용 너트 (Plain Castellated Airframe Nut)	알루미늄 합금(양극처리) 합금강(Cd도금) 내식강	250°F 이하 450°F 이하 800°F 이하	62Ksi 125Ksi	부품과 부품이 상대 운동을 하는 곳에 인장 하중이 걸리는 곳에서 사용한다. 코터 핀 구멍 장착 볼트, 스터드와 함께 사용한다.
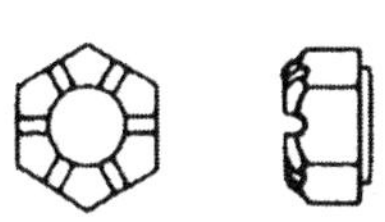		AN 310 — 5 └ └AN315와 동일 └계열			

규격번호	명 칭	재질	사용온도	응력	비 고
AN320	전단 너트 (Plain Castellated Shear Nut)	Al 합금 양극처리 합금강 (Cd도금) 내식강	250°F이하 450°F이하 800°F이하	62Ksi 125Ksi	부품과 부품이 상대운동을 하는 곳에서 전단 하중만을 받는 구멍이 있는 클레비스 볼트 나사가 장착된 테이퍼 핀과 같이 사용한다.
		AN 320 D 7 └계열 (320) └ (D) └AN315와 동일 (7)			
MS21042	풀림 방지, 450°F용, 작은 육각, 낮은 높이, 원형 밑면, 비내식강 너트 (Self locking 450°F Reduced Hexagon Reduced height Ring Base Non Corrosion Resistant Steel Nut)	합금강 (Cd도금)	450°F 이하	125Ksi	높이가 낮으며, 밑면이 육각 원형인 너트
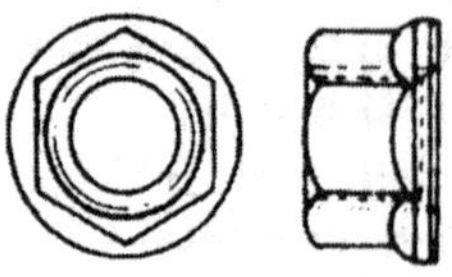		AN 21042 L 4 └지름(1/16in단위) (4) └L:Cd도금+Dry Film —: Cd도금+크로멧 처리 (L) └계열 (21042)			

규격번호	명 칭	재 질	사용온도	응 력	비 고
MS21043	풀림방지, 800°F용, 작은 육각, 낮은 높이, 원형 밑면, 내식강 너트 (Self Locking 800°F Reduced Hexagon Reduced Height Ring Base Non Corrosion Resistant Steel Nut)	내열합금 (Ag 도금)	800°F 이하	125Ksi	높이가 낮으며, 밑면이 육각 원형인 경량 너트
		AN 21043 — 4 └지름(1/16in단위) └계열			
MS21044	풀림방지, 육각, 정상 높이250°F용125Ksi, 60Ksi너트(Self Locking Hexagon Regular Height 250°F 125Ksi Ftu and 60Ksi Ftu Nut))	Al합금 (양극처리와 화학 피막처리)	250°F이하	60Ksi	
		동(Cu) 합금(Cd 도금)			
		합금강 (Cd도금)		125Ksi	
		내식강		125Ksi	
		AN 21044 N 4 └지름(1/16in단위) └L:(D:Al합금, B:Cu합금, N:합금강, C:내식강) └계열			

<table>
<tr><th>규격번호</th><th>명 칭</th><th>재 질</th><th>사용온도</th><th>응 력</th><th>비 고</th></tr>
<tr><td rowspan="2">MS21045</td><td rowspan="2">풀림방지, 육각, 정상 높이 450°F용 125Ksi 너트 (Self Locking Hexagon Regular 450°F 125Ksi Ftu Nut)</td><td>합금(Cd 도금)</td><td rowspan="2">800°F 이하</td><td rowspan="2">125Ksi</td><td rowspan="2">AN363을 개선한 규격.
내식강 Dry Film Nut의 사용 제한은 5회</td></tr>
<tr><td>내열합금</td></tr>
<tr><td colspan="2"> 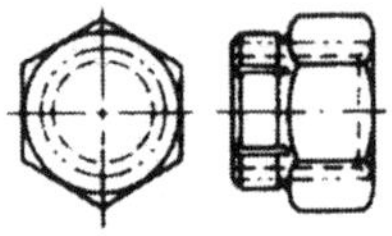</td><td colspan="4">AN 21045 - 4 A E S
└Segment Beam Self Lock
└Elliptical Self Lock
└Aluminum Coat
└지름(1/6단위)
└재질(—;합금강(Cd합금)
L:합금강(Cd도금+Dry Film)
C;내식강(Dry Film)
└계열</td></tr>
<tr><td>MS21046</td><td>풀림 방지, 육각, 정상높이 800°F용 125Ksi너트 (Self Locking Hexagon Regular Height 800°F 125Ksi Ftu Nut)</td><td>내열합금 (Ag 도금)</td><td>800°F 이하</td><td>125Ksi</td><td>AN363을 개선한 규격.</td></tr>
<tr><td colspan="2"> 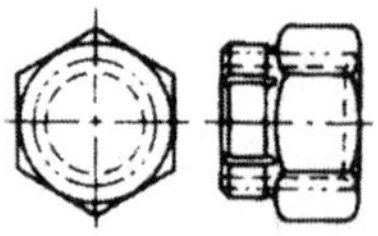</td><td colspan="4">AN 21046 C 4 E S
└Segment Beam Self Lock
└Elliptical Self Lock
└지름(1/16단위)
└재질
└계열</td></tr>
</table>

규격번호	명 칭	재 질	사용 온도	응력	비 고
MS2108 3	풀림방지, 육각, 인서트비금속제 낮은 높이, 250°F용너트 (Self Locking Hexagon Non-Metallic Insert Low Height 250°F Nut)	Al합금 (양극처리와 화학피막처리)	250°F이하	- 0.4~- 3Ksi 70Ksi -4~	인서트비금속제 전단력만이 걸리는 곳에 사용한다. AN364, MS20364를 개선한 규격 동합금의 너트는 "B′" 표시가 있다. 알루미늄 합금 너트는 청색이다.
		동(Cu) 합금(Cd 도금)		35Ksi	
		합금강 (Cd 도금)		70Ksi	
		내식강		0.4~- 8Ksi 70Ksi -9~ 58Ksi	
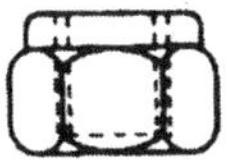		MS 21083 N 4 └계열 (21083) N, 4: └MS21044와 동일			
MS2050 0	풀림방지, 육각, 1200°F용 125Ksi너트 (Self locking Hexagon 1200°F 125Ksi Ftu Nut)	내열내식강 (Ag 도금)	1200°F 이하	125Ksi	너트의 밑면에 제조회사의 마크가 있다.
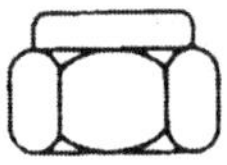		MS 20500 — 4 28 20500: └계열 4: └지름(1/16단위) 28: └1in당 나사산 수)			

규격번호	명 칭	재질	사용목적	응력	비 고
NAS679	풀림방지, 육각, 낮은 높이너트 (Self Locking Hexagon Low Height Nut)	합금강 (Cd도금)	450°F 이하		인서트 비금속제 전단력만이 걸리는 곳에 사용한다. AN364, MS20364를 개정한 규격 동합금의 너트는 "B"표시가 있다. 알루미늄합금의 너트는 청색이다.
		내열합금			
		내열합금 (Ag도금)	800°F 이하		
	NAS 679 C 4 M W W: 인터널 렌칭(04, 06, 08, 3, 4 크기에만 M: Dry Film Lubricant (내열합금의 Ag도금은 무표시) 4: 지름(1/16in 단위) C: 재질(A:합금강, C: 내열합금으로 Ag도금 X: 내열합금으로 Non Dry Film Lubricant) 679: 계열				
EB	12각 고인장 너트(Double Hexagon High Tensile Nut)	합금강 (Cd 도금)	250°F 이하	180Ksi	인서트 비금속제 고인장 하중이 걸리는 곳에 사용한다. (MS21250, MS20004, 계열 볼트용 너트)
	EB - 04 8 8: 나사산 수(10자리는 생략) 04: 지름(1/16단위) EB: 계열				

8-4. 스크류(Screw)

1) 일반

스크류는 항공기의 구조에서 간단한 부품의 장착 등에 널리 사용된다. 스크류와 볼트의 차이에 대해서는 명확한 정의가 없으나 일반적으로 다음과 같은 차이가 있다.

① 스크류의 머리에는 드라이버를 사용할 수 있는 홈이 있다.

② 스크류의 나사 등급은 클래스 2이다.

③ 강도가 낮다.

④ 스크류는 볼트에 비해 긴 나사부를 가지고 있고 그립(Grip)도 확실히 정해져 있지 않다. 또 스크류의 종류 중에서도 재질, 축의 형상, 나사의 등급, 치수 등이 볼트와 같은 것은 볼트로서 호칭이 되어지기도 한다.

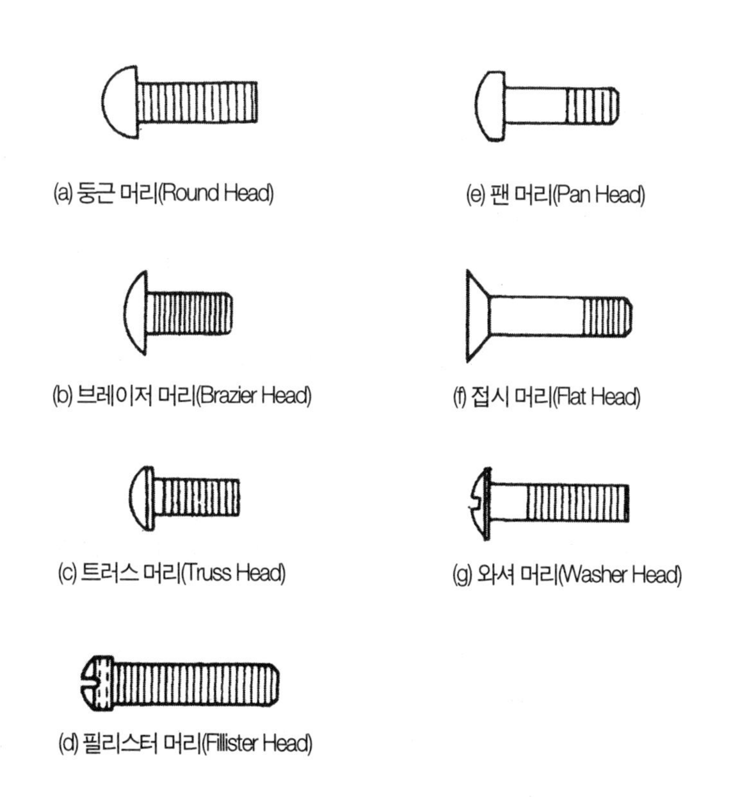

그림 8-16 스크류 머리 형상

2) 스크류 머리(Screw Head) 형상

스크류 머리 형상에는 대표적인 것으로 그림 8-16과 같은 것이 있다.
또, 스크류 머리의 홈은 그림 8-17과 같은 형상이 있다.

그림 8-17 스크류 머리 홈의 모양

3) 용도에 의한 분류

스크류는 그 용도에 따라 4가지로 분류된다.

A. 구조용 스크류(Structural Screw)

구조용 스크류는 구조용 볼트, 리벳이 쓰여지는 항공기 주요 구조부에 사용되며, 머리의 형상만이 구조용 볼트와 다르다.

이 스크류는 볼트와 같은 재질로 만들어지며, 정해진 그립(Grip)을 가지고 있고, 같은 치수의 볼트와 같은 강도를 가진다.

B. 머신 스크류(Machine Screw)

머신 스크류는 항공기의 여러 곳에 가장 많이 사용된다. 이 종류의 스크류는 굵은 나사와 가는 나사의 2종류가 있다.

C. 셀프 탭핑 스크류(Self Tapping Screw)

셀프 탭핑 스크류는 스크류 자체의 외경보다 약간 작게 펀치한 구멍, 나사를 끼우지 않은 드릴 구멍 등에 나사를 끼워 사용한다.

a. 시트 메탈 스크류(Sheet Metal Screw)

이 스크류는 리벳을 박기 위한 판금을 임시로 조립하거나 비구조 조립을 영구적으로 접합할 때 사용한다. 이 스크류를 사용할 때는 밀착이 생겨도 지장이 없도록 페놀제 또는 알루미늄 와셔를 사용한다.

b. 머신 셀프 탭핑 스크류(Machine Self Tapping Screw)

이 스크류는 네임 플레이트(Name Plate)와 같이 떼낼 수 있는 작은 경량 부품을 주물 등에 장착할 때 사용한다.

이 스크류의 아래 구멍은 그다지 정확할 필요는 없지만, 아메리카 나사계열의 탭용 드릴 치수를 사용하면 좋다.

c. 드라이브 스크류(Drive Screw)

이 스크류는 실제로는 스크류가 아니라 정(Nail)으로서, 주로 금속 부품의 네임 플레이트 등을 붙일 때 사용한다. 장착후 떼어내면 재사용할 수 없다.

D. 셋트 스크류(Set Screw)

축에 톱니와 같은 부품을 붙여 고정할 때나 키 포인트(Key Point) 또는 플레이트 너트(Plate Nut)로서 표면을 평평히 할 때 사용한다. 이 스크류를 돌리기 위한 렌치홈 및 스크류 끝의 형상에는 몇 개의 종류가 있다.

4) 스크류의 크기

스크류의 지름은 No.2~No.10 및 1/4~3/8in 정도의 것이 있다.

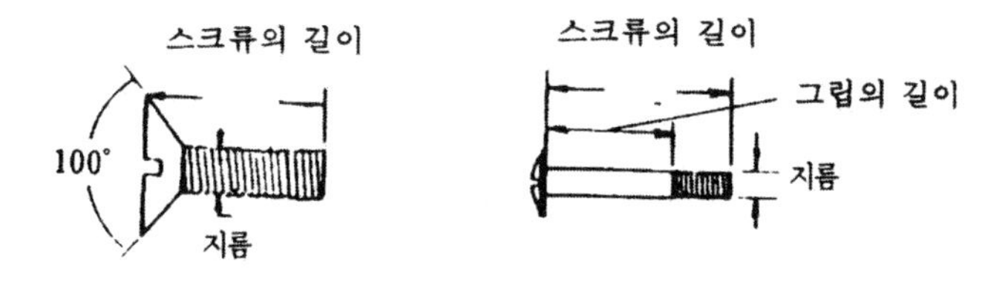

그림 8-18 스크류 크기

5) 부품 번호

부품 번호에 의해 스크류의 형식 , 크기, 재질을 구별할 수 있다.

a. MS 35206 - 201
| | └ 대쉬 No. (지름. 스크류의 길이)
| └ 계열, 재질, 나사 계열
└ 규격명

b. NAS 514 P 428 - 8
| | | | └ 스크류의 길이
| | | └ 지름. 나사산수
| | └ 머리의 홈
| └ 계열
└ 규격명

6) 스크류의 취급

① 스크류는 그 사용 장소에 적합한 지정된 부품 번호를 사용해야 한다.
② 스크류를 돌리는 드라이버, 렌치 등은 스크류 머리의 홈의 형상, 크기에 맞는 것을 사용한다.

7) 스크류 계열

규격번호	명 칭	재 질	비 고
MS24694	기계 마무리, 평접시머리 100°, 십자모양 홈, UNC-3A 및 UNF-3A 구조용 스크류 (Machine Flat Countersunk Head 100° Structual Cross Recessed)	Al 합금 (양극처리) 합금강 (Cd도금) 내식강	AN 509를 개선한 규격 합금강은 머리에 "X", 내식강은 "—"의 마크가 있다. No.8은 UNC-3A, No10 이상은 UNF-3A
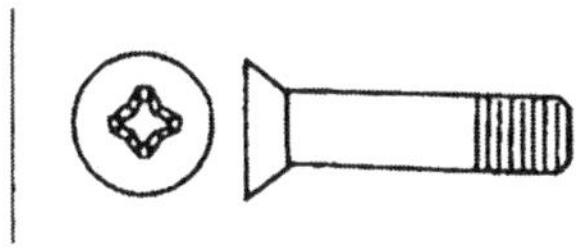		MS 24694 — A 100 └대쉬 No 지름,스크류와 그립의 길이 (100) └재질(A:Al합금, C: 내식강, S: 합금강) (A) └계열 (24694)	
MS27039	기계 마무리, 팬머리 십자모양 홈, 스크류 (Machine Pan Head Structual Cross Recessed Screw)	Al 합금 (양극처리) 청동 합금강 (Cd도금) 내열합금	No 8은 UNC-3A, No.10이상은 UNF-3A
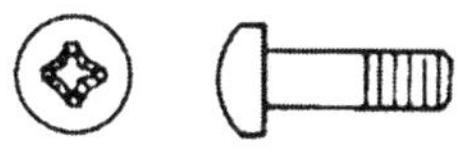		MS 27039 BP 1 — 13 └대쉬 No 스크류와 그립의 길이 (13) └지름(4 이상은 1/16in 단위) (1) └재질(DD: Al합금, B: 청동, BP: 청동, Cd 도금, —:합금강, C: 내열합금) (BP) └계열 (27039)	
MS35206 ~MS35219	팬 머리 스크류 (Pan Head Screw)	탄소강 (Cd도금) 황동 Al합금 (양극처리)	나사는 UNC, UNF가 있다. 기계용 스크류

규격번호	명 칭	재 질	비 고
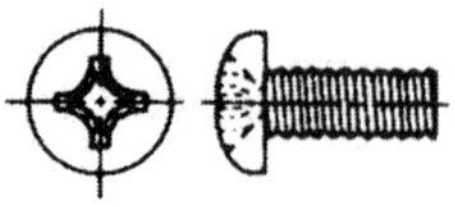		MS 35206 — 201 └대쉬 No 지름 스크류의 길이 └ 계 열 / 재 질 / 나사 계열 35206 탄소강 UNC 35207 탄소강 UNF 35214 황동 UNC 35215 황동 UNF 35218 Al합금 UNC 35219 Al합금 UNF	
MS35265 ~ MS35275	필리스터머리 스크류 (Fillister Head Screw)	탄소강 (Cd도금) 황동 내식강	나사는 UNC, UNF가 있다. 기계용 스크류
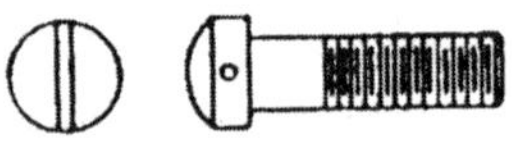		MS 35265 — 1 └대쉬 No 지름 스크류의 길이 └계 열 / 재 질 / 나사 계열 35265 탄소강 UNC 35266 탄소강 UNF 35273 황동 UNC 35274 황동 UNF 35275 내식강 UNC 35276 내식강 UNF	
NAS514	기계 마무리, 100° 평머리 나사합금강 스크류 (Machine 100° Flat Head Full Thread Alloy Steel Screw)	합금강 (Cd도금)	나사는 UNC, UNF가 있다.
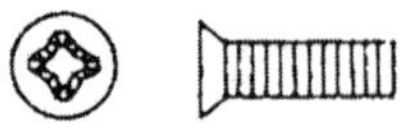		AN 514 P 428 — 8 └스크류의 길이(1/16in 단위) └지름, 나사산 수 └머리의 홈(필립스) └계열	

규격번호	명 칭	재 질	비 고
AN504	탭핑나사, 커팅 둥근머리, 기계용 스크류 (Tapping Threaded Cutting Round Head Machine Screw Thread Screw)	탄소강 (Cd도금) 내식강	
		AN 504 C 4 R 8 └스크류의 길이(1/16in 단위) └머리의 홈(R:필립스 -:슬롯) └지름(No.10 이하는 No부여) └재질(—:탄소강, C:내식강) └계열	
MS21318	드라이브형 둥근머리 카드뮴 도금 탄소강 스크류 (Drive Round Head Type Steel Carbon Cadmium Plated Screw)	탄소강 (Cd 도금)	AN535를 개선한 규격 머리에 홈이 없음
		MS 21318 — 15 └대쉬 No 지름, 스크류의 길이 └계열	
AN565	육각 및 홈이 있는 소켓, 머리 없는 세트 스크류 (Hexagon & Fluted Socket Headless set Screw)	합금강 (Cd 도금) 내식강	〔비고〕는 다음 페이지에 계속

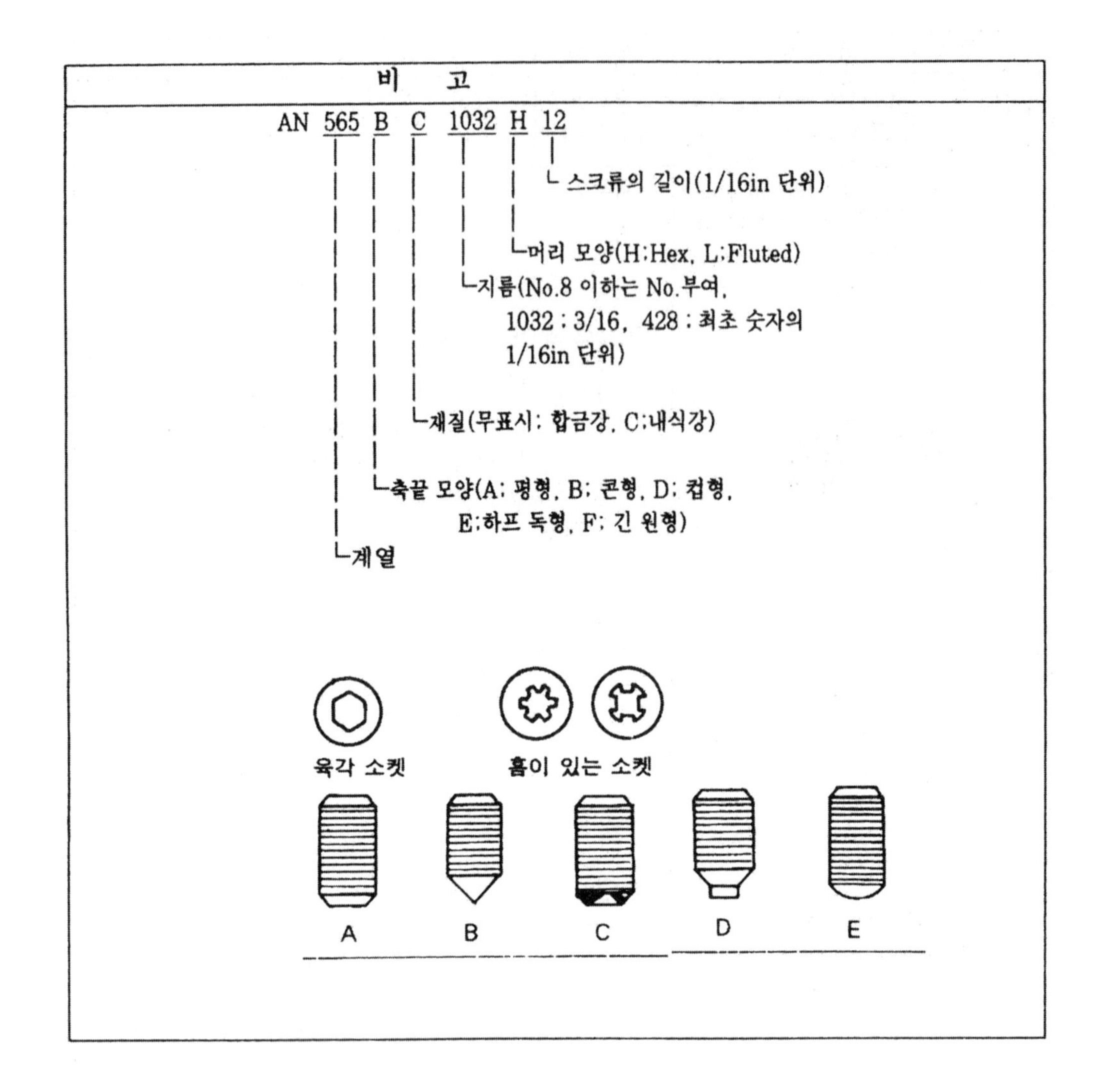

8-5. 와셔(Washer)

1) 일반

항공기에 사용되는 와셔는 볼트머리 및 너트쪽에 사용되며 구조부나 부품의 표면을 보호하거나 볼트, 너트의 느슨함을 방지하거나 특수한 부품을 장착하는 등, 각각의 사용 목적에 따라 분류하여 사용한다.

2) 와셔의 분류

와셔는 형상 및 사용 목적에 따라 다음과 같이 분류할 수 있다.

A. 평와셔

① 구조물이나 장착 부품의 조이는 힘을 분산, 평균화한다.
② 볼트, 너트의 코터 핀 구멍 위치 등의 조정용 스페이서(Spacer) 사용한다.
③ 볼트, 너트를 조일 때에 구조물, 장착 부품을 보호한다.
④ 구조물, 장착 부품의 조임면의 부식을 방지한다.

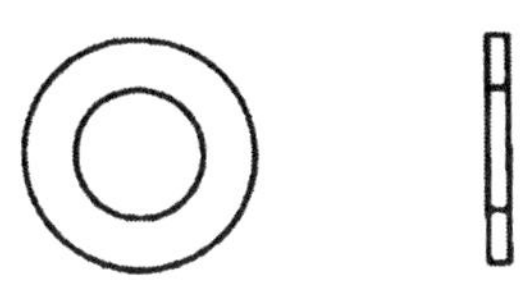

그림 8-19 평 와셔

B. 락크 와셔

락크 와셔는 셀프 락크 너트나 코터 핀, 안전 지선을 사용할 수 없는 곳에 볼트, 너트, 스크류의 느슨함 방지를 위해 사용된다.

(a) 스프링 락크 와셔
(Spring Lock Washer)

(b) 평형 내부 톱니 바퀴 락크 와셔
(Flat Internal Teeth Lock Washer)

(c) 평형 바깥 톱니 바퀴 락크 와셔
(Flat External Teeth Lock Washer)

(d) 탭 와셔
(Tab Washer)

그림 8-20 락크 와셔

C. 특수 와셔

① 고강도 카운터싱크 및 고강도 평 와셔

고장력 하중이 걸리는 곳에 인터널 렌칭 볼트와 같이 사용되며, 볼트 머리와 섕크 사이의 큰 라운드(R)에 대해 구조물이나 부품의 파손을 방지함과 동시에 조임면에 대해 평편한 면을 갖게 한다.

② 테이퍼 핀 와셔(Taper Pin Washer)

테이퍼 핀과 같이 사용되며, 플레인 와셔에서는 변형될 우려가 있는 곳에 조정용 심(Shim)의 역할을 하며 너트 아래 장착한다.

③ 프리로드 지시 와셔(Preload Indicating Washer : 그림 8-22)

토큐 렌치보다 더 정확한 조임이 필요한 곳에 사용한다.

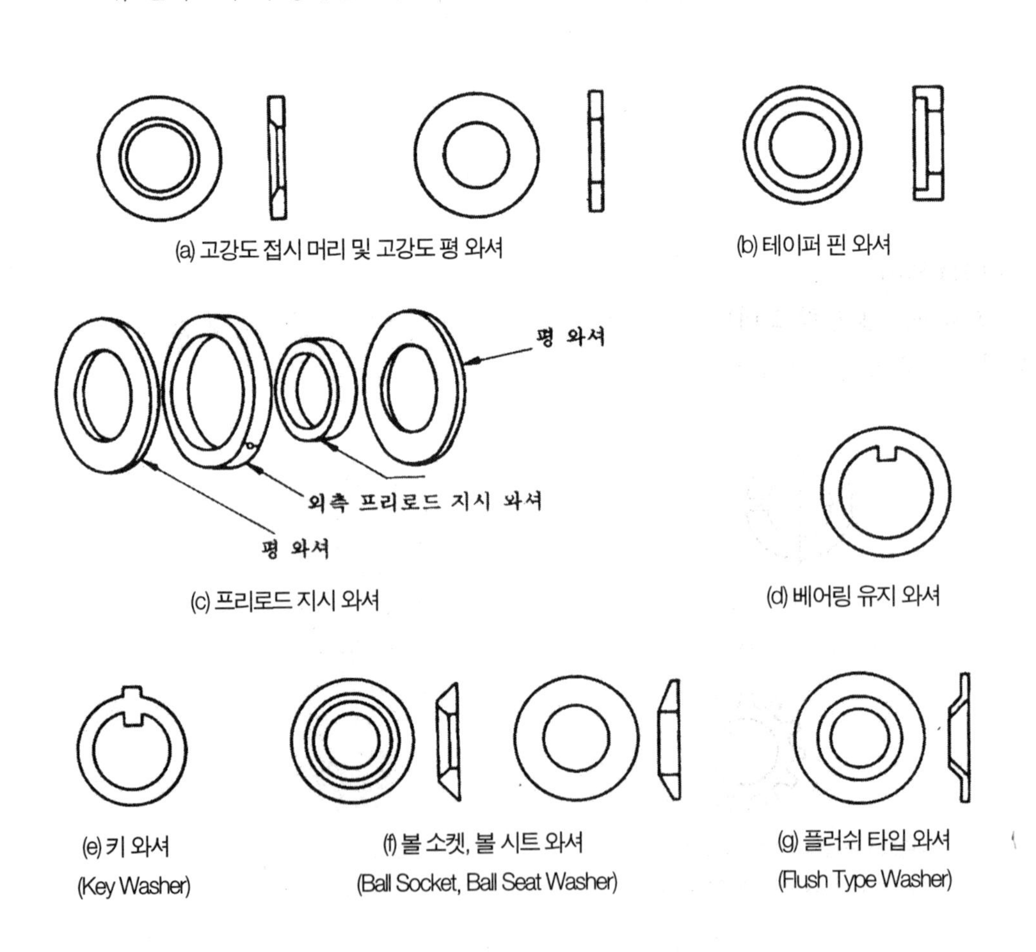

그림 8-21 특수 와셔

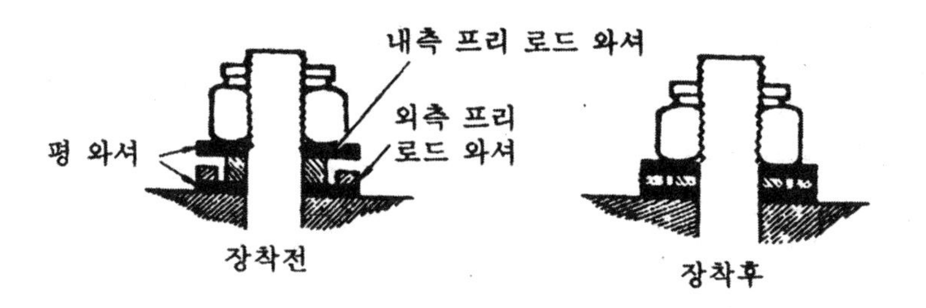

그림 8-22 프리 로드 지시 와셔(Preload Indicating Washer)

3) 와셔의 크기

와셔의 크기는 구멍에 사용되는 적용 볼트 지름으로 표시한다.

4) 부품 번호

a. AN 960 J D 716 L
- AN: 계열
- 960: 표면 처리
- J: 재질
- D 716: 적용 볼트 지름
- L: 두께

b. MS 20002 C 4
- MS 20002: 계열
- C: 형식
- 4: 적용 볼트 지름

5) 와셔의 취급

① 와셔는 사용되는 장소에 따라 적합하게 지정된 부품 번호의 와셔를 사용한다.
② 와셔의 사용 개수는 최대 3개까지 허용된다. (1개는 부재 표면 보호, 다른 2개는 볼트 머리 및 너트쪽에 끼워 넣음) 이때 락크 와셔 및 특수 와셔는 사용 개수에 포함되지 않

는다.

③ 와셔는 원칙적으로 볼트와 같은 재질의 것을 사용한다.
알루미늄 합금 또는 마그네슘 합금의 구조부에 볼트나 너트를 장착하는 경우, 카드뮴 도금된 탄소강 와셔를 사용한다.
알루미늄 합금 볼트의 조임에 있어서는 알루미늄 합금 또는 카드뮴 도금 된 강 와셔를 사용한다.

④ 크램프 장착시에는 평와셔를 붙여 사용할 필요가 없다.

⑤ 락크 와셔는 1차, 2차, 구조부, 또는 때때로 장탈하거나 부식되기 쉬운 곳에 사용해서는 안된다.

⑥ 알루미늄 합금, 마그네슘 합금에 락크 와셔를 사용할 경우, 카드뮴 도금된 탄소강의 평와셔를 그 아래 넣는다.

⑦ 기밀을 요하는 장소 및 공기의 흐름에 노출되는 표면에는 락크 와셔를 사용하지 않는다.

⑧ 탭 와셔, 프리로드 지시 와셔는 재사용할 수 없다.

⑨ 특수 와셔는 그 용도에 따라 여러 종류가 있으므로, 각각의 용도에 맞는 것을 사용해야 한다.

6) 와셔의 계열

규격번호	명 칭	재 질	비 고
AN960	평와셔 (Flat Washer)	탄소강 (Cd도금)	가장 일반적인 와셔
		내식강 Al합금	
		AN 960 - 716 L └두께(L:박형, LL:극박형, 무:보통형) └지름(No.10 이하는 No. 416 이상은 1/16in 단위) └재료 —:탄소강, C:내식강, XC: 내식강(흑색 산화 처리) JD:Al합금(화학 피막 처리) 낮은 전기 저항이 요구되는 곳에 사용 KD: Al합금(양극처리) 부식 방지를 우선으로 하는 곳에 사용 └계열	

규격번호	명 칭	재 질	비 고
MS 20002	고강도용 접시 머리 및 고강도용 평 와셔 (Countsunk and Plain High Strength Washer)	합금강	NAS143을 대체한 규격 접시머리 와셔는 장착 방향에 주의한다. 평 와셔의 두께는 모두 0.062in
		MS 20002 C 5 └지름(1/16in 단위) └형식 : (C : Countsunk, − : Plain) └계열	
MS 35333 ~ MS35336	락크 와셔 (Lock Washer)	탄소강 (Cd도금)	MS35334은 탄소강 만으로 되어 있고 외경, 두께가 다른것과 다르다.
		내식강	
		인청동	
		황동	
		MS 35333 - 110 └지름 및 재질 └형식(3: 평형 안쪽 톱니, 4: 평형 안쪽 톱니(고하중 용) 5: 평형 바깥 톱니 6: 접사 머리 바깥 톱니) └계열	
MS 35338	락크 스프링 헬리컬 와셔	탄소강	AN 935 등을 개선한 규격 탄소강은 인산염 피막처리 또는 Cd 도금 되어 있다. 내식강은 300과 420 시리즈가 있다.
		내식강	
		인청동 (Cd도금)	
		황동 (Cd도금)	
		모넬	

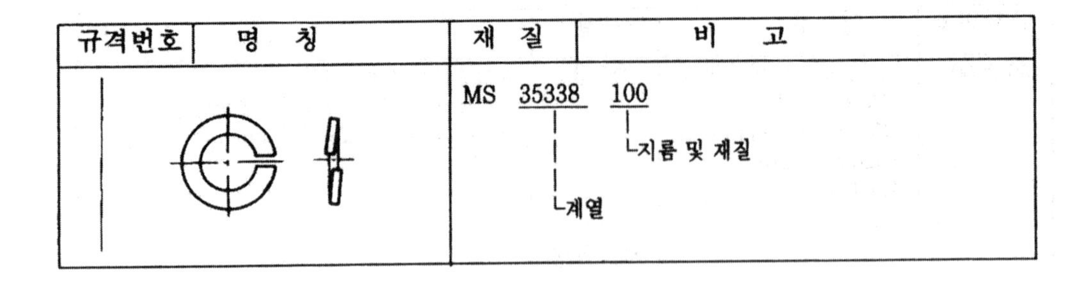

규격번호	명 칭	재 질	비 고
		MS 35338 100 └지름 및 재질 └계열	

8-6. 볼트, 너트의 조임 토큐

1) 일반

항공기는 비행중에 심한 진동이나 급격한 온도 변화를 받으므로(이질 금속의 팽창율의 차이에 의한 영향) 부품의 결합에 사용되는 볼트, 너트 등의 조임 정도는 매우 중요하다.

조임 토큐가 과대하면 볼트, 너트에 큰 하중이 걸려 나사를 손상시키거나 볼트가 절단되기도 한다. 또 조임 토큐의 부족은 볼트, 너트의 피로 파괴를 촉진시키거나 볼트, 너트 등의 마모를 초래하게 된다.

이와 같은 것을 방지하기 위해 각각의 볼트, 너트의 토큐를 정해서 적절히 조여야 한다.

2) 토큐 렌치(Torque Wrench)의 종류

토큐 렌치에는 다음의 종류가 있다.

A. 빔식 토큐 렌치(Beam Type Torque Wrench)

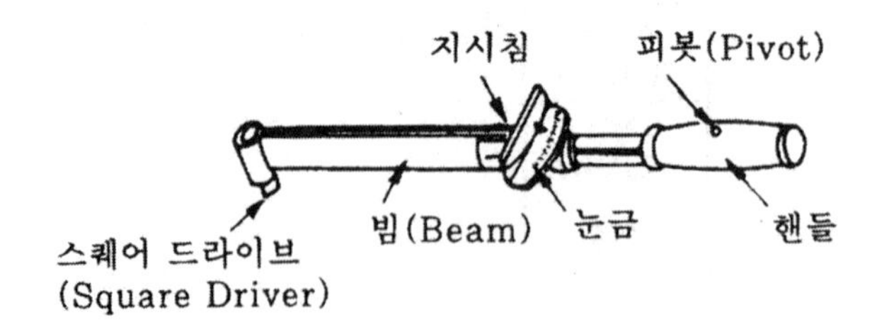

그림 8-23 빔식 토큐 렌치

B. 다이얼식 토큐 렌치(Dial Type Torque Wrentch)

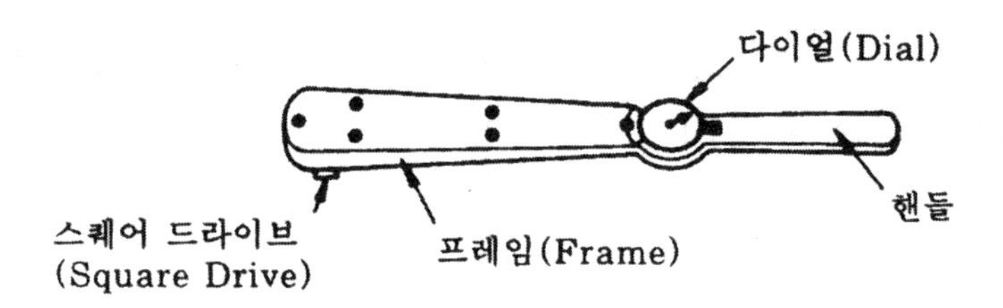

그림 8-24 다이얼식 토오큐 렌치

C. 리미트식 토큐 렌치(Limit Type Torque Wrentch)

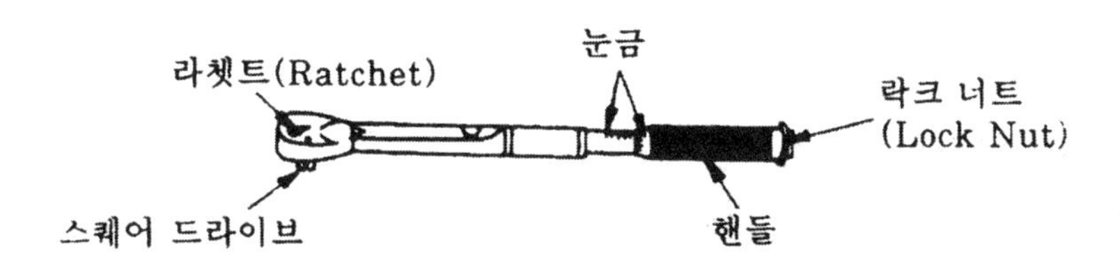

그림 8-25 리미트식 토큐 렌치

3) 토큐 렌치의 유효 길이

A. 빔식(Beam Type)

빔식에서는 힘이 축에 대해 항상 직각으로 작용하게 하는 피봇(Pivot)이 있으므로, 유효 길이는 그림 8-27과 같이 된다. 힘은 핸들이 있는 곳에만 걸리며 렌치 중심선에 직각인 방향으로부터 10° 이내에서 피봇 지점으로 핸들이 축에 접촉되지 않도록 사용한다.

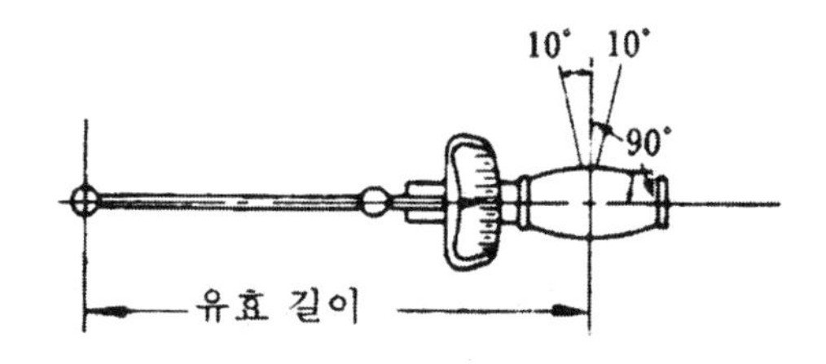

그림 8-26 빔식 토큐 렌치의 유효 길이

B. 다이얼식(Dial Type)

다이얼은 핸들 부분에 착력점(Effective Length)이라 기입되어 있는 부분을 잡고 사용하면, 다이얼에 지시된 토큐가 걸리도록 되어 있다. 따라서, 유효 길이는 스퀘어 드라이브의 중심에서 착력점까지가 된다.

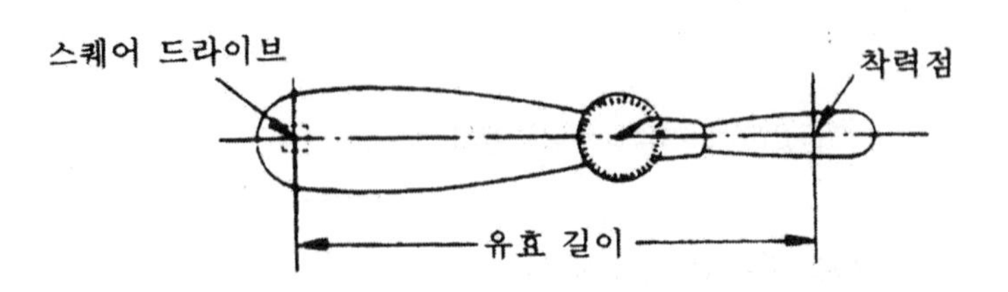

그림 8-27 다이얼식의 유효 길이

C. 리미트식(Limit Type)

리미트식은 핸들의 울퉁불퉁한 것이 있는 부분이나, 손잡이에 라인(Line)이 있는 것은 라인이 손의 중심에 오게 잡고 사용하면 셋트된 토큐가 걸리게 된다. 그러므로, 익스텐션(Extension)을 사용하는 경우에는 잡는 부분의 중심을 착력점으로 생각하면 된다.

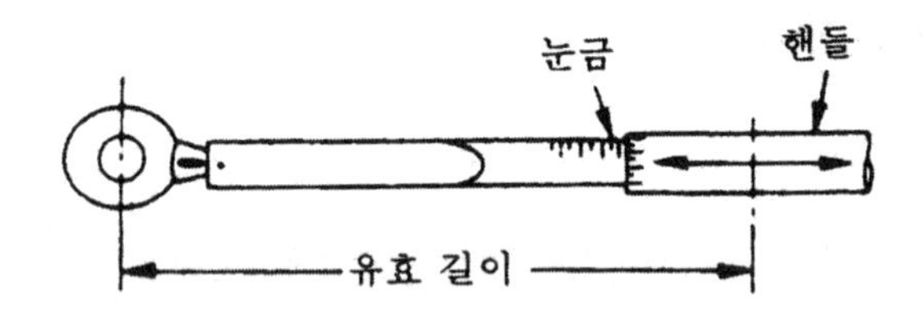

그림 8-28 리미트식의 유효 길이

4) 토큐값

A. 토큐값을 정하는 요소

토큐는 표 8-3과 같이 볼트, 너트의 재질(열처리를 포함), 사용 구분(인장용, 전단용), 나사의 형식(Fine Thread, Coarse Thread) 및 크기에 의해 정해진다.

볼트강 인장		볼트강 인장		볼트 알루미늄	
AN3 ~ AN20 AN42B ~ AN49 AN173 ~ AN185 MS20073 MS20074 MS24694 MS27039		MS2004 ~ MS20024 NAS333 ~ NAS340 NAS624 ~ NAS644 NAS6603 ~ NAS6620		AN3DD ~ AN20DD MS27039DD MS24694A	
너 트		너 트		너 트	
동 인장	동 전단	동 인장	동 전단	알류미늄인장	알루미늄인장
AN310 AN315 MS21045 MS20500 NAS679 MS21042 MS21044	AN320 MS21042 MS21083 MS21245	AN310 AN315 MS21045 NAS679 MS21042 MS21044	AN320 MS21042 MS21083	AN310D MS21044D	AN320D

표 8-3 볼트 너트의 조합

	너트 볼트 크기	토큐 리미트		토큐 리미트		토큐 리미트		토큐 리미트		토큐 리미트		토큐 리미트	
		Min	Max	Min	Max	Min	Max	Min	Max	Min	Max	Min	Max
가는 나사 계열	No. 8-36	12	15	7	9	....	....	....	....	5	10	3	6
	No.10-32	20	25	12	15	25	30	15	20	10	15	5	10
	1 428	50	70	30	40	80	100	50	60	30	45	15	30
	5.15- 24	100	140	60	85	120	145	70	90	40	65	25	40
	3 8- 24	160	190	95	110	200	250	120	150	75	110	45	70
	7 16- 20	450	500	270	300	520	630	300	400	180	280	110	170
	1 2- 20	480	690	290	410	770	950	450	550	200	410	160	260
	9 16- 18	800	1,000	480	600	1,100	1,300	650	800	300	580	230	360
	5 8- 18	1,100	1,300	660	780	1,250	1,550	750	950	550	670	270	420
	3 4 - 16	2,300	2,500	1,300	1,500	2,650	3,200	1,600	1,900	950	1,250	560	830
	7 8 - 14	2,500	3,000	1,500	1,800	3,550	4,350	2,100	2,600	1,250	1,900	750	1,200
	1 - 12	3,700	4,500	2,200	3,300	4,500	5,500	2,700	3,300	1,600	2,400	950	1,500
	1 1/2 12	5,000	7,000	3,000	4,200	6,000	7,300	3,600	4,400	2,100	3,200	1,250	2,000
	1 1/4 12	9,000	11,000	5,400	6,600	11,000	13,400	6,600	8,000	3,900	5,600	2,300	3,650
거친 나사 계열	No. 8-32	12	15	7	9								
	No.10-24	20	25	12	15								
	1 4- 20	40	50	30	30								
	5 16-18	80	90	60	55								
	3 8-16	160	185	95	110								
	7 16 - 14	235	255	270	155								
	1 2 - 13	400	480	290	290								
	9 16-12	500	700	480	420								
	5 8-11	700	900	660	540								
	3 4-10	1,150	1,600	1,300	950								
	7 8- 9	2,200	3,000	1,500	1,800								
	1- 8	3,700	5,000	2,200	3,000								
	1 1/2 8	5,500	6,500	3,000	4,000								
	1 1/4 8	6,500	8,000	5,400	5,000								

표 8-4 표 8-3의 조합에 의한 추천 토큐 값(무윤활)

B. 토큐값의 적용 우선 순위

① 볼트, 너트의 조임 토큐는 정비 매뉴얼에 지정되어 있는 경우, 그 토큐를 최우선으로 사용한다.

② 표 8-3, 8-4의 토큐값은 특별한 지정이 없을 때 일반적으로 적용되는 수치이다. (표에 나와 있는 부품 번호의 것, 또는 그것과 동등품)

C. 볼트의 머리쪽에서 토큐를 거는 경우

토큐는 너트 쪽에서 거는 것이 보통이다. 그러나, 주위 구조물이나 여유 공간 때문에 볼트 머리쪽에서 토큐를 걸 때는 볼트의 섕크와 조임부와의 마찰을 고려하여 토큐를 크게 해야 하며 항공기 제작사별로 다음과 같이 다르게 적용하고 있으므로 주의해야 한다.

① 보잉 항공기 : 너트의 최대 토큐 값의 ±10%를 적용함

(예 : 토큐 수치가 300~500in-Lbs인 경우, 볼트 토큐 값은 500± 10% = 450~550in-Lbs)

② MDC 항공기 : 너트의 최대 토큐 값을 적용(500in-Lbs)

③ Airbus 항공기 : 너트 토큐 값의 1.2배를 사용(360~600in-Lbs)

볼트 크기	볼 트	너 트	토큐값	
			in-Lbs	ft-Lbs
1/4-28	MS2004	EB-048	83- 115	
5/16-24	MS2005	EB-054	165- 230	
3/8-24	MS2006	EB-064	260- 320	
7/16-20	MS2007	EB-070	740- 820	
1/2-20	MS2008	EB-080	800-1,140	
9/16-18	MS2009	EB-098	1,370-1,640	115- 135
5/8-18	MS20010	EB-108	1,845-2,120	114- 175
3/4-16	MS20012	EB-126		320- 340
7/8-14	MS20014	EB-144		340- 410
1-12	MS20017	EB-164		510- 760
1-1/8-12	MS20018	EB-182		690- 965
1-1/4-12	MS20020	EB-202		1,230-

표 8-5 고장력 볼트의 표준 토큐치

④ Forker 항공기 : 너트의 최대 토큐 값에 가깝게 적용(490~495in- Lbs)

5) 토큐 렌치의 취급과 토큐를 걸 때의 주의 사항

A. 토큐 렌치의 취급

① 토큐 렌치는 정기적으로 교정되고 있는 측정기이므로 사용할 때는 유효한 것인지를 확인해야 한다.

② 토큐값에 적합한 범위의 토큐 렌치를 고른다.

③ 토큐 렌치는 용도 이외에 사용해서는 안된다. (예 : 해머, 라쳇트 핸들)

④ 만약 정밀도에 영향을 미칠 수 있는 경우가 생기면 점검할 필요가 있다. (떨어뜨렸을 때, 충격을 주었을 때 등)

⑤ 리미트식 토큐 렌치를 셋트할 경우, 락크 너트를 Un Lock로 해서 셋트(Set)하고 토큐값을 확인한 뒤, 반드시 락크로 하여 사용한다.

⑥ 리미트식 토큐 렌치는 사용 후, 토큐의 최소 눈금까지 돌려 놓는다.

⑦ 토큐 렌치를 사용하기 시작했다면, 다른 토큐 렌치와 교환해서 사용해서는 안된다.

⑧ 리미트식 토큐 렌치는 오른나사용과 왼나사용이 있으므로 혼동해서 사용해서는 안된다.

B. 토큐를 걸 때의 주의 사항

① 볼트, 너트의 나사산의 손상, 변형, 먼지 기름 등에 중의하는 것이 중요하다. 토큐에는 드라이 토큐(Dry Torque)와 웨트 토큐(Wet Torque)가 있다.

드라이 토큐의 경우, 기름이나 그리스가 묻어 있으면 결과는 너무 조여지게 된다. 웨트 토큐에서는 볼트에 기름이나 그리스를 바르지 않으면 조임력이 매우 약해지므로 주의해야 한다.

② 토큐를 걸 때는 평평하고 매끄럽게, 균등한 힘으로 당기고 지정 토큐까지 조여서 한참동안 홀드(Hold)한다. 또 조이기 시작하면 도중에서 멈춰서는 안되고 지정된 토큐까지 조여야 한다.

③ 빔식, 다이얼식의 토큐 렌치는 눈금을 바로 위에서 보아 시차에 의한 오차를 방지해야 한다.

④ 힘은 핸들 부근에만 걸고, 토큐 렌치를 볼트축에 대해 직각으로 사용한다.

⑤ 지정 토큐에 가까이 갔을 때나 지정 토큐까지 조였을 때, 위축되거나 뻑뻑한 느낌이 있으면 풀어서 토큐를 다시 건다.

6) 토큐 렌치에 익스텐션 등을 사용한 경우

익스텐션(Extension) 등을 장착하여 토큐 렌치를 사용할 때, 눈금에 나오는 수치는 수정된 토큐 값으로 해야 할 경우가 많다. 다음은 대표적인 것에 대한 설명이다.

① 익스텐션의 중심선과 토큐 렌치의 중심선이 일치되어 있는 경우

즉, 필요한 토큐가 1,440in-Lbs일 때, 토큐 렌치의 눈금에서는 1,200in-Lbs까지 조이면 된다.

② 토큐 렌치의 중심선과 익스텐션의 중심선이 일직선이 되지 않은 경우

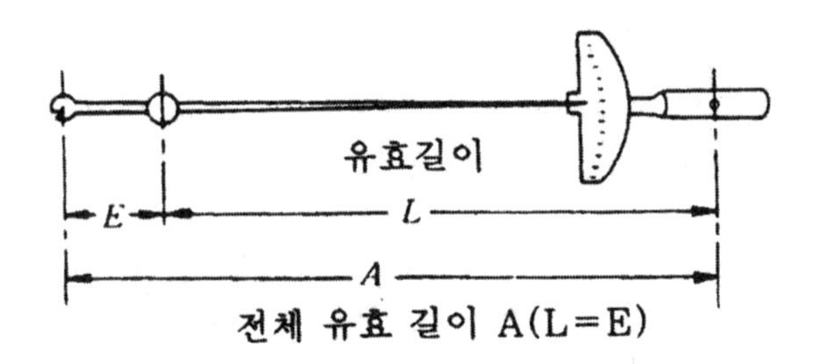

그림 8-29 익스텐션을 사용한 토큐 값

$L \cdot T = A \cdot R \qquad \therefore\ r = \dfrac{L \cdot T}{A} = \dfrac{L \cdot T}{L+E}$

L : 토큐 렌치의 유효 길이

T : 필요한 토큐

A : 힘의 작용점에서 조임의 중심까지의 거리

R : 필요한 토큐에 상당하는 눈금 표시

E : 익스텐션의 유효 길이

[계산 예] T = 1440in-Lbs E =3in L =15in

$$R = \frac{L \cdot T}{L+E} = \frac{15 \times 1440}{15+3} = 1200$$

이때도 눈금에 표시되는 수치는 수정이 필요하며 계산식도 앞에 설명한 것이 적용된다.

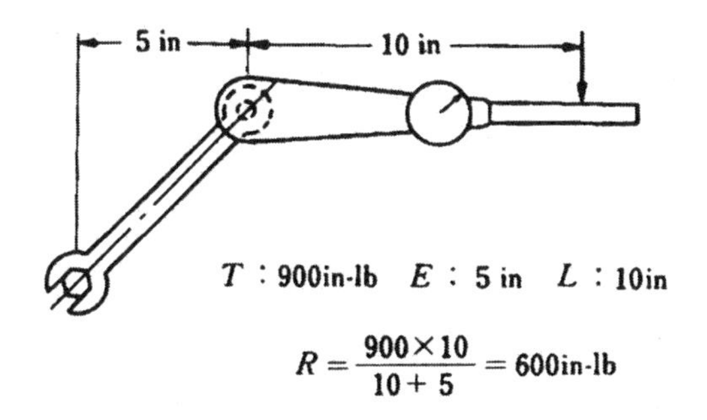

그림 8-30 토큐 렌치와 익스텐션이 직각이 아닐 때

③ 토큐 렌치와 익스텐션의 중심선이 직각일 경우
이 때는 수정할 필요가 없다.

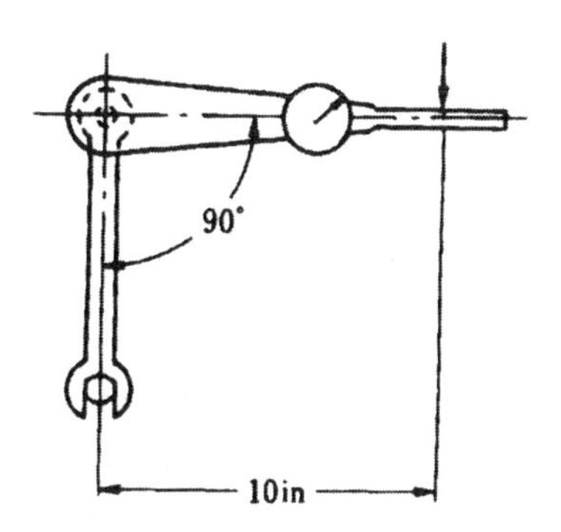

그림 8-31 토큐 렌치와 익스텐션이 직각일 때

8-7. 안전 지선(Safety Wire)

1) 일반

항공기에 사용되는 안전 지선은 목적에 따라 다음과 같은 것이 있다. 항공기에 사용되고 있는 나사 부품은 비행중 또 작동중의 심한 진동과 하중 때문에 느슨해질 우려가 있으므로 모두 풀림 방지가 되어 있으며, 그 방법의 하나로 나사 부품을 조이는 방향으로 당겨, 확실히 고정시키는 락크 와이어(Lock Wire)가 있다. 또 비상구, 소화제 발사 장치, 비상용 브레이크 등의 핸들, 스위치, 커버 등을 잘못 조작하는 것을 막고, 조작시에 쉽게 작동할 수 있도록 하는 목적으로 사용되는 쉐어 와이어(Shear Wire)가 있다.

2) 안전 지선의 재질과 크기

항공기에 사용되고 있는 안전 지선의 재질과 크기는 MS 20995에 나타난 것과 같고 그밖의 제조회사의 기술적 지시에 따라 가스터빈 엔진용으로 MS 9226(AMS 5687)이나 타입 305 내식강(AMS 5685) 등의 와이어가 사용된다. MS 9226 와이어는 1,800°F까지의 온도에 견디는 내열, 내식 합금이다. MS 9226 및 MS 20995를 표 8-6, 8-7에 나타냈다.

내식 및 내열 합금	
재질 규격	AMS 5687
주위 온도	1800°F
대쉬 No	와이어 지름
MS 9226-1	.016
MS 9226-2	.020
MS 9226-3	.025
MS 9226-4	.032
MS 9226-5	.040
MS 9226-6	.051
MS 9226-7	.063
MS 9226-8	.091

표 8-6 MS 9226 락크 와이어

3) 안전 지선의 사용 온도

안전 지선의 재료는 원칙적으로 MS 20995에서 선택해서 그것이 장착되는 장소의 온도나 환경을 고려하여 장착해야 한다. 표 8-8은 MS 33540에 정해진 주위의 온도 및 환경에 의한 안전 지선의 사용 범위이다.

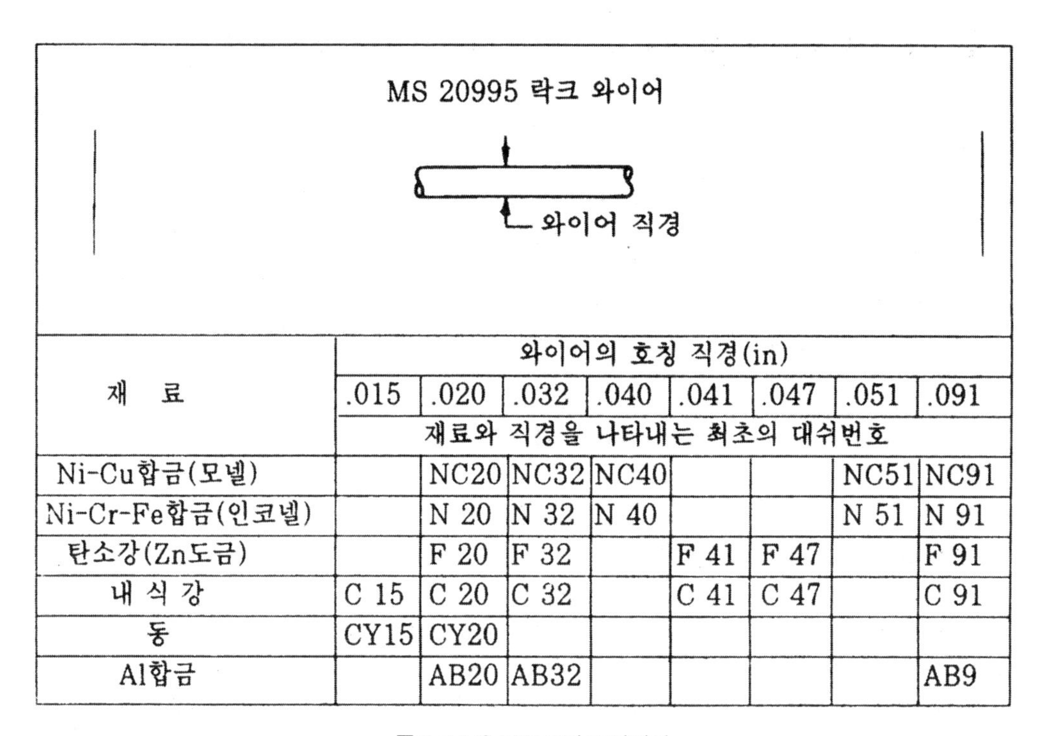

재 료	와이어의 호칭 직경(in)							
	.015	.020	.032	.040	.041	.047	.051	.091
	재료와 직경을 나타내는 최초의 대쉬번호							
Ni-Cu합금(모넬)		NC20	NC32	NC40			NC51	NC91
Ni-Cr-Fe합금(인코넬)		N 20	N 32	N 40			N 51	N 91
탄소강(Zn도금)		F 20	F 32		F 41	F 47		F 91
내 식 강	C 15	C 20	C 32		C 41	C 47		C 91
동	CY15	CY20						
Al합금		AB20	AB32					AB9

표 8-7 MS 20995 락크 와이어

1. 재질 : (최초의 대쉬 번호의 앞에 붙인 머리 문자로 나타냄)
   F = 탄소강(Zn도금), QQ-W-416, AISI1005, 1010 혹은 1015
   C = 내식강, QQ-W-423, Form-1, 조성 AISI302 혹은 AISI304
   N = Ni, Cr, Fe합금(인코넬600) QQ-W-390 Condition A
   NC = Ni-Cu합금(모넬) QQ-N-281 Class-A
   CY = 동, QQ-W-343, Cd도금(황색)
   AB = 양극처리 5056 Al합금 와이어(청색)
2. 직경 : 와이어의 직경은 1/1000in 단위로, 재질을 나타내는 머리문자 뒤에 숫자로 나타낸다.
3. 길이 : 0.015~0.041in인 것은 1~5Lbs 감기
   0.047~0.091in인 것은 5~10Lbs 감기
4. 부품 번호 예
   MS20995 CY 20=동 락크 와이어, 직경 0.020in
   MS20995 N 32=Ni, Cr, Fe 합금(인코넬) 직경 0.032in

락크 와이어의 종류	주위의 환경 등
모넬	700°F 까지의 장소
인코넬	1500°F 까지의 장소
5056Al합금	락크와이어가 마그네슘과 결합했을 경우
동(0.020in 직경)	비상 장치용

표 8-8 락크 와이어의 사용 범위

4) 와이어 크기의 선택

안전 지선의 크기(지름)는 MS 33540에 따라 다음의 최저 조건을 만족시켜야 한다.

① 보통의 안전풀림 방지용 와이어는 지름이 최저 0.032in가 되어야 한다.

② 다만, 지름이 0.045in 이하의 구멍 지름이 있는 경우, 간격이 2인치 이하로써 0.045인치에서 0.062인치인 구멍 지름이 있는 경우, 간격이 2인치 이하로써 0.045인치에서 0.062인치인 구멍 지름이 있는 곳, 또는 1/4in나, 그이하의 스크류와 볼트가 좁게 배열되어 있을 때는 0.020in인 와이어를 사용한다.

③ 싱글 와이어 방법으로 안전 풀림 방지를 할 때는 MS 20995에 나와 있는 적합한 재질로 구멍을 지나는 최대 지름의 와이어를 써야 한다.

④ 비상용 장치에 사용하는 와이어는 특별한 지시가 없는 한 지름 0.020 in인 CY 와이어를 사용한다. (CY 와이어 : Copper, Cadmium 도금)

⑤ 볼트 및 스크류의 머리에 뚫린 안전 지선용 드릴 구멍의 지름을 표 8-9에 나타냈다.

5) 드릴 헤드 볼트의 구멍의 위치를 정하는 법

볼트를 규정된 토큐값까지 조이는 순서에 따라 조이고 볼트 머리의 구멍의 위치를 확인해서 다음 순서대로 구멍의 위치를 조정한다.

① 안전 지선은 부품이 느슨해지지 않게, 항상 조여지는 방향으로 작용하지 않으면 안전 지선으로서의 가치가 없다. 2개의 유닛 사이에 안전 지선을 걸 때 구멍의 위치는 통하는 구멍이 중심선에 대해 좌로 45° 기울어진 위치가 되는 것이 이상적인 상태이다. (그림 8-33)

호칭 축직경	AN3 ~ AN20	AN173 ~ AN185	MS20073 ~ MS20074	MS20004 ~ MS20024	NAS624 ~ NAS644	NAS6603 MS35266 NAS6620	MS35265 MS35274 MS35275 MS35273
머리 드릴 구멍 직경 (안전 지선용)							(in)
No. 2							0.031
No. 4							0.037
No. 6							0.046
No. 8							
No.10	0.046 ~ 0.056	0.046 ~ 0.056	0.065 ~ 0.075	0.037~ 0.042	0.037~ 0.042	0.046 ~ 0.056	
1/4							0.062
5/16	0.070 ~ 0.080	0.070 ~ 0.080		0.055 ~ 0.060	0.050 ~ 0.060	0.070 ~ 0.080	0.070
3/8							
7/16							
1/2							
3/8							
7/16							
1/2							
9/16							
5/8							
3/4							
7/8							
1							
1-1/8							
1-1/4							
1-3/8							
1-1/2							

표 8-9 볼트, 너트, 스크류 등의 풀림 방지용 안전 지선의 직경

와이어가 이런 상태에 있을 때, 안전 지선을 하면 와이어는 항상 2개의 유닛을 조이는 방향으로 작용하므로 유닛(Unit)은 확실히 락크된다. 그러나, 이 이상적인 위치를 얻기 위해 유닛을 너무 조이거나 덜 조여서는 안된다.

즉, 구멍이 알맞게 모인 위치가 규정 토큐 범위에 없을 경우, 두께가 다른 와셔 또는 다른 볼트 등으로 교환된다. 그러나, 실제의 작업에서 이 이상적인 위치가 정확히 얻어진다고는 할 수 없다.

이러한 경우, 약간 위치가 어긋나도 되지만, 제1과 제2의 유닛의 구멍은 12시에서 3시 사이 및 6시에서 9시 사이를 피해야 한다.

② 다음에 3개 이상의 다수 유닛에 연속적으로 안전 지선을 걸 때의 구멍의 위치에 대해 설명하겠다. 제1의 유닛은 제2의 유닛과의 관계, 제2의 유닛은 제1과 제3의 유닛과의

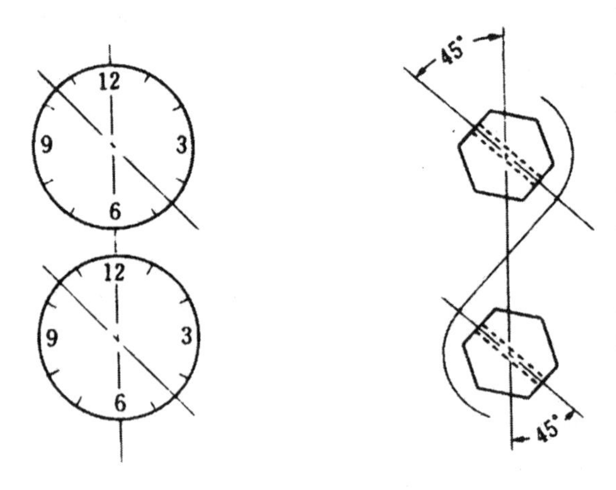

그림 8-32 안전 지선을 거는 법

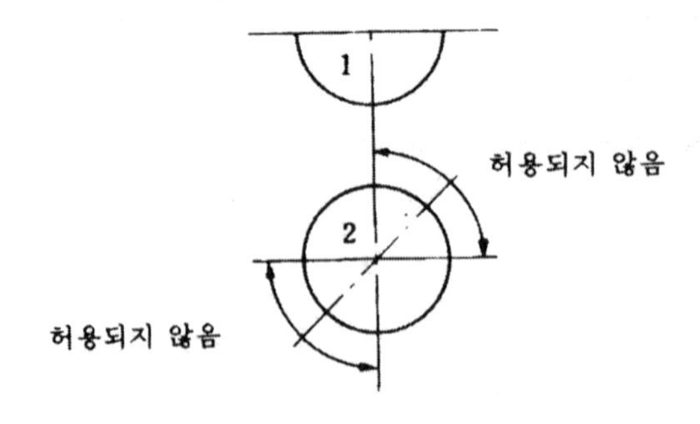

그림 8-33 안전 지선을 거는 법

관계, 제3의 유닛은 제2의 유닛과의 관계에서 9시에서 12시까지 사이에 구멍이 위치한다.

6) 안전 지선을 거는 법

A. 일반

나사 부품을 와이어를 사용하여 안전 지선을 하는데는 더블 트위스트(Double Twist) 와이어 방법과 싱글 와이어(Single Wire) 방법의 2가지 방법이 있다. (그림 8-34, 35, 36) 이 중 더블 트위스트 와이어 방법이 와이어에 의한 안전 지선의 표준이다.

따라서, 안전 지선을 할 때는 더블 트위스트 와이어 방법을 우선으로 해야 한다. 이어서 양자의 방법을 실시할 때의 제한 사항 및 적용 장소를 MS 33540에 바탕을 두고 설명하겠다.

B. 더블 트위스트 와이어 방법

① 넓은 간격(4~6in)으로 여러개 모인 유닛을 더블 트위스트 와이어 방법으로 안전 지선을 걸 때에 일련으로 결합할 수 있는 유닛 수는 3개가 최대수이다. (그림 8-38)

② 좁은 간격으로 여러개 모인 유닛에 연속해서 걸 수 있는 수는 길이 24 in인 와이어로 일련으로 걸 수 있는 수가 최대수이다.

③ 6in 이상 떨어져 있는 패스너(Fastener) 또는 피팅(Fitting)의 사이에 와이어를 걸어서는 안된다. (그림 8-39)

그림 8-34 더블 트위스트 방법 (Double Twist Method)

그림 8-35 더블 트위스트의 다른 방법

그림 8-36 싱글 와이어 방법

그림 8-37 연속 더블 트위스트

그림 8-38 싱글 와이어 더블 트위스트

C. 싱글 와이어(Single Wire)

이 방법은 다음과 같은 장소 및 상태일 때 사용한다.

① 3개 또는 그 이상의 유닛이 좁은 간격으로 폐쇄된 기하학적인 형상(삼각형, 정사각형, 직사각형, 원형 등)을 하는 전기 계통의 부품으로서, 좁은 간격이란 중심간의 거리가 2in(최대) 이하인 것을 말한다.

[참고] 좁은 간격으로 배열된 나사라도 유압 시일(Seal)이나 공기 시일을 막거나 유압을 받거나 클러치(Clutch) 기구나 슈퍼차저의 중요 부분에 사용될 때는 더블 트위스트 와이어 방법을 쓴다.

② 싱글 와이어 방법이 적용되는 곳

③ 비상용 장치(Emergency Devices), 예를 들어 비상구, 비상용 브레이크 레버, 산소 조정기, 소화제 발사 장치 등의 핸들 커버의 가드(Guard) 등에 사용한다.

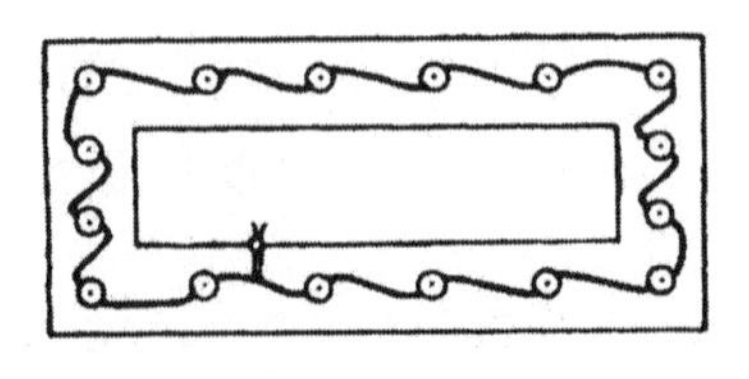

그림 8-39

D. 2개의 유닛에 대한 안전 지선을 거는 법의 기본 예

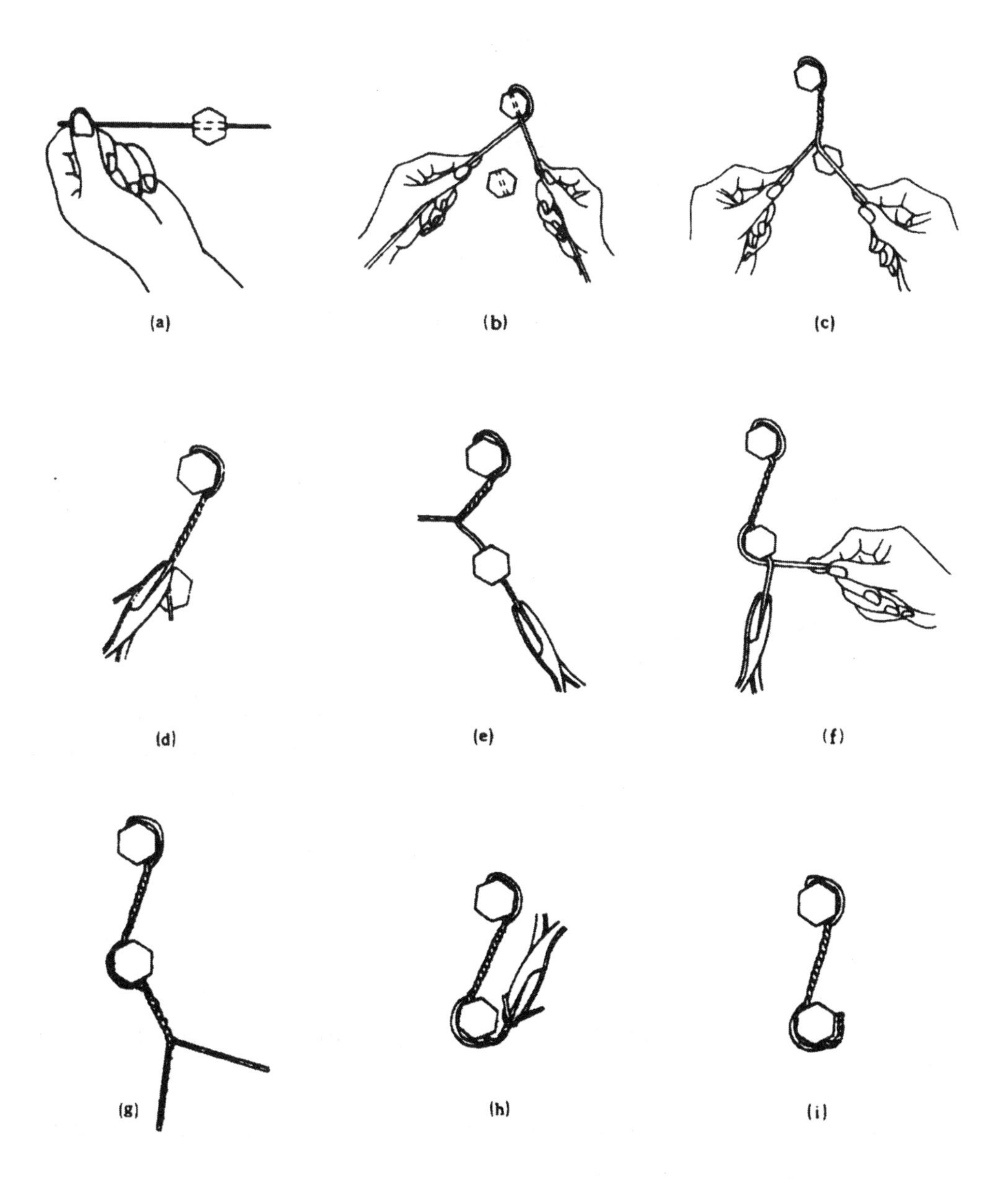

그림 8-40 안전 지선을 거는 법

E. 3개의 유닛에 대한 락크 와이어를 거는 법의 기본 예

그림 8-41 3개 유닛의 안전 지선을 거는 법

[참고] 3개의 유닛의 외측을 두르는 와이어는 유닛이 우측에 있을 때는 볼트 머리의 오른쪽으로, 좌측에 있을 때는 왼쪽으로 돌린다. [그림 8-40 (b) (c)]

7) 안전 지선을 걸 때의 주의와 제한 사항

① 안전 지선은 사용할 때마다 새것을 쓰고 1번 사용한 것을 재사용해서는 안된다.
② 안전 지선은 유닛 사이에 견고하게 설치해야 한다. 이것은 마찰이나 진동에 의한 피로를 막는다. 그렇다고 해서 와이어에 과도한 응력을 가해서는 안된다.
③ 안전 지선을 장착하는 작업중에 와이어에 꼬임(Kink), 흠(Nick), 마모된 흠(Scrape) 등이 생기지 않게 한다.
또, 날카로운 모서리를 따라 당기거나 너무 가까이 하거나 공구로 너무 잡거나 해서는 안된다.
④ 캐슬 너트의 홈이 너트의 상단에 가까이 있을 때는 와이어는 너트 주위를 감는 것보다 너트 위를 통해서 감는 것이 더 확실하다.
⑤ 다수의 유닛에 와이어를 걸 때에는, 만약 와이어가 끊어져도 모든 유닛이 느슨해지지 않도록 가능하면 적은 수로 나누어 한다.
⑥ 인터널 스냅 링(Internal Snap Ring)에는 락크 와이어를 걸지 말 것.
⑦ 전기 콘넥터의 와이어는 여기서 설명하는 기본 사항에 준하여 0.020in 지름인 와이어를 걸어도 좋다. 전기 콘넥터에 와이어를 걸 때는 하나하나에 거는 것이 바람직하다. 어쩔 수 없는 경우가 아니면 콘넥터 사이에는 와이어를 걸지 않는다.
⑧ 유닛과 환경에 맞는 와이어를 선택하여 필요한 길이로 절단한다. 필요한 길이는 대략

유닛 개개의 거리의 2배에 두손으로 쥘 수 있는 여분을 더한 것이다.

⑨ 와이어에 극단적인, 또는 불규칙적인 구부러짐이 있으면 똑바로 편다.
이때 필요한 길이로 절단한 와이어의 끝을 바이스로 고정하고 다른 끝을 플라이어로 꽉 잡고서 반동을 가하여 1~2번, 적당한 힘으로 당기거나 한 끝을 플라이어로 잡고 트위스트 와이어를 잡아 당긴다. 이렇게 하면 와이어 표면의 피막, 또는 도금을 손상시키거나 벗겨지게 하지 않고 팽팽히 똑바로 펼 수 있다.

⑩ 안전 지선의 꼬임 수는 자주 사용되는 0.032in 및 0.040in 지름인 경우 1in당 6~8개의 꼬임이 적당하다.

⑪ 와이어는 직각으로 절단할 것.

⑫ 마지막 꼬은 끝을 볼트쪽에 바짝 붙여서 잘라낸 곳에 걸리거나 작업복을 손상시키지 않게 해둔다. 마지막 꼬은 줄 길이는 1/4~1/2in, 꼬은수는 3~5번이다.

⑬ 절단된 여분의 와이어를 엔진, 기체 및 부품속에 떨어뜨려서는 안된다.

8-8. 코터 핀(Cotter Pin)에 의한 풀림 방지

1) 일반

코터 핀은 캐슬 너트(Castellated Nut), 핀 또는 그밖의 풀림 방지나 빠져나오는 것을 방지해야 할 필요가 있는 부품에 사용되는데, 여기서는 작업의 대부분인 캐슬 너트의 회전 방지에 대해 설명하겠다.

항공기에서의 코터 핀의 선택과 실시의 기본이 되는 것은 MS 24665, 코터 핀 및 MS 33540 안전 지선 실시 기준 일반이다.

2) 코터 핀의 재질과 적용

사용하는 코터 핀의 재질은 장착 장소의 온도와 환경에 따라 정해진다. 표 8-10은 MS 33540에 의한 사용 온도 한계와 용도 범위이다.

재 질	주위의 온도	용 도
탄소강	450°F까지의 장소	코터 핀을 부착하는 볼트 또는 너트가 카드뮴 도금되어 있을 때
내식강	800°F까지의 장소	비자성이 요구되는 곳 부식성이 있는 환경에 사용 코터 핀을 장착하는 볼트 또는 너트가 내식강인 곳

표 8-10 상용 온도 한계와 용도

3) 부품 번호를 보는 법

MS 24665에 의한 코터 핀은 다른 MS 부품의 와셔, 너트의 일부에 있는 것처럼 대쉬 넘버로 재질, 길이 및 지름을 표시한다.

1961년 3월 이후 생산 중지가 된 AN 380(저탄소강), AN 381(내식강)이 부품 번호로 나왔을 때는 MS 24665의 호환표를 보고 사용하면 된다. (표 8-11, 8-12)

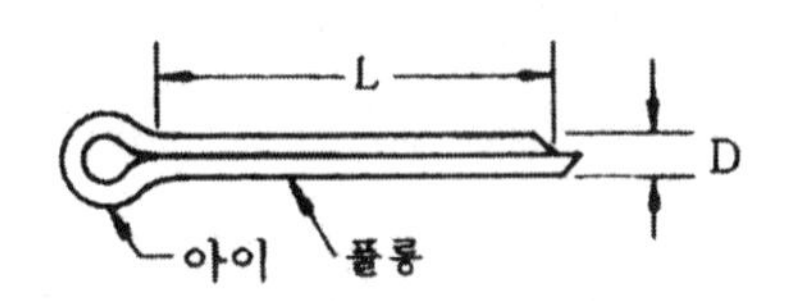

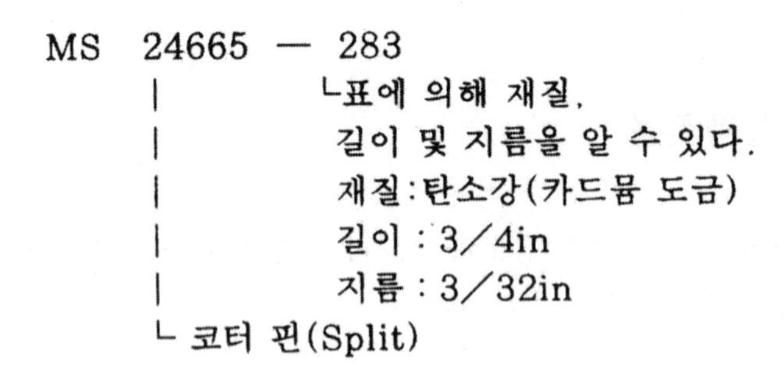

길이(L)	호칭 직경					
	1/32	3/64	1/16	※5/64	3/32	1/8
	대쉬 번호	대쉬 번호	대쉬 번호	대쉬 번호	대쉬 번호	대쉬 번호
1/4	1	65				
1/2	5	69	132	208	281	349
3/4	7	71	134	210	283	351
1	9	73	136	212	285	353
1-1/4	10	74	138	214	287	355
1-1/2	11	75	140	216	289	357
1-3/4	12	76	142	218	291	359
2	13	77	143	219	292	360

[참고] 5/64in인 것은 사용하지 말고 3/32in인 것을 사용한다.

표 8-11 내식강(카드뮴 도금) 분할 핀의 대쉬 번호표 (일부를 발췌)

길이(L)	호칭 직경					
	1/32	3/64	1/16	※5/64	3/32	1/8
	대쉬 번호	대쉬 번호	대쉬 번호	대쉬 번호	대쉬 번호	대쉬 번호
1/4	18	82	1010			
5/16	1001		1011			
3/8	1002		1012			
7/16	1003		1013			
1/2	22	86	151	227	298	366
3/4	24	88	153	229	300	368
1	26	90	155	231	302	370
1-1/4	27	91	157	233	304	372
1-1/2	28	92	159	235	306	374
1-3/4	29	93	161	237	308	376
2	30	94	162	238	309	377

표 8-12 내식강제 코터 핀의 대시 번호표(일부를 발췌)

4) 코터 핀의 선택

코터 핀의 굵기는 MS 33540에 의해 볼트와 너트에 사용시는 표 8-13보다 작은 것을 사용해서는 안된다. 그 밖에는 코터 핀 구멍에 들어가는 가장 굵은 것을 사용한다.

나사 지름	최소 핀 크기	핀의 길이
NO.6	0.028in (1/32in)	1/2in
No.8~5/16in	0.047in (3/64in)	3/4in
3/8~1/2in	0.072in (5/64in)	3/4in
9/16~1in	0.086in (3/32in)	1-3/4in
1-1/8~1-1/2in	0.116in (1/8in)	2in

[참고] 5/64in인 것은 사용하지 말고 3/32in인 것을 사용한다.

표 8-13 코터 핀의 선택

<table>
<tr><th>PIN / 크 기</th><th>AN3 ~20</th><th>AN21 ~37</th><th>AN42B ~49</th><th>AN173 ~185</th><th>NAS303 ~340</th><th>NAS6603~6620 NAS6703~6720</th></tr>
<tr><td>No.6</td><td rowspan="2"></td><td>0.038</td><td rowspan="2"></td><td rowspan="2"></td><td rowspan="2"></td><td rowspan="2"></td></tr>
<tr><td>No.8</td><td></td></tr>
<tr><td>No.10</td><td>0.070</td><td>0.070</td><td>0.070</td><td>0.070</td><td>0.070</td><td>0.070</td></tr>
<tr><td>1/4</td><td rowspan="2"></td><td rowspan="2"></td><td rowspan="2"></td><td rowspan="2"></td><td rowspan="2"></td><td rowspan="2"></td></tr>
<tr><td>5/16</td></tr>
<tr><td>3/8</td><td rowspan="3">0.106</td><td rowspan="3">0.106</td><td rowspan="3">0.106</td><td rowspan="3">0.106</td><td rowspan="3">0.106</td><td rowspan="3">0.106</td></tr>
<tr><td>7/16</td></tr>
<tr><td>1/2</td></tr>
<tr><td>9/16</td><td rowspan="7">0.141</td><td rowspan="5">0.141</td><td>0.141</td><td rowspan="5">0.141</td><td rowspan="2">0.141</td><td rowspan="7">0.141</td></tr>
<tr><td>5/8</td><td rowspan="6"></td></tr>
<tr><td>3/4</td><td rowspan="3"></td></tr>
<tr><td>7/8</td></tr>
<tr><td>1</td></tr>
<tr><td>1-1/8</td><td rowspan="2"></td><td rowspan="2"></td><td rowspan="2"></td></tr>
<tr><td>1-1/4</td></tr>
</table>

[참고] 구멍 크기의 허용은 +0.010~-0.000이다.

표 8-14 코터 핀 구멍 크기

5) 코터 핀의 장착 방법

코터 핀의 장착 방법에는 우선 방법(Prefered Method)과 대체 방법(Alternate Method)의 2가지 방법이 있다.

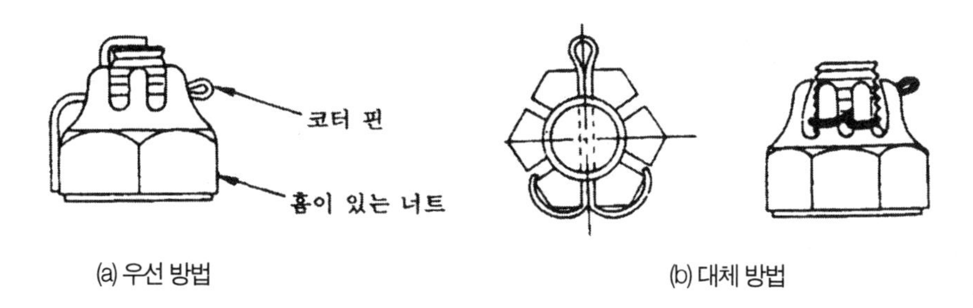

(a) 우선 방법 (b) 대체 방법

그림 8-42 코터 핀의 부착 방법

A. 우선 방법

특별한 지시가 없는 한 우선 방법을 쓴다. [그림 8-42 (a)]

B. 대체 방법

볼트 끝부분에서 구부려 접은 끝이 가까이 있는 부품과 닿을 것 같은 경우나 걸리기 쉬운 경우에 쓰는 방법이다. [그림 8-42 (b)]

6) 코터 핀 장착의 기본 예(우선 방법)

A. 드릴 샹크 볼트와 홈이 있는 너트의 체결법

① 너트를 규정된 최저 토큐로 조이고 볼트 나사 끝의 구멍과 너트의 홈의 위치를 확인한다. 맞지 않는 경우는 토큐값의 범위내에서 맞춘다. 만약 구멍과 홈이 맞지 않으면 너트, 와셔 및 볼트의 교환이나 와셔의 증감으로 조정한다.

② 너트의 홈과 볼트 구멍의 위치 (그림 8-43)

ⓐ 가장 바람직한 위치는 너트의 홈의 바닥과 볼트 구멍의 하부가 동일한 높이가 되었을 때이다.

ⓑ 코터 핀 지름의 50% 이상이 너트의 윗면으로 나와서는 안된다. 이럴때는 볼트를 짧은 것으로 교환하든지, 와셔를 두꺼운 것으로 교환하던지 와셔의 개수를 제한 개수까지 늘려 조정해야 한다.

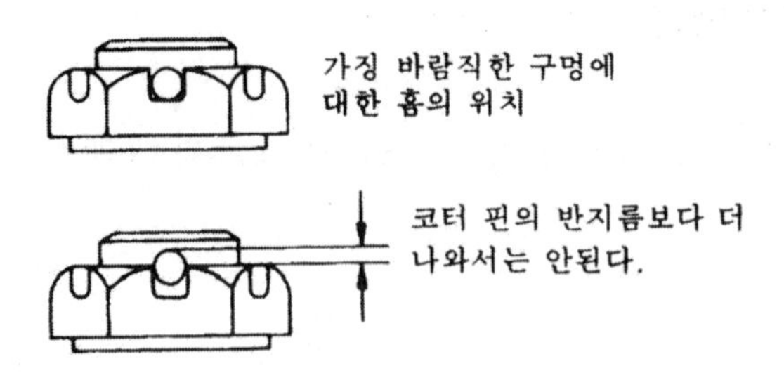

그림 8-43 코터 핀 구멍의 위치

B. 코터 핀의 장착 방법

① 핀 끝의 긴 쪽을 위로 해서 손으로 가능한 만큼 밀어 넣는다.

② 보통은 코터 핀의 머리가 너트의 벽과 동일면이 될 때까지 플라스틱 해머로 가볍게 두드린다. 이때 코터 핀의 머리가 변형되지 않게 주의한다. 머리가 변형되면 머리와 벽을 동일면이 되게 할 필요가 없다.

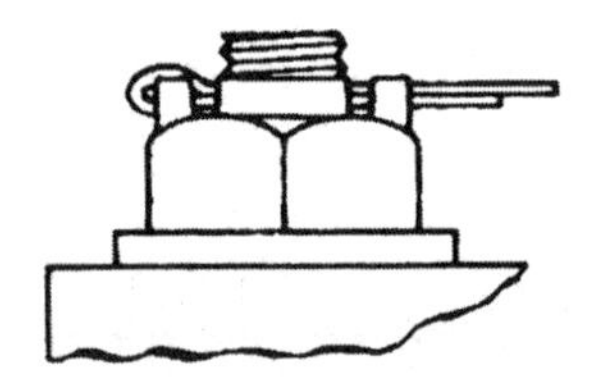

그림 8-44 코퍼 핀의 장착 방법

③ 코퍼 핀의 위쪽 끝을 플라이어(Plier)로 확실히 잡고 앞으로 당기면서 볼트 축쪽으로 구부려 적당한 길이로 절단한다.

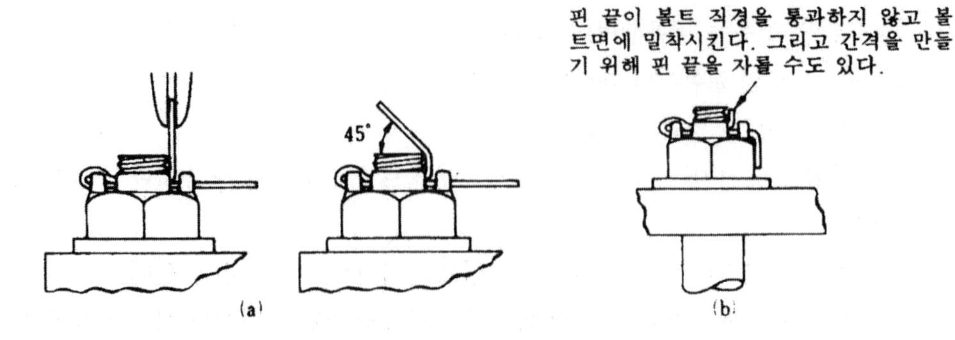

그림 8-45 코터 핀의 장착 방법

④ 절단된 핀 끝을 플라스틱 해머로 가볍게 두드려 볼트 끝부분에 꼭 붙인다.
⑤ 남은 핀 끝을 플라이어로 확실히 잡고 앞으로 당기면서 약간 아래쪽으로 구부려 와셔에 닿지 않을 정도로 절단한다.
⑥ 핀 끝을 플라스틱 해머로 가볍게 두드려 너트의 벽에 꼭 붙인다.
⑦ 장착한 코터 핀에 느슨함이 없는지 검사한다.

C. 코터 핀의 장착 및 떼어낼 때의 주의
① 코터 핀은 장착할 때마다 새것을 사용하고 결코 한번 사용한 것을 재사용해서는 안된다.
② 핀 끝을 접어 구부릴 때는 펼쳐지게 해야 하고 꼬거나 또는 가로 방향으로 구부려서는 안된다.
③ 핀 끝을 절단할 때는 끝을 감싸는 등의 방법으로 절단 조각이 튀지 않 게 해야 한다. 그렇게 하지 않으면 절단 조각이 눈에 들어가거나 엔진 내부에 들어가 사고를 일으키게 된다.
④ 핀 끝을 절단할 때는 핀 축에 직각으로 절단해야 한다. (비스듬히 절단하면 사고의 원인이 된다)
⑤ 부근의 구조를 손상시키지 않도록 플라스틱 해머를 사용한다.

그림 8-46 코터 핀 뽑기

제9장 작동유 라인과 피팅 (Fluid Lines & Fitting)

9-1. 개요

항공기 배관(Aircraft Plumbing)이란 용어는 항공기에 사용하는 호스(Hose), 튜브(Tubing), 피팅(Fitting)과 컨넥터(Connector)뿐만 아니라 이들을 성형하고 설치하는 과정까지 포함한 것을 말한다.

때때로 손상된 항공기 배관을 수리하거나 교환하는 작업이 필요하게 되는데 대부분의 수리는 튜브 만을 교환함으로서 이루어지지만, 튜브의 교환만으로 수리할 수 없으면 필요한 부품들을 제작하여야 한다.

교환할 튜브는 원래의 작동 라인과 크기 및 재질이 같아야 하며, 모든 튜브는 최초 장착 전에 압력 시험을 거쳐야 하고 가해지는 정상 작동 압력(Normal Operating Pressure)의 두세 배의 압력을 견뎌야 한다. 만일 튜브가 파열되거나 균열되었다면 그것은 진동이 심하거나 장착을 잘못했거나 다른 물체와의 충돌에 의한 손상 때문일 것이다. 모든 배관의 결함은 주의 깊게 조사하고 그 결함의 원인을 규명하여야 한다.

9-2. 배관 라인(Plumbing Lines)

항공기 배관의 작동유 라인으로는 보통 금속 튜브와 피팅, 또는 플렉시블 호스(Flexible Hose)를 사용한다. 금속 튜브는 항공기 연료 계통, 윤활 계통, 냉각 계통, 산소 계통, 계기 계통과 유압 계통의 작동유 라인으로 널리 사용되고 있으며 플렉시블 호스는 운동 부분이나 진동이 심한 부분에 사용하고 있다.

일반적으로 알루미늄 합금 또는 내식강(Corrosion-Resistance Steel) 튜브를 동 튜브(Copper Tube)대신 교체 사용하고 있다. 그 주요 원인은 동튜브의 높은 피로 계수(Fatingue Factor) 때문이다. 동튜브는 진동을 받으면 경화되고 취약하게 되어 결국은 부서지지만, 알루미늄 합금은 작업성과 내식성이 좋으며 가볍기 때문에 항공기 배관에 적합한 것이다.

고압(3,000 psi)의 유압 계통에는 풀림(Annealing) 처리하였거나 경화한 내식강 튜브를 사용한다. 내식강의 튜브는 플레어링(Flaring)이나 성형(Forming)을 위하여 풀림 처리할 필요가 없다.

실제로 플레어링한 부분은 플레어링 작업중에 냉간 가공(Cold Working)과 응력 변형 경화(Strain Hardening : 가공 경화)에 의하여 어느 정도 인장력이 가해진다. 이렇게 더 증가된 인장 강도는 벽두께가 더 얇은 튜브의 사용을 가능하게 한다. 따라서 두께가 더 두꺼운 알루미늄 합금 튜브를 사용하는 것보다 최종 장착 중량이 크지 않다.

1) 재질의 식별(Idenfication of Materials)

항공기 튜브의 수리에 앞서 튜브의 재질을 정확히 식별하는 것이 중요하다. 알루미늄 합금 튜브나 강 튜브는 기본 튜브용 재료로서 사용처를 살펴봄으로 쉽게 식별할 수 있다. 그러나 재질이 탄소 강인지 스테인레스 강인지, 또는 알루미늄 합금중에서 1100, 3003, 5052-0, 2024-T를 식별하여 구분한다는 것은 매우 어렵다.

재료의 샘플(Sample)을 줄질(Filing)하거나 스크라이버(Scriber)로 긁어 봄으로써 경도를 시험할 필요가 있다. 자석 시험은 플림 처리한 오스테나이트(Austenite) 강과 페라이트 스테인레스강(Ferrite Stainless Steel)을 구분하는 가장 간단한 방법이다. 오스테나이트 종류는 심한 냉간 가공을 하지 않는 한 비자성체이나, 크롬강(Straight Chromium Carbon Steel)과 저합금강은 강한 자성을 띄고 있다. 다음은 5가지 주요 금속 재료를 식별하는 자석 시험과 염산 시험에 대한 특성을 보여주고 있다.

재 질	자석 시험	염산 시험
탄소강	강한 자성	느린 화학 반응. 갈색
니켈 크롬강 18-8	비자성	반응 발생 없음
순수 니켈	강한 자성	느린 반응, 짙은 녹색
모넬(Monel)	약한 자성	신속한 반응, 청록색
니켈강	비자성	신속한 반응, 청록색

교환할 튜브에 표시되어 있는 튜브의 재질 표시 기호를 비교함으로써 원래 장착되었던 튜브의 재질을 확실히 알 수 있다.

합금의 명칭은 큰 알루미늄 합금 튜브의 표면에 표시되어 있다. 작은 알루미늄 합금 튜브는 명칭을 표면에 표시하기도 하지만, 대부분의 경우 색깔 부호로 나타낸다.

색깔 부호의 띠는 4in 정도의 폭으로 튜브 양쪽에 칠하거나 대략 튜브 중간에 칠한다. 띠가 두가지 색깔로 이루어지는 경우에는 폭의 1/2에 각각 색깔을 칠한다.

알루미늄 합금 튜브의 식별 색 부호는 다음과 같다.

알루미늄 합금 번호	색깔 부호
1100	흰색
3003	초록색
2014	회색
2024	적색
5052	자색
6053	흑색
6060	청색과 황색
7075	갈색과 황색

알루미늄 합금판, 1100/($\frac{1}{2}$-경화) 또는 3003($\frac{1}{2}$-경화)은 계기 계통이나 벤트용 튜브와 같이 유체의 압력이 낮거나 무시할 수 있는 유압 작동유 라인에 쓰인다.

2024-T와 5052-O 알루미늄 합금 튜브는 1,000~1,500psi의 유압 계통(Hydraulic System)과 공기압 계통(Pneumatic System) 및 연료 계통(Fuel System)과 오일 계통(Oil System)과 같은 낮은 압력이나 중간 정도의 압력 계통에 사용하며, 때때로 3,000psi의 고압 계통에 사용하기도 한다.

2024-T와 5052-O의 재질로 만든 튜브는 파열하기 전까지 상당히 높은 압력에 견딜 수 있다. 또한 이 재료는 쉽게 플레어(Flare)되며 수공구로 성형할 수 있을 만큼 연하다. 그러나 긁히거나 패이거나 흠이 나지 않도록 조심스럽게 취급하여야 한다.

풀림처리 하거나 1/4경화된 내식강 튜브는 랜딩 기어(Landing Gear), 플랩(Flap), 브레이크(Brake)등의 작동에 쓰이는 고유압 계통에 널리 쓰인다. 외부에 노출된 브레이크 작동유 라인은 이 착륙시에 튕겨진 돌에 의한 손상을 최소로 줄이고 부주의한 지상 취급에서 견딜 수 있도록 하기 위하여 내식강 튜브를 항상 사용하여야 한다. 강 튜브의 식별 표시가 다를지라도 각각의 표시에는 제조업자 명칭이나 상표, SAE 번호와 금속의 물리적 특성을 포함하고 있다.

금속 튜브는 1in를 16등분한 분수의 분자로 바깥 지름의 치수를 나타낸다. 따라서 6번 튜브는 바깥지름이 6/16(3/8)in 이고, 8번 튜브는 8/16(1/2) in 튜브이다.

튜브는 분류법이나 식별 방법이 여러 가지가 있고, 다양한 두께로 제조되기 때문에 그러므로 튜브를 장착할 때는 튜브의 재질과 바깥 지름뿐만 아니라 튜브의 두께를 알아야 한다.

2) 플렉시블 호스(Flexible Hose)

플렉시블 호스(Flexible Hose)는 움직이지 않는 부품에 움직이는 부품을 연결하는 경우나 진동이 심한 위치, 혹은 특별히 큰 유연성이 요구되는 곳의 항공기 배관에 사용한다. 또한 금속 튜브 계통의 컨넥터(Connector)로써도 사용되고 있다.

A. 고무 호스(Rubber Hose)

플렉시블 고무 호스는 면으로 짠 끈과 철사끈의 층으로 싸인 이음매 없는 인조 고무의 내부 튜브와 면으로 짠 끈이 들어 있는 외부 고무 튜브로 구성되어 있다. 이런 호스는 연료, 윤활유, 냉각 및 유압 계통의 사용에 적합하다. 고무 호스는 저압용, 중압용과 고압용으로 각각 제작된다.

선과 문자와 숫자로 이루어진 식별 표시는 호스에 인쇄되어 있다. (그림 9-2 참조) 이 표시 부호에는 호스 크기, 제조업자, 제조 연월일과 압력 및 온도 한계등이 표시되어 있다. 표시 부호는 호스를 같은 규격으로 추천되는 대체 호스와 교환하는데 유용하다. 어떤 경우에는 여러 종류의 호스가 같은 용도에 모두 적합할 수 있다.

그러므로 정확한 호스 선택을 위해서는 항상 특정 비행기에 대한 정비교범이나 부품 교범을 참고하여야 한다.

B. 테프론 호스(Teflon Hose)

테프론(Teflon) 호스는 항공기 계통의 고온 고압 작동 조건 요구에 맞도록 설계된 플렉시블 호스이다. 이것은 일반적으로 고무 호스와 같은 용도로 사용된다.

테프론 호스는 4불화 에틸렌(Tetra Fluoro Ethyleine) 수지로 이루어지고 요구되는 크기의 튜브 형상으로 압출하여 만든다. 또한 강도를 높이고 보호를 위하여 스테인레스 와이어(Stainless Wire)로 감겨져 있다.

테프론 호스는 보통 항공기에 쓰이는 일반 연료, 석유나 합성제 윤활유, 알코올 냉각수나 솔벤트(용매) 등에 영향을 받지 않는다. 진동과 피로에 매우 강하지만 테프론 호스의 가장 큰 장점은 작동 강도가 크다는 점이다.

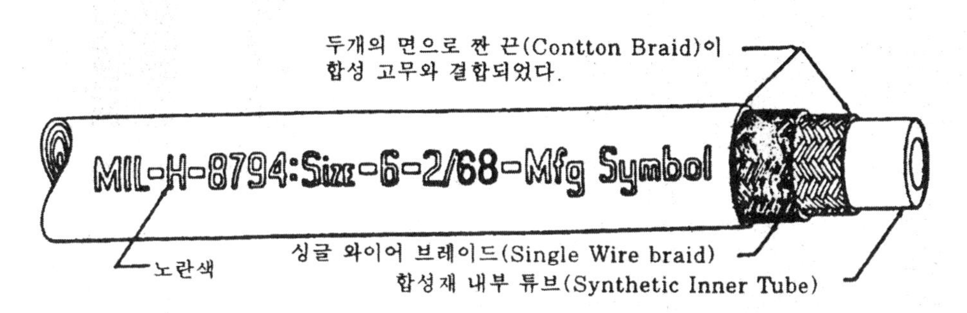

A. Flame & Aromatic-Resistance Hose

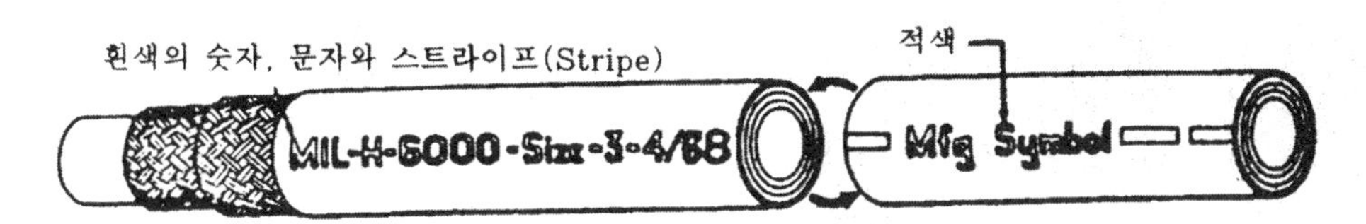

B. Nonself-Sealing Aromatic & Heat-Resistant

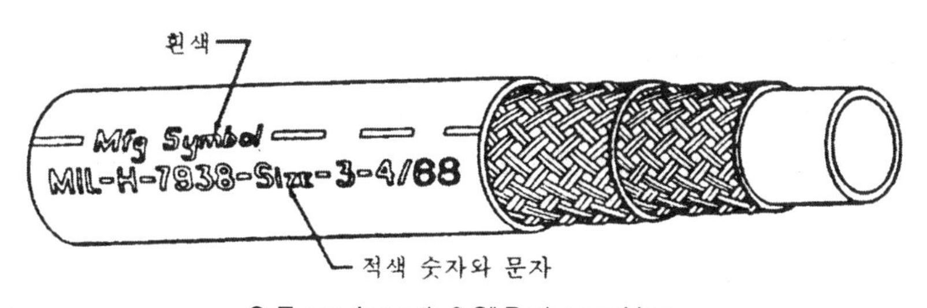

C. Flame, Aromatic & Oil-Resistance Hose

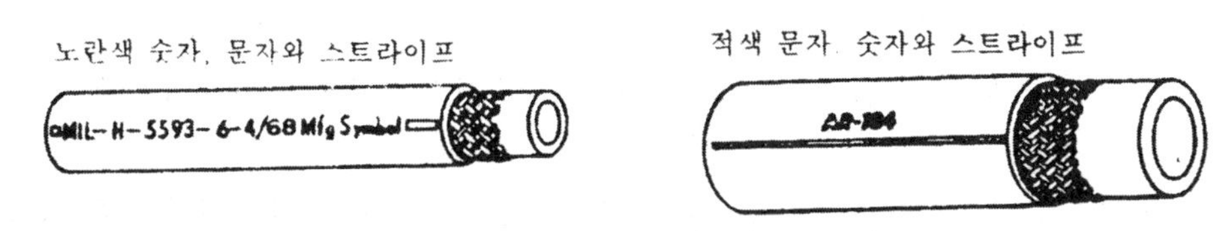

D. Nonself-Sealing, Aromatic-Resistance Hose

그림 9-1 호스의 식별 표시

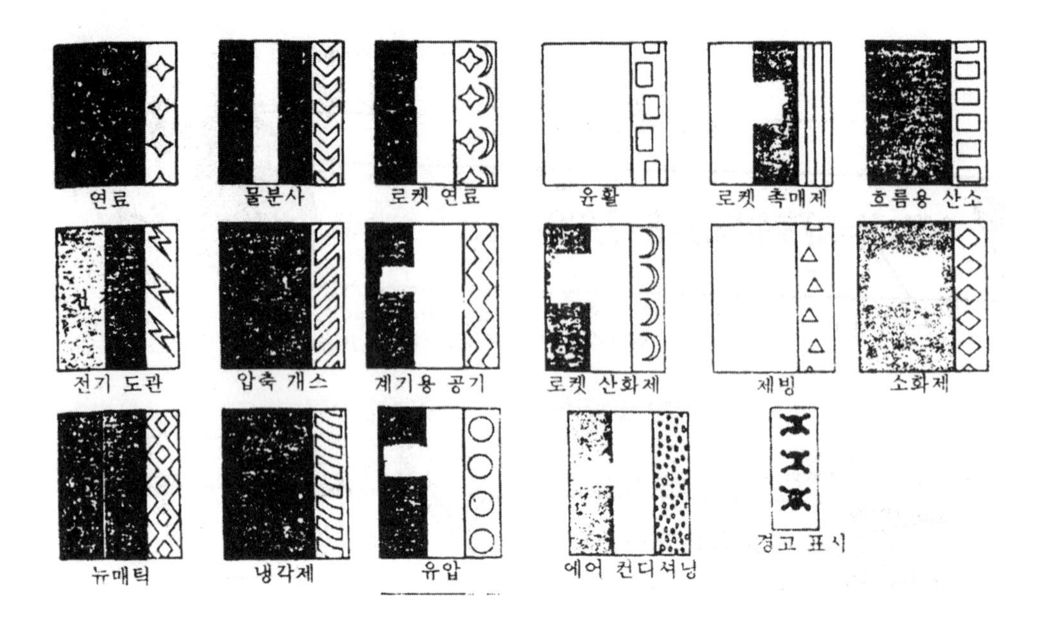

그림 9-2 항공기 튜브의 식별

C. 크기의 표시(Size Designation)

플렉시블 호스의 크기는 안지름에 의하여 결정된다. 크기는 1/16in 단위의 크기로 표시하며, 같이 사용되는 넌플렉시블 튜브(Nonflexible Tube)의 같은 크기와 동일하다.

D. 작동유 라인의 식별(Identification of Fluid Lines)

항공기용 작동유 라인은 때때로 색깔 부호 글자와 기하학적 기호로 구성된 표식으로 식별한다. 이 표식은 흐름의 방향뿐만 아니라 각 작동유 라인의 기능, 유체의 종류와 주요 위험을 식별할 수 있게 한다. 그림 9-3은 계통의 분류와 그 유체의 종류를 표시하는데 쓰이는 여러 가지 색깔 부호와 기호를 보여 주고 있다.

대부분의 경우에 작동유 라인은 그림 9-3 (a)에 표시한 것 처럼 1in 테이프나 데칼(Decal)로 표시한다. 지름이 4in 이상인 작동유 라인이나 기름 투성이 작동유 라인 또는 뜨겁거나 차거운 작동유 라인에는 테이프나 데칼 대신에 그림 9-3 (b)와 같이 철제 태그(Tag)를 붙인다. 엔진 부분의 작동유 라인에는 테이프, 데칼 태그 등이 엔진 흡입 계통으로 빨려들어 갈 가능성이 있으므로 페인트를 칠한다.

앞에서 언급한 표시법 외에 작동유 라인에 특정한 기능을 식별 표시하기도 한다. 예를 들면 DRAIN, VENT, PRESSURE, 혹은 RETURN 등이다.

연료 튜브는 FLAM이라고 표시하기도 한다. 유독물질이 통과하는 작동유 라인에는 FLAM

대신 TOXIC이라고 표시한다. 산소나 질소, 프레온과 같은 물리적으로 위험 물질이 통과하는 작동유 라인에는 PHDAN이라고 표시한다.

항공기와 엔진 제작사는 식별 표식을 부착할 책임이 있으며 정비사는 필요시에 표식을 교체할 책임이 있다.

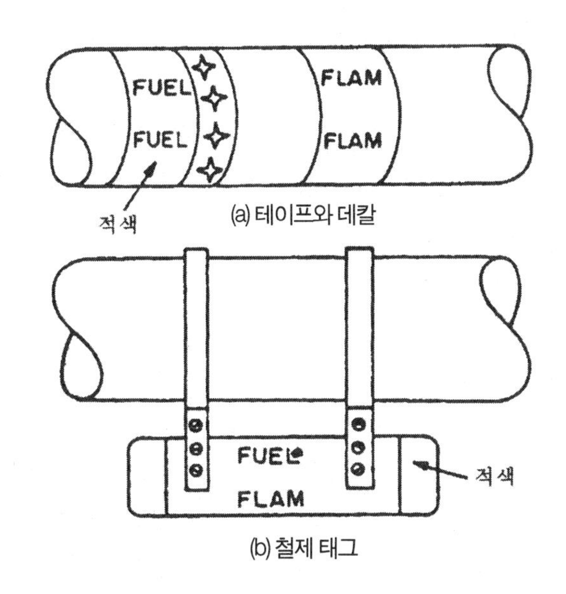

(a) 테이프와 데칼

(b) 철제 태그

그림 9-3 튜브의 식별

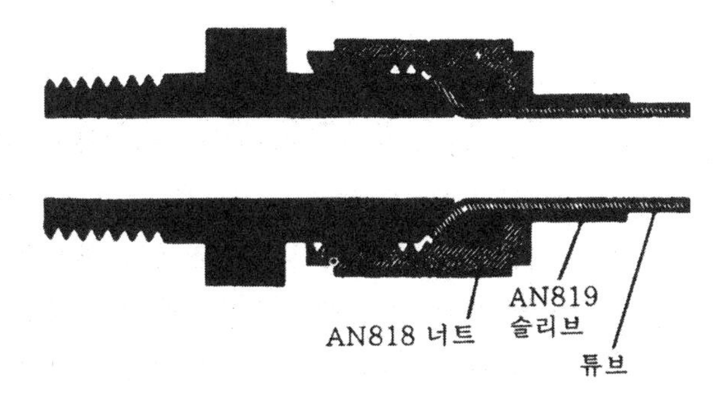

그림 9-4 플레어 튜브의 피팅

일반적으로 테이프와 데칼은 튜브의 양쪽 끝에 붙이고, 최소한도 작동유 라인이 지나는 각 격실에 하나씩 부착한다. 또한 식별표식은 각 밸브, 조절기, 필터 또는 작동유 라인에 포함되는 부속품에서 아주 가까운 곳에 부착하여야 한다. 페인트나 태그가 사용되는 경우에도 테이프나 데칼을 사용하는 경우와 마찬가지로 표식을 부착한다.

3) 배관 컨넥터(Plumbing Connector)

배관 컨넥터(Plumbing Connector) 또는 피팅(Fitting)은 튜브의 한쪽을 다른 튜브나 계통 유니트(Syhstem Unit)에 연결시켜주는 것이다. 이것에는 네가지 종류가 있다.

① 플레어 피팅(Fleared Fitting)
② 플레어리스 피팅(Fleareless Fitting)
③ 비이드와 클램프(Bead and Clamp)
④ 스웨이지(Swaged) 피팅

계통에 흐르는 압력 크기가 컨넥터를 선택하는 결정 요소이다. 컨넥터의 비이드 종류는 비이드와 호스 부분과 호스 클램프가 필요하며 진공 계통에만 사용된다. 플레어한 피팅과 플레어하지 않은 피팅 및 스웨이지한 피팅은 압력에 관계없이 모든 계통의 컨넥터로써 사용된다.

A. 플레어 튜브 피팅(Flared-Tube Fitting)

플레어 튜브 피팅은 그림 9-4에 나타난 것과 같이 슬리브(Sleeve)와 너트(Nut)로 이루어진다. 너트는 슬리브를 조인 후, 그리고 꽉 조일 때 슬리브를 당겨서 튜브가 숫피팅(Male Fitting)에 대해서 시일(Seal)되도록 단단히 플레어(벌림)한다. 이런 형태로 피팅하는 튜브는 장착하기 전에 플레어 되어야 한다. 숫피팅은 플레어의 안쪽과 같은 각도로 된 원추형 표면이어야 한다. 슬리브는 진동이 플레어의 끝부분에 집중되지 않고 가해지는 힘에 대한 전단작용이 보다 넓게 분산되도록 튜브를 지지한다.

AC(Air Corps) 플레어 튜브 피팅은 AN(Army/Navy) 표준(Millitary Standard) 피팅으로 대체되고 있다. 그러나 AC 피팅은 아직도 구식 항공기에서 사용하고 있으므로 식별할 수 있어야 한다. AN 피팅은 나사 끝부분과 플레어 콘(Flare Cone) 사이에 쇼울더(평평한 부분)가 있으나, AC 피팅은 이러한 쇼울더 부분이 없다.

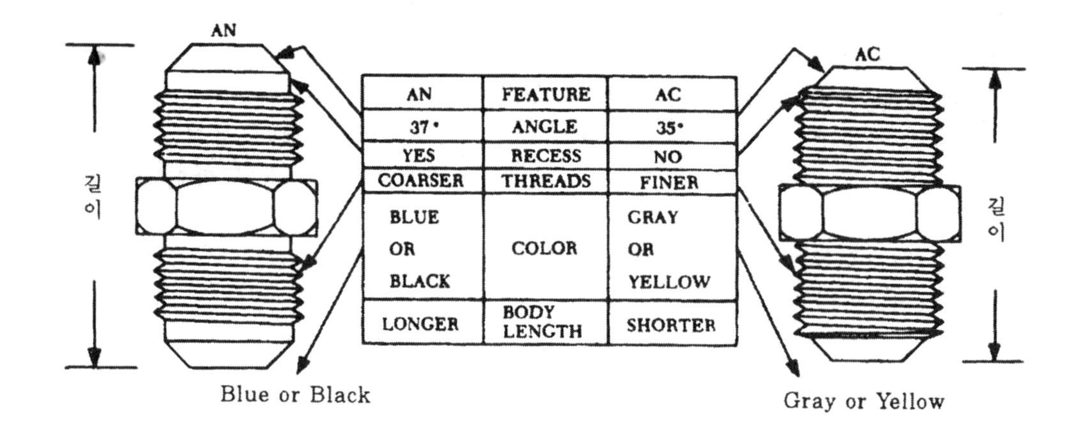

그림 9-5 AN과 AC 피팅

AC 피팅과 AN 피팅 사이의 다른 차이점은 슬리브 형태가 AN보다 AC가 훨씬 길다는 것이다. 플레어한 어떤 튜브 피팅은 호환 가능하더라도 나사의 피치(Pitch)는 대부분 다르다. 그림 9-6은 안전하게 호환할 수 있는 AN 피팅과 AC811 피팅을 나타내었다. 끝 연결부, 너트, 슬리브와 튜브 플레어의 결합은 피팅 어셈블리가 완전히 조립되게 한다. 이질 금속의 사용은 접촉으로 인하여 부식을 초래하므로 피해야 한다.

Tube Sizes OD	Type End Connection (Male Thread)	Type Nut (Female Thread)	Type Sleeve	Type Tube Flare
All Sizes[1]	AN[1]	AN[1]	AN[1]	AN[1]
All Sizes[2]	811[2]	811[2]	811[2]	811[2]
All Sizes	AN	AN	AN	811
All Sizes	AN	AN	811	811
All Sizes	AN	AN	811	AN
All Sizes	811	811	811	AN
All Sizes	811	811	AN	AN
All Sizes	811	811	AN	811
1/8, 3/16, 1/4, 5/16, 1 3/4, 2	AN	811	AN	811
1/8, 3/16, 1/4, 5/16, 1 3/4, 2	AN	811	AN	AN
1/8, 3/16, 1/4, 5/16, 1 3/4, 2	AN	811	811	AN
1/8, 3/16, 1/4, 5/16, 1 3/4, 2	AN	811	811	AN

[1] This is the normal assembly of AN fittings.
[2] This is the normal assembly of AC811 fittings.

그림 9-6 AN 피팅과 AC 811 피팅과의 호환성

AC와 AN의 끝 연결부, 너트, 슬리브, 혹은 튜브 플레어를 조합할 때, 손으로 돌려서 너트가 2 나사산 이상 움직이지 않으면 중지하여 결함이 있는지 검사하여야 한다. AN 표준 피팅은 항공기 배관 시스템에 요구되는 다양한 피팅에 튜브를 부착시키는데 가장 널리 사용하는 플레어 튜브 어셈블리이다. AN 표준 피팅에는 AN818 너트와 AN819 슬리브도 포함한다. (그림 9-7)

AN819 슬리브는 AN818 커플링(Coupling) 너트와 함께 사용한다. 이 종류의 모든 피팅은 나사가 곧으나, 종류에 따라 각각 다른 피치를 가지고 있다.

플레어 튜브 피팅(Flared Tube Fitting)은 알루미늄 합금, 강철 또는 구리 합금으로 만든다. 식별을 위하여 AN 강재 피팅은 흑색으로, AN 알루미늄 합금 피팅은 청색으로 채색한다. AN819 알루미늄 청동 슬리브는 카드뮴 도금을 하고 채색하지 않는다. 이 피팅들의 크기는 1/16in 단위의 크기로서 호칭 튜브 바깥지름 치수를 대쉬 번호로 표시한다.

나사산으로 된 플레어 튜브 피팅은 암수(Female, Male) 나사 2가지의 종류가 있다. 피팅의 숫나사는 바깥 쪽에 나사가, 암나사는 안쪽에 나사가 만들어져 있다.

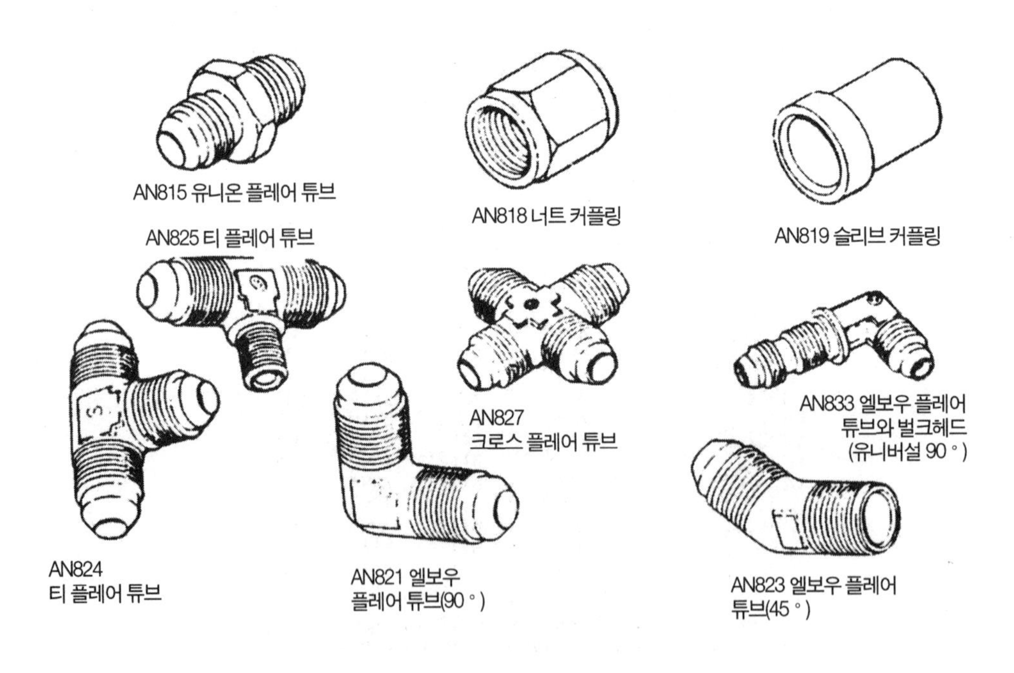

그림 9-7 AN 튜브의 피팅

B. 플레어리스 튜브 피팅(Flareless Tube Fitting)

MS 플레어리스 튜브 피팅은 항공기 배관 계통에 널리 쓰이고 있다. 이 형태의 피팅은 튜브를 플레어하지 않고 사용하여도 안전하고 견고하며 신뢰성 있는 튜브 결합을 이루게 한다. 피팅은 세부분으로 이루져 있는데, 몸체와 슬리브와 너트이다. 몸체는 튜브 끝부분이 끼워지도록 상대적으로 내경을 턱(Shoulder)이 지게 가공한 것이다.

카운터 보어(Counter Bore)의 각도는 슬리브의 절단 끝이 결합될 때 튜브의 바깥쪽으로 끼이게 한다. 플레어되지 않은 튜브 피팅의 장착은 다음 절에서 설명하기로 한다.

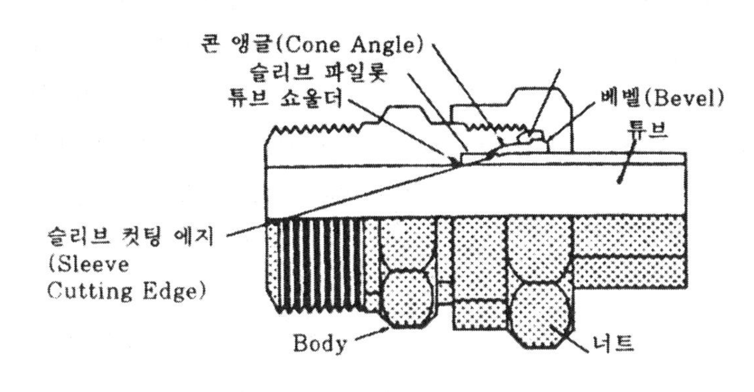

그림 9-8 플레어리스 튜브의 피팅

C. 신속 분리 커플링(Quick Discoonnect Coupling)

자체 밀폐(Self-Sealing)형의 신속 분리 커플링(Quick-Discounnect Coupling)은 많은 유체 계통의 여러면에 쓰이고 있다. 이 커플링은 검사와 정비를 위하여 작동유 라인을 자주 분리하여야 하는 곳에 사용한다.

신속 분리 커플링은 각 계통에 있어 유체 손실이나 공기 흡입이 없이 라인을 신속히 분리할 수 있도록 한다. 각 커플링 어셈블리는 두 개의 부분으로 구성되어 있으며 유니온 너트(Union Nut)로 결합되어 있다. 각 부분(반쪽)에는 밸브가 있어서 커플링이 연결되었을 때 밸브가 열려 유체가 커플링을 통하여 각 방향으로 흐르게 한다. 커플링이 분리되면 각 부분의 스프링이 밸브를 닫아서 유체의 손실이나 공기 유입을 막아준다.

유니온 너트는 너트를 돌리면 쉽게 연결 분리할 수 있는 퀵 리드 나사(Quick Lead Thread)로 되어 있다. 너트를 돌리는 양의 커플링에 따라 다르다. 어떤 커플링은 풀고 잠그려면 유니온 너트를 1/4정도만 돌려도 되나, 다른 것은 완전히 한바퀴를 돌려야 한다.

어떤 커플링은 렌치(Wrench)로 조여야 하지만, 다른 것은 손으로 결합 분리할 수 있다. 어떤 커플링은 안전 지선(Safety Wire)에 의해 안전하게 결합되도록 설계되기도 한다. 다른 커플링은 락킹 와이어(Locking Wiring)가 필요 없다. 그 이유는 잠금 스프링의 톱니 고리(Ratchet Teeth)가 있어서 커플링이 완전히 결합되면 유니온 너트(Union Nut)에 고리가 물려서 안전하게 결합하기 때문이다. 잠금 스프링은 유니온 너트가 풀리면 자동적으로 풀리게 되어 있다. 각각의 차이점 때문에 분리가 용이한 모든 커플링을 설치할 때는 항공기 정비 교범의 지시에 따라야 한다.

D. 플렉시블 컨넥터(Flexible Connector)

플레시블 컨넥터(Flexible Connector)는 스웨이지 피팅이나 분해가 가능한 피팅을 갖추고 있으며 비드(Bead)와 호스 클램프에 의한 결합 방법을 사용하기도 한다. 스웨이지 피팅을 가진 플렉시블 컨넥터는 정확한 길이로 제작된 제작사 제품을 채택 사용하여야 하며, 일반적으로 정비사에 의해 조립되어서는 안된다. 이것은 공장에서 스웨이지하여 시험을 거친 제품을 표준 피팅으로 사용한다. 분리할 수 있는 컨넥터에 장착되어 있는 피팅은 분리할 수 있으며, 분리후에도 손상되지 않았으면 다시 사용할 수 있다. 손상되었으면 새 피팅을 사용하여야 한다.

비드와 호스 클램프 컨넥터는 작동 윤활유, 냉각이나 저압 연료 계통의 배관에 사용한다. 튜브나 피팅 둘레에 약간 솟아있는 돌출부인 비드(Bead)는 클램프와 호스가 제자리를 잘 잡아서 유지되게 하여 정확한 연결이 이루어지도록 한다. 비드는 금속 튜브의 끝 가까이나 피팅의 한쪽 끝에 만들어진다.

9-3. 튜브 성형 공정(Tube Forming Process)

손상된 튜브나 작동유 라인은 가능한 한 언제든지 새 부품으로 교환하여야 한다. 가끔 교환이 비실용적이고 오히려 수리가 필요할 경우도 있다. 작동유 라인의 바깥쪽에 난 긁힘, 마모나 미소한 부식은 무시할 수 있으며, 솔질용 공구나 알루미늄으로 만든 천으로 매끄럽게 할 수 있다. 이런 방법으로 수리할 수 있는 손상 정도의 한계는 이 장의 후반부에 있는 "금속 튜브 라인의 수리" 부분에서 설명한다.

작동유 라인 어셈블리를 교환할 때 가끔 피팅은 재사용이 가능하며, 이 때에는 단지 튜브 성형과 튜브 교환 작업 만이 이루어진다.

튜브 성형은 다음의 4 공정으로 이루어진다.

① 절단(Cutting)

② 굽힘(Bending)

③ 플레어링(Flaring)
④ 비이딩(Beading)

만약 튜브가 작거나 연한 재질이면 장착할 때 손으로 구부려 성형할 수도 있다. 그러나 튜브의 지름이 1/4in 이상이면 공구없이 손으로 구부리는 것은 비실용적이다.

1) 튜브 절단(Tube Cutting)

튜브를 절단할 때에 중요한 것은 끝을 직각을 이루게 하고 매끄럽게 하는 것이다. 튜브는 튜브 절단기나 쇠톱으로 자를 수 있다. 절단기는 구리나 알루미늄 혹은 알루미늄 합금과 같은 연한 금속 튜브를 절단하는데 사용한다. 튜브 절단기의 사용법을 그림 9-9에 나타내었다.

새 튜브(New Tube)를 자를 때는 교환할 튜브보다 약 10% 더 길게 잘라야 한다. 그것은 튜브를 구부릴 때 길이가 변화하기 때문이다. 절단하려는 지점에 절단 휠(Cutting Wheel)이 오도록 절단기에 튜브를 놓고 튜브의 둘레를 따라 절단기를 회전시키면서 중간중간에 엄지손가락으로 스크류를 돌려서 절단 휠에 약간의 압력을 가하여 준다. 이때 한번에 너무 센 압력을 주게 되면 튜브가 찌그러지거나 매끄럽게 잘려지지 않는다.

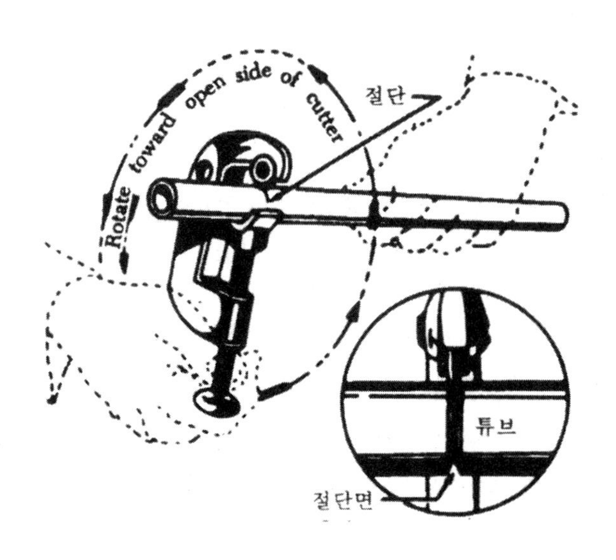

그림 9-9 튜브의 절단

튜브를 절단한 후에는 조심스럽게 튜브의 내부와 외부의 거친 조각을 떼어 내야 한다. 칼이나 튜브 절단기에 부착되어 있는 덧칼(Burr) 제거날을 사용한다. 튜브 절단기를 쓸 수 없거나 간단한 재료의 튜브가 절단되지 않으면, 날카롭고 강한 날을 가진 쇠톱을 사용한다. 보통 쇠톱은 1in 당 32개의 톱니를 사용한다. 자른 다음에는 튜브 끝이 직각이 되고 모든 덧살을 제거하며 매끄럽게 줄질한다.

지름이 작은 튜브를 절단할 때 쉽게 잡는 방법은 조합형 플레어링(Flaring) 공구에 튜브를 놓고 바이스(Vice)에 공구를 꽉 죄는 것이다. 플레어링 공구에서 약 1/2in 되는 곳을 절단하여야 한다. 이것은 절단하는 동안 쇠톱의 프레임이나 줄(File)의 손잡이에 의한 튜브의 손상을 막고, 절단 진동을 최소로 줄이기 위한 것이다. 모든 줄질 도구나 절단 도구를 튜브에서 확실히 치워야 한다.

2) 튜브 굽힘(Tube Bending)

튜브 굽힘(Tube Bending)은 튜브의 지름이 작아지지 않고 순조로운 굽힘이 이루어지도록 해야 한다. 지름이 1/4in 미만인 튜브는 벤딩 툴(Bending Tool)을 사용하지 않고서도 굽힐 수 있다. 더 큰 튜브는 그림 9-10에서 보여주는 것과 유사한 수동식 튜브 밴딩 툴을 사용하여야 한다.

수동식 튜브 밴딩 툴로 튜브를 굽히려면, 슬라이드 바(Slide Bar) 핸들을 가능한 한 크게 벌려서 튜브를 끼우고 슬라이드 바에 있는 홈의 전체 길이에 튜브가 접촉되도록 핸들을 조정하여야 한다. 반지름 블록(Radius Block)의 0점 표시와 슬라이드 바의 표시를 일치시키고 반지름 블록에 표시되어 있는 굽힘각의 원하는 각도까지 핸들을 돌려서 구부린다.

과도한 평평해짐, 비틀림, 주름잡힘이 없도록 튜브를 조심스럽게 굽혀야 한다. 굽힘에 있어 미소한 평평해짐은 무시하나, 평평해진 부분의 작은 직경이 원래 바깥 지름의 75% 보다 작으면 안된다.

평평해졌거나 주름잡혔거나 비정상적으로 굽혀진 튜브를 장착하여서는 안된다. 튜브에 주름잡힘이 있는 것은 두께가 얇은 튜브를 튜브 밴딩 툴을 사용하지 않고 굽히기 때문이다. 튜브가 올바르게 굽혀진 것과 그렇지 못한 것을 그림 9-11에 나타내었다.

모든 종류의 튜브용 튜브 벤딩 머신은 일반적으로 수리소나 정비 공장에서 사용한다. 이러한 장비는 지름이 크거나 재질이 단단한 튜브라도 원하는대로 굽힐 수 있다. 생산용(Production) 튜브 밴딩 툴이 이 종류의 하나이다.

보통 생산용 튜브 벤딩 툴은 바깥 지름이 $\frac{1}{2}$in에서부터 $1\frac{1}{2}$까지의 튜브를 굽히는데 적합하다. 더 큰 지름용의 벤딩 툴도 있는데, 그 작동 원리는 수동식 튜브 밴딩 툴과 비슷하다.

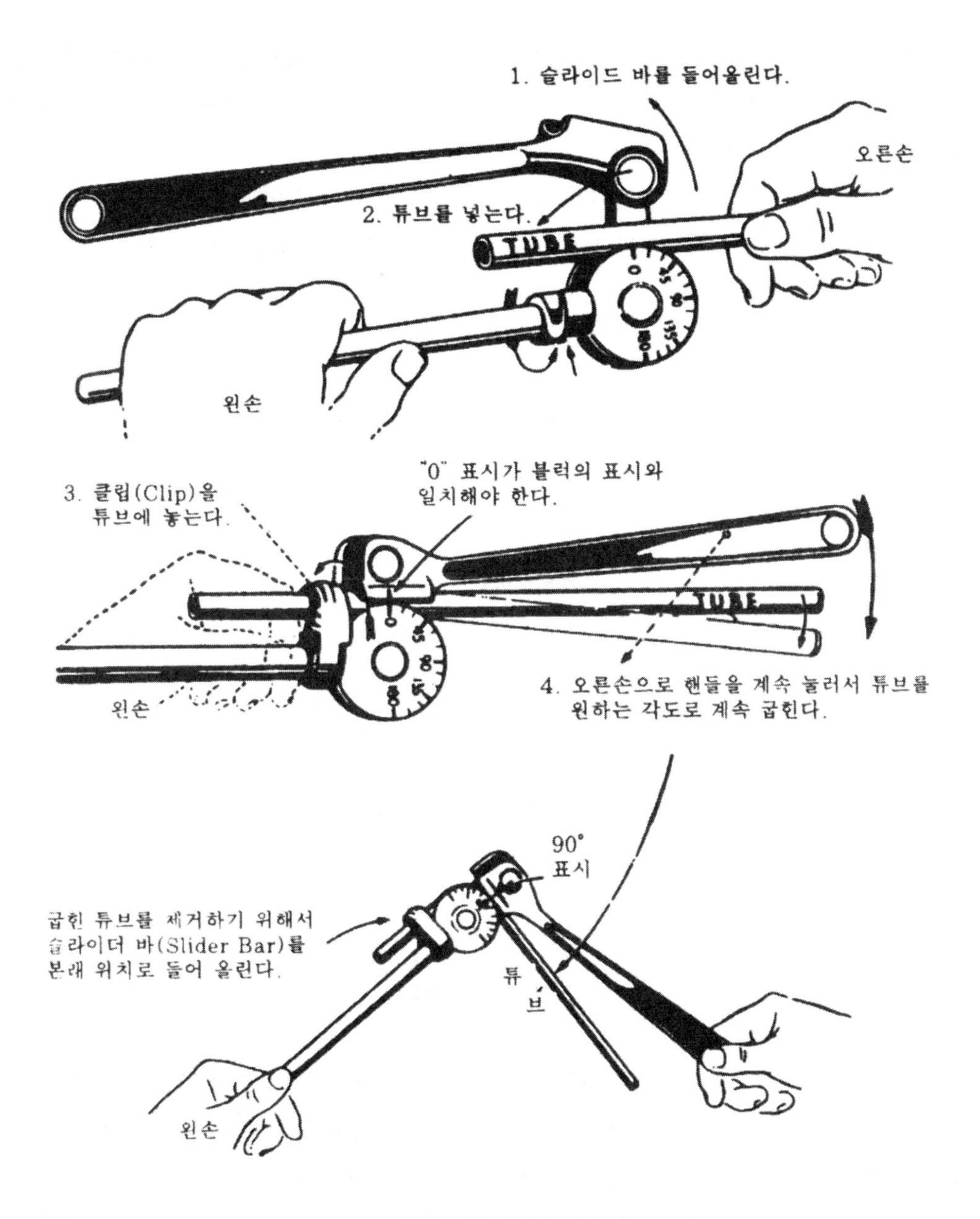
1. 슬라이드 바를 들어올린다.
오른손
2. 튜브를 넣는다.
TUBE
왼손
3. 클립(Clip)을
튜브에 놓는다.
"0" 표시가 블럭의 표시와
일치해야 한다.
TUBE
왼손
4. 오른손으로 핸들을 계속 눌러서 튜브를
원하는 각도로 계속 굽힌다.
90°
표시
굽힌 튜브를 제거하기 위해서
슬라이더 바(Slider Bar)를
본래 위치로 들어 올린다.
튜
브
왼손

그림 9-10 튜브 굽히기

반지름 블록은 굽힘 반지름이 튜브 지름에 따라 바꿀 수 있도록 만들어졌다. 굽힘 반지름은 블록에 찍혀 있다.

수동식이나 생산용 튜브 밴딩 툴이 특별한 굽힘 작업에 유효하지 않고 부적합할 때는 금속 혼합물이나 마른 모래를 충진제(Filler)로 사용함으로써 굽히기를 용이하게 할 수 있다. 이 방법을 쓸 때는 튜브를 요구 길이보다 약간 길게 자른다.

여분의 길이는 양쪽 끝에 나무로 만든 플러그를 끼우기 위한 것이다.

한쪽 끝을 플러그로 막아서 곱고 마른 모래를 튜브에 꽉 다져 채우고 다른 한쪽도 단단히 플러그로 막는다.

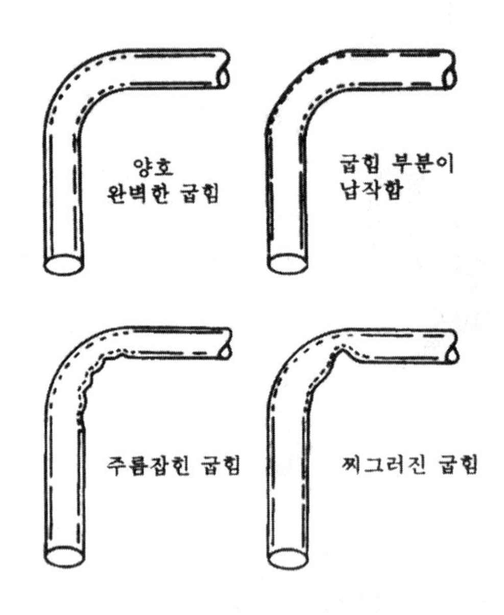

그림 9-11 튜브 굽힘의 예

양쪽 플러그는 굽힐 때 힘을 받아 빠지지 않도록 튼튼히 막아야 한다. 튜브의 끝을 평평하게 펴서 막을 수 있고, 또는 금속판으로 양끝을 땜질하여 닫을 수도 있다. 양끝을 막은 후에는 적당한 반지름의 성형 블록(Forming Block)으로 튜브를 굽힌다.

충진제 방법의 개선 방법으로 모래대신 가용 합금(Fusible Alloy)이 사용된다. 이 방법은 160°F에서 녹는 가용 합금을 뜨거운 물속에 있는 튜브에 채우고, 합금 충진한 튜브를 물에서 꺼내 냉각시켜서 합금이 굳게 하고 성형 블록이나 튜브 벤딩 툴을 이용하여 손으로 천천히 굽힌다. 굽힌 다음에 합금을 뜨거운 물속에서 녹여 튜브에서 빼낸다.

어떤 충진제 방법을 사용하여도 충진제의 알맹이는 튜브가 계통에 장착될 때 계통속으로 들어가지 않도록 완전히 제거하여야 한다. 가용합금 충진제는 먼지가 들어가거나 더러워지지 않도록 저장하여야 하며, 필요할 때는 언제나 다시 녹여서 사용할 수 있어야 한다. 합금이 튜브의 내부에 굳어 붙으면 튜브와 합금 충진제를 모두 사용할 수 없으므로 앞에서 설명한 것과 다른 방법으로 합금을 가열하여서는 안된다.

3) 튜브 플레어링(Tube Flaring)

항공기 배관 계통에는 일반적으로 싱글 플레어(Single Flare)와 더블 플레어(Double Flare)의 두가지 종류의 플레어가 사용되고 있다. 플레어는 자주 고압력을 받게 된다. 그러므로 튜브의 플레어는 적절한 형상이 이루어져야 한다. 그렇지 않으면 연결부에서 새거나 파손된다.

너무 작게 만든 플레어는 새거나 분리를 일으키는 약한 결합을 만들고, 너무 크게 만들면 피팅의 스크류 나사의 적당한 맞물림을 방해하여 누출하게 된다. 비뚤어진 플레어는 튜브가 직각으로 반듯하게 절단되지 않았기 때문이다. 플레어를 부적당하게 만들면 피팅을 꽉 조일 때 토큐를 많이 가하여도 결함이 수정되지 않는다. 플레어와 튜브는 균열, 움푹 들어간 곳이 있거나 찍힌 자국이나 긁힘 혹은 다른 결함이 없도록 하여야 한다.

A. 싱글 플레어(Single Flare)

그림 9-12과 같은 플레어링 수공구가 튜브를 플레어링하는데 사용된다. 이 공구는 플레어링 블록 또는 그립 다이(Grip Die)와 요크(Yoke)와 플레어링 핀(Pin)으로 구성된다. 플레어링 블록은 여러 크기의 튜브에 알맞은 구멍들이 있는 힌지로 연결된 2개의 쇠막대이다. 구멍들의 한쪽 끝은 플레어 성형시에 바깥 지지부가 되도록 구멍 위쪽이 점점 넓어지는 카운터 성크(Countersunk)가 되어 있다. 요크는 플레어할 튜브 끝의 중심에 플레어링 핀이 위치하게 한다.

플레어링할 튜브는 직각으로 반듯하게 자르고 덧살을 제거하여 매끄럽게 하여야 한다. 튜브에 피팅 너트(Fitting Nut)와 슬리브를 끼우고 플레어링 공구의 알맞은 크기의 구멍에 튜브를 끼워 놓는다.

튜브 끝의 중심에 플런저(Plunger) 또는 플레어링 핀을 위치하게 한다. 튜브 끝을 동전 두께 만큼 플레어링 공구의 다이(Die)위쪽으로 내밀게 한 후, 미끄러지지 않도록 클램프 봉을 단단히 조인다.

가벼운 해머(Hammer)나 망치로 플러저를 여러번 가볍게 쳐서 플레어를 만든다. 가볍게 칠 때 마다 플런저를 반 바퀴씩 회전시키고, 플레어링 공구에서 튜브를 분리하기 전에 플런저가 적합하게 위치하였는가를 확인하여야 한다. 플레어한 쪽으로 슬리브를 밀어서 플레어를 검사한다. 플레어끝이 슬리브 끝에서 약 1/16in 밖으로 나와야 하고, 슬리브 바깥 지름보다 플레어 바깥지름이 더 커서는 안된다.

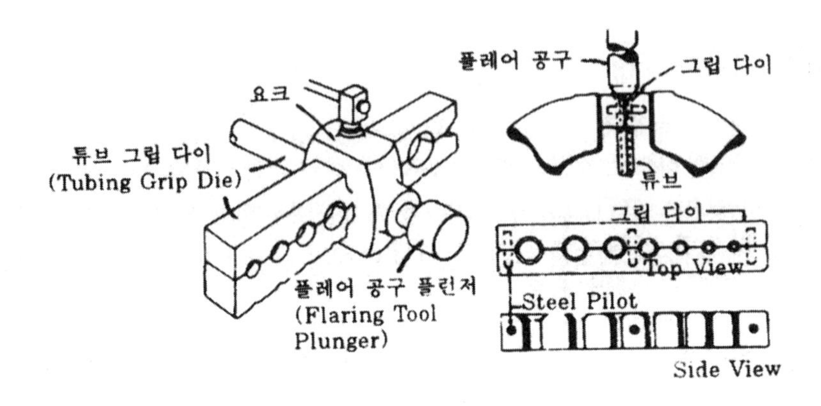

그림 9-12 플레어용 공구

B. 더블 플레어(Double Flare)

더블 플레어는 바깥지름 1/8in에서 3/8in까지의 5052-O와 6061-T 알루미늄 합금 튜브를 사용하여야 하며 플레어가 절단되거나 작동 압력에서 튜브 어셈블리에 파손이 생기는 것을 막기 위해 필요하다. 더블 플레어링은 강 튜브에는 필요 없다.

싱글 플레어 튜브와 더블 플레어 튜브를 나타낸 9-13을 비교해 본다. 더블 플레어는 싱글 플레어보다 더 매끈하고 동심이어서 훨씬 밀폐 특성이 좋고 토큐의 전단 작용에 대한 저항력이 크다.

더블 플레어를 만들려면 더블 플레어링 공구의 클램프 블록을 분리하고, 튜브를 클램프의 상단과 끝이 거칠게 가공된 플러쉬(Flush)에 끼우고 조인다.

스타팅 핀(Starting Pin)을 플레어링 핀 가이드(Flaring Pin Guide)에 넣고 핀의 어깨부분(Shoulder)이 클램프 블록에 멈출 때까지 해머로 핀을 예리하게 두드린다. 스타팅 핀을 빼내고 다듬질(Finishing)핀을 끼워넣고 어깨 부분이 클램프 블록에 멈출 때까지 해머로 두드린다.

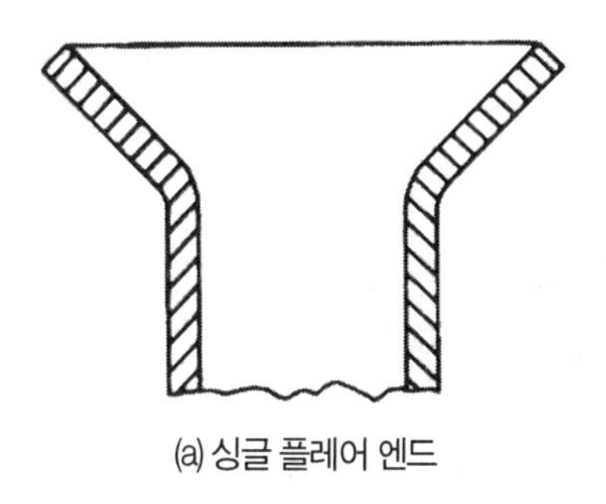

(a) 싱글 플레어 엔드

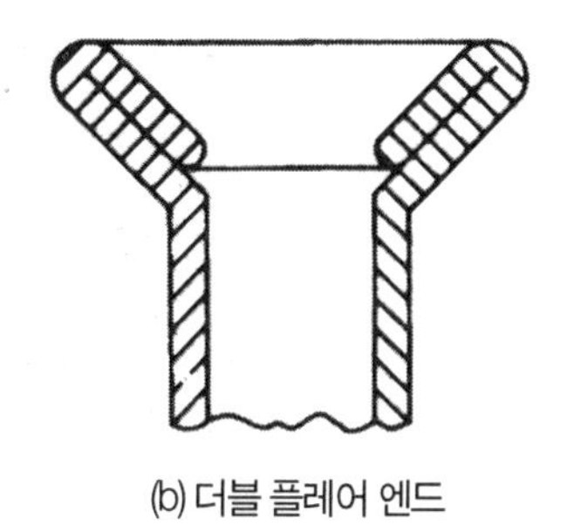

(b) 더블 플레어 엔드

그림 9-13 싱글 플레어와 더블 플레어의 단면

4) 비이딩(Beading)

비이딩(Beading) 수공구와 기계 비이딩 압형기(Machine-Beading Roll) 사용 방법은 튜우브의 지름과 벽두께와 재질에 따라 결정된다.

비이딩 수공구는 바깥 지름이 1/4in와 1in 사이인 튜브에 사용한다. 비이드는 적합한 로울러가 달린 비이더 프레임(Beader Frame)으로 성형된다. 튜우브의 안과 밖은 비이딩하는 동안에 로울러 사이의 마찰을 줄이기 위해 경유(Light Oil)로 바른다. 로울러에 표시된 1/16in 단위의 숫자 크기는 로울러로 비이드할 수 있는 튜브의 바깥 지름을 말한다.

분리 로울러는 각각의 튜브 안지름 크기에 따라 필요하며, 비이딩할 때 정확한 크기의 부품들을 사용하도록 주의하여야 한다. 튜브 절단기 작업과 마찬가지로 튜브 둘레를 비이딩 수공구로 회전시키면서 중간 중간에 스크류를 돌려 로울러에 압력을 가해준다. 또한 공구 키트(Kit)로 작은 바이스(튜브 홀더 : Tube Holder)도 공급된다.

다른 방법이나 여러 종류의 비이딩 공구와 기계가 사용되나, 비이딩 수공구가 가장 자주 사용된다. 대체로 비이딩 기계는 특수한 로울러가 없는 한, 1 15/16in 이상 지름의 큰 튜브에 사용하고 그립 다이 방법은 작은 튜브에만 한정된다.

5) 플레어리스 튜브 어셈블리(Flareless-Tube Assemblies)

플레어리스 튜브 피팅을 사용하므로 모든 튜브 플레어링이 필요없지만, 새로운 플레어리스 튜브 어셈블리를 장착하기에 앞서 프리세팅(Presetting) 작업이 필요하다. 그림 9-14(제 1, 2, 3단계)는 다음과 같은 프리세팅 작업을 설명한다.

① 튜브를 정확한 길이로 끝이 완전히 각지게 절단한다. 튜브 안과 밖의 덧살을 제거한

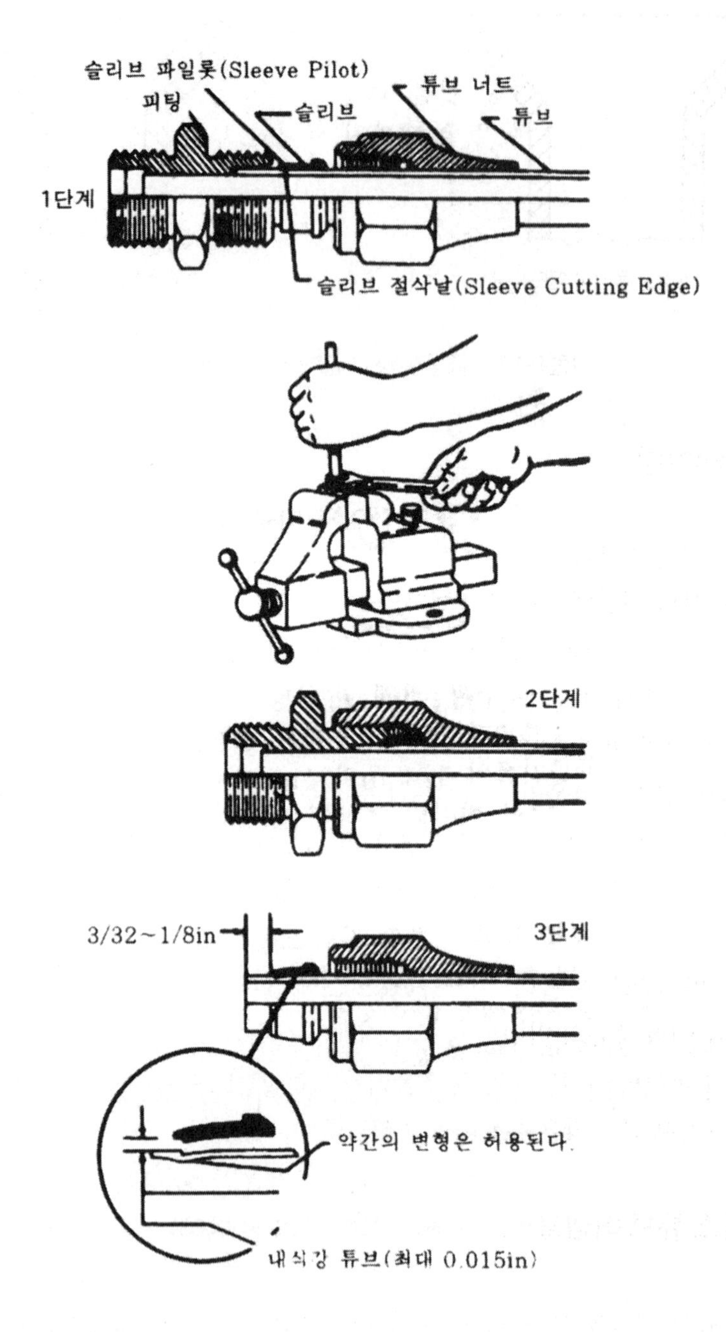

그림 9-14 플레어리스의 조립

다. 너트를 그 다음에 슬리이브 튜브에 밀어넣고 끼운다. (제1단계)

② 피팅과 너트의 나사에 유압유를 바른다.

피팅을 바이스에 물리고(제2단계) 튜브를 피팅의 제자리에 반듯하고 단단히 고정시킨다. (튜브는 피팅에 단단히 밀착되어야 한다) 슬리브의 절단 모서리가 단단히 잡을 때까지 너트를 조인다. 이 정도는 너트를 조이는 동안 튜브를 앞 뒤로 천천히 돌리므로서 결정된다. 튜브가 더 이상 돌려 지지 않으면 너트를 마지막으로 조일 준비가 다된 것이다.

③ 최종 조임은 튜브의 크기에 달려 있다. 바깥 지름이 $\frac{1}{2}$in 이하의 알루미늄 합금 튜브는 너트를 한 바퀴에서 1 1/6바퀴까지 돌려 조인다.

바깥 지름이 $\frac{1}{2}$in를 넘는 강 튜브나 알루미늄 합금 튜브의 경우에는 1 1/6바퀴에서 1$\frac{1}{2}$바퀴까지 돌려 조인다.

슬리이브를 프리세팅한 후 튜브를 피팅에서 분리하고 다음 지점을 점검하여야 한다. (제3단계)

① 튜브는 슬리이브 파일럿(Pilot)을 지나 3/32~1/8in 더 길어서 여유가 있어야 한다. 그렇지 않으면 이탈될 경우가 있다.

② 슬리이브 파일럿은 튜브에 밀착 접촉되어야 하고 알루미늄 합금 튜브에는 최대 간격이 0.005in 이고 강판에는 0.015in 이어야 한다.

③ 슬리이브 절단부에서 튜브의 약간의 변형은 허용된다. 그러나 슬리이브 파일럿은 회전 움직임 이외의 어떠한 움직임이 있어서는 안된다.

9-4. 작동유 라인 장착

1) 금속 튜브 라인의 수리(Repair of Metal Tube Lines)

긁힌 자국이나 파인 홈의 길이가 튜브 두께의 10%를 넘지 않는 알루미늄 합금 튜브는 그 결함이 굽힘 인장력을 받는 부분에 있지 않으면 수리할 수 있다. 튜브에 심하게 눌린 자국, 찢어진 곳이나 또는 금이 간 부분이 있으면 교환하여야 한다. 플레어에 균열이나 변형이 있으면 또한 허용이 안되며 폐기 하여야 한다.

굽힘 인장 부분을 제외하고는 튜브 지름의 20% 이내로 움푹 들어간 것은 허용된다. 움푹 들어간 곳은 케이블에 달린 적합한 크기의 활 모양의 물체(Bullet)를 튜브 속에 통과시킴으로써 수리할 수 있다. 심하게 손상된 튜브는 교체하여야 한다. 그러나 손상된 부분을 잘라내고 같은 크기 및 같은 재질의 튜브를 끼워서 사용할 수 있다. 파손되지 않은 나머지 튜브의 양끝을 플레어 하고 표준 유니온, 슬리이브와 튜브 너트를 사용하여 연결하면 된다. 만약 파손된 부분이 짧으면 끼운 튜브를 생략하고 하나의 유니온과 두 세트를 연결 피팅을 사용하여 수리하여도 된다.

손상된 튜브를 수리할 때는 모든 찌꺼기와 덧살을 매우 주의하여 제거하여야 한다. 당분간 쓰지 않을 개방된 튜브는 금속이나 나무 혹은 고무나 플라스틱 플러그 또는 캡으로 막아야 한다.

플렉시블 작동유 연결 어셈블리(Flexible Fluid Connection Assembly)를 사용하는 저압 튜브를 수리할 때는 클램프 밴드가 이탈되거나 인접 부품의 조임 스크류가 마모되지 않도록 조심하여 호스 클램프를 조립하여야 한다. 만일 마모가 있으면 호스 클램프를 호스에 다시 설치 조립하여야 한다. 그림 9-15는 플렉시블 작동유 연결 어셈블리를 보여주며 최대 허용 각도와 최대 중심선 어긋남 치수를 표시하고 있다.

A. 라인 설계(Layout of Lines)

손상되었거나 낡은 어셈블리는 더 손상되거나 형상이 찌그러지지 않도록 조심해서 장탈하며, 새로운 부품의 성형 형판(Template)을 사용하여야 한다. 만일 낡은 튜브의 길이가 표본으로 사용할 수 없으면 새로운 어셈블리에 요구되는 만큼 손으로 형(Pattern)을 구부려 철사 형상으로 만들고 철사형에 맞게 튜브를 구부린다.

튜브를 구부리지 않아도 되게끔 직선으로 배관 설계를 해서는 안된다. 튜브를 구부리지 않고 직선으로 장착하기 위하여 정확히 절단하거나 플레어 하여서는 안되며 기계적 응력 변형에 견딜 수 있도록 하여야 한다. 굽힘은 온도 변화에 따른 튜브의 신축을 허용하며 진동을 흡수한다. 만약 튜브가 작고(1/4in 미만) 손으로 굽힐 수 있으면 기계적 변형에 견디도록 임의의 굽힘을 갖게 한다.

튜브를 기계로 성형하여야 하는 경우에는 직선으로 연결하는 어셈블리가 되지 않도록 정확한 굽힘을 하여야 한다.

모든 굽힘은 플레어링이나 검사하는 동안에 슬리이브와 너트를 뒤로 빼놓아야 하므로 피팅에서 적당한 거리를 두고 시작되어야 한다. 새로운 튜브 어셈블리는 커플링 너트(Coupling Nut)로 연결할 때, 어셈블리를 잡아 당기거나 삐뚤게 하는 장착 작업 이외의 어떤 경우에도 장착하기 전에 성형하여야 한다.

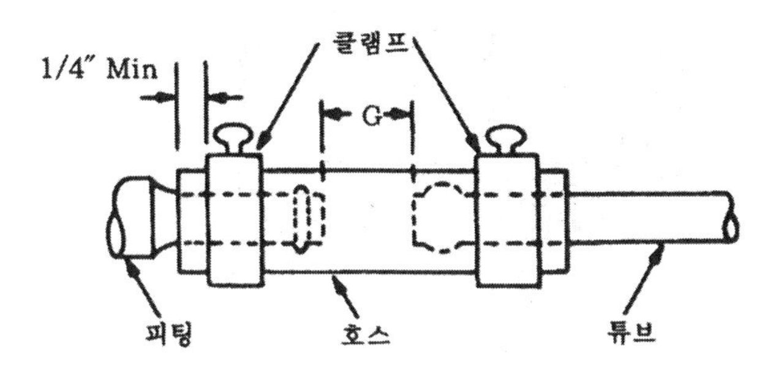

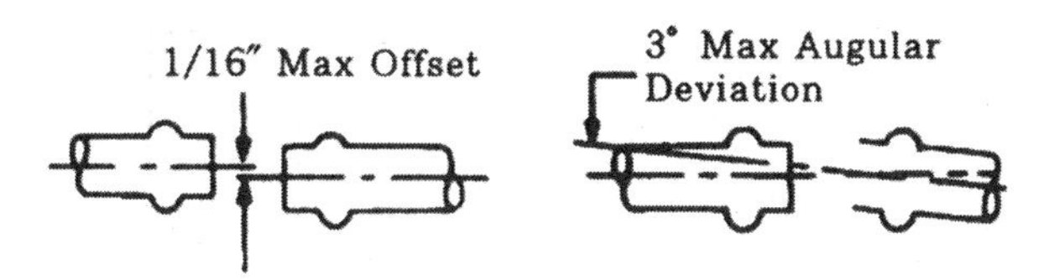

G의 최대 갭은 1/2"나 튜브 외경의 1/4중에서 큰 쪽 석션 라인(Suction Line)에서 G의 최대 갭은 $1\frac{1}{2}$"나 튜브 직경중 큰 쪽

그림 9-15 플렉시블 작동유 라인의 어셈블리

2) 플렉시블 호스의 조립과 교환 (Fabrication and Replacement of Flexible Hose)

호스와 호스 어셈블리는 각 검사 주기마다 재질 및 기능상의 성능 저하 상태를 점검하여야 한다. 누출, 내부 튜브로부터의 커버 및 끈의 분리 상태, 균열, 경화 플렉시블의 불량과 과도한 "콜드 플로우(Cold Flow)"가 재질 및 기능상의 성능 저하 현상이며 교체하여야 하는 원인이다. "쿨드 플로우"란 호스 클램프나 지지부의 압력으로 호스에 생긴 깊고 영구적인 자국을 말한다.

끝을 스웨이지한 피팅을 장치한 플렉시블 호스에 결함이 있으면 전체 어셈블리를 교환하여야 한다. 새로운 호스 어셈블리는 제작 당시에 장착한 끝피팅을 가진 정확한 크기와 길이의 어셈블리를 사용하여야 한다.

재사용이 가능한 끝 피팅을 장치한 호스에 결함이 있으면 대체할 튜브는 제작자의 조립 지침서의 요구를 충족하는 공구로 조립할 수 있다.

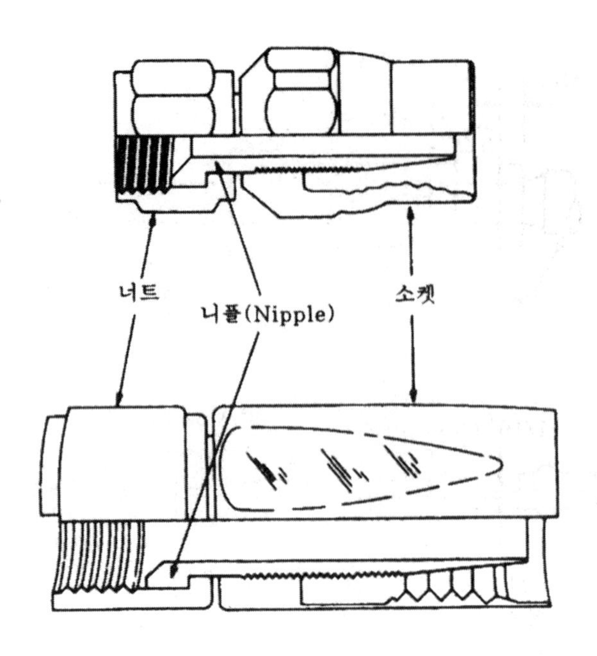

그림 9-16 슬리브형 피팅

A. 슬리브형 피팅의 어셈블리(Assembly of Sleeve-Type Fitting)

플렉시블 호스에 쓰는 슬리이브형 끝 피팅은 분리 가능하며 사용할 수 있다고 판단되며 다시 사용해도 된다. 피팅의 안지름은 장착할 호스의 안지름과 같다. 보통 사용하는 슬리이브형 피팅은 그림 9-16과 같다.

호스 어셈블리를 만들려면 적합한 크기의 호스와 끝 피팅을 선택하고 날이선 쇠톱으로 호스를 정확한 길이로 절단하여야 한다. 바이스에 소켓(Socket)을 물리고 호스 끝이 소켓의 턱에 닿을 때까지 반시계 방향으로 호스를 소켓에 돌려 끼운다. (그림 9-17) 그리고 1/4바퀴 돌려 튜브 어셈블리가 제대로 배열되었는가를 확인한다.

장착시에 너트에 토큐를 가하여 무리하게 끌어당기지 않는다. 그림 9-18은 플레어 피팅의 옳고 그른 조임 방법을 보여주며 적당한 토큐 값은 그림 9-19에 표시되어 있다. 이 토큐 값은 플레어 피팅에만 적용되는 것을 유의해야 한다.

튜브 어셈블리를 장착할 때 정확한 토큐로 항상 피팅을 조여야 한다. 피팅을 너무 세게 조이면 튜브 플레어가 심하게 손상되며 절단될 수도 있고, 또한 슬리이브의 결합 너트를 손상시키기도 한다. 충분히 조이지 않으면 배관에서 어셈블리가 압력에 밀려 빠져나오거나 작동 압력에서 누출이 발생하게 되므로 더욱 주의하여야 한다.

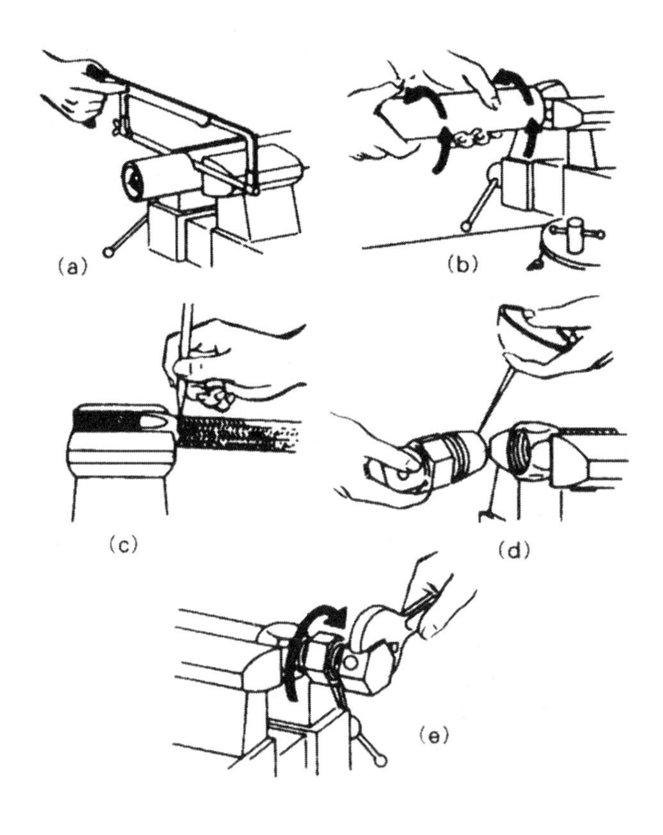

그림 9-17 MS 피팅을 플렉시블 호스에 장착하는 예

토큐 렌치의 사용과 앞에 규정한 토큐 값은 과도한 조임이나 느슨한 조임을 방지한다. 튜브 피팅을 적절하게 조이면 다시 플레어링하기 전에 몇 번이고 풀고 조여서 오래 사용할 수 있다.

플레어리스 튜브 어셈블리를 장착할 때는 튜브를 제자리에 놓고 배열 상태를 점검한다. 손으로 너트를 돌려 저항이 커서 돌릴 수 없을 때까지 조인다. 이것보다 더 이상 조이지 못하는 것은 슬리브 파일롯이 피팅에 닿았기 때문이다. 렌치로 너트를 1/6바퀴 돌린다.(한쪽 6각부) 너트를 조일 때 피팅이 따라 돌지 않도록 피팅의 6각부를 렌치로 잡아준다. 연결부를 조인 후에 누출이 있으면 1/6바퀴 한번 더 돌린다. 그래도 누출이 있으면 연결부를 풀어 수리하여야 한다.

알루미늄 합금 튜브 어셈블리를 그림 9-20의 토큐 값으로 조인 후에도 누출이 있으면 더

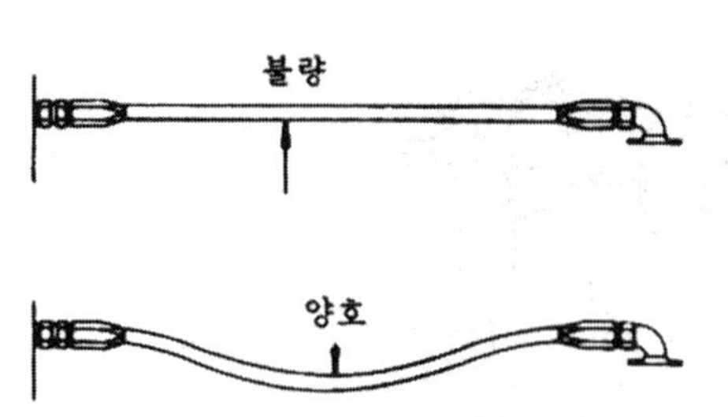

1. 호스를 느슨하게 장착해서 압력을 가할 때의 길이 변화에 대응한다.

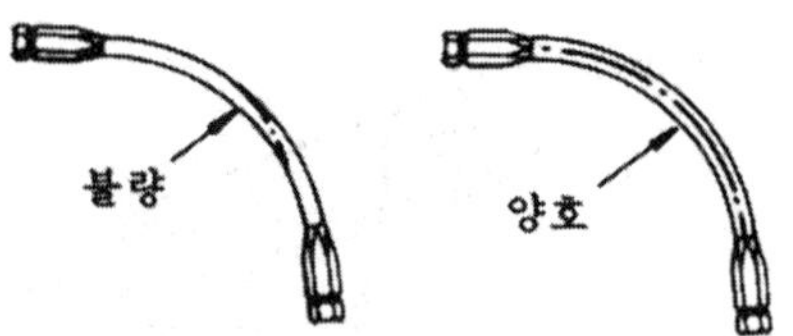

2. 직선띠(Linear Stripe)을 바르게 장착한다. 비틀린 호스에 고압력이 가해지면 결함이 발생하거나 너트가 풀린다.

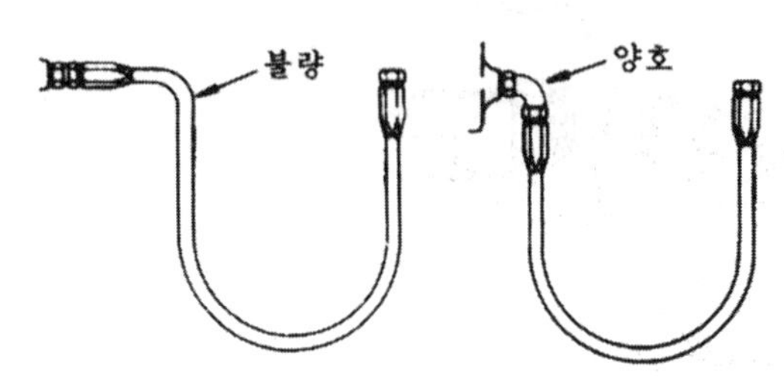

3. 에로 킵 엘보우(Aero Quip Elbow)나 기타 어댑터는 피팅을 사용해서 급격한 굽힘을 피한다. 가능한 한 큰 굽힘 반경이 되게 한다. 절대로 최소 굽힘 반경 이하로 작업하지 않는다.

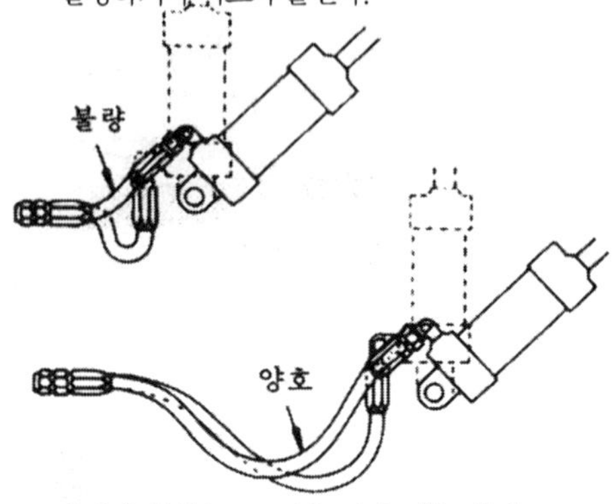

4. 라인이 굽힘(Flexing)을 받을 때는 추가로 굽힘 반경을 두고 금속제 피팅은 움직이지 않게 한다. 라인 지지 클램프를 설치해서 호스의 굽힘을 제한하지 않게 한다.

그림 9-18 플레어리스 호스 장착

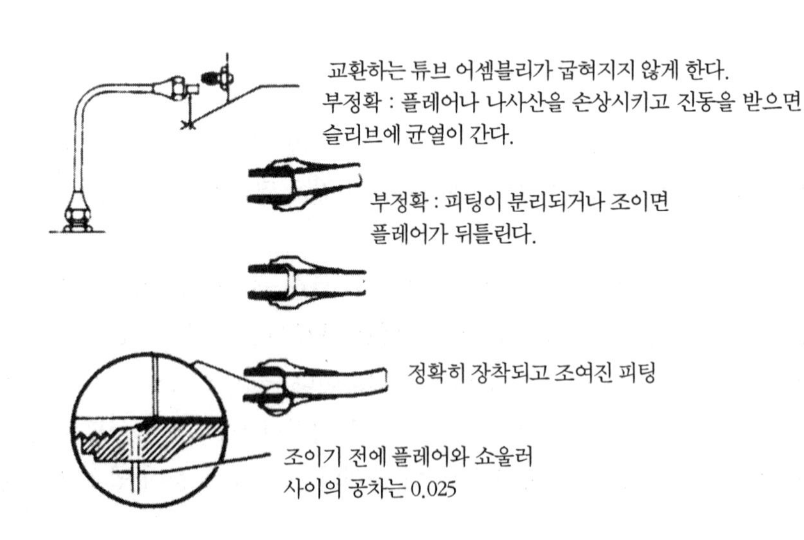

그림 9-19 플레어 피팅의 장착 예

조여서는 안된다. 누출되는 부분은 풀어서 결함을 수정해야 한다.

흔히 있는 결함은 다음과 같다.

① 플레어가 너트의 나사에 찌그러진 경우

② 슬리이브가 균열된 경우

③ 플레어가 균열되었거나 갈라져 금이 간 경우

④ 플레어가 둥글지 않은 경우

⑤ 플레어의 안쪽이 거칠거나 긁힌 경우

⑥ 피팅의 원추부분(Cone)이 거칠거나 긁힌 경우

⑦ 너트와 유니온의 나사가 더럽거나 부서진 경우

튜브 외경(O.D)	토큐 범위(lb-in)		최소 굽힘 반경(in)	
	알루미늄 합금 1100~H14 5052-0	강(Steel)	알루미늄 합금 1100~H14 5052-0	강(Steel)
1/8				3/8
3/16		30~ 70	7/16	21/22
1/4	40~ 65	50~ 90	9/16	7/8
5/16	60~ 80	70~120	3/4	11/8
3/8	75~125	90~150	15/16	1 5/16
1/2	150~250	155~250	1 1/4	1 3/4
5/8	200~350	300~400	1 1/2	2 3/16
3/4	300~500	430~575	1 3/4	2 5/8
1	500~700	550~750	3	3 1/2
1 1/4	600~900		3 3/4	4 3/8
1 1/2	600~900		5	5 1/4
1 3/4			7	6 1/8
2			8	7

그림 9-20 튜브의 토큐 값

만일 강재 튜브가 누출이 있으면 그림 9-20에 규정한 토큐 값보다 1/6인치 더 조여서 누출을 막도록 한다. 누출이 계속되면 풀어서 수리해야 한다. 배관에 압력이 가해질 때 너트를 조여서는 안된다. 결합 후에 약간의 토큐만 가하여도 연결부에 손상을 초래할 수도 있기 때문이다.

B. 튜브 조립의 주의 사항(Plumbing Assembly Precaution)

피팅(Fitting)에 사용한 재질이 튜빙(Tubing)의 재질과 같은 것인지 확인한다. 예를 들면 강피팅에는 강튜브를, 알루미늄 합금 피팅에는 알루미늄 합금 튜브를, 카드뮴 도금한 황동 피팅에는 알루미늄 합금 튜브를 사용한다. 부식 방지를 위하여 알루미늄 합금 튜브와 알루미늄 합금 피팅은 보통 양극 처리하여 사용한다. 스테인레스강이 아닌 강튜브나 강피팅은 녹이나 부식을 방지하기 위해서 도금한다.

황동과 강피팅은 보통 카드뮴 도금을 하지만, 니켈, 크롬 또는 주석 도금을 한 것도 있다.

호스 연결의 시일링을 안전하게 유지하고 호스 클램프의 파열과 호스의 파손을 방지하기 위해서 호스 클램프 조임지시에 따라야 한다. 가능하면 호스, 클램프, 토큐 제한 렌치를 사용한다.

이들 렌치는 15와 25in-Lbs 교정 내에서 쓸 수 있다. 토큐 제한 렌치가 없을 때는 Finger-Tight-Plus-Turns 방법에 따라야 한다. 호스, 클램프의 설계와 호수 구조의 변경을 위하여 그림 9-21의 값은 근사치이므로 이러한 방법에 의하여 호스 클램프로 조일 때에는 잘 판단하여야 한다.

호스 연결은 콜드 플로우(Cold Flow) 또는 세팅(Setting) 절차를 취급하므로 이에 따른 조임 검사는 이것을 설치한지 수일 후에 시행하여야 한다.

호스의 종류	클램프의 종류	
	Worm Screw Type	기타 모든 호스
Self-Sealing	핑거 타이트 + 2회전	핑거 타이트 + $2\frac{1}{2}$회전
기타 모든 호스	핑거 타이트 + $1\frac{1}{4}$회전	핑거 타이트 + 2회전

만약 조인 후에 시일(Seal)이 되지 않으면 호스 연결을 검사한 후 필요하면 부품을 교환한다.

그림 9-21 호스 클램프 조임

3) 지지 클램프(Support Clamps)

지지 클램프는 기체나 발동기 어셈블리에 연결되는 여러 가지 배선(Lines)을 안전하게 하기 위하여 사용한다. 여러 가지 형의 지지 클램프들이 이러한 목적으로 사용된다.

고무 쿠숀(Cushion)된 클램프는 진동을 방지하며 배선을 안정시키는데 쓰인다. 쿠숀은 배관의 마멸을 방지한다.

테프론(Teflon) 쿠숀 클램프는 Skydroll 500, 고압류(Mil-O-5606) 혹은 연료에 의한 기능 저하가 예상되는 곳에 사용한다. 그러나 탄성 에너지(Resilient)가 적기 때문에 다른 쿠숀 재료와 같이 양호한 진동 감소 효과를 내지 못한다.

금속 유압 라인, 연료와 오일 라인이 제자리에 확실하게 위치시키기 위해 본드 클램프(Bonded Clamp)를 사용하다. 본드하지 않은 클램프는 배선(Wiring) 보호용으로만 사용하여야 한다. 본드 클램프가 있는 튜브 부분에는 페인트나 양극 처리된 것을 제거한다. 클램프는 정규 치수인가 확인한다. 호스의 외경보다 적은 클램프 또는 지지 클립(Clip)은 호스를 통하는 유체의 흐름을 제한한다. 모든 배관 라인은 정해진 간격으로 유지되어야 한다.

강성 유체 튜브를 지지하는 최대 간격을 그림 9-22에 표시한다.

Tube OD (in.)	Distance between supports (in.)	
	Aluminum Alloy	Steel
1/8	9 1/2	11 1/2
3/16	12	14
1/4	13 1/2	16
5/16	15	18
3/8	16 1/2	20
1/2	19	23
5/8	22	25 1/2
3/4	24	27 1/2
1	26 1/2	30

그림 9-22 튜브의 최대 지지 간격

제10장 케이블 (Cable)

10-1. 일반 in

항공기용 콘트롤 케이블(Control Cable)이란 항공기의 시스템을 조작하기 위해 사용되는 와이어 로프(Wire Rope)를 말하고 시스템을 움직이는 동력을 전달을 관리하는 것이다.

케이블에 의해 조작되는 주된 것에는 플라이트 콘트롤(Flight Control), 엔진 콘트롤(Engine Control), 랜딩기어(Landing Gear) 및 노스 스티어링 콘트롤(Nose Steering Control) 등의 중요한 시스템이 있다.

또, 케이블은 그 끝에 피팅(Fitting)을 장착하여 케이블 어셈블리로서 기체에 연결된다.

10-2. 케이블의 종류

일반적으로 항공기에 사용되고 있는 케이블은 다음과 같은 것들이 있다. 이것들은 MIL SPEC으로 정해진 케이블 가운데 일반적으로 사용되고 있는 것을 나타낸 것이다.

MIL SPEC	특징	재료
MIL-W-83420 콤포지션A	플렉시블	탄소강
MIL-W-87161 콤포지션A	넌 플렉시블	
MIL-W-83420 콤포지션B	플렉시블	내식강
MIL-W-87161 콤포지션B	넌 플렉시블	

표 10-1 케이블의 종류

1) 일반용 케이블

A. 플렉시블 케이블(Flexible Cable)

항공기에서는 조종 케이블이나 콘트롤 케이블이라 불리고 항공기의 조종 계통에 쓰인다. 이 케이블은 유연성이 높고 굽힘 피로에 잘 견디는 성질을 가지고 있다.

B. 넌 플렉시블 케이블(Non-flexible Cable)

넌 플렉시블 케이블은 쉽게 구부러지지 않는 강성이 강한 와이어 로프의 일종으로 7개 또는 19개의 와이어(Wire)로 된 가닥(Strand)이다. 이것은 유연성이 없어 풀리(Pulley)를 거치지 않는 직선 운동 방향에만 사용되며, 날개(Wing) 및 꼬리 날개(Tail Wing) 등에 사용한다.

2) 케이블의 꼰 방향과 꼬는 법

A. 꼰 방향

케이블 또는 스트랜드(Strand)가 꼬아지는 방향으로, 그림 10-1 (a)에 표시한 것처럼 Z꼬기와 S꼬기가 있다.

B. 꼬는 법

케이블과 스트랜드와의 꼰 방향의 조합 방법으로, 그림 10-1 (b)처럼 보통 꼬기와 랑꼬기로 구분된다.

① 보통 꼬기 : 케이블의 꼰 방향과 스트랜드의 꼰 방향이 반대 방향인 꼬기

② 랑 꼬기 : 케이블의 꼰 방향과 스트랜드의 꼰 방향이 동일 방향인 꼬기

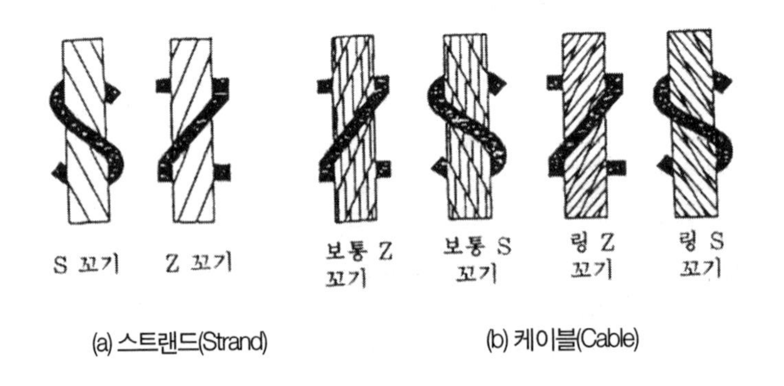

그림 10-1 꼬기 방향 및 꼬는 법

3) 특수 케이블

A. 락크 클래드 케이블(Lock Clad Cable)

락크 클래드는 상표명(Trade Name)으로서, 카본 스틸 플렉시블 케이블에 알루미늄 합금 튜브를 씌워 스웨이지(Swage)한 것으로 하중에 대한 케이블의 신장이 적어지므로 조작 반

응(Response)의 개선, 내마모성, 내식성의 향상 및 온도에 의한 영향이 적은 반면, 굴곡진 곳이나 진동이 있는 부분에는 사용할 수 없다.

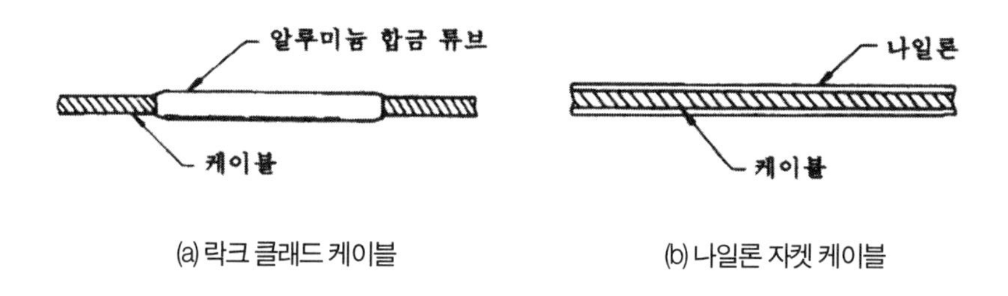

(a) 락크 클래드 케이블 (b) 나일론 자켓 케이블

그림 10-2 특수 케이블

B. 나일론 자켓 케이블(Nylon Jacketed Cable)

케이블에 나일론이 코팅 되어 있고 부식 방지 및 케이블 표면의 손상 방지를 목적으로 한다. 이것은 MIL-W-83420의 Type II 이다.

C. 푸쉬 풀 케이블(Push Pull Cable)

푸쉬 풀 케이블은 일반적인 케이블과 비교하여 덜거덕거림과 마찰이 작다고 하는 특징을 가지고 있고 케이블이나 로드가 사용될 수 없는 곳에 사용된다.

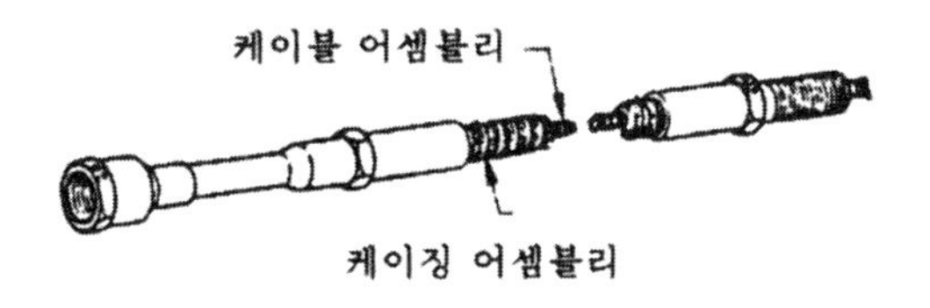

그림 10-3 푸쉬 풀 케이블

10-3. 케이블의 구성

케이블은 와이어(Wire)와 와이어가 비틀려 한다발이 된 꼬은선에 의해 구성되어 있다. 다음은 각각의 케이블 특징 및 가공에 대해서 설명한다.

1) 플렉시블 케이블(Flexible Cable)

구성은 7×7이나 7×19의 케이블을 말하고 그림 10-4와 같이 한 개의 꼬은선(Strand)이 중심에 있어 케이블의 심을 이루고, 남은 꼬은선은 그 주위에 비틀려 있다. 다음에 7×7 및 7×19 구성의 케이블을 설명한다.

A. 7×7 케이블

7×19 케이블에 비해 유연성이 적어 큰 직경의 풀리(Pulley)나 직선 운동 방향에 사용되며, 마모에 대해서는 보다 큰 저항성이 있다. 일반적으로 지름이 3/32in 이하의 것이다.

B. 7×19 케이블

충분한 유연성이 있고, 특히 작은 직경이 풀리에 의해 구부러져 있을 때에는 굽힘 응력에 대한 피로에 잘 견디는 특성이 있다. 이 케이블은 지름이 1/8in 이상으로 조종 계통에 주로 사용된다.

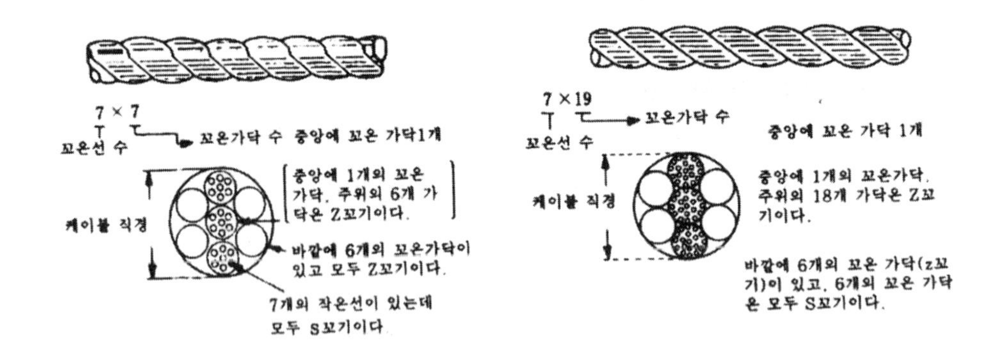

그림 10-4 7×7 케이블의 구성

그림 10-5 7×19 케이블의 구성

C. 케이블 지름의 특정법

케이블의 외접원의 직경은 그림 10-6 처럼 버니어 캘리퍼스로 직각으로 측정한다.

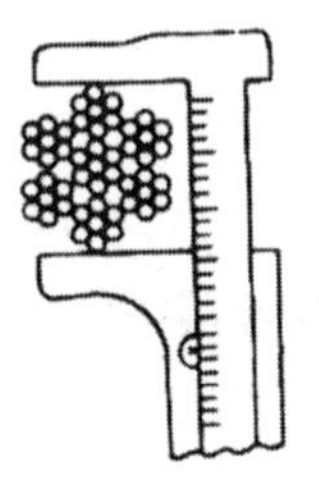

그림 10-6 케이블 지름 측정법

2) 넌 플렉시블 케이블(Non-flexible Cable)

구성이 1×7이나 1×19의 케이블로 플렉시블 케이블에 비교하여 잘 늘어나지 않는다.

넌 플렉시블 케이블의 경우 그림 10-7과 같이 한 개의 와이어가 중심을 이루고 남은 와이어가 그 주위에 비틀려져 한 개의 꼬은 선이 되어 있다.

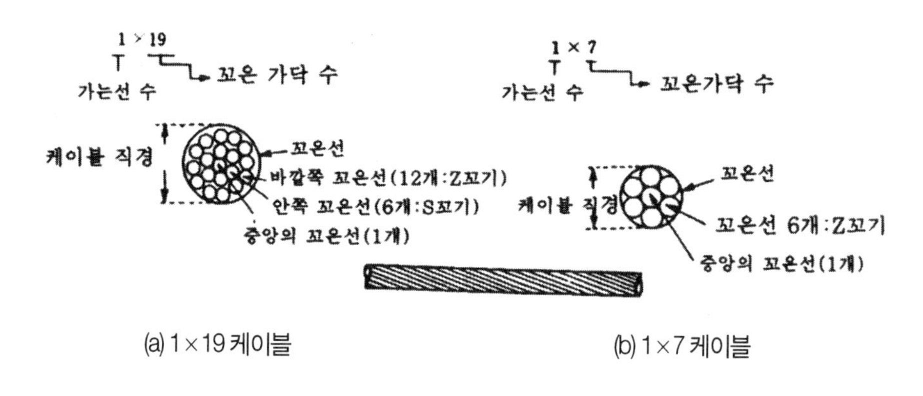

(a) 1×19 케이블 (b) 1×7 케이블

그림 10-7 넌 플렉시블 케이블

3) 케이블의 가공

케이블의 가공에는 다음의 2가지가 있고 현재 사용되고 있는 케이블은 모두 이러한 가공이 되어 있다.

A. 프리폼(Preform) 가공

각각의 와이어를 꼬은 선으로 성형(Forming Operation)을 행한 것으로, 내부 응력이 남지 않고 성형후는 항상 바른 형을 하고 있다.

따라서 케이블을 절단해도 절단부가 잘게 떨어지지지 않고 그대로 바른 위치를 유지한다. 이 가공이 되어 있는 케이블을 프리폼 케이블(Preform Cable)이라 한다.

B. 프리텐션(Pretension : 인장) 가공

케이블을 제작한 후에 강한 인장을 받아 케이블의 늘어짐에 의한 신장을 없애는 것이다. 만약, 이 가공이 되어 있지 않으면 케이블에 인장을 주었을 때, 각 와이어가 바른 위치에 있으면서 신장을 일으킨다.

4) 내식강 케이블의 특징

내식강 케이블은 내식성을 가지므로 부식이 발생하기 쉬운 위치에 사용되고 있는데, 탄소강 재료에 비교하여 다음과 같은 결점이 있다.

① 케이블의 탄성 계수가 낮으므로 케이블에 인장 하중이 가해졌을 때 케이블의 신장이 크고 케이블 시스템 조종의 확실성이 감소한다.

② 피로 강도가 좋지 않으므로 폴리에 의해 구부러져 있는 부분은 반복하여 굽힘 응력이 가해지고 피로에 의한 단선이 발생하기 쉽다.

또, 내식강 케이블과 탄소강 케이블의 구분은 그라인더에 의한 스파크 시험에서 그 스파크의 양을 검사하는 방법(스파크가 많은 쪽이 탄소강)과 자석에 의해 검사하는 방법(자석이 잘 붙는 쪽이 탄소강)이 있다.

또, 탄소강의 도금은 주석 도금, 아연 도금, 주석 도금 위에 아연 도금한 것의 3종류가 있고 주석 도금되어 있는 것은 좀 하얗다.

10-4. 케이블의 성질

1) 굽힘 하중이 가해졌을 때의 케이블의 성질

케이블이 구부러져 있을 때에도 인장 응력에 견디는 특별한 성질이 있다. 구부러진 케이블 각각의 와이어는 길이 방향의 단면에 있어서 케이블이 구부러진 안쪽과 바깥쪽은 각각 압축(축소)과 신장하려 한다.

이 두 변화가 합성되어 와이어에 대한 응력 분포의 큰 불균일이 없어져 거의 균등한 분포가 된다. 만약 마찰에 의한 이 응력 균등화의 방해가 없으면 응력은 완전히 균등화 된다.

그러나 실제로는 이 마찰이 구부러짐에 의해 일어나는 각각의 와이어의 움직임을 방해하므로 각각의 와이어의 응력 사이에는 어느 정도의 차가 항상 존재하는 것이 된다. 이 마찰 저항을 가능한 한 감소시키는 것을 목적으로 제조시에는 윤활제를 각각의 와이어에 골고루 칠하고, 케이블의 내부에는 윤활제가 충분히 스며들어 있게 해야 한다.

2) 인장 하중이 가해졌을 때의 케이블의 성질

케이블 또는 꼬기선에 인장 응력이 가해지고 있을 때는 각 와이어는 케이블 또는 꼬기선의 중심을 향해 억눌러지고 있다. 왜냐하면 각 와이어는 나선 모양을 하고 있고 각 나선은 잡아당길 때에는 그 성질로서 직경을 작게 하려고 하기 때문이다.

따라서, 양끝을 자유롭게 회전할 수 있게 해두면 케이블은 어느 정도 꼬기가 돌아오는 방향으로 비틀리고, 양끝도 회전할 수 없으면 엔드 피팅(End Fitting)으로 어느 정도의 토큐가 걸리게 된다. 유연성이 있는 케이블에는 꼬기가 돌아오려고(회복) 하는 것에 대한 저항이 준비되어 있다. 그것은 바깥의 꼬기선이 케이블의 코어 되는 꼬기선에 대해 일정한 방향으로 감겨 있고 그 방향은 꼬기선의 와이어가 중심의 와이어에 대해 감겨 있는 방향과는 반대이기 때문이다.

만약 무언가의 꼬기의 돌아옴이 일어나면 그것에 따라 케이블 전체의 신장이 일어난다. 그러나, 이 신장은 단순히 나선의 피치가 늘어난 것에 지나지 않는다. 하중을 제거하면 원래의 길이로 돌아온다.

3) 케이블의 신장

케이블에 일어나는 신장에는 2종류가 있는데, 하나는 구성의 변화에 의한 신장이고, 또 하나는 재료 자체의 탄성 변화에 의한 신장이다. 구성의 변화에 의한 신장은 케이블에 최초로 강한 하중을 가하면 각 와이어가 바른 장소에 자리잡은 상태가 되어 두 번 나타나는 일은

케이블 (in)	최소 코일 직경(in)	
	나무틀 감기인 경우	코일감기의 경우
1 / 16	8	12
3 / 32	8	12
1 / 8	10	12
5 / 32	12	12
3 / 16	12	12
7 / 32	12	12
1 / 4	12	18
5 / 16	12	18

표 10-2 코일 직경의 최소 수치

없다. 탄성 변화에 의한 신장은 하중을 가했기 때문에 각각의 가는 선이 실제로 신장하는 것에 의해 일어나므로 하중을 제거하면 원래 길이로 돌아온다.

10-5. 케이블의 보존

케이블 및 케이블 어셈블리의 보존은 다음과 같다.

Non-Rust 366에 3~5분간 담그고 방청 처리를 한다. 케이블 어셈블리에 베어링이나 퀵 디스컨넥트(Quick Disconnect)가 장치되어 있는 경우는 방식유가 닿지 않도록 주의하고 필요에 의해 내유지로 덮어 둔다.

방식 처리를 한 케이블을 코일 모양으로 감을 때는 최소 지름에 주의한다. 그러므로 정비 매뉴얼 등을 보고 확인해야 한다.

10-6. 케이블의 검사

기체에 케이블 어셈블리가 장치된 상태에서 케이블을 검사할 경우는 다음 순서대로 실시하다.

1) 크리닝(Cleaning)

① 고착되지 않은 녹(Rust), 먼지(Dust) 등은 마른 수건으로 닦아낸다.

또, 케이블의 바깥면에 고착된 녹이나 먼지는 #300~#400 정도의 미세한 샌드 페이퍼(Sand Paper)로 없앤다.

② 케이블의 표면에 고착된 낡은 방청유

윤활제는 케로신(Kerosene)을 적신 깨끗한 수건으로 닦는다. 이 경우, 케로신이 너무 많으면 케이블 내부의 방청 윤활유가 스며나와 와이어 마모나 부식의 원인이 되므로 가능한 한 소량을 해야 하며, 증기 그리스 제거(Vapor Degrease), 수증기 세척, 메틸 에틸 케톤(MEK) 또는 그 외의 용제를 사용할 경우에는 케이블 내부의 윤활유까지 제거해 버리기 때문에 사용해서는 안된다.

[참고] 크리닝을 한 경우는 검사후 곧 방식 처리를 할 것. 그 외의 용제란 가솔린, 아세톤, 신나 등을 포함한다.

2) 케이블에 일어나는 손상의 종류와 검사의 방법

케이블의 손상과 검사 방법의 대표적인 것을 다음에 설명하지만, 상세한 것은 정비 매뉴얼을 참조해야 한다. 검사할 경우는 육안 검사(Visual Inspection)로 하지만, 미세한 점검은 확대경을 사용한다.

A. 와이어 절단

케이블 손상, 와이어 절단(Broken Wire)이 발생하기 쉬운 곳은 케이블이 훼어리드(Fair Lead) 및 풀리(Pulley) 등을 통과하는 부분이다.

케이블을 깨끗한 천으로 문질러서 끊어진 가닥을 감지하고, 절단된 와이어(Broken Wire)가 발견되면 절단된 와이어 수에 따라 케이블(Cable)을 교환하여야 하는데, 풀리(Pulley), 로울러(Roller) 혹은 드럼(Drum) 주변에서 와이어 절단이 발견될 경우에는 케이블을 교환하여야 하며, 훼어리드(Fair Lead) 혹은 압력 시일(Pressure Seal)이 통과되는 곳에서 발견될 경우에는 케이블 교환은 물론, 훼어리드와 압력 시일의 손상 여부도 검사하여야 한다.

필요한 경우에는 케이블을 느슨하게 하여 그림 10-8처럼 구부려 검사한다.

그림 10-8 케이블의 검사법

[참고] 케이블의 피닝(Peening)

케이블이 반복하여 훼어리드(Fairlead) 등에 부딪치면 피닝(Peening : 두둘김을 받는 것)이라는 손상을 받는다. 이 원인의 가장 큰 것은 케이블이 반복하여 뭔가에 충돌하는 것에 의한다.

그 결과, 케이블이 닿았던 곳만 마모에 의해 평평하게 되어 넓어지므로, 이것은 일련의

(a) 각각의 바깥쪽 가는 선이 50% 이상 마모

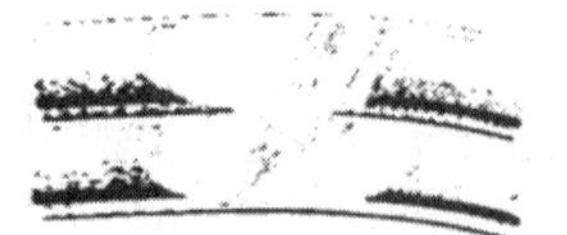

(b) 각각의 바깥쪽 가는선이 40%~50% 이상 마모 (마모지역의 부식에 주의)

(c) 각각의 바깥쪽 가는선이 40% 미만 마모 (마모를 식별할 수 있다.)

그림 10-9 케이블의 마모 형태

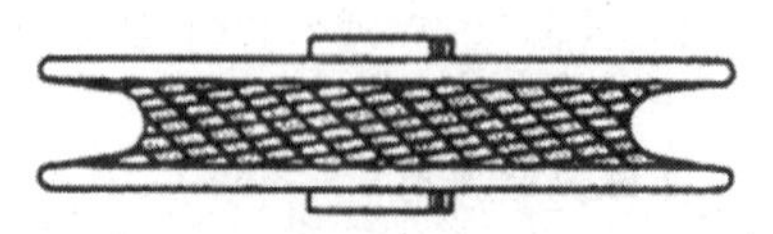

과도한 케이블 장력

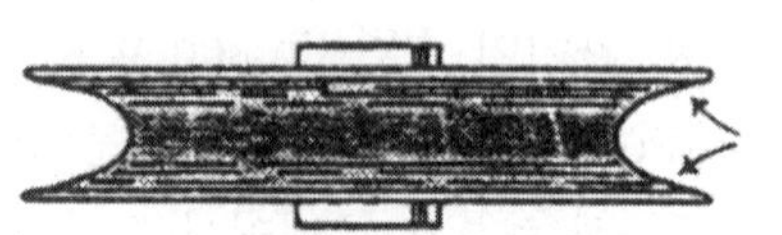

잘못된 풀리 얼라인먼트
(Pulley Misalignment)

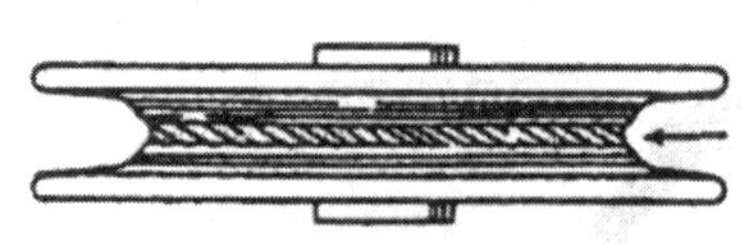

잘못된 케이블 얼라인먼트
(Cable Misalignment)

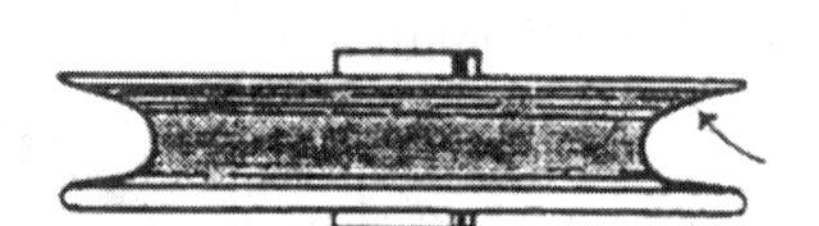

풀리가 케이블에 비해 너무 넓다

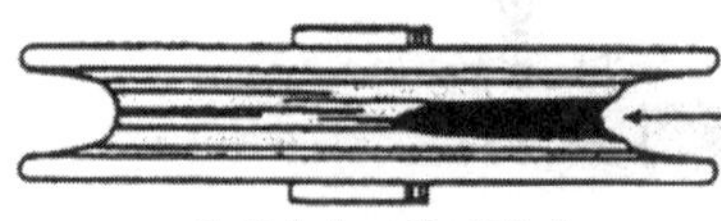

베어링이 고착되었다
(Frozen Bearing)

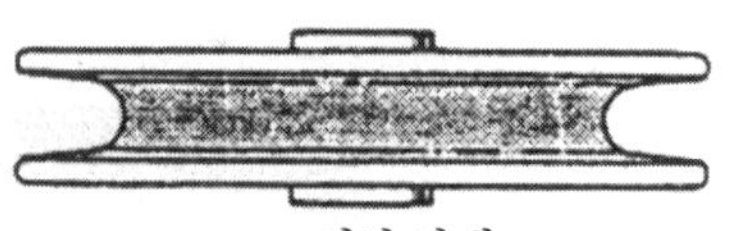

정상 상태
(Normal Condition)

그림 10-10 게이블과 풀리의 바모

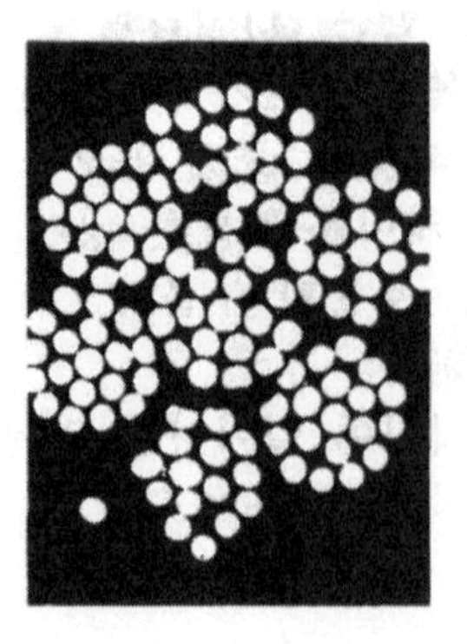

그림 10-11 케이블의 내부 마모

케이블에 대한 냉간 가공을 가해주는 것이 된다. 그러므로 와이어는 그 부분만 부분적으로 가공 경화를 일으키고 피로가 일어나는 상태가 된다.

이 피닝에 또 구부러짐이 일어나면 와이어의 절단이 빨라지는 결과가 된다.

B. 마모

a. 케이블의 외부 마모

외부 마모는 보통, 풀리등에 따라 케이블이 움직이는 거리의 범위로, 그리고 케이블의 한쪽에만 일어나는 일도 있다. 또 원주 전체에 걸치는 경우도 있다. 플렉시블 케이블과 넌 플렉시블 케이블에서도 그림 10-9처럼 각각의 꼬기선과 각각의 와이어가 서로 융합하고 있는 것처럼 보일 때(그림 10-9 (b) : 외측 와이어 마모 40~50%)는 교환하는 것이 좋다.(7×7케이블은 6개이상, 7×19 케이블은 12개 이상 와이어 마모시에는 케이블을 교환) 이것 이상 마모가 진행되면 그림 10-9 (a)와 같이 된다. 마모는 구부러짐에 의한 케이블의 영향을 보다 나쁘게 한다.

b. 케이블의 내부 마모

외부 마모가 케이블의 바깥쪽 표면에 일어나는 것과 같이 같은 상태가 내부에도 일어나는 것이다. 특히 케이블이 풀리와 쿼드란트 등의 위를 지나는 부분에 현저하다. 이 상태(그림 10-11)는 케이블이 꼬기선을 풀지 않으면 간단히 발견할 수 없다. 이와 같은 마모는 내부의 와이어가 서로 스치기 때문이다. 어느 상태에서는 이런 종류의 마모 비율은 표면에 나타나는 것보다도 커지는 일이 있다.

C. 부식(Corrosion)

풀리나 훼어리드와 같이 마모를 일으키는 기체 부품에 접촉하고 있지 않은 부분에 와이어 조각이 있었을 때는 어떤 케이블이라도 부식의 유무를 주의 깊게 검사한다. 이 상태는 보통 케이블의 표면에서는 분명하지 않으므로 케이블을 빼고 외부 와이어의 부식에 대해서 바른 검사를 하기 위해 구부려 보든지 조심스럽게 비틀어 내부 와이어(Intenal Wire)의 부식 상태를 검사해야 하며 내부의 와이어에 부식이 있는 것은 모두 교환한다.

내부 부식이 없다면 깨끗한 천으로 녹 및 부식을 솔벤트와 브러쉬를 사용하여 제거한 후, 마른 천 또는 압축 공기를 이용하여 솔벤트를 제거한 후 방청 윤활유를 케이블에 바른다.

D. 킹크 케이블(Kink Cable)

와이어나 스트랜드가 굽어져 영구 변형되어 있는 상태를 말한다. 이 종류의 손상은 강도상, 조직상에도 유해하므로 교환한다.

E. 버드 케이지(Bird Cage)

버드 케이지(그림 10-12)는 비틀림 또는 꼬기가 새장처럼 부푼 상태를 말하고 항공기에 장착되어 있을 때는 일어날 수 없다. 그것은 항상 케이블에 장력이 가해져 있기 때문이다. 이와 같은 상태는 케이블의 보관중, 또는 취급 불량에 의해 일어나는 현상이다.

그림 10-12 버드 케이지(Bird Cage)

3) 검사 기준

케이블의 검사 기준은 항공기마다 제한 값이 정해져 있으므로 정비 매뉴얼을 참조하기 바란다. 검사에는 다음과 같은 종류가 있다.

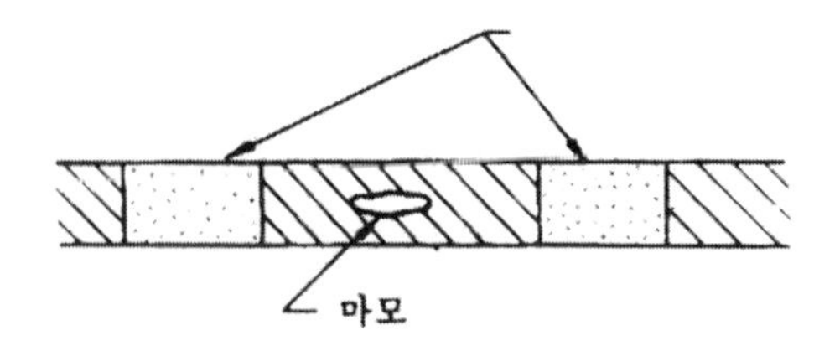

그림 10-13 손상 부위의 경과를 관찰

A. 와이어 단선

① 풀리나 드럼 등에 접촉하고 작동시, 케이블에 반복하여 구부림 응력이 가해지는 부분에 와이어가 1개라도 단선이 있으면 검사 카드를 발행하여 경과 관찰을 하고 단선수가 6개에 이르기 전에 케이블을 교환한다. (7×19 케이블의 경우이며 7×7 케이블은 단선수가 3개에 이르기 전에 교환) 경과 관찰은 그림 10-13처럼 하면 손상부분의 발견을 쉽게 한다.

② 위의 a항 이외의 부분의 단선에 대해서는 1in의 길이 범위내에서 와이어의 50% 이상 마모되어 있는 와이어 수가 5개 이상 있으면 검사 카드를 발행하여 경과 관찰을 하고

50% 이상 마모되어 있는 와이어 수가 11개에 이르기 전에 케이블을 교환한다. (7×19 : 최대 마모 와이어→12, 7×7 : 최대 마모 와이어→6)

[참고] 와이어의 단선과 마모가 같은 곳에서 발생하고 있는 경우는 와이어의 50% 이상 마모는 단선으로 간주하고 와이어 단선의 제한값을 적용한다.

B. 부식

부식을 제거하고 와이어 마모의 제한값을 적용한다. 단, 케이블 내부까지 부식이 발생되고 있는 케이블은 교환한다.

C. 변형

① 킹크(Kink)된 케이블은 교환한다.

② 버드 케이지가 된 케이블 및 꼬기선의 들뜬 케이블은 교환한다.

③ 와이어가 들뜬 것은 와이어 단선이라 간주하고 와이어 단선의 한계를 적용한다.

D. 풀리의 검사 기준

① 풀리의 워블(Wobble)은 풀리의 원주 끝에서 측정, 풀리의 외경(in)× 1/32까지 허용된다. 단, 풀리와 브라켓 등과의 간격은 1/32in 이상 없으면 안된다.

② 풀리의 회전이 원활하지 않은 것은 교환한다.

③ 풀리 홈의 마모가 케이블 지름의 1/2 이상인 경우는 교환한다.

[참고] 이 기준은 7×7, 7×19 케이블에 적용되는데, 특정한 케이블에 대해 따로 검사 기준이 정해져 있는 경우는 그 기준에 따라야 한다.

10-7. 방청 · 윤활

1) 케이블 윤활유의 영향

이 케이블 윤활유는 와이어의 상호 마모 및 외부 마모의 면에서 수명을 연장시키기 위해 필요 불가결한 것이다. 또 방청, 동결 방지상으로도 필요하다. 케이블 제작시는 충분히 케이블 윤활유가 있는 상태인데, 사용하는 동안 기름의 함유량이 줄므로 주기적인 작업 뿐만 아니라, 세척후 반드시 충분히 칠해 주는 것이 중요하다. 과도한 급유는 모래나 먼지가 달라붙는 것을 도와 케이블 마모의 원인이 되므로 피해야 한다.

2) 윤활의 방법

Nox-Rust 366(MIL-C-16173)을 케이블 내부까지 미치도록 충분히 칠한다. 그 후, 케이블 표면을 깨끗한 천으로 가볍게 닦고 케이블 표면에는 얇은 피막이 남는 정도로 한다.

10-8. 케이블 엔드 피팅(Cable End Fitting)의 종류

1) 엔드 피팅

엔드 피팅을 크게 구별하면 직선형(Straight Type)과 볼형(Ball Type)으로 나뉘고 각각 다음과 같은 종류가 있다.

- 직선형
  - ① 스터드 터미널(Stud Terminal) ------------------------- (MS 21260)
  - ② 스터드 터미널(Stud Terminal) ------------------------- (MS 21259)
  - ③ 포크 엔드 터미널(Fork End Terminal) ------------------- (MS 20667)
  - ④ 아이 엔드 터미널(Eye End Terminal) -------------------- (MS 20668)
  - ⑤ 스톱 엔드(Stop End)---------------------------------- (BACT 14A)
- 볼형
  - ① 볼 엔드(Ball End) ------------------------------------ (BACT 14B)
  - ② 싱글 샹크 볼 엔드(Single Shank Ball End) ---------------- (MS 20664)
  - ③ 더블 샹크 볼 엔드(Double Shank Ball End) --------------- (MS 20663)

이 외에 베어링 엔드(Bearing End) 등이 있다.

2) 케이블 엔드 피팅의 종류와 명칭

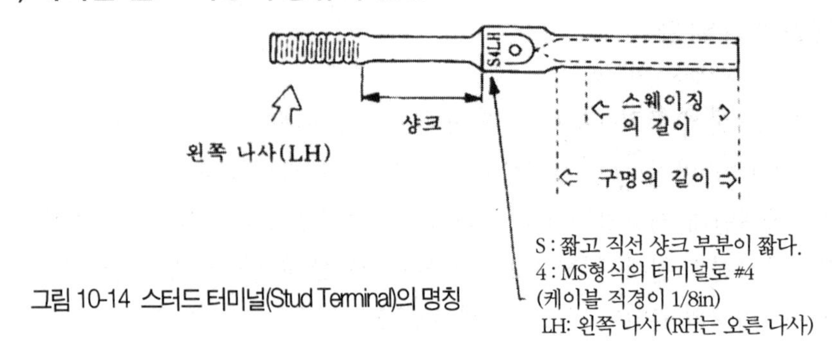

그림 10-14 스터드 터미널(Stud Terminal)의 명칭

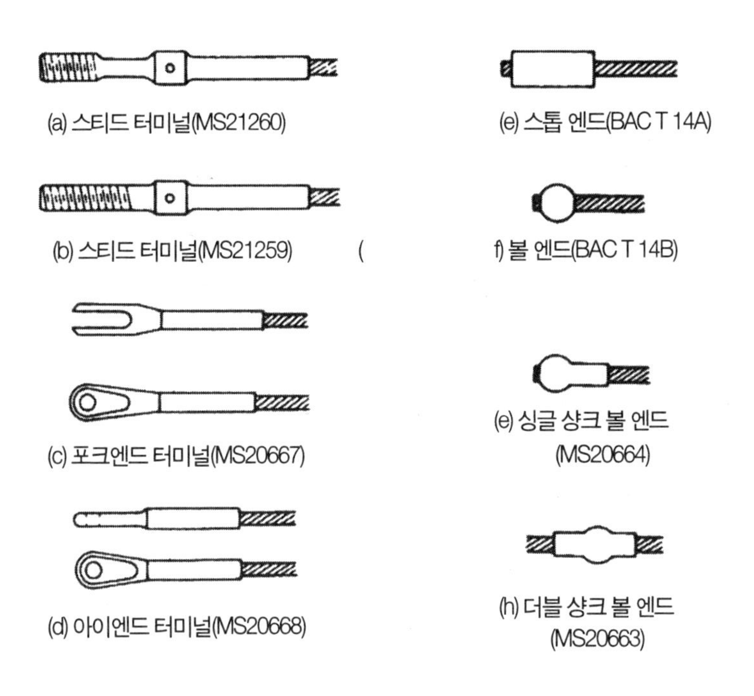

그림 10-15 엔드 피팅(Cable End Fitting)의 종류

10-9. 케이블 어셈블리의 제작

케이블 어셈블리의 제작은 항공기에 사용되고 있는 케이블 어셈블리가 마모나 와이어 절단(Wire Broken) 등으로 교환해야 할 경우 등에 행한다. 케이블 어셈블리의 제작에 있어 중요한 것은 케이블의 길이, 지름, 재질과 피팅의 형태를 확인해 두는 것이다.

1) 케이블의 제작 순서

A. 케이블의 절단

케이블을 절단하는 부분의 길이를 구하는 법에 대해서는 정비 매뉴얼에 따른다. 케이블을 절단(Cut)할 경우는 반드시 전용의 케이블 절단기를 사용하고 절단하는 부분에는 테이프를 감아야 한다. (테이프를 감지 않고 절단하면 프리폼 케이블이어도 절단면이 넓어져 피팅 안에 케이블 삽입이 어려워진다)

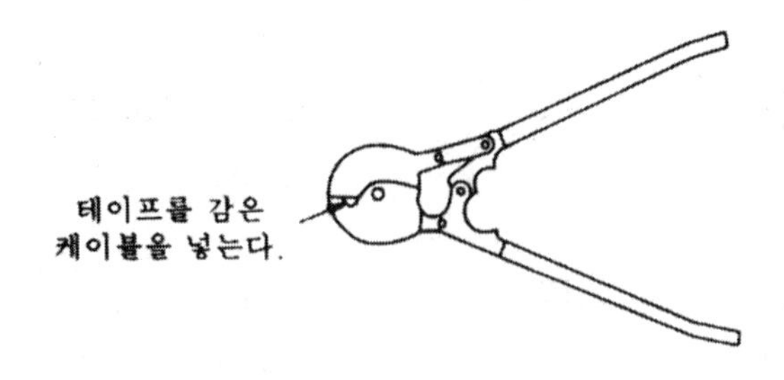

그림 10-16 케이블 절단기

B. 엔드 피팅에서 케이블 삽입법

케이블에 엔드 피팅을 셋트한다. 이 경우, 피팅으로부터 케이블이 쉽게 빠지지 않도록 하기 위해 일반적으로 다음과 같은 방법이 취해진다.

직선형 피팅의 경우는 피팅에 케이블이 조금 들어간 시점에서 케이블을 그림 10-17처럼 구부리고, 그후 정상의 위치에 설정해 준다.

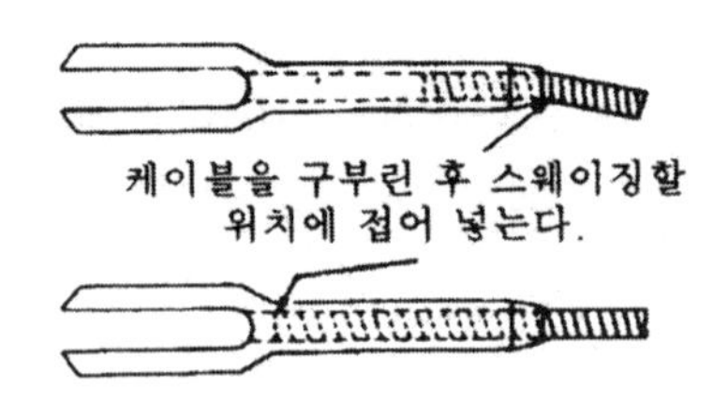

그림 10-17 엔드 피팅 안에 케이블을 넣는 법

C. 포터블 스웨이지 머신(Portable Swage Machine)

① 피팅의 형상으로 있던 업퍼(Upper)와 로어(Lower)용의 롤러를 선택, 각각 업퍼 샤프트에는 업퍼 로울러를 로어 샤프트에는 로어 로울러를 셋트한다. (로울러에는 각각 "Upper", "Lower" 의 문자가 찍혀 있다) 또 로울러의 종류는 케이블 지름이 1/16~5/32in까지 4종류가 있다.

② 2개의 로울러의 중간에 케이블 터미널 피팅을 끼워넣어 핸들을 안쪽에서 조작한다. (라체트식이 되어 있으므로 로울러는 되돌아오지 않는다) 터미널 피팅이 로울러로부터 나오기까지 핸들 조작을 계속한다.

③ 터미널을 90°씩 회전하여 최저 2회 스웨이지하면 완성인데, 피팅이 원이 되기까지 스웨이지하는 것이 바람직하다.

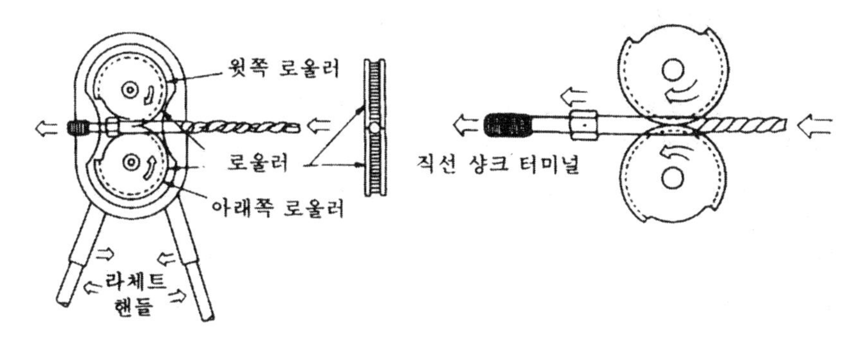

그림 10-18 포터블 스웨이지 머신(Portable Swage Machine)

D. 로타리 스웨이지 머신(Rotary Swage Machine)에 의한 방법

① 피팅의 형상, 케이블 지름으로 있던 다이스(Dies)와 심(Shim)을 선택

② 다이스와 심을 크리닝한 후, 다이스 안쪽에 얇게 기름을 칠해 피팅을 셋트한다.

③ 머신(Machine)의 위치를 누르고 스웨이지를 행한다. 이 경우 과도한 가공 경화를 방지하기 위해 규정에 나타낸 시간 이상으로 스웨이지해서는 안된다.

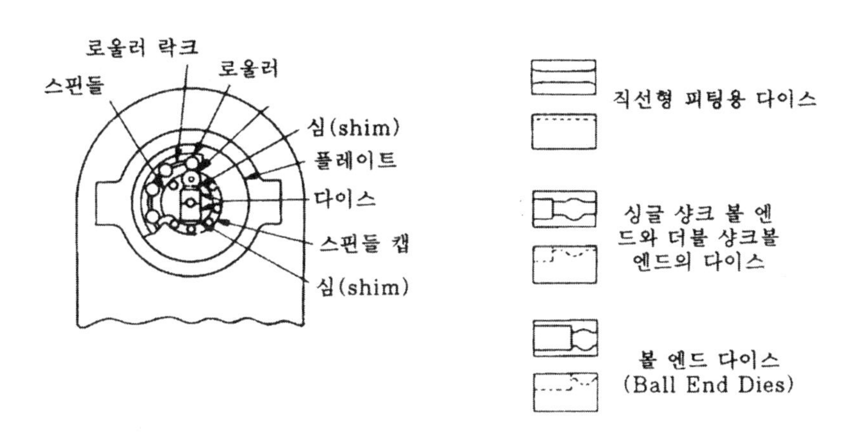

그림 10-19 로터리 스웨이지 머신(Rotary Swage Machine)

2) 스웨이지 후의 검사

① 스웨이지된 피팅에 손상이 없는가 검사한다.
② 그림 10-20과 같은 고 게이지(Go-Gage)를 사용하고 스웨이지가 규정의 치수에 맞는가를 검사한다. (고 게이지에는 직선형 피팅용과 볼형 피팅용이 있다)
③ 규정된 길이로 스웨이지하고 있는가 확인한다. (볼형은 제외)
④ 볼형의 피팅은 엔드보다 케이블이 나와있는 한계가 정해져 있고 1/16in 이상인 경우에는 그것 이하로 마무리한다.
⑤ 양끝도 스웨이지가 종료되면 길이 검사를 한다. (보증 하중 시험을 실시한 후, 최종의 길이 검사를 행하는데, 이 경우는 길이에 큰 차질이 없는 것을 검사해둔다)

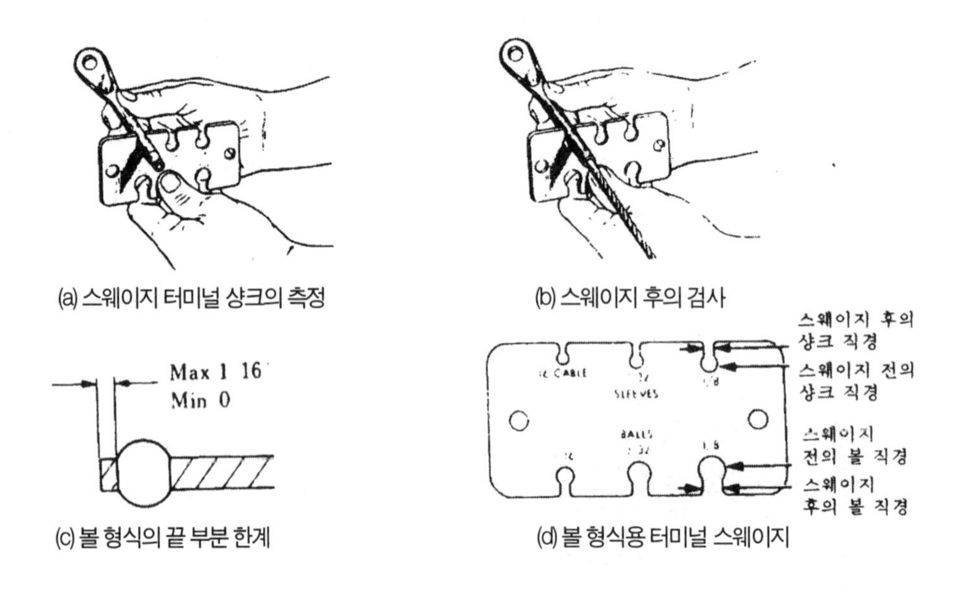

(a) 스웨이지 터미널 샹크의 측정
(b) 스웨이지 후의 검사
(c) 볼 형식의 끝 부분 한계
(d) 볼 형식용 터미널 스웨이지

그림 10-20 스웨이지 후의 검사 방법

3) 보증 하중 시험(Proof Test)

피팅을 케이블에 장치한 경우는 스웨이지 후, 반드시 보증 하중(Proof Load)을 가해, 이것들이 정상적으로 스웨이지되고 있는가 점검해야 한다.

① 제작한 케이블 어셈블리의 피팅과 케이블과의 경계에 슬립 마크(Slip Mark)를 붙여 둔다. 이것은 보증 하중을 가했을 때의 피팅의 미끄러짐을 검사하기 위한 것이다.

② 피팅과 케이블을 전용의 공구, 지그 등을 써서 시험 스탠드에 셋트한다.
③ 보증 하중의 값은 표 10-3에 있다. 이 값은 그 케이블의 최소 파괴 강도(Minimum Breaking Strength)의 60%이다.
하중은 서서히 또 평균에 걸쳐 규정값에 달하기까지 적어도 3초를 경과시킬 것.
④ 하중이 규정값에 달하고 나서 적어도 다음의 시간 그대로 방치한다.
ⓐ 엔드 피팅은 5초
ⓑ 스플라이스 피팅(Splice Fitting : 케이블을 계속 연결하고 있는 피팅)은 3분. 슬립 마크가 어긋나지 않은 것을 검사한다. 하중을 다 가하고 나면 평균적으로, 또 서서히 하중을 제거한다.
⑤ 보증 하중을 가한 후는 다시 한번 케이블 어셈블리의 길이를 점검한다.

호칭외경	구성	탄 소 강		내 식 강	
		최소파괴강도	보증하중	최소파괴강도	보증하중
1/16	7×7	480 lb	288 lb	480 lb	288 lb
3/32	7×7	920	552	920	552
1/8	7×19	2,000	1,200	1,760	1,056
5/32	7×19	2,800	1,680	2,400	1,440
3/16	7×19	4,200	2,520	3,700	2,200
7/32	7×19	5,600	3,360	5,000	3,000
1/4	7×19	7,000	4,200	6,400	3,840
9/32	7×19	8,000	4,800	7,800	4,680
6/16	7×19	9,800	5,880	9,000	5,400
3/8	7×19	14,400	8,640	12,000	7,200

표 10-3 보증 하중

10-10. 케이블 리깅(Cable Rigging)

1) 일반

케이블 리깅이란 그 조작 기구의 정확한 위치를 내는 것과 바른 리깅 텐션(Rigging Tension : 케이블 장력)을 케이블에 부여해 주는 것이다.

2) 리깅의 순서

a. 리깅 위치의 셋트

리깅 작업에서 최초에 할 것은 그 계통의 가장 기본적인 위치에 셋트하는 것이다. 정비 매뉴얼에 반드시 그 위치가 명시되어 있으므로 확실히 확인한 다음 작업에 들어가야 한다.

b. 리깅 장력(Tension)의 셋트

리깅 위치의 설정이 완료되면 바른 케이블 장력을 케이블에 주어야 한다.

케이블 장력이 너무 높으면 마찰력이 증가하므로 백래쉬(Backlash)가 적어져 조작의 확실성은 증가하나 그 만큼 조작에 필요한 힘도 증가한다. 또 반대로 리깅 장력이 너무 낮으면 조작의 확실성을 잃고 만다.

기체는 -70°F 정도의 범위 내의 온도에 노출되기 때문에 정비 매뉴얼에 규정된 장력을 가해두면 고온 또는 저온일 때 극단적인 장력이 가해지거나, 또 너무 느슨하여 늘어뜨려지는 경우는 없을 것이다.

3) 턴 버클(Turnbuckle)의 조절 (Adjust)

① 양끝의 터미널 피팅의 나사부에 균등한 힘이 되도록 배럴을 결합한다.

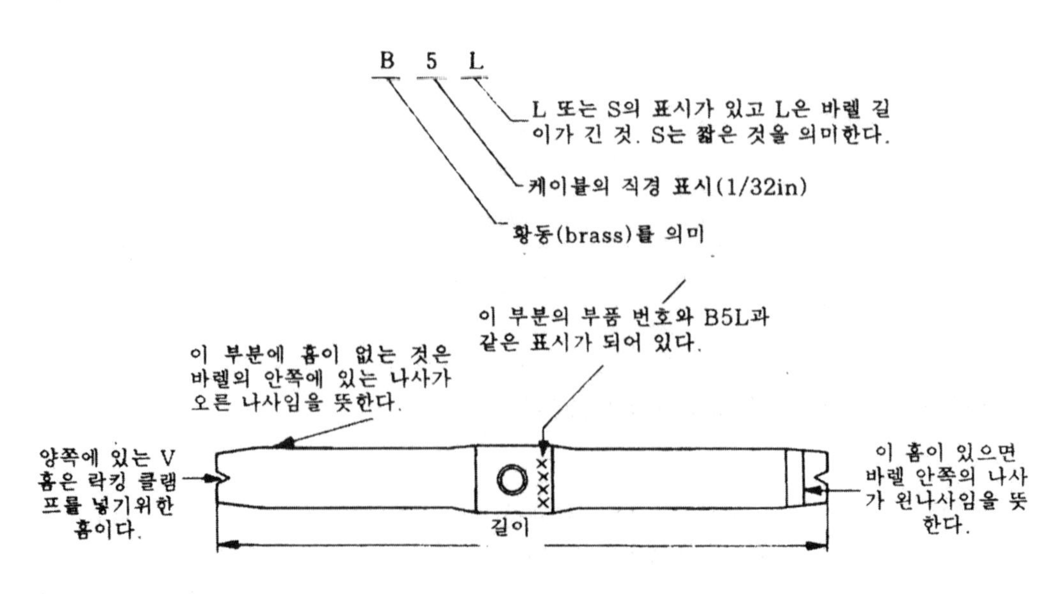

그림 10-21 턴버클 배럴(Turnbuckle Barrel)

② 배럴을 죄는 방향으로 회전시키면서 케이블에 장력을 가한다. 이때 반드시 텐션 미터 (Tension Meter)로 장력을 체크하면서 실시할 것.

③ 규정의 장력으로 조정하면 배럴 양끝에서부터 장력 터미널 피팅의 나사가 그림 10-22 처럼 3산까지 보여도 좋다. 만약, 그것 이상 보이는 경우는 긴 배럴과 교환(짧은 배럴 사용시)하든지, 혹은 다른 턴버클이 조정 가능하면 그것을 조정하여 한계 내에 넣는다.

④ 조종실의 조종 장치(레버 등)를 움직여 시스템의 조작을 3~4회 행하고 케이블 장력에 변화가 없는 것을 확인한 후 안전지선을 건다. 또 리깅위치가 차질이 없는 것도 확인할 것.

대쉬 넘버		케이블	최소 파괴 강도(Lbs)	UNF -3B	L 길이	적용하는 락킹클립 MS 21256
알루미늄합금	황동					
A2S	B2S	1/16	800	6-40	2,250	-1
A2L	B2L				4,000	-2
A3S	B3S	3/32	1,600	10-32	2,250	-1
A3L	B3L				4,000	-2
A5S	B5S	5/32	3,200	1/4-28	2,250	-1
A5L	B5L				4,000	-2
A6S	B6S	3/16	4,600	5/16-24	2,250	-1
A6L	B6L				4,000	-2
A8L	B8L	1/4	8,000	3/8-24		-2
A9L	B9L	9/32	12,500	7/16-20	4,250	-3
A10L	B10L	5/16	17,500	1/2-20		

표 10-4 MS21251 턴버클 배럴의 규격

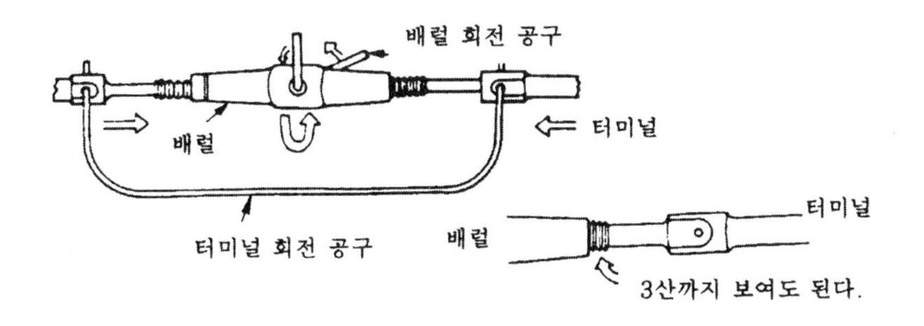

그림 10-22 턴버클이 조절

4) 텐션 미터(Tension Meter)의 취급

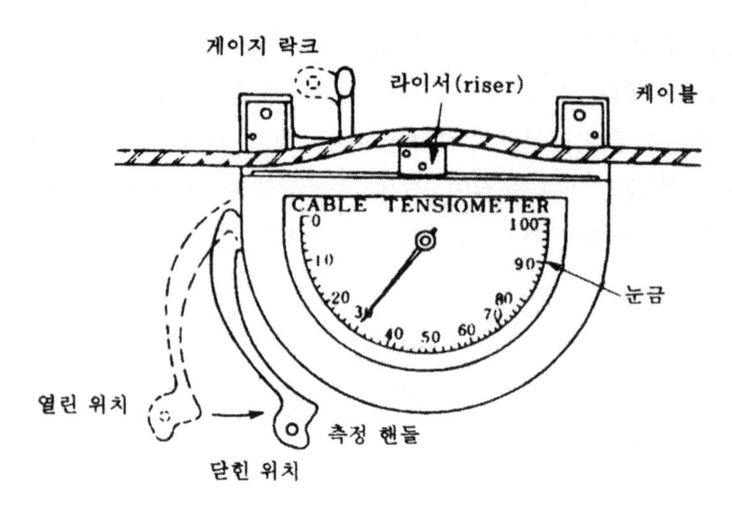

그림 10-23 텐션미터(Tension Meter) (C-5 타입)

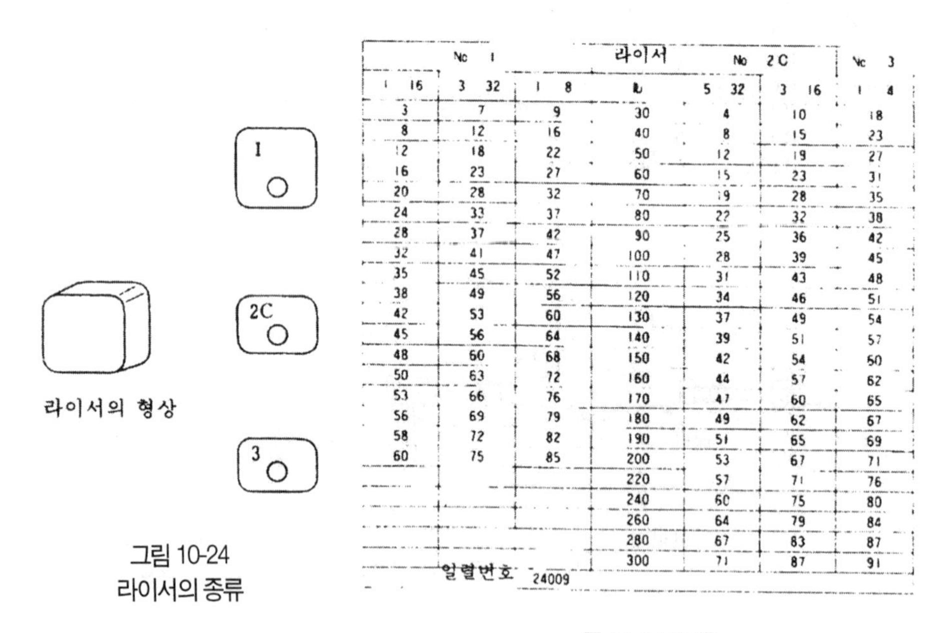

그림 10-24
라이서의 종류

No 1			라이서	No 2C		No 3
1 16	3 32	1 8	lb	5 32	3 16	1 4
3	7	9	30	4	10	18
8	12	16	40	8	15	23
12	18	22	50	12	19	27
16	23	27	60	15	23	31
20	28	32	70	19	28	35
24	33	37	80	22	32	38
28	37	42	90	25	36	42
32	41	47	100	28	39	45
35	45	52	110	31	43	48
38	49	56	120	34	46	51
42	53	60	130	37	49	54
45	56	64	140	39	51	57
48	60	68	150	42	54	60
50	63	72	160	44	57	62
53	66	76	170	47	60	65
56	69	79	180	49	62	67
58	72	82	190	51	65	69
60	75	85	200	53	67	71
			220	57	71	76
			240	60	75	80
			260	64	79	84
			280	67	83	87
			300	71	87	91

일련번호 24009

표 10-5 환산표

① 텐션 미터(그림 10-23)에는 측정하는 케이블 지름과 장력의 크기에 의해 몇 개의 종류가 있다.

② 텐션 미터는 단체로 취급되는 것이 아니고 라이서(Riser : 그림 10- 24)와 환산표(표 10-5)가 같은 일련 번호로 취급되므로 절대로 다른 물건과 혼동해서는 안된다.

③ 그림 10-25은 표준 케이블 장력표인데, 정비 매뉴얼에는 반드시 그 시스템에 의해 정해진 어느 온도에 있어서의 장력값(예 25Lbs 70°F에 있어서의)과 그림 10-25와 같은 온도에 의해 보정하는 표가 나타나 있으 므로 그것에 따를 것.

또 그림중의 주1에 쓰여 있는 케이블 장력의 허용 범위도, 일반적으로 이 한계인데 그 시스템에 의해 다른 한계도 있으므로 주의할 것.

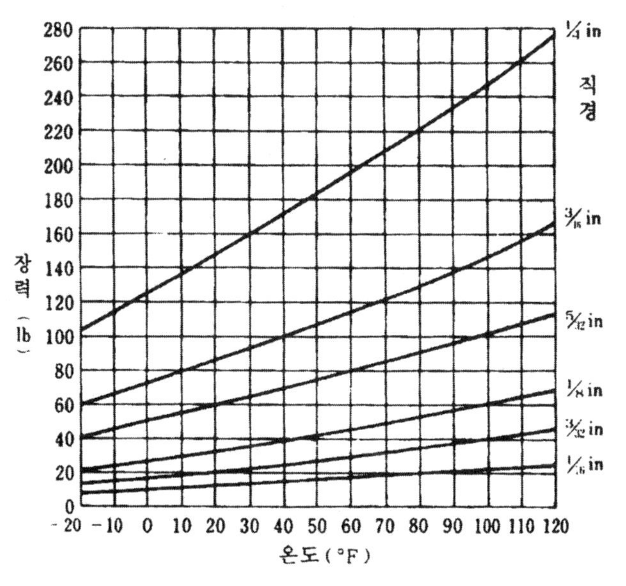

온도 보정표

주1) 케이블의 장력을 조절하는데는 신뢰성이 있는 텐션 미터를 사용하고 케이블 장력의 허용 범위는 1/8in 이상의 케이블에 대해서는 ±10%, 3/32in 및 1/16in 케이블은 ±5Lbs 이내로 한다.

주2) 이 표의 값은 싱글 및 더블 시스템의 케이블에 대해서도 적용된다. 2개의 케이블이 제3의 케이블에 결합되는 경우에는 제3의 케이블 장력은 최초의 2개의 케이블 장력의 합이된다.(아래 그림 참조)

F=9/5×C+32　F : farenheit의 약어
C=5/9(F-32)　C : centigrade의 약어

케이블 장력A(lb)
케이블 장력 A+B
케이블 장력B(lb)

그림 10-25 표준 케이블의 온도 보정표

5) 텐션 미터 사용상의 주의 사항

① 텐션 미터는 사용전에 검사 합격의 라벨이 붙어있고, 동시에 검사 유효기간을 확인한다.
② 텐션 미터의 일련 번호가 환산표와 동일한 지를 확인한다.
③ 텐션 미터의 지침과 눈금이 정확히 0에 일치되는지 확인한다.
④ 케이블 장력을 측정하는 곳은 일반적으로 스터드 터미널 등에서 6in 이상 떨어진 곳이다.
⑤ 만약 텐션 미터의 게이지 락크를 사용할 때는 측정 핸들을 닫힌 위치로 한 후 락크 위치로 한다. 또 측정 핸들은 천천히 조작할 것(어느 것도 지시값이 부정확하게 된다)
⑥ 게이지 락크를 벗길 때는 케이블 장력을 측정한 상태로 벗길 것.
⑦ 텐션 미터는 떨어뜨리지 않을 것. 만일 떨어뜨렸을 때는 사용하지 말 것.
⑧ 리깅하는 케이블과 같은 환경에서의 온도 보정을 할 것.
⑨ 측정은 케이블에 따라 3~4회 실시한다.

10-11. 턴버클의 세이프티 락크(Safety Lock)

1) 세이프티 락크의 종류

턴버클 배럴의 회전 정지를 위해 세이프티 락크(Safety Lock)를 하는데, 이 방법에는 안전지선(Safety Wire)으로 행하는 방법과 락킹 클립(Looking Clip)을 사용하는 방법이 있다.

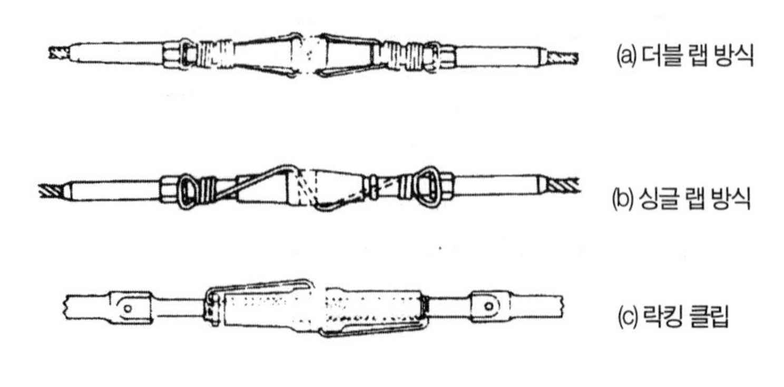

그림 10-26 세이프티 락크의 기본형

또 안전지선으로 행하는 방법에는 더블 랩(Double Wrap) 방식과 싱글 랩(Single Wrap) 방식이 있다. (그림 10-26)

일반적으로는 싱글 랩 방식은 3/32in 지름까지의 케이블에 적용되고, 1/8in 지름 이상의 케이블에서는 더블 랩 방식을 사용하고 있다.

2) 안전 지선 일반

안전 지선을 써서 턴버클 배럴을 락크할 경우(더블 랩 방식)의 지름에 대해서는 이것은 표 10-6과 같이 락크 와이어 재료와 케이블 지름에 의해 최소 직경이 각각 정해져 있다.

락크와이어 \ 케이블	1/16	3/32·1/8	5/32~5/16
모넬, 인코넬	0.020	0.032	0.040
내식강	0.020	0.032	0.041
알루미늄, 탄소강	0.032	0.041	0.047

표 10-6
락크 와이어의 최소 직경

#17	0.056 in
#18	0.048 in
#19	0.040 in
#21	0.032 in
#23	0.024 in
#25	0.020 in
#30	0.012 in

표 10-7 안전 지선의 직경

3) 락킹 클립 일반

락킹 클립은 턴버클 배럴과 터미널에 홈이 있는 것만으로 사용 가능하게 되고 홈이 없거나(AN 규격에는 없다) 홈이 있어도 홈끼리가 맞지 않으면 락킹 클립을 넣을 수는 없다.

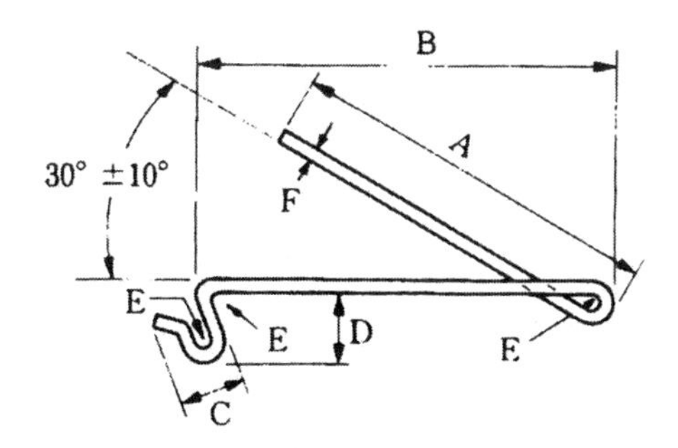

그림 10-27 락킹 클립(MS21256)의 크기

락킹 클립에는 −1, −2, −3과 3종류가 있고 각각의 크기에 대해서는 표 10-8과 같다. 또 지름은 3종류 모두 같고 재질에 있어서도 모두 내식강으로 제작되어 있다.

또 턴버클 배럴과 대시 넘버와의 조합은 표 10-4를 참조하면 된다.

이 락킹 클립을 턴버클에 장치했을 경우, 종래의 안전 지선에 비해 2배 이상의 비틀림 강도를 가지고 있다. 또 안전 지선보다도 장치가 간단하고 빠르며 겉모양도 보기 좋고 안전하다.

대쉬 번호	A	B	C	D	E	F
− 1	.965	1.115	.150	.300	.032	.0286
− 2	1.875	2.000		.315		
− 3	2.045	2.140	.215	.430		

표 10-8 락킹 클립의 사이즈

4) 락킹 클립에 의한 락킹법

A. 락킹 클립의 장치(그림 10-28 참조)

규정된 케이블 장력의 범위 내에서 턴버클 배럴의 홈과 스터드 터미널의 홈이 합쳐진다. (합쳐지지 않은 경우, 안전 지선에 의한 락크를 행한다)

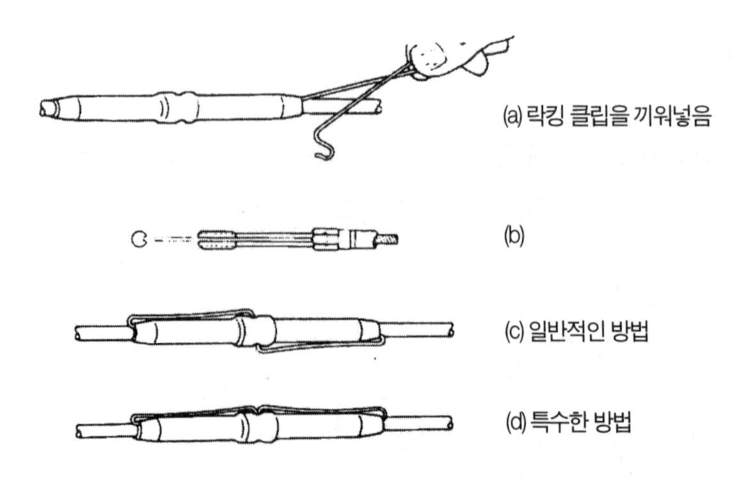

그림 10-28 락킹 클립의 장착

[참고] 락킹 클립의 장치에는 손만 사용, 절대로 공구를 사용하지 말 것.
공구를 사용하면 락킹 클립에 영구 변형을 주기 때문이다.

B. 락킹 클립을 장치한 다음에 바른 방식으로 장치되었나 검사한다.
이 방법은 눌러진 클립의 훅 쇼울더(Hook Shoulder) 일부를 턴버클 배럴의 구멍으로부터 어긋나는 방향으로 조금 잡아당겨 어긋나지 않는지를 검사한다.

5) 안전 지선에 의한 락크법

A. 싱글 랩(Single Wrap) 방식

① 턴버클을 조여 위치에 조종한 후, 와이어를 턴버클 배럴 중앙의 구멍에 통하게 하고 턴버클 배럴의 끝으로 향하여 좌우로 접어구부린다.

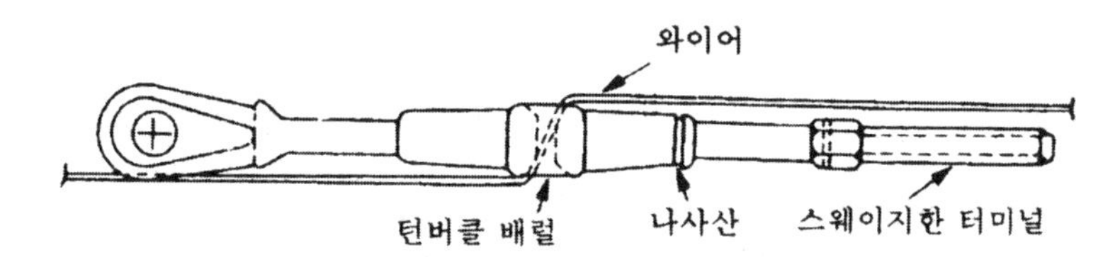

② 와이어를 턴버클 배럴이 조여지는 방향으로 턴버클 배럴에 따라 반회전시켜 터미널의 구멍있는 데서 접어 구부려 구멍에 통과시킨다. 그후, 구멍에서 나온 와이어를 단단히 죄면서 턴버클 배럴 중앙으로 향해 다시 구부린다. 반대측도 똑같이 작업한다.

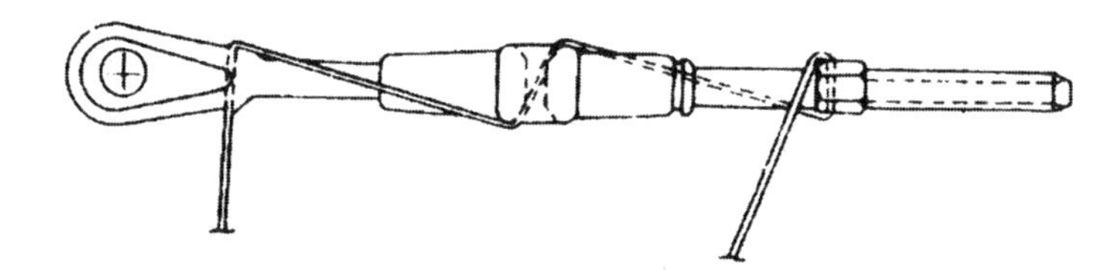

③ 와이어로 최소 4회 이상 터미널 샹크(Shank) 주위를 단단히 감는다.

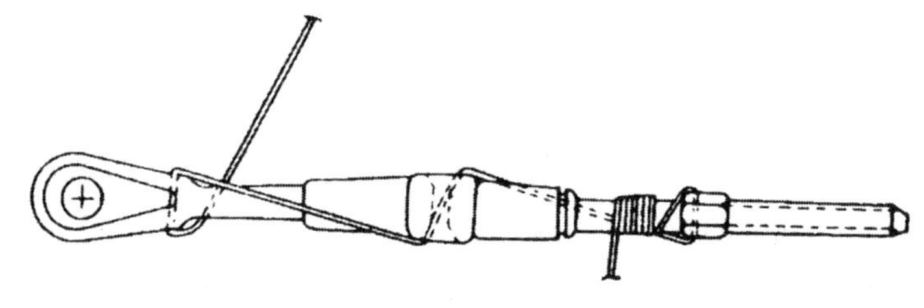

④ 반대측도 똑같이 감고 여분의 와이어를 절단하여 작업을 끝낸다. 자른 와이어 끝이 손에 걸려 일어나지 않도록 끝부분을 조금 안쪽으로 구부려 준다.

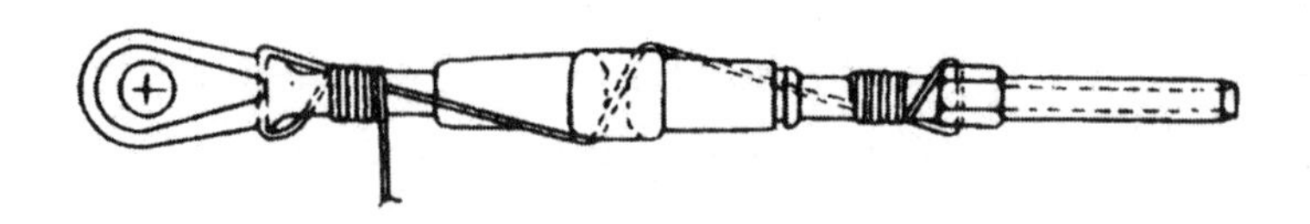

[참고] 와이어는 경사로 잘라서는 안된다. 경사로 자르면 칼과 같은 뾰족한 끝으로 작업자를 다치게 할 우려가 있으므로 반드시 직각으로 자를 것.

B. 더블 랩(Double Wrap) 방식

① 턴버클을 조인 위치에서 조정한 후, 2개의 와이어를 각각 턴버클 배럴의 중앙 구멍에서부터 터미널의 구멍까지의 최단 거리 치수에 ㄷ(디귿)자 형으로 구부려두고, 위에서부터 끼운다.

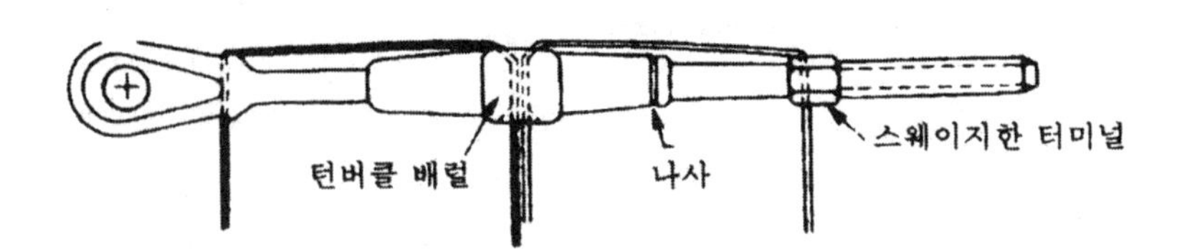

② 턴버클 배럴의 구멍에서부터 뚫고 나온 와이어를 각각 반대 방향으로 좌우로 구부려 턴버클 배럴에 따라 양끝 쪽으로 잡아당긴다.

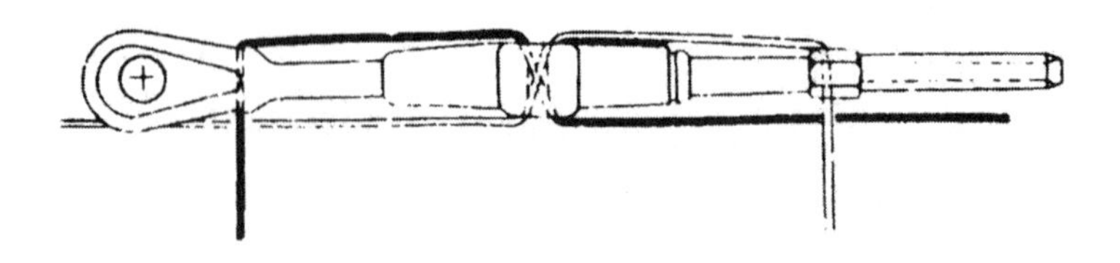

③ 터미널의 구멍에서부터 튀어나온 와이어를 조이면서 턴버클 배럴 중앙측으로 되돌려 구부린다. (이때 배럴에 대해서 터미널이 조이는 방향으로 되돌려 구부린다) 이 되돌려 구부린 와이어와 턴버클 배럴의 구멍에서 나온 와이어를 교차시켜 꼰다.

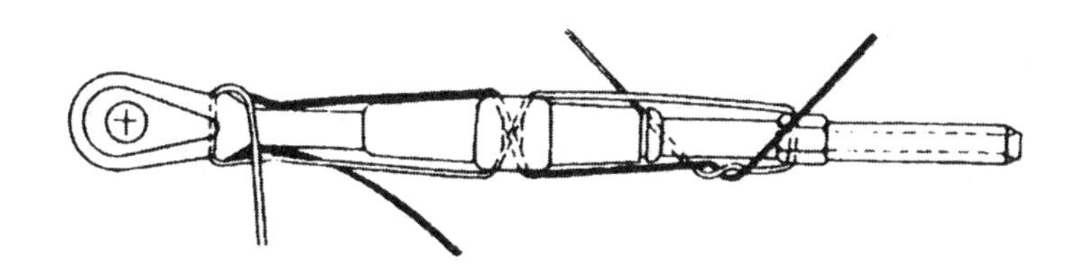

④ 비튼 2개의 와이어 가운데, 1개의 와이어를 터미널에 최저 4회 이상 단단히 감아 여분을 절단한다.

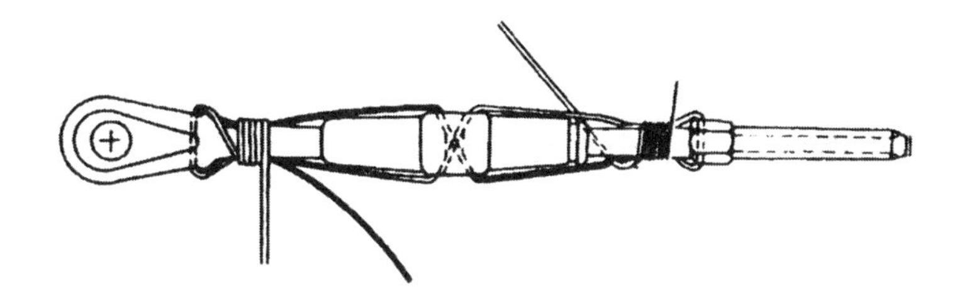

⑤ 남은 와이어를 먼저 감은 와이어의 방향과 반대의 방향으로 최저 4회 단단히 감아 여분을 절단한다. 자른 와이어 끝이 손에 걸려있지 않도록 끝부분을 조금 안쪽으로 구부려준다. 반대측에 대해서도 똑같이 하여 작업을 종료한다.

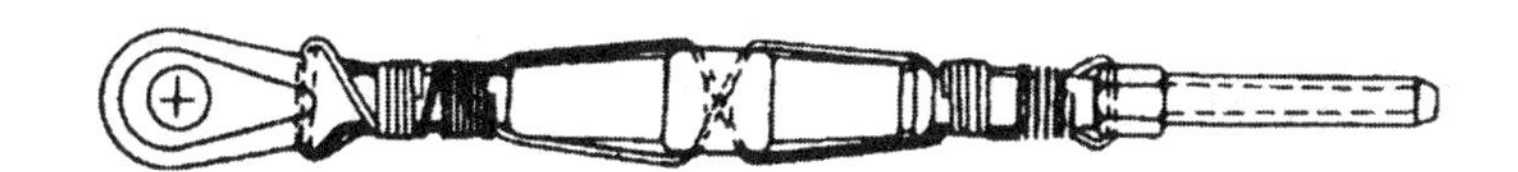

10-12. 리깅 장력의 설정(예제)

아래에 리깅 장력의 설정(셋트)과 환산표의 보는 법에 대해서 예제를 들어 설명한다.

a. 케이블 지름의 측정

금속제의 자 혹은 버니어 캘리퍼스를 사용하여 케이블 지름을 측정한다.

b. 온도의 측정

리깅하는 케이블과 같은 환경에 있는 온도를 측정한다. 측정한 결과 20℃로 나왔는데, 온도 보정표는 °F 이므로 온도를 환산한다.

$$°F = 9/5 \times ℃ + 32 = 9/5 \times 20 + 32 = 68(°F)$$

c. 장력 결정(그림 10-25)

- 온도 보정표는 횡축이 온도(°F), 종축이 장력값(Lbs), 가운데에 사선이 각각의 케이블 지름의 온도 장력값 곡선을 나타내고 있다.
- 지금 케이블 지름이 3/16in에서 온도가 68°F이므로, 지름 3/16in의 선과 68°F의 교점을 구해 그것을 좌로 수평으로 가져가면 장력값 120Lbs를 얻는다. 또 3/16in 지름에서는 장력의 허용 범위가 ±10% 이므로 12 Lbs를 ±한다.

d. 라이서의 결정(표 10-5)

- 라이서는 케이블 지름에 의해 어느 것을 사용하는가가 환산표의 최상부에 쓰여 있다. 이 경우 3/16in 지름이므로 No.2C를 사용한다.

e. 텐션 미터 표시 장력 환산법(표 10-5)

- 3항에서 장력값 120 Lbs가 얻어졌는데, 텐션 미터의 눈금은 Lbs가 아니고, 단지 눈금이므로 환산표를 사용하여 환산한다.
- 환산표에서 120 Lbs와 케이블 지름 3/16in의 교점을 구하면 텐션 미터의 읽기 46이 얻어진다.
- 다음으로 허용값에 대해서도 구해둔다. 상한 132 Lbs는 환산표에 이 값이 없으므로, 이 경우 비례 배분을 한다. 즉 130 Lbs부터 140 Lbs까지의 사이에서 텐션 미터의 읽기는 2(49~51)이므로 1 Lbs 올라가면 읽기가 0.2 올라가게 된다. 따라서 132 Lbs는 130 Lbs에서 읽기가 49이므로 그것 플러스 0.4라고 하는 것으로 49.4가 된다. 똑같이 하한의 108 Lbs에 대해서도 계산하면 42.2가 된다.

  [참고] 환산표에서 Lbs와 텐션 미터의 읽기는 항상 같은 관계에 없으면 예제처럼 반드시 비례 배분을 할 것.

f. 케이블에 장력을 가한다. [10-14 (b)]

g. 세이프티 락크를 한다. [10-11]

h. 최종 장력의 확인

- 시스템을 수회 움직인 후, 최종 장력을 확인한다. (Lbs에 환산한다)

제11장 리벳(Rivet)

11-1. 일반

항공기에 사용하고 있는 리벳은 솔리드 샹크 리벳(Solid Shank Rivet)과 블라인드 리벳(Blind Rivet)이 주로 사용되고 있다. 솔리드 샹크 리벳은 항공기 구조 부분의 고정용, 수리용에 가장 보편적으로 사용되며, 블라인드 리벳은 솔리드 샹크 리벳이 부적당한 장소, 즉 간격이 제한되어 있는 밀집 장소, 리벳의 후단(Back Side)이 닿지 않고 머리 가공(Upsetting Process)을 할 수 없는 장소, 혹은 큰 부하를 제1조건으로 하지 않는 장소에 사용하기 위해 만들어진 것이다.

솔리드 샹크 리벳의 재료는 주로 알루미늄 합금(Al Alloy)이지만, 특수한 경우는 모넬(Monel), 내식강(Corrosion Resistant Steel), 탄소강(Carbon Steel), 내열강을 사용한다.

11-2. 솔리드 샹크 리벳(Solid Shank Rivet)

이 리벳은 그림 11-1에 나타난 것처럼 성형 헤드(Manufactured Head)와 샹크(Shank), 그리고 리베팅(Riveting)된 가공 헤드(Driven Head 혹은 샵 헤드)로 이루어지고 있다.

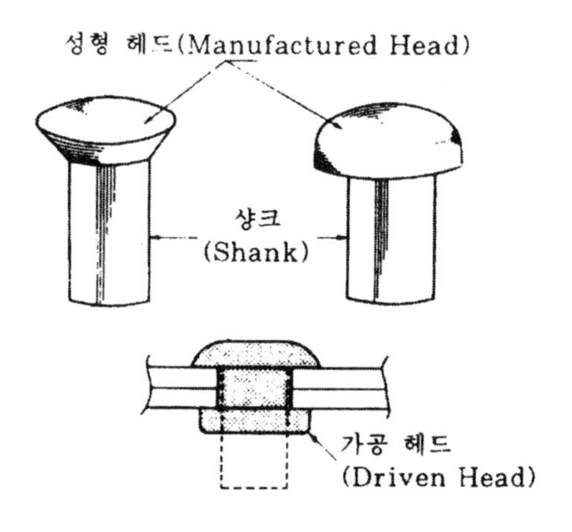

그림 11-1 솔리드 샹크 리벳(Solid Shank Rivet)

11-3. 리벳 헤드(Rivet Head)의 형식

종래는 설계상의 요구에서 그림 11-2에 나타나는 것처럼 여러 형태의 것이 있었다. 그러나 현재는 표준형으로서 플러쉬 헤드(Flush Head)와 유니버설 헤드(Universal Head)의 2종류로 한정되어 있다.

그림 11-2 리벳의 종류

1) 플러쉬 헤드 리벳(Flush Head Rivet)

플러쉬 헤드 리벳은 카운터성크 리벳(Countersunk Rivet)이라고도 불리며, 표준적인 것은 판의 각도가 100° 이다. 현재의 고성능 항공기의 스킨(Skin)은 유해 항력(Parasite Drag)의 감소를 위해 매끈한 표면 마무리가 요구된다. 이 때문에, 플러쉬 헤드 리벳(Flush Head Rivet)이 스킨(Skin)의 리벳으로서 사용된다.

2) 유니버설 헤드 리벳(Universal Head Rivet)

유니버설 헤드 리벳은 종래, 라운드 헤드(Round Head), 브래지어저 헤드(Brazier Head), 혹은 플랫 헤드 리벳(Flat Head Rivet)이 사용되고 있는 부위에 사용된다. 결국 유니버설 헤드 리벳은 다른 리벳의 형태를 개조(Modify)한 것으로, 주로 기체의 내부 구조에 사용된다. 그러나 저속 항공기에 있어서는 공기 흐름에 닿는 스킨(Skin)의 결합에도 사용되는 리벳이다. 현재의 모든 돌출머리 리벳(Protruding Rivet)은 이 유니버설 헤드 리벳으로 거의 통일되어 있다.

11-4. 부품 번호(Part Number)의 표시법

정비 작업에서 사용하는 리벳은 일반적으로는 MS 형식의 리벳이 많이 쓰인다. 그 밖에도 항공기 제작사 규격으로써 독자적으로 정하고 있는 것. 또는 리벳 업자의 벤다(Vendor) 부품 번호로 표현되는 것이 있다. 여기에서는 가장 일반적으로 사용되고 있는 MS 리벳의 부품 번호의 표시법에 대해 설명한다.

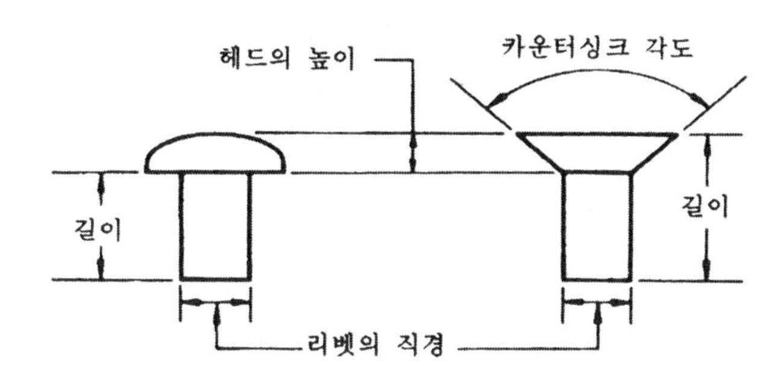

그림 11-3 리벳의 측정 방법

MS	20470	A	6	—	6	A
①	②	③	④		⑤	⑥

① 규　　격　MS --------------- Military Standard

② 머리 형상
- 20426 ------------ 100° Countersunk
- 20470------------- Universal

③ 재　　질
- A --------------- 1100
- AD--------------- 2117
- B --------------- 5056
- D --------------- 2017
- DD -------------- 2024

④ 리벳 지름 (1/32in 단위)　6/32=3/16in

⑤ 길　　이 (1/16in 단위)　6/16=3/8in

⑥ 표면 처리
- A. 양극 처리 MIL-A-8625, Type 2. Class 1
- C. 화학 피막 처리 MIL-C-5541, Class 1A
- D. 양극 처리 MIL-A-8625, Type 2, Class 1 중크롬산 처리
- S. 화학 피막 처리 MIL-C-5541, Class 1A

F. 기타 다음의 〈참고〉를 제외한 것
N. 양극 처리 MIL-A-8625, Type 2, Class 2

〈참고〉 1100 ------- 화학 피막 처리
2024 ------- 중크롬산 처리
2017, 2117, 5056
- 화학 피막 처리
- 양극 처리 Type 2, Class 1
- 중크롬산 처리
- 양극 처리 Type 2, Class 2
- 처리색은 규정된 것

11-5. 리벳의 재료와 특성

리벳의 재료는 항공기 설계상의 요구에 따르기 위해 여러 종류가 준비되어 있다. 이들 합금의 종류는 부품 번호의 알파벳 문자, 또는 리벳 헤드 표시에 의해 식별할 수 있게 되어 있다. 다음은 대표적인 MS 규격에 있는 알루미늄 리벳 기호, 리벳 헤드의 표시 및 특성에 대해 설명한 것이다. (표 11-1, 표 11-2)

11-6. 열처리와 리벳

1) 열처리를 필요로 하는 이유

알루미늄 리벳에서 재료가 2117(AD), 2017(D), 2024(DD)는 제조시에 열처리(Heat Treatment)가 되어 있다. 이 처리는 용체화 처리후(Solution Heat Treatment) 자연 시효 경화가 완료된 것(T4)이며, 시효 경화의 단계로서 24시간에서 90% 경화, 96시간 내에 완전 경화한다.

리벳을 사용할 때는 2017(3/16in 이상) 및 2024의 경우, 너무 굳었기 때문에, 그대로 리베팅하면 균열(Crack)이 발생할 가능성이 있다. 따라서 이 경우에는 반드시 재열처리를 하지 않으면 안된다. 단 최근에는 D 리벳에 대해서는 재열처리하지 않고 사용하는 경향에 있다. 그 이유는 재 열처리에 의해 리벳의 전단 강도가 떨어지기 때문이다.

2) 아이스 박스(Ice Box)의 이용

2017(D) 리벳은 경도를 높힌 후 1시간 정도는 리베팅에 더할 나위 없는 연한 성질을 가지고 있지만 1시간 이상 실온에 방치하면 경화가 진행되고 리베팅에 부적당하게 굳어진다. 또 2024(DD) 리벳은 경도를 높힌 후 연한 상태에 있는 것은 15분 정도이다. 그 때문에 10분 이내에 리베팅을 완료하는 것이 바람직하다.

재질 기호	합금	전단 응력 (psi)	유니버설 헤드		플러쉬 헤드(100°)		특성
			형상	기호	형상	기호	
A	1100	13,000	 MS 20470A		 MS 20426A		1. 순수 알루미늄으로 큰 내식성이 있다. 2. 그대로 리베팅 할 수 있다. 3. 1100, 3003, 5052와 같은 연한 알루미늄 합금으로 비구조부 또는 FRP부품 등의 비구조부에 사용
B	5056	28,000	 MS 20470B		 MS 20426B		1. 그대로 리베팅할 수 있다. 2. 마그네슘 합금 구조에 사용된다. 그 이유는 마그네슘 합금의 이종 금속에의 높은 민감성에의한 이종 금속 부식을 막기 위함이다.
AD	2117	30,000	 MS 20470AD		 MS 20426AD	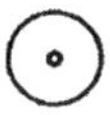	1. 일반 구조 부재의 대부분은 알루미늄 합금이 가장 보편적으로 사용된다.
D	2017	34,000	 MS 20470D	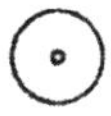	 MS 20426D		1. 이것은 2117 리벳보다 약 20% 정도 강도가 크다. 따라서 2117 리벳보다 강도를 필요로 하는 1차, 2차 구조부에 사용한다. 2. 리벳 지름이 큰 것을 제외하고는 재열처리를 필요로 하지 않지만 지름이 큰 리벳을 대신할 때는 재열처리를 한다. 또한 지름이 3/16in 이상인 것은 재열처리를 한다.
DD	2024	41,000	 MS 20470DD		 MS 20426DD		1. 이것은 알루미늄 합금 리벳 중에서 최고의 강도를 갖고 있지만 리베팅은 그대로는 곤란하다. 2024 리벳은 열처리되고 시효 완료 상태로 공급되지만 그대로 리베팅해서는 안된다. 반드시 재열처리하여 사용한다. 2. 주로 주요 구조부에 사용한다. 예를 들면 킬빔, 날개 스파 등이다.

표 11-1 알루미늄 합금 리벳 헤드의 기호와 표시 (MS 규격)

재질기호	재질	전단응력 (psi)	유니버설 헤드 형상	유니버설 헤드 기호	플러쉬 헤드(100°) 형상	플러쉬 헤드(100°) 기호	특성
M	모넬	49000 ~ 59000	 MS 20615-4M9 (M: 모넬)		 MS 20427M2-2 (M: 모넬)		1. 내식성 및 어느 정도 내열성이 요구되는 곳에 사용된다. 2. Ti 합금, CRES, Ni 합금의 장착에 사용된다.
C 유니버설 헤드 F 플러쉬 헤드	내식강	65000 ~ 85000	 MS 20613-4C8 (C: 내식강)		 MS 20427F2-2 (F: 내식강)		1. 방화벽이나 배기관 장착 부품 혹은 Ni- Cr계 합금의 내식강 부품의 장착에 사용 한다. 2. 모넬 리벳과 호환성이 있다.
P 유니버설 헤드와 플러쉬 헤드	내식강	25000 ~ 42000 C·S·K 32000 ~ 38000	 MS 20613-4P8 (P: 탄소계)		 MS 20427-2C2 (-: 탄소계)		1. 강제품의 장착에 사용한다. 2. 고온에 노출되는 부품에는 사용할 수 없다.
없음	내열강	85000 ~ 95000	 NAS 1198-5-6		 NAS 1199-5-11		1. A286에 의해 만들어 지고 모넬 리벳보다 내열성이 요구되는 곳 에 사용한다. 1,600°F에서 15분간 견딘다. 2. 모넬 리벳 보다 50% 강도가 크다.

표 11-2 알루미늄 합금 이외의 리벳 기호

보통 2017, 2024 리벳은 경도를 높힌 직후에 드라이 아이스를 넣었다.

소위 아이스 박스에 저장하여 리베팅 가능한 시간을 연장시킨다. 즉, 저온에 보존함으로 시효 경화의 진행을 지연시키고 부드러운 상태를 오래 지속하도록 하고 있다. 그리고 필요한 때에 꺼내서 리베팅하는 것으로, 일명 아이스 박스 리벳이라고 한다.

11-7. 리벳의 방식 처리법

리벳의 방식 처리법에는 리벳의 표면에 보호막(Protective Coating)을 사용한다. 이 보호막에는 크롬산 아연(Zinc Chromate), 메탈 스프레이(Metal Spray), 양극 처리(Anodized Finish) 등이 있다.

리벳의 보호막은 색깔로 구별할 수 있다. 크롬산 아연으로 칠한 것은 노란색이고, 메탈 스프레이한 리벳은 회색(Silver Gray), 양극 처리한 표면은 진주색(Pearl)으로 구별한다.

락크 가구	대표적인 명칭	작 업 상 태		특 성
		머리 성형전	머리 성형후	
프리션 락크	체리 리벳 (self - plugging type)	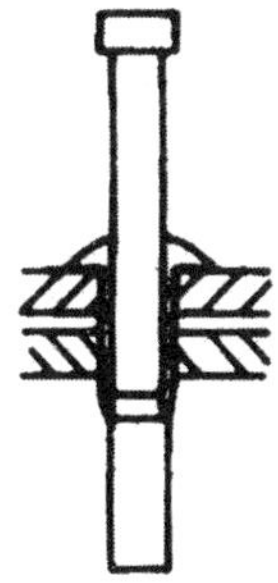	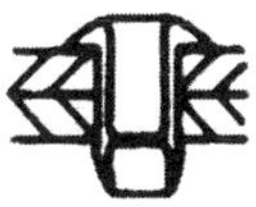	1. D.DD의 대용으로는 사용할 수 없다. 2. 뒤틀림 인장력 충격파 등이 걸리는 장소에는 사용할 수 없다. 3. 시일링 지역에는 사용할 수 없다. 4. AD 리벳과 같이 전단력에는 견딜 수 있지만 솔리드 리벳보다도 변형이 많다. 따라서 같은 장소에 2~3개 이상을체리 리벳과 교환하는 것은 바람직하지 못하다. 5. 주로 2차 구조부에 사용
기계적인 락크 리벳	체리 락크 리벳 (bulbed lock type)	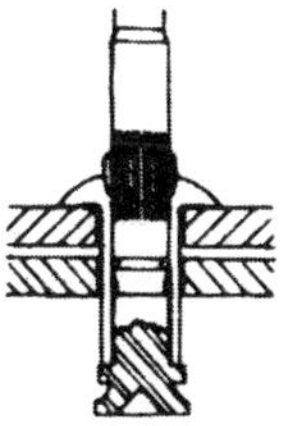		1. 체리 리벳을 개량했다. 장착 후에 스템의 탈락 방지 장착 후 스템을 깍아내는 불편을 개량했다. 2. 박판, 격심한 진동 부위, 움푹 패인 곳 등에 사용하기위해 설계된 고강도 블라인드 리벳이다.
	체리 맥스 리벳 (cherry max type)	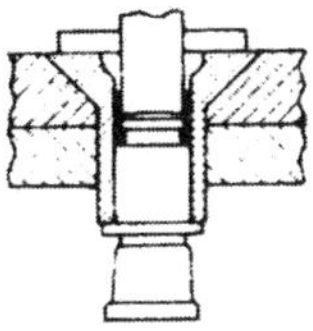	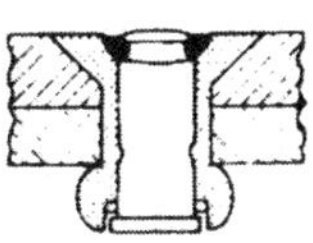	1. 접힌 곳이 편평하다. 2. 벌브형 블라인드 헤드가 크다. 3. 판의 조임이 강해진다. 4. 강도가 높아진다. 5. 구멍을 채울 수 있다. 6. 설치 공구가 1종류이며, 사용이 간단하다.

표 11-3 대표적인 블라인드 리벳(Blind Rivet)

11-8. 블라인드 리벳(Blind Rivet)

항공기의 복잡한 구조를 결합하는데는 이제까지의 솔리드 샹크 리벳만으로는 모든 부재 결합에 적용이 불가능하다. 예를 들면, 버킹 바(Bucking Bar)를 가까이 댈 수 없는 좁은 장소 또는 어떤 방향에서도 손을 넣을 수 없는 박스 구조에서는 한쪽에서의 작업만으로 리베팅할 수 있는 리벳이 필요하다. 블라인드 리벳은 이와 같은 조건을 충족하기 위해 개발된 것이다.

표 11-3은 대표적인 블라인드 리벳(Blind Rivet)이다.

11-9. 특수 패스너(Special Fasteners)

여기서 설명하는 패스너(Fastener)는 결합의 수단뿐만 아니라 특별한 강도(전단, 인장), 일정한 프리로드 텐션(Pre-Load Tension)을 주는 등 특수한 요구로 사용되고 있다.

대표적인 명칭		장착상태		특 성
		머리 성형전	머리 성형후	
하이락크 패스너 (hi-lock fastener)				1. 고응력 지역에 사용 가능(전단, 인장) 2. 간단한 공구로 장착할 수 있다. 3. 칼라는 셀프 락킹이다.
락크 볼트 (lock bolt)	풀 타입 (pull type)			1. 중량 감소 2. 비용 절감 3. 같은 재료의 볼트보다 피로 강도가 크다. 4. 일정한 프리로드 텐션을 줄 수 있다.
	스텀프 타입 (stu mp type)			

표 11-4 특수 패스너

11-10. 리벳 구멍 뚫기

1) 일반

리벳 구멍은 바른 크기와 바른 모양을 지니고 모서리에 찌꺼기가 없는 것은 중요한 일이다. 리벳 구멍이 너무 작으면 리벳을 넣을 때 리벳의 방식막이 걸리며, 또 너무 크면 충분한 강도를 갖지 못하므로 구조 결함을 일으키게 된다. 리벳과 리벳 구멍의 알맞은 간격은 0.002~0.004in 이다.

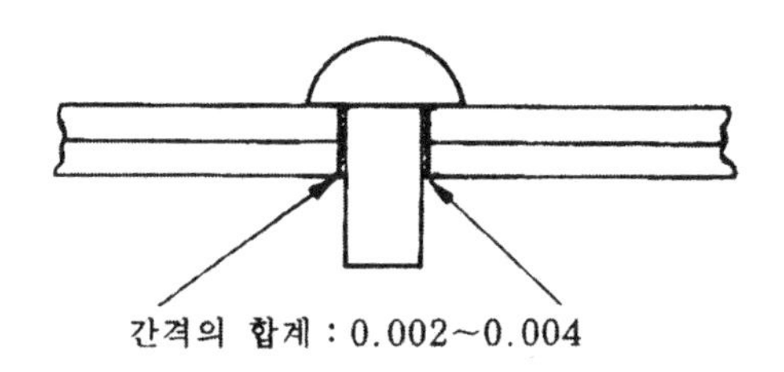

그림 11-4 리벳 구멍의 간격

정확한 크기의 리벳 구멍을 얻는데는, 우선 파일롯 홀(Pilot Hole)을 조금 작은 것으로 뚫어놓고 그 다음에 바른 리벳 구멍으로 마무리하는 것이 좋은 방법이다.

리벳 지름 (in)	구멍 직경 기준		
	드릴 크기	표준(in)	
		최소	최대
1 16(.062)	#51 (.067)	.062	.072
3 32(.093)	#41 (.096)	.093	.103
1 8(.125)	#30 (.128)	.125	.135
5 32(.156)	#21 (.159)	.156	.171
3 16(.187)	#11 (.191)	.187	.202
1 4(.250)	F (.257)	.250	.265
5 16(.312)	P (.323)	.312	.327
3 8(.375)	W (.386)	.375	.390

표 11-5 리벳 구멍의 기준

: 와이어 게이지 크기

F.P.W : 레터 크기

참고로 #51, #41, #21, #11은 사용하는 패스너의 제한치에 따라서는 #50, #40, #20, #10을 또는 P.W도 같이 O(0.316) V(0.377)을 사용하는 일이 있다.

2) 클레코(Cleco)

판을 겹쳐놓고 구멍을 뚫는 경우는 판이 어긋나지 않도록 그림 11-5의 클레코를 사용하여 고정한다. 쉬트 패스너(Sheet Fastener)의 사용 요령은 우선 클레코 플라이어(Cleco Plier)로 플렌지를 누르면 락킹 와이어는 스틸 스프레더(Steel Spreader)보다 앞으로 나와서 직경이 작아진다. 다음에 표준 구멍에 그림 11-5 (b)와 같이 삽입한다.

여기에서 클레코 플라이어를 느슨하게 하면 락킹 와이어가 되돌아가고 그림 11-5 (c)와 같이 판을 고정할 수 있다.

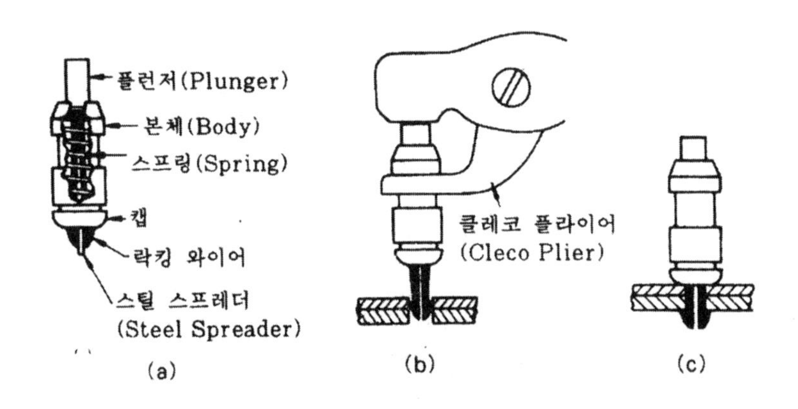

그림 11-5 클레코(Cleco)

11-11. 카운터 싱킹과 딤플링 (Countersinking & Dimpling)

1) 일반

플러쉬 헤드 리벳을 리베팅하는데는 부재를 카운터싱크(Countersink)나 딤플링(Dimpling)하는 2가지 방법이 있다. 원칙적으로 카운터싱크하여 리베팅할 수 있는 것은 리벳 헤드의 높이보다도 결합해야 할 판재쪽이 두꺼운 경우에만 적용할 수 있다. 또 판재가 리벳 헤드보다 얇을 경우에는 딤플링을 적용한다. (그림 11-6)

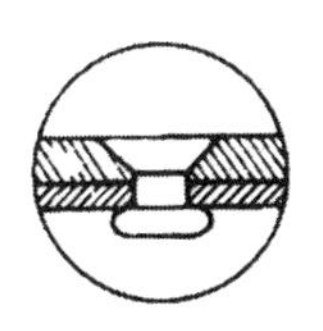

(a) 양호한 카운터싱킹
판은 리벳 헤드보다 두껍다.

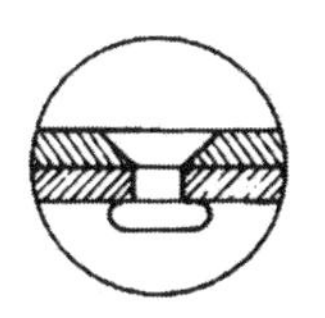

(b) 허용되지만 바람직하지 못한 카운터싱킹 판은 카운터싱킹용으로 최저 두께

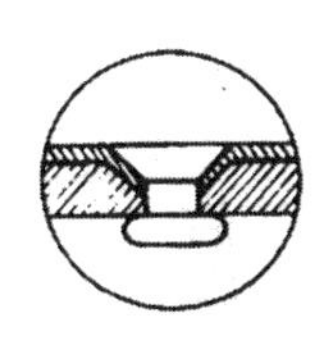

(c) 헤드쪽의 판 두께가 얇고 아래판이 두꺼운 경우

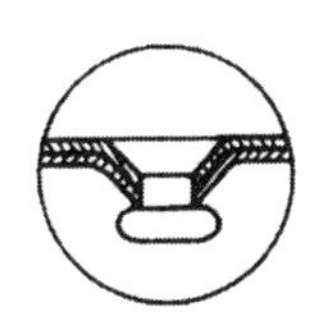

(d) 2개의 판이 리벳보다 얇을 경우

그림 11-6 카운터싱크와 딤플링의 예

2) 카운터싱크(Countersink)

카운터싱크에 사용하는 커터(Cutter)는 그림 11-7에 나타나는 파일롯 핀(Pilot Pin)이 붙은 것을 사용하는 것이 좋다. 만약 파일롯 핀이 없다면 카운터싱크가 한쪽으로 치우치게 된다.

실제 작업에서는 그림 11-7에서 처럼 커터를 스커트가 붙은 이른바 마이크로 스톱 카운터싱킹 공구(Micro Stop Countersinking Tool)에 장치하여 사용한다. 이 스커트는 접시머리 구멍의 깊이를 임의의 깊이로 만들 수 있도록 미세한 조절이 가능하게 되어 있다.

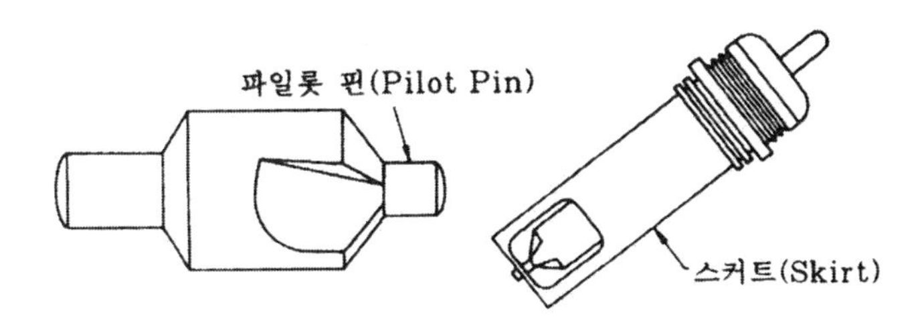

그림 11-7 마이크로 스톱 카운터싱크(Micro Stop Countersink) 공구

A. 카운터싱킹할 때의 주의

① 카운터싱킹 작업을 할 때는 먼저 같은 재료 조각을 사용하여 접시머리구멍의 깊이, 크기를 맞추면서 카운터싱킹 공구를 조절하고 소정의 리벳헤드가 잘 일치되는지를 확인한다.

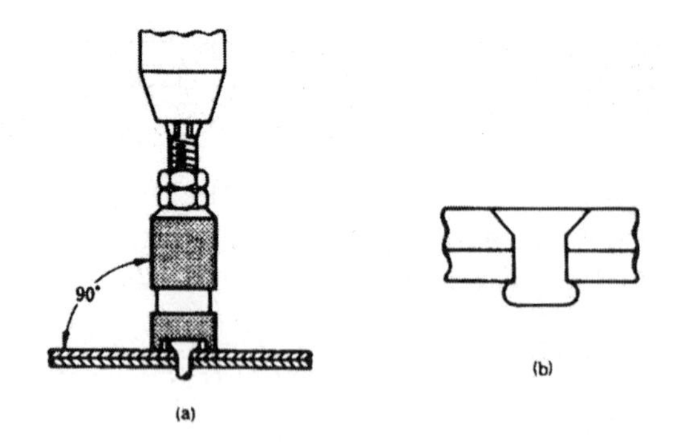

그림 11-8 마이크로 스톱 수동 카운터싱크 공구

② 만들어진 접시머리 구멍의 상태는 완전히 깊이(Full Depth)일 것.
(그림 11-8 (b))
③ 스커트가 판위에서 미끄러지지 않게 스커트를 확실히 잡고, 또한 수직으로 유지한다.

3) 딤플링(Dimpling)

얇은 판 때문에 카운터싱킹 한계(0.040in 이하)를 넘을 때는 딤플링으로 한다. 딤플링을 만드는 방법은 그림 11-9 (a)에 나타나는 것처럼 하나의 펀치와 버킹 바(Bucking Bar)를 사용한다. 또한 그림 11-9 (b)에 나타나는 것처럼 리벳을 사용하는 방법이 있다. 더구나, 딤플링 되는 판의 재료에 따라서는 홈 딤플링 버킹 바가 사용된다.

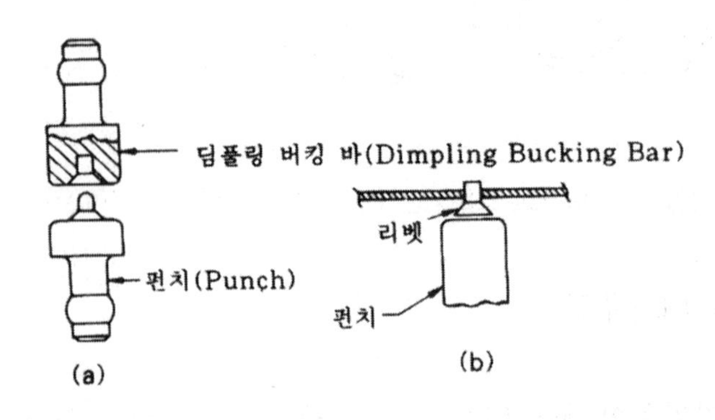

그림 11-9 딤플링(Dimpling)

A. 딤플링 작업시의 주의

① 7000 시리즈의 알루미늄 합금, 마그네슘 합금, 그 외 티타늄 합금은 홀 딤플링을 적용할 것. (그렇지 않으면 균열을 일으킨다)
② 판을 2개 이상 겹쳐서 동시에 딤플링하는 방법은 가능한 한 삼갈 것.
③ 반대 방향으로 다시 딤플링해서는 안된다.
④ 제작 부품과 같은 재료, 판 두께의 시험편(Test Strip)에 딤플링을 행하고, 균열의 발생이나 다른 카운터싱킹이나 딤플링과의 일치 여부를 확인한다.

11-12. 리베팅(Riveting)

1) 일반

리베팅은 뉴메틱 해머(Pneumatic Hammer), 리벳 스퀴저(Rivet Squeezer) 또는 핸드 리베팅(Hand Riveting)에 의한 방법이 있다. 어떠한 경우도 드리븐 리벳(Driven Rivet)은 한도내에서 할 필요가 있다.

2) 뉴메틱 해머(Pneumatic Hammer)

버킹바와 뉴메틱 해머는 그림 11-10에 나타나는 것처럼 리벳이 맞는 버킹 바의 면을 가능한 한 직각이 되도록 대고, 힘의 방향은 버킹 바와 뉴메틱 해머가 리벳의 중심에 집중하도록

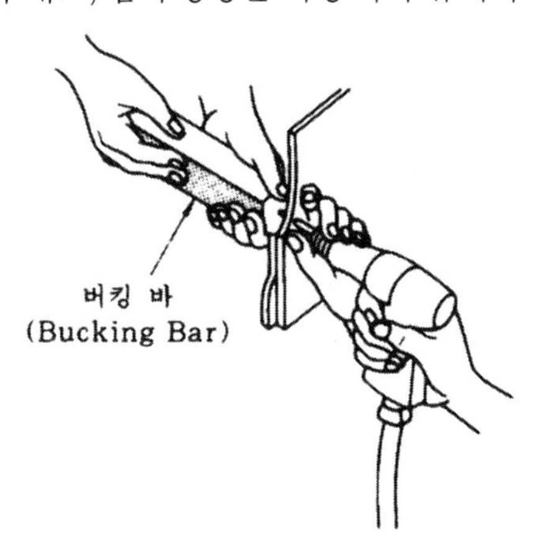

그림 11-10 뉴메틱 해머에 의한 리벳팅

일치시킨다. 리벳 헤드에 뉴메틱 해머를 정확히 대고 방아쇠에서 손가락을 빼기까지는 떼어서는 안된다. 보통 1회로 방아쇠를 당길 경우 몇회의 타격이 행해지고 그것으로 충분히 리벳의 머리 성형이 가능하다.

A. 뉴메틱 해머 사용상의 주의

① 그림 11-11에 나타나는 돌출머리 리벳용 셋트(Set)는 리벳 헤드의 형상 혹은 리벳 지름의 크기에 따라 다른 셋트(Set)를 사용해야 한다. 만약 선택을 잘못하면 리벳 헤드나 부재에 상처를 내는 원인이 된다. 또 셋트(Set)를 뉴메틱 해머에 셋트하는 경우는 반드시 그림 11-11에 나타난 스프링 리테이너로 고정시키는 것을 잊어서는 안된다.

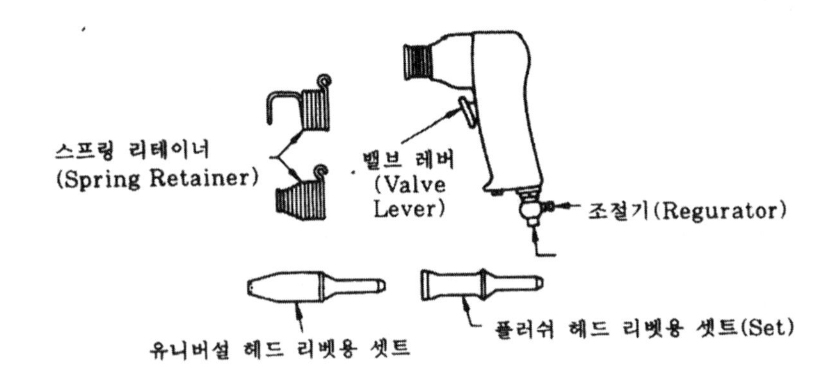

그림 11-11 뉴메틱 해머(Pneumatic Hammer)

② 실제 작업에 있어서는 그림 11-11에서 볼 수 있는 스냅 뿐만 아니라, 사용 장소에 따라 구부러진 것, 소위 옵셋 타입의 것, 또는 끝부분을 자유로운 각도로 향할 수 있는 특수 스냅 등 여러 종류의 것이 준비되어 있으므로 적절한 것을 선택한다.

③ 뉴메틱 해머의 셋트(Set) 삽입구에 스핀들유를 두 방울 정도 넣으면 원활하게 작동하게 된다.

④ 버킹 바는 보통 강으로 만들어지고 가공 헤드측에 꼭 대는 것으로 각종의 치수, 무게, 형상이 있다. 표 11-6에 리벳과 버킹 바 중량과의 관계를 나타내고 현상에서 본 뉴메틱 해머와 버킹 바의 관계를 그림 11-12에 나타낸다.

리벳 지름 (in)	버킹 바 무게	
	lb	kg
3/32	2~3	0.9 ~1.35
1/ 8	3~4	1.35~1.80
5/32	3~4.5	1.35~2.00
3/16	4~5	1.80~2.30
1/ 4	5~6.5	2.30~3.00

표 11-6 표준 버킹바 무게

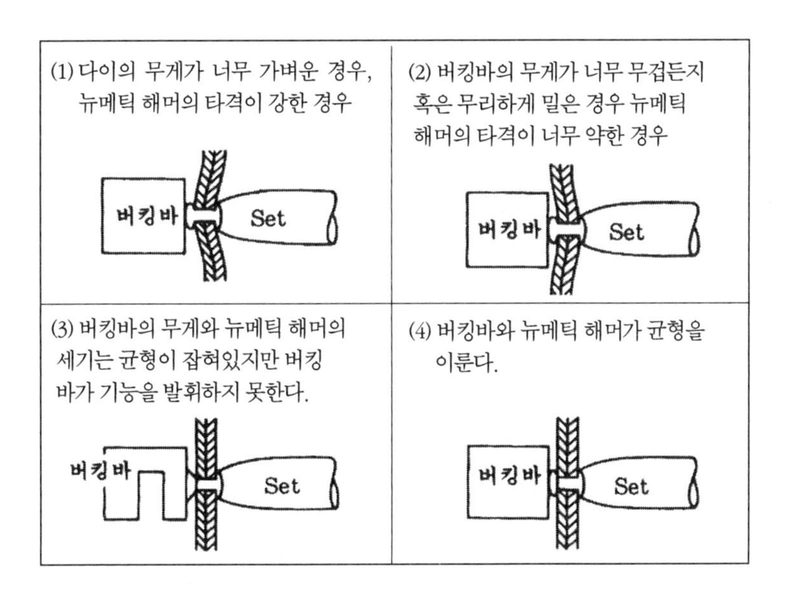

그림 11-12 뉴메틱 해머와 버킹바와의 관계

3) 리벳 스퀴저(Rivet Squeezer)

리벳 스퀴저는 뉴메틱으로 작동하는 것과 유압으로 작동하는 것이 있고, 모두 솔리드 생크 리벳의 리베팅 작업에 사용한다. 보통은 그림 11-13에 보이는 것 같은 포터블 타입(Potable Type)의 스퀴저가 많이 사용되고 있다. 이제까지의 리베팅 방법과 다른 점은 타격을 가하지 않고 압력으로 리베팅할 수 있는 특징이 있다.

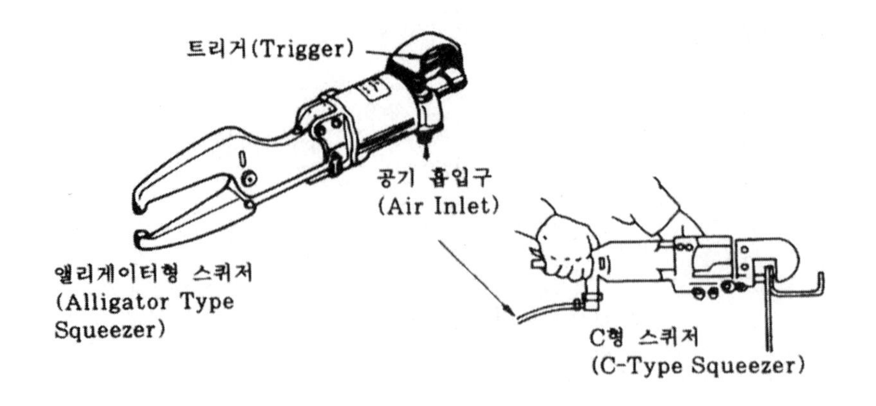

그림 11-13 스퀴저(Squeezer)

4) 핸드 리베팅(Hand Riveting)

핸드 리베팅은 해머로 직접 리벳 섕크 엔드를 두드려서 리베팅하는 방법과 펀치를 사용하여 리베팅하는 방법이 있다.

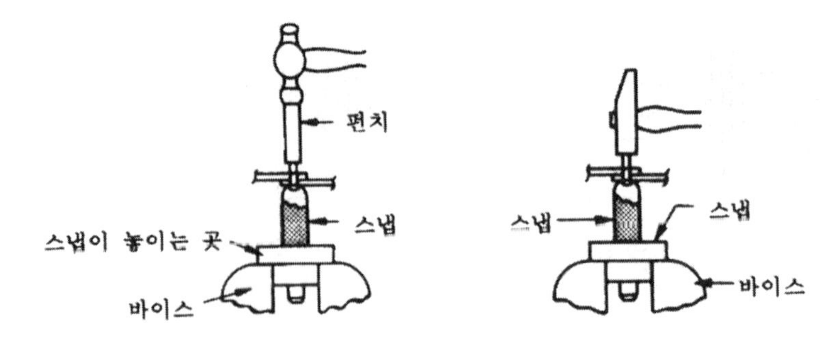

그림 11-14 핸드 리벳팅(Hand Riveting) 법

11-13. 리베팅의 한계(Riveting Limit)

1) 일반

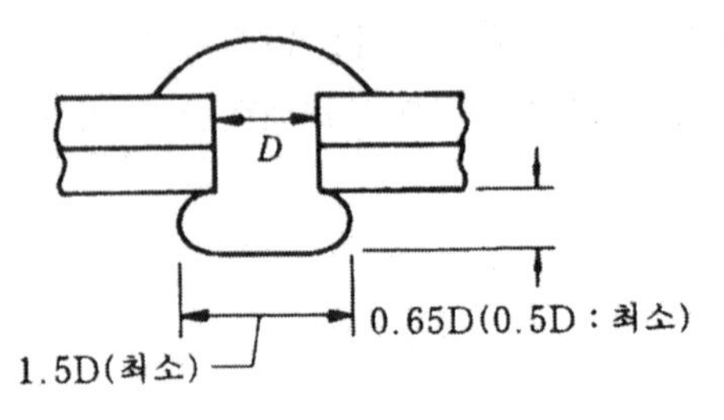

그림 11-15 리벳팅의 크기

리벳의 강도를 완전히 얻기 위해서는 정해진 범위의 치수로 리벳 작업을 해야 한다. 가공 헤드의 한계를 그

림 11-15에 나타냈다.

2) 리베팅 후의 검사

리베팅을 끝낸 후 모든 리벳에 대해서 검사한다. 만약 불량 상태인 리벳이 있으면 교환한다. 불량 상태의 원인은 보통, 버킹 바 조작의 미숙이나 리베팅 공구를 미끄러뜨렸던지, 부적당한 공구의 사용에 의한 것이 많다.

또 찌꺼기를 완전히 없애지 않고 결합한 경우에도 일어난다.

리베팅의 한계에 대한 자세한 사항은 각 기종의 정비 매뉴얼을 참고한다.

A. 가공 헤드(Driven Head)의 변형

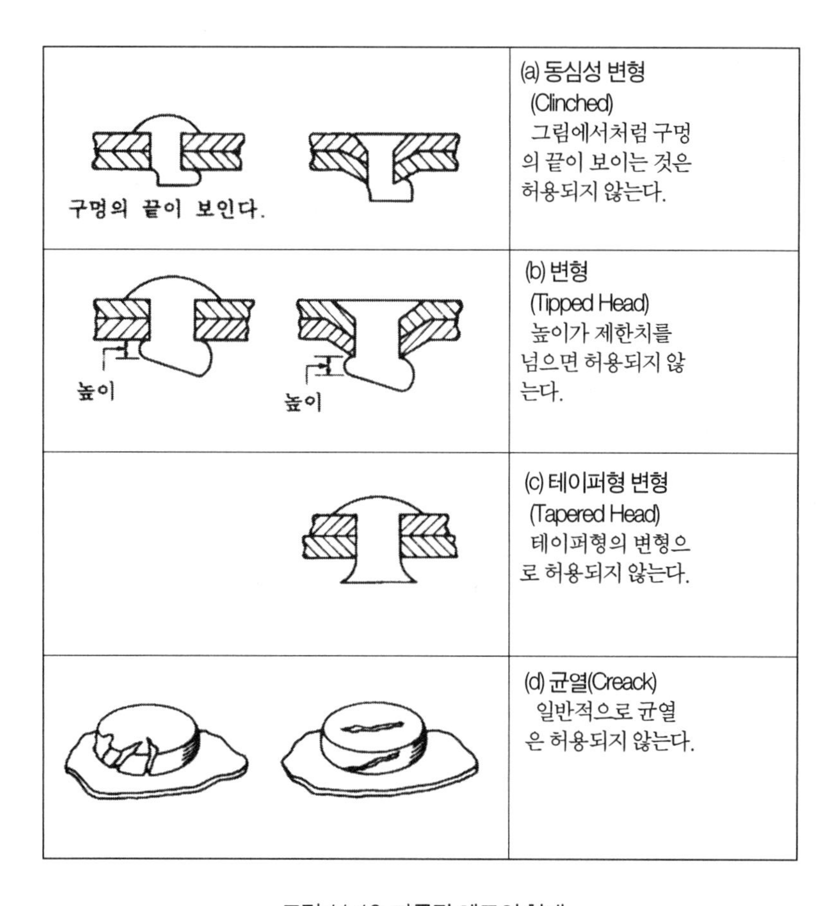

그림 11-16 가공된 헤드의 형태

B. 성형 헤드(Manufactured Head)의 변형

	(a) 공구마크(Tool Mark) : 돌출 헤드 리벳을 리베팅할 때 스냅이 떨어져 그림과 같은 상처를 낸다. 허용되지 않는다.
	(b) 오픈 헤드(Open Head) : 성형 헤드와 판금재료 사이에 갭이 부분적 혹은 전면적으로 발생하며 허용되지 않음
	(c) 플러쉬 헤드 머리높이는 카운터싱크 구멍과 딤플링할 곳의 표면 이하로 들어갈 수 없고 0.002~0.006in 정도 돌출은 무난함

그림 11-17 성형 헤드의 변형

C. 부재에 대한 손상

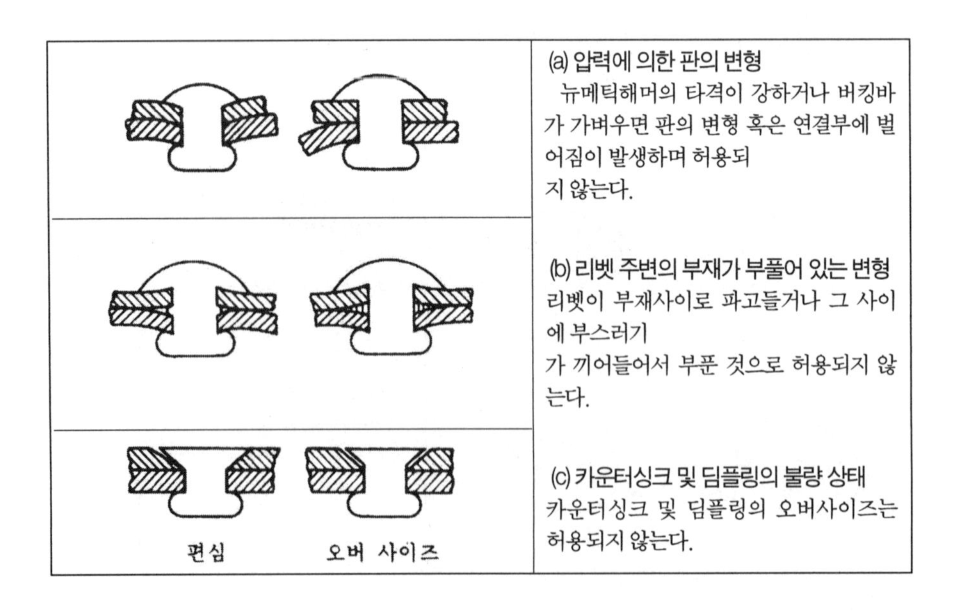

	(a) 압력에 의한 판의 변형 뉴메틱해머의 타격이 강하거나 버킹바가 가벼우면 판의 변형 혹은 연결부에 벌어짐이 발생하며 허용되 지 않는다.
	(b) 리벳 주변의 부재가 부풀어 있는 변형 리벳이 부재사이로 파고들거나 그 사이에 부스러기 가 끼어들어서 부푼 것으로 허용되지 않는다.
편심 오버 사이즈	(c) 카운터싱크 및 딤플링의 불량 상태 카운터싱크 및 딤플링의 오버사이즈는 허용되지 않는다.

그림 11-18 판금 부재에 발생하는 결함

11-14. 솔리드 샹크 리벳의 제거(Remove)

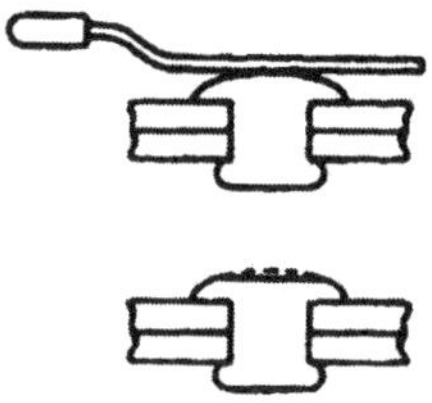	(a) 헤드 마크가 움푹 패여 있지 않은 경우 (AD 리벳은 제외)는 줄로 리벳 헤드를 평면으로 민다.
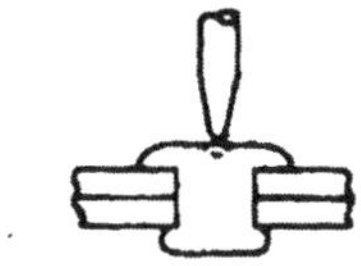	(b) 센터 펀차로 헤드의 중심을 찍는다.
	(c) 리벳 헤드를 리벳 크기와 같은 드릴로 중심을 뚫는다. 리벳 헤드 높이까지 뚫는다.
	(d) 핀 펀치를 구멍에 넣고 그 상태로 핀 펀치를 옆으로 당기면 리벳 헤드가 떨어진다.
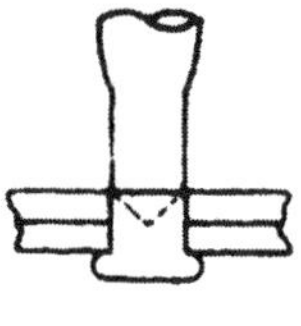	(e) 리벳 샹크에 핀 펀치를 대고 해머로 두드리기 시작한다. 이때 적당한 위치에 다이를 대면 효과적이다.

그림 11-19 솔리드 샹크 리벳(Solid Shank Rivet)의 제거

제12장 성형법(Molding Method)

12-1. 일반

항공기에 사용되고 있는 금속 판재는 평판으로 기체에 사용되는 경우는 적으며, 그 대부분이 어느 각도로 접어 구부리거나, 또는 복잡한 곡선으로 성형 가공하여 사용한다.

이들 판재의 성형 가공 원리는 기본적으로 같지만, 금속의 종류에 따라 변형량, 열처리 방법, 공구, 그 밖에 여러 가지에 의해 달라진다. 따라서 작업자는 우선 이와 같은 금속 재료의 특성을 잘 이해한 상태에서 성형 가공에 착수하는 것이 매우 중요하다.

가공시에 일반적인 주의로서 중요한 것은 판재에 스크래치(Scratch), 부식(Corrosion), 비틀림 등이 없는가를 조사하는 일이다. 특히 알루미늄 합금판(2024, 7075 등)에는 알크레드(Alclad : 한면 판두께의 3~5%)로 되어 있는 표면이 매우 손상을 입기 쉬우므로 작업대에 드릴의 절삭 부스러기 등의 이물질이 놓여있지 않도록 하는 등, 취급하는데 충분한 주의가 필요하다.

12-2. 벤딩의 레이아웃(Bending Layout)

1) 일반

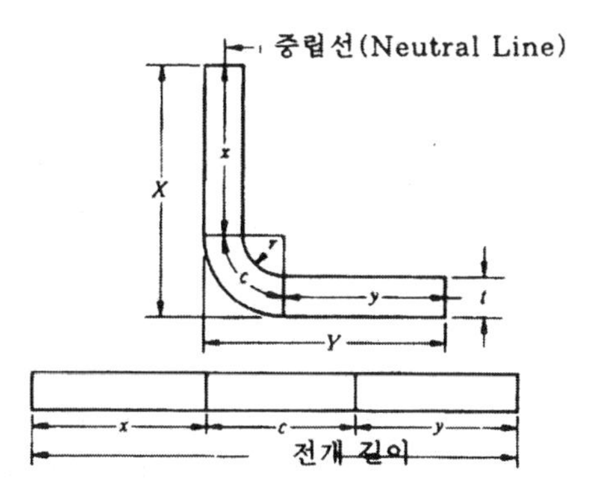

그림 12-1 판재 가공을 위한 레이아웃(Layout)

재료의 지시 치수는 보통 재료의 외형 치수로 표시하는 경우가 많다. 그림 12-1에서 재료의 전개 길이, 즉 굴곡의 앞 평판 치수를 구하는 데는 치수 X 및 Y를 더해도 정확한 전개 길이가 되지 않는다. 왜냐하면 구부러진 판 두께가 있으므로 구부러진 부분의 외측과 내측에서 그 길이가 다르기 때문이다.

따라서, 그들의 영향을 받지 않는, 다시 말해 그림 12-1의 중립선에 있는 x · y · c의 치수를 더해야 정확한 전개 길이가 구해진다. 이들 전개 길이가 되는 x · y · c를 구하기 위한 여러 요소를 나중에 설명한다.

2) 굴곡 반경(Radius of Bend)

굴곡 반경은 그림 12-2에 나타난 것처럼 접어 구부러진 재료의 안쪽에서 측정한 반경(r)을 말한다.

그림 12-2 굴곡 반경(Radius of Bend)

3) 최소 굴곡 반경(Minimum Radius of Bend)

최소 굴곡 반경이라는 것은 판재가 본래의 강도를 유지한 상태로 구부러질 수 있는 최소의 굴곡 반경을 말한다. 판재는 굴곡 반경이 작을 수록 굴곡부에 일어나는 응력과 비틀림 양은 커진다. 따라서 판재는 응력과 비틀림의 한계를 넘은 작은 반경에서 접어구부리면 굴곡부는 강도 저하, 또는 균열을 일으킨다. 경우에 따라서는 굴곡부에서 파괴를 일으킨다. 이와 같은 한계 범위는 판두께(Thickness), 굴곡 각도, 재료 및 판재 상태에 따라 달라진다.

실제 작업에 있어서는 그림 12-3에 나타나는 최소 굴곡 반경에 기초를 두어 적절한 굴곡 반경을 정하는 것이 좋다.

재료 / 판두께	판재의 최소 굴곡 반경(단위 in)							
	2024		7075		6061	5052	SAE	4130 8630
	O	T3	O	T6	T6	H34		H
0.020	1/32	1/16	1/32	3/32	1/32	1/32	1/16	1/16
0.025	1/16	3/32	1/16	1/8	1/16	1/16	1/16	1/16
0.032	1/16	1/8	1/16	5/32	1/16	1/16	1/16	3/32
0.040	1/16	5/32	1/16	3/16	1/16	1/16	3/32	1/8
0.050	3/32	3/16	3/32	1/4	3/32	3/32	3/32	5/32
0.063	1/8	7/32	1/8	5/16	1/8	1/8	3/32	3/16
0.080	5/32	11/32	3/16	7/16	5/32	5/32	1/8	1/4
0.090	3/16	3/8	3/16	1/2	3/16	3/16	1/8	9/32

그림 12-3 최소 굴곡 반경(Minimum Radius of Bend)

4) 성형점(Mold Point)

성형점은 그림 12-4에 나타나는 것처럼 접어 구부러진 재료의 바깥에서 연장한 직선의 교점을 말한다.

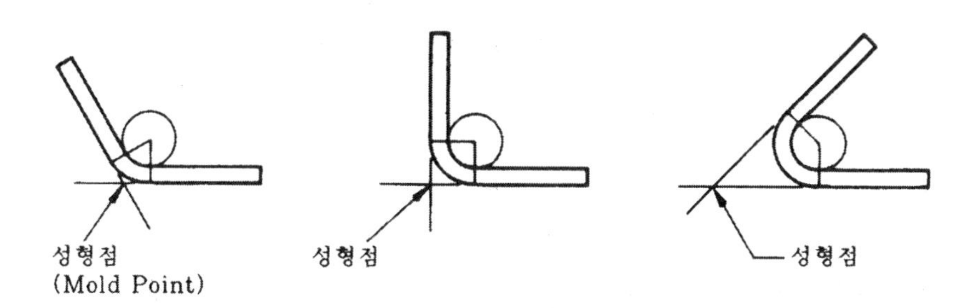

그림 12-4 판재의 성형점(Mold Point)

5) 굴곡 접선(Bend Tangent Line)

굴곡 접선은 그림 12-5에 나타나는 것처럼 굴곡이 시작하고 끝나는 선을 말한다.

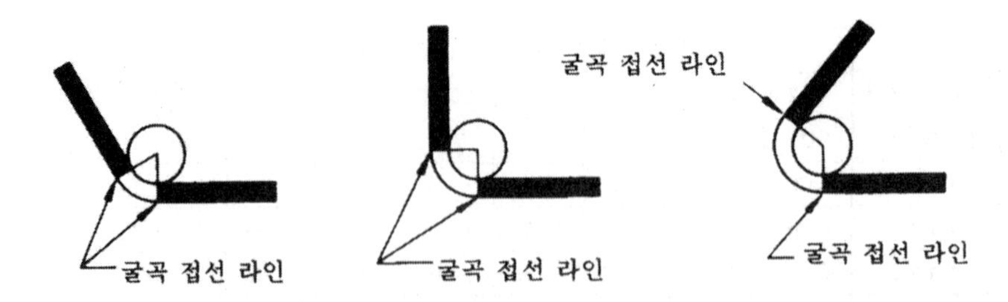

그림에서 볼 수 있듯이 굴곡 접선으로 둘러싸인 흰 부분은 원호의 일부이다. 검은 부분은 직선이다. 또, 굴곡 접선은 판재 바깥면에 직각이고 굴곡 반경의 중심을 향한 선이다.

그림 7-5 굴곡 접선(Bend Tangent Line)

6) 굴곡 각도(Angle of Bend)

굴곡 각도는 그림 12-6에 나타나는 것처럼 본래의 위치에서 접어 구부린 각도, 즉 바깥쪽에서 측정한 각도를 말한다.

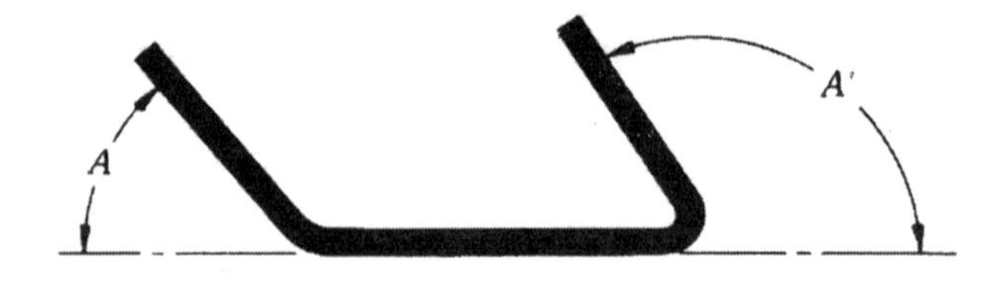

그림 12-6 굴곡 각도(Angle of Bend)

7) 중립선(Neutral Line)

평판을 구부리면 굴곡의 바깥쪽은 잡아당겨져서 늘어나고 안쪽은 압축되어 오므라진다. 그러나 이 중간의 어떤 지점에서는 어느 쪽으로부터의 영향도 받지 않는 부분이 존재한다. (그림 12-7) 즉, 평판을 굴곡 가공하여도 치수가 변화하지 않는 부분이 있다. 이것을 중립선이라고 한다.

그림 12-7 중립선

A. 중립선의 위치

중립선의 정확한 위치는 보통 굴곡 반경의 내측에서 판두께의 거의 0.445배인 거리 (그림 12-8)에 있다고 추정되고 있다. 그러나 얇은 판의 경우는 판 두께의 중심에 있다고 계산해도 오차는 적으므로 실제로 지장이 없다.

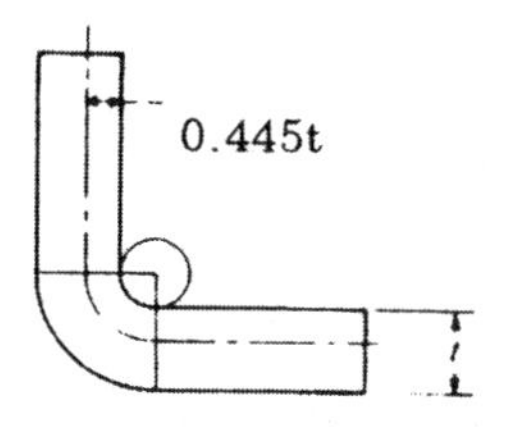

그림 12-8 중립선의 위치

8) 굴곡 허용량(BA : Bend Allowance)

그림 12-9에 나타나듯이, 접어 구부린 부분에 중립선상의 굴곡 접선간의 길이를 말한다. 굴곡 허용량은 판을 굽히는데 소요되는 길이이다.

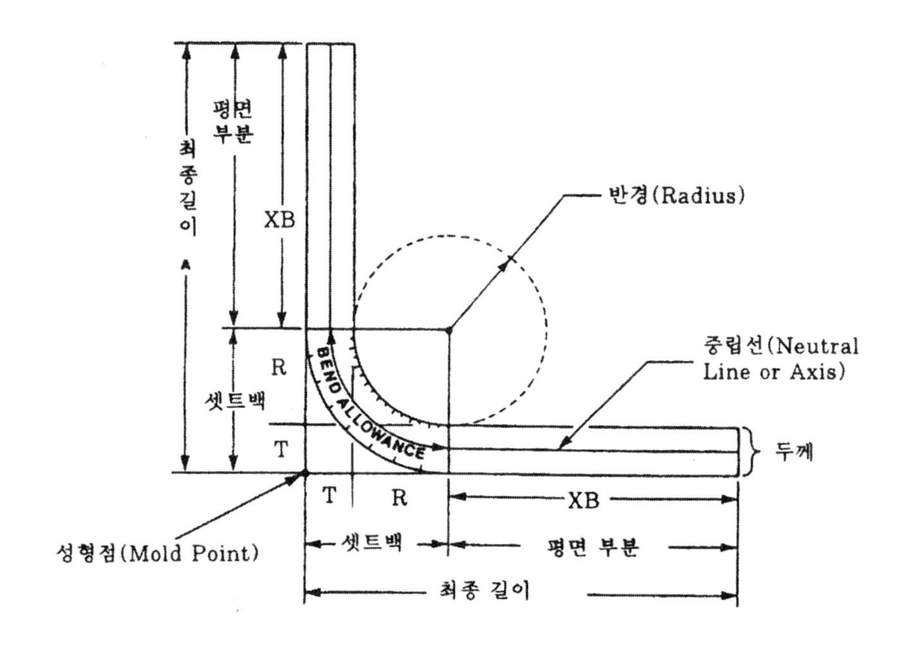

그림 12-9 굴곡 허용량(Bend Allowance)

A. 굴곡 허용량 계산법

굴곡 부분의 정확한 치수, 즉 굴곡 허용량(BA)은 굴곡 각도, 굴곡 반경 및 판두께와 관계가 있다. 다음에 BA의 공식과 표에 대해 서술한다.

[예1] 공식에 의해 굴곡 허용량(A ° 의 BA)를 구하는 방법

$$A^{\circ} \text{ 의 } 3A = 2\pi(r + \frac{1}{2}t) \times \frac{A^{\circ}}{360}$$

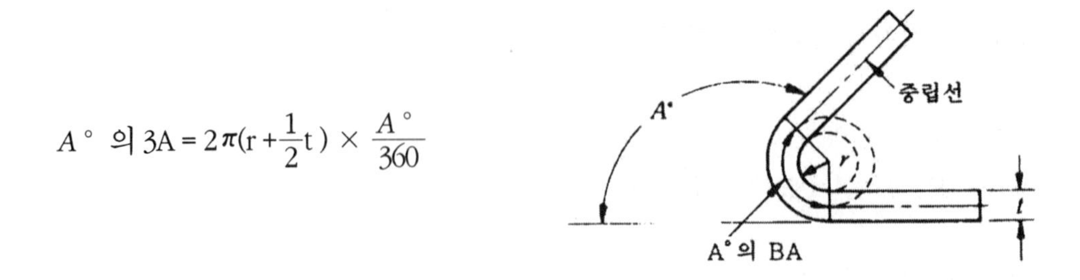

그림 12-10 굴곡 허용량 계산법

[예2] 표에 의해 굴곡 허용량을 구하는 방법

표 12-1은 판두께와 굴곡 반경에 대해 1°와 90°의 BA를 나타내고 있다.

1°와 90° 이외의 각도에 대해서는 1° 에 대해서 나타난 수치에 소정의 굴곡 각도를 곱하는 것에 의해 계산할 수 있다.

표를 보는 법은 표 12-1에 나타나듯이 굴곡 반경과 판 두께가 교차하는 부분을 보면 된다.

게이지 \ 반지름	.031	.063	.094	.125	.156	.188
.020	.062 .000693	.113 .001251	.161 .001792	.210 .002333	.259 .002874	.309 .003433
.025	.066 .000736	.116 .001294	.165 .001835	.214 .002376	.263 .002917	.313 .003476
.028	.068 .000759	.119 .001318	.167 .001859	.216 .002400	.265 .002941	.315 .003499
.032	.071 .000787	.121 .001345	.170 .001886	.218 .002427	.267 .002968	.317 .003526
.038	.075 .000837	.126 .001396	.174 .001937	.223 .002478	.272 .003019	.322 .003577

표 12-1 굴곡 허용량 표

앞의 표에서 보면 굴곡 반경이 0.032인치인 BA를 구하는 예를 나타냈다.

표에 나타난 수치는 다음의 경험식에서 구해진 것이다.

$$BA = (0.01743R + 0.0078T) \times \alpha$$

9) 셋트 백(SB : Set Back)

성형점(Mold Point)에서 굴곡 접선까지의 거리를 셋트 백이라고 한다.

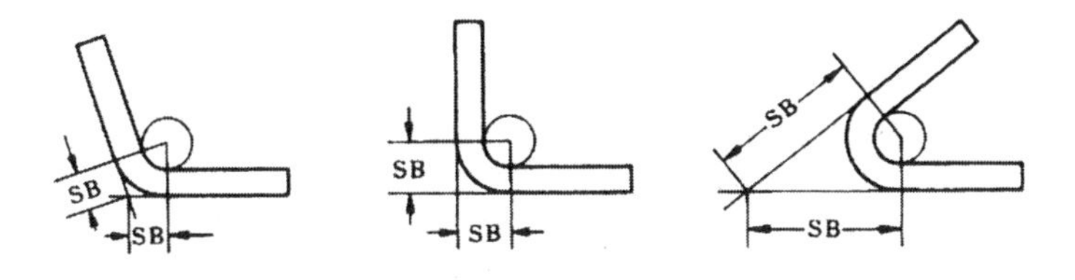

그림 12-11 셋트 백의 길이

A. 셋트 백 계산법

셋트 백(SB)은 판두께, 굴곡 각도 및 굴곡 반경에 따라 다르다. SB는 직선 부분의 치수를 구할 때에 필요로 하는 것으로 계산식이나 표에 의한 방법이 있다. 이들 계산식에 의해 구하는 법이나 표의 사용법을 다음에 서술한다. (그림 12-12. 표 12-3)

$$SB = \tan A/2(r+t) = K(r+t)$$

가 되며, 일반적으로 셋트 백 테이블(Set Back Table)에서 K의 수치를 구해 식에 대입하여 간단히 구할 수 있다.

재료의 외형 치수는 보통 그림 12-13과 같이 각각 X 및 Y의 치수로 표시된다. 따라서 재료의 직선 부분의 길이 x, y 를 구하는데는

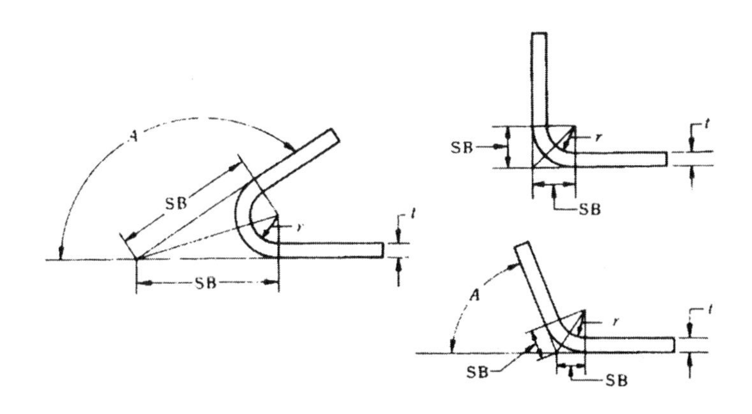

그림 12-12 셋트 백(Set Back)의 길이를 구하는 법

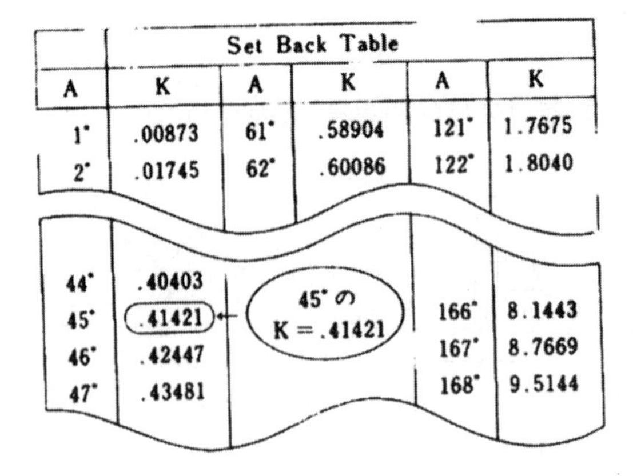

Set Back Table					
A	K	A	K	A	K
1°	.00873	61°	.58904	121°	1.7675
2°	.01745	62°	.60086	122°	1.8040
44°	.40403				
45°	.41421		45°の K = .41421	166°	8.1443
46°	.42447			167°	8.7669
47°	.43481			168°	9.5144

표 12-3 셋트 백 테이블(Set Back Table)

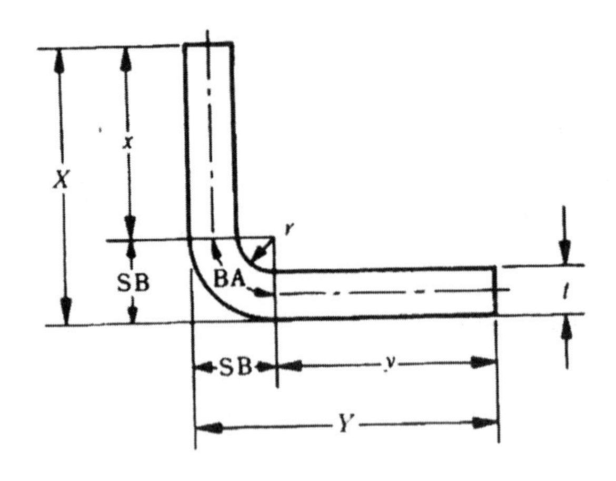

그림 12-13 재료 직선 부분의 길이 계산

$x = X\text{-}SB$ 또는 $x = X\text{-}K\,(r + t)$

$y = Y\text{-}SB$ 또는 $y = Y\text{-}K\,(r + t)$

로 구할 수 있다.

$$SB = \gamma + t = 0.188in + 0.050in = 0.238in$$

$$BA = \frac{2\pi(\gamma + 1/2\tau)}{4} = \frac{6.283(0.188in + 0.25in)}{4}$$

$$x = X\text{-}SB = 1.000in\text{-}0.238in = 0.762in$$

BA (제1 굴곡) = 0.335in

y = Y-(2×SB) = 2.000in-(2×0.238in) = 1.524in

BA′ (제2 굴곡) = 0.335in

z = X-SB = 1.250in-0.238in = 1.012in

[예] 찬넬 판재

재료 2024-T3

τ................ 0.050in

γ................ 0.188in

γ' 0.188in

A .... 90°

X 1.000in

Y 2.000in

Z 1.250in

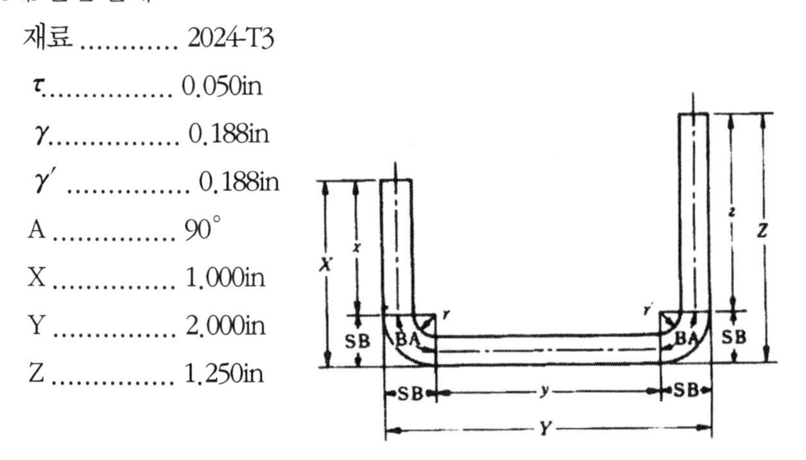

그림 12-14 판재의 외형 치수

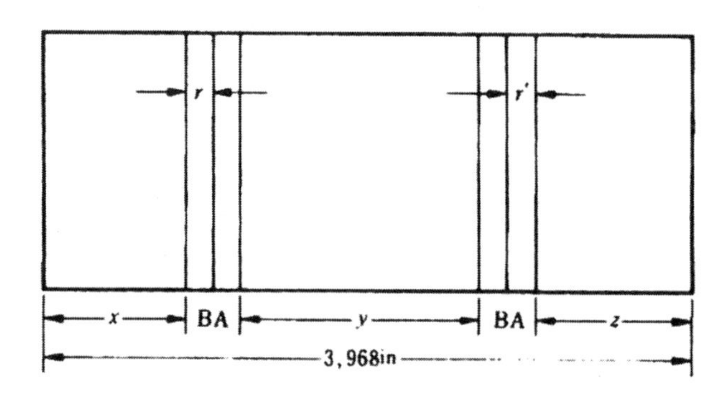

그림 12-15 판재의 총 길이

10) 사이트 라인(Sight Line)

소재의 굴곡 시작점(굴곡 접선)은 벤딩 머신의 굴곡 시작점에 일치시켜야 한다. 그러나, 실제로는 벤딩 머신(Bending Machine)에 가려서 접선을 볼 수 없다. 그래서 소재에 표시되어 있는 굴곡 시작점의 굴곡 접선에서 굴곡 반경과 같이 치수를 취하여 굴곡 접선과 평행하게 선을 표시한다. 그리고 이 선에 벤딩 머신의 끝단을 일치시킨다.

이와 같이 양쪽의 접선을 맞추기 위해 당겨진 선을 그림 12-16에 나타난 것처럼 사이트 라인(Sight Line)이라고 부른다.

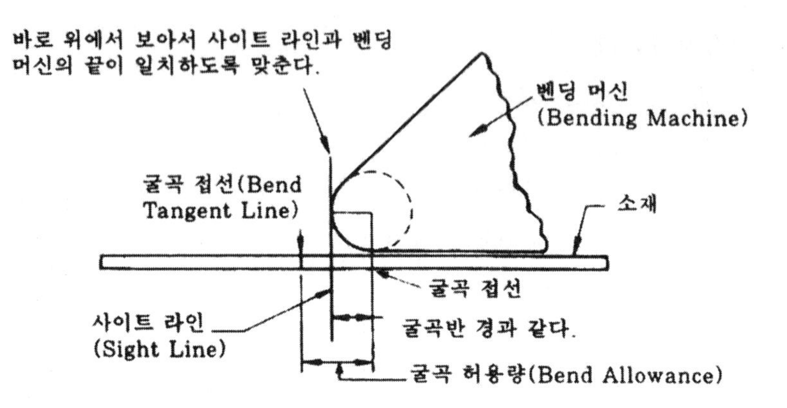

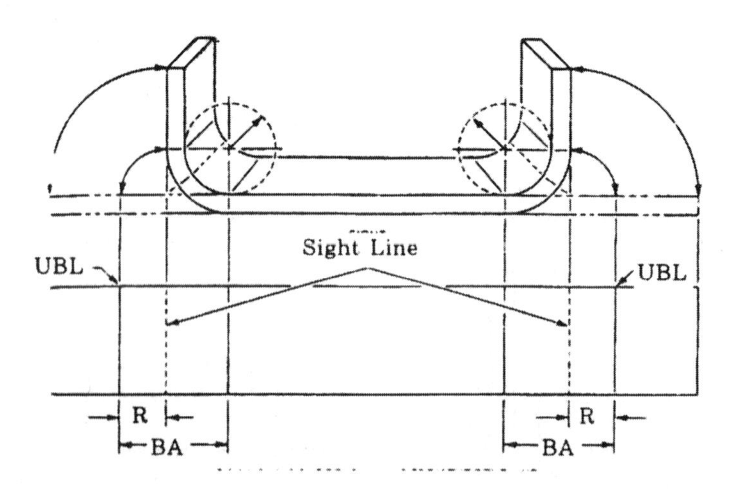

사이트 라인은 밴드 라인(Bend Line)으로부터의 굽힘 반경
으로 브레이크(Brake)의 앞부분에 일치 시켜야 한다.

그림 12-16 사이트 라인(Sight Line)

12-3. 굴곡 작업시 주의 사항

1) 작업 표시

작업 표시는 유성펜을 사용할 것. 가능한 끝이 뾰족한 적색 연필을 사용하면 재료면이 파손되지 않고 잘 보이므로 바람직하다. 더욱이 알크래드면은 비교적 부드러우므로 긁힘이나 칼자국 등의 손상을 입기 쉽다. 따라서 작업대 등은 항상 깨끗한 상태를 유지해야 한다. 또 스케일이나 스코아 등의 작업 표시 공구의 취급에도 충분한 주의를 해야 한다. 또 스크라이버(Scriber)는 절단 부위 이외에는 사용해서는 안된다.

2) 절단면의 마무리

판재를 절단한 상태에서는 우선 절단면을 매끈하게 마무리한다.

3) 그레인(Grain)과 굴곡 방향

그림 12-17에 나타나는 것처럼 판재는 압연될 때, 그레인(Grain : 주름) 방향으로 가장 훌륭한 기계적 성질(인장, 압축, 신장률, 축소율)을 얻을 수 있다. 따라서 굴곡부에 생기는 신축 등, 과혹한 조건을 받는 곳에는 판의 그레인 방향에 일치시키는 것이 좋다.

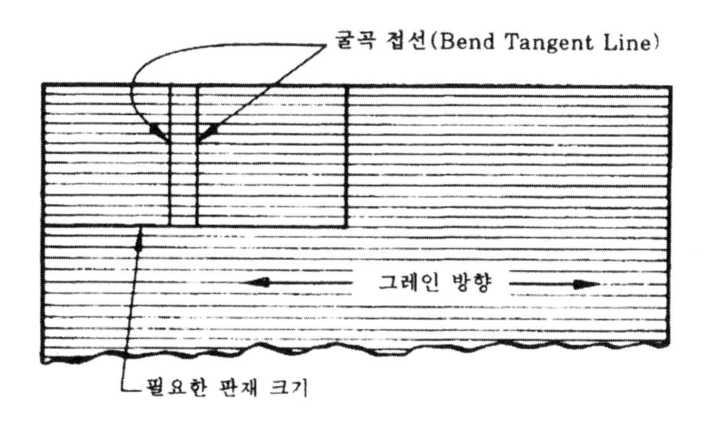

그림 12-17 그레인과 굴곡 방향

4) 스프링 백(Spring Back)

스프링 백의 문제는 대개의 성형 작업에서 생긴다. 성형 압력이 없어지면, 그 부분의 잔류 응력이 균형을 얻으면서 스프링 백이 일어난다. 따라서 스프링 백을 일으키는 재료에 있어서, 바라는 각도를 얻기 위해서는 필요한 각도 이상으로 성형 가공하지 않으면 안된다.

스프링 백은 부드러운 금속에서는 거의 무시할 수 있지만, 딱딱한 금속에서는 상당한 스프링 백이 일어난다. 스프링 백의 양은 굴곡 반경, 굴곡 각도 등에 의해 다소 달라진다. 그리고 스프링 백의 양을 알기 위해서는 같은 재료를 사용하여 실제로 확인하는 것이 가장 좋은 방법이다.

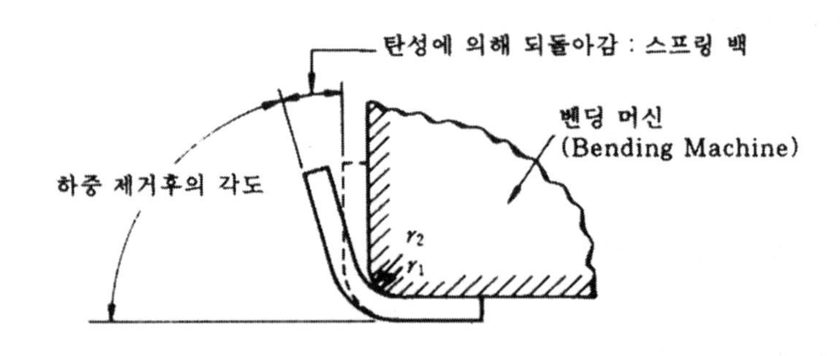

그림 12-18 스프링 백(Spring Back)

5) 굴곡 접선(Bend Tangent Line)의 맞춤법

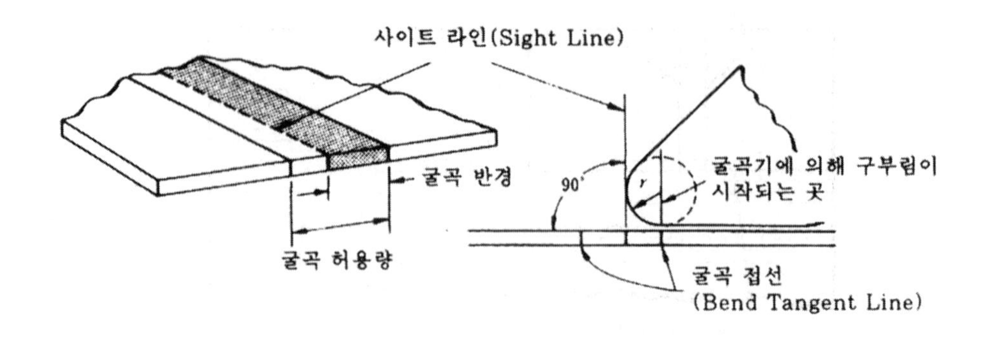

그림 12-19 굴곡 접선(Bend Tangent Line)을 맞추는 법

소재의 굴곡 접선과 밴딩 머신의 굴곡 사이트 라인(Sight Line)을 정확하게 일치시키기 위해서는 재료를 직각선 상에서 보고 사이트 라인을 밴딩 머신의 끝단에 맞춘다.

6) 릴리프 홀(Relief Hole)

두 개 이상의 굴곡이 교차하는 장소는 안쪽 굴곡 접선의 교점에 응력이 집중하여 교점에 균열이 일어난다. 따라서, 굴곡 가공에 앞서서 응력 집중이 일어나는 교점에 응력 제거 구멍을 뚫는다. 이것을 일반적으로 릴리프 홀이라고 부르고 있다.

A. 릴리프 홀의 크기

릴리프 홀의 크기는 보통 1/8in 이하가 아닌 범위에서 굴곡 반경의 치수를 릴리프 홀의 직경으로 한다. 그러나 실제 작업에 있어서는 같은 재료로 미리 똑같은 작업을 해보고, 만약 구멍 주위에 균열의 징후가 보이면 그것보다 한 단계 큰 구멍을 뚫어 다시 접어 구부리는 상태로 하여 절대로 균열을 일으키지 않도록 릴리프 홀의 크기를 확인하고 나서 작업을 진행하는 것이 바람직하다.

B. 릴리프 홀의 위치

릴리프 홀의 바깥 주위가 적어도 안쪽 굴곡 접선의 교차 부분에 접해 있어야 한다. 그러나, 굴곡에 생길 수 있는 오차를 예상하여 안쪽 굴곡 접선의 교점보다 안쪽으로 1/32~1/16in까지 구멍을 바싹 옆으로 댄다.

일반적으로 그림 12-20 (a)와 같이 양쪽의 안쪽 굴곡 접선의 교점을 중심으로 릴리프 홀을 뚫는 방법이 행해지고 있다.

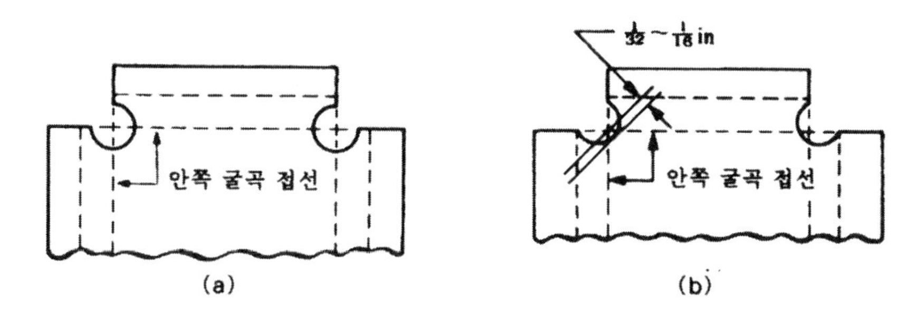

그림 12-20 릴리프 구멍(Relief Hole)의 위치

제13장 구조 수리

13-1. 일반

항공기의 구조 수리는 항공기 제작사가 발행하는 구조 수리 매뉴얼(Structure Repair Manual) 및 SB(Service Bulletin)에 의하여 수행하는 것이 우선이지만, 모든 경우에 적용할 수 있는 각각의 수리 방법은 나타내지 않는 것이 보통이다. 이와 같은 경우에는 「FAR AC43. 13-1A 항공기 정비 작업의 기준」(이하 AC43 이라고 부른다)을 포함하는 승인된 일반적인 기준으로 수리 계획을 세운다.

모노코크 구조(Monocoque Structure)의 수리는 대다수의 경우, 손상된 부분에 사용된 부품, 패스너의 재료 및 치수를 정확히 조사해서 실제의 하중이나 응력을 계산하지 않고도 수리할 수 있다. 이 방법의 원칙을 적용한 대표적인 몇가지 수리의 예가 AC43에 포함되어 있다.

13-2. 항공기 구조의 하중 분류

항공기 구조부는 모든 운용 하중을 부담하는 구조 부분과 그렇지 않은 비구조 부분의 두 개의 그룹(Group)으로 분류된다. 그리고 구조 부분은 1차 구조(Primary Structure)와 2차 구조(Secondary Structure)로 분류 된다.

1) 구조 부분

구조 부분은 날개(Wing) 및 동체 스킨(Fuselage Skin), 스트링거(Stringer), 론저론(Longeron) 및 하중을 부담하는 구조 부재, 보강재 등을 지칭하여 말한다.

A. 1차 구조(Primary Structure)

구조 부분중에서 그 부분이 파괴되면 직접적으로 항공기의 안전성을 손상시키는 부분을 가리켜 말한다. 예를 들면 날개(Wing), 동체(Fuselage), 꼬리 날개(Tail Wing), 엔진 마운트(Engine Mount), 날개 장착시 사용되는 부품, 조종면(Control Surface), 조종 장치(Flight Control System), 착륙 장치(Landing Gear) 등이다.

B. 2차 구조(Secondary Structure)

구조 부분중에서 그 부분이 파괴되어도 직접적으로 항공기의 안전성을 손상시키지 않는 구조 부분을 가리켜 말한다.

① 그림 13-1의 토큐 박스(Torque Box)가 1차 구조에 해당하고 굴곡, 비틀림 하중의 대부분을 부담한다.

② 그림 13-1의 점선 부분이 2차 구조에 해당하고 공기 역학적 외형을 지키는 구조로서 매우 큰 하중을 부담하지 않는다.

한 개의 스파(Spar)와 스킨이 토큐 박스를 형성한다.

(a) 1개의 스파를 갖고 있는 날개

2개의 스파(Spar)와 스파 사이의 스킨이 토큐 박스를 형성한다.

(b) 2개의 스파를 갖고 있는 날개

그림 13-1 날개의 구조

2) 비구조 부분

비구조 부분은 직접적으로 구조에서 받은 하중을 부담하지 않는 페어링(Fairing), 카울링(Cowling), 덕트(Duct), 탱크(Tank) 등이며, 또한 근접한 구조에 의해 지탱되는 커버(Cover) 등을 가리켜 말한다.

13-3. 손상 부분의 처리 방법

1) 일반

손상 부분은 수리 전의 처리로써 크리닝 아웃(Cleaning Out), 크린 업(Clean Up), 스톱 홀(Stop Hole), 스무스 아웃(Smooth Out) 등이 있고, 모두가 응력 집중을 방지하는 것을 목적으로 한다.

그리고 스톱 홀(Stop Hole)은 위의 목적 이외에 눈으로 볼 수 있는 균열의 끝 주위에 눈으로 볼 수 없는 금속 입자 간의 파괴된 부분을 없애기 위한 목적도 있다.

2) 크리닝 아웃(Cleaning Out)

크리닝 아웃이라는 것은 트리밍(Trimming), 커팅(Cutting), 파일링(Filing) 등을 말하며 손상 부분을 완전히 제거하는 것을 말한다.

A. 방법

손상 부분의 끝부분에서 눈에 보이지 않는 손상이 존재하는 것을 고려하여 어느 정도 큰 부분을 크리닝 아웃한다.(스톱 홀 작업 요령을 참고한다) 한편, 크리닝 아웃하는 크기는 가능하면 작게 하도록 명심한다. 이것은 결과적으로 수리재의 크기가 작아서 작업이 쉬워진다. 더욱이 평판 내부를 크리닝 아웃할 때에는 일반적으로 그 모서리에는 최소 $\frac{1}{2}$in 인 라운드, 또는 적어도 판두께의 6배 이상인 라운드(Round)를 준비한다. (가장 바람직한 것은 원형이다. (그림 13-2)

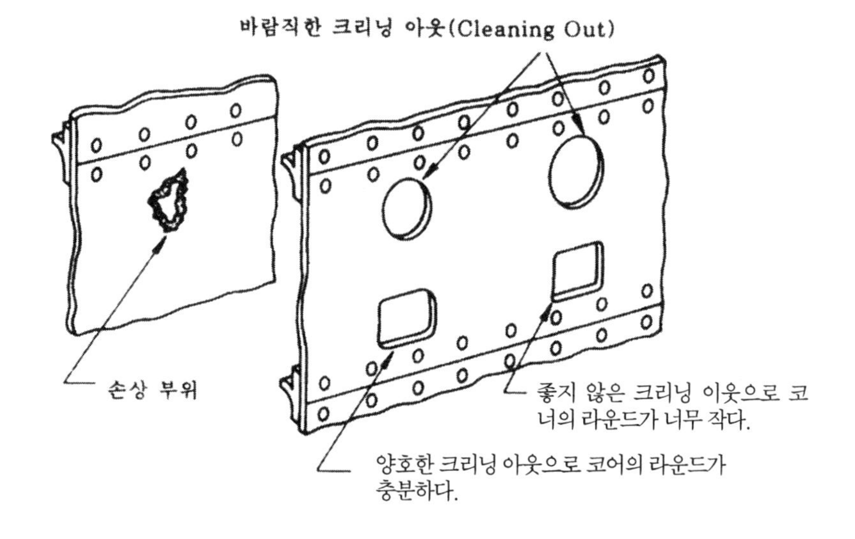

그림 13-2 크리닝 아웃(Cleaning Out)

3) 크린 업(Clean Up)

크린 업이라는 것은 모서리의 찌꺼기, 날카로운 면 등이 판의 가장자리에 없도록 하는 것이다.

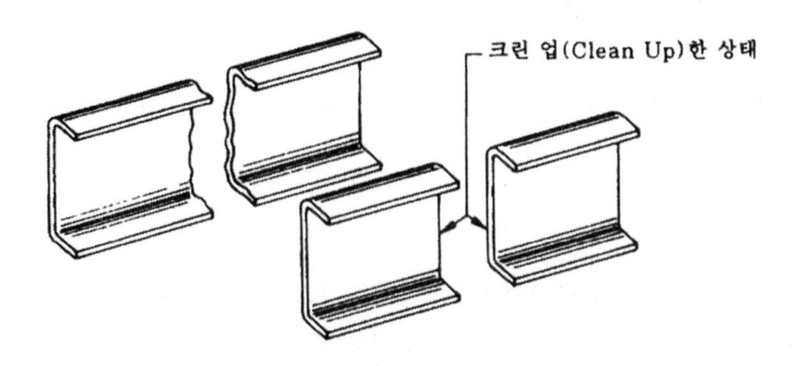

그림 13-3 크린 업(Clean Up)

4) 스톱 홀(Stop Hole)

스톱 홀이라는 것은 균열(Crack) 등이 일어난 경우, 그 균열(Crack)의 끝부분에 뚫는 구멍을 말한다.

A. 방법

스톱 홀은 뚫을 때에는 염색 침투 검사(Dye Penetrant Inspection) 또는 확대경을 사용하여 균열 가장 자리를 확인하고 그림 13-4의 위치에 뚫는다. 이것은 균열 가장 자리의 주위에 눈으로 식별할 수 없는 금속 입자간의 파괴된 부분을 없애기 위함이다. 스톱 홀의 크기에 대해서는 명확한 기준은 나타나 있지 않으므로 클수록 좋겠지만 끝에 큰 구멍을 뚫는 것은 오히려 손상부를 확대시킬 수도 있다.

「AC 43」에서는 균열 가장자리에 직경 1/8in 또는 3/32in의 구멍을 뚫도록 설명되어 있다. (또, 실제의 작업에 있어서는 각각의 구조 수리 매뉴얼을 참조할 것)

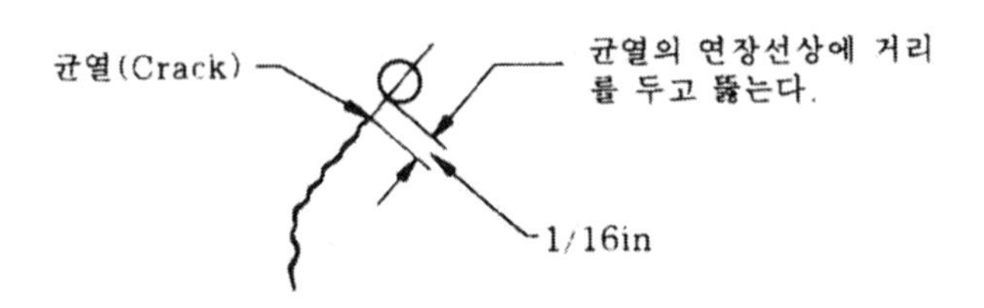

그림 13-4 스톱 홀(Stop Hole)을 뚫는 위치

스무스 아웃(Smooth Out)은 스크래치(Scratch), 닉크(Nick) 등 판(Sheet)에 있는 작은 흠을 제거하는 것이다.

알크래드(Alclad)재의 표면에 생긴 스크래치는 일반적으로 그 깊이가 코어까지 미치지 않으면 강도상에는 문제가 없으므로 그림 13-5와 같이 스무스 아웃한 후 방식 처리를 한다.

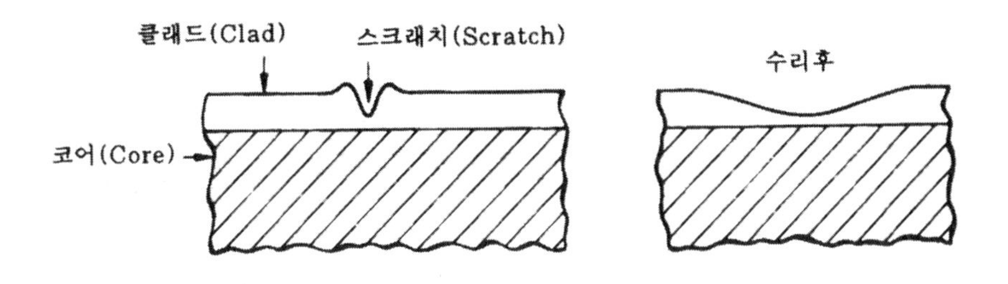

그림 13-5 클래드 면의 스크래치

13-4. 구조 수리의 기본 원칙

항공기의 구조 손상을 수리할 때에 소홀히 할 수 없는 기본 원칙은 다음과 같고, 수리 계획은 모두 이 4가지 기본 원칙하에서 이루어진다.

① 본래의 강도 유지
② 본래의 윤곽 유지
③ 중량의 최소 유지
④ 부식에 대한 보호

이 밖에는 다음과 같은 요소가 있다.

① 미관
② 경제성
③ 작업성

1) 본래의 강도 유지

수리된 부품이 항상 원래의 부분과 같은 강도를 유지하기 위해서는 다음의 여러 가지 원칙을 지켜야 한다.

A. 수리재(Patch, Doubler, Splice 등)의 선정

a. 재질

① 원칙적으로 본래의 재질과 같은 재료

② 본래의 재질과 다른 경우는 판 두께(강도), 부식의 영향을 고려한다.

b. 판 두께

① 본래의 판 두께나 혹은 한 치수(Gage) 위의 것을 이용한다.

② 형재(Splice Member)에 있어서는 스플라이스(Splice)의 실제 단면적은 본래 형재의 단면적보다 크게 한다.

③ 본래의 재료보다 약한 재료로 대용할 때는 강도를 환산하여 두꺼운 것을 이용한다.

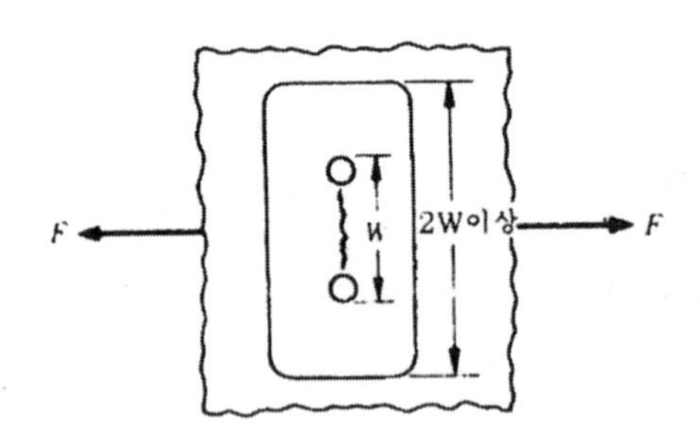

그림 13-6 패치(Patch)의 길이

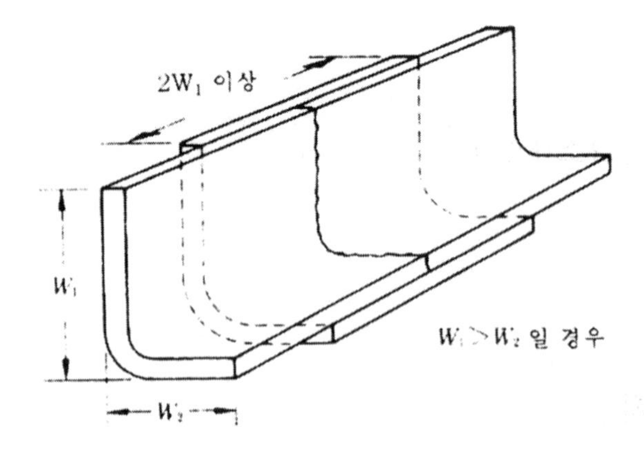

그림 13-7 스플라이스(Splice) 길이

④ 본래의 재료보다 강한 재료를 이용한 경우에도 손상부의 재료 두께보다도 얇은 것을 이용해서는 안된다.

[참고] 얇은 재료를 이용한 경우에는

① 압축 강도

② 뒤틀림 강도

③ 비틀림 강도 등이 약해지는 위험이 있다.

c. 크기

① 손상부 크기의 2배 이상이어야 한다.

② 스플라이스(Splice)의 경우는 긴 변의 2배 이상이어야 한다.

2) 본래의 윤곽 유지

수리된 부분은 본래의 윤곽과 표면의 매끄러움을 유지해야 한다.

① 고속 항공기의 임계 부근(Critical Area)에 부착하는 패치는 그림13-8에 나타나는 것처럼 플러쉬 패치(Flush Patch)의 방법을 이용한다. 오버 패치(Over Patch)를 피할 수 없을 경우에는 그림 13-9에 나타나는 것처럼 그 양끝은 큰 구배가 붙은 형상으로 한다.

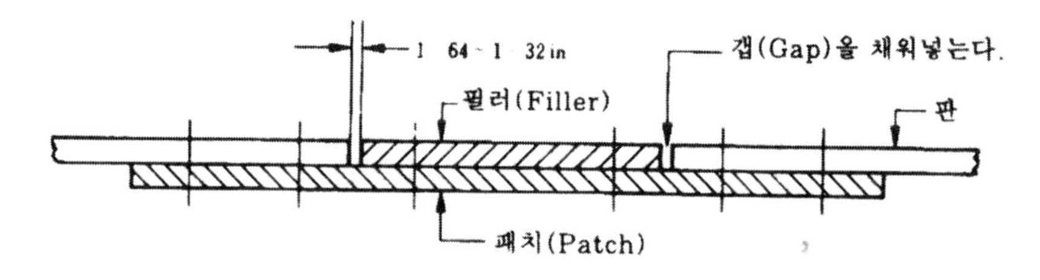

그림 13-8 플러쉬 패치(Flush Patch)

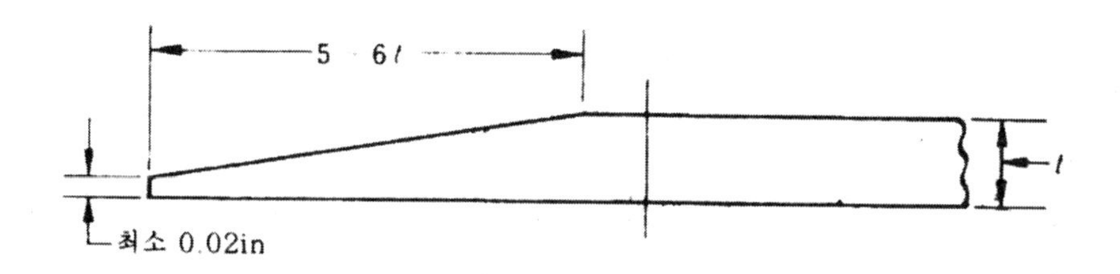

그림 13-9 오버 패치(Over Patch)의 모서리 다듬질

② 모노코크 구조(Monocoque Structure)의 스킨에 부착하는 오버 패치(Over Patch)는 그림 13-10에 나타나는 것처럼 모든 방향으로 45°의 모따기를 한다.

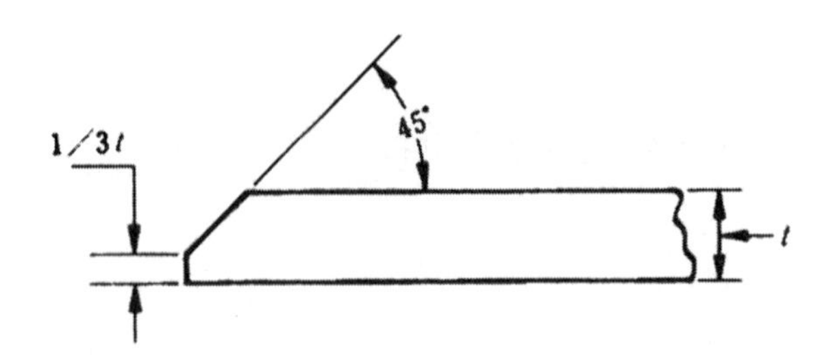

그림 13-10 오버 패치(Over Patch)의 모서리 다듬질

3) 최소 중량 유지

항공기는 대부분의 경우, 수리 혹은 개조 때마다 중량이 증가한다. 따라서, 구조부에 수리할 경우에는 중량 증가를 최소로 하기 위해 패치의 치수를 가능한 한 작게 만들고 필요 이상으로 리벳을 사용하지 않도록 한다.

4) 부식에 대한 보호

재료의 조성에 따라 금속의 방식을 위해 모든 접촉면에 정해진 방식으로 방식 처리를 한다.

13-5. 리벳의 선정 요소

1) 일반

손상 부재를 수리할 경우, 그 부재에 걸리는 하중, 장소 등에 따라서 특수한 패스너를 사용하여 수리하는 경우도 있으나, 일반적인 수리는 리벳의 전단 강도를 토대로 수리할 수 있다.

2) 리벳의 선정

A. 리벳 헤드 형식(Type)

① 손상부분 주위의 리벳 헤드 형식과 같은 것을 이용한다.

② 일반적으로 스킨과 내부 구조에 다음과 같은 것을 이용한다.

스킨(Skin) — 플러쉬 헤드 리벳(Flush Head Rivet)

내부 구조 — 유니버설 헤드 리벳(Universal Head Rivet)

B. 재료

① 손상 부분 주위의 리벳 재료와 같은 것을 이용한다.

② 일반적인 수리에서는 AD 리벳(2117 Rivet)을 이용한다.

C. 크기

① 손상 부분, 주변에 사용되고 있는 리벳 크기와 같은 것을 이용한다. 예를 들어 동체는 수리 장소의 전방 리벳 크기를, 날개는 수리 장소의 안쪽 리벳 크기를 참조한다.

② 일반적인 결정은 다음 방법에 의한다.

a. 리벳 지름 결정법

수리하는 패치재를 판두께의 3배에 가장 가까운 크기를 사용한다. (이때 판의 면압 강도(Bearing Strength)와 리벳의 전단 강도(Shear Strength)와의 균형이 없어진 상태가 된다)

[예] 수리하는 재료의 판두께 0.040in, 패치재의 판두께 0.050in

0.050in × 3 = 0.150in

따라서 해당 리벳은 5/32in (0.15625in)가 된다.

[참고] 강도 부재에는 지름 3/32in 이하의 리벳을 이용하면 안된다.

b. 리벳 길이 결정법

리벳 길이를 결정하는데는 리벳 지름(이하 D라고 함)을 기준으로, 리벳 작업된 부분의 두께에 1.5D(최소 1D)를 더하는 것이 가장 좋다.

[예] 0.050in + 0.040in + 1.5 × 5/32in = 0.325in

따라서 해당 리벳은 5/16in(0.3125in) 이다.

[참고] 교환용 리벳은 가능한 한 같은 치수로, 또한 같은 강도를 가진 리벳일 것. 리벳 구멍이 너무 커지거나 변형되거나 그 외에 손상이 있는 경우에는 그 다음 크기의 리벳 치수에 맞도록 드릴로 구멍뚫기를 한다.

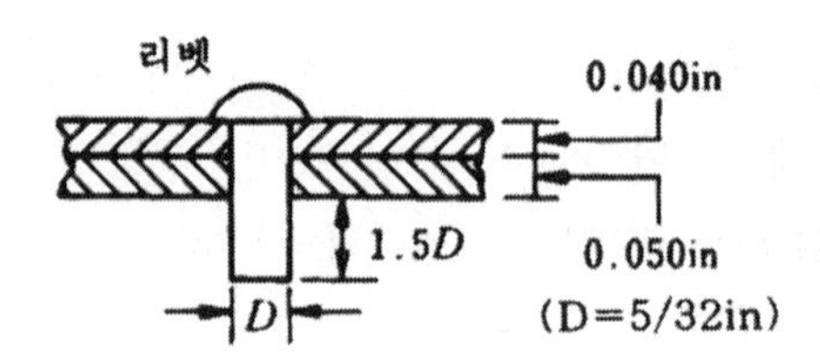

그림 13-11 리베트 길이의 결정법

13-6. 수리에 필요한 리벳수를 구하는 법

1) 일반

항공기 구조부에 실시하는 수리는 모두 본래의 강도를 회복하기 위해 일정한 리벳수를 필요로 한다. 이 경우, 개개의 리벳에 작용하는 힘이 어떤 상태하에서도 리벳의 안전 설계값을 넘지 않도록 리벳 크기 및 간격(Spacing)을 선택하여야 한다. 다음에 일반적으로 이용되고 있는 리벳 공식과 AC43 표에 의한 리벳수 구하는 법에 대해서 서술한다.

2) 리벳 공식에 의한 계산법

손상 부분에 이용하는 리벳수는 다음의 식에 의해 얻을 수 있다. (소수점 이하는 모두 반올림 한다)

$$\frac{\text{손상길이}(\iota\,\text{in})\times\text{손상재료의 두계}(\tau\,\text{in})\times\text{손상 재료의 종극 인장응력(psi)}}{\text{리벳의 전단 강도(1b) 혹은 판의 면악강도(1b) (2가지 중 작은 수치)}}\times\text{특별계수}$$

A. 손상 길이

손상 부재에 더해지는 하중의 방향이 분명한 경우에 한해서, 손상 부분의 크기는 하중 방향과 직각의 치수로 나타난다. (그림 13-12)

그 외의 경우는 가장 긴 거리가 손상 길이가 된다.

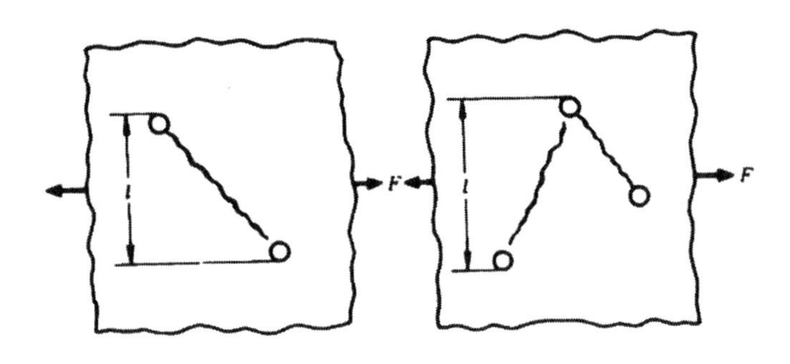

그림 13-12 손상된 길이

B. 손상 재료의 두께

1/1,000in 단위로 두께를 잰다.

C. 손상에 의한 판의 손실 인장 강도(표 13-1)

손상에 의한 판의 손실 인장 강도

$= l \times \tau \times F_{tu}$

- F_{tu}: 재료의 종극 인장 응력(psi)
- τ: 판두께(in)
- l: 손상된 길이(in)

재료	두께 (in)	종극인장 응력(psi)
CLAD2024-T3	0.010~0.062	61.000
CLAD2014-T6	0.020~0.039	64.000
	0.040~0.249	67.000
CLAD7075-T6	0.012~0.039	73.000
	0.040~0.062	74.000

표 13-1 재료의 종극 인장 응력(Tensile Strength)

D. 리벳의 전단 강도(Shear Strength)

리벳 1개의 전단 강도(lb) = $\frac{\pi}{4} D^2 \cdot Fs$

- Fs: 리벳의 전단 응력 (psi)
- $\frac{\pi}{4} D^2$: 리벳 구멍의 면적(in^2)

리벳재료	리벳재료의 전단응력 (psi)	리 벳 지 름 (in)							
		1/16	3/32	1/8	5/32	3/16	1/4	5/16	3/8
AD	30,000	106	217	388	596	862	1,550	2,460	3,510
D	34,000	120	247	442	675	977	1,760	2,790	3,970
DD	41,000	145	296	531	815	1,180	2,120	3,360	4,800

표 13-2 알루미늄 합금 리벳의 전단 강도

[참고1] 리벳이 두 개의 판을 고정시키고 있을 때에는 단순 전단력(Single Shear)을 받으며, 세 개를 고정시키고 있을 때에는 이중 전단력(Double Shear)을 받는다. (그림 13-13)

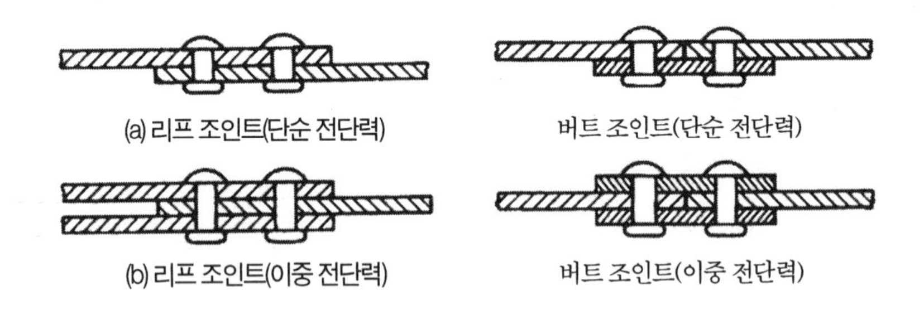

그림 13-13 리벳 결합(Rivet Joint)

[참고2] 딤플링(Dimpling)하여 리베팅하는 것은 판의 카운터싱킹(Counter Sinking) 그 자체로 접합 강도가 커지게 된다. 이 접합 강도는 단지 리벳의 전단 강도 만으로 정해지는 것이 아니라, 원추형에 의해 성형된 카운터싱킹 부분이 인터 락크(Inter Lock)되어 강도가 늘어나기 때문이다.

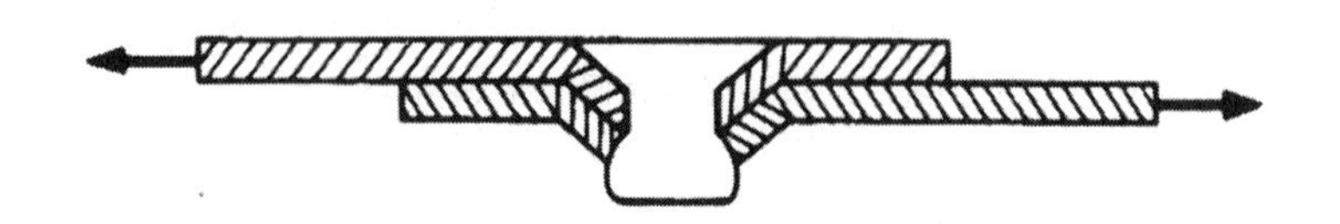

그림 13-14 딤플링(Dimpling) 결합

E. 판의 면압 강도(Bearing Strength)

판의 면압 강도(lb)

$= D \cdot \tau \cdot F_{bru}$

| | └ 판의 종극 면압 응력(Terminal Bearing)
| | Stress) (psi)
| └ 판의 두께(in)
└ 리벳 구멍의 지름(in)

표 13-3 (b)는 F_{bru}를 100,000psi로 계산한 것이다. CLAD2024-T3 재료를 사용하는 경우, 종극 면압 응력은 123,000psi이므로 표에서 구한 수치를 1.23배하여 필요한 면압 강도를 얻을 수 있다.

재료	판두께 (in)	종극면압강도(psi)
CLAD2024-T3	0.010~0.062	123.000
CLAD2014-T6	0.020~0.039	121.000
〃	0.040~0.249	127.000
CLAD7075-T6	0.012~0.039	146.000
〃	0.040~0.062	148.000

표 13-3 (a) 종극 면압 응력(Terminal Bearing Stress)

판두께	리벳 직경							
	1/16 in.	3/32 in.	1/8 in.	5/32 in.	3/16 in.	1/4 in	5/16 in.	3/8 in.
0.012	80	……	……	……	……	……	……	……
0.016	107	……	……	……	……	……	……	……
0.018	121	173	……	……	……	……	……	……
0.020	134	192	……	……	……	……	……	……
0.025	168	240	321	……	……	……	……	……
0.032	214	307	411	509	……	……	……	……
0.036	241	346	462	572	688	……	……	……
0.040	268	384	514	636	764	……	……	……
0.045	302	432	578	716	860	……	……	……
0.050	335	480	642	795	955	1285	……	……
0.063	422	605	810	1002	1203	1619	2035	……
0.071	476	682	912	1129	1356	1825	2293	2741
0.080	536	768	1028	1272	1528	2056	2584	3088
0.090	603	864	1156	1431	1719	2313	2907	3474
0.100	670	960	1285	1590	1910	2570	3230	3860
0.125	838	1200	1606	1988	2388	3212	4038	4825
0.160	1072	1536	2056	2544	3056	4112	5168	6176
0.190	1273	1824	2442	3021	3629	4883	6137	7334
0.250	1670	2400	3210	3975	4775	6425	8075	9650

표 13-3 (b) 면압 강도(유니버살 리벳 사용시)

판두께 (in)	MS20426 AD				MS20426 D			MS20426 DD	
	3/32	1/8	5/32	3/16	5/32	3/16	1/4	3/16	1/4
0.016	177	……	……	……	……	……	……	……	……
0.020	209	299	……	……	……	……	……	……	……
0.025	235	360	474	……	419	……	……	……	……
0.032	257	413	568	722	600	681	……	744	……
0.040	273	451	635	839	738	905	845	941	879
0.050	……	484	693	940	840	1097	1322	1110	1359
0.063	……	……	736	1012	922	1240	1695	1236	1727
0.071	……	……	755	1045	958	1301	1853	1291	1883
0.080	……	……	……	1074	……	1357	1995	1340	2025
0.090	……	……	……	1098	……	1405	2115	1382	2150
0.100	……	……	……	……	……	……	2220	……	2255

(CLAD 2024-T42 이상인 강도를 갖는 재료의 경우)

표 13-3 (c) 면압 강도 (딤플링할 때)

판두께 (in)	MS20426 AD				MS20426 D			MS20426 DD	
	3/32	1/8	5/32	3/16	5/32	3/16	1/4	3/16	1/4
0.020	132	163	……	……	……	……	……	……	……
0.025	156	221	250	……	……	……	……	……	……
0.032	178	272	348	……	……	……	……	324	……
0.040	193	309	418	525	476	……	……	555	……
0.050	206	340	479	628	580	726	……	758	975
0.063	216	363	523	705	657	859	1200	886	1290
0.071	……	373	542	739	690	917	1338	942	1424
0.080	……	……	560	769	720	969	1452	992	1543
0.090	……	……	575	795	746	1015	1552	1035	1647
0.100	……	……	……	818	……	1054	1640	1073	1738
0.12	……	……	……	853	……	1090	1773	1131	1877
0.16	……	……	……	……	……	……	1891	……	2000
0.190	……	……	……	……	……	……	1970	……	2084

(CLAD 2024-T42 이상인 상도를 삿는 재료의 경우)

표 13-3 (d) 면압 강도 (카운터싱크의 경우)

표13-3 (c)을 사용하는 수리는 반드시 카운터싱킹하여 사용한다.

표13-3 (d)에서 밑줄 그은 위쪽 수치는 판의 면압 파괴를 토대로, 그리고 아래쪽 수치는 리벳의 전단 파괴를 기초로 하여 계산한 것이다. 바꾸어 말하면 밑줄의 위쪽 수치를 적용하면 판이 파손되므로 카운터싱킹을 할 경우는 판두께를 최소한 밑줄의 아래쪽 판두께를 사용하는 것이 적당하다.

F. 특별 계수

특별 계수는 1.15 이상으로 한다.

3) AC 43에 의한 계산법

미국 연방 항공 규칙(FAR 43, AC 43)에 의한 계산 방법을 따르며, 이것은 적용 재료에 따라 각각 표 속의 기초 수치가 정해져 있다. 다음의 적용 재료에 포함하고 있지 않는 경우는 다른 표를 볼 필요가 있다. 여기서는 다음의 적용 재료 만을 참고로 한다.

표 13-4 속의 밑줄 쳐진 것보다 위쪽의 수치는 판의 면압 파괴를 기초로, 또 아래의 수치는 리벳의 전단 파괴를 기초로 하여 계산하였다. 바꿔 말하면 판이 얇은 경우는 면압 강도에 따라 계산하고 판이 두꺼워지면 리벳의 전단 강도에 의해 계산한다.

표 13-4의 [참고]는 각각 사용시 적절한 퍼센트에 대해 구체적으로 서술하며 엔지니어링 노트(Engineering Note)에도 있는 것처럼 표에 있는 폭이 1in인 스트립(Strip)의 인장에 대한 강도를 100%로서 표현하고 있다. 그 스트립에 구멍을 뚫어 리벳으로 접합하여 인장과 같은 강도를 얻는데는 구멍이 뚫린 것에 의해 상실 되는 판의 인장 강도를 고려해야 한다. 그것이 적용 부재에 의해 80%, 60% 및 75%가 되는 것이다.

표 13-4는 계수(1종 계수)에 필요한 리벳 수이다. 크래드(Clad)하지 않은 2024-T6, 2024-T3, 2024-T36, 7075-T6판 및 크래드한 2014-T6, 2024-T3, 2024-T36, 7075-T6, 2024-T4, 7075-T6판, 봉, 튜브, 압출재 2014-T6 압출재의 경우 위표를 적용한다.

두께t (인치)	폭(W:인치)당 필요한 2117-AD돌출머리 리벳 수					볼트 수
	3/32	1/8	5/32	3/16	1/4	
0.016	6.5	4.9	-	-	-	-
0.020	6.9	4.9	3.9	-	-	-
0.025	8.6	4.9	3.9	-	-	-
0.032	11.1	6.2	3.9	3.3	-	-
0.036	12.5	7.0	4.5	3.3	2.4	-
0.040	13.8	7.7	5.0	3.5	2.4	3.3
0.051	-	9.8	6.4	4.5	2.5	3.3
0.064	-	12.3	8.1	5.6	3.1	3.3
0.081	-	-	10.2	7.1	3.9	3.3
0.091	-	-	11.4	7.9	4.4	3.3
0.102	-	-	12.8	8.9	4.9	3.4
0.128	-	-	-	11.2	6.2	3.2

표 13-4 계수에 필요한 리벳 수

[참고] 날개의 윗면 또는 동체안의 스트링거는 이 표에 나타난 리벳 수의 80%를 적용하면 좋다. 중간 프레임에 대해서는 지시한 수치의 60% 를 사용한다. 1종 판재 계수에 대해서는 위 수치의 75%를 사용한다.

● 엔지니어링 노트 : 표 13-4는 다음과 같이 산출되고 있다.

① 재료의 폭 1in인 스트립의 인장을 가정하여 계산하였다.

② 필요한 리벳 수는 2117-AD 리벳에 대해 계산하였다. 이것은 리벳의 허용 전단 응력이 판의 허용 인장 응력의 40%와 같고 그래서 판의 허용 면압 응력은 판의 허용 인장 응력의 160%와 같다고 하였다. 이 경우, 리벳에는 공칭 구멍 직경을 사용하였다.

③ 표 중의 밑줄친 것보다도 위의 판 두께와 리벳 크기의 조합은 판의 면압에 위험(즉, 파괴한다)하며 아래의 것은 리벳의 전단에 위험하다.

④ 밑줄친 것보다도 아래의 AN-3 볼트의 수는 판의 허용 인장 응력이 70,000psi로 볼트의 허용 싱글 전단 하중이 2,126lb라고 계산하였다.

[예] ⓐ 손상부의 재료 : CLAD 2024-T3, 판두께 : 0.032in, 균열의 길이 2in라고 한다.

ⓑ 패치재(수리재)의 선정, CLAD 2024-T3, 판두께 0.040in

ⓒ 사용하는 리벳 지름 : 패치재의 판두께

$0.040\text{in} \times 3 = 0.120\text{in}$ .... 1/8 in 지름

ⓓ 리벳수 계산에 사용하는 균열의 길이는 균열의 가장자리에서 1/16in 떨어져서 1/8in 지름의 스톱 홀(Stop Hole)을 뚫는다고 하면 합계의 균열 길이는

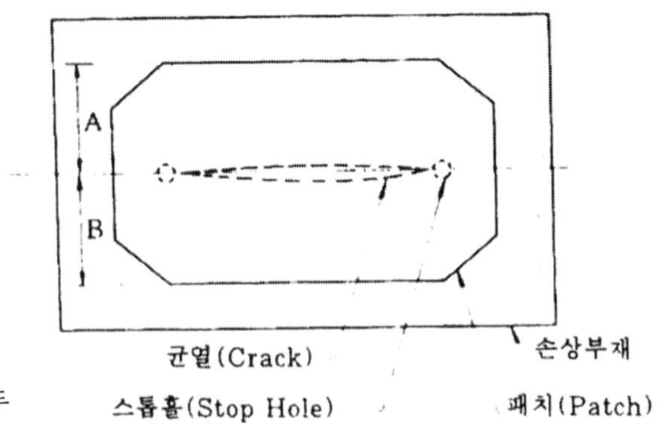

그림 13-15 패치(Patch) 작업

$2in + \frac{1}{8}in \times 2 + 1/16 \times 2 = 2\frac{3}{8}in$

ⓒ 리벳수 계산은 손상 부분의 판두께 0.032in와 사용하는 리벳 지름 1/8in의 교차 부분을 표 중에서 찾아보면 1in당의 리벳수는 6.2개가 되어 있다. 그리고 스킨 수리를 위해 75%를 적용하면 식은 다음과 같이 된다.

$6.2 \times 2\frac{3}{8} = 14.725 \fallingdotseq 15$

$15 \times 0.75 = 11.25 \fallingdotseq 12$ (한쪽만)

따라서 합계 24개의 리벳이 필요하게 된다. (그림 13-15)

중요한 것은 리벳수 계산에서 나온 소수점 이하는 잘라버려서는 안된다. 왜냐하면 계산에 의해 나온 수치의 리벳수가 본래의 강도를 유지하기 위한 최저 보증값이기 때문이다. 그러므로 소수점 이하는 모두 반올림한다.

13-7. 리벳의 배치

1) 일반

리벳의 배치는 일반적으로 손상 부분 주위에 배치되며, 응력 분포를 균일하게 하기 위해 대칭적으로 배열하는 것이 원칙이다.

2) 연거리(Edge Distance)

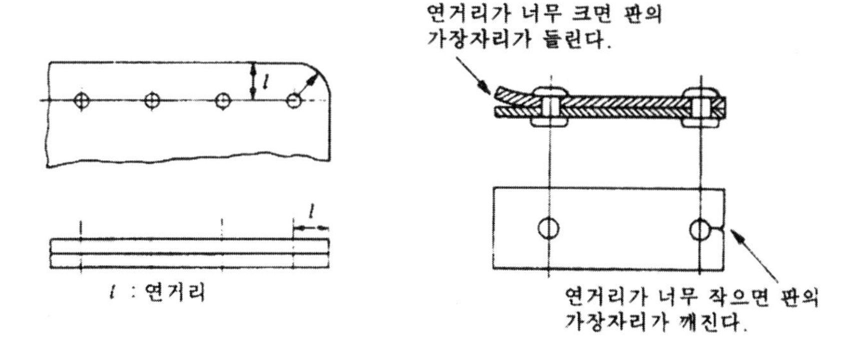

그림 13-16 리벳의 연거리(Edge Distance)

연거리라는 것은 리벳 홀(Rivet Hole)의 중심에서 판의 가장 가까운 가장 자리와의 거리로서 에이지 마진(Edge Margin)이라고도 불린다.

연거리는 리벳 지름의 2D(플러쉬 헤드 리벳는 2.5D)보다 작아서는 안되고 4배보다 더 커져서는 안된다. 여기서 D는 리벳 지름을 나타낸다.

3) 리벳 간격(Rivet Spacing)

리벳 간격이라는 것은 인접하는 리벳 중심과 리벳 중심 사이의 거리를 말한다. 또, 같은 열에 있는 리벳 중심 사이의 거리를 피치(Pitch)라고 한다. 리벳 열 사이의 거리를 횡축 피치(Transverse Pitch)라고 한다.

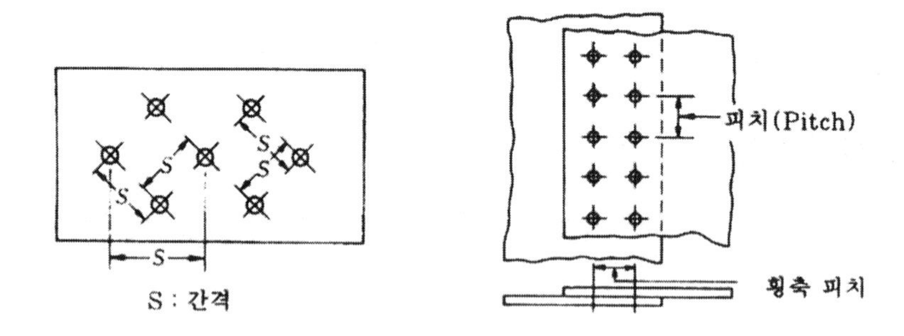

그림 13-17 리벳 간격(Rivet Spacing)

A. 1열(Single Row)일 때

리벳 간격은 3D보다 작아서는 안된다. [그림 13-18 (a)]

B. 2열(Double Row)일 때

리벳 간격은 4D보다 작아서는 안된다. [그림 13-18 (b)]

C. 3열 혹은 다열(Triple or Multiple Row)일 때

리벳 간격은 3D보다 작아서는 안된다. [그림 13-18 (c)]

일반적으로 이용되고 있는 리벳 간격의 범위는 4~10D의 사이이지만, 그 중에서 6~8D의 범위가 자주 이용된다.

[참고] 어긋난 배열에서 횡축 피치는 피치에 대해 75% 정도로 하는 것이 일반적이다.

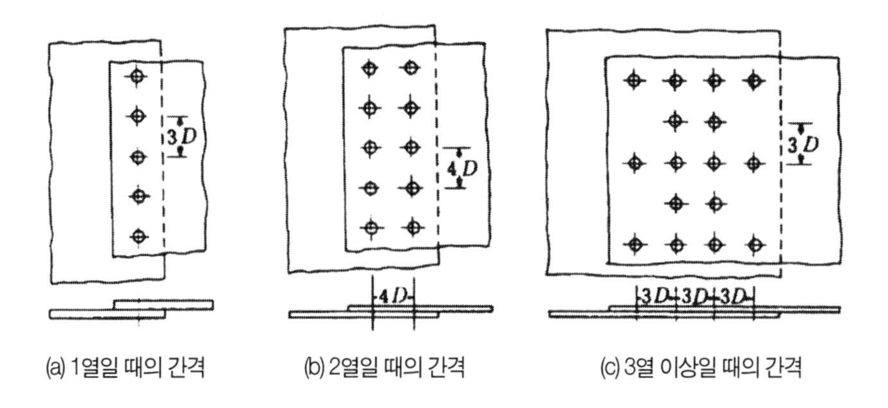

(a) 1열일 때의 간격 (b) 2열일 때의 간격 (c) 3열 이상일 때의 간격

그림 13-18 리벳 간격(Rivet Spacing)

13-8. 그 외의 주의 사항

1) 비유효 구역

그림 13-19의 사선 부분을 말하며, 이 비유효 구역의 내측에 있는 리벳은 하중 부담 대상에서는 제외된다. 이와 같은 곳에 사용되는 리벳을 일반적으로 택 리벳(Tack Rivet)이라 부른다.

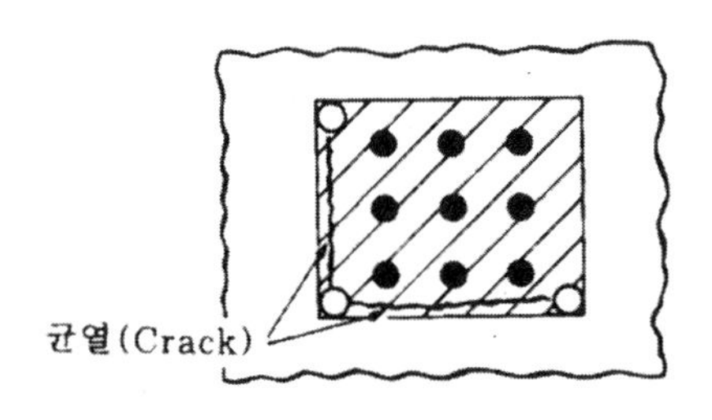

그림 13-19 비유효 구역

2) 보조 리벳

그림 13-20과 같이 하중이 가해지는 경우, 균열의 연장선상에 있는, 즉 하중에 대해 직각 방향인 중심선상의 리벳은 하중을 부담하지 않는다.

그러므로 남는 리벳 만으로도 강도에 충분히 견디므로 이와 같은 리벳을 버리는 것이라고 한다.

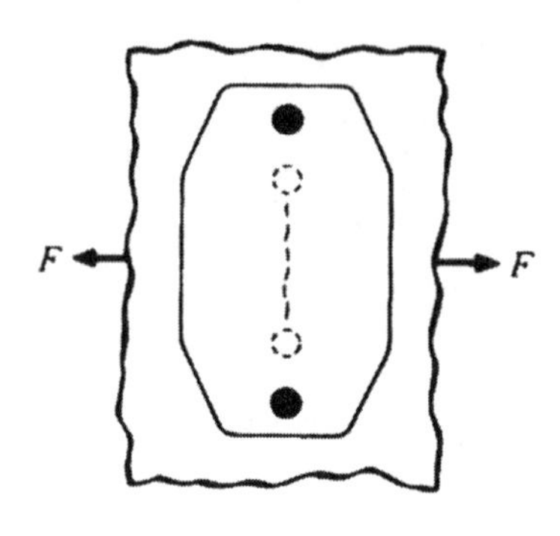

그림 13-20 보조 리벳

3) 추가 리벳

리벳의 배열을 정리하기 위해서 보통 1~2개 정도, 여분으로 추가하는 리벳을 추가 리벳이라고 한다.

4) 수리재 선택

손상 부재와 수리에 필요한 수리재의 입자 방향(Grain Line)은 일치시켜야 한다.

13-9. 예제에 의한 패치 수리

1) 오버 패치 수리

스무스 스킨(Smooth Skin)을 수리하는데는 가능한 한 오버 패치(Over Patch)의 패치재를 사용한다. 이 형태의 패치재는 3in 이하의 수리 작업을 할 때에 가장 효과적이다.

이것은 패치의 중심에서 바깥쪽을 향해 리벳을 감소시켜서 위험한 응력 집중을 막으므로 배열이 간단해진다. 이 오버 패치를 그림 13-21의 순서에 따라 설명한다.

① 사용하는 리벳 지름의 3~4D의 간격을 두고, 응력 방향으로 평행하게 선을 긋는다. 이 경우, 패치재의 최소폭(그림 13-21에서는 수직 방향의 길이를 말한다)을 손상 길이의 2배 이상으로 취한다.
[그림 13-21 (a)]

② 잘라낸 부분의 양측에서 2D 또는 4D의 거리(단거리)에 수직렬의 선 위치를 정한다. 남은 수직선은 리벳 피치의 75%의 횡축 피치(Transverse Pitch)를 취한다. [그림 13-21 (b)]

③ 응력 방향에 수직인 선 상에 1개 걸러 다음과 같은 리벳 위치를 정해간다. [그림 13-21 (c)]

ⓐ 같은 열의 리벳 피치가 6~8D가 되도록 한다.

ⓑ 리벳 열의 사이가 교차되도록 한다.

④ 잘라낸 부분의 양측에 계산하여 얻은 리벳 수를 배치하므로 필요에 따라 리벳 분포가 일정하게 되도록 다소의 리벳(1~2개)를 추가한다. 팔각인 각은 각각의 각에 있는 리벳의 중심에서 2~4D의 반경으로 호를 그린다. 직선을 이용하여 배열이 완성되도록 이들의 원호를 연결한다. [그림 13-21 (d)]

그림 13-22 (a)는 균열에 대해 직각 방향으로 하중이 작용한 상태이다.

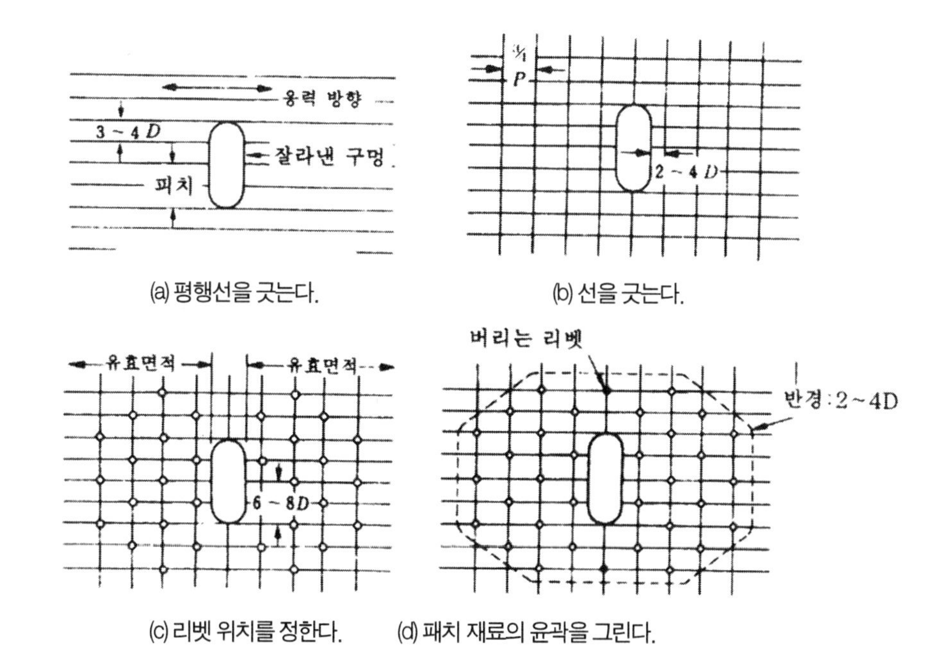

(a) 평행선을 긋는다.

(b) 선을 긋는다.

(c) 리벳 위치를 정한다.

(d) 패치 재료의 윤곽을 그린다.

그림 13-21 오버 패치(Overpatch)의 수리 순서

여기에서 지금 그림 13-32 (b)와 같이 균열에 대해 어떤 각도 만큼 벗어나서 하중이 작용하는 경우를 생각해 보면, 하중에 대해 직각 방향인 어떤 리벳은 하중을 부담하지 않고 버리는 리벳이 되며, 남은 리벳에서 손상 길이 l 에 대해 필요한 리벳 수 만큼 있는 것을 확인할 필요가 있다.

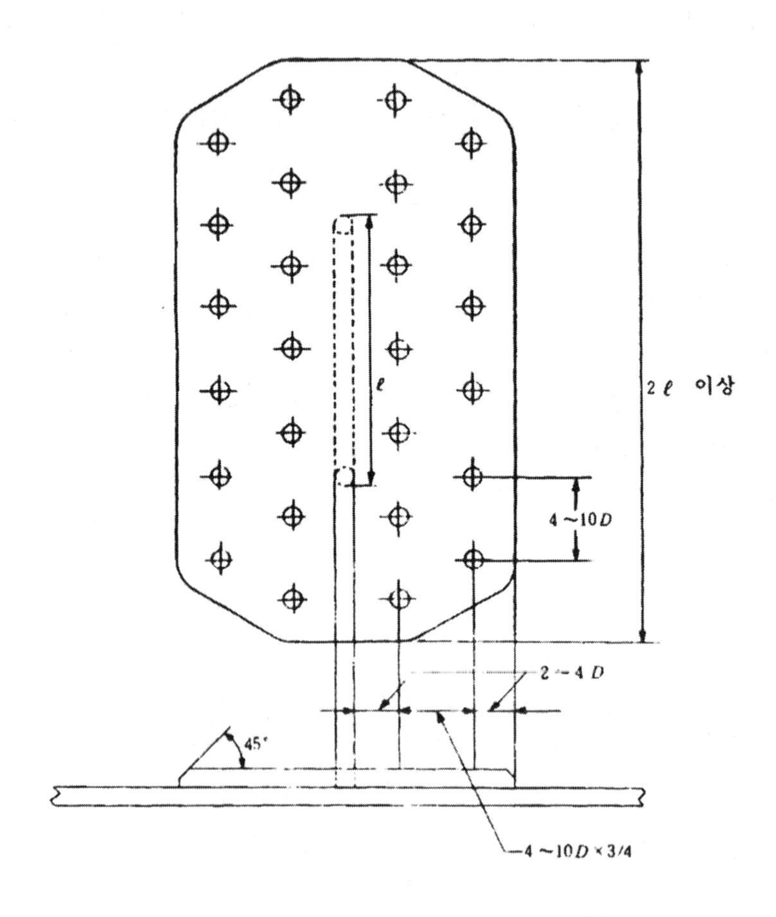

그림 13-22 (a) 오버 패치(Overpatch)의 수리

1. 손상 위치 : 날개 밑면 스킨(Skin)
2. 손상 길이 : 2.2in
3. 본래의 재료 : CLAD 2024-T3
4. 본래의 판두께 : 0.040 in

A. 패치의 재료 : CLAD 2024-T3
B. 패치의 판두께 : 0.040in
C. 사용 리벳 : MS 20470
D. 수리에 필요한 리벳수 : 손상 길이 1in당 필요한 리벳 수는 AC-43의 표에서 7.7개를 얻는다.

따라서, 7.7 × 2.2 = 16.94 -------------- 17개

17 × 0.75 = 12.75 -------------- 13개(한쪽)

E. 합계 리벳수 : 13 × 2 = 26 -------------- 26개

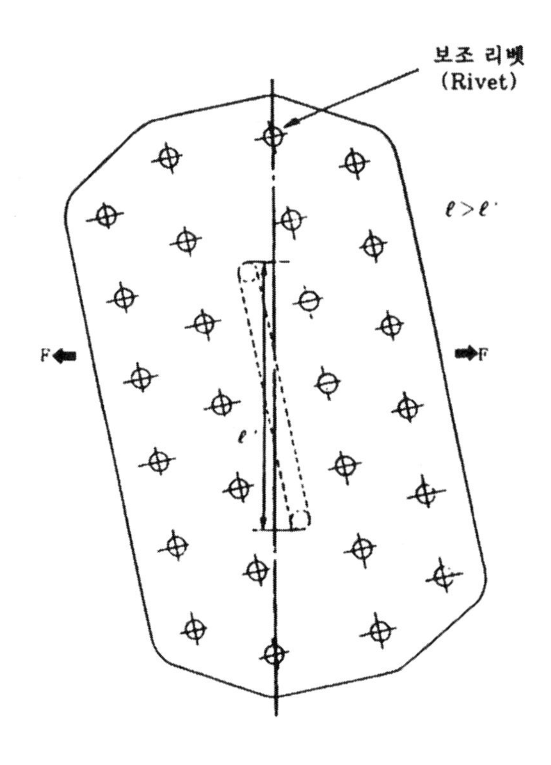

그림 13-22 (b) 버리는 리벳의 판단법

2) 플러쉬(원형) 패치(Flush Patch)의 수리

평면부(Smooth Sheet Section)에 있는 작은 구멍의 스킨 수리 및 플러쉬 수리에는 플러쉬 패치 판을 사용한다.

플러쉬 패치는 그 주변에 리벳을 일정하게 분포시키는 것에 의해 응력 방향이 분명하지 않은 경우나, 또는 분명하게 응력의 방향이 천천히 변화하는 것을 알 수 있는 장소의 이용에 이상적인 패치가 된다.

A. 플러쉬 패치 제작시의 주의 사항

a. 카운터싱킹(Conuntersinking)의 선정

① 리벳의 지름은 근접한 주변부와 같은 지름을 사용하는 것이 일반적이지만, 카운터싱킹 리벳을 사용하는 경우도 돌출머리 리벳과 같이 사용판 두께의 3t (t 는 두께) 정도가 바람직하다.

② 리벳의 길이는 사용판 두께(t)+1.0~1.5D 인 것을 선택할 것.

B. 2열 리벳 패치(Tow-Row Round Patch : 그림 13-23 참조)

① 잘라낸 구역의 반경에 연거리를 더한 것과 같은 반경으로 원을 그린다.(Inner-Row) 또 하나는 이것보다 횡축 피치만큼 큰 반경으로 원을 그린다. (Outer-Row)

② 사용하는 리벳을 결정하고 그 2/3인 리벳을 바깥 원주상(Outer-Row) 과 같은 간격으로 배치한다.

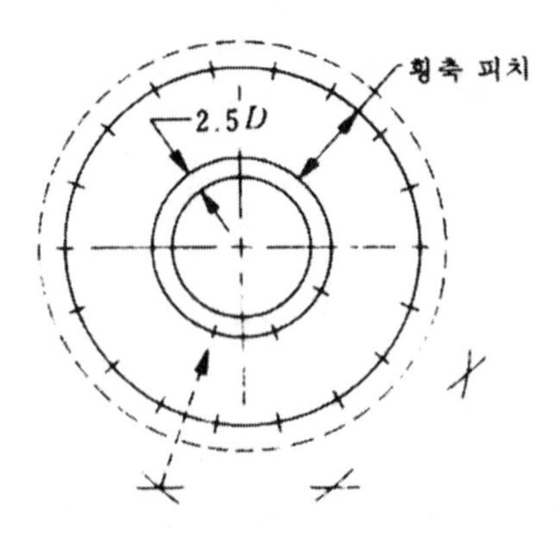

그림 13-23 2열 리벳의 플러쉬 패치(Flush Patch)

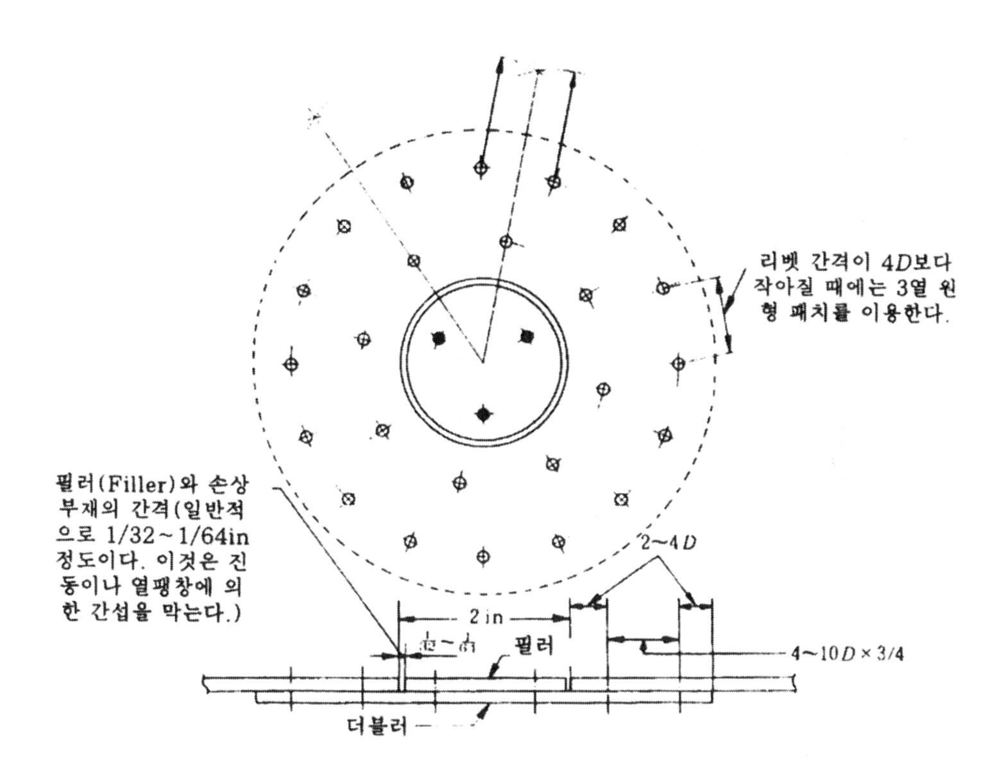

그림 13-24 플러쉬 패치(Flush Patch)의 수리 예

③ 두 개의 서로 이웃이 되는 리벳을 중심으로 교차하는 원호를 그린 후, 원호의 교점에서 패치재의 중심까지 선을 긋는다. 다른 두 개에 대해서도 이와 같이 행한다.

④ 패치재에 2~4D의 바깥쪽 연거리를 더한다.

[참고] 플러쉬 패치 수리시 설계의 예

1. 손상 장소 --------- 동체 스킨(Skin)
2. 손상부의 크기------ 2in
3. 본래의 재료 ------- CLAD 2024-T3
4. 본래의 판두께 ----- 0.032in

따라서 플러쉬 패치로 카운터 성크 리벳(Countersunk Rivet)을 사용하지만, 판두께가 얇기 때문에[표 13-3 (d) 리벳의 면압 강도표를 참조] 딤플링을 실시하고 더블러(Doubler)를 사용한 리벳 작업을 한다.

A. 더블러의 재료 ----- CLAD 2024-T3
B. 더블러의 판두께 ---- 0.040in

C. 필러----------0.032in (CLAD 2024-T3)

D. 사용 리벳의 지름과 길이는 MS 20426 AD 4-4로 한다.

E. 수리에 필요한 리벳 수는

$$\frac{2 \times 0.032 \times 61{,}000}{\text{표에서 388이나 413의 작은 쪽}} \times 1.15 = 11.57 \fallingdotseq 12\text{개(한쪽)}$$

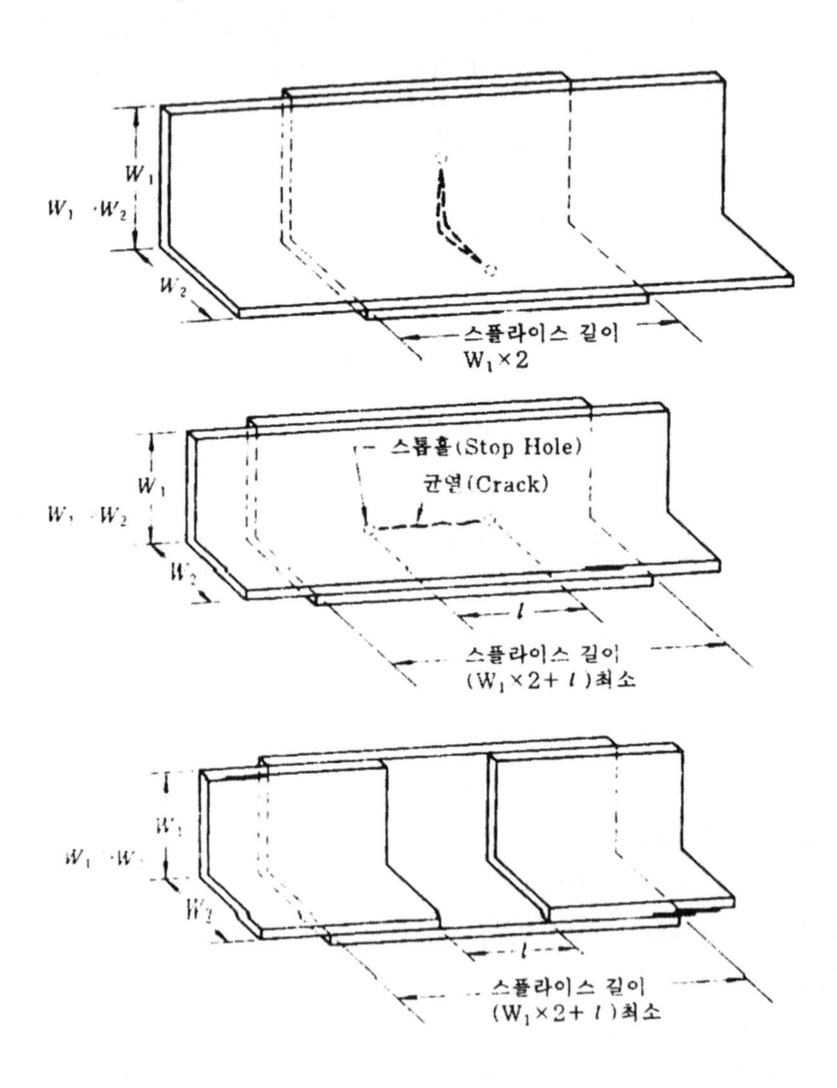

그림 13-25 스플라이스(Splice) 수리

그러므로 전체는 12×2=24개, 배열은 24×1/3=8개이므로 바깥쪽=16개, 그리고 안쪽=8개가 된다.

3) 스플라이스(Splice) 수리

앵글재의 손상시는 아래 사항을 고려하여 수리한다.

① 그림 13-25와 같은 균열의 수리시는 스플라이스를 대기 전에 스톱 홀(Stop Hole)을 뚫는다.

② 파손된 곳은 손상 부분의 수리 전 처리로서 크리닝 아웃(Cleaning Out)한다.

③ 스플라이스의 길이는 가장 긴 플렌지 폭의 2배 이상 필요하다. 단 앵글의 길이 방향으로 균열이 발생하고 있거나 크리닝 아웃을 한 경우에는 그 부분의 길이를 더 길게 한다.

④ 리벳 개수는 각 플렌지(Flange)의 폭을 손상 길이로서 각각 구하고 그 개수를 각 플렌지마다 배열한다.

제14장 용접(Welding)

14-1. 일반

금속은 기계적인 방법 [볼트, 리베팅(Riveting), 용접, 납땜(Brazing), 솔더링(Soldering) 등]에 의해서 결합되며, 이 모든 방법들이 항공기 제작에 사용된다.

용접은 금속을 접합시킬 수 있는 여러 가지 방법 중에서 가장 실제적으로 이용할 수 있는 방법으로써, 용접으로 접합된 부분은 단단하고 단순하며 낮은 무게, 높은 강도를 유지하기 때문에 항공기 제작이나 수리에 널리 이용되고 있다. 또한 항공기의 많은 부분이 용접에 의해서 접합되어 있기 때문에 용접은 항공기의 정비에 있어서 대단히 중요하다.

14-2. 용접의 분류

용접을 하는 방법에는 다음과 같은 3가지 방법이 사용된다.

① 개스 용접(Gas Welding)

② 전기 아크 용접(Electric Arc Welding)

③ 전기 저항 용접(Electric Resistance Welding)

1) 개스 용접(Gas Welding)

개스 용접은 고온의 불꽃으로 금속 부품의 끝이나 모서리를 용융 상태로 만들어서 접합시키는 것이다. 이 불꽃은 아세틸린(Acetylene)이나 수소(Hydrogen)에 순수한 산소(Oxygen)가 섞여서 만들어지는 특수한 개스를 토오치(Torch)로 연소시켜서 얻는다. 용융 상태의 금속은 기계적인 압력이 없이도 결합된다. 크롬—몰리브덴이나 연강(Mild Carbon Steel)으로 제작한 항공기 부품은 개스 용접에 의해서 접합시킬 수 있다.

개스 용접에는 다음과 같은 2가지 방법이 일반적으로 사용된다.

① 산소 아세틸렌(Oxyacetylene)

② 산소 수소(Oxyhydrogen)

항공기 제작에는 대부분 산소 아세틸렌이 사용되어지나, 알루미늄 합금의 용접에는 산소

수소를 사용한다.

2) 전기 아크 용접(Electric Arc Welding)

전기 아크 용접은 항공기의 제작과 수리에 광범위하게 사용되며 용접이 가능한 모든 금속의 접합에 사용될 수 있다. 이 용접 방법은 전기 아크에 의해서 발생되는 열을 이용하여 금속을 용해시켜 접합시키는 방법이다.

이 용접 방법에는 다음과 같은 종류가 있다.

① 금속 아크 용접(Metallic Arc Welding)
② 탄소 아크 용접(Carbon Arc Welding)
③ 원자 수소 용접(Atomic Hydrogen Welding)
④ 불활성 개스 용접(Inert Gas : Helium Welding)
⑤ 멀티 아크 용접(Multi Arc Welding) 등이 포함된다.

금속 아크와 불활성 개스 용접은 2가지 전기 아크 용접으로써 항공기 제작에 가장 많이 사용된다.

3) 전기 저항 용접(Electric Resistance Welding)

전기 저항 용접은 저항이 적은 구리 도선을 통해서 저전압의 고전류를 용접할 금속에 흘려 보냄으로서 금속을 용해시켜 접합시키는 용접 방법이다. 용접되는 재료는 전류의 흐름에 대해 높은 저항을 나타내며 이러한 저항에 의해서 발생되는 열에 의해 접합이 될 금속 부분이 용해되는 것이다.

전기 저항 용접에는 버트(Butt), 스폿(Spot), 시임(Seam)의 3가지 용접 방법이 일반적으로 사용된다.

항공기 작업에서 버트 용접(Butt Welding)은 콘트롤 로드(Control Rod)나 터미널(Terminal)을 용접하는데 사용되며, 스폿 용접(Spot Welding)은 항공기 기체를 제작하는데 주로 사용된다.

시임 용접(Seam Welding)은 스폿 용접(Spot Welding)과 비슷하며 기밀(Air Tight)이 요구되는 곳에는 이 용접 방법이 사용된다.

14-3. 산소 아세틸렌 용접(Oxyacetylene Welding)

산소 아세틸렌 용접 장비는 고정용과 휴대용의 2가지가 있으며, 휴대용(Potable) 용접 장비는 아래와 같이 구성된다.

① 2개의 용기(Cylinder)가 있으며, 하나는 산소 용기이고, 다른 하나는 아세틸렌 용기이다.

② 산소 및 아세틸렌 압력 조절기 및 압력 게이지(Pressure Gage)

③ 용접 토오치(Welding Torch)와 팁(Tip)

④ 2가지 색의 호스(Hose) 및 토오치(Torch)와 압력 조절기(Pressure Regulator)를 연결하는 연결 장치

⑤ 보안경(Welding Goggle)

⑥ 점화 라이터(Flint Lighter)

⑦ 소화기(Fire Extinguisher)

고정용 산소 아세틸렌 용접 장비는 휴대용 장비와 비슷하지만 동시에 여러 곳에서 사용할 수 있도록 되어 있다.

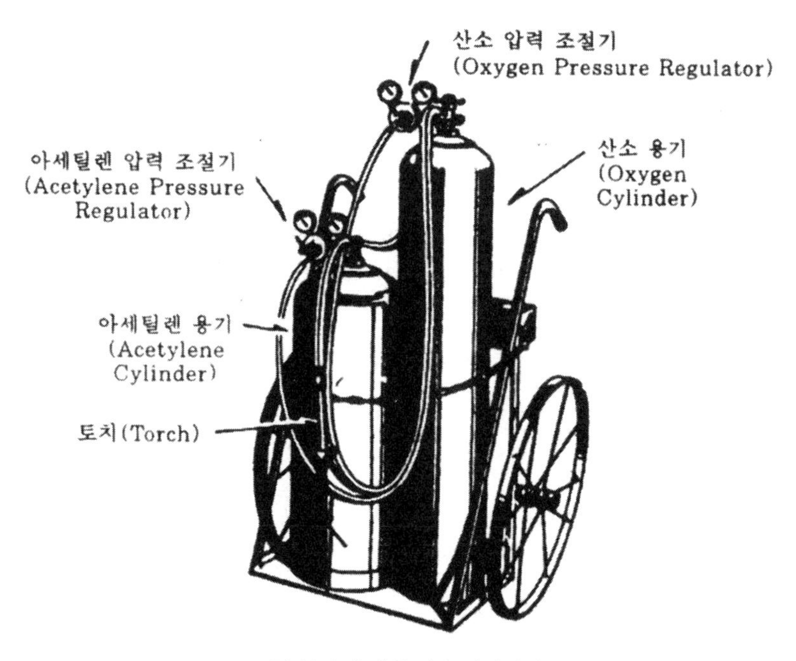

그림 14-1 휴대용 산소 아세틸렌 용접기

1) 아세틸렌 개스(Acetylene Gas)

아세틸렌은 가연성이며 색깔이 없고 심한 냄새가 난다. 산소와 다르게 아세틸렌은 대기 중에 존재하지 않으므로 생산해내야 한다.

아세틸렌 생산 과정은 간단하며 매우 저렴하다. 칼슘 카바이드(Calcium Carbide)는 물과 화학적으로 반응해서 아세틸렌을 만든다. 아세틸렌은 직접 매니폴드(Manifold)를 통하여 사용하거나 용기에 저장한다.

만약 점화되면 노란 불꽃색이며 온도가 낮다. 적절한 비율로 산소와 섞여서 점화되면 푸른색 계통의 백색을 띤 화염으로 되는데, 온도는 대략 5,700~6,300°F까지이다. 정상 온도의 낮은 압력하에서 아세틸렌은 안정 상태를 유지한다.

용기 안에서 15psi 이상으로 압축하면 위험한 수준으로 불안정해진다.

이런 이유로 아세틸렌 저장 용기는 제작 당시에 다공성 물질(Porous Substance)로 석면(Asbestor)과 목탄(Charcoal)을 섞어서 채우고 여기에 아세톤(Acetone)을 포화시킨다. 아세톤은 자체 체적보다 대략 25배의 아세틸렌 개스를 흡수할 수 있으므로 아세톤을 적당량을 담고 있는 실린더는 250 psi로 압력을 유지한다.

2) 아세틸렌 용기(Acetylene Cylinder)

아세틸렌 용기는 끝부분이 용접된 이음매 없는 스틸 셀(Steel Shell)로써 직경이 12in, 길이가 36in이다. 이것을 구별하기 쉽도록 색깔을 칠하고 개스의 이름을 표시한다. 이 크기의 아세톤 용기는 완전히 충전하면 250psi에서 225ft³까지 채울 수 있다.

화재나 과도한 고도 상승에 대비해서 용기에는 안전 플러그(Safety Fuse Plug)가 장착되어 있고 이것이 녹아서 과도한 개스가 빠져나가든지 타버려서 폭발의 가능성을 줄인다. 안전 플러그 구멍은 불꽃이 실린더 안으로 타들어 가는 것을 막기 위해서 작게 만들어진다.

3) 산소 용기(Oxygen Cylinder)

용접에 사용되는 산소 용기는 이음매 없는 강(Steel)로 만들어지며 여러 가지 크기(Size)가 있다. 일반적으로 작은 용기는 1,800psi에서 200ft³의 산소를 보관한다. 또 다른 용기는 2,265psi의 압력에서 250ft³를 보관한다.

산소 용기는 흔히 녹색(Green)으로 칠해서 구별하고 용기 위쪽에는 고압 밸브(High

Pressure Valve)를 갖고 있다. 이 밸브는 안전 캡(Safety Cap)에 의해 보호되는데 용기를 사용하지 않을 때는 항상 이 캡을 끼워 놓는다. 산소는 절대로 오일이나 그리스와 접촉해서는 안 된다. 순수한 산소에 이런 물질은 쉽게 연소하기 때문이다. 산소 호스와 밸브 피팅은 절대로 오일과 그리스가 묻지 않게 하고 오일이나 그리스가 묻은 손으로 취급하지 않는다. 심지어 의복에 묻은 그리스(Grease) 얼룩들이 분출되는 산소에 접촉되면 확 타오르거나 폭발할 수도 있기 때문에 조심하여야 한다.

4) 압력 조절기(Pressure Regulator)

아세틸렌과 산소 조절기는 압력을 감소시키고 용기에서 토오치로 흐르는 개스의 흐름을 조절한다. 아세틸렌과 산소 조절기는 같은 형식으로 제작되지만 아세틸렌용으로 제작된 것은 산소의 고압력에 견딜 수 없다. 산소와 아세틸렌 호스가 바뀌는 것을 방지하기 위해서 조절기의 출구쪽 피팅(Outlet Fitting)에 서로 다른 방향의 나사산으로 제작한다.

대부분의 휴대용 용접기에서 각 조절기는 두 개의 압력 게이지(Pressure Gage), 즉 실린더의 압력을 지시하는 고압 게이지(High Pressure Gage)와 토치(Torch)로 흘러가는 호스 내의 압력(Working Pressure)을 지시하는 저압 게이지(Low Pressure Gage)가 장착되어 있다.

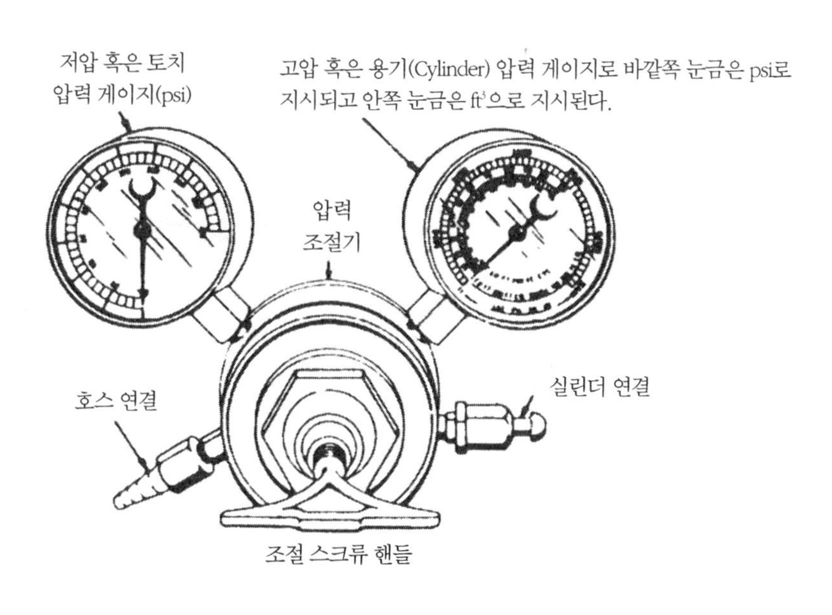

그림 14-2 산소 압력 조절기(Pressure Regulator)

5) 용접 토치(Welding Torch)

용접 토치는 정확한 비율로 산소와 아세틸렌을 혼합하는 장치이다. 토치는 만들어지는 화염의 질(Quality)과 크기를 조절할 수 있게 되어 있다. 토치에는 2개의 니들 밸브(Needle Valve)가 있으며 하나는 아세틸렌 흐름을 조절하고 나머지 하나는 산소 흐름을 조절한다.

용접 토치는 여러 가지 크기와 모양으로 제작되며 목적에 맞게 사용한다. 또한 다른 크기의 팁으로 교환할 수 있도록 되어 있어서 금속의 종류 및 두께에 맞는 열을 얻을 수 있다. 용접 토치는 2가지로 분류한다.

① 인젝터 형식(Injector Type)

② 밸런스형 압력 형식(Balanced Pressure Type)

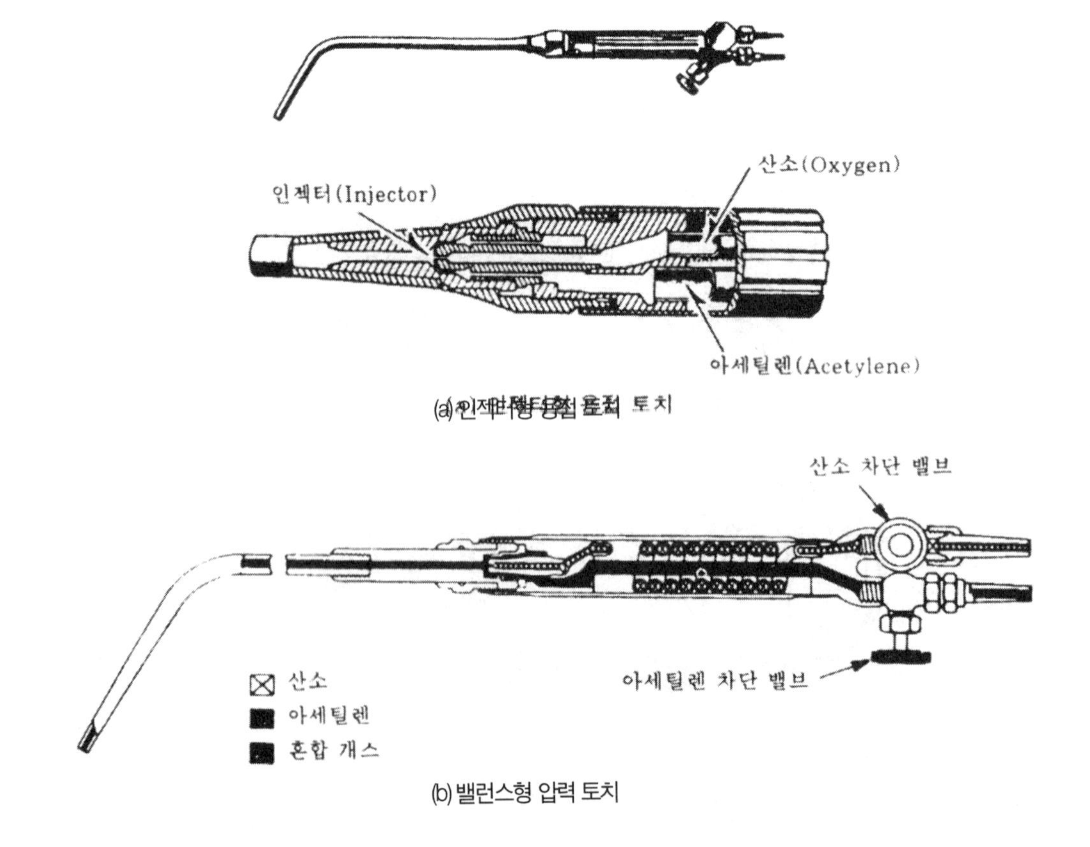

(a) 인젝터형 용접 토치

(b) 밸런스형 압력 토치

그림 14-3 용접 토치(Welding Torch)

그림 14-3에는 인젝터 형식 토치로서 산소 압력에 비해서 낮은 아세틸렌 압력으로 작업할 수 있게 되어 있다.

토치의 좁은 통로나 노즐을 인젝터(Injector)라고 부르고 산소가 통과할 때 속도를 증가시켜서 압력이 떨어지게 한다. 인젝터에서 압력 강하(Drop)는 차압(Pressure Differential Pressure)을 만들어 이것이 토치 헤드(Torch Head)에 있는 혼합실(Mixing Chamber)로 필요한 만큼의 아세틸렌을 빨아들이게 한다.

밸런스형 압력 토치에서 산소와 아세틸렌이 모두 같은 압력으로 토치로 간다. 혼합실로 뚫린 구멍의 크기가 똑같고 개스의 공급은 각각 독립적으로 조절된다. 항공기의 용접에는 인젝션 형식보다 밸런스형 압력 용접 토치가 적합한 것은 조절이 쉽기 때문이다.

6) 용접 토치 팁(Torch Tip)

토치 팁은 공급 개스의 흐름을 최종적으로 조절한다.

정확한 팁 크기의 선택은 양호한 용접을 하기 위하여 적합한 개스 압력과 함께 중요한 사항이다. 팁의 구멍 크기가 작업에 공급되는 열의 크기를 결정하기 때문에, 만약 너무 작은 팁을 사용하면 열이 불충분해서 적절한 깊이로 침투할 수 없다. 만약 팁이 너무 크면 열이 너무 높아서 금속에 구멍을 만들고 타버린다.

토치 팁 크기는 숫자로 표시하지만 제작사마다 서로 다르다. 예를 들어서 No.2 팁은 오리피스의 크기가 대략 0.040in이다. 팁 오리피스(Tip Orifice)의 직경은 공급되는 열의 크기와 관련이 있다. 토치 팁은 구리나 구리 합금으로 만든다.

토치 팁은 내화 벽돌이나 용접하는 소재를 움직이는데 사용해서는 안된다. 이렇게 사용하면 토치 팁은 탄화물(Carbon Deposit)로 막히게 되는데 이 상태로 용융된 곳에 접근하면 슬래그(Slag)의 입자가 구멍 근처에 쌓이게 된다. 화염이 분리되거나 휘어지는 것은 팁의 막힌 상태를 지시하는 것이다.

팁은 알맞은 팁 세척제나 구리 와이어(Copper Wire) 또는 부드러운 황동 와이어(Brass Wire)로 깨끗이 청소한다. 가느다란 스틸 울(Steel Wool)이 팁 외곽의 산화물(Oxide)을 제거하는데 사용된다. 이 산화물은 열의 발산을 방해해서 팁의 과열(Overheat)을 일으킨다.

7) 점화 라이터(Flint Lighter)

점화 라이터 토치(Flint Lighter Torch)는 점화하는데 쓰인다. 라이터는 보통 컵 모양의 장치 속에 넣어두는 줄모양의 강철 조각으로 만들어져 있다.

그 강철에 라이터 돌이 마찰되면 토치를 점화시키는데 필요한 스파크(Spark)가 일어난다. 절대로 성냥을 가지고 토치에 접화해서는 안된다. 왜냐하면 성냥의 짧은 길이 때문에 가스에 점화될 정도로 팁 가까이까지 손을 가져가야 하는 일이 필요하게 되기 때문이다. 축적된 개스가 손을 에워싸서 점화되는 순간 중화상을 입을 수 있다.

8) 용접봉(Welding, Filler Rod)

적당한 형태의 용접봉(Filler Rod)을 사용하는 것은 산소 아세틸렌 용접에 대단히 중요하다. 이것은 용접 부위에 보강재로 사용 되어짐은 물론 용접후 완성된 부분에 바람직한 특성을 더해준다.

적합한 용접봉을 선택하면 용접후에 상당한 인장 강도나 유연성을 얻을 수 있고 부식 방지에도 도움이 된다. 또한 적당한 용접봉을 선택함으로서 용접후에 바라는 부식 저항(Corrosion Resistance)값을 얻을 수 있다. 어느 경우에는 더 낮은 융해점을 갖고 있는 용접봉(Filler Rod)을 사용함으로서 팽창과 수축에 의해 발생할 수도 있는 균열을 방지할 수도 있다.

용접봉은 금속성(Ferrous)과 비금속성(Non Ferrous)으로 구분한다. 금속성 용접봉은 탄소와 합금강 용접봉 뿐만 아니라 주철 용접봉도 포함된다.

비금속성 용접봉에는 브래이징(Brazing)과 청동봉(Bronze Rod), 알루미늄과 알루미늄 합금, 마그네슘, 마그네슘 합금, 구리, 은, 용접봉 등이 포함된다.

용접봉은 길이 36in, 직경 1/16in ~ 3/8in까지의 규격으로 제작된다. 사용되는 용접봉의 직경은 접합되는 금속의 두께에 좌우된다. 만일 로드가 너무 작으면 용접 부분(Puddle)으로부터 신속하게 열을 처리할 수 없어서 용접 부분이 타버리는 결과가 발생한다. 반대로 용접봉(Welding Rod)이 너무 크면 용접 부분이 빨리 냉각된다.

9) 보안경(Welding Goggle)

유색 렌즈를 끼운 용접용 보안경은 열, 광선, 스파크와 용해된 금속으로부터 눈을 보호하기 위해서 사용된다. 용접의 종류에 따라 가장 적합한 명암과 농도의 색깔을 선택해야 한다. 눈을 긴장시키지 않고서도 작업을 선명하게 볼 수 있는 제일 어두운 명암의 렌즈가 가장 이상적이다. 보안경은 눈 주위에 꼭 들어맞아야 하며 용접과 절단 작업중에는 언제나 쓰고 있어야 한다.

14-4. 산소 아세틸렌 용접 장비 사용법 및 주의사항

아세틸렌 용접 장비를 설치하고 용접 작업을 준비하는 일은 실수로 인한 사고를 피하기 위해서 체계적으로 명확한 순서에 따라 행해져야 한다.

장비와 인원의 안전을 확실히 하기 위해서 다음과 같은 절차와 지시가 일반적으로 사용된다.

① 실린더가 넘어지지 않도록 단단히 놓아두고 실린더에서 보호캡을 벗겨낸다.

② 각 실린더의 셧오프 밸브(Shutoff Valve)를 잠시동안 열어두어서 배출구에 들어가 있을지 모르는 이물질을 내보낸다. 밸브를 닫고 연결부를 깨끗한 헝겊으로 닦는다.

③ 아세틸렌 압력 조절기를 아세틸렌 실린더에, 그리고 산소 압력 조절기를 산소 실린더에 연결한다. 레귤레이터 렌치(Regulator Wrench)를 사용해서 누출을 방지할 수 있을 정도로 컨넥팅 너트(Connecting Nut)를 죈다.

④ 붉은색(혹은 적갈색)의 호스를 아세틸렌 압력 조절기에, 그리고 초록색(혹은 검은색) 호스를 산소 압력 조절기에 연결한다. 누출을 방지할 수 있을 정도로 컨넥팅 너트를 죈다. 나사산은 동합금으로 제작되어 쉽게 손상되므로 무리하게 죄어서는 안된다.

⑤ 각 조절기의 조절 나사 핸들을 쉽게 돌아갈 때까지 반시계 방향으로 돌려서 양쪽 압력 조절기의 조절 나사를 풀어놓는다. 이것은 실린더의 밸브가 열릴 때 조절기와 압력 게이지(Pressure Gage)에 대한 손상을 피하기 위한 것이다.

⑥ 실린더 밸브를 천천히 열고 각 실린더의 압력 게이지(Pressure Gage)를 읽어서 각 실린더 내의 용량을 점검한다.

산소 실린더의 셧오프 밸브(Shutoff Valve)는 완전히 열어놓아야 하며, 아세틸렌 실린더의 셧오프 밸브는 약 한바퀴 반정도 돌려서 열어놓는다.

⑦ 압력 조절 나사의 핸들을 안쪽으로(시계 방향으로) 돌림으로써 각 호스로 개스를 내보낸다. 그 다음 다시 잠근다. 아세틸렌 호스로 개스를 내보내는 일은 스파크와 불꽃, 점화원이 없는, 즉 환기 장치가 잘 되어 있는 장소에서 행해져야 한다.

⑧ 2개의 호스를 토치에 연결하고 토치 니들 밸브(Torch Needle Valve)를 닫아둔 채 압력 조절기의 나사를 안쪽으로 돌림으로써 연결부에 새는 곳이 있는지 조사한다.

산소 압력 게이지(Oxygen Working Pressure Gage)가 20psi를 지시하고 아세틸렌 게이지(Acetylene Gage)가 5psi를 지시하면 압력 조절기의 나사를 밖으로 돌림으로써(반시계 방향) 밸브를 닫는다.

토치쪽에 연결된 압력 게이지(Working Gage)에 압력 강하 현상이 나타나면 조절기와 토치 탭(Torch Tip) 사이에서 새는 곳이 있음을 의미한다.

일반적으로 모든 연결부를 죔으로써 개스가 새지 않게 할 수 있다. 새는 곳을 찾아낼 필요가 있으면 Soap Suds Method를 이용한다. 이 방법은 농도가 짙은 비눗물 용액을 모든 부분품과 연결부에 칠함으로써 행해진다. 결코 불을 켜서 아세틸렌이 새는 곳을 찾고자 해서는 안된다. 호스 내에서나 실린더 내에서 위험한 폭발이 일어날 수 있기 때문이다.

⑨ 바라는 압력이 얻어질 때까지 조절기의 압력 조절 나사를 시계 방향으로 돌려서 산소 조절기와 아세틸렌 조절기의 압력(Working Pressure)을 조절한다.

14-5. 산소 아세틸렌 불꽃 점화

토치를 점화하기 위해서 토치 아세틸렌 밸브를 1/4~1/2 정도 연다. 불꽃이 본체에서 멀어지는 쪽으로 향하도록 토치(Torch)를 쥐고 점화 라이터(Flint Lighter)를 사용해서 아세틸렌 개스에 점화한다. 순수한 아세틸렌 개스 불꽃은 길게 여러 갈래로 퍼지며 노란 색깔을 띤다.

아세틸렌 밸브를 계속 열어서 불꽃이 팁에서 1/16in 떨어지게 한다. 이때 토치의 산소 밸브를 열면 아세틸렌 불꽃은 짧아지고 섞인 개스가 팁 표면을 접촉하면서 연소한다. 불꽃은 푸른 백색을 띠게 되고 밝은 내부 콘(Cone)을 형성한다.

14-6. 산소 아세틸렌 용접의 불꽃 조정 (Flame Adjustment)

산소 아세틸렌 용접(Oxyacetylene Welding)은 아세틸렌과 산소 개스를 사용하여 불꽃을 만들며, 이 불꽃 온도는 약 6,300°F로 상당히 높은 온도이다.

산소 아세틸렌 불꽃을 금속 부분품의 끝이나 가장가리에 갖다대면 빨리 가열되어 융해점까지 다달아 함께 녹아 흘러서 응고되고 견고한 부분을 형성한다. 대개 첨가되는 금속은 와이어(Wire)나 로드(Rod)의 형태로 용접 부위에 추가되어 용접된 이음매는 베이스 메탈(Base Metal)보다 더 큰 두께를 갖는다.

용접에는 흔히 3가지의 불꽃이 사용된다. 여기에는 중간(Neutral), 탄화(Carburizing), 산화(Oxidizing) 불꽃이 포함된다.

그림 14-4는 불꽃 종류별로 특성을 보여주고 있다. 그림 (a)는 중간 불꽃으로 탄소의 모든

입자와 아세틸렌의 수소가 산화되는 것과 같은 비율로 아세틸렌과 산소가 연소되어 만들어지는 것이다. 이 불꽃은 고르게 둥글고, 미끈하고, 팁의 끝에서 깨끗한 중심 콘(Cone)을 갖는다.

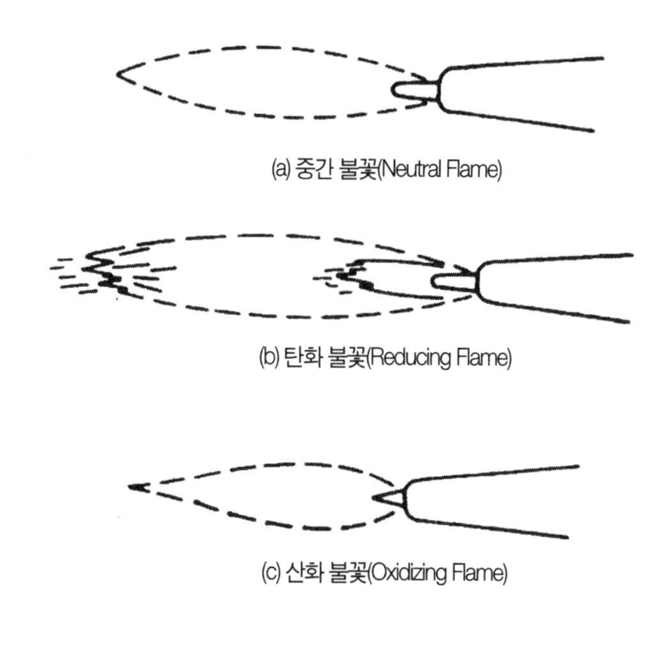

(a) 중간 불꽃(Neutral Flame)

(b) 탄화 불꽃(Reducing Flame)

(c) 산화 불꽃(Oxidizing Flame)

그림 14-4 불꽃의 종류

외곽 불꽃은 자주색 계통의 푸른색을 띤다. 이 불꽃은 용접에 사용하고 용접 부위를 태우나 하드 스폿(Hard Spot)이 생기지 않는다. 이 불꽃을 얻기 위해서 산소 밸브를 조금씩 열면 아세틸렌 불꽃은 짧게 되고 "FEATHER" 상태가 나타난다. 산소를 계속 조금씩 증가시키면 "FEATHER" 상태가 없어지고 깨끗하고 밝은 내부 콘이 생긴다.

탄화 불꽃(Reducing Flame)은 그림 (b)이다. 토치를 통해 흐르는 산소가 아세틸렌의 연소를 완전히 끝낼 수 있을 만큼 충분하지 못해서 카본이 타지 않은 상태로 남는다. 이 불꽃은 첫 번째 콘 다음에 녹색을 띤 흰색의 두 번째 콘으로 식별할 수 있다. 외곽 불꽃은 약간 밝은 편이고 아세틸렌이 대기중에서 연소할 때와 거의 똑같은 모양이다. 이 형태의 불꽃은 강(Steel)에 카본이 생기게 한다. 이 불꽃을 얻기 위해서는 중간 불꽃으로 먼저 조절하고 아세틸렌 밸브를 약간 열어서 내부 콘의 끝에서 아세틸렌의 "FEATHER"가 생기게 한다.

산화 불꽃(Oxidizing Flame)은 그림 (c)이고 과도한 산소를 포함하고 있는데, 이것은 너무 많은 산소가 토치를 통해서 나가기 때문이다. 산소가 연소되지 않는 상태로 불꽃을 지나서 금속과 결합된다. 이 불꽃은 짧고, 뾰족하고, 푸른색 계통의 백색 중심 콘으로 알 수 있다. 외곽 불꽃도 짧고 중심 불꽃보다 밝은 푸른색이다. 이것은 고압 공기가 작은 노즐을 통과할 때와 같은 심한 소리를 동반한다. 이 불꽃은 대부분의 금속을 산화시키거나 태워서 기공이 있는 용접(Porous Weld)을 만든다. 이 불꽃은 황동(Brass)이나 청동(Bronze) 용접에 사용한다. 이 산화 불꽃을 얻기 위해서는 불꽃을 중간으로 조절하고 중심 불꽃이 1/10in 정도 되게 한다. 이 산화 불꽃은 뾰족한 콘이 형성된다.

어느 팁이로든 중간, 산화, 탄화 불꽃을 만들 수 있다. 또한 개스의 압력을 증가시켜서 "HARSH" 나 " SOFT" 불꽃을 만들 수 있다. 토치 팁에서 상당히 빠른 속도로 개스가 나오도록 조절기가 조절된 경우는 불꽃이 "HARSH" 상태이다. 어떤 경우는 열의 감소없이 " SOFT" 나 "저속도 불꽃" 의 작업이 필요하다. 이것은 큰 팁으로 개스 니들 밸브(Gas Needle Valve)를 줄여서 중간 불꽃(Neutral Flame)을 만들어 조용하고 꾸준한 불꽃을 사용한다. 특히 알루미늄 용접에 20ft 불꽃이 필요한데 퍼들(Puddle)이 형성되면 금속에 튀어서 생기는 구멍의 형성을 피할 수 있다.

토치의 부적절한 조절이나 취급은 불꽃의 백 화이어(Back Fire)나 드물게는 플래쉬 백(Flash Back)을 일으킨다. 백 화이어는 순간적으로 토치 팁에서 개스가 거꾸로 흘러서 불꽃이 사라지는 경우다. 백 화이어는 팁을 작업 소재에 접촉시키거나 팁을 과열시키거나 토치를 정해진 압력 이상 사용하거나 팁이나 헤드가 느슨하게 풀렸거나 팁 끝에 슬래그(Slag)가 생기거나 더러울때 발생한다. 백 화이어는 위험스럽지는 않지만 불꽃이 튈 때 용융 상태의 금속이 튄다.

플래쉬 백(Flash Back)은 토치 안에서 개스가 타는 현상으로서 위험한 경우이다. 이것은 주로 느슨해진 연결 부위나 부적절한 압력, 토치의 과열 등으로 발생한다. 심한 소리가 플래쉬 백이 발생시 동반되는데 개스를 즉시 잠그지 않으면 불꽃이 호스, 조절기 등으로 번져서 큰 위험이 따른다. 플래쉬 백의 원인은 꼭 확인하고 토치에 다시 불을 붙이기 전에 바로 잡아야 한다.

14-7. 토치 불꽃을 끄는 방법

토치는 단순히 두 개의 니들 밸브(Needle Valve)를 담아서 끌 수 있지만, 더 좋은 방법은 아세틸렌을 먼저 끄고, 토치 팁 끝에 남아 있는 개스를 모두 타게 한다. 그리고 산소 니들 밸브를 잠근다.

만약 토치를 오랫동안 사용하지 않을 경우에는 용기에서 압력 공급을 차단시킨다. 호스에 남아 있는 압력은 토치 니들 밸브를 열어서 압력을 모두 없앤다.

14-8. 기본적인 산소 아세틸렌 용접 방법

산소 아세틸렌 용접 토치를 쥐는 방법은 용접하고자 하는 재료의 두께에 좌우된다.

그림 14-5는 두께가 얇은 금속을 용접할 경우이며 호스가 팔목 위를 지나게 한다.

그림 14-6은 비교적 두꺼운 금속을 용접할 때 토치를 잡는 방법이다. 토치는 팁이 소재와 수직으로 30°~60° 를 이루게 잡는다.

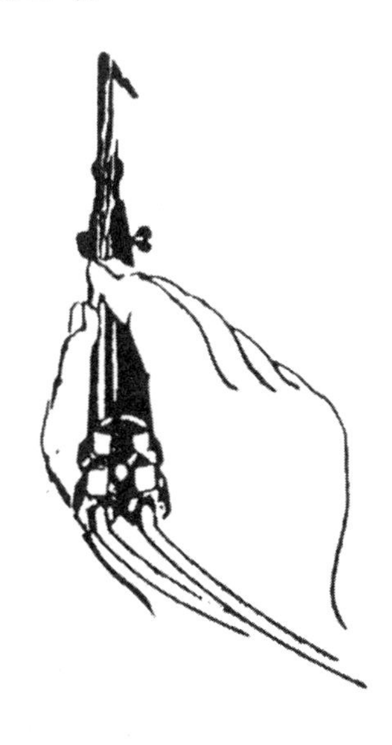

그림 14-5 얇은 금속 용접에 알맞게 아세틸렌 토치를 쥐는 법

가장 좋은 각도는 용접 타입, 필요한 예열(Preheating)의 크기, 금속의 두께 및 종류 등에 좌우된다. 금속의 두께가 두꺼워질수록 토치는 거의 수직이 되어 적절히 열이 침투되게 한다. 불꽃의 흰 콘은 모재(Base Metal)의 표면으로부터 약 1/8in 가량 거리를 유지한다.

만약 토치가 정확한 위치에 있으면 용융 금속의 작은 퍼들(Puddle)이 형성된다. 퍼들은 용접하는 금속의 똑같은 부품의 구성으로 되어야 한다. 퍼들이 처음 생긴 후부터 팁은 반원이나 원을 그리면서 움직여야 한다. 이 움직임은 양쪽 금속 모두에 똑같이 열을 분배한다.

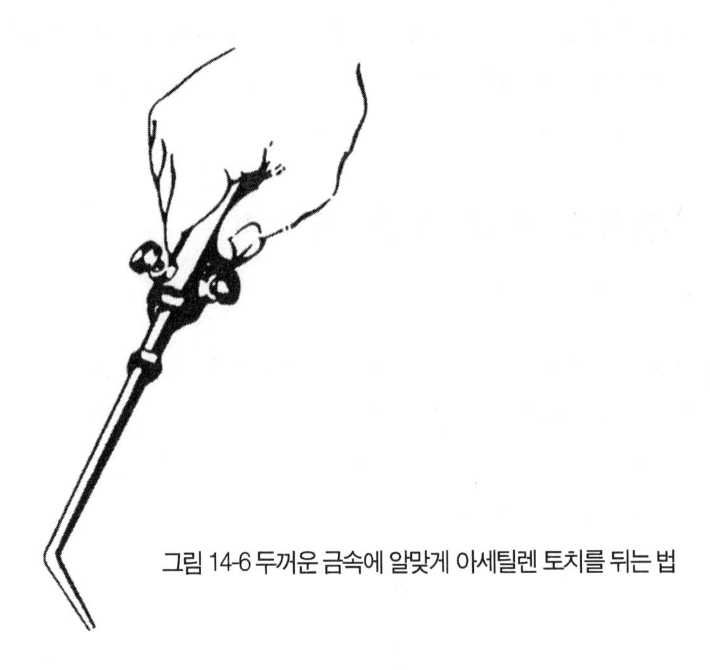

그림 14-6 두꺼운 금속에 알맞게 아세틸렌 토치를 뒤는 법

토치 움직임의 속도나 움직임은 실습과 경험으로 얻어야 한다.

전진(Forehand) 용접법은 토치 불꽃이 진행 방향으로 향하는 것으로 그림 14-7과 같이 용접이 진행된다.

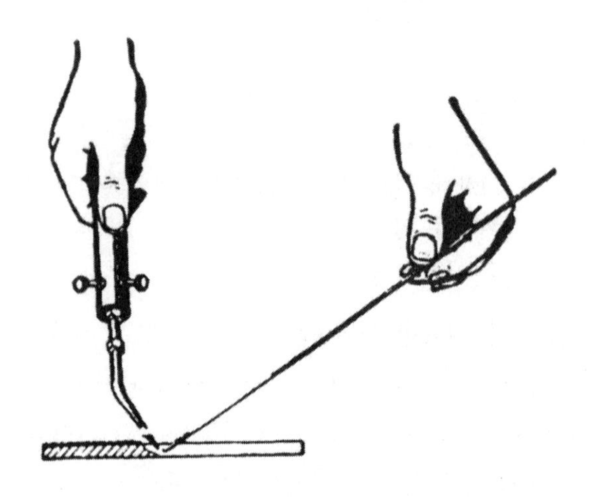

그림 14-7 전진 용접법(Forehand Welding)

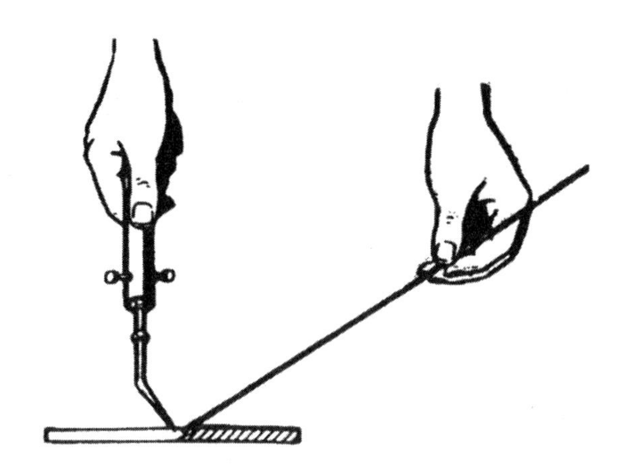

그림 14-8 후진 용접법(Backhand Welding)

용접봉이 불꽃 바로 앞에 녹는 부분과 접촉하여 퍼들에 더해진다. 이 전진법은 얇은 튜브나 판금(Sheet Metal)에 사용한다. 후진법 용접은 토치 불꽃이 용접이 끝난 곳을 향하고 용접하지 않은 방향으로 멀어지는 기술이다.

용접봉이 불꽃과 용접된 곳 사이의 퍼들에 더해진다. 후진(Backhand) 용접법은 판금에는 거의 사용하지 않는데 열의 발생이 증가해서 과열이나 연소(Burning)를 일으키기 때문이다. 이 방법은 두꺼운 단면적의 금속에 접합하다. 용융 금속의 넓은 퍼들이 필요할 때는 이런 방식의 용접이 필요하고 이 방법은 더 쉽게 조절할 수 있어서 침투(Penetration)가 완전한 상태로 이루어지는지 결정하면서 진행할 수 있다.

14-9. 용접 조인트(Welding Joint)

용접 조인트에는 그림 14-9에서 보는 바와 같이 5가지의 기본적인 타입이 있는데, 버트 조인트(Butt Joint), 티이 조인트(Tee Joint), 랩 조인트(Lap Joint), 코너 조인트(Corner Joint), 에지 조인트(Edge Joint) 등이다.

1) 버트 조인트(Butt Joint)

버트 조인트는 용접 소재의 한쪽 끝을 서로 맞닿게 하여 겹치는 곳이 없이 용접하는 것이다.

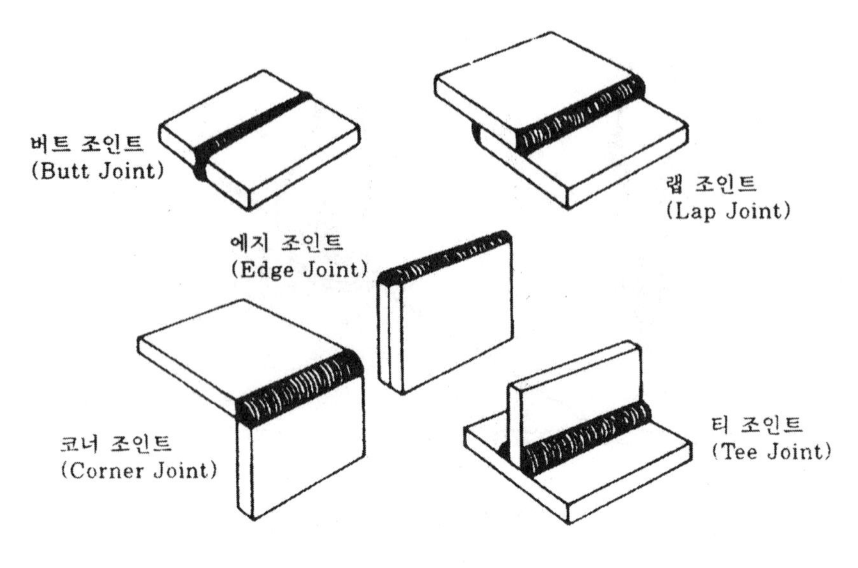

그림 14-9 기본적인 용접 조인트

그림 14-10은 버트 조인트의 여러 가지 형태이다. 플랜지 버트 조인트(Flanged Butt Joint)는 판의 두께가 1/16in나 이 이하의 얇은 재료에 사용한다. 용접하는 재료의 모서리는 금속 두께에 맞게 위로 플랜지를 만든다.

플레인 버트 조인트(Plain Butt Joint)는 1/16in ~ 1/8in 두께의 금속에 사용하며, 용접봉을 사용하여 강한 용접을 얻는다. 만약 금속이 1/8in 보다 두꺼우면 모서리는 베벨(Bevel)로 만들어 토치의 열이 금속으로 완전히 파고들도록 한다. 이 베벨은 싱글이나 이중 베벨 형태로 한다. 용접봉을 사용해서 강도를 더하고 용접 부위를 보강한다.

균열 부위를 용접으로 수리할 때 버트 용접의 또다른 형태로 생각할 수 있다. 균열의 양쪽에 스톱 드릴(Stop Drill)을 만들고 균열 부위를 용접하는데 필요하면 용접봉을 사용한다.

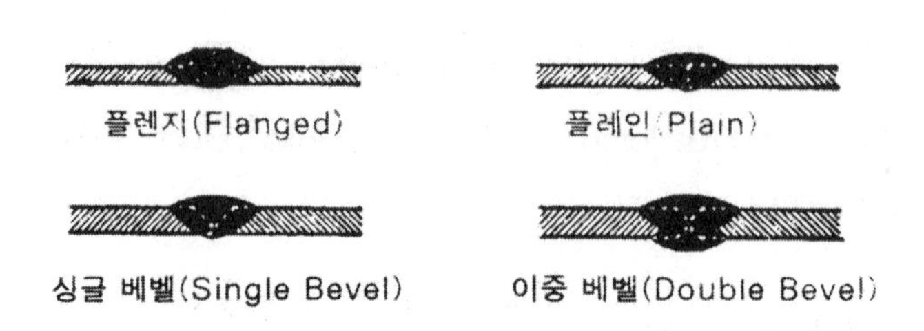

그림 14-10 버트 조인트(Butt Joint)

2) 티이 조인트(Tee Joint)

그림 14-11과 같이 재료 위에 다른 한 조각을 맞대는 용접이다. 이 용접은 항공기 작업에 많이 사용되며, 특히 튜브 형태의 구조에 많이 사용된다. 플레인 티이 조인트(Plain Tee Joint)가 대부분의 항공기 금속 두께에 알맞지만, 수직 재료의 두께가 큰 것이 요구되면 수직 재료는 싱글이나 이중 베벨로 만들어 열이 충분히 깊이 파고들도록 한다. 아래 그림에서 검은 부분이 열이 파고들어서 금속을 녹여야 하는 부분이다.

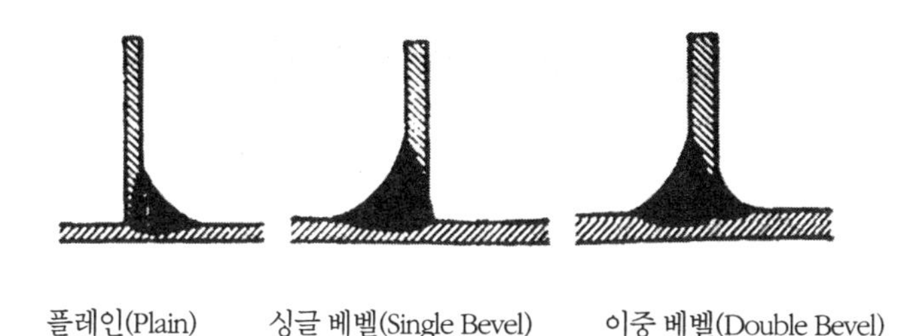

그림 14-11 티 조인트(Tee Joint)

3) 에지 조인트(Edge Joint)

에지 조인트는 두 판금을 함께 연결하고 하중 응력(Load Stress)이 중요하지 않은 곳에 사용한다. 에지 조인트는 한쪽 혹은 양쪽 모두를 위쪽으로 접어서 두 개의 굽힌 부분을 평행하게 한 다음 두 개의 맞닿은 부분에서 시임이 형성되게 한다. 그림 4-12와 같이 2가지 형태의 에지 조인트가 있는데, 그림 (a)는 용접봉이 필요 없는 경우이며 모서리가 녹아서 시임을 채운다. 그림 (b)는 두꺼운 재료로 열침투를 위해서 베벨을 만들고 용접봉을 보강재로 사용한다.

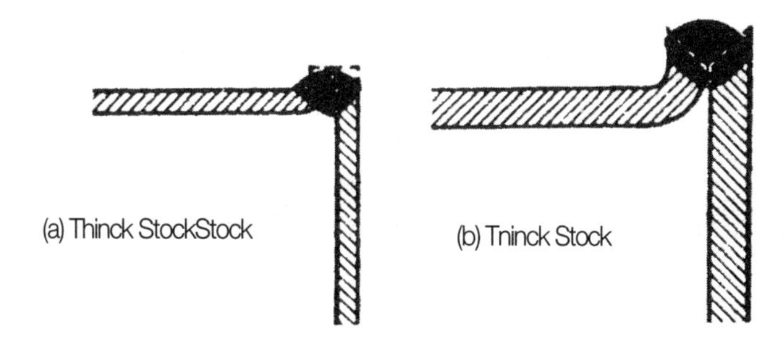

그림 14-12 에지 조인트(Edge Joint)

4) 코너 조인트(Corner Joint)

코너 조인트는 2개의 금속을 함께 용접해서 모서리가 박스의 모서리를 형성한다. 그림 4-13 (a)에서처럼 용접봉은 모서리가 서로 녹아 용접되기 때문에 조금 혹은 거의 필요하지 않다. 이 용접은 하중 응력이 중요하지 않은데 사용한다. 그림 (b)는 두꺼운 금속에 사용하고 용접봉을 사용하여 둥글고 강한 모서리를 만든다. 만약 모서리에 많은 응력이 주어지면 내부는 그림 (c)와 같이 보강한다.

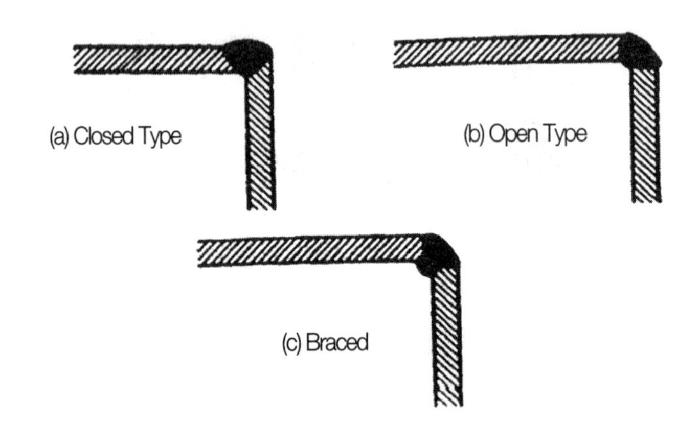

그림 14-13 코너 조인트(Corner Joint)

5) 랩 조인트(Lap Joint)

랩 조인트는 산소 아세틸렌 용접으로는 항공기 구조에 거의 사용하지 않고 스폿 용접을 흔히 사용한다.

단일 랩 조인트는 굽힘 저항이 약하고 용접 부위가 인장이나 압축 하중 상태하에 있으므로 전단 응력을 견디지 못한다. 이중 랩 조인트는 더 큰 강도를 주지만 단순하고 효율적인 버트 용접에 비해 2배의 작업이 요구된다.

그림 14-14 랩 조인트(Lap Joint)

14-10. 금속의 수축과 팽창

열은 금속을 팽창시키고 냉각은 반대로 금속을 수축시킨다. 고르지 못한 가열은 고르지 못한 팽창을 일으키고, 또한 고르지 못한 냉각도 고르지 못한 수축을 일으킨다. 이런 상태에서 금속 내부에 응력이 쌓이게 된다. 이 응력은 반드시 제거해야 하며 그렇지 않으면, 금속의 비틀림이나 쭈그러지는 현상이 발생한다.

똑같은 방법으로 냉각시킬 때 수축력에 의해 생성된 응력을 제거하지 않으면 더 심하게 뒤틀림(Warping)이 발생되거나 금속이 너무 두꺼워서 이런 변형이 생기지 않을 경우는 내부에 응력이 남아 있게 된다.

용접하기 전에 금속을 미리 가열하는 것도 수축과 팽창을 조절하는 또다른 방법이다. 튜브 구조재와 주물을 용접할 때 예열(Preheating)하는 것은 특히 중요하다.

튜브 용접에서는 수축에 의하여 많은 응력이 생긴다. 두 개를 티이 조인트로 용접할 때 하나의 튜브는 위쪽으로 올라가게 되는 고르지 못한 수축 때문이다. 만약 용접을 시작하기 전에 미리 가열하면 수축은 계속 발생하지만, 나머지 구조에서 발생하는 수축률이 거의 같아서 내부 응력이 경감된다.

14-11. 용접 부위의 올바른 상태

용접으로 형성된 금속은 연결 부위의 강도나 피로 저항이 대단히 크다. 부정확하게 용접된 것의 강도는 연결 부위의 설계 강도보다 약하다. 저강도의 용접은 주로 불충분한 침투의 결과, 모재와 불충분한 용융 상태, 산화(Oxide), 슬래그(Slag), 개스 포켓(Gas Pocket) 등이 용접 부위에 있거나 용접 금속이 모재와 겹쳐(Overlap)있을 경우, 보강이 너무 약하거나 너무 강할 때 용접 부위의 과열 등이 주요한 원인이다.

용접이 완성된 부위는 다음과 같은 특징들을 지니고 있어야 한다.

① 용접 부위는 매끈하고 비이드 파형(Bead Ripple)은 간격이 같아야 하며 두께가 일정하여야 한다.

② 용접 부위는 위로 올라와서 이음매에서 여분의 두께를 가지고 있어야 한다.

③ 용접 부위는 매끈하게 끝이 가늘어져서 모재(Base Metal) 속으로 들어 가야 한다.

④ 용접 부위와 가까운 모재에 산화물이 형성되어서는 안된다.

⑤ 용접 부위에 블로우 홀(Blow-Hole), 기공(Porosity), 혹은 돌출 부분(Projecting

Globule) 등이 나타나서는 안된다.

⑥ 모재는 탔거나, 움푹 들어갔거나, 균열이 생겼거나, 찌그러져서는 안된다.

연결 부분을 다시 재용접할 필요가 있을 경우에는 이전의 용접 재료를 작업이 시작되기 전 모두 제거하여야 한다. 즉 용접 부분에 다시 재가열하면 모재가 일부의 강도를 잃고 높은 취성을 띠게 된다.

14-12. 납땜(Brazing)

땜(Brazing)이란 그 융해점이 800°F 이상되는 비철금속이나 비철금속 합금으로 된 접합 금속을 이용하여 금속을 접합시키는 방법을 말한다. 땜에는 경납땜(Hard Soldering)이라고도 불려지는 은납땜(Silver Soldering), 구리땜(Copper Brazing) 및 알루미늄땜(Aluminum Brazing)도 해당된다.

땜은 용접보다 낮은 열이 필요하며 고열로 손상된 금속을 접합하는데 사용될 수 있다. 그러나 땜질된 이음매의 강도는 용접된 이음매의 강도만큼 높지 못하므로, 땜은 항공기와 구조 수리(Structural Repair)에는 사용되지 않는다. 이음매를 땜질하는 것이 옳은가 옳지 않은가를 결정하는데 있어서 사용중에 지속적인 고열을 받게 될 금속은 땜질해서는 안된다는 것을 유의해야 한다.

14-13. 은 납땜(Silver Soldering)

은 납땜은 항공기 작업에서 고압 산소 배관의 제작과, 진동과 고온에 잘 견디어내야 하는 기타 부분품의 조립에 많이 사용된다. 은납땜은 구리와 그 합금, 니켈과 은, 나아가서는 이러한 여러 가지 금속들의 혼합물로 되어 있는 엷은 강철 부분들을 결합하는데 광범위하게 사용된다. 은 납땜은 다른 땜 방법들보다 이음매의 강도가 크다. 납땜봉(Silver Solder)이 모재(Base Metal)와 밀접하게 접촉하지 못하도록 방해하는 산화물 피막이 조금도 남아 있지 않도록 모재를 화학적으로 깨끗하게 하여야 한다. 즉, 먼지나 그리스(Grease), 오일(Oil), 페인트(Paint) 등이 없어야 하며 화학적으로도 깨끗하여야 한다.

14-14. 연납땜(Soft Soldering)

연납땜은 리벳 작업시, 볼트로 죄거나 겹쳐지는 기계적인 접합과 함께 주로 구리, 황동 및 코팅을 한 철금속에 사용된다. 누출 방지(Leakproof) 이음매가 필요한 곳에 사용되며 부식을 방지하기 위한 이음매를 맞추는데 사용된다. 연납땜은 일반적으로 사소한 수리에만 쓰이며 전기 접속물을 결합하는데에도 사용된다. 이는 전기 저항이 낮은 강한 결합체를 형성한다.

연납땜(가용성 금속용 땜납)은 하중이 아주 낮은 경우를 제외하고는 사용되어서는 안된다.

14-15. 전기 아크 용접(Electric Arc Welding)

전기 아크 용접은 전기 아크가 일정한 간극(Air Gap)을 뛰어넘어서 열을 발생시키는 원리로서 산소 아세틸렌 불꽃보다 더 많은 열을 발생시킨다. (약 10,000°F)

여기에는 여러 가지 용접 방법이 있으나 금속 아크 용접과 불활성 개스 용접이 항공기 제작에 가장 많이 사용된다.

1) 금속 아크 용접(Metallic Arc Welding)

이 용접은 주로 저탄소강이나 저합금강에 사용한다. 그렇지만 알루미늄, 니켈 합금과 같은 비금속 재질에도 이 방법을 사용할 수 있다. 전극과 작업 소재 사이에 아크를 형성하기 위해서 전극을 작업 소재에 가까이 한 후 즉시 뗀다. 이것이 강한 열의 아크를 발생시킨다.

전극과 소재 사이에 아크를 유지시키기 위해서 금속 전극은 일정한 비율로 조금씩 가까이 하거나 소재와 일정한 간격을 유지시킨다. 이 용접은 비가 압식 용융 용접 과정으로 금속 전극과 소재 사이에 아크를 발생시켜서 열을 얻는다. 아크에 의해서 발생되는 열은 모재(Base Metal)나 소재의 작은 일부로 즉시 용융점에 이른다. 동시에 금속 전극의 끝이 녹고 이 녹은 상태의 방울이 아크를 통해서 모재로 간다. 아크의 힘이 용융 금속을 모재로 옮겨서 퍼들(Puddle)을 형성한다.

금속 전극을 용접 부위에 따라 옮기면 진행시키고 모재에 쌓이는 금속을 조절하여 알맞는 용접 비이드(Welding Bead)가 형성되게 한다.

2) 불활성 개스 아크 용접(Inert Gas Arc Weld)

보통 용접은 공기중에서 작업하기 때문에 고온이 된 금속은 공기중의 산소나 질소 등의 영향으로 용접부의 재질이 변화되기 쉬워진다. 이 공기의 영향에서 용접부를 보호하기 위하여 고온에서도 금속과 반응하지 않는 불활성 개스를 용접부로 흘려 보내어 실시하는 아크 용접을 불활성 개스 아크 용접이라고 한다.

불활성 개스는 아르곤, 헬륨을 주로 사용한다. 일반적인 개스 용접 또는 아크 용접에서는 용융 금속을 산소나 질소의 영향에서 보호하기 위해 피복제나 플럭스(Flux)를 사용하여 용접후, 슬러그나 잔류 플럭스를 제거하는데 기계적 또는 화학적 처리가 필요하다. 그러나, 불활성 개스 아크 용접에서는 그럴 필요가 없고 작업이 간단하다. 또 잔류 플럭스에 의해 용접부에 부식이 생길 염려도 없다.

모든 자세에서 용접이 가능하며, 열의 집중이 좋으므로 고능률의 용접이 가능하다. 따라서, 얇은 판의 용접이라도 용접열에 의한 변형이 작고, 열의 전도성이 좋은 경합금, 구리합금 용접에 유리하고 용융 지점을 보면서 작업할 수 있다. 비용도 그다지 들지 않는다. 용접부는 다른 아크 용접 또는 개스 용접에 비해 연성, 강도, 기밀성 및 내식성이 좋다.

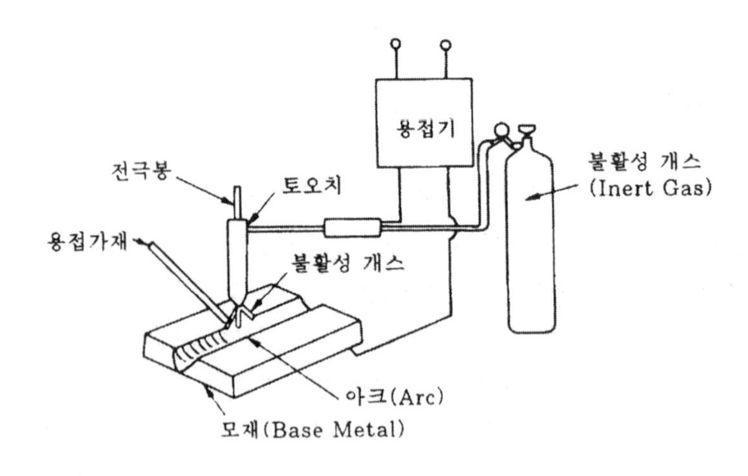

그림 14-15 불활성 가스 아크 용접(Inert Gas Arc Welding)

3) 텅스텐 불활성 개스 용접
(TIG : Tungsten Inert Gas Welding)

TIG 용접은 비소모성 텅스텐 전극이 사용되어 용접을 위한 아크를 제공한다. 용접중에 불활성 개스의 보호막이 용접작업 부위에서 공기를 밀어내어 전극 용접 퍼들(Puddle)의 산화를 막고 주변의 열에 의해 영향받는 지역을 보호한다. TIG 용접에서 전극은 오로지 아크 발생을 위해서 사용한다. 만약 추가의 금속이 필요하면 용접봉을 산소-아세틸렌 용접에서와 같은 방법으로 사용한다.

TIG 용접에 사용되는 개스의 종류는 용접하려는 재료에 좌우된다. 아르곤, 헬륨 혹은 이 두 개스의 혼합 개스가 사용되며, 값이 싼 아르곤이 더 폭넓게 사용된다. 아르곤은 가격 이외에도 몇가지 점에서 많이 사용된다. 더 무거워서 양호한 보호 덮개 역할을 하므로 특히 알루미늄과 마그네슘 용접에는 더 양호하고 깨끗한 면을 제공한다. 이 아크 용접은 상당히 조용하고 매끈하다.

수직과 오버헤드(Overhead) 아크 용접에서는 조절이 비교적 쉽다. 용접 아크는 처음 시작이 쉽고 좁은 면적에 적은 열의 영향으로 용접이 가능하다.

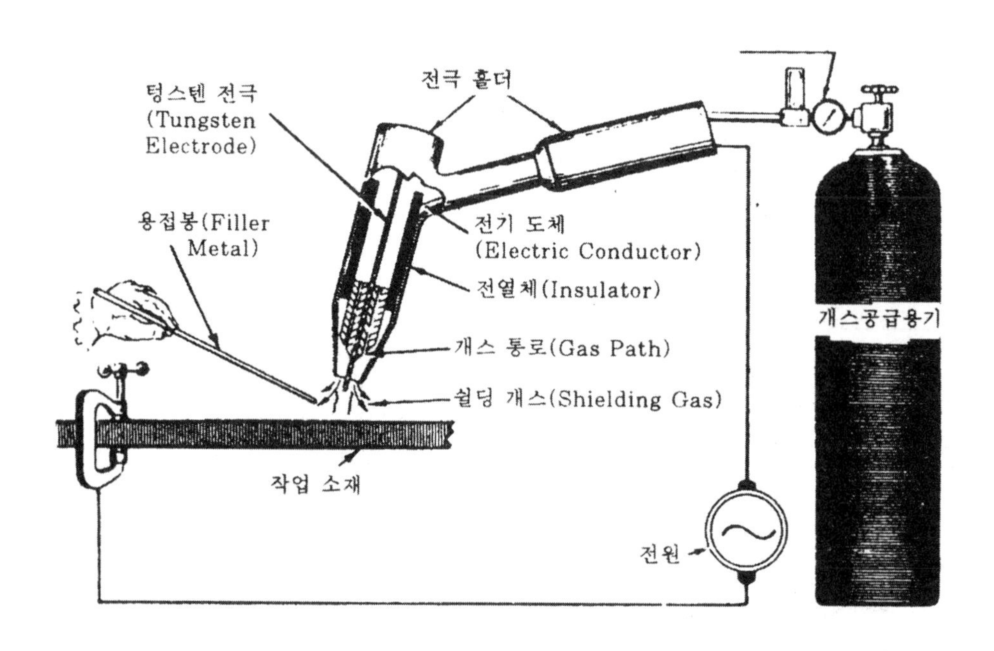

그림 14-16 TIG 용접(Tungsten Inert Gas)

헬륨이 기본적으로 TIG 기계 용접에 사용되며 상당히 두껍고 높은 열전도성의 재질을 용접할 때 사용한다. 아크 전압은 헬륨 사용시에 높지만 낮은 전류 흐름으로 같은 아크 크기를 얻는 것이 가능하다.

4) 플라즈마 용접(Plasma Arc Welding)

가스중에 아크를 발생시키면 개스는 해리되어 원자 상태가 되고 이 때 다량의 열이 발생한다. 플라즈마 용접이란 이 아크와 개스의 혼합물을 용접 열원으로 이용하는 방법이다. 플라즈마 용접에는 2가지의 형식이 있다.

● 특징

① 용접 속도가 크다.
② 아크의 안정성이 좋다.
③ 아크 기둥이 가늘어 비드폭이 좁고, 또 융합이 깊다. (변형량이 적음)
④ 얇은 판의 용접도 가능하다.
⑤ 용접부의 기계적 성질이 양호하다.

참고로, 플라즈마(Plasma)란 고체, 액체, 기체에 이어 물질의 제4상태라고도 한다. 기체가 고온으로 가열되어 어느 정도 이상의 고온이 되면 그 기체를 구성하고 있는 원자의 구조가 느슨해져 원자가 그 다음 외측에 있는 전자를 내보내게 된다. 전자를 분출한 원자는 스스로 양이온이 되며 분출된 전자와 함께 자유로이 공간을 이동하게 된다. 이와 같이 전리된 개스의 집단을 일반적으로 플라즈마라고 한다.

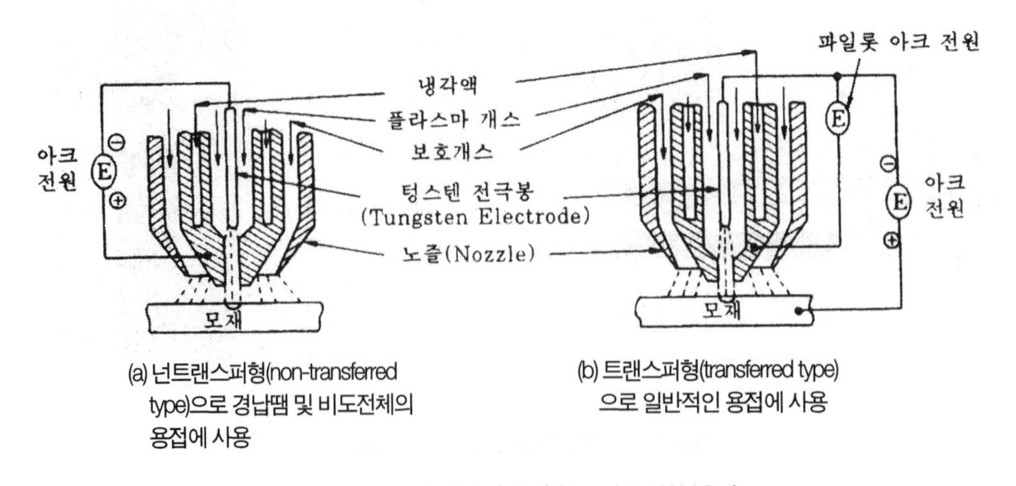

(a) 넌트랜스퍼형(non-transferred type)으로 경납땜 및 비도전체의 용접에 사용

(b) 트랜스퍼형(transferred type)으로 일반적인 용접에 사용

그림 14-17 플라스마 용접(Plasma Arc Welding)

5) 전자 빔 용접(Electronic Beam Welding)

전자 빔 용접이란 고진공 중에 고속으로 가속된 전자를 피용접물에 충돌시켜 그 운동 에너지가 변환되어 생긴 열에너지를 이용하여 용접하는 방법이다.

적용 재료 : 티타늄(Ti), 알루미늄(Al)의 겹친 용접

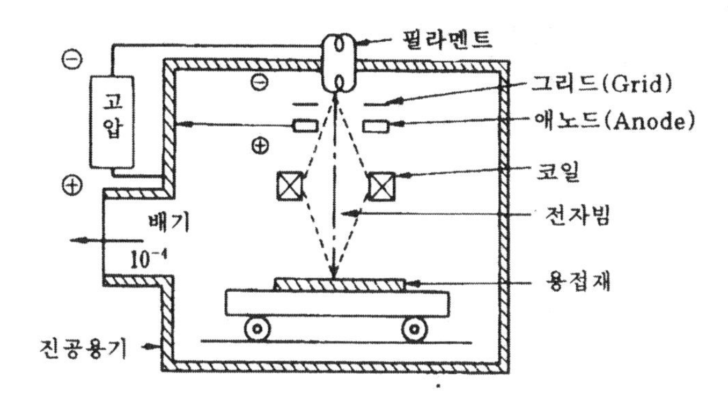

그림 14-18 전자 빔 용접(Electronic Beam Welding)

● 특징

① 진공중에서 용접하므로, 대기에 의한 오염이 없다.

② 얇은 판에서 두꺼운 판까지 용접이 가능하다.

③ 용접부에 가해지는 열량이 작으므로 열영향이 적고 그 때문에 변형이 적다.

④ 용접 장치가 고가이며, X선의 문제도 있다.

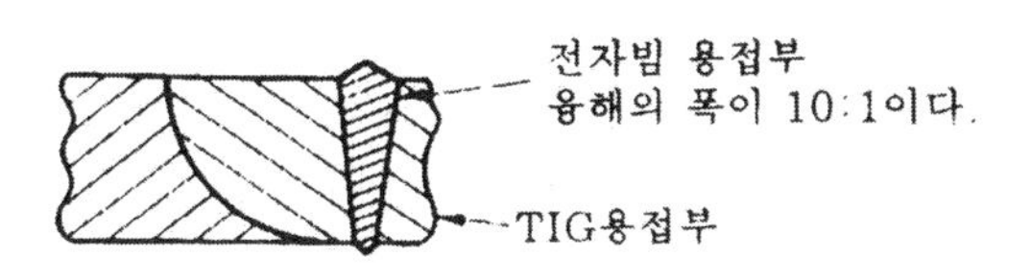

그림 14-19 융해 상태의 TIG와 비교

14-16. 전기 저항 용접 (Electric Resistance Welding)

1) 일반

저항 용접이란 용접하려고 하는 2개, 또는 그 이상의 금속을 맞붙이거나 포개어 전류를 통하게 해서 접촉면에 발생하는 저항을 이용하여 접합하려는 부분을 가열시킨 후 압력을 가해 접합하는 방법으로서 압접의 일종이다.

2) 저항 용접의 특징

① 용가재(Filler Metal), 플럭스가 필요 없다.
② 용접부의 온도는 일반적으로 아크 용접을 할 때보다 낮다.
③ 열의 영향이 접합부 부근에 한정되어 다른 용접법보다 좁으므로 비교적 모재를 손상시키지 않고 용접후의 변형이나 잔류 응력이 적다.
④ 가압 효과로 용착부의 조직이 양호하다.
⑤ 가열시 전기 저항에 의한 발열 때문에, 아크 용접에 비해 다량의 전류가 필요하다. 따라서 용접기의 용량이 커진다.
⑥ 피용접물의 재질, 형상, 치수 등에 의해 가압력, 용접 전류, 통전 시간, 전극의 상태 등을 적합하게 할 필요가 있다.
⑦ 전류 제어 장치나 기계적 부분이 약간 복잡하므로 설비는 비교적 고가이다.

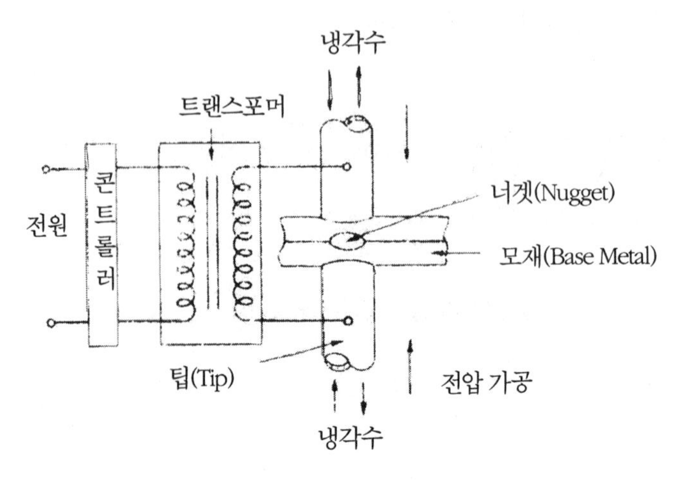

그림 14-20 스폿 용접(Spot Welding)의 원리

3) 스폿 용접(Spot Welding)

스폿 용접은 2장의 금속판을 구리 합금의 전극봉 사이에 두고 압력을 가하면서 전류를 통하게 하면 접촉면이 용융 · 응고되어 용접되는 방법이다. 이 바둑돌 모양의 용접부를 너겟(Nugget)이라고 한다. 전극봉은 가열되지 않도록 물로 냉각한다.

4) 시임 용접(Seam Welding)

시임 용접은 스폿 용접을 연속적으로 행한 것으로 로울러(Roller) 모양의 전극 사이에 피용접물을 삽입하여, 전극을 회전시키면서 단속적으로 전류를 통하여 용접한다. (그림 14-21) 수밀, 기밀을 필요로 하는 곳에 적합하며, 항공기 부품에서는 물탱크나 개스터빈 엔진의 연소실 등에 사용된다.

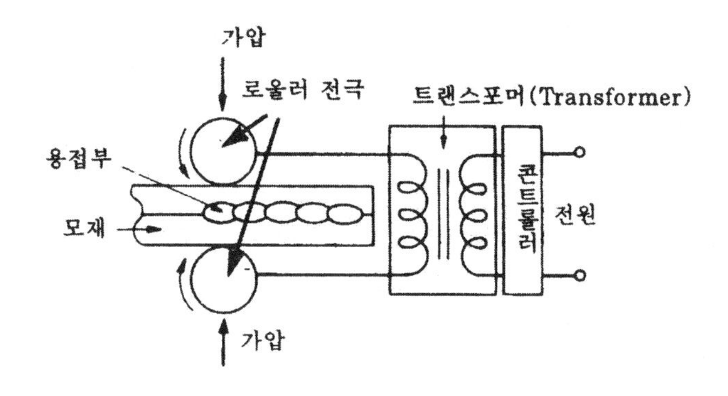

그림 14-21 시임 용접의 원리(Seam Welding)

14-17. 용접부의 검사

1) 일반

용접 이음매는 리벳 이음매, 또는 볼트 이음매와 같이 외관상으로 좋고 나쁨을 판정하기가 어렵다. 생각지도 않은 곳에 결함이 있어서 중대한 사고의 직접적인 원인이 되기도 한다. 따라서 용접부의 검사는 매우 중요하므로 각종 검사법이 행하여지고 있다.

2) 검사의 종류

검사는 비파괴 검사와 파괴 검사로 크게 나눌 수 있다. 비파괴 검사는 구조물 제품의 용접부를 파괴하지 않고 실시하는 검사로서 외관 검사, X선 검사, 자기 검사, 수압 검사, 초음파 검사, 음향 검사, 유압 검사 등이 있다.

파괴 검사는 용접 공작물에서, 또는 공작물의 일부에서 채취한 일정한 시험편에 대해 실시하는 검사로서 강도 시험(인장 시험, 굴곡 시험, 충격 시험, 경도 시험 등), 화학 시험, 파면 시험, 비중 시험, 금속 조직 검사등이 있다.

3) 외관 검사

외관 검사에서는 용접부 비드(Bead)의 가지런함, 보강 두께의 양(모재 두께의 25~50%) 용접 상태의 미관, 오버랩(Overlap), 언더컷(Undercut)의 유무, 용접에 의한 변형 등을 검사한다. 용접부의 윤곽, 폭 및 높이가 전자에 걸쳐 일정하므로 일직선으로 펴야 된다.

용접부의 외관이 깨끗하고 매끈해도 반드시 양호한 용접이라고는 할 수 없다. 내부가 나쁠 수 있기 때문이다. 용접이 거칠고 점식이 있으며, 불균일하게 더러워져 있으면 그 용접은 불량하다고 판단해도 된다. 용접부는 용접 후 다음과 같아야 한다.

① 용접 부분은 이음매 부근의 보강을 위해 두껍게 되어 있을 것
② 이음매는 매끄럽고 똑같은 두께여야 하고, 비드로 뭉쳐지지 않게 할 것
③ 용착 금속은 매끈하게 모재에 비스듬히 들어가 있을 것
④ 용접부에 $\frac{1}{2}$in 이상인 범위의 모재면에 산화물이 없을 것
⑤ 모재에 점식, 탐(Burn), 갈라짐, 비뚤어짐의 흔적이 없을 것

4) 저항 용접부의 검사

저항 용접에서는 용착부가 표면에 나타나므로, 외관만으로는 좋고 나쁨을 판정하기 어렵다. 때로는 용착부의 검사에 X선 투과 검사 등이 행해지지만, 일상적인 작업의 점검에는 적당하지 않다. 그래서 MIL이나 KS에서는 시험편에 의한 판정이 요구되고 있다. 즉, 작업 때마다 피용접물과 같은 재질, 같은 판 두께의 시험편을 일정 조건에서 용접하고 그 시험편에 대해 다음의 시험을 하여 규격에 의거해서 합격 여부를 판정하며 합격되어야 최초로 그 조건하에서 제품의 용접을 실시하도록 정해져 있다.

① 외관 검사 — 외부 결함의 유무, 전극압력 흔적의 깊이, 판의 간격
② 단면 현미경 시험 — 내부 결함의 유무, 너겟(Nugget : 용접 비드)의 크기(직경)와 융합 깊이
③ 인장 전단 시험 — 인장 시험에서 용접부의 전단 강도 측정(점용접에서만)

제15장 부식 탐지 및 처리

15-1. 일반

부식 탐지 및 처리란 세척, 연마, 페인팅, 화학 피막 처리, 도금 및 표면 경화 등과 같이 표면에 부착된 오물의 제거, 방식 및 미화를 목적으로 하여 어떤 공정을 위한 전처리 또는 특정 용도에 적합한 표면을 만들어내기 위해 하는 일체의 가공 기술이다.

항공기는 부식을 받기 쉬운 조건에서 사용되므로 부식에 대한 표면 처리는 구조를 보호하고 안전성을 확보하기 위한 중요한 작업이다.

여기서는 항공기의 금속 구조에 발생하는 부식의 개요와 관련되는 표면 처리 작업에 대해 설명한다.

15-2. 부식(Corrosion)

금속에 생기는 부식은 일반적으로 표면에 접하는 물, 산, 알칼리 등의 매개체에 의해 금속이 화학적으로 침해되는 것을 말한다. 즉 금속 표면이 비금속질의 화합물로 변화되거나 매개체 중에 용해되는 현상이다.

참고로 금속이 물리적인 원인으로 소모되는 경우는 부식이라고 하지 않고 침식(Erosion), 찰식(Galling), 마모(Wear) 등이라고 한다. 화학적인 침식과 물리적인 소모가 동시에 진행되는 경우는 그 상태에 따라 부식의 일종으로 다루는 경우도 있다.

부식을 이해하기 위해서는 전기 화학(Electro-Chemistry)의 기본 요소를 알아야 한다. 왜냐하면 부식이 전기 화학 작용이기 때문이다. 모든 물질은 원자와 분자로 구성된다. 원자는 화학적 원소의 기본 단위이고 분자는 원자의 뭉치로서 화학적 복합체로서 식별할 수 있는 가장 작은 단위이다.

예를 들어 나트륨(Na)은 금속 원소로서 단순히 원자이지만, 염소(Cl)와 결합되면 염화 나트륨(NaCl)의 분자를 형성한다. 원자는 양극을 띠고 있으며 양자와 극성이 없는 중성자로 된 핵으로 구성된다.

핵을 둘러 싸고 있는 것이 전자로서 음극으로 충전된 전기적 에너지를 갖고 있는 입자이다. 만약, 원자의 전자와 양자의 숫자가 똑같은 경우는 균형이 잡혔다고 간주한다.

전자가 양자보다 작거나 많으면 원자는 충전되었다고 말한다. 이 충전된 원자를 이온

(Ion)이라고 부른다. 만약 양자보다 전자가 많으면 음이온(Negative Ion)이라 하고, 전자보다 양자가 많으면 양이온(Positive Ion)이라 한다. 이온은 불안정하여 항상 전자를 잃거나 얻으려고 하며, 이런 상태가 균형을 잡게 하거나 혹은 중립의 원자를 만든다.

전자는 전기적 에너지의 입자로서 회로 내에서 흐르거나 움직이며 위에서 말한 미세한 조직(Sub-Microscopic) 상태로 충전된 것들의 움직임이다.

표 15-1은 금속 전기 화학적 계열(Electro-Chemical Series)로서 금속을 정리한 것이다. 위에 있는 금속은 이온화가 쉽게 일어난다. 아래에 있는 것일수록 상당히 덜 활동적이고 음극(Cathodic)이며 부식 형성이 어렵다. 많은 금속이 이온화되는 것은 희석된 산(Acid), 염(Salt), 알카리(Alkali) 등이 섞인 공기와 접촉해서 전해 작용(Galvanic Action)을 일으키기 때문이다.

만약 알루미늄 구조가 염산(Hydrochloride Acid)이 섞여 있는 습기와 접촉하면 산과 알루미늄 사이에서 화학적 작용이 일어나 염화 알루미늄과 수소(Hydrogen)를 형성한다.

$$2Al + 6HCl \rightarrow 2AlCl_3 + 3H_2$$

수소(Hydrogen)는 기체 상태로 방출되고 염, 염화 알루미늄은 표면에 흰 가루를 형성하므로 이것을 부식의 증거로 볼 수 있는 것이다.

부식은 금속이 전기 화학적 작용(Electro-Chemical Reaction)에 의해 화학염(Chemical Salt)으로 변하거나 형태가 없어지는 것이다. 두 금속이 서로 접촉하거나 염산(Hydrochloride Acid)과 같은 전해질(Electrolyte)이 존재하면 비활동적인 금속은 음극(Cathode)처럼 작용해서 양극(Anode)으로 전자를 끌어당겨서 부식을 일으키게 된다.

가장 쉽게 눈으로 볼 수 있는 것이 간단한 밧데리(Battery) 이다.

Magnesium
Zinc
Clad 7075 Aluminium Alloy
Commercially Pure Aluminium (1100)
Clad 2024 Aluminium Alloy
Cadmium
7075-T6 Aluminium Alloy
2024-T3 Aluminium Alloy
Mild Steel
Lead
Tin
Copper
Stainless Steel
Silver
Nickel
Chromium
Gold
Most Cathodic-Least Corrosive

표 15-1 금속의 전기화학적 계열

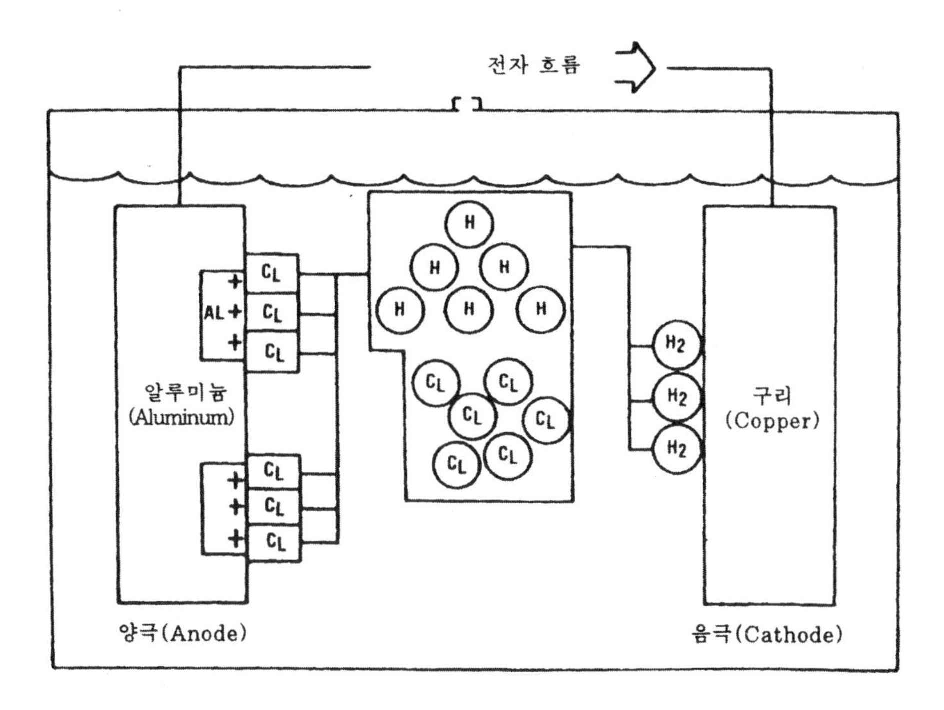

그림 15-1 단순한 밧데리

만약 어느 다른 두 금속을 골라서 산, 염 혹은 알카리 용액에 담그면 전해질처럼 작용하는 용액에 의해 밧데리가 형성된다. 이 밧데리는 다음과 같은 상태가 계속되는 동안 두 금속 사이에 전자의 흐름을 만들어 낸다.

① 금속이 존재할 것

② 용액이 산, 염 혹은 알카리 상태로 남아 있을 것

③ 두 금속간에 양호한 전도성 통로(Conductive Path)가 있을 것

여기서 약한 염산 용액에 구리 조각과 알루미늄 조각을 넣어보자. 앞의 전기 화학적 계열(Electro-Chemical Series)에서 알루미늄이 도체를 통하여 구리로 전자가 흐르면 알루미늄 양이온(Positive Aluminum Ion)이 남는다. 이 두 이온이 산(Acid)에서 6개의 음 염화물(Negative Chloride) 원자를 잡아 끌어서 알루미늄 표면에 염화 알루미늄($AlCl_3$)을 형성하므로써 모재(Base) 금속의 일부를 부식시킨다.

산에 남아 있는 6개의 양 수소 이온(Positive Hydrogen Ion)은 구리에 끌리는데, 알루미늄에서 온 원자에 의한 것이다. 수소 이온(Hydrogen Ion)은 중립 상태이며, 3개의 수소 분자(H2)를 형성하고 표면에 자유 수소 개스를 남긴다.

금속의 가장 기본적인 특성 중의 하나가 전극 전위(Electrode Potential)이다. 이것은 쉽게 말하면 두 개의 다른 금속을 전해질에 놓으면 이 두 금속 사이에는 전기적 전위(Potential)나 전압(Voltage)이 존재한다. 이 힘이 네가티브(Negative) 성질이 강한 재질에서 약한 쪽으로 전자를 흐르게 한다.

그림 15-2은 대부분 항공기 구조에 사용되는 2024 알루미늄 합금이며 구리는 가장 흔한 합금 요소이다.

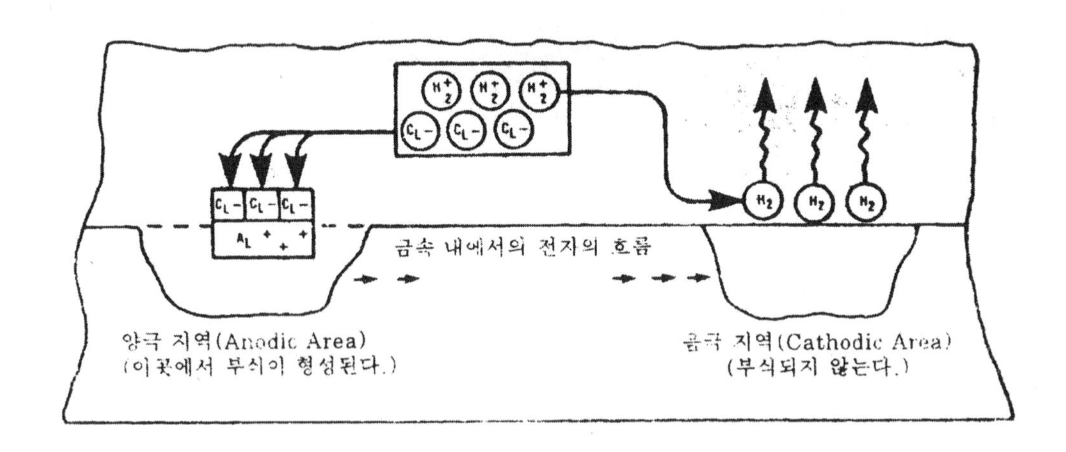

그림 15-2 전해 부식(Galvanic Corrosion)

물질의 미세한 조각(Grain)이 양극(Anode)과 음극(Cathode)의 역할을 한다고 가정한다. 알루미늄은 구리보다 더 네가티브 성질이 강하므로 전해(Galvanic) 작용이 양극(Anode)을 형성한다.

금속 자체 내부에서는 두 합금 요소 사이에 외부의 통로(Path)가 연결되어 완전한 회로를 형성하기 전까지는 전자의 흐름이 없다. 전해질의 통로는 산, 염 혹은 다른 이물질을 갖고 있는 표면에 생긴 습기의 막(Film)이라고 추측된다.

여기서 대기중에 소량의 염산(HcI)이 있다고 가정해 보자. 알루미늄과 구리 조직 사이의 전극 전위 차이로 알루미늄 내부에 음이온이 존재하게 한다. 전해질 막이 표면을 덮으면 알루미늄 이온은 염산에서 염화 이온(Chlorine Ion)을 끌어 당겨 염화 알루미늄을 형성하고 이것이 부식을 형성한다. 수소 이온은 알루미늄으로부터의 원자에 의해 구리쪽으로 끌린다. 이것이 수소 이온을 중립으로 되게 하고 수소 분자(H_2)를 형성해서 표면에 자유 기체를 남긴다. 알루미늄에 부식이 형성된 것은 양극(Anode)이기 때문이고, 구리에 부식의 증거가 없는 것은 음극(Cathode)이기 때문이다 이런 전기 화학적 작용은 부식염(Corrosion Salt)의 흔적을 남기는데 이는 일부에 제한된다.

만약 전체 표면이 강한 전해질로 덮이면 더 강하고 불규칙한 부식을 만든다. 이 형태의 부식을 직접 화학적 부식(Direct Chemical Attack)이라 부른다. 위에서 본 바와 같이 부식 형성에 필요한 것은 3가지로 결론을 내릴 수 있다.

① 서로 다른 전극 전위차가 있어야 한다.

② 금속 사이에 외부의 전도성 통로(Conductive Path)가 있어야 한다.

③ 금속 사이 표면에는 전도성(Conductive), 화학적(Chemical) 통로를 갖고 있는 물질이 금속과 결합되어 화학염(Chemical Salt)형태로 형성되어야 한다.

그러므로 위의 3가지 중에서 하나 혹은 두가지만 제거하면 부식을 막을 수 있다.

15-3. 부식의 발생 원인

금속의 부식에는 금속 표면이 직접적으로 산, 알칼리, 산화물, 염화물 등과 마찬가지로 반응하는 화학 반응 과정에 의한 것과 이질 금속이 물이나 염수 등의 전해 용액중에 있을 때, 이온화 경향이 큰 금속의 표면이 양극이 되고 이온화 경향이 작은 금속이 음극이 되어 부분적으로 밧데리를 구성하여 양극측의 금속이 침해되는 전기 화학적 반응 과정에 의한 것 등이 있다. 항공기 구조 부재에서의 부식은 후자에 기인하는 것이 많다.

1) 산(Acid)과 알카리(Alkali)

금속에 부식이 형성되기 위해서는 전극 전위차(Electrode Potential Difference)와 전해질이 있어야 한다. 거의 모든 산과 알카리가 금속과 반응해서 금속염(Metallic Salt : Corrosion)을 형성한다.

밧데리에서 볼 수 있는 황산(Sulfuric Acid)은 알루미늄 부식에 특히 활동적이지만 크롬(Chrome)이나 인산(Phosphoric Acid) 등의 약한 용액은 금속의 페인팅(Painting)시 표면 처리용으로 사용된다. 철분 성질의 금속(Ferrous Metal)은 산과 알카리 모두에 손상을 받고 알루미늄은 산보다 강한 알카리 용액에 더 쉽게 부식된다.

예를 들어 알루미늄 구조를 콘트리트 바닥에 놓아두면 물이 시멘트(Cement)로부터 알카리 용액을 형성하여 상당히 심한 부식을 일으키게 한다.

2) 소금(Salt)

해면상의 대기와 공업단지 등의 공기는 특히 염분을 많이 포함하고 있다.

이 화학적 요소들은 공기 중에 포함되어 있다가 항공기의 표면에 달라 붙어 습기와 반응하여 금속의 양호한 전해질(Electrolyte)을 형성한다. 마그네슘이 염분 용액에 의해 형성된 전해질로부터 부식을 받기 쉽다.

3) 수은(Mercury)

수은은 항공기 주변에서 쉽게 발견할 수 있는 것은 아니지만 항공기에 접촉될 가능성은 얼마든지 있다.

수은은 알루미늄에 아말감법(Amalgamation)으로 알려진 화학 작용으로 부식을 시킨다. 이 과정에서 수은은 알루미늄의 입자 경계층을 따라서 빠르게 진행되어 상당히 짧은 시간에 완전히 파괴한다.

만약 수은이 쏟아지면 매우 주의해서 제거해야 하는데, 이것은 상당히 미끄럽고 작은 균열을 따라 흘러서 가장 낮은 구조 쪽으로 이동하여 폭 넓은 손상을 입힌다. 수은은 항공기 구조에 손상을 줄 뿐만 아니라 사람에게도 위험하다.

만약 수은이 엎질러지면 진공 청소기로 수은이 고여 있는 모든 곳을 청소한다. 절대로 엎질러진 수은을 압축 공기로 불어서 없애려고 하지 말아야 한다. 이럴 경우 여러 부분으로 퍼지게 되어 손상만 더 크게 만든다. 황동 조종 케이블 턴버클 배럴(Brass Control Cable Turnbuckle Barrel)은 특히 수은 손상에 약하다. 수은에 의해 탈색(Discoloration)이 되는 경우, 배럴(Barrel)을 교환해야 한다.

4) 물(Water)

순수한 물(Pure Water)은 금속과 반응해서 부식(Corrosion)과 산화(Oxidation)를 만들고 물 속에 염(Salt)과 다른 오염 물질이 포함하고 있으면 더 빠른 부식이 진행된다. 수상 비행기는 항상 이런 요소에 꾸준히 신경을 쓰는데, 특히 부식을 형성하는 환경으로부터 떨어져 있는 것이 중요하다. 소금기 있는 물에서 운용하는 수상 비행기는 부식에 쉽게 노출된다. 수상 비행기를 물로부터 끌어 올리면 깨끗한 물로 충분히 닦아서 구조부에 소금기를 없앤다.

플로트(Float)의 바닥이나 플라잉 보트 헐(Flying Boat Hull)은 이륙이나 착륙 중에 빠른 속도로 물과 접촉함으로 물에 의해 긁히는 영향을 받는다.

이것이 보호 산화 피막을 파괴시킨다. 수상 비행기는 주의 깊게 검사해서 손상을 찾아내고, 이 손상을 통해서 구조의 금속 재료에 물을 접촉하지 못하도록 해야 한다.

5) 공기 (Air)

근본적으로 항공기의 구조와 공기를 분리시키는 것은 불가능하지만, 공기가 금속을 변하게 하는 요소임에는 틀림이 없다.

공기 중의 소금기나 기타 화학 성분들이 항공기의 표면에 달라 붙어서 공기로부터 습기를 끌어 모은다. 이것이 부식에 필요한 전해질이 되어 부식을 피할 수 없게 된다.

6) 유기물 성장(Organic Growth)

새로운 개발이 새로운 문제점을 가져온다. 예전에는 연료 탱크에 물이 응결되어도 상대적으로 작은 부식 문제를 가져왔다. 중크롬산 칼륨 결정체(Potassium Dichromate Crystal)의 작은 구멍이 뚫린 용기는 물을 약한 크롬산 용액(Mild Chromic Acid Solution)으로 바꾸어 연료 탱크를 보호한다.

제트 항공기는 개솔린 보다 점도가 높은 연료를 사용하므로 연료 내부에 물이 포함되어 있다. 제트 항공기는 또한 왕복 엔진보다 더 높은 고도를 비행한다. 고고도(High-Altitude)의 낮은 비행 온도에서 연료에 포함되어 있는 물은 응축되면서 탱크의 바닥에 모인다.

더 복잡한 문제는 이 물은 미생물(Microbe)을 포함하고 있는데, 단순히 현미경으로 볼 수 있는 크기이며 동물의 생태(Animal Life)와 식물의 생태(Plant Life)를 동시에 갖고 있다. 이런 조직은 물에 살면서 탄화수소 연료(Hydrocarbon Fuel)를 먹는다. 연료 탱크 내부가 어두운 것이 이들을 더욱 성장시키고, 마침내는 탱크 내에서 덩어리를 형성하여 탱크 구조에 있는 물과 반응하므로 집중 셀 형태의 부식을 피할 수 없게 된다. 만약 이 덩어리가 연료 탱크의 시일(Seal) 모서리를 따라서 형성되면 실란트(Sealant)를 구조에서 분리시켜 누출을 유발시키므로 값비싼 수리 작업을 해야 한다.

만약 박테리아와 다른 미생물이 연료에 살면 이들의 성장을 막을 길이 없다. 그래서 효과적인 해결책이 연료에 미생물 억제 첨가제를 섞어 박테리아와 이 소량의 연료 첨가제는 미생물을 제거하여 부식을 형성하는 덩어리의 생성을 막는다. 미생물 살균 작용에 의해 부식을 방지할 뿐만 아니라 연료 속을 자유롭게 움직이는 물이 얼지 못하도록 방빙(Antifreeze) 기능도 한다.

15-4. 부식의 종류

1) 산화(Oxidation)

부식의 가장 간단한 형태이며 가장 잘 알려진 것이 건조(Dry) 부식으로서 일반적으로 산화로 알려져 있다.

알루미늄과 같은 금속이 산소(Oxygen)를 포함하고 있는 개스에 노출되면 금속 표면과 개스가 접촉되어 화학 작용이 발생한다. 이 경우에 2개의 알루미늄 원자가 3개의 산소 원자와 결합되어 산화 알루미늄(Al_2O_3)을 형성한다.

$$2Al + 3O \rightarrow Al_2O_3$$

만약 금속이 철(Iron)이나 강이면, 2개의 철 원자가 3개의 산소 원자와 결합되어 산화철이나 녹(Rust)을 형성한다.

$$2Fe + 3O \rightarrow Fe_2O_3$$

산화철과 산화 알루미늄 사이에는 큰 차이점이 하나 있다. 산화 알루미늄의 막(Film)은 깨지지 않고, 일단 형성되면 계속 산소와 결합되는 비율이 점차 감소되고 마침내는 정지한다. 반면에 산화철은 기공(Porous)이나 불연속적인 막(Interrupted Film)을 형성하고 금속이 완전히 없어질 때까지 산소와 계속 결합이 된다.

철(Iron)의 건조 부식(Dry Corrosion) 또는 녹(Rust)을 막기 위해서는 표면과의 산소 접촉을 차단시키는 것이다. 일시적 방법으로는 표면에 오일, 그리스 등을 바르고 더 영구적으로는 페인트를 칠한다.

알루미늄 합금의 산화는 표면에 산화막을 형성시켜서 보호한다. 이 막은 어느 전해질(기체나 액체 상태의 전해질)로부터 알루미늄을 절연시키고 더 이상 산소와 접촉을 막는다.

A. 표면 부식(Surface Corrosion)

이 부식은 세척용 화학 약품, 공기중의 산소 등의 화학 작용에 의해 생긴다. 보통, 손질된(연마된) 금속 표면에서는 먼저 표면이 흐려지기 시작하는데, 그대로 방치하여 습기가 접촉하게 되면 금속 표면의 에칭(Etching)이 심해져 까칠까칠한 서리가 얼어붙은 것처럼 된다.

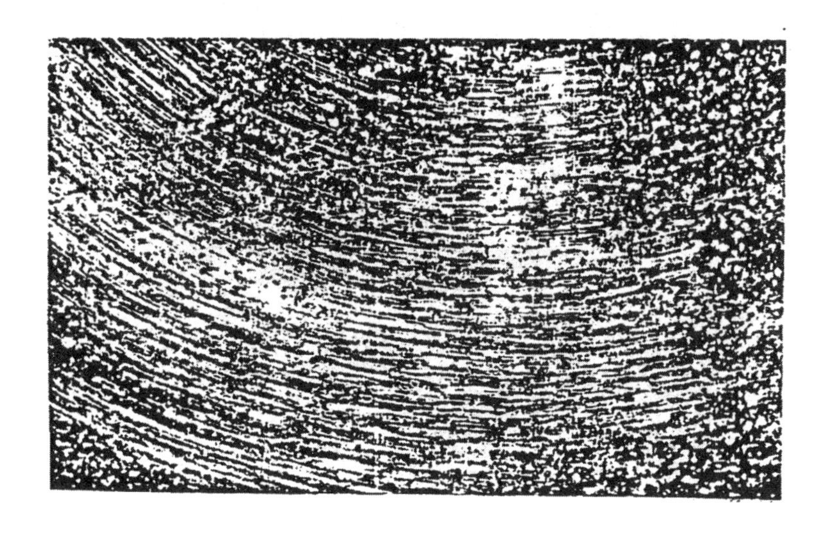

그림 15-3 표면 부식(Surface Corrosion)

B. 점 부식(Pitting Corrosion)

이 부식은 알루미늄 합금(Al), 마그네슘 합금(Mg), 스테인레스 강의 표면에 발생하는 가장 일반적인 부식으로 처음에는 백색이나 회색인 부식 생성물이 나타나서 점차로 부식 생성물이 홈(Pit) 내에 침전되어 간다. 그 퇴적물을 제거하면 표면에 작은 홈이 보인다. 이것은 합

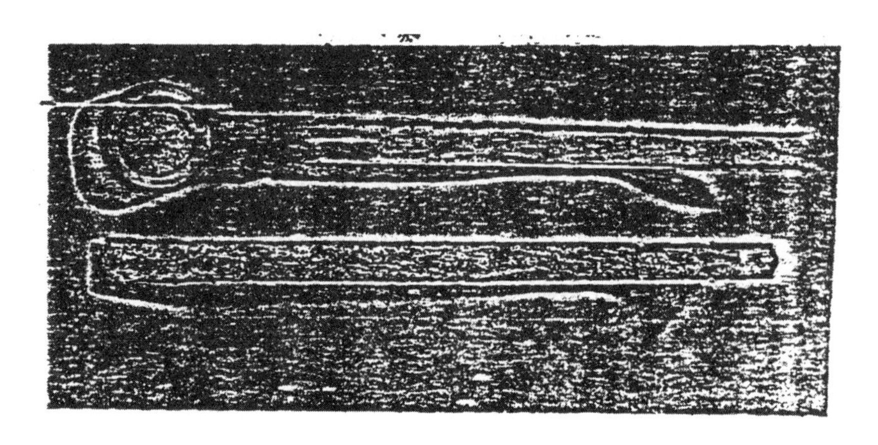

그림 15-4 점 부식(Pitting Corrosion)

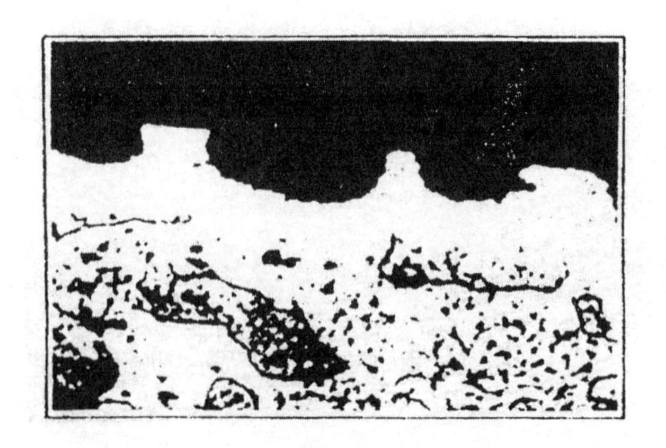

그림 15-5 점 부식(Pitting Corrosion)

금 표면의 균일성이 결여된 부분에 매개체(매질)와 접합하여 합금 조직내의 서로 다른 곳에 부분적인 기전력이 발생하는 것으로 퇴적물이 생기는 부분이 양극이 되어 침식이 진행된 것이다.

C. 입자간 부식(Intergranular Corrosion)

이 부식은 합금의 결정 입자 경계에서 발생되는 것으로 초기의 상태에서는 쉽게 검출되지 않으나 부식이 충분히 진행되면 금속이 부풀거나 박리된다. 이것은 합금 조직이 균일하게 밀집되어 있지 않고 군데군데 빈틈이나 변형이 있어서 그런 부분에 매질이 있게 되면 합금 결정의 서로 다른 성분간에 밧데리가 구성되어 결정 입자 경계 부분이 침식되고 이 경계를 따라 침식이 진행되어 가는 것이다.

입자간 부식은 표면에 보이는 흔적이 없이 존재하며, 대단히 심한 입자간 부식은 금속의 표면에 박리(Exfoliate)를 발생시킨다. 이것은 부식으로 발생된 생성물의 압력에 의해 입자 경계층의 단층에 기인되어 금속 표면에 돌기가 생기거나 얇은 조각으로 벗겨지는 것이다.

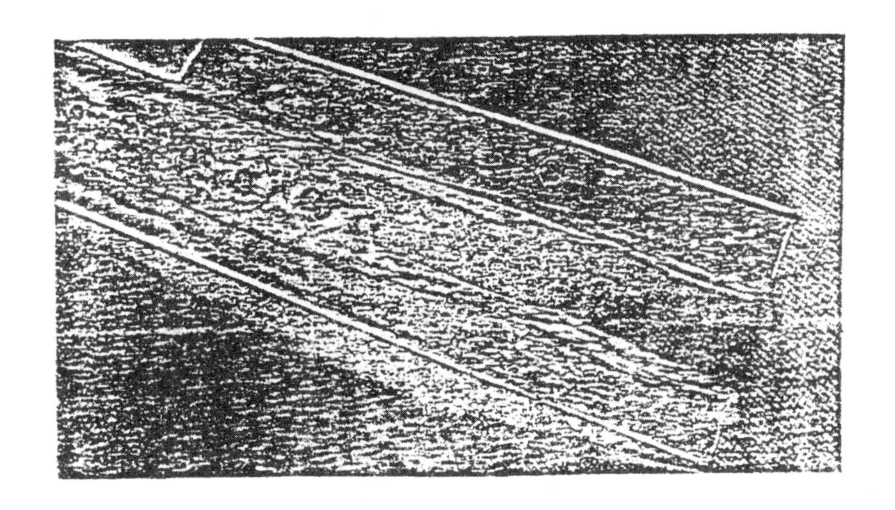

그림 15-6 입자간 부식(Intergranular Corrosion)

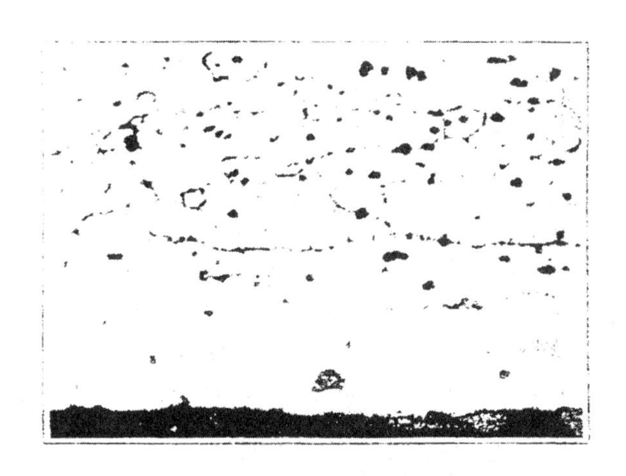

그림 15-7 금속 입자의 구조

이런 종류의 부식은 초기 단계에서 탐지하기 어렵고 초음파 검사 및 와전류 탐상 방법, X-ray 탐상 방법 등으로 탐지한다. 부적당한 열처리를 했을 경우에도 생기기 쉽다.

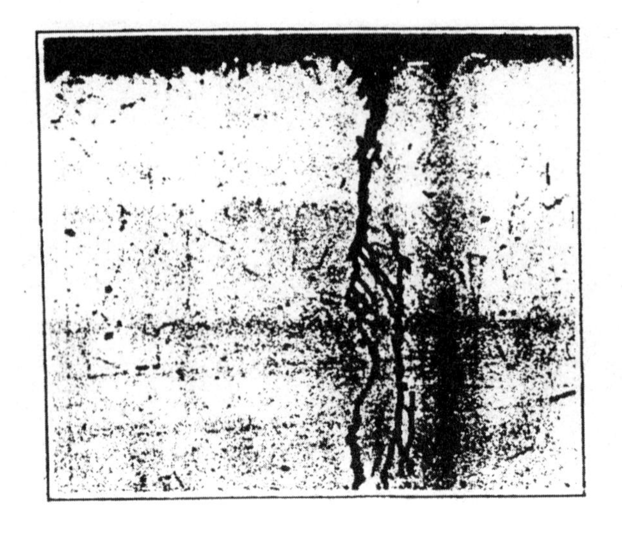

그림 15-8 입자간 부식

D. 응력 부식(Stress Corrosion)

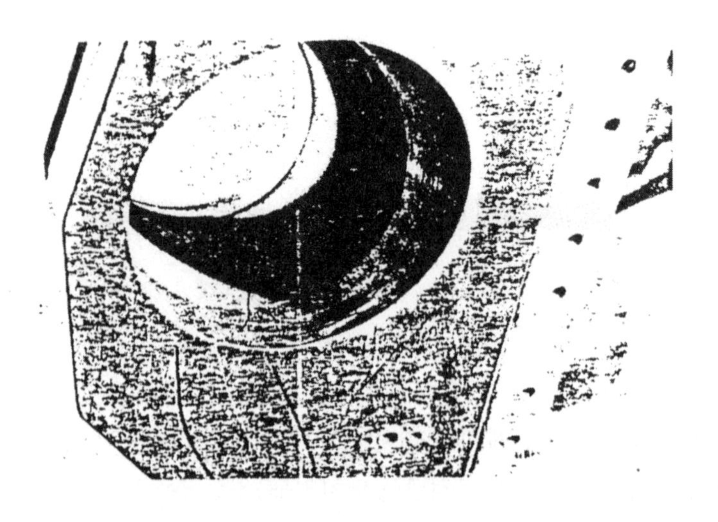

그림 15-9 응력 부식(Stress Corrosion)

이 부식은 금속에 일정한 응력이 걸린 상태에서 부식되기 쉬운 환경에 노출되면 그들의 합성 효과에 의해 발생되는 것이다. 응력은 내부에서 일어나는데 냉간 가공시나 높은 온도에서 급냉시킬 때 또는 성형할 때와 같이 내부 구조가 변화될 때 발생한다. 이러한 잔류 응력이나 내부 응력이 재료내의 결정 입자를 왜곡시켜 원자의 잔류 에너지를 크게하고 전위를 낮게 한다. 또한 냉간 가공된 금속재는 부식 속도가 빠르기 때문에 응력이 커질수록 가공에 따른 조직 변화도 수반하게 된다.

E. 전해 부식(Galvanic Corrosion)

이 부식은 알루미늄 합금과 스텐레스 강과 같은 이질 금속이 접촉되는 부분에 발생하는 것으로 이음매에 부식 생성물이 부풀어 올라오므로 식별하기 쉽다. 아래 표에서와 같이 같은 그룹 내의 금속끼리는 서로 부식이 잘 일어나지 않으므로 접촉해서 사용할 수 있다. 그러나 다른 그룹끼리는 전위차가 큰 금속으로 부식하기 쉽다.

그룹 I	마그네슘과 마그네슘 합금, 알루미늄 합금 1100, 5052, 5056, 5356, 6061, 6063.
그룹 II	카드뮴(Cadmium), 아연(Zinc), 알루미늄과 알루미늄 합금 (그룹 I 의 알루미늄 합금을 포함한다)
그룹 III	철(Iron), 납(Lead), 주석(Tin), 이것들의 합금(내식강은 제외)Ⓐ
그룹 IV	크롬(Chromium), 니켈(Nikel), 티타늄(Titanium), 구리와 구리
그룹 V	합금, 내식강(Corrosion Resistance Steel), 은(Silver), 그래파이트(Graphite), 텅스텐(Tungsten)Ⓐ

NOTE
- 같은 그룹내의 금속은 비슷하다.
- 다른 그룹과는 서로 다르다.
- Ⓐ 내식강은 14%나 그 이상의 크롬을 포함하고 있다.

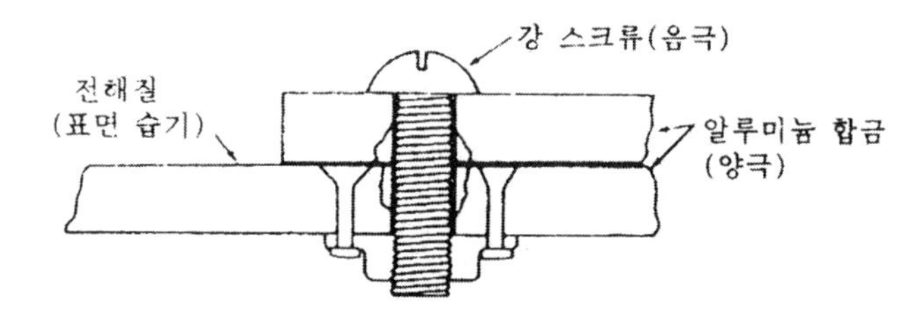

그림 15-10 전해 부식(Galvanic Corrosion)

이것은 2개의 이온 경향에 차이가 있는 금속이 접하는 부분에 습기가 매질로서 접촉하여 밧데리를 구성하므로 양극쪽의 금속이 침식되어 생기는 것이다.

F. 미생물 부식(Microbial Corrosion)

이 부식은 케로신을 연료로 하는 항공기의 연료 탱크에 발생하며 점 부식(Pitting Corrosion)과 비슷한 외관을 가지고 있다.

발생의 상황은 충분히 판명되어 있지 않으나 케로신 내에서 생식하고 있는 박테리아류가 번식하여 여러 가지 생성물을 만들고 그것들이 금속을 침식하는 것으로 여겨진다.

G. 마찰과 부식(Fretting Corrosion)

이 부식은 밀착된 2개의 금속판이 진동 등에 의해 서로 맞부딪혀 생기는 것으로 강에서는 갈색 가루(녹)로 나타나고, 알루미늄 합금에서는 흑색을 띤 가루로 나타난다. 이것은 금속 표면이 서로 맞부딪힘으로서 표면의 금속 입자가 박리되고 그 입자가 산화됨으로서 생기는 것이다. 또한 응력과 부식이 동시에 작용되었을 때 일어나는 응력 부식 파괴의 일종이다.

그림 15-11 마찰 부식(Fretting Corrosion)

H. 필리폼 부식(Filiform Corrosion)

페인트 도장을 한 알루미늄 합금 표면에, 세균 상태로 발생하는 부식으로 유기 피막밑의 금속 표면에 생기며 상대 습도가 높을 경우(예를 들어 40℃ 상대 습도 60~90% 정도), 또는 활성체(염소 등)가 존재할 때 생기기 쉽다.

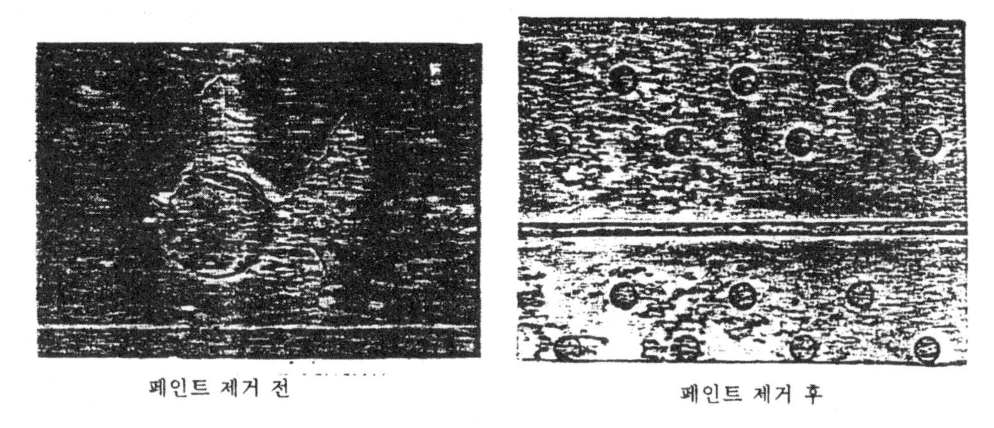

그림 15-12 필리폼 부식(Filiform Corrosion)

7) 집중 셀 부식(Concentration Cell Corrosion)

A. 산소 집중 셀(Oxygen Concentration Cell)

알루미늄 항공기 스킨과 같은 금속 표면이 물(H_2O)로 젖어있으면 판금(Sheet)의 랩 조인트(Lap Joint) 사이에 있는 균열로 일부의 물이 스며들어 집중 셀 부식이 형성되고, 물은 대기중의 공기로부터 산소를 흡수하여 포함하고 있으므로 이 산소가 금속으로부터 전자를 끌어당겨 수산화 음이온(Negative Hydroxide Ion)을 형성한다.

이 음이온을 형성하는데 필요한 전자는 금속 자체에서 온다.

물이 있는 표면 주위의 스킨은 전자를 빼앗기지 않는데 이유는 수산화 이온 형성에 충분한 산소가 없기 때문이다.

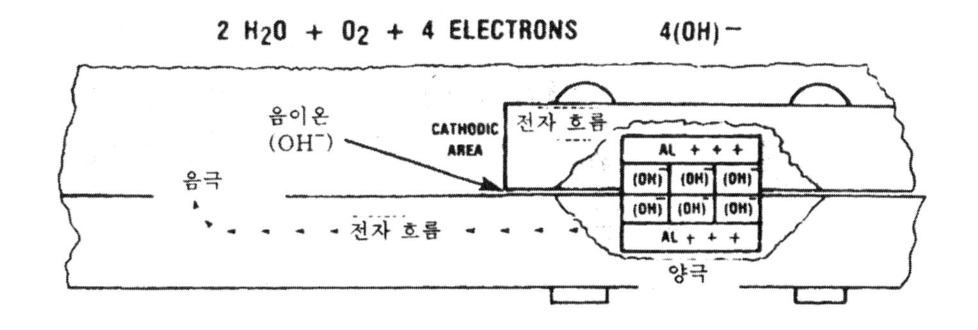

그림 15-13 산소 집중 셀 부식(Oxygen Concentration Cell)

이 전자들은 대기와 직접 접촉하는 음극 표면으로 흐른다. 스킨 사이의 면적에 떠도는 전자들은 알루미늄 양 이온이고 양극이 된다. 알고 있는 것처럼 금속 내부의 전자 흐름은 양극에서 음극으로 흐르고 금속판 사이의 공간에 금속 양 이온을 남긴다. 이 알루미늄 양 이온은 표면의 물과 부식으로부터 수산화 음 이온을 끌어 당겨서 수산화 알루미늄을 형성한다. 이런 특성의 부식은 산소가 부족한 곳에서 형성된다.

산소 셀(Oxygen Cell) 부식은 알루미늄, 마그네슘, 철금속 등에서 발생한다. 이것은 주로 마킹 테이프(Marking Tape), 알루미늄 튜브의 금속 접촉면, 기밀(Sealer)이 느슨해진 곳, 볼트나 스크류 헤드 밑에서 형성된다. 먼지나 기타 산소를 차단하는 오염 물질이 양극 산화(Anodize) 표면에 형성되었을 때 산화 막(Oxide Film)을 긁으면(Scratch) 산소 집중 셀 부식은 보호막의 형성을 막는다.

B. 금속 이온 집중 셀(Metallic Ion Concentration Cell)

금속 내부의 전극 전위(Electrode Potential)는 합금을 구성하는 다른 금속에 좌우되지만 표면을 덮고 있는 금속 이온이 집중되는 전해질(Electrolyte)이 있으면 전위차(Poteantial Difference)가 생긴다.

그림 15-14에서 항공기의 표면은 물(H_2O)의 얇은 막으로 덮여 있다. 산소셀 부식(Oxygen Cell Corrosion)에서 물이 산소를 흡수하면 금속의 전자와 결합하여 수산화 음이온을 형성한다. 이때 알루미늄 전자와 결합되면 알루미늄 양이온을 남긴다. 금속의 밀폐되지 않은 곳은 자유롭게 물이 이동하고 계속해서 알루미늄 이온을 운반한다. 한편, 접합 표면(Faying

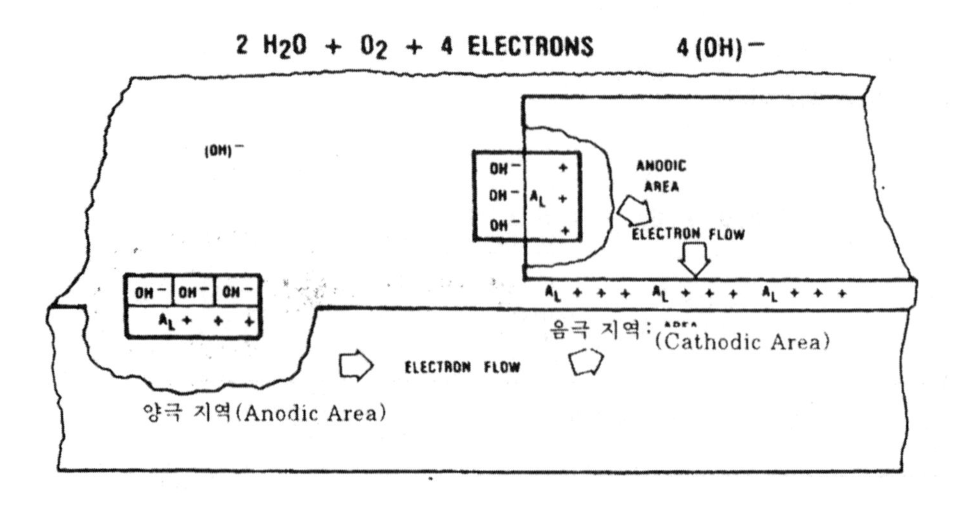

그림 15-14 금속 이온 집중 셀

Surface)은 이온 집중을 막을 수 없다. 스킨 사이의 물(여기서는 전해질 작용)은 노출된 스킨에서보다 금속 이온의 집중이 높다.

접합 표면의 스킨은 금속 양이온이 집중되어 음극(Cathode)이 되고 노출된 부분(Cathode)의 전자를 끌어당긴다. 양극(Anode)에서 음극(Cathode)으로 전자가 흐르면서 수산화 음 이온을 공급하는 표면 주위에 알루미늄 양이온을 남긴다. 이 수산화 이온은 알루미늄 이온과 결합되어 수산화 알루미늄 부식(Aluminum Hydroxide Corrosion)을 형성한다.

15-5. 부식의 위치

1) 엔진 배기 구역(Engine Exhaust Area)

왕복 엔진과 터어빈 엔진 모두 탄화수소 연료(Hydrocarbon Fuel)의 화학적 에너지를 열에너지로 전환시켜서 출력을 얻는다. 엔진의 비효율 때문에 이 열의 많은 부분과 많은 개스 에너지가 배기를 통해서 엔진 밖으로 배출된다. 이 개스는 잠재적인 전해질(Electrolyte)의 모든 요소를 갖고 있고 상승된 온도 때문에 부식이 상당히 빠르게 진행된다.

배기부 근처(Exhaust Area)는 상당히 주의해서 검사하고 배기 찌꺼기는 부식이 시작되기 전에 모두 제거한다. 배기 랙(Exhaust Rack)에 있는 균열이나 시임(Seam)은 부식이 발생하는 주요 부분이다. 나셀의 페어링(Fairing), 점검창의 힌지(Hinge)나 패스너(Fastener) 등은 부식 형성이 쉬운 곳이다.

2) 밧데리실과 환기(Bettery Compartment & Vent)

거의 모든 항공기가 전기 계통에 밧데리를 갖고 있다. 이 밧데리는 화학적 에너지 상태로 전환된 전기 에너지를 저항하고 있다. 황산 납(Lead-Acid) 밧데리가 장착된 항공기는 황산 개스로부터 부식을 받지 않는 재질로 된 박스에 의해 보호되어 있고 니켈 카드뮴 밧데리(Nickel-Cadminum Battery)와 서로 분리시킨다.

알카리에 저항하는 것으로는 비튜매스틱 성질(Bitumastic(tar) Base)이나 섬프 자(Sump Jar)가 있어야 하고 중화시키는 요소로 채워져야 한다. 황산 납 밧데리는 중탄산 소다(Bicardbonate Soda)를, 니켈 카드뮴 밧데리에는 붕산(Boric Acid)을 사용한다. 섬프 자를 점검해서 적당한 상태인지 새지는 않는지 점검한다. 모든 환기(Vent) 구멍과 흡입구(Intake) 및 배기구 라인(Exhaust Line)은 막히지 않고 열려 있어야 한다.

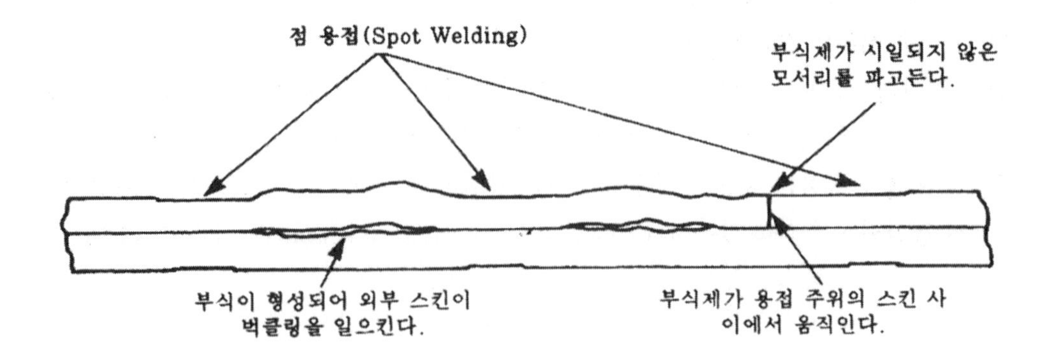

그림 15-15 점 용접한 시임(Seam)은 흔히 부식이 형성되는 예

만약 취급중에 밧데리 전해질이 쏟아지면 즉시 닦아내고 인접 부분은 중화시킨다. 깨끗한 물로 닦아내고 황산납은 중탄산염(Bicardbonate)으로, 니켈 카드뮴(Nickel-Cadminum)은 붕산(Boric Acid)이나 식초로 중화시킨다. 완전히 중화되었는지는 리트머스 종이로 점검해 볼 수 있다. 이 종이의 한쪽에 물을 묻혀 산(Acid)이 많으면 종이가 핑크(Pink)색으로 변하고 알카리(Alkaline)가 많으면 푸른색(Blue)으로 변한다. 전체적으로 중화되어야 하고 이 때는 종이 색깔이 변하지 않는다.

3) 화장실과 조리실 지역(Lavatory & Food Service Area)

음식과 인간의 배설물과 같은 유기물질(Organic Material)은 알루미늄 표면에 아주 쉽게 부식을 일으킴으로 이 주변은 주의 깊게 검사해야 한다.

조리실 지역은 만약 일부 음식물이 갤리(Galley) 뒤쪽이나 밑으로 떨어지면 음식 자체는 알루미늄 표면을 부식시키지 않지만 물이 있기 때문에 이것이 구조를 부식시킨다.

화장실(Lavatory) 부근은 부식 점검에 특히 주의해야 한다. 배설물은 특히 산성이어서, 이것이 항공기의 스킨이나 구조의 균열을 일으키고 시임(Seam)에 남으면 부식을 촉진하게 된다. 릴리프 튜브(Relief Tube)의 주변이나 뒤쪽으로 주의 깊게 부식의 여부를 검사한다. 이 부근은 방산 페인트(Acid Proof Paint)가 칠해져 있다.

4) 휠 웰과 랜딩기어(Wheel Well & Landing Gear)

아마도 가장 힘든 관리 부분이 휠 웰(Wheel Well) 부근이다. 이륙과 착륙 중에 활주로 표면으로부터 각종 조각이나 부스러기 등이 이 부분에 달라 붙게 된다. 특히 겨울에는 활주로에 방빙용 화학 약품을 많이 사용함으로 보호용 윤활제와 코팅을 제거시키고 물이나 흙(진흙)은 얼어 붙어서 손상을 준다.

앤티 스키드 센서(Antiskid Sensor)나 스쿼트 스위치(Squart S/W), 리미트 스위치(Limit S/W)와 같은 전기 장비에 부식을 일으킬 수 있다. 마그네슘 휠의 볼트 머리와 너트는 전해 부식(Galvanic Corrosion)에 약하다. 알루미늄 튜브의 마킹 테이프(Marking Tape) 밑에 집중셀 부식(Concentration Cell Corrosion)이 생길 수 있다. 물이 고일 수 있는 곳은 특히 주의해서 검사한다.

5) 외부 스킨 지역(External Skin Area)

A. 시임과 랩 조인트(Seam & Lap Joint)

항공기의 표면에서 가장 먼저 부식이 나타나는 곳이 시임과 랩 조인트 부분이다. 물이나 세척용 솔벤트(Cleaning Solvent)가 랩 조인트에 갇히면 효과적인 전해질(Elecrtolyte)을 제공하는 것이 된다.

점 용접과 시임 용접 과정 중에 생긴 확대된 금속의 입자 구조 때문에 부식이 시작된다.

스킨 사이로 습기가 스며들면 부풀어오른 부분을 주의깊게 살펴본다. 만약 시임에 부식이 있으면 점(Spot) 사이의 스킨은 부풀어 올라서 울퉁불퉁하게 보인다. 시임에 이런 부식이 더 진행되면 점(Spot)은 분리되어 버린다.

B. 엔진 흡입 구역(Engine Inlet Area)

제트 항공기에서 이 면적은 상당히 넓고 공기가 빠른 속도로 엔진으로 들어 가는 곳이다. 빠른 공기 속도와 공기 중의 불순물에 의한 마모로 인하여 보호 코팅(Coating)을 제거하는 성질이 있다. 흡입 덕트(Intake Duct)의 앞부분을 따라서 붙어 있는 마찰 스트립(Abrasion Strip)이 이 부분을 보호하지만, 주의 깊게 검사해야 한다.

6) 접근할 수 없는 지역

A. 연료 탱크(Fuel Tank)

집적 연료 탱크(Integral Fuel Tank)는 접근하기 힘들고 검사나 수리가 어렵다. 제트 항공기의 연료 탱크는 부식이 상당히 심하게 형성된다. 앞에서 설명한 것처럼 터빈 연료에는 미생물이 있고, 이것은 물을 흡수하는 덩어리(Water-Holding Scum)로 성장해서 알루미늄 합금 스킨에 달라 붙는다.

날개(Wing) 구조를 연료 탱크로 만드는데 사용하는 실란트(Sealant)는 연료가 통하지 못하지만, 물은 스며들 수 있어 산소 집중 셀 부식(Oxygen Concentration Cell Corrosion)을 일으킨다. 이 부분에서 발생하는 부식은 극히 찾기 힘들고 날개 밖에서 X-ray나 초음파 검사(Ultrasonic Inspection)로 찾아 낼 수 있다.

B. 피아노 힌지(Piano Hinge)

조종면(Control Surface)과 점검창(Access Door)의 피아노 힌지는 부식이 시작되고 발달하는데 가장 이상적인 조건을 제공한다.

힌지 몸체는 보통 알루미늄 합금으로 만들고 핀은 고탄소강이다. 이 2개의 결합은 사실은 이질 금속(Dissimilar Metal)이고 균열이나 습기로부터 안전하게 보호하는 것은 사실상 불가능하다.

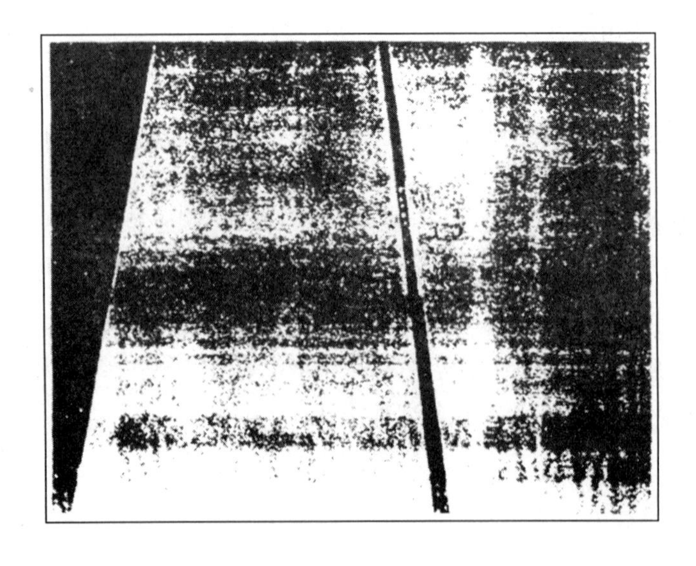

그림 15-16 피아노 힌지(Piano Hinge)에 형성된 부식

핀과 힌지 몸체 사이에서 먼지나 더러운 것이 쌓이고 습기를 포함하고 있으면 부식이 진행된다. 핀은 녹이 슬어 힌지에 달라 붙고 심하면 부러져서 제거하기 힘들게 된다. 피아노 힌지는 깨끗하고 건조한 상태로 유지해야 하며 윤활제는 가능한 최소의 윤활막을 형성하게 해서 먼지 등을 달라 붙지 못하게 해야 한다. 여기에 사용하는 윤활제의 종류는 MIL-C-16173 이다.

C. 조종면의 움푹한 곳(Control Surface Recesses)

항공기에서 검사하기 힘든 곳 중의 하나가 부식이 발생할 가능성이 있는 미부 동체부(Empennage)의 가동면의 움푹한 곳(Movable Surface Recess)이다. 이 움푹한 곳이 고정된 표면(Fixed Surface)으로 들어간다.

힌지는 속으로 들어가서 감추어짐으로 윤활하기가 힘들다. 이 부근을 검사할 때는 특별히 주의해서 어떤 부식의 흔적이라도 제거하고 물이 고이지 않도록 해야 한다.

피아노 힌지에 이용한 것과 같은 종류의 윤활제를 사용해서 물이 접촉하지 못하게 하고 이 패인 부분의 스킨 랩 조인트(Skin Lap Joint)를 보호한다.

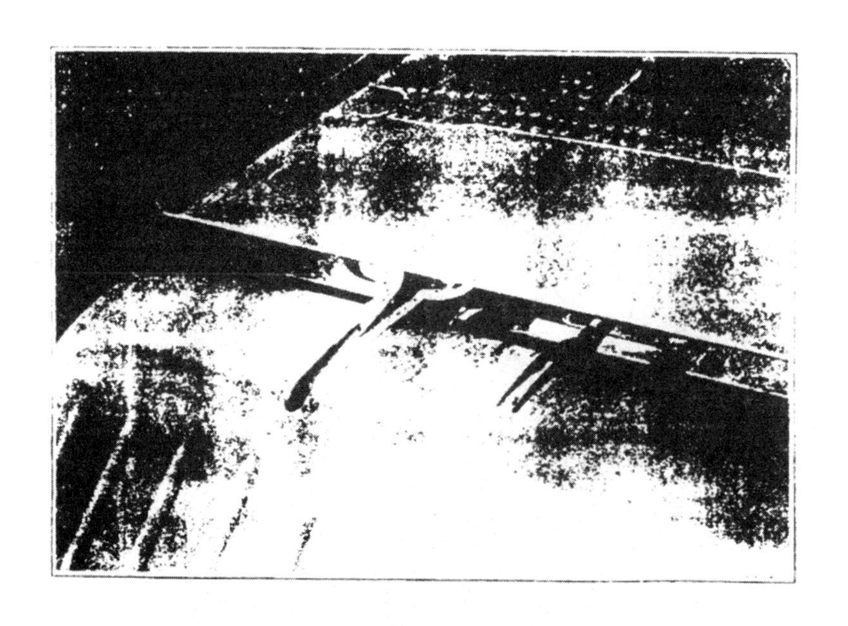

그림 15-17 조종면의 패인 부분은 부식이 발생하는 곳

D. 항공기 밑바닥(Bilges)

바닥 판(Floor Board) 아래의 동체 밑바닥은 물이나 각종 액체 또는 조각이나 부스러기 등이 모여 부식을 일으키는 곳이다. 이 부분은 이질 금속(Dissimilar Metal)과 전해질에 계속 노출되고 쉽게 접근할 수 없어 부식 발견이 힘들기 때문에 부식이 쉽게 형성된다.

항공기는 물이 고이는 곳에 드레인 홀(Drain Hole)을 갖고 있지만 먼지나 다른 부스러기 등도 함께 모이는 곳이어서 이 구멍은 쉽게 막히므로 본래의 기능을 못하게 한다. 매 검사시마다 모든 드레인 홀이 깨끗한지 확인하고 물이 고일 수 있는 곳은 철저히 조사한다. 진공청소기를 사용해서 이 부분의 물이나 기타 부스러기를 청소한다. 물이 달라 붙지 못하게 하는 액체를 얇게 발라서 표면에 전해질이 접촉하지 못하게 한다.

E. 랜딩 기어 박스(Landing Gear Box)

이 부분은 상당히 점검하기 힘든 곳이다. 이 부분은 강하고 상당한 크기의 알루미늄 합금 박스에 의해 랜딩 기어를 동체에 장착하는 부분이다. 이 구조는 바닥 밑 부분에 있으므로 작은 점검창(Access Door)을 통해서 점검할 수 있다. 만약 드레인 홀이 막히면 물이 고일 수 있다.

이 박스의 검사는 철저히 해야 되며 모든 드레인 홀은 정상적으로 뚫려 있어야 하며 닫혀 있는 부분에 물이 달라 붙지 못하게 윤활막(Lubricant Film)을 형성시킨다.

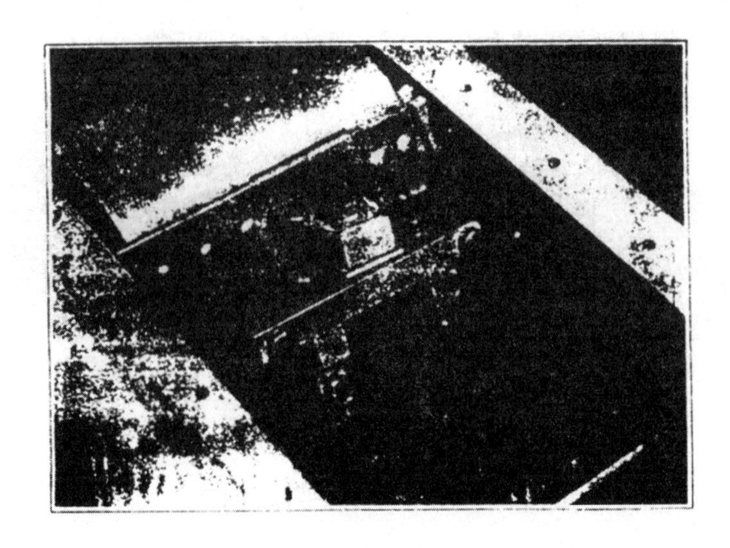

그림 15-18 랜딩기어 박스는 부식의 흔적이 있는지 주의 깊게 검사

7) 엔진 마운트 구조(Engine Mount Structure)

구조로부터의 큰 전류는 엔진 마운트를 통해서 밧데리로 돌아가야 한다. 이 전류가 알루미늄 합금 마운트를 통해 흘러서 부식에 필요한 전위차(Potential Difference)을 만들고 이 부분에서 부식을 형성하게 한다.

용접한 강 튜브 마운트(Steel Tube Mount)는 뜨거운 아마인유(Hot Linseed Oil)나 다른 형태의 튜브용 오일을 사용하여 부식으로부터 보호한다.

8) 조종 케이블(Control Cable)

항공기 조종 계통에 사용하는 케이블은 탄소강이나 부식 저항강으로 제작된다. 만약 탄소강 케이블을 보호하지 않은 상태로 놔두면 물이 들어가서 곧바로 부식되며 케이블 내부에서 부식이 형성되므로 찾아내기 힘들게 된다.

만약 부식이 의심나면 장력을 줄이고 가닥을 비틀어서 내부를 점검하여 케이블에 부식이 나타나면 모두 교환한다.

케이블에 물이 묻지 못하게 하는 윤활제나 파알케톤(Paral-Keton)과 같은 왁스 그리스(Waxy Grease : 수상 비행기이나 농약 등에 노출되는 경우)를 발라서 부식을 방지한다.

9) 용접 부분

알루미늄 용접은 용제(Flux)를 필요로 하는데 용접 부위에서 산소를 차단하기 때문이다. 이 용제는 염화리듐(Lithium Chloride), 염화 칼륨(Potassium Chloride), 이황화 칼륨(Potassium Bisulphide), 등을 포함하고 있어야 한다. 이 물질들은 알루미늄의 부식에 무척 강한 것들이고 용접 후에 용제의 모든 흔적은 깨끗이 제거해야 한다. 용접 용제는 물에 용해되는 것이고 뜨거운 물과 비금속의 거친 브러쉬(Brush)로 제거한다.

10) 전기 장비(Electronic Equipment)

구리, 납, 주석, 기타 다른 금속을 전기 배선(Electronic Wiring)이나 회로용 기판에 사용하면 특히 부식의 표적이 된다. 전자가 계속해서 흐르기 때문에 이 도체들은 부식에 노출되지 않게 해서 방식 처리를 한다.

특히 배선(Wiring)이나 회로판(Circuit Board)은 투명한 막으로 코팅해서 표면에 산소나 습기가 접근하지 못하게 한다. 이 부분의 부식 탐지나 수리는 고도로 전문화된 분야로 전문가가 수행하는 것이 안전하다.

15-6. 크리닝(Cleaning)

1) 일반

크리닝이란 도장(Painting), 시일(Seal), 도금(Plating), 화학 피막 처리 등을 하기 위한 사전 준비로서, 또는 부식의 방지, 미관의 확보 등을 목적으로 기체 또는 부품의 표면에 달라붙는 오물이나 유지(Oil and Fat) 등을 제거하여 깨끗한 상태를 만드는 작업이다.

세척의 방법에는 기계적인 크리닝(Mechanical Cleaning)과 화학적인 크리닝(Chemical Cleaning)이 있다. 전자에는 블라스트(Blast)법이나 샌딩(Sanding) 등이 있고, 후자에는 유기 용제, 알칼리 크리닝제, 이멀젼(Emulsion) 세척제에 담그거나 용제를 적신 천으로 닦거나 증기 세척하는 방법이 있다. 여기서는 항공기 정비 작업에서 사용되는 화학적 세척법 중에서 대표적인 것에 대해 설명한다.

2) 알카리 크리닝

기체 외부 금속면 및 도장면에 개면 활성제, 부식 억제제 등을 포함한 알칼리계의 세제를 분사하거나, 또는 브러시로 표면을 문질러 세제가 다 건조되지 않는 동안에 물로 닦아내는 방법이다.

일반적인 공정은 그림 15-19과 같다. 또, 그리스 등의 기름때가 현저할 때는 세제에 케로신을 섞어 이멀젼(Emulsion) 용액으로 만들어 처리하면 효과적이다.

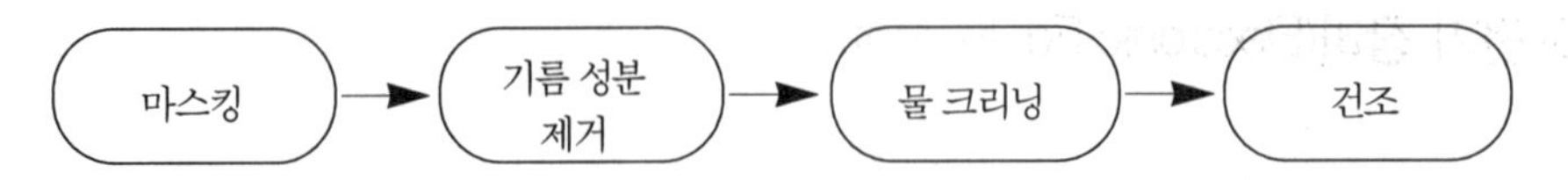

[참고] 크리닝 용제가 묻어서는 안되는 부분은 미리 폴리우레탄 테이프 등으로 마스킹한다. 물 크리닝 후 표면에 물방울이 생기면 기름 성분이 완전히 빠지지 않은 것이다.

그림 15-19 크리닝 공정

3) 유기 용제에 의한 크리닝

현재, 가장 공업적 의미를 갖는 것은 불연성 용제(트리크롤에탄)를 사용한 증기 오일 제거이나 보통의 정비 작업으로 행해지는 유기 용제를 사용하는 탈지 크리닝은 대부분이 천으로 닦는 방법이다. 유기 용제를 피부로, 또는 호흡에 의해 몸체로 흡수한 경우는 호흡 경로에 침투하여 구역질, 어지러움 등을 일으킬 우려가 있다.

또, 특히 인화학 액체는 고온, 고압에서 휘발성이 크고 그 증기가 공기보다 무거워 바닥에 가라앉아 낮은 곳에 있으므로 인화될 경우는 광범위한 화재가 발생할 위험이 있다. 따라서 그 취급에는 충분한 주의가 필요하다.

품 명	사 용 목 적	비 고
솔렌트 케로신	금속 부품의 일반 크리닝, 인산 에스텔계 작동유의 크리닝	금속 부품에 적용
케로신	이멀젼 크리너의 희석용에 사용	
세척용 신사	금속 부품, 조립 부품의 페인트 제거	오일 그리스 등을 쉽게 용해, 전조한 페인트 막을 용해시킴
블루엔	접착, 시일링, 페인트칠 전에 표면처리용	피막에 대해 강한 탈지 작용이 있으므로 환기에 주의
MEK	일반 크리닝 및 용제로 사용	페인트, 고, 플라스틱을 침해
아세톤	접착, 시일링 등의 전처리 크리닝제로사용	인화성이 강하고 폭발의 위험성이 있다.

표 15-2 대표적인 유기용제

4) 그밖의 화학적 크리닝

객실 내 내장, 창유리, 엔진 그밖의 장비품 등 각각의 재료와 오염의 성질에 따라 여러가지 세제가 사용된다.

크리닝 방법은 거의 천으로 닦는 크리닝법으로 크리닝 후는 원칙적으로 세제로 닦고 건조시킨다.

품 명	사 용 목 적
마그너스 178	기본 부품 및 금속 부품의 탈지 크리닝
스팀 크리너	알루미늄 합금 부품의 탈지 크리닝
Cee-Bee A-697	기체 외부 금속면과 페인트면의 크리닝과 기타 기체의 장탈할 수 없는 부품
MG #153	페인트 분리용
마그너스 61-DR	강 부품의 녹 스케일 등의 제거
에폭시 수지 도료 분리용 크롬산 용액	랜딩기어 부품의 수지 도료(Cat-A-Lac Paint) 분리용
MGH-4 Mirror Glaze	객실 유지창의 흠집 제거 때 마무리용으로 사용
MGH-10 플라스틱 크리너	플렉시 글래스 윈드 쉴드의 손상 제거용
중성세제 F-103	기체 내장 페인트 면의 일반 세척 윈도우 쉴드의 크리닝
만능 크리너 TYPE A	기체 내부 비닐 안쪽면. 벌크헤드 등의 오염 부분
Alumaloy P	기내의 크리닝. 그밖의 페인트면의 일반 크리닝
Major Clean	기내의 크리닝. 그밖의 페인트면의 일반 탈지 크리닝
마이졸린 수퍼	배기 개스 통로. 기체밖 금속면의 페인트면이 더러울 때
윈드 크리너	윈드 쉴드의 크리닝에 사용

표 15-3 주요 크리닝제

10-7. 부식 탐지

1) 육안 검사

부식은 가끔 주의 깊은 육안 검사로 찾아낼 수 있다. 알루미늄이나 마그네슘 부식은 스킨의 가장자리나 리벳 머리의 주변에 흰색이나 회색 가루의 형태로 나타난다. 페인트 칠한 표면의 밑에 작은 흠집은 부식의 징후이다. 스킨의 랩 조인트(Lap Joint)를 조사해서 부풀어 오

그림 15-20 조종 케이블 가닥 사이의 부식 검사

른 부분이 있으면 이것은 밀착 표면 사이에 부식이 진행된 것을 나타낸다.

현재 항공기의 복잡한 구조는 확대경, 거울, 보어스코프(Borescope), 화이버 렌즈(Fiber Optics), 기타 다른 장비를 사용해서 필요한 곳을 검사한다.

2) 염색 침투 검사(Dye Penetrant Inspection)

응력 부식 균열은 상당히 까다로와서 눈으로 식별하기 힘들 때가 있다. 이런 균열은 염색 침투 검사로 발견할 수 있다. 이 검사 방법은 철이나 비철 금속과 비기공성 플라스틱(Non-porous Plastic) 등에 효과적이다. 이 검사의 원리는 검사하고자 하는 표면에 침투액을 뿌린다. 이 액체는 표면 장력(Surface Tension)이 아주 낮아서 어떤 균열이든지 쉽게 침투해 들어가고 표면에 퍼진다. 이 액체가 침투해 들어가도록 충분한 시간을 기다린 다음 표면의 모든 침투제를 닦아내고 현상제(Developer)를 뿌린다. 이 현상제는 흰색의 백분 같은 가루로 표면을 완전히 덮고, 재료에 있는 균열로부터 침투제를 번지게 한다. 침투제는 흔히 밝은 빨강색이고 균열은 흰색 표면에 붉은 라인으로 나타난다.

또 다른 형태의 침투 검사나 형광 침투 검사(Floourescent Penetrant)로 자외선(Ultraviolet)이나 블랙 라이트(Black Light)로 비추어 식별한다.

이 특수한 빛을 비추면 균열은 녹색 라인으로 나타난다.

염색 침투 검사(Dye Penetrant Inspection)의 한계는 염색 침투제가 파고 들 수 없는 깊이에 있는 균열을 찾을 수 없는 점이다. 또한 균열이 오일이나 그리스 등으로 채워져 있으면 침투제가 파고 들어갈 수 없어서 흠집을 나타내지 못한다. 그리고 표면에 기공이 있거나 표면이 거칠면 모든 침투제를 닦아낼 수 없으므로 균열 탐지가 불가능하다.

3) 초음파 검사(Ultrasonic Inspection)

최근의 부식 검사에 새로 적용하는 방법이 초음파 에너지를 이용하는 것이다. 이 검사는 높은 주파수 펄스(Pulse)의 에너지가 이용되며 음파(Sound Wave)와 비슷하고, 주파수가 가청 범위보다 훨씬 높아서 0.5~0.25MHz 정도이다.

부식 탐지를 위해서 두가지 방법이 이용되며, 펄스 에코우 방법(Pulse-Echo Method)과 반향방법(Resonance Method)이다.

펄스 에코우 방법에서는 초음파 에너지의 펄스가 구조에 쏘아져서 이 에너지가 재질을 따라 움직여서 반대쪽으로 갔다가 되돌아온다.

변환기(Transducer)에 의해 리턴 펄스(Return Pluse)를 받으면 이것이 음극선 오실로스코프에 나타나고 시간을 기준으로 한 스파이크(Spike)가 나타나서 재질의 두께를 나타낸다. 만약 어느 두께의 변화가 부식에 의해서 생긴 것이면, 되돌아오는 것은 짧은 공간을 차지해서 이것이 손상의 크기를 나타낸다.

만약 입자간 부식 등에 의한 균열이나 흠집이 재질 속에 있으면 오실로스코프 스크린에 나타나는 두 번째 스파이크(Spike)는 재질 속에 있는 흠집의 대략적인 위치를 나타낸다.

초음파(Ultrasonic)를 이용하는 두 번째 방법은 반향 방법(Resonance Method)이다. 주어진 두께의 재질에는 정해진 주파수의 초음파 에너지가 있고 정해진 크기의 반향을 준다. 가변 주파수의 초음파 에너지를 변환기에

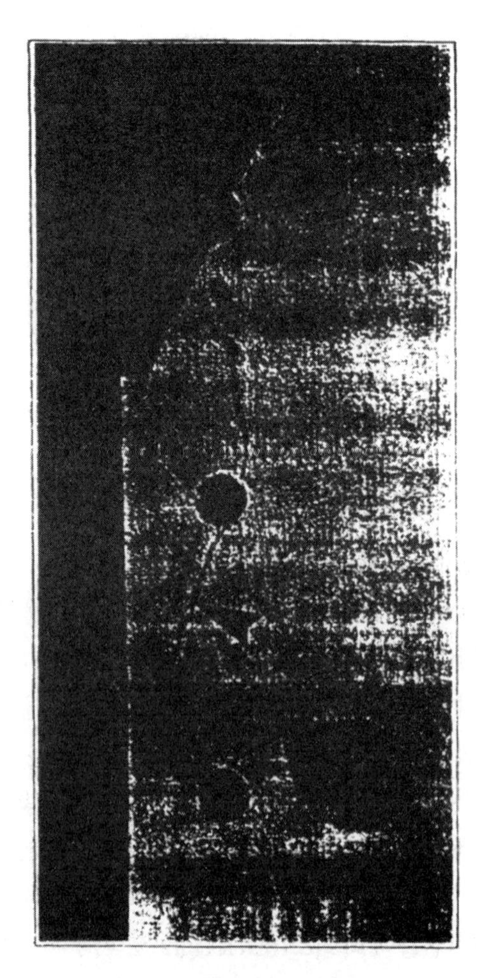

그림 15-21 염색 침투 검사에 의한 표면 균열 탐지

입력시키고 출력을 계기나 소리를 들을 수 있는 헤드폰으로 청취한다.

반향 주파수가 도착하면 계기는 최고치를 지시하거나 헤드폰에는 가장 큰 소리가 들린다. 만약 금속이 부식에 의해 없어지면 반향 주파수가 다르고 계기 지시나 소리의 볼륨은 낮아진다. 이 반향 방법은 재질의 실제 두께를 결정할 때, 검사하는 것과 똑같은 재질로 시험 재료를 만들어 탐침(Probe)을 측정(Calibrating)한다. 이 초음파 검사는 자격이 있고 절차에 익숙한 사람이 해야 한다.

거짓 반향(False Return)은 쉽게 균열로 착각되므로, 많은 특수한 변환기를 다른 위치에 두고 검사한다. 초음파 검사는 시험 재료와 실제 검사하려는 재질의 비교에 의해서 검사하는 것이다.

4) X-ray 검사

초음파 검사와 마찬가지로, X-ray도 내부에 손상이 있을 때 구조 외부에서 손상을 확인하는 방법이다. X-ray는 사진 찍는 형태의 검사이며, 극히 높은 주파수의 전자기 방사선(Electromagnetic Radiation)이 검사하는 구조를 통과하고 이 주파수의 에너지는 필름(Film)에 노출된다. 이것이 구조를 통과하면서 밀도가 높은 부분은 방사선 에너지가 더 통과하므로 필름(Film)에 덜 노출된다. 노출된 후에는 필름을 형성시킨다.

재질에서 가장 밀도가 큰 부분은 적은 에너지가 침투해서 네가티브 필름(Negative Film)에는 밝게 나타난다. 밀도가 낮은 지역은 많은 에너지가 통과해서 필름이 많이 노출되고 검게 나타난다.

X-ray 검사는 폭넓게 훈련이 필요하고 결과를 적절하게 해석하는 경험이 필요하다. 방사선 에너지에 노출되면 혈액(Blood)을 타게 하거나 손상을 입히고 사망까지도 초래할 수 있으므로 X-ray 사용은 주의깊은 취급이 요구된다. X-ray 장비 주변의 사람들은 방사선 측정 필름(Radiation Meter Film Body)을 착용해서 얼마만큼의 방사선을 받았는지를 결정한다. X-ray 검사에 관계된 사람들은 정기적으로 혈구수(Blood Count)를 측정해야 한다.

X-ray에 의한 침투의 크기는 사용한 출력에 좌우된다. 이것은 흔히 X-ray 튜브에 공급되는 킬로볼트(KV)로 표시하는데, 보통 8~200 킬로 볼트까지이다.

낮은 출력일 때는 SOFT X-ray라고 하고 이것을 부식 탐지에 사용한다.

그림 15-22 균열이나 결함 검사에 초음파 방법을 이용한다.

15-8. 부식 제거

1) 일반

기체 또는 부품 표면에 부식이 발생한 경우에는 부식을 완전히 제거한 뒤, 다시 방식 처리를 할 필요가 있다. 만약 부품 표면에 부식 생성물이 남아 있으면 부식이 다시 진행되기 때문이다.

부식 제거 방법에는 기계적인 방법과 화학적인 방법이 있다. 기계적인 방법에는 알루미늄, 샌드페이퍼(Sand Paper) 및 나일론 패드(Nylon Pad)를 사용해서 닦아 제거하거나 스크레이퍼(Scraper)나 로터리 와이어(Rotary Wire)로 깍아낸 뒤, 샌드 페이퍼로 마무리하는 방법이 있으나, 둘 다 급격히 단면을 감소시키지 않도록 주위를 매끈한 경사로 마무리 할 필요가 있다.

화학적인 방법은 부식 제거제를 브러쉬(Brush)로 바르거나 담가서 부식 생성물을 표면으로부터 분리시켜 제거하는 방법으로 부식 제거제에는 독성이 강하거나 피부에 자극을 주는 약제를 포함하는 것이 많으므로 금속 재료에 대해 지정된 부식 제거제를 적정한 방법으로 처리하도록 할 필요가 있다. 또, 부식을 제거할 때는 그 부분의 강도 저하에 유의해야 한다.

[참고] ① 알루미늄 합금의 부식 제거제의 상품명

서프 디러스트 #624, Cee-Bee3 B4, Cee-Bee B-55

타코 Wo #1(인산계)

② 마그네슘 합금의 부식 제거제의 상품명

크롬산 용액, 다우 #15

③ 강의 부식 제거제의 상품명(이때 합금강은 제외)

서브 디러스트 #670

15-9. 화학 피막 처리

1) 일반

화학 피막 처리란 금속에 보호 피막을 만들기 위해, 또는 도료의 밀착성을 좋게 하는 밑바탕 처리를 위해 용액을 사용해서 화학적으로 금속 표면에 산화막이나 무기염의 얇은 막을 만드는 방법이다. 알루미늄 합금에 대한 알로다인(Alodine) 처리, 마그네슘 합금에 대한 중크롬산염(Dichromate) 처리, 강에 대한 인산염 처리 등이 대표적이다.

2) 알로다인(Alodine) 처리

알로다인 처리에 사용되는 용액에는 #1000, #6000N과 그밖의 종류가 있고 어느 것이나 물에 용해하여 사용하지만, 소재에 따라서는 다른 첨가제를 가할 필요가 있는 것. 표면의 마무리 상황이 약간 다른 것 등 각각의 특징이 있다.

처리 방법에는 담가서 하는 것과 브러쉬로 칠하는 것 등이 있으나 여기서는 브러쉬로 칠해쓰고 사용 빈도가 많은 알로다인 #1000에 대해 그 처리 방법을 설명한다.

① 알로다인 #1000 분말 4g을 물 1 l 의 비율로 용해시켜 처리액을 만든다.

[참고] 용기는 폴리에스텔제 또는 폴리에틸렌제가 좋다.

② 알로다인 처리를 하는 면을 크리닝제 및 부식 제거제를 사용하여 깨끗하게 해서 건조시킨다.

③ 알로다인 #1000 처리액을 브러쉬(Brush)에 묻혀 처리할 면에 칠한다.

④ 2~3분간 방치해 둔 뒤, 물 세탁한다.

[참고] 도포한 알로다인 용액이 도포 시간중에 건조될 것 같으면 알로다인 용액을 더 뿌려서 크리닝할 때까지 표면이 건조되지 않도록 주의한다.

⑤ 작업상의 주의 사항

ⓐ 마그네슘 합금에 사용해서는 안된다. 크롬(Cr), 니켈(Ni), 티타늄(Ti) 및 코발트(Co) 합금과 내식강(Cres)은 마스킹(Masking)할 필요가 없다.

ⓑ 접착부, 이음매 등 액이 침투될 우려가 있는 곳은 밀봉하여 보호한다.

ⓒ 알로다인 #1000 처리의 처음의 화학 피막은 부드러우므로 표면에 가능하면 닿지 않게 주의한다.

ⓓ 알로다인 #1000 용액은 크롬산 등을 포함하므로 용액을 마찰할 때는 공해 방지상 필요한 처치를 한다. 또 같은 용액이 배인 천을 그대로 방치하면 자연 발화될 우려가 있으므로 반드시 닦아서 버린다.

3) 중크롬산염(Dichromate) 처리

중크롬산염 처리용으로 사용되는 용액에는 Dow #1, Dow #7, Dow #19 등이 있는데, 어느 것이나 크롬산을 포함하는 산성 액체를 사용하여 화학 피막을 구성하는 것으로서 도장의 바탕 처리로 많이 행해진다. 브러쉬로 칠하여 사용하는 방법은 Dow #1과 Dow #19의 처리이고 알로라인 #1000의 처리 방법과 기본적으로는 같다.

4) 인산염 처리

철강 표면에 인산염 피막을 형성하는 것으로서 파커라이징[Parkerizing 철강(Steel) 제품에 부식 방지를 목적으로 인산염 피막을 형성시키는 과정의 상표명]이 널리 이용되고 있다. 제1인산염의 수용액 중에 철강을 담그면 유리 인산염이 철에 작용하여 제2인산염을 만들고 이 제2인산염이 철강의 표면에 달라붙어 피막이 되는 것으로 피막이 완성되려면 10~30분 정도가 걸린다.

15-10. 아노다이징(Anodizing : 양극 처리)

아노다이징은 알루미늄 합금이나 마그네슘 합금을 양극으로 하여 황산, 크롬산 등의 전해액에 담그면 양극에 발생하는 산소에 의해 산화 피막이 금속의 표면에 형성되는 처리로서 내식성과 내마모성이 요구될 경우에 행해진다.

알루미늄 합금의 산화막은 그 자체로는 다공질이어서 방식 효과가 적으나 4기압 정도의 과열 증기중에 두면 피막이 변질되고 구멍이 막혀 방식 효과가 큰 피막이 된다.

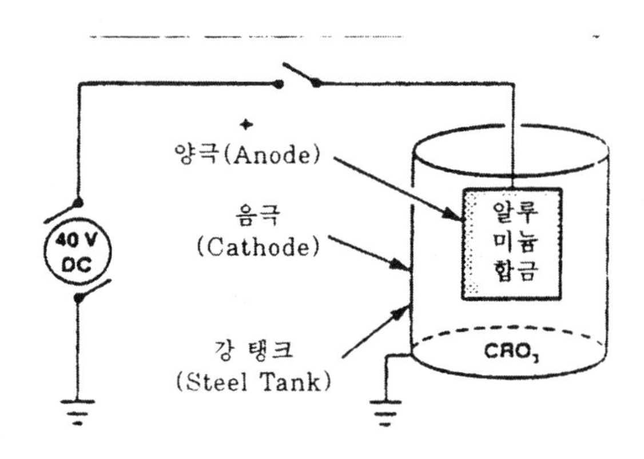

그림 15-23 아노다이징(Anodizing) 처리

15-11. 도금(Plating)

1) 일반

도금은 화학적 또는 전기 화학적 방법에 의해 금속 표면에 다른 금속의 막을 형성시키는 것으로 내식성, 내마모성, 연소 방지, 치수의 회복 등을 목적으로 한다.

2) 전기 도금

전기 도금은 도금할 금속을 음극으로 하여 도금 용기에 담그며 양극쪽에는 보통 전착(Electrodeposition)시키는 금속을 사용한다. 외부 전원(직류)으로 양극 사이에 전압을 걸면 가용성 양극은 용해되어 금속 이온이 되고, 음극 표면에 금속 원자로 확산되어가는 반응 과정에 의해 행해진다.

A. 카드뮴(Cd) 도금

그다지 광택은 없으나 은백색의 윤기가 있다. 광택 처리를 한 것은 양호한 미관을 갖는다. 내해수성은 매우 좋으나 독성이 있고 연하므로 내마모성을 요하는 부품에는 사용할 수 없다. 또, 취성 때문에 내열성을 요하는 부품에도 사용할 수 없다. 수소의 흡착성이 작으므로, 수소의 취성에 민감한 합금강의 표면 처리에 적합하고 티탄 카드뮴(Ti-Cd)의 도금에 더욱 적합하다. 크롬산에 의한 마무리는 부식 생성물을 방지하고 도금층을 안정시켜 광택을 내므로 자주 사용된다.

B. 니켈(Ni) 도금

항공기에서는 엔진 부품의 치수 회복을 목적으로 니켈 도금이 사용된다. 내식성을 목적으로 할 때는 니켈 카드뮴(Ni-Cd) 도금과 같은 다른 도금과 병용하여 많이 사용한다.

니켈 카드뮴 도금은 니켈 도금 위에 카드뮴 도금을 한 것이다.

C. 크롬(Cr) 도금

크롬 도금은 경도가 높고 마찰 계수가 작아서 내마모성은 좋으나 다공질이므로 내식성이 나쁘다. 따라서, 니켈 도금 등을 바탕 도금으로 사용하기도 한다. 장식용으로 도금을 할 때는 도금의 두께가 얇으나 내마모용으로 도금을 할 때의 두께는 두껍다.

D. 은(Ag) 도금

은의 전도성이 좋은 것을 이용하여 납땜을 할 단자, 전기 접점 등에 행해지고, 또 윤활성이 요구되는 곳에도 사용된다.

E. 구리(Cu) 도금

치수의 회복이나 윤활성이 요구되는 경우 사용되기도 한다.

구리는 비교적 다른 금속과의 친화성이 좋으므로 철, 알루미늄 등의 표면에 니켈, 크롬 도금을 할 때 밑바탕의 도금으로 많이 사용된다.

3) 화학 도금

화학 도금은 외부 전류를 쓰지 않고 용액중의 금속 이온을 환원 석출하는 방법으로, 비금속을 포함한 여러 소재에 도금할 수 있으나 여기서는 환원제를 사용한 무전해 니켈 도금에 대해 설명한다.

무전해 니켈 도금은 환원제를 포함한 니켈 염수 용액중의 니켈 이온을 산화 환원 반응에 의해 다른 금속 표면에 석출시키는 것으로 매우 밀착성이 좋고 핀 홀(Pin Hole)이 발생하지 않으므로 내식성도 뛰어나며 도금막이 형상에 관계없이 균일하므로 복잡한 형상의 도금에 적합하다. 열처리를 하면 내마모성이 뛰어난 제품을 얻을 수 있다.

항공기 부품에서는 알루미늄 부품의 내마모성을 향상시키는데 많이 사용한다.

4) 알루미늄 합금의 처리

A. 기계적인 부식 제거

모든 페인트를 제거한 후에 부식 부산물의 모든 흔적을 표면에서 깨끗이 제거한다. 약한 상태의 부식은 약한 크리닝제를 사용해서, 나일론 수세미(Scrubber)로 제거한다. 좀더 심한 상태는 알루미늄을 브러쉬(Wool Brush)나 알루미늄 와이어 브러쉬(Wire Brush)로 제거한다. 특히 주의할 사항은, 스틸 와이어 브러쉬(Steel Wire Brush)나 스틸 울(Steel Wool)은 알루미늄을 긁기 때문에 더 심한 부식을 일으킨다.

500메쉬보다 작은 유리 구슬(Glass Bead)로 표면에 분사(Blasting)해서 피트(Pit)로부터 부식을 제거한다. 브러쉬를 사용한 후는 5~10배 확대경을 사용해서 모든 부식의 흔적이 제거되었는지 검사한다. 심하게 부식된 알루미늄 합금은 부식을 제거하기 위해서 더 적극적인 처리 작업을 해야 한다.

고무 휠(Rubber Wheel)에 산화 알루미늄이 생긴 경우, 로터리 파일(Rotary File)이나 그라인더(Grinder)를 사용해서 부식 손상의 모든 흔적을 갈아낸다. 최소의 재질을 갈아내면서 모든 손상을 제거했는지 주의 깊게 관찰한다.

5~10배 확대경으로 부식의 흔적이 없음을 확인한 다음 2/1000 인치 정도로 다시 갈아내서 입자간 부식의 끝 부분까지 걷어낸 후 280방(Grit)으로 매끈하게 하고 다시 400방(Grit)으로 마무리한다. 솔벤트나 유제 크리닝제로 크리닝한 후 알로다인(Alodine)과 같은 방지제(Inhibitor)로 표면 처리를 한다.

B. 화학적 중화(Chemical Neutralization)

모든 부식 부산물을 제거한 후에 표면은 5%의 크롬산 용액으로 나머지 부식염을 중화시킨다. 표면에 산을 약 5분간 유지시킨 후 물로 닦아내고 건조시킨다. 알로다인 처리 후에

MIL-C-5541는 부식을 중화시킬 뿐만 아니라 금속 표면에 보호막을 형성한다.

C. 코팅 보호막(Protective Coating)

a. 크래딩(Cladding)

순수 알루미늄은 비부식성으로 간주하지만, 모두 비부식성은 아니다. 왜냐하면 알루미늄은 이미 산소와 결합해서 산화 피막(Oxide Film)을 형성하고 있기 때문이다. 이 보호 피막은 밀도가 짙어서 공기가 금속 표면과 접촉할 수 없게 해서 더 이상의 부식을 막는다.

순수 알루미늄은 항공기의 구조에 비록 강하지는 않지만 다른 합금 성분과 결합되어 필요한 강도를 준다.

표 15-4는 합금 요소들을 보여주고 있다. 합금에는 언제든지 이질 금속간 부식(Dissimilar Metal Corrosion)의 가능성이 있으므로, 금속의 표면은 항상 보호해야 한다. 항공기의 알루

ALLOY NUMBER	SILICON	COPPER	MANGANESE	MAGNESIUM	CHROMIUM	ZINC
1100	---99.00% PURE ALUMINUM---					
2017		4.0	0.50	0.50		
2024		4.5	0.60	1.50		
2117	2.5			0.30		
3003			1.20			
5052				2.50	0.25	
5056			0.10	5.20	0.10	
6061	0.60	0.25		1.00	0.25	
7075		1.60		2.50	0.30	5.60

표 15-4 알루미늄에 흔히 사용되는 합금 원소

미늄 합금 스킨은 부식으로부터 보호되고 동시에 보기좋은 외형을 갖기 위해 순수 알루미늄 피복(Coating)을 한다. 이것을 크래딩(Cladding)이라고 한다.

크래드(Clad) 알루미늄을 생산할 때는 순수 알루미늄을 합금의 표면에 눌러 붙인다. 이것이 합금에 침투해서 일부가 되고 전체 판금(Sheet) 두께의 1.5~5%를 차지한다. 이 피복은 코어 재질(Core Material)에 대해 양극성(Anodic)을 띠고, 부식은 우선 크래딩보다 코어(Core)에 먼저 생긴다. 산화막이 크래딩을 형성하는데, 이것은 극히 얇고 아주 잘 밀착되어 투명해서 부식 작용에 더욱 강하다.

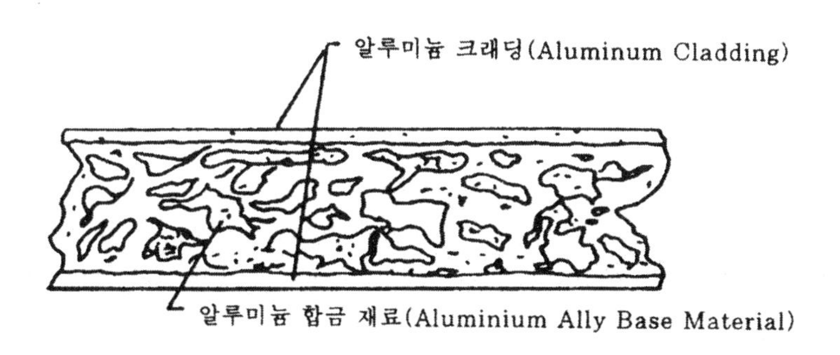

그림 15-24 알루미늄 클래딩

b. 표면 산화 피막(Surface Oxide Film)

알루미늄 표면에 산화 피막을 형성시켜서 막이 더 이상 산화(Oxidation)되는 것을 막으므로 부식으로부터 알루미늄을 보호한다. 금속 표면의 막은 단단하고 미관상 양호해야 하며, 방수와 기밀 상태(Air Tight)를 유지해야 한다.

이 막(Film)을 형성시키는데는 두 가지 방법이 있다. 전해질 과정(Electrolyte Process)으로 알려진 아노다이징(Anodizing)이 가장 일반적이지만, 화학적 작용(Chemical Process)으로 알려진 알로다이닝(Alodining)이 현상에서 많이 사용된다.

ⓐ 전해 처리(Electrolyte Treatment)

아노다이징 과정에서 처리되는 부품은 뜨거운 전해조(Water Bath)에서 특수한 비부식성 비누(Noncaustic Soap) 용액으로 깨끗이 크리닝하고 전해 과정중에 양극(Anode)을 만든다. 크롬산과 물이 전해질을 형성한다.

산화 막의 형성 후에 부품은 뜨거운 물로 씻고 공기로 건조시킨다. 이 과정으로 처리된 알루미늄은 인장 강도나 무게, 제원 등에 크게 영향을 받지 않는다. 알루미늄 합금의 양극 막은 보통 밝은 회색으로 일부 합금에 따라서는 짙은 회색을 띠기도 한다.

작동유 라인 피팅(Fluid Line Fitting)과 같은 일부의 알루미늄 합금 부품은 식별을 위해서 색깔을 칠한다. 이 색깔은 아노다이징 과정 중에 처리한다. 막이 처음 형성되면 이것은 수산화 알루미늄이며, 기공이 있고 상당히 부드럽다. 이 상태에서 먼지 등을 흡수한다. 이 막이 산화 알루미늄으로 바뀌면서 단단해지고 비흡수성으로 되어, 부식 방지에 필요한 습기와 공기 등을 금속에서 차단하는 보호막을 형성한다. 알루미늄 합금의 양극 막은 전기적 절연체로, 전기적인 연결을 하기 전에 제거해야 한다. 본딩 스트랩(Bonding Strap)을 가끔 직접 알루미늄 합금 부품에 연결하는데, 이 장착을 위해 아노다이징은 샌딩(Sanding)이나 스크레이핑(Scraping)으로 제거해야 한다.

ⓑ 화학 처리(Chemical Treatment)

현장에서 작은 부품을 제작하거나 보호용 아노다이징 막이 손상되거나 제거되면 부품은 전해질 방법보다 화학적 방법으로 보호막(Protective Film)을 형성시켜야 한다. 이 과정에서 알로다인(Alodine) 1201로 알려진 화학 약품을 사용하거나, 만약 눈으로 볼 수 없는 막을 원할 때는 알로다인 1001을 사용한다. 알로다인을 표면에 바를 때에는 표면의 모든 부식 흔적을 기계적으로 제거한 상태여야 한다. 표면은 금속 광택제나 크리닝제로 깨끗이 닦는다.

물이 묻은 상태는 표면에 묻어 있는 물이 뭉치지 않고 고르고 얇게 펴져 있어야 한다. 만약 물이 고르고 넓게 퍼지지 않고 뭉치면 그 부분에는 왁스, 그리스, 오일 등이 있는 것으로 더 깨끗이 크리닝해야 한다.

표면이 물로 젖어 있을 때 알로다인 약품을 직접 칠한다. 대략 2~5분 정도 기다린 후에 물로 씻어낸다. 알로다인 작업중에는 표면은 젖어 있어야 한다. 만약 표면이 건조되면 막이 벗겨져서 보호막이 제대로 보호 작용을 못한다. 작업하는 부위만 계속 젖어 있도록 하면 된다.

알로다인이 굳을 수 있는 시간이 지난 후에 깨끗한 물로 표면을 흘러내리게 한다. 만약 부드러운 브러쉬를 사용할 때는 막에 손상이 가지 않도록 주의한다. 표면이 건조되도록 유지시키고, 건조 후에 페인트를 칠해도 좋다. 건조후에 표면에 가루가 나타나면, 이것은 알로다인 작업 중에 표면을 깨끗이 닦아내지 않았거나 표면을 젖은 상태로 유지하지 못한 것을 뜻한다. 만약 가루가 보이면 이 부분은 다시 처리한다.

c. 유기물 막(Organic Film)

금속 표면에 가장 흔히 사용하는 방식 처리 장치가 페인트이다. 다공성(Porous) 표면의 페인트 접착은 그렇게 큰 문제가 안되지만 일부 금속 표면에는 페인트를 칠하는 것이 무척 힘들다. 알루미늄의 표면은 페인트가 칠해 질 수 있도록 준비한다. 표면을 약한 크롬산으로 에칭(Etching)하거나 아노다이징이나 알로다이닝(Alodining)으로 약간 거칠게 해서 페인트가 잘 부착되게 한다.

양호한 기계적인 방법으로는 400방(Grit) 샌드 페이퍼(Sand Paper)로 주의해서 샌딩(Sanding)을 한다. 샌드 페이퍼를 사용하면 매번 문지를 때마다 가루를 걸레로 닦아내고 나중에 프라이머(Primer)를 칠한다. 락카나 에나멜을 칠할 때는 프라이머를 사용하는데, 주로 크롬산 아연을 사용한다. 이것은 부식 방지형(Inhibiting Type) 프라이머로 막은 약간 기공성이어서 물이 들어 갈 수 있고 이 물이 크롬산 이온(Chromate Ion)을 만들어 이것이 방출되어 금속 표면에 붙는다. 이 이온화된 표면은 전해 작용(Electrolytic Action)을 막아 부식을 방지한다.

크롬산 아연은 NIC-P 8585A로 표시하고 연녹색(Yellow Green)이나 진녹색(Dark Green) 등이 있다. 이것을 톨루올(Toluol)과 2:3이나 2/3으로 섞으면 크롬산 아연을 묽게 만든다.

페인트를 칠하려면 표면은 지문이나 오일 등이 있는지 확인하고 스프레이 건(Spray Gun)

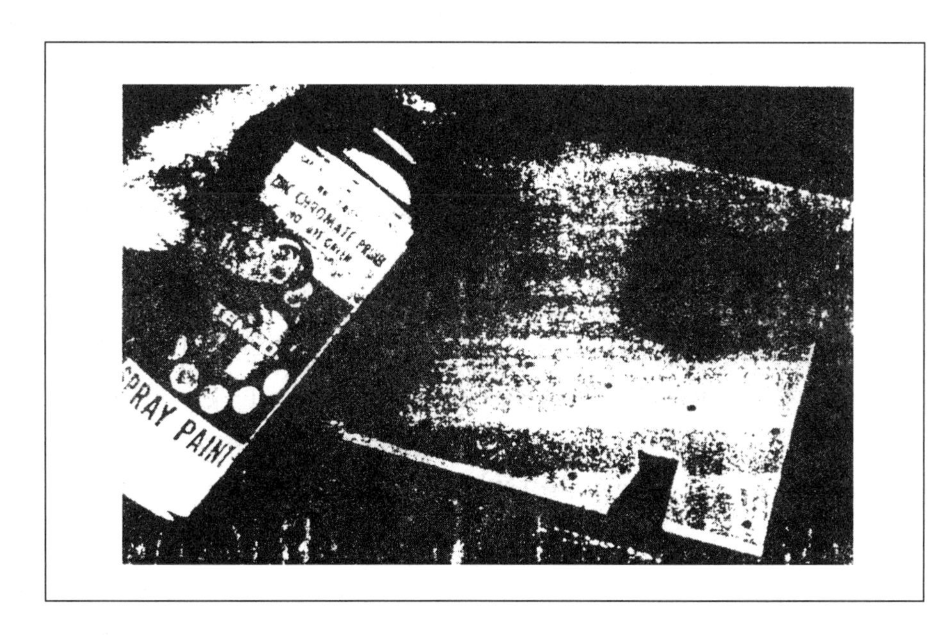

그림 15-25

크롬산 아연(Zinc Chromate Primer)은 표면에서 부식 억제막을 형성한다.

으로 크롬산 아연의 피복을 만든다. 인조 수지계(Synthetic Resin Base)의 크롬산 아연 프라이머는 금속과 표면의 마무리 사이에 양호한 접착을 제공한다. 이것은 또한 도프 프루프(Dope Proof) 특성이 있어서 항공기의 도포가 이것을 떼어내지 못한다.

실제로 현장에서는 에어졸 캔(Aerosol Can)의 크롬산 아연을 사용한다. 수리할 때나 부품을 가공할 때는 양호한 상태의 크롬산 아연을 만들어 부식을 막아야 한다. 아크릴이나 폴리우레탄 등은 워시 프라이머(Wash Primer) 등이 필요하다. 워시 프라이머는 두 부품으로 구성되는데, 수지와 알콜—인산(Alcohol-Phosphoric Acid) 촉매제이다.

워시 프라이머를 사용하기 위해 표면은 철저히 닦고 프라이머를 섞는다. 프라이머를 뿌리기 전에 대략 30분 정도 둔다. 프라이머는 처음은 얇게 칠하고 나중에 전체에 진하게 칠한다. 프라이머는 굳는데 대략 4시간 가량 걸리며 끝마무리 칠은 48시간 이내에 끝낸다.

5) 철 금속(Ferrous Metal)의 처리

A. 기계적인 부식 제거

알루미늄과 다르게 철 금속의 산화막은 기공성이어서 습기를 끌어 모아 계속해서 금속을 부식시킨다. 이 녹의 모든 흔적을 제거해야 한다. 이것을 제거하는 가장 효과적인 방법은 기계적 수단으로 연마 페이퍼(Abrasive Paper), 와이어 브러쉬(Wire Brush) 등을 이용한다. 그렇지만 도금되지 않은 강 부품으로부터 부산물을 제거하는 가장 효과적인 방법은 연마제 분사(Abrasive Blasting)이다. 이것이 부식된 홈의 밖까지 처리한다.

모래, 산화 알루미늄, 유리 구슬(Glass Bead) 등도 효과적으로 사용한다. 만약 부품이 카드뮴이나 크롬 도금되었으면 도금을 보호하기 위해 주의해야 하는데, 현장에서 도금을 다시 할 수 없기 때문이다.

랜딩 기어(Landing Gear)에서 볼수 있는 것과 같은 높은 응력을 받는 강 부품은 극히 주의해서 크리닝한다. 만약 이 부품에서 부식이 발견되면 최소의 요소만 제거해서 부식을 즉시 제거한다. 연성 숫돌(Fine Stone), 연성 연마 페이퍼(Fine Abrasive Paper), 경석(Pumice) 등을 사용한다. 와이어 브러쉬는 사용하면 안되는데, 미세한 긁힌 자국(Scratch)을 만들어 응력 집중을 만들고 잠재적으로 부품을 약하게 하므로 사용이 금지된다. 만약 연마제 분사를 사용하면 주의해서 작업하되 아주 작은 석질 연마제(Grit Abrasive)나 유리 구슬을 사용한다.

모든 부식을 제거한 다음에 홈이나 손상의 거친 부분은 400방(Grit) 연마 페이퍼(Abrasive Paper)로 고르게 갈고 즉시 프라이머(Primer) 처리한다. 처리되지 않은 건조하고 깨끗한 표면은 부식의 발생에 이상적인 조건이어서 만약 즉시 보호하지 않으면 새로운 손상이 시작된다. 이런 표면에는 크롬산 아연 프라이머를 사용한다.

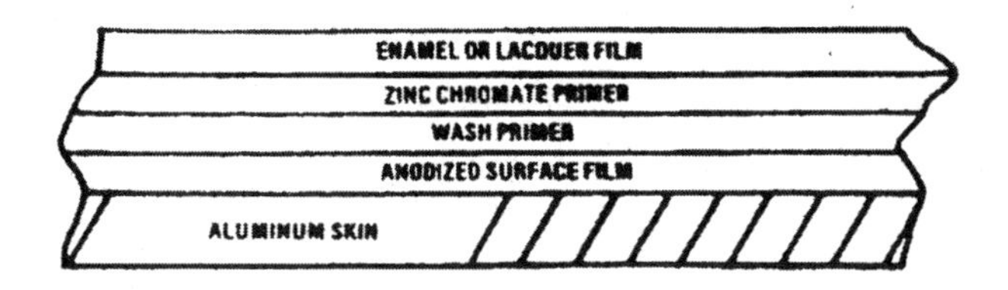

그림 15-26 끝마무리 형태

B. 표면 처리(Surface Treatment)

a. 도금(Plating)

ⓐ 니켈과 크롬 도금

니켈이나 크롬의 전기 도금 코팅은 금속에 기밀 코팅(Airtight Coating)을 형성해서 금속에 공기나 습기를 차단한다. 항공기 정비에는 두 가지 형태의 크롬 도금을 사용한다. 주로 외관을 좋게 하기 위해서 사용하고 표면을 보호하는 장식용 크롬(Decorative Chrome)과 피스톤 로드(Piston Rod), 실린더 벽(Cylinder Wall), 기타 마모에 관계되는 부분에서 마모 저항용으로 사용되는 경화용 크롬(Hard Chrome)이 그것이다. 경화용 크롬을 사용하는 부품은 더 작은 것으로 연마하고 적당한 치수로 도금을 한다.

엔진의 실린더 벽은 기공성 크롬(Porous Chrome)으로 도금하여 표면에 형성된 수천개의 작은 구멍에 윤활제를 보유한다.

ⓑ 카드뮴 도금(Cadmium Plating)

크롬 도금은 표면에 습기를 차단해서 강을 보호하는 반면 카드뮴 도금은 전혀 다른 방법, 즉 부식 방지용 부식(Sacrificial Corrosion) 방법에 의해서 강을 보호한다.

앞의 그림 15-1의 전기 화학적 계열에서 보는 것처럼 서로 다른 두 금속이 전해 작용에 관계되면 부식이 발생되는데 양극 재질인 카드뮴이 먼저 부식되고 음극 재질인 강은 손상을 입지 않는다. 거의 모든 항공기 하드웨어(Hardware)는 카드뮴으로 도금되었다. 이 연한 은회색 금속은 강 부품에 최소 두께 0.005in로 전기 도금한 것이다. 이것은 보기에도 좋을 뿐만아니라 부식에도 강하다.

카드뮴 도금을 한 부품에 내부 강까지 긁힌 자국이 있으면 전기 화학적 작용이 발생해서 카드뮴이 부식된다. 만약 강이 부식되면 대개의 경우 부품이 못 쓸 정도로 부식이 되지만, 카드뮴의 표면에만 생긴다면 알루미늄에 형성되는 것과 비슷한 산화가 형성되어 상당히 밀도가 커지므로 공기와 수분에 대한 기밀 상태를 제공한다. 초기에 막이 형성되면 더 이상의 부식은 진행되지 않는다. 이런 형태의 보호가 부식 방지용 부식(Sacrifical Corrosion)이다.

ⓒ 아연 도금(Galvanizing)

타이어 월(Tire Wall)에 쓰이는 강 부품은 아연으로 도금한 것이다. 아연 도금에 의한 보호는 카드뮴 도금에 의해서 제공되는 것과 비슷한 부식 방지용 부식(Scrificial Corrosion)이다. 속까지 긁힘이 생기면 아연이 부식되어 산화물의 기밀 막을 제공한다. 아연은 용해된 아연의 배트(Vat)를 통해 강판을 통과시켜서 공급하고 롤러(Roller)를 지나면서 같이 압연(Rolling)된다.

b. 금속 스프레이(Metal Spraying)

항공기 엔진 실린더는 표면에 용해된 알루미늄을 스프레이(Spray)해서 부식으로부터 보호한다. 강 실린더 배럴(Steel Cylinder Barrel)은 모래 분사(Sandblast)로 깨끗이 하고 건조시킨다. 알루미늄 와이어를 아세칠렌 불꽃(Acetylene Flame)에 계속 공급해서 고압의 압축된 공기로 용해된 알루미늄을 표면에 불어댄다. 이 처리에 의한 부식 보호가 되고 카드뮴이나 아연 코팅에 의해서 제공되는 부식 방지용 부식을 제공한다.

C. 유기물 코팅(Organic Coating)

페인트는 부식 보호에 효과적으로 폭넓게 사용된다. 이 페인트 막은 깨지지 않게 해야 된다. 페인트 칠한 표면은 적절히 준비한다. 건조 연마제 분사(Dry Abrasive Blasting)는 모든 표면의 산화를 제거하고 페인트 접착이 잘되도록 양호한 거친 표면을 만든다.

카드뮴 도금을 했던 부품은 이 표면을 5%의 크롬산에 에칭(Etching)을 하고 프라이머(Primer)를 바른다. 깨끗하고 건조한 표면이 된 후에 엷고 젖은 크롬산 아연 프라이머를 뿌리고 건조시킨다. 마지막 페인트 칠은 대략 한 시간 후에 실시한다.

6) 마그네슘(Magnesium) 합금의 처리

A. 기계적인 부식 제거

마그네슘은 흔히 항공기에 사용하는 금속 중에서 가장 부식에 약하지만 무게 대 강도비가 뛰어나기 때문에 많이 사용한다.

그림 15-27 부식을 제거할 때는 최소 부분 만을 제거한다.

마그네슘 합금은 알루미늄과 같이 자연적으로 보호막을 갖고 있지 않으므로 화학적으로 전해질 처리된 보호막을 파괴시키지 않도록 조심하여야 한다.

마그네슘 부식은 순수 금속보다 체적(Volume)이 증가하기 때문에 페인트를 일어나게 한다. 만약 스킨 사이에서 부식이 형성되면 결합 부분을 부풀게 한다. 마그네슘 구조에서 부식이 발견되면 모든 흔적을 제거하고 표면은 더 이상의 부식이 진행되지 않도록 처리한다.

항공기 구조용 금속으로 사용하는 거의 모든 마그네슘은 양극이기 때문에 금속성 공구(Tool)로 부식을 완전히 제거할 수 없다. 이것은 금속에 찌꺼기를 남기고 손상을 더욱 진행시킨다. 딱딱한 비금속성 브러쉬나 나일론 수세미는 홈이나 표면의 부식 제거에 알맞다. 깊은 홈은 날카로운 강이나 카바이드 팁 절삭 공구(Carbide Tip Cutting Tool)나 스크레이퍼(Scraper)로 잘라낸다. 카보런덤 휠(Carborundum Wheel)이나 페이퍼를 사용해선 안되는데 이것은 전기 화학적 부식(Galvanic Corrosion)을 일으키는 성질이 있기 때문이다. 만약 연마제 분사를 사용할 경우, 유리 구슬(Glass Bead)은 마그네슘에만 사용하던 것을 사용한다.

B. 표면 처리

가능한 모든 부식을 제거한 후에 크롬산을 섞은 용액(MIL-M-3171A TYPE I)을 발라서 남아있는 부식 찌꺼기를 중화시킨다. 만족스러운 대체 용액은 다섯 방울 정도의 밧데리 황산을 1갈론의 크롬산 용액에 섞는다. 이것을 헝겊에 묻혀서 10~15분 정도 놓아 두고 그 다음 뜨거운 물로 닦아낸다.

더 양호한 보호막은 중크롬산염 전환 처리(Dichromate Conversion : MIL-M 3171A Type III)에 의해서 생성된다. 이 용액을 금속에 바르고 황금색의 산화막이 생길 때까지 기다린다. 찬물로 씻어내고 공기로 불어낸다. 산화막은 아주 부드러워서 젖어 있을 때는 지나치게 씻어내지 않도록 하고 건조되어 굳을 때까지 만지지 않는다. 이 막은 표면에서 전해질을 배제시켜서 부식으로부터 마그네슘 표면을 보호한다.

알루미늄 합금과 마찬가지로 마그네슘도 전해질 방법(Electrolyte Method)에 의해 표면에 막을 형성시킨다. Dow No 17 과정에 의한 아노다이징 마그네슘(Anodizing Magnesium)은 단단한 표면의 산화 막을 만들어 페인트와 함께 더 견고한 보호를 한다. 마그네슘은 상당히

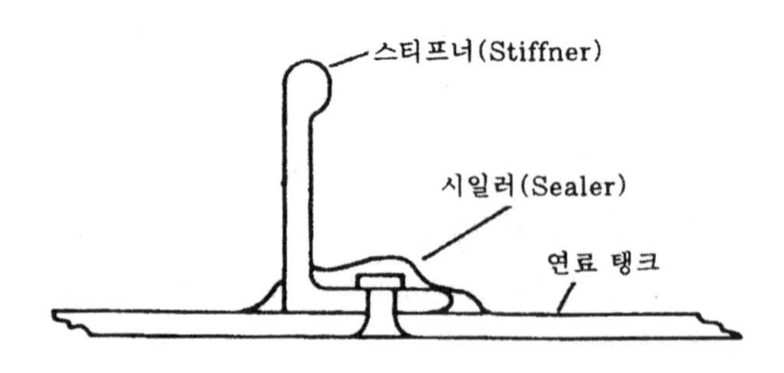

그림 15-28
인테그랄 연료 탱크(Integral Fuel Tank)에 밀봉재(Sealer)의 사용 예

부식에 약하고 마그네슘 스킨은 보통 얇다. 그래서 정확한 용액과 적절한 절차를 통해서 부식 처리를 해야 한다.

7) 부식 손상의 평가(Assessment of Corrosion Damage)

부식 부산물의 제거와 표면에 보호막을 형성시키는 것은 항공기 구조에 더 이상의 손상을 막게 한다. 그러나 이런 절차를 취한 후에 구조를 철저히 조사해서 남은 재료로 충분한 강도를 제공하는지 결정해야 한다. 갈아낸 모든 홈은 얇게 패이는데, 이것이 여러개 인접해 있으면 표면이 울퉁불퉁하지 않게 매끈한 표면으로 만든다. 상당히 고운 샌드 페이퍼(Sandpaper)를 사용해서 깨끗하고 매끈한 표면을 만들고 응력 집중을 받을 만하거나 습기가 모일 수 있는 긁힘을 없앤다.

특히 주의할 곳은 내부 연료 탱크로 모든 연결부와 이음부는 실링 콤파운드(Sealing Compound)로 덮여 있다. 부식은 이 기밀제 밑에서 형성된다. 만약 부식이 되었으면 해당되는 콤파운드와 부식을 제거한다. 모든 작업이 끝난 후에는 깨끗이 정리하고 남아 있는 재질의 두께를 결정하기 위해 다이얼 지시기(Dial Indicator)나 초음파 검사를 한다.

15-12. 페인팅(Painting)

1) 일반

페인팅이란 물체의 부식 균열, 오염으로부터의 보호와 색체, 미장, 그밖의 특수한 성능을 갖게 하기 위해 표면에 페인트를 칠하여 막을 만드는 것이다. 따라서 페인팅은 비교적 간단한 작업이지만, 페인트막에 소기의 성능을 발휘시키기 위해서는 페인트 그 자체의 상태를 처음부터 페인트를 칠할 때의 상태나 바탕의 조절 등을 충분히 고려해서 적정한 작업을 해야 한다.

2) 페인트

항공기에 쓰이는 페인트는 합성 수지 페인트가 주로 사용된다. 주요한 페인트의 특성과 용도를 표 15-5에 나타냈다.

페인트	특 성	용 도
워시 프라이머 (폴리비닐뷰틸라이트)	경도금에 대해 부착성이 좋고 매우 얇은 페인트 막을 만든다.	알루미늄 합금의 초벌용(기체외부 도장의 기초칠에 적합)
징크 크로메이트 프라이머	금속의 부식 방지와 마무리 칠에 부착성이 강하다.	기체 내부 구조의 부식 방지 도장용, 에나멜, 락카 등의 애벌칠.
항공기용 에나멜 (알키드 수지)	기후에 강하고, 광택, 두께가 충분하여 기체외장에 적합. 단지, 건조 시간이 길다.	기체 외장, 표식 등
항공기용 락카 (알키드 수지)	애나멜보다 건조가 빠르고 작업성이 좋다. 기후에 약하다.	기체 외장, 표식, 부품 도장 등
아크릴 락카	건조가 빠르고 막이 에나멜보다 단단하다. 광택, 기후에 강하다.	기체 외장, 표식
폴리우레탄 수지	막이 강하고 광택이 좋으며, 기후, 오일, 연료 등에 강하다.	기체 외장
에폭시 수지	막이 강하고 오일, 용제, 연료 등에 강하다.	기체 외부의 부식 방지 페인팅으로 오일, 약품등에 강한 성질이 요구되는 곳
에폭시 수지 (에폭시 프라이머)	금속에 대한 부착력이 크고 부식성, 오일, 약품 등에 강하다.	기체 내부 구조부, 연료 탱크 내부의 부식 방지용, 에폭시 수지, 폴리우레탄 수지 도료의 밑칠에 사용
실리콘 수지	내열성(400℃)과 부식 방지 성능이 뛰어나다.	엔진 부품 등 고온에 노출되는 곳의 칠로 적합
비닐 수지	막이 유연성이 있다.	객실 내부(천정, 벽면)
수성 페인트	작업시 인화의 위험성이 없고 인체에 독성이 적다.	객실 내부(천정, 벽면)
내산성 락카	내산성이 있다.	밧데리 장착 부분
형광 페인트	형광성을 가진다. 기후에 약하다.	기체 외부의 표식

표 15-5 주요 페인트의 특성과 용도

3) 페인팅 작업

A. 일반

항공기의 페인팅 방법에는 텃치 업(Touch Up)용으로서 브러쉬(Brush)로 칠하는 것 외에 스프레이(Spray) 페인팅, 에어레스 스프레이(Airless Spray) 페인팅, 정전 페인팅 등이 있으나, 여기서는 아주 흔히 행해지고 있는 우레탄 에나멜의 스프레이 페인팅에 대해 설명한다.

[참고]

① 스프레이 페인팅
가압한 공기를 스프레이 건으로 보내 페인트를 안개처럼 분출해서 페인팅하는 방법

② 에어레스 스프레이 페인팅
가압된 페인트를 노즐에서 분출시켜 페인팅(Painting)하는 방법. 분출량이 많으므로 페인팅 능률이 좋고 공기를 사용하지 않으므로 페인트가 되돌아오는 것이 적다.

③ 정전 페인팅은 접지된 페인팅 대상물을 양극, 페인팅 기구를 음극으로 해서 양극간에 고전압을 사용(전기 회로의 단자간에 공급되는 전원 전압)하면 정전장이 형성된다. 그 속에 페인트를 안개 상태로 넣으면 페인트 입자는 서로 대전되어 페인팅 대상물에 끌려가 부착된다. 페인트의 손실이 적으며, 돌출부나 주변부도 두껍게 페인팅할 수 있다.

B. 작업 공정

[참고]

① 페인팅에서는 맨 처음 표면을 깨끗이 하고 바탕과 페인팅 사이의 밀착성이나 녹을 방지하는 효과를 향상시킬 목적으로 본 바탕면에 화학 처리를 하는 것이 일반적이다.

② 페인트는 페인팅시 적합한 점도가 있어야 한다. 또 페인팅시의 온도는 20±2℃가 이상적이다. 습도의 50% 전후가 가장 좋은 상태이다. 약 습도가 75% 이상이 되면 도면에 수분이 흡착되어 백화 현상을 일으킬 우려가 있다.

③ 에나멜 페인트의 합계 두께는 1.6×2.0mil(mil = 10^{-3}in)가 보통이다.

④ FRP에서는 워시 프라이머를 도포할 필요가 없다.

⑤ 워시 프라이머는 표면 처리를 겸한 페인트로, 특히 밀착성 또는 내식성을 필요로 하는 부분에 사용한다. 주성분은 인산, 크롬산 아연이다.

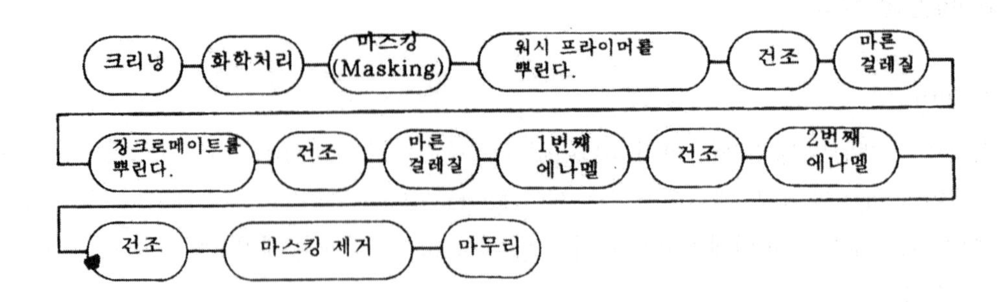

그림 15-29 페인팅 작업 공정

C. 에어 스프레이용 기구

여기서는 일반적으로 쓰이는 에어 스프레이 장치에 대해 설명한다.

에어스프레이 장치란 그림 15-30과 같이 에어스프레이 건(Air Spray Gun), 공기 호스, 공기 압축기, 공기압 조정기 및 페인트 용기 등으로 구성되어 있다.

에어스프레이 건은 방아쇠를 당기면 압축 공기와 페인트가 분출되어 안개 상태로 스프레이 형태를 만들어 페인팅하는 수공구이다. (그림 15-31)

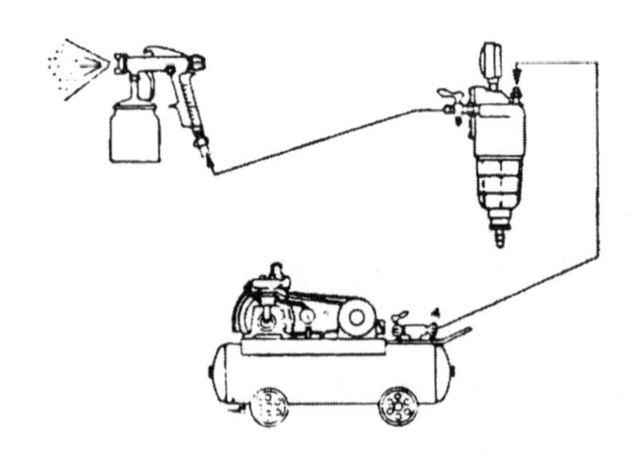

그림 15-30 에어 스프레이 건의 구성

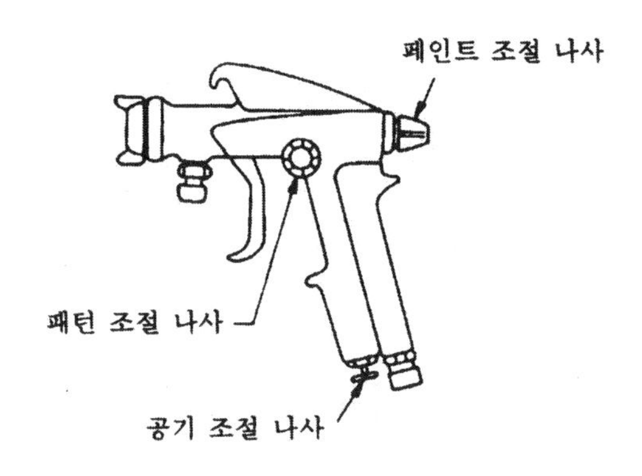

그림 15-31 에어 스프레이 건의 명칭

다음은 그 조작 요령과 구조의 개요이다.

[참고] 에어 스프레이 건의 조절 장치

① 페인트 조절 조리개

페인트의 분출량을 변화시킬 수 있다. 조리개를 "CLOSE" 방향으로 돌려 정지한 곳에서는 페인트가 분출되지 않고 공기 만이 분출된다. 반대로, 조리개를 "OPEN" 방향으로 돌리면 페인트의 분출량이 증가한다.

② 분사 형태 조절 조리개

분사 형태를 바꿀 수 있다. 조리개의 화살표가 왼쪽의 정지 위치에 있으면 분사 형태는 구형이고, 오른쪽으로 움직이면서 분사 형태는 서서히 타원형이 된다.

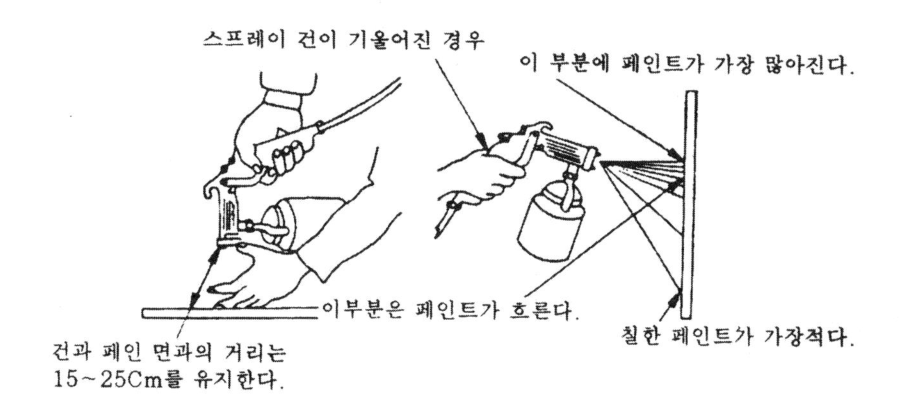

그림 15-32 조작 요령

③ 공기 조절 조리개

공기의 유량을 조절할 수 있다. 페인트 조절 조리개와의 운동에 따라 페인트의 입자를 굵게 하거나 가늘게 하거나 할 수 있다.

D. 에어 스프레이 건의 조작 요령

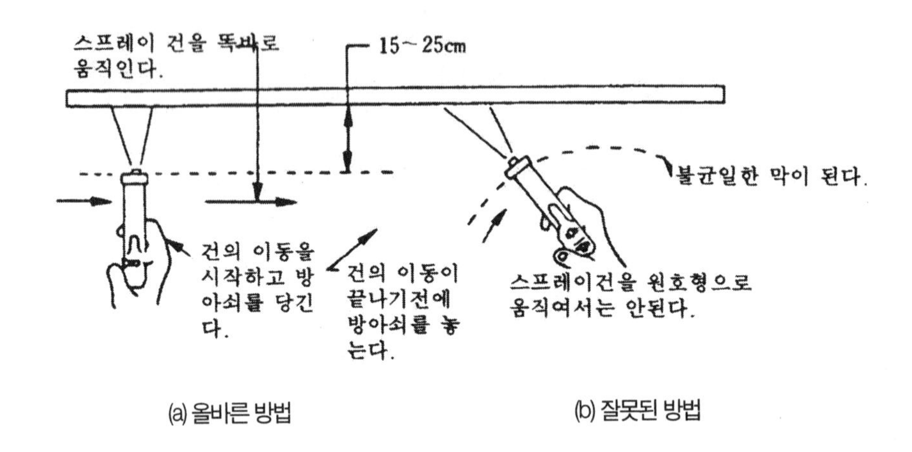

(a) 올바른 방법 (b) 잘못된 방법

그림 15-33 조작 요령

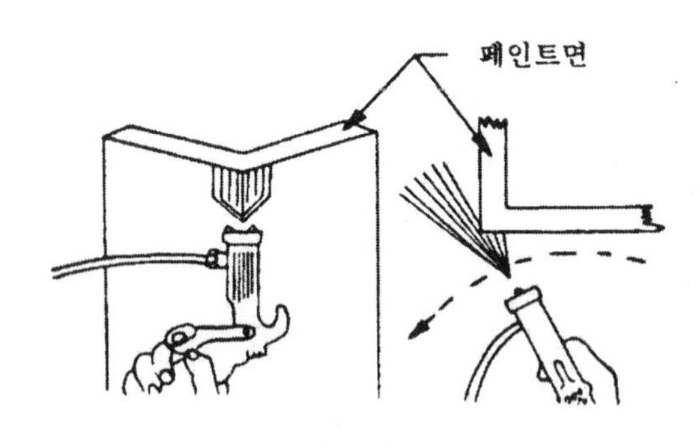

그림 15-34 조작 요령

4) 페인트의 제거

A. 일반

침식, 벗겨짐, 갈라짐, 핀홀, 브리딩 등으로 좋지 않은 상태로 된 페인트를 제거(Remove)

하는 경우, 화학 약품 유기 용제 또는 샌딩(Sanding) 등의 방법이 취해진다. 여기서는 페인트 제거제(Paint Remover)를 써서 페인트 막을 제거하는 방법에 대해 설명한다.

페인트 제거제는 메틸렌 클로라이드(Methyl Chloride : 염화메틸)를 주성분으로 하는 점액 상태로 된 것이 주로 사용된다. 이 용제는 인체에 해는 없으나 발생하는 가스가 유독하고, 또 용제도 자극이 강하므로 흡입하거나 피부에 닿지 않도록 주의해서 다루어야 한다.

B. 금속 표면의 페인트 제거 공정

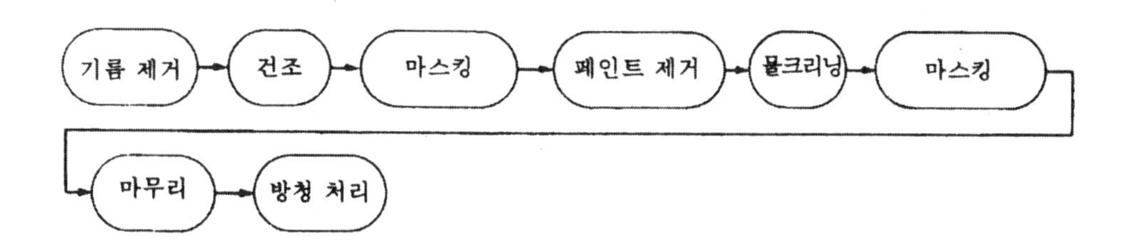

그림 15-35 금속 표면의 페인트 제거 공정

[참고]

① Cee-Bee A-292는 에나멜, 락카, 프라이머 또는 에폭시 우레탄 수지의 페인트에 사용한다. 이것은 노란색 점성이 있는 액체로 인체에 해는 없지만 암모니아와 메틸렌 클로라이드의 가스를 발생하는 화학 약품이다.

② 탈지 크리닝 작업은 더러운 정도에 따라 생략해도 좋다. 만약 탈지 크리닝을 했을 경우는 물로 씻은 뒤 완전히 수분이 없어질 때까지 건조해야 한다. 조금이라도 수분이 남아 있으면 박리 효과에 지장을 준다.

③ 페인트 제거제를 FRP부분, 아크릴 유리 또는 고무 계통에 닿게 해서는 안된다. 만약 닿으면 크레이징(Crazing)이나 성능 감소의 원인이 된다.

④ 페인트 리무버를 넓은 범위에 걸쳐 칠할 경우는 스프레이법으로 행하고 범위가 좁으면 브러쉬로 칠한다. 칠한후, 페인트막에 주름이 생길 때까지 (3~15분 정도) 건조되지 않게 주의하면서 방치해 둔다.

⑤ 주름이 생기면 브러시로 문질러 페인트 막을 제거한다. 그래도 떨어지지 않으면 2회, 3회 페인트 제거제를 칠하는 것을 반복한다. 완전히 떨어질 때까지는 물을 씻어서는 안된다.

⑥ 수세는 페인트 제거제 박리 찌꺼기가 완전히 떨어질 때까지 한다. 만약 페인트 제거

제와 물의 혼합물이 건조되어 금속 표면에 부착되어 있으면 부식의 원인이 된다.

C. FRP 표면의 페인트 제거

페인트 제거제를 사용할 경우와 유기용제를 사용할 경우의 2가지 방법이 있다.

기본적으로는 금속 표면의 경우와 거의 같은 방법으로 하지만, 앞에서 설명했듯이, FRP는 페인트 제거제, 또는 유기용제와 닿으면 강도 저하가 촉진되므로 충분한 주의가 필요하다.

[참고]

① 페인트 제거제는 1회만 칠한다. 따라서, 박리되어 떨어진 부분이 있게 되므로 #280 이상 가는 샌드 페이퍼로 샌딩해서 제거한다.

② 유기용제로 페인트를 제거할 때는 토루올(Toluole)을 먹인 걸레를 페인트칠 위에 덮어 주름이 생길 때가지 둔다. 주름이 생기면 주걱 등을 벗긴다. 박리되어 떨어진 부분은 #280 이상의 가는 샌드 페이퍼로 샌딩해서 제거한다. (이때 유기용제를 2시간 이상 FRP재에 부착해서는 안된다)

③ 최종 마무리는 키시롤을 적신 걸레로 깨끗이 닦아낸다.

15-13. 강의 표면 경화

1) 일반

기어(Gear), 샤프트(Shaft), 베어링(Bearing) 등과 같은 접촉부를 가진 부품의 그 표면은 내마모성, 내부는 인성을 필요로 한다. 이처럼 표면층만을 얻게 할 목적으로 처리하는 것이 강의 표면 경화이다.

2) 침탄법(Carbonizing)

저탄소강을 소재로 하여 니켈(Ni), 크롬(Cr), 몰리브덴(Mo) 등을 소량 포함한 강재가 필요한 곳에 탄소를 침투시킨 뒤, 전체를 담금질한다. 담금질에 의해 탄소 함유량이 높은 표면은 경화되나 탄소량이 낮은 내부는 그다지 굳어지지 않고 끈기가 있다.

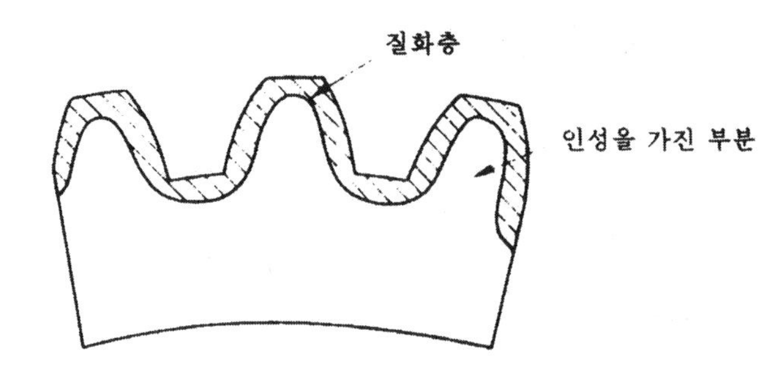

그림 15-36 강의 표면 경화

3) 질화법(Nitriding)

암모니아(NH_3) 가스중에서 질화용 강(Al-Cr Mo)을 장시간 가열하면 표면에 질화층이 생긴다. 질화후 그대로 서서히 냉각한다. (담금질, 재열처리 불필요) 질화용 강은 미리 담금질 및 재열처리 해둔다. 질화법은 비교적 낮은 온도로 처리할 수 있는 것이 특징이다.

4) 고주파 담금질법(Induction Hardening)

고주파 유도 전류에 의해 강재의 표면을 급가열, 급냉하여 경화시키는 방법이다. 강인하고 내마모성을 필요로 하는 부품에 사용된다. 전류의 주파수를 높이면 층(표면)은 얇아지고 전력을 많게 하면 급속히 가열되므로 내부까지 경화되는 것을 막는다.

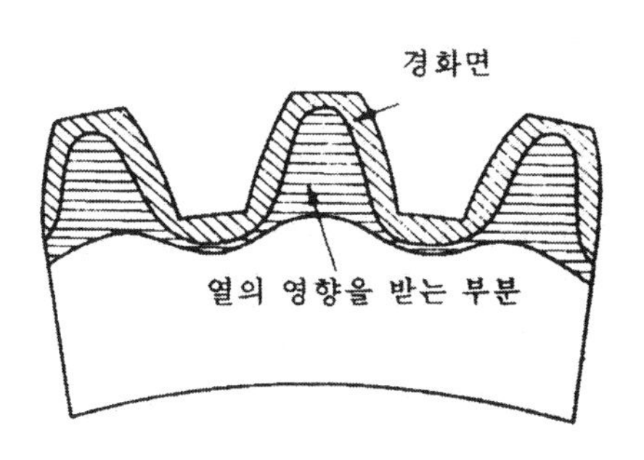

그림 15-37 기어의 고주파 담금질의 예

15-14. 재료 접합면의 보호 처리

1) 일반

본래의 구조 부재가 손상되어 수리하거나, 또는 수리 부품을 장착할 경우에는 보호 처리가 필요하다. 즉 서로 다른 금속에 방식을 하지 않고 접촉시키면 이질 금속에 의한 부식이 생기는 것이다. 따라서, 서로 다른 금속간의 접촉을 피하거나 그 접합부에 대해 충분한 방식 처리를 해야 한다.

2) 이질 금속의 분류

구조재로 사용되는 금속은 이온화 경향이 큰 것부터 차례로 그림 15-10과 같이 그룹으로 나누어 볼 수 있다. 이들 각 그룹 내의 금속끼리는 전기 화학적 반응이 일어나기 어려우나, 그룹간에는 번호 차이가 클수록 전기 화학적 반응이 일어나기 쉽다.

$Zn \rightarrow Zn^{++} + 2e^{-}$(산화 반응)
$2H_{+} + 2e \rightarrow H_2$(환원 반응)

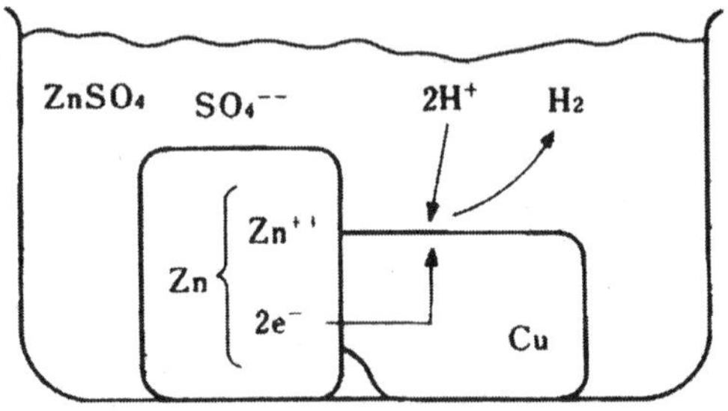

그림 15-38 금속의 접촉에 의한 화학 변화

[참고] 접착면에 생기는 화학 반응

금속은 고유의 전극, 전위를 가지므로, 전해물질 속에 전위가 다른 금속을 접촉시키면 부식이 생긴다. 예를 들어 동과 아연을 접촉시켜 황산 용액 속에 넣으면 그림 15-38과 같이 아연은 구리보다도 이온화 경향이 크므로 전자가 구리쪽으로 이동한다. 그 결과, 아연은 양전기를 띠고 구리는 음전기를 띠게 된다.

한편, 양전기를 띤 아연 이온은 용액중에 녹는다. 또 용액중의 수소 이온이 구리 표면에서 전자를 뺏어 수소 원자가 된다. 즉, 다음의 화학 변화가 생긴다.

3) 보호 처리의 마무리

재 료	접촉면의 마무리	
	동종 금속	이질 금속
알루미늄	알로다인 처리	알로다인 처리
강	카드뮴 도금	카드뮴 도금
내식강	없음	카드뮴 도금
클래드 알루미늄 합금	프라이머	프라이머
크롬, 니켈, 티타늄 합금	없음	프라이머

표 15-6 보호 처리의 마무리

제16장 항공기 비파괴 검사 (Nondestructive Testing)

16-1. 일반

비파괴 검사(Non Destructive Inspection)란 재료 또는 제품을 손상시키거나 파괴하지 않고 결함의 유무 등을 조사하는 방법으로 다음과 같은 것이 있다.

① 방사선 투과 검사(Radiographic Inspection)
② 침투 탐상 검사(Penetrant Inspection)
③ 자분 탐상 검사(Magnetic Particle Inspection)
④ 와전류 검사(Eddy Current Inspection)
⑤ 초음파 검사(Ultrasonic Inspection) 제거

	침투탐상검사	자분탐상검사	초음파검사	와전류검사	방사선투과검사
원 리	침투 작용 현상 작용	자기흡인작용	펄스 반사법	자기유도작용	투과법
결함 상태를 표시하는 기계	침투제 현상제	자분	브라운관	전압계 전류계	X선 필름
표시 내용	침투,현상 작용에 의한 지시 모양	누설자속에 부착된 자분에 의한 지시모양	무결함부에서는 반사파가 생기 지 않으나, 결함부에는 반사파가 생겨 브라운관상에 표시된다.	소용돌이 전류의 변화에 따른 검출코일의출력(전압, 임피던스) 변화를 미터 등으로 지시한다.	무결함부와 결함부의 투과선량이 달라 사진 농도에 차가 생긴다.
적용 가능한 재 질	금속 재료 비금속 재료	강자성체	금속 재료 비금속 재료	전도 재료	금속 재료 비금속 재료
검출 가능한 결 함	표면의 균열 결함	표면 및 표면 밑 결함	표면 및 내부 결함	표면 및 표면 밑(층) 결함	표면 및 내부 결함
검출하기 쉬운 결함 방향	전방향	자속과 직각 방향	초음파의 진행 방향에 직각인 방향면상 결함에 적절	소용돌이 전류 흐름을 차단하는 방향	방사선 진행 방향에 평행 방향

16-2. 방사선 투과 검사(Radiographic Inspection)

1) 개요

구조부(Structure)의 방사선 검사는 의심나는 구조 부분이 감추어져 있거나 쉽게 접근할 수 없을 때 사용한다. 이 검사는 일반적인 검사의 시험적인 기술로 사용해서는 안된다.

대부분의 경우 방사선 사진 기술은 결함의 위치나 방향을 이전의 경험으로 알고 있는 곳에 사용한다. 검사에 필요한 자세한 내용을 알아서 항공기 구역에 따라 촬영하는 시간과 방법 등을 정확히 적용한다. 이렇게 해서 결함을 가장 좋은 방향에서 선명하게 얻을 수 있다.

2) 항공기 준비

방사선의 방사되는 성질 때문에 항공기를 격리시키고 안전 거리 이내에 사람의 접근을 막는다. 항공기는 연료를 배출(Drain)하고 경고 표지(Warning Sign)를 주변에 놓는다. 항공기에는 부품을 분리할 필요는 없지만 X-선 튜브(X-ray Tube)의 수평을 맞추는 것은 필요하다. 각각의 검사는 항공기의 자세나 형태에 따라 다르다.

3) 방사선 사진 장비

기본적인 방사선 사진 장비는 휴대(Portable)가 간편하다. 이 장비는 검사 목적에 맞게 교정(Calibrate)되고 알맞은 등급(Rating)을 갖고 있어야 한다. 장비에 부수적으로 필요한 것으로는 방사능 측정기(Geiger Counter), X선 투과도계(Penetrometer), 증감지(Lead Screen), 암실(Dark Room) 등이다.

4) 검사 기술

각각의 검사는 방사선 원(Radiation Source), 필름 방향, 노출 등이 필요하다. 제작사에서 권고하는 방법의 대부분이 주요 검사 부위(Critical Area)에서 결함을 찾아내는데 좋은 방향과 노출을 제공한다.

5) 방사선 사진

A. 정의

X선과 감마선(Gamma Ray)이 방사되어 불투명한 물체를 뚫고 지나간다.

방사선(Radiation)은 재료를 통과해 지나면서 재질의 밀도와 원자수에 따라 다른 각도로 흡수된다. 이 흡수되는 현상이 필요한 정보를 주고 필름에 기록된다.

a. 감마선(Gamma Ray)

고주파(High-Frequency Wave 혹은 Short Wave Length)로 핵 반응중에 원자의 핵으로부터 발산된다.

감마선은 전기나 자장(Magnetic Field)에 의해 굴절되지 않는다. X선과 성질, 특성이 같다. 이것은 시간이 지나면서 강도가 떨어져서 노출 시간을 정기적으로 다시 계산해야 한다.

b. X선

방사 에너지의 형태로 높은 전압에 의해 진공 상태에서 만들어지는 전자가 목표에 부딪히는 결과로 생긴다.

B. 개념

X선과 감마선은 자체의 특이한 능력 때문에 물질을 파고 들어가고 주조(Casting), 용접(Welding), 금속, 비금속 물질의 산업용 방사선 검사에 사용되고 결함(Discontinuity)을 표시한다.

a. 방사선 검사에는 3가지 단계가 있다.

① 금속을 X선이나 감마선에 노출시킨다.

② 필름을 현상한다.

③ 판독한다.

C. X-방사선의 개념

X-방사선은 물질이 음극 전자의 빠른 움직임에 의해 충돌되어 만들어 진다. 이 상태는 아래와 같은 필요 조건이 충족되어야 한다.

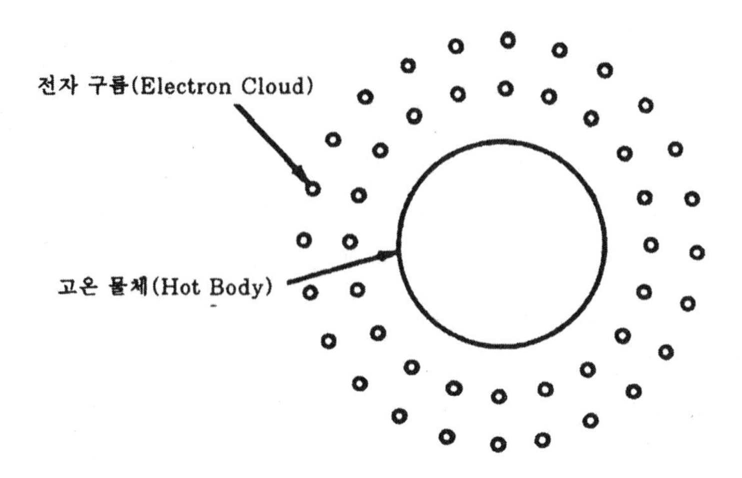

그림 16-1 고온 물체 주위의 전자 구름

a. 전자의 근원

어떤 물질을 충분히 가열시키면 전자의 일부가 동요되고 끊어져 탈출해서 물질의 주변에서 전자 구름(Electron Cloud)을 형성한다.

b. 전자의 가속과 방향

만약 어떤 힘이 전자 구름을 떼어내지 않으면 전자는 다시 본래의 위치로 돌아간다. 전자의 움직임은 필수적이며 전기적인 충전에 의해서 서로 밀고 당기는 힘에 의해 유지된다. 강하고 같은 극성의 충전으로 전자를 움직이는데, 이것은 진공관(Vacuum Tube)에서 이루어지며, 공기 분자의 충돌로 인한 에너지 손실을 막는다.

D. 감마 방사선의 생성

① 방사능은 계속적인 원자 분해의 현상으로 어떤 물질의 원자 배열에 의해 특성을 알 수 있다. 물질의 원자 구조의 안정성 결여는 분해를 유발시킨다. 에너지가 유출되는 것은 불균형 상태 때문이고 감마선의 형태이다.

② 인조 공급원(Artificial Source)

어떤 원소는 원자층에 부딪혀서 방사능을 만든다. 이 원소는 구조적으로 변화되는데 본래 원소의 동위 원소로 알려져 있다. 일반적인 동위 원소 중에서 현재 산업용으로 사용되는 것은 코발트, 세슘, 이리듐, 튤륨 등에서 유래한 것으로 코발트60, 세슘137, 이리듐192, 튤륨170 등으로 부른다. 뒤의 숫자는 특별한 방사성 동위 원소의 한 원자의 무게를 나타내며 같은 원자의 다른 동위 원소나 모원소 자체로부터 구별되게 한다.

E. 방사선 강도

특정 기간 동안에 사용하는 광선의 양이나 숫자는 결정되어야 한다. 방사선 사진 노출 시간이 직접 방사능 강도에 관계됨으로 노출 시간이 무척 중요하다. X-선 강도는 튜브 전류에 직접 비례한다. 감마선 강도는 고정된 거리에서 방사선 분출 시간을 측정한 것과 같다.

F. 필름에 방사선의 영향

필름은 기본적으로 셀롤로우스(Cellulose) 재료이며 양쪽 면에 감광유제(Photosensitive Emulsion)를 갖고 있다. X-선이나 감마선에 노출되면 감광 유제에 변화가 발생하는데, 이것은 전자기 방사파(Electromagnetic Radiation Wave) 길이에 민감하기 때문이다.

G. 필름 특성

최적의 방사능 사진을 만들기 위해서 몇 가지 요소를 고려해야 한다.

① 필름 농도(Film Density)
② 노출(Exposure)
③ 필름 특성 곡선(Film Characteristic Curves)
④ 필름 속도(Film Speed)
⑤ 기술 챠트(Technique Chart)
⑥ 방사선 사진 스크린(Radiographic Screens)
  ⓐ 납판 스크린(Lead Foil Screens)
  ⓑ 형광 스크린(Fluorescent Screens)
  ⓒ 카세트와 필름 홀더(Cassette and Film Holder)
⑦ 필름 처리와 조절(Film Processing and Control)
⑧ 필름 결함(Film Defects)

6) 안전

개인 안전이 X-ray 장비를 사용할 때 가장 중요한 고려 사항이다. X-ray 장치나 방사성 동위 원소 공급원(Radioisotope Source)으로부터의 방사능 세포를 파괴함으로 적절한 보호 방법과 탐지 장비를 사용해야 한다. 과도한 노출에도 결과가 즉시 나타나지 않으므로 자주 X-ray에 노출되는 사람은 혈액 검사와 신체 검사를 해야 한다.

A. 3가지 방사선 모니터링(Radiation Monitoring) 장비 사용

① 첫 번째 형태로는 작은 연필같은 전리상(Ionization Chamber)으로 구성되고 매일 작업 시작전에 정전기 충전을 준다. 이것은 침투하는 방사에 관계되어 받는 방사에 비례해서 정전기(Electrostatic)를 방출한다. 이 전리상을 전위계(Electrometer)에 집어 넣어 충전 시간과 눈금에 맞는 방사를 결정한다.

② 두 번째로 가장 많이 사용하는 방사 모니터링 장치로 필름 뱃지(Film Badge)가 있으며, 홀더(Holder), 필터(Filter) 특수 X-ray 필름 등으로 구성된다. 이 필름 뱃지는 방사선 사진을 작동하는 사람, 돕는 사람, 노출 지역 등에 있는 모든 사람에게 나누어 준다.

노출 1~2주 후에 필름을 처리하면 음성(Negative)의 합성 밀도를 흑화도계(Densitometer)의 수단으로 읽는다. 이 필름의 밀도를 마스터 가이드(Master Guide)와 비교해서 뱃지를 달고 있던 사람이 받는 방사량을 결정한다.

③ 세 번째 종류의 방사선 모니터로서 대형의 전리상이나 방사능 측정기(Geiger)로 전자식 비율 측정기(Electronic Rate Meter)와 함께 사용한다. 이 종류의 계기는 계기가 작동 중에 주어진 위치에서 받은 방사선 밀도를 나타낸다. 이 장치는 방사능 위험 지역을 표시하고 노출 지역으로부터 안전한 거리를 결정하는데 유리하다.

7) 필름의 판독

방사선 사진 필름의 판독은 오직 자격있는 사람이 해야 된다. 그렇지만 자격있는 판독자라도 구조적인 복합성과 새로운 재료의 다른 결함 특성을 잘 알고 있어야 한다. 또한 항공기와 엔진 구조의 지식을 갖고 있어야 한다.

방사선 사진의 가장 중요한 단계가 노출된 필름의 해독이다. 전체 과정의 노력이 결국은 이 과정에 집중된다. 결함이나 흠집을 지나쳐버리고 이해하지 못하거나 부적절하게 진단하면 재료의 신뢰성을 위험스럽게 하는 것이다.

A. 방사선 사진 과정

침투하는 방사선이 물체를 통과하여 필름에 보이지 않는 상(Image)을 만든다. 필름의 인화 과정에서 방사선 사진이나 물체의 사진을 만든다. 단면이 얇은 물체에는 더 많은 방사선이 통과하므로 필름의 색깔이 진하다. 이 사진을 물체의 본래 설계와 비교하여 유사성과 다른 점을 비교한다.

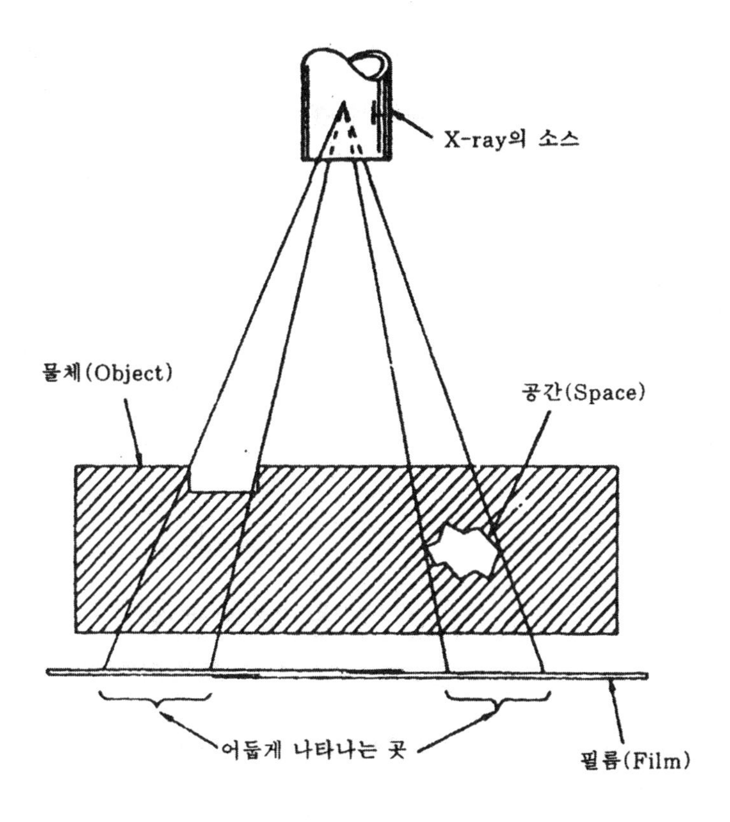

그림 16-2 방사선 사진 과정

B. 검사 제한 사항

방사선 사진 검사는 몇 가지 고유의 제한 사항이 있다. 방사선의 방사가 원자로부터 직선으로 움직이기 때문에 필름은 거의 90°로 받게 된다. 이 점이 복잡한 기하학적 현상의 물체를 검사하는데 효율이 떨어진다. 이런 상태는 필름이 적절히 놓여질 수 없을 때 또는 놓여져도 흩어지는 방사선은 영상 혼란의 영향을 준다.

방사선 사진이나 플레이트(Plate)의 내용은 방사선 흡수 차이에 의해 생긴 밀도 차이에 의하여 얻어진다. 이 밀도 차이는 방사선 통과 방향과 거의 평행이어야 한다.

얇은 층 형태의 흠집으로 인한 불연속성은 가끔 탐지되지 않는데, 이것은 방사로 인해 충분한 밀도 차이가 나지 않기 때문이다. 층의 성질 때문에 거의 탐지되지 않으므로 방사선 검사는 이런 종류의 흠집을 찾는데 사용하지 않는다.

침투 방사는 물질의 두께에 비례해서 흡수된다. 재료의 두께가 증가하면 필름에 충분한 내용을 담는데 시간이 더욱 걸린다. X-ray나 감마 방사선의 주어진 에너지로는 정해진 두께만 통과할 수 있다. 더 두꺼운 재료를 검사하기 위해서는 더 높은 에너지의 방사선 사진 장비를 사용해야 한다.

C. X-선과 감마선의 특성

X-선과 감마선은 전자기의 방사(Electromagnetic Radiation)의 형태로 가시광선(Visible Light), 적외선파(Infared Wave), 라디오파(Radio Wave), 코스믹 파(Cosmic Wave)이다.

전자기 방사의 파장(λ: Lamda)은 미터, 센티 미터, 밀리 미터, 마이크론, 밀리 마이크론으로 표시하거나 옹거스트롱(Angstrom) 단위로 X-선을 표시하고(1Å = 0.1mμ = 10^{-8}Cm 빛의 파장 등을 표시할 때에 사용되는 길이의 단위) X-선과 감마선을 X단위로 표시한다. (1X = 1/1000Å) 짧은 파장이 X-선과 감마선의 구별되는 특성이다. 침투력과 에너지는 파장과 좌우되고 파장이 짧으면 에너지가 크고 파장이 길면 에너지가 낮다.

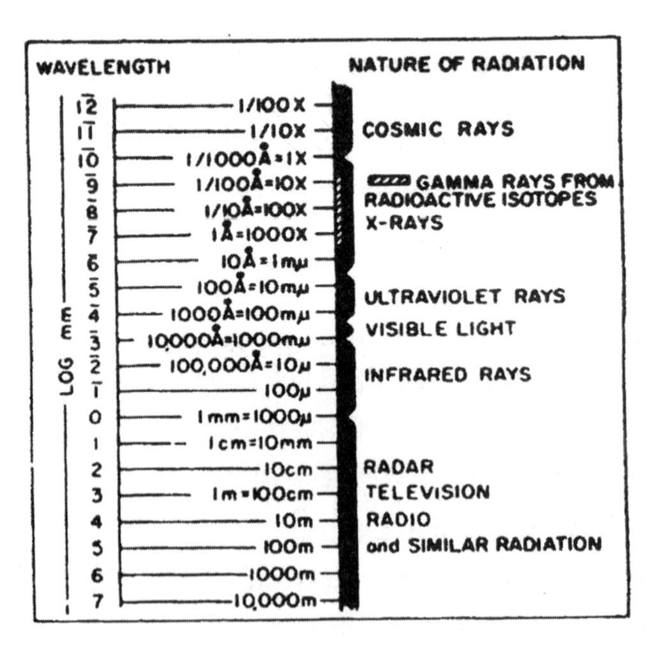

그림 16-3 전자기 분광의 X-선과 감마선

2) 방사선 검사의 특징

① 방사선 투과 검사는 내부 결함 검출에 적합한 비파괴 검사 방법으로 기체, 파이프 라인(Pipe Line), 그밖의 구조물의 용접부나 주철품 등 적용 범위가 매우 넓다.

② 결함 중에서도 브로우홀(Blow Hole), 슬러그(Slug) 등과 같이 X선의 투과 방향에 촬영 가능한 두께의 차이가 있으면 작은 결함이라도 비교적 검출하기 쉽다.

이에 반해, 갈라짐과 같이 어느 정도의 면적이 있어도 두께가 극히 얇은 결함은 갈라진 면에 평행에 가까운 방향에서 X선을 투과시키면 검출되나 갈라짐에 수직에 가까운 방향에서 투과하면 두께의 차가 거의 없어 검출이 곤란하다. 따라서 투과 방향을 바꾸어 촬영하는 경우도 있다.

③ 투과 사진을 관찰하면 내부 결함의 2차원적 형상, 크기, 분포 등을 알 수 있고 결함의 종류도 추측할 수 있다.

한 장의 투과 사진 만으로는 결함의 두께나 표면으로 부터의 위치를 알 수 없으나, 조사 방향을 바꾼 두장 이상의 투과 사진을 쓰면 두께, 방향의 정보도 얻을 수 있다.

④ X선은 비교적 간단한 장치로서 필요할 때, 필요한 X선의 양을 발생시킬 수 있고, 검사 공정의 관리도 쉬우므로 방사선 투과 검사 중에서도 가장 널리 사용되고 있다. 그러나, 검사 부위가 좁고 장치를 설치할 수 없을 때는 적합하지 않다.

⑤ 감마선 투과 검사는 원리적으로는 X선의 경우와 같으나 방사선원에 방사선 동위 원소를 사용하는 점이 다르다.

선원이 작기(보통 쌀알 정도) 때문에 X선으로는 할 수 없는 좁은 부위에 적용도 가능하며, 또 전원이 필요하지 않으므로 검사 실시 장소에 제한을 받지 않는 등의 장점이 있다.

16-3. 침투 탐상 검사(Penetrant Inspection)

침투 탐상 검사는 육안 검사(Visual Inspection)로 발견할 수 없는 작은 균열이나 결함(Discontinuity) 등을 발견한다. 이 검사는 대부분 항공기 재료에 제한없이 쓰이고 어떤 형태의 구조이든 결함 상태를 상세히 나타내준다. 이 방법은 재질의 불연속이 있는 부분을 파고드는 침투 액체의 성질에 좌우된다. 그래서 표면의 검사나 표면 바로 밑에서 바깥으로 갈라진 것 등에 유효하게 사용된다.

검사 과정으로 침투제(Penetrating Liquid)를 표면에 바르고 이 액체가 흠집으로 스며 들도록 시간을 주고 일정한 시간 후에 깨끗이 닦아낸다. 흠집 속에 남아있는 침투 액체는 현상제(Developer)에 의해 나타남으로 적당한 빛을 비추면서 검사한다.

이 검사는 물로 씻어낼 수 있는 침투제(Penetrant Water-Washable), 후유화제(Post Emulsifiable), 솔벤트로 제거할 수 있는(Solvent-Removable) 침투제를 사용한다. 앞의 침투제들은 각각 형광 특성과 시각으로 식별할 수 있는 색깔을 띠고 있다.

형광과 시각 염색 침투법(Visible Dye Penetrants)은 함께 사용할 수 없다. 만약 어느 한 가지 방법으로 부품을 검사하면 다른 것으로 검사하기 전에 깨끗이 닦은 후에 사용한다. 어떤 과정을 이용해서 검사할 것인지는 검사하려는 부품의 성질과 결함의 종류, 이용 가능한 장비 등에 의해 주의 깊게 결정해야 한다. 어느 경우는 물을 사용하게 되는데, 아래와 같은 경우는 바람직스럽지 못한 경우들이다.

① 주물(Casting)과 같이 거친 표면
② 빨리 건조하지 않으면 녹이나 부식이 생기는 재질
③ 충분한 물을 사용할 수 없거나 온도가 낮아서 증발이 느린 경우

그러나, 침투 검사는 다음과 같은 특징이 있다.

① 철강 재료, 비철 금속 재료, 도자기, 플라스틱 등의 표면 손상의 탐상이 가능하다.
② 형상이 복잡한 시험품이라도 1회의 탐상 조작으로 거의 전면을 탐상할 수 있다.
③ 원형 상태의 손상이라도 보기 쉬운 지시 모양을 나타낸다. 또, 여러 방향의 손상이 공존하는 경우에도 1회의 침투 검사로 탐상할 수 있다.
④ 대규모의 장치를 쓰지 않고 탐상하는 방법도 있다.
⑤ 시험품의 표면이 거친 것에 영향을 받는다.
⑥ 탐상 시험 결과는 탐상을 실시하는 검사원의 기술에 좌우되기 쉽다.
⑦ 다공질 재료의 탐상은 일반적으로 곤란하다. 여기서 확실히 기억할 것은 침투제가 흠집에 들어가서 채워져야 한다. 그리고 검사할 표면을 깨끗이 닦아 건조시키고 침투제가 갈라진 틈새로 침투되도록 충분한 시간을 준다. 이 시간은 사용하는 침투제의 종류, 검사하는 재질의 종류, 민감한 정도, 결함의 종류 등에 따라 다르다.

주의할 것은 표면에 흘러내리거나 지나치게 많이 뿌려진 침투제를 닦는 과정에서 결함 틈새에 스며든 침투제를 닦아내지 않도록 조심한다. 흠집의 탐상 정도는 현상제에 의해 침투제를 나타내게 하는 정도에 따라 다르다.

[참고]

① 침투제와 솔벤트는 옷과 피부에 묻지 않게 한다. 이 화학약품은 피부에 오래 접촉되면 자극을 일으킨다. 네오프렌(Neopren) 장갑을 끼어서 손을 보호하고 가능한 한 비눗

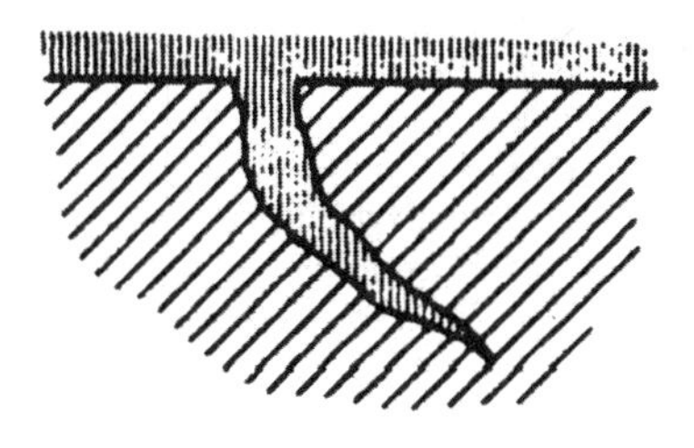

(a) 액체 침투제가 결함 속으로 스며든다.

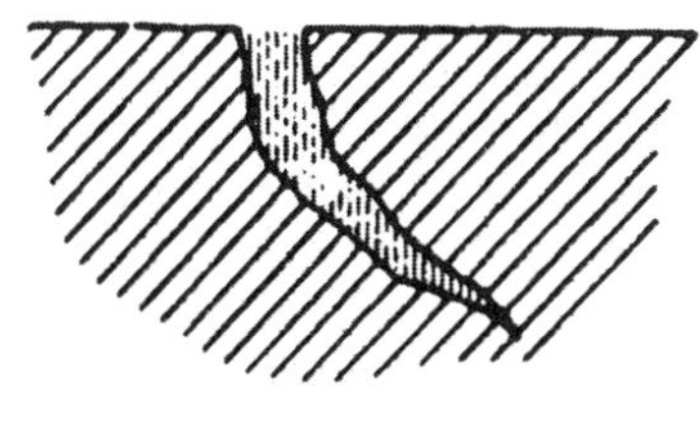

(b) 표면에서 침투제를 제거했지만, 균열 속에는 침투제가 채워져 있다.

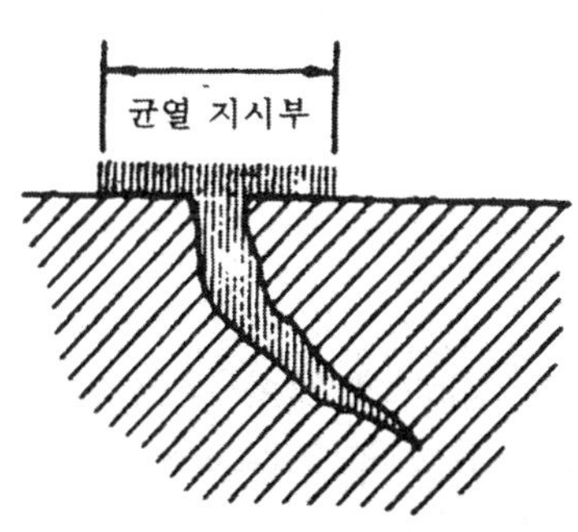

(c) 현상제가 균열 속으로 침투된 침투제를 육안으로볼 수 있게 해준다.

그림 16-4 침투제와 현상제의 작용

재 질	형 태	결함의 형태	침투 시간(분)
알루미늄	주조, 압출, 단조, 용접	기공(Porocity)	5~15
		콜드샷(Cold Shut)	5~15
		랩스(Lap)	30
		용융 부족	30
		기공	30
	기타 모든 형태	균열	30
마그네슘	주조	기공(Porocity)	15
		콜드샷(Cold Shut)	15
	압출, 단조, 용접	랩스(Lap)	30
		용융 부족	30
		기공	30
	기타 모든 형태	균열	30
강	주조	기공(Porocity)	30
		콜드샷(Cold Shut)	30
	압출, 단조 용접	랩스(Lap)	60
		용융 부족	60
		기공	60
	기타 모든 형태	균열	30
황동과 청동	주조	기공(Porocity)	10
		콜드샷(Cold Shut)	10
	압출, 단조 용접	랩스(Lap)	30
		용융 부족	15
		기공	15
	기타 모든 형태	균열	30
플라스틱	모든 형태	균열	5~30
유리	모든 형태	균열	5~30
세라믹	모든 형태	균열과 기공	5

(온도 범위는 60~90°F이다)

표 16-1 침투액 적용 시간

물로 피부를 닦는다.

② 보안경, 가글(Goggle), 기타 보호 장구를 사용한다.

③ 침투제나 솔벤트는 독성이 있으므로 적당히 환기되어야 한다.

④ 가루 현상제는 거의 해가 없지만, 많이 들어마시지 않도록 한다.

⑤ 이 검사에 사용하는 것은 대부분 가연성 물질이므로 제작사에서 권하는 취급 요령을 따른다.

⑥ 블랙-라이트(Black-Light)를 직접 바라보지 않는다. 눈에 있는 액체를 달아 오르게 해서 시야를 흐르게 한다. 결과는 해롭지 않고 잠시후면 원상태로 돌아온다.

부품의 준비는 깨끗이 닦고 습기를 포함한 모든 외부 물질이 없어야 한다.

습기 등은 침투제의 효과적인 작용을 막는다. 페인트, 니스, 그리스, 먼지, 부식 등은 완전히 제거한다. 도금 표면도 제거해서 바닥의 금속을 볼 수 있어야 한다.

1) 형광 침투 탐상 검사

A. 일반

형광 침투 탐상은 형광체를 포함하고 있는 침투액을 사용하는 방법으로 파장이 3,600±400Å(360±40nm)인 자외선을 쬐며 결함 지시 모양을 황록색으로 발광시켜 손상 부위를 검출하는 방법이다. 이 방법은 관찰하는 검사실을 어둡게 해야 하고 자외선 등(Black Light)이 필요하다.

B. 처리 순서

형광 침투 탐상 검사의 처리 순서는 사용하는 침투액과 적용하는 현상법에 따라 다르나, 여기서는 수세성 형광 침투 탐상 검사의 처리 순서를 나타냈다.

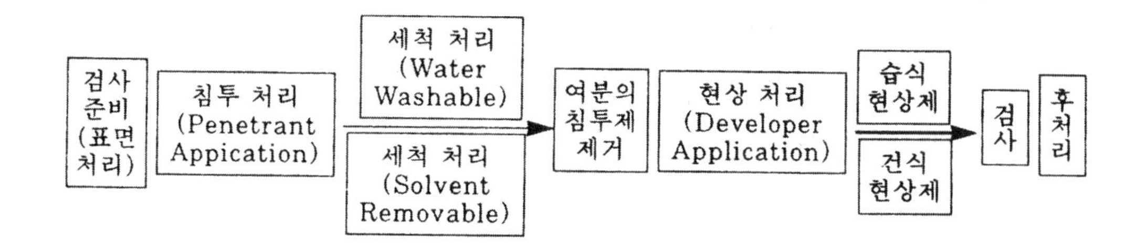

그림 16-5 형광 침투 탐상 검사 처리 순서

2) 수세성(Water-Washable) 형광 침투 검사

A. 수세성 침투(Water-Washable Penetrant) 방법

이 방법은 후유화성 침투제에 비해서 덜 민감하다. 오일 성질의 침투제를 사용하는 방법에는 유제(Emulsifier)를 첨가해서 물로 씻을 수 있게 하고 뛰어난 형광색을 갖게 한다. 침투제를 바른 후에 남아도는 침투제를 닦아내고 현상제를 바른다.

건조한 가루 형태는 민감성이 강하고 상당히 중요한 검사에 사용한다. 어느 경우든지 블랙 라이트(Black Light)로 비추어 검사하는데, 검사 표면에 결함(Discontinuity)이 있으면 밝은 황록색으로 빛이 나지만 주위는 어두운 색(Dark Background)이다. 형광의 강도는 흠집 표면에 파고든 침투제의 양에 따라 좌우된다.

B. 후유화성(Postemulsification) 형광 침투 검사

이 검사는 오일 성격의 침투제를 사용하고 뛰어난 형광성 물질을 첨가한다. 침투제가 유제(Emulsifier)를 포함하고 있지 않으므로 이것은 아주 미세한 결함에 파고들 수 있다. 침투제의 얇은 표면막은 유제에 의해 물로 씻을 수 있다. 유제를 바른 후에 물로 씻어낸다. 물로 씻은 후에 검사 표면에 현상제를 바르고 블랙 라이트(Black Light)를 비추어 검사한다. 만약 결함이 있으면 밝게 빛난다.

깊은 균열 뿐만 아니라 주의 깊게 관찰해서 표면의 긁힘이나 공구로 인한 자국(Tool Mark) 등을 구별할 수 있다.

C. 솔벤트로 제거할 수 있는 형광 침투 검사

이 검사는 응력 부식(Stress Corrosion)이나 입자간 부식(Integranular Corrosion)의 발견에 적절하게 이용된다. 그리고 물의 사용이 불만족스럽거나 불편할 때 일반적으로 사용한다.

솔벤트는 고도로 민감한 침투제를 제거하는데 사용하고 현상제는 쉽게 건조되는 형태이다. 이 현상제는 뿌려서 사용하며 얇고 고른 코팅 표면을 만들어 정확한 검사를 가능하게 한다.

휴대용 장비에는 에어러졸 형태(Aerosol Type)의 캔(Can)에 모든 종류의 액체를 담고 있다. 이 장비는 어느 곳에서나 사용할 수 있지만 비추어 볼 수 있는 블랙 라이트(Black Light)가 있어야 한다.

3) 염색 침투 탐상 검사

A. 일반

염색 침투 탐상은 적색 염료를 포함하고 있는 침투액을 사용하는 방법으로 자연광 또는 백색광 아래서 적색의 결합 지시 모양을 관찰하는 방법이다. 밝은 장소라면 실내, 실외에 관계없이 시험할 수 있으며 시험 장소, 전원, 탐상 장치 등의 제약은 형광 침투 탐상 검사에 비해 매우 적다.

B. 처리의 개요

a. 준비

침투제가 손상된 부위내로 침투하는 것을 방해하는 기름, 녹 등을 충분히 제거하는 처리로서 부착물의 종류, 시험물의 재질 등을 고려하여 노출되어 있은 손상이 찌부러지지 않게 최적의 방법으로 실시한다.

세척후에 손상 내부에 기름, 수분 등이 남아 있으면 침투제가 침투하는 것을 저해하거나 스며들어간 침투액이 내부의 액체에 의해 희석되어 지시 모양이 선명하지 않게 되므로 세척을 한 뒤에는 시험품의 내부까지 충분히 건조시키는 것이 특히 중요하다.

b. 침투 처리

시험품의 표면에 침투제를 칠해서 손상 부위에 침투제를 충분히 들여 보내는 처리로써 시험품의 수량, 치수, 형상, 살포 효과 등을 고려하여 최적의 방법으로 실시한다. [침투제의 살포에는 분사, 솔칠법(Brushing) 등이 있다]

침투 처리에서 가장 중요한 것은 침투에 필요한 시간(침투 시간)이다. 침투 시간은 침투제의 종류, 시험품의 재질, 예측되는 결함의 종류와 크기 및 시험시의 온도(시험품과 침투제) 등을 고려해서 정한다.

일반적으로는 15~50℃의 범위에서는 5~10분을 기준으로 하지만, 미세한 갈라짐이나 온도가 낮을 때는 침투제나 시험품을 뜨거운 물로 따뜻하게 해서 쓰는 등의 조치가 필요하다.

c. 세척 처리

세제를 사용해서 손상된 시험물 속에 침투되어 있는 침투제 이외의 시험면에 부착되어 있는 잉여 침투제를 제거하는 처리로써 과도한 세척은 손상 부위의 침투제를 씻어내어 결함의 검출도를 저하시키며, 또 세척이 불충분할 때도 시험면에 남아있는 침투제가 유사한 지시 모양을 형성하거나 식별성을 저하시킨다.

그 때문에 세척 처리는 각 처리 공정 중에서도 가장 경험이 요구되는 작업이며 세척 과정에서 세척의 정도를 확인하여 손상된 부위에 들어가 있는 침투제를 확실히 잔류시키는 것이 필요하다.

d. 현상 처리

세척 처리후, 시험품의 표면에 현상제를 뿌려서 손상 부위의 침투제를 시험면으로 빼내어 지시 모양을 형성시키는 처리로써 현상제를 사용한 뒤의 시간 경과에 따라 지시 모양이 크게 변화한다.

따라서 미세한 손상 등을 평가할 때에는 정해진 현상 시간을 엄수하여 관찰할 필요가 있다. 대부분 15~50℃인 범위에서는 7분으로 정해져 있다.

e. 건조 처리

용제로 제거 처리했을 때에는 용제 자체 휘발성이 크므로 특별한 건조 처리가 필요하지 않다.

f. 검사

현상 처리후, 결함 지시 모양이 있는지 없는지를 확인한다. 현상법에 따라서 현상제를 적용후, 결함 지시 모양이 시간의 경과함에 따라 크게 변화하므로 바르게 관찰하려면 결함에 의한 지시 모양이 나타나기 시작한 시점에서 관찰을 시작하여 수회 관찰한 뒤, 현상 시간을 엄수하여 최종적으로 판정한다.

g. 검사후 처리

시험품에 부착되어 있는 침투액, 현상제 등을 제거하고 필요에 따라 적당한 표면 처리(방청 처리 등)를 하는 처리로서 현상제는 흡습성이 강하여 그대로 방치하면 시험품이 녹이 나기 쉬워지므로 완전히 제거할 필요가 있다.

C. 수세성 후유화 시각 염색 침투 검사법

이 방법은 오일 성질의 침투제를 사용하고 눈으로 볼 수 있는 색깔을 첨가한다. 검사는 일반 백열등(White Light)으로 비추어 보고 결함은 흰색 바탕에 밝은 붉은색을 띤다. 검사 절차와 장점 등은 형광 침투 검사와 똑같다.

D. 솔벤트로 제거할 수 있는(Solvent-Removable) 시각 염색 침투 검사 절차

이 방법은 후유화성 시각 염색 방법과 똑같다. 침투가 끝난 후에 표면의 과도한 막은 솔벤트로 닦아낸다. 빨리 건조되는 내수성 현상제를 바르고 흠이 있으면 밝은 붉은색을 띤다. 이 내수성 현상제는 가장 민감한 현상제로 가장 좋은 결과를 주고, 주로 뿌려서(Fine Spray) 사용한다. 이 방법은 특히 손으로 적절한 방법으로 사용하면 가장 이상적이다. 휴대용 검사 장비(Portable Inspection Kit)로 밖에서 작업할 때 편리하다.

E. 검사 후의 처리

염색 침투 검사 절차를 모두 마친 후에 더 이상 작업이 필요치 않은 경우에 작업중의 모든 흔적은 4시간 이내에 모두 제거해야 한다. 인가된 방법으로 부품이나 구조를 철저히 닦아낸다. 표면을 완전히 건조시키고 표면을 원상태로 복구한다.

16-4. 자분 탐상 검사 (Megnetic Particle Inspection)

자분 탐상 검사는 재질의 표면 또는 표면 밑의 균열이나 흠집 등을 자화 상태에서 발견하는 방법이다. 이 검사 방법은 강 패스너(Steel Fastner), 랜딩 기어 구성품(Landing Gear Component), 엔진이나 테일(Tail) 연결 피팅과 같은 몇 개의 강 피팅(Steel Fitting) 등의 강자 성체에 알맞다.

이 검사는 모든 표면의 결함 탐지에 적합하다. 그러나 결함의 길이는 알 수 있지만, 깊이는 알 수 없고 내부 결함의 검출은 곤란하다. 이 방법은 주로 항공기에서 분리된 부품에 많이 적용한다.

일반적으로 표면(Surface) 결함 탐지에는 DC 전류를 사용하고 표면밑(Subsurface) 결함 탐지에는 AC 전류를 사용한다. 자장은 전류

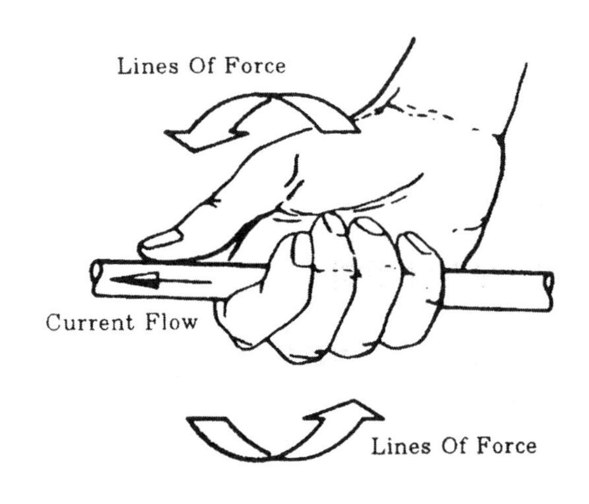

그림 16-6 오른손 법칙

나 전류 자장(Current Field)에 노출되었을 때 자성체 부품(Ferro-Magnetic Part)에 유도된다. 자화 전류의 방향을 조절해서 결함이 있는 곳에 90° 각도의 자력선(Magnetic Force Line)을 유도한다. 자장의 방향이 상당히 중요하다.

① 가장 좋은 검사 결과를 얻기 위해서 자기력선은 결함 크기가 가장 긴쪽과 90° 각도를 이루어야 한다.

② 자장의 방향은 일반적으로 오른손 법칙을 따른다.

이 법칙에 따르면 그림 16-6과 같이, 엄지 손가락은 전류 흐름 방향을 지시하고 자기력선은 나머지 4개의 손가락 방향과 같다.

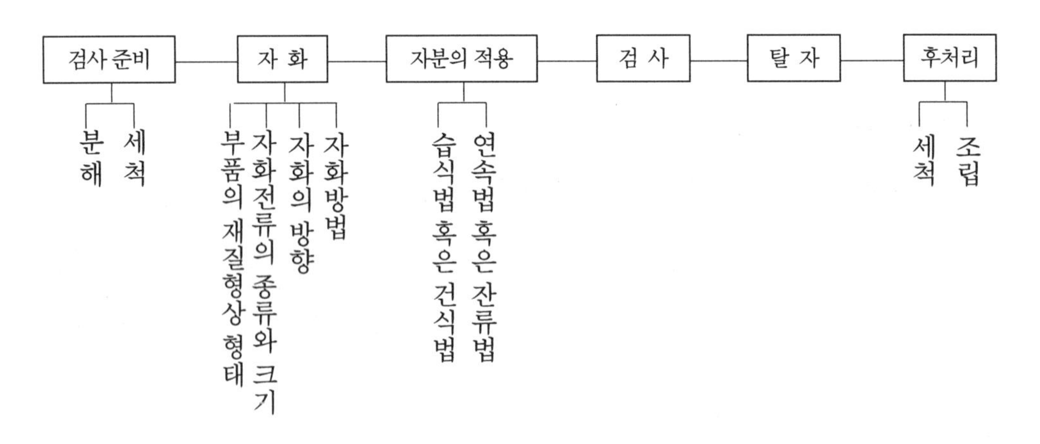

그림 16-7 자분 탐상 검사(Magnetic Particle Inspection)의 처리 순서

1) 자화의 방법

균열(Crack)과 자화의 방향이 평행일 경우에는 결함의 자분 모양이 나타나지 않는다. 따라서 자분 탐상 검사에서 시험품의 자화는 검출해야 할 결함 방향을 고려하여 그것에 직각인 방향의 자장을 시험품에 가할 필요가 있다.

시험품에 자장을 주는 방법을 자화 방법이라고 한다. 자화에 쓰이는 전류에는 교류 및 직류가 있다.

이들의 자화 방법은 시험품의 형상이나 예상되는 결함에 따라 선택한다. 일반적으로는 결함 방향을 예측할 수 없으므로 서로 직각인 자화가 얻어지는 자화 방법을 조합하여 쓰고 있다. 예를 들어 종축 자화와 원형 자화에 의해 둥근 봉의 축방향 및 원주 방향의 결함을 검출할 수 있다.

A. 종축 자화(Longitudinal Magnetism)

이 방법은 고정된 코일(Coil)이나 부품을 둘러쌀 수 있는 전류를 운반하는 코일로 종방향 자장(Longitudinal Field)을 유도한다. 유효한 자장은 각 코일의 끝에서 6~9in 가량 뻗혀서 긴 부품은 각 부분별로 자화(Magnetize)시켜서 전체를 검사한다.

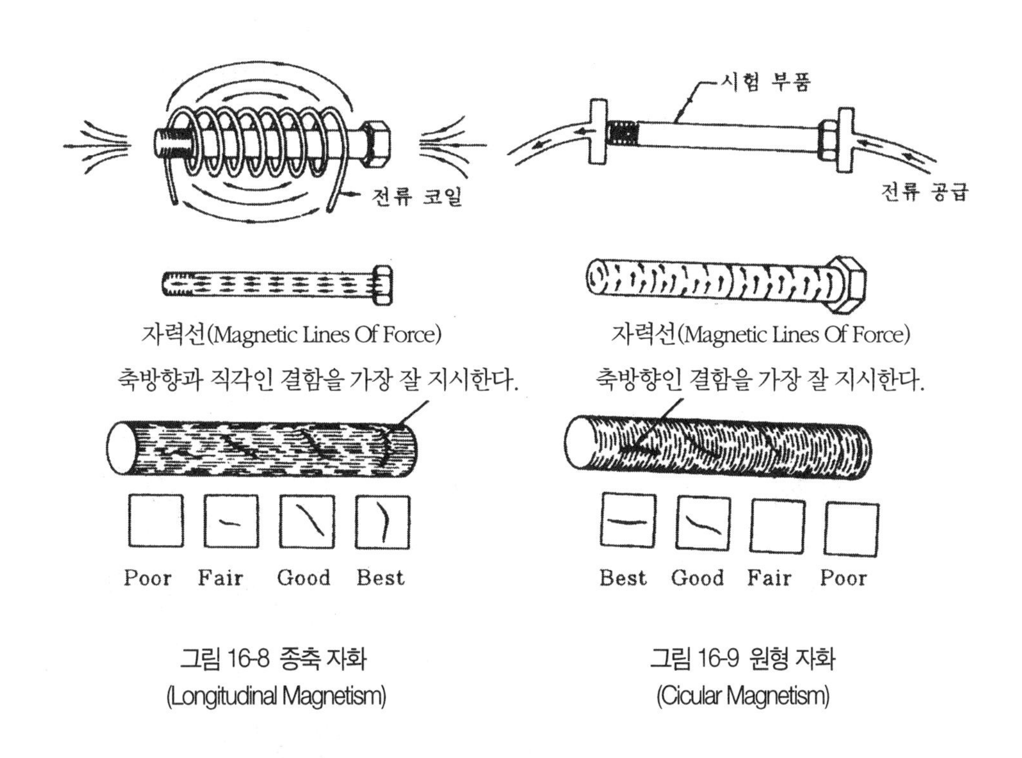

그림 16-8 종축 자화
(Longitudinal Magnetism)

그림 16-9 원형 자화
(Cicular Magnetism)

B. 원형 자화(Circular Magnetism)

이 방법은 양쪽 끝에서 전기적으로 접촉시키거나 한쪽면을 먼저 검사하고 전류를 통과시킨다.

부품이 너무 길면 그림 16-10과 같이 프로드(Prod) 혹은 클램프를 사용해서 부분적으로 검사한다.

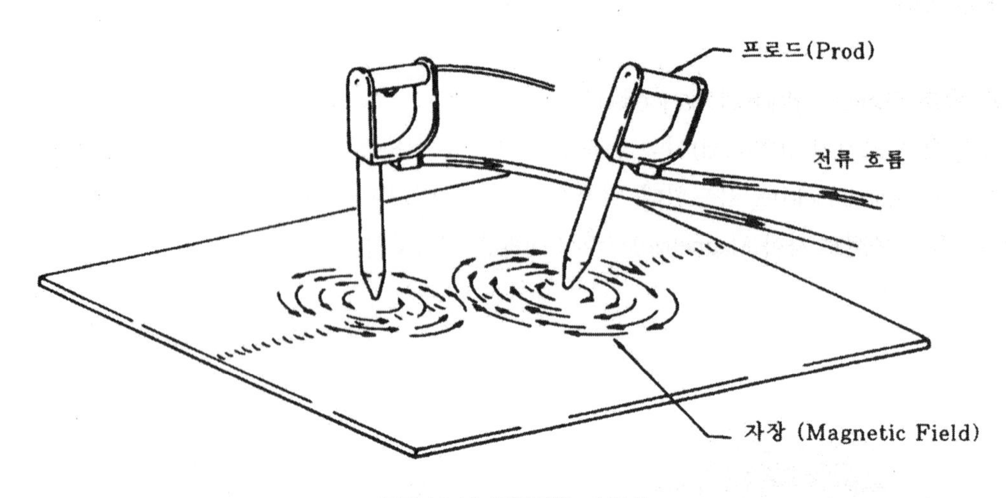

그림 16-10 프로드(Prod) 자화

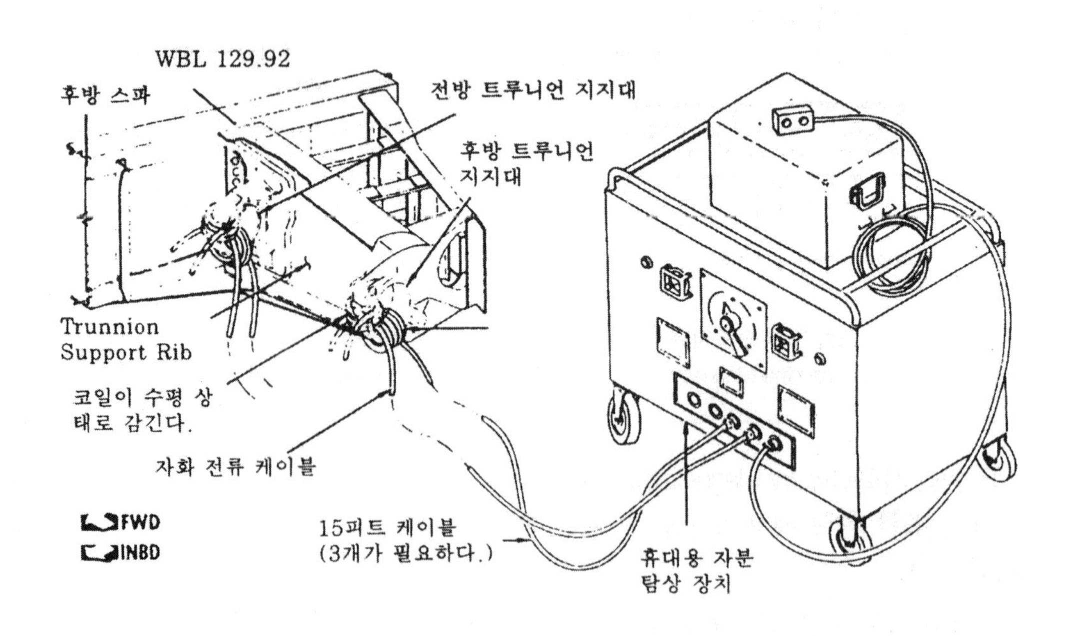

그림 16-11 메인 랜딩 기어 트루니언 지지대 피팅 검사

그림 16-11은 휴대용 자분탐상 검사 장비(Portable Magnetic Inspection Unit)를 사용하는 예이다. 부품을 자화시키는 동안 흠집(Flaw)이나 결함(Discontinuity)은 자분이 이 흠집이나 결함의 모양에 따라 나타남으로 쉽게 발견할 수 있다. 자분 탐상 검사에 사용하는 자분은 두 가지 형태가 있다. 습식(Wet Particle)과 건식(Dry Particle)이다.

습식은 석유(Petroleum)나 오일에 섞여있는 형태이며 입자(Particle)는 자석 물질로 적당한 크기와 모양, 자력 침투성, 자기력 보유 성질 등을 갖고 있다. 이 입자는 색깔이 있어서 검사되어지는 표면과 좋은 대조를 보이거나 블랙 라이트(Black-Light)에 잘 비추어진다. 습식은 용액 속에 부품을 담거나 가라앉혀서 공급하고 혹은 이 습식 자분을 구멍을 통해서 공급한다.

건식 자분은 가루 형태로, 여러 색깔을 띨 수 있고 균열은 검사하는 부품의 표면에 형성된 자분의 모양 형성을 보고 알 수 있다. 이 결함의 대략적인 크기나 모양은 이 크기에 의해 나타난다. 아주 미세한 결함(Discontinuity)은 형광 자분의 형성으로 더 명확하게 볼 수 있다.

습식이나 건식 자분의 장점은 다음과 같다.

① 습식 자분은 아주 미세한 표면 균열의 탐지에 적합하며 이것은 주로 적절한 장비가 있는 곳에서 사용한다.

② 건식 자분은 거친 표면에 사용되고 휴대용 장비와 함께 사용한다. 검사할 때 부품에는 그리스, 오일, 녹, 페인트 등 자기 탐상 검사에 영향을 미치는 물질이 있어서는 안된다. 그리고 몇가지 준수해야 하는 주의 사항은 아래와 같다.

ⓐ 검사하는 부품이 고열로 열처리된 강이면 오직 인가된 솔벤트를 사용한다.

ⓑ 용액(Fluid)이나 자분이 한쪽에 쌓이지 않도록 깨끗이 한다.

ⓒ 부싱(Bushing), 베어링(Bearing), 인서트(Insert) 등과 같은 이질 금속은 세척하고 검사하기 전에 모두 제거한다.

ⓓ 베어링은 자화시키지 않는다.

ⓔ 자화시키는 동안의 아킹(Arcing)을 피하기 위해 적절한 주의를 기한다.

자분 탐상 검사의 절차는 다음과 같다.

① 부품을 깨끗이 닦는다.

② 부품을 자화시킨다. 부품을 자화시키는 장비는 재질, 위치, 예상되는 결함의 종류 등에 따라 좌우된다.

③ 자화시킨 부분에 자분을 뿌리고 표면이나 표면밑의 결함을 검사한다.

④ 자기 탐상 검사를 위해 자화시킨 후에 재질에 잔류 자장이 남아있어서 완전히 검사가 끝난 후에는 자성을 없앤다.

⑤ 자계 지시 계기를 이용해서 완전히 자성을 없앴는지 검사한다.
⑥ 아래의 절차에 의해 부품을 세척한다.
　ⓐ 만약 검사 중에 오일이 사용되어 자분이 남아 있는 것은 솔벤트 세척이나 증기 세척(Vapor Degreasing)으로 없앤다.
　ⓑ 만약 검사가 물을 사용해서 이루어졌으면 부품을 닦는다.
　ⓒ 만약 부품에 카드뮴 도금이 되어 있으면 분사 장치(Air-Water Vapor Blast)를 사용한다.
⑦ 부품을 건조시키고 본래의 보호 방법을 취한다.

자분 탐상 검사에 사용할 수 있는 장비의 종류가 많다. 작은 소형 포터블형으로서 이것은 영구자석이나 전자석이며 전자석은 115VAC로 자화시키고 큰 용량은 대형의 주물, 용접, 단조 등의 검사에 사용한다. 장비의 선택은 이용 가능한 시간, 장소 등에 좌우된다.

2) 자분 탐상 검사의 처리 순서

A. 사전 준비

결함으로 자분의 부착에 장해가 되는 시험품 표면의 기름, 도료, 녹을 용제 등으로 제거한다. 건식의 자분을 사용할 때는 시험면을 건조시킨다.

B. 자화

앞에서 설명한 각종의 자화 방법에서 적정한 자화 방법과 자화 전류값을 설정한다. 자화 전류를 정하는 방법은 인공 결함을 가진 표준 시험편을 물건에 부착시켜 인공 결함에 자분 모양이 나타나기 시작하는 자화 전류값과 부품의 자기 특성으로 결정한다.

C. 자분의 적용

자분은 건식용과 습식용이 있는데, 건식용 자분은 공기중에 분산시켜 뿌리고, 습식용 자분의 물, 등유 등으로 분리시켜 검사액으로 사용한다.

자화된 시험품에 자분 또는 검사액을 뿌리는 것을 자분의 적용이라 하며 연속법과 잔류법이 있다. 연속법은 시험품에 자장이 가해져 있는 상태에서 자분을 적용하여 자장이 지속되고 있는 동안 자분의 적용을 끝낸다. 한편, 잔류법은 자화된 후 자분을 적용한다. 잔류법은 공구강 등 보자력이 큰 재료에 적용할 수 있다.

D. 검사

자분 모양의 검사는 자분의 적용에 이어 수행한다. 형광 자분을 사용한 경우에는 암실 등 어두운 장소에서 자외선 등(블랙 라이트)을 이용하여 검사한다. 재질 변화의 경계, 단면 치수의 급격한 변화, 수분 등에서는 결함이 없더라도 자분 모양이 나타나기도 한다. 이것을 유사 지시라고 한다. 검출된 자분 모양이 결함에 의한 것인지 아닌지를 확인할 때는 재검출 또는 다른 검사 방법을 쓴다. 자분 모양의 기록에는 사진 또는 접착 테이프에 의한 본뜨는 방법을 이용한다.

E. 탈자(Demaguetize)

베어링같은 마모나 접촉 운동을 받는 부품, 계기의 옆에 부착하는 부품에서는 자화된 부품을 탈자화하여야 한다. 또, 자분이 남아 있으면 마모나 부식의 원인이 될 수 있으므로 탈자화시켜 두는 것이 바람직하다.

탈자 방법에는 직류 탈자와 교류 탈자가 있는데 직류 탈자가 양호하다.

- 직류 탈자 …… 전류의 방향을 전환하면서 직류값을 내리거나 자장에서 시험품을 멀리해 가는 방법이다.
- 교류 탈자 …… 전류값을 내리거나 자장에서 시험품을 멀리해 가는 방법이다.

F. 탈자 후의 검사

콤파스(Compass)나 가우스 미터(Gauss Meter)를 써서 잔류 자기가 없는지 검사한다. 검사는 나무 검사대 위에서 한다.

G. 검사후 처리

세척, 자분의 제거, 방녹 처리, 조립 등

16-5. 와전류 검사(Eddy Current Inspection)

이 와전류 검사는 비파괴 검사로서 부품의 결함을 찾는 검사 방법이다. 부품이 와전류를 갖게 하기 위해서 적절한 주파수의 교류 전류를 테스트 코일(Test Coil)에 공급한다. 코일은 전류를 운반하고 다시 부품에 같은 주파수의 자장을 유도해서 와전류가 흐르게 한다. 와전류의 크기가 변하는 것에 의해 자장에 영향을 미치고 전기적으로 분석해서 부품의 구조적인 변화에 관한 내용을 주는데, 이것에는 흠집, 불연속, 두께, 재료의 합금이나 열처리에 관한

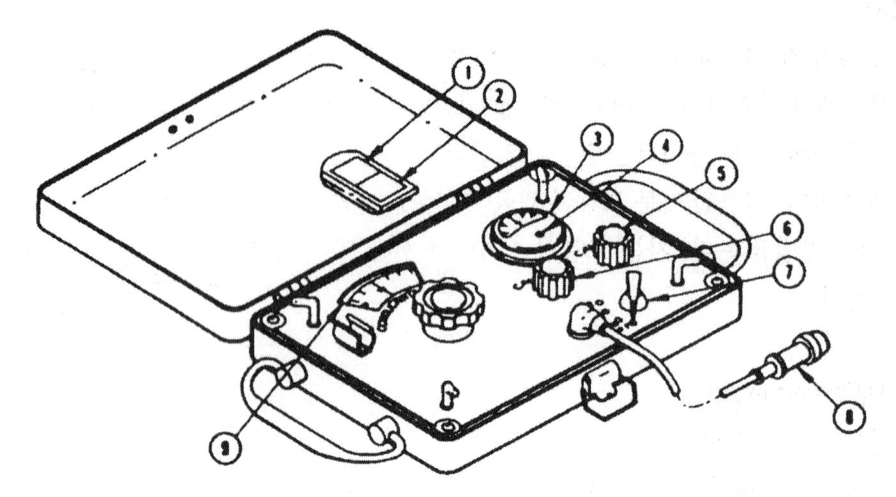

① High Conductivity Standard
② Low Conductivity Standard
③ Meter
④ Meter Adjustment Screw
⑤ "CAL-HIGH" Knob
⑥ "CAL-LOW" Knob
⑦ Switch
⑧ Probe
⑨ Conductivity Dial

그림 16-12 Magnatest 전도성 시험기

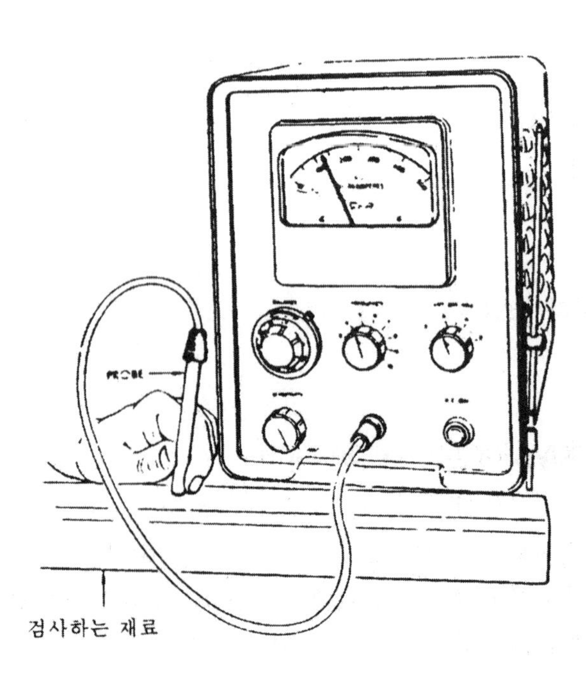

그림 16-13 Magnatest 시험기

내용이다.

와전류 검사는 표면과 표면 밑 결함의 위치를 찾는데 사용한다. 와전류 검사의 장비는 탐침과 전자 장비(Electronic Instrument)로 되어 있다. 탐침에는 코일이 있고 검사하는 부품에 전류를 유도하는데 사용한다.

전자 장비는 회로(Circuitry)를 갖고 있어 전류 흐름의 변화를 측정하고, 계기 또는 CRT(Cathode Ray Tube)에 이들 모두에 이 변화를 기록한다.

몇가지 장비를 와전류 검사에 사용할 수 있다.

그림 16-12의 장비는 휴대용 밧데리로 작동하는 장비로 전도율을 측정한다. 그림 16-13은 일반적인 장비로서 재료의 구조적 변화를 분석하는데 사용한다.

이 검사에 사용하는 탐침으로는 인사이드 탐침 코일과 아웃사이드 탐침 코일이 있다.

① 인사이드 탐침 코일(Inside Probe Coil)을 속이 빈 튜브나 드릴 구멍(Drill Hole)의 내부에 집어 넣는다.

② 아웃사이드 탐침 코일(Outside Probe Coil)을 시험하는 물체의 표면에 갖다댄다. 이 와전류 검사에 사용하는 장비 선택에는 주의를 해야 한다. 어떤 장비는 자성 재질에 사용하도록 설계되었고, 다른 것은 비자성 재질에 사용하도록 고안되었거나 두 가지 모두에 사용하도록 고안되었다. 따라서 이 와전류 검사를 하기 전에는 항상 제작사의 지시를 따라서 장비 선택에 신중을 기해야 한다.

1) 부품의 검사

① 검사하는 부품이나 부분의 표면은 철저히 닦아서 와전류 탐침이 양호한 접촉을 하도록 한다.

② 먼지, 탄소, 그리스 등은 솔벤트로 닦는다. 만약 검사하는 부품이 고열로 열처리된 강이면 오직 인가된 솔벤트만 사용한다.

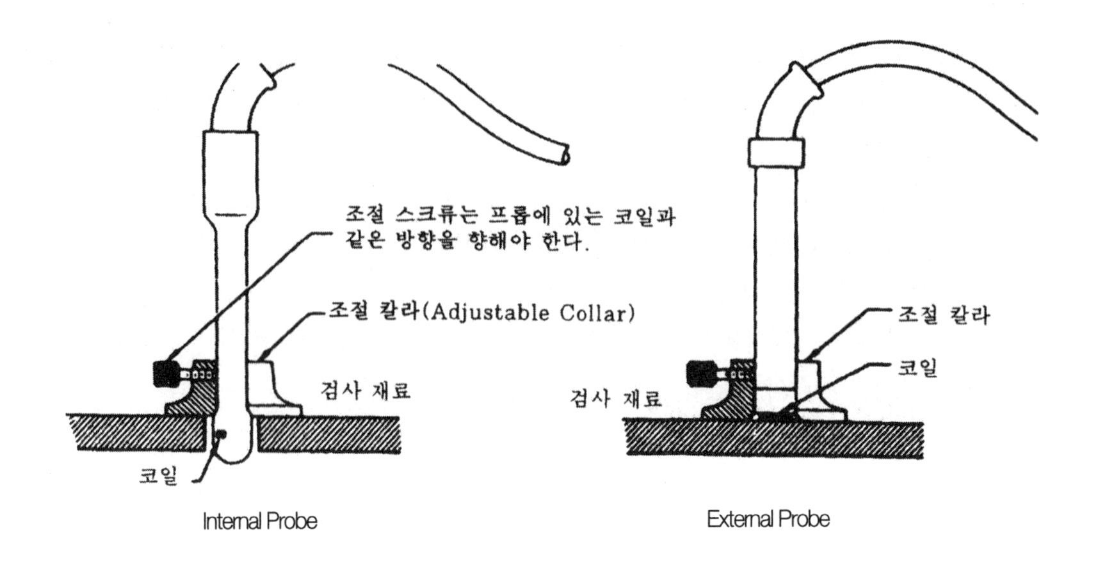

그림 16-14 탐침(Probe)의 종류

2) 와전류 계기(Eddy Current Meter)의 측정

다음은 와전류 계기의 측정을 위한 대략적인 절차이다.

① 탐침(Probe)을 계기에 연결한다.

② 계기를 "ON" 하고 감도를 최소로 놓는다.

③ 20~30분간 Warm-Up 시간을 준다.

④ 주파수 조절을 No.1에 놓고 리프트 오프 콘트롤(Lift-Off Control)을 돌려서 정지(Stop)에 놓는다.

⑤ 발란스 콘트롤(Ballance Control)을 돌려서 계기가 100~200마이크로암페어 사이에 있게 한다.

⑥ 탐침의 칼러(Coller)를 조절해서 센싱 코일(Sensing Coil)이 부품의 절반을 지나게 한다.

⑦ 탐침을 볼트 구멍(Bolt Hole)에 위치시키고 리프트 오프 콘트롤을 반시계 방향으로 돌려서 계기가 거꾸로 지시하는 양을 본다. 만약 계기가 거꾸로 지시하면 10번으로 건너뛴다. 표면 탐침(Surface Probe)을 위해 코일을 평면에 대고 계속 절차대로 한다.

⑧ 만약 계기의 지시가 거꾸로 되지 않으면 리프트 오프 콘트롤로 되돌아와서 완전히 시계 방향이 되도록 하고 주파수 조종을 한단계 증가시킨다. (No.2)

⑨ 8번을 반복해서 계기의 방향이 거꾸로 지시하게 한다.(Surface Probe은 16번)

⑩ 탐침을 하나씩 건너 뛰어서 놓고 검사하는 구멍에서 탐침을 제거하고 미터가 지시하는 양과 방향을 표시한다. 하나씩 제거할 때마다 리프트오프 콘트롤을 돌려서 계기가 완전히 제거되었을 때와 같게 한다.

⑪ 감도를 증가시키고 10번을 반복한다. 이것을 반복해서 감도 조정(Sensitivity Control)이 완전히 시계 방향이 되게 하고 발란스 콘트롤(Balance Control)을 사용해서 계기 바늘을 눈금에 머물게 한다. 리프트 오프 콘트롤은 대략적인 조절을 한다. 여기서 리프트 오프 콘트롤은 원하는 결과없이 완전히 반시계 방향으로 돌린다. 만약 이런 결과가 나타나면 주파수 조정을 다음의 낮은 숫자로 돌린 후, 리프트 오프 콘트롤을 완전히 시계 방향으로 돌리고 11번지 단계를 끝낸다.

⑫ 탐침이 구멍에 있는 상태로 탐침을 안으로 밀어 넣어 센싱 코일이 구멍의 벽에서 멀어지게 한 상태에서 계기의 지시가 변하는 양을 본다.

⑬ 리프트 오프 콘트롤을 시계 방향으로 돌리고 1번을 반복한다. 변하는 양이 줄어든다. 이것을 반복해서 계기가 같은 결과를 지시할 때까지 한다. 이 상태가 리프트 오프(Lift-Off)를 위한 발란싱(Balancing)이 완전히 끝난 것이다. 구멍의 늘어남과 표면이 거친 것은 계기에 거의 영향을 미치지 않지만 균열에 대해서는 민감해서 리프트 오프를 위해 조절하는 어떤 방법보다도 민감하다.

⑭ 일단 탐침이 적절하게 균형이 잡혔으면 구멍은 탐침을 돌려가면서 검사하고 픽업 코일(Pick Up Coil)이 모든 표면을 지나게 한다. 만약 균열이 있으면 계기에 탐침이 통과할 때 급격한 변화가 나타난다. 이 급격한 변화와 원재료의 전도율(Conductivity) 때문에 생기는 사소한 변화와 혼돈해서는 안된다.

⑮ 발란스 조정의 미세한 조절은 코일이 표면이나 구멍의 가장자리에 접근하면서 계기 바늘을 눈금에 가져올 때 필요하다.

⑯ 표면 탐침의 측정(Calibration)을 위해 종이 한 장은 (0.002~0.003 in 두께) 탐침과 샘플(Sample) 사이에 놓고 계기 지시의 양과 방향을 본다. 리프트 오프 콘트롤을 돌려서 계기가 탐침이 샘플에 있을 때 지시치와 수치를 탐침이 종이에 있을 때 지시하도록 조절한다.

⑰ 최종적인 조절을 위해 11변 단계로 간다.

[검사 구역]

계기 교정(Meter Calibration)을 끝마친 후에는 다음 절차를 따른다.

① 표면 탐침을 사용해서 의심나는 부분을 앞뒤로 검사하고 내부 탐침(Internal Probe)을

사용해서 구멍 내부를 위아래로 검사한다.

② 손상된 부위를 발견하면(Crack, Inclusion, Corrosion), 계기 바늘이 급격히 변화하는지 관찰한다.

③ 탐침을 손상된 부위 주변에 움직이면서 계기 비늘의 반응을 본다.

이렇게 해서 손상된 부위를 정확히 찾아내고 표시한다. 경험없는 사람이 결과를 판정해서는 안되는데, 간혹 사용 가능한 부품(Serviceable Part)을 떼어내고 결함있는 부품을 계속 사용하는 오판을 할 수 있기 때문이다.

연료 탱크 부근에서 와전류 검사할 때에는 항공기의 연료를 모두 배출 시킨다. 그렇지 않은 경우는 아무런 준비도 필요 없다. 검사하는 부품은 철저히 닦아야 한다. 먼지, 그리스, 탄소, 녹, 비늘 같은 껍질 등은 제거해야 한다. 열처리된 강은 오직 지시된 솔벤트만 사용한다.

랜딩기어 휠 타이어 비드 시트 부분(Landing Gear Wheel Tire Bead Seat Area)은 비드 시트에 있는 작은 부식 구멍(Corrosion Pit)에 의해서 확장되는 균열을 찾아낸다. 항공기의 일차 구조부에 있는 패스너 구멍을 검사한다.

터빈 엔진 압축기 디스크(Turbine Engine Compressor Disc)의 균열을 검사할 때에는 디스크 허브 웹(Disc Hub Web)을 특히 관심있게 검사한다. 가능한 한 특별한 기술을 사용해서 엔진을 최소한의 분해 상태에서 검사하는 것이 바람직하다.

매인 랜딩기어 빔 트루니는 베어링 구멍(Main Landing Gear Beam Trunnion Bearing Hole)과 업락크 벨 크랭크 아암(Uplock Bell Crank Arm)을 검사한다. 수평 안정판의 위 뒤쪽 스파 코드(Upper Rear Spar Chord)를 검사한다.

와전류 검사시는 몇가지 제한 사항이 따른다. 검사 구역의 패스너 구멍과 같이 제한된 크기일 때는 오직 작은 탐침 밖에 사용할 수 없다. 탐침의 흠을 찾는 부분은 검사자의 손으로부터 다소 거리를 두어야 한다.

와전류 검사의 특징은 다음과 같이 요약할 수 있다.

① 검사 결과가 직접적으로 전기적 출력으로서 얻어지므로, 검사의 자동화가 가능하다. (대형 장치)

② 비접촉적 방법으로 검사 속도가 빠르다. (다만, 대형 장치, 파이프의 검사에서)

③ 형상이 단수한 것이 아니면 적용하기 어렵다.

④ 전자 유도 검사(와전류 검사)는 철강, 비철 금속 및 흑연(그라파이트)등의 전도성이 있는 재료에는 적용할 수 있으나 유리, 돌, 합성 수지 등의 비전도성 재료에는 적용할 수 없다.

⑤ 표면 및 표면 근방의 결함을 검출하는데 적합하다. 그러나, 표면 아래의 깊은 위치에

있는 결함의 검출은 할 수 없다.

⑥ 전자 유도 검사는 결함의 검출(탐상 검사) 외에도, 다음과 같은 것에 이용된다.

ⓐ 재질 검사 — 금속 탐지, 금속의 종류, 성분, 열처리 상태 등의 변화 검출

ⓑ 치수 검사 — 검사품 치수, 막이 두께, 부식 상황 및 변위의 측정

ⓒ 형상 검사 — 검사품 형상 변화의 판별

⑦ 탐침을 검사하는 물건의 형상에 맞게 제작하면 광범위한 결함 검사가 가능하다.

16-6. 초음파 검사(Ultrasonic Inspection)

이 방법은 부품의 불연속을 찾는 방법으로써 고주파 음속 파장(High- Frequency Sound Wave)을 사용한다. 이것은 높은 주파수의 파장을 부품을 통해 지나게 하고 역전류 검출판(Oscilloscope)을 통해서 반응 모양을 본다. 주어지는 반응 모양의 변화를 조사해서 불연속, 흠집, 튀어나온 상태(Bounding Condition) 등을 탐지한다.

이 초음파 검사 방법은 항공기의 패스너 결합부나 패스너 구멍 주변의 의심나는 주변을 검사하는데 많이 쓰인다. 고주파수 음속 파장은 짧은 파장(Short Wave Length)이고 상대적으로 낮은 에너지를 갖고 있어서 구조의 손상을 막는다. 정상 상태에서 이 초음파 장비를 사용할 때는 특별히 주의할 안전 사항이 필요치 않다. 이 검사에는 기본적으로 두가지 방법이 있고 이것에 의해 장비가 결정된다.

첫 번째 방법이 침전 검사(Immersion Inspection)이고 두 번째는 접촉 검사(Contact Inspection)이다. 침전 장비는 무겁고 움직일 수 없다. 접촉 장비는 소형이고 휴대용이다.

① 초음파 탐상은 평면 상태의 결함에서는 그것이 아무리 얇아도 수직으로 닿게 하면 큰 결함 에코우(Echo)를 얻을 수 있다. 한편, 구형의 결함에서는 매우 크거나 밀집되어 있지 않으면 충분하게 결함 에코우를 얻을 수 없다.

② 시험재의 금속 조직이 미세하면 초음파는 매우 멀리까지 도달하므로 직경이 수 m인 대형 단조강품의 내부 탐상도 가능하다.

③ 결점은 기록성이 부족한 것, 결함의 종류 판단에 고도의 숙련이 필요한 것이다. 여기서는 간편하게 사용하는 접촉 검사 종류 장비만 설명하기로 한다.

초음파 탐지기의 구성은 다음과 같다.

① 전원 공급(Power Supply)

필요한 다양한 전압을 만들어 낸다.

② 정격 발전기(Rate Generator (Timer))

모든 다른 기능을 동조(Synchronize) 시킨다.

③ 맥류기(Pulser)

고전압의 순간적인 스파크를 만들어 크리스탈에 "충격(Shock)"을 주어 공명 진동(Resonant Vibration)을 만든다.

④ 변환기(Tranducer (Crystall))

고주파 음파를 시험하는 부품에 전달하고 반향하는 울림을 받아 이것을 전기적 파동(Pulse)으로 전환시킨다.

⑤ 증폭기(Smplifier (Teceiver))

되돌아오는 음파를 증폭시키고 나타내기 위한 에코 시그널(Echo Signal)을 준비한다.

⑥ 스윕 발전기(Dweep Generator)

CRT 화면에 수평선으로 나타나게 하고, 동시에 변환기가 적용하도록 파동 충격(Pulse Dhock)을 준다.

⑦ 마커 발전기(Marker Generator)

스퀘어 파장(Square Eave)과 같은 타임 마크(Time Mark)를 만들어 수평 스윕(Horizontal Sweep)에 동시에 나타나게 해서 깊이 측정을 돕 는다.

⑧ 오실로스코프(Cathod-ray) 튜브

이것은 에코 시그널의 모양을 나타낸다.

이 초음파 검사는 신속하고 신뢰성있는 비파괴 방법으로 전기적으로 만들어지는 고주파 음파로 금속, 액체 기타 다른 물질을 수천 피트/초의 속도로 통과한다. 초음파 기술은 기본적으로 기계적인 현상으로 기계적인 재료의 완전한 상태를 결정하는데 사용한다. 기본적인 범위는 다음과 같다.

① 흠집 탐지(Flaw Detection)

② 두께 측정

③ 탄성 한계(Elastic Moduli)의 결정

④ 재료 가공 공정의 영향 평가 등을 할 수 있다.

그리고 초음파 검사는 몇가지 특징을 갖고 있다.

① 재료의 한 방향에서만 접근할 수 있어도 검사가 가능하다.

② 빠르게 반응함으로 신속하고 자동화된 검사가 가능하다.

③ 흠집(Falw)의 위치를 정확하게 측정하고 흠집의 크기를 정확히 측정한다.

④ 침투력이 강해서 상당히 두꺼운 부분도 검사가 가능하다.
⑤ 상당히 예민(민감)해서 사소한 결함도 탐지 가능하다.

초음파 기술은 이음부(Seam), 층판 분리(Lamination), 갈라진 틈(Inclusion), 압연 균열(Rolling Crack), 기타 강판의 두께가 1/4in에서 12in 두께까지 결함을 찾을 수 있는 능력이 있다. 두께의 0.5% 정도의 두께에 있는 불연속성(Discontinuity)을 찾아낼 수 있고 0.00002in 두께보다 적은 층의 분리 등도 찾아낼 수 있는 능력이 있다.

이 초음파 검사는 또한 기공(Porosity), 컵핑(Cupping), 내부 파열(Internal Rupture), 바 스톡(Bar Stock)의 갈라진 틈과 잉곳(Ingot)의 직경이 48in 까지 검사가 가능하다.

이것은 또한 용접에서 균열, 브로우 호올(Blow Hole), 불충분한 침투, 용해의 결여, 다른 불연속성 등을 찾아낸다. 이것은 또한 브레이즈 조인트(Braze Joint)의 결합된 상태와 허니콤(Honey Comb) 조직의 접착성 등을 평가할 수 있다. 이 초음파 검사는 또한 터어빈 샤프트와 로우터와 같은 단조 제품의 검사에도 사용된다. 그러나 초음파 검사 적용에 몇가지 제한 사항이 따른다. 가장 중요한 것이 민감도(Sensitivity), 정밀도(Resolution), 소음 분리(Noise Discrimination) 등이다.

민감도는 계기의 능력으로 불연속(Discontinuity)에서 반사되는 작은 크기의 에너지를 감지한다. 정밀도는 시험 표면의 근접한 결함을 찾아내거나 분리하고 재료에 함께 존재한 몇개의 결함으로부터 표시를 구별되게 한다. 소음 분리는 결함에서 오는 시그널과 전기적이나 음파 본래 성격에서 오는 원하지 않는 소리를 계기의 용량으로 구별한다.

위의 이러한 것들은 또한 주파수와 펄스 에너지(Pulse Energy)에 영향을 받는다. 예를 들어 주파수가 증가하면 민감한 정도는 증가한다.

민감도가 증가하면 재료의 작은 다른 성질을 탐지할 수 있으나, 이것이 소음 정도(Noise Level)를 크게 증가시키고 시그널 분리를 방해한다. 펄스 에너지가 증가하면 재료의 소음이 증가하고 정밀도는 감소한다. 또한 기하학적 형태나 재료의 상태에 따라 초음파 검사가 제한된다. 예를 들어 크기, 모양, 복잡성, 결함의 방향, 입자 크기(Grain Size), 다공성(Porosity), 갈라진 틈(Inclusion) 등에 따라 제한된다. 많은 조건이 있기 때문에 초음파 검사의 적용에 제한이 따른다. 다음과 같은 사항이 해결되지 않으면 양호한 초음파 검사를 기대할 수 없다.

① 장비가 검사에 적절한 것이어야 한다.
② 운용자가 취급 능력이 있어야 한다.
③ 문제점을 완전히 파악해야 한다.
④ 적당한 참고 표준이 있어야 한다.
⑤ 실제적인 검사 기준에 해당되어야 한다.

⑥ 현실적으로 받아들일 수 있는 기준이 있어야 한다.
⑦ 자세한 검사 기록이 가능해야 한다.
⑧ 장비를 빈번히 검사해야 한다.

이 검사는 부품의 분해나 제거가 필요치 않다. 그렇지만 원하는 곳에 접근 할 수 있어야 한다. 어떤 경우는 점검창(Access Door)이나 페어링(Fairing) 등을 제거하고 제한된 범위 내에서 인접한 장비를 분해한다.

다음은 초음파 검사를 위해 필요한 사항들이다.
① 부품의 표면 상태를 결정해야 한다. 거친 표면에 많은 수의 구멍이나 융기부(Bump)는 반응 형태가 일정하지 않으므로 검사가 곤란하다.
② 제한된 범위 내에서 비늘(Scale)이나 부식(Corrosion)을 제거해서 양호한 표면을 얻는다.
③ 페인트나 먼지는 제거한다. 두꺼운 페인트는 대부분의 음파 에너지(Sound Energy)를 흡수하므로 검사전에 제거한다.

이 초음파 검사는 자격있는 사람에 의해서 수행되어야 하고 장비와 절차에 익숙해야 한다.

가장 좋은 결과를 얻기 위해 다음의 제안 사항을 준수한다.
① 표준 테스트 블록(Test Block)의 제작은 다음 표의 재질과 크기로 한다.
② 탐촉자 헤드(Transducer Head)를 위한 마운트(Mount(Shoe))의 제작은 아래 사항을 따른다.
③ Couplant 그리스나 오일은 각각의 검사 용구에 맞는 것을 선택한다.
④ 결함과 제작된 구멍 사이의 반응을 구분할 수 없다. 그러므로 모든 인접해 제작된 구멍은 구별하고 결함을 찾는 검사 이전에 위치를 알아둔다.

이 초음파 장비는 시험하는 부품과 같은 재질로 만들어진 표준 테스트 블록과 게이지(Gage)를 사용해서 측정한다.

검사를 위한 테스트 블록은 해당 목적에 맞게 제작한다. 테스트 블록은 검사 요구에 맞게 적절한 재질로 결정되어야 한다. 그림 16-15의 재료 목록과 테스트 블록은 검사 요구에 맞게 적절한 검사 장비 측정을 위해서 추천되는 것이다. 요구시나 전문화된 테스트 블록과 제작 지시는 검사 지시 내용에서 찾을 수 있다.

탐촉자 마운트는 소닉 빔(Sonic Beam)과 검사하는 부품 사이에 적절한 관계를 가능하게

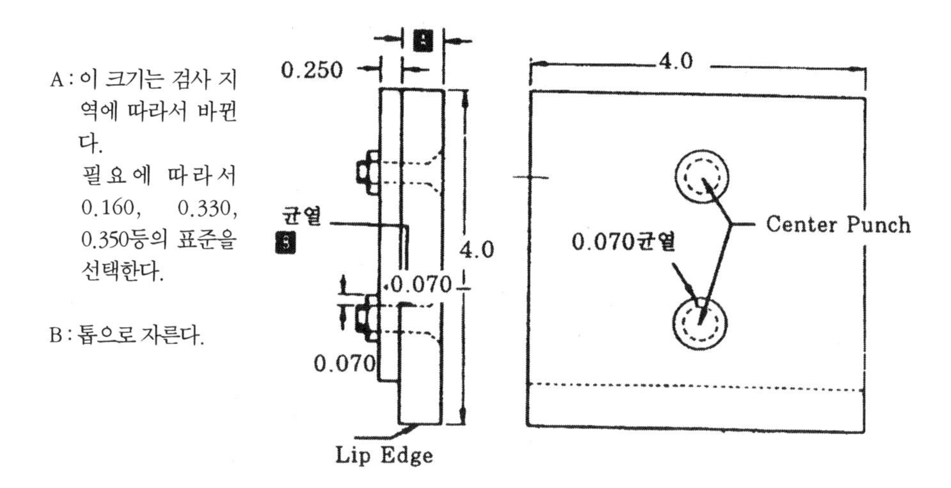

Material	Alloy	Temper	Remark
Aluminum	2014 또는 7075	F,T6	모든 알루미늄 합금
Magnesium	AZ80A	F	모든 마그네슘 합금
Titanium	Tl 6AL-4V	F	모든 티타늄 합금
Steel Wrought	AISI 4130	Annealed	모든 SAE-AISI 1000, 2000,
	AISI 4340	Annealed	3000, 4000 시리즈 강 합금
Nickel Base	Rene′ 41	Solution	니켈 합금, Cr.Mo.Co 합금
Alloy		per BMS7-96	Heat Treated
Cast Steel	Cast Steel	Normalized	모든 주조강 합금
	per QQ-S-681		
	Class 4B1		

그림 16-15 표준 시험 블럭

해준다. 탐촉자 마운트는 투명 합성 수지(Lucite)로 부분적으로 제작한다.

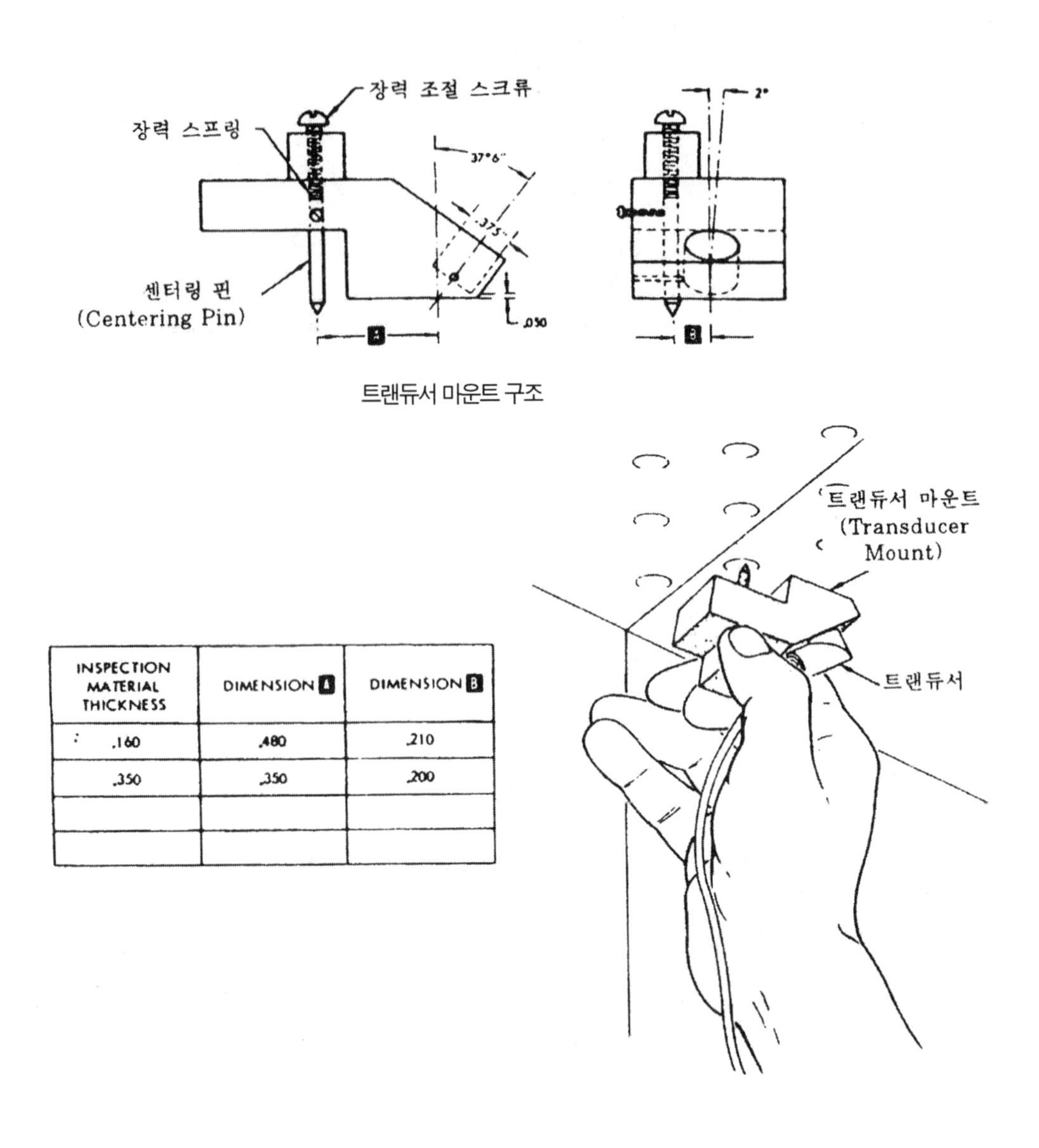

트랜듀서 마운트 구조

INSPECTION MATERIAL THICKNESS	DIMENSION A	DIMENSION B
.160	.480	.210
.350	.350	.200

그림 16-16 트랜듀서 마운트의 패스너 구멍

그림 16-16은 대부분의 패스너 구멍 검사에 사용할 수 있는 슈우(Shoe)의 설계이다. 그렇지만 특수한 마운트(또는 슈우)가 필요하면 검사 기술의 일부에서 제작 지시 내용을 찾을 수 있다.

초음파 검사 장비는 강 패스너 헤드(센터 펀치로 지리를 만든 곳)의 중심에 고정용 센터링 핀을 놓고서 변환기를 천천히 돌리면서 표준 패스너와 비교해서 적당한 반응을 얻을 때까지 측정을 완료한다. 장비의 민감한 정도는 CRT(Cathod Ray Tube)에 반응 지시가 대략 50% 포화될 때까지 한다.

날개의 집적 연료 탱크(Integral Wing Fuel Tank)의 부식

① 터빈 항공기에 사용하는 각종 석유 제품에는 미생물(Micro-Organism)이 있어서 내부 연료 탱크 코팅에 결함을 발생시키고 날개 표피에 부식을 일으킨다.

② 부식 방지 노력은 석유 회사에서 먼저 시작하여 제트 연료 속의 세균 활동을 제거하는 수단을 마련했지만 계속해서 연료 탱크 내부의 부식이 진행되고 있다.

③ 표준의 초음파 검사 기술은 습식 날개의 내부 표면의 상태를 결정하고 기록하는데 사용한다.

④ 종파(Longitudinal Wave)를 사용해야 하는데 전단(Shear)과 평파(Plate Wave)는 부식 구멍(Corrosion Pit)의 범위와 상태를 정확히 설정하지 못하기 때문이다.

항공기 날개의 표면 아래(Subsurface)의 상태를 진단하기 위해서 일부 항공사에서는 다음과 같은 장비를 사용한다.

① 휠 탐지 장치(Wheel-Search Unit)

② 빠른 주파수 반복비를 갖고 있는 오실로스코프(Oscilloscope)

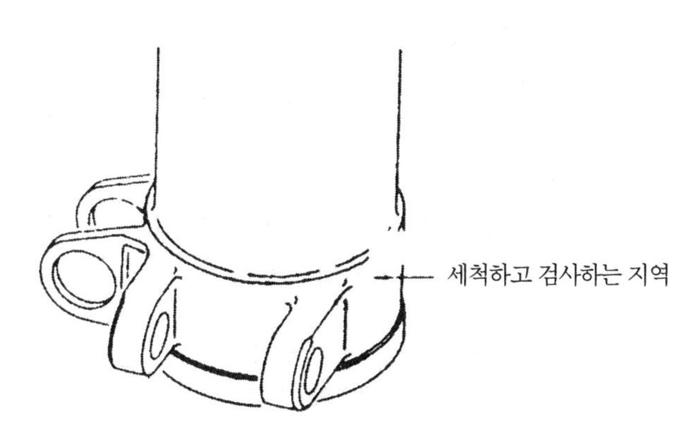

그림 16-17 메인 랜딩 기어 토션 링크 러그(Torsion Link Lug)

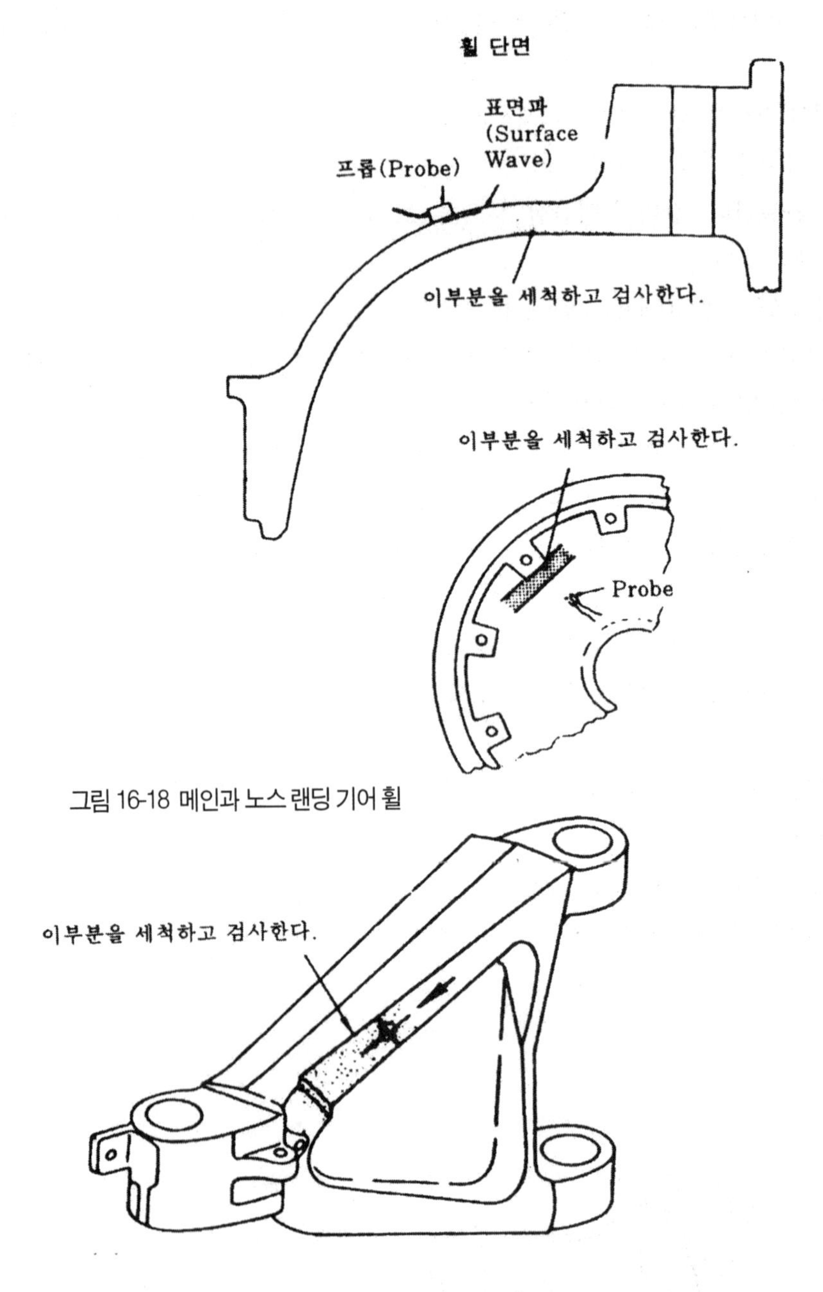

그림 16-18 메인과 노스 랜딩 기어 휠

그림 16-19 메인 랜딩 기어 토션 링크

③ C-스캔 팩시밀리 레코더(C-Scan Facsimile Recorder)

④ 자동과 수동으로 조절되는 스캐닝 브릿지(Scanning Bridge)와 캐리지(Carridge)

⑤ 포지셔닝 장치(Positioning Mechanism), 스캐너 지지대 구조(Scanner Support Structure), 리프트 플렛폼(Lift Platform)

⑥ 입자간 부식은 C-스캔 레코딩(C-Scan Recording)에 나타난다.

메인 랜딩기어 토션 링크 러그(Lug)에는 표면파 탐침(Surface-Wave Probe)이 사용되고 두꺼운 보스(Boss) 부분에도 피로 균열(Fatique Crack)을 발견하기 위해 표면파 탐침을 사용한다.

가장 최적의 반사를 얻기 위해서는 균열 방향 쪽으로 90°로 초음파 빔을 보내는 것이 필요하다. 메인(Main)과 노스 랜딩기어 휠에는 표면파 탐침(Surface-Wave Probe)이 사용되어 휠 웨브(Web)에 균열이나 타이볼트홀(Tie-Bolt Hole)의 보스(Boss)에 인접한 곳에 발생하는 균열을 찾아낸다.

표면파(Surface Wave)는 다른 방법으로 찾을 수 없는 균열을 탐지한다. 타이어 부근의 균열 발생 점검을 위해서 두 번째 탐침을 사용하는데, 이것은 30° 각도의 반사 각도를 갖고 있고 가끔 비드 시트 반경(Bead Seat Radius)을 휠의 분해 없이 수행한다.

메인 랜딩기어 토션 링크(Main Landing Gear Torsion Link)는 표면에 탐침을 대고 빔이 의심나는 곳으로 가게 한다. 대부분의 토오션 링크의 표면은 피로 응력 균열(Fatigue Crack)이 생긴다.

P&W JT3D 엔진에서 첫 번째 단계와 두 번째 단계 팬 허브(Fan Hub) 사이의 스페이서(Spacer)를 조립 상태에서 검사한다. 표면파 트랜듀서(Surface Wave Transducer)로 센터 리브(Center Rib)에 있는 균열을 검사하는데 사용하며 이 센터 리브는 스페이서의 내부 표면의 주변에 원주 방향으로 위치해 있다. L-188 날개 판넬(Plank)은 화학적으로 가공되고 겹쳐잇기(Overlap Splice)가 있고 스팬 방향(Spanwise)쪽으로 집적 스티프너(Integral Stiffener)가 있다.

이들 사이의 겹쳐잇기는 전체 위쪽과 아래쪽 날개 표면의 스팬 방향 균열을 검사한다. 전단파(Shear Wave) 기술로 흠집을 찾아내면 종파 기술은 균열의 범위를 결정하는데 도움을 준다. L-188 항공기의 객실 창문의 외부 판넬은 긁힘 등을 제거하기 위해서 폴리시(Polish) 가공을 한다. 이 작업이 계속되어 판넬의 두께가 변하므로 초음파 반향 기술을 사용해서 두께를 측정한다.

메인 랜딩 기어 다운 락크 토오큐 튜브의 검사는 훠네스 브레이즈(Furnace Braze) 부근의 견고함을 결정하기 위한 것으로 이 브레이즈가 엔드 피팅(End Fitting)을 이 토오큐 튜브(Torque Tube)에 고정시킨다. 종파를 사용하고 브레이즈 접착이 약한 것은 초음파 스크린에 시그널로 전개된다.

화이버스코프(Fiberscope)는 엔진이나 항공기 구조를 검사하는데 사용하며 주로 감추어진 곳이나 상당 부분을 분해하지 않고서는 접근할 수 없는 곳에 적합하다. 그렇지만 이그나이터 구멍(Igniter Hole), 포트(Port), 점검창(Access Door) 등과 같은 곳이 있어서 화이버스코프가 들어갈 수 있어야 한다.

예를 들어 터보 제트 엔진의 연소실의 내부는 이그나이터 구멍을 통해서 화이버스코프를 집어넣어서 검사한다. 일부의 대형 엔진은 특별한 포트(Port)가 있어서 이것이 어느 특정 부분을 스코프로 검사할 수 있게 한다. 화이버스코프는 빛을 전달해서 볼 수 있게 하지만 상을 전달하지는 못한다. 빛은 원하는 검사 구역으로 보낼 수 있다. 스코프의 끝은 위아래로 운용자가 원하는 방향으로 움직일 수 있다. 검사는 부착되어 있는 아이 뷰어(Eye Viewer)를 통해서 이루어진다. 카메라를 장착해서 사진을 찍을 수 있다.

16-7. 육안 검사(Visual Inspection)

육안 검사는 가장 오래된 비파괴 검사이다. 이것은 빠르고 경제적으로 결함이 계속 진행되기 전에 탐지하는 방법이다. 신뢰성은 검사자의 능력과 경험에 좌우된다. 검사자는 어떻게 구조적 결함을 찾아내고 어디서 결함이 발생할 수 있는지를 알아야 한다. 눈으로 식별할 수 없는 결함은 광학 장치의 도움으로 찾아내는데, 확대경과 눈으로 볼 수 없는 구역에 적합하다. 육안 검사는 돕는 장비로는 강한 플래쉬라이트(Flashlight), 볼 조인트(Ball Joint)가 있는 거울, 2.5~4배의 확대경이 의심나는 구역을 검사하는데 이용된다.

어떤 곳은 오로지 보어스코프(Borescope)에 의해서만 육안 검사가 가능한 곳이 있다. 어떤 부품이나 구조를 육안 검사하기 전에 부식이 되었는지를 먼저 점검한다. 어느 부식이든 발견되면 이 범위와 정도를 검사한다. 넓은 부식 범위와 심각한 부식 상태는 즉시 필요한 작업이 수행되어야 한다. 그렇지만 약한 상태로 진행되고 있으면 육안 검사를 하기 전에 완전하게 제거한다.

육안 검사의 첫 번째로 검사하는 곳은 변형(Deform)이나 패스너가 없어졌는지 검사한다. 그 다음 플래쉬라이트로 비추면서 구조재의 표면에 균열이 있는지 상세히 조사한다.

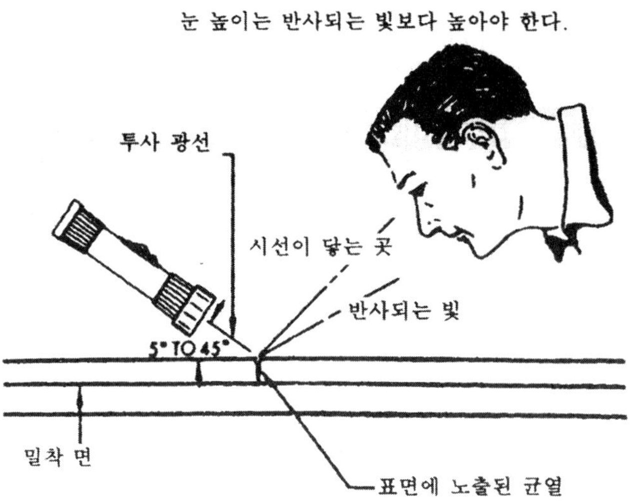

그림 16-20 육안에 의한 균열 검사

균열이 시작하거나 발달되는 곳은 패스너 구멍이나 날카롭게 잘린 모서리로 응력이 집중도는 점이다. 균열은 또한 판금을 굽힌 곳의 둥근 반경 부분이나 제작 과정중에 성형 작업이 행해진 곳 등에서 발생한다. 약한 상태의 부식을 제거한 부위는 인가된 솔벤트를 사용해서 철저하게 닦는다.

검사하는 다른 모든 구역도 깨끗이 닦아서 표면의 흠집이 다른 것에 의해 가리워져 있는지 검사한다. 세척은 꼭 인가된 솔벤트 만을 사용한다. 고열로 열처리된 강, 부품 등은 오직 허가된 솔벤트만 사용한다. 표면 균열을 검사할 때 그림 16-20과 같이 플래쉬 라이트를 검사자의 5~45° 각도로 향하게 각도를 유지한다.

균열의 크기나 범위는 균열에 빛을 90° 각도로 비추어 추적한다. 10배 확대경을 사용해서 의심나는 균열의 존재를 확인한다. 만약 이것이 적절히 수행되지 못하면 다른 방법의 비파괴 방법을 실시한다. 이런 목적으로 염색침투(Dye Penetrant) 방법이 가장 적합하다.

보어스코프는 정밀한 광학 계기로서 광원(Light Source)을 갖고 있다. 이는 특수한 형태의 망원경(Telescope)으로 10in 직경과 불과 몇 in 길이에서부터 직경이 0.75in 이하이고 길이가 몇 피트까지 되는 다양한 모델이 있다. 짧은 길이의 보어스코프에 큰 직경은 밝은 상(Image)을 만든다. 빛의 손실 때문에 보어스코프의 길이가 길어지면 상의 선명도가 줄어든다. 보어스코프의 설계는 계기의 의도에 따라 다르다.

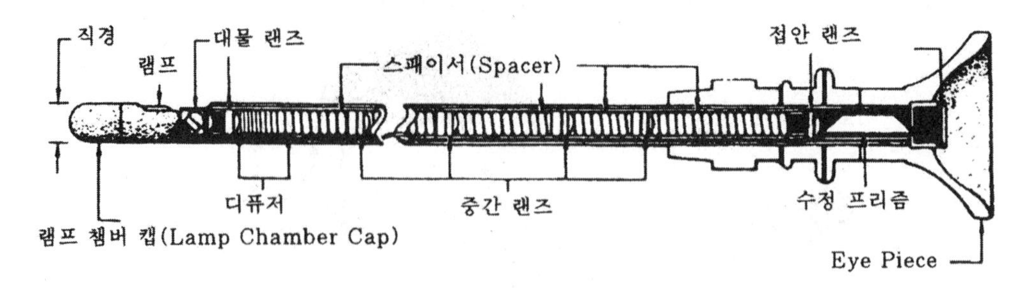

그림 16-21 일반적인 보어스코프 구조

아래는 기본적인 형태이다.

① 직접 보는 보어스코프(Direct-Vision Borescope)

전방을 직접 볼 수 있다.

② 90° 보어스코프(Right Angle Borescope)

계기의 축에서 90°로 비추는 것이다.

③ 거꾸로 비추는 보어스코프(Retro Spective Borescope)

타원형 모양으로 뒤쪽을 볼 수 있다. 이 형태는 내부 표면을 정확히 검사하는 것으로 알려져 있고 내부 턱(Internal Shoulder)을 갖고 있는 것에 적합하다.

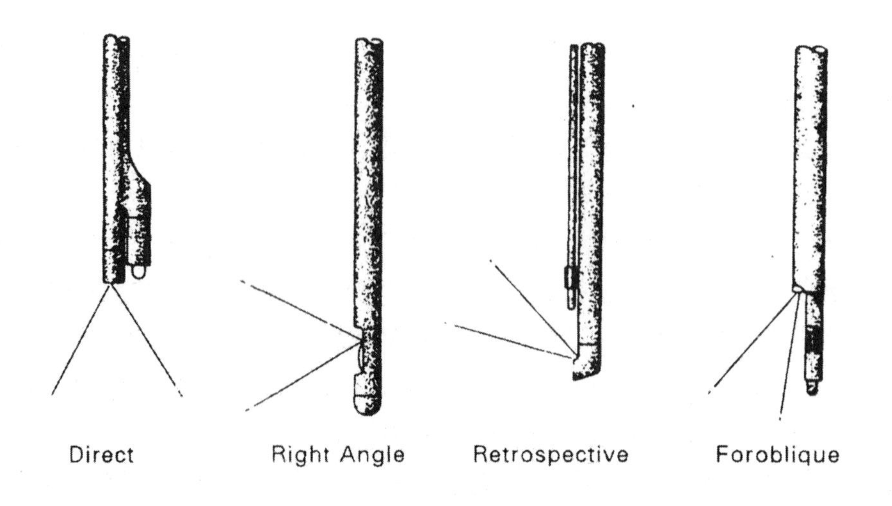

그림 16-22 보어스코프(Borescope) 형식

④ 포로블리크 보어스코프(Foroblique Borescope)

타원형으로 전망을 비추어준다. 축으로부터 55° 각도로 빛을 보낸다. 이것의 독특한 특징은 보어스코프를 돌려서 눈으로 볼 수 있는 부분을 확대시킨다.

찾아보기

저자 약력

조용욱 금오공고 졸
대한항공 근무
미국 Northrop 대학졸
교통부 항공 정비면허 소지
미국 FAA 항공 정비면허 소지

한병희 금오공고 졸
산업대 졸
한국항공 근무
교통부 항공면허 소지
헬리콥터 레이팅 소지

최태원 동래고 졸
울산고 졸
미국 Northrop Institute of Technology 졸
미국 FAA 항공 정비면허 소지
미국 University of Southern california 대학원
United Flight Tech 근무

항공기 기체

2016년 3월 5일 개정판 1판 1쇄 발행

저 자 조용욱 · 한병희 · 최태원
발행처 청 연
주 소 서울시 금천구 시흥대로 484 (2F)
등 록 제18-75호
전 화 02)851-8643
팩 스 02)851-8644

정가 : 35,000원